Biogeografia

CB021310

O GEN | Grupo Editorial Nacional – maior plataforma editorial brasileira no segmento científico, técnico e profissional – publica conteúdos nas áreas de ciências exatas, humanas, jurídicas, da saúde e sociais aplicadas, além de prover serviços direcionados à educação continuada e à preparação para concursos.

As editoras que integram o GEN, das mais respeitadas no mercado editorial, construíram catálogos inigualáveis, com obras decisivas para a formação acadêmica e o aperfeiçoamento de várias gerações de profissionais e estudantes, tendo se tornado sinônimo de qualidade e seriedade.

A missão do GEN e dos núcleos de conteúdo que o compõem é prover a melhor informação científica e distribuí-la de maneira flexível e conveniente, a preços justos, gerando benefícios e servindo a autores, docentes, livreiros, funcionários, colaboradores e acionistas.

Nosso comportamento ético incondicional e nossa responsabilidade social e ambiental são reforçados pela natureza educacional de nossa atividade e dão sustentabilidade ao crescimento contínuo e à rentabilidade do grupo.

Biogeografia

Uma Abordagem Ecológica e Evolucionária

C. Barry Cox
Reitor aposentado de Ciências Biológicas
na King's College London, Reino Unido

Peter D. Moore
Palestrante Emérito em Ecologia
na King's College London, Reino Unido

Richard J. Ladle
Professor Titular de Biogeografia Conservacional na
Universidade Federal de Alagoas, Brasil

NONA EDIÇÃO

Tradução e Revisão Técnica

Ana Claudia Mendes Malhado
Professora Doutora na Universidade Federal de Alagoas

Richard James Ladle
Professor Doutor na Universidade Federal de Alagoas

Thainá Lessa Pontes Silva
Universidade Federal de Alagoas

Os autores e a editora empenharam-se para citar adequadamente e dar o devido crédito a todos os detentores dos direitos autorais de qualquer material utilizado neste livro, dispondo-se a possíveis acertos caso, inadvertidamente, a identificação de algum deles tenha sido omitida.

Não é responsabilidade da editora nem dos autores a ocorrência de eventuais perdas ou danos a pessoas ou bens que tenham origem no uso desta publicação.

Apesar dos melhores esforços dos autores, dos tradutores, do editor e dos revisores, é inevitável que surjam erros no texto. Assim, são bem-vindas as comunicações de usuários sobre correções ou sugestões referentes ao conteúdo ou ao nível pedagógico que auxiliem o aprimoramento de edições futuras. Os comentários dos leitores podem ser encaminhados à **LTC — Livros Técnicos e Científicos Editora** pelo e-mail faleconosco@grupogen.com.br.

Traduzido de:
BIOGEOGRAPHY: AN ECOLOGICAL AND EVOLUTIONARY APPROACH, NINTH EDITION
Copyright © 2016 by John Wiley & Sons, Ltd
Copyright © 2010, 2005, 2000, 1993, 1985, 1980, 1976, 1973 published by John Wiley & Sons, Inc.
All Rights Reserved. This translation published under license with the original publisher John Wiley & Sons Inc.
ISBN: 978-1-118-96857-4

Direitos exclusivos para a língua portuguesa
Copyright © 2019 by
LTC — Livros Técnicos e Científicos Editora Ltda.
Uma editora integrante do GEN | Grupo Editorial Nacional

Reservados todos os direitos. É proibida a duplicação ou reprodução deste volume, no todo ou em parte, sob quaisquer formas ou por quaisquer meios (eletrônico, mecânico, gravação, fotocópia, distribuição na internet ou outros), sem permissão expressa da editora.

Travessa do Ouvidor, 11
Rio de Janeiro, RJ — CEP 20040-040
Tels.: 21-3543-0770 / 11-5080-0770
Fax: 21-3543-0896
faleconosco@grupogen.com.br
www.grupogen.com.br

Imagem de Capa: © Gettyimages/Chad Ehlers
Editoração Eletrônica: Adielson Anselme

CIP-BRASIL. CATALOGAÇÃO-NA-FONTE
SINDICATO NACIONAL DOS EDITORES DE LIVROS, RJ.

C916b
9.ed.

Cox, C. Barry (Christopher Barry), 1931-
Biogeografia : uma abordagem ecológica e evolucionária/C. Barry Cox, Peter D. Moore, Richard J. Ladle ; tradução e revisão técnica Ana Claudia Mendes Malhado; Richard James Ladle; Thainá Lessa Pontes Silva. 9.ed. Rio de Janeiro : LTC, 2019.

; 28 cm.

Tradução de: Biogeography : an ecological and evolutionary approach, 9th ed.
Inclui bibliografia e índice
ISBN 978.85.216.3570.3

1. Biogeografia. I. Moore, Peter D. II. Ladle, Richard J. III. Malhado, Ana Claudia IV. Silva, Thainá Lessa Pontes. V. Título.

18-51642 CDD: 578.09
CDU: 574.9
Meri Gleice Rodrigues de Souza – Bibliotecária CRB -7/6439

Sumário

Prefácio

Para interpretar os fenômenos biogeográficos, precisamos entender muitas áreas distintas das ciências, por exemplo, evolução, taxonomia, ecologia, geologia, paleontologia e climatologia. Embora cada área tenha sua contribuição individual, um livro-texto como este tem de ser abrangente e acessível aos estudantes com as mais variadas formações. Isso é particularmente necessário hoje em dia, quando o advento dos métodos moleculares para demonstrar as relações e as técnicas cladísticas de impor padrões sobre os dados resultantes prometem revolucionar nosso entendimento sobre a biogeografia.

Muitas mudanças ocorreram nos estudos biogeográficos nos últimos 43 anos e nesse período foram feitas nove edições deste livro-texto. Nos idos de 1973, o grande problema da relação entre a nossa espécie com a biota e o clima do nosso planeta era pouco considerado. Assim, o efeito estufa era mais uma questão para os agricultores do que uma preocupação de todo o planeta. Somente após a década de 1980, é que aumentaram as evidências de que o clima na Terra estava mudando e que isso estava acontecendo em consequência da atividade humana. Essa constatação acabou levando a um grande debate público e ao envolvimento da comunidade científica. Ao interpretar as interações entre os fenômenos físicos e a vida das espécies, e o impacto humano em cada uma delas, a biogeografia tem, nitidamente, o papel de investigar os prováveis resultados das mudanças climáticas, sugerindo a melhor maneira de reduzir seus efeitos. Uma vez que as mudanças climáticas tornam menos férteis antigas áreas cultiváveis, seria possível encontrar novas áreas para substituí-las — e, se for o caso, onde? Ou poderíamos ter novas variedades de plantas, adaptadas às novas condições — nesse caso, onde poderíamos encontrá-las? Essas questões são provavelmente as razões para o grande aumento do número de pesquisas em biogeografia durante os anos 1990.

Não é só o nosso suprimento alimentar que está ameaçado pelas mudanças climáticas, mas a diversidade de formas vivas que habitam o meio ambiente e que estão tendo suas populações reduzidas e estão desaparecendo. Esse não é um problema só para os curadores das coleções científicas dos museus de zoologia e para os herbários, estamos tomando conhecimento da extensão do quanto dependemos dessa diversidade para nos fornecer novos fármacos e novas plantas comestíveis. Sendo assim, é cada vez mais evidente a necessidade de inventariar essa diversidade, para sabermos onde ela é maior e onde ela corre o risco de desaparecer. Quais são os hábitats ameaçados, onde e como devemos atentar para sua preservação?

Até recentemente, os biólogos não conseguiam documentar as datas de surgimento de novas espécies e quando elas divergiam umas das outras. Como resultado, era impossível assegurar a relação entre esses processos biológicos e eventos como a separação das unidades de terra por tectônica de placas ou pelas mudanças climáticas. A ascensão dos métodos moleculares de investigação, que forneceu datas confiáveis quanto ao aparecimento e à divergência das espécies, nos deram nova confiança na precisão das análises biogeográficas, com base em técnicas rigorosas de análise da relação entre tempo e espaço, que utilizam algoritmos computacionais cada vez mais sofisticados e complexos. Pelo menos parece que a pesquisa biogeográfica é reveladora, com escopo aumentado e detalhado, um relato consistente e único da história da biogeografia mundial atual e do processo que a gerou.

Esse entendimento chega bem em tempo, uma vez que deixa claro que é imperativo a conservação do que sobrou do mundo natural em nosso planeta. Nessa nova edição, tivemos a contribuição de Richard Ladle, que nos ajudou tanto na revisão dos capítulos já existentes, quanto na elaboração de um novo capítulo (Capítulo 14 – Biogeografia da Conservação). Nesse capítulo, ele esboça técnicas novas surpreendentes que estão disponíveis agora para reunir e integrar informações quanto à distribuição das espécies. Cabe às novas gerações de biogeógrafos descobrir formas de usar essa riqueza de dados crescente para construir argumentos claros que convençam políticos (muitas vezes relutantes) e empresários da fundamentação dos casos apresentados. Somente, então, pode-se dar o passo vital de transformar o conhecimento científico em ação em potencial. Podemos apenas esperar que isso ocorra suficientemente rápido para salvarmos o mundo vivo de nosso planeta tal como o conhecemos hoje.

Após todos esses anos e edições, essa talvez seja a última vez que Peter Moore e eu contribuamos para este livro; tem sido uma longa e feliz contribuição. Saudamos Richard Ladle como o primeiro de um novo grupo de biogeógrafos que irá, esperamos, continuar o livro no futuro. É apropriado recordar agora que a primeira edição foi fruto não apenas do trabalho do Dr. Peter Moore e meu, mas também de nosso colega Dr. Ian Healey, que infelizmente morreu antes que o livro fosse publicado.

Barry Cox

Agradecimentos

Nossos agradecimentos iniciais vão para Ward Cooper da Wiley-Blackwell por tornarem essa nova edição possível, e também a Kelvin Matthews, Emma Strickland e Jane Andrew por todo o árduo trabalho de conduzir o processo de produção.

Tal como mencionado anteriormente, a biogeografia envolve o estudo de uma grande variedade de dados nas áreas tanto das ciências da terra quanto das ciências biológicas; e, hoje em dia, é impossível para qualquer pessoa cobrir toda a literatura em uma área tão vasta. Nossa tarefa de tentar identificar as novas referências significativas tem contado com o auxílio de muitas pessoas, mas gostaríamos de agradecer em particular às seguintes:

Professor David Bellwood, da School of Marine and Tropical Biology, James Cook University, Queensland, Austrália.

Professor Alex Rogers, Departamento de Zoologia, Oxford University, Reino Unido.

Dra. Isabel Sanmartín, Reál Jardín Botánico, Madrid, Espanha.

Agradecemos também ao Professor Robert Hall, do Departamento de Ciências da Terra, Royal Holloway College, University of London, Reino Unido, por fornecer o conjunto especial de paleomapas e nos dar permissão para usá-los.

Material Suplementar

Este livro conta com o seguinte material suplementar:

- Ilustrações da obra em formato de apresentação, em (.pdf) (restrito a docentes).

O acesso ao material suplementar é gratuito. Basta que o leitor se cadastre em nosso *site* (www.grupogen.com.br), faça seu *login* e clique em GEN-IO, no menu superior do lado direito.

É rápido e fácil. Caso haja alguma mudança no sistema ou dificuldade de acesso, entre em contato conosco (gendigital@grupogen.com.br).

GEN-IO (GEN | Informação Online) é o ambiente virtual de aprendizagem do GEN | Grupo Editorial Nacional, maior conglomerado brasileiro de editoras do ramo científico-técnico-profissional, composto por Guanabara Koogan, Santos, Roca, AC Farmacêutica, Forense, Método, Atlas, LTC, E.P.U. e Forense Universitária. Os materiais suplementares ficam disponíveis para acesso durante a vigência das edições atuais dos livros a que eles correspondem.

Uma História da Biogeografia

Este capítulo introdutório começa com uma explicação de por que o estudo da história de um assunto é importante, e destaca algumas das importantes lições que os alunos podem ganhar com isso. Seguido pela revisão das formas em que cada uma das áreas de pesquisa em biogeografia são desenvolvidas desde a sua fundação até hoje.

Lições do Passado

Um dos maiores motivos para se estudar História é aprender com ela – de outra forma, a História seria simplesmente uma lista enfadonha de realizações. Assim, por exemplo, é sempre valioso pensar sobre por que e quando um avanço particular foi feito. Foi devido à coragem individual em enfrentar a tendência ortodoxa, então vigente e aceita, da religião ou da ciência? Foi resultado de um simples acúmulo de dados, ou foi decorrente do desenvolvimento de novas técnicas no próprio campo da pesquisa ou por uma nova permissividade intelectual? Mas o estudo da História também nos dá a oportunidade de aprender outras lições – e a primeira delas é a humildade. Precisamos ter cautela ao considerar as ideias de pesquisadores que nos antecederam para não incorrermos na armadilha de, arrogantemente, descartá-los como inferiores a nós apenas porque não perceberam as "verdades" que agora vemos de forma tão clara. Estudando as ideias e sugestões desses pesquisadores, qualquer um pode perceber que sua inteligência não é menos perspicaz do que a que temos hoje em dia. No entanto, quando comparados aos cientistas atuais, eles estavam em vantagem pela própria falta de conhecimento e por viverem em um mundo no qual, explícita ou implicitamente, era difícil ou impossível levantar determinadas questões.

Em primeiro lugar, havia menos conhecimento e compreensão. Quando Isaac Newton, que originou a teoria da gravitação universal escreveu que "apoiara-se no ombro de gigantes", reconhecia que seu trabalho estava se valendo do que fora construído por gerações anteriores de pensadores e tomando para si essas ideias e percepções como fundamentos próprios. Assim, quanto mais voltamos no tempo, mais percebemos inteligências que tiveram de começar tudo novamente, como uma página em branco ou com muito poucas ideias e sínteses previamente estabelecidas.

Em segundo lugar, precisamos estar muito atentos ao fato de que, a cada geração de pesquisadores, a gama de teorias que se podia propor era (e é!) limitada pelo que a sociedade ou a ciência contemporâneas estabelecia como aceitável ou respeitável. As atitudes em relação às ideias de evolução (veja o Capítulo 6) e à deriva continental (neste capítulo) são bons exemplos de tais inibições nos séculos XIX e XX. A história do debate científico é raramente, se alguma vez, uma avaliação imparcial e impassível das novas ideias, especialmente se elas entrarem em conflito com as próprias. Os cientistas, como todos os homens e mulheres, são o produto de sua educação e experiência, afetados por suas crenças políticas e religiosas (ou descrenças), por sua posição na sociedade, por seus próprios julgamentos anteriores e opiniões publicamente expressas e pelas ambições – como "não há negócios como *show business*", não há interesse como o autointeresse! Bons exemplos disso, discutidos mais adiante neste capítulo, são o uso do conceito de evolução pelos cientistas emergentes da classe média da Inglaterra como uma arma contra o estabelecimento do século XIX e, no nível individual, a história de Leon Croizat. Em consequência do nosso levantamento sobre a história da biogeografia, veremos pessoas que, como muitos de nós, cresceram aceitando ideias intelectuais e religiosas então vigentes mas que também tiveram a curiosidade de formular questões sobre o mundo natural à sua volta. Muitas vezes, as únicas respostas que conseguiram encontrar contradiziam ou desafiavam as ideias correntes, fazendo com que, naturalmente, procurassem caminhos para cercar a questão. Essas ideias poderiam ser reinterpretadas para evitar problemas; haveria um caminho, uma escapatória para evitar a rejeição e o embate direto e completo das ideias aparentemente aceitas por todos?

Desse modo, para começar, a reação de qualquer cientista diante do conflito entre seus resultados ou suas ideias e os dogmas correntes é rejeitá-los ("Alguma coisa deve estar errada com os meus métodos ou com os deles") ou considerá-los exceções ("Bem, isto é interessante, mas não é o foco principal"). Muitas vezes, no entanto, tais dificuldades e "exceções" começam a se tornar muito numerosas, muito variadas, ou advêm de muitas disciplinas científicas diferentes para sugerir que algo deve estar errado. Nesse caso, os cientistas devem perceber que a única forma de abordar a questão é começar tudo novamente, recomeçar a partir de um conjunto de premissas completamente diferente e verificar para onde são guiados. Caminhar dessa forma não é fácil, pois envolve a ruptura com tudo o que se havia pressuposto anteriormente e a reformulação total dos dados. Obviamente, quanto mais velho se fica, mais difícil se torna agir assim, por se ter despendido muito tempo no emprego de velhas ideias e por se terem publicado pesquisas que, implícita ou explicitamente, as aceitavam. Muito frequentemente, esse é o motivo pelo qual os pesquisadores mais velhos assumem a postura de rejeitar novas ideias, pois se sentem atacados na sua posição de veteranos, de figuras respeitadas. Muitas vezes esses pesquisadores também se recusam a aceitar ou empregar novas abordagens até muito tempo depois de terem sido validadas e amplamente empregadas por seus colegas mais jovens (veja os pontos de vista sobre a teoria da tectônica de placas no Capítulo 5). Outro problema é que o debate pode ser polarizado, com os defensores de duas ideias contraditórias concentrando-se apenas em tentar provar que as ideias do opositor são falhas, mal construídas e inverídicas (veja dispersão *versus* vicariância, discutida mais adiante neste capítulo, e evolução pontuada *versus* gradual, discutida no Capítulo 6). Nenhum dos lados reflete sobre a possibilidade de que, ambas as posições, aparentemente conflitantes, talvez sejam verdadeiras e que o debate deveria ocorrer em torno de quando, em que circunstâncias e até que ponto uma ideia é válida e quando a outra, por sua vez, torna-se mais importante. Também, muitas vezes, os cientistas têm rejeitado sugestões de outros pesquisadores, não porque as sugestões sejam inaceitáveis, mas porque os cientistas rejeitam as opiniões daquele autor específico (por exemplo, Cuvier *versus* Lamarck sobre a evolução; veja mais adiante neste capítulo).

Tudo isso é particularmente verdadeiro quanto à biogeografia, com a dificuldade adicional de postar-se no ponto de confluência de dois segmentos científicos muito distintos – as ciências biológicas e as ciências da Terra. Isto tem trazido duas consequências interessantes. A primeira é que, de tempos em tempos, a falta de progresso em uma área tem sido suprida pela outra. Como exemplo, a premissa de uma geografia estável e inalterável tornou impossível a compreensão de padrões de distribuição no passado. Apesar de tudo, era uma premissa razoável até que a aceitação da **tectônica de placas** ("deriva continental") forneceu uma visão das geografias do passado que foi se alterando gradualmente ao longo do tempo. Também é interessante perceber que essa grande mudança na abordagem básica das ciências da Terra veio em dois estágios.

Para começar, o problema foi claramente estabelecido e uma possível solução foi fornecida. Isto ocorreu em 1912, quando o meteorologista alemão Alfred Wegener (veja adiante, neste capítulo) demonstrou que muitos padrões, de fenômenos tanto geológicos quanto biológicos, não se adequavam à moderna geografia e que tais dificuldades desapareciam caso se admitisse que os continentes, em algum momento, estiveram dispostos de forma adjacente e gradualmente se separam por um processo que ele chamou de **deriva continental**. Essa explicação não convenceu a maioria dos pesquisadores em nenhum dos dois campos de estudo, principalmente devido à falta de qualquer mecanismo conhecido que proporcionasse aos continentes moverem-se horizontalmente ou se fragmentarem. O fato de o próprio Wegener não ser um geólogo, mas um físico da atmosfera, não o ajudou a persuadir outros pesquisadores de que suas ideias eram plausíveis e, além disso, foi muito fácil para os geólogos (os quais, obviamente, "sabiam mais") desmenti-lo como um amador intrometido. Muitos biólogos, defrontados com as incertezas dos registros fósseis, não tiveram a preocupação de enfrentar os geólogos.

O segundo estágio inicia-se apenas nos anos 1960, quando dados relativos à expansão do assoalho oceânico e dados paleomagnéticos (veja Capítulo 5) não apenas proporcionaram evidências inequívocas para a movimentação dos continentes, como ainda sugeriram um mecanismo para tal. Só então os geólogos aceitaram essa nova visão da história mundial (conhecida como placas tectônicas; veja o Capítulo 5), e da mesma forma os biogeógrafos puderam se valer, de modo confiável, das séries coerentes e consistentes de mapas paleogeográficos para explicar os padrões de mudança da vida nos continentes que se movimentavam. Tal teoria, baseada em uma grande variedade de linhas independentes de evidência, é conhecida como um **paradigma**, e a teoria da tectônica de placas é o paradigma central das ciências da Terra.

Talvez a moral dessa história seja que é tanto compreensível quanto razoável que os pesquisadores de um campo do conhecimento (neste caso, biólogos!) esperem até que os especialistas do outro campo (neste caso, a geologia) estejam convencidos das novas ideias antes de se sentirem seguros para empregá-las na solução de seus próprios problemas. Por sua vez, isso acarreta a segunda consequência resultante do fato de a biogeografia situar-se entre a biologia e a geologia. Consiste no impulso de pesquisadores de um campo, frustrados com a falta de progresso em algum aspecto de seu próprio trabalho, aceitarem sem críticas e sem uma compreensão adequada novas ideias no outro campo que aparentam proporcionar-lhes uma solução [1]. É preciso ser especialmente cauteloso com as novas teorias que se destinam a explicar apenas uma dificuldade nas interpretações atualmente aceitas. Isso ocorre porque essas sugestões às vezes destroem simultaneamente o restante do *framework*, sem explicar satisfatoriamente a grande maioria dos fenômenos cobertos por esse *framework*. Por exemplo, na segunda metade do século XX, alguns geólogos propuseram que a Terra se expandira ou que ao menos teria existido um continente, denominado "Pacífica", entre a Ásia e a América do Norte. Essas ideias foram bem recebidas por alguns biogeógrafos biológicos como a solução para questões da distribuição dos vertebrados terrestres, ainda que não houvesse sustentação por dados geológicos nem que fosse aceita pelos geólogos.

Tudo isto nos trouxe importantes lições para os dias de hoje, pois seria ingênuo acreditar que as premissas e os métodos empregados em biogeografia atualmente sejam de algum modo considerados os "corretos" e cabais, que nunca serão rejeitados ou modificados. De modo similar, todo estudante deve se dar conta de que aqueles que hoje ensinam ciência foram, com certeza, treinados para aceitar esse quadro sobre o assunto e podem encontrar dificuldade em aceitar mudanças nas suas metodologias. O preço que pagamos pelo ganho de experiência com a idade é a crescente convicção da certeza de nossos métodos e premissas! (Por outro lado, é interessante notar que, enquanto as principais descobertas nas ciências físicas são frequentemente devidas a saltos intuitivos no início da carreira dos cientistas, nas ciências biológicas elas são quase sempre produzidas mais tarde, após o acúmulo de dados e conhecimento.) Também é de grande valia notar que premissas erradas são muito mais perigosas do que falsas argumentações, pois premissas geralmente são implícitas e, portanto, difíceis de identificar e corrigir. Desse modo, o passado com suas premissas falsas e teorias erradas é apenas um espelho distante do presente, alertando-nos em nossas buscas, para não sermos tão seguros de nossas ideias atuais. Muitas vezes, as limitações e os problemas de uma técnica nova só se tornam evidentes gradualmente, tempos depois de ela ter sido proposta.

No entanto, naturalmente aqueles que, como nós, desenvolvem pesquisas e publicam suas ideias em livros como este também têm a responsabilidade de usar sua experiência e seu julgamento na tentativa de decidir entre ideias conflitantes, mostrando quais eles preferem e por quê. Neste livro, por exemplo, o autor que escreveu os capítulos relevantes (Barry Cox) criticou a metodologia de uma escola de panbiogeógrafos da Nova Zelândia (principalmente) (veja adiante, neste capítulo). Mas, é claro, ele pode estar errado e estudantes interessados podem querer ler sobre o assunto para chegar às suas próprias conclusões. Afinal, para os estudantes, o objetivo de aprender um assunto nesse nível é desenvolver suas próprias aptidões críticas e não apenas adquirir posição ou opiniões. Mesmo nos últimos 50 anos, vimos posições quanto a uma nova ideia, a Teoria da Biogeografia Insular, mudarem de modo considerável (veja o texto a seguir e o Capítulo 7). Quantas explicações e premissas, entre as apresentadas neste livro, ainda serão válidas nos próximos 50 anos? Mas isso é também um dos prazeres de fazer parte da ciência, de estar constantemente tentando se adaptar às novas ideias em vez de simplesmente ser parte de um antigo monolito de "verdades" aceitas há muito tempo.

Biogeografia Ecológica *versus* Biogeografia Histórica e Plantas *versus* Animais

A divisão fundamental em biogeografia se dá entre os aspectos ecológicos e históricos do tema. A **biogeografia ecológica** aborda os seguintes tipos de questão: Por que uma espécie é confinada à região em que vive? O que a habilita a viver ali e o que a impede de se expandir para outras áreas? Que papel cabe ao solo, ao clima, à latitude, à topografia e à interação com outros organismos na limitação de sua distribuição? Como explicamos a substituição de espécies à medida que nos deslocamos em uma montanha, ao longo do litoral ou de um ambiente para outro? Por que existem mais espécies nos trópicos do que em ambientes mais frios? Por que há mais espécies endêmicas em ambientes X do que no ambiente Y? O que controla a diversidade de organismos encontrados em uma determinada região? A biogeografia ecológica, portanto, aborda questões que envolvem períodos de curta duração, em menor escala, em áreas internas a hábitats ou continentes e, essencialmente, com espécies e subespécies de animais e plantas vivos. [Subespécies, espécies, gêneros, família, ordem e filo são progressivamente maiores unidades de classificação biológica. Cada um é conhecido como um **táxon** (plural: *taxa*).]

A **biogeografia histórica**, por outro lado, aborda questões diferentes. Como um determinado *táxon* se manteve confinado até o presente em uma região específica? Quando um determinado padrão de distribuição começou a ter seus limites atuais e como os eventos geológicos e climáticos formaram essa distribuição? Quais são as espécies com parentesco mais próximo e onde são encontradas? Qual é a história de um grupo e onde viviam os membros ancestrais desse grupo? Por que os animais e as plantas de regiões grandes e isoladas, como Austrália ou Madagascar, são tão característicos? Por que algumas espécies estreitamente relacionadas são confinadas à mesma região enquanto, em outros casos, estão amplamente separadas? A biogeografia histórica, dessa maneira, aborda questões que envolvem períodos de longa duração, intervalos de tempo evolucionários, em grandes áreas, frequentemente globais, com *taxa* em nível superior ao de espécie e *taxa* que estão extintas.

Devido à natureza diferente de plantas e de animais, os caminhos pelos quais as biogeografias ecológica e histórica foram investigadas e compreendidas têm diferido para os dois grupos. As plantas são estáticas e, portanto, sua forma e seu crescimento são mais fortemente condicionados pelo ambiente e pelas condições ecológicas do que aqueles dos animais. Assim, é muito mais fácil coletar e preservar plantas do que animais, bem como registrar as condições de solo e clima em que elas vivem. No entanto, restos fósseis de plantas são menos comuns do que de animais e também muito mais difíceis de interpretar, por diversas razões. Existem muito mais plantas floríferas do que mamíferos – perto de 450 famílias e 17.000 gêneros de plantas; 150 famílias e 1250 gêneros de mamíferos. Além disso, embora folhas, troncos, sementes, frutas e grãos de pólen das plantas floríferas possam ser preservados, é raro encontrá-los suficientemente próximos para que se possa assegurar quais folhas foram geradas de qual grão de pólen etc. Por fim, a taxonomia das plantas floríferas é baseada nas características de suas flores, que raramente são preservadas. Em contraste, os ossos fósseis dos mamíferos muito frequentemente são encontrados como esqueletos completos, tornando-se fácil enquadrá-los na família correta, o que proporciona um registro detalhado da evolução e da dispersão dessas famílias dentro de um continente e entre diferentes continentes, em intervalos de tempo geológico.

Por todas essas razões, a biogeografia do passado mais longínquo tem sido amplamente a salvaguarda dos zoólogos, ao passo que os botânicos preocupam-se mais com a biogeografia ecológica – embora estudos envolvendo pólen fóssil da Era do Gelo e de épocas pós-glaciais, facilmente relacionados a espécies existentes, tenham sido tão fundamentais na interpretação da história quanto à ecologia do passado mais recente (veja o Capítulo 12).

Na sequência da história da biogeografia, seria fácil simplesmente seguir o caminho ao longo do tempo, recontando quem descobriu o quê e quando. No entanto, é mais instrutivo, em vez de apresentar um componente de cada vez, perseguir as diferentes contribuições para seu entendimento e registrar as lições que devem ser aprendidas a partir de como os cientistas reagiram aos problemas e às ideias de seu tempo.

Biogeografia e Criação

A biogeografia, como parte da ciência do Ocidente, teve suas origens em meados do século XVIII. Naquela época, a maioria das pessoas acreditava literalmente nas afirmações da Bíblia – de que a Terra e todos os seres vivos que encontramos hoje foram criados em uma simples série de eventos. Também se acreditava que tais fatos haviam ocorrido alguns poucos milhares de anos antes e que todas as ações de Deus sempre foram perfeitas. Em consequência, os animais e plantas, considerados perfeitos, nunca mudaram (evoluíram) ou foram extintos, e o mundo sempre foi como o percebemos hoje. A história da biogeografia, entre aquele momento e meados do século XX, é a história de como essa visão limitada foi sendo aos poucos substituída pela percepção de que tanto o mundo vivo quanto o planeta em que habitava estão em constante mutação, dirigida por dois grandes mecanismos – o mecanismo biológico da evolução e o mecanismo geológico da tectônica de placas.

Assim, quando começou, em 1735, a nomear e descrever os animais e plantas do mundo, o naturalista sueco Lineu partiu do princípio de que cada um se originava de uma espécie imutável que havia sido criada por Deus. Logo em seguida, porém, descobriu que havia espécies cujas características não eram tão constantes nem tão imutáveis quanto ele esperava. Embora isso o tivesse desorientado, a única coisa possível era aceitá-lo. No entanto, havia outro problema, pois, de acordo com a Bíblia, o mundo teria sido totalmente coberto pelas águas do Grande Dilúvio, de tal forma que todos os animais e plantas que vemos hoje em dia deveriam ter se espalhado a partir do ponto em que a Arca de Noé atracou, no Monte Ararat, no leste da Turquia. Ingenuamente, Lineu sugeriu que os diferentes ambientes encontrados em diferentes altitudes, desde a tundra até os desertos, teriam sido colonizados por animais da arca à medida que as águas recuavam e, progressivamente, teriam descoberto níveis de terra cada vez mais baixos. Lineu registrou em qual tipo de ambiente cada espécie fora encontrada e, assim, deu início ao que hoje denominamos biogeografia ecológica. Apesar de ter registrado igualmente os locais prováveis onde cada espécie era encontrada, ele não sintetizou essas observações na descrição dos grupos de fauna e flora dos diferentes continentes ou regiões.

A primeira pessoa a perceber que diferentes regiões do mundo continham agrupamentos de organismos diferentes foi o naturalista francês Georges Buffon. Esta importante percepção veio a ser conhecida como **Lei de Buffon**. Em diferentes edições do seu livro *Histoire Naturelle* [2], publicado em vários volumes a partir de 1761, Buffon identificou algumas características da biogeografia mundial e propôs explicações cabíveis. Observou que muitos mamíferos da América do Norte, tais como ursos, cervos, esquilos, ouriços e toupeiras, também eram encontrados na Eurásia, e salientou que eles só poderiam ter se deslocado entre esses dois continentes através do Alasca, quando os climas eram mais quentes do que hoje. Aceitou que alguns animais, como o mamute, haviam sido extintos. Buffon também percebeu que muitos mamíferos tropicais da América do Sul são diferentes daqueles encontrados na África. Ao aceitar que todos eles foram criados no Velho Mundo, sugeriu que os dois continentes teriam sido, em algum momento, adjacentes ou contínuos e que então os diferentes mamíferos dispersaram-se em busca de áreas mais adequadas à sua sobrevivência. Apenas mais tarde o oceano teria separado os dois continentes e as duas faunas, hoje distintas, enquanto algumas outras diferenças deviam ter sido ocasionadas pela ação do clima. Buffon também empregou registros fósseis para reconstruir uma história da vida que poderia, facilmente, se estender por dezenas de milhares de anos. Apenas a última parte teria testemunhado a presença de seres humanos e incluiria períodos anteriores, nos quais a vida tropical teria coberto áreas que hoje são temperadas ou mesmo subárticas.

Buffon sentia nitidamente que deveria guiar-se pelo estudo dos fatos, e isto o direcionou para a aceitação de que a geografia, os climas e até a natureza das espécies não eram rígidos, mas mutáveis e, assim, propôs que os continentes deviam mover-se lateralmente e que os mares ultrapassavam seus limites. Esta foi uma dedução visionária e verdadeiramente digna de registro para ser feita no final do século XVIII. Desta maneira, Buffon reconheceu, teceu comentários a respeito e tentou explicar muitos fenômenos que tantos pesquisadores depois dele ignoraram ou apenas registraram sem comentários. Suas observações sobre as diferenças entre mamíferos das duas regiões logo seriam estendidas às aves terrestres, aos répteis, aos insetos e às plantas.

A Atual Distribuição da Vida

À medida que os exploradores e naturalistas do século XVIII revelavam mais e mais do mundo, também ampliavam os horizontes da própria biogeografia, descobrindo uma imensa diversidade de organismos. Por exemplo, em sua segunda viagem ao redor do mundo, entre 1772 e 1775, o navegador britânico Capitão James Cook levou o botânico britânico Joseph Banks e o alemão Johann Reinhold Forster, juntamente com seu filho Georg Forster, que coletaram milhares de espécies de plantas, muitas das quais eram novidade para a ciência. Forster descobriu que a Lei de Buffon se aplicava às plantas tanto quanto aos animais e também a qualquer região do mundo que estivesse separada de outras por barreiras geográficas ou climáticas [3]. Percebeu ainda que havia o que hoje denominamos gradientes de diversidade (veja o Capítulo 4), ou seja, que havia mais espécies de plantas próximas ao equador, e que estas diminuíam progressivamente em quantidade à medida que se caminhava para os polos. Como veremos, Forster fez as primeiras observações de biogeografia insular.

Os conceitos de biogeografia ecológica, regiões botânicas e biogeografia insular foram todos reconhecidos no final do século XVIII. No entanto, ainda era generalizadamente aceita a ideia de que poderia haver pouca ou nenhuma mudança na natureza das espécies ou nos padrões geográficos mundiais. Como consequência, esses novos naturalistas ainda se esforçaram muito para explicar a existência de todas essas floras distintas, amplamente dispersas pela superfície da Terra. A explicação mais plausível talvez tenha sido a do botânico alemão Karl Willdenow, que em 1792 propôs a existência de um único momento de criação deflagrado simultaneamente em vários lugares. Em cada área, a flora local teria sobrevivido ao Dilúvio, recuando para as montanhas, de onde posteriormente se dispersara para as partes baixas e recolonizara sua própria porção do mundo, à medida que as águas retrocediam. Seu livro também inclui um capítulo sobre a história das plantas e observações de que seus hábitos de crescimento estavam relacionados com as condições ambientais.

Apesar do trabalho desses dois botânicos que o precederam, o alemão Alexander von Humboldt costuma ser reconhecido como o fundador da geografia das plantas, talvez por ter sido bem mais rico e por ter um porte vistoso. No entanto, Forster e Willdenow não apenas precederam Humboldt como influenciaram muito a sua vida. Foi Georg Forster quem inspirou Humboldt a tornar-se um explorador, e coube a Willdenow introduzi-lo na botânica tornando-se seu amigo eterno. Humboldt ficou famoso por sua expedição, entre 1799 e 1804, à América do Sul durante a qual escalou os 5800 m do vulcão Chimborazo – um recorde mundial de altitude que se manteve por 30 anos. Observou que a vida vegetal na montanha apresentava um zoneamento de acordo com a altitude, muito similar à variação em latitude descrita por Forster. As plantas em níveis inferiores são do tipo tropical, as dos níveis intermediários são do tipo temperado e, finalmente, as do tipo ártico são encontradas nos níveis mais elevados. Humboldt empregou o termo *associação* para descrever os grupos de plantas que caracterizavam cada uma dessas zonas biológicas; hoje em dia, é mais comum nos referirmos a elas como *formações* ou *biomas* (veja o Capítulo 3). Humboldt acreditava que o mundo era dividido em algumas regiões naturais, cada qual com seus respectivos grupos de animais e plantas. Ele foi o primeiro a insistir em que mesmo as observações biológicas deveriam incluir dados precisamente registrados, detalhados e acurados. Em 1805, publicou uma narrativa meticulosa de suas observações botânicas, parte de uma série de 30 volumes, registrando suas descobertas no Novo Mundo [4].

Outro antigo botânico foi Augustin de Candolle, de Genebra, que, em 1805, junto com Lamarck, publicou um mapa que mostrava a França dividida em cinco regiões florísticas com condições ecológicas diferentes. Mais tarde, Candolle passou a estudar a dispersão de plantas pela água, pelo vento, ou pela ação de animais, destacando que esses meios poderiam ter dispersado as plantas até que encontrassem as barreiras do mar, de desertos ou de montanhas. Candolle também foi o primeiro a perceber que outro fator limitante era a presença de outras plantas concorrentes daquelas. O resultado desse processo poderia ser o surgimento de regiões que, embora pudessem conter uma variedade de zonas climáticas e ambientes ecológicos, eram distintas umas das outras por conterem plantas restritas àquela área e para as quais ele cunhou o termo "**endêmicas**" (veja o Capítulo 2). A distinção entre essas regiões era, portanto, dependente de suas histórias. Candolle seguiu adiante na definição de 20 dessas regiões, das quais 18 eram continentes ou partes de continentes e duas eram grupos de ilhas [5]. Também observou que algumas plantas pareciam ter distribuição mundial, que espécies pares deviam ser encontradas na Europa e na América do Norte, e que algumas *taxa* eram encontradas em regiões temperadas tanto no norte como no sul (o que ele chamou de **distribuição bipolar**). Finalmente, percebeu que outras plantas tinham uma estranha distribuição "disjunta" (veja o Capítulo 2), em localidades que eram amplamente separadas umas das outras, tais como as Próteas na África Meridional e na Austrália/Tasmânia. Candolle ainda comentou sobre as contribuições de Forster à biogeografia insular (veja o Capítulo 2).

Considerando tudo isso, Candolle deu uma poderosa e variada contribuição à botânica do início do século XIX. No entanto, não deixou nenhum mapa que ilustrasse suas observações, e a maioria dos mapas publicados por botânicos no final do século XIX, ou mesmo durante o século XX, permaneceu como simples "mapas de vegetação" – mapas das relações da vegetação com a temperatura ou com o clima. Assim, embora o botânico dinamarquês Joakim Schouw tenha sido o primeiro a classificar a flora mundial e a apresentar seus resultados em mapas [6], estes eram sobretudo mapas de distribuição de grupos específicos de plantas e não mapas de floras regionais. O mapa de Grisebach, mais detalhado e colorido, produzido em 1866, também era um mapa de vegetação. Todos esses mapas tratavam principalmente da biogeografia ecológica em vez de constituírem estudos sistemáticos da distribuição de organismos, os quais demandariam uma explicação histórica. Somente após terem ficado convencidos da realidade da evolução foi que os biólogos começaram a integrar ao seu pensamento o impacto da quarta dimensão – o tempo.

Evolução – Uma Ideia Falha e Perigosa!

Durante o final do século XVIII, muitos dos trabalhos pioneiros sobre temas biológicos e geológicos foram conduzidos na região da Europa que hoje identificamos como Alemanha, mas a Revolução Francesa, de 1789, propiciou o florescimento da ciência na França. Em certa medida, isto só se deu porque o poder da Igreja, com sua influência conservadora sobre a geração e a aceitação de novas ideias, fora decisivamente rompido. No entanto, o governo também empreendeu uma completa reorganização da ciência francesa, centrada no novo Museu Nacional de História Natural, generosamente sustentado pelo Estado e que se tornou uma fonte de ideias e debates na Europa. Um dos contratados nesse novo museu era Jean-Baptiste Lamarck. Como pesquisador veterano, ele fora levado a acreditar na existência de algum padrão e estrutura que sublinhassem todos os aspectos do mundo físico e biológico – um pensamento comum a vários pesquisadores do século XVIII a respeito de fenômenos naturais. Assim, deveria ser possível reconhecer uma "escala biológica" na qual diferentes grupos de organismos poderiam ser alocados em posições "inferiores" ou "superiores" de acordo com o nível de "perfeição" de sua organização – obviamente, com os seres humanos no ápice dessa estrutura resultante! Em 1802, Lamarck sugeriu que os organismos "inferiores" poderiam ser também encontrados mais cedo no tempo e que poderiam, gradualmente, mudar para formas "superiores" devido à "tendência, inerente à vida, de aprimorar-se" [7]. Dessa maneira, não havia necessidade de propor que organismos fósseis estivessem extintos, pois era possível que tivessem evoluído para descendentes diferentes e talvez ainda vivos.

Tudo isto foi vigorosamente combatido pelo grande Georges Cuvier, um dos novos e jovens pesquisadores designados para o museu e fundador da ciência da anatomia comparada. Cuvier utilizou esse novo ramo da ciência para provar que grandes mamíferos fósseis, como os mamutes da Europa e da América do Norte e a preguiça-gigante da América do Sul, assim como muitos outros, originaram-se de espécies inteiramente diferentes das existentes hoje e que foram extintas [8]. Ele também acreditava que seus detalhados estudos anatômicos mostrariam que até essas criaturas teriam sido adaptadas a seus ambientes de modo completo e estável. Nesse caso, sua extinção dever-se-ia a uma rápida e catastrófica mudança no ambiente. Assim, para Cuvier a teoria de Lamarck, de uma transformação contínua, era profundamente inaceitável, porque, com suas sugestões de que os organismos eram flexíveis e mutáveis, Lamarck desafiava as convicções de Cuvier de que, ao contrário, eram irrevogavelmente adaptados ao ambiente em que existiam. Cuvier opôs-se, portanto, aos pontos de vista de Lamarck, porque duvidava da opinião de extinção dele (o que talvez fosse compreensível). Mas isso infelizmente também o levou a rejeitar toda a ideia de evolução que Lamarck tinha defendido – assim descartando a teoria de evolução lamarckiana.

Em uma argumentação, é sempre muito conveniente quando a visão de seu oponente é defendida por outra pessoa de menor habilidade. As ideias de Lamarck foram sustentadas por outro pesquisador do museu, Geoffroy St. Hilaire. Ao longo dos anos 1818-1828, St. Hilaire propôs correspondências evolucionárias e ligações entre animais tão diferentes quanto peixes e cefalópodes (polvos, lulas etc.) [9], mas suas ideias foram ridicularizadas por outros zoólogos. De modo semelhante, sua proposta de sequência evolutiva dos fósseis colocou-os em uma posição contraditória com a sequência das rochas em que eram encontrados. Assim, foi fácil para Cuvier promover um ataque arrasador a St. Hilaire, o que teve o efeito de desacreditar Lamarck e todas as ideias sobre evolução. Na Inglaterra, os argumentos em favor da evolução foram ainda mais prejudicados em 1844, quando o jornalista escocês Robert Chambers publicou um livro, *Vestiges of the Natural History of Creation*, que continha ideias surpreendentemente ignorantes. Chambers sugeria, por exemplo, que a armadura óssea de peixes fósseis ancestrais era comparável ao esqueleto externo de artrópodes (lagostas, caranguejos, insetos etc.), e que os peixes teriam, portanto, evoluído a partir deles. Os registros fósseis, progressivamente mais detalhados, que foram então sendo revelados também não davam nenhum sinal ou indicação de que a maioria dos grupos de organismos, rastreada para épocas anteriores, convergia para um ancestral comum. O fato de pessoas como St. Hilaire e Chambers sustentarem a ideia da evolução infelizmente deu a impressão de que esta estaria associada à margem lunática da ciência. Atualmente, as explicações de Lamarck para a evolução, como propostas na "tendência inerente", parecem pavorosamente fora de moda.

Quando o geólogo Robert Jameson traduziu as ideias de Cuvier para o inglês, em 1813, ele adicionou notas sugerindo que as catástrofes mais recentes, de dimensões continentais, propostas por Cuvier poderiam ser interpretadas como o Dilúvio bíblico. No entanto, o próprio Cuvier e outros cientistas, trabalhando na França pós-revolucionária, acreditavam que ciência e religião não deveriam interferir nas questões uma da outra. Na Inglaterra, as coisas eram muito diferentes. Lá, a Igreja havia se consolidado como uma instituição fortemente integrada, com poderosa estrutura hierárquica, e a entrada nas universidades (e, portanto, nas profissões) era proibida para não protestantes. Assim, tanto as autoridades do Estado (monarquia, aristocracia e os ricos proprietários de terras) como as da Igreja (bispos e o amplo clero) sentiram-se ameaçadas pelo novo modelo de ordem social da França a ponto de classificá-lo como uma maré crescente que incentivava o ateísmo, a república e a revolução. Na primeira metade do século XIX, a sociedade inglesa passava por mudanças fundamentais, alimentadas pelo desemprego resultante do fim das guerras napoleônicas e da Revolução Industrial, que traziam as pessoas do campo para cidades superpovoadas. Em meio a esse conflito, as novas ideias sobre evolução tornaram-se uma arma de que a classe média ascendente lançou mão na tentativa de conseguir entrar na universidade e, em consequência, ter acesso às profissões e segurança financeira. Como resposta, para defender seus próprios interesses, as instituições retrataram a evolução como ateística ou mesmo como herética.

Surge Darwin e Wallace

Assim, no início do século XIX, a evolução era vista como uma ideia levemente indecorosa que tinha ligações com a abordagem perigosamente anárquica sobre a estrutura da sociedade. Nesse sentido, não surpreende que o jovem Charles Darwin fosse cauteloso, reservado e relutante em publicar suas ideias quando começou a suspeitar que os problemas com que se deparara, ao tentar interpretar os padrões de vida, só poderiam ser explicados se ele invocasse a evolução. Darwin era filho de um médico razoavelmente abastado, cujo pai havia sido um ateu que acreditava na evolução – assim, a família não era exatamente proeminente. Como estudante de Cambridge, Darwin tornou-se interessado por geologia e história natural e, em 1831, foi convidado a juntar-se à tripulação de um navio do governo, o *HMS Beagle*, na função de companheiro do capitão e também como naturalista, para o que viria a ser uma viagem de seis anos para pesquisar as costas da América do Sul [10]. Vários experimentos durante essa longa viagem levaram-no a especular se, afinal, a ideia da evolução não conteria alguma verdade.

Nas Ilhas Galápagos, no Pacífico, isoladas da América do Sul por 960 km de mar, Darwin notou que os pássaros em três ilhas eram diferentes uns dos outros, sugerindo que eles se originaram independentemente das diferentes diversidades de cada ilha. Também lhe foi dito que as tartarugas-gigantes das diferentes ilhas tinham carapaças de forma diferente. Darwin também notou grandes bandos de tentilhões, com uma variedade de tamanhos de bicos; mas, como todos se alimentavam juntos, ele não conseguia decidir se havia variedades diferentes. (Somente mais tarde, quando as coleções de Darwin foram estudadas na Inglaterra pelo ornitólogo John Gould, percebeu-se que havia 13 espécies diferentes de tentilhão nas ilhas). Tudo isso sugeria que as espécies não eram, talvez, tão imutáveis como era suposto. Igualmente perturbadores foram os fósseis que Darwin encontrou na América do Sul. A preguiça, o tatu e o guanaco (o ancestral selvagem da lhama domesticada) eram, cada qual, representados por fósseis muito maiores que as suas formas vivas, mas nitidamente muito semelhantes a elas. Novamente, a ideia de que as espécies vivas descendiam de espécies fósseis era uma explicação francamente plausível, mas que contradizia a visão de que cada espécie era fruto da criação, fixo e imutável, sem relação sanguínea com nenhuma outra espécie.

Como explicamos anteriormente, Darwin não foi o primeiro a propor que os organismos seriam correlacionados entre si por mudanças evolutivas; o pesquisador britânico Alfred Russel Wallace pensava exatamente na mesma linha. (De fato, Wallace foi o primeiro a perceber e publicar o fato significante de que as espécies intimamente relacionadas também eram frequentemente encontradas próximas umas das outras geograficamente, com a clara implicação de que as duas estavam ligadas por um processo evolutivo.) No final, o recebimento de uma carta de Wallace, até então trabalhando nas Índias Orientais, estimulou Darwin a finalizar e publicar suas ideias, depois de muitos anos de angústia por sua possível recepção hostil pelas seções vociferantemente antievolutivas da sociedade britânica. (É interessante notar que, no caso dos dois pesquisadores, foi a observação dos padrões de distribuição individual de espécies animais, como a biogeografia, que os levou a considerar a possibilidade de evolução.) A grande descoberta dele foi deduzir o mecanismo motriz da evolução – a seleção natural.

Qualquer par de animais ou plantas produz mais descendentes do que seria necessário, simplesmente para substituir esse par. Deve, portanto, haver competição pela sobrevivência entre os descendentes. Além disso, esses descendentes não são idênticos entre si, mas variam ligeiramente nas suas características. Inevitavelmente, algumas dessas variações se mostrarão mais adequadas ao modo de vida de um organismo do que outras. Os descendentes que têm essas características favoráveis então terão uma vantagem natural na competição da vida, e tendem a sobreviver às custas de seus parentes menos afortunados. Para sua sobrevivência e eventual acasalamento, o processo de seleção natural levará à persistência dessas características favoráveis na próxima geração. (Mais detalhes sobre como isso ocorre é abordado no Capítulo 6.)

A ideia de seleção natural foi anunciada por pequenos artigos de Darwin e Wallace, lidos em reunião da Sociedade Lineana de Londres, em 30 de junho de 1858; e Darwin rapidamente publicou seu grande livro no ano seguinte [11]. Não há dúvida de que Darwin deve compartilhar com Wallace o crédito por identificar a seleção natural como o mecanismo de evolução e identificar os padrões da biogeografia como a evidência para a evolução. No entanto, tem sido dada a Darwin – seu livro *A Origem das Espécies* – a maior parte do crédito pela aceitação, quase imediata, da realidade da evolução. Para Darwin, tinham passado 40 anos do seu retorno da viagem no *Beagle* em pesquisas detalhadas sobre muitas outras áreas da biologia que forneceram provas para a evolução (veja Boxe 6.3); e ele publicara essa pesquisa em 19 livros e centenas de artigos científicos. Os fundamentos desse trabalho foram apresentados em seu grande livro (que esgotou imediatamente na publicação e teve que ser reimpresso duas vezes em seu primeiro ano) e foi muito mais convincente por sua variedade e detalhe do que os papéis curtos lidos à Sociedade Lineana.

A teoria da seleção natural de Darwin era extremamente lógica e persuasiva. Seus estudos, sobre as maneiras pelas quais os reprodutores de animais tinham sido capazes de modificar as características anatômicas e comportamentais dos cães e pombos, proporcionaram um paralelo ao que ele acreditava ter acontecido na natureza durante longos períodos, e foi mais convincente. Mas, segundo seus críticos, todas essas diferentes raças de cães ou pombos ainda eram capazes de reproduzir-se umas com as outras, o que não apoiava a sugestão de Darwin de que essa era a maneira pela qual novas espécies podiam aparecer. Nem Darwin poderia explicar precisamente como as diferentes características eram controladas e passadas de uma geração para outra. Na verdade, o fundamento da maneira como tudo isso ocorreu tinha sido descoberto pelo monge austríaco Gregor Mendel, em 1866, mas seu trabalho permaneceu despercebido até o início do século seguinte. Assim, nossa ciência moderna da genética ainda era um livro fechado. Além disso, Darwin não entendia a natureza das espécies. Em geral considerava-se, na época, que cada espécie era inatamente estável e resistente à inovação – que teria impedido a ação da seleção natural ao tentar alterar suas características. De fato, agora sabemos que a aparência contínua de caracteres modificados ou "mutações" (veja o Capítulo 6) poderia alterar rapidamente a natureza de qualquer espécie, e é apenas a ação contínua da seleção natural que remove a maioria daquelas determinadas espécies de aparência constantemente imutável.

Outro problema para Darwin era que a maioria das pessoas acreditava que a Terra tinha apenas alguns milhares de anos. Isso ocorreu, em parte, porque alguns teólogos consideravam que passagens da Bíblia poderiam ser interpretadas como indicativo de que a Terra havia sido criada há apenas 8000 anos e, talvez mais fundamentalmente, porque poucas pessoas poderiam imaginar os enormes períodos de tempo que era, de fato, necessário para que a evolução ocorresse. No entanto, o geólogo britânico Charles Lyell argumentou que muitas linhas de evidência sugerem que a Terra deve ter muitos milhões de anos de idade [12]. Estes incluíram a evidência de que os níveis do mar haviam mudado muito ao longo do tempo, a presença de fósseis marinhos em níveis elevados nas montanhas, a presença de depósitos tropicais como carvões ou arenitos do deserto nas regiões agora temperadas e, ainda mais dramaticamente, o tempo requerido para elevar grandes cadeias de montanhas, como Himalaia, Rochosas ou Andes. Mas esse argumento foi enfraquecido pelo trabalho do físico J.J. Thompson que, baseando seu trabalho em cálculos sobre as estimativas da taxa de resfriamento da Terra de um estado fundido original, concluiu finalmente que tinha menos de 10.000 anos. Thompson não sabia, naturalmente, que a maior parte do calor da Terra continuava proveniente da radioatividade, pois isso foi descoberto apenas no século XX, levando à eventual compreensão de que a Terra teria vários bilhões de anos de idade. Portanto, como qualquer cientista, Darwin era filho de seu tempo, inconsciente de descobertas futuras que poderiam ter explicado suas dificuldades.

Apesar dessas dificuldades, o conceito de evolução, e de seleção natural como seu mecanismo, foi rapidamente aceito e é agora parte da filosofia básica das ciências biológicas. Assim como a teoria da tectônica de placas é o paradigma central das ciências da Terra (veja o Capítulo 5), a teoria da evolução pela seleção natural é o paradigma central das ciências biológicas. A biogeografia fornece um exemplo surpreendente da concordância das implicações desses dois paradigmas. Por exemplo, as datas que a teoria das placas indica para as diferentes ilhas da cadeia havaiana são semelhantes às que os estudos evolutivos indicam para seus animais e plantas. A maneira pela qual a biogeografia fornece um suporte interligado para esses dois paradigmas é evidência esmagadora para a correção de cada um, dando a eles uma posição única nas ciências naturais.

Planisférios: as Regiões Biogeográficas de Plantas e Animais

Graças a Darwin e a Wallace, o mecanismo que explicava os aspectos biológicos dos fenômenos foi finalmente compreendido e aceito. Esse mecanismo (a genética) ainda estava por ser identificado e ainda levaria outro século antes que o mecanismo da geologia fosse descoberto. Apesar disso, agora estava claro que algumas diferenças entre floras e faunas de continentes separados deveriam ser o resultado de histórias evolucionárias também separadas. O botânico alemão Adolf Engler (1879) foi o primeiro a produzir um planisfério detalhado e compreensível (Figura 1.1) mostrando os limites de distribuição de floras regionais distintas [9] – embora seu mapa também apresentasse os diferentes tipos de vegetação em cada uma das grandes áreas. Ele identificou quatro grandes regiões florais ou "domínios", no mundo, e ensaiou traçar a história de cada um deles até o que hoje denominamos Era do Mioceno do Período Terciário,* talvez há 25 milhões de anos (veja a Figura 5.5). Engler também leu sobre o trabalho do botânico britânico Joseph Hooker, que havia encontrado muitas semelhanças entre as floras dos continentes e as ilhas do Hemisfério Sul, e sugeriu que estas poderiam ser explicadas, em parte, pela dispersão de sementes flutuantes. Isto levou Engler a distinguir o que ele chamou de um *Antigo Reino Oceânico*. Exceto por modificações comparativamente pequenas [14-16], o sistema de regiões de plantas aceito hoje em dia (Figura 1.2a) é muito similar ao de Engler; ninguém ainda apresentou nenhuma comparação sistemática e contraste de composição das floras desses diferentes domínios [17]. Engler também foi surpreendentemente perceptivo ao compreender que os remanescentes de uma única flora, que ele denominou *Flora Oceânica Ancestral*, encontravam-se dispersos por ilhas na porção mais ao sul do mundo. (Passar-se-iam 80 anos antes que o movimento e a fragmentação dos continentes fossem aceitos e explicassem esses surpreendentes padrões de distribuição.)

A zoogeografia também vinha sendo desenvolvida desde o século XIX, mas com uma ênfase um pouco diferente. Pelo fato de serem animais de sangue quente, grupos dominantes como as aves e os mamíferos eram fortemente isolados das condições ambientais circundantes e frequentemente encontrados em uma grande variedade de ambientes. Assim, diferentemente das plantas, eles não apresentavam uma forte correlação com a ecologia local. Mesmo os primeiros zoogeógrafos como, Prichard, em 1826 [18], e Swainson, em 1835 [19], estavam livres para se preocuparem com a distribuição em escala mundial e reconheceram seis regiões correspondentes aos continentes. Isto foi formalizado pela primeira vez, em 1858, pelo ornitólogo britânico Philip Sclater [20], que fundamentou seu sistema na distribuição do grupo de aves mais bem-sucedido, os pássaros, ou "passeriformes", pois ele considerava que esse grupo era menos hábil do que outros pássaros em se deslocar de um lugar para outro. Ele acreditava que todas as espécies haviam sido criadas dentro da área na qual são encontradas hoje; assim, comparações entre diferentes faunas locais de aves deveriam identificar onde se situavam seus centros de criação. (Sclater acreditava ainda que isto deveria revelar onde foram criadas as diferentes raças de seres humanos.) Como era comum naquela época, Sclater forneceu nomes clássicos para as seis áreas continentais que identificara, mas, embora tenha listado ou descrito as áreas incluídas em cada região, não desenhou nenhum mapa para ilustrar suas conclusões.

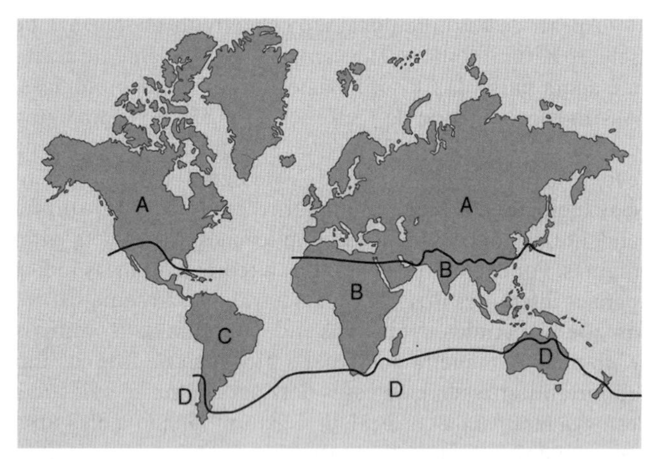

Figura 1.1 Domínios botânicos mundiais segundo Engler [3]: A, Domínio boreal extratropical; B, Domínio paleotropical, estendendo-se desde a África até as Índias Orientais; C, Domínio sul-americano; e D, Domínio do Velho Oceano, estendendo-se da costa chilena, via Sul da África, ilhas do Atlântico Sul e Oceano Índico até a Austrália e parte da Nova Zelândia.

O esquema de Sclater, incluindo os nomes propostos, foi aceito pelo homem que, sem sombra de dúvida, foi o maior zoogeógrafo do século XIX: Alfred Russel Wallace. Ele passou a vida colecionando peles de aves, borboletas e besouros nas Índias Orientais e os vendendo a naturalistas. (Wallace já havia feito extensas coleções na Floresta Amazônica.) Tal como ocorrera com Darwin, suas viagens e coleções levaram-no a se interessar por seus padrões de distribuição a ponto de expandir o sistema de Sclater incluindo a distribuição de mamíferos e outros vertebrados (Figura 1.2b). Devido ao padrão das barreiras de oceanos, desertos e montanhas, entre regiões zoogeográficas, a única área que possui superposição significativa entre faunas de regiões adjacentes é precisamente onde Wallace estava trabalhando – na cadeia de ilhas das Índias Orientais, entre a Ásia e a Austrália. Wallace ficou fascinado pela inesperada e abrupta linha de demarcação norte-sul que separava as ilhas mais ocidentais, que possuíam uma fauna esmagadoramente oriental, daquelas ao leste que possuíam, igualmente, esmagadora fauna australiana. Seu mapa e a "Linha", que recebeu nome por pesquisadores que vieram depois dele, têm sido, desde então, amplamente aceitos por zoogeógrafos (veja a Figura 11.9).

Embora Wallace tenha sido lembrado como o homem que deduziu o mecanismo da evolução por seleção natural de diversas maneiras, o grande mérito de Wallace é ter sido um profundo pensador e ter contribuído para os fundamentos da zoogeografia. Seus livros *The Malay Archipelago*, *The Geographical Distribution of Animals* e *Island Life* [21-23] foram lidos por muitas pessoas e exerceram grande influência, sendo Wallace identificado ou comentado por muitos aspectos da biogeografia que nos ocupam até hoje. Entre esses aspectos incluem-se os efeitos do clima (particularmente as mudanças mais recentes), extinção, dispersão, competição, predação e radiação adaptativa; a necessidade de conhecer faunas do passado, fósseis e estratigrafia, assim como aspectos atuais; e muitos aspectos da biogeografia insular (veja o texto a seguir); e a possibilidade de que a distribuição de organismos possa indicar migrações passadas sobre conexões de terras ainda existentes ou já desfeitas. Wallace e Buffon foram verdadeiramente os gigantes no desenvolvimento da zoogeografia.

*De acordo com a Comissão Internacional de Estratigrafia, os termos Terciário e Quaternário foram abolidos da nomenclatura formal. A terminologia atualmente empregada refere-se aos Períodos Neógeno e Paleógeno. (N.T.)

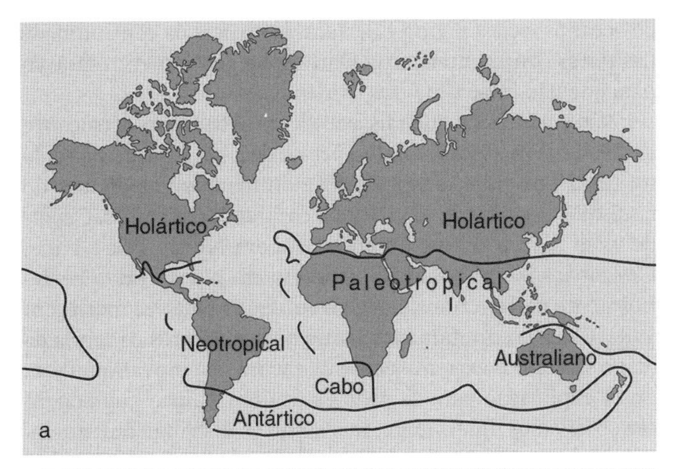

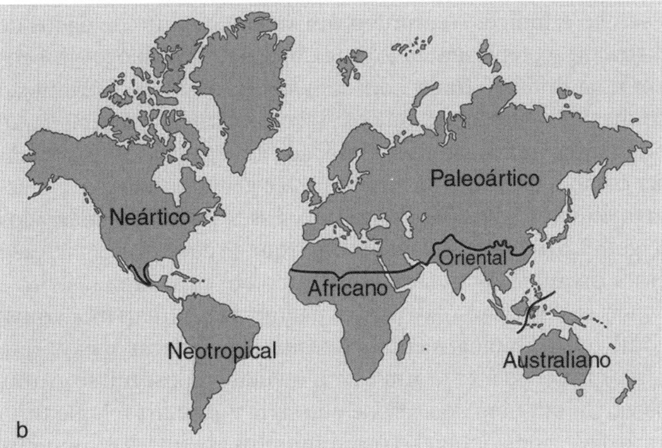

Figura 1.2 (a) Reinos florísticos, segundo Good [15] e Takhtajan [16]. (b) Regiões zoogeográficas, segundo Sclater [20] e Wallace [22]. Fonte: Cox [17]. (Reproduzida com autorização de John Wiley & Sons.)

Uma Volta pelo Mundo

O aceite final da evolução proporcionou uma nova importância à biogeografia e postulou novos problemas que persistiram ao longo dos séculos antes que a mecânica da contrapartida geológica, a deriva continental ou tectônica de placas, fosse revelada. Se Darwin (e Wallace) estivessem certos, novas espécies surgiriam em um local específico e se dispersariam a partir dali formando os padrões geográficos que observamos hoje, exceto onde estes foram modificados por comparativamente menores alterações no clima ou nível do mar. Este conceito de **dispersalismo**, portanto, pressupõe que, quando um táxon ou dois *taxa* relacionados são encontrados em ambos os lados de uma barreira para sua propagação, é porque eles foram capazes de atravessar essa barreira após sua formação.

No entanto, isso era inadequado para explicar muitos dos fatos da biogeografia mundial, especialmente alguns que foram revelados pela rápida expansão do conhecimento nos padrões de distribuição no passado. Poder-se-iam invocar as ilhas de vegetação flutuante, lama nos pés das aves, ou ventos muito violentos para explicar a dispersão entre ilhas ou qualquer outra região isolada hoje em dia. Mesmo um antigo amigo de Darwin, o botânico Joseph Hooker, que viajou e fez grandes coletas em terras continentais e em ilhas do hemisfério sul, acreditava que essas explicações eram pouco convincentes. Hooker tornou-se membro de um grupo que insistia em acreditar que muitas semelhanças entre plantas e animais, tanto dos continentes austrais separados quanto da Índia, só poderiam ser explicadas pelo fato de eles terem sido conectados, algum dia, ou por estreitas pontes terrestres ou por largas faixas de terra seca, através dos atuais Oceanos Atlântico e Índico. Contudo, mesmo no final do século XIX, esta teoria foi rejeitada como uma explicação excêntrica para a qual não havia evidência geológica.

Além disso, o passado vinha proporcionando mais e mais exemplos de padrões de distribuição intrigantes. Por exemplo, 300 milhões de anos atrás, a planta *Glossopteris* existia na África, Austrália, Antártida, sul da América do Sul e, mais surpreendentemente, na Índia (Figura 1.3). Uma ligação entre todas essas áreas foi proposta naquele momento também pelo fato de todas conterem depósitos de carvão mineral e traços de uma grande glaciação. Esses fatos, juntamente com as semelhanças no recorte litorâneo das costas das Américas, Europa e África, com as semelhanças na natureza das rochas e detalhes estratigráficos das rochas ao longo dessas linhas costeiras foram os fatores que conduziram o meteorologista alemão Alfred Wegener a apresentar sua teoria de deriva continental em 1912 [24]. Wegener propôs que todos os continentes atuais foram originalmente parte de um único supercontinente, a **Pangeia** (Figura 1.4). No entanto, como observamos no início deste capítulo, na falta de qualquer mecanismo conhecido que pudesse fragmentar ou movimentar continentes inteiros, suas proposições não foram aceitas nem pelos geólogos nem pelos biólogos. Ao contrário,

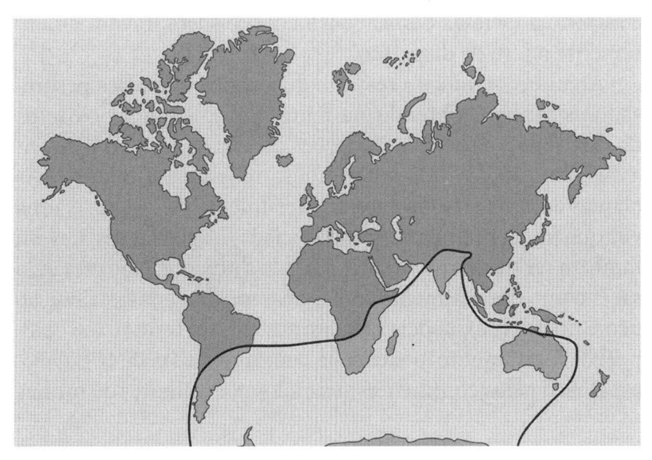

Figura 1.3 Distribuição da flora de *Glossopteris* (área com um tom de cinza mais claro).

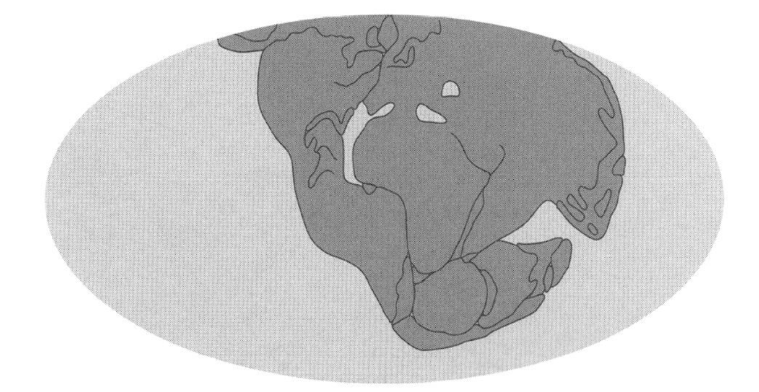

Figura 1.4 Como as massas terrestres estavam originalmente agrupadas para formar o supercontinente Pangeia, segundo Wegener. (Compare com a Figura 10.1 para ver a moderna reconstrução tectônica de placas de Pangeia.)

esses biogeógrafos retornaram às defesas progressivamente mais desesperadas da dispersão como única explicação possível para os padrões de distribuição.

Isto foi especialmente verdadeiro no que o botânico Leon Croizat chamou de "Escola Nova-Iorquina de Zoogeógrafos", um grupo de zoólogos de vertebrados fundado por Walter Matthew. Em seu artigo de 1924, intitulado *Climate and Evolution* [25], Matthew sugeriu que todos os padrões de distribuição de mamíferos poderiam ser explicados se os diferentes grupos tivessem sido originários dos desafiadores ambientes do Hemisfério Norte. A partir desse local, teriam se dispersado pela intermitente ponte terrestre de Bering para as Américas e na direção sul, para os vários continentes do Hemisfério Austral. Provavelmente, um dos últimos membros influentes dessa "Escola" foi George Simpson, que escreveu não apenas vários artigos sobre paleontologia de mamíferos e biogeografia [26], como muitos livros importantes sobre a teoria da evolução. Simpson não tinha dúvidas de que os padrões de distribuição de mamíferos poderiam ser perfeitamente explicados sem a necessidade de invocar a deriva continental. (Isto era, em grande parte, verdadeiro para a radiação de famílias de mamíferos vivos que ocorreu logo após a fragmentação da Pangeia; apenas a presença de marsupiais não placentários na Austrália representava um problema.) Juntamente com outros pesquisadores, como o herpetólogo Karl Schmidt, George Myers (que trabalhou com peixes de água doce) e o zoogeógrafo Philip Darlington (que em 1957 escreveu um importante e influente livro-texto sobre zoogeografia [27]), produziram um conjunto convincente e coeso de opiniões, inteiramente contrário à ideia da deriva continental e sustentavam ardentemente a tese da dispersão.

Algumas opiniões a respeito do alcance que esses pesquisadores vinham obtendo na tentativa de explicar os fatos da distribuição são as afirmações de Darlington ao discutir a distribuição da *Glossopteris* (descrita anteriormente): "As plantas devem ter se dispersado parcialmente pelo vento e, uma vez que frequentemente estão associadas às glaciações, devem também ter sido transportadas por gelo flutuante. Não pretendo saber como elas realmente se dispersaram, mas sua distribuição não é uma boa evidência da continuidade da terra firme" [28, p. 193]. Certamente, poder-se-ia pensar que essa distribuição, espalhada pelos continentes separados por milhares de milhas de oceanos (veja a Figura 1.3), *seria* evidência da continuidade das terras continentais, mas Darlington não forneceu motivo para que não fosse uma *boa* evidência.

Não surpreende que tais atitudes provocassem oposição, e isto remetia mais fortemente à pessoa de Leon Croizat. Nascido na Itália em 1894, sua vida foi dominada pelos efeitos do fascismo, da guerra de 1914-1918 e da Grande Depressão. Depois de viver algum tempo como artista em Nova York e Paris, Croizat tornou-se botânico, de início em Nova York e posteriormente na Venezuela, onde viveu, de 1947 até sua morte, em 1982. Croizat corretamente sentia que os adeptos da teoria da dispersão iam a extremos em sua recusa de aprovar qualquer outra explicação para os padrões de distribuição que podem ser observados atualmente, tais como as distribuições amplamente disjuntas de muitas *taxa*, especialmente nos Oceanos Pacífico e Índico. Acumulou um vasto conjunto de dados de distribuição, representando cada um dos padrões biogeográficos em uma linha ou **traço**, conectando suas áreas de distribuição conhecidas. Descobriu que os traços, relativos a muitas *taxa*, originárias de uma grande variedade de organismos, poderiam ser combinados para formar um **traço generalizado** que conectava diferentes regiões do mundo. Esses traços generalizados (Figura 1.5) não se ajustavam com o que se deveria esperar, caso esses organismos tivessem evoluído em uma área restrita e depois se dispersado dali para os padrões geográficos modernos, como outros biólogos então acreditavam. Croizat achava que seria surpreendente se um *táxon* qualquer conseguisse cruzar os vazios por obra do acaso, e que seria inacreditável que uma variedade considerável, com diferentes ecologias e métodos de distribuição, fosse capaz de fazê-lo. Seu método, que ele chamou de **panbiogeografia**, provava que todas as áreas conectadas por uma dessas faixas tinham originalmente formado uma única área contínua que foi habitada pelos grupos envolvidos. Portanto, essa teoria rejeitou tanto o conceito de origem em uma área limitada, como o conceito de dispersão entre locais subsidiários dentro dessa área. No entanto, tendo rejeitado o uso fácil da dispersão como explicação de cada exemplo de padrão de distribuição transbarreira, Croizat foi para o outro extremo e rejeitou completamente a dispersão em qualquer modelo ou forma, embora, confusamente, usasse a palavra "dispersão" em um sentido diferente, como descrevendo o padrão de distribuição de um táxon.

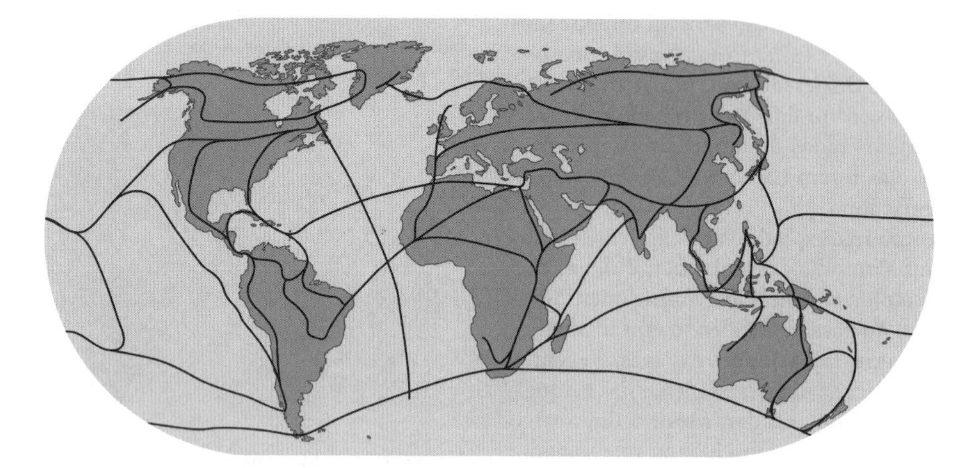

Figura 1.5 Croizat estudou os padrões de distribuição de muitas *taxa* não relacionadas e para cada uma delas ele traçou uma linha ou "traço" no mapa que liga áreas nas quais eles foram encontrados. Em muitos casos, essas linhas estão em posições muito similares e podem ser combinadas formando "traços generalizados", mostrados aqui.

Em vez disso, Croizat acreditava que os organismos *sempre* ocuparam as regiões em que são encontrados atualmente, e também nas áreas intermediárias, todas colonizadas por dispersão lenta por meio de terrenos contíguos. Assim, surgiu a flora de cadeias de ilhas isoladas, como as Ilhas Havaianas, ou os padrões dispersos de distribuição de plantas nas bordas do Pacífico, ao longo das Américas do Norte e do Sul, porque, pelo menos uma vez, faixas de terra ligaram todas essas áreas ou porque as ilhas que continham as plantas moveram-se para se fundir com o continente. Croizat acreditava que quaisquer barreiras, tais como montanhas ou oceanos, hoje existentes entre os padrões de distribuição de *taxa* surgiram após o padrão ser estabelecido, de tal modo que essas *taxa* nunca precisaram transpô-las – um conceito que veio a ser conhecido como **vicariância**. Nessa medida, as teorias de Croizat anteciparam o caminho pelo qual a tectônica de placas iria proporcionar uma contribuição geológica à dispersão dos organismos.

Croizat publicou suas ideias nos anos 1950 e 1960, sendo sua principal publicação o livro *Panbiogeography* [29], de 1958 – mas pouca atenção foi dada ao seu trabalho. Tal fato deveu-se não apenas ao domínio da "Escola Nova-Iorquina", com sua posição pró-dispersionista, mas também aos diversos pontos fracos no próprio trabalho de Croizat. Ele se concentrou nos padrões de distribuição de organismos vivos, desdenhou do significado dos registros fósseis e deu pouca atenção aos efeitos das mudanças na geografia ou no clima. Além disso, devido ao fato de a ideia de estabilidade da geografia moderna ter contribuído com sucesso para salvar as heresias de Wegener, as teorias de Croizat sobre o movimento de ilhas ou sobre a expansão de massas continentais para dentro do Pacífico e do Atlântico lançaram-no no mesmo molde, o de um amador passional. Mesmo após a teoria da tectônica de placas ser bem documentada e amplamente aceita, Croizat recusou-se a aceitá-la e nunca a integrou à sua metodologia. Ele também tornou-se cada vez mais amargurado pela maneira como seu trabalho foi amplamente ignorado.

Ironicamente, o reconhecimento de algumas percepções e métodos de Croizat teve início em Nova York, onde surgiu uma nova geração de biogeógrafos que não se desenvolveu sob influência da antiga "Escola Nova-Iorquina". Croizat tinha razão, e estava à frente do seu tempo ao acreditar que, em muitos casos, a especiação teve lugar *após* uma barreira ter sido criada dentro da área de distribuição de um *táxon*. Mas, infelizmente, o pêndulo agora balançou para o extremo oposto – em vez de "Dispersão explica tudo", sua atitude era "Vicariância explica tudo", e dispersão é apenas ruído aleatório no sistema. Ainda mais infelizmente, os apoiadores de Croizat também herdaram sua abordagem de confronto, e o argumento entre os defensores da dispersão e os defensores da vicariância tornou-se cada vez mais áspero. (Um dos problemas que subjaziam a todo este argumento poderia ter sido o fato de que a evidência disponível era, na maioria dos casos, inadequada para que qualquer um pudesse provar se a dispersão ou vicariância tinham sido a causa. Embora os biogeógrafos estivessem muito conscientes disso, eles, no entanto, estavam desesperados para encontrar algum método, mesmo que não fosse perfeito, para explicar os padrões de vida que os intrigavam. Muitas vezes, aqueles que gritam mais alto são os que estão menos seguros de seu caso, e estão tentando silenciar suas próprias dúvidas como as de seus oponentes!)

Talvez o mais entusiasmado dos apoiadores de Croizat seja um grupo de biogeógrafos, cuja maioria trabalhou na Nova Zelândia, onde a origem da fauna e da flora oferece problemas particularmente difíceis. Esses panbiogeógrafos reconheceram suas tragetórias generalizadas através das bacias do oceano, referindo-se a elas como **linhas de base do oceano** (Figura 1.6), e consideraram-nas como mais úteis e importantes do que o sistema convencional zoogeográfico continental e de regiões geográficas vegetais. A metodologia do grupo também considerou a área onde um táxon é mais diversificado em número, genótipos ou morfologia como o centro a partir do qual a faixa para esse determinado táxon tinha irradiado – um pressuposto perigoso. O autor deste capítulo (Barry Cox) revisou a história e o desenvolvimento da escola neozelandesa de panbiogeógrafos [30], John Grehan um dos que responderam a essas críticas [31]. Mais recentemente, o biogeógrafo mexicano Juan Morrone escreveu a defesa do conceito de análise de traços [32].

O longo e complexo argumento entre dispersão e vicariância só terminou com o surgimento de novas técnicas moleculares de estabelecimento dos padrões de relacionamento

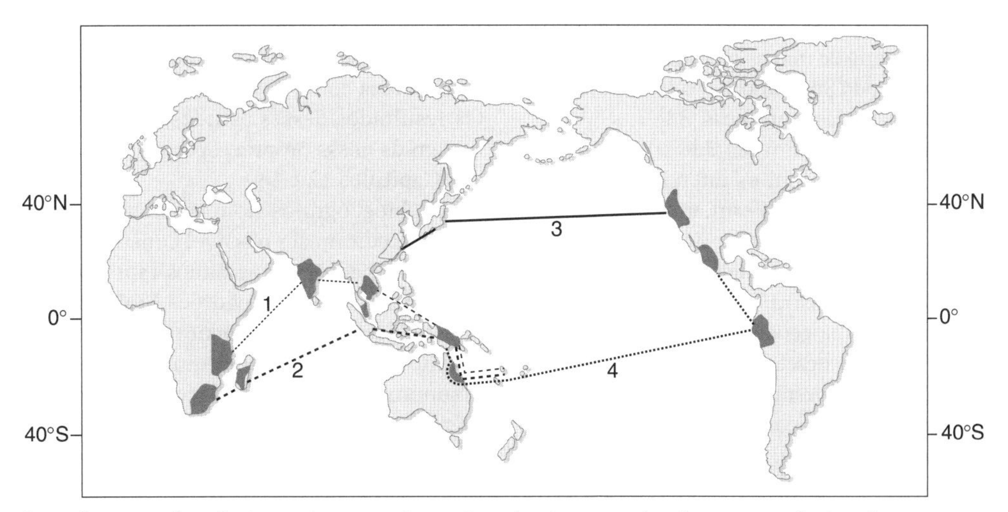

Figura 1.6 Método panbiogeográfico de Craw. Os traços ligam áreas (mais escuras) onde os *taxa* relacionados são encontrados. Os traços 1 e 2 são exemplos de uma linha de base do Oceano Índico, e os traços 3 e 4 são exemplos de linha de base do Oceano Pacífico. Adaptado de Craw [58].

dos organismos e o tempo decorrido desde a origem de cada linhagem. Isso agora nos permite comparar o momento dos eventos biológicos e dos eventos geológicos ou climáticos que poderiam ter sido associados a eles. O resultado foi, ironicamente, mostrar a prevalência da dispersão em uma extensão muito maior do que os sonhos mais otimistas dos dispersistas!

As Origens da Biogeografia Histórica Moderna

Um século após a publicação da teoria de Darwin a aceitação das ideias dele já havia revolucionado as abordagens em praticamente todos os aspectos das ciências biológicas. Essa revolução sugeriu implicitamente que os conteúdos de cada unidade biogeográfica deveriam ter-se alterado e diversificado ao longo do tempo, enquanto as descobertas de registros fósseis, em muitos casos, documentaram essas alterações. No entanto, desde que a geografia da Terra foi considerada estável, subsistiram problemas na explicação de pelo menos alguns dos padrões de distribuição disjunta. Alguns desses padrões podem ser explicados por padrões de extinção. Por exemplo, a presença de fósseis de camelos e de tapires na América do Norte e na Ásia mostra que, atualmente, a distribuição disjunta desses grupos na América do Sul e no Sudeste Asiático não precisa ser explicada por alguma teoria de *rafting* de seus membros ancestrais através do Pacífico. Mas, por outro lado, os padrões de distribuição apresentados pela antiga flora *Glossopteris*, ou atualmente pelo Reino Florífero Antártico, ainda representam uma enorme indagação: Como os organismos teriam se dispersado através dos oceanos para alcançar locais tão distantes? Como já mencionado, a teoria de Wegener sobre a deriva continental forneceu uma explicação para esse enigma no início do século XX, mas não conseguiu sugerir nenhum mecanismo convincente que pudesse ter causado o movimento e a divisão de enormes massas de terra. Como resultado, sua teoria havia sido rejeitada pela maior parte dos geólogos, e a maioria dos biogeógrafos se sentiu relutantemente obrigada a seguir sua liderança. Foi apenas nos anos 1960 que novas e fortes evidências do mecanismo da teoria de Wegener, agora reconhecido por *tectônicas de placas*, levaram à aceitação da realidade desse fenômeno (veja o Capítulo 5). Só agora os geólogos foram capazes de fornecer uma série de mapas paleogeográficos que mostraram, a partir do Período Siluriano, os padrões variáveis de associação das diversas placas tectônicas [33].

Até agora, os biogeógrafos tinham tentado analisar a biogeografia do passado, de acordo com os diferentes períodos geológicos – a vida do Carbonífero, Permiano, e assim por diante. Mas, como mostram os novos mapas, houve grandes mudanças nos padrões de terra e oceano dentro desses períodos de tempo geológico. Haveria, assim, mudanças correspondentes nos prováveis padrões biogeográficos, condenando ao fracasso qualquer tentativa de detectar um padrão único de biogeografia para o tempo em questão. No entanto, os novos mapas também permitiram identificar períodos de tempo (*não* correspondentes aos períodos geológicos) dentro dos quais os padrões geográficos permaneceram constantes. Portanto, como o biogeógrafo britânico Barry Cox percebeu [34], esses mapas forneceriam a base potencial para uma análise biogeográfica apropriada, se a eles fossem acrescentados os padrões dos mares "epicontinentais" rasos que se encontram nas bordas das placas continentais – uma vez que estas também são barreiras biológicas. Tudo o que um paleobiogeógrafo teve que fazer foi somar as faunas e floras de cada localidade dentro de cada um dos paleocontinentes resultantes. Pela primeira vez, os resultados fizeram sentido, e os elementos dessas faunas e floras mostraram evidências claras de endemicidade (veja o Capítulo 10) (Figura 1.7).

A teoria da tectônica de placas logo foi aceita por quase todos os biogeógrafos, mas, talvez não surpreendentemente, alguns dos mais velhos se opuseram. Por exemplo, Philip Darlington [28] rejeitou a ideia da unificação dos continentes austrais em um único supercontinente. Ele achava que tal disposição geográfica não teria proporcionado suficiente quantidade de água contígua para o desenvolvimento das capas de gelo que recobriam grande parte desse supercontinente cerca de 300 milhões de anos atrás.

Hoje, finalmente, os biogeógrafos dispõem de um conjunto de cenários da geografia mundial, coerente e com constante aumento de detalhes, que cobre vários milhões de anos. Agora eles podem começar a analisar os padrões mutantes de distribuição dos organismos vivos ao longo desse período, e descobrir as rotas históricas dos padrões biogeográficos que são observados no mundo hoje em dia. Esses resultados são revistos nos Capítulos 10 e 11. Alguns biogeógrafos têm interesse especial no passado mais recente – em parte porque ele encapsulou a origem e a dispersão da nossa própria espécie. No entanto, esse período demandava técnicas de investigação um pouco diferentes por incluir a Era do Gelo, com seus amplos efeitos de oscilações no clima e no nível do mar. Por fim, foi descoberto que a evidência mais confiável dos padrões gerais de mudança climática poderiam ser deduzidos de estudos de isótopos de oxigênio em carcaças de microfósseis vegetais encontradas em núcleos de sedimentos no assoalho de oceanos profundos. O norte-americano Cesare Emiliani foi, em 1958, o primeiro a proporcionar curvas de temperatura confiáveis para os 700.000 anos passados. Mas, na tentativa de relacionar essas mudanças gerais com mudanças climáticas locais em terra, os biólogos tiveram que se valer de pólen fóssil, uma técnica proposta pelo pesquisador sueco Gunnar Erdtmann e do pesquisador britânico Harry Godwin nos anos 1930 [35]. O pólen de diferentes espécies de plantas é frequentemente reconhecido e bem preservado em sedimentos encontrados em turfa ou depósitos lacustres, de maneira que seu estudo mostra com clareza como a vegetação da área gradualmente mudou. Os resultados desses estudos, e suas implicações quanto à origem da nossa própria espécie e da civilização, são tratados nos Capítulos 12 e 13.

Os biogeógrafos hoje possuem as ferramentas com as quais acreditam ser possível construir correlações satisfatórias entre padrões geográficos tanto com os padrões climáticos quanto com os padrões biológicos. No entanto, isto ainda é desapontadoramente difícil de ser atingido, porque taxonomistas diferentes têm opiniões distintas quanto à taxonomia (e, assim, quanto aos padrões de evolução) dos organismos envolvidos. Duas inovações transformaram esse problema biológico. A primeira, conhecida como cladística (veja o Capítulo 8), proporciona uma metodologia rigorosa para analisar os padrões de relacionamento evolutivo entre diferentes membros de um grupo. Entretanto, desde que as características empregadas nessa avaliação sejam as

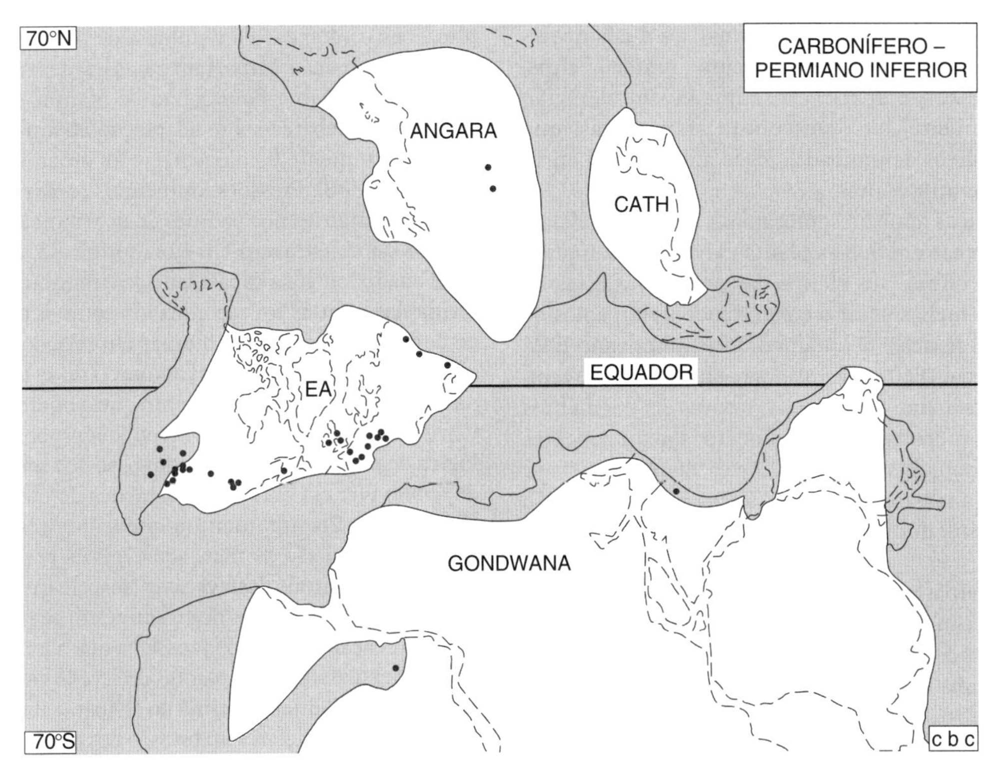

Figura 1.7 Mapa paleogeográfico do Carbonífero-Permiano Inferior, como reconstruído em 1973. Os mares e oceanos são cinza. Os pequenos círculos pretos mostram as posições de todas as localidades que contêm os primeiros vertebrados terrestres. A que foi indicada no norte da América do Sul mais tarde mostrou-se pertencer a um período posterior de tempo, enquanto aquelas no norte da Índia e na Sibéria são fragmentos duvidosos. Assim, o mapa sugere fortemente que os primeiros vertebrados terrestres evoluíram na Euramerica. As quatro floras diferentes reconhecidas por paleobotanistas (floras de Angaran, Cathaysian (CATH), Euramerican (EA) e Gondwana) também se descobriu terem vivido em paleocontinentes diferentes. Isso explica o fato de que a flora *Glossopteris*, encontrada em Gondwana, encontra-se espalhada em cinco dos continentes atuais. De Cox [34]. (Reproduzido com permissão de John Wiley & Sons.)

morfológicas, o problema ainda persiste, pois essas características podem mostrar evolução convergente ou paralela, ou poderão ser dependentes de uma causa funcional ou de desenvolvimento. Ao longo da última década, este problema foi reduzido pelo desenvolvimento de sistemáticas moleculares, que empregam características mais abstratas e fundamentais dos organismos, contidas na composição molecular detalhada de seu DNA e suas proteínas (veja o Capítulo 6). Isso não apenas fornece mais confiança na precisão de nossas reconstruções dos padrões de divergência evolutiva do grupo em estudo, mas também indica os momentos em que os diferentes eventos de ramificação ocorreram. Por sua vez, isso nos permite tomar uma decisão instruída sobre se um evento foi determinado devido à vicariância ou devido à dispersão (nos casos em que as duas explicações envolvem diferentes períodos de tempo).

Esses dois avanços permitiram grandes melhorias quanto aos métodos de estabelecer relacionamentos biológicos, e forneceram promessas de revolucionar nossa compreensão da biogeografia em todos os níveis (veja o Capítulo 8).

O Desenvolvimento da Biogeografia Ecológica

Como vimos, a biogeografia ecológica se iniciou com a simples observação de homens, tais como Lineu, que registrou em quais tipos de ambiente cada planta era encontrada, e Forster, que reconheceu os gradientes de diversidade em latitude, mais tarde comparados com os gradientes de altitude por Humboldt, e como Candolle, que apontou a importância da competição como limitadora na distribuição das plantas. No entanto, o pleno desenvolvimento desse campo de questionamentos veio muito mais tarde, principalmente no século XX, uma vez que dependia da ascensão da ciência moderna, com suas técnicas experimentais de estudos fisiológicos. Diferentemente da biogeografia histórica, sua história não se complicou, nem pela necessidade de contrapor atitudes de filosofias e religiões antagônicas, nem por ter que esperar até que dados de outros campos do conhecimento, tais como as ciências da Terra, fossem compreendidos. O desenvolvimento da biogeografia ecológica foi, contudo, fortemente aumentado pela aplicação de conceitos químicos e físicos e técnicas para a compreensão da função de plantas e animais e, consequentemente, da distribuição. O nascimento da ciência da genética no século XX, levando finalmente ao desenvolvimento da genética molecular, também expandiu os horizontes da biogeografia ecológica.

Naturalmente, foi óbvio para os primeiros botânicos que a distribuição das plantas tinha estreita relação com o clima. Na tentativa de estruturar os resultados dessa relação, eles puderam manter o foco nas demandas ambientais, na fisiologia das plantas ou no tipo de vegetação resultante. Candolle, em 1855, foi o primeiro a contribuir nesse campo de investigação, reconhecendo três diferentes tipos fisiológicos de plantas que resultaram de suas adaptações a diferentes níveis de calor e umidade. Candolle os denominou

megatherms, **mesotherms** e **microtherms,*** os quais necessitam, respectivamente, de níveis de calor e umidade altos, moderados ou baixos, e *hekistherms*, que vivem na região polar. Posteriormente, ele acrescentou as **xerófitas**, que toleram níveis baixos de umidade, desde que haja um curto período de temperaturas altas.

Logo os botânicos também começaram a analisar os efeitos da geologia das áreas em que as plantas viviam, a completa interação com o clima e os efeitos das próprias plantas ao fragmentarem as rochas nativas convertendo-as em solos de diferentes características. O botânico norte-americano E.W. Hilgard mostrou, em 1860, como plantas e clima combinavam-se para quebrar gradualmente as rochas nativas em fragmentos menores e, assim, proporcionar um aumento nos componentes do solo como produto da atividade biológica, enquanto o russo V.V. Dokuchaev analisou as características mineralógicas e físicas de solos resultantes da fragmentação de diferentes tipos de rocha.

O enfoque alternativo sobre o tipo de vegetação que resulta da ação do clima iniciou-se com o mapa de Engler (veja a Figura 1.1), que mostrou os limites de vários tipos de vegetação, embora tenha empregado um sistema de classificação confuso. O primeiro sistema, simples e claro, para classificar os diferentes tipos de vegetação foi proposto pelos botânicos alemães Hermann Wagner e Emil von Sydow em 1888 [36]. Tal sistema foi surpreendentemente precoce, pois reconheceu nove das dez categorias que ainda seriam empregadas 100 anos mais tarde, tais como tundra, desertos, *grassland,*** floresta de coníferas e floresta úmida; apenas o tipo arbustivo mediterrâneo foi omitido. Os muitos mapas e sistemas produzidos por vários pesquisadores desde então, apesar de acrescentarem diferentes detalhes e variações de ênfase, pouco acrescentaram ao sistema básico de Wagner e von Sydow, embora vários termos tenham sido inventados para descrever seus elementos. O mais antigo destes, introduzido por Clements e Shelford, em 1916, foi a **formação de plantas** ou, com a adição de seus animais, um **bioma**. Tansley, em 1935, adicionou os aspectos climáticos e do solo deste complexo, chamando-o de **ecossistema**, que se tornou a unidade básica da ecologia. *Bioma* permaneceu o termo comum para a classificação em macroescala, mas é usado em uma variedade de maneiras. Se a ênfase principal está na estrutura da vegetação, na ecofisiologia e no clima, então os biomas podem ser vistos como as reações do mundo vivo a essas condições, e o 'mesmo' bioma pode ser encontrado em diferentes continentes. Se, em vez disso, a ênfase está no aspecto taxonômico ou filogenético de seus componentes vegetais, então os biomas se tornam regionais, como nas "regiões florísticas" de Takhtajan [16]. Em geral, a palavra *bioma* é mais bem utilizada no sentido anterior, não taxonômico.

Vivendo Juntos

A ascensão da ecologia como disciplina científica durante os primórdios do século XX propiciou novas abordagens aos estudos biogeográficos. A ecofisiologia, o estudo das implicações ecológicas da fisiologia de plantas e animais, teve uma participação importante nesses desenvolvimentos. O botânico alemão e fisiologista de plantas Julius von Sachs injetou nos debates sobre adaptação ao ambiente uma abordagem fortemente fisiológica que foi proeminente no final do século XIX [38]. Pressões ambientais foram percebidas como fatores limitantes nos padrões de distribuição de plantas, e as plantas demonstravam em sua morfologia, em sua anatomia e em sua fisiologia a capacidade de enfrentar essas pressões. A **forma das plantas** foi reconhecida como o modo mais eficaz de definir as formações e biomas em relação a qualquer outro sistema de classificação taxonômico ou evolucionário. Foi a partir desta linha de pensamento que o botânico dinamarquês Christen Raunkiaer desenvolveu sua proposta de **forma biológica** de plantas e animais, com base nos seus próprios meios de sobrevivência entre duas estações de crescimento (veja o Capítulo 3). Ele argumentou que os pontos de crescimento de uma planta são os mais sensíveis às pressões ambientais durante um período desfavorável (seja ele frio ou seco) e a posição em que esses pontos de crescimento se sustentam fornece uma indicação do grau de pressão a que a planta está exposta. Raunkiaer classificou as plantas de acordo com a altura de seus pontos de crescimento acima do chão (ou abaixo). Plantas que crescem nas condições sem pressão dos trópicos úmidos podem apresentar uma forma na qual seus brotos encontram-se altos em relação ao chão, enquanto as plantas das regiões polares ou desérticas só sobrevivem se seus brotos estiverem próximos ao chão ou, no caso de terras secas, abaixo da superfície. As plantas anuais* são um caso especial, já que podem sobreviver por períodos desfavoráveis como sementes dormentes.

O conceito de forma biológica foi altamente influente nos estudos geográficos das plantas e geralmente se ajusta aos fatos observados. As formações de plantas, ou biomas, são, dessa forma, caracterizadas pelas proporções das diferentes formas biológicas das plantas presentes – o que Raunkiaer descreveu como "espectro biológico" da vegetação. No entanto, existem outras adaptações importantes além daquelas associadas aos pontos de crescimento das plantas ou seus meios de sobrevivência de um ano para o outro. As características das folhas perenes ou **caducas**, as características do enraizamento, a fisiologia na estiagem e nas enchentes e a fixação simbiótica de nitrogênio são importantes aspectos do modo de enfrentamento das pressões ambientais não relacionadas com a posição dos brotos.

Na última parte do século XX, surgiu o conceito de **tipos funcionais de plantas**, incorporando e movendo-se para além das formas de vida. É uma abordagem que atualmente pode ser traçada ao longo de 2000 anos para o trabalho do botânico grego Theophrastus, cerca de 300 a.C., mas seu uso nos últimos tempos tem fortemente inspirado a ideia de **guildas**, um conceito emprestado da ecologia animal [39]. Uma associação é um grupo de animais, não necessariamente relacionados taxonomicamente, que fazem uso dos mesmos recursos. Este é um conceito que tem sido empregado de modo bastante fluido, sendo às vezes aplicado a organismos que respondem da mesma forma quando perturbados ou que têm um sistema de manejo particular. Em um aspecto, todas as plantas verdes são parte de uma associação na qual todas obtêm energia diretamente do Sol, mas, com relação

*Nos textos em português são encontrados apenas os termos "megatérmico" e "mesotérmico", provavelmente devido aos tipos de fauna aqui existentes. Por coerência global, optou-se por manter todos os termos originalmente propostos. (N.T.)

**No Brasil, pampa; na Eurásia, estepe; na América do Norte, pradaria. (N.T.)

*Plantas cujo ciclo completo de crescimento corresponde a um ano. (N.T.)

a outros recursos, tais como água, elementos nutrientes, polinização, vetores de dispersão de sementes, entre outros, as plantas têm diferentes modos de enfrentamento em seus ambientes. Dessa maneira, podem ser classificadas em diferentes tipos funcionais. O conceito deve muito ao trabalho de Philip Grime, que desenvolveu a ideia de que as plantas têm uma gama de estratégias de sobrevivência disponíveis [40]. É uma abordagem que está se revelando útil em estudos como aqueles que examinam a natureza da estabilidade e resiliência em comunidades, e também está sendo usada na previsão de efeito da mudança global na vegetação.

O emprego do termo **comunidade** tem, por si só, gerado muito debate na biogeografia ecológica. (Comunidades e ecossistemas serão mais bem detalhados no Capítulo 4.) Observamos organismos misturados em grupos, ou conjuntos, cuja estabilidade relativa sugere que as diferentes espécies encontram-se em equilíbrio, tolerando ou até mesmo incentivando a presença de outras – provavelmente porque diferentes espécies podem evoluir e se adaptar à presença de outras. O ecologista de plantas norte-americano Frederic Clements foi o primeiro a sugerir, em princípios do século XX, que essas comunidades integradas assemelham-se a organismos individuais em seu grau de organização interna e podem comportar-se de modo similar como unidades nos seus padrões de distribuição. O conceito de comunidade foi muito conveniente aos biogeógrafos, por facilitar a classificação precisa da vegetação, o que era necessário para um mapeamento eficaz. No entanto, as vozes de muitos ecologistas se elevaram contra ele. Henry Gleason formalmente estabeleceu uma abordagem alternativa com sua "hipótese individualista", segundo a qual cada espécie seria distribuída de acordo com seus próprios requisitos ecológicos, e o que chamamos de comunidade é, na verdade, pouco mais que um agrupamento casual de espécies com tolerâncias ecológicas compatíveis.

Essas ideias levaram ao desenvolvimento de um ramo distinto da geografia das plantas, a **fitossociologia**, segundo a qual as comunidades de plantas são organizadas hierarquicamente – o que é, sem sombra de dúvida, conveniente, embora possa não ser realista. Sistemas altamente detalhados de classificação da comunidade vegetal foram estabelecidos utilizando as técnicas de fitossociologia, pioneiras pelo botânico J. Braun-Blanquet [41]. A classificação da vegetação, assim como a classificação dos organismos, baseia-se na ideia de que linhas relativamente distintas podem ser traçadas ao redor de cada unidade definida. Os ecologistas de campo, no entanto, logo reconheceram que, no caso da vegetação, há mudanças graduais de um tipo para o outro, levando a gradientes ao longo de um *continuum*. Somente onde há mudanças abruptas no meio ambiente se encontram limites distintos na vegetação. Os desenvolvimentos recentes na classificação basearam-se, portanto, na ideia de pontos de referência definidos, entre os quais pode haver toda uma gama de intermediários. A classificação é necessária com o propósito de mapeamento, mas, em uma situação de variação contínua, qualquer sistema deve ser considerado relativamente fluido.

A vegetação varia não só no espaço, mas também no tempo, aumentando a complexidade envolvida na classificação. Quantidades crescentes de dados sobre grãos de pólen fósseis em sedimentos de lagos e turfa mostraram, muito claramente, que os padrões de distribuição de diferentes espécies de plantas se alteram independentemente uns dos outros, durante períodos de mudanças climáticas. O que hoje consideramos uma comunidade irá alterar sua composição na medida em que mudanças ambientais e agrupamentos do passado jamais se repetirão por completo. A comunidade é um conceito conveniente, porém artificial. As mudanças nas assembleias de plantas e animais estão ocorrendo constantemente, e estas seguem, às vezes, um padrão previsível. O botânico norte-americano Henry Cowles, trabalhando na região de Chicago, mostrou que a vegetação se desenvolve ao longo do tempo, passando por diversas assembleias de plantas diferentes para finalmente alcançar ao que veio a ser conhecido como **vegetação clímax** da região, conduzido principalmente pelo clima. Este clímax ele considerou entre previsível e estável [42].

A ideia de **sucessão** e **clímax**, desenvolvida inicialmente por Henry Cowles, tem sido questionada nos últimos 100 anos. Certamente os ecossistemas se desenvolvem ao longo do tempo, e podemos fazer algumas generalizações sobre o tema (veja o Capítulo 4). Entretanto, é difícil mostrar que isto, de algum modo, envolve um processo previsível, com término em um clímax predeterminado, regido por fatores climáticos. O próprio clímax nunca é estático, mas encontra-se em constante estado de mudança, e assim a ideia de equilíbrio deve ser mais dinâmica do que o conceito original de Cowles. Uma abordagem nova e útil refere-se à *teoria do caos*, um conceito que pressupõe que o resultado de um processo depende, em muito, das condições iniciais. Caso isto seja verdadeiro, o desenvolvimento e os resultados de sucessões podem ser determinados por diferenças relativas mínimas nas condições originais, tais como a disponibilidade de organismos, o tipo de solo e as condições meteorológicas. Assim, embora o clima possa, em termos gerais, determinar o ponto final de sucessões (por exemplo, o bioma), sua composição e natureza detalhadas serão afetadas por vários outros fatores, incluindo o acaso.

O conceito de ecossistema tem sido uma das ideias mais influentes que surgiram dos estudos ecológicos no século XX e mostrou-se extremamente útil nos estudos biogeográficos. Uma de suas características mais valiosas é poder ser aplicado em qualquer escala, desde uma piscina rochosa no litoral até todo o planeta. Este conceito deve muito ao trabalho de Raymond Lindemann, que em 1942 publicou um artigo formal sobre fluxo de energia na natureza. A ideia foi expandida pelos ecologistas norte-americanos Howard e Eugene Odum, e batizada pelo botânico britânico Arthur Tansley. Ela permite que qualquer porção da natureza seja analisada como uma entidade, dentro da qual a energia flui e os elementos orbitam. O conceito provou, recentemente, ser especialmente valioso quando aplicado a grandes escalas, onde possa ser estudada a circulação global dos elementos e onde possam ser identificadas as relações entre humanos e processos naturais. No início dos anos 1960, o primeiro ecossistema em escala paisagística foi submetido a monitoramento e manejo manipulativo em Hubbard Brook, uma montanha florestada em New Hampshire [43]. As provisões dos elementos químicos foram examinadas no ecossistema não perturbado, e novamente após deflorestamento, estabelecendo assim uma abordagem experimental para o estudo de ecossistemas em larga escala.

A **ecofisiologia** também se desenvolveu em novas direções no século XX. Diferenças sutis entre plantas em seus sistemas fotossintéticos podem fornecer algumas espécies com a capacidade de sobreviver em ambientes estressantes. Da mesma forma, os animais variam em suas capacidades para lidar com estresses abióticos, como o frio ou altitude elevada, e em sua tolerância a toxinas produzidas pelo homem. Assim, a explicação para a presença de uma determinada espécie em determinada localidade (uma das principais questões fundamentais da biogeografia) pode estar estreitamente relacionada com a capacidade fisiológica das espécies para lidar com o estresse ambiental. Esse ramo de pesquisa está entrando em uma nova fase, na medida em que busca compreender os processos fisiológicos em nível molecular. A biologia molecular possui as pistas para vários problemas biogeográficos, e sem dúvida será usada cada vez mais para o avanço da ciência biogeográfica. Sua utilidade na determinação de relacionamentos taxonômicos irá iluminar várias áreas controversas da biogeografia histórica, e suas aplicações na ecologia fisiológica possibilitarão um incremento na compreensão dos atuais padrões de distribuição das espécies e suas limitações ambientais.

Os avanços em pesquisas fisiológicas, juntamente com estudos ecológicos e comportamentais, ajudarão os biogeógrafos a compreender melhor as exigências ambientais e os nichos de organismos dentro dos ecossistemas. O conceito de nicho é complexo, sendo amplamente o papel desempenhado por um organismo em seu contexto particular. Um número muito grande de variáveis contribui para o nicho, incluindo fatores físicos, químicos, necessidades alimentares, predação, parasitismo e competição de organismos similares. O conceito do nicho foi inventado primeiramente por G.E. Hutchinson, na década de 1950, e se estabeleceu como uma valiosa contribuição para a ecologia e a biogeografia. Talvez seja mais bem visto como um tipo de caixa conceitual que tem muitas dimensões relacionadas a cada exigência de um organismo. Um organismo não pode sobreviver fora desses limites; portanto, um conhecimento completo desses limites poderia ser usado para prever seu alcance geográfico teórico [44]. Tal conhecimento, no entanto, exige a acumulação de grandes bancos de dados e análises muito complexas, e ambos estão cada vez mais disponíveis para pesquisadores, sendo resultado do desenvolvimento de computadores rápidos e poderosos.

A aplicação da teoria do nicho na biogeografia ecológica enfatiza os fatores ambientais que controlam a sobrevivência de uma espécie em uma área, mas não leva em conta a disponibilidade de uma espécie e sua capacidade de dispersão. Foi desenvolvida uma abordagem alternativa denominada **teoria neutra da biodiversidade**, que se baseia na ideia de que a assembleia de espécies em uma área é totalmente uma questão de acaso [45]. A teoria neutra afirma que a chegada de uma espécie é um processo estocástico e que os melhores modelos preditivos são baseados nesse conceito de dispersão casual. Certamente, o papel desempenhado pelo acaso deve ser considerado ao tentar explicar a composição das comunidades.

Os computadores foram primeiramente aplicados em problemas de ecologia e biogeografia na década de 1960, e sua utilização se expandiu até o ponto em que quase todos esses estudos fazem uso deles. Estatísticas complexas, como as análises multivariadas, usadas na pesquisa de nichos e na análise da comunidade, são ferramentas analíticas vitais e podem ser executadas rapidamente; além disso, computadores pequenos são suficientes para serem transportados no campo. Sistemas de posicionamento global, usando satélites para estabelecer a localização precisa de um observador no campo, também revolucionaram o mapeamento de padrões de distribuição em áreas remotas. Os avanços tecnológicos no último meio século devem, portanto, ser considerados como grandes passos para a história da biogeografia ecológica.

Todos os caminhos de questionamento até aqui citados, com emprego cada vez maior de métodos sofisticados de experimentação e análise, são hoje usados nas modernas pesquisas em biogeografia ecológica, como explicado nos Capítulos 2, 3 e 4. Também são usados atualmente na tentativa de enfrentar problemas e questões que surgem do uso – e abuso – que a humanidade faz de um planeta cada vez mais populoso, como demonstramos no Capítulo 14.

Biogeografia Marinha

Como explicamos no início do Capítulo 9, a biogeografia dos oceanos é semelhante àquela dos continentes, pois é restrita à biota de vastas áreas da superfície do globo. Mas também é muito diferente, devido à natureza do ambiente e aos organismos que cada um contém. Nós mesmos somos terrestres e respiramos ar, e por esse motivo os oceanos são para nós ambientes muito mais desafiadores para estudarmos e recensearmos, e ainda contêm muito pouco no sentido de definirmos fronteiras óbvias entre regiões ou zonas biogeográficas. Como resultado, a biogeografia marinha tem tido um desenvolvimento relativamente lento, e ainda temos muito a aprender sobre ela.

Embora os antigos naturalistas tenham publicado estudos limitados sobre a fauna de determinadas regiões, o primeiro levantamento de abrangência mundial, baseado na distribuição de corais e crustáceos, foi conduzido pelo cientista norte-americano James Dana, que posteriormente tornou-se um eminente geólogo. Em um artigo breve, publicado em 1853, ele dividiu a superfície aquosa do globo em várias zonas diferentes, em função da média das temperaturas mínimas. Três anos mais tarde, o zoólogo britânico Edward Forbes [46] publicou o primeiro trabalho completo, reconhecendo cinco zonas profundas e 25 províncias faunísticas ao longo da costa dos continentes. Ele foi o primeiro a perceber a enorme região faunística indo-pacífica e estabeleceu que as faunas costeiras variavam de acordo com a natureza da costa, do assoalho oceânico, das profundidades e das correntes locais, tendo estabelecido 25 províncias faunísticas em nove cinturões de latitude. Forbes também publicou, mais tarde, um pequeno volume sobre a história natural dos mares europeus, que trouxe importantes contribuições para a zoogeografia e ecologia marinhas.

Em 1880, o zoólogo britânico Albert Günther publicou um livro sobre peixes no qual descrevia dez diferentes regiões na distribuição de peixes litorâneos, e o alemão Arnold Ortmann publicou um trabalho similar sobre a distribuição de crustáceos como caranguejos e lagostas. O *Atlas of Zoogeography* [47], de 1911, organizado por três zoólogos britânicos (John Bartholomew, William Clark e Pery Grimshaw), forneceu uma riqueza de novas informações sobre zoogeografia marinha, com 30 mapas de distribuição de peixes baseados nos padrões de distribuição de 27 famílias.

A primeira análise e síntese inovadora, de toda a informação disponível foi produzida pelo pesquisador sueco Sven Ekman e publicada primeiramente na Alemanha em 1935, seguida de uma tradução inglesa em 1953 [48]. Esse trabalho dividiu as faunas dos baixios oceânicos em sete áreas (principalmente climáticas) e incluiu a percepção de unidade das faunas dos Oceanos Índico e Pacífico Ocidental, bem como a unidade das faunas do Pacífico Oriental e do Atlântico (comentando sobre a ausência anterior da barreira do Panamá, sobre o papel da falta de ilhas no Pacífico Oriental como barreira e sobre o fenômeno da bipolaridade, em que uma espécie é encontrada em ambos os lados das regiões equatoriais, mas não dentro delas.

Esse trabalho foi atualizado pelo zoólogo marinho norte-americano Jack Briggs em 1974. Em seu livro *Marine Zoogeography* [49], Briggs utilizou os padrões endêmicos das faunas costeiras para identificar locais que aparentavam ser zonas de mudanças faunísticas notavelmente rápidas, empregando-os para distinguir 23 regiões zoogeográficas. Nos oceanos abertos, nosso conhecimento da distribuição de plâncton foi enormemente ampliado, graças ao trabalho do oceanógrafo holandês Siebrecht van der Spoel e seus colaboradores, cujo *Comparative Atlas of Zooplankton* [50] inclui mais de 130 mapas com exemplos e classificação dos diferentes tipos de distribuição, dos diferentes tipos de áreas de águas oceânicas, das propriedades físicas das águas e dos cladogramas das relações entre as faunas de diferentes oceanos.

O maior dos mais recentes avanços no nosso conhecimento da biogeografia marinha veio, em parte, de nossa crescente habilidade de explorar as profundezas do mar e também, surpreendentemente, da nossa habilidade de construir sistemas de sensoriamento e registro por satélites no espaço. Nossas jornadas às profundezas dos oceanos, hoje possíveis, levaram-nos à descoberta, em 1977, do que é provavelmente o último ecossistema a ser encontrado no mundo, e talvez o mais fantástico – as estranhas faunas das fontes hidrotermais. Muito mais importante, porém, é o fato de que satélites em órbita, tais como o Nimbus, permitiram aos cientistas monitorar e registrar os padrões de mudança da vida dos plânctons nos oceanos de modo contínuo e compreensível. Isso possibilitou ao biólogo marinho britânico Alan Longhurst propor um sistema de biomas e províncias nos oceanos [51]. Tais sistemas proporcionaram, pela primeira vez, uma estrutura para suas ecologias regionais que integravam as características físicas com nosso crescente conhecimento da periodicidade anual da vida, da movimentação e da reprodução do plâncton. Teremos grande necessidade desses estudos em nossos esforços para compreender e gerenciar a vida nos oceanos, cada vez mais afetada por nós, ao mesmo tempo em que necessitaremos dela para alimentar a população do planeta que cresce rapidamente.

Biogeografia Insular

Como mencionado anteriormente, Georg Forster foi o primeiro biólogo a assinalar algumas das características específicas da biogeografia das ilhas, observando que as floras insulares possuíam menos espécies do que as de terra firme, e ainda que o número de espécies varia de acordo com o tamanho e a diversidade ecológica da ilha. Outro dos primeiros contribuidores foi Candolle, que apontou que a idade, o clima, o grau de isolamento e o fato de a ilha ser vulcânica ou não também afetariam a diversidade de sua flora. Contudo, a óbvia variedade e o volume de trabalhos sobre biogeografia insular publicados por Alfred Wallace fazem dele o real precursor dos estudos sobre esse assunto. Suas viagens ao redor das ilhas nas Índias Orientais o estimularam a realizar profundas observações sobre os motivos de a flora e a fauna dessas ilhas serem tão diferentes. Ele percebeu que as origens das ilhas poderiam afetar a natureza da biota (ou seja, sua fauna e sua flora). Aquelas ilhas, que um dia foram parte integrante de um continente vizinho, pareciam conter a maioria dos elementos da fauna e da flora da terra firme como se os tivessem herdado, ao passo que ilhas que surgiram de forma independente, como ilhas vulcânicas ou como atóis de corais, só deveriam ter organismos com capacidade para cruzar o trecho de mar intermediário. Wallace também assinalou que a distância entre essas ilhas e o continente, ou entre uma ilha e outra, afetaria a diversidade da biota. Finalmente, ele percebeu que a diversidade das ilhas transformava-as em experimentações naturais perfeitas, em cada uma das quais os processos de colonização, extinção e evolução tiveram lugar de modo independente e, dessa maneira, propiciaram abundante material para estudos comparativos. Essas percepções fundamentais, bem como o grande número de seus livros e artigos de pesquisa, não deixam dúvidas de que Alfred Wallace foi o pai da biogeografia insular.

Contudo, nos tempos de Wallace e quase um século depois, a biogeografia insular permaneceu reservada ao naturalista. Havia muitas ilhas cuja biota necessitava ser descrita, por terem solos férteis para reprodução e inovação evolucionária. Centenas de artigos foram publicados sobre as plantas desse grupo de ilhas, sobre os animais daquele grupo de ilhas ou sobre a distribuição de animais ou plantas nas ilhas, dessa ou daquela parte do mundo. No entanto, cada grupo de organismos ou plantas era tratado como único, com sua própria história. Relativamente poucos estudos continham qualquer tentativa de ser analíticos e identificar fenômenos ou processos com algum traço em comum que pudesse explicar um pouco dessa infinita diversidade. Uma exceção foi a observação de Philip Darlington, em 1943, de que as ilhas maiores continham um número maior de indivíduos e uma diversidade maior de espécies do que as ilhas menores – com a diversidade de espécies aumentando por um fator de dez a cada vez que dobrava a área da ilha.

Embora sempre tente proporcionar uma teoria unificadora, que possa integrar toda a massa de dados, a ciência só pode produzir uma análise desse tipo a partir do desenvolvimento das ferramentas adequadas. Pode ser significativo que essa abordagem integrada e sintética da biogeografia insular somente surja depois que técnicas matemáticas sofisticadas tenham sido empregadas para analisar fenômenos biológicos no novo campo da genética populacional. O trabalho foi iniciado com um pequeno livro, *The Theory of Island Biogeography* [52], publicado em 1967 e escrito por dois biólogos norte-americanos: o matemático ecologista Robert MacArthur e o biogeógrafo taxonomista Edward Wilson. Outros pesquisadores, tais como o cientista sueco Olof Arrhenius, em 1921, e os americanos Eugene Munroe, em 1948, e Frank Preston, em 1962, observaram a relação entre a área de uma ilha e o número de espécies nela contido. No entanto, o livro de MacArthur e Wilson estava em um patamar diferente por ser uma exploração sustentada (181 páginas de texto) não apenas dos conceitos básicos como também das evidências ecológicas e das implicações da teoria. O livro propôs duas sugestões principais: que as taxas de colonização e imigração, que sempre mudam e são inter-relacionadas, poderiam levar a um equilíbrio entre esses dois processos, e que existe uma forte correlação entre a área de uma ilha e a quantidade de espécies nela contida. Os argumentos para essas ideias foram matemáticos, com equações e gráficos detalhados, sendo o resultado muito persuasivo. Finalmente, aqui transparece que os biólogos seriam capazes de ir além dos dados brutos para compreender os relacionamentos entre processos biológicos simples. Ainda mais importante, em um mundo cada vez mais preocupado com os efeitos da atividade humana, o conceito de um equilíbrio de números acenava com a possibilidade de previsões para o que poderia acontecer em determinadas circunstâncias e, assim, de otimização de projetos em áreas de conservação.

Ao longo dos anos que se sucederam à publicação de *The Theory of Island Biogeography*, foram escritos muitos artigos com interpretações de biotas individuais com base nessa teoria. Por sua vez, esses artigos foram tomados como grande medida de suporte à teoria que se tornou aceita, praticamente sem críticas, como uma verdade fundamental. Por outro lado, resultados que não se conformavam com as expectativas fundadas na teoria foram reexaminados em busca de erros lógicos ou de procedimento, ou em busca de fenômenos não usuais que pudessem explicar esses resultados "anômalos". Em alguns momentos, esses resultados foram simplesmente ignorados, em vez de serem considerados para elencar dúvidas sobre a aplicabilidade ou universalidade da teoria. Infelizmente, isso está longe de ser único como um exemplo de como as novas teorias podem vir a dominar o campo científico que requer avaliação crítica; até mesmo o conceito de que a teoria pode conter parte da verdade, mas não necessariamente tudo, é esquecido. Isso pode acontecer, especialmente quando o campo em questão tem sido visto como extremamente difícil de interpretar, como no caso desta teoria, ou quando o campo foi dominado anteriormente por outro conceito, igualmente dominante e intolerante, como no caso do conflito entre as escolas dispersistas e vicariantes da biogeografia.

A história da ascensão da teoria e da posterior onda de críticas foi contada em um livro fascinante: *The Song of the Dodo – Island Biogeography in an Age of Extinction*, do escritor científico americano David Quammen (veja a lista de Leitura Complementar no final deste capítulo). Hoje parece claro que a teoria da biogeografia insular não pode prever níveis de equilíbrio para a biota de qualquer ilha, e só é válida ao relacionar a área insular com a diversidade biótica. Apesar disso, MacArthur e Wilson revolucionaram o estudo da biogeografia insular por introduzir o caminho das técnicas matemáticas e proporcionar um formato padrão para análises e comparações. Como veremos mais adiante, a ecologia da fauna e da flora das ilhas é muito mais frágil do que a das massas continentais. Por esse motivo, precisamos muito entendê-las no que diz respeito à sua quantidade, à sua diversidade e ao seu papel como laboratórios naturais para mudanças evolutivas, pois contêm uma alta proporção da diversidade biótica que hoje precisamos desesperadamente preservar. Por exemplo, embora a Nova Guiné represente apenas 3 % da área terrestre mundial, ela contém cerca de 10 % de suas espécies de organismos terrestres.

Biogeografia Atual

Conforme explicado neste capítulo, o primeiro aspecto da biogeografia a ser reconhecido pelos cientistas, durante o século XVIII, foi seu componente ecológico. Inevitavelmente, seu componente histórico só poderia ser reconhecido como um campo de pesquisa depois que a comunidade científica aceitou a realidade da própria evolução em meados do século XIX. Até muito recentemente, essas duas abordagens para biogeografia permaneceram amplamente independentes uma da outra. Os ecologistas começaram com o estudo de espécies ou subespécies vivas e com os fatores que controlam ou alteram seus padrões de distribuição atual. Mas suas tentativas de estender suas conclusões ao passado logo encontraram dificuldades. Isso porque eles estavam trabalhando em uma escala de detalhes, tanto em termos geográficos quanto em termos taxonômicos, que não podiam ser percebidos no registro histórico. Apenas no estudo do passado relativamente recente, como a Era do Gelo, os biogeógrafos poderiam estar confiantes das preferências ecológicas dos organismos em estudo, porque estavam intimamente relacionados com os vivos hoje. Somente durante esse período de tempo os registros fósseis foram suficientemente detalhados para que o paleontólogo pudesse confiar na natureza e no nível taxonômico das mudanças que estavam ocorrendo, e os registros das mudanças no ambiente foram suficientemente detalhados, tanto no tempo como no espaço, para que fosse possível estabelecer correlações plausíveis entre as mudanças ambientais e quaisquer mudanças biogeográficas. Para um passado mais distante, não era possível estabelecer precisamente quando alguma mudança evolutiva tinha ocorrido, e, portanto, era impossível correlacioná-las com quaisquer mudanças ecológicas que pudessem ter ocorrido naquela época.

A falta de integração entre biogeografia histórica e biogeografia ecológica continuou até a década de 1990, quando foi rapidamente transformada por desenvolvimentos em duas áreas de estudo. O desenvolvimento de técnicas de análise dos detalhes da estrutura molecular de genes forneceu uma grande quantidade de dados sobre as características moleculares dos organismos (veja o Capítulo 6), mostrando exatamente como os genes diferiam uns dos outros. Ao mesmo tempo, à medida que se tornava mais fácil e mais barato obter esses dados, aumentava rapidamente o número de organismos cujas características moleculares tinham sido analisadas. A quantidade de dados era tão grande, que seria impossível fazer qualquer senso, se não fosse o desenvolvimento paralelo de técnicas de análise de computador. Assim, juntamente com o uso da cladística, tornou possível estabelecer padrões de relacionamento entre os diferentes membros de um grupo. Porém, mais importante para os biogeógrafos, essas técnicas tornaram possível demonstrar precisamente quando duas linhagens diferentes divergiram uma da outra. Os biogeógrafos, pela primeira vez, poderiam começar a correlacionar os padrões da divergência evolutiva dos organismos e os padrões da mudança no ambiente, através das escalas de tempo com que biogeógrafos históricos trabalharam. Esses avanços também permitiram descobrir quando grupos relacionados que vivem em diferentes biomas divergiam uns dos outros. Isso, por sua vez, nos permite começar a resolver a história de assembleias dos diferentes componentes dos biomas – novamente, permitindo uma importante ligação entre a biogeografia histórica e a biogeografia ecológica (veja o Capítulo 8). Agora parece provável que a combinação de cladística e análise molecular nos permite resolver muitos dos problemas atuais na biogeografia. Assim, hoje, a antiga distinção entre as duas abordagens, em grande parte, desapareceu. Por fim, parece que a pesquisa biogeográfica é reveladora, com alcance e detalhe cada vez maiores, uma história única e consistente da história da biogeografia do mundo de hoje.

A biogeografia ecológica também aumentou seu nível de pesquisa, principalmente de uma escala local para uma escala maior de análise, e está se desenvolvendo rapidamente, tanto no estabelecimento de uma base teórica firme quanto em sua aplicação prática aos problemas globais atuais. Em 1995, James H. Brown, da Universidade do Novo México, propôs um novo tipo de programa de pesquisa, que denominou **macroecologia** [53], tratando de questões ecológicas que exigiam uma análise em grande escala. Mudanças de escala em resposta às mudanças climáticas, padrões de diversidade e análise de complexidade ecológica, todos se dedicam à análise estatística e matemática em uma escala m aior do que a usada normalmente por ecologistas experimentais. Esta não é uma nova disciplina, mas uma nova abordagem aos velhos problemas, e que é cada vez mais apropriada em dias de rápida mudança global.

Durante a última parte do século XX, foi reconhecido progressivamente que o impacto humano sobre a paisagem era praticamente onipresente. Em todo o mundo, as paisagens foram tão modificadas que efetivamente podem ser consideradas *paisagens culturais*, um termo que se tornou cada vez mais utilizado a partir da década de 1940 [54]. Uma disciplina totalmente nova da **ecologia da paisagem** surgiu, pioneira por Richard Forman, da Universidade de Harvard [55]. Uma das principais ênfases do estudo sobre a ecologia das paisagens culturais foi predominantemente a fragmentação, como se reflete no título do livro clássico de Forman, *Land Mosaics*. A ecologia da paisagem precisava analisar as consequências ecológicas da fragmentação do hábitat em populações de animais e plantas (Figura 1.8), e assim essa disciplina começou a se desenvolver em uma nova direção, levando ao conceito de **metapopulações**. Uma metapapulação consiste em uma série de subpopulações separadas, entre as quais a troca genética pode ser limitada. Claramente, esta é uma importante área de pesquisa no estudo do fluxo genético nas populações e, portanto, no processo de evolução. Não só as populações, mas todas as comunidades que estão fragmentadas devido às atividades agrícolas e industriais, de modo que se podem conceber metacomunidades de organismos que podem ser altamente complexos em sua dinâmica espacial [56]. Este é o tipo de problema atribuído à área de macroecologia.

Um dos problemas apresentados pela fragmentação do hábitat e pelo desenvolvimento das metapopulações é o aumento do risco de isolamento e empobrecimento genético, levando a uma possível extinção. Assim, estudos biogeográficos se aproximam de estudos conservacionistas [57]. Muitos aspectos da pesquisa biogeográfica têm relação direta com a conservação, desde o estudo de ciclos biogeoquímicos e do monitoramento de variações de espécies em resposta às mudanças climáticas, até o registro da propagação de espécies

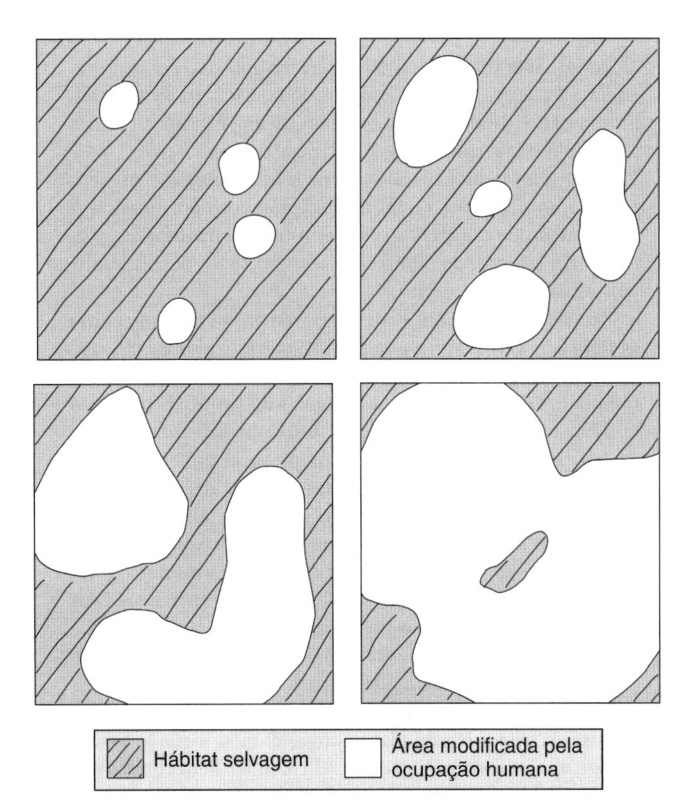

Figura 1.8 O impacto das atividades humanas e distúrbios em um hábitat natural é progressivo, levando a um crescente grau de fragmentação do hábitat original em unidades isoladas. Para algumas espécies, principalmente animais que apresentam mobilidade limitada e plantas que têm pouca capacidade de dispersão de sementes, isto pode resultar em fluxo genético reduzido. O empobrecimento genético pode levar a um maior risco de extinção local, e a perda de tal espécie nem sempre é compensada pela reinvasão.

invasoras e seus impactos sobre populações nativas. Assim, um crescente campo de trabalho pode ser classificado por **biogeografia da conservação** (veja o Capítulo 14).

Atualmente, a biogeografia pode ser dividida em três áreas principais. A primeira, e talvez a mais bem compreendida, é aquela de grandes áreas continentais, cujas variadas biotas estão continuamente mudando enquanto evoluem, competem e se propagam para novas áreas ou se tornam extintas. Este conhecimento está nos ajudando a confrontar, entender e lidar com nossa necessidade de conservar essas biotas. A segunda, embora haja uma necessidade igualmente urgente de conservar as faunas dos oceanos, estamos ainda realizando um inventário dessas faunas e aumentando nossa compreensão dos padrões básicos de biogeografia dos oceanos e, especialmente, a natureza dos estímulos ambientais em um ambiente aquático ao qual sua vida animal responde por uma mudança evolutiva. E por fim, a imensa diversidade de ilhas, cada uma com uma biota e história única, fornece uma enorme série de laboratórios naturais para nossos esforços em compreender os processos das mudanças evolutivas e as interações entre organismos em um ecossistema em desenvolvimento.

A biogeografia atual é assim desenvolvida tanto nos seus aspectos teóricos como na sua aplicação prática aos modernos problemas ambientais. Os capítulos restantes deste livro revisam nossos conhecimentos e técnicas de análise na biogeografia de hoje e identificam as áreas em que novos desenvolvimentos importantes parecem ocorrer.

Resumo

1 Examinar a história da biogeografia nos ajuda a compreender a natureza do tema nos dias de hoje e o modo como os biogeógrafos conduzem suas pesquisas em meio à estrutura atual de teorias e premissas científicas e sociais.

2 Os primeiros biogeógrafos eram inevitavelmente preocupados com a imensa tarefa de simplesmente documentar a distribuição de animais e plantas sobre a superfície do planeta e em estabelecer como estes eram afetados pela latitude, pela altitude e pelo clima.

3 O crescente conhecimento do registro fóssil mostrou como as faunas e floras do mundo haviam sofrido grandes mudanças, que só poderiam ter ocorrido por longos períodos de tempo. Era difícil conciliar isso com as doutrinas da Igreja, de que a vida na Terra era uma criação relativamente recente e que as espécies eram imutáveis. Ao fornecer uma explicação plausível de como e por que essas mudanças poderiam ter ocorrido, a ideia de Darwin, de evolução por seleção natural, foi um passo importante para que o público em geral aceitasse essa visão muito diferente da história do mundo.

4 No entanto, uma vez que se pressupôs que as massas continentais foram sempre estáveis nas suas posições, foi ainda muito difícil compreender os padrões biológicos do passado, e os biólogos foram induzidos para teorias às vezes bizarras para explicá-las. Somente no final do século XX foi que a descoberta da tectônica de placas proporcionou a chave para a compreensão de como a geografia do planeta, bem como a sua carga biológica, variou ao longo do tempo.

5 Finalmente, dois avanços transformaram todo o campo de pesquisa na história dos organismos e em seus padrões de distribuição. O primeiro foi a concepção e aceitação da taxonomia cladística. Isso deu aos biólogos um sistema rigoroso para estabelecer padrões de relacionamento que poderiam então ser usados como uma estrutura sobre a qual padrões de distribuição seriam aplicados. Em segundo lugar, o uso de métodos moleculares tem proporcionado a biólogos, pela primeira vez, procedimentos legítimos para a análise de relações e a estipulação de divergências entre linhagens.

6 Enquanto isso, biogeógrafos ecológicos estavam estabelecendo uma estrutura para a descrição da variedade de tipos de vegetação e progressivamente compreendendo como o clima afeta a forma das plantas e como, em conjunto com a geologia local e os solos, ele afeta o desenvolvimento e a sucessão de comunidades de plantas.

7 Devido à natureza alienígena do seu ambiente, o estudo da biogeografia marinha é, de longe, muito mais difícil do que o estudo em terra. As linhas gerais da distribuição da fauna nos baixios foram documentadas no século XVIII e princípios do XIX, em paralelo ao reconhecimento de zonas faunísticas controladas pela latitude e pela profundidade. No entanto, a grande extensão do mar aberto tornou difícil a compreensão da dinâmica das mudanças anuais em sua flora e sua fauna até a recente introdução do mapeamento apoiado por satélites e das modernas técnicas de exploração marinha. Ainda hoje, temos muito a aprender sobre os organismos dos oceanos e sobre os processos subjacentes à sua biogeografia.

8 As Ilhas também apresentaram problemas ao biogeógrafo, pois cada uma é um 'experimento' natural único na evolução da fauna e da flora. Os conceitos radicais de *The Theory of Island Biogeography*, publicado por MacArthur e Wilson em 1963, representaram uma grande tentativa de estruturar o entendimento dessa confusa massa de dados. A história das atitudes em relação a essa teoria, desde a aceitação inicial isenta de críticas, passando pela subsequente onda de críticas e avaliações, proporcionou um estudo fascinante da prática científica atual.

9 A introdução de métodos moleculares de análise das bases genéticas da taxonomia de organismos vivos e sua aplicação a um número cada vez maior de espécies, em conjunto com o desenvolvimento de poderosos métodos de análise computadorizada da massa de dados, nos permitiram estender a aplicação e compreensão da biogeografia ecológica no passado, desfocando a antiga distinção entre biogeografia ecológica e biogeografia histórica.

10 A atual biogeografia pode ser dividida em três grandes áreas de pesquisa, que diferem fundamentalmente na natureza de seu ambiente e dos problemas sobre investigação. Essas três áreas são biogeografia continental, biogeografia marinha e biogeografia insular.

Leitura Complementar

Lomolino MV, Sax DF, Brown JH (eds.). *Foundations of Biogeography. Classic Papers with Commentaries.* Sunderland, MA: Sinauer Associates, 2005. (Essa obra fornece referência detalhada para e tradução de muitos trabalhos dos séculos XVIII e XIX mencionados neste capítulo, assim como reimpressões e comentários sobre trabalhos posteriores.)

Quammen D. *The Song of the Dodo – Island Biogeography in an Age of Extinction.* London: Pimlico/Random House, 1996.

Referências

1. Cox CB. New geological theories and old biogeographical problems. *Journal of Biogeography* 1990; 17: 117–130.
2. Buffon G. *Histoire Naturelle Générale et Particulière.* Paris: 1867.
3. Forster JR. *Observations Made during a Voyage round the World, on Physical Geography, Natural History, and Ethnic Philosophy.* London: G. Robinson, 1778.
4. Humboldt A. de, Bonpland A. *Voyage de Humboldt et Bonpland aux régions équinoxiales du Nouveau Continent*, 30 vols. 1805–1834.
5. Candolle A. de. Essai elementaire de géographie botanique. In: *Dictionnaire des Sciences Naturelles*, vol. 18. Paris: 1820.
6. Schouw JF. *Grundzüge der einer allgemeinen Pflanzengeographie.* Berlin: 1823.
7. Newth DR. Lamarck in 1800: a lecture on the invertebrate animals, and a note on fossils. *Annals of Science* 1952; 8: 290–354. (An English translation of the original 1801 publication in French.)
8. Cuvier G. Extrait d'un ouvrage sur les espèces de quadrupèdes dont on a trouvé les ossemens dans l'intérieur de la terre. *Journal de Physique, de Chimie et d'Histoire naturelle* 1801; 52: 253–267.
9. Geoffroy St H. *Philosophie anatomique*, 2 vols. Paris: 1818–1822.
10. Darwin C. *Journal of the Researches into the Geology and Natural History of Various Countries Visited by H.M.S. Beagle, under the Command of Captain Fitzroy, R.N. from 1832 to 1836.* London: Henry Colburn, 1839.
11. Darwin C. *On the Origin of Species by Natural Selection.* London: John Murray, 1859.

12. Lyell C. *Principles of Geology*, 3 vols. London: 1830–1833.
13. Engler A. *Versuch einer Entwicklungsgeschichte der Pflanzenwelt*, vols 1 and 2. Leipzig: Engelmann, 1879, 1882.
14. Diels L. *Pflanzengeographie*. Leipzig: 1908.
15. Good R. *The Geography of the Flowering Plants*. London: Longman, 1947.
16. Takhtajan A. *Floristic Regions of the World*. Berkeley: University of California Press, 1986. (An English translation of the original 1978 book in Russian.)
17. Cox CB. The biogeographic regions reconsidered. *Journal of Biogeography* 2001; 28: 511–523.
18. Prichard JC. *Researches into the Physical History of Mankind*. London: Sherwood, Gilbert & Piper, 1826.
19. Swainson W. Geographical considerations in relation to the distribution of man and animals. In: Murray H (ed.), *An Encyclopaedia of Geography*. London: Longman, 1836: 247–268.
20. Sclater PL. On the general geographical distribution of the members of the Class Aves. *Journal of the Proceedings of the Linnean Society, Zoology* 1858; 2: 130–145.
21. Wallace AR. *The Malay Archipelago*. New York: Harper, 1869.
22. Wallace AR. *The Geographical Distribution of Animals*. London: Macmillan, 1876.
23. Wallace AR. *Island Life*. London: Macmillan, 1880.
24. Wegener A. *Die Entstehung der Kontinente und Ozeane*. Braunschweig: Vieweg, 1915.
25. Matthew WD. Climate and evolution. *Annals of the New York Academy of Sciences* 1915; 24: 171–218.
26. Simpson GG. *Evolution and Geography*. Eugene: Oregon State System of Higher Education, 1953.
27. Darlington PJ. *Zoogeography*. New York: Wiley, 1957.
28. Darlington PJ. *Biogeography of the Southern End of the World*. Cambridge, MA: Harvard University Press, 1965.
29. Croizat L. *Panbiogeography*. Caracas: Author, 1958.
30. Cox CB. From generalized tracks to ocean basins – how useful is panbiogeography? *Journal of Biogeography* 1998; 25: 813–828.
31. Grehan JH. Panbiogeography from tracks to ocean basins: evolving perspectives. *Journal of Biogeography* 2001; 28: 413–429.
32. Morrone JJ. Track analysis beyond panbiogeography. *Journal of Biogeography* 2015; 42: 413–425.
33. Smith AG, Briden JC, Drewry GE. Phanerozoic world maps. In: Hughes NF (ed.), *Organisms and Continents through Time. Special Paper in Palaeontology* 1973; 12: 1–47.
34. Cox CB. Vertebrate palaeodistributional patterns and continental drift. *Journal of Biogeography* 1974; 1: 75–94.
35. Godwin H. *Fenland: Its Ancient Past and Uncertain Future*. Cambridge: Cambridge University Press, 1978.
36. Wagner H, Sydow E von. *Sydow⊠Wagners Methodischer Schul Atlas*. Gotha: 1988.
37. Tansley AG. The use and abuse of vegetational concepts and terms. *Ecology* 1935; 16: 284–307.
38. Sachs J von. *Lectures on the Physiology of Plants*. Oxford: Oxford University Press, 1887.
39. Smith TM, Shugart HH, Woodward FI (eds.). *Plant Functional Types*. Cambridge: Cambridge University Press, 1997.
40. Grime JP. *Plant Strategies, Vegetation Processes, and Ecosystem Properties*. Chichester: Wiley, 2001.
41. Braun-Blanquet J. *Plant Sociology: The Study of Plant Communities*. New York: McGraw-Hill, 1932.
42. Moore PD. A never-ending story. *Nature* 2001; 409: 565.
43. Likens GE, Bormann FH, Pierce RS, Eaton JS, Noye MJ. *Biogeochemistry of a Forested Ecosystem*. New York: Springer⊠Verlag, 1977.
44. Hirzel AH, Le Lay G. Habitat suitability modelling and niche theory. *Journal of Applied Ecology* 2008; 45: 1372–1381.
45. Hubbell SP. *The Unified Neutral Theory of Biodiversity and Biogeography*. Princeton: Princeton University Press, 2001.
46. Forbes E. Map of the distribution of marine life. In: Johnston W, Johnston Ak (eds.), *The Physical Atlas of Natural Phenomena*. Edinburgh: W Johnston & AK Johnston, 1856: plate 31.
47. Bartholomew JG, Clark WE, Grimshaw PH. *Bartholomew's Atlas of Zoogeography*, vol. 5. Edinburgh: Bartholomew, 1911.
48. Ekman S. *Zoogeography of the Sea*. London: Sidgwick & Jackson, 1935.
49. Briggs JC. *Marine Zoogeography*. New York: McGraw-Hill, 1974.
50. van der Spoel S, Heyman RP. *A Comparative Atlas of Zooplankton*. Berlin: Springer, 1983.
51. Longhurst A. *Ecological Geography of the Sea*. New York: Academic Press, 1998.
52. MacArthur RH, Wilson EO. *The Theory of Island Biogeography*. Princeton: Princeton University Press, 1967.
53. Brown JH. *Macroecology*. Chicago: University of Chicago Press, 1995.
54. Birks HH, Birks HJB, Kaland PE, Moe D (eds.). *The Cultural Landscape: Past Present and Future*. Cambridge: Cambridge University Press, 1988.
55. Forman RTT. *Land Mosaics: The Ecology of Landscapes and Regions*. Cambridge: Cambridge University Press, 1995.
56. Holyoak M, Leibold MA, Holt RD. *Metacommunities: Spatial Dynamics and Ecological Communities*. Chicago: University of Chicago Press, 2005.
57. McCullough DR. *Metapopulations and Wildlife Conservation*. Washington, DC: Island Press, 1996.
58. Craw R. Panbiogeography: method and synthesis in biogeography. In: Myers AA, Giller PS (eds.), *Analytical Biogeography*. London: Chapman & Hall, 1988: 405–435.

Seção I

O Desafio de Existir

Padrões de Distribuição

As unidades básicas com as quais alguns biólogos têm de operar são organismos individuais, e na maioria dos casos esses indivíduos podem ser organizados em grupos afins que denominamos espécies. Mas, como a evolução está constantemente ocorrendo, algumas espécies podem apresentar subdivisões adicionais ou podem se hibridizar com outras espécies. O biogeógrafo enfrenta, portanto, alguns problemas ao estudar os intervalos de diferentes organismos e explicá-los em termos climáticos, geológicos e históricos. Fatores físicos muitas vezes limitam os padrões de distribuição de espécies e subespécies, mas isso nem sempre é o caso. Nenhuma espécie vive isolada de outras espécies; por isso, às vezes os fatores dos limites da distribuição podem ser devido a fatores biológicos, como competição por alimento, predação ou parasitismo. Os fatores que influenciam os limites de distribuição de uma espécie também podem interagir em um padrão complexo. Compreender como uma espécie reage a esses fatos, entretanto, provará cada vez mais a importância em predizer o efeito biogeográfico das mudanças ambientais globais no futuro.

O mundo vivo consiste em muitos organismos, a maioria dos quais pode ser organizada em grupos que têm muitas características em comum, chamados **espécies**. Geralmente a maioria das espécies são claramente definidas por sua aparência, morfologia, fisiologia e seu comportamento; entretanto existe uma grande variação dentro da espécie. Tamanho, cor, preferências alimentares e escolha do parceiro podem variar entre indivíduos. As espécies restringem normalmente sua reprodução aos indivíduos da mesma espécie, mas nem sempre é esse o caso, e não se pode definir uma espécie com esse parâmetro. De gansos a cavalos, estamos muito familiarizados com organismos híbridos que têm características intermediárias. A ciência da classificação de organismos é conhecida por **taxonomia**, e, desde a invenção da linguagem, a nomeclatura de animais e plantas tem acontecido. Dessa forma, a taxonomia poderia ser considerada como a mais antiga das disciplinas biológicas. Inicialmente, a classificação dependia inteiramente da morfologia dos organismos; no caso das baleias, isso funcionou, de forma razoável, como uma abordagem para construir uma ordem taxonômica. Mas, no último meio século, à medida que começamos a entender mais sobre o funcionamento da genética, particularmente sobre como a estrutura do DNA determina as características da forma e fisiologia das espécies, tornou-se evidente que as características estruturais nem sempre são confiáveis para determinar uma espécie ou como as espécies estão relacionadas entre si. As espécies podem ser agrupadas em unidades superiores, em um sistema hierárquico, baseado em relações evolutivas reais, formando uma ordem sistemática natural, como gêneros, famílias e ordens. Os taxonomistas confiam cada vez mais em estudos genéticos para entender as relações no mundo natural, uma vez que apenas as características estruturais provaram ser enganosas. Desse modo, a genética molecular [1] iniciou um novo capítulo no desenvolvimento da biologia taxonômica e, consequentemente, teve um impacto considerável no campo da biogeografia.

Um dos objetivos da biogeografia é entender as causas envolvidas nos padrões de distribuição de organismos em nosso planeta, mas esses estudos devem ser baseados em uma avaliação da biologia da espécie com a qual se está lidando. Por exemplo, algumas espécies existem em várias formas diferentes que são suficientemente estáveis para serem denominadas **subespécies**, e muitas vezes têm diferentes padrões de distribuição. Uma espécie que existe como uma série de formas subespecíficas é denominada **espécie politípica**, ao contrário de uma espécie menos variável que existe em apenas uma forma – chamada **espécie monotípica**. À medida que os biólogos aplicam as análises genéticas mais detalhadas, as complexas relações dentro das espécies se tornam cada vez mais evidentes, e tal complexidade se reflete nos padrões de distribuição.

Um exemplo de espécie politípica cuja taxonomia foi consideravelmente revisada nos últimos anos é a gaivota-prateada (*Larus argentatus*). Até poucos anos atrás, essa "espécie" era considerada como politípica, com cerca de várias subespécies espalhadas por todo o Hemisfério Norte. Tal distribuição é denominada **circumboreal**. Mas estudos genéticos revelaram que as relações entre essas "subespécies" são mais complexas do que se imaginava. Por exemplo, a gaivota-arenque-europeia, que recebeu o nome de *Larus argentatus argentatus* (o último nome referindo-se a sua classificação como uma subespécie), é praticamente indistinguível em sua plumagem da gaivota-prateada-americana (*Larus argentatus smithsonianus*). Porém, estudos moleculares em seus DNAs indicaram que eles não estavam tão intimamente relacionados como se supunha. Outra gaivota que habita em torno das costas do Mar Mediterrâneo tinha sido nomeada de *Larus argentatus michahellis*, e esta ave tinha a vantagem de uma perceptível diferença estrutural – suas pernas eram amarelas, e não rosa. Novamente, o DNA dessa gaivota-de-patas-amarelas sugeriu uma maior separação do que foi indicado por sua classificação subespecífica.

Na Figura 2.1, são mostradas as distribuições de reprodução dos vários **taxa** de gaivota-prateada [2, 3]. (Um **táxon**, plural *taxa*, é uma unidade indefinida de classificação, e é usado quando um autor está deconsiderando sua classificação taxonômica específica.) Algumas das gaivotas-prateadas que anteriormente foram consideradas como subespécies agora são consideradas como espécies, apesar de especialistas ainda deixarem de fora algumas gaivotas restantes, que ainda são consideradas como subespécies, embora não sejam orignalmente a gaivota-arenque europeia.

A distribuição espacial desses *taxa* de gaivota não é tão claramente definida quanto o mapa da Figura 2.1 sugere. Nas regiões de fronteiras entre os *taxa*, o cruzamento é comum, mesmo quando as duas formas são consideradas como espécies separadas. Híbridos são frequentes, o que torna a identificação dessas gaivotas no campo ainda mais difícil. Padrões também estão mudando constantemente. As gaivotas-de-patas-amarelas estão se espalhando para o norte ao longo da costa oeste da Europa, e a gaivota-do-mar-cáspio está se espalhando para o norte da região do Mar Negro na Europa Oriental e encontrando-se com a gaivota-prateada europeia na Polônia. Há também uma complicação quando o grupo de gaivotas-prateadas entra em contato com o grupo de gaivotas-de-dorso-preto, que também pode hibridar com eles [4]. O que este exemplo ilustra é que a evolução ainda está ocorrendo neste grupo de gaivotas, enquanto uma espécie ancestral está se dividindo em novas e independentes formas e algumas vezes voltando a se juntar. Para o biogeógrafo, isso significa que mapear a distribuição dos organismos e explicar os padrões que surgem está longe de ser uma tarefa simples. No caso das gaivotas do norte da Rússia, pode ser impossível detectar divisões precisas entre os diferentes tipos. Onde há mudança gradual na genética e na forma ao longo de um gradiente, os taxonomistas se referem a um **cline**, e a variação é dita como **clinal**.

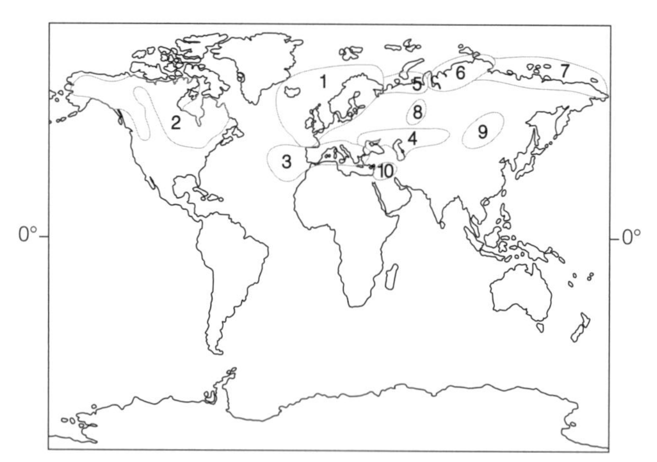

Figura 2.1 Distribuições aproximadas da reprodução de vários *taxa* dentro do grupo de gaivota-prateada [2, 3]: (1) gaivota-prateada-europeia (*Larus argentatus*); (2) gaivota-prateada-americana (*L. smithsonianus*); (3) gaivota-de-patas-amarelas (*L. michahellis*); (4) gaivota-do-mar-cáspio (*L. cachinnans*); (5) gaivota-de-heuglin (*L. heuglini*); (6) gaivota-taymyr (*L. taimyrensis*); (7) gaivota-vega (*L. vegae*); (8) gaivota-da-estepe (*L. barabensis*); (9) gaivota-da-mongólia (*L. mongolicus*); (10) gaivota-da-armênia (*L. armenicus*). Existe ainda uma disputa considerável entre os taxonomistas sobre o *status* preciso desses *taxa*. 5, 6 e 7 podem ser subespécies de 1; e 8 e 9 podem ser subespécies de 4.

A variação complexa dentro das espécies não é restrita às gaivotas; ela é encontrada até mesmo dentro do grupo dos primatas. O chimpanzé (*Pan troglodytes*), por exemplo, tem quatro subespécies existentes, todas encontradas na África Central e África Ocidental. Os padrões de distribuição são mostrados na Figura 2.2. Gabão e Congo possuem populações de *Pan troglodytes troglodytes*. Quando uma subespécie recebe o mesmo nome específico e subespecífico é denominada **subespécie nominal**. Localizados mais a oeste estão *Pan troglodytes verus* (que é isolado dos outros *taxa*) e *Pan troglodytes vellerosus*. Ao leste, na República Democrática do Congo, são encontrados *Pan troglodytes schweinfurthii*. Ao mesmo tempo, pensava-se que existia uma quinta subespécie, que agora recebeu um *status* específico completo, o chimpanzé-pigmeu ou bonobo (*Pan paniscus*), que é encontrado ao sul dos outros *taxa*, como mostra a Figura 2.2. A evolução do bonobo em uma espécie completa é uma consequência do desenvolvimento da genética, resultado da presença de uma barreira ao cruzamento; neste caso, o Rio Congo. Todas as subespécies do chimpanzé encontram-se ao norte ou ao leste desse rio e se desenvolveram isoladamente do bonobo.

Às vezes, uma espécie pode formar um círculo em torno dessa barreira, como é o caso da toutinegra-esverdeada (*Phylloscopus trochilloides*) na Ásia. Este pequeno pássaro insetívoro é encontrado principalmente na Ásia Oriental e Ásia Central, mas às vezes ele viaja até a Europa Ocidental. Na Ásia Central e Oriental, existem duas subespécies principais que podem ser distinguidas pela presença de uma ou duas listras brancas em suas asas. Os pássaros com apenas uma listra branca pertencem à subespécie *Phylloscopus trochilloides viridanus*, enquanto aqueles com duas listras brancas foram nomeados *Phylloscopus trochilloides plumbeitarsus*. A toutinegra-esverdeada de duas listras ocupa grande parte da Ásia Oriental (Figura 2.3), enquanto a subespécie com listra única encontra-se a oeste, estendendo-se até ao sul da Finlândia e Países Bálticos. Quando as duas subespécies se sobrepõem em sua distribuição, elas não conseguem se cruzar, de modo que alguns taxonomistas consideram ambas as subespécies como espécies separadas. A variedade da toutinegra-esverdeada também se estende mais ao sul, correndo a oeste do alto Planalto Tibetano e a leste, ao longo de sua borda sul, eventualmente retornando

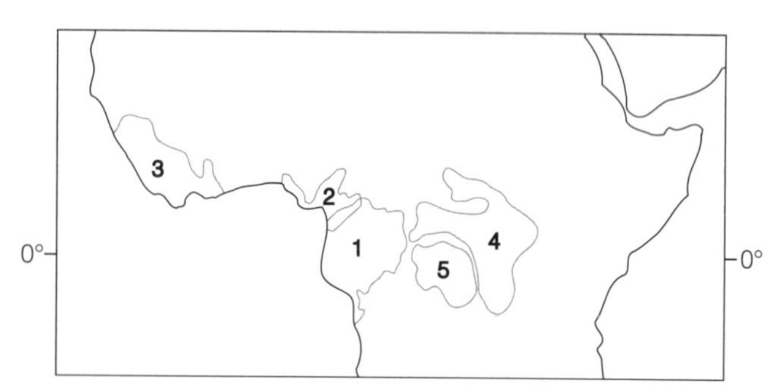

Figura 2.2 Padrões de distribuição das subespécies de chimpanzés e bonobos na África Central e Ocidental: (1-4) as subespécies de chimpanzé, *Pan troglodytes*; (5) o chimpanzé-pigmeu ou bonobo, *Pan paniscus*. Mais especificamente: (1) a subespécie *Pan troglodytes troglodytes*; (2) *Pan troglodytes vellerosus*; (3) *Pan troglodytes verus*; (4) *Pan troglodytes schweinfurthii*. O bonobo é encontrado ao sul do Rio Congo e é, portanto, separado de outros chimpanzés por uma incrível barreira de deslocamento.

para o norte novamente em direção à China Central. Aqui, a leste do Planalto Tibetano, existe outra subespécie da toutinegra-esverdeada, *Phyloscopus trochilloides obscuratus* [5, 6]. Como pode ser visto a partir da Figura 2.3, o complexo de toutinegra-esverdeada forma quase um anel completo, e é efetivamente designado por **espécie em anel**. É questionável se o anel poderia nunca ser concluído. Muito da floresta que sucede foi desmatada e a toutinegra -esverdeada é essencialmente uma ave de floresta; assim, a atividade humana pode ter fornecido uma barreira final à conclusão do anel. Porém, mudanças genéticas durante o curso do desenvolvimento do anel levariam à incompatibilidade entre as populações, mesmo que elas se sobrepusessem. Os processos pelos quais essas mudanças genéticas ocorrem serão discutidos, em mais detalhes, no Capítulo 6, mas é certo que tais complicações na diversidade genética dentro das espécies precisam ser levadas em consideração ao examinar os padrões de distribuição.

Os biogeógrafos, portanto, dependem dos taxonomistas para definir as unidades que estudam e, quando analisam as distribuições de espécies, descobrem que há outras complicações em que duas espécies ou subespécies não são idênticas em suas distribuições geográficas. Algumas correspondem bastante, mas outras diferem totalmente. Quando usamos termos como *distribuição* e **alcance** (sendo esta última a área dentro da qual a espécie (ou outro táxon) é encontrada), devemos também ter cuidado com a escala espacial que estamos considerando. Duas espécies podem ser difundidas dentro de uma determinada área, tais como as Ilhas Britânicas ou o estado da Carolina do Norte, e ainda ocupam tipos diferentes de hábitat (como florestas ou pradarias). Mesmo dentro de um hábitat, as espécies podem ocupar **micro-hábitats** diferentes, tais como dossel ou chão da floresta. Por exemplo, em uma floresta da Nova Zelândia é possível encontrar tanto o kiwi-marrom (*Apteryx australis*), como o cauda-de-leque-cinzento (*Rhipidura fuliginosa*), um tipo de ave que se alimenta de moscas. Mas eles ocupam micro-hábitats diferentes, pois o kiwi-marrom é restrito ao chão da floresta, enquanto o cauda-de-leque-cinzento abriga-se em galhos de

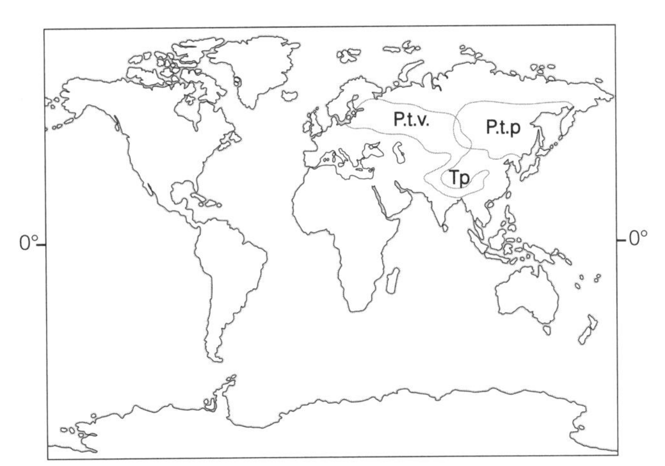

Figura 2.3 Distribuição da reprodução da toutinegra-esverdeada (*Phylloscopus trochilloides*) na Ásia. P.t.p. é a forma de duas listras da toutinegra-esverdeada, *Phylloscopus trochilloides plumbeitarsus*. P.t.v. é a forma de única listra branca da toutinegra-esverdeada, *Phylloscopus trochilloides viridanus*. Entre eles, formam um anel em torno do Planalto Tibetano (TP). Este é um raro exemplo de uma espécie em anel aviário. Um exemplo adicional deste processo é descrito na Prancha 3.

copa. Portanto, a escala, em ambas as dimensões horizontais e verticais, é uma consideração importante quando se estudam padrões de distribuição [7].

Limites de Distribuição

Qualquer que seja a escala na qual se estuda a distribuição de um organismo, existem limites dentro dos quais ela está confinada espacialmente. Para além desses limites, é incapaz de sustentar sua população. Esses limites são determinados por barreiras, mas as barreiras podem ser de vários tipos.

1. Existem *barreiras físicas* que podem impedir a propagação de um organismo. Altas cadeias de montanha, extensões de água ou regiões áridas de deserto, todas estas barreiras podem confinar espécies em uma região específica. Mas as condições que são insuperáveis para uma espécie podem não impedir uma espécie mais móvel. Por exemplo, pássaros podem atravessar extensas áreas de um terreno inóspito. A cadeia de montanhas do Himalaia é uma impressionante barreira para a maioria dos animais, mas o ganso-de-cabeça-listrada (*Anser indicus*) é capaz de migrar ao longo dos Himalaias, voando a alturas de até 10.175 metros (33.382 pés). Seu sangue contém hemoglobina, que é particularmente eficiente na absorção de oxigênio para que essa ave possa voar em altitudes, o que seria impossível para a maioria das outras aves. O Rio Congo é uma barreira intrafegável para os bonobos, mas não para os animais que podem voar ou nadar de forma eficiente.

2. *Barreiras climáticas* limitam a distribuição de muitas espécies. A geada pode ser fatal para muitas plantas tropicais devido à formação de gelo dentro das células da planta; após o derretimento, as membranas celulares são rompidas, o que resulta em morte. Da mesma forma, a seca pode causar problemas de desidratação em muitas plantas e animais que tenham uma capacidade limitada para a conservação da água.

3. Muitas vezes, a geologia e seu efeito sobre a química e a estrutura do solo são limitantes para as plantas e para animais invertebrados e micróbios que vivem no solo. Superar essas *barreiras geológicas* exige estratégias eficazes de dispersão, seja por transporte aéreo, no caso de alguns frutos, sementes e animais muito pequenos, como aranhas, ou pegando uma carona com organismos móveis, seja em seu intestino, como sementes resistentes à digestão, ou na superfície, aderindo ao pelo ou penas.

4. Em um menor nível de escala, a *natureza do hábitat* pode impor limites a uma espécie. Uma espécie florestal pode ser impedida de atravessar uma área de pastagem, ou um organismo de pântano pode não trafegar através de hábitats secos para chegar à próxima área de zonas úmidas. Os padrões de distribuição podem assim ser derivados de mosaicos de hábitat. Isto é particularmente verdadeiro em regiões altamente modificadas pela atividade humana. Em um nível de escala ainda menor, os organismos podem ocupar diferentes micro-hábitats que são submetidos a variações em pequena escala em condições físicas, ou microclima. *Microclima* é um termo que cobre as variações de temperatura, umidade e luz em uma escala muito pequena. Os animais podem estar restritos nos seus micro-hábitats devido às limitações na sua resistência à dessecação ou variação de temperatura, mas também na sua dependência da disponibilidade de alimentos. Esses vários fatores podem formar barreiras que restringem as espécies aos seus micro-hábitats. Os insetos que vivem em troncos podres, por exemplo, são adaptados, por sua evolução, a um micro-hábitat com alto teor de água e temperaturas relativamente constantes. Os troncos fornecem os materiais lenhosos macios e os microrganismos que os insetos podem precisar para se alimentar. Os troncos também podem fornecer uma boa proteção contra predadores. Áreas em torno dos troncos apresentam menos ou nenhuma dessas qualidades desejáveis e, para muitos animais, as tentativas de deixar seu micro-hábitat resultariam em morte por dessecação ou fome.

5. As *barreiras biológicas* ocorrem quando um organismo é sujeito a maior predação, parasitismo, doença ou competição de espécies mais resistentes, caso o organismo ultrapasse os limites de área específica. O inseto que sai do tronco do bosque, por exemplo, é exposto a toda uma gama de predadores, como besouros, musaranhos e aves insetívoras. A subespécie da coruja-pintada-do-norte (*Strix occidentalis caurina*) tornou-se ameaçada por causa da fragmentação das florestas do Pacífico, noroeste da América do Norte. Seu principal problema é a predação ao atravessar áreas abertas de um fragmento florestal ao outro.

6. Os *fatores históricos* também podem criar barreiras que limitam as espécies a uma determinada área. Mudanças no padrão de massas de terra sobre a superfície da Terra resultaram na criação de barreiras físicas, muitas vezes entre táxons estreitamente relacionados. As intensas mudanças globais do clima, tais como a expansão de massas de gelo no passado, contribuíram também para a interrupção dos padrões da distribuição, como as massas de gelo que surgiram e desapareceram outra vez.

7. *Acaso*. Uma complicação adicional é a função puramente do acaso na distribuição dos organismos. A chegada de um inseto por causa do vento ou de uma semente em um determinado ponto no espaço não pode ser prevista com certeza, e os primeiros a chegar podem ser uma vantagem sobre os que chegam mais tarde. Os eventos de sorte são considerados estocásticos, e esses elementos aleatórios dentro da ecologia e da biogeografia podem ser de grande importância [8,9]. A consideração do papel dos fatores aleatórios na biogeografia levou ao desenvolvimento de uma **teoria neutra**, que será considerada quando examinarmos como as espécies se agrupam nas comunidades (veja o Capítulo 4).

Padrões de plantas e animais sobre a superfície da Terra foram criados por uma série de fatores diferentes, muitos deles interagindo uns com os outros. Algumas plantas e animais são limitados em sua distribuição, às vezes (embora não sempre) dentro das áreas em que evoluíram; estas são ditas **endêmicas** a essa região. Seu confinamento pode ser devido a barreiras físicas na dispersão, como no caso de muitas faunas e floras insulares (denominadas **paleoendêmicas**), ou pelo fato de as espécies terem evoluído recentemente e ainda não se espalharam a partir dos seus centros de origem (**neoendêmicas**). Isto será discutido em detalhes neste capítulo.

Em todos esses casos, as barreiras definitivas não são necessariamente os fatores hostis do ambiente, mas a própria fisiologia da espécie, que se adaptou a uma gama limitada de condições ambientais. Em sua distribuição, portanto, uma espécie é, muitas vezes, o prisioneiro de sua própria história evolutiva.

O Nicho

As demandas que um organismo coloca em seu ambiente acerca das condições físicas e químicas, espaço e fornecimento alimentar ajudam a definir o que os ecologistas chamam de seu **nicho**. Mas o conceito do nicho vai além da física e química básica de seu hábitat e abrange todos os aspectos de como o organismo ganha a vida. Inclui o alimento que um animal requer, mas também abrange a maneira pela qual ele adquire esse alimento. O falcão é um pássaro que caça pequenos mamíferos durante o dia, enquanto uma coruja realiza uma atividade semelhante durante a noite. As andorinhas capturam insetos aéreos durante o dia, e os morcegos têm a mesma estratégia de alimentação, à noite. Eles se sobrepõem em suas necessidades alimentares, mas obtêm seus alimentos em condições muito diferentes. No caso das plantas, elas podem ter requisitos semelhantes para obtenção de água e elementos químicos do solo, mas suas raízes podem alcançar diferentes profundidades, ou ter flores em momentos diferentes, e assim tocar recursos ligeiramente diferentes. Desta forma, eles diferem em seu nicho. A subdivisão de recursos é chamada de **compartilhamento de nicho**.

Na Ilha de Lord Howe, fora da costa leste da Austrália, existem duas espécies endêmicas de palmeiras estreitamente relacionadas [10]. Uma delas, *Howea forsteriana*, floresce aproximadamente sete semanas antes das outras espécies, *Howea belmoreana*. *H. belmoreana* também prefere solos mais ácidos em comparação com *H. forsteriana*. Desse modo, as duas espécies diferem em seus nichos, e essas diferenças permitem que elas coexistam na ilha. Seus nichos podem ser vistos como multidimensionais, no sentido de que existem diversos requisitos nos quais as duas espécies variam, tanto em termos do ambiente químico como no momento de seus ciclos de vida. Pode-se pensar neles como eixos separados de variação. As espécies podem coincidir nas suas necessidades em um ou mais eixos, mas é improvável que coincidam em todos os eixos. Nenhum dos dois nichos será idêntico.

Um exemplo muito familiar dos diferentes nichos de espécies é conhecido pelas aves aquáticas que ocupam lagoas rasas nas regiões temperadas da América do Norte e Europa. Um pato muito difundido em ambos os continentes é a frisada (*Anas strepera*). Alimenta-se principalmente de vegetação submersa, que é mais abundante em águas ricas em nutrientes (eutróficos). Como não pode mergulhar, o animal submerge a cabeça para se alimentar, o que geralmente o restringe às partes rasas de um lago, onde pode encontrar alguma competição de outras aves aquáticas, como o pato-real (*Anas platyrhynchos*). Esta espécie também não mergulha, mas possui uma gama maior de dieta, incluindo pequenos invertebrados e sementes. Assim, a especialização da frisada evita muita concorrência. Evita também a competição com a piadeira (entre a piadeira da Eurásia, *Anas penelope*, e *American wigeon*, *Anas americana*) porque esses patos gastam grande parte do seu tempo em terra seca comendo capim e ervas terrestres. As marrequinhas (a marrequinha-comum, *Anas crecca*, e a marrequinha-americana, *Anas carolinensis*, na América do Norte) também são encontradas em águas rasas, mas alimentam-se principalmente peneirando a água para capturar pequenos invertebrados; assim, não entram em competição direta com a piadeira. Mas às vezes a piadeira também é encontrada em águas mais profundas; nessas situações, como elas conseguem obter comida? Por roubo, é a resposta. Os galeirões (galeirão-comum, *Fulica atra*, e galeirão-americano, *Fulica americana*) mergulham para obter sua comida e, assim, trazem matéria vegetal para a superfície a partir de profundidades maiores. Os galeirões são comedores bagunçados, e não é difícil para as marrequinhas se moverem e saquearem. Este comportamento é chamado de **cleptoparasitismo**, e é uma forma eficaz de ampliar o nicho das marrequinhas.

Ecologistas também desenvolveram duas maneiras de examinar o nicho. Existe o tipo teórico ou ideal de nicho, geralmente identificado como **nicho fundamental**, que é a soma de todas as exigências do nicho sob condições ideais quando é dado à espécie acesso livre aos recursos. No mundo real, tais condições são improváveis, normalmente porque existem outras espécies que competem por determinados recursos (ou seja, têm nichos sobrepostos) e podem ser mais eficientes na aquisição do recurso. O resultado é que a distribuição observada do organismo é limitada pelas interações de espécies, e o efeito é o **nicho realizado**, em que a espécie é encontrada em um alcance menor do que seria previsto. Esses conceitos são importantes na biogeografia, especialmente quando se tenta modelar nichos potenciais, como subsídio para prever padrões de distribuição.

Superação de Barreiras

Existem, portanto, muitas dimensões para o nicho que é restrito aos hábitats em que uma espécie é encontrada. Hábitats, como o registro de deterioramento mencionado na seção "Limites de Distribuição", são muitas vezes dispersos ou espacialmente fragmentados, levando a organismos particulares confinados em suas distribuições. Para um organismo se dispersar, ele precisa superar barreiras espaciais e físicas para ter acesso a novos locais onde suas necessidades de nicho podem ser satisfeitas. Não obstante, muitos habitantes das raízes às vezes fazem a perigosa jornada de uma raiz para outra, embora muitos fatores ambientais sejam barreiras absolutas à dispersão dos organismos, e esses fatores variem bastante em termos de eficiência. A maior parte dos hábitats e micro-hábitats possui recursos limitados, e os organismos que neles vivem necessitam de mecanismos que os habilitem a encontrar novos habitats e recursos quando os antigos se exaurirem. Esses mecanismos frequentemente tomam a forma de sementes, estágios resistentes ou (como no caso dos insetos que vivem nos micro-hábitats das raízes) adultos alados com maior resistência à desidratação.

Existe uma boa evidência de que as barreiras geográficas não são completamente efetivas. Quando os organismos estendem sua distribuição em escala geográfica, é provável que tirem proveito de mudanças temporárias, sazonais ou permanentes do clima ou da distribuição de hábitats, que permitem com que cruzem barreiras normalmente fechadas para eles. As Ilhas Britânicas, por exemplo, localizam-se em uma zona geográfica com aproximadamente 220 espécies de aves, mas outras 50 ou 60 espécies visitam a região como "ocasionais". Essas aves não procriam na Grã-Bretanha; um ou dois indivíduos são vistos anualmente por ornitólogos. Vêm por motivos variados: alguns são desviados das rotas migratórias por ventos, outros são forçados, em determinados anos, a deixar seus domínios habituais quando há aumento populacional significativo e os alimentos estão escassos. Muitos desses ocasionais têm seu lar genuíno na América do Norte, tal como o pato-de-colar (*Aythya Collaris*); alguns são vistos todos os anos, outros vêm da Ásia Oriental, como a petinha-silvestre (*Anthus hodgsoni*), ou mesmo do Atlântico Sul, como o albatroz-de-sobrancelha (*Diomedea melanophris*).

Embora seja pouco provável, é possível que alguns desses viajantes ocasionais se estabeleçam permanentemente na Europa, como fez a rola-turca (*Streptopelia decaocto*) que, desde 1930, se disseminou, vindo da Ásia Menor e Meridional, passando pela Europa Central até chegar às Ilhas Britânicas e à Escandinávia – talvez a mudança natural mais radical nos registros de distribuição de qualquer vertebrado em época recente. Esta espécie hoje é comum nas periferias urbanas e em assentamentos na Europa Ocidental e depende muito, para alimentação, das sementes de ervas daninhas, comuns em fazendas e jardins, e das migalhas de pão que os humanos normalmente colocam para os pássaros de jardim. Vários fatores podem ter interagido para possibilitar essa expansão territorial da rola-turca. O aumento da atividade humana ao longo do último século, envolvendo mudanças ambientais, produziu novos hábitats e recursos alimentares; também é possível que pequenas mudanças climáticas tenham favorecido significativamente esta espécie. Entretanto, é considerado pouco provável que a rola-turca tenha conseguido tirar proveito dessas mudanças sem nenhuma alteração na sua composição genética – talvez alguma alteração fisiológica tenha permitido que a espécie aumentasse sua tolerância às condições climáticas ou adotasse uma maior variedade de substâncias alimentares. Seus padrões de comportamento também mudaram, principalmente com a nidificação em construções sendo substituída por nidificação em árvores, o que deve ter sido favorecido na Europa temperada [11]. Desde sua introdução às Bahamas, em 1974, a rola-turca também se espalhou rapidamente pela América do Norte [12], como será discutido na seção "Invasão"; este é então um organismo que provou ser um sucesso notável, uma vez que as barreiras de dispersão foram superadas.

Os biogeógrafos costumam reconhecer três modos diferentes pelos quais os organismos conseguem se espalhar de uma área para outra. O primeiro, mais fácil, é denominado **corredor**; esse tipo de caminho pode incluir uma grande variedade de hábitats, de tal forma que a maioria dos organismos encontrados nas duas extremidades do corredor enfrentarão pouca dificuldade em atravessá-lo. Dessa maneira, as duas pontas passam a ser quase idênticas em suas **biotas** (a fauna mais a flora). Por exemplo, o grande continente da Eurásia, que liga a Europa Ocidental à China, tem funcionado como um corredor de dispersão de animais e plantas.

No segundo tipo de caminho de dispersão, a região que funciona como conexão pode conter uma variedade limitada de hábitats, de tal modo que somente os organismos que podem existir nesses hábitats conseguem se dispersar por ele. Essa rota de dispersão é conhecida como **filtro**; bom exemplo é proporcionado exclusivamente pelas terras baixas tropicais da América Central. Nem todos os animais são capazes de atravessar esse tipo de terreno.

Por fim, algumas áreas são completamente cercadas por ambientes totalmente diferentes, o que torna extremamente difícil para qualquer organismo alcançá-lo. O exemplo mais óbvio é o isolamento de ilhas por uma larga faixa de mar, mas a biota especialmente adaptada dos picos das montanhas, de uma caverna ou de um lago grande e profundo é também extremamente isolada do hábitat mais semelhante àquele que os colonizadores originalmente ocuparam. As chances de esse tipo de dispersão ocorrer são muito baixas, e em grande medida devem-se à probabilidade de combinação de circunstâncias favoráveis, tais como ventos fortes ou balsas flutuantes de vegetação. Desse modo, essa rota de dispersão é conhecida como **rota sweepstake**. Difere de uma rota do tipo filtro em termos de grupos, não apenas no grau, pois os organismos que cruzam uma rota *sweepstake* normalmente não são aptos a despender a vida inteira *no percurso*. Tais organismos se assemelham apenas em termos de adaptações à travessia, tais como adaptações aéreas de esporos, sementes mais leves ou, no caso de insetos e aves, o voo, que possibilita que se dispersem de ilha em ilha. Por esse motivo, uma biota desse tipo não é uma amostra representativa da biota ecologicamente integrada e balanceada existente na área continental e, assim, é considerada **desarmônica**.

Uma discussão sobre alguns padrões de distribuição apresentados por determinadas espécies de animais e de plantas mostrará quão variados e complexos eles podem ser, e auxiliar a enfatizar diversas escalas ou níveis nos quais esses padrões podem ser considerados. Na verdade, o número de exemplos que podemos escolher é bastante limitado, pois apenas a distribuição de um pequeno número de espécies foi investigada em detalhes. Mesmo entre espécies bem conhecidas, descobertas casuais feitas em lugares não habituais estão constantemente modificando padrões conhecidos de distribuição e, assim, demandando mudanças nas explicações fornecidas pelos biogeógrafos.

Alguns padrões existentes são contínuos, e a área ocupada pelo grupo consiste em uma única região ou algumas regiões próximas umas das outras. Esses padrões podem, normalmente, ser explicados pela atual distribuição dos fatores climáticos e biológicos. Outros padrões disponíveis são descontínuos ou **disjuntos**, sendo as áreas ocupadas muito separadas e dispersas em um determinado continente ou mesmo pelo mundo inteiro. Os organismos que apresentam esse padrão podem ser, assim como as magnólias (veja a seção Magnólias: Relictas Evolucionárias), relictos evolucionários – sobreviventes dispersos de um grupo anteriormente dominante e abrangente, hoje inapto para competir com formas mais novas. Outros relictos, climáticos ou de hábitats, aparentemente foram muito afetados por mudanças no clima ou no nível do mar ocorridas no passado. Finalmente, como será mostrado nos Capítulos 10 e 11, os padrões disjuntos de alguns grupos vivos e de muitos grupos extintos são resultantes da fragmentação física de uma área de distribuição que em algum momento foi contínua pelo processo de deriva continental (veja o Capítulo 5).

Limites Climáticos: as Palmeiras

Um exemplo de família de plantas restrita a um regime climático particular são as palmeiras (família *Arecaceae*). A Figura 2.4 mostra a distribuição global dessa família de plantas, e pode-se observar que seus membros (cerca de 2780 espécies) são encontrados em todas as áreas tropicais e também em muitas regiões subtropicais. Tal distribuição é conhecida como pantropical. No entanto, quando se observam as áreas temperadas, como a Europa, pouquíssimas espécies de palmeiras podem ser consideradas nativas. Na verdade, só existem duas palmeiras realmente nativas na Europa. Uma delas, a palmeira-anã (*Chamaerops humilis*), é uma espécie muito pequena, que cresce em solos arenosos, no sul da Espanha e em Portugal, na direção leste, até Malta (Figura 2.5). A segunda espécie, *Phoenix theophrasti*, é encontrada em determinadas ilhas mediterrâneas, principalmente em Creta.

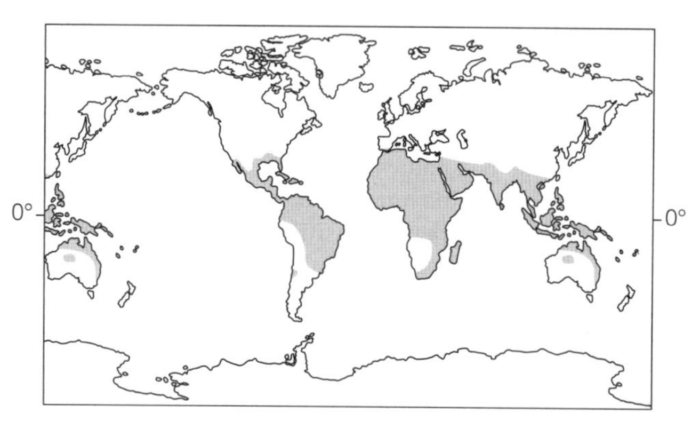

Figura 2.4 Mapa da distribuição mundial da família das palmeiras (*Arecaceae*), uma família de plantas pantropical.

Os Estados Unidos também são relativamente pobres em palmeiras, tendo apenas quatro espécies nativas. Flórida e os estados do sudeste têm palmeiras de palmetto (*Sabal palmetto* e *Serenoa repens*), Texas tem um palmetto de Rio Grande (*Sabal mexicana*) e Califórnia tem uma grande quantidade de palmeiras, *Washingtonia filiferia*. Nenhum deles é capaz de sustentar uma população natural mais ao norte do que a parte mais sul da América do Norte, onde a temperatura mínima média anual varia entre –1 °C e 7 °C [13].

Assim, uma família que é extremamente bem-sucedida e dispersa nos trópicos não obteve sucesso semelhante nas regiões temperadas. O problema real das palmeiras é a maneira como crescem: elas possuem apenas um ponto de crescimento no alto do caule e, se este for danificado por uma geada, todo o caule perece. Essa fragilidade também limitou o uso de palmeiras como plantas domesticadas, pois espécies como a tamareira não sobrevivem em áreas de geadas constantes. Mesmo nos desertos do norte do Irã, onde os verões são quentes e secos, a tamareira (*Phoenix dactylifera*) é vista raramente, devido ao frio intenso nessas terras secas, de altitudes elevadas, durante o inverno (Figura 2.6). Talvez as mais bem-sucedidas das palmeiras de regiões temperadas sejam a espécie *S. repens*, que

Figura 2.5 A palmeira-anã *Chamaerops humilis*, uma das duas palmeiras nativas encontradas na Europa.

Figura 2.6 A tamareira, *Phoenix dactylifera*, em seu local mais ao norte, no Grande Deserto Kavir, no Irã.

muitas vezes é cultivada e às vezes naturalizada, que atinge 30°N nos Estados Unidos, e a espécie *Trachycarpus*, particularmente *Trachycarpus martianus*, que atinge uma altitude de 2400 metros no Nepal [14]. Porém, a família como um todo está limitada geograficamente, devido à sensibilidade ao frio.

Uma Família de Sucesso: as Margaridas (*Asteraceae*)

As palmeiras são uma família de sucesso pelo fato de conseguirem se espalhar por todos os trópicos e subtrópicos, mas não conseguiram se expandir para além desses limites climáticos. Por outro lado, a família das margaridas (*Asteraceae*) parece ter superado todas as barreiras, ocupando todo o globo terrestre (Figura 2.7), com exceção da Antártica, da calota gelada da Groenlândia e das ilhas mais ao norte do Ártico Canadense. A família das margaridas proporciona um exemplo útil da forma como precisamos levantar explicações diferentes para padrões de distribuição diferentes, em escalas geográficas e taxonômicas diferentes. A família das margaridas é extremamente grande (possuindo mais de 25.000 espécies) e bem-sucedida, se avaliarmos o sucesso biogeográfico pela extensão da área de distribuição. Trata-se de uma família **cosmopolita**, isto é, pode ser encontrada em qualquer lugar do mundo quando a observamos em escala global. Na verdade, o termo **cosmopolita**, quando empregado em plantas floríferas, normalmente é um pouco exagerado, pois quase nenhuma espécie de planta florífera conseguiu se estabelecer na Antártida; mesmo as *Asteraceae* não o conseguiram, embora estejam presentes em todos os outros continentes. Não existe uma barreira insuperável claramente identificada para a abrangência geográfica dessa família durante sua história evolucionária.

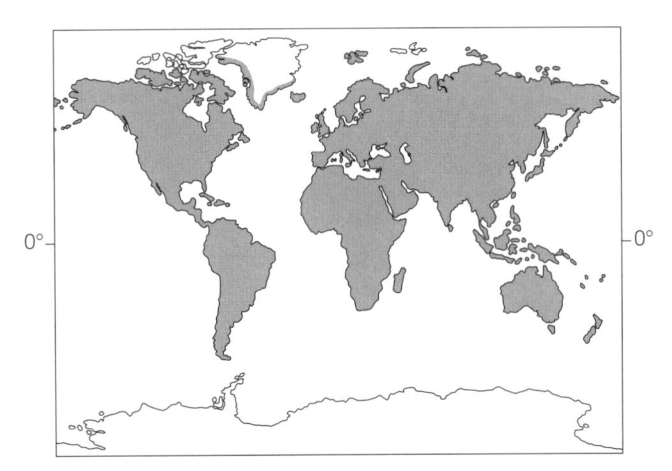

Figura 2.7 Distribuição global da família das margaridas (*Asteraceae*). Ela é uma família cosmopolitana de plantas que, sucessivamente, se estabeleceram em todas as partes do mundo, além da Antártica e do Polo Norte.

Quando observamos as áreas do mundo em que as *Asteraceae* são mais abundantes e diversificadas, concluímos que as regiões montanhosas, tropicais e subtropicais, em conjunto com algumas regiões semiáridas e aquelas com **clima mediterrânico** (com verões quentes e secos, e invernos suaves e úmidos) são as mais ricas em membros desta família. As florestas equatoriais úmidas são, na verdade, pobres em espécies da família das margaridas. Muitas vezes, os biogeógrafos usam informações desse tipo, na tentativa de reconstruir as origens evolucionárias de um grupo. Isso envolve uma grande dose de generalização, mas o que parece acontecer é que esta família tem sido bem-sucedida longe da competição com árvores altas, em hábitats com propensão a secas nos quais sua adaptabilidade geral e seus sistemas muito variados de dispersão de frutos lhes propiciaram muitas vantagens.

Tomando apenas um gênero da família, a tasneira (*Senecio*), descobrimos que ele espalha toda a família em vários aspectos, sendo numeroso (quase 1250 espécies) e amplamente distribuído (cosmopolita, sem considerar a Antártida). Muitos membros são ervas daninhas eficientes, de vida curta, com frutos dispersos por via aérea e detentores de uma grande tolerância ecológica a climas e solos. Alguns taxonomistas preferem dividir esse grande gênero em subgêneros, e um desses, o subgênero *Dendrosenecio*, é marcante tanto na forma (Figura 2.8) quanto no padrão restrito de distribuição. Esse gênero consiste em 11 espécies, muitas vezes referido como tasneiras-gigantes, que são plantas de tronco lenhoso, de até 6 metros (20 pés) de altura, com galhos nas seções superiores comportando ramos terminais com folhas coriáceas rijas. Os botânicos referem-se a esse tipo de plantas como **pachycaul**. A distribuição desse subgênero é restrita à África Oriental e, movendo-se em escala geográfica, apenas nas altas montanhas da África Oriental (Figura 2.9) acima dos limites das florestas de bambu e urze [15]. Enfocando os níveis taxonômicos de subgênero até espécie, percebe-se que

Figura 2.8 Tasneiras-gigantes das montanhas da África Oriental (Família *Asteraceae*, gênero *Senecio*, subgênero *Dendrosenecio*): (a) forma com galhos, e (b) forma sem galhos.

cada uma das principais montanhas da África Oriental tem seu próprio grupo de espécies endêmicas de *Dendrosenecio*, com nunca mais do que três espécies em cada montanha (Figura 2.9). Análise detalhada do material genético (o DNA), das espécies de tasneira feita por Eric Knox em Kew Gardens,* Londres, e por Jeffrey Palmer, na Universidade de Indiana [16], mostrou que cada espécie é mais proximamente relacionada com suas vizinhas na própria montanha do que com espécies em outras montanhas, a despeito do formato, ou do padrão dos galhos (Figura 2.8), ser mais parecido com a tasneira-gigante de qualquer outra parte. Parece que o acaso permitiu a colonização de cada cume de montanha (com exceção de um, o Monte Meru, que é desprovido de tasneiras-gigantes) e que a invasora oportunista foi, ao longo do tempo, evoluindo para duas ou três espécies. (O tempo envolvido, incidentalmente, não pode ser muito longo, pois o Monte Kilimanjaro tem apenas um milhão de anos – muito jovem para os padrões geológicos.)

Se considerarmos um nível abaixo na escala espacial e observarmos as espécies separadamente em apenas uma das montanhas, outros fatores entram em jogo na interpretação dos padrões de distribuição. No Monte Elgon (4300 metros, 14.100 pés), situado na fronteira entre Uganda e Quênia, ao norte do Lago Vitória (Figura 2.9), são encontradas duas espécies de tasneiras-gigantes, *Senecio elgonensis* e *S. barbatipes*. Na zona montanhosa aberta, onde estas árvores são encontradas, a *S. elgonensis* predomina abaixo de 3900 metros e a *S. barbatipes* acima desse nível, havendo assim uma diferenciação em termos de altitude nas suas áreas de distribuição na montanha. Não se sabe precisamente quais características morfológicas ou fisiológicas ocasionam essas preferências climáticas, e também não há medições meteorológicas detalhadas para a montanha, diferenças de temperatura em função da altitude, e em especial a incidência de geada, parecem ser o fator mais importante que afeta a distribuição dessas duas espécies. As tasneiras-gigantes são mais tolerantes ao gelo do que a maioria das plantas tropicais, por possuírem um isolamento de camadas de folhas e base foliada (Figura 2.10). Quando a temperatura do ar, à noite, cai até −4 °C, a temperatura entre as folhas cai para apenas 2 °C. O isolamento é ainda mais eficaz porque as folhas alteram sua posição durante a noite, fechando-se e aprisionando outras camadas de ar ao redor do caule [17]. As células divisórias vitais e sensíveis à temperatura do sistema principal do tronco estão assim protegidas da geada. No entanto, a sensibilidade diferenciada de cada espécie pode afetar seus limites em altitude, talvez por meio da produção de sementes ou da germinação. As duas espécies também podem estar em

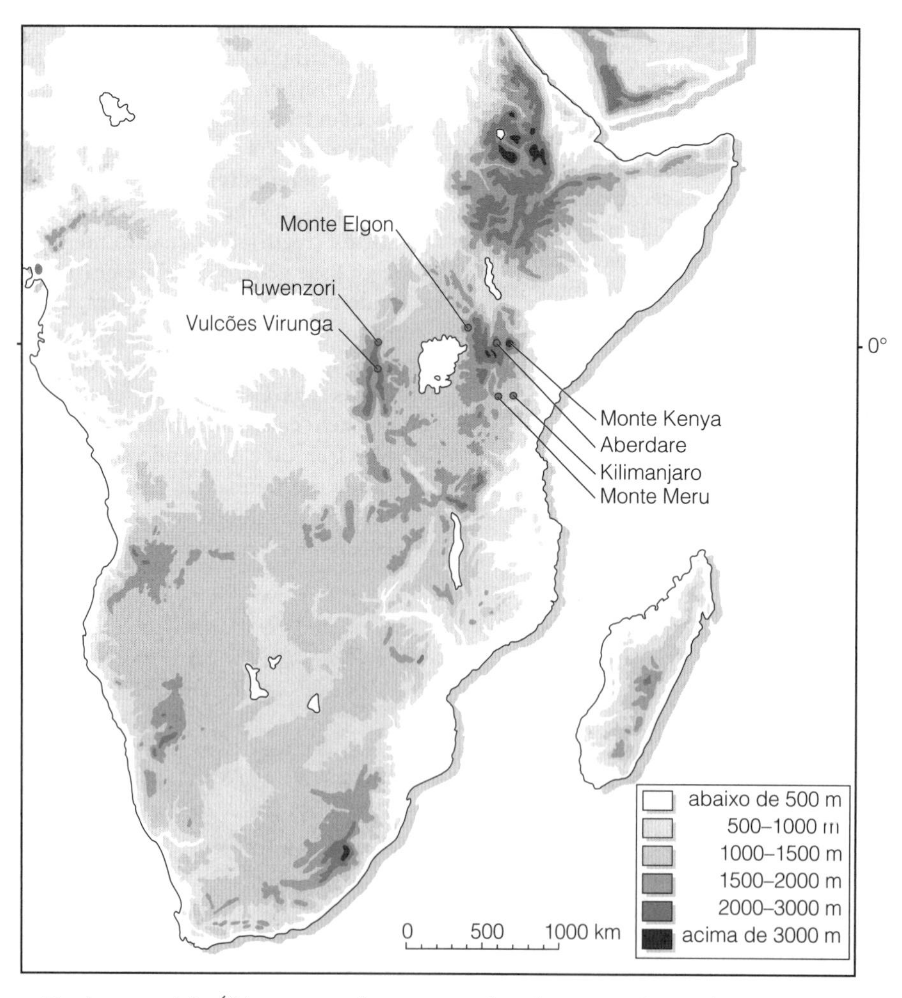

Figura 2.9 Mapa das regiões leste e sul da África mostrando os cumes altos das montanhas onde as tasneiras são encontradas. O Monte Meru é uma exceção, por não possuir tasneiras.

*Local em Londres onde fica o Royal Botanic Gardens (Jardim Botânico Real). (N.T.)

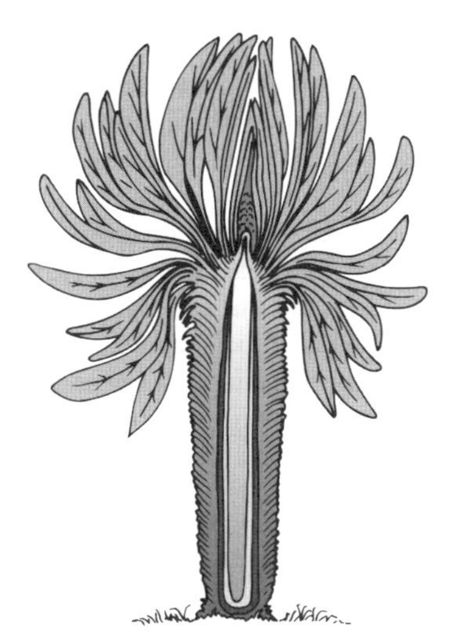

Figura 2.10 Seção em corte de uma tasneira mostrando a grossa medula central, envolvida por madeira e córtex, em conjunto com a camada externa de folhas mortas e base foliada. Essa camada exterior forma uma bainha isolante que protege do congelamento os tecidos vivos.

competição entre si, por espaço ou por algum outro recurso (veja exemplos mais adiante neste capítulo).

Fazendo uma observação final e mais detalhada sobre a distribuição da *S. elgonensis* em um pequeno vale na parte mais baixa da zona montanhosa do Monte Elgon, percebemos que a população é mais densa no fundo do vale (Figura 2.11), onde existe uma área que exala umidade de água percolada no solo. A espécie é, evidentemente, afetada nessa escala de hábitat pela disponibilidade de solos mais profundos e úmidos, preferindo-os em detrimento dos solos rasos, com drenagem livre das encostas e cristas das montanhas, onde a seca é provável durante as condições quentes do dia tropical alpino.

Esta análise de padrão de distribuição entre as *Asteraceae*, em níveis taxonômicos gradativamente menores, mostra o caminho pelo qual devemos considerar os diferentes fatores para explicar os padrões de distribuição de organismos, dependendo da escala taxonômica e geográfica que estamos considerando.

Padrões de libélulas

As batuíras (*Charadriidae*) são outra família cosmopolita, desta vez de aves limícolas. Dentro da família, com cerca de 67 espécies, o próprio gênero *Charadrius* é cosmopolita e tem espécies representativas em todos os continentes do mundo, com a exceção normalmente da Antártida. Mas as diferentes espécies de *Charadrius* variam consideravelmente em seu alcance geográfico e sua ecologia. Na América do Norte, o membro mais familiar do gênero é o borrelho-de-dupla-coleira (*Charadrius vociferus*) que, como seu nome em latim sugere, é um pássaro extremamente vocal. É também bastante difundido dentro dos limites da América do Norte, como demonstra o mapa na Figura 2.12. Sua faixa de reprodução vai do norte desde o México e Baixa Califórnia até o sul do Alasca, e da Flórida para a Terra Nova. Apenas as áreas mais ao norte do Canadá e do Alasca não têm nenhuma população reprodutora do borrelho-de-dupla-coleira. Uma das razões para seu sucesso é sua ampla tolerância a diferentes hábitats. Pode ser encontrado em litorais oceânicos, margens de água doce, pântanos e outras zonas úmidas, como também em pastagens secas, estradas, locais de resíduos e terras agrícolas, e até mesmo em aeroportos e gramados domésticos. Como todos os membros do gênero, aninha-se no solo, prefere uma superfície de cascalho ou areia grossa na qual seus ovos são altamente camuflados, embora possa encontrar locais adequados em uma ampla gama de hábitats, incluindo locais perturbados pela influência humana. Uma espécie com uma ampla gama de tolerância às condições ecológicas é conhecida por **euritópica**. Essa característica é valiosa para permitir sua ampla disseminação, como demonstra seu mapa de distribuição na Figura 2.12.

Outra espécie do mesmo gênero na América do Norte é o borrelho-da-montanha (*Charadrius montanus*). Em contraste com o borrelho-de-dupla-coleira, sua distribuição de reprodução é muito mais limitada, como mostrado na Figura 2.13. É confinado aos Estados Unidos, encontrando-se em uma linha em direção ao norte de Novo México, através do Colorado e de Wyoming, para Manitoba. Esta linha segue ao longo da porção oriental das Montanhas Rochosas e na borda ocidental das Grandes Planícies. Embora seu nome sugira que é um pássaro de montanha, é na verdade uma espécie de pradaria. O hábitat de nidificação preferido do borrelho-da-montanha é pradaria de grama curta, cortada por animais de pastagem. Essas aves particularmente preferem nidificar na vizinhança de cães-da-pradaria, que são coloniais, mamíferos herbívoros que removem a grama muito curta ao redor de suas tocas, provavelmente para que eles possam detectar qualquer predador se aproximando [18,19]. A combinação

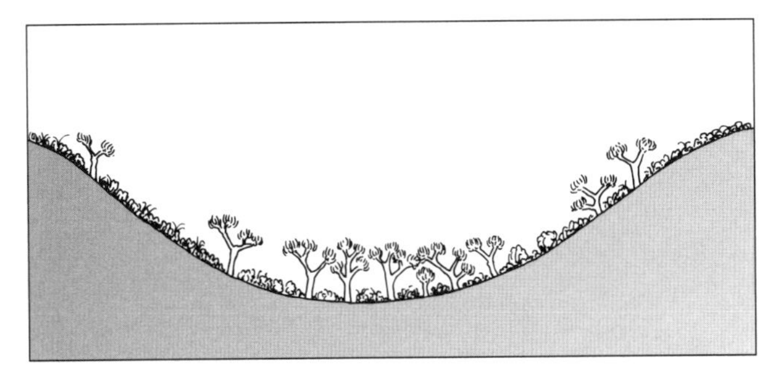

Figura 2.11 Diagrama da seção transversal de um pequeno vale no Monte Elgon, Uganda, mostrando a maior densidade de tasneiras no fundo do vale.

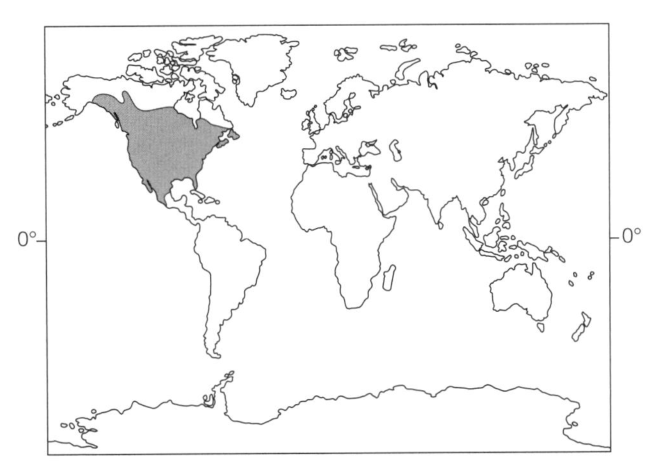

Figura 2.12 Distribuição de reprodução do borrelho-de-dupla-coleira, uma espécie generalizada na América do Norte.

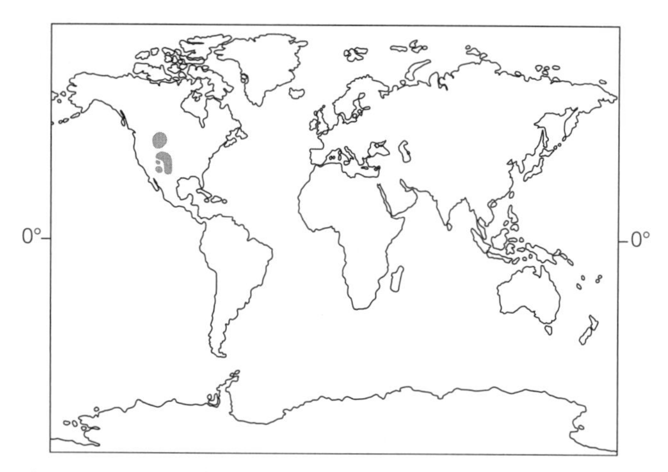

Figura 2.13 Distribuição de reprodução do borrelho-da-montanha, uma espécie de pradarias ocidentais com um alcance limitado.

de grama curta e mamíferos companheiros, sempre em alerta para o perigo, torna tais hábitats lugar ideal para sua reprodução. Mas essas condições são limitadas pela gama restrita de cães-da-pradaria, e pela tendência de a pastagem ser convertida para ser usada por agricultores. O borrelho-da-montanha é assim um pássaro exigente, e os organismos com tais requisitos limitados ao hábitat são denominados **estenotópico**. Em geral, os organismos com exigências muito específicas de hábitat são restritos em seus padrões de distribuição.

Na Europa e na Ásia, o gênero *Charadrius* também é difundido, assim como outro gênero da família das batuíras, *Vanellus*. Um dos membros mais difundidos da família das tarambolas é o abibe-comum (*Vanellus vanellus*). Ele se reproduz do oeste da Europa, para o leste, através de Ásia central para a costa pacífica. Seu limite norte vai da Fenoscândia e norte da Rússia até o leste da China, e seu limite sul fica na Turquia, Irã e Mongólia (Figura 2.14). Suas exigências de hábitat são amplas, preferindo planícies que estão livres de geadas durante a época de reprodução, especialmente pastagens e campos aráveis. É capaz de sobreviver em pradarias, mas prefere locais úmidos; habitam desde margens de lago e pântanos até regiões alagadas entre as dunas de areia. Sua tolerância aos hábitats modificados pela atividade humana, tais como pastos e terras aráveis, tornou-o particularmente bem-sucedido. Na Europa Ocidental, esta espécie tem diminuído sua população nos últimos anos, resultado de mudanças no uso da terra e da aplicação generalizada de pesticidas que matam suas presas, os invertebrados.

Um parente próximo do abibe-comum é o abibe-sociável (*Vanellus gregarius*), mas este, ao contrário do abibe-comum, é muito mais restrito em sua distribuição, como mostrado na Figura 2.15. Sua área de reprodução é restrita ao Cazaquistão e partes vizinhas do sul da Rússia. Um pouco como o borrelho-da-montanha-norte-americano, o hábitat de reprodução preferido do abibe-sociável é pradaria de grama curta. Muitas vezes, isso se encontra em pradarias salares que se tornam muito secas no verão. O abibe-sociável não tolera a vegetação mais alta do semideserto vizinho (veja Pranchas 1 e 2) ou a pradaria florestal de solos mais úmidos. Por conta disso, assim como o borrelho-da-montanha, esta ave é extremamente exigente em seus requisitos; é estenotípica. Os dois exemplos ilustram a relação entre a tolerância do hábitat e a extensão no alcance da reprodução de uma espécie.

Relações semelhantes são encontradas em muitas espécies de animais e plantas, incluindo invertebrados, tais como anfípodes. Kevin Gaston e John Spicer [20] examinaram isto em seus estudos em várias espécies do crustáceo do gênero *Gammarus*. Eles consideraram pares de espécies comparáveis. Por exemplo, *Gammarus zaddachi* é uma espécie estuarina com a capacidade de tolerar uma amplitude limitada de salinidades. Uma espécie similar, *Gammarus duebeni*, é ainda mais tolerante à variação da salinidade, ocorrendo mesmo em piscinas de rochas, em que a salinidade pode ficar muito baixa após a precipitação, mas torna-se alta quando exposta a longos períodos de sol. Quando consideramos seus padrões globais de distribuição, é a espécie mais tolerante, eurotípica, *G. duebeni*, que tem a maior área geográfica, sendo encontrada em ambos os lados do Atlântico, enquanto *G. zaddachi*, que é mais estenotípica, é limitada ao norte da Europa e Islândia (Figura 2.16). Da mesma forma, quando observamos *Gammarus locusta*, uma espécie estritamente marinha e a comparamos com outra espécie marinha, *Gammarus oceanicus*, verificamos que o mais tolerante, *G. oceanicus*, também apresenta a maior amplitude geográfica, conforme mostrado no diagrama. Assim, se medirmos o sucesso de um organismo pelo seu alcance de distribuição geográfica, então as espécies amplamente tolerantes parecem ter a vantagem, pelo menos no que se refere às espécies do gênero *Gammarus* e tarambolas (*plovers*).

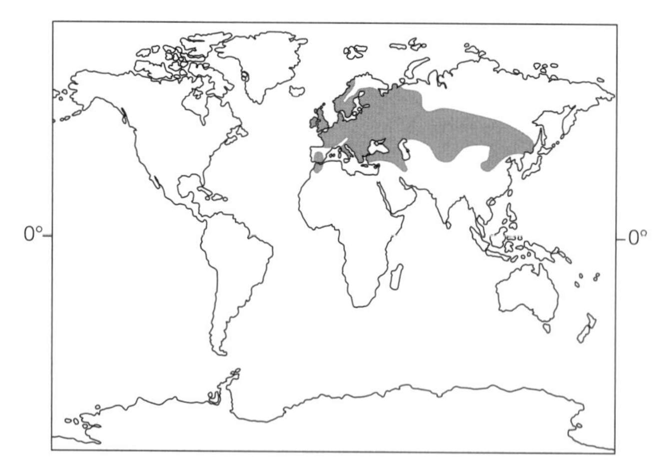

Figura 2.14 Distribuição de reprodução do abibe-comum, uma espécie difundida pelo Velho Mundo.

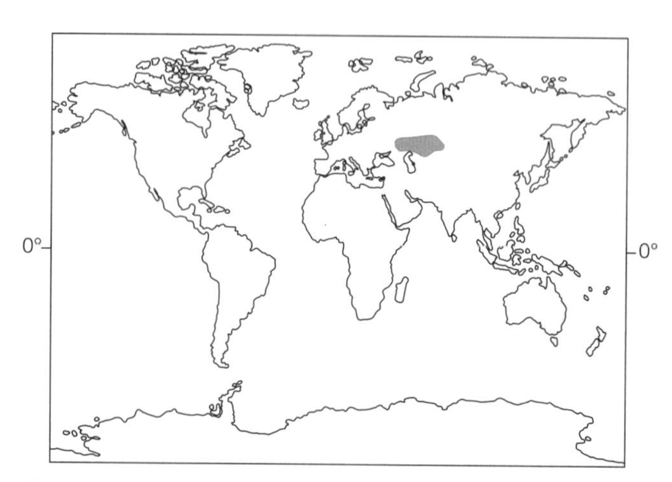

Figura 2.15 Distribuição reprodutiva do abibe-sociável, que se limita quase completamente às pradarias do Cazaquistão.

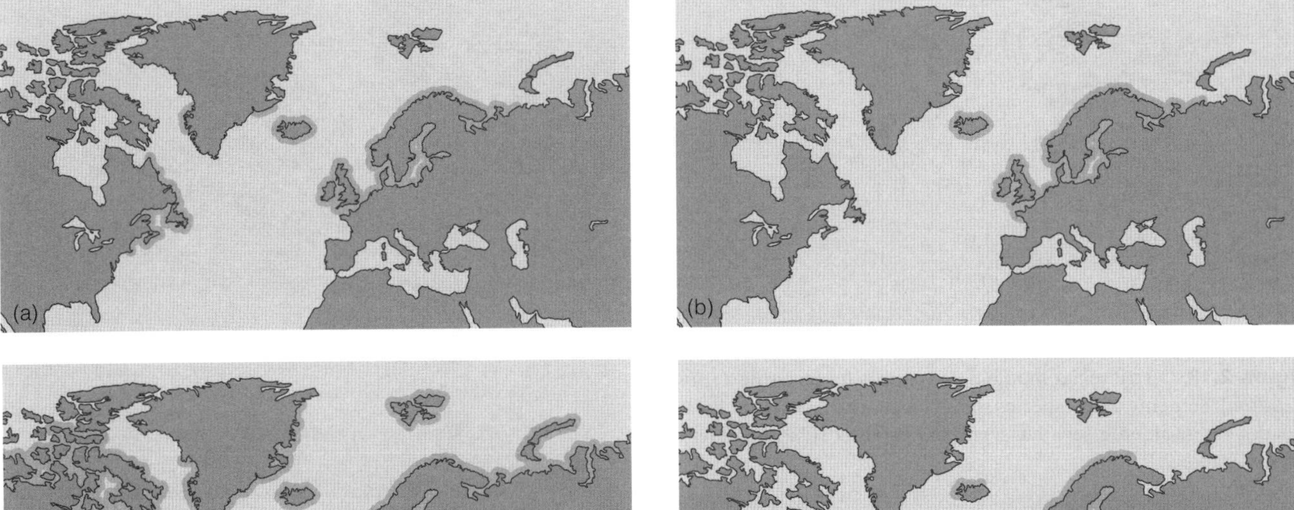

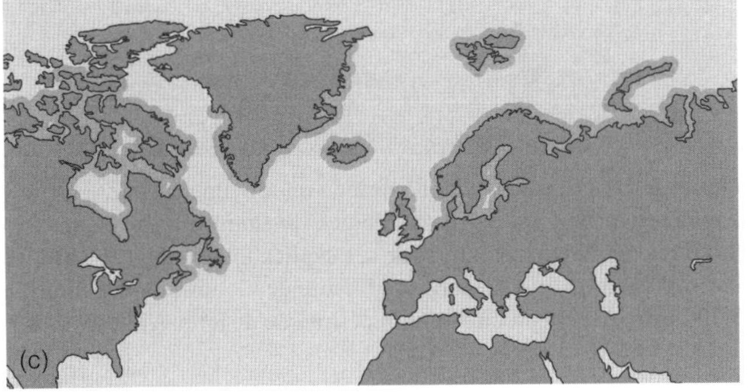

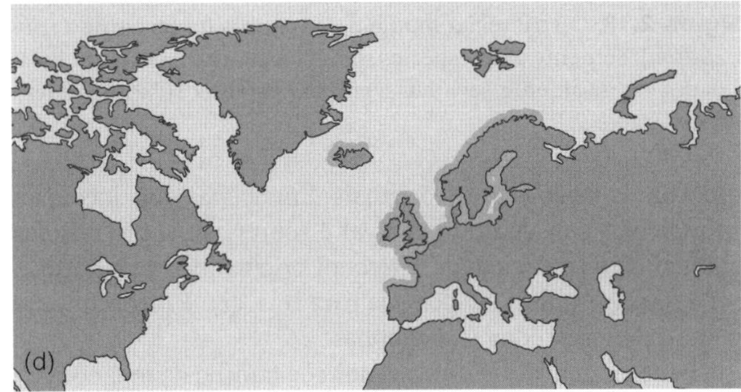

Figura 2.16 Mapas de distribuição global de quatro espécies do gênero *Gammarus*: (a) *G. duebeni* (eurotípica) tem um padrão de distribuição mais amplo, (b) *G. zaddachi* (menos tolerante) é mais limitada, (c) *G. oceanicus* (eurotípica) é generalizada, e (d) *G. locusta* (estenotípica) é mais limitada. De Gaston e Spicer [20]. (Reproduzido com permissão de John Wiley & Sons.)

Magnólias: Relictas e Evolucionárias

Tendo analisado os vários padrões de distribuição que os animais e as plantas apresentam, estamos agora em condições de examinar mais detalhadamente as possíveis causas desses padrões. Alguns grupos devem sua origem aos desenvolvimentos evolutivos e geológicos pretéritos, como é o caso da família de plantas com flor, as magnólias.

As magnólias (família *Magnoliaceae*, gênero *Magnolia*) têm uma distribuição atual muito interessante, como mostra a Figura 2.17. Das cerca de 80 espécies de *Magnolia*, a maioria é encontrada no sudeste asiático, e as restantes, cerca de 26 espécies, nas Américas – indo do Lago Ontário, ao norte, passando pelo México, até as regiões mais ao norte da América do Sul [21]. Sua distribuição é nitidamente disjunta, sendo, neste caso, separada em dois centros principais. Diferentemente das palmas, não podemos explicar seu padrão de distribuição apenas em termos da sensibilidade climática das plantas envolvidas, porque as magnólias são, comparativamente, mais robustas; podem ser cultivadas com sucesso ao norte das áreas temperadas. As restrições climáticas também não explicam por que não são encontradas nas regiões intermediárias, tropicais e subtropicais, como as palmeiras.

Para entender a distribuição das magnólias, precisamos observar sua história evolucionária. Fósseis de folhas, flores e grãos de pólen, similares aos da magnólia, são reconhecidos como da era Mesozoica – a época dos dinossauros. De fato, a família das magnólias é considerada pelos botânicos uma das mais primitivas famílias com grupos de plantas floríferas. Suas flores vistosas são atraentes para os insetos que evoluem rapidamente e, juntos, evoluem para um time de sucesso, no qual os insetos visitam as flores à procura de alimento e, ao agirem assim, garantem a transferência de pólen de uma planta a outra, eliminando o acaso e o desperdício de um possível, mas arriscado, processo de polinização pelo vento. A magnólia dispersou-se e deve ter formado um cinturão contínuo em torno das partes tropical, subtropical e temperada do globo, pois foram encontrados remanescentes fósseis por toda a Europa e até na Groenlândia. A magnólia manteve-se abrangente por, talvez, cerca de 70 milhões de anos, até os últimos 2 milhões de anos, quando foi perdida de áreas geográficas intermediárias, como a Europa, que ligavam os atuais centros isolados de distribuição nas Américas e Ásia Oriental.

Por darem árvores e arbustos pequenos e de crescimento lento, as magnólias não constituíram competidoras fortes contra as espécies arbóreas mais robustas e de crescimento rápido e, quando as flutuações climáticas dos últimos 2 milhões de anos começaram a perturbar seus ambientes arbóreos estáveis, elas sucumbiram às pressões e rapidamente tornaram-se extintas

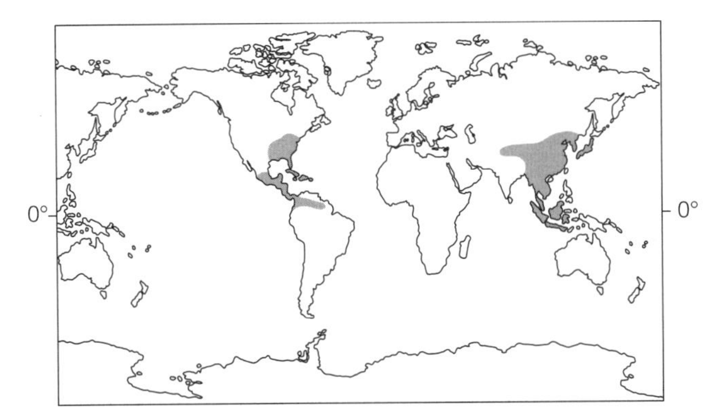

Figura 2.17 Mapa da distribuição mundial da magnólia, ilustrando sua distribuição disjunta.

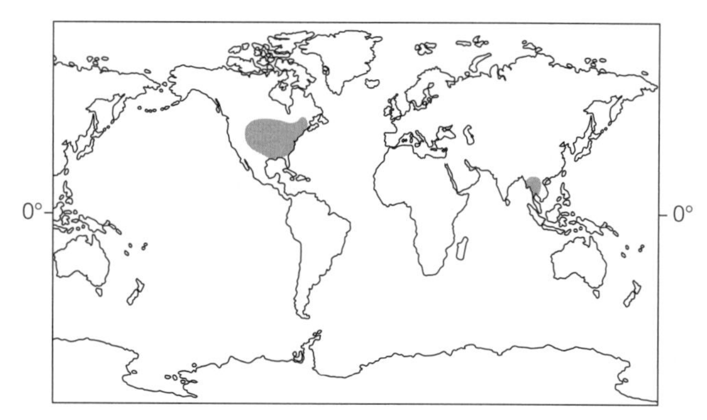

Figura 2.18 Distribuição mundial das tulipas (espécies de *Liriodendron*). Somente duas espécies sobrevivem atualmente, em localidades extensamente separadas, embora já tenha sido um gênero generalizado.

em muitas de suas áreas originais. Em apenas dois locais do mundo elas conseguiram escapar e sobreviver como **relictas** evolucionárias. A palavra *relicta* foi originalmente aplicada a uma viúva, e indica ser deixada para trás, que é precisamente o que aconteceu com as magnólias.

É interessante que outro gênero da família da magnólia, a tulipeira (gênero *Liriodendron*), tem uma distribuição semelhante à do gênero *Magnolia*, e com toda a probabilidade compartilha uma história fóssil similar. Entretanto, no caso das tulipeiras, apenas duas espécies sobreviveram: *L. tulipifera*, um componente bem-sucedido das florestas decíduas temperadas da América do Norte, e *L. chinense*, que sobreviveu em uma área restrita do Sudeste Asiático (Figura 2.18).

O Estranho Caso da Ameba *Testate*

Organismos muito pequenos, especialmente micróbios, tendem a ter distribuições geográficas globais muito amplas; muitos são cosmopolitas [22]. O motivo disso é sua área de dispersão eficaz, suspensa em correntes de ar. Os fungos de ferrugem e fuligem, por exemplo, podem percorrer milhares de quilômetros transportados na atmosfera, e sua abundância garante que alguns pousarão em locais em que as condições serão adequadas para sua sobrevivência e crescimento populacional. As ferrugens e fuligens geralmente ocorrem nas folhas das plantas que os fungos parasitam. Mas a tendência para desenvolver uma distribuição cosmopolita não se aplica a todos os organismos microscópicos, como tem sido demonstrado para as amebas testamentárias *Nebela vas*, principalmente com a distribuição Hemisfério Sul, mostrada na Figura 2.19.

Amebas *testate* são minúsculos protozoários que vivem em hábitats úmidos, frequentemente nos musgos esponjosos dos pântanos e brejos. Elas diferem de outras amebas por terem uma cápsula resistente e permanente, o que permite a elas sobreviver a períodos de seca. Outras amebas são capazes de produzir um cisto quando submetidas a condições adversas, mas as espécies de *testate*, assim como os caramujos, carregam constantemente uma carapaça em torno deles apenas em caso de desastre. Devido a seu pequeno tamanho, os problemas para encontrá-los e as dificuldades na identificação de amebas *testate*, a informação sobre seus padrões de distribuição é naturalmente menos conhecida, em comparação com as aves e as plantas com flores. Porém, estudos de Humphrey Smith

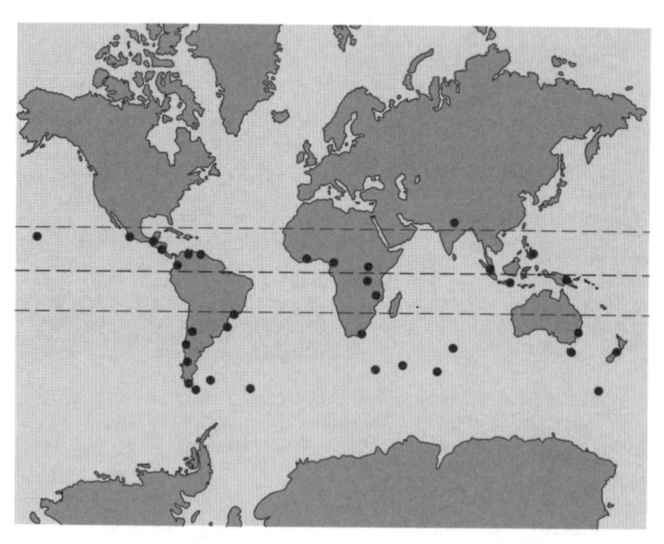

Figura 2.19 Locais ao redor do mundo onde a ameba *testate Nebela vas* foi registrada. Observe sua distribuição predominante no Hemisfério Sul e regiões tropicais. Isso pode ser explicado pela ligação anterior das massas terrestres no supercontinente de Gondwana. De Smith e Wilkinson [23]. (Reproduzido com permissão de John Wiley & Sons.)

e David Wilkinson [23], reunindo registros de todo o mundo, revelaram que algumas espécies de amebas *testate* têm distribuições geográficas surpreendentes, incluindo *N. vas*, como mostrado no mapa na Figura 2.19.

Às vezes, o padrão de distribuição de espécies que não são facilmente reconhecidas simplesmente reflete a localização dos especialistas no campo, juntamente com a intensidade do levantamento de campo. Mas a restrição dessa espécie aos trópicos e ao Hemisfério Sul não é consequência de pesquisas mais aprofundadas nessas regiões; de fato, o Hemisfério Norte provavelmente tem realizado trabalhos de levantamento mais extensos do que regiões mais ao sul [24]. Também não se trata de um caso de ecologia estenotópica (sendo ecologicamente intolerante em oposição a espécies euritópicas ou ecologicamente tolerantes) por parte do protozoário, uma vez que foi registrado em uma vasta quantidade de hábitats, incluindo musgos de pântano, florestas de bambu e rododendro. *N. vas* ainda é encontrada em uma vasta gama de condições de pH, de 3,8 a 6,5, variando assim de ambientes muito ácidos para neutros. Suas exigências climáticas também são amplas, abrangendo planícies temperadas e sítios tropicais de altitude elevada, e estendendo-se em regiões da Subantártica. Então esta não é uma espécie que tem requisitos altamente específicos para seu hábitat.

A distribuição geográfica de *N. vas* também é ampla, cobrindo todo o sul da América, desde a Costa Rica até a Terra do Fogo, na África, ao sul do Saara, e também na Australásia. Sua ilha varia de registros de tropical no Havaí e Java, ao sul da ilha subantártica da Geórgia do Sul. Mas esta pequena ameba não foi registrada ao norte do Trópico de Câncer, além de um local no Himalaia do Nepal. O que pode explicar um padrão de distribuição tão singular?

A única característica que liga todas as regiões ocupadas por *N. vas* é o fato de que elas já foram parte de um gigantesco supercontinente chamado Gondwana. Não foi até o final do Cretáceo, há cerca de 90-100 milhões de anos, que este grande continente sulista finalmente se separou, no padrão de continentes com o qual atualmente estamos familiarizados (veja o Capítulo 7). O estranho padrão de distribuição deste protozoário pode muito bem ser devido à sua evolução e propagação dentro de Gondwana antes de sua fragmentação. Mesmo assim, é surpreendente que não tenha conseguido ocupar as novas massas terrestres agora disponíveis.

Os exemplos das magnólias e das amebas *testate* ilustram que possivelmente alguns organismos têm suas atuais distribuições devido aos eventos geológicos de um passado distante. Outros podem ser explicados por mudanças geológicas mais recentes.

Relictos Climáticos

Muitas outras espécies que eram amplamente distribuídas no passado foram afetadas por mudanças climáticas dos últimos dois milhões de anos ou mais, que em termos geológicos são relativamente recentes. Alguns desses organismos sobrevivem apenas em algumas "ilhas" de clima favorável. Essas espécies são **relictas climáticas**. Não são necessariamente espécies com longas histórias evolutivas, uma vez que muitas mudanças climáticas importantes ocorreram recentemente, mesmo nos últimos 20 mil anos desde a extensão máxima da última glaciação da Era do Gelo. O Hemisfério Norte possui um grupo interessante de espécies **relictas glaciais** cuja distribuição foi modificada pela retração das placas de gelo na direção norte. Durante a Era do Gelo, no Pleistoceno, essas placas se estendiam para o sul até os Grandes Lagos, na América do Norte, e até a Alemanha, na Europa (os últimos glaciares recuaram dessas áreas temperadas cerca de 10.000 anos atrás). Muitas espécies que eram adaptadas às condições geladas daquela época tinham distribuição ao sul das placas geladas, chegando ao Mediterrâneo, na Europa. Atualmente, com essas áreas mais aquecidas, tais espécies sobrevivem apenas nos locais mais frios, geralmente nas altitudes montanhosas, e a maior parte de suas distribuições se encontra bem ao norte, na Escandinávia, Escócia e Islândia. Em alguns casos, supôs-se até que espécies teriam sido extintas nas regiões ao norte e seriam representadas atualmente apenas como populações relictas glaciais no sul, tal como na região alpina. Os locais nos quais as espécies conseguiram sobreviver por um período de estresse são chamados de **refúgios**.

Um exemplo de relicta glacial é a térmita *Tetra-canthella arctica* (*Insecta, Collembola*). Esse inseto azul-escuro, de cerca de 1,5 mm de comprimento, vive nas camadas superficiais do solo e em pedaços de musgo e líquen, onde se alimenta de matéria vegetal morta e de fungos. É muito comum nos solos da Islândia e de Svalbard, na Noruega, bem como no oeste da Groenlândia e em alguns lugares no Ártico canadense. Fora dessas regiões verdadeiramente árticas, só há registros de sua ocorrência em duas áreas: nos Montes Pireneus entre a França e a Espanha, e nos Montes Tatra, na fronteira da Polônia com a Eslováquia (com algumas descobertas isoladas próximo aos Montes Cárpatos, Figura 2.20). Nessas zonas montanhosas, a espécie é encontrada a altitudes de cerca de 2000 metros, em condições árticas ou subárticas. É difícil imaginar que a espécie tenha colonizado essas duas áreas a partir do seu centro principal, mais ao norte, porque ela possui poucos recursos para dispersão (é rapidamente morta por baixa umidade ou alta temperatura) e não aparenta ter sido transportada acidentalmente por humanos. *T. arctica* são capazes de sobreviver nas camadas superficiais das águas oceânicas e poderiam ser transportados em torno do Ártico dessa forma, mas isso não seria de nenhuma ajuda para chegar às montanhas de terra da Europa. A explicação provável para a existência dessas duas populações mais ao sul é de que são remanescentes de uma distribuição europeia mais ampla, na Era do Gelo. No entanto, apesar de uma busca minuciosa feita por entomologistas, é surpreendente que a *T. arctica* não seja encontrada nas grandes altitudes dos Alpes. Talvez ela ainda não tenha sido encontrada ou talvez ela tenha existido e desaparecido lentamente desde então. Uma característica interessante dessa espécie é que, enquanto os animais do Ártico e dos Montes Tatra possuem oito pequenos ocelos em ambos os lados da cabeça, os exemplares dos Pireneus possuem apenas seis. Esse fato sugere que a forma dos Pireneus sofreu alguma mudança evolutiva desde o fim da Era do Gelo, enquanto permaneceu isolada do restante da espécie, e talvez devesse ser classificada como uma subespécie separada.

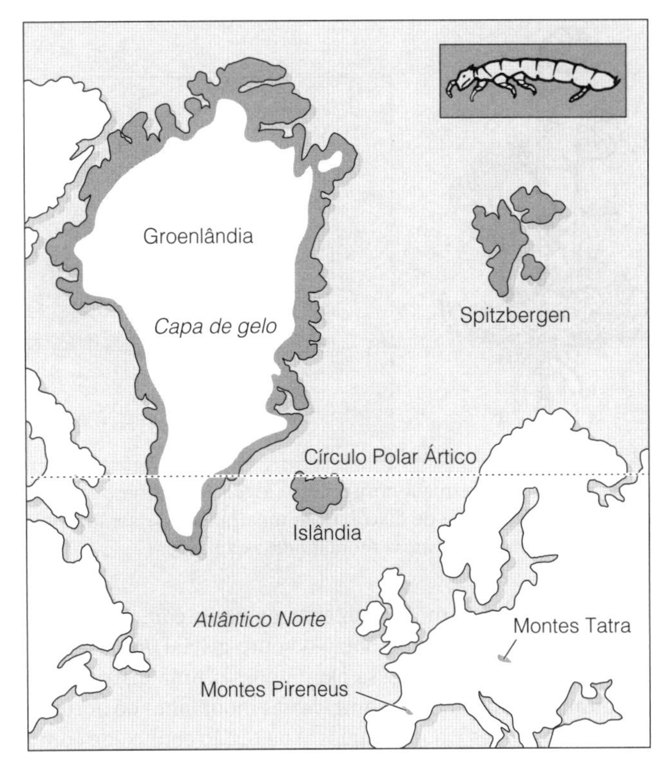

Figura 2.20 A térmita *Tetracanthella arctica* e um mapa de sua distribuição. É encontrada com maior frequência nas regiões mais ao norte, mas também existem populações nos Pireneus e em outras montanhas da Europa Central. Essas populações ficaram isoladas nessas grandes altitudes frias, quando as placas de gelo se retraíram na direção norte, no final da Era do Gelo.

Um exemplo vegetal de relicto glacial é a artemísia norueguesa (*Artemisia norvegica*), uma pequena planta alpina, hoje restrita à Noruega, aos Montes Urais e a dois locais isolados na Escócia (Figura 2.21). Durante a última glaciação e nos momentos que se seguiram imediatamente após, essa planta era muito disseminada, tornando-se de distribuição restrita com o avanço das florestas. Seus grãos de pólen foram encontrados tão ao sul como o País de Gales, que datam os estágios finais da última glaciação.

É muito difícil documentar os movimentos de organismos no passado e testar várias possibilidades de migração e disjunção. Recentemente, os estudos moleculares ofereceram

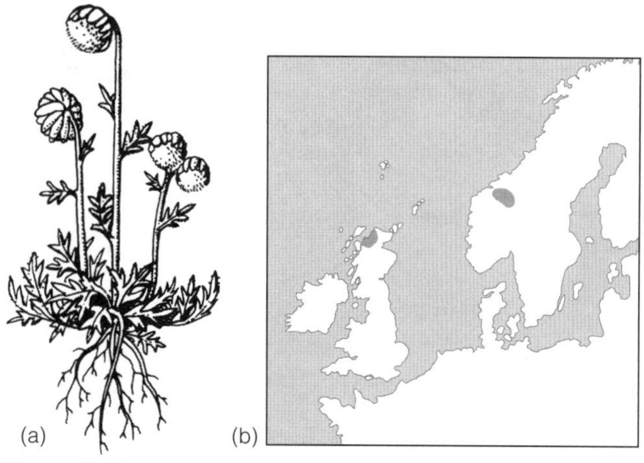

Figura 2.21 A artemísia norueguesa, *Artemisia norvegica*: (a) a planta, e (b) um mapa de distribuição mostrando sua abrangência limitada a apenas duas áreas montanhosas da Europa.

uma nova abordagem ao problema, às vezes com resultados surpreendentes. Observe o botão-de-ouro-glacial (*Ranunculus glacialis*), por exemplo. Essa planta possui uma distribuição distintamente disjunta, encontrada nas montanhas do norte da Europa, nos Alpes e nos Pireneus, e na região conhecida como Beríngia, ao redor do Estreito de Bering, incluindo o oeste do Alasca e a extremidade oriental da Rússia. Na Europa, o botão-de-ouro-glacial é denominado uma *espécie ártica-alpina*, significando que ela é encontrada tanto nas altas latitudes do Ártico como nas montanhas de alta altitude de latitudes mais baixas. Estudos sobre o DNA de várias populações da planta revelaram alguns resultados inesperados. Poder-se-ia supor que as populações europeias mostrariam diferenças em relação às tão distantes populações beringianas, mas não foi esse o caso. As populações dos Alpes Orientais mostraram semelhanças com as populações do norte da Europa, como esperado, mas as plantas dos Alpes Ocidentais e os Pireneus mostraram maior semelhança com as plantas beringianas [25]. Deve-se concluir que os Alpes foram colonizados em dois tempos, aparentemente no final da última glaciação. Um deles veio de populações sobreviventes ao norte, e o outro chegou do extremo oeste [26]. A ideia de que as populações disjuntas dos locais árticos e alpinos podem ser explicadas simplesmente devido aos relictos glaciais deve ser questionada. Futuros estudos moleculares sobre a distribuições disjuntas de plantas e animais podem resultar em mudanças substanciais em nossos conceitos.

Na Eurásia, provavelmente existem muitas centenas de espécies, tanto animais quanto vegetais, que são relictas glaciais desse tipo, incluindo várias espécies que, ao contrário da térmita, possuem bons recursos para dispersão. Uma espécie desse tipo é a lebre alpina ou da montanha, *Lepus timidus*, que apresenta variações sazonais (a pelagem é branca no inverno e azulada no restante do ano) e que é aparentada com a lebre marrom, *Lepus capensis*. A lebre alpina tem distribuição circum-boreal, incluindo Escandinávia, Sibéria, norte do Japão e Canadá (embora a forma norte-americana, segundo muitos zoólogos, pertença a uma espécie separada, *Lepus americanus*). O limite mais ao sul da principal distribuição encontra-se na Irlanda e nos Peninos, na Inglaterra, mas há populações de relictos glaciais vivendo nos Alpes que diferem quanto a características pouco importantes daquelas das regiões mais ao norte. Existe, entretanto, uma complicação interessante. *L. timidus* é encontrada em toda a Irlanda, bem-sucedida em um clima que não é mais quente do que o encontrado em muitas partes da Europa Ocidental continental. A espécie *L. capensis* é ausente da Irlanda, teoricamente porque o mar entre a Irlanda e a Grã-Bretanha se revelou uma barreira muito grande; então a *L. timidus* não tem concorrência nessa região geograficamente isolada. Assim, não existe razão climática para que essa lebre não apresente uma distribuição mundial mais ampla, mas é provável que ela seja excluída de muitas áreas devido à sua inabilidade em competir com seus parentes próximos, a lebre marrom (*L. capensis*), na Europa, e a lebre alpina (*L. americanus*), na América do Norte, por recursos alimentares e locais de procriação. Populações relictas da lebre alpina sobrevivem nos Alpes porque, das duas espécies, é a que melhor se adapta às condições de frio e neve [27].

L. timidus é um exemplo de uma espécie que tem nichos fundamental e realizado claramente definidos. É capaz de uma ampla disseminação ecológica e geográfica, mas não consegue isto por consequência da sua interação competitiva relativamente fraca com espécies estreitamente relacionadas e ecologicamente semelhantes.

O Boxe 2.1 aborda outra espécie relicta, o besouro-rola-bosta (*Aphodius holdereri*).

As relictas climáticas não se limitam às regiões temperadas. Nos últimos dois milhões de anos de história geológica, quando a atualmente chamada de zona temperada estava sendo submetida à glaciação, observaram-se mudanças consideráveis na vegetação dos trópicos. Muitas áreas, agora ocupadas por florestas tropicais, foram modificadas como resultado das alterações climáticas. Alguns autores sustentam que a floresta foi parcialmente substituída por vegetação mais seca, um tipo de floresta tropical ou pastagem, a savana. Fragmentos de floresta tropical, sem dúvida, permaneceram nos locais mais favoráveis, possivelmente disseminados [29], e a fragmentação parcial da floresta pode explicar a distribuição disjuntiva de certas espécies florestais até o presente. Os cupins (Isópteros) são importantes artrópodes nas florestas tropicais que ganham a vida atacando a madeira morta, levando à sua decomposição. Muitas das espécies de cupins encontradas no sudeste da Ásia são estenotópicos e são particularmente sensíveis à perturbação ambiental, tais como a remoção do dossel da floresta. A recuperação da perturbação é lenta porque os cupins são fracos dispersores e têm dificuldade em reinvadir regiões onde as populações foram eliminadas. Os padrões de distribuição de cupins poderiam, portanto, fornecer uma indicação de quais áreas da floresta passaram por longo prazo de estabilidade. Tais áreas teriam proporcionado refúgios para cupins e possivelmente outras espécies. Usando esta abordagem, Freddy Gathorne-Hardy e colaboradores identificaram regiões da Sumatra, Brunei, Sarawak do norte e Kalimantan oriental, que serviram de refúgios na floresta tropical durante os principais avanços glaciais nas latitudes mais altas [30]. Evidências de outras origens, incluindo dados geológicos e botânicos, ajudam a confirmar estas conclusões, de modo que a análise das associações de cupins na área é uma pista para a existência de um refúgio climático.

O morangueiro na Europa é um bom exemplo daquilo que se pode denominar **relicto pós-glacial** (Figura 2.23). O morangueiro da América do Norte tem distribuição completamente contínua, mas a espécie *Arbutus unedo*, da Europa Ocidental, é disjunta, com o principal centro de distribuição na região do Mediterrâneo e com populações nas regiões ocidentais da

O besouro-rola-bosta desalojado

Um exemplo marcante de relicto glacial é a espécie de besouro-rola-bosta *Aphodius holdereri* (Figura 2.22). Esse besouro hoje está restrito aos altos platôs tibetanos (3000 a 5000 metros [9800 a 16.400 pés]), possuindo seu limite meridional nas vertentes boreais da cadeia do Himalaia. Em 1973, G. Russell Coope, da London University, descobriu os restos de pelo menos 150 indivíduos dessa espécie em um depósito de turfa de um poço com cascalho em Dorchester-on-Thames, no sul da Inglaterra [28]. O depósito foi datado como de meados da última glaciação, e posteriormente em 14 outros sítios da Grã-Bretanha também foram encontrados restos dessa espécie, todos datados como de 25.000 a 40.000 anos atrás. Evidentemente, o *A. Holdereri* era uma espécie dispersa, possivelmente entre Europa e Ásia, mas as mudanças climáticas, especialmente as condições mais quentes dos últimos anos, restringiram duramente a disponibilidade de hábitats adequados à sua sobrevivência. Hoje, apenas as distantes montanhas tibetanas proporcionam ao *Aphodius* as condições climáticas extremas de que necessita para sobreviver, livre da competição de espécies mais temperadas.

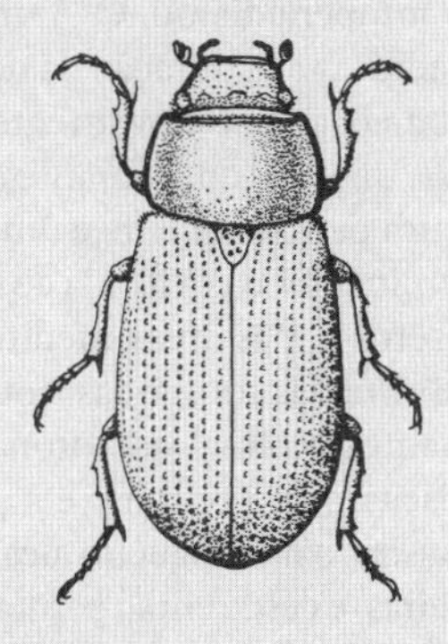

Figura 2.22 O *Aphodius holdereri*, um besouro-rola-bosta hoje encontrado apenas nos altos platôs do Tibete.

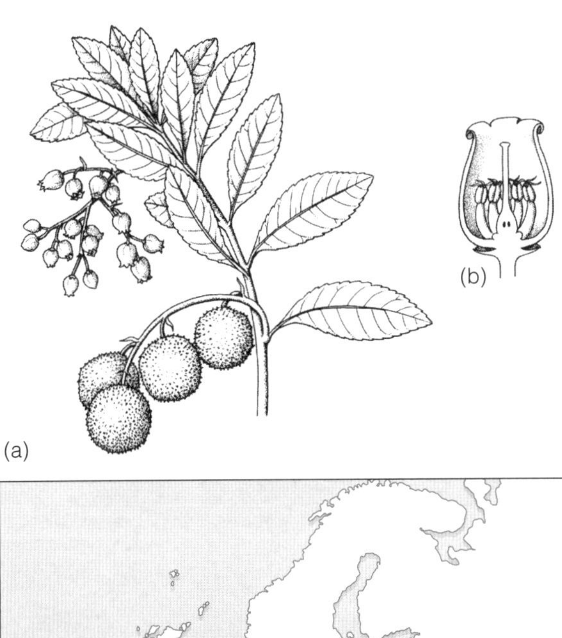

Figura 2.23 O morangueiro, *Arbutus unedo*: (a) a planta mostrando suas folhas coriáceas e o fruto intumescido, que é de cor vermelha; (b) seção em corte de uma flor; e (c) mapa da distribuição europeia, mostrando uma população relicta na Irlanda.

França e da Irlanda. A população irlandesa é particularmente surpreendente, pois fica ao norte dos limites de distribuição do morangueiro na Europa. A Era do Gelo terminou com um aquecimento repentino do clima e com os glaciares recuando na direção norte, acompanhados pelas espécies de plantas e animais que haviam se dirigido para o sul durante os tempos gelados. Animais que gostam de calor, particularmente os insetos, eram aptos a se mover rapidamente para o norte, mas as plantas tiveram uma resposta mais lenta devido às suas velocidades de dispersão. As sementes que foram transportadas na direção norte germinaram, cresceram e finalmente floriram, para então produzir mais sementes e povoar aquelas terras sem vegetação. Enquanto essa migração continuava, os glaciares em degelo produziam grandes quantidades de água e as vertiam nos mares, elevando o nível dos oceanos. No auge da glaciação, muita água foi armazenada em forma de gelo, e o nível do mar diminuiu 100 metros; muitas áreas que agora são cobertas por oceanos foram, no passado, expostas. Muitos dos primeiros colonizadores alcançaram áreas através de conexões terrestres que, mais tarde, foram rompidas pela elevação do nível do mar.

A orla marítima da Europa Ocidental deve ter proporcionado uma rota de migração particularmente favorável para espécies do sul durante o período que se sucedeu ao recuo das geleiras. Muitas plantas e animais mediterrânicos adaptados ao calor, como o morangueiro, deslocaram-se para o norte ao longo dessa costa e penetraram pelo menos até o sudoeste da Irlanda, até que o Canal da Mancha e o Mar da Irlanda se elevaram e formaram barreiras físicas a esses deslocamentos. A proximidade do mar, junto com a influência da Corrente quente do Golfo, propiciou um clima quente, úmido e livre de gelo, no oeste da Irlanda, que possibilitou a sobrevivência de determinadas plantas mediterrâneas escassas ou ausentes no restante das Ilhas Britânicas. Talvez esta explicação também esclareça a presença da espécie variante de lebre tolerante ao frio na Irlanda, bem como a ausência da lebre-marrom que demanda um clima mais quente, e que chegou após todos os estreitos terem submergido devido à elevação do nível do mar.

Assim como muitas árvores e arbustos mediterrânicos, o morangueiro é **esclerófilo**, o que significa que suas folhas são duras e coriáceas (Figura 2.23). Esta é uma adaptação vegetal frequentemente associada a climas áridos, e parece não fazer sentido no oeste da Irlanda. A floração de muitas espécies de plantas é acionada por uma resposta a uma duração diurna específica – isto é chamado **fotoperiodismo**. O *A. unedo* floresce no final do outono, à medida que a duração da noite aumenta, e isso corresponde a uma adaptação novamente associada às condições mediterrânicas, uma vez que, durante essa estação, o verão árido cede lugar a um período quente e úmido. As flores, de coloração creme, proeminentes e em forma de sino, possuem néctares que atraem insetos e, nas áreas mediterrânicas, são polinizadas por insetos de línguas compridas, como as abelhas, que também são abundantes no final do outono. Na Irlanda, porém, os insetos são escassos no outono, e a polinização é, portanto, mais incerta. Assim, o morangueiro alcançou a Irlanda logo após o recuo das geleiras, e desde então permaneceu isolado em consequência da elevação dos oceanos. Embora o clima tenha regularmente esfriado desde a primeira colonização, o *A. unedo* conseguiu se manter e sobreviver nesse local, fora das suas condições, apesar de possuir características na sua estrutura e em sua história evolutiva que parecem ser mal-adaptadas ao oeste da Irlanda. As águas quentes da Corrente do Golfo que chegam das regiões do Caribe, sem dúvida, contribuíram para a sobrevivência do morangueiro, reduzindo a incidência de geadas prolongadas do inverno.

Várias plantas e animais, além do morangueiro, têm este padrão de distribuição disjunta entre Espanha e Portugal e no oeste da Irlanda, e elas são chamadas de **espécies lusitanas**. Lusitânia era uma província do Império Romano na Península Ibérica. Entre os animais lusitanos, talvez o mais notável seja a lesma de Kerry (*Geomalacus maculosus*) [31]. Seu padrão de distribuição é mostrado na Figura 2.24. É altamente improvável que um animal relativamente imóvel, como uma lesma, pudesse ter cruzado as águas do Atlântico oriental e encontrado o seu caminho para a Irlanda; por isso seu movimento deve ter ocorrido enquanto o nível do mar era consideravelmente menor. Evidentemente, todas as populações intermediárias foram perdidas. Em 2010, o arganaz foi encontrado pela primeira vez na Irlanda. Ele encontra-se presente no sul da Grã-Bretanha e Europa Ocidental, mas não era conhecido na Irlanda. A análise genética mostrou que ele está mais intimamente relacionado com as populações francesas do que com as populações da Grã-Bretanha, sugerindo novamente que os animais irlandeses chegaram por uma rota terrestre diretamente da França, evitando a Grã-Bretanha.

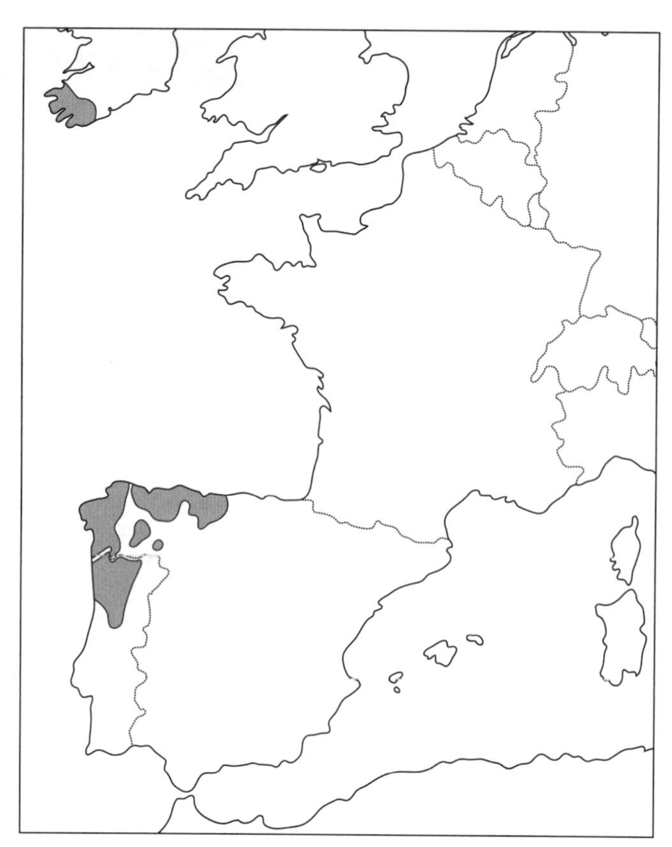

Figura 2.24 Distribuição da lesma de Kerry na Europa Ocidental. Como o morangueiro, a lesma de Kerry é uma espécie lusitana, como se tivesse se dispersado para o norte após o recuo dos glaciares, cerca de 10.000 anos, em decorrência de o nível do mar ser muito mais baixo naquela época. O aumento do número de mares já eliminou todas as populações intervenientes. Adaptado de Beebee [31].

Outro exemplo de uma disjunção que ocorreu em tempos relativamente recentes é o gorila. O gorila ocidental (*Gorilla gorilla*) é encontrado em uma área de planície da floresta tropical no extremo oeste da África tropical. É representado por duas subespécies, *Gorilla gorilla gorilla*, no extremo oeste do seu alcance, e *Gorilla gorilla diehli*, do lado oriental do seu alcance. O gorila oriental (*Gorilla beringei*), como o próprio nome indica, habita as regiões mais a leste da África, mas não se limita a florestas de planície, sendo também encontrado em montanhas (Figura 2.25). Existem duas populações do *Gorilla beringei*, que são consideradas como subespécies distintas, *Gorilla beringei beringei* nas montanhas, e *Gorilla beringei graueri* na floresta de planície oriental. As duas espécies de gorila e suas subespécies constituintes divergiram como resultado dos padrões de mudança de vegetação na

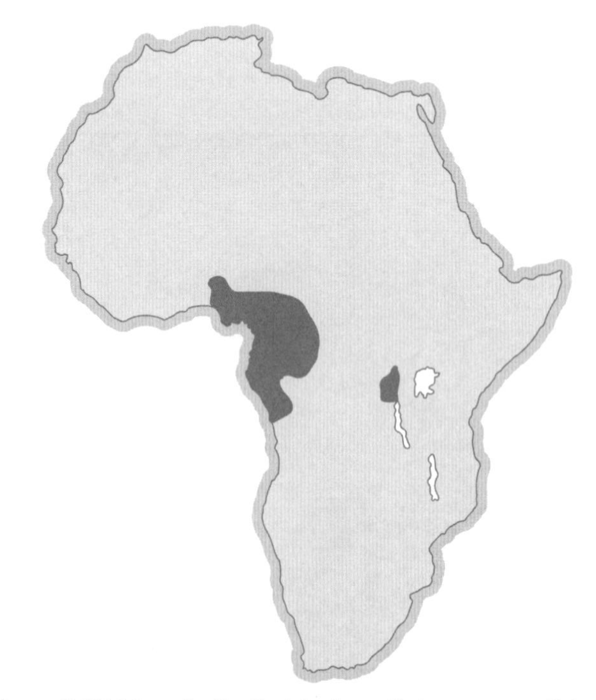

Figura 2.25 Mapa de distribuição do gorila (espécie *Gorilla*), um gênero de mamíferos com distribuição disjunta. As duas populações são agora consideradas como espécies distintas: *Gorilla gorilla*, o gorila de planície ocidental, e *Gorilla beringei*, o gorila oriental, que consiste em duas subespécies: o gorila de montanha (*G. b. beringei*) e o gorila da planície oriental (*G. b. graueri*).

África Central nos últimos dois milhões de anos ou mais [32], durante os quais a composição da floresta passou por uma série de alterações em resposta a mudanças climáticas. Esse padrão de disjunção exibido pelos gorilas reflete-se nas distribuições de muitas plantas e animais africanos [33].

Limites Topográficos e Endemismo

Muitos dos exemplos de padrões de distribuição apresentados até o momento estão agora confinados em um intervalo específico por fatores topográficos, como extensões de oceano ou, no caso dos terrenos gigantescos da África Oriental, áreas de floresta de planície entre os seus hábitats de montanha. Tal isolamento pode levar à evolução de novas formas ou mesmo novas espécies nessas localidades (veja o Capítulo 8). Outras espécies podem evoluir em uma região, espalhar-se para outros locais e, em seguida, tornar-se extinto em todos, exceto uma área restrita onde sobrevive, como no caso da lesma Kerry. Diz-se que esses organismos são endêmicos àquela área. À medida que o tempo passa, um número cada vez maior de organismos dessa área evolui e, assim, o percentual da biota dessa região que é endêmica é um bom indicador da extensão do tempo em que uma área ficou isolada.

Enquanto continuam a evoluir, esses organismos ficam progressivamente diferentes de seus parentes de outras áreas. Os taxonomistas tendem a reconhecer esse fato por meio da adoção de níveis taxonômicos mais altos para os organismos envolvidos. Assim, por exemplo, após 2 milhões de anos, a biota de uma área isolada deve conter apenas uma pequena quantidade de espécies endêmicas. Após 10 milhões de anos, os descendentes dessas espécies deverão ser tão diferentes de seus parentes mais próximos de outras áreas, que deverão ser enquadrados em um ou mais gêneros endêmicos. Após 35 milhões de anos, esses gêneros aparentarão ser de tal maneira diferentes de seus parentes próximos que deverão ser enquadrados em famílias diferentes, e assim por diante. (O tempo absoluto envolvido, obviamente, deve variar e depende da taxa de evolução do grupo considerado.) Dessa maneira, quanto mais tempo uma área permanecer isolada, mais alto deve ser o nível taxonômico dos organismos endêmicos, e vice-versa.

A Figura 2.26 mostra a proporção de flora montanhosa endêmica para várias regiões de montanha da Europa. É visível que, quanto mais ao norte, a proporção de flora endêmica diminui, enquanto mais ao sul, nas montanhas mediterrânicas, as proporções são mais altas [34]. As montanhas do sul da Espanha e da Grécia têm mais endemias do que os Pireneus e os Alpes. Isso poderia ser interpretado como significado de que as montanhas do sul foram isoladas por períodos mais longos. As plantas montanhesas, assim como os relictos glaciais descritos anteriormente neste capítulo, são agora limitadas em abrangência devido ao aumento do calor nos últimos 10.000 anos. As montanhas mais ao norte podem ser mais pobres em espécies endêmicas, simplesmente porque as glaciações naqueles locais foram mais severas, e muitas espécies que sobreviveram mais ao sul tornaram-se extintas. Por outro lado, a riqueza nas montanhas do sul pode ser explicada pelo fato de que as barreiras geográficas entre os blocos montanhosos do norte são menos severas (menor distância, nenhuma barreira marítima) e, por esse motivo, é mais fácil ocorrer aí a migração e o compartilhamento da flora montanhosa do que no sul, onde as barreiras são

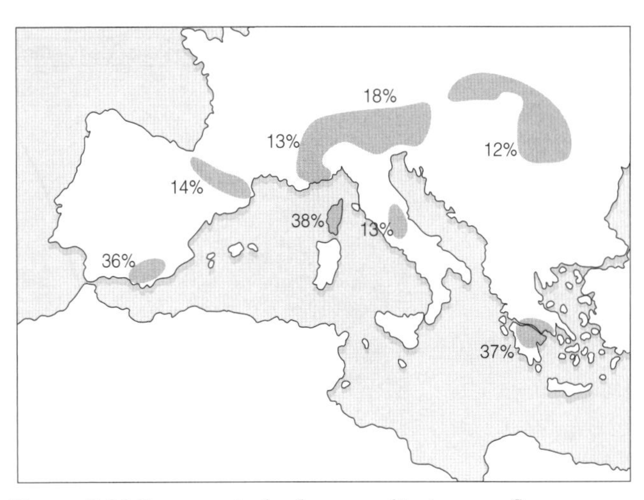

Figura 2.26 Percentuais de plantas endêmicas nas floras montanhosas do sul da Europa, segundo Favarger [34]. (Reproduzido com permissão da Elsevier.)

consideráveis. Isso demonstra que a interpretação dos padrões de endemicidade deve ser realizada com cuidado. Biogeógrafos estão cada vez mais à procura de evidências genéticas para explicar tais problemas.

De modo geral, existem dois fatores principais que influenciam o grau de endemismo em uma área: o isolamento e a estabilidade. Assim, ilhas e montanhas isoladas são sempre ricas em organismos endêmicos. A ilha da Austrália, por exemplo, tem sido isolada, há muito tempo, de influências externas, até a chegada de europeus com seus organismos invasores associados. Embora não seja particularmente estável no seu clima, a Austrália cobre uma área muito considerável; por isso, em uma base de área simples deve-se esperar que tenha uma extensa gama de endemias. A Austrália também contém poucas barreiras físicas ao movimento durante os tempos de mudança, de modo que a extinção pelo isolamento local não tem sido um fator importante. Isso também contribui para altos níveis de endemismo; como resultado desses fatores, a Austrália é de fato rica em endemismos, muitos dos quais têm uma longa história geológica. Esse tipo de "endemismo fóssil" é denominado **paleoendemismo**, em contraposição ao **neoendemismo** resultante de ondas recentes do processo evolucionário e da geração de novas espécies que ainda não tiveram a oportunidade de se dispersar além de seus atuais limites.

A Califórnia é rica em organismos neoendêmicos, incluindo gêneros vegetais como a *Aquilegia* e a *Clarkia*, que experimentam uma rápida evolução. Diversas espécies de pássaros são também endêmicas da Califórnia, como o pica-pau-do-nuttall (*Picoides nuttallii*) e a pega-amarelo (*Pica nuttallii*). A Califórnia está isolada de grande parte do continente norte-americano pelas altas montanhas da Serra Nevada e pelos Desertos de Mojave e Sonora, de modo que a evolução que ocorreu lá não foi capaz de se dispersar facilmente. No entanto, a riqueza da flora na Califórnia é típica de muitas regiões da Terra com clima do tipo mediterrâneo – incluindo a própria bacia do Mediterrâneo, o Chile, a ponta meridional da África do Sul e a extremidade sudoeste da Austrália. A riqueza da flora dessas regiões está cercada de muito debate e há grande possibilidade de que uma longa história de queimadas recorrentes tenha criado condições nas quais pequenas populações isoladas de plantas se diversificaram, proporcionando uma alta densidade de espécies, muitas com distribuição restrita [35].

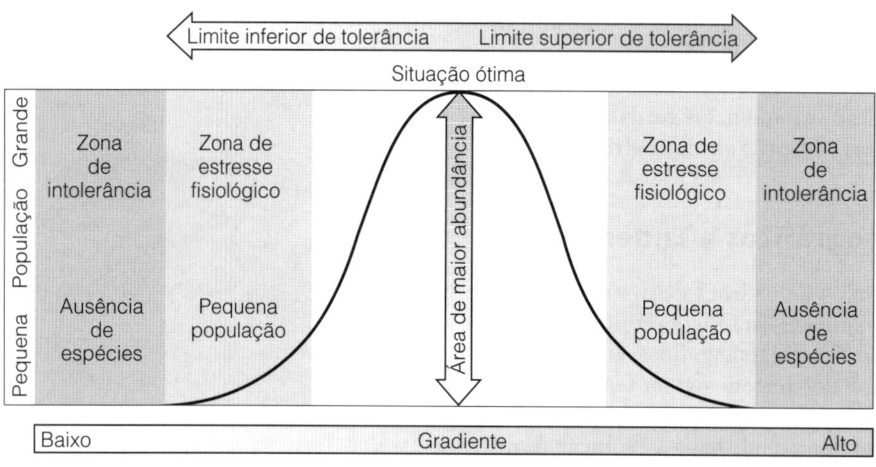

Figura 2.27 Modelo gráfico da abundância populacional mantida por uma espécie animal ou vegetal ao longo do gradiente de um fator físico no seu ambiente.

Limitações Físicas

A abrangência geográfica de uma espécie nem sempre é determinada pela presença de barreiras topográficas que impedem sua dispersão. Às vezes, a distribuição de uma espécie é limitada por um fator específico no ambiente que afeta sua capacidade de sobreviver ou de se reproduzir de modo adequado. Esses fatores limitantes no ambiente incluem fatores físicos como temperatura, iluminação, umidade e aridez, além dos fatores bióticos como competição, predação, parasitismo e a presença ou ausência de alimentos adequados. No restante deste capítulo serão descritas, em mais detalhes, as formas segundo as quais esses fatores atuam sobre os organismos.

Levando em consideração uma única variável ambiental, como temperatura, umidade, pH do solo, e assim por diante, qualquer espécie terá certos limites ao longo de um gradiente desses fatores, como ilustrado na Figura 2.27. Ele também terá um limite ótimo para esses fatores, no qual suas populações crescerão mais e com mais sucesso. Entre seus limites e seu ótimo, as espécies sofrerão vários graus de estresse fisiológico que as tornarão menos eficientes na competição com outras espécies. O diagrama é, portanto, uma representação do nicho fundamental da espécie em relação a esses fatores em particular. O nicho realizado pode ser mais abreviado como resultado da competição e da exclusão, especialmente à medida que as espécies se aproximam de seus limites.

Desses fatores, há muitas vezes um que é particularmente importante e que pode ser primordial na determinação da sobrevivência e, portanto, da distribuição. Isto é denominado o **fator limitante**. Qualquer coisa que torne mais difícil a vida, o crescimento ou a reprodução de uma espécie em seu ambiente é um fator limitante para aquela espécie naquele ambiente. Para ser limitante o fator não precisa ser necessariamente letal para a espécie; basta fazer com que a sua fisiologia ou o seu comportamento seja menos eficiente, de tal forma que a espécie seja menos apta a reproduzir-se ou competir por alimento e abrigo com outra espécie.

A erva-pichoneira (*Corynephorus canescens*) é dispersa na Europa Central e Meridional, alcançando seu limite norte nas Ilhas Britânicas e no sul da Escandinávia (Figura 2.28). J. K. Marshall examinou os fatores que podem ser responsáveis pela manutenção do seu limite norte e descobriu que tanto a floração quanto a germinação são afetadas por baixas temperaturas [36]. A erva tem um tempo de vida curto (cerca de 2 a 6 anos) e conta com a produção de sementes para manter sua população. Qualquer fator que interfira em sua floração ou germinação pode limitar seu sucesso em situações competitivas. No seu limite norte, as baixas temperaturas do verão retardam sua floração, acarretando a soltura das sementes apenas quando a estação já se encontra avançada. A germinação das sementes é retardada a temperaturas abaixo de 15 °C, e sementes disseminadas experimentalmente depois de outubro apresentaram uma taxa de sobrevivência muito baixa. Isto explica por que o limite norte para sua ocorrência na Europa é muito próximo da isotérmica média de 15 °C em julho. Assim, a temperatura pode ser considerada como seu fator limitante. Outros fatores, no entanto, devem contribuir para prevenir sua disseminação nas regiões sul e central da Grã-Bretanha e no sul da Irlanda. Seu limite oriental também pode ser determinado por um fator separado, possivelmente a duração e a gravidade das condições de inverno no nordeste da Europa.

O Boxe 2.2 ilustra alguns fatores limitantes das espécies de aves.

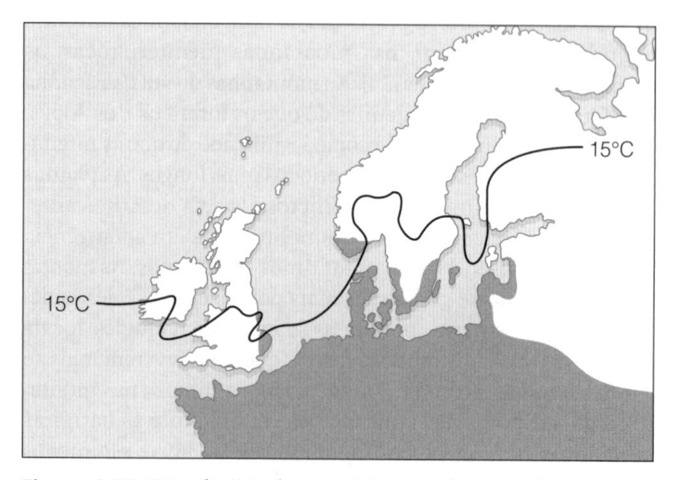

Figura 2.28 Distribuição da erva-pichoneira (*Corynephorus canescens*) no norte da Europa (sombreado) e sua relação com a isotérmica de 15 °C, média em julho.

As aves têm seus limites

Conceito Boxe 2.2

Mesmo animais com mobilidade, como as aves, podem ter suas distribuições muito relacionadas com a temperatura, como no caso do *phoebe* oriental (*Sayornis phoebe*), uma ave migratória do leste e do centro da América do Norte. Analisando os dados coletados durante o período de Natal por ornitólogos da Sociedade Nacional Audubon, a ecologista Terry Root pôde verificar a distribuição dessa ave em função das condições climáticas [37]. Descobriu que a população de inverno do *phoebe* estava confinada à região dos Estados Unidos na qual a temperatura mínima em janeiro é, em média, superior a −4 °C. A alta correspondência entre o limite de inverno com esta isotérmica (Figura 2.29) provavelmente se relaciona com o balanço energético da ave. Animais de sangue quente, como as aves, despendem grandes quantidades de energia para manter as altas temperaturas sanguíneas e, em condições frias, podem perder muita energia nessa tarefa, necessitando, portanto, aumentar sua alimentação. Terry Root descobriu que as aves em geral não ocupam áreas em que a baixa temperatura as obriga a diminuir suas taxas metabólicas (ou seja, seu consumo de energia) por um fator maior do que 2,5. No caso do *phoebe* oriental, esse ponto crítico é alcançado quando a temperatura cai abaixo de −4 °C e o pássaro fracassa na ocupação de áreas mais frias. Outros pássaros têm limites diferentes de temperatura porque possuem outros mecanismos de geração e manutenção de calor, mas mesmo assim demarcam a linha em que seu metabolismo é afetado por um fator acima de 2,5.

-4°C
-4°C

Figura 2.29 Limite boreal da distribuição do *phoebe* oriental (linha contínua) na América do Norte, em dezembro/janeiro, comparado com a isotérmica mínima de −4 °C em janeiro (linha tracejada). Segundo Root [37].

Muitas plantas possuem as sementes adaptadas para germinação a uma determinada temperatura, e isto sempre se relaciona com as condições prevalentes quando a germinação é mais apropriada para a espécie. P.A. Thompson, de Kew Gardens, no Reino Unido [38], examinou os requisitos da germinação de três membros da família das *Caryophyllaceae*. A *Silene secundiflora* é uma espécie mediterrânica que é encontrada no sul e leste da Espanha, bem como nas Ilhas Baleares. Portanto, o momento ótimo para germinação é no outono, quando o verão quente e seco terminou e o inverno frio e úmido está para começar. Sua germinação ótima ocorre a 17 °C. A *Lychnis floscuculi* ocorre em toda a Europa temperada, onde o inverno frio não é, de forma alguma, o período favorável ao crescimento, razão pela qual existem vantagens se a germinação acontecer na primavera. A germinação ótima ocorre a 27 °C. A terceira espécie, a *Silene viscosa*, é uma espécie da estepe oriental europeia. A invasão da *grassland* aberta é um negócio oportunista; cada chance que se apresente deve ser levada em consideração e, portanto, qualquer limitação de temperatura parece ser uma restrição inaceitável para uma planta em luta por espaço. Grande tolerância a temperaturas é, pois, uma vantagem, e as sementes da *S. viscosa* germinam bem na faixa entre 11 °C e 31 °C. Assim, os requisitos de temperatura para a germinação são ajustados à sua distribuição global e respectiva ecologia.

Entretanto, a germinação não é o único processo da planta afetado pela temperatura. A maioria das atividades metabólicas em plantas e animais é auxiliada pela atividade de enzimas, proteínas que atuam como catalisadores em interações bioquímicas. Todas as enzimas tornam-se desativadas a temperaturas muito elevadas ou muito baixas, mas diferentes enzimas variam na sua temperatura ótima para operação. A fotossíntese, em que o dióxido de carbono atmosférico é reduzido e fixado em materiais orgânicos, é essencial para a função das plantas verdes, e, como todos os processos mediados por enzimas, é sensível à temperatura. Na maioria das plantas, o primeiro produto da fotossíntese é um açúcar contendo três átomos de carbono; essas são conhecidas como plantas C_3. No entanto, em algumas espécies existe um mecanismo suplementar em ação, segundo o qual o dióxido de carbono é temporariamente fixado a um composto de quatro carbonos que será posteriormente passado ao processo de fixação convencional. Essas plantas, denominadas C_4, utilizam uma enzima diferente representada pela abreviatura PEP carboxilase. A família de gramíneas [*Poaceae*] tem espécies C_3 e C_4 dentro dela. O exame da distribuição destes dois tipos fotossintéticos na América do Norte revela que as espécies C_4 são mais abundantes no sul, e as espécies C_3, no norte (Figura 2.30) [40].

Em geral, as plantas C_4 se mostram mais eficientes quando a intensidade de luz e a temperatura são altas e onde a seca é um problema. As considerações teóricas baseadas nas equações de temperatura das enzimas envolvidas e as vantagens relativas confinadas pelo sistema C_4 na conservação de água sugerem que a latitude em que o balanço se desloca é de 45° ao norte, como mostra a Figura 2.31. Isso corresponde muito bem às observações biogeográficas das espécies de gramíneas. O sistema fotossintético C_4 em plantas é evidentemente um mecanismo para lidar com alta temperatura e alta iluminação.

A iluminação, nas suas flutuações diárias e sazonais, também regula as atividades de muitos animais. As concentrações de oxigênio e dióxido de carbono na água e no ar que envolvem os organismos também são importantes. O oxigênio é essencial para a maioria das plantas e animais na liberação de energia dos alimentos através da respiração, e o dióxido de

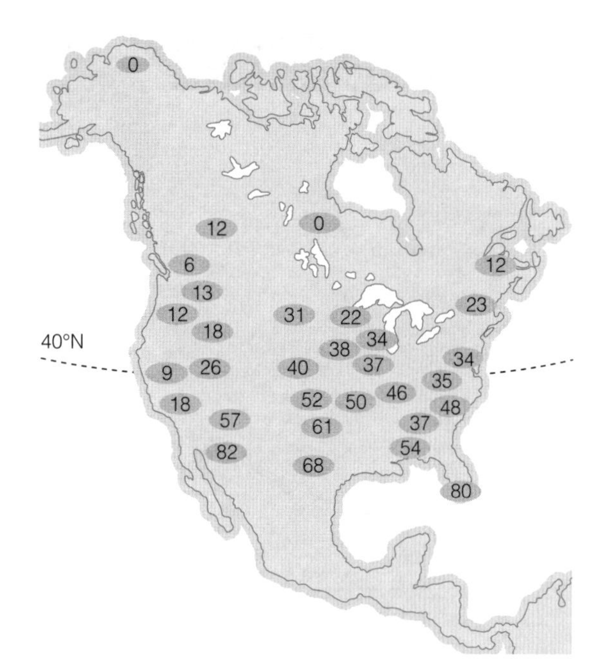

Figura 2.30 Proporção de espécies C_4 na flora de gramíneas em diversas partes da América do Norte. Segundo Teeri & Stowe [40]. (Reproduzida com permissão de Springer Science + Business Media.)

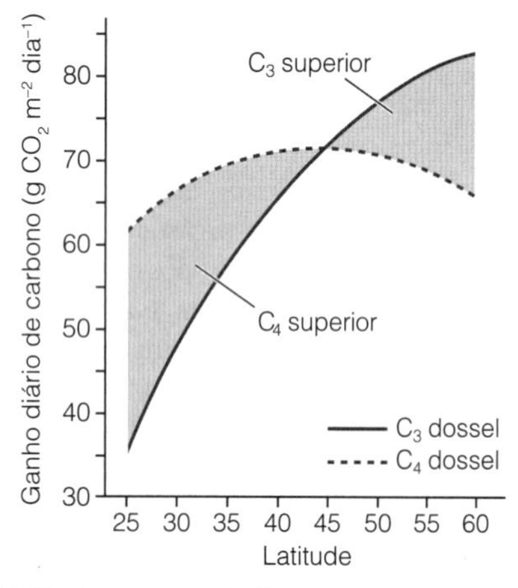

Figura 2.31 Níveis previstos de fotossíntese para espécies C_3 e C_4, em uma faixa de latitudes nas Grandes Planícies durante o mês de julho. A vantagem das C_4 é perdida em latitudes acima de 45°N. Segundo Ehleringer [39]. (Reproduzida com permissão de Springer Science + Business Media.)

carbono é vital por ser utilizado pelas plantas como matéria-prima na fotossíntese de carboidratos. Muitos outros fatores químicos do ambiente são importantes, em especial a química do solo, onde as plantas se desenvolvem. A pressão é importante para organismos aquáticos; os animais das profundezas marítimas são especialmente adaptados à vida sob altas pressões, ao passo que os tecidos das espécies que vivem em águas rasas podem ser facilmente danificados por tais pressões.

Nos ambientes marinhos, a variação na salinidade da água afeta muitos organismos, porque estes possuem fluidos corporais com a mesma concentração que a água do mar (cerca de 35 partes por mil) – à qual seus tecidos corporais estão adaptados para um funcionamento eficiente. Caso fiquem imersos em meios com baixa salinidade (em estuários por exemplo), a água penetra em seus tecidos devido ao fenômeno físico chamado osmose, que permite a passagem de água através de uma membrana, de uma solução salina diluída para uma de mais alta concentração. Se o organismo não consegue controlar a entrada de água em seu corpo, os fluidos corporais são inundados e seus tecidos param de funcionar. Esse problema de salinidade é um fator importante para prevenir que animais marinhos invadam rios ou que aqueles de água doce invadam os mares e se dispersem para outros continentes através dos oceanos.

Em uma piscina litorânea formada por rochas, a salinidade varia rapidamente. Uma vez isolada do mar, essa piscina pode ter o nível salino incrivelmente aumentado em decorrência da evaporação. Mas, se houver chuva, então a salinidade pode ser rapidamente reduzida, colocando quaisquer organismos presentes sob grande estresse osmótico. Um estuário é muito mais previsível porque a salinidade varia regularmente tanto no espaço quanto no tempo. A distância do mar influencia a salinidade à medida que a entrada da água do mar torna-se menor, mas a salinidade em qualquer local varia com o tempo devido ao impacto dos fluxos das marés. O gênero de crustáceo *Gammarus* é encontrado em estuários, mas é representado por espécies diferentes, de acordo com as condições naturais de salinidade (Figura 2.32). Cada espécie possui um conjunto ótimo de condições em relação à salinidade e também seus limites de distribuição, resultantes da combinação entre uma baixa tolerância e a competição com outras espécies, que podem atuar de modo mais eficiente nas novas condições [41], como ilustrado no diagrama da Figura 2.27.

Qualquer alteração regular das condições físicas ou químicas através do espaço cria assim uma sequência de substituição de uma espécie por outra, tanto entre os animais como entre as plantas. Isso é conhecido como **zonação** e é comum onde os hábitats gradualmente se fundem de um tipo para outro. Tais condições são familiares em muitos locais onde a vegetação muda de uma forma para outra conforme as condições variam de forma linear. Por exemplo, margens de lagos e piscinas quase sempre demonstram padrões de zoneamento, como as plantas aquáticas flutuantes que são substituídas por aquáticas emergentes quando as águas tornam-se mais rasas. Finalmente, as espécies que necessitam de melhor oxigenação do solo, muitas vezes representadas por arbustos e árvores, assumem as condições em que o lençol freático está na superfície do solo ou abaixo dela. Cada espécie tem sua localização ótima e seus limites dentro dessa sequência. Às vezes, como no caso da margem da piscina, o padrão de zoneamento também pode estar relacionado com uma sequência temporal. O crescimento das plantas leva a um aumento da sedimentação e, portanto, a mudanças nas condições, levando a uma mudança na vegetação. Mas outros tipos de zoneamento, tais como o exemplo estuarino acima ou o padrão de organismos ao longo da costa, regulados por períodos de emersão e imersão na água do mar, não variam ao longo do tempo.

Os fatores ecológicos nem sempre agem independentemente uns dos outros. O ambiente de qualquer espécie consiste em uma série extremamente complicada de gradientes interativos de todos os fatores, tanto bióticos quanto físicos, que influenciam sua distribuição e abundância. As populações de uma espécie podem viver somente nas áreas em que as partes favoráveis dos gradientes ambientais que o afetam se sobrepõem. Fatores que caem fora desta região favorável são limitantes para as espécies nesse ambiente. A espécie também

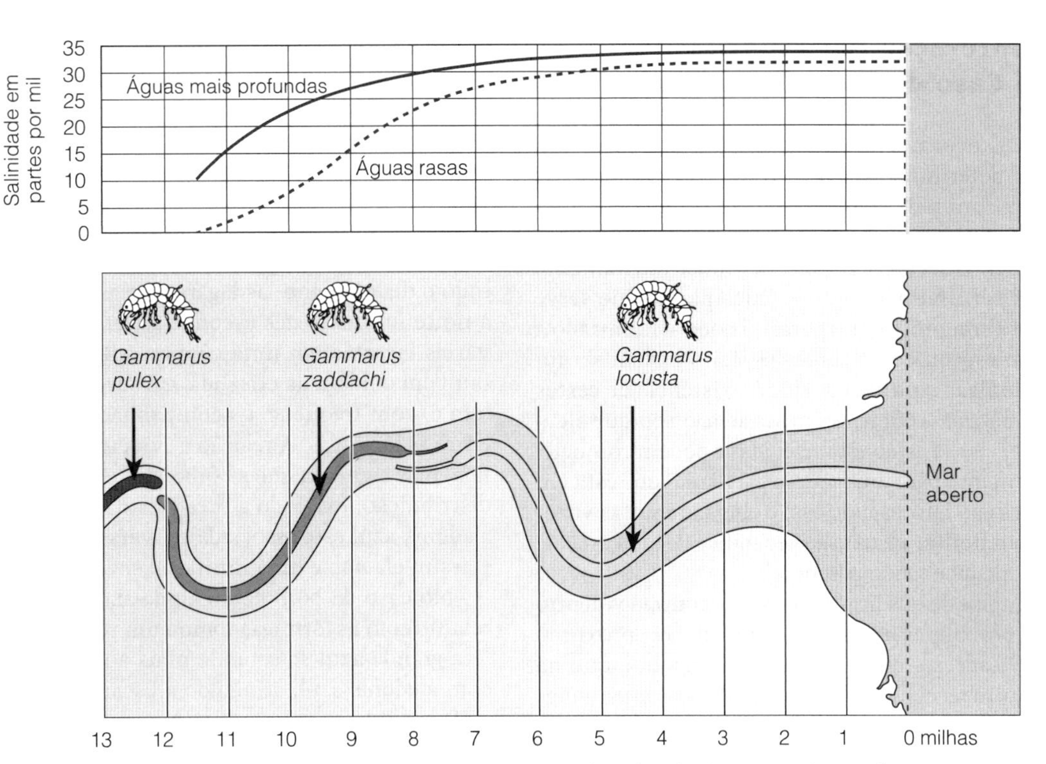

Figura 2.32 Distribuição, ao longo de um rio, de três espécies aparentadas de anfípodes (*Crustacea*), em relação à concentração de sal na água. *Gammarus locusta* é uma espécie própria do estuário encontrada em regiões em que a concentração salina não cai abaixo de 25 partes por mil. *G. zaddachi* é uma espécie que apresenta tolerância moderada, encontrada na faixa de água entre 11 e 19 km (8 a12 milhas) a partir da embocadura do rio onde a concentração média é da ordem de 10 a 20 partes por mil. *G. pulex* é uma verdadeira espécie de água doce e não ocorre em nenhuma parte do rio que esteja sob influência das marés ou da água salgada. Conforme Spooner [41].

deve, obviamente, estar disponível para invadir a área quando for dada a oportunidade.

Algumas das interações entre os vários fatores no ambiente de um organismo podem ser muito complexas e difíceis para o ecologista interpretar ou para o experimentalista investigar. Isso ocorre porque uma série de fatores que interagem podem ter efeitos mais extremos sobre o comportamento e fisiologia de uma espécie do que qualquer fator isolado. Tomemos um exemplo simples: a temperatura e a água interagem fortemente nos organismos, porque tanto as temperaturas altas como as baixas reduzem a quantidade de água disponível para um organismo em um ambiente. Altas temperaturas causam evaporação, e baixas causam congelamento, mas pode ser muito difícil descobrir se um organismo está sendo afetado pelos efeitos diretos de calor ou frio, ou por falta de água. Da mesma forma, a energia luminosa sob a forma de luz solar exerce grande influência sobre os organismos devido à sua importância na fotossíntese e na visão, mas também tem um efeito de aquecimento na atmosfera e nas superfícies e, portanto, aumenta as temperaturas. Um organismo que prefere sombra pode estar à procura de baixas intensidades de luz, ou pode simplesmente evitar temperaturas elevadas ou a baixa umidade associada a altas temperaturas. Em situações naturais, muitas vezes é quase impossível dizer qual dos muitos fatores é o principal responsável pela limitação da distribuição de uma determinada espécie.

Definir os parâmetros de nicho de uma espécie desta maneira também pode levar a aplicações importantes na conservação. O leopardo (*Panthera pardus*), por exemplo, é uma espécie escassa e ameaçada na Ásia Ocidental, e é valioso poder mapear as áreas onde a espécie seria capaz de sobreviver. Com um grande mamífero, como o leopardo, não é possível estabelecer experiências para medir suas preferências com relação aos vários fatores ambientais: os dados sobre as preferências ambientais do organismo devem ser obtidos por observações de campo. Ecologistas da Rússia e Geórgia [42] localizaram populações de leopardos selvagens na Ásia Ocidental e Central e documentaram várias características dos hábitats onde eles são encontrados. Esses ecologistas notaram os vários aspectos do clima, as características do terreno, como vegetação e cobertura de árvores, e a proximidade ou distância da atividade humana. Agrupando suas observações, foram capazes de construir um modelo que descrevesse as condições toleradas pelo leopardo. Os gatos foram encontrados para evitar desertos, desenvolvimentos urbanos e regiões com cobertura de neve prolongada. Os pesquisadores poderiam então produzir mapas em que áreas de acordo com as exigências do leopardo foram todas atendidas, e assim eles poderiam destacar locais apropriados para o trabalho de levantamento para enumerar populações de leopardo e locais adequados para conservação e possível reintrodução. Eles também poderiam examinar a probabilidade de movimentos do leopardo entre essas regiões, o que é importante para a manutenção do fluxo genético.

O estudo não analisou em detalhes alguns outros fatores que poderiam influenciar a presença e a sobrevivência dos leopardos, como a disponibilidade de presas ou a intensidade de caça e envenenamento por pessoas. As distribuições potenciais de espécies não podem ser totalmente compreendidas sem referência à influência de outros organismos e suas respectivas distribuições e exigências ecológicas.

Interação das Espécies: Um Caso de Borboletas-azuis

Fatores físicos desempenham claramente um papel importante na determinação dos limites de distribuição de muitas plantas e animais, mas os organismos também interagem uns com os outros, o que pode colocar restrições em áreas geográficas. Uma espécie pode depender estritamente de que podem ser limitadas a uma única planta que serve como fonte de alimento, ou um parasita pode ser limitado a um hospedeiro específico. Algumas espécies podem ser incapazes de colonizar uma área devido à existência de certos predadores ou parasitas eficientes nessa área, ou porque algumas outras espécies já estão estabelecidas e podem competir mais eficientemente para um recurso particular que está em demanda. Estes são fatores bióticos, e eles são muitas vezes responsáveis por limitar a extensão geográfica de uma espécie dentro do seu alcance físico potencial.

Vários exemplos de tais limitações são encontrados dentro da família de borboletas-azuis (*Lycaenidae*). Há aproximadamente 5000 espécies nesta família cosmopolita, que na América do Norte recebe o título poético de *gossamer wings* (asas de gaze). As borboletas-azuis formam um grupo distinto e são encontradas tanto no Velho como no Novo Mundo. Várias espécies de borboletas-azuis possuem relações complexas com outros organismos, três dos quais serão descritos aqui.

A adônis-azul (*Lysandra bellargus*), como o próprio nome sugere, é um inseto espetacularmente belo, especialmente o macho, que é de cor azul cintilante. É encontrado na região central e meridional da Europa, desde a Inglaterra até a Espanha e desde a França até o Irã e Iraque. As lagartas se alimentam apenas de uma espécie de planta arbustiva (*Hippocrepis comosa*), que cresce apenas em calcário; assim, a distribuição desta borboleta é limitada por suas necessidades alimentares e, consequentemente, pela geologia. As lagartas são distintas, pois possuem glândulas em seus corpos que secretam uma espécie de substância doce, que é muito atrativa para as formigas (Figura 2.33). Onde quer

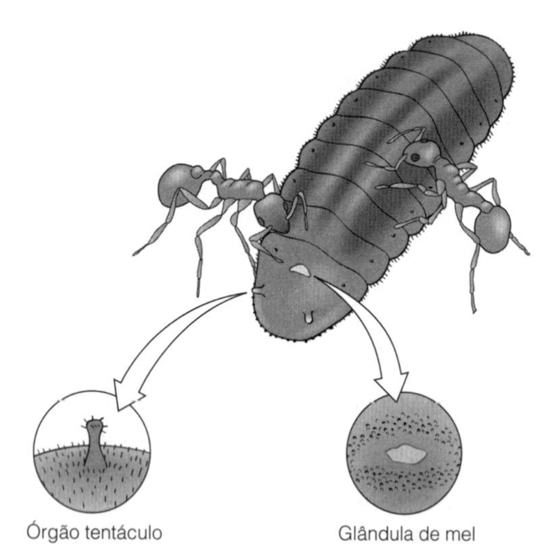

Figura 2.33 Formigas que atendem à lagarta de uma borboleta adônis-azul. Também são mostrados os dois tipos de glândula, o órgão tentáculo que secreta atrativa volátil, e a glândula de mel que secreta substância doce. De Thomas e Lewington [43]. (Reproduzido com permissão da Bloomsbury Publishing plc.)

que você encontre as lagartas, tenha certeza de que encontrará formigas se alimentando dessas substâncias produzidas nas glândulas. Duas glândulas pequenas do tentáculo podem ser expandidas quando necessário, e estas liberam produtos químicos voláteis para atrair formigas quando não estão por perto. As formigas obviamente se beneficiam deste arranjo em que obtêm alimento fácil, mas elas protegem as lagartas contra os predadores. Elas as protegem durante todo o dia enquanto as lagartas se alimentam do arbusto, e à noite muitas vezes esconde-as, enterrando-as junto com várias lagartas em uma câmara subterrânea. As formigas também cuidam da crisálida, e o surgimento final da borboleta é, com frequência, acompanhado de emoção frenética entre as formigas. A relação é evidentemente mútua e benéfica, mas significa que a borboleta tem uma restrição na sua distribuição, exigindo a presença das formigas. Felizmente a adônis-azul está associada a diversas espécies de formigas, e assim ela não é uma limitação severa.

No caso da borboleta-grande-azul (*Maculinea arion*), a relação com as formigas tomou um rumo diferente. A borboleta-grande-azul se estende mais ao norte em comparação com a adônis-azul, atingindo a Escandinávia, mas é restrita na Espanha, ao nordeste do país. Estende-se para leste através da Itália e da Grécia, e ao norte através da Rússia e da Sibéria, da Mongólia, China e Japão. As larvas se alimentam de várias espécies de tomilho-selvagem (*Thymus* spp.), que cobrem entre eles uma gama muito ampla da geologia e hábitat, desde ácidos a alcalinos. Isso pode explicar o maior alcance desta borboleta. Como as adônis-azuis, as lagartas têm uma glândula de mel que secretam uma substância doce que é atraente para formigas, mas, neste caso, é apenas um gênero de formiga vermelha, *Myrmica*, que se encarrega deles. Depois de se alimentar por várias horas, as formigas parecem adotar a lagarta e levá-la ao seu ninho, tratando-a como se fosse uma de suas próprias larvas. Talvez secretem estímulos químicos que enganem as formigas para que acreditem nisso. Mas, uma vez no ninho, a lagarta vira predador e começa a comer as larvas da formiga, logo se tornando uma centena de vezes maior, como consequência. Pode passar até dois anos no ninho de formigas, período durante o qual pensa-se que consome até 1200 larvas [43]. Embora as lagartas possam ser adotadas por várias espécies de formigas do gênero *Myrmica*, seu sucesso é muito maior quando a espécie *Myrmica sabuleti* está envolvida como hospedeira. Muitas larvas são mortas quando estão em ninhos de outras espécies do gênero *Myrmica*, sugerindo que seus aromas miméticos se assemelham a *M. sabuleti* em comparação a outras espécies, o que as tornam suspeitas e são mortas.

Este grau de especialização por parte da borboleta-grande-azul pode explicar o fato de que, embora generalizada, é uma espécie relativamente rara em função de seu alcance. Seu sucesso está intimamente ligado ao de sua formiga hospedeira, *M. sabuleti*, pelo fato de a formiga ter suas próprias exigências e limitações ecológicas. Em particular, esta espécie de formiga exige uma vegetação arbustiva, o que geralmente significa pastoreio. A Figura 2.34 descreveu uma experiência em que a vegetação de arbustos foi queimada e pastoreada. Inicialmente foi outra espécie de formiga, *Myrmica scabrinodis*, que subiu pela proeminência, apenas para ser substituída por *M. sabuleti* com o pasto continuado. Quando o pasto foi abandonado, a relva

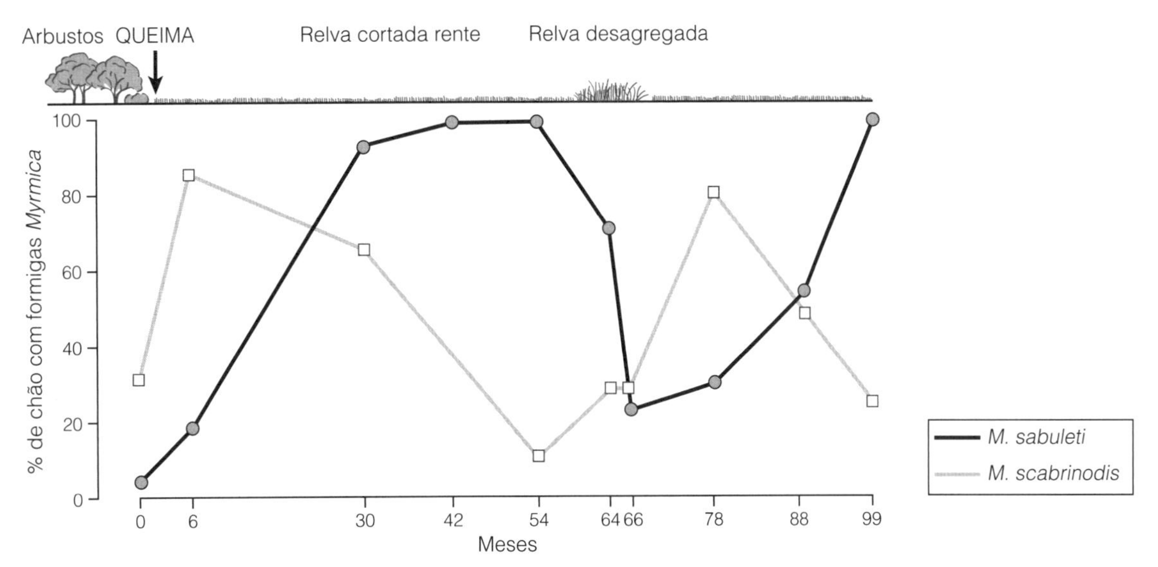

Figura 2.34 Mudanças na abundância de duas espécies de formiga vermelha ao longo do tempo com o regime de manejo de uma área de pastagem modificado. As espécies hospedeiras da grande borboleta-azul, *Myrmica sabuleti*, requerem pastoreio intenso e sustentado por uma vegetação arbustiva. De Thomas [44].

tornou-se alta, e nenhuma das espécies de formigas apresentou bom desempenho, mas o retorno do pasto permitiu a recuperação das formigas. A complexidade das relações tornou-se evidente quando na década de 1950 a doença mixomatose virulenta se espalhou através da população de coelhos da Europa, resultando no declínio da pressão de pastoreio em pastagens, no crescimento da relva alta, no declínio de formigas *Myrmica* e no colapso de populações da borboleta-grande-azul.

Uma terceira ilustração de interdependência das espécies entre as borboletas-azuis é o caso do azevinho-azul (*Celastrina argiolus*). O ciclo de vida desta espécie é mais simples do que o das outras duas consideradas aqui, e suas preferências de alimentação são muito mais abrangentes, que podem explicar sua distribuição mais global. Encontra-se em toda a Europa, África do Norte, Ásia (leste até Japão) e América do Norte (do leste do Alasca até o Canadá e em todo o sul dos Estados Unidos para o México e Panamá). Alguns taxonomistas, no entanto, consideram o táxon do Novo Mundo como uma espécie separada, mas estreitamente relacionada, *Celastrina ladon*, com o nome comum de primavera-azul. As plantas para alimentação são muitas e variadas, pertencendo às famílias *Rosaceae*, *Cornaceae*, *Fabaceae*, *Ericaceae*, entre outras. Muitas dessas plantas são relativamente altas, sendo até árvores; as lagartas são equipadas com glândulas que atraem as formigas, e somente as formigas que conseguem subir provavelmente irão encontrá-las. Talvez necessitem de mais proteção das formigas do que recebem, porque seus inimigos mais formidáveis são as vespas parasitas, *Cotesia inducta* (que atacam as larvas jovens) e *Listrodomus nycthemerus* (que se concentra em larvas mais velhas). A intensidade do parasitismo é tal que a população de azevinho-azul pode ser praticamente extinta a nível local. Quando a presa se torna escassa, no entanto, a população de vespas declina e esta perda de vespas significa que as lagartas prosperam durante o próximo ano ou dois. Esse processo cíclico é mostrado na Figura 2.35.

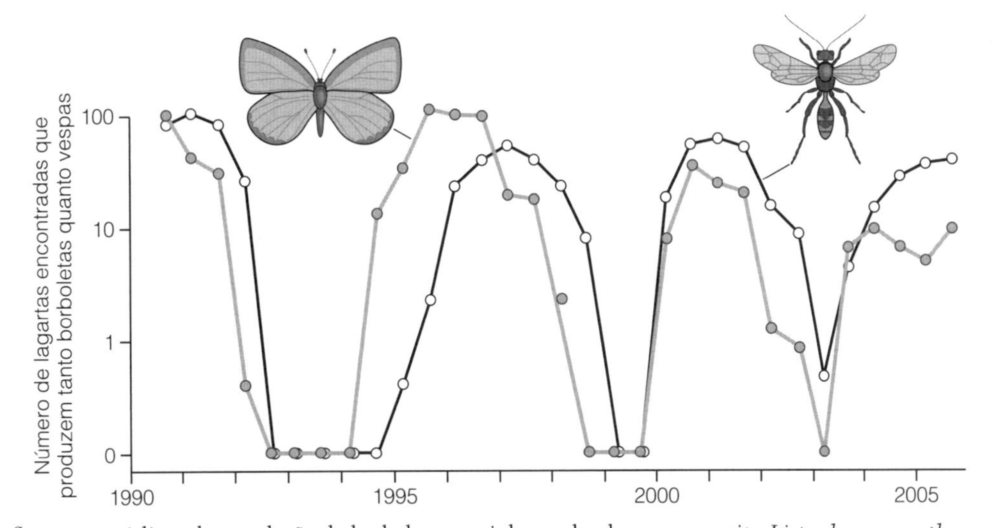

Figura 2.35 As flutuações cíclicas da população de borboleta azevinho-azul e da vespa parasita *Listrodomus nycthemerus*. A população de borboletas tende ao pico a cada 2-3 anos, enquanto a população de vespas é baixa. (De Thomas e Lewington [43]. Reproduzido com permissão da Bloomsbury Publishing plc.)

Apenas três desses exemplos de borboletas de *Lycaenidae* mostram como é a dependência de uma espécie com a outra; neste caso, a espécie formiga pode ser benéfica, mas também expõe a espécie a graus adicionais de limitação ao seu número populacional e, consequentemente, ao padrão de distribuição.

Competição

Quando duas espécies estão tentando obter um mesmo recurso e quando este é escasso, as duas são ditas como estando em competição. O resultado da competição dependerá da eficiência relativa com que cada espécie consegue aproveitar o recurso, e se uma espécie é significativamente mais eficiente do que a outra; então as espécies mais fracas podem ser excluídas do acesso ao recurso. Em termos espaciais, isso pode significar que a presença de uma espécie exclui a presença da sua concorrente.

Quando uma espécie é impedida de ocupar uma área pela presença de outra espécie, esse fenômeno denomina-se **exclusão competitiva**. Nem sempre é fácil observar na natureza esse tipo de expulsão de uma espécie por outra, mas um exemplo de sua ocorrência pode ser observado nas espécies de craca das costas litorâneas rochosas da Europa Ocidental e nordeste da América do Norte. Cracas adultas prendem-se firmemente às rochas e se alimentam de plâncton, filtrado da água quando a maré está alta. Duas espécies comuns são *Chthamalus stellatus*, que é encontrada em uma zona mais alta da costa, logo acima da linha de maré alta, e *Balanus balanoides*, que ocupa uma zona muito mais ampla, abaixo da *C. stellatus*, em direção à marca da maré baixa. As distribuições dessas espécies não se sobrepõem mais do que alguns centímetros. Esta situação foi analisada pelo ecologista J.H. Connell [45], que descobriu que, quando a larva de *C. stellatus* termina sua fase de nadadora, livre no mar, e se fixa para a vida, ela o faz sobre a porção mais alta da costa, acima do nível médio da maré. As larvas de *B. balanoides* fixam-se em toda a faixa entre os limites das marés alta e baixa, incluindo a área ocupada pelos adultos de *C. stellatus*. Apesar do padrão de superposição das larvas, os adultos das duas espécies têm distribuições diferentes, resultantes de dois processos distintos. Um processo ocorre na zona do topo da costa. As jovens *B. balanoides* são eliminadas dessa região porque não sobrevivem a longos períodos de desidratação e exposição a altas temperaturas durante a maré baixa. As *C. stellatus* são mais resistentes à desidratação e sobrevivem. Na parte mais baixa das rochas, a *B. balanoides* resiste porque não fica exposta durante muito tempo, e ali as larvas de *C. stellatus* são eliminadas na competição direta com as jovens *B. balanoides*. Estas crescem de modo mais rápido e simplesmente abafam as larvas de *Chthamalus* ou mesmo as impelem para fora das rochas. Connell também desenvolveu experimentos com essas espécies e descobriu que, ao remover adultos de *B. balanoides* de uma faixa de rochas e impedir que os jovens se fixassem nessa área, a *C. stellatus* colonizou toda a faixa, até mesmo na porção próxima à linha de maré baixa. Isso mostra que a competição com a *B. balanoides* é o principal fator limitante da distribuição da *C. stellatus* na porção superior da costa.

Este exemplo fornece uma ilustração da diferença entre o nicho fundamental e o nicho efetivo por um organismo. O nicho fundamental de *C. stellatus* é muito mais amplo do que aparentado no campo. Uma vez que a concorrência de *B. balanoides* é levada em consideração, seu nicho é muito mais estreito, seu nicho efetivo. A partir disso, aprendemos que não é possível determinar os limites físicos de uma espécie simplesmente observando seu padrão de distribuição no campo. O fator modificante da concorrência deve ser levado em consideração, o que pode ser difícil diferenciar sem experimentação.

Este é um exemplo relativamente simples porque envolve apenas duas espécies. Na maioria das comunidades de animais e plantas, várias espécies interagem, o que torna extremamente difícil determinar o quadro completo dos relacionamentos entre espécies. Um meio de abordar esse problema é remover uma espécie da comunidade e observar a reação das demais. Esse método foi tentado em comunidades nos pântanos salgados da Carolina do Norte por J. A. Silander e J. Antonovics [46], que removeram espécies de plantas selecionadas e registraram quais outras espécies presentes na comunidade se expandiam para as áreas deixadas livres (Figura 2.36). Encontraram muitas respostas. A remoção de uma espécie de gramínea, a *Muhlenbergia capillaris*, resultou em uma expansão igual de cinco outras plantas, o que sugere que a gramínea estava em competição com muitas outras espécies. No entanto, no caso do junco

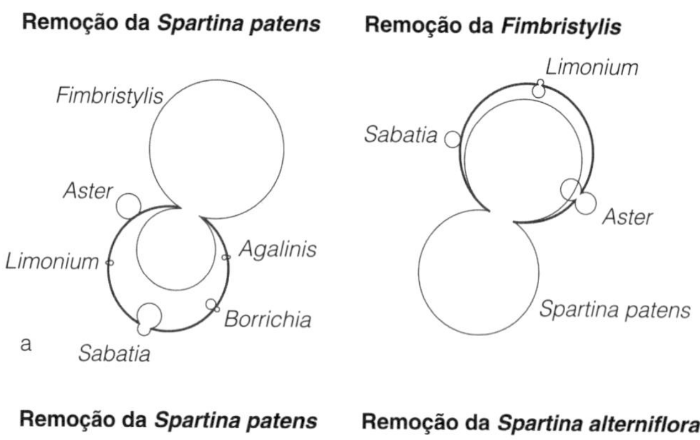

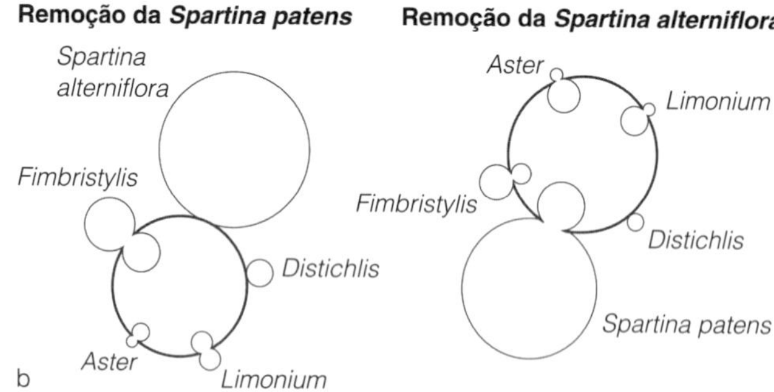

Figura 2.36 Ilustração do efeito da remoção de uma única espécie vegetal de uma comunidade em um pântano salgado. O tamanho dos círculos representa a abundância da espécie de planta e o círculo mais forte se refere à espécie que foi removida. Círculos que invadem o espaço dos mais fortes representam as respostas de diferentes espécies à perturbação. (a) Locais altos do pântano, onde a remoção da *Spartina patens* acarreta principalmente a expansão da *Fimbristylis*, e a remoção de *Fimbristylis* resulta na expansão da *Spartina*. As duas espécies aparentam estar em competição e os efeitos são recíprocos. (b) Partes baixas do pântano onde predominam duas espécies de *Spartina*. A remoção da *S. patens* não produz resposta da outra espécie, enquanto a remoção da *S. alterniflora* permitiu alguma expansão da *S. patens*. Neste caso, a competição não é recíproca. Segundo Silander & Antonovics [46].

Fimbristylis spadiceae, a retirada proporcionou a expansão de apenas uma outra planta, da espécie *Spartina patens*. O experimento recíproco, com a retirada da *Spartina*, proporcionou, de modo semelhante, que a *Fimbristylis* tirasse pleno proveito dessa nova oportunidade. Neste caso observamos que apenas duas espécies estavam competindo por aquele nicho em particular.

Neste sentido, a remoção seletiva de espécies é um tanto artificial e pode acarretar distúrbios no ambiente físico que alteram a verdadeira natureza do hábitat, de maneira que este só pode dar uma ideia preliminar dos relacionamentos entre espécies na comunidade.

Reduzindo a Competição

Um organismo pode encontrar vantagem considerável em evitar a competição, seja com outras espécies ou outros membros de sua própria espécie. Muitas formas diferentes de reduzir a competição entre espécies foram desenvolvidas. Às vezes, espécies com requisitos de espaço ou alimento semelhantes exploram os mesmos recursos em diferentes estações do ano ou mesmo em diferentes horas do dia. Um sistema comum a mamíferos e aves predadoras consiste em uma espécie (ou grupo de espécies) desenvolver atividades noturnas especializadas enquanto outra é predadora diurna no mesmo hábitat. Um exemplo entre os pássaros é, por um lado, a coruja, com muitas espécies caçadoras noturnas que determinam as distâncias por meio da audição e, por outro lado, as águias e falcões, caçadores diurnos, com visão extremamente aguçada e especialmente adaptada para determinar distâncias com exatidão. Dessa forma, ambos os grupos de predadores podem coexistir na mesma parcela de terreno e caçar o mesmo grupo limitado de pequenos mamíferos. Muitos morcegos insetívoros possuem atividade noturna, evitando a competição com aves insetívoras diurnas, como também evitando ser predados por aves de rapina ativas durante o dia. Casos como este são descritos como **separação temporal** de espécies, sendo um método eficaz de ampliar os recursos alimentares limitados entre várias espécies. Entre as plantas, esse processo pode ser observado em hábitats de floresta decídua, onde muitas ervas florescem no solo e completam a maior parte do seu crescimento anual antes que o dossel de folhas surja entre as árvores. Dessa maneira, os recursos de iluminação do ambiente são utilizados com mais eficiência. Significa também que duas ou mais espécies podem utilizar o mesmo recurso de diferentes maneiras e assim evitar a concorrência direta.

Um tipo diferente de separação temporal é observado na complexa comunidade de pastos da savana da África Oriental [47]. Durante a estação úmida, todos os cinco ungulados mais numerosos (búfalo, zebra, gnu, antílope e gazela de Thomson) estão aptos a se alimentar juntos, na rica forragem proporcionada por gramíneas curtas nas partes altas. No início da estação seca, o crescimento das plantas cessa nessas áreas. Então os herbívoros se deslocam para regiões mais baixas, de solo mais úmido, em uma sequência altamente organizada. Primeiro vão os búfalos, que se alimentam das folhas de grandes pastagens ribeirinhas e que são pouco procuradas pelas outras espécies. As zebras, que são altamente eficientes na digestão de caules com pouca proteína, vão em seguida. Ao pisotearem as plantas e comerem os caules, deixam a camada de ervas disponível para os próximos que chegarem, os antílopes e os gnus. Estes dois são encontrados em áreas um pouco diferentes. As mandíbulas e os dentes do antílope são adaptados para o pasto curto e emaranhado, comum na região noroeste do Serengeti. Os gnus, por sua vez, estão adaptados para comer as folhas dos pastos mais altos, comuns no sudeste do Serengeti. Essas duas espécies reduzem a quantidade de relva, facilitando a pastagem da última espécie, a gazela de Thomson, que prefere as dicotiledôneas de folhas mais largas às monocotiledôneas de folhas mais estreitas. Desse modo, toda a comunidade interage de uma maneira complexa, utilizando a pastagem de forma altamente organizada e eficiente, evitando a competição. Esse compartilhamento de recurso é um exemplo de divisão de nicho.

Provavelmente muito mais comuns, no entanto, são os casos nos quais os recursos de um hábitat são repartidos entre as espécies devido às restrições de parte a parte, em forma de micro-habitats especializados. Isto é denominado **separação espacial** de espécies; significa que cada espécie deve se adaptar à vida no conjunto fixo de condições físicas de seu micro-habitat particular. Também significa que tal espécie não está adaptada à vida em outro micro-hábitat e encontrará dificuldade de invadi-lo, mesmo quando, por qualquer motivo, este se tornar desocupado e seus recursos alimentares estiverem indisponíveis. Um exemplo de separação espacial foi descrito nos extensos pântanos de Camargue, no sul da França, onde diferentes aves que caminham nas águas possuem diferentes preferências nas áreas de alimentação disponíveis. O flamingo (*Phoenicopterus ruber*) tem pernas muito longas e, assim, é apto a deslocar-se em águas mais profundas onde pode selecionar organismos do plâncton com seu bico altamente especializado. Em águas mais rasas, o alfaiate (*Recurvirostra avosetta*) e o pato-branco (*Tadorna tadorna*) se alimentam de modo semelhante, varrendo com movimentos do pescoço de um lado para outro. A tarambola (*Charadrius alexandrinus*) alimenta-se predominantemente na margem da água, sendo restrita a essas regiões por ter as pernas mais curtas.

Os padrões espaciais de distribuição e de alimentação de aves predadoras, tais como essas pernaltas, às vezes refletem os padrões de seus tipos de alimento preferido. Por exemplo, o ostraceiro (*Haematopus ostralegus*) tem predileção pelo molusco bivalve *Cerastoderma edulis*, o berbigão, que é encontrado principalmente em litorais arenosos ou lamacentos, logo abaixo da marca média das marés altas de quadratura [48]. Assim, esta é a zona de alimentação favorita do ostraceiro. Da mesma forma, o *Corophium volutator*, crustáceo habitante da lama, é a espécie favorita para alimentação do perna-vermelha (*Tringa totanus*) e, uma vez que ele prospera nas regiões altas e lamacentas que ficam descobertas durante a maré baixa, geralmente acima da marca média da maré alta, esta também é a região em que podem ser encontrados em grande número os pernas-vermelhas se alimentando.

A especiação simpátrica ocasionou o mais alto nível de especialização encontrado dentro de alguns grupos de espécies, como os tangarás da América Central (Figura 2.37). Três espécies próximas de tangarás, a saíra-pintada (*Tangara guttata*), saíra-de-cabeça-castanha (*T. gyrola*) e saíra-de-bando (*T. mexicana*), podem ser encontradas coexistindo e se alimentando uma ao lado da outra, aparentemente sem nenhuma interação competitiva. O motivo dessa harmonia

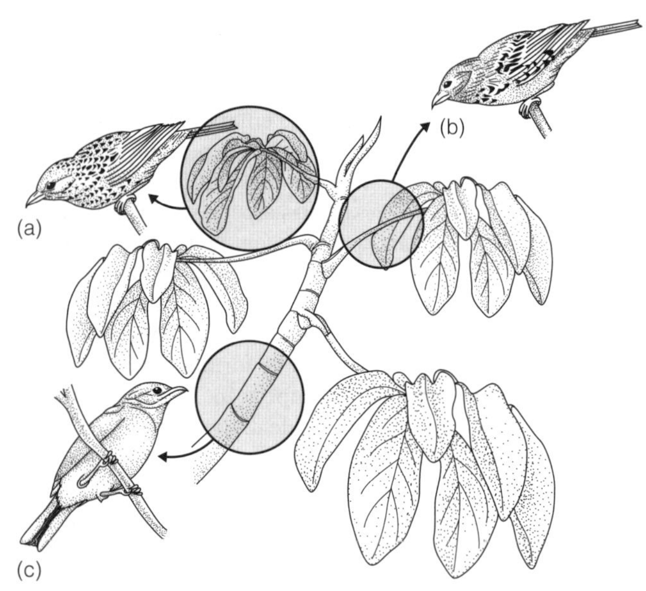

Figura 2.37 Três espécies de saíra que coabitam a mesma floresta em Trinidad. Todas se alimentam de insetos, mas exploram diferentes micro-habitats no dossel, evitando dessa forma competição direta. A saíra-pintada (a) captura insetos na parte inferior da folhas; a saíra-de-bando (b) obtém insetos nos galhos finos e nos pecíolos; e a saíra-de-cabeça-castanha (c) alimenta-se dos insetos nos galhos principais.

é que cada uma se alimenta em uma área um pouco diferente no dossel da floresta. A saíra-pintada captura insetos na parte inferior das folhas; a saíra-de-bando os captura dos galhos finos; e a saíra-de-cabeça-castanha, dos galhos principais. Cada uma ocupa seu próprio nicho, e há pequena superposição entre elas. Esse tipo de especialização de nicho nos ajuda a explicar como a especiação pode ocorrer mesmo na ausência de barreiras geográficas que previnam cruzamento de espécies diferentes e o fluxo de genes.

Mesmo onde ocorre uma superposição de nichos, os animais coexistem porque possuem seus próprios locais ou modos de vida que não dividem com nenhum outro. Isto pode ser observado na Figura 2.38, que mostra em forma de diagrama os nichos de várias espécies de primatas na floresta tropical de Gana [49]. Cada espécie tem seu local preferido no dossel da floresta, algumas preferindo locais mais calmos e outras competindo pelas áreas mais aproveitáveis e limpas. Apesar de existir uma considerável superposição de tolerância, cada qual tem sua localização específica em que pode tomar para si própria.

Predadores e Presas, Parasitas e Hospedeiros

Os predadores podem ser outro fator biológico que influi na distribuição de espécies, assim como a presença e abundância de parasitas no hábitat, mas seus efeitos têm sido estudados bem menos do que os efeitos da competição. A influência mais simples que os predadores podem ter é na eliminação de espécies para alimentação ou, de modo alternativo, na prevenção da entrada de outros no hábitat. Existe muito pouca evidência de que ambos os processos sejam comuns na natureza. Um ou dois estudos experimentais mostraram que às vezes os predadores comem todos os representantes de uma espécie em seu ambiente, particularmente quando a espécie já está rarefeita. Entretanto, todos esses estudos foram conduzidos em situações artificiais, nas quais foi introduzido um predador em uma comunidade de espécies que atingira o balanceamento com seu ambiente na ausência do predador; esse tipo de comunidade não se assemelha às comunidades naturais nas quais o predador está incluído desde o início. De maneira geral, não há interesse da espécie predadora em eliminar uma espécie de presa, porque agindo assim ela estará

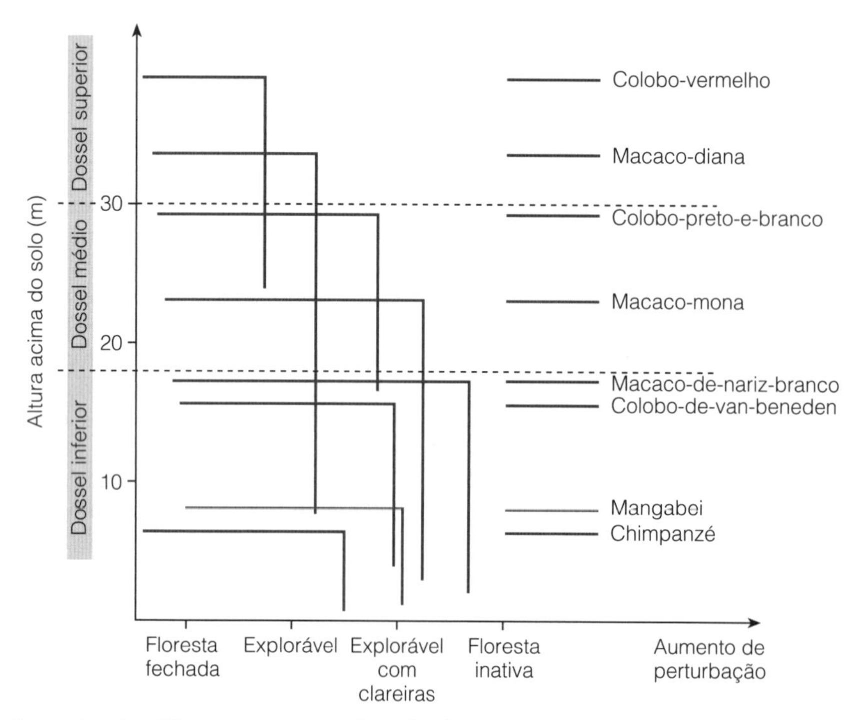

Figura 2.38 Diagrama ilustrativo dos diferentes requisitos de nicho de uma espécie de primata da floresta tropical da África Ocidental. Embora as demandas das várias espécies se superponham, cada qual ocupa uma altura específica no dossel ou um tipo de local onde é mais eficiente e bem-sucedida [49].

eliminando uma fonte potencial de alimento. Provavelmente, as comunidades mais naturais evoluíram de modo a propiciar uma grande quantidade de presas disponíveis para cada predador. Assim, nenhuma espécie é predada de modo intenso, e os predadores sempre podem recorrer a espécies alternativas para alimentação se a quantidade da sua presa habitual for reduzida por influências climáticas ou por outros fatores. Isto é chamado de **alternância de presas**.

Alternância de presas como essa vem sendo descrita na Ilha de Terra Nova, local em que o lobo (*Canis lupus*) e o lince (*Lynx lynx*) eram os principais predadores no século XIX, mas onde hoje o lobo encontra-se extinto. O lince era um animal raro até que em 1864 foi introduzida na ilha uma nova presa potencial – a lebre alpina (*Lepus americanus*). Esta se multiplicou rapidamente, da mesma forma que o lince, em resposta à sua nova fonte alimentar. No entanto, a população de lebres teve um declínio acentuado, caindo a níveis baixos em 1915, e o lince, deparando-se com a fome, desviou sua atenção para filhotes de caribu que haviam sido a principal fonte alimentar para o lobo. Atualmente, a lebre desenvolveu um ciclo de dez anos, alternando níveis altos e baixos no número de indivíduos, e o lince mantém sua troca entre o caribu e a lebre, dependendo de como se encontra – numerosa ou escassa – a população de lebres [50]. Esse padrão de troca de presas permite que o lince mantenha sua população em níveis relativamente estáveis e, em consequência, contribui para a recuperação da população de lebres.

Esse tipo de comportamento por parte do predador serve para prevenir a extinção da presa. Às vezes a relação é mais complexa, com o predador impedindo a invasão de outros predadores mais eficientes e vorazes que poderiam reduzir mais intensamente a população de presas. Um bom exemplo dessa situação é o do *bell miner** (*Marlorina melarlophrys*), na Austrália [51]. Este é um pássaro comunitário e altamente territorial que ocupa o dossel da floresta de eucaliptos e alimenta-se, de modo farto, de ninfas, secreções e coberturas vegetais infestadas por parasitas psilídeos. Ainda que sobrevivam bem a essa predação, o mais impressionante é que esses parasitas parecem solicitar a atenção dos *bell miner*, pois, quando esses pássaros são removidos, a população de parasitas entra em colapso e os eucaliptos ficam mais saudáveis. Aparentemente, o comportamento agressivo do *bell miner* contra outras aves previne que essas entrem no seu território e dizimem os psilídeos. Enquanto os *bell miners* permanecem, os psilídeos estão a salvo, mas as árvores sofrem!

Os parasitas geralmente reduzem a taxa de crescimento das populações devido à sua influência negativa na capacidade geral, sobrevivência e fecundidade. No entanto, como predadores, eles raramente causam a extinção completa da espécie hospedeira, o que dificilmente seria do seu interesse. Isso foi observado no caso da borboleta azevinho-azul e de sua vespa parasitoide (Figura 2.35). Embora o parasitismo cause um colapso na população de borboletas, isso é apenas temporário, e a recuperação ocorre após o colapso da população de parasitas, criando assim um ciclo. Estudos detalhados sobre a influência de parasitas sobre a extensão e distribuição geográfica de espécies são frequentemente baseados em espécies introduzidas. Verificou-se que as espécies introduzidas possuem baixa carga parasitária em relação às espécies nativas. Um estudo mostrou que havia 40 % menos parasitas associados com espécies introduzidas de plantas e animais quando comparados aos encontrados em espécies nativas [52]. Além disso, os parasitas que os invasores carregam são os menos virulentos, porque estes tendem a ser mais dominantes entre os hospedeiros, simplesmente porque causam menos danos. Se o invasor também é menos suscetível aos parasitas locais do que as espécies nativas, então o seu potencial de sucesso é ainda maior. Assim, um organismo invasor pode estar em vantagem em relação à limitação do parasita, e isso pode ser uma pista para o sucesso de muitos organismos invasores.

Como mencionamos anteriormente, a competição pode impedir duas espécies de viverem juntas em um hábitat e modificar a distribuição de espécies quando os recursos são inadequados à sustentação de ambas. Provavelmente o efeito mais importante de predadores e de parasitas e doenças (que efetivamente são predadores internos) na distribuição de espécies é que, ao se alimentarem de indivíduos de mais de uma espécie, eles diminuem as pressões competitivas entre essas espécies. Assim, reduzindo a pressão sobre os recursos do hábitat, os predadores permitem que mais espécies sobrevivam, como ocorreria caso não estivessem presentes. Esta possibilidade foi primeiramente demonstrada experimentalmente por estudos clássicos sobre besouro-da-farinha e sua suscetibilidade a um parasita esporozoário [53]. Quando dois besouros-da-farinha, *Tribolium castaneum* e *Tribolium confusum*, foram mantidos juntos em um único recipiente, *T. castaneum* inevitavelmente levou *T. confusum* à extinção, porque se revelou um concorrente mais eficaz na obtenção dos recursos alimentares. No entanto, ao introduzir o parasita *Adelina tribolii* no sistema, o *T. castaneum* se mostrou mais suscetível ao parasita e, portanto, seu desempenho foi impedido, resultando em que as duas espécies pudessem coexistir. Assim, a presença de um parasita nessa situação permitiu que o competidor mais fraco sobrevivesse, e desse modo aumentou a diversidade de espécies do sistema. O experimento foi repetido utilizando um parasita diferente, *Hymenolepis diminuta*, e o resultado foi muito diferente [54]. O competidor mais fraco, *T. confusum*, provou ser mais suscetível a este parasita do que seu companheiro dominante; assim, a presença do parasita o levou à sua extinção ainda mais rapidamente. Portanto, não se pode generalizar sobre a influência do parasitismo na coexistência, pois depende dos diferentes impactos causados pelo parasita sobre as espécies hospedeiras envolvidas. Um parasita pode aumentar a diversidade, mas também pode reduzi-la.

Em termos genéricos, portanto, conclui-se que a presença de predadores em comunidades bem balanceadas parece aumentar, ao invés de diminuir, o número de espécies a ponto de, globalmente, ampliarem a distribuição das espécies. Poucos experimentos similares ao conduzido por Paine (descritos no Boxe 2.3) foram desenvolvidos e, por isso, é preciso cautela ao empregar suas conclusões para todas as comunidades. Como no caso dos parasitas, muitos dependem da suscetibilidade das várias espécies componentes na comunidade ao predador. Entretanto, existem algumas evidências independentes de que os herbívoros, que atuam sobre as plantas como predadores sobre as presas, podem, de modo semelhante, aumentar o número de espécies de plantas que vivem em um hábitat. No século passado, Charles Darwin percebeu que, no sul da Inglaterra, os

*Não foi encontrado referência com a grafia apresentada para o nome científico. As denominações remetem a *Manorina melanophrys* ou *Manorina melarlophrys*. (N.T.)

Estrela-do-mar predadora

Conceito Boxe 2.3

Outros estudos sobre comunidades naturais confirmaram amplamente a hipótese de que predadores podem realmente aumentar o número de espécies distintas que vivem em um hábitat. O ecologista americano Robert T. Paine fez um estudo especialmente detalhado na comunidade de animais do litoral rochoso da costa norte-americana do Pacífico [55]. A comunidade incluía 15 espécies, abrangendo cracas, lapas, quítons, mexilhões, búzios e um grande predador, a estrela-do-mar *Pisaster ochraceus*, que se alimenta de todas as demais espécies. Paine conduziu um experimento em uma pequena área do litoral, de onde removeu a estrela-do-mar e bloqueou a entrada de qualquer outro animal. Em poucos meses, 60 a 80 % do espaço disponível na área do experimento estavam ocupados por novas cracas que começaram a crescer sobre as demais espécies, eliminando-as. No entanto, após cerca de um ano, as próprias cracas começaram a ser dizimadas por grandes quantidades do pequeno mexilhão, de crescimento rápido. Quando o estudo terminou, os mexilhões dominavam completamente a comunidade, que consistia então em apenas oito espécies. Dessa forma, a remoção do predador resultou na redução à metade do número de espécies, e ficou também evidente que o número de espécies de plantas na comunidade (algas incrustadas nas rochas) também fora reduzido devido à competição com as cracas e os mexilhões pelo espaço disponível.

campos usados para pastagem de ovelhas continham em torno de 20 espécies de plantas, enquanto os pastos negligenciados continham apenas 11 espécies. Darwin sugeriu que gramas altas, de crescimento rápido, seriam controladas pelo pastoreio das ovelhas no campo, enquanto nas outras áreas essas espécies cresceriam a tal ponto que fariam sombra sobre as menores, de crescimento mais lento, impedindo-as de receber a luz do Sol, sendo assim eliminadas. Um processo comparável ocorreu na área de *grassland* calcária, na Grã-Bretanha, quando a doença mixomatose causou a morte de um grande número de coelhos em 1950; a redução da pastagem permitiu uma considerável invasão de relva mais grosseira e arbustos. Como consequência, muitas dessas áreas são mais pobres em espécies do que eram sob intensa "predação".

Na costa de Washington, Paine desenvolveu outra série de experimentos (Boxe 2.3) nos quais retirou o ouriço-do-mar *Strongylocentrotus purpuratus*, que pasta algas [56]. Inicialmente, houve um aumento no número de espécies de algas presentes; as novas seis ou mais espécies eram, provavelmente, aquelas normalmente comidas de modo mais intenso pelo ouriço para sobreviver no hábitat. No entanto, após dois ou três anos, o quadro mudou à medida que a comunidade de algas aos poucos tornou-se dominada por duas espécies, *Hedophyllum sessile*, nas partes expostas do litoral, e *Laminaria groenlandica*, nas regiões mais abrigadas abaixo da marca de maré baixa. Essas duas espécies são altas e provavelmente "sombreiam" as espécies menores, tais como as avantajadas gramíneas estudadas por Darwin. O número total de espécies presentes foi, no final, muito reduzido após a remoção dos herbívoros.

Nas pastagens floristicamente ricas dos Alpes Europeus, verificou-se que a presença de uma planta semiparasita, o chocalho-amarelo (*Rhinanthus minor*), está associada a maior diversidade de plantas, e os conservacionistas têm incluído esta espécie em misturas de sementes na reabilitação de áreas de pastagens danificadas, como forma de manter a biodiversidade vegetal [57]. O parasita aproveita as raízes das gramíneas mais competitivas para sua nutrição, reduzindo a produtividade e dando às espécies de plantas menores e menos competitivas uma oportunidade de sobreviver.

As atividades de predadores carnívoros em uma comunidade também produzem efeitos sobre as plantas, pois, limitando em alguma medida o número de presas herbívoras, previnem a pastagem excessiva e assim reduzem o risco de eliminação de espécies raras de plantas. No entanto, tais interações podem ser muito complexas, como no caso do peixe-donzela-havaiano, que é um predador dos hábitats dos bancos de corais. Em um estudo experimental sobre a influência desse peixe [58], foram construídas bandejas adequadas à colonização de algas, e estas foram dispostas em três tipos de locais: (i) dentro de gaiolas que impediam o acesso de todos os peixes herbívoros; (ii) fora de gaiolas mas dentro do território dos carnívoros peixes-donzela; e (iii) fora de gaiolas e do território dos peixes-donzela. A diversidade de algas colonizadoras foi maior nas bandejas que estavam fora das gaiolas mas no território dos peixes-donzela, e mínimo nas bandejas dispostas fora das gaiolas e desse território. Em outras palavras, onde não houve nenhum consumo, a diversidade de algas foi maior do que quando houve consumo intenso, mas a diversidade mais expressiva foi encontrada nos locais em que o consumo foi controlado, de algum modo, pela predação dos peixes-donzela sobre os herbívoros. A presença de uma pastagem leve suprimiu as algas mais robustas e assim permitiram a colonização das espécies mais delicadas.

Os complexos conjuntos de interações entre predadores, herbívoros e plantas podem proporcionar o desenvolvimento de um ecossistema balanceado e diverso, como mostra o exemplo do banco de corais. Em todos esses exemplos de manipulação de comunidades, foi descoberto que uma espécie exerce profunda influência sobre muitas outras que compõem a comunidade, não apenas sobre suas presas. A remoção dessa única espécie pode produzir efeitos muito mais intensos do que originalmente se previa. Espécies com esse poder de influência são conhecidas como **espécies-chave**. Identificar a espécie-chave em um ecossistema é, obviamente, uma tarefa importante, especialmente quando a biodiversidade deve ser mantida. A perda de uma espécie-chave pode causar uma avalanche de extinções locais.

Migração

As condições ambientais se alteram com as estações, e alguns animais mudam seus padrões de distribuição de acordo com as estações. A isto se denomina **migração**. Não se deve confundir migração com expansão de limites, ou dispersão, de espécies, porque migração consiste na ocupação temporária (geralmente sazonal) de uma região enquanto as condições são favoráveis ao deslocamento para uma região alternativa até que as condições sazonais o demandem. Apenas organismos com mobilidade podem fazer parte de uma migração, embora plânctons microscópicos sejam capazes de mudar a profundidade em que vivem, em função das condições ambientais, o que pode ser considerado uma forma de migração vertical. Essa migração por parte do plâncton é, muitas vezes, diurna e sazonal.

A migração muitas vezes assume uma disposição de deslocamento em latitude a fim de se tirar proveito dos longos dias de verão e da alta produtividade nas altas latitudes e depois recuar para latitudes mais baixas para evitar o estresse do inverno. Os deslocamentos do caribu (*Rangifer tarandus*) na América do Norte ilustram esses padrões migratórios [59]. As fêmeas dão à luz crias no início do verão, e as populações dos vários rebanhos da América do Norte migram para o norte, enquanto a neve derrete, para encontrar locais mais adequados aos recém-nascidos. Cada rebanho possui um local tradicional (Figura 2.39), que em geral reflete a alta qualidade da vegetação produzida que irá garantir a sobrevivência dos novos filhotes. Consequentemente, na primavera observa-se uma migração

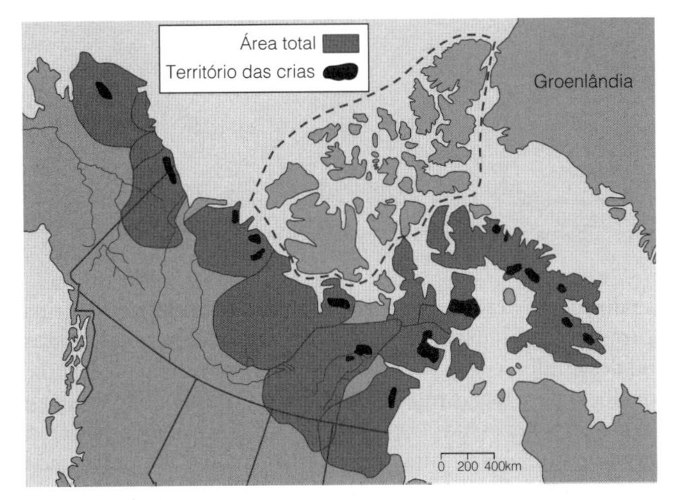

Figura 2.39 Zonas de manadas de caribu na América do Norte, também mostrando os territórios para onde levam suas crias na migração da primavera. O caribu também pode ser encontrado nas ilhas envolvidas com linha tracejada. Conforme Sage [59].

na direção norte de rebanhos de caribu em busca de terras para procriação. No outono, quando a tundra começa a esfriar, a produtividade cai, e inicia-se o acúmulo de neve, os rebanhos se deslocam novamente rumo ao sul. A migração é custosa do ponto de vista energético e também expõe os animais aos riscos da predação, no caso dos caribus, por lobos que acompanham os rebanhos. Porém, os benefícios da migração, em termos de disponibilidade e qualidade de alimento, compensam os custos.

As aves estão entre os animais que têm maior mobilidade, e muitas espécies recorrem à migração a fim de maximizar seu suprimento alimentar, especialmente durante a estação de acasalamento. O ganso-de-testa-branca (*Anser albifrons*) apresenta um padrão de distribuição circumpolar, acasalando nos longos dias do verão ártico ou subártico da América do Norte, a oeste da Groenlândia e da Sibéria. Essas espécies passam o inverno nas regiões mais ao sul das Américas do Norte e Central, na Europa e no Golfo Pérsico, no Japão e no leste da China, dependendo dos seus locais de acasalamento (Figura 2.40). No entanto, talvez a ave migratória mais extraordinária seja a andorinha (*Sterna paradisaea*) do ártico que, como o nome sugere, faz seus ninhos no Ártico e ainda migra para a Antártida durante o inverno do Hemisfério Norte (Figura 2.41). Essa ave deve gostar da luz do dia na sua vida mais do que qualquer outro organismo.

Mesmo pequenos pássaros canoros, como os sabiás e as felosas, fazem migrações sazonais. Por exemplo, o sabiá-de-óculos migra entre o Canadá e o noroeste do Pacífico para as Américas Central e do Sul a cada outono, retornando na primavera. Essa jornada consome grande quantidade de energia, e recentemente foi possível capturar e marcar alguns indivíduos para determinar quanto de energia é despendida [61]. Para um sabiá-de-óculos são necessários aproximadamente 42 dias para voar, do Panamá até o Canadá, mas durante esse período a viagem efetiva consiste em apenas 18 noites de voo. O restante da viagem é gasto com descanso em locais de parada ao longo da rota. Em toda a jornada de 4800 km (3000 milhas) são gastos 4450 kJ (1060 kcal) de energia, e portanto o custo é de pouco menos de 1 kJ por quilômetro. O mais surpreendente é que

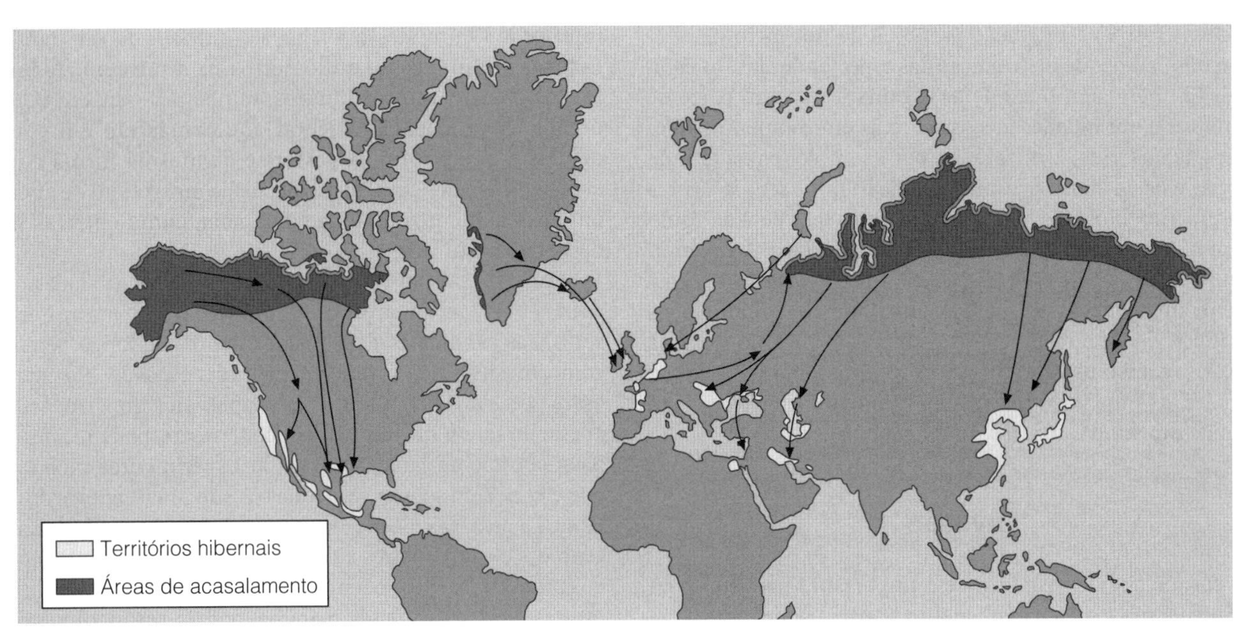

Figura 2.40 Áreas de acasalamento, rotas de migração e territórios hibernais do ganso-de-testa-branca (*Anser Albifrons*). Segundo Mead [60].

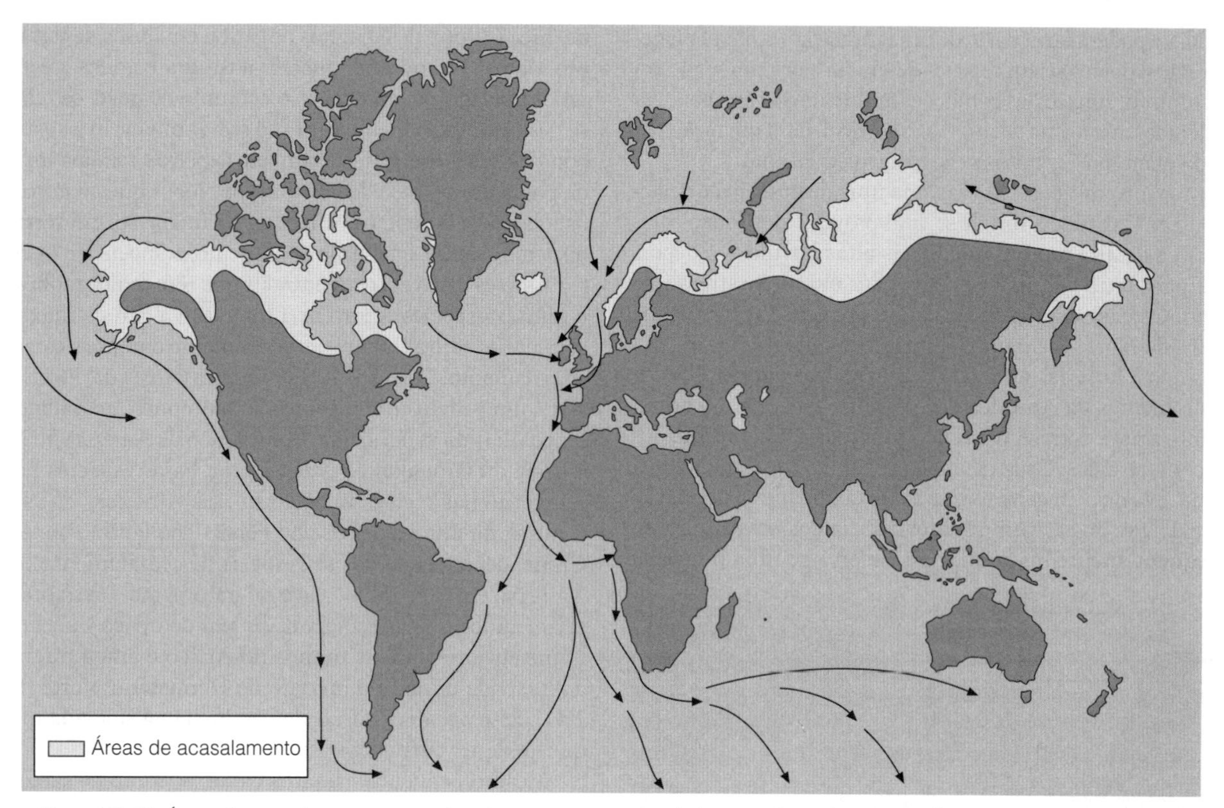

Figura 2.41 Áreas de acasalamento, rotas de migração e territórios hibernais da andorinha do Ártico. Segundo Mead [60].

apenas 29 % da energia perdida são gastos durante o voo; o restante é gasto durante as paradas para descanso, principalmente pela quantidade de tempo gasto recuperando e procurando comida nesses locais. O fato de as paradas para descanso serem tão energeticamente custosas assegura a importância de escolha das condições climáticas corretas durante a migração. Se as condições durante as paradas forem de frio e de grande consumo energético, podem acarretar o fracasso do pássaro em sobreviver à migração. No entanto, uma vez estabelecidos nos locais de procriação ao norte, os dias longos propiciarão muito tempo para acúmulo de alimento, de modo que o pássaro esteja apto a alimentar suas crias.

Dessa forma, a migração proporciona um meio de alteração nos padrões de distribuição das espécies durante as estações. Também significa que os organismos fazem parte de diferentes comunidades e ecossistemas em momentos diferentes da sua vida. Um salmão, por exemplo, passa grande parte da vida no bioma oceânico, mas sobe rios e seus afluentes para procriar. Nos rios, passa seus últimos dias de vida como membro temporário da comunidade de água doce. Ao morrer, os nutrientes que ele contém passam a fazer parte desse ecossistema interior e, assim, podem contribuir com quantidades significativas de substâncias, tais como nitrogênio, para os outros organismos que dividem o ecossistema [62]. Dessa maneira, as implicações do comportamento migratório vão além de um simples padrão de distribuição.

Invasão

A capacidade de dispersar-se é importante para todos os organismos. O sucesso de uma espécie pode, em parte, ser medido por sua distribuição geográfica, e a capacidade de se deslocar para novas áreas é um dos atributos necessários para conseguir dispersar-se. Os hábitats podem ser alterados ou destruídos, e as espécies têm que mostrar capacidade de se deslocar para locais mais apropriados. O clima pode mudar e as espécies necessitarão alterar seus limites para competir em novas condições. Muitas vezes, isto envolve a superação de barreiras físicas que parecem ser insuperáveis. Por exemplo, musgos e samambaias aparentam ter pouca esperança na dispersão de longa distância, pois são relativamente pequenos e muito estáticos. No entanto, ambos apresentam uma alternância de gerações nas quais são produzidos esporos de dimensões semelhantes à poeira, normalmente com diâmetro inferior a 30 μm; dessa forma, são capazes de ser transportados por milhares de quilômetros na atmosfera. Algumas samambaias, e muitos musgos, também produzem botões, órgãos de propagação vegetal que consistem em poucas células e que podem dispersar-se da mesma forma que os esporos. Espécies com essa capacidade mostraram-se eficazes em deslocamentos de longa distância, como entre as ilhas do Pacífico Sul [63].

Entre os animais, as pequenas térmitas não aladas, com apenas 1 ou 2 milímetros de comprimento, também aparentam ser fracas candidatas para deslocamentos de longo percurso, conforme discutido anteriormente neste capítulo. No entanto, esses pequenos organismos têm superfícies impermeáveis, e apesar de serem habitantes do solo terrestre, podem caminhar na superfície da água. Na verdade, experimentos mostraram que eles podem sobreviver 16 dias na superfície agitada do mar. Graças a essa capacidade, estão preparados para se deslocar por centenas de quilômetros através dos oceanos. São ainda capazes de competir no frio, podendo viver até quatro anos sob temperaturas de −22 °C; dessa maneira, podem ser incorporados a massas de gelo marinho e transportados por grandes distâncias nas regiões polares [64]. Assim, a capacidade de dispersão dos organismos pode ser muito maior do que se espera.

Todos os organismos precisam se dispersar para garantir a sobrevivência. Muitos dos animais que não conseguiram sobreviver e se tornaram extintos falharam neste aspecto. Os pássaros não voadores, como o mergulhão-grande [65] e o dodô, são exemplos. As condições ambientais, incluindo o clima, estão em constante mudança, de modo que as espécies precisam ser capazes de se deslocar para novas áreas se as condições locais não forem favoráveis para elas. Os problemas para organismos com pouca ou nenhuma mobilidade no alcance da expansão territorial foram superados de diversas formas. As plantas usam frequentemente o vento ou a água [66]. Um levantamento das plantas da Ilha de Rakata, no Sudeste Asiático, mostrou que 49 % tinham chegado por dispersão aérea, 17 % por flutuação no mar, e os restantes 34 % por transporte animal (geralmente pássaro), ligado à superfície externa ou carregado em seu interior [67]. Isto será discutido, com mais detalhe no Capítulo 8.

A superação de barreiras à dispersão, tais como cadeias montanhosas e oceanos, foi fortemente favorecida pelos humanos nos últimos séculos. A expressão "imperialismo ecológico" é às vezes empregada para a onda de invasões biológicas que ocorreram com auxílio das invasões humanas, por transporte acidental ou por introdução deliberada. Um exemplo típico é o da lantana-cambará, ou verbena-arbustiva (*Lantana camara*) [68]. Trata-se de um arbusto nativo das Américas Central e do Sul que possui flores vermelhas e amarelas muito atraentes, que, de início, cativaram jardineiros da Europa. Embora não se tenha tornado uma praga no norte da Europa, quando foi transportada para regiões mais quentes e para outros países tropicais e subtropicais tornou-se uma planta invasora, especialmente em solos alterados. O mapa que se vê na Figura 2.42 mostra a história de sua dispersão com ajuda humana durante o século XIX, quando o imperialismo encontrava-se no auge. As consequências dessa dispersão estão agora sendo agudamente sentidas em áreas como África do Sul, Índia e Ilhas Galápagos, onde espécies de plantas nativas são ameaçadas pelo crescimento vigoroso e competitivo da *Lantana*. Seu notável sucesso em tantas partes do mundo é resultante de muitos atributos, todos contribuindo para sua capacidade invasora. A *Lantana* pode ser espalhada por aves que dispersam seus frutos (especialmente os mainás da Índia); suas flores são abundantes (daí seu poder de atração sobre os jardineiros); desenvolvem-se rapidamente; fragmentam-se facilmente e suas partes adquirem raízes e crescem; é tóxica para muitos animais de pastoreio, incluindo mamíferos e insetos; seus componentes químicos podem envenenar outras plantas; e ainda tem ampla tolerância ecológica a fatores ambientais. Essas características são típicas de muitas espécies daninhas.

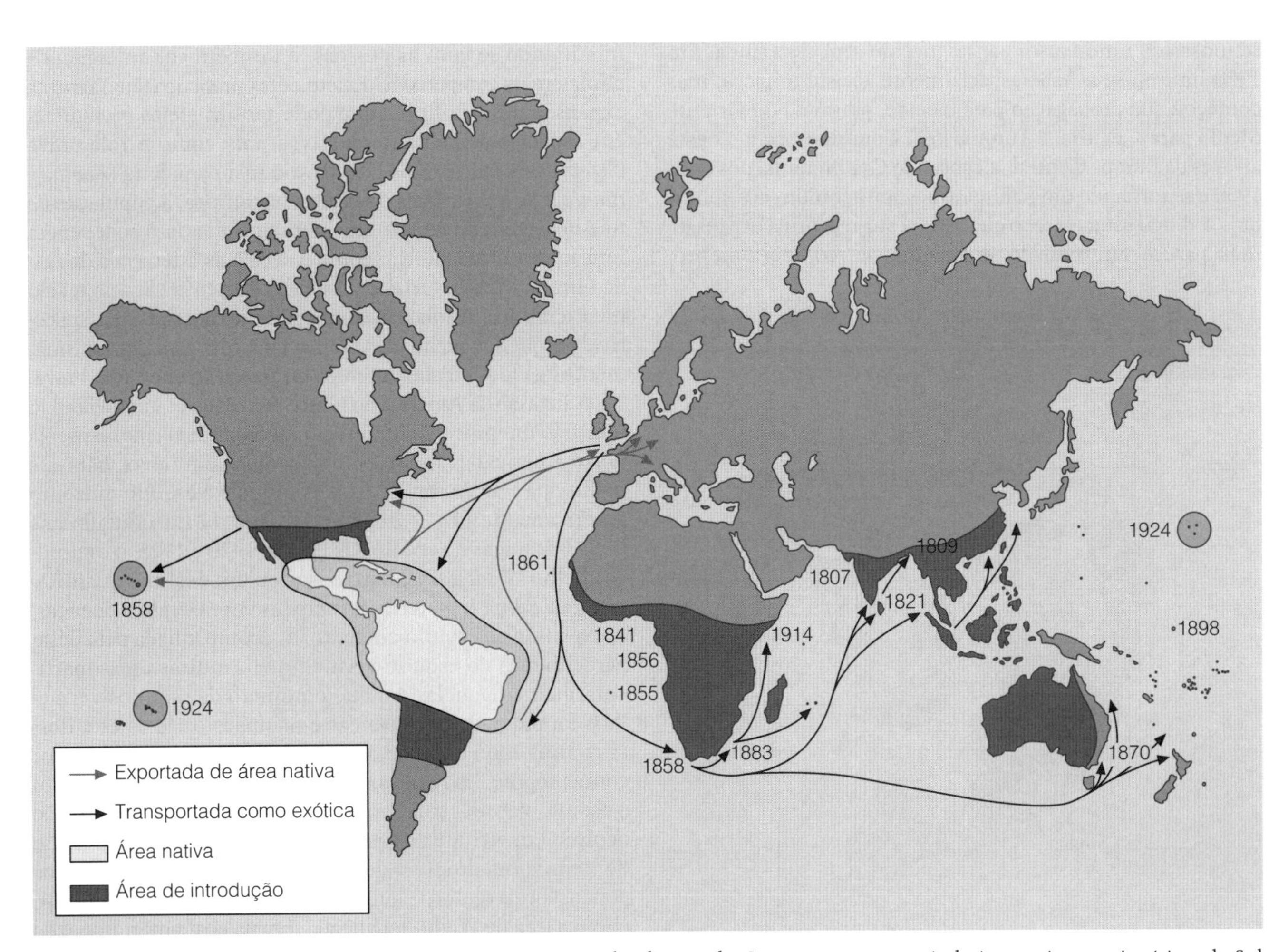

Figura 2.42 Transporte da erva daninha *Lantana camara* ao redor do mundo. Seu transporte a partir da área nativa nas Américas do Sul e Central deveu-se aos interesses de horticultura. Posteriormente, tornou-se uma praga invasora em muitas regiões tropicais do mundo. Segundo Cronk & Fuller [68].

Existem muitos exemplos de substituição de espécies nativas por invasoras. Por exemplo, o estorninho europeu, *Sturnus vulgaris*, foi introduzido no Central Park, em Nova York, em 1891. Desde então, dispersou-se amplamente e hoje é encontrado em todo o território dos Estados Unidos (Figura 2.43). Presente principalmente em áreas urbanas, na região Leste substituiu intensamente o azulão-norte-americano (*Sialia sialis*) e o pica-pau-do-norte (*Colaptes auratus*). Esta espécie constrói seus ninhos em buracos de árvores ou feitos pelo homem, e os estorninhos podem ocupá-los e manter os suprimentos escassos necessários nesses tipos de ninho. Nas cidades, portanto, o estorninho é bem-sucedido na competição pelo espaço vital com espécies nativas. Quando bandos de estorninhos invadem a área rural, competem, por alimento, insetos e sementes, com a cotovia do campo (*Sturnella* spp.), e a presença desses pássaros também foi declinando em algumas áreas.

Ainda mais rápido em sua colonização da América do Norte tem sido a rola-da-índia (*S. decaocto*). Este pássaro foi introduzido intencionalmente nas Bahamas em 1974 e se espalhou para o continente norte-americano em 1986. Desde então, seu progresso tem sido consideravelmente rápido (como mostrado pelo mapa na Figura 2.44), movendo-se para o norte nas Carolinas e até o sistema do Rio Mississippi em Montana e além. O segredo do sucesso da rola-da-índia é sua adaptabilidade e sua capacidade de se aproveitar de assentamentos humanos e jardins. Sua chegada à América do Norte é uma consequência da introdução humana, mas a espécie já havia se mostrado um invasor capaz, mesmo sem essa ajuda. Em 1900 limitou-se à Ásia, especialmente aos subtrópicos, mas começou sua propagação para o oeste, passando do Oriente Médio para o Egito e a Turquia [69]. Continuou para o oeste através da Europa Central, alcançando Grã-Bretanha nos anos 1950 e se tornando um habitante bastante comum nos subúrbios. É difícil estabelecer o que causou sua repentina expansão, mas parece ter mudado seu padrão de comportamento,

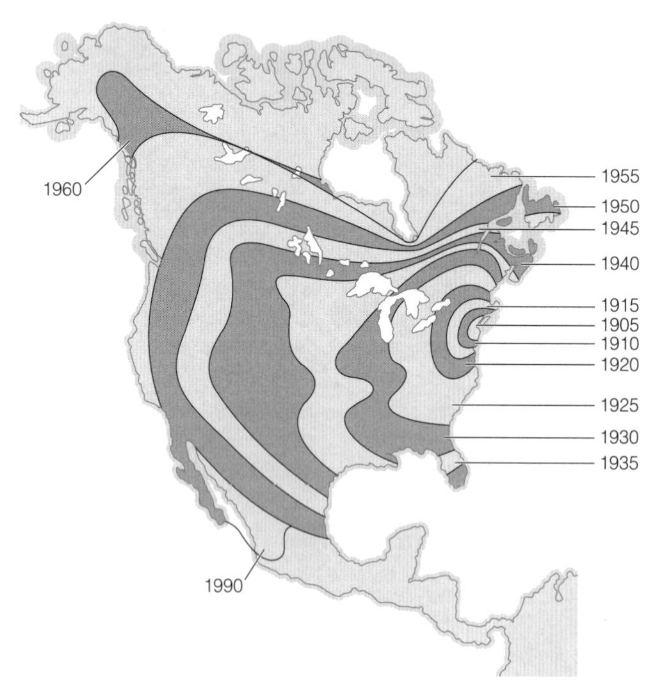

Figura 2.43 Mapa mostrando o âmbito de dispersão do estorninho europeu na América do Norte, desde sua introdução no final do século XIX. Adaptado de Baughman [12].

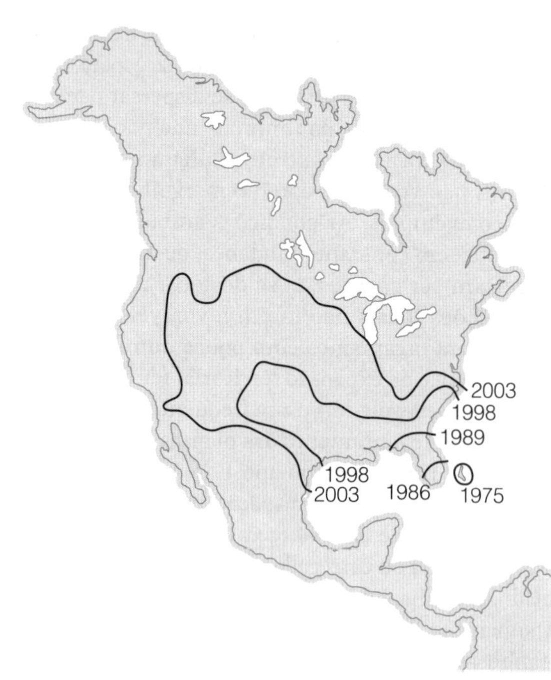

Figura 2.44 Map of North America showing the range extension of the Eurasian collared dove (*Streptopelia decaocto*) since its introduction to the Bahamas in the 1970s. Its spread in North America follows a similarly rapid extension of range in Europe over the last century.

misturando-se com as pessoas, e também sua tolerância a climas mais temperados. Existe certa preocupação quanto à expansão dessa rolinha, que pode ter um efeito prejudicial em espécies semelhantes nativas, tais como a rola-brava (*Streptopelia turtur*), na Europa, e a rola-carpideira (*Zenaida macroura*), na América do Norte. Na Europa, a população da rola-brava tem diminuído recentemente, mas isso pode ser em função de outros fatores, como a seca e as alterações do uso da terra nas regiões frias da África e a intensa caça na região mediterrânica. A rola-carpideira pode se mostrar mais suscetível porque seu nicho na América do Norte está mais intimamente ligado aos assentamentos humanos do que a rola-brava.

A invasão da América do Norte por espécies europeias não tem sido um processo unidirecional. Por outro lado, espécies norte-americanas foram bem-sucedidas em novos hábitats na Europa e na Austrália. Um exemplo é o esquilo-cinzento americano (*Sciurus carolinensis*), que foi introduzido nas Ilhas Britânicas no século XIX. Entre 1920 e 1925, o esquilo-vermelho (*S. vulgaris*), nativo, sofreu um declínio quantitativo radical na Inglaterra, principalmente devido a doenças. A expansão do esquilo-cinzento foi acompanhada pelo desaparecimento do esquilo-vermelho em muitas áreas, particularmente naquelas em que o número de esquilos-vermelhos foi reduzido por doenças e naquelas onde os esquilos-cinzentos inicialmente ocuparam e se estabeleceram por conta própria. Em regiões onde o esquilo-cinzento substituiu o esquilo-vermelho nativo, provavelmente essa substituição ocorreu em virtude de sua superior adaptabilidade ao nicho de herbívoros do nível de dossel da floresta decídua. Nos poucos locais onde o esquilo-cinzento não conseguiu invadir, como a Ilha de Wight, localizada fora da costa meridional da Inglaterra, o esquilo-vermelho prosperou. Isto parece manter uma vantagem competitiva nas florestas de coníferas encontradas na Grã-Bretanha.

Dispersão para uma nova área não garante que um invasor vai persistir lá. Quando um organismo chega, ele deve ser capaz de se estabelecer, possivelmente por competição e deslocando as espécies nativas na região recém-chegada. A comunidade residente pode apresentar um grau de **resistência biótica** a qualquer espécie invasora. O invasor também deve ser capaz de sobreviver às pressões de predação e parasitismo em seu novo ambiente. No caso das plantas, um dos fatores mais importantes é sua capacidade de lidar com os muitos patógenos que existem no solo e que muitas vezes ameaçam a sobrevivência logo após a chegada [70]. Alguns organismos invasores podem ter sucesso, simplesmente porque os parasitas e predadores que evoluíram com eles em suas regiões nativas não são encontrados no novo local. As tamargueiras (*Tamarix* spp.) são nativas da Europa e da Ásia Ocidental, mas podem vir a ser encontradas no oeste dos Estados Unidos, especialmente ao longo das margens dos rios, desde a sua introdução no país [71]. À medida que se espalham, deslocam os salgueiros nativos e algodão americano, mas possuem a vantagem de não ter predadores. Espera-se que a introdução de besouros-da-folha-chinesa (*Diorhabda elongata*) resolva o problema, mas o uso de tais métodos de **controle biológico** traz perigos, que o predador introduzido encontrará novas fontes de alimento entre as espécies nativas. As espécies invasoras podem se tornar espécies de "pragas" ou "ervas daninhas", mas estes termos só podem ser aplicados em relação às atitudes humanas e em relação a espécies que causam problemas com a agricultura, horticultura, transporte, indústria ou a conservação da natureza. É provável que os invasores sejam bem-sucedidos e que os problemas de pragas só surjam se a resistência biótica da região invadida for inadequada para impedir o estabelecimento da espécie invasora.

Assim, uma espécie invasora se depara tanto com o problema de competir com o ambiente físico da sua nova moradia quanto com a resistência apresentada pelas espécies nativas, à medida que estas competem por recursos. Essa resistência biológica não é considerada na modelagem climática descrita para o alho mostarda* (Boxe 2.4); é possível que a flora nativa, em algumas das áreas que o invasor pode potencialmente ocupar, não sucumba à sua competição e possa resistir à invasão. Em outras palavras, o invasor pode não preencher completamente o nicho no qual o padrão climático possui representatividade. Seu nicho efetivo provou ser menor. No entanto, uma análise dos dados relativos às aves introduzidas em todo o mundo revelou que o sucesso de um invasor está mais ligado aos aspectos físicos, abióticos da região invadida do que à resistência das espécies nativas [73].

Há muita discussão entre os biogeógrafos e ecologistas sobre o que torna uma comunidade resistente à invasão. Charles Elton, em seu livro clássico sobre a ecologia das invasões, publicado pela primeira vez em 1958 [74], propôs que comunidades mais complexas (isto é, aquelas com maior diversidade de espécies) seriam mais resistentes aos invasores do que comunidades simples com poucas espécies. Mas isso supõe que a comunidade está em um estado de equilíbrio e está saturada de espécies, o que provavelmente é um caso raro. Talvez um invasor seja bem-sucedido porque preenche um nicho vazio na comunidade, mas, se este fosse o caso, nenhuma outra espécie seria deslocada pela sua chegada.

Quando uma espécie invasora toma conta de uma área, as consequências podem ir além de seus competidores imediatos. Na América do Norte, várias espécies de madressilva (*Lonicera* spp.) e de sanguinheiro (*Rhamnus* spp.) se estabeleceram e hoje são amplamente distribuídas, especialmente no leste. A *Lonicera maackii*, por exemplo, está bem estabelecida em 25 estados a leste das Montanhas Rochosas. Certos pássaros canoros, especialmente os tordos americanos (*Turdus migratorius*), se favorecem em muito desses arbustos que são usados como locais de ninho, porque desenvolvem uma estrutura de galhos e exibem uma folhagem exuberante que proporciona cobertura bem no início da primavera. No entanto, quando comparados com os arbustos nativos, como o pilriteiro (*Crataegus* spp.), não possuem espinhos, o que incentiva a construção de ninhos próximos do solo. Como resultado, os ninhos de tordo nos arbustos invasores apresentam uma taxa de predação maior do que na vegetação nativa [75]. Assim, o impacto de um invasor pode se estender muito na rede de interações ecológicas de um ecossistema.

Como já vimos, a invasão e a substituição de espécies em tempos recentes geralmente são consequência do transporte humano de organismos de uma parte do mundo para outra. Colonizadores de novas terras sempre transportaram consigo as plantas e animais que lhes eram familiares na antiga região; nos locais onde o clima se mostrou adequado à sua sobrevivência, essas espécies adquiriram um apoio permanente e estenderam seus domínios geográficos. A Tabela 2.1 mostra o número de plantas alienígenas que se estabeleceram por si próprias em diferentes partes do mundo, comparado com o número de espécies que ainda hoje se encontram presentes. Pode-se observar que as ilhas são as localidades com maior proporção de novos habitantes; isso parece demonstrar que essas espécies são particularmente sensíveis à invasão alienígena [76].

Novos conjuntos de condições ambientais podem levar a mudanças no equilíbrio das comunidades e dar origem a ondas de invasão. Uma preocupação com a taxa atual de mudança atmosférica e suas consequências climáticas é que algumas espécies sofrerão inevitavelmente, e outras se beneficiarão em qualquer área. No Deserto de Mojave da Califórnia, por exemplo, os níveis elevados de dióxido de carbono atmosférico são suscetíveis de favorecer gramíneas anuais, não nativas, como o capim ramo (*Bromus tectorum*), à custa de espécies nativas [77].

A despeito desses exemplos dramáticos de invasão e substituição por competição, é mais provável que, em situações naturais, espécies que competem por alimento ou por outros recursos desenvolvam meios de reduzir as pressões da competição dividindo entre si os recursos. Isto é uma vantagem mútua, pois reduz o risco de ambas as espécies serem eliminadas e tornarem-se extintas pela competição com outras. É uma vantagem não apenas para as espécies diretamente envolvidas, mas para toda a comunidade no hábitat, pois resulta em mais espécies, dependendo de quantas fontes de alimento se encontram disponíveis. Em escalas de tempo evolucionárias pode-se esperar que a riqueza de espécies de uma área aumente, à mesma medida que esse processo de divisão de recursos gradualmente se instale. Isso pressupõe, no entanto, que o ambiente é relativamente estável, permitindo que os organismos evoluam e se equilibrem. Em tais comunidades, a competição ocorreria entre muitas espécies diferentes, cada uma com suas próprias adaptações especializadas,

*No original, *garlic mustard*, cujo nome científico é *Allinaria officinalis*. (N.T.)

Previsão de pragas

Conceito Boxe 2.4

Não é fácil prever se uma introdução acarretará apenas uma invasão ou se tornará uma praga. Podemos fazer algumas previsões com base no ambiente físico, incluindo as condições climáticas, o que pode ajudar a determinar quais áreas do território invadido estão sob risco. Considere, por exemplo, o alho mostarda (*Alliaria petiolata*) [72]. Esta é uma erva europeia que tem reputação como erva medicinal e que, provavelmente por esse motivo, foi levada para a América do Norte pelos primeiros colonizadores. Na Europa, cresce sob o dossel da floresta em área muito sombreada, tendo encontrado nas árvores da Nova Inglaterra situação muito semelhante, e por isto dispersou-se rapidamente nessa região. Hoje, apresenta uma área de distribuição que se estende desde Ontário até Tennessee e continua a se expandir em direção ao Meio-Oeste. Para determinar quais áreas estão sob risco de invasão, devemos estudar sua distribuição na Europa nativa e estabelecer quais fatores climáticos a limitam. Isso pode ser usado na construção de um modelo computacional que possa predizer as áreas prováveis de expansão na América do Norte, com base na semelhança climática (Figura 2.45). Esse tipo de trabalho pode proporcionar uma advertência para problemas futuros; neste caso, evidentemente, existem áreas no Oeste americano que ainda são suscetíveis à invasão por essa planta agressiva. Este exemplo ilustra o valor dos modelos computacionais dos nichos das "espécies" de modo a prever variações potenciais, como no caso do leopardo mencionado posteriormente neste capítulo.

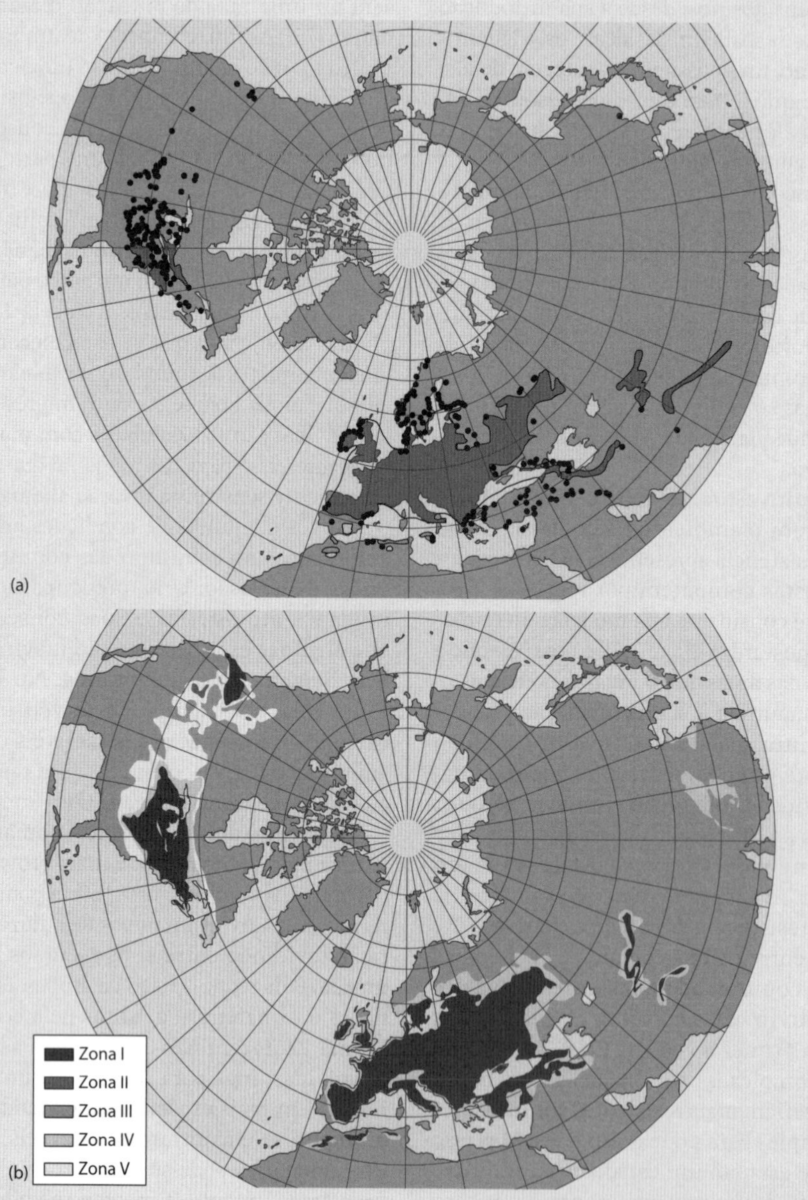

Figura 2.45 (a) Distribuição do alho mostarda (*Alliaria petiolata*) na Europa e na Ásia, de onde é nativo, e na América do Norte, onde foi introduzido e está se mostrando invasivo. (b) A distribuição potencial da espécie modelada em função dos requisitos climáticos. Existem nitidamente grandes áreas da América do Norte que estão em risco de invasão. A classificação das zonas se verifica pela proporção de meses no ano que proveem sustento para a espécie, sendo zona I = 100 %, II =>96 %, III =>92 %, IV =>88 % e V <88 %. Welk et al. [72].

Tabela 2.1 Proporção de espécies vegetais introduzidas na flora de diversas regiões do mundo. Dados baseados em Lovei [76].

Região	Espécies nativas	Espécies alienígenas	Percentual de alienígenas
Havaí	1143	891	44
Ilhas Britânicas	1255	945	43
Nova Zelândia	2449	1623	40
Austrália	15.638	1952	11
Estados Unidos	17.300	2100	11
Europa Continental	11.820	721	6
África do Sul	20.573	824	4

de modo que nenhuma espécie pudesse se tornar tão numerosa a ponto de deslocar totalmente a outra. Esse equilíbrio pode resultar em um maior grau de estabilidade para a comunidade, e as comunidades estáveis provavelmente serão fortemente resistentes à invasão de qualquer nova espécie que possa perturbar o padrão altamente evoluído de competição dentro delas. Há indícios de que hábitats perturbados e instáveis são mais suscetíveis à invasão por espécies não nativas do que hábitats estáveis e não perturbados [78], mas este esquema idealizado, juntamente com as consequências funcionais da alta diversidade de espécies, é muito debatido. As evidências sugerem que apenas uma pequena proporção de espécies não nativas que chegam a uma área consegue se estabelecer, uma proporção ainda menor consegue persistir ao longo do tempo, e apenas uma fração delas pode ser considerada uma ameaça às espécies nativas. Na visão desses fatos há ecologistas que consideram que os perigos associados às espécies invasoras são superestimados [79].

Embora se possam estudar as exigências de espécies individuais de plantas e animais, isoladas umas das outras, este capítulo demonstrou que a interação entre diferentes espécies é frequentemente crítica para determinar até que ponto o alcance potencial de um organismo é realmente atingido. As espécies possuem efeitos negativos e positivos sobre as outras; por isso é importante para os biogeógrafos considerar conjuntos inteiros de plantas e animais, bem como olhar para os componentes individuais. Este será o assunto do próximo capítulo.

Resumo

1 Os padrões de distribuição de plantas e animais sobre a superfície do planeta são muito variados e devem-se a um grande número de causas distintas, às vezes a combinações complexas.
2 As causas dos padrões variam de acordo com o nível taxonômico envolvido. Muitas espécies são politípicas, consistindo em várias subespécies diferentes, cada uma com sua própria composição genética e preferências ambientais.
3 As causas dos padrões também variam com a escala espacial na qual o organismo é considerado, podendo ser global, regional ou local — a escala de hábitat.
4 Na explicação dos padrões, os fatores que devem ser considerados incluem história geológica, clima e microclima, disponibilidade de alimento, química do ambiente, competição, predação e parasitismo.
5 Interações entre espécies, como competição e predação, criam delicados balanço no conjuntos de espécies que afetam individualmente tanto as espécies como a biodiversidade das comunidades.

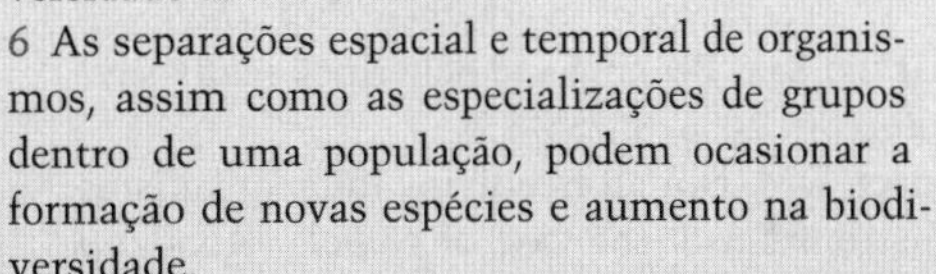

6 As separações espacial e temporal de organismos, assim como as especializações de grupos dentro de uma população, podem ocasionar a formação de novas espécies e aumento na biodiversidade.

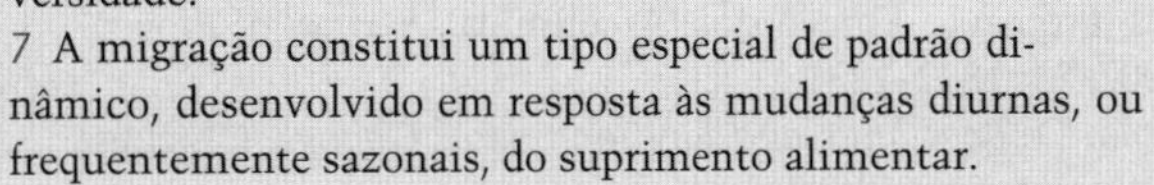

7 A migração constitui um tipo especial de padrão dinâmico, desenvolvido em resposta às mudanças diurnas, ou frequentemente sazonais, do suprimento alimentar.
8 Os seres humanos modificaram vários padrões biogeográficos como resultado da introdução de espécies, geralmente tendendo a não prever as consequências para as espécies nativas.
9 É possível estudar as necessidades físicas dos organismos invasores em potencial e, em seguida, criar modelos de previsão do seu provável sucesso futuro e a ameaça que eles representam aos interesses humanos como espécies de pragas.

Leitura complementar

Beeby A, Brennan A-M. *First Ecology: Ecological Principles and Environmental Issues.* 2nd ed. Oxford: Oxford University Press, 2004.

Bullock JM, Kenward RE, Hails RS (eds.). *Dispersal Ecology.* Oxford: Blackwell Publishing, 2002.

Fuller RJ. *Birds and Habitat: Relationships in Changing Landscapes.* Cambridge: Cambridge University Press, 2012.

Lomolino, MV, Riddle BR, Brown JH. *Biogeography.* 3rd ed. Sunderland, MA: Sinauer Associates, 2006.

Referências

1. Beebee T, Rowe G. *An Introduction to Molecular Ecology.* Oxford: Oxford University Press, 2004.
2. Olsen KM, Larsson H. *Gulls of Europe, Asia and North America.* London: Christopher Helm, 2003.
3. Howell SNG, Dunn J. *Gulls of the Americas.* Boston: Houghton Mifflin, 2007.
4. Collinson JM, Parkin DT, Knox AG, Sangster G, Svensson L. Species boundaries in the herring and lesser black-backed gull complex. *British Birds* 2008; 101: 340–363.
5. Aye R, Schweizer M, Roth T. *Birds of Central Asia.* London: Christopher Helm, 2012.
6. Brazil M. *Birds of East Asia.* London: Christopher Helm, 2009.

7. Rosen BR. Biogeographic patterns: a perceptual overview. In: Myers AA, Giller PS (eds.), *Analytical Biogeography*. London: Chapman & Hall, 1988: 23–55.
8. Hubbell SP. *The Unified Neutral Theory of Biodiversity and Biogeography*. Princeton: Princeton University Press, 2001.
9. Leibold MA. Return of the niche. *Nature* 2008; 454: 39–40.
10. Savolainen V, Anstett M–C, Lexer C, *et al.* Sympatric speciation in palms on an oceanic island. *Nature* 2006; 441: 210–213.
11. Cramp S (ed.). *Handbook of the Birds of Europe, the Middle East and North Africa IV*. Oxford: Oxford University Press, 1985.
12. Baughman M (ed.). *Reference Atlas to the Birds of North America*. Washington, DC: National Geographic, 2003.
13. Sibley DA. *The Sibley Guide to Trees*. New York: Alfred A. Knopf, 2009.
14. Gibbons M. *A Pocket Guide to Palms*. London: Salamander, 2003.
15. Hedberg O. Features of Afroalpine plant ecology. *Acta Phytogeographica Suecica* 1995; 49: 1–144.
16. Knox EB, Palmer JD. Chloroplast DNA variation and the recent radiation of the giant senecios (Asteraceae) on the tall mountains of eastern Africa. *Proceedings of the National Academy of Sciences USA* 1995; 92: 10349–10353.
17. Crawford RMM. *Plants at the Margin: Ecological Limits and Climate Change*. Cambridge: Cambridge University Press, 2008.
18. Kaufman K. *Lives of North American Birds*. Boston: Houghton Mifflin, 1996.
19. Sibley DA. *The Sibley Guide to Birds*. 2nd ed. New York: Alfred A. Knopf, 2014.
20. Gaston KJ, Spicer JI. The relationship between range size and niche breadth: a test using five species of *Gammarus* (Amphipoda). *Global Ecology and Biogeography* 2001; 10: 179–188.
21. Dandy JE. Magnolias. In: Horai B (ed.), *The Oxford Encyclopedia of Trees of the World*. Oxford: Oxford University Press, 1981: 112–114.
22. de Wit R, Bouvier T. '*Everything is everywhere*, but, *the environment selects*'; what did Baas Becking and Beijerinck really say? *Environmental Microbiology* 2006; 8: 755–758.
23. Smith HG, Wilkinson DM. Not all free-living microorganisms have cosmopolitan distributions – the case of *Nebela (Apodera) vas* Certes (Protozoa: Amoebozoa: Arcellinida). *Journal of Biogeography* 2007; 34: 1822–1831.
24. Charman D. *Peatlands and Environmental Change*. Chichester: John Wiley & Sons, 2002.
25. Ronikier M, Schneeweiss GM, Schoenswetter P. The extreme disjunction between Beringia and Europe in *Ranunculus glacialis* s.l. (Ranunculaceae) does not coincide with the deepest genetic split – a story of the importance of temperate mountain ranges in arctic-alpine phylogeography. *Molecular Ecology* 2012; 21: 5561–5578.
26. Crawford RMM. Gaps in maps: disjunctions in European plant distributions. *New Journal of Botany* 2014; 4: 64–75.
27. Harris S, Yalden DW. *Mammals of the British Isles*. 4th ed. London: The Mammal Society, 2008.
28. Coope GR. Tibetan species of dung beetle from Late Pleistocene deposits in England. *Nature* 1973; 245: 335–336.
29. Colinvaux P. *Amazon Expeditions: My Quest for the Ice-Age Equator*. New Haven, CT: Yale University Press, 2007.
30. Gathorne-Hardy FJ, Syaukani, Davies RG, Eggleton P, Jones DT. Quaternary rainforest refugia in south-east Asia: using termites (Isoptera) as indicators. *Biological Journal of the Linnean Society of London* 2002; 75: 453–466.
31. Beebee T. Ireland's Lusitanian wildlife: unravelling a mystery. *British Wildlife* 2014; 25: 229–235.
32. Jolly D, Taylor D, Marchant R, Hamilton A, Bonnefille R, Buchet G, Riollet G. Vegetation dynamics in central Africa since 18,000 yr BP. Pollen records from the interlacustrine highlands of Burundi, Rwanda and western Uganda. *Journal of Biogeography* 1997; 24: 495–512.
33. Hamilton AC. *Environmental History of East Africa*. London: Academic Press, 1982.
34. Favarger C. Endemism in the montane floras of Europe. In: Valentine DH (ed.), *Taxonomy, Phytogeography and Evolution*. London: Academic Press, 1972: 191–204.
35. Cowling RM, Rundel PW, Lamont BB, Arroyo MK, Arianoutsou M. Plant diversity in Mediterranean-climate regions. *Trends in Ecology and Evolution* 1996; 11: 362–366.
36. Marshall JK. Factors limiting the survival of *Corynephorus canescens* (L.) Beauv. in Great Britain at the northern edge of its distribution. *Oikos* 1978; 19: 206–216.
37. Root T. Energy constraints on avian distributions. *Ecology* 1988; 69: 330–339.
38. Thompson PA. Germination of species of Caryophyllaceae in relation to their geographical distribution in Europe. *Annals of Botany* 1978; 34: 427–449.
39. Ehleringer JR. Implications of quantum yield differences on the distribution of C3 and C4 grasses. *Oecologia* 1978; 31: 255–267.
40. Teeri JA, Stowe LG. Climatic patterns and the distribution of C4 grasses in North America. *Oecologia* 1976; 23: 1–12.
41. Spooner GM. The distribution of *Gammarus* species in estuaries. *Journal of the Marine Biological Association* 1974; 27: 1–52.
42. Gavashelishvili A, Lukarevskiy V. Modelling the habitat requirements of leopard *Panthera pardus* in west and central Asia. *J. Applied Ecology* 2008; 45: 579–588.
43. Thomas J, Lewington R. *The Butterflies of Britain and Ireland*. Gillingham: British Wildlife Publishing, 2010.
44. Thomas J. The return of the large blue butterfly. *British Wildlife* 1989; 1: 2–13.
45. Connell J. The influence of interspecific competition and other factors on the distribution of the barnacle *Chthamalus stellatus*. *Ecology* 1961; 42: 710–723.
46. Silander JA, Antonovics J. Analysis of interspecific interactions in a coastal plant community – a perturbation approach. *Nature* 1982; 298: 557–560.
47. Bell RHV. The use of the herb layer by grazing ungulates in the Serengeti. In: Watson A (ed.), *Animal Populations in Relation to Their Food Resources*. Oxford: Blackwell Scientific Publications, 1970: 111–127.
48. Hale WG. *Waders*. London: Collins, 1980.
49. Martin C. *The Rainforests of West Africa*. Basel: Birkhäuser Verlag, 1991.
50. Bergerud AT. Prey switching in a simple ecosystem. *Scientific American* 1983; 249 (6): 116–124.
51. Lyon RH, Runnalls RG, Forward GY, Tyers J. Territorial bell miners and other birds affecting populations of insect prey. *Science* 1983; 221: 1411–1413.
52. Thomas F, Renaud F, Guegan J-F. *Parasitism and Ecosystems*. Oxford: Oxford University Press, 2005.
53. Park T. Experimental studies of interspecies competition. I. Competition between populations of the flour beetles, *Tribolium confusum* Duval and *Tribolium castaneum* Herbst. *Ecological Monographs* 1948; 18: 265–308.
54. Yan G, Stevens L, Goodnight CJ, Schall JJ. Effects of a tapeworm parasite on the competition of *Tribolium* beetles. *Ecology* 1998; 79: 1093–1103.
55. Paine RT. Food web complexity and species diversity. *American Naturalist* 1966; 100: 65–75.
56. Paine RT, Vadas RL. The effect of grazing in the sea urchin *Strongylocentrotus* on benthic algal populations. *Limnology and Oceanography* 1969; 14: 710–719.
57. Moore PD. Parasite rattles diversity's cage. *Nature* 2005; 433: 119.
58. Hixon MA, Brostoff WN. Damselfish as keystone species in reverse: intermediate disturbance and diversity of reef algae. *Science* 1983; 220: 511–513.

59. Sage B. *The Arctic and its Wildlife*. London: Croom Helm, 1986.
60. Mead C. *Bird Migration*. Feltham: Country Life, 1983.
61. Wikelski M, Tarlow EM, Raim A, Diehl RH, Larkin RP, Visser GH. Costs of migration in free-flying songbirds. *Nature* 2003; 423: 704.
62. Ben-David M, Hanley TA, Schell DM. Fertilization of terrestrial vegetation by spawning Pacific salmon: the role of flooding and predator activity. *Oikos* 1998; 83: 47–55.
63. Dassler CL, Farrar DR. Significance of gametophyte form in long-distance colonization by tropical epiphytic ferns. *Brittonia* 2001; 53: 352–369.
64. Coulson SJ, Hodkinson ID, Webb NR, Harrison JA. Survival of terrestrial soil-dwelling arthropods on and in seawater: implications for trans-oceanic dispersal. *Functional Ecology* 2002; 16: 353–356.
65. Gaskell J. *Who Killed the Great Auk?* Oxford: Oxford University Press, 2000.
66. Cousens R, Dytham C, Law R. *Dispersal in Plants: A Population Perspective.* Oxford: Oxford University Press, 2008.
67. Thornton I. *Island Colonization: The Origin and Development of Island Communities.* Cambridge: Cambridge University Press, 2007.
68. Cronk QCB, Fuller JL. *Plant Invaders: The Threat to Natural Ecosystems*. London: Earthscan, 2001.
69. Blackburn TM, Duncan RP. Determinants of establishment success in introduced birds. *Nature* 2001; 414: 195–197.
70. Klironomos JN. Feedback with soil biota contributes to plant rarity and invasiveness in communities. *Nature* 2002; 417: 67–70.
71. Knight J. Alien versus predator. *Nature* 2001; 412: 115–116.
72. Welk E, Schubert K, Hoffmann MH. Present and potential distribution of invasive garlic mustard (*Alliaria petiolata*) in North America. *Diversity and Distributions* 2002; 8: 119–133.
73. Blackburn TM, Duncan RP. Determinants of establishment success in introduced birds. *Nature* 2001; 414: 195–197.
74. Elton C. *The Ecology of Invasions by Animals and Plants.* Chicago: University of Chicago Press, 2000.
75. Schmidt KA, Whelan CJ. Effects of exotic *Lonicera* and *Rhamnus* on songbird nest predation. *Conservation Biology* 1999; 13: 1502–1506.
76. Lovei GL. Global change through invasion. *Nature* 1997; 388: 627–628.
77. Smith SD, Huxman TE, Zitzer SF, *et al.* Elevated CO_2 increases productivity and invasive species success in an arid ecosystem. *Nature* 2000; 408: 79–82.
78. Chytry M, Maskell LC, Pino J, Pysek P, Vila M, Font X, Smart SM. Habitat invasions by alien plants: a quantitative comparison among Mediterranean, sub continental and oceanic regions of Europe. *Journal of Applied Ecology* 2008; 45: 448–458.
79. Davis MA. *Invasion Biology*. Oxford: Oxford University Press, 2009.

Comunidades e Ecossistemas: Convivência

Nenhum organismo vive em total isolamento de outros. Diferentes organismos interagem entre si, durante períodos longos ou curtos, competindo por recursos e, às vezes, um excluindo o outro de determinadas áreas. Considerando-se tempos evolucionários, esse fato pode levar à especialização de populações sob determinados aspectos, talvez no modo como obtêm alimento, ou no tipo de alimento que consomem, ou no tipo de microclima em que melhor desempenham suas atividades. Um animal pode nutrir-se de uma fonte específica de alimento, de modo que o consumidor está associado à distribuição de seu alimento específico. Assim, as espécies tornam-se dependentes umas das outras: predador à presa, parasita ao hospedeiro, e assim por diante. Alternativamente, as espécies podem simplesmente ter requisitos ambientais e histórias similares e, portanto, são encontradas juntas na mesma área. O resultado é um grupo de organismos que aparecem ligados juntos em uma comunidade. Neste capítulo vamos examinar os conceitos subjacentes à comunidade e também considerar as interações entre a vida, comunidade biótica e o ambiente abiótico – uma combinação que veio a ser chamada de ecossistema. Tais comunidades e ecossistemas possuem padrões globais de distribuição, relacionados com o clima e outros fatores ambientais.

A Comunidade

As espécies raramente ocorrem como populações isoladas; geralmente elas se formam em uma mistura de diferentes espécies: um grupo que é denominado **comunidade**. Este é um conceito que pode ser aplicado em escalas diferentes e limitado a grupos de organismos específicos que são diferenciados por suas taxonomias compartilhadas ou por seu papel no grupo como um todo. Dessa forma, podemos falar da comunidade de pássaros dos paredões rochosos, ou da comunidade microbiana em um solo, ou da comunidade de plantas na campina. Assim, embora o termo *comunidade* se refira a todo o agrupamento de espécies que vivem em um local, interagindo de modo amplo por diversos meios e formando um grupo complexo de componentes vegetais, animais e microbianos [1], também se pode usá-lo em sentido mais limitado. Quando empregado para animais que têm um determinado papel na comunidade, tais como pássaros insetívoros ou insetos sugadores de plantas, o termo comunidade é substituído por **associação**. Algumas espécies animais, como os herbívoros com requisitos alimentares altamente específicos, podem formar uniões fechadas e dependentes com certas plantas, porém outras requerem determinadas condições de estrutura espacial que são supridas por grupos específicos de plantas. Novamente, o resultado dessas associações é a existência de comunidades naturais de plantas e animais que, no âmbito de uma área geográfica, podem se repetir em locais ambientalmente comparáveis, com topografia similar, onde a composição de espécies será altamente previsível.

Geralmente algumas plantas e animais ocorrem juntos e são associados a hábitats específicos, tais como prados úmidos, dunas de areia, floresta de pinheiro, e assim por diante. Como consequência, ecologistas e biogeógrafos passaram a usar o termo *comunidade* como se tais grupos fossem unidades visivelmente definidas, com limites distintos e componentes previsíveis. Tal conceito é claro e aceitável, especialmente se o biogeógrafo quiser dividir o mundo natural em unidades discretas para o mapeamento. Mas as unidades são reais? Este tem sido, por muito tempo, um motivo de discórdia, e várias abordagens diferentes têm surgido. Pode-se argumentar que as espécies se adaptam durante o curso de sua evolução, não só para lidar com suas exigências físicas de seu ambiente, mas também para lidar com a presença de outras espécies. O processo de **coevolução** resulta, portanto, não apenas em espécies tolerando umas as outras, mas às vezes tornando-se dependentes das outras. Ao mesmo tempo, aquelas espécies que se encontram em concorrência por um recurso particular (que pode ser simplesmente o espaço) podem ser ajustadas a suas exigências, de modo a dividir o recurso entre elas (veja o Capítulo 2). Coevolução e divisão de recursos podem, assim, resultar em um conjunto de diferentes espécies sendo capazes de ocupar o mesmo hábitat de forma sustentável. Desta forma, a comunidade surge e deve ser vista com reconhecimento e definição do cientista.

Talvez o conceito de comunidade seja mais claramente explicado se alguém limitar a atenção a um único grupo de organismos, como as plantas. Isto é apropriado porque, frequentemente, é a vegetação que forma a base para o mapeamento biológico e as definições do hábitat. Quase todas as plantas realizam o mesmo trabalho, ou seja, fixam energia da luz solar e absorvem água e elementos minerais do solo. As interações entre as plantas e o ambiente podem, portanto, ser descritas em termos relativamente simples em que as diferentes espécies têm suas ótimas e limites ao longo de qualquer gradiente ambiental. Isto foi ilustrado na Figura 2.27, em que é gerada uma curva em forma de sino em relação a qualquer fator, como umidade e acidez do solo, intensidade de luz, concentração de qualquer elemento, e assim por diante. Este modelo simples pode ser estendido adicionando outras espécies e observando como as curvas se relacionam entre si. Na Figura 3.1a, como seria esperado, cada curva é diferente de todas as outras, mas as diferenças das curvas tendem a formar grupos. Tais grupos podem ser chamados de comunidades, cada uma das quais consiste em coletas previsíveis de espécies. Se este modelo fosse aplicado na natureza, seria ideal para construção de mapas de vegetação, pois os grupos são mais claramente definidos e, sem dúvida, poderiam ser reconhecidos no campo.

A ideia de comunidades vegetais discretas que podem ser facilmente descritas, nomeadas e classificadas é muito atraente para os caprichos da mente humana e é, certamente, valiosa no processo de mapeamento das áreas, na determinação de seus valores para conservação e na determinação das plantas a serem manipuladas. Se as comunidades de plantas têm uma realidade tão objetiva como entidades discretas, foi energicamente debatido ao longo do século XX, quando uma distinta disciplina da ciência da vegetação, ou **fitossociologia**, passou a existir. O debate foi resumido pelas opiniões de dois ecologistas norte-americanos, Frederic Clements e Henry Gleason, que iniciaram a discussão nos anos 1910 e 1920. Essencialmente, Clements considerava as comunidades vegetais como uma entidade orgânica na qual as interações positivas e a interdependência entre espécies de plantas faziam com que fossem encontradas em diferentes associações que eram frequentemente repetidas na natureza. Ele sentia que a comunidade se reunia de uma maneira comparável à embriologia de um organismo, podendo assim ser concebida como uma entidade integrada. Essa visão, como é ilustrada na Figura 3.1a, se mostrou tanto atraente quanto pragmaticamente útil, porque constituiu as bases para as primeiras tentativas de descrever e classificar a vegetação, como as tentativas dos ecologistas Braun Blanquet, na França, e Arthur Tansley, na Grã-Bretanha..

Mas o modelo em que essa abordagem se baseia é realmente o caso na natureza? As espécies de plantas caem em grupos ao longo de gradientes ambientais, ou elas são mais independentes umas das outras? O **argumento de Gleason** enfatizou os requerimentos ecológicos individuais das espécies de plantas, salientando que não há duas espécies que tenham as mesmas necessidades. Muito raramente, os intervalos de distribuição ou ecológicos de duas espécies quaisquer coincidem precisamente. Mesmo o grau de associação entre a flora do solo e a copa das árvores em uma floresta é frequentemente mais fraco do que se poderia supor a partir de observações ocasionais. A aplicação de técnicas estatísticas ao problema logo demonstrou que, embora as espécies muitas vezes se sobreponham em aglomerações frequentes, a composição desses grupos varia geograficamente conforme os limites físicos das espécies são encontrados. Este modelo, por vezes referido como o **conceito individualista**, é ilustrado pela Figura 3.1b, em que as curvas em forma de sino de espécies diferentes não se aglomeram em grupos. Se esse é o caso na natureza, então as comunidades discretas não existem realmente. Mas os humanos acham útil dividir o contínuo de variação porque é necessário, se quisermos descrever a natureza. Em tais circunstâncias, o melhor que podemos fazer é criar definições e limites relativamente arbitrários, definindo comunidades artificiais com base em pontos de referência convenientes em que certas combinações de espécies tendem a se repetir.

Estudos sobre a história pregressa das espécies de plantas e animais ao longo dos últimos 10.000 anos também mostraram que elas entram em contato em determinados momentos de sua história, mas também ficam separadas periodicamente em função das mudanças climáticas. Com frequência, as observações verificadas hoje são de origem relativamente recente e devem ser vistas como transitórias, um momento da história no qual as espécies coincidiram. O conceito de comunidade, de acordo com esta escola de pensamento, deve ser considerado útil porém artificial; a vegetação é, na verdade, contínua tanto no espaço quanto no tempo.

O modelo contínuo parece funcionar particularmente bem em situações em que a vegetação sofreu pouca modificação pela atividade humana e onde não há mudanças acentuadas na paisagem ou na geologia. Quando os seres humanos modificam vegetações, limpando florestas, queimando pastagens ou cultivando a terra, então fronteiras nítidas são criadas, e muitas vezes há mudanças claramente definidas de um tipo de vegetação para outro. Muitos sistemas modernos de classificação da vegetação, como o sistema desenvolvido por John Rodwell para descrever os tipos de vegetação da Grã-Bretanha [2], baseiam-se na ideia de combinações frequentemente repetidas sendo selecionadas e descritas, que podem então ser usadas como pontos de referência. Esse tipo de esquema permite a possibilidade de uma ampla gama de tipos intermediários, o que seria de esperar se as ideias de Gleason fossem válidas.

Em áreas como o leste da América do Norte, onde a floresta continua a ser um elemento importante da vegetação,

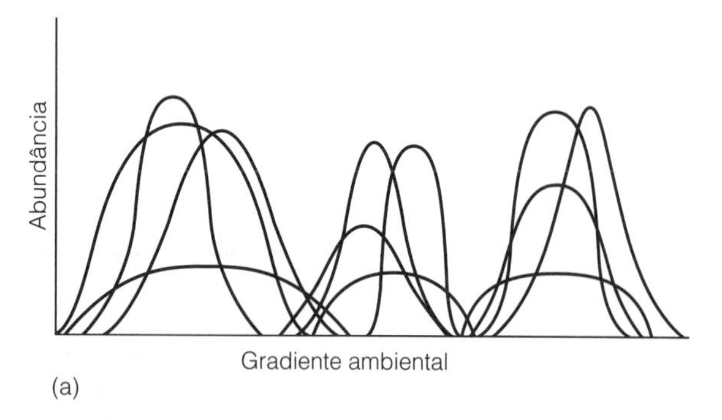

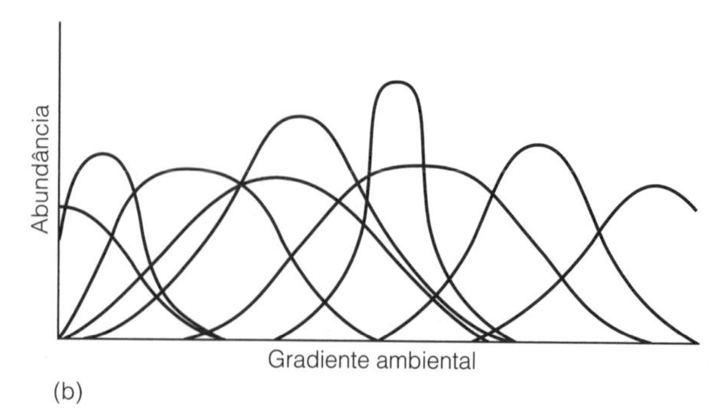

Figura 3.1 Representação diagramática de dois modelos de vegetação. (a) O modelo de Clements, no qual os requisitos das espécies coincidem, levando à separação em 'comunidades' distintas. (b) O modelo 'individualista' de Gleason, no qual cada espécie possui distribuição independente e não existe claramente a formação de 'comunidades'.

a abordagem mais simples para a classificação da vegetação é usar os dominantes das copas das árvores como base para reconhecer as unidades. Hazel e Paul Delcourt [3], por exemplo, em seus estudos sobre as florestas deciduais do leste da América do Norte, descobriram que existem apenas seis principais espécies dominantes de árvores, e a subdivisão da vegetação florestal que eles propuseram é baseada nas proporções dessas espécies, além da abundância relativa de componentes de árvores menores e arbustos. Em geral, as espécies arbóreas principais terão tolerâncias ecológicas mais amplas do que as espécies presentes no nível do solo, mas ainda possuem ótima localização e limites que os colocam em posições específicas ao longo de um gradiente ambiental. As combinações típicas observadas são então usadas para definir unidades de vegetação, mas tipos intermediários ocorrem entre essas unidades.

A existência de comunidades discretas depende de interações positivas entre espécies, o que não ocorre sempre de maneira fácil, especialmente no caso de plantas que estão buscando os mesmos recursos de iluminação solar, espaço, água e nutrientes do solo. É muito mais fácil observar interações de competição e negativas do que interações mutuamente benéficas. A abordagem darwiniana da ecologia também levou à suspeição de altruísmo nas hipóteses que envolvem a interação de espécies. No entanto, podem ocorrer relacionamentos positivos [4]. Com frequência descobrimos, por exemplo, que as espécies arbóreas sobrevivem melhor, a partir da semeadura, quando se encontram sob a cobertura de determinadas espécies arbustivas, como no caso do carvalho litorâneo (*Quercus agrifolia*) da Califórnia [5]. Foi determinado que 80 % das novas árvores semeadas dessa espécie localizam-se abaixo da cobertura de duas espécies de arbusto. Esse efeito de "guardião" de uma espécie sobre outra não é incomum na natureza, e sim um exemplo de **facilitação**, que é um elemento importante no processo de sucessão (veja o Capítulo 4). Em todos os estudos sobre vegetação, as possibilidades de interações facilitadoras que acarretam associações positivas entre espécies devem estar equilibradas com interações competitivas que levem a associações negativas.

A importância da escala nessa argumentação fica muito evidente. Na medida em que aumentamos o tamanho da área sob investigação, maior é o número de espécies registradas juntas e, assim, o surgimento de associações positivas, ao passo que, ao diminuirmos a área amostrada, inevitavelmente registramos associações negativas. Além disso, a própria vegetação pode ser vista sempre como um mosaico [6]. Retalhos de vegetação podem estar em diferentes estágios de recuperação devido às perturbações de catástrofes regionais, da morte de uma árvore velha, da eliminação por humanos, ou simplesmente estar refletindo os padrões subjacentes de geologia, pedologia ou hidrologia. Todos esses fatores podem afetar os padrões de distribuição e associações das espécies, tanto no espaço como no tempo, e cada tipo de perturbação acarreta uma escala espacial diferente no padrão da vegetação (Figura 3.2). Se as fronteiras entre os diferentes elementos do mosaico forem pronunciadas e bem definidas, as diferenças entre 'comunidades' serão também mais bem determinadas. Talvez seja por esse motivo que o conceito de comunidade, particularmente nos estudos sobre vegetação, se mostraram mais úteis em países como a França e a Suíça, que têm paisagens culturais muito antigas que envolvem

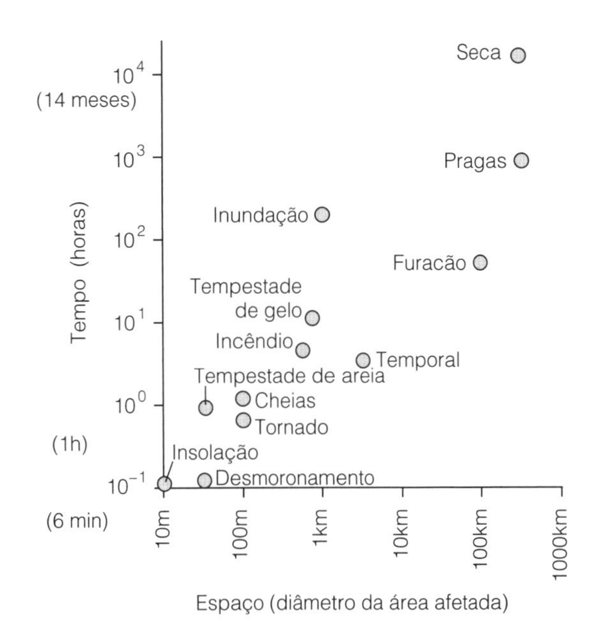

Figura 3.2 A ruptura de hábitats por distúrbios cria um mosaico com fragmentos de diferentes estágios de recuperação. Isto acarreta uma paisagem desigual na qual se podem perceber "comunidades" separadas de organismos. A escala espacial dos fragmentos varia com o tipo de distúrbio, como se vê aqui. Observe a escala log/log dos eixos. De acordo com Forman [5].

milênios de fragmentação humana e agricultura intensa. Em países nos quais essa agricultura intensiva é um evento relativamente recente, como nas Américas e na Austrália, paisagens ocupadas por vegetação contínua ainda persistem sobre a colcha de retalhos.

O Ecossistema

O conceito de comunidade engloba apenas organismos vivos e ignora o ambiente físico e químico em que esses organismos vivem, mesmo que tais componentes possam definir a composição de uma comunidade. Se os incluirmos – as rochas e o solo, o movimento das águas pelo hábitat, e a atmosfera que permeia o solo e a vegetação circundante –, teremos um sistema mais complexo e interativo que é denominado **ecossistema**. Enquanto a ideia de comunidade se concentra nas diferentes espécies encontradas em associação umas com as outras, o conceito de ecossistema refere-se mais aos processos que unem os diferentes organismos entre si. O conceito de ecossistema pode ser aplicado em vários níveis. A Terra inteira pode ser vista como um ecossistema fechado, mas pode também ser um lago, uma floresta, um riacho ou até mesmo um maciço de grama.

Existem duas ideias fundamentais que ressaltam o conceito de ecossistema: o **fluxo de energia** e o **ciclo dos nutrientes**. A energia, a princípio fixada quimicamente pela radiação solar através das plantas verdes, passa para os herbívoros como resultado da alimentação de plantas, e passa aos carnívoros na medida em que os próprios herbívoros são consumidos. Os herbívoros raramente consomem toda a matéria vegetal disponível, e os carnívoros não se alimentam de todos os organismos que eles predam. Na prática, uma série de complexas redes alimentares é criada, relacionando umas espécies com as outras, na função de consumidor ou de alimento.

Cadeias alimentares podem ser muito complexas, especialmente em ecossistemas com alta biodiversidade. A Figura 3.3 mostra a cadeia alimentar na floresta tropical úmida em El Verde, Porto Rico [8], e de imediato fica nítida a complexidade de interações nesse diagrama. Os principais grupos de organismos não se encontram divididos em suas espécies individuais, pois fazer isto significaria dificultar a representação visual do sistema. No entanto, o ecossistema real possui uma grande abundância de espécies em cada uma das caixas apresentadas, cada qual com seu modo de vida particular, ou nicho, e cada qual ocupando uma ou mais localidades na rede de interações da cadeia alimentar. As setas mostradas no diagrama indicam as ligações entre consumidores e aqueles que são consumidos – pastagens e vegetação, parasitas e hospedeiros, predadores e presas. No entanto, também podem ser encaradas como rotas através das quais a energia flui. O nível inferior do diagrama consiste nas plantas e seus produtos que captam a energia da luz solar no processo de fotossíntese e armazenam essa energia em forma de matéria orgânica, a partir do dióxido de carbono gasoso da atmosfera, construindo moléculas maiores. Esses componentes incluem o açúcar e o néctar, a lignina e a madeira, a celulose das folhas etc., e estão disponíveis para os animais que pastam, para os que se alimentam de detritos ou para os que os decompõem. O carbono derivado da atmosfera também é combinado com elementos obtidos do solo; o nitrogênio é combinado para formar aminoácidos e, assim, proteínas; o fósforo é usado em fosfolipídios que formam um componente essencial para a vida das membranas celulares. Tudo isso cria uma fonte de recursos alimentares para consumidores e para decompositores. A partir dos consumidores primários, a energia passa através da cadeia alimentar, às vezes sendo armazenada por curto período nos corpos dos organismos vivos ou mortos, às vezes sendo perdida no processo de respiração à medida que os animais se conduzem de um modo energético, e eventualmente sendo dissipada na transpiração do ecossistema. Na Figura 3.3, os resíduos mortos de animais e plantas são mostrados ao retornarem como detritos disponíveis para os decompositores na cadeia alimentar.

É conveniente conceber o ecossistema como uma série de camadas, tal como é aqui representado, porque os organismos obtêm sua energia em forma de uma sequência estratificada, na medida em que a repassam de um animal para outro. No entanto, colocar grupos inteiros de animais em uma camada específica é uma simplificação excessiva, e assim as aves são representadas três vezes no diagrama, em função de se alimentarem de frutas (consumidores primários), de herbívoros e carnívoros invertebrados (consumidores secundários e terciários), ou como predadoras, no topo da cadeia alimentar. A energia que esses predadores do topo eventualmente recebem passou por muitos organismos e níveis alimentares denominados **níveis tróficos**. Uma vez que a energia é perdida em cada transferência, de um nível trófico para outro, o montante que chega aos carnívoros no topo é muito mais limitado do que o disponível na base da cadeia alimentar. Esta é uma razão para o número de carnívoros no topo ser geralmente menor do que o de animais que se encontram mais abaixo no sistema.

Os ecossistemas têm ganhos e perdas de energia, mas em geral são relativamente simples. O Sol é a principal fonte de energia na maioria dos ecossistemas, e a

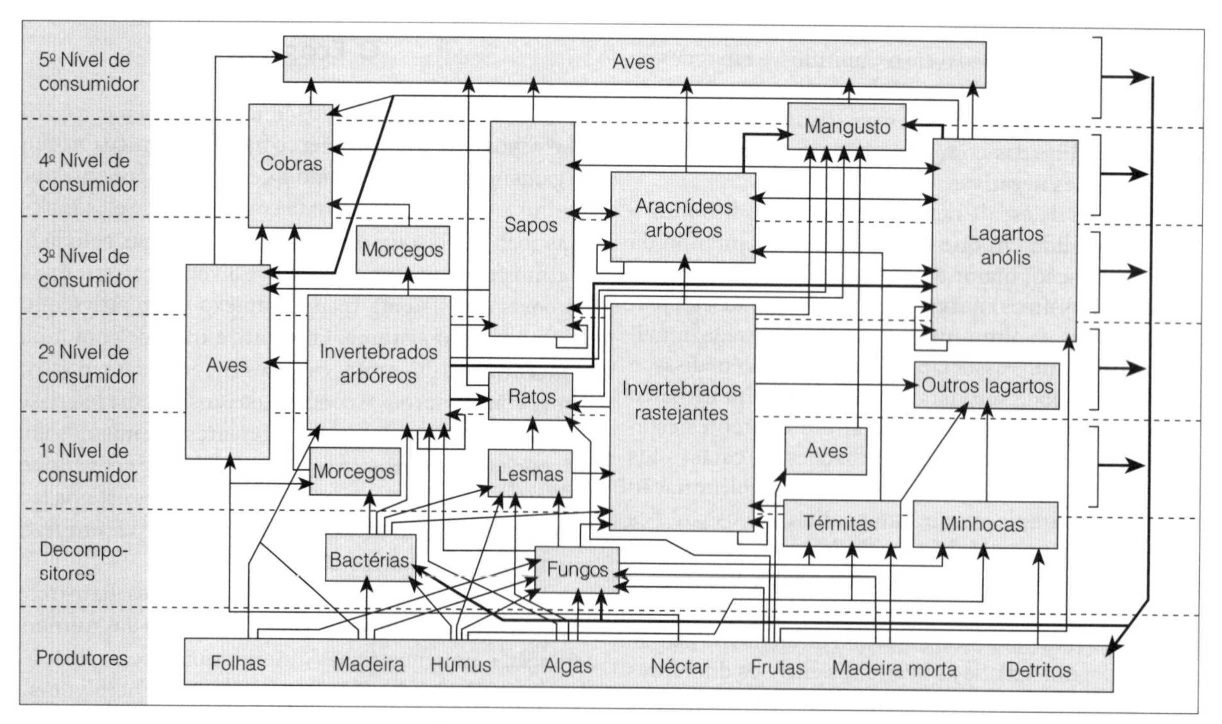

Figura 3.3 Cadeia alimentar de uma floresta tropical úmida derivada de observações em El Verde, Porto Rico [8]. Primeiro os organismos foram agrupados taxonomicamente (nos boxes) e depois organizados em uma série de camadas (níveis tróficos) de acordo com suas posições de alimentação no sistema. Vários grupos taxonômicos são representados em mais de um nível trófico (por exemplo, aves) por causa dos diferentes hábitos alimentares das espécies que os compõem. Neste diagrama, os detritos de organismos mortos são trazidos para a camada da base com os produtores primários (plantas verdes). Juntos, estes formam as fontes básicas de energia orgânica para a cadeia alimentar.

respiração, com consequente dissipação de energia em forma de calor, a principal perda. Entretanto, alguns ecossistemas são excepcionais, como as chaminés nas profundezas oceânicas onde bactérias captam a energia liberada de reações químicas inorgânicas que envolvem ferro e enxofre, como também do metano expelido nas chaminés. Alguns ecossistemas, como os regatos que correm através de florestas, e os lamaçais, em estuários, podem receber a maior parte de sua energia em segunda mão, em forma de detritos vegetais. Assim, ecossistemas podem trocar energia uns com os outros.

Uma vez que a energia é finalmente dissipada como calor, elementos nutrientes como cálcio, nitrogênio, potássio e fósforo não são irrecuperavelmente perdidos. São reciclados em um ecossistema, nas mesmas formas, como energia, e ao final retornam para o solo, do qual são reutilizados pelas plantas. Carbono é uma exceção, porque este é liberado para a atmosfera como o dióxido de carbono que as plantas, animais e micróbios respiram; no entanto, ele é reciclado, conforme as plantas o fotossintetizam mais uma vez. Alguns outros elementos, tais como nitrogênio e enxofre, podem também encontrar seu caminho para a atmosfera, se os materiais que os contenham são submetidos ao fogo. O deslocamento de elementos entre ecossistemas acontece, e nos ecossistemas terrestres o **ciclo hidrológico** (o movimento da água a partir dos oceanos para a atmosfera, como vapor d'água, e depois por precipitação retornando ao oceano por meio de córregos e rios) exerce um papel importante, tanto na disponibilização quanto na remoção de elementos para os ecossistemas. Sem considerarmos o fornecimento de nutrientes por meio das chuvas, a outra principal fonte para a maioria dos ecossistemas é a desagregação gradual das rochas no subsolo (erosão por efeito atmosférico), que reabastece os elementos removidos por plantas e pela percolação da água no solo. O movimento da água através do solo também lixivia nutrientes soltos transportando-os entre um ecossistema e outro, às vezes de um ecossistema terrestre para um aquático. O conhecimento das quantidades e dos fluxos nos ecossistemas nos ajuda a gerenciá-los com mais eficiência [9]. Se desejarmos fazer um recorte do ecossistema em um dado nível trófico (por exemplo, cortar no segundo nível trófico), precisaremos assegurar que as taxas de remoção de nutrientes sejam compensadas por meio dos ganhos naturais proporcionados pelas chuvas e por outros efeitos meteorológicos. Caso isso não ocorra, precisaremos reduzir o nível de exploração ou acrescentar os elementos deficitários em forma de fertilizantes. Um elemento pouco disponível pode limitar a produtividade do ecossistema.

O conceito de ecossistema envolve, portanto, toda a complexidade de interações das espécies dentro do sistema, mas considera-as em relação aos processos em curso no ecossistema – produtividade, fluxo de energia, ciclo de nutrientes etc. O conceito de ecossistema se mostrou muito útil, não apenas por ajudar a compreender os relacionamentos entre os organismos e as interações com o ambiente físico, mas também por propiciar a base para o uso racional dos recursos que sustentam as populações humanas.

Ecossistemas e Biodiversidade

Quantas espécies são realmente necessárias para manter um ecossistema funcionando? Existe um número mínimo básico de espécies que é necessário para um determinado ecossistema operar; acima de quais outras espécies é simplesmente excesso de requisitos? Em outras palavras, algumas espécies são redundantes? Se fosse esse o caso, de acordo com a *hipótese das espécies redundantes*, a remoção de certas espécies de um ecossistema teria pouco ou nenhum efeito sobre o funcionamento desse ecossistema. Aqui, a função de um ecossistema pode se referir à sua produtividade geral, sua taxa de ciclo de nutrientes ou sua autossustentabilidade geral. Após a remoção dessas espécies redundantes, o ecossistema só começaria a sofrer com o resultado de novas perdas. Isto é ilustrado na Figura 3.4a, onde a remoção inicial de espécies tem pouco impacto no funcionamento do ecossistema, mas, à medida que outras espécies são removidas, a redução na função do ecossistema torna-se mais aguda. Um possível modelo alternativo é baseado na suposição de que todas as espécies são igualmente importantes para o funcionamento do ecossistema, de modo que a perda de cada uma delas proporciona uma pequena queda de eficiência, como mostra o diagrama da Figura 3.4b. Este é um *modelo de correlação linear*. A remoção de qualquer espécie do ecossistema irá provocar um declínio em sua eficiência funcional. Uma terceira opção, mostrada na Figura 3.4c, é que existem espécies com papéis críticos no ecossistema e quando estas são perdidas ocorre uma queda abrupta na capacidade de funcionamento

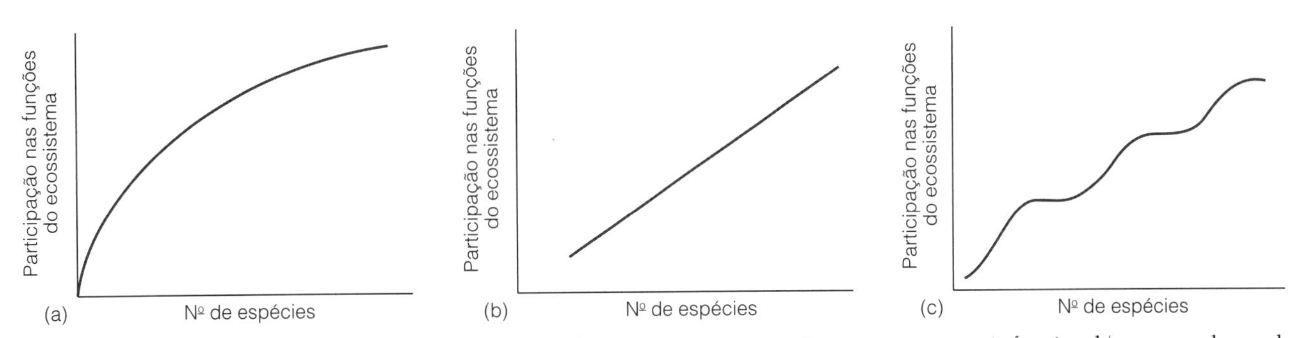

Figura 3.4 Os relacionamentos possíveis entre os números de espécies em um ecossistema e sua categoria funcional (por exemplo, produtividade primária, decomposição, renovação de nutrientes etc.). (a) Hipótese das espécies redundantes, segundo a qual, com a alta densidade de espécies, algumas podem ser perdidas sem afetar as funções do ecossistema. (b) Modelo linear, no qual todas as espécies são igualmente importantes e a perda de qualquer uma reduz a eficiência do ecossistema na mesma proporção. (c) Hipótese do rebite, segundo a qual determinadas espécies são cruciais para sustentação das funções do ecossistema ('rebites'). A perda dessas espécies produz um efeito desproporcional nas funções do ecossistema.

do mesmo. Esta hipótese é às vezes denominada *hipótese do rebite*. Algumas espécies poderiam ser perdidas desses ecossistemas e produziriam pequenas consequências, ou nenhuma, em seu funcionamento. Por outro lado, se apenas uma dessas espécies-chave for removida, toda a estrutura é enfraquecida da mesma forma que aconteceria se fosse removido um rebite do cabo de uma panela ou do casco de um navio. Também existe a possibilidade, é claro, de que toda a estrutura entre em colapso se uma última espécie vital de rebite for removida. Este conceito se vincula ao de *espécies-chave* (veja o Capítulo 2), que são as espécies que exercem um papel particularmente importante no funcionamento de um ecossistema e das quais muitas outras são dependentes em função de sua presença e de suas atividades. Tais espécies podem ser grandes, como um castor em um reservatório, ou muito pequenas, como os liquens que fixam nitrogênio nas encostas alpinas de cascalho. Espécies-chave podem atuar como rebites no modelo de estabilidade do ecossistema. Existe uma última opção, às vezes denominada *modelo idiossincrático*, segundo a qual a estabilidade e o funcionamento do ecossistema são totalmente independentes da quantidade de espécies presentes [10].

Muitas experiências têm sido realizadas utilizando ecossistemas artificiais controlados, compreendendo um número limitado de espécies, a fim de testar esses resultados possíveis. Em geral, o aumento do número de espécies em tais sistemas leva a um aumento da produtividade, mas os problemas práticos envolvidos na experimentação são consideráveis, e o número de espécies é relativamente pouco (geralmente abaixo de 30), de modo que não se pode eliminar a possibilidade de que o sistema acabaria por se tornar saturado, e qualquer outra espécie adicionada seria simplesmente redundante. Evidências têm também emergido de experimentos de campo que nem todas as espécies são iguais em importância. Por exemplo, os membros das plantas da família das leguminosas (*Fabaceae*) têm frequentemente a capacidade de fixar nitrogênio atmosférico como resultado de colônias bacterianas nos seus nódulos radiculares. A presença de uma leguminosa em uma pastagem pode, assim, ter um impacto considerável na produtividade do ecossistema. Da mesma forma, a perda de uma tal espécie teria o efeito inverso. Os papéis que as espécies desempenham dentro de um ecossistema podem, portanto, variar em importância para a função geral do ecossistema, e é possível dividir espécies em **tipos funcionais** [11] de acordo com sua capacidade fisiológica e ecológica. A eficiência de um ecossistema pode depender não apenas do número de espécies presentes, mas também da matriz apropriada de tipos funcionais.

Os experimentos de laboratório em pequena escala têm foco nas plantas e nos seus tipos funcionais. Um estudo de campo de um ecossistema natural na savana do Parque Nacional do Serengeti, África Oriental, conduzido por Sam McNaughton e colaboradores, da Syracuse University, proporcionou um exemplo de como um maior número de espécies animais pode propiciar um melhor funcionamento do ecossistema [12]. Comparando locais da savana que haviam sido devastados por manadas de grandes mamíferos herbívoros com outros de onde esses animais haviam sido excluídos pela construção de cercas, demonstrou-se que diversos nutrientes, como nitrogênio e sódio, foram mais eficientemente reciclados no ambiente de pastagem. Desse modo, os animais que pastam enriquecem a disponibilidade de nutrientes no ecossistema que ocupam. Mais uma vez, é provável que algumas espécies sejam mais eficazes nessa atividade do que em outras, e sua falta pode representar uma perda particularmente significativa para o funcionamento do ecossistema.

Uma questão correlata mas talvez mais difícil de ser respondida é se a diversidade exerce alguma influência na estabilidade do ecossistema. O ecologista britânico Charles Elton foi o primeiro a propor (nos anos 1950) que um ecossistema mais complexo e rico seria também mais estável – significando que haveria menor propensão a flutuações violentas como as ocasionadas por doenças epidêmicas ou deflagração de pragas [13]. Aparentemente é uma proposta razoável, pois as experiências mostram que essas instabilidades são características de ecossistemas mais simples, tais como os encontrados em agriculturas de monocultivo. Também foi questionado se uma cadeia alimentar complexa poderia gerar um amortecedor contra qualquer perturbação que produzisse escassez de uma determinada espécie. Em cadeias complexas há mais oportunidades para seleção de presas, como o relacionamento entre o lince e a lebre, descrito no Capítulo 2.

No entanto, o desenvolvimento de modelos matemáticos como uma abordagem para a compreensão das populações não gerou os resultados esperados. Mostraram que uma espécie em um ecossistema diferente não está menos sujeita às flutuações causadas por eventos desastrosos, como secas ou doenças, do que uma espécie de um único ecossistema. Resta, porém, a possibilidade de que, embora espécies individuais possam flutuar, o funcionamento do ecossistema como um todo pode ser menos vulnerável a esses eventos aleatórios se for mais diverso e complexo do que se for simples e pobre em espécies. Assim, espécies particulares podem aumentar ou diminuir de quantidade, mas o ecossistema sobrevive devido à disponibilidade de muitos outros competidores para substituírem as perdas no caso de catástrofes. O ecólogo americano David Tilman e seus colaboradores [14] demonstraram essa possibilidade por meio de seus experimentos de campo, em lotes de vegetação natural. Alguns desses lotes sofreram distúrbios naturais não planejados, em forma de secas, e os lotes com maior número de espécies acusaram um declínio de biomassa menor do que os lotes mais pobres em espécies. Dessa maneira, embora a riqueza não garanta o sucesso, ou mesmo a sobrevivência, de espécies individuais, proporciona ao ecossistema uma maior capacidade de enfrentar uma catástrofe. Aqui existem lições claras tanto para conservacionistas quanto para agricultores. Do lado da conservação, a perda de biodiversidade global que estamos vivenciando atualmente pode estar afetando o funcionamento da biosfera por inteiro, conforme será discutido no Capítulo 4. Do lado da agricultura, a prática de sistemas de policulturas, em detrimento da monocultura, proporciona vantagens em termos de produtividade e estabilidade do sistema – especialmente em relação às áreas de periferia.

Alguma confusão pode surgir devido às diferentes formas de utilização do termo *diversidade*. Muitas vezes, é simplesmente usado como uma alternativa ao número de espécies presentes dentro de um ecossistema, a **riqueza de espécies**, mas um ecossistema poderia ser considerado mais diversificado se a representação das várias espécies fosse razoavelmente igual, em vez de dominado por uma ou duas espécies, como mostrado na Figura 3.5. Na Figura 3.5a, está representada uma comunidade hipotética de dez espécies com um total de 100 indivíduos, e uma espécie domina o sistema, representando 55 dos indivíduos. As outras nove espécies têm, portanto, apenas cinco indivíduos cada. Na Figura 3.5b, os 100 indivíduos estão igualmente divididos entre as dez espécies, resultando em uma distribuição perfeitamente uniforme. Pode-se argumentar que a Figura 3.5b mostra uma comunidade mais diversificada do que a Figura 3.5a, apesar do fato de terem a mesma riqueza de espécies.

A **uniformidade** pode assim contribuir para a diversidade. Várias fórmulas que incorporam o conceito de uniformidade em um índice de diversidade de espécies foram construídas. Mas a maioria dos estudos que consideram a relação entre diversidade e estabilidade concentrou-se na riqueza, em vez de qualquer medida de diversidade que envolva uniformidade. No entanto, experimentos com microcosmos microbianos, nos quais a riqueza e a uniformidade da comunidade original foram variadas, mostraram que o funcionamento do sistema (como o processo de dentrificação) foi sustentado de forma mais eficaz quando colocado sob estresse (salinidade crescente) se a composição original fosse uniforme [15]. Esta poderia ser uma consideração importante na gestão de ecossistemas. Por exemplo, ao colher seletivamente uma espécie particular de um ecossistema, a uniformidade e, portanto, a estabilidade desse sistema poderiam ser colocadas em risco.

Um último ponto neste debate precisa ser esclarecido: o que exatamente queremos dizer com **estabilidade**? É um ecossistema estável, que é difícil de desviar de sua atual composição ou função? Esta abordagem define estabilidade em termos de **inércia**, ou **resistência** à mudança. Alternativamente, um ecossistema estável pode ser definido como aquele que rapidamente retorna ao seu estado original após a perturbação. Isso usa o conceito de **resiliência** como base para definir a estabilidade. Ambas as ideias, naturalmente, são inerentes ao conceito que a maioria das pessoas tem de estabilidade. As duas propriedades são ilustradas na Figura 3.6, em que o ecossistema mais resistente é defletido em menor grau por uma perturbação,

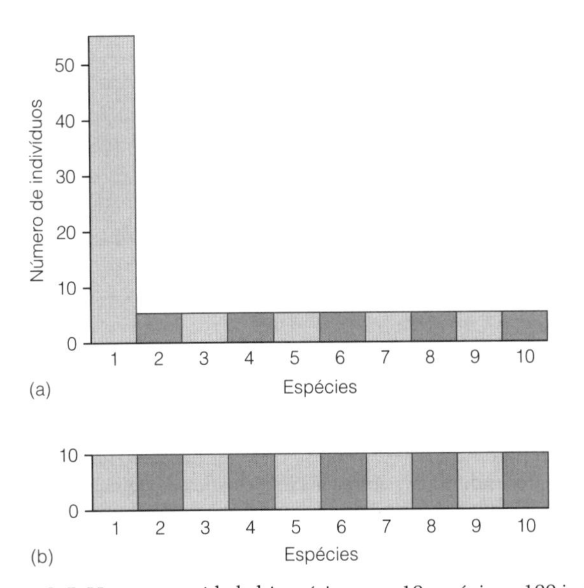

Figura 3.5 Uma comunidade hipotética com 10 espécies e 100 indivíduos. Em (a), uma espécie domina; e em (b), todas as espécies têm igual representação. É possível argumentar que (b) representa a mais diversa das duas comunidades, embora ambas possuam idêntica riqueza de espécies.

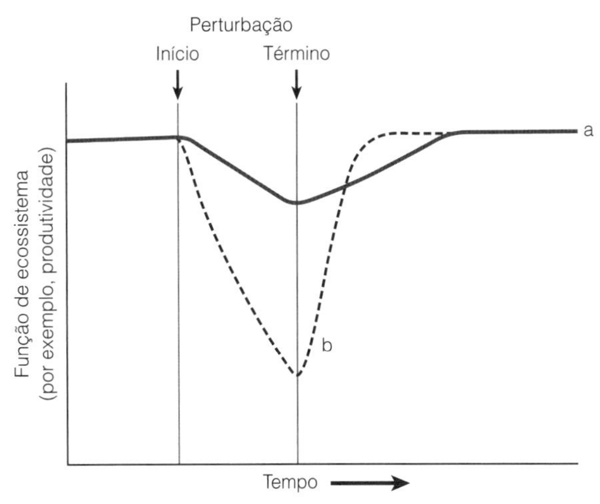

Figura 3.6 Duas possíveis respostas de um ecossistema para a perturbação. A linha a (sólida) representa um ecossistema que é resistente à perturbação. Sua resposta à perturbação é mais lenta e menos severa, mas seu retorno ao seu estado original é lento. A linha b (tracejada) mostra um ecossistema resiliente, que é mais severamente afetado pela perturbação, mas retorna rapidamente ao seu estado original. Qualquer um poderia ser considerado como uma ilustração da estabilidade do ecossistema. Adaptado de Leps [16].

mas é mais lento na sua recuperação, ao passo que um ecossistema mais resiliente pode ser mais facilmente e mais drasticamente desestruturado por uma perturbação, mas retorna para seu estado original mais rapidamente. A resiliência é uma medida menos satisfatória de estabilidade, na medida em que ecossistemas mais simples podem se mostrar mais resistentes por definição. Por exemplo, um campo de lavoura negligenciado coberto com ervas daninhas pode ser perturbado e ainda retornar ao seu estado original muito rapidamente. Mas seria enganoso considerar esse ecossistema como inerentemente estável como consequência dessa resiliência. Talvez o modo mais eficaz de combinar as duas ideias seja empregar a **previsibilidade** como uma medida de estabilidade [17]. Um ecossistema estável deve se comportar de maneira previsível, não importando qual sorte atravesse seu caminho, e aparentemente a biodiversidade auxilia nessa previsibilidade fornecendo uma certa 'garantia biológica' contra a falha de determinadas espécies sensíveis quando expostas a determinados estresses.

Atualmente, não há consenso geral sobre a questão de quantas espécies são necessárias para manter as funções do ecossistema, ou precisamente como a diversidade afeta a estabilidade. A pesquisa contínua está revelando a complexidade das interações dentro de um ecossistema, às vezes descrito como uma **rede ecológica**, mas como a complexidade se relaciona com a estabilidade parece depender de quais espécies são ganhas ou perdidas. As espécies com as interações mais complexas com outras espécies podem ser aquelas cuja remoção resulta na maior ameaça ao ecossistema [18]. A questão da função do ecossistema é igualmente contrariada. Quanto mais 'funções' do ecossistema forem consideradas, mais espécies serão necessárias para sustentá-las [19]. Qualquer generalização é, portanto, suscetível de provar uma simplificação exagerada.

Esses diferentes experimentos combinam os conceitos de comunidade e ecossistema e formulam questões a respeito dos modos segundo os quais a composição das comunidades afeta a operação dos ecossistemas. Estas são questões muito importantes em biogeografia, pois precisamos estar aptos para decidir como a presença ou ausência de uma determinada espécie em uma área irá afetar o comportamento e a sobrevivência das demais. Na medida em que começamos a perceber a extensão das mudanças mundiais, principalmente em consequência das atividades de nossa própria espécie, precisamos ser capazes de prever os resultados das alterações biogeográficas na distribuição e no agrupamento de espécies.

Conjuntos Bióticos em Escala Global

Agrupamentos de plantas, animais e micróbios podem ser vistos de diversas maneiras e diferentes escalas. Podemos adotar uma abordagem taxonômica, identificando todos os organismos que possam ser encontrados em uma área, analisando as associações mútuas e possivelmente definindo grupos de espécies que possamos classificar e nomear como comunidades. Vimos que essa definição é, de algum modo, artificial, pois frequentemente não existe uma fronteira bem delineada entre os organismos, mas pode ser muito útil ao possibilitar que biogeógrafos construam mapas da biota entre regiões. Vimos ainda que é possível considerar as comunidades de modos diferentes, dependendo de como interagem seus componentes vivos e não vivos. Empregando-se a visão de ecossistema, a identificação taxonômica das espécies representa menor interesse do que seus respectivos papéis no sistema. Assim, cada espécie assume um tipo funcional específico, a princípio determinado por seu sistema alimentar e também por outros aspectos, como a capacidade de fixação de nitrogênio etc.

A aplicação do conceito de comunidade em escala global é complicada devido às restrições das espécies a certas áreas geográficas. O uso de listas de espécies e o estudo de inter-relações entre espécies são úteis somente dentro de uma área limitada. Estudos mais abrangentes, que englobam pesquisas em escala continental, requerem uma abordagem diferente. A vegetação do norte do Irã, na Ásia Central, pode servir como exemplo da importância da escala em tais estudos (Figura 3.7). Grande parte da região semidesértica do Irã Central é ocupada por matagal esparso, como mostrado na fotografia da Prancha 1a. A vegetação em grandes extensões planas e arenosas é relativamente uniforme, como se vê na fotografia, e é composta, em grande parte, pelo arbusto lenhoso decíduo, *Zygophyllum eurypterum*, intercalado com uma espécie lenhosa menor de absinto, *Artemisia herba-alba*. Se um gráfico de amostra de cerca de 50 × 20 m é estudado em detalhe, como mostrado na Figura 3.7a, as plantas individuais das duas espécies podem ser mapeadas em relação uma à outra, e verifica-se que o espaçamento entre indivíduos é extremamente uniforme, o resultado da intensa competição pela água entre as plantas [20]. Ao observar a mesma região em uma escala de dezenas de quilômetros quadrados em vez

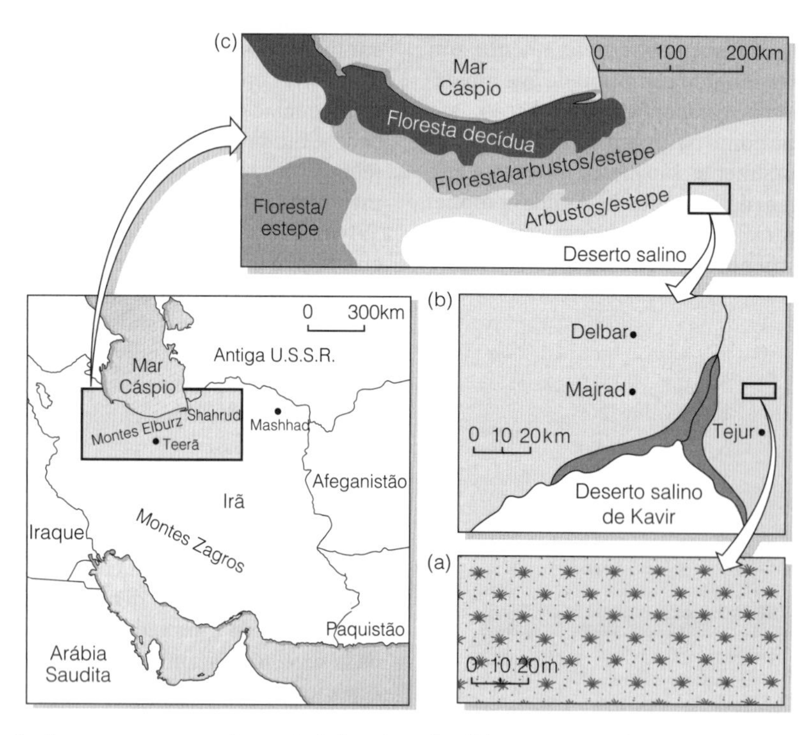

Figura 3.7 O efeito da escala de amostragem na adequação à descrição dos diferentes tipos de vegetação pode ser ilustrado na região norte do Irã. (a) Em uma escala de dezenas de metros, podem ser determinados arbustos individuais com suas identidades específicas. Moitas de *Zygophyllum eurypterum* tendem a um maior afastamento, e plantas menores de *Artemisia herba-alba* (pontos) ocorrem entre elas. (b) Em uma escala de quilômetros, são formados agrupamentos distintos com conjuntos de plantas diferentes ('comunidades') com suas próprias espécies constituintes e que podem enfrentar diferentes pressões ambientais (seca, salinidade, pastoreio etc.). O deserto salino é praticamente desprovido de vegetação, exceto pela halófita, *Salsola* sp. As margens aluviais úmidas e as margens dos rios sustentam uma comunidade de arbustos *Haloxylon* e *Tamarix* (sombreado mais forte). A maior parte da superfície é coberta por arbustos *Zygophyllum* (sombreado mais fraco), exceto onde os vilarejos acarretaram perda de vegetação por pastoreio excessivo ou por queimadas. (c) Em uma escala de centenas de quilômetros, a vegetação é percebida mais em termos de sua fisionomia (floresta decídua, floresta/estepe, arbustos/estepe, deserto etc.) do que por agrupamentos de espécies.

de metros quadrados, surge um padrão de vegetação mais complexo. Agora é possível distinguir padrões de paisagem relacionados com os movimentos de água na planície aluvial, juntamente com distúrbios devido a assentamentos humanos, resultando em variações na intensidade de pastejo. O deserto salino de baixa altitude está praticamente desprovido de vegetação, com sobreviventes apenas as plantas extremamente tolerantes ao sal, como as salinas (*Salsola* spp.). A margem de regiões mais úmidas que rodeiam os salares, juntamente com os vales de riachos temporários (sombreados escuros no diagrama), é ocupada por outros arbustos tolerantes ao sal, *Haloxylon persicum* e espécies de *Tamarix*. Esse tipo de vegetação é mostrado na Prancha 1b. Grande parte da área é coberta com arbustos de *Zygophyllum* e *Artemisia*, mas os arredores das aldeias rurais Delbar e Majrad, embora encontrando-se dentro do cinturão arbustivo, são muitas vezes despidos de arbustos por causa do pastoreio intensivo de ovelhas e coleta de lenha pelos aldeões. Uma espécie resistente ao pastoreio, incluindo espécies tóxicas como *Peganum harmala* e *Ephedra* spp., é capaz de sobreviver. Nessa escala de observação, portanto, é possível identificar "comunidades" de espécies que compartilham a habilidade de viver sob certos tipos de pressão ambiental (salinidade, seca, pastoreio etc.).

Essas comunidades são caracterizadas por determinadas espécies, a maioria das quais encontra-se confinada a essa região do mundo. Vegetação arbustiva similar no deserto de Mojave, na Califórnia, por exemplo, apresenta grande semelhança de aparência com os arbustos iranianos, mas possui espécies diferentes, como o chaparral (*Larrea tridentata*, da mesma família que a *Zygophyllum*) e uma espécie de ambrosia (*Ambrosia dumosa*) da mesma família da *Artemisia*. O arbusto californiano é então ecologicamente equivalente, mas consiste em diferentes espécies de plantas. No entanto, sua aparência e estrutura geral são surpreendentemente semelhantes. Ambos os tipos de vegetação evoluíram em resposta a condições climáticas e de solo muito semelhantes.

A necessidade da abordagem fisionômica para a classificação e mapeamento da vegetação fica evidente quando subimos um nível na escala do mapa iraniano (Figura 3.5c) e observamos a região norte do Irã, onde as unidades são descritas em grupos como floresta temperada decídua, floresta/cerrado, cerrado/estepe e deserto. A natureza geral da vegetação de qualquer parte do mundo é mais bem expressa em termos de sua estrutura geral e sua aparência, o que é controlado por fatores mais amplos como o clima e o tipo de solo. Padrões similares ocorrem em partes diferentes do mundo e, assim, tipos de vegetação muito semelhantes podem evoluir em cada uma dessas áreas, como no caso dos desertos do Irã e da Califórnia. Essa comparabilidade de forma de vegetação pode levar à evolução de tipos animais semelhantes em cada área. Ambas as regiões têm tartarugas, sapos, pequenos roedores escavadores, como ratos cangurus, coelhos e lebres, codornas e cortiçol, urubus e falcões, águias e abutres, coiotes e raposas. As espécies são diferentes, mas representam **equivalentes ecológicos** em diferentes partes do mundo.

Uma classificação geral dos ecossistemas terrestres de grande escala, que são conhecidos como 'biomas', vem sendo desenvolvida e inclui os seguintes tipos principais: desertos; tundra gelada de altas latitudes e grandes altitudes; floresta boreal de coníferas ou 'taiga'; floresta temperada; floresta tropical úmida; *grassland* temperada (conhecida como 'pradaria' na América do Norte, como 'estepe' na Eurásia, como 'pampa' na América do Sul, e como '*veld*' na África do Sul); e finalmente o chaparral nas áreas de clima mediterrânico. Esta classificação foi baseada primeiramente na vegetação, e as unidades resultantes foram chamadas de **formações**, mas no uso moderno a vida animal é incluída em suas descrições e definições e são chamadas de **biomas**.

Qualquer sistema de classificação da vegetação mundial em unidades deve evitar o simples emprego de grupos particulares de espécies. Embora as florestas úmidas do Brasil sejam comparáveis, em muitos aspectos, àquelas da África Ocidental ou do Sudeste Asiático, os agrupamentos efetivos de espécies são muito diferentes. Sua semelhança é principalmente devida ao fato de serem estruturalmente comparáveis, com domínio de árvores altas organizadas em uma série de camadas, com folhas sempre verdes e largas. Existem outras semelhanças, como a presença de primatas habitando os dosséis e a polinização sendo, muitas vezes, realizada por aves, e assim por diante. Em essência, estamos comparando as comunidades em termos dos tipos funcionais de plantas e animais presentes mais do que por suas afinidades taxonômicas. Desde que a vegetação forma o molde básico para a vida dentro dos biomas, é natural que as primeiras ideias na classificação da comunidade global tenham vindo dos botânicos.

O conceito de uma **forma de vida** entre as plantas foi primeiro apresentado pelo botânico dinamarquês Christen Raunkiaer, em 1934. Ele observou que os tipos de plantas mais comuns ou dominantes em uma região climática possuíam uma forma bem adaptada à sobrevivência nas condições predominantes. Assim, nas condições árticas, as plantas mais comuns eram espécies de arbustos anões e almofadados com seus pontos de brotação próximos ao nível do solo. Dessa maneira, podiam sobreviver às condições do inverno quando o vento sopra partículas de gelo com efeito abrasivo sobre qualquer alvo elevado. Em climas mais quentes, os brotos são razoavelmente bem transportados acima do chão e a árvore é uma forma de vida eficiente, mas em períodos de frio ou estiagem pode ser necessária a perda da folhagem associada a uma fase de dormência. Isto resultou na evolução dos hábitats decíduos. Secas mais prolongadas resultaram em um tipo de vegetação diferente, com arbustos que possuíam pequenas estruturas acima do solo. Algumas plantas de áreas com secas sazonais sobrevivem nos períodos desfavoráveis como organismos subterrâneos (por exemplo, bulbos ou cormos), ou como sementes dormentes. Os animais também apresentam formas de vida distintas e adaptadas a diferentes climas com resistência ao frio, em formas sazonais ou de hibernação nas regiões geladas e formas com peles resistentes à seca ou cutículas nos desertos. De qualquer modo, as formas de vida animais são mais difíceis de reconhecer do que as das plantas e, em consequência, os biomas são distinguidos, a princípio, por sua forma de vida vegetal. Raunkiaer analisou a flora de difererente partes do mundo de acordo com tipos funcionais componentes, e descobriu que cada região tinha seu próprio **espectro biológico**.

Utilizando essa abordagem fisionômica da vegetação, tem sido possível definir e caracterizar unidades, inicialmente referidas como formações vegetais, uma vez que se baseavam em critérios puramente botânicos. Mapas globais foram construídos pelos geógrafos de plantas que utilizavam essas formações vegetais como suas unidades básicas; esses mapas foram encontrados para ter uma ampla correspondência com zonas climáticas. De fato, nos primórdios, a vegetação de áreas pouco estudadas do mundo era frequentemente tomada como uma base para prever o clima, por isso era inevitável que os mapas de vegetação e mapas climáticos tivessem uma similaridade geral entre si.

A Figura 3.8 mostra um continente idealizado do hemisfério norte com seu padrão típico de tipos vegetacionais (baseado em Box e Fujiwara [21]). Há uma faixa de base latitudinal nessas formações de plantas, mas as costas oeste e leste de um continente diferem em certa medida como resultado das diferenças climáticas resultantes de padrões de vento e correntes oceânicas. Os cinturões florestais tropicais, por exemplo, estendem-se mais para norte ao leste de um continente do que ao oeste, e os cinturões polares e boreais estendem-se mais para sul ao leste. As regiões de latitude média diferem devido aos diferentes graus de aridez no centro e em qualquer costa do continente. A Prancha 2a mostra o padrão real dos biomas sobre a superfície da Terra como derivado das imagens de satélite, o que pode ser comparado com o modelo idealizado na Figura 3.8.

A abordagem da forma de vida de Raunkiaer para a classificação da vegetação é limitada simplesmente porque depende somente de um aspecto da resposta da planta às condições ambientais, a saber, a proteção de seus órgãos *perennating* durante épocas desfavoráveis. Existem muitos outros aspectos da forma, da estrutura e da história de vida de uma planta, os quais podem ser considerados, e o desenvolvimento da ideia de tipos funcionais tem se esforçado para levar em conta tais características. Folhagem perene ou decídua, associação de micróbios fixadores de nitrogênio e os mecanismos de polinização

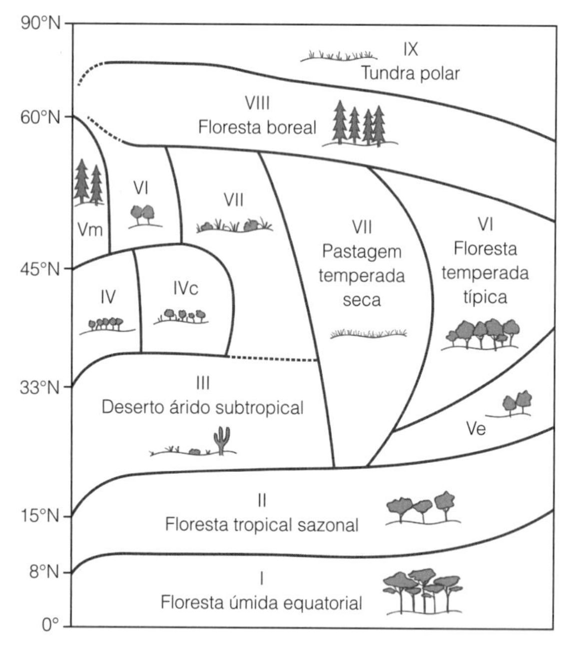

Figura 3.8 Um continente idealizado do Hemisfério Norte mostrando o padrão de tipos de clima e bioma sobre sua superfície. I, Floresta úmida equatorial. II, Floresta tropical sazonal e floresta de savana. III, Deserto árido subtropical e semideserto. IV, Floresta mediterrânea/arbustiva (formas marítima e continental). Vm, (Costa Oeste) floresta tropical temperada. Ve, (Costa Leste) floresta temperada quente. VI, Floresta temperada. VII, Pastagem temperada seca (cada vez mais continental no Leste). VIII, Floresta boreal de coníferas. IX, Tundra polar. Adaptado de Box e Fujiwara [21].

e dispersão de frutos contribuem para a capacidade de uma planta lidar com as tensões e deformações do ambiente e estabelecer um nicho dentro de uma comunidade competitiva. Há também características de histórias de vida de plantas que podem ser consideradas como **estratégias** de sobrevivência, embora a palavra sugira um grau de volição por parte da planta, o que não é, naturalmente, pretendido. As estratégias são, elas próprias, o resultado de muitas gerações de seleção de indivíduos e genótipos, conservando os mais adequados às condições prevalecentes. Particularmente importantes entre essas estratégias são os processos reprodutivos (reprodução rápida *versus* lenta), a longevidade individual e a alocação de recursos para um crescimento robusto. O conceito de estratégias foi desenvolvido pela primeira vez pelo ecologista britânico Philip Grime [22], quando ele estava examinando as formas em que as comunidades são montadas, mas posteriormente foi expandido e aplicado a comunidades na escala de bioma [23].

Não há acordo entre os biogeógrafos sobre o número de biomas no mundo. Isto é porque muitas vezes é difícil dizer se um determinado tipo de vegetação é realmente uma forma distinta ou é apenas um estágio inicial de desenvolvimento de outro, e também porque muitos tipos de vegetação foram muito modificados pelas atividades dos seres humanos. Isto é muito evidente a partir do mapa de vegetação global na Prancha 2a [24]. As imagens de satélite aumentaram a precisão com que a vegetação pode ser mapeada em escala global, mas o impacto muito considerável dos seres humanos, especialmente na zona temperada e em torno das bordas das regiões áridas, significa que a relação próxima esperada entre padrões de vegetação e padrões climáticos não é clara.

Usando dados de satélite, provou-se possível elucidar as exigências climáticas precisas de biomas particulares como definido por formas de vida de planta e tipos funcionais. Diz-se que cada bioma se encaixa dentro de um determinado **envelope climático**, que é a soma de todas as variáveis climáticas que limitam esse bioma. Esta abordagem levou a um refinamento das definições de biomas convencionais, particularmente no caso de florestas e pastagens. Ian Woodward, da Universidade de Sheffield, na Inglaterra, propôs a seguinte classificação desses tipos de vegetação [25]:

1. Florestas aciculifoliadas perenes – florestas altas (acima de 2 m de altura) e densas (mais de 60 % de cobertura) de árvores perenes com folhas estreitas (por exemplo, florestas de coníferas boreais).

2. Florestas latifoliadas perenes – florestas altas e densas de árvores perenes com folhas largas (por exemplo, florestas tropicais).

3. Florestas aciculifoliadas caducifólias – florestas altas e densas de árvores de folhas estreitas que perdem sazonalmente suas folhas (por exemplo, larício).

4. Florestas latifoliadas caducifólias – florestas altas e densas de árvores de folhas largas que perdem suas folhas (por exemplo, faia, bordo, alguns carvalhos).

5. Florestas mistas – florestas altas e densas com uma mistura ou um mosaico de árvores decíduas e perenes.

6. Savanas arborizadas – árvores que excedem 2 m de altura, mas que cobrem apenas 30-60 % da superfície terrestre, misturada com vegetação herbácea.

7. Savanas – árvores que excedem 2 m de altura, mas que estão amplamente dispersas, cobrindo apenas 10 % a 30 % da superfície, sendo o restante dominado por vegetação herbácea.

8. Pradaria – terras com cobertura herbácea e com menos de 10 % de cobertura de árvores ou arbustos.

9. Bosques fechados – terrenos com vegetação lenhosa com menos de 2 m de altura e com cobertura arbustiva (perene ou decídua) superior a 60 %.

10. Bosques abertos – terrenos com vegetação lenhosa (perene ou decídua) com menos de 2 m de altura e com cobertura arbórea entre 10 % e 60 %.

Desertos extremos têm muito pouca vegetação, ou nenhuma. Este sistema de classificação tem a vantagem objetiva de ser facilmente reconhecido a partir de imagens de satélite. Cada um desses tipos pode então ser atribuído a um envelope climático particular.

O laço entre biomas e clima torna-se ainda mais evidente se os biomas forem mapeados em relação a variáveis climáticas, como precipitação e temperatura [26], como foi feito na Figura 3.9. Mais uma vez, as divisões entre os biomas não são tão acentuadas como as indicadas aqui, mas é claro que cada bioma ocupa uma região em que os requisitos climáticos específicos são atendidos.

Biomas de Montanha

Vimos que existe um zoneamento latitudinal global dos biomas, que é aparente à medida que nos movemos das florestas tropicais das regiões equatoriais para a tundra arbustiva anã do Ártico, e uma tendência semelhante é refletida com o aumento da altitude.

O ar na base de uma montanha é aquecido pelo Sol. As moléculas componentes de gás se movem mais rapidamente e, como consequência, elas se expandem e o gás se torna menos denso. Este pacote de ar é então deslocado pelo ar mais denso que desce, e o ar quente é forçado para cima. Mas, à medida que ele sobe, a pressão da atmosfera acima diminui; então ela se expande novamente, o que envolve a perda de energia. Como consequência, o pacote de ar torna-se mais frio. O resultado é uma queda na temperatura atmosférica com altitude crescente, a taxa de que é denominada a **taxa de lapso**. Os valores médios das taxas de lapso variam geralmente entre cerca de 5,5 °C e 9,8 °C para cada 1000 m de altitude, dependendo, em parte, da umidade do ar. Mas essa mudança tem um efeito profundo sobre os organismos vivos em uma montanha.

A Figura 3.10 mostra as mudanças nos biomas com a altitude no Himalaia. Ascendendo da savana norte-indiana e arbustos espinhosos, subimos através da floresta de monção subtropical, em grande parte ocupada por espécies de árvores de folha decídua seca. Segue-se uma zona de mata, que deve sua existência, em grande parte, ao impacto da atividade humana e do pasto animal domesticado. Acima dela está a floresta de folha decídua temperada, com carvalhos e rododendros, sendo sua forma geral e aparência muito semelhantes às encontradas na Europa Ocidental ou na parte oriental dos Estados Unidos. A floresta de coníferas situa-se acima da zona de carvalho, dominada principalmente pelo cedro-do-himalaia, e acima disso estão os arbustos alpinos e juníperos, conduzidos até a tundra e as neves permanentes das

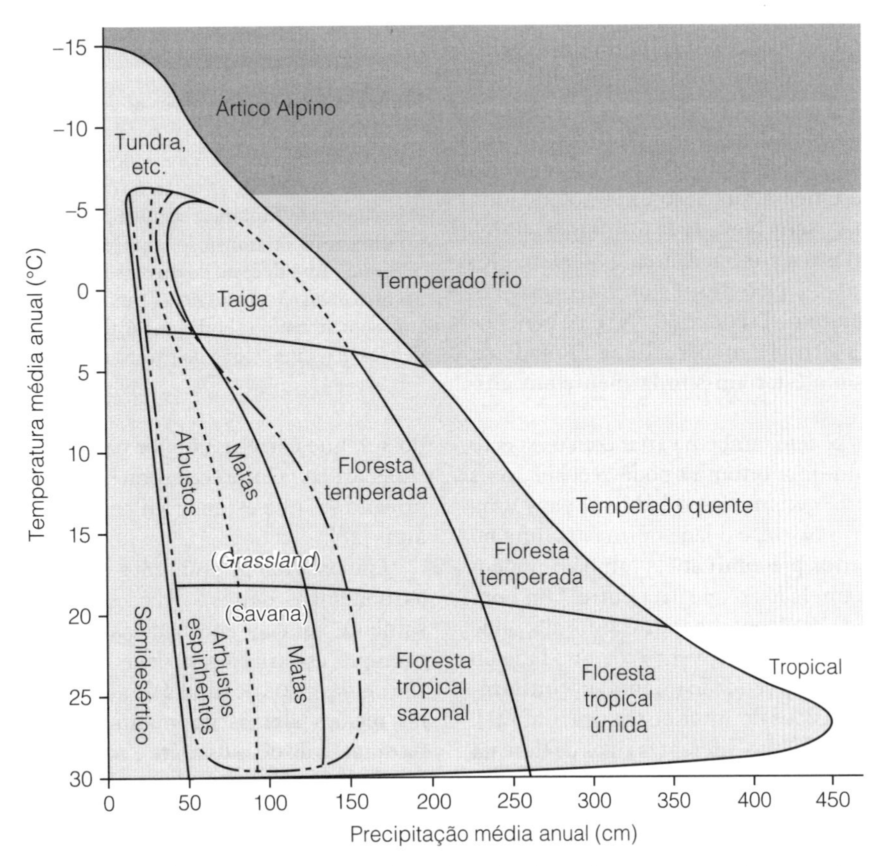

Figura 3.9 Distribuição dos principais biomas terrestres em relação à média de precipitação anual e à temperatura média. Entre as regiões delimitadas por linhas tracejadas, alguns fatores, entre os quais a localização geográfica, secas sazonais e o uso humano do solo, podem afetar o tipo de bioma que se desenvolve. De acordo com Whittaker [26].

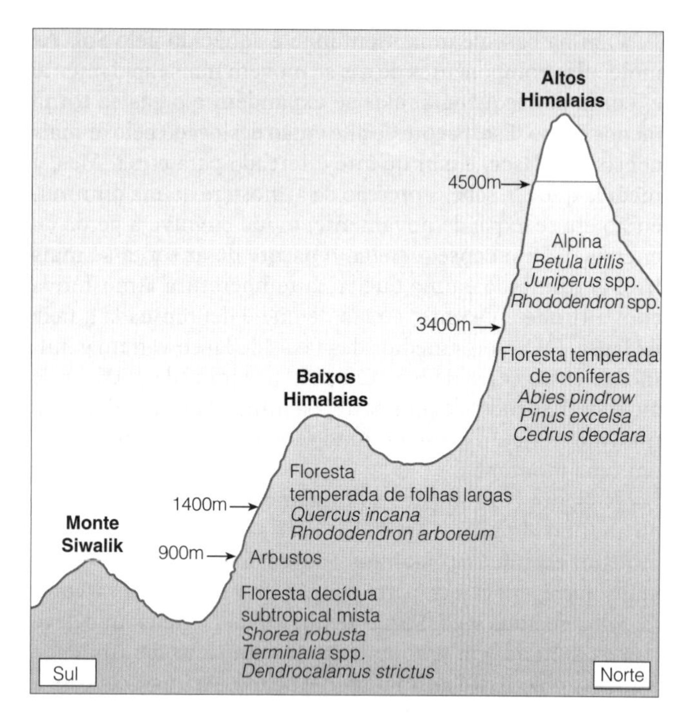

Figura 3.10 Seção diagramática dos Himalaias ocidentais, no norte da Índia, mostrando os limites aproximados de altitude dos principais tipos de vegetação. Com o aumento da altitude são ultrapassados cinturões de vegetação parecidos com os encontrados quando se passa de pequenas para altas latitudes. A zona arbustiva (900 a 1.400 m) está intensamente modificada pelo desflorestamento pelo homem.

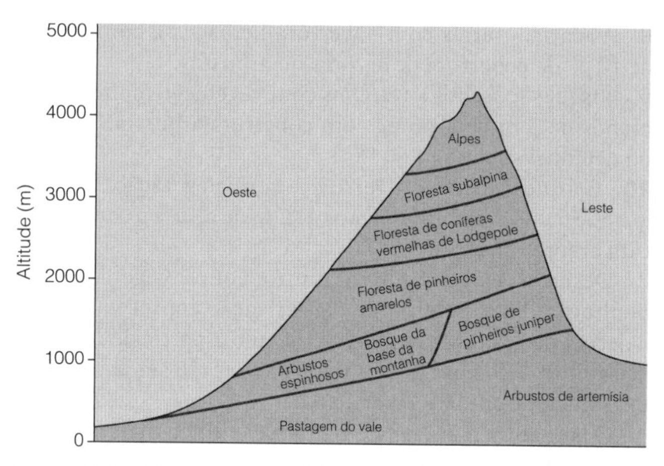

Figura 3.11 Corte transversal de montanhas de Serra Nevada, na Califórnia, mostrando os limites aproximados dos diferentes tipos de florestas. Condições mais quentes e mais secas no lado oriental da cadeia de montanhas permitem que a floresta sobreviva em altitudes mais altas. De Schoenherr [27]. [Reproduzido com permissão da University of California Press.]

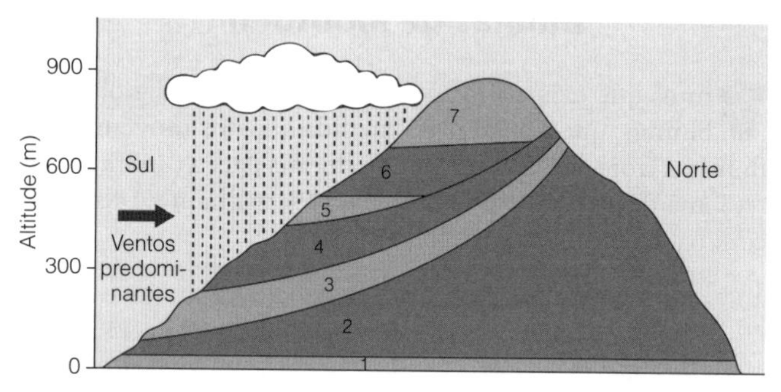

Figura 3.12 Corte transversal de uma ilha típica do Arquipélago de Galápagos. O lado sul recebe substancialmente mais chuva que o lado norte por causa dos ventos predominantes do sul. Consequentemente, a vegetação é mais rica no sul [28]. A zona basal (1) é a margem litorânea, seguida por (2) uma zona árida com cactos; (3) uma zona de transição, dominada por árvores; (4) uma zona de *Scalesia*, uma floresta de nuvens constituída por várias espécies de árvores *Scalesia* até 20 m; (5) uma zona de *Zanthophyllum*, constituída por arbustos espinhosos; (6) uma zona de *Miconia* com arbustos densos; e (7) uma zona de pampa ou samambaias.

altas montanhas. A sequência altitudinal, portanto, espelha amplamente as zonas latitudinais, mas em uma distância muito menor.

O **limite florestal** nos Himalaias (cerca de 30 °N), onde a vegetação florestal dá lugar a um matagal alpino, fica a cerca de 3400 m. No Monte Quênia, praticamente no equador, encontra-se em 3658 m. A Serra Nevada da Califórnia (40 °N) tem seu limite florestal em aproximadamente 3000 m. Nos Alpes da Europa Central (48 °N) o limite florestal ocorre em cerca de 2300 m, enquanto na Escócia (60 °N) é de cerca de 800 m. Quanto maior a latitude, menor a linha da madeira, e outros limites do bioma estariam similarmente em altitudes mais baixas.

Os limites do bioma podem também variar com o aspecto da montanha. Um lado da montanha pode receber mais luz do Sol do que outro, geralmente o lado sul para uma montanha do Hemisfério Norte, e o lado norte para uma no Hemisfério Sul. Os ventos predominantes também podem trazer mais chuva para um lado do que para outro. Um bom exemplo é a Serra Nevada das Montanhas da Califórnia, onde as vertentes ocidentais recebem frio, ventos de umidade do Oceano Pacífico, enquanto no seu lado oriental encontram-se os desertos quentes e áridos do interior continental [27]. Consequentemente, os limites dos diferentes tipos de floresta são mais baixos nas vertentes ocidentais do que no leste, como mostrado na Figura 3.11. Uma maior disparidade de limites de bioma com aspecto é aparente nas Ilhas Galápagos, como apresentado na Figura 3.12. O lado norte (equatorial) recebe mais luz solar e, portanto, é mais quente, mas ainda mais importante é a direção predominante do vento a partir do sul, que carrega a maior parte da precipitação para essas ilhas áridas. Como consequência, a vegetação é mais rica no lado sul e se estende a altitudes consideravelmente mais altas [28].

Embora a temperatura em geral caia à medida que se escalam as montanhas, outras condições ambientais não refletem precisamente aquelas encontradas em latitudes mais altas. Por exemplo, as variações sazonais do comprimento do dia que são típicas das áreas de tundra de alta latitude não são encontradas nas regiões 'alpinas' das montanhas tropicais, onde a variação na duração do dia e da noite é consideravelmente menor. Além disso, há um alto grau de insolação nas montanhas tropicais, resultante do alto ângulo do Sol, o que resulta em flutuações diurnas extremas na temperatura em locais alpinos tropicais que não são encontrados em regiões de tundra de alta latitude. Temperaturas diurnas podem assim subir muito fortemente após noites muito frias. Não é surpreendente, portanto, que o zoneamento altitudinal de plantas e animais não deva refletir precisamente o zoneamento global latitudinal. Além disso, quando uma espécie é encontrada na tundra ártica e alpina, as raças ártica e alpina das espécies muitas vezes diferem em sua composição fisiológica como consequência dessas diferenças climáticas e as diferentes pressões seletivas que foram colocadas sobre elas durante sua evolução [29].

O clima, portanto, tem seu impacto sobre a vegetação e padrões do bioma através da altitude, bem como a latitude. É importante, portanto, que o biogeógrafo compreenda as variáveis climáticas e suas causas.

Padrões Climáticos

O **clima** de uma área é o total das variações nas condições meteorológicas – temperatura, chuvas, evaporação, iluminação solar e vento – que são experimentadas por todas as estações do ano. Muitos fatores estão envolvidos na determinação do clima de uma área, particularmente a latitude, a altitude e a localização relativa aos mares e às massas terrestres. Por sua vez, o clima determina as espécies de plantas e animais, e até mesmo as formas de vida ou tipos funcionais que podem viver em uma área.

O clima varia com a latitude por dois motivos. O primeiro é devido à forma esférica da Terra provocar uma distribuição irregular da energia solar em função da latitude. Uma vez que os ângulos de incidência dos raios solares são aproximadamente perpendiculares, a área sobre a qual a energia se espalha é reduzida e o efeito do aquecimento é aumentado. Em altas latitudes, a energia se espalha sobre uma área maior; assim, os climas polares são mais frios (Figura 3.13a). A latitude exata que recebe a luz solar sob 90°, durante o meio-dia* varia durante o ano; encontra-se sobre a linha do Equador durante março e setembro, sobre o Trópico de Câncer (23°45′N) em junho, e sobre o Trópico de Capricórnio (23°45′S) em dezembro. Os dois trópicos marcam o limite além do qual o Sol nunca avança. O efeito dessas flutuações sazonais é mais profundo em algumas regiões do que em outras, com grandes diferenças testadas em altas latitudes.

As variações climáticas também resultam dos padrões de movimentação das massas de ar (Figura 3.13b). O ar é aquecido sobre o equador e, assim, sobe (causando uma zona de baixa pressão) e se movimenta em direção ao polo. À medida que se dirige para o polo, gradualmente se esfria, aumentando a densidade até descer, onde forma uma zona subtropical de alta pressão conhecida como zona de calmaria.** O ar nessas zonas de alta pressão pode mover-se em direção ao equador ou ao polo. As massas de ar que se dirigem na direção do polo encontram correntes de ar frio movendo-se na direção sul a partir das regiões polares, onde foi resfriado e desceu (acarretando uma zona de alta pressão). No encontro dessas duas massas de ar forma-se uma região instável de baixa pressão em que as condições meteorológicas podem mudar.

Esse quadro idealizado se complica devido à força de Coriolis (nome dado em homenagem ao matemático francês Gaspard Coriolis, que a analisou), resultante do movimento de rotação da Terra de oeste para leste. Essa força tende a desviar um objeto em movimento para a direita de seu curso no Hemisfério Norte, e para a esquerda no Hemisfério Sul. Como resultado, os ventos que se movem em direção ao equador passam a soprar de uma direção mais oriental. Esses 'ventos alísios', vindos tanto do Hemisfério Norte quanto do Hemisfério Sul, se encontram sobre a linha do equador na região conhecida como **zona de convergência intertropical (ZCIT)**. À medida que passam sobre os oceanos, esses ventos orientais tornam-se mais úmidos e essa umidade é depositada em forma de chuva, geralmente nas regiões mais orientais dos continentes, em latitudes equatoriais. De modo similar, os ventos que se movem na direção do polo, a partir das zonas de calmaria de alta pressão, passam a soprar em uma direção mais ocidental e provocam chuva nas regiões ocidentais dos continentes, em altas latitudes. As zonas de calmaria em si são regiões onde o ar seco é descendente e forma cinturões áridos nos continentes, ao longo dessas latitudes.

*Passagem pelo meridiano do lugar. (N.T.)

**No original, *Horse Latitudes*. (N.T.)

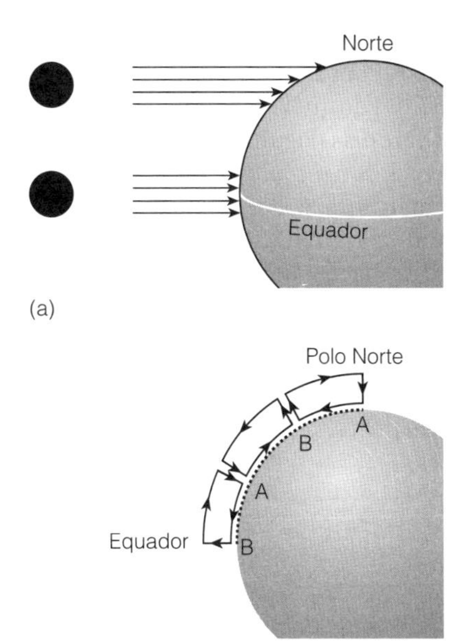

Figura 3.13 Padrões de climas. (a) Devido à forma esférica da Terra, as regiões polares recebem menos energia solar por unidade de área do que as regiões equatoriais. (b) Os principais padrões de circulação das massas de ar (células) no Hemisfério Norte. A, alta pressão; B, baixa pressão.

À medida que a ZCIT muda para o norte ou para o sul do equador em diferentes estações do ano, isso causa uma alteração nos padrões globais de vento, como mostrado na Figura 3.14. O impacto mais forte é no Oceano Índico, onde há uma reversão completa na direção predominante do vento. No verão do Hemisfério Norte, fortes ventos do sul são gerados no Oceano Índico, levando ar quente e úmido para a Índia e para a África Oriental. Esses ventos trazem as chuvas da monção para estas regiões.

O padrão global dos oceanos e das massas terrestres modifica esse quadro um pouco mais. Devido ao fato de o calor ser ganho ou perdido de modo mais lento pela água do que pelas massas terrestres, as trocas de calor são mais lentas nas regiões marítimas e, ao mesmo tempo, a umidade é maior. Dessa maneira, durante o verão, as áreas continentais tendem a desenvolver sistemas de baixa pressão, em consequência do aquecimento das massas terrestres, e conduzir esse calor para as massas de ar sobre essas áreas. No inverno ocorre a situação inversa, com as áreas continentais tornando-se frias mais rapidamente do que os oceanos e formando sistemas de alta pressão sobre elas (Figura 3.14). Um efeito desse processo é que os sistemas de baixa pressão atraem a umidade do ar das vizinhanças marinhas, por exemplo do Oceano Índico para a África Oriental e para a Índia, causando as monções de verão. O inverno nessas áreas, por outro lado, geralmente é seco.

Os padrões globais de circulação dos oceanos também são muito importantes na determinação dos modelos climáticos mundiais (Figura 3.15). As águas superficiais quentes das regiões equatoriais do Oceano Atlântico são levadas na direção nordeste, em direção à Islândia e à Noruega, aquecendo esta seção do Oceano Ártico, mantendo-o livre de gelo durante o verão e proporcionando condições amenas no Oeste Europeu. Conforme a massa de água esfria, no Atlântico Norte, ela fica mais densa e afunda, revertendo seu fluxo na direção do Atlântico Sul. A partir daí, as águas frias e densas podem fluir para o Oceano Índico, onde receberão calor, ou podem permanecer nas latitudes mais ao sul e, finalmente, seguir na direção norte para o Oceano Pacífico, onde receberão calor. Uma vez aquecidas, as águas menos densas se movem pela

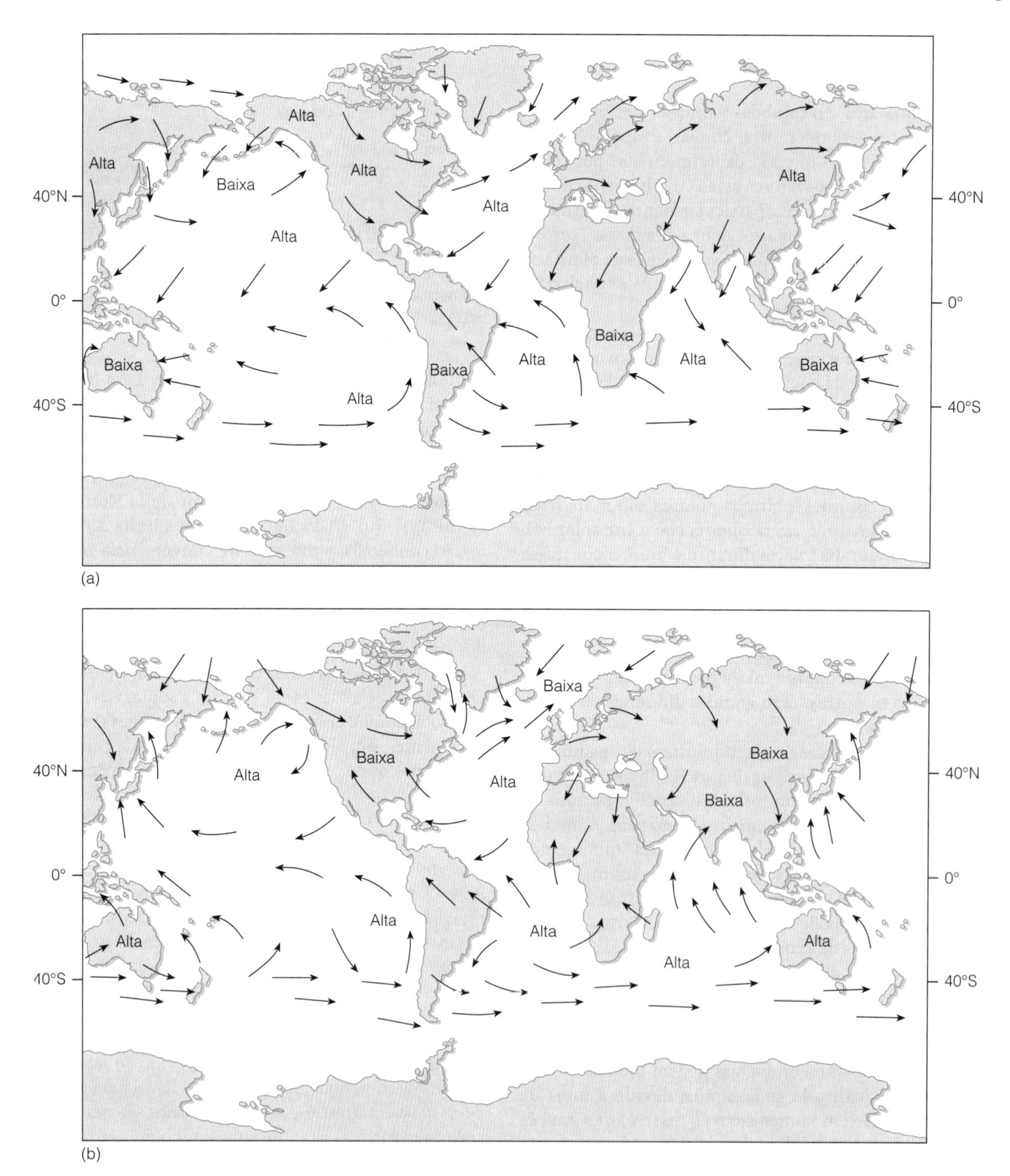

Figura 3.14 Padrão geral de ventos sobre a superfície da Terra e a distribuição das zonas de alta e baixa pressão (a) em janeiro e (b) em julho. Observe a inversão dos ventos no Oceano Índico em julho, levando as chuvas de monção para o norte da Índia e para a África Oriental.

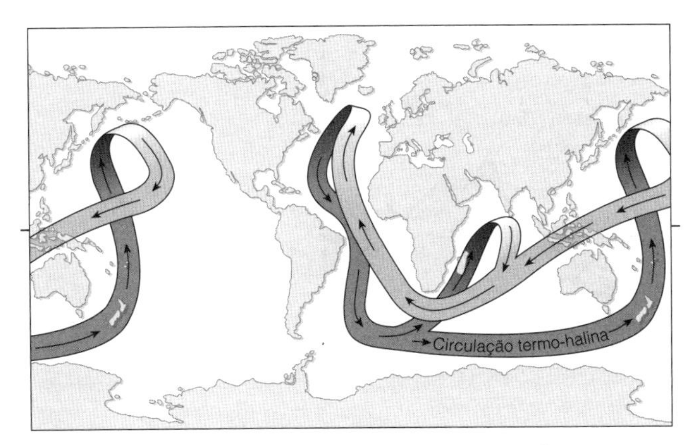

Figura 3.15 A circulação termo-halina transportando águas superficiais quentes e de baixa salinidade de leste para oeste no Atlântico Norte e águas frias profundas com alta salinidade, de oeste para leste no Pacífico. A partir desse ponto a água recebe uma renovação do seu conteúdo fuente, emerge à superfície e submerge para o oeste na direção do Atlântico.

superfície do oceano, de volta ao Atlântico. Essa circulação oceânica, denominada **circulação termo-halina**, é responsável pela dissipação de grande parte do calor tropical nas altas latitudes, particularmente no litoral do Atlântico. Sem ela, as altas latitudes seriam muito mais frias. De fato, uma das principais características dos episódios glaciais da história recente da Terra, globalmente, foi a interrupção desse transporte oceânico de calor. Seu efeito na distribuição dos biomas é aparente, se comparado ao noroeste da Europa e América do Norte. A floresta boreal de coníferas se estende até latitudes mais altas na Escandinávia do que no Alasca como mostrado na Prancha 2a.

A topografia da superfície terrestre também afeta padrões de clima. Já vimos como as montanhas criam seus próprios climas e, portanto, afetam o zoneamento altitudinal dos biomas. As barreiras montanhosas podem interromper o movimento de massas de ar e, assim, modificar o clima; um exemplo é a cadeia de Montanhas do Himalaia que bloqueia eficazmente o ar úmido da monção indiana de alcançar o Platô Tibetano e o Deserto de Gabi ao norte. O planalto abrigado encontra-se na sombra da chuva do Himalaia.

Diagramas Climáticos

Como vimos, espécies individuais de plantas e animais, e também formas de vida em geral, são afetadas por toda uma gama de fatores físicos em seu ambiente, muitos deles diretamente relacionados com o clima. Os biogeógrafos, portanto, têm procurado há muito tempo um meio de retratar os climas de uma forma simples e condensada que poderia dar de relance uma indicação das principais características que poderiam ser de importância crítica para a sobrevivência dos organismos na área. Os valores médios da temperatura e da precipitação podem ser de alguma utilidade, mas também é necessário avaliar a variação sazonal e os valores extremos se as implicações totais de um regime climático particular forem apreciadas. É com esse objetivo que Heinrich Walter, da Universidade de Hohenheim, na Alemanha, desenvolveu uma forma de diagrama do clima que é amplamente utilizada pelos biogeógrafos [30]. Uma explicação da construção desses diagramas é dada na Figura 3.16, e uma seleção de diagramas climáticos mostrando os climas de alguns dos principais biomas da Terra é dada na Figura 3.17.

As características essenciais do diagrama climático revelam mudanças nos padrões de condições ao longo do ano em qualquer local. Temperaturas médias mensais e precipitação são sobrepostas de uma maneira que revela a época do ano, quando a água é suscetível de ser escassa ou abundante. Isto é conseguido através de uma cuidadosa seleção das escalas em que a temperatura e a precipitação são representadas. Acima da linha de base, os períodos de seca ou de disponibilidade excessiva de água são claramente indicados, enquanto abaixo da linha de base é dada uma indicação de períodos de geada. Assim, em um único diagrama, as principais características que influenciam os organismos vivos podem ser imediatamente evidentes.

Modelando Biomas e Climas

O vínculo geral entre as formações vegetais, definidas em termos de formas de vida, e o clima é óbvio, mas os modernos biogeógrafos solicitam métodos mais robustos quando estudam as conexões entre vegetação e clima, em especial quando assumem a posição de predizer o futuro no caso das mudanças climáticas. Muito esforço tem sido feito para melhorar as definições das unidades biológicas, dos biomas, e como adaptá-los aos envelopes climáticos específicos. Temos atualmente muito mais informações detalhadas sobre a fisiologia de diferentes tipos de plantas do que a que estava disponível para Raunkiaer, incluindo a tolerância dessas plantas ao frio ou ao calor e a habilidade delas em lidar com secas ou enchentes. Quando toda essa informação é colocada junta, torna-se possível definir a abrangência dos tipos funcionais das plantas com muito mais precisão, sendo útil na classificação, no mapeamento e na compreensão da vegetação e suas relações com o clima. Também é possível fugir da noção de que os biomas são fixos em sua aparência; em vez disso, pode-se admitir a possibilidade de variações regionais e transições entre biomas. Precisamos aceitar que a composição dos biomas pode mudar com o tempo e alterar o clima, não apenas a localização dos limites do bioma. Estudos da história da vegetação ao longo dos últimos 10.000 anos mostram que a composição das assembleias biológicas está em constante mudança, por isso precisamos introduzir uma variável de tempo no nosso conceito de bioma, o que lhe confere um *status* dinâmico e não estático.

Uma das tentativas mais satisfatórias para descrever as complexas relações entre vegetação e clima foi a de E.O. Box [31], que compilou uma lista com 90 tipos funcionais de plantas. Box estabeleceu tolerâncias e requisitos climáticos a esses tipos funcionais envolvendo temperatura, precipitação e variações sazonais. Entretanto, a precipitação isolada pode ser enganosa, pois outras condições, tais como alta temperatura e radiação solar intensa, podem provocar rápida evaporação da água; dessa forma, é necessário um índice de umidade que expresse a razão entre a precipitação

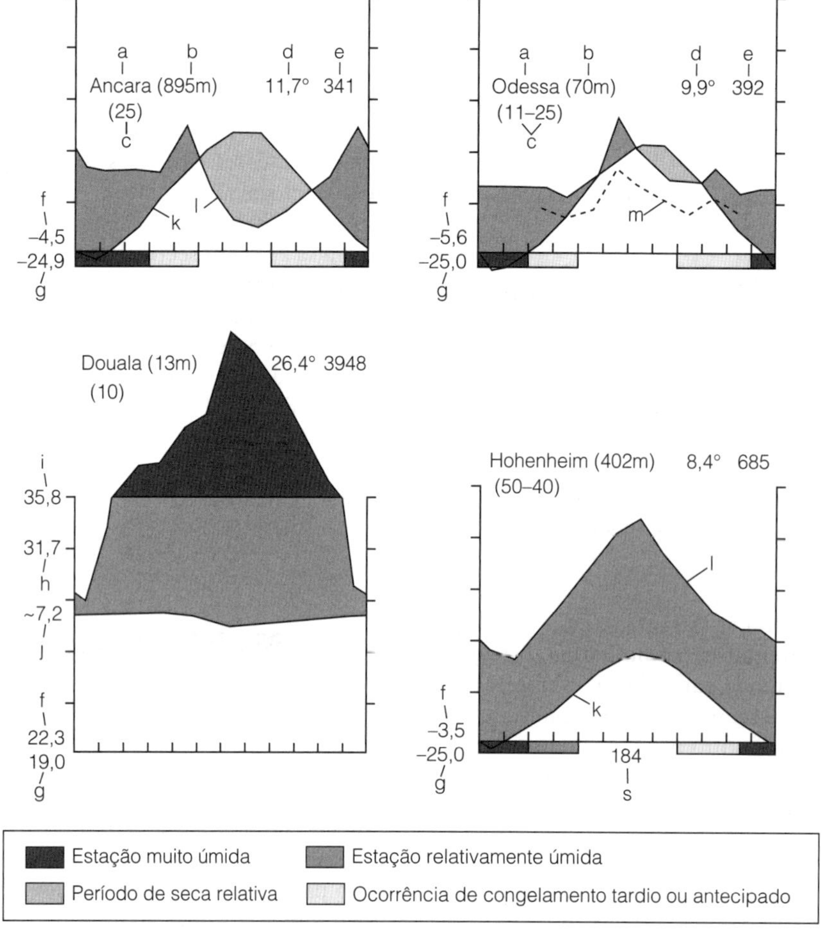

Figura 3.16 Climogramas transmitem muitas características da variação sazonal do clima de um local de modo que podem ser facilmente assimiladas visualmente, e são altamente relevantes para determinar a vegetação na área. Chave para os climogramas: abscissa: meses (Hemisfério Norte, janeiro a dezembro; Hemisfério Sul, junho a julho); ordenadas: uma divisão = 10 °C ou 20 mm de chuva. (a) Estação; (b) altitude sobre o nível médio do mar; (c) intervalo de observação em anos (se existirem dois números, o primeiro indica a temperatura e o segundo a precipitação); (d) temperatura média anual em °C; (e) média de precipitação anual em milímetros; (f) média da temperatura mínima diária no mês mais frio; (g) temperatura mínima registrada; (h) média da temperatura máxima diária no mês mais quente; (i) temperatura máxima registrada; (j) média da variação da temperatura diária; (k) curva da temperatura média mensal; (l) curva da precipitação média mensal; (m) curva de precipitação suplementar reduzida (10 °C = 30 mm); (s) duração média do período sem gelo, em dias. Faltam alguns valores em que não há disponibilidade de dados para as estações consideradas. Segundo Walter [30].

e a potencial **evapotranspiração** (a combinação da evaporação da água nas superfícies, o movimento ascendente e a perda de água pelas plantas). Isto é semelhante à abordagem utilizada por Walter na sua construção de diagramas climáticos. Uma vez que esses dados estejam disponíveis, é possível inspecionar um conjunto de condições climáticas e prever os tipos funcionais de plantas que serão encontrados, junto com suas abundâncias relativas e sua importância. As predições feitas, a partir de um modelo como esse [32], podem ser verificadas contra observações de campo para avaliar a proximidade entre o modelo e a realidade. É preciso ter em mente que previsões realizadas com esse modelo apresentarão vegetação potencial com base na premissa de que o clima é um fator determinante; não permite modificações humanas em hábitats naturais, nem por fatores geológicos ou históricos. É essencialmente o estudo de previsões climáticas ideais.

Um dos modelos mais eficazes e mais amplamente utilizados, que relacionam globalmente a vegetação com o clima, é o modelo desenvolvido por Colin Prentice e colaboradores da Universidade de Lund, na Suécia [24]. Eles procuraram manter uma abordagem simples em seu esforço de construir um modelo computacional da vegetação mundial, e empregaram apenas 13 tipos funcionais, baseados não apenas na morfologia mas também na fisiologia, especialmente na tolerância das plantas à temperatura. Consideraram a temperatura mínima com importância especial por determinar a distribuição das plantas lenhosas, como Raunkiaer corretamente afirmara. Por exemplo, a maioria das árvores tropicais, de folhas grandes, sempre verdes, morre quando é exposta ao congelamento. Árvores decíduas da floresta temperada, tais como o carvalho, sofrem sérios danos a temperaturas abaixo de –40 °C, enquanto várias coníferas sempre verdes, de folhas agulhadas, nas áreas boreais, como a espruce e o abeto, podem enfrentar temperaturas entre −45 e −60 °C. Algumas espécies de coníferas de folhas decíduas, como o lariço, são capazes de tolerar temperaturas mais baixas.

Por outro lado, muitas árvores temperadas precisam ser resfriadas durante o inverno para brotarem de modo eficaz e produzirem flores na primavera seguinte; assim, esse requisito precisa ser incorporado ao modelo. Isto significa que

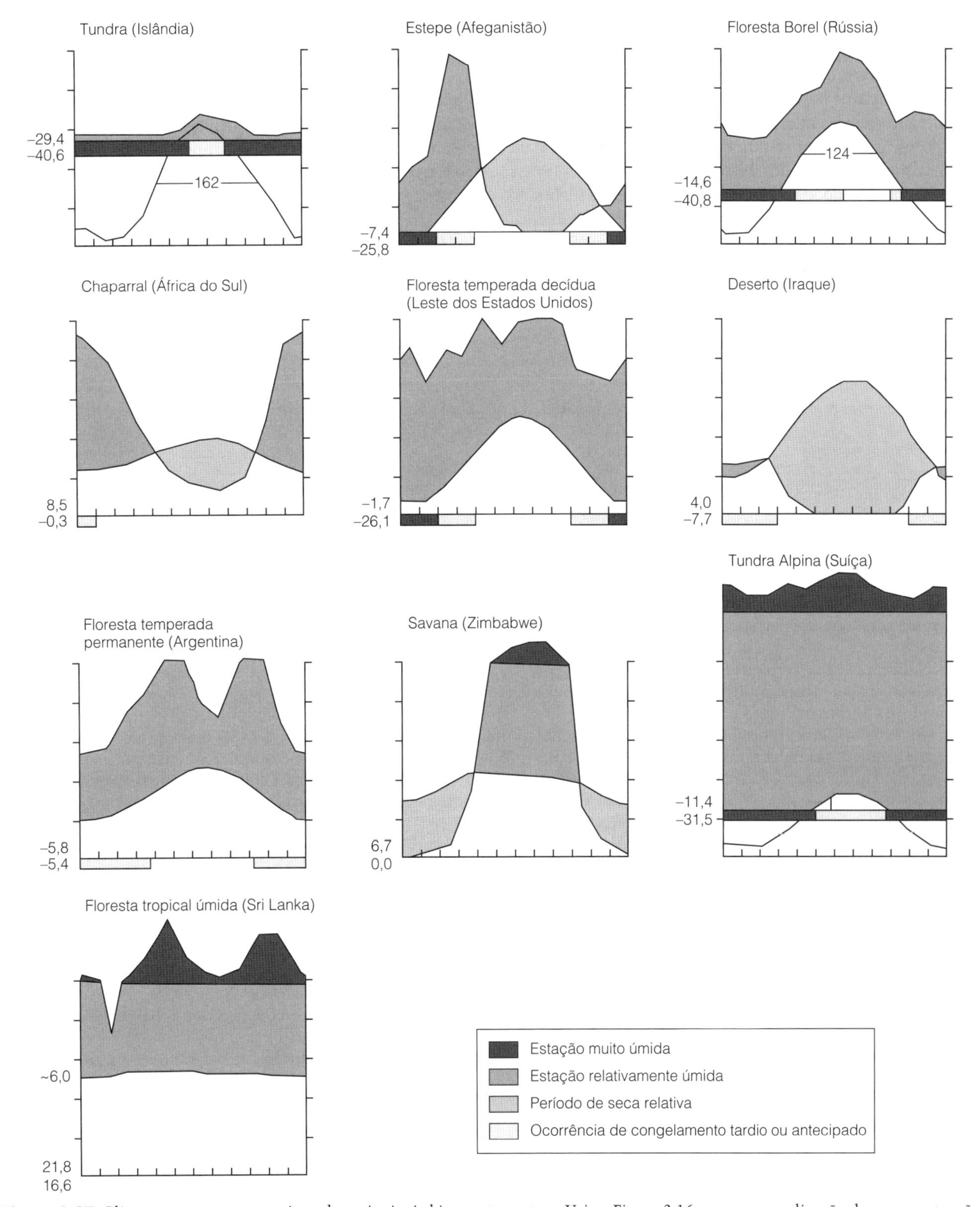

Figura 3.17 Climogramas representativos dos principais biomas terrestres. Veja a Figura 3.16 para uma explicação de sua construção.

algumas folhas agulhadas demandam invernos cujo mês mais frio atinja uma temperatura média abaixo de −2 °C. No entanto, o aquecimento durante a estação de crescimento também é necessário, e até mesmo as árvores das regiões mais quentes necessitam de cerca de 5 °C para uma atividade fotossintética adequada. Por outro lado, plantas de crescimento lento, como os arbustos anões e as caméfitas almofadadas, podem sobreviver eficientemente onde a temperatura média dos meses mais quentes é de apenas 0 °C. Para modelar a umidade de uma área, Prentice e colaboradores usaram um índice de umidade do tipo desenvolvido por Box, confiando na permissividade das variações de umidade sazonais.

O modelo de Prentice, com o nome BIOMA 3, funciona levando em conta várias variáveis climáticas e muitas outras, com a determinação de quais tipos funcionais poderiam sobreviver e, por fim, estimando quais deveriam ser dominantes. Dessa forma, o bioma potencial para a área pode ser deduzido [33]. A resposta do modelo é apresentada na Prancha 2b, que mostra a distribuição potencial dos biomas no Velho e no Novo Mundo. O modelo é essencialmente gleasoniano, pois inicia a partir dos requisitos dos tipos funcionais das plantas e dos agrupamentos baseados nas condições climáticas que elas poderiam tolerar em diferentes partes do mundo. Não há uma hipótese inicial sobre o número de biomas existentes ou como deveriam ser agrupados. Na verdade, surgem 17 biomas terrestres, como se pode observar nos mapas. As previsões do modelo de distribuição de biomas guardam grande semelhança com as atuais informações disponíveis (veja Prancha 2a) apresentadas por Olson. Devemos ter em mente que a informação é incompleta (por isso as falhas nos mapas do mundo real), e sempre reflete as consequências das atividades culturais humanas, não uma vegetação potencial.

A importância desta abordagem para o mapeamento e a classificação global dos biomas é proporcionar um modelo robusto com o qual podemos projetar novas circunstâncias e observar os resultados possíveis. Podem ser criados tipos de cenários climáticos diferentes e, assim, estimar a distribuição dos biomas. Uma vez que conheçamos a relação de certos tipos de agricultura com esses biomas, também podemos examinar o impacto da mudança climática no potencial agrícola em diferentes partes do mundo. Todos esses modelos, no entanto, precisam ser constantemente verificados contra o mundo real, a chamada 'verdade do solo', para que sua precisão possa ser determinada.

Uma das mais importantes razões pelas quais tais previsões devem ser feitas é proteger a assembleia muito variada de organismos vivos e nosso planeta de se tornar reduzida em sua biodivisão, como resultado de níveis crescentes de extinções. Para conseguir isso, precisamos entender os padrões globais de biodiversidade na Terra e localizar áreas que podem ser sensíveis às mudanças climáticas e outras. Este é o assunto do próximo capítulo.

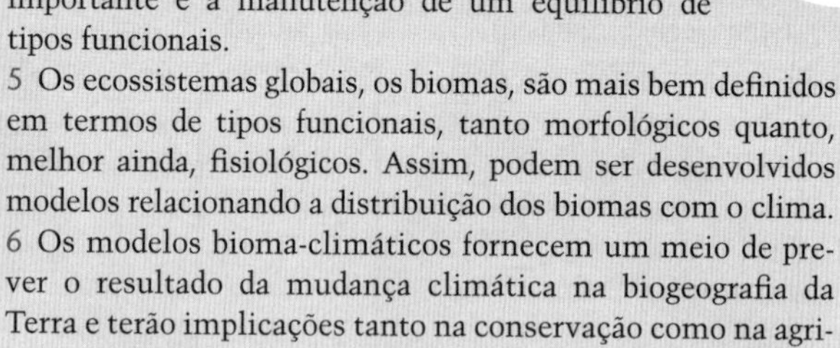

1 A ideia de uma 'comunidade' de organismos que ocorra em unidades discretas e seja previsível na sua composição de espécies é atraente e útil para os biogeógrafos, mas a natureza sempre apresenta mudanças contínuas no agrupamento de espécies, dependendo dos seus requisitos individuais.

2 Se a paisagem consistisse em um mosaico fragmentado, as comunidades seriam mais facilmente reconhecidas na natureza.

3 O ecossistema é uma forma útil de considerar os agrupamentos bióticos (animais e plantas) em relação ao mundo inanimado. É um conceito baseado na ideia de fluxo de energia através de uma cadeia alimentar (níveis tróficos) e da circulação de elementos entre os organismos e o mundo físico.

4 O uso do conceito de ecossistema e a noção de tipos funcionais de organismos (produtores, decompositores, fixadores de nitrogênio, etc.) dentro da comunidade fornecem uma maneira de investigar as implicações da biodiversidade para os sistemas naturais, permitindo-nos fazer a pergunta: Todas as espécies são realmente necessárias para a manutenção da estabilidade de um ecossistema, ou são redundantes? A pesquisa atual sugere que algumas espécies podem ser perdidas sem desestabilizar necessariamente um ecossistema. Mais importante é a manutenção de um equilíbrio de tipos funcionais.

5 Os ecossistemas globais, os biomas, são mais bem definidos em termos de tipos funcionais, tanto morfológicos quanto, melhor ainda, fisiológicos. Assim, podem ser desenvolvidos modelos relacionando a distribuição dos biomas com o clima.

6 Os modelos bioma-climáticos fornecem um meio de prever o resultado da mudança climática na biogeografia da Terra e terão implicações tanto na conservação como na agricultura. Mas as previsões de mudanças de bioma são tão boas quanto às previsões climáticas que as sustentam.

Leitura Complementar

Archibold OW. *Ecology of World Vegetation*. London: Chapman & Hall, 1995.

Crawford RMM. *Plants at the Margin: Ecological Limits and Climate Change*. Cambridge: Cambridge University Press, 2008.

Grime JP. *Plant Strategies, Vegetation Processes, and Ecosystem Properties*. 2nd ed. Chichester: John Wiley, 2001.

Loreau M, Naeem S, Inchausti P. *Biodiversity and Ecosystem Functioning*. Oxford: Oxford University Press, 2002.

Ohgushi T, Craig TP, Price PW. *Ecological Communities*. Cambridge: Cambridge University Press, 2007.

Van der Maarel E, Franklin J. *Vegetation Ecology*. 2nd ed. Chichester: Wiley-Blackwell, 2013.

Woodward FI, Lomas MR. Vegetation dynamics: simulating responses to climatic change. *Biological Reviews of the Cambridge Philosophical Society* 2004; 79: 643–670.

Referências

1. Ohgushi T, Craig TP, Price PW (eds.). *Ecological Communities*. Cambridge: Cambridge University Press, 2007.
2. Rodwell JS. *British Plant Communities, vol. I. Woodlands and Scrub*. Cambridge: Cambridge University Press, 1991.
3. Delcourt H, Delcourt P. Eastern deciduous forests. In: Barbour MG, Billings WD (eds.), *North American Terrestrial Vegetation*. 2nd ed. New York: Cambridge University Press, 2000: 357–395.
4. Callaway RM. Positive interactions among plants. *Botanical Review* 1995; 61: 306–349.
5. Callaway RM, D'Antonio CM. Shrub facilitation of coast live oak establishment in central California. *Madroño* 1991; 38: 158–169.
6. Forman RTT. *Land Mosaics: The Ecology of Landscapes and Regions*. Cambridge: Cambridge University Press, 1995.
7. Thomas F, Renaud F, Guegan J-F. *Parasitism and Ecosystems*. Oxford: Oxford University Press, 2005.
8. Reagan DP, Waide RB. *The Food Web of a Tropical Rain Forest*. Chicago: University of Chicago Press, 1996.
9. Vitousek P. *Nutrient Cycling and Limitation*. Princeton: Princeton University Press, 2004.
10. Naeem S, Loreau M, Inchausti, P. Biodiversity and ecosystem functioning: the emergence of a synthetic ecological framework. In: Loreau M, Naeem S, Inchausti P (eds.), *Biodiversity and Ecosystem Functioning*. Oxford: Oxford University Press, 2002: 3–17.

11. Smith TM, Shugart HH, Woodward FI. *Plant Functional Types: Their Relevance to Ecosystem Properties and Global Change*. Cambridge: Cambridge University Press, 1997.
12. McNaughton SJ, Banyikwa FF, McNaughton MM. Promotion of the cycling of diet-enhancing nutrients by African grazers. *Science* 1997; 278: 1798–1800.
13. Elton CS. *The Ecology of Invasion by Animals and Plants*. Chicago: University of Chicago Press, 2000.
14. Chapin FS, Walker BH, Hobbs RJ, Hooper DU, Lawton JH, Sala OE, Tilman D. Biotic control over the functioning of ecosystems. *Science* 1997; 277: 500–504.
15. Wittebolle L, Marzorati M, Clement L, *et al.* Initial community evenness favours functionality under selective stress. *Nature* 2009; 458: 623–626.
16. Leps J. Diversity and ecosystem function. In VanderMaarel E, Franklin J (eds.), *Vegetation Ecology*. Chichester: Wiley-Blackwell, 2013: 308–346.
17. Naeem S, Li S. Biodiversity enhances ecosystem reliability. *Nature* 1997; 390: 507–509.
18. Montoya JM, Pimm SL, Sole RV. Ecological networks and their fragility. *Nature* 2006; 442: 259–264.
19. Hector A, Bagchi R. Biodiversity and ecosystem multifunctionality. *Nature* 2007; 448: 188–190.
20. Moore PD, Bhadresa R. Population structure, biomass and pattern in a semi⊠desert shrub, *Zygophyllum eurypterum* Bois. and Buhse, in the Turan Biosphere Reserve of north-eastern Iran. *Journal of Applied Ecology* 1978; 15: 837–845.
21. Box EO, Fujiwara K. Vegetation types and their broad-scale distribution. In Vander Maarel E, Franklin J. (eds.), *Vegetation Ecology*. Chichester: Wiley⊠Blackwell, 2013: 455–485.
22. Grime JP. *Plant Strategies, Vegetation Processes, and Ecosystem Properties*. Chichester: John Wiley, 2001.
23. Shugart HH. Plant and ecosystem functional types. In: Smith TM, Shugart HH, Woodward FI (eds.), *Plant Functional Types*. Cambridge: Cambridge University Press, 1997: 20–43.
24. Prentice IC, Cramer W, Harrison SP, Leemans R, Monserud RA, Solomon AM. A global biome model based on plant physiology and dominance, soil properties and climate. *Journal of Biogeography* 1992; 19: 117–134.
25. Woodward FI, Lomas MR, Kelly CK. Global climate and the distribution of plant biomes. *Philosophical Transactions of the Royal Society of London B* 2004; 359: 1465–1476.
26. Whittaker RH. *Communities and Ecosystems*. 2nd ed. New York: Macmillan, 1975.
27. Schoenherr AA. *A Natural History of California*. Berkeley: University of California Press, 1992.
28. Fitter J, Fitter D, Hosking D. *Wildlife of Galapagos*. London: Collins, 2007.
29. Crawford RMM. *Plants at the Margin: Ecological Limits and Climate Change*. Cambridge: Cambridge University Press, 2008.
30. Walter H. *Vegetation of the Earth*. 2nd ed. Heidelberg: Springer-Verlag, 1979.
31. Box EO. *Macroclimate and Plant Forms: An Introduction to Predictive Modeling in Phytogeography*. The Hague: Dr W. Junk, 1981.
32. Cramer W, Leemans R. Assessing impacts of climate change on vegetation using climate classification systems. In: Solomon AM, Shugart HH (eds.), *Vegetation Dynamics and Global Change*. London: Chapman & Hall, 1992: 190–217.
33. Haxeltine A, Prentice IC. BIOME 3: an equilibrium terrestrial biosphere model based on ecophysiological constraints, resource availability, and competition among plant functional types. *Global Biogeochemical Cycles* 1996; 10: 693–709.Further Reading
34. Archibold OW. *Ecology of World Vegetation*. London: Chapman & Hall, 1995.
35. Crawford RMM. *Plants at the Margin: Ecological Limits and Climate Change*. Cambridge: Cambridge University Press, 2008.
36. Grime JP. *Plant Strategies, Vegetation Processes, and Ecosystem Properties*. 2nd ed. Chichester: John Wiley, 2001.
37. Loreau M, Naeem S, Inchausti P. *Biodiversity and Ecosystem Functioning*. Oxford: Oxford University Press, 2002.
38. Ohgushi T, Craig TP, Price PW. *Ecological Communities*. Cambridge: Cambridge University Press, 2007.
39. Van der Maarel E, Franklin J. *Vegetation Ecology*. 2nd ed. Chichester: Wiley⊠Blackwell, 2013.
40. Woodward FI, Lomas MR. Vegetation dynamics: simulating responses to climatic change. *Biological Reviews of the Cambridge Philosophical Society* 2004; 79: 643–670.

Padrões de Biodiversidade

A biodiversidade é um termo que abrange todas as coisas vivas que existem na terra, incluindo todos os animais e plantas descobertos e descritos por zoólogos e botânicos e todos os que permanecem desconhecidos à espera de descrição. Além disso, ela inclui todos os fungos, bactérias, protozoários e vírus que, em geral, são menos conhecidos do que animais e plantas. Mas a biodiversidade vai além disso e inclui a variação genética encontrada dentro de cada espécie. Alguns até estenderiam o uso do termo para abrigar a grande variedade de hábitats que existem na Terra e que suportam todas as coisas vivas. A diversidade de hábitat está, sem sombra de dúvidas, intimamente ligada à biodiversidade no seu sentido biológico. Neste capítulo, examinamos o que é conhecido da biodiversidade da Terra e se podemos discernir padrões na distribuição da biodiversidade.

Dada a extraordinária imensidão do universo, é improvável que a Terra seja o único planeta em que a vida existe. Porém, no que diz respeito ao conhecimento atual, ele permanece o único que apresenta uma ampla gama de organismos vivos. À medida que a pesquisa astronômica continua, a descoberta de evidências de vida extraterrestre em outro sistema solar se torna estatisticamente maior, mas uma coisa é certa: a vida é uma mercadoria extremamente rara no universo e, portanto, deve ser muito valorizada. A **biodiversidade** é uma expressão da grande variedade de seres vivos no nosso planeta, mas é muito mais do que uma simples contagem de espécies.

Como discutimos no Capítulo 2, quando escolhemos uma espécie e analisamos sua composição, descobrimos que ela consiste em uma série de populações, às vezes adjacentes entre si e por vezes fragmentadas e isoladas. Uma população fragmentada é denominada **metapopulação**. Algumas dessas populações isoladas são de forma clara geneticamente distintas e podem ser classificadas como subespécies, mas mesmo dentro de populações isoladas há, muitas vezes, grande variação entre organismos individuais. A biodiversidade inclui todo o espectro de populações, em conjunto com toda a variação genética encontrada em cada espécie.

Uma vez que podemos considerar uma espécie como uma coleção de componentes populacionais, podemos interpretar as comunidades de organismos como agrupamentos de várias populações com uma variedade de diferentes espécies, todas interagindo entre si (veja o Capítulo 3). Quando essas comunidades são colocadas no cenário de ambientes azoicos, elas constituem um ecossistema. Nosso conceito de biodiversidade deve, dessa maneira, incluir a rica variedade de ecossistemas que ocupam a Terra, muitos dos quais têm um componente humano importante. Se desejamos conservar a biodiversidade, o que muitos ecologistas acreditam ser basicamente um objetivo sensível, então a conservação dos ecossistemas e seus hábitats são o ponto de partida mais indicado.

O tema da conservação será examinado em detalhes no Capítulo 14, mas é válido ressaltar aqui a razão pela qual a biodiversidade deve ser considerada importante e por que é necessário preservá-la. Por que precisamos, ou por que queremos, manter a riqueza biótica da Terra? Precisar e querer são experiências muito diferentes. Precisamos de algo quando é útil para nós, e pode-se argumentar que os demais organismos vivos da Terra são úteis para nós. Alguns proporcionam alimentos ou materiais para construção de moradias e confecção de vestimentas; outros são fontes de medicamentos. Muitos outros organismos são parte do nosso sistema geral de sustentação na Terra, estando envolvidos na manutenção do balanceamento gasoso da atmosfera, da estrutura saudável do solo ou mesmo na modificação de nosso clima. Assim, existe uma forte argumentação para a utilidade da manutenção da biodiversidade da Terra. Mesmo aquelas espécies que não são vistas hoje como úteis, um dia poderão ser consideradas como tal.

No entanto, existe outro argumento que pode ser associado a 'desejo' em vez de 'necessidade'. Podemos desejar possuir aves e flores em nosso mundo apenas porque eles nos agradam — uma espécie de argumento estético. Podemos nos desapontar porque nunca veremos uma pomba migratória,* um dodo ou um arau-gigante.** Podemos ainda perceber que o mundo é bem menos centrado no ser humano e reivindicar que os organismos têm seus próprios direitos à existência, talvez até maiores que os nossos. Este é um argumento ético que está além da esfera científica, embora isso não negue sua validade. Assim, é nossa responsabilidade, como uma espécie de alto impacto sobre os ecossistemas da Terra, garantir que as extinções sejam minimizadas. A conservação, portanto, torna-se uma questão ética.

Se aceitarmos qualquer um desses argumentos, seremos levados a uma posição na qual precisaremos saber se a Terra está atualmente perdendo espécies e, nesse caso, com que rapidez? Também precisaremos nos preocupar com até que ponto o ser humano está substancialmente contribuindo para esse ritmo de perdas e se há alguma coisa que possa ser feita

---

* *Ectopistes migratorius.* (N.T.)

** Ou pega-gigante, *Pinguinus impennis.* (N.T.)

a respeito. Mas, para compreendermos o ritmo de extinções e suas causas, precisamos voltar um pouco e nos perguntar quantas espécies existem na Terra para que possamos calcular quão rapidamente as estamos perdendo.

Quantas Espécies Existem?

Ninguém gosta de perder coisas, mas a gravidade da perda pode ser mais bem quantificada com base no que foi perdido. A perda de um dólar será sentida mais intensamente por um mendigo do que por um milionário. Para a humanidade, a importância da perda de uma espécie terrestre só poderá ser julgada se a considerarmos em termos proporcionais e se analisarmos essa perda da perspectiva do que restará. Precisamos estimar quantas espécies ocupam a Terra para podermos avaliar a importância das atuais taxas de extinção.

Uma das coisas mais surpreendentes na ciência é quão pouco se sabe. Você pode supor, por exemplo, que os biólogos têm uma ideia razoável sobre a quantidade de espécies de organismos vivos que existem atualmente na Terra, mas na verdade não é bem assim. A questão ainda é ardentemente debatida, e as estimativas feitas por biólogos variam entre 3 e 500 milhões de espécies! No que todos estão em acordo é que apenas uma parcela muito pequena do total é conhecida atualmente pela ciência e já foi descrita adequadamente. Algumas partes do mundo foram muito pouco estudadas, especialmente as regiões tropicais, onde a diversidade de espécies é particularmente alta. Várias das espécies mais abundantes são extremamente pequenas e não devem ter sido detectadas no passado. Muitas espécies são difíceis de identificar, e são necessários estudos muito cuidadosos para distingui-las; a quantidade de especialistas no campo da **taxonomia** (o estudo da classificação de plantas e animais) é relativamente pequena e, assim, a tarefa de contar espécies é muito difícil de ser concretizada do que possa parecer.

A confusão sobre o número de espécies presentes na Terra pode parecer surpreendente para os não biólogos, mas a abundância absoluta de espécies torna difícil ter certeza de que todas as descrições realizadas são válidas, que não foram duplicadas, ou que aquelas descritas como uma única espécie não constituem, na verdade, algumas espécies que foram agrupadas por ignorância. Por exemplo, o caimão-comum (*Porphyrio porphyrio*) é encontrado em todo o Velho Mundo, desde o sul da Espanha, através da África, Índia e sudeste da Ásia, Indonésia, Austrália, Nova Zelândia e as ilhas do Pacífico Sul [1]. Também foi introduzido na Flórida, mas na América do Norte é amplamente substituído pelo frango-d'água-azul (*Porphyrio martinica*) [2]. Porém, trabalhos recentes sobre a espécie do Velho Mundo mostraram que existem 14 subespécies, que se dividem em seis grupos geneticamente relacionados em ramos evolutivos separados, ou **clados** (veja o Capítulo 6). A separação genética entre esses grupos foi examinada e agora é considerada adequada para o reconhecimento de seis espécies distintas em vez de apenas uma [3]. Assim, uma espécie foi transformada em seis, e a biodiversidade global foi aumentada em uma só vez! É provável que existam muitos desses exemplos no futuro, visto que a análise do DNA proporciona grandemente formas melhoradas para examinar a biodiversidade. Um dos problemas aqui apresentados é, na verdade, como definir uma espécie. A conveniente ideia de que duas espécies não podem cruzar na verdade não se aplica, pois tem sido sistematicamente observada a possibilidade de cruzamento entre animais ou plantas claramente diferentes. Quando populações de um organismo são suficientemente diferentes na sua forma exterior, na sua fisiologia, no seu padrão comportamental e nos seus padrões moleculares genéticos (veja o Capítulo 6), elas são consideradas espécies distintas. No entanto, a definição é muito maleável e as linhas traçadas para delimitar as espécies variam de tempos em tempos, na medida em que mais informações se tornam disponíveis, e a tarefa de determinar quantas espécies existem na Terra torna-se um problema maior.

Por outro lado, de aproximadamente 1,8 milhão de espécies de organismos que foram descritas, muitas o foram duas, ou mais vezes! Entre os besouros, por exemplo, 40 % das espécies descritas só foram registradas nos locais em que foram feitas as primeiras descrições. Isto é pouco provável de ser um reflexo verdadeiro de sua distribuição, e é muito provável que se trate de duplicatas com nomes diferentes em diferentes locais. Esse 'problema de nomes supostos' infla o número de espécies descritas [4], mas a crença corrente é de que existem muito mais espécies à espera de serem descobertas e que o número real de espécies ainda vivas na Terra deve ser absurdamente maior que o número das atualmente descritas. O Boxe 4.1 discute com mais detalhes a quantidade de espécies.

A diversidade dos micróbios, das bactérias, fungos, vírus etc. é particularmente difícil de estimar, porque esses grupos não são tão próximos nem bem conhecidos quanto os mamíferos ou as plantas floríferas. Sobre as bactérias, por exemplo, foram descritas apenas cerca de 4000 espécies (Tabela 4.1), o que deve representar cerca de um décimo de 1 % do total; portanto, falta muito por fazer nesta área. O estudo da biodiversidade entre os micróbios é complicado pela variabilidade genética e bioquímica encontrada em populações silvestres [9, 10]. Também se torna mais difícil pelo fato de as bactérias poderem sobreviver em depósitos geológicos profundos, muito além das camadas da Terra que supostamente, em algum momento, representavam os limites da **biosfera**, parte da Terra que é habitável por organismos [11]. Sua capacidade de viver em ambientes extremos e seu grande potencial de serviço à humanidade tornam as bactérias particularmente interessantes e importantes para nós, e assim é interesse nosso ampliar o conhecimento sobre a diversidade microbiana. No entanto, até mesmo o conceito de espécie deve ser reconsiderado quando lidamos com micróbios [12].

O caso oferecido pelo Rio Tinto, no sul da Espanha, é um exemplo do tamanho do problema que se apresenta a quem estuda a diversidade microbiana [13]. Esse rio era conhecido como 'Rio do Fogo' pelos antigos fenícios, devido à sua cor vermelha intensa, causada pela alta concentração de ferro e outros metais dissolvidos em suas águas fortemente ácidas (pH 2). Hoje, essas condições são frequentemente associadas a águas altamente poluídas em consequência das atividades humanas de mineração, e de fato o Rio Tinto foi afetado dessa forma durante 5000 anos. No entanto, mesmo em épocas anteriores à poluição humana, esse rio era rico em metais devido aos altos teores metálicos das rochas sobre as quais ele flui. Pesquisa recente sobre a biodiversidade do rio empregou técnicas moleculares para examinar a extensão

Quantas espécies?

Conceito Boxe 4.1

Uma estimativa conservadora para o possível número de espécies que vivem na Terra é 12,5 milhões [5], mas o ecologista tropical Terry L. Erwin [6] propôs que o total é muito maior que isto, talvez cerca de 30 milhões apenas de insetos tropicais. Ele chegou a esta conclusão a partir do resultado de um estudo sobre besouros em uma única espécie de árvore, *Luehea seemannii* (uma árvore tropical relacionada ao limoeiro das regiões temperadas) no Panamá, que ele mostrou por "esfumação". Trata-se de uma técnica eficiente para atordoar os insetos em um dossel por fumigação com um inseticida. Atordoados, os insetos caem da árvore e são coletados em bandejas dispostas sob o dossel. Erwin examinou 19 indivíduos da espécie *L. seemannii* nas florestas panamenhas e conseguiu obter 1200 espécies de besouros somente com essa análise. Esse número tão grande não surpreende, pois os besouros são insetos extraordinariamente adaptados e podem compreender em torno de 25 % do número total de espécies de organismos vivos. Mas o estudo ilustrou a marcante riqueza de besouros na floresta tropical.

A partir desses dados, Erwin fez algumas suposições sobre o número de besouros encontrados especificamente em uma determinada espécie de árvore, sobre o número de espécies arbóreas encontradas e sobre as proporções de diferentes organismos na floresta em relação umas com as outras. Extrapolou a partir dessas informações reunidas e chegou à conclusão de que, se esse número de besouros é verdadeiramente representativo da riqueza na floresta, pode-se prever um total de 30 milhões de espécies de insetos na Terra. A incerteza de muitas de suas suposições, porém, deve nos levar a ter muita cautela na aceitação desses números sem crítica. Outros entomologistas, como Nigel Stork e Kevin Gaston [7], verificaram as estimativas de Erwin empregando dados de estudos na floresta tropical de Bornéu. Stork estabeleceu estimativas que vão de 10 milhões a 80 milhões para os artrópodes (um grupo de animais invertebrados que inclui os insetos). Outra estimativa independente [8] sustenta a extremidade mais baixa dessa escala, colocando os artrópodes tropicais entre 6 e 9 milhões. A margem de erro em todas as estimativas ainda é tão baixa que existe espaço para grandes discrepâncias nos números que serão calculados, mas acredita-se que a quantidade de espécies no mundo deva superar os 10 milhões.

de microrganismos presentes e encontrou uma fartura de espécies nunca antes detectada. Mais de 60 % da biomassa do rio consistem em linhagens de algas microscópicas altamente tolerantes, que evoluíram e se adaptaram, ao longo de milênios, a essas condições extremas. Portanto, mesmo os hábitats mais improváveis podem conter uma riqueza de vida.

Entre os fungos, foram descritas até hoje 70.000 espécies, mas David Hawksworth, do International Mycological Institute, no Reino Unido, acredita que o total verdadeiro pode chegar a 1,6 milhão de espécies [14]. Em áreas da Terra nas quais os fungos foram pesquisados meticulosamente, constatou-se que cada espécie de planta superior sustenta cerca de cinco ou seis espécies fungívoras. Assim, se se aceita que o número total de plantas floríferas (desde que todas tenham sido descritas) é 300.000, o número total de fungos deve situar-se na ordem de 1,5 milhão ou mais.

Tabela 4.1 Número de espécies descritas em alguns grupos de organismos, junto com os números totais prováveis na face da Terra e as porcentagens do grupo que é atualmente conhecido. Dados de Groombridge [15].

Grupo	Número de espécies descritas	Estimativa global	Porcentagem conhecida do grupo
Insetos	950.000	8.000.000	12
Fungos	70.000	1.000.000	7
Aracnídeos	75.000	750.000	10
Vírus	5.000	500.000	5
Nematódeos	15.000	500.000	3
Bactérias	4.000	400.000	1
Plantas vasculares	250.000	300.000	83
Protozoários	40.000	200.000	20
Algas	40.000	200.000	20
Moluscos	70.000	200.000	35
Crustáceos	40.000	150.000	27
Vertebrados	45.000	50.000	90

A partir desse exemplo, pode-se constatar que a estimativa do número possível de organismos é obtida por um processo de extrapolação. Se dispusermos de determinados fatos e fizermos algumas suposições adicionais, podemos começar, a partir do que conhecemos, a fazer projeções nos misteriosos domínios da incerteza. Apesar de os resultados não serem satisfatórios, é o melhor que podemos fazer. A Tabela 4.1 dá uma ideia do que conhecemos atualmente, para alguns grupos de organismos, a respeito da riqueza da diversidade de espécies que vivem na Terra, e também, de modo aproximado, qual proporção, em cada grupo, se supõe já ter sido descrita [15]. Os vertebrados (animais providos de coluna vertebral) são razoavelmente bem conhecidos, de modo que são esperadas relativamente poucas espécies novas nessa área, e o mesmo se diga quanto às plantas floríferas. Levantamentos recentes listaram 4327 espécies de mamíferos e 9672 espécies de aves, e é pouco provável que esses totais aumentem substancialmente, mesmo com levantamentos e pesquisas adicionais sobre suas classificações e mesmo que novas espécies continuem a ser descritas na ordem de 100 espécies por década [16], como é o caso dos mamíferos. De fato, desde 1990 foram descritas 40 novas espécies de primatas, incluindo duas novas espécies de macacos da região da Amazônia brasileira em 2002. Mas ainda se sabe muito pouco sobre as aranhas e os ácaros (aracnídeos), as algas e os vermes nematódeos, entre outros, e pode-se esperar que existam muito mais espécies nesses grupos. Existe a frustração adicional, do ponto de vista dos biólogos, de que os organismos menores tendem a ser mais numerosos e mais diversificados do que os maiores, aumentando os esforços na extremidade mais difícil do espectro de busca [17].

Todas essas dificuldades em estimar a biodiversidade da Terra se aplicam igualmente a determinados locais e hábitats.

Até mesmo listar todas as espécies de um local, independentemente das variações genéticas ou de hábitat que contribuem para a biodiversidade, pode ser um processo longo, custoso, demorado e inexato. Uma abordagem alternativa é avaliar a abundância de determinados grupos de organismos que são facilmente observados e identificados (como as plantas superiores, os mamíferos, as aves ou as borboletas) e supor que são representativos dos grupos menos facilmente observados e identificados. Esse método deve funcionar bem onde as espécies apresentam alta dependência umas das outras (como parasita e hospedeiro, ou como alimento e consumidor), como no caso dos organismos formadores de galhas e das espécies arbustivas nas pradarias da África do Sul (Figura 4.1) [18]. Existe uma forte relação linear entre os dois grupos. No entanto, um levantamento minucioso conduzido por John Lawton e colaboradores na Reserva Florestal Mbalmayo, na República dos Camarões [19], abrangendo aves, borboletas, besouros, formigas, cupins e nematódeos, mostrou haver pouco parentesco global entre um grupo e os demais. Mas outros estudiosos analisaram dados de inúmeras pesquisas biológicas, em diferentes locais no Reino Unido e no Canadá e descobriram que é possível ignorar uma proporção do total de espécie sem perda significativa de dados [20]. A eliminação de 10 % das espécies de uma pesquisa, as quais são as mais difíceis e demoradas para identificar, por exemplo, não resultou em nenhuma mudança significativa no padrão avaliado de biodiversidade.

Outra tentativa de encontrar um atalho para estimar o número total de seres vivos foi o emprego do tamanho corporal. Obviamente, existem menos organismos de grande porte do que organismos menores, mas há uma relação simples entre o número de espécies e o tamanho do corpo? Uma vez que sabemos razoavelmente bem as quantidades de espécies de grande porte, podemos extrapolar para, a partir do que sabemos sobre elas, estimar quantas criaturas pequenas existem na Terra. Se considerarmos os animais de 5 a 10 m de comprimento (por exemplo, os elefantes e as baleias), teremos menos de dez espécies que se enquadram nessas dimensões. Na faixa de 1 a 5 m (por exemplo, os cavalos e os cervos), talvez existam algumas centenas. Na faixa de 0,5 a 1 m (por exemplo, as raposas), deve haver cerca de mil espécies, enquanto na faixa de 0,1 m a 0,5 m (por exemplo, os roedores) pode atingir cerca de 10.000. Essa relação entre tamanho do corpo e abundância

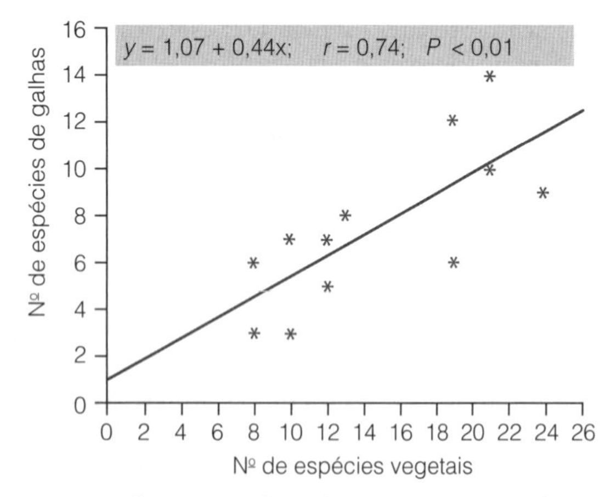

Figura 4.1 Gráfico mostrando a relação entre a riqueza de espécies formadoras de galhas e o número de espécies arbustivas na Reserva Natural de Aynsberg, África do Sul. Dados extraídos de Wright & Samways [18].

de espécies mantém-se constante à medida que diminuímos as faixas de tamanho, e assim, na faixa entre 0,005 e 0,01 m (tamanho das formigas), deve existir cerca de um milhão de espécies. No entanto, para criaturas menores (abaixo de 0,005 m, tais como pulgas, ácaros e menores) o número de espécies conhecidas diminui em relação à linha de relacionamento logarítmica que vale para os níveis mais altos de tamanho. Essa falta de uma diversidade visível entre os organismos menores é consequência da nossa ignorância sobre o seu montante, ou estamos enganados em supor que eles devem seguir os mesmos padrões lineares das espécies maiores? Se admitirmos que o gráfico de linha representa um padrão real da relação entre tamanho e diversidade, poderemos então calcular um número esperado de organismos pequenos, e avaliar que a biodiversidade total deve atingir cerca de 10 milhões.

Pesquisadores na Universidade de Minnesota testaram a premissa de que as criaturas pequenas devem ser mais diversificadas do que aparentam, examinando em detalhe ecossistemas particulares e inferindo a relação entre tamanho e diversidade para locais específicos. A Figura 4.2 mostra os resultados da análise detalhada de espécies invertebradas de um ecossistema de pradaria norte-americano em relação ao tamanho de seus corpos (neste caso, foi medido o volume corporal, não o comprimento) [21]. Pode-se ver que, em uma grande variedade de grupos de insetos, existem na verdade menos espécies na extremidade do espectro do que prevê o modelo linear, e nesse caso podemos assegurar que isto não ocorreu porque as espécies pequenas foram esquecidas. Devemos, portanto, concluir que o modelo linear é falho e não é o meio mais apropriado de calcular a biodiversidade total. É possível que estudos desse tipo resultem no estabelecimento de um modelo mais confiável que o modelo linear e que, no futuro, possam ser usados para extrapolação e estimação da biodiversidade. Existe também a necessidade de investigar a relação tamanho-diversidade entre plantas. Atualmente, há evidências de que existem consideravelmente mais espécies de plantas pequenas do que grandes, possivelmente por terem nichos mais estreitos ou maior fecundidade [22], mas não há um modelo de relação preciso e atualmente disponível.

Com esta exposição dos problemas em avaliar o número de espécies em uma localidade específica, fica claro que as taxas de extinção só podem ser vagamente estimadas, pois dependem desse tipo de contagem. Embora muitos casos conhecidos de extinção, no passado recente, tenham resultado da caça ou da perseguição humanas, todos os organismos envolvidos foram alvejados facilmente e em larga escala. Nada se sabe a respeito das criaturas menores, especialmente os micróbios. No entanto, a extinção dos organismos pequenos parece ser devida à perda do hábitat, e alguns hábitats são mais ricos do que outros, de modo que o cálculo das possíveis taxas de extinção depende de quais tipos de hábitats estão sendo destruídos. Avaliar taxas de extinção também é difícil, porque raramente podemos ter certeza de que uma espécie realmente foi perdida, de que não sobrou nenhum membro isolado. Existe ainda uma possibilidade, por exemplo, de que o pica-pau-bico-de-marfim* tenha sobrevivido em algum lugar no sul dos Estados Unidos ou em Cuba, apesar de ser considerado extinto há muito tempo [23]. No caso das plantas, é muito mais difícil registrar a extinção.

***Campephilus principalis.* (N.T.)

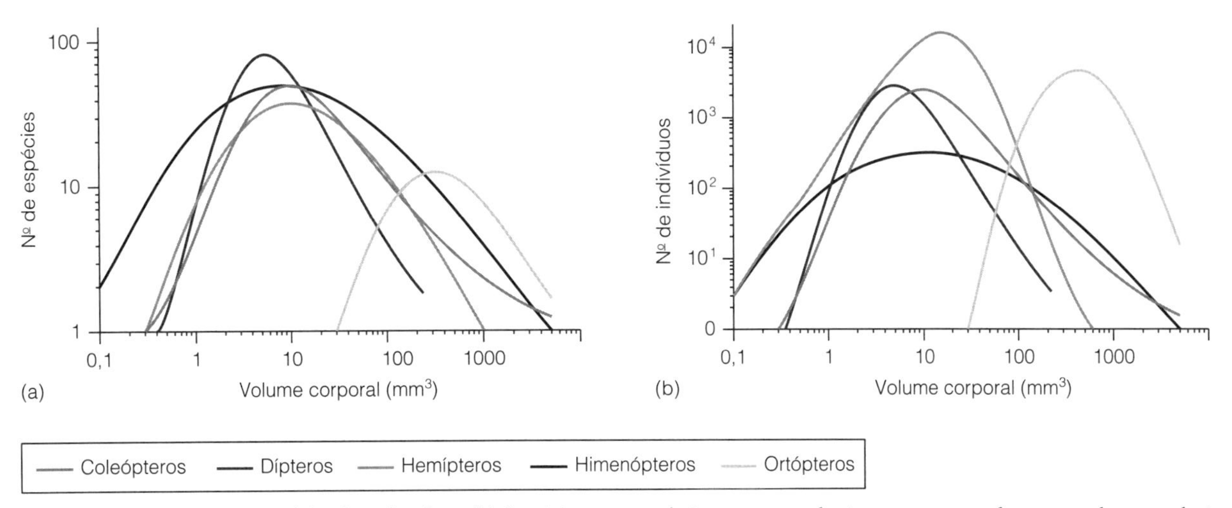

Figura 4.2 O número de espécies (a) e de indivíduos (b) de vários grupos de insetos em relação ao seu tamanho corporal, na pradaria, em Minnesota. Os grupos mostrados são Ortópteros (gafanhotos), Himenópteros (vespas e abelhas), Hemípteros (percevejos), Coleópteros (besouros) e Dípteros (moscas). Segundo Siemann *et al.* [21].

Algumas plantas são capazes de sobreviver durante décadas ou até século com sementes dormentes, até que ressurgem inesperadamente após longos períodos de aparente extinção.

Várias espécies de plantas da Mata Atlântica brasileira, que hoje ocupa apenas cerca de 10 % da cobertura original, foram registradas pela última vez nos anos 1850 e desde então não foram mais vistas. No entanto, é difícil assegurar que elas realmente se foram e que não sobreviveu nem mesmo uma semente adormecida. Há ocasiões em que são descobertas plantas que eram conhecidas apenas em estado fóssil. Mesmo recentemente, em 1994, foi descoberta uma árvore em um desfiladeiro próximo a Sydney, na Austrália [24], que recebeu o nome *Wollemia nobilis* e que, assim como a *Ginkgo*, era muito semelhante a uma planta fóssil do Cretáceo que se presumia estar extinta.

No entanto, a despeito dos problemas de registrar exatamente o processo, sem sombra de dúvidas a extinção está ocorrendo ao nosso redor. O biólogo Edward O. Wilson [5] calculou que, apenas em áreas de floresta tropical, a perda de espécies deve estar hoje em torno de 6000 por ano. Esta cifra significa 17 espécies por dia, e a floresta tropical cobre apenas 6 % da área da superfície terrestre do planeta, de modo que as taxas de extinção serão ainda maiores se incluirmos outros biomas. Embora a extinção tenha sido sempre um elemento inevitável no processo evolucionário, calcula-se que suas taxas atuais sejam 100 a 1000 vezes maiores do que aquelas anteriores ao surgimento da nossa espécie. Também é assustador pensar que podem se acelerar em dez vezes mais no próximo século [25]. Até o momento, houve pelo menos cinco grandes eventos de extinção na história da Terra, mas esta sexta extinção pode ser a maior e mais rápida de todas.

Gradientes Latitudinais de Diversidade

Quando atentamos para o modo como a biodiversidade se distribui sobre a superfície terrestre do planeta, percebemos que está muito longe da uniformidade [26]. De maneira geral, os trópicos contêm muito mais espécies do que áreas equivalentes em latitudes mais altas. Esta afirmativa parece ser verdadeira para muitos grupos diferentes de plantas e animais, como se pode observar na Figura 4.3, que ilustra o número de aves e mamíferos reprodutores encontrados em vários países e estados das Américas Central e do Norte. O Panamá, país tropical distante apenas 800 km da linha do equador e vizinho próximo da Costa Rica, possui 667 espécies de aves que ali se reproduzem, quantidade três vezes maior do que no Alasca, apesar de este possuir uma área muito maior.

Padrão semelhante pode ser observado no número de espécies de mamíferos em latitudes diferentes da América do Norte (Figura 4.3). Se considerarmos apenas as áreas florestais desde o sul do Alasca, no norte (65 ºN), passando por Michigan (42 ºN) até a floresta tropical do Panamá (9 ºN), verificamos que existem 13, 35 e 70 espécies de mamíferos, respectivamente. Dividindo os mamíferos em seus grupos componentes por dieta e por taxonomia, constataremos que os morcegos são

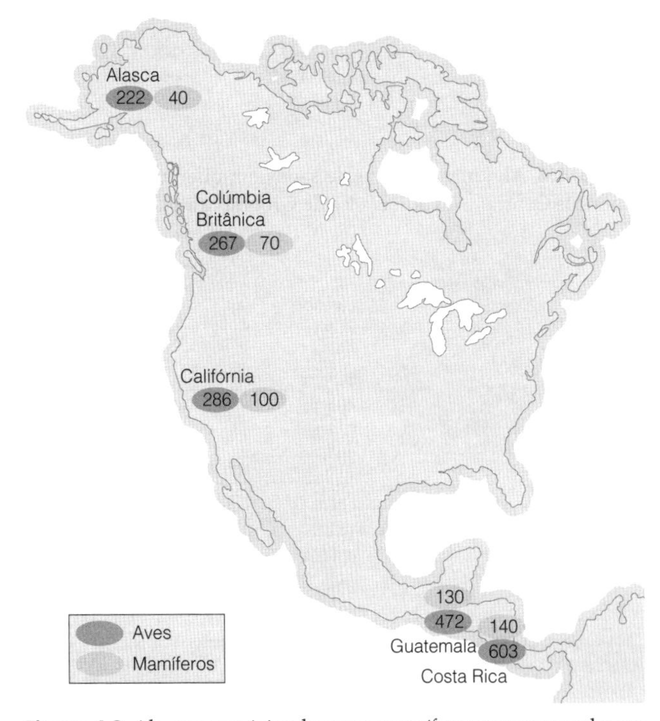

Figura 4.3 Algumas espécies de aves e mamíferos que se reproduzem em diferentes partes das Américas Central e do Norte.

os responsáveis pela maior parte das diferenças entre essas três localidades. Deslocando-se a partir do norte, um terço do aumento na quantidade de espécies, do Alasca ao Michigan, é devido ao grande número de morcegos, da mesma forma que os dois terços de aumento entre Michigan e Panamá. Mais informação ainda se torna disponível se considerarmos a dieta entre os mamíferos. Muito da diversidade tropical entre os mamíferos deve-se à cadeia alimentar predominantemente baseada na alimentação com frutas e à grande quantidade de insetívoros, muitos dos quais são predadores de insetos que, por sua vez, se alimentam de frutas na floresta. Isto pode explicar a diversidade de sapos em latitudes mais baixas (Figura 4.4).

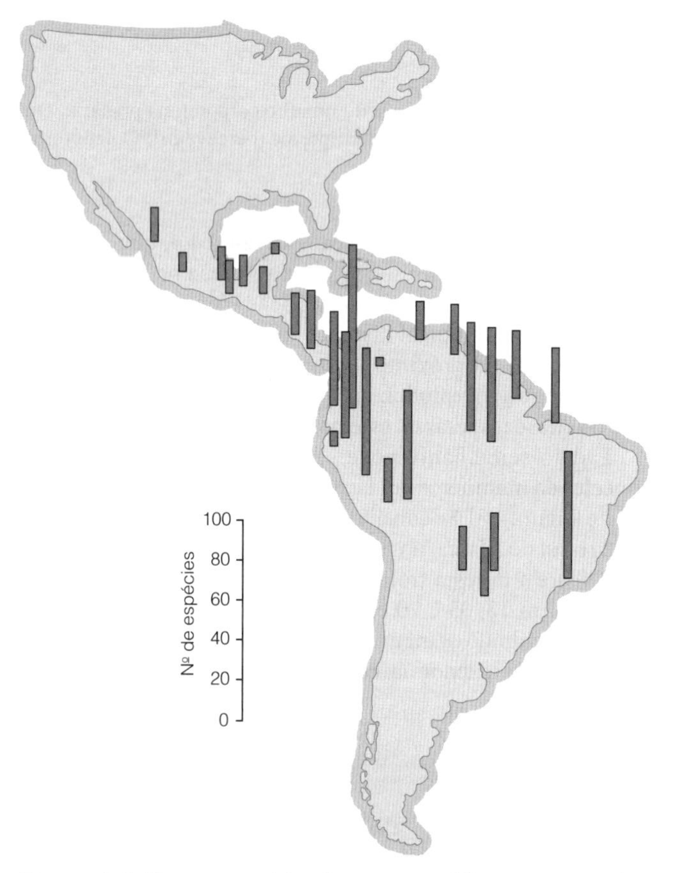

Figura 4.4 Algumas espécies de sapos em diferentes partes das Américas Central e do Sul. Dados de Groombridge [27].

Portanto, a dieta é, evidentemente, um aspecto importante do gradiente de diversidade encontrado entre os animais.

Como vimos anteriormente, a diversidade de insetos é difícil de ser medida porque os grupos de insetos geralmente não são bem descritos. As borboletas encontram-se entre os insetos mais bem registrados, e a Figura 4.5 mostra o gradiente em latitude da riqueza de apenas um grupo de borboletas, as borboletas rabo-de-andorinha (*Papilionidae*) [28]. O grande número de espécies encontradas nos trópicos é, de novo, evidente, e aqui pode-se ver que isto se aplica a todas as áreas tropicais do mundo. Uma anomalia nos gradientes, fácil de ser explicada, pode ser observada na seção africana/europeia, onde ocorre uma diminuição na abundância de espécies que coincide com a região desértica da África do Norte.

A dieta pode ser um fator importante na determinação da diversidade animal; mas, e quanto às plantas? Elas também apresentam uma tendência geral de aumento da diversidade nos trópicos tal como mostrado no mapa da árvore de diversidade da América do Sul e do Norte (Figura 4.6), mas não variam em sua dieta, pois todas necessitam da energia da luz solar para fazerem a fotossíntese.

No entanto, a relação entre a riqueza de espécies vegetais e a latitude não é tão fácil de ser obtida. David Currie e Viviane Paquin, da Universidade de Ottawa, construíram um mapa sobre a abundância de espécies arbóreas na América do Norte [29], e esse mapa é mostrado na Figura 4.7. A partir dele, pode-se observar que as isolinhas de abundância não acompanham os paralelos de latitude, especialmente na área ao sul do Canadá. No meio oeste ocorrem manchas de baixa diversidade e, excepcionalmente no sudeste, uma alta diversidade de árvores. Quando esses pesquisadores examinaram os possíveis fatores ambientais que poderiam estar associados a esse padrão, aquele que apresentou correlação mais próxima foi a soma da evaporação (diretamente a partir do solo) com a transpiração (a partir da superfície da vegetação) fornecendo um valor para a perda de água a partir da superfície terrestre (**evapotranspiração**). Evidentemente, as regiões com a mais alta evapotranspiração têm capacidade de sustentar a maior diversidade de espécies arbóreas. No entanto, a evapotranspiração também se correlaciona fortemente com a **produtividade** potencial de uma região (a quantidade de material vegetal acumulado por fotossíntese em uma dada região, em dado intervalo de tempo), e assim a diversidade vegetal talvez seja determinada essencialmente pela

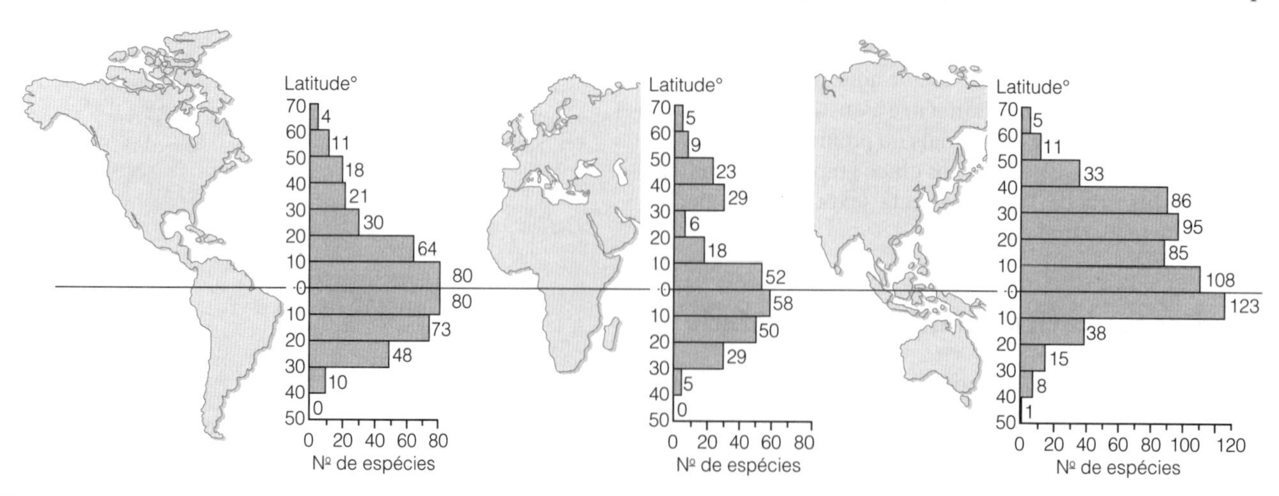

Figura 4.5 Gradientes em latitude da riqueza de espécies da borboleta rabo-de-andorinha em diferentes partes do mundo. Dados de Collins & Morris [20].

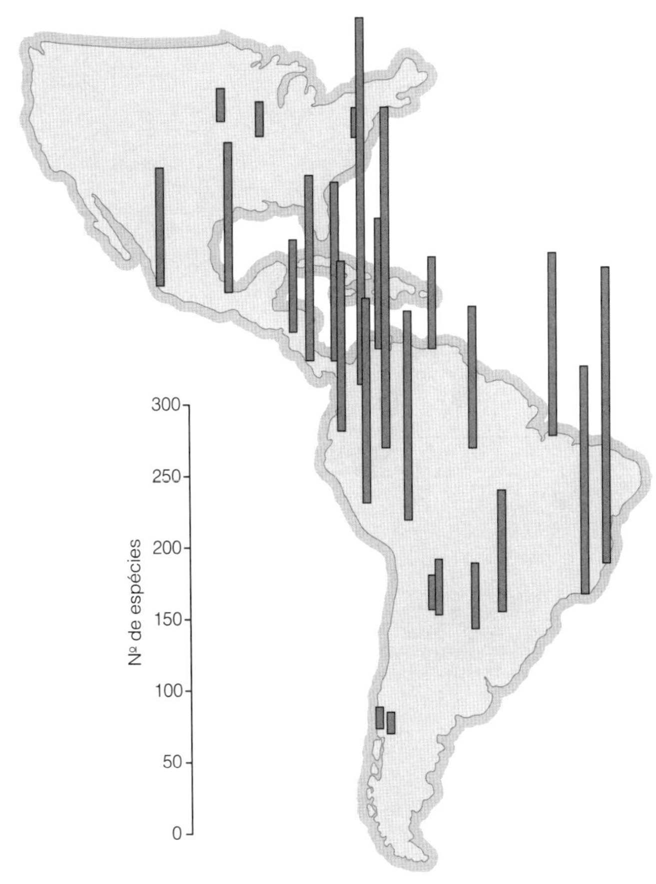

Figura 4.6 Gradientes em latitude da riqueza de espécies arbóreas nas Américas. Dados de Groombridge [15].

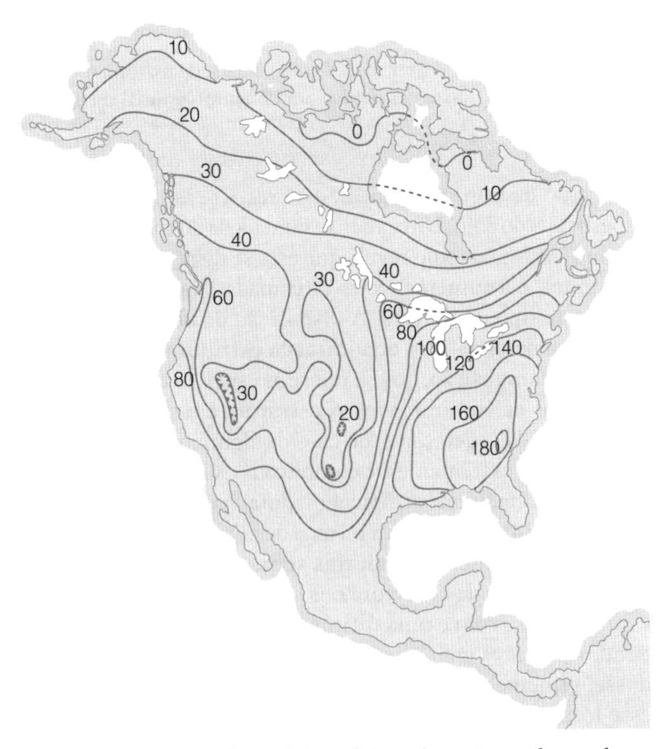

Figura 4.7 Número de espécies arbóreas (ou seja, qualquer planta com tronco e com mais de 3 m de altura) encontradas em diferentes partes da América do Norte. As isolinhas indicam quantidades de espécies de árvores registradas em grandes quadrantes (área média de 70.000 km²). Dados de Currie & Paquin [29].

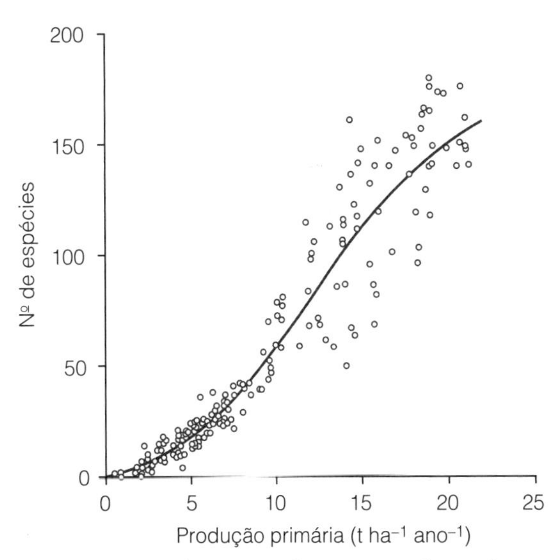

Figura 4.8 O número de espécies de árvores em locais da América do Norte (veja a Figura 4.7) favorecem a produtividade primária desses locais. Pode-se observar uma nítida relação. Dados de Currie & Paquin [29].

quantidade de fotossíntese que pode ser produzida em um determinado local. A Figura 4.8 mostra essa relação entre a produção primária e a riqueza de espécies vegetais, podendo-se observar que de fato existe uma forte correlação entre as duas.

De modo geral, as regiões equatoriais são as áreas com maior possibilidade de ocorrer alta produtividade devido ao clima predominante, que é quente, úmido e relativamente livre de variações sazonais. A Figura 4.9 ilustra essa situação mostrando a distribuição mundial da produtividade primária. A partir desse mapa pode-se observar que uma produtividade muito alta é concentrada no cinturão equatorial e que esta decai quando se desloca para latitudes mais altas. O quadro fica mais complicado com o cinturão árido no norte da África e na Ásia Central, sobre o qual falaremos na seção "Hotspots de Biodiversidade", mas a tendência geral é de decréscimo de produtividade nas altas latitudes. Um exame da parte norte-americana desse mapa mostra uma boa correlação com o mapa de riqueza vegetal (veja a Figura 4.7), especialmente com relação à grande diversidade de espécies arbóreas e a alta produtividade no sudeste dos Estados Unidos. Esta abordagem para explicar o gradiente latitudinal da biodiversidade sugere que o fator crítico é a quantidade de energia captada pela vegetação. Isso passou a ser conhecido como a **hipótese da energia**, e é particularmente bem suportado com dados baseados em plantas [30].

Ao desenvolver a hipótese para explicar os gradientes de diversidade animal, vários fatores devem ser considerados. Maior produtividade da planta em geral significa maiores reservas de energia disponíveis para os consumidores. Maior produtividade geralmente resulta em maior biomassa e arquitetura de vegetação mais complexa, produzindo mais micro-hábitats, o que pode resultar em maiores oportunidades para os animais. E os climas quentes e úmidos, nos quais ocorre alta produtividade, também podem levar a maiores taxas metabólicas nos organismos. Esta última abordagem levou ao desenvolvimento do que se denominou uma **teoria metabólica** para explicar os gradientes latitudinais na biodiversidade [31]. Pesquisadores da Universidade de Ottawa, Canadá, testaram a teoria metabólica examinando a relação entre temperatura e

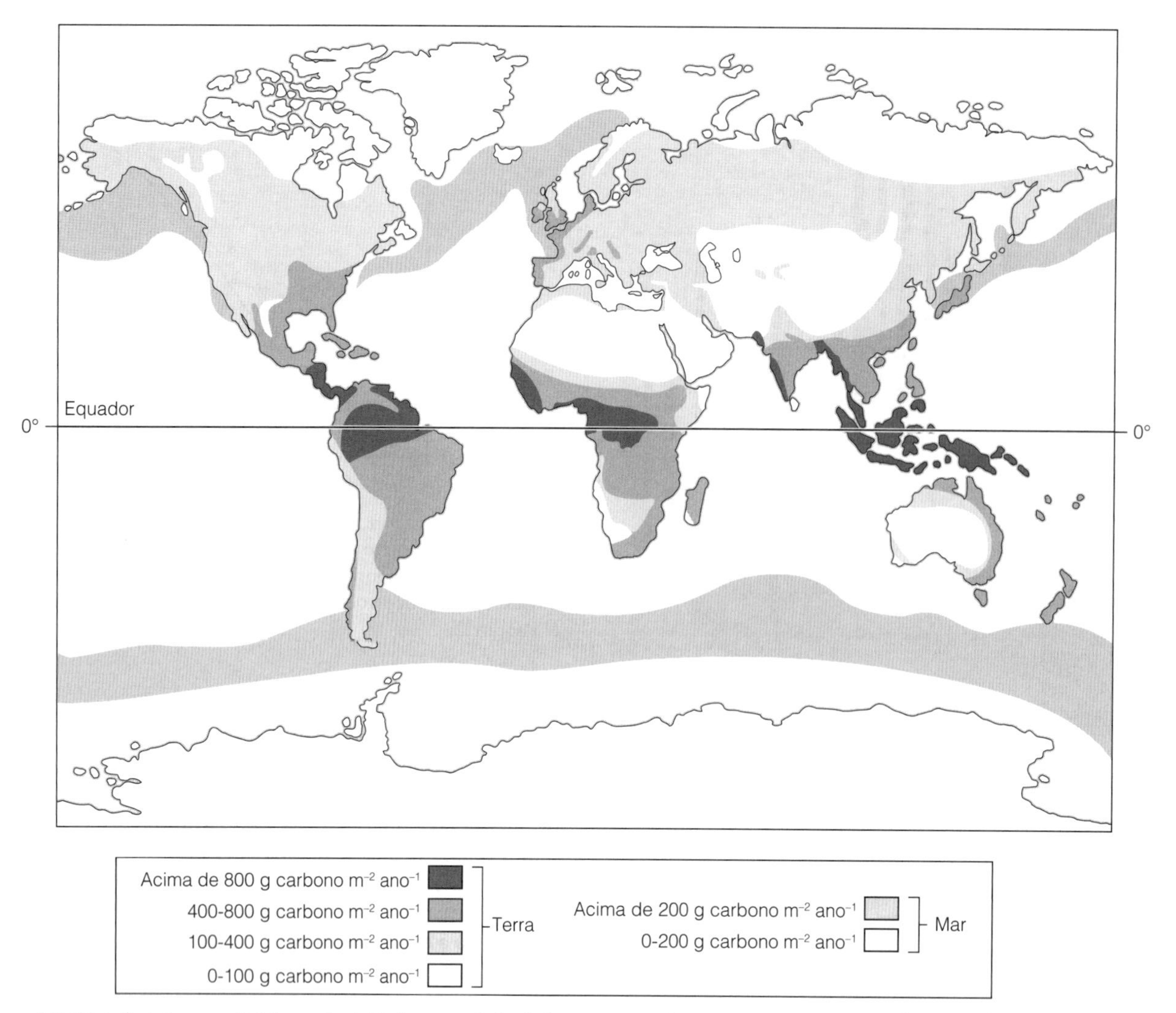

Figura 4.9 Distribuição mundial da produtividade vegetal. Os dados apresentados são meras estimativas da quantidade de matéria orgânica seca acumulada no período de uma estação de crescimento. Não foram feitos os devidos ajustes às perdas por consumo animal ou ganhos na produção de raízes. Mapa compilado por H. Leith.

riqueza de espécies para uma ampla gama de grupos de animais na América do Norte, incluindo anfíbios, répteis, besouros-tigre, besouros-bolha, borboletas, bem como árvores [32]. Eles descobriram que a teoria metabólica falhou totalmente ao explicar os padrões observados e então sugeriram que os modelos preditivos precisam levar em conta a disponibilidade de água além da temperatura. Robert Whittaker e colegas da Universidade de Oxford [33] utilizaram um modelo de água-energia para prever a riqueza de mamíferos, pássaros, anfíbios, répteis e plantas na Europa, e mostraram boas correlações, de modo que a teoria climática geral da determinação da biodiversidade parece sustentar-se bem neste caso.

A produtividade parece estar envolvida, mas sua influência talvez seja indireta. Onde as condições são mais propícias para o crescimento das plantas, isto é, onde as temperaturas são relativamente altas e uniformes e onde existe um amplo suprimento de água, geralmente são encontradas grandes massas de vegetação, em outras palavras, há uma enorme biomassa. Isto provoca uma complexa estrutura de camadas vegetais. Em uma floresta tropical, por exemplo, uma quantidade muito grande de matéria vegetal se desenvolve acima da superfície. Também existe uma grande quantidade de matéria se desenvolvendo abaixo da superfície, como as raízes, mas esta é menos visível e, no caso da floresta tropical, está restrita às camadas mais superficiais do solo. Uma análise cuidadosa do material que se encontra acima do solo revela que este se dispõe em uma série de estratos, e o número preciso de camadas varia em função da idade e do tipo de floresta. A disposição da biomassa vegetal em forma de estratos é denominada **estrutura** (em oposição ao termo **composição**, que se refere às espécies de organismos formadoras da comunidade). A estrutura é essencialmente a arquitetura da vegetação e, no caso de algumas florestas tropicais, pode ser extremamente complicada. A Figura 4.10 mostra o perfil de uma floresta tropical madura, na planície aluvial da Amazônia [34], expressa em termos do percentual de cobertura das folhas em diferentes alturas sobre a superfície. Existem três picos claros de cobertura nas alturas aproximadas de 3, 6 e 30 m sobre o solo e uma última camada, a 50 m, correspondendo às árvores mais altas e emergentes, que se destacam do dossel principal e formam um estrato aberto próprio. Assim, esse local contém essencialmente quatro estratos de dossel.

As florestas em regiões temperadas são mais simples, às vezes com apenas dois dosséis e, por isto, com uma arquitetura menos complexa. No entanto, a estrutura tem forte influência na fauna que habita o local. Ela forma o ambiente espacial no qual um animal se alimenta, se movimenta, se abriga, vive

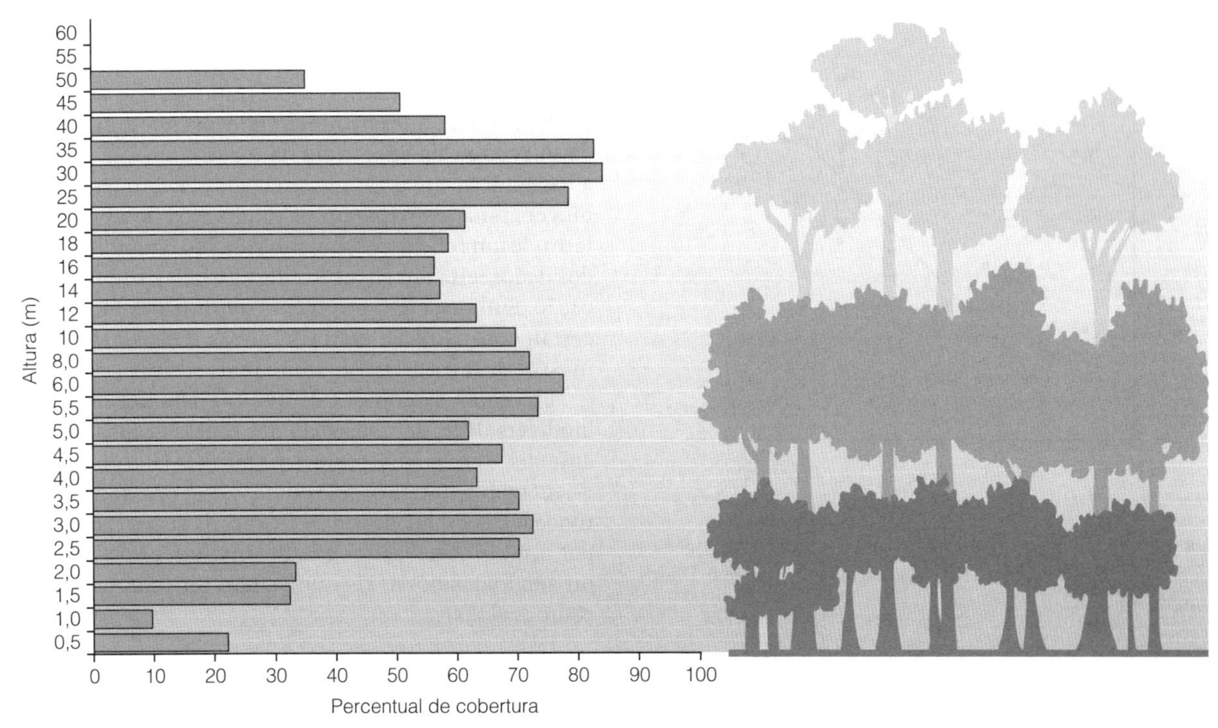

Figura 4.10 Perfil de uma floresta tropical úmida com os percentuais de cobertura dos dosséis registrados em diferentes alturas sobre o solo. Observe a estratificação das folhas em camadas distintas. Segundo Terborgh & Petren [34].

e acasala. Afeta até o clima, em níveis locais (o **microclima**), por influenciar a intensidade da luz, a umidade e as temperaturas média e extremas. A Figura 4.11 mostra o perfil de uma área de vegetação de pradaria que possui uma estrutura muito simples, e pode-se observar que no nível do solo existem microclimas muito diferentes daqueles experimentados no dossel superior. As velocidades dos ventos são menores, as temperaturas são mais baixas durante o dia (e mais quentes à noite) e a umidade relativa próximo ao solo é muito maior. A complexidade dos microclimas tem estreita relação com a complexidade da estrutura vegetal e, em termos genéricos, quanto mais complexa for a estrutura da vegetação, mais espécies animais estarão aptas a viver ali. Isto é ilustrado na Figura 4.12, que relaciona o número de espécies de aves encontradas em hábitats florestais com o número de camadas do dossel que podem ser encontradas [35]. A grande biomassa vegetal encontrada nos trópicos acarreta uma complexidade espacial maior no ambiente que, por sua vez, leva a um potencial de diversidade maior dos seres vivos que podem ocupar a região. Os climas das latitudes mais altas geralmente são menos favoráveis ao acúmulo de grandes quantidades de biomassa; daí a estrutura da vegetação ser mais simples e, em consequência, a diversidade animal ser menor.

Existe uma extensão dessa linha argumentativa que merece ser seguida. A complexidade, ou a concepção que se tem da complexidade, depende do tamanho do observador. Ficou estabelecido anteriormente que pradarias têm uma estrutura relativamente simples, mas esta afirmativa só é válida da perspectiva humana. Por outro lado, do ponto de vista de uma formiga, o ambiente de pradarias pode ser altamente complexo. Por esse motivo, uma área de pradarias oferece moradia para muito mais formigas do que para

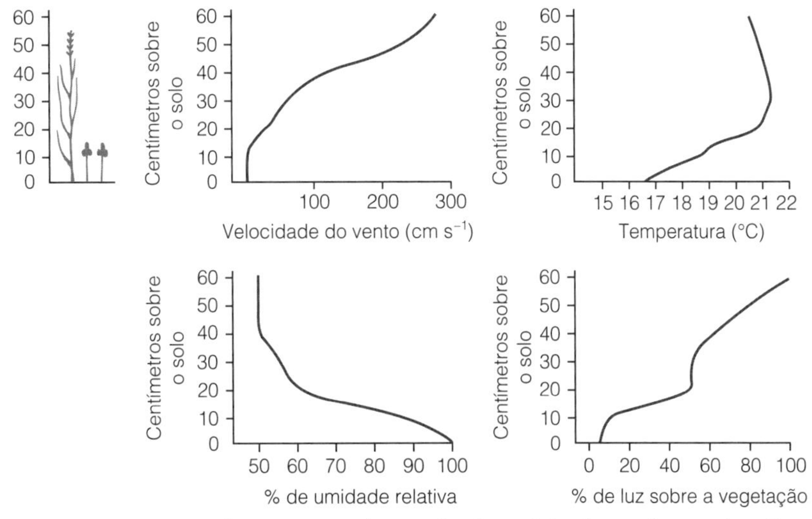

Figura 4.11 Diagrama mostrando a vegetação de *grassland* e o efeito desta sobre o microclima do hábitat.

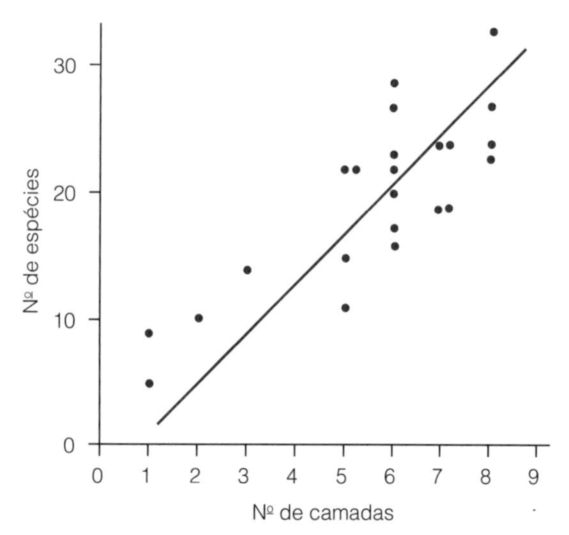

Figura 4.12 Gráfico mostrando a relação entre o número de espécies de aves e o número de camadas da vegetação estratificada. Dados de Blondell [35].

humanos, vacas ou bisões. A Terra, como um todo, pode sustentar muito mais as criaturas pequenas do que as grandes. Em parte, isso pode ser explicado pelo maior número de oportunidades oferecidas a organismos muito pequenos, mesmo dentro de hábitats de estrutura relativamente simples. Em hábitats de estrutura mais complexa, é claro, os pequenos organismos encontram ainda mais micro-habitats e diferentes formas de ganhar a vida. A diversidade latitudinal de pequenos organismos, portanto, tende a seguir os mesmos padrões dos maiores, sendo mais ricos nos trópicos.

No entanto, existe um grupo de animais muito pequenos que contraria as regras. As afídias (como as moscas verdes fertilizadoras), das quais são conhecidas cerca de 4.000 espécies, são menos diversificadas nos trópicos do que nas regiões temperadas [36]. A maioria das espécies fertiliza apenas um tipo de planta, e as afídias são deficientes em atingir aquela planta a partir de uma certa distância, dependendo de algum padrão de vento para transportá-las de um hospedeiro adequado a outro. Elas são mais eficientes onde populações de determinadas espécies vegetais são mais densas, como no caso de plantações agrícolas. Infelizmente para as afídias, os agrupamentos de plantas tropicais consistem em muitas espécies, cada uma das quais só está presente em baixas densidades, e por isso as afídias não estão adaptadas a essas condições. A diversidade de afídias é, portanto, inversamente relacionada com a diversidade vegetal, de modo que elas transgridem o padrão geral dos gradientes de latitude.

Mas, em termos gerais, a riqueza dos trópicos, no que diz respeito à vida animal, pode ser uma consequência não apenas da alta produtividade dessas latitudes, mas também da sua grande complexidade estrutural resultante de sua alta quantidade de biomassa, que pode sustentar muitas espécies de pequenos animais.

De certo modo, podemos estar fazendo a pergunta errada quando tentamos analisar os fatores que contribuem para a alta diversidade de espécies nos trópicos, por ser esta a perspectiva dos biólogos, observando o problema a partir de regiões temperadas, justamente onde muitos ecologistas vivem e trabalham. De um ângulo tropical, a pergunta deveria ser se nas latitudes mais altas existe menor diversidade do que nos trópicos [37]. Será simplesmente uma questão de área de terras? Os trópicos têm uma área superficial de terra maior do que nas latitudes mais altas (um fato que nem sempre é evidente quando se examinam projeções comumente usadas da curvatura da superfície da terra, uma vez que tendem a exagerar as áreas de terra nas altas latitudes), – e alguns biogeógrafos consideram os gradientes de diversidade em latitude um reflexo desse efeito [38]. No entanto, uma análise dos dados feita por Klaus Rohde [39] não sustenta esta explicação. Embora a área possa contribuir para a biodiversidade, certamente não é a história principal; caso contrário, grandes massas de terra seriam sempre mais ricas.

Em geral, a proposta de que o gradiente latitudinal na biodiversidade, demonstrado por tantos grupos de plantas e animais, é em grande parte determinada pela disponibilidade de energia e, portanto, pelo clima, e está operando pela produtividade e complexidade da estrutura da vegetação, é suportada por muitas observações. Há, no entanto, causas alternativas ou adicionais possíveis que podem ter uma influência nos padrões globais.

A Evolução É Mais Rápida nos Trópicos?

A evolução, o processo pelo qual novas espécies são geradas, é discutida em detalhes no Capítulo 6. Ela envolve essencialmente a variação genética e subsequente seleção das combinações genéticas mais adequadas dentro de um ambiente particular. A questão importante, no que diz respeito à explicação dos gradientes latitudinais da diversidade, é se a evolução (ou a geração da variação genética ou sua seleção) ocorre mais rapidamente em condições tropicais. Se isso acontecer, então a riqueza dos trópicos poderia simplesmente ser devido à contínua evolução de novas formas ali [40].

É possível abordar essa questão historicamente perguntando se os trópicos atuaram como um centro de evolução para grupos de organismos no passado. As plantas e seus fósseis constituem um grupo útil para investigar essa possibilidade. Se examinarmos os padrões de distribuição das várias famílias de plantas floríferas, vamos perceber que elas também têm uma tendência a se concentrar nos trópicos. De modo grosseiro, cerca de 30 % das famílias de plantas floríferas têm distribuição dispersa, cerca de 20 % são predominantemente temperadas e 50 % são principalmente tropicais. Esta constatação sugeriu a alguns pesquisadores que os trópicos foram um centro para a evolução de vários dos grupos de plantas floríferas (angiospermas). Pode-se examinar essa proposta observando-se os registros fósseis para verificar se os trópicos sempre foram mais ricos do que as latitudes temperadas no que se refere às plantas floríferas. Esta abordagem foi testada por Peter Crane e Scott Lidgard, do Field Museum of Natural History, em Chicago [41], e alguns de seus resultados estão representados na Figura 4.13. Isso mostrou uma análise de 145 a 65 milhões de anos atrás e retrata a importância das angiospermas em latitudes diferentes durante esse período. A partir disso, fica claro que as plantas floríferas inicialmente ascenderam a alguma proeminência nos trópicos e que sua predominância nessas regiões foi mantida ao longo desse período à medida que ganhavam importância no reino vegetal. O gradiente de latitude na diversidade das plantas floríferas volta muito no passado — na verdade, diretamente às origens evolucionárias do grupo. A biodiversidade tropical é nitidamente um fenômeno ancestral e pode ser relacionada, neste caso, com as origens dos trópicos e com taxas mais altas de evolução e diversificação tropicais.

Esta linha de argumentação retorna à teoria metabólica. Em um ambiente em que a energia é abundante e a temperatura é consistentemente elevada, como os trópicos, as taxas metabólicas em organismos tendem a ser mais rápidas. A fecundidade é maior e os tempos de geração podem ser mais curtos. Consequentemente, a modificação genética por mutação (veja o Capítulo 6) é mais rápida, de modo que as espécies estão constantemente gerando novas variações. A radiação ultravioleta é geralmente maior nos trópicos e isso pode aumentar as taxas de mutação. Ao mesmo tempo, há um *feedback* positivo onde as novas variações estão em concorrência umas com as outras, levando a uma intensa seleção para a mais apta. Juntos, esses dois mecanismos levariam a uma taxa de evolução mais rápida nos trópicos.

Mas é possível que a própria diversidade gere mais diversidade? Em outras palavras, a diversificação evolutiva é promovida por uma alta diversidade. É difícil emergir um modelo teórico sobre o qual tal proposta possa ser baseada, mas há evidência circunstancial de um estudo do endemismo insular [42] que regiões com alta diversidade exibem uma taxa de diversificação mais rápida. No entanto, é possível que esse argumento seja manifestado. Se algum fator externo, como condições que promovem a produtividade, conforme sugerido pelo modelo metabólico, resulta em alta diversidade, também é provável que crie um ambiente propício para uma maior diversificação. Assim, pode haver uma ligação entre diversidade e diversificação que não é diretamente causativa. Na biogeografia, como em muitas áreas de estudo, nunca se deve assumir que a correlação implica causação.

Jonathan Davies e seus colegas, do Imperial College de Londres e Kew Gardens, têm pesquisado dados referentes à taxa de diversificação de grupos de plantas nas regiões tropicais [30]. Apesar de terem descoberto que a evolução molecular foi realmente mais rápida em ambientes de alta energia, eles não estavam convencidos de que esta é a força motriz, resultante de uma maior diversidade. Eles descobriram que o acúmulo de espécies era de fato mais rápido em regiões de alta biomassa (e alta energia), mas isso poderia ser o resultado da especiação mais rápida ou das taxas de extinção menores. De qualquer forma, parece que o modelo de energia-biomassa continua sendo a explicação mais robusta atualmente disponível para gradientes latitudinais em diversidade.

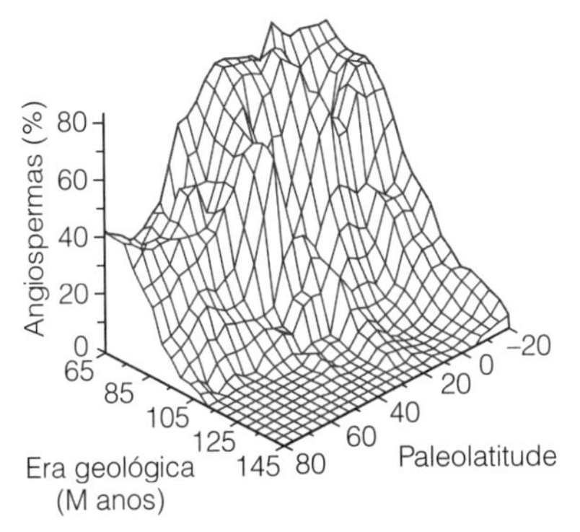

Figura 4.13 Representação do percentual estimado de plantas floríferas (angiospermas) em momentos diferentes da história geológica e a diferentes latitudes. As angiospermas sempre foram mais abundantes nas regiões de baixas latitudes (tropicais). Segundo Crane & Lidgard [41].

Entretanto, permanecem fatores adicionais que precisam ser considerados.

O Legado da Glaciação

Assim como uma rápida taxa de especiação nos trópicos pode ser considerada como um fator que leva à sua maior biodiversidade, uma taxa mais lenta de extinção nos trópicos também poderia ser envolvida. Uma possível explicação para maiores taxas de extinção nas latitudes mais altas é a instabilidade das condições climáticas nos últimos 2 milhões de anos (veja o Capítulo 12).

O clima da Terra tem mudado constantemente e, ao longo dos últimos 2 milhões de anos, tem sido consideravelmente mais quente do que nos 300 milhões de anos precedentes. Também houve uma grande amplitude de variação entre condições quentes e frias durante esse período. Durante episódios de frio, as altas latitudes foram sendo interrompidas pelo desenvolvimento de geleiras sobre a superfície terrestre. Os efeitos dessas mudanças nos padrões biogeográficos vegetais e animais serão considerados no Capítulo 12, mas é evidente que a desintegração mais rigorosa — em forma de massas de gelo que se espalharam e destruíram toda a vegetação em grandes áreas — ocorreu mais intensamente nas maiores latitudes, e os trópicos, consequentemente, ficaram menos sujeitos às pressões climáticas. Essa ideia de um cinturão tropical com estabilidade climática, se se mostrar verdadeira, pode explicar muito da diversidade ainda encontrada nos trópicos — as plantas e os animais podem ser relíquias de uma era mais antiga. Mas as regiões tropicais tiveram climas mais estáveis que as regiões temperadas? A conclusão geral que surgiu, particularmente dos estudos de Paul Colinvaux e colaboradores, do Smithsonian Institute, no Panamá [43], é que as terras baixas da Amazônia também já foram consideravelmente mais quentes (talvez 5 ou 6 °C acima do que se registra hoje em dia) durante períodos recentes (em torno do último milhão de anos).

Essa mudança climática significou que a floresta tropical úmida esteve, sem sombra de dúvida, restrita às faixas de altitude que eram capazes de cobrir e que foram, pelo menos em parte, fragmentadas em consequência do aquecimento e da estiagem durante os períodos glaciais de altitudes mais elevadas. Isto sugere então que a fragmentação e o isolamento de fragmentos florestais poderiam ter conduzido a certo grau de isolamento genético e, portanto, à especiação e diversificação. Mas Colinvaux chega a uma conclusão muito diferente com base em seus estudos de pólen na Amazônia [44]. Ele afirma que toda a bacia estava coberta com floresta tropical de planície sempre verde durante os episódios 'glaciais' das altas latitudes. As florestas que permaneceram durante os episódios mais frios provavelmente mudaram em sua composição específica, com uma maior proporção de árvores que agora estão associadas com maiores altitudes e, portanto, com condições mais frias. Mas o trecho contínuo de floresta permaneceu. Nesse caso, a diversidade dos trópicos poderia ser uma consequência da sua estabilidade e não da sua fragmentação. As florestas equatoriais tiveram que suportar menos distúrbios do que suas correspondentes temperadas, e muitas áreas provavelmente se mantiveram em forma de floresta durante períodos de tensão, embora sua composição de espécies e sua estrutura arquitetônica possam ter mudado.

Uma abordagem alternativa à questão da manutenção da estabilidade ou da fragmentação das florestas tropicais durante o Pleistoceno está disponível na análise da composição genética dos organismos florestais. É possível traçar a história evolutiva dos grupos de espécies, verificando sua diversificação genética; também é possível até mesmo estimar a data em que as diferentes espécies se separaram dos ancestrais comuns (veja o Capítulo 6). Se as florestas tropicais foram estáveis e contínuas em sua história nos últimos tempos (os últimos 2 milhões de anos ou mais), então é provável que a especiação tenha ocorrido em um passado mais distante. Se elas foram fragmentadas em tempos recentes, então a especiação também deve ser mais recente. Evidências foram obtidas a partir de estudos moleculares de alguns pássaros canoros americanos feitos por John Klicka e Robert M. Zink, da Universidade de Minnesota [45]. Eles encontraram que o tempo de divergência evolucionária pode ser estimado a partir da semelhança ou dessemelhança do DNA mitocondrial, e a maioria parece ter divergido do ancestral comum em até 5 milhões de anos atrás, o que significa muito mais tempo do que se pode atribuir à Era do Gelo nos últimos 2 milhões de anos. Tais dados genéticos apoiam a hipótese da floresta ininterrupta de Colinvaux.

A conclusão razoável que se pode tirar é que muitos fatores contribuíram para a abundância de espécies nas regiões tropicais e menor riqueza nas altas latitudes.

Escalas de Latitude e Espécies

Em uma parte dos gradientes latitudinais de diversidade, também tem sido observado que os organismos de alta latitude possuem um alcance geográfico mais amplo, quando comparado àqueles de baixa latitude. Esta característica aparentemente geral da biogeografia foi apontada pela primeira vez por E.H. Rapoport na década de 1970, mas ganhou destaque como resultado do trabalho de George C. Stevens [46], que criou o termo **regra de Rapoport**. Muito trabalho tem sido realizado agora para testar a generalização, e as espécies de latitudes altas, em geral, exibem maior alcance geográfico e altitudinal e maior tolerância ecológica em comparação às espécies tropicais. Mas ainda restam dúvidas se esse é um efeito local, que só é significativo em latitudes mais ao norte (acima de 40-50 °N), ou se acontece nas regiões equatoriais. Klaus Rohde [47], de Armidale, Austrália, considera que a regra de Rapoport é apenas de aplicação local e não pode ser aplicada nas regiões tropicais. A ocorrência de espécies de grande porte nas altas latitudes poderia ser uma consequência do impacto de glaciações sucessivas, deixando para trás apenas espécies mais adaptáveis. Pode-se também argumentar que as maiores flutuações sazonais das altas latitudes serão selecionadas para organismos de ampla tolerância. Testes detalhados da 'regra' usando toda uma gama de técnicas estatísticas falharam em apoiar uma relação geral global entre latitude ou elevação e alcance entre as espécies [48].

Uma extrapolação incomum da regra de Rapoport foi ilustrada por Katherine Smith e James Brown, da Universidade do Novo México. Eles analisaram a diversidade dos peixes em relação à profundidade do oceano [49]. A diversidade total atinge os 200 metros acima da água e depois diminui com a profundidade, e as espécies de maior profundidade têm maior tolerância, podendo também tolerar as águas rasas. As espécies de alcance limitado foram restritas às camadas superiores do oceano. Novamente, isso sugere que as espécies que toleram condições mais extremas tendem a ocupar alcances mais amplos.

A utilização da regra de Rapoport (talvez mais bem denominado "efeito Rapoport" [50] desde que sua aplicação geral foi questionada) como uma explicação para a causa dos gradientes latitudinais da diversidade é agora praticamente descartada. Devido a menor riqueza de espécies nas altas latitudes, é de se esperar que haverá menor competição pelos recursos e que os alcances ecológicos e geográficos das espécies serão, portanto, mais extensos do que as espécies nos trópicos. O efeito Rapoport é provavelmente uma consequência de gradientes latitudinais na riqueza de espécies, e não sua causa.

Embora o efeito Rapoport tenha se mostrado mais restrito em sua aplicação do que o inicialmente era imaginado, ele fornece um excelente exemplo do tipo de pergunta que os biogeógrafos estão agora indagando. Passando para além da estrutura de mapas e padrões de distribuição [51], muitos biogeógrafos estão examinando os mecanismos subjacentes a suas observações. Em muitos aspectos, eles estão fazendo perguntas ecológicas dentro de uma escala muito maior do espaço e tempo. James Brown, da Universidade do Novo México, criou o termo **macroecologia** para envolver essa abordagem para pesquisa biogeográfica e ecológica [52, 53].

Diversidade e Altitude

Como discutido no Capítulo 2, os padrões de vegetação e, portanto, de biomas são geralmente relacionados com a latitude. Esses padrões são amplamente repetidos em relação à altitude, com altitudes mais altas, e muitas vezes com tipos de bioma mais típico de latitudes mais altas. Portanto, poderia se esperar que os padrões globais de biodiversidade, diminuindo de equador para polos, sejam refletidos em altitude crescente. Muitos estudos têm sido realizados com diferentes grupos de organismos investigando as mudanças na riqueza de espécies com altitude. A maioria desses estudos se concentra nas montanhas tropicais, onde uma gama de variações climáticas é encontrada. Mas o resultado geralmente não está de acordo com o que é esperado. Vários estudos têm demonstrado que a riqueza das espécies, particularmente as plantas, aumenta com a altitude, atinge um pico e depois declina novamente em altitudes muito altas. Alguns dos resultados estão resumidos na Figura 4.14.

As plantas vasculares (aquelas com um sistema de condução de água, incluindo samambaias, coníferas e plantas com flores) estão entre as menos difíceis de serem levantadas em regiões tropicais, por isso não é de estranhar que haja mais informação disponível sobre elas do que sobre a maioria dos outros grupos de organismos. Pesquisas de várias partes do mundo tropical e subtropical indicam um aumento na riqueza global com altitude até um pico de cerca de 1500-2000 m, dependendo da localização, seguido por um declínio em altitudes mais altas. No Monte Kinabalu, em Bornéu (Figura 4.14a), há um pico muito claro e distinto [54], enquanto nas montanhas do Himalaia, no Nepal (Figura 4.14b), o pico é bastante mais difundido [55]. Há alguns problemas na interpretação desses dados, em parte porque as altitudes mais baixas tendem a ser mais extensas na área do que as mais altas (levando a uma diversidade inflada), e as altitudes mais baixas também são frequentemente sujeitas a perturbações mais intensas, pela expansão humana e agricultura, o que pode diminuir ou aumentar a diversidade, dependendo da natureza do impacto humano. Os dados sobre a vegetação dos Alpes europeus sugerem que o manejo humano, incluindo o fogo e o pastoreio, tem servido para aumentar a diversidade de plantas nesses hábitats montanhosos nos últimos 5500 anos [56].

As montanhas tropicais criam complexos climas locais, e estes podem, em parte, explicar o padrão côncavo de riqueza das plantas com altitude. Altitudes moderadas muitas vezes recebem mais chuvas do que as baixas altitudes ou altitudes muito altas em regiões tropicais e subtropicais. No caso do Himalaia, por exemplo, as elevações mais baixas estão no cinturão de chuva da monção, pelo qual há uma estação seca distinta alternando com um período de chuvas intensas. A formação de nuvens no ar mais frio das altitudes médias leva à alta umidade e geralmente a chuvas mais distribuídas, de modo que as florestas estão permanentemente úmidas. Sob essas condições, muitas vezes há uma abundância de **epífitas**, plantas que usam outra vegetação para sustentação, enraizando troncos, ramos e até mesmo folhas de espécies mais resistentes, mas limitando suas demandas para se sustentar, em vez de qualquer forma de parasitismo direto. Os musgos e os liquens frequentemente vivem como epífitas em tal floresta, assim como as samambaias e certas famílias de plantas com flores, como orquídeas e bromélias.

Estudos concentrando-se em samambaias e epífitas em geral, como os mostrados na Figura 4.14c e 4.14d do Nepal [57] e Bolívia [58], respectivamente, demonstram que esses grupos têm picos muito fortes de riqueza em torno dos 2000 m de altitude, onde as montanhas são cobertas por uma **floresta nublada**, um tipo de floresta altamente úmido em que as plantas que vivem inteiramente na copa, sem raízes atingindo o solo, provavelmente não experimentam a dessecação. O pico de riqueza de plantas na altitude média deve muito a esta abundância de epífitas na zona da floresta nublada [59]. Em altitudes mais elevadas, as condições de crescimento se tornam mais difíceis à medida que as temperaturas médias caem e as geadas se tornam cada vez mais prováveis. A zona alpina das montanhas, como as regiões de tundra polar, é uma zona em que poucas plantas podem sobreviver e a taxa de extinção de espécies invasoras é suscetível de ser elevada.

O estudo de gradientes altitudinais de diversidade em grupos de animais provou ser mais desafiador do que estudos semelhantes em plantas. Isto é porque é muito mais fácil realizar um levantamento de plantas, pois são organismos estáticos, muitas vezes mais discretos do que espécies animais. Os métodos de pesquisa para animais são consequentemente mais complexos, muitas vezes envolvendo armadilhas. Os pássaros e os morcegos são provavelmente os mais acessíveis ao levantamento, e alguns resultados gerais são mostrados nas Figuras 4.14e e 4.14f. Estudos das aves de Taiwan, Sudeste Asiático [60], mostraram que a riqueza de aves exibiu uma ligeira tendência para uma relação côncova em relação à altitude, e uma análise mais detalhada de suas causas demonstrou que existe uma forte correlação positiva entre a produtividade de vegetação e diversidade de aves. No caso das aves, portanto, parece que a hipótese da energia tem sido amplamente utilizada como explicação da diversidade latitudinal; também é apropriada para a interpretação de variações na diversidade de aves com altitude. Qualquer pico de altitudinal média é uma consequência das variações altitudinais na produtividade da planta como determinado pelo clima local. No entanto, estudos de aves nos Andes de Colúmbia [61] mostram um desenho mais complexo. A mudança geral na riqueza de aves com altitude mostra um declínio constante de valores mais altos em baixa altitude. A análise desses dados mostra que a maior parte das aves em baixa altitude são amplamente distribuídas. Pássaros associados às montanhas dos Andes, particularmente com pico de diversidade em torno de 2000 m. Nesta região, a planície ocupa uma área grande e é contínua com as florestas de planície do interior; assim, as partes mais baixas das montanhas compartilham a diversidade total da floresta. As altitudes médias mantêm uma diversidade relativamente alta porque o isolamento das montanhas resultou em um processo de especiação a longo prazo, levando a uma riqueza de endemias. As altitudes elevadas, em geral, estão associadas a poucas espécies de aves.

A análise da assembleia de aves das montanhas norueguesas mostrou que existem dois tipos principais: especialistas e generalistas [62]. Os especialistas, como o lagópode e a coruja-das-neves, são largamente restritos a hábitats alpinos durante todo o ano, enquanto a maioria dos generalistas são migratórios e se reproduzem nos hábitats da tundra, mas migram para áreas mais baixas no inverno. Estes incluem várias aves limícolas, que passam o inverno em zonas úmidas e litorâneas, e vários tordos e toutinegras que migram para regiões com inverno ameno. Mas a riqueza geral do pássaro é baixa.

Os morcegos foram estudados em várias de regiões de montanha do mundo, e os resultados foram pesquisados em detalhes por Christy McCain, da Universidade da Califórnia, Santa Bárbara [63]. Algumas amostras são apresentadas de forma simplificada na Figura 4.14f. Alguns locais no mundo mostram um declínio geral em espécies com altitude (como o Peru), enquanto outros locais mostram um pico de altitude média na riqueza (como os Alpes Europeus e Yosemite, Califórnia). A conclusão geral desses estudos é que a diversidade de morcegos, assim como a diversidade de plantas, é amplamente controlada pela disponibilidade de água e pelo regime de temperatura associada. Boas condições para a produção primária de vegetação também são boas para os morcegos, talvez porque seu alimento de inseto é mais abundante em tais circunstâncias, e o mesmo acontece para frutas.

Portanto, a conclusão geral sobre padrões de diversidade com altitude é que o modelo energético utilizado em estudos latitudinais provavelmente é válido para muitos tipos de organismos em relação à altitude. As complicações encontradas nos padrões de altitude da diversidade provavelmente se relacionam em grande parte com as peculiaridades dos climas locais nas regiões de montanha (veja o Capítulo 3). Também é inquestionável que muitos desses padrões foram obscurecidos por uma longa história de modificação humana dos ambientes montanhosos, especialmente nas regiões temperadas do mundo [64].

Hotspots de Biodiversidade

Embora siga um gradiente em latitude, a riqueza de espécies frequentemente se mostra mais complexa quando examinamos o quadro em detalhe. Por exemplo, a Bacia Amazônica

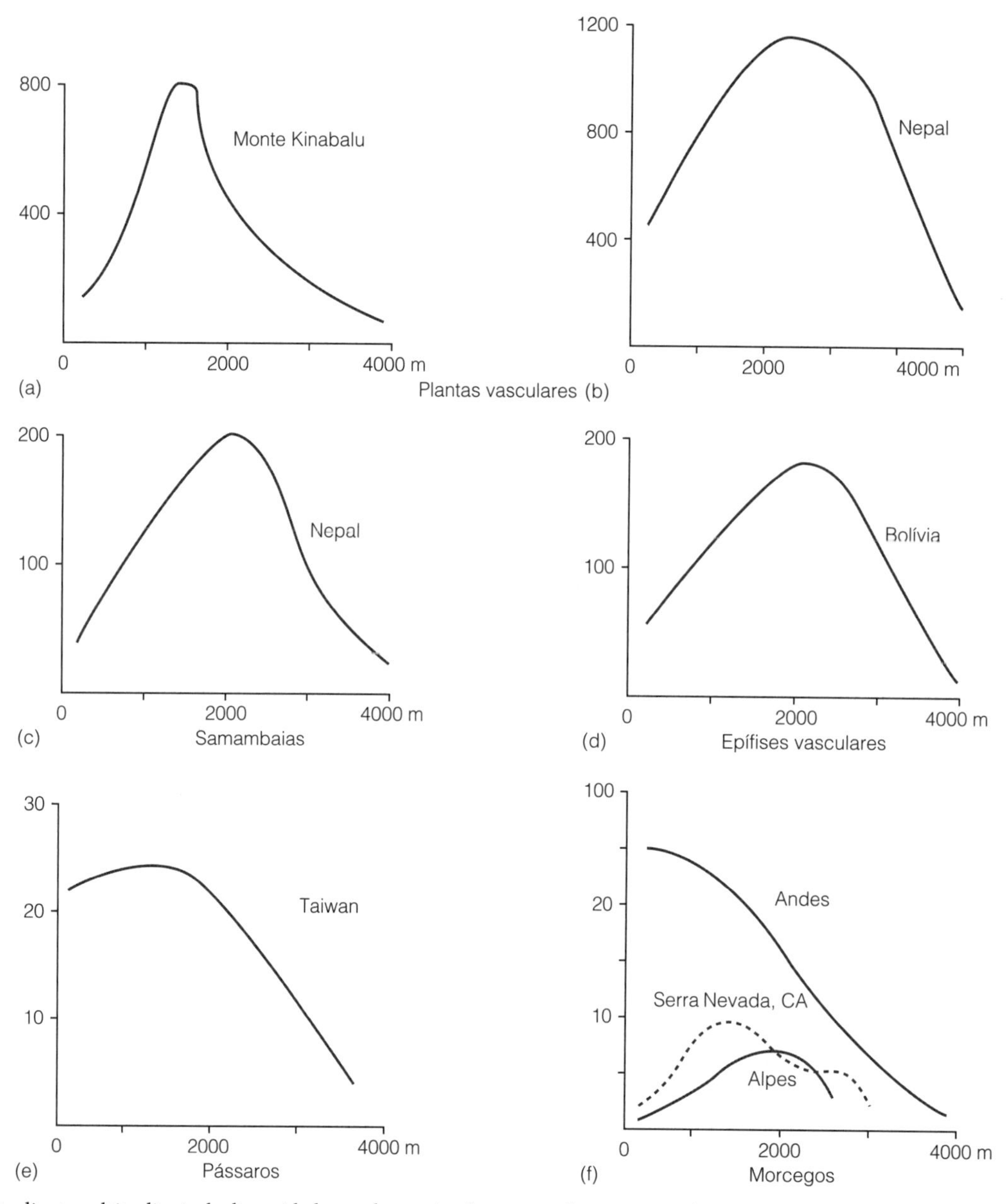

Figura 4.14 Gradientes altitudinais de diversidade em determinados grupos de animais e plantas. Resumos simplificados de fontes variadas.

contém aproximadamente 90.000 espécies de plantas floríferas, ao passo que áreas equivalentes na África e no Sudeste Asiático contêm apenas cerca de 40.000 espécies cada. Parece que existem determinadas áreas que são excepcionalmente mais ricas em espécies, denominadas ***hotspots* de diversidade** pelo conservacionista Norman Myers [65]. Originalmente ele propôs dez *hotspots*, largamente identificados com base na diversidade vegetal, uma vez que o argumento baseou-se na ideia de que, se a vegetação é diversificada, tudo mais o será. Porém, isto não é totalmente verdadeiro, como já vimos anteriormente, no caso das afídias. A Figura 4.15 mostra áreas de alta diversidade vegetal na África, comparadas com áreas de alta diversidade de aves, e pode-se observar que há relativamente pouca superposição, e por isso, não podemos supor um paralelismo na tendência à biodiversidade entre grupos de organismos.

O trabalho original de Myers foi desenvolvido e expandido. A Figura 4.16 mostra a localização de 25 dos mais importantes *hotspots* de biodiversidade na Terra com base no exame de muitos dos mais conhecidos grupos de organismos (plantas, mamíferos, aves, répteis, anfíbios etc.). Quando agregamos toda a porção de terra ocupada pelos *hotspots*, estes alcançam apenas aproximadamente 1,4 % de toda a superfície terrestre, embora contenham cerca de 44 % das plantas vasculares do mundo e 35 % dos vertebrados dos quatro grupos principais [66]. Stuart Pimm e Peter Raven [67], pesquisadores conservacionistas da Universidade de Colúmbia e do Jardim Botânico do Missouri, respectivamente, calcularam que, mesmo se os 25 *hotspots* fossem protegidos, a probabilidade de extinção das espécies seria de cerca de 18 %. Se a proteção for tardia, então a taxa de extinção pode ser mais do que 40 %. Obviamente, essas áreas devem ser foco para atividades de conservação global, mas seria um erro limitar a atenção para elas porque mais da metade das espécies do mundo está localizada em outros lugares. Há também regiões do mundo, como as regiões polares, onde a diversidade não é alta, mas os organismos presentes são muito diferentes e muitas vezes restritos na distribuição. Este tópico será abordado com mais detalhe no Capítulo 14.

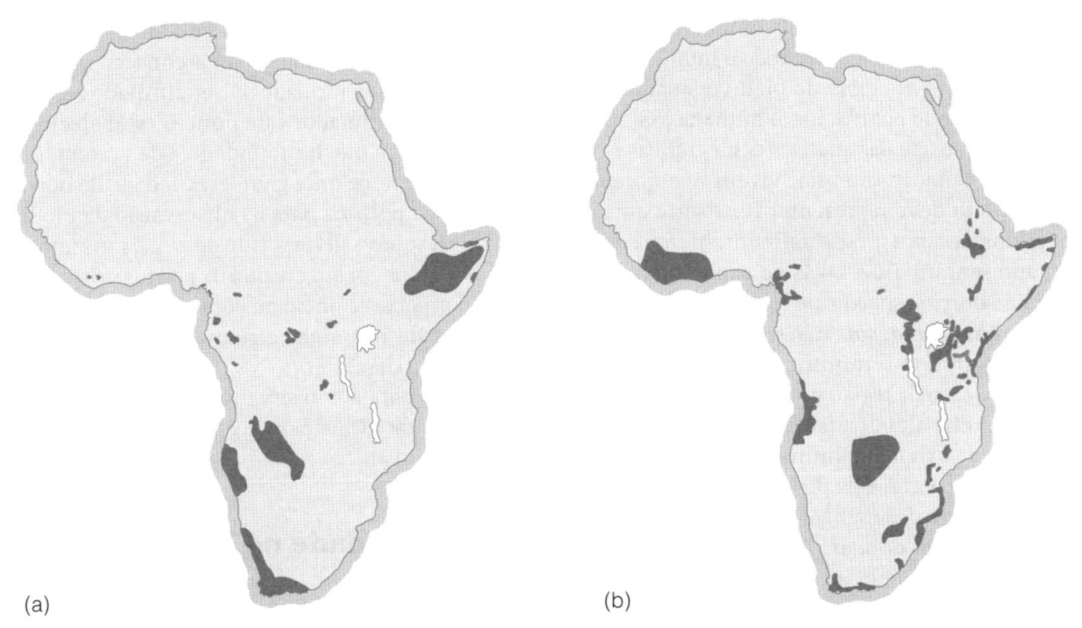

Figura 4.15 As áreas da África que são particularmente ricas em (a) espécies vegetais comparadas com as áreas que são ricas em (b) aves endêmicas. Como se pode observar, nem sempre as duas são correspondentes.

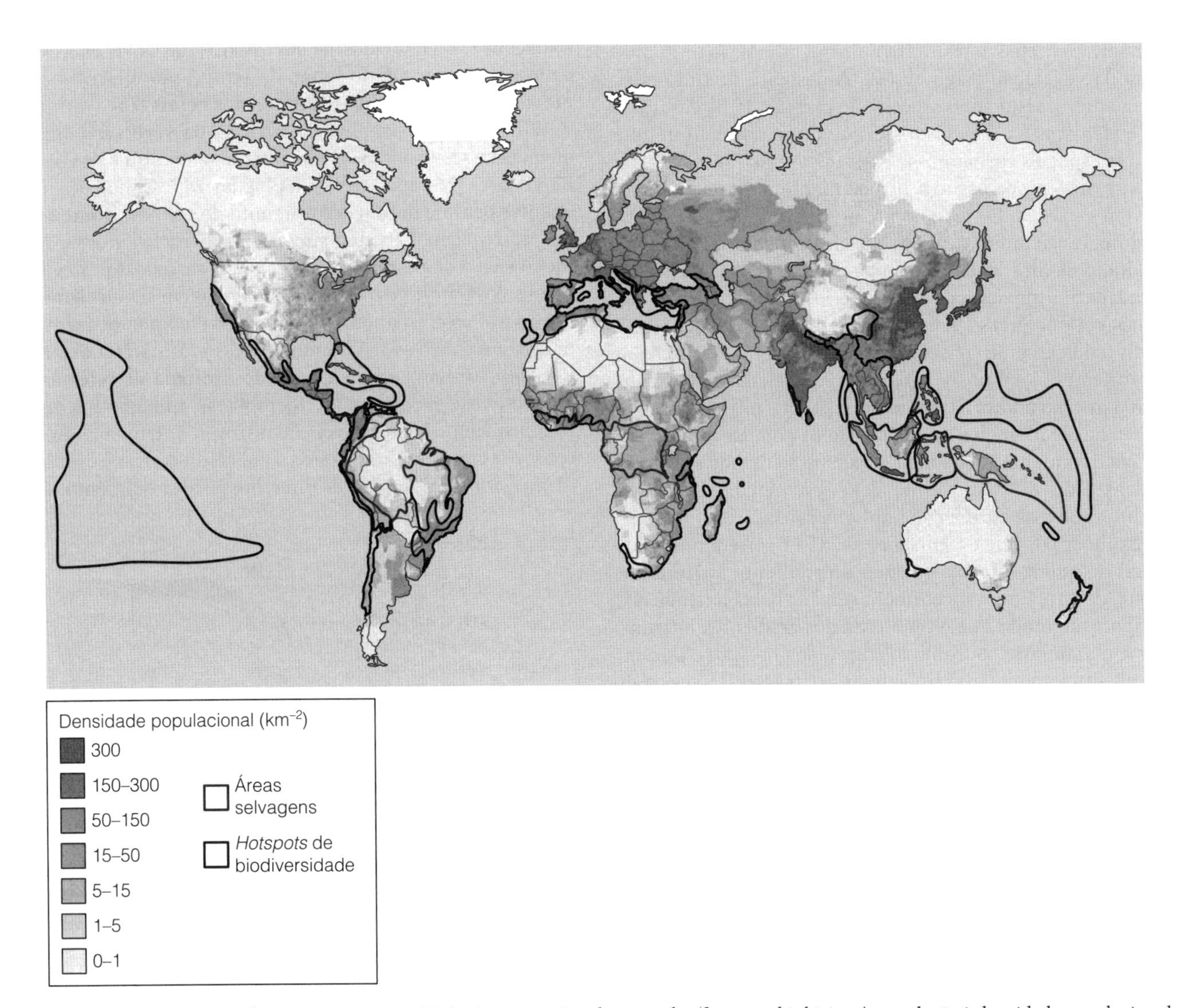

Figura 4.16 A localização de áreas com riqueza biológica excepcionalmente alta (*hotspots* biológicos) em relação à densidade populacional. Segundo Cincotta *et al.* [68].

O mapa exibido na Figura 4.16 também mostra o padrão de densidade da população humana em todo o mundo, e pode ser visto que muitos dos *hotspots* de biodiversidade estão em áreas de alta densidade populacional humana [68]. Uma fonte de interesse que surgiu das análises demográficas é que cerca de 20 % da população mundial vivem nos *hotspots* de biodiversidade. Isto deve representar uma séria ameaça à sobrevivência dos *hotspots*, especialmente porque essas áreas também apresentam altas taxas de expansão populacional, e a pressão sobre o espaço e os recursos naturais são mais intensos. Porém, os *hotspots* não são necessariamente aquelas áreas que sofreram o mínimo com o impacto por parte do homem. No caso da região mediterrânea da Europa, por exemplo, existe uma alta diversidade acompanhada por uma longa história de atividade humana — às vezes uma atividade muito destrutiva. A ilha de Creta tem apenas 245 km de extensão por 50 km de largura e tem sido isolada como ilha há cerca de 5,5 milhões de anos. Tem sustentado populações humanas desde pelo menos a chegada dos povos neolíticos, cerca de 8000 anos atrás. Desde então, as mudanças climáticas resultaram no desenvolvimento de condições muito secas no verão, e experimentaram-se alterações provocadas por terremotos e atividade vulcânica. O aumento das populações humanas, sua necessidade de terras cultiváveis e o pastoreio intensivo resultaram na fragmentação de grande parte da vegetação original [69]. A despeito de tudo isso, Creta ainda possui 1650 espécies de plantas, 10 % das quais são endêmicas na ilha. Os fósseis de Creta nos contam que muitas espécies tornaram-se extintas durante sua história recente, mas ainda assim a ilha se mantém marcadamente rica em espécies. De fato, as áreas de clima mediterrânico geralmente são muito ricas em espécies vegetais, talvez como resultado da alta intensidade dos padrões de hábitats e da gravidade dos impactos das estiagens locais e queimadas [70]. É possível que pressões humanas moderadas aumentem a biodiversidade como consequência da diversificação dos hábitats; os estudos sobre a vegetação alpina referidos aqui ilustram o mesmo ponto. Certamente existem evidências de que a diversidade biológica e a densidade da população humana são positivamente relacionadas nas faixas menos extremas de densidade [71]. No entanto, deve-se ter cuidado antes de assumir que essa correlação implique causação.

Explicar por que os *hotspots* são tão ricos é ainda mais difícil do que resolver a questão do gradiente latitudinal. Existe, de fato, uma concentração geral de baixa latitude nos *hotspots*, de modo que o problema dos gradientes latitudinais é claramente confundido com o dos *hotspots*. Porém, mecanismos adicionais também estão em ação. Talvez esses *hotspots* sejam centros de evolução, ou talvez sejam fragmentos relictos de diversas antigas comunidades. Se essas explicações estiverem corretas, então poderíamos esperar que os *hotspots* sejam ricos em organismos endêmicos, aqueles restritos à região por causa de sua recente evolução ou de sua extinção nas áreas circundantes. Várias tentativas foram feitas para testar a correlação de *hotspots* com endemismo, mas com alguns resultados conflitantes. A análise do padrão de riqueza global das espécies de aves isoladamente não mostrou correlação significativa entre a riqueza global e a riqueza de espécies endêmicas [72]. Todavia, uma análise mais ampla usando dados de anfíbios, répteis, aves e mamíferos [73] mostrou algum grau de correlação entre diversidade e endemicidade. As espécies endêmicas têm sido por muito tempo assunto especial para a conservação, simplesmente por causa de sua raridade ou seu limitado alcance geográfico. Portanto, é animador saber que o estabelecimento de áreas protegidas em que há abundância de vertebrados endêmicos também protege uma grande variedade de outras espécies, e é uma boa política para a conservação da biodiversidade. O trabalho sobre a diversidade de peixes marinhos no Pacífico Sul [74] também sugere que os pontos críticos da biodiversidade dos peixes coincidem com os centros de evolução e que a diversidade nas áreas circundantes está relacionada com a distância desses *hotspots*. Isso fornece aos *hotspots* outra boa razão para a conservação, uma vez que podem revelar-se os pontos focais para a geração de espécies futuras (veja o Capítulo 14).

Diversidade no Tempo e no Espaço

Nenhum ecossistema é completamente estático. Os processos envolvidos na colonização de áreas descobertas por areia costeira, detritos vulcânicos ou detritos glaciais têm sido estudados extensivamente por ecologistas, e o crescimento e desenvolvimento de um ecossistema em tais situações são chamados de **sucessão**. Muitas vezes as mudanças que ocorrem ao longo do tempo são relativamente previsíveis, especialmente em termos gerais [75].

Um exemplo simples é a invasão da vegetação em sequência ao recuo dos glaciares, ilustrado no estudo de Glacier Bay, Alasca [76], apresentado na Figura 4.17. Condições mais quentes ocasionaram o derretimento do gelo e a fronteira de gelo retrocedeu, expondo superfícies de rochas nuas e fragmentos de rocha esmagada em cavidades e fendas protegidas. Esses solos primitivos podem ter sido ricos em algum elemento necessário ao crescimento das plantas — como por exemplo, potássio e cálcio —, mas eram pobres em matéria orgânica e, assim, tinham uma capacidade limitada de reter água, eram pobres em populações microbianas, tinham uma estrutura pequena e baixos níveis de nitrogênio. Uma planta que consegue crescer mesmo nessas condições adversas é o amieiro (*Alnus sinuata*). Trata-se de um arbusto de crescimento lento

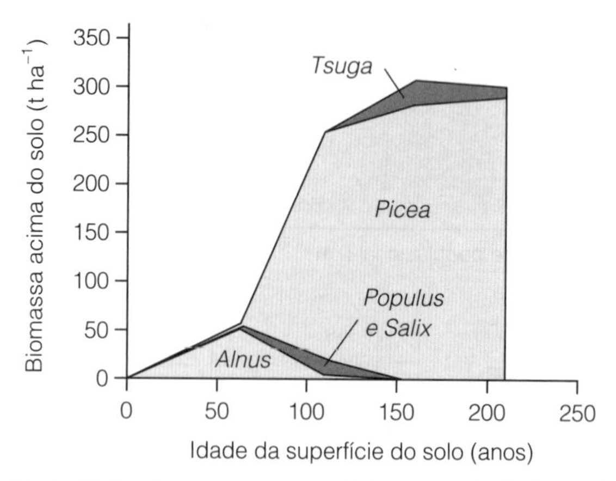

Figura 4.17 Mudanças na composição das principais espécies (expressas em termos de biomassa, ou seja, peso líquido sobre o solo) durante o desenvolvimento da floresta em sequência ao recuo do gelo no Alasca. O domínio de uma espécie, a espruce (*Picea*), é estabelecido na medida em que a biomassa aumenta com o desenvolvimento de sucessão na comunidade vegetal. Segundo Bormann & Sidle [76].

que deve seu sucesso, em parte, ao relacionamento com uma bactéria que cresce associada às suas raízes. O micróbio forma colônias nos nódulos intumescidos da raiz e capta nitrogênio da atmosfera e o converte em compostos de amônia que, por sua vez, serão utilizados (junto com material derivado de sua fotossíntese) na produção de proteínas. Dessa forma, o amieiro consegue se sair bem a despeito dos baixos níveis de nitrato no solo. Na verdade, com a morte gradual das raízes e o retorno da camada de humo ao solo, o crescimento da árvore aumenta a quantidade de nitrato no solo e, assim, fertiliza-o. No entanto, esse processo de modificação do ambiente do solo acaba por provocar a ruína do amieiro, pois permite a invasão de outras plantas menos adaptadas, como a espruce (*Picea sitchensis*). Após cerca de 80 anos, as árvores da espruce, que são mais robustas e de crescimento mais rápido que os arbustos do amieiro, assumem o domínio da vegetação e começam a sombrear os amieiros pioneiros. Assim, pela sua simples existência no local, os amieiros efetivamente selaram seu próprio destino determinando o inevitável passo seguinte na sucessão. O mecanismo que determina o processo sucessório é denominado **facilitação**, e garante um desenvolvimento progressivo entre as espécies de vegetação.

O curso da sucessão também leva a um acúmulo de biomassa durante o tempo em que ocorre. Isto pode ser observado na Figura 4.17, na qual o aumento de biomassa das espécies principais de árvores pode ser percebido ao longo de 200 anos de sucessão. O amieiro (*Alnus*), o álamo (*Populus*) e o salgueiro (*Salix*) foram substituídos pela espruce (*Picea*) e pela cicuta (*Tsuga*) e, enquanto o amieiro atinge um máximo de biomassa de cerca de 50 t/ha, a floresta de espruce/cicuta cresce a um volume de biomassa superior a 300 t/ha. Esse aumento de biomassa naturalmente envolve o desenvolvimento de uma estrutura de dossel mais complexa e, como já vimos, a diversidade de espécies animais sempre acompanha o aumento da complexidade estrutural da vegetação.

Sucessões afetam a diversidade de espécies porque a estabilidade de um ecossistema é geralmente acompanhada por um número crescente de espécies. Já vimos como uma maior biomassa nos trópicos é uma possível causa da alta diversidade de espécies de baixas latitudes, pois oferece maior heterogeneidade espacial e mais oportunidades para pequenos organismos encontrarem um hábitat. Da mesma forma na sucessão, o aumento da biomassa e da complexidade da estrutura vegetacional leva a uma maior diversidade de espécies. Geralmente, o clima e os solos limitam o quanto a biomassa pode se acumular, de modo que as sucessões devem chegar ao fim e formar um sistema estável e autoperpetuado, chamado de **estado de clímax**. Mas esta condição final está longe de ser estática. Em um ecossistema florestal, por exemplo, as árvores antigas morrem e abrem clareiras (Figura 4.18), e a penetração de luz nessas áreas permite o crescimento de plantas, incluindo algumas espécies de árvores, que normalmente estão associadas a um estágio anterior em sucessão.

No nordeste dos Estados Unidos, uma sequência típica na floresta de dicotiledôneas, em seguida à queda de árvores de faia maduras (*Fagus grandifolia*), é a invasão de bétula amarela (*Betula alleghaniensis*), seguida pela ácer de açúcar (*Acer saccharum*) e, eventualmente, pelo renascimento da faia [77]. Mas, uma vez que esse processo cíclico, benéfico à floresta, está tendo lugar onde quer que surja um vazio, a floresta clímax consiste, na verdade, em uma colcha de retalhos, cada qual em um estágio diferente de recuperação, junto com alguns retalhos de faia madura. Portanto, a vegetação clímax é, de fato, uma coleção de retalhos de diferentes idades. Isto, evidentemente, contribui para a diversidade de todo o sistema, pois a vegetação não é uniforme, mas sim extremamente heterogênea, e muitas das espécies que seriam perdidas em uma área se os desenvolvimentos sucessórios tivessem cessado estarão presentes em alguma abertura na floresta.

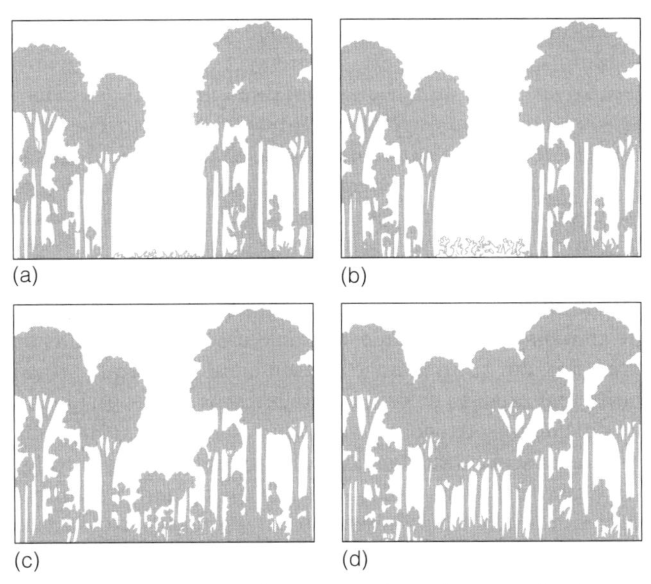

Figura 4.18 Vazios nas florestas, criados pela morte das árvores mais velhas ou por catástrofes menores, como ventanias e queimadas, tornam-se preenchidos pelo renascimento de árvores jovens, frequentemente passando por uma sucessão de diferentes espécies. A heterogeneidade dos hábitats e a complexidade dos dosséis são um resultado desse processo.

Manchas em um hábitat podem assim ser causadas pela constante rotatividade da vegetação dentro de um ecossistema. Também pode resultar de pequenas variações na topografia e, portanto, microclima. Nas florestas boreais do Canadá, por exemplo, a *Picea mariana* e a floresta de líquen das regiões mais ao sul contêm uma disseminação de bacias de geada dominadas por liquens e pequenos arbustos de vidoeiro anão e ericáceos. Essas bacias atuam como acumuladores de ar frio, que os aprisionam e preenchem. A superfície branca dos liquens reflete a luz solar e contribui para o resfriamento desses chamados 'cavidade de geada' [78]. Assim, a variabilidade topográfica natural de um hábitat pode criar novas oportunidades para o aumento da biodiversidade.

Voltando à questão de por que os trópicos, e as florestas tropicais em particular, são tão ricos em espécies, estabelecemos agora outro meio pelo qual a alta diversidade pode ser mantida. A floresta está constantemente sofrendo perturbações de tempestades, incêndios locais e meandros e inundações dos rios. Todos esses fatores deixam a floresta em estado de turbulência e regeneração ativa que contribui para a diversidade do todo. Assim, os processos cíclicos relacionados ao tempo no desenvolvimento da vegetação permitem que mais espécies sejam acumuladas em uma determinada área. Diferentes espécies têm o que se pode chamar de **nicho temporal**, uma etapa preferencial em um desenvolvimento sucessional quando seus atributos são mais efetivos na competição, e garante o estabelecimento de uma população sustentável [79]. Na complexidade de um ecossistema maduro, como uma floresta, a heterogeneidade espacial leva a uma variedade de espécies com diferentes nichos temporais existentes em estreita proximidade. A heterogeneidade espacial leva assim a uma maior biodiversidade. Ecologistas por vezes referem-se a este elemento espacial da biodiversidade como **diversidade beta**, o que a diferencia da **diversidade alfa**, mais comumente usada ao se referir à espécie de uma área uniforme. Os conservacionistas e os gestores de hábitats muitas vezes tentam apoiar tal heterogeneidade a fim de aumentar a diversidade, como no caso das borboletas de pradarias, em que o manejo experimental tem demonstrado que a manutenção de diversos fragmentos (corte, pastagem, arado, queima etc.) pode levar a uma maior diversidade [80]. Este tema será abordado mais extensamente no Capítulo 14.

Como discutido no Capítulo 2, a *diversidade* é frequentemente usada simplesmente para descrever a riqueza de espécies ou o número de espécies em uma determinada área, enquanto o grau de heterogeneidade dessas espécies também pode ser considerado como uma indicação de verdadeira 'diversidade' [81]. No caso das sucessões, tanto a riqueza como a verdadeira diversidade tendem a aumentar com o tempo, especialmente para animais, porque a crescente abundância de animais pequenos está intimamente relacionada com a complexidade estrutural da vegetação. Mas isso nem sempre é o caso das plantas. Sucessões contínuas, como no caso da sequência de amieiro-abeto, podem se tornar dominadas por poucas espécies grandes, o que efetivamente reduz a diversidade de plantas. Nos estágios iniciais da sucessão, entretanto, o aumento da diversidade parece ser geralmente verdadeiro para plantas e animais.

Hipótese de Distúrbio Intermediário

Portanto, parece que algum grau de perturbação em um ecossistema muitas vezes leva a um aumento na riqueza das espécies. Se tal situação acontecesse, um local totalmente estático, teoricamente, desenvolveria uma biota estável e uniforme. Na prática, há sempre algum grau de mudança, pelo menos em escala local, incluindo a morte e o declínio de árvores, como discutimos. Mesmo essas mudanças locais criam nichos para espécies que requerem condições mais amplas e podem ser consideradas como pertencendo a estágios sucessivos iniciais, e sua chegada (no caso de plantas, muitas vezes de sementes dormentes no solo) aumenta a diversidade. Assim, mesmo em um hábitat 'natural' (ou seja, em que a atividade humana seja ausente), há um ciclo regular de perturbação levando ao desenvolvimento de um moisaico de hábitats.

Os assentamentos humanos, parques e jardins suburbanos podem fornecer uma rica variedade de hábitats que promovem a diversidade, razão pela qual a densidade humana e a biodiversidade podem ser positivamente relacionadas (veja a Figura 4.16). O manejo do hábitat sob a forma de perturbação moderada, preferencialmente em um padrão de mosaico (por exemplo, clareiras áreas de floresta e de canavial), pode levar a uma maior diversidade, o que se tornou uma abordagem generalizada de conservacionistas que aplicam princípios biogeográficos.

No entanto, cuidados são necessários antes que esse manejo seja universalmente aplicado. Embora a chamada 'perturbação intermediária' possa resultar em mais espécies em geral, ela também pode resultar na eliminação de espécies sensíveis, aquelas que requerem uma completa ausência de perturbação para a sua sobrevivência. As espécies que necessitam de grandes áreas de floresta, canavial ou pastagem para a manutenção das populações não serão favorecidas pela perturbação e fragmentação do hábitat.

Biodiversidade Dinâmica e Teoria Neutral

É fácil supor que os padrões de biodiversidade são estáticos, mas não é o que ocorre. Embora os trópicos sempre tenham sido mais abundantes em espécies do que as regiões temperadas e as regiões polares, existe um fluxo constante de espécies ao longo do tempo geológico. Espécies estão sempre indo e vindo (evoluindo e se tornando extintas) e em constante movimento mudando seus padrões de distribuições global), e assim a ideia de que o mundo natural teria alcançado algum tipo de estado de equilíbrio pode não ser válida. Alguns biogeógrafos sustentam que o conceito de espécies compatíveis separadas ao longo do tempo para formar uma comunidade equilibrada, estável, está impondo mais ordem na natureza do que comumente existe. Stephen Hubbell, da Universidade da Geórgia, propôs que as espécies variam em abundância de modo aleatório. Ele partiu para uma **teoria neutra de biodiversidade** que considera agrupamentos de espécies como um conjunto de indivíduos selecionados aleatoriamente [82]. A proposta pode ser modelada por meio de simulações computacionais e sempre proporciona um resultado condizente com o que se encontra realmente na natureza, especialmente para as plantas, que fazem praticamente o mesmo trabalho no ecossistema, a saber, fixação de energia a partir do Sol e do dióxido de carbono da atmosfera. O fato de todas elas terem funções semelhantes sugere que não importa qual espécie está presente no sistema. A teoria neutra parece funcionar melhor quando se consideram espécies em um determinado nível trófico. Mas esse nível, ao acaso, de acordo com Hubbell, desempenha um papel importante na determinação de quais espécies estão presentes em um ecossistema, e talvez tal aleatoriedade desempenhe uma parte muito maior do que foi estimado no passado. De acordo com essa abordagem, as comunidades se reúnem ao longo do tempo como resultado de chegadas e estabelecimentos ao acaso, em vez de embaralhar espécies com seus diferentes requisitos de nicho, desta forma classificando em uma variedade de componentes coexistentes, cada um com seu papel distinto.

Portanto, com base na teoria neutra, as espécies presentes em uma comunidade dependem mais da influência da dispersão e disponibilidade para a imigração do que da compatibilidade de nichos [83]. Apesar da robustez natural das previsões resultantes de modelos neutros de comunidades, ainda existem questionamentos e críticas [84]. Há evidências de forças estabilizadoras no trabalho da natureza que podem levar a pontos finais particulares (em termos de composição da comunidade). Uma análise de longo prazo da mudança da vegetação, em que se empregaram grãos de pólen fósseis estratificados e preservados em lagos da América do Norte, mostra uma grande variação em agrupamentos ao longo do tempo, mas há uma tendência ao declínio dessa variabilidade com o tempo uma vez que se atinge uma estabilidade geral.

Esses resultados, baseados em dados de longo período (acima de 10.000 anos), indicam que, isoladas, as forças aleatórias e as derivações neutras não explicam a natureza das comunidades e sua biodiversidade [85].

O acaso pode operar, no entanto, de várias maneiras, além da natureza estocástica e relativamente imprevisível da imigração. Uma das maneiras pelas quais o acaso pode operar é por meio da obtenção das condições iniciais quando uma comunidade começa seu desenvolvimento. Pequenas diferenças no estado inicial podem afetar intensamente o resultado do estabelecimento da comunidade e, portanto, sua biodiversidade final. Essa ideia de condições iniciais mínimas sendo altamente influentes é conhecida como **teoria do caos**, que pode ser ilustrada quando se considera um lápis equilibrado sobre sua extremidade bem apontada. Qualquer mínima imperfeição na ponta ou na mão do operador determinará em qual direção o lápis finalmente vai cair. O mesmo é verdadeiro para os ecossistemas; minúsculos eventos aleatórios, tais como a chegada de uma determinada planta ou a ocorrência de um determinado conjunto de condições meteorológicas, podem ter grande influência nos resultados da sucessão. Os tipos e a abundância de sementes já presentes nos solos após uma catástrofe podem afetar profundamente o desenvolvimento da subsequente sucessão.

O fato de que espécies vêm e vão continuamente dentro de um ecossistema aparentemente estável pode ser observado a partir do monitoramento desse processo de mudanças. As florestas tropicais úmidas são geralmente consideradas tão biodiversificadas quanto estáveis no que se refere às espécies que elas contêm, mas observações nas florestas da América Central, do norte da América do Sul e da Bacia Amazônica mostraram que estão ocorrendo mudanças constantes na composição desses ecossistemas. Em especial, as trepadeiras (lianas) estão se tornando mais abundantes em todas essas regiões [86]. Nem as causas nem as consequências dessas mudanças estão claras até o momento. Pode ser que sejam uma resposta às mudanças globais na atmosfera e no clima, ou um exemplo de variação cíclica ou aleatória na composição das espécies. O crescimento de lianas quase sempre prejudica o desenvolvimento de algumas espécies de árvores, e assim o resultado dessa mudança abrangente na vegetação pode se mostrar importante do ponto de vista da biodiversidade dessas regiões.

Toda questão de por que algumas partes do mundo são mais ricas em espécies do que outras, e quais os fatores que influenciam o estabelecimento de comunidades, permanece em constante debate e pesquisa. É uma das questões mais profundas e importantes da biogeografia, pois a resposta será extremamente valiosa na previsão de mudanças futuras e no manejo da biodiversidade ameaçada do planeta. Explicar os padrões globais de biodiversidade é um processo que requer a consideração de muitos fatores. Algumas dessas questões foram discutidas aqui, mas a compreensão do assunto exige um conhecimento de muitos outros aspectos da biogeografia. Como é que muitas espécies conseguem ocupar o mesmo hábitat? Que fatores limitam a área geográfica de cada espécie? Como essas variações mudaram durante o curso da história da Terra? Como as novas espécies evoluem e por que elas evoluem de maneiras peculiares? Estas são algumas das questões que devem ser enfrentadas para que a complexa questão da biodiversidade seja mais bem compreendida.

Resumo

1 Biodiversidade significa o alcance total de vida na Terra, incluindo todas as diferentes espécies em conjunto com a variação genética entre populações e indivíduos e a variedade de ecossistemas, comunidades e hábitats presentes em nosso planeta.

2 Estamos perdendo espécies a um ritmo desconhecido, mas acelerado. Precisamos conhecer mais sobre a variedade da vida na Terra antes que possamos determinar quão rápido a estamos perdendo.

3 Apenas cerca de 1,8 milhão das espécies que vivem na Terra até agora foram descritas. Esta é uma percentagem muito pequena, talvez inferior a 5 % do provável total de espécies do planeta.

4 Em geral, os trópicos são mais ricos em espécies do que as altas latitudes, possivelmente em decorrência da alta produtividade e disponibilidade de alimento, de muita biomassa e, portanto, estrutura complexa, de antigos padrões de evolução, da sobrevivência de fragmentos de hábitats ao longo dos episódios frios dos últimos 2 milhões de anos e também do grau de distúrbios de pequena escala que resultam em um mosaico de processos sucessórios.

5 O termo 'diversidade' envolve tanto o número de espécies (riqueza) quanto os padrões de alocação do número ou de biomassa entre as diferentes espécies (uniformidade). A diversidade geralmente aumenta durante o curso das sucessões.

6 A composição das espécies (e, em consequência, a biodiversidade) de qualquer comunidade está em constante mudança. O acaso pode participar dessas mudanças mas também existem forças estabilizantes em curso.

7 Há uma tendência de a população humana ser densa em *hotspots* de biodiversidade. É possível que as pessoas aumentem a biodiversidade através da diversificação dos hábitats, mas a tendência destrutiva das altas densidades populacionais é uma questão para preocupar-se com a conservação.

Leitura Complementar

Boenigk J, Wodniok S, Glücksman E. *Biodiversity and Earth History*. Heidelberg: Springer, 2015.

Gaston KJ, Spicer JI. *Biodiversity: An Introduction*. 2nd ed. Oxford: Blackwell, 2004.

Groombridge B, Jenkins MD. *World Atlas of Biodiversity: Earth's Living Resources in the 21st Century*. Berkeley: University of California Press, 2002.

Hails RS, Beringer JE, Godfray HCJ. *Genes in the Environment*. Oxford: Blackwell, 2003.

Hubbell SP. *The Unified Neutral Theory of Biodiversity and Biogeography*. Princeton: Princeton University Press, 2001.

Lomolino MV, Riddle BR, Brown JH. *Biogeography*. 3rd ed. Sunderland, MA: Sinauer, 2006.

Smith FA, Gittleman JL, Brown JH. *Foundations of Macroecology*. Chicago: University of Chicago Press, 2014.

Referências

1. Taylor B, van Perlo B. *Rails: A Guide to the Rails, Crakes, Gallinules and Coots of the World*. Robertsbridge: Pica Press, 1998.
2. Sibley DA. *The Sibley Guide to Birds*. 2nd ed. New York: Alfred E. Knopf, 2014.
3. Garcia-Ramirez JC, Trewick SA. Dispersal and speciation in purple swamphens (Rallidae: *Porphyrio*). *The Auk* 2015; 132: 140–155.
4. May RM, Nee S. The species alias problem. *Nature* 1995; 378: 447–448.
5. Wilson EO. *Biodiversity*. New York: National Academic Press, 1988.
6. Erwin TL. Beetles and other insects of tropical forest canopies at Manaus, Brazil, sampled by insecticidal fogging. In: Sutton SL, Whitmore TC, Chadwick AC (eds.), *Tropical Rain Forest: Ecology and Management*. Oxford: Blackwell Scientific Publications, 1983: 59–75.
7. Stork N, Gaston K. Counting species one by one. *New Scientist* 1990; 127: 43–47.
8. Thomas CD. Fewer species. *Nature* 1990; 347: 237.
9. Pace NR. A molecular view of microbial diversity and the biosphere. *Science* 1997; 276: 734–740.
10. Holms B. Life unlimited. *New Scientist* 1996, 148: 26 29.
11. Fyfe WS. The biosphere is going deep. *Science* 1996; 273: 448.
12. O'Donnell AG, Goodfellow M, Hawksworth DL. Theoretical and practical aspects of the quantification of biodiversity among microorganisms. In: Hawksworth DL (ed.), *Biodiversity: Measurement and Estimation*. London: Chapman & Hall, 1995: 65–73.
13. Zettler LAA, Gomez F, Zettler E, Keenan BG, Amils R, Sogin ML. Eukaryotic diversity in Spain's River of Fire. *Nature* 2002; 417: 137.
14. May RM. A fondness for fungi. *Nature* 1991; 352: 475–476.
15. Groombridge B (ed.). *Global Biodiversity: Status of the Earth's Living Resources*. London: Chapman & Hall, 1992.
16. Morell V. New mammals discovered by biology's new explorers. *Science* 1996; 273: 1491.
17. Smith FA, Gittleman JL, Brown JH (eds.). *Foundations of Macroecology*. Chicago: University of Chicago Press, 2014.
18. Wright MG, Samways MJ. Gall-insect species richness in African fynbos and karoo vegetation: the importance of plant species richness. *Biodiversity Letters* 1996; 3: 151–155.
19. Lawton JH, Bignell DE, Bolton B, *et al.* Biodiversity inventories, indicator taxa and effects of habitat modification in tropical forest. *Nature* 1998; 391: 72–76.
20. Vellend M, Lilley PL, Starzomski BM. Using subsets of species in biodiversity surveys. *Journal of Applied Ecology* 2008; 45: 161–169.
21. Siemann E, Tilman D, Haarstad J. Insect species diversity, abundance and body size relationships. *Nature* 1996; 380: 704–706.
22. Aarssen LW, Schamp BS, Pither J. Why are there so many small plants? Implications for species coexistence. *Journal of Ecology* 2006; 94: 569–580.
23. Jackson JA. *In Search of the Ivory-Billed Woodpecker*. New York: HarperCollins, 2006.
24. da Silva W. On the trail of the lonesome pine. *New Scientist* 1997; 155: 36–39.
25. Chapin FS, Zavaleta ES, Eviner VT, *et al.* Consequences of changing biodiversity. *Nature* 2000; 405: 234–242.
26. Gaston KJ. Global patterns in biodiversity. *Nature* 2000; 405: 220–227.
27. Duellman WE. Patterns of species diversity in anuran amphibians in the American tropics. *Annals of the Missouri Botanical Garden* 1988; 75: 70–104.
28. Collins NM, Morris MG. *Threatened Swallowtail Butterflies of the World. IUCN Red Data Book*. Cambridge: IUCN, 1985.
29. Currie DJ, Paquin V. Large-scale biogeographical patterns of species richness of trees. *Nature* 1987; 329: 326–327.
30. Davies JT, Barraclough TG, Savolainen V, Chase MW. Environmental causes for plant biodiversity gradients. *Philosophical Transactions of the Royal Society of London B* 2004; 359: 1645–1656.
31. Brown JH, Gillooly JF, Allen AP, Savage VM, West GB. Toward a metabolic theory of ecology. *Ecology* 2004; 85: 1771–1789.
32. Algar AC, Kerr JT, Currie DJ. A test of metabolic theory as the mechanism underlying broad-scale species-richness gradients. *Global Ecology and Biogeography* 2007; 16: 170–178.
33. Whittaker RJ, Nogues-Bravo D, Araujo MB. Greographical gradients of species richness: a test of the water-energy conjecture of Hawkins *et al.* (2003) using European data for five taxa. *Global Ecology and Biogeography* 2007; 16: 76–89.
34. Terborgh J, Petren K. Development of habitat structure through succession in an Amazonian floodplain forest. In: Bell SS, McCoy ED, Mushinsky HR (eds.), *Habitat Structure: The Physical Arrangement of Objects in Space*. London: Chapman & Hall, 1991: 28–46.
35. Blondell J. *Biogeographie et Ecologie*. Paris: Masson, 1979.
36. Dixon AFG. *Aphid Ecology: An Optimization Approach*. 2nd ed. London: Chapman & Hall, 1998.
37. Blackburn TM, Gaston KJ. A sideways look at patterns in species richness, or why there are so few species outside the tropics. *Biodiversity Letters* 1996; 3: 44–53.
38. Rosenzweig ML. *Species Diversity in Space and Time*. Cambridge: Cambridge University Press, 1995.
39. Rohde K. The larger area of the tropics does not explain latitudinal gradients in species diversity. *Oikos* 1997; 79: 169–172.
40. Rohde K. Latitudinal gradients in species-diversity – the search for the primary cause. *Oikos* 1992; 65: 514–527.
41. Crane PR, Lidgard S. Angiosperm diversification and paleolatitudinal gradients in Cretaceous floristic diversity. *Science* 1989; 246: 675–678.
42. Emerson BC, Kolm N. Species diversity can drive speciation. *Nature* 2005; 434: 1015–1017.
43. Colinvaux PA, De Oliveira PE, Moreno JE, Miller MC, Bush MB. A long pollen record from lowland Amazonia: forest and cooling in glacial times. *Science* 1996; 274: 85–88.
44. Colinvaux PA. *Amazon Expeditions: My Quest for the Ice-Age Equator*. New Haven: Yale University Press, 2007.
45. Klicka J, Zink RM. The importance of recent ice ages in speciation: a failed paradigm. *Science* 1997; 277: 1666–1669.
46. Stevens GC. The latitudinal gradient in geographical range: how so many species coexist in the tropics. *American Naturalist* 1989; 133: 240–256.
47. Rhode K. Rapoport's rule is a local phenomenon and cannot explain latitudinal gradients in species diversity. *Biodiversity Letters* 1996; 3: 10–13.
48. Ribas CR, Schoereder JH. Is the Rapoport effect widespread? Null models revisited. *Global Ecology and Biogeography* 2006; 15: 614–624.
49. Smith KF, Brown JH. Patterns of diversity, depth range and body size among pelagic fishes along a gradient of depth. *Global Ecology and Biogeography* 2002; 11: 313–322.
50. Gaston KJ, Blackburn TM, Spicer JI. Rapoport's rule: time for an epitaph? *Trends in Ecology and Evolution* 1998; 13: 70–74.

51. Blackburn TM, Gaston KJ. There's more to macroecology than meets the eye. *Global Ecology and Biogeography* 2006; 15: 537–540.
52. Brown JH. *Macroecology*. Chicago: University of Chicago Press, 1995.
53. Smith FA, Gittleman JL, Brown JH. Introduction: the macro of macroecology. In Smith FA, Gittleman JL, BrownJH (eds.), *Foundations of Macroecology*. Chicago: University of Chicago Press, 2014: 1–4.
54. Grytnes JA, Beaman JH. Elevational species richness patterns for vascular plants on Mount Kinabalu, Borneo. *Journal of Biogeography* 2006; 33: 1838–1849.
55. Vetaas OR, Grytnes JA. Distribution of vascular plant species richness and endemic richness along the Himalayan elevation gradient in Nepal. *Global Ecology and Biogeography* 2002; 11: 291–301.
56. Schworer C, Colombaroli D, Kaltenrieder P, Rey F, Tinner W. Early human impact (5000–3000 BC) affects mountain forest dynamics in the Alps. *Journal of Ecology* 2015; 103: 281–295.
57. Bhattarai KR, Vetaas OR, Grytnes JA. Fern species richness along a central Himalayan elevational gradient, Nepal. *Journal of Biogeography* 2004; 31: 389–400.
58. Kroemer T, Kessler M, Gradstein SR, Acebey A. Diversity patterns of vascular epiphytes along an elevational gradient in the Andes. *Journal of Biogeography* 2005; 32: 1799–1809.
59. Kueper W, Kreft H, Nieder J, Koester N, Barthlott W. Large-scale diversity patterns of vascular epiphytes in Neotropical montane rain forests. *Journal of Biogeography* 2004; 31: 1477–1487.
60. Ding T-S, Yuan H-W, Geng S, Lin Y-S, Lee P-F. Energy flux, body size and density in relation to bird species richness along an elevational gradient in Taiwan. *Global Ecology and Biogeography* 2005; 14: 299–306.
61. Kattan G, Franco P. Bird diversity along elevational gradients in the Andes of Colombia: area and mass effects. *Global Ecology and Biogeography* 2004; 13: 451–458.
62. Thompson BA, Kalas JA, Byrkjedal I. Arctic-alpine mountain birds in northern Europe: contrasts between specialists and generalists. In Fuller RJ (ed.), *Birds and Habitat: Relationships in Changing Landscapes*. Cambridge: Cambridge University Press, 2012: 237–252.
63. McCain CM. Could temperature and water availability drive elevational species richness patterns? A global case study for bats. *Global Ecology and Biogeography* 2007; 16: 1–13.
64. Nogues-Bravo D, Araujo MB, Romdal T, Rahbek C. Scale effects and human impact on the elevational species richness gradients. *Nature* 2008; 453: 216–219.
65. Myers N. The biodiversity challenge: expanded hot-spots analysis. *The Environment* 1990; 10: 243–256.
66. Myers N, Mittermeier RA, Mittermeier CG, da Fonseca GAB, Kent J. Biodiversity hotspots for conservation priorities. *Nature* 2000; 403: 853–858.
67. Pimm SL, Raven P. Extinction by numbers. *Nature* 2000; 403: 843–845.
68. Cincotta RP, Wisnewski J, Engelman R. Human population in the biodiversity hotspots. *Nature* 2000: 404: 990–992.
69. Rackham O, Moody J. *The Making of the Cretan Landscape*. Manchester: Manchester University Press, 1996.
70. Cowling RM, Rundel PW, Lamont BB, Arroyo MK, Arlanoutsou M. Plant diversity in Mediterranean-climate regions. *Trends in Ecology and Evolution* 1996; 11: 362–366.
71. Araujo MB. The coincidence of people and biodiversity in Europe. *Global Ecology and Biogeography* 2003; 12: 5–12.
72. Orme CDL, Davies RG, Burgess M, *et al.* Global hotspots of species richness are not congruent with endemism or threat. *Nature* 2005; 436: 1016–1019.
73. Lamoreux JF, Morrison JC, Ricketts TH, Olson DM, Dinerstein E, McKnight MW, Shugart HH. Global tests of biodiversity concordance and the importance of endemism. *Nature* 2006; 440: 212–214.
74. Mora C, Chittaro PM, Sale PF, Kritzer JP, Ludsin SA. Patterns and processes in reef fish diversity. *Nature* 2003; 421: 933–936.
75. Pickett STA, Cadenasso ML, Meiners SJ. Vegetation dynamics. In: van der Maarel E, Franklin J (eds.), *Vegetation Ecology*. Chichester: Wiley-Blackwell, 2013: 107–140.
76. Bormann BT, Sidle RC. Changes in productivity and distribution of nutrients in a chronosequence at Glacier Bay National Park. *Alaska. Journal of Ecology* 1990; 78: 561–578.
77. Forcier LK. Reproductive strategies in the co-occurrence of climax tree species. *Science* 1975; 189: 808–810.
78. Plasse C, Payette S. Frost hollows of the boreal forest: a spatiotemporal perspective. *Journal of Ecology* 2015; 103: 669–678.
79. Kelly CK, Bowler MG, Fox GA. *Temporal Dynamics and Ecological Processes*. Cambridge: Cambridge University Press, 2013.
80. Perovic D, Gamez-Virues S, Borschig C, *et al.* Configuational landscape heterogeneity shapes functional community composition of grassland butterflies. *Journal of Applied Ecology* 2015; 52: 505–513.
81. Spellerberg IF, Fedor PJ. A tribute to Claude Shannon (1916–2001) and a plea for more rigorous use of species richness, species diversity and the 'Shannon-Wiener' Index. *Global Ecology and Biogeography* 2003; 12: 177–179.
82. Hubbell SP. *The Unified Neutral Theory of Biodiversity and Biogeography*. Princeton: Princeton University Press, 2001.
83. Bullock JM, Kenward RE, Hails RS (eds.). *Dispersal Ecology*. Oxford: Blackwell, 2002.
84. Ostling A. Neutral theory tested by birds. *Nature* 2005; 436: 635–636.
85. Clark JS, McLachlan JS. Stability of forest biodiversity. *Nature* 2003; 423: 635–638.
86. Phillips OL, Vásquez Martínez R, Arroyo L, *et al.* Increasing dominance of large lianas in Amazonian forests. *Nature* 2002; 418: 770–774.

Encarte Colorido

(a)

(b)

Prancha 1 (a) vegetação arbustiva desértica no leste do Irã. A característica mais notável é o arbusto decíduo, *Zygophyllum eurypterum*, juntamente com plantas menores de *Artemisia herba-alba*. Esta vegetação é típica das regiões mais secas de planícies aluviais. (b) Vegetação arbustiva desértica no leste do Irã onde o principal arbusto é *Haloxylon persicum*. Esta vegetação ocupa as regiões mais úmidas e salinas das planícies aluviais.

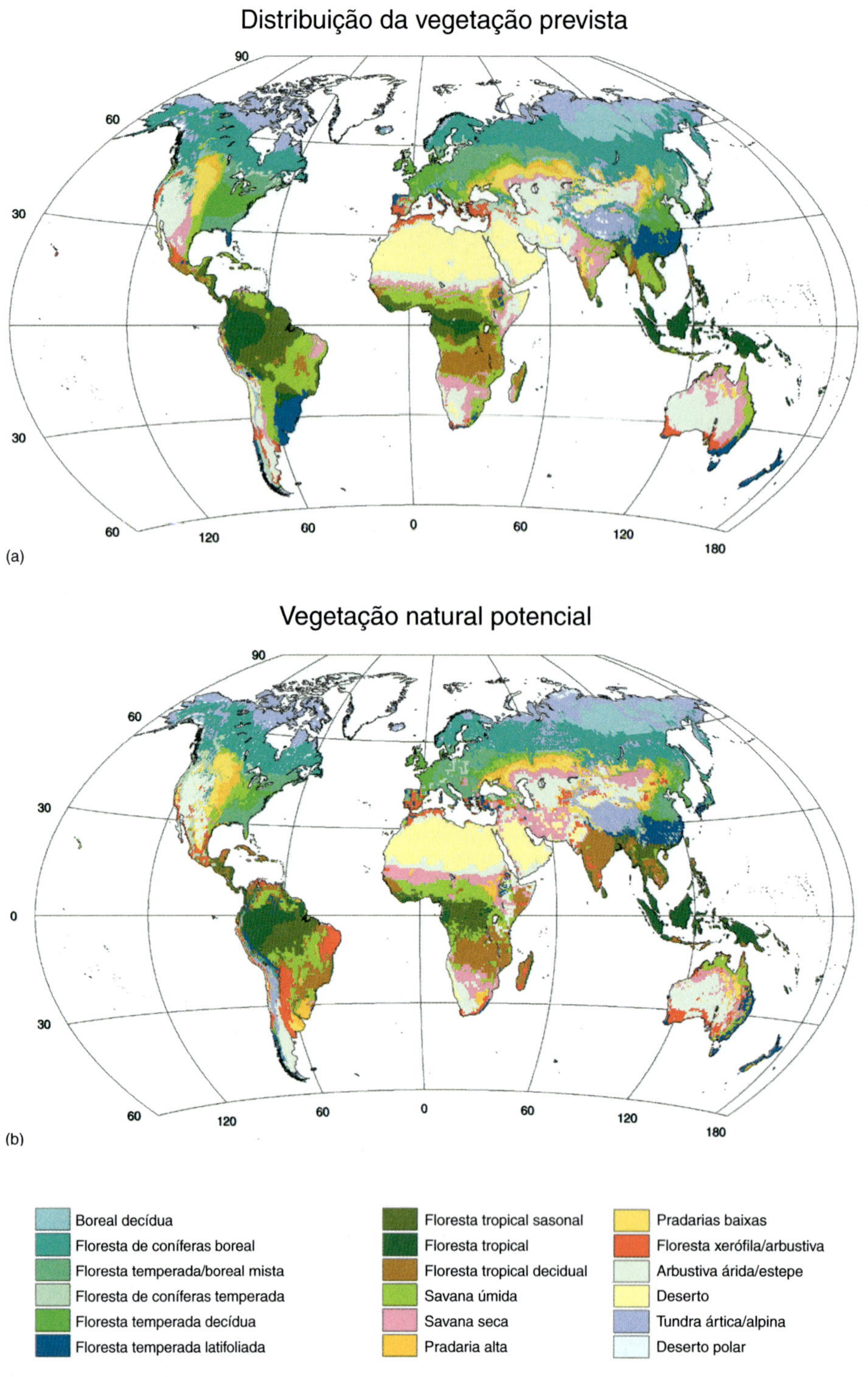

Distribuição da vegetação prevista
90
60
30
30
60
120
60
0
60
120
180
(a)
Vegetação natural potencial
90
60
30
0
30
60
120
60
0
60
120
180
(b)
Boreal decídua
Floresta de coníferas boreal
Floresta temperada/boreal mista
Floresta de coníferas temperada
Floresta temperada decídua
Floresta temperada latifoliada
Floresta tropical sasonal
Floresta tropical
Floresta tropical decidual
Savana úmida
Savana seca
Pradaria alta
Pradarias baixas
Floresta xerófila/arbustiva
Arbustiva árida/estepe
Deserto
Tundra ártica/alpina
Deserto polar

Prancha 2 (a) Mapa global da atual distribuição da vegetação na Terra. Isso é algo idealizado, uma vez que ignora o impacto dos seres humanos. Pode ser considerado como a vegetação potencial se o clima sozinho fosse o agente determinante. (b) Mapa global da vegetação derivada de previsões do modelo computacional, BIOME 3. Como no caso de (a), este é um mapa de vegetação potencial que se baseia unicamente em condições climáticas. Pode ver-se que os dois mapas são muito semelhantes, o que significa que este modelo é um preditor confiável de vegetação em determinadas condições climáticas. Esta equivalência próxima sugere que o modelo poderia ser usado para prever de forma confiável as consequências da futura mudança climática para os padrões de distribuição da vegetação. Extraído de Haxeltine A, Prentice IC. BIOME 3: an equilibrium terrestrial biosphere model based on ecophysiological constraints, resource availability, and competition among plant functional types. *Global Biogeochemical Cycles* 1996; 10: 693-709.

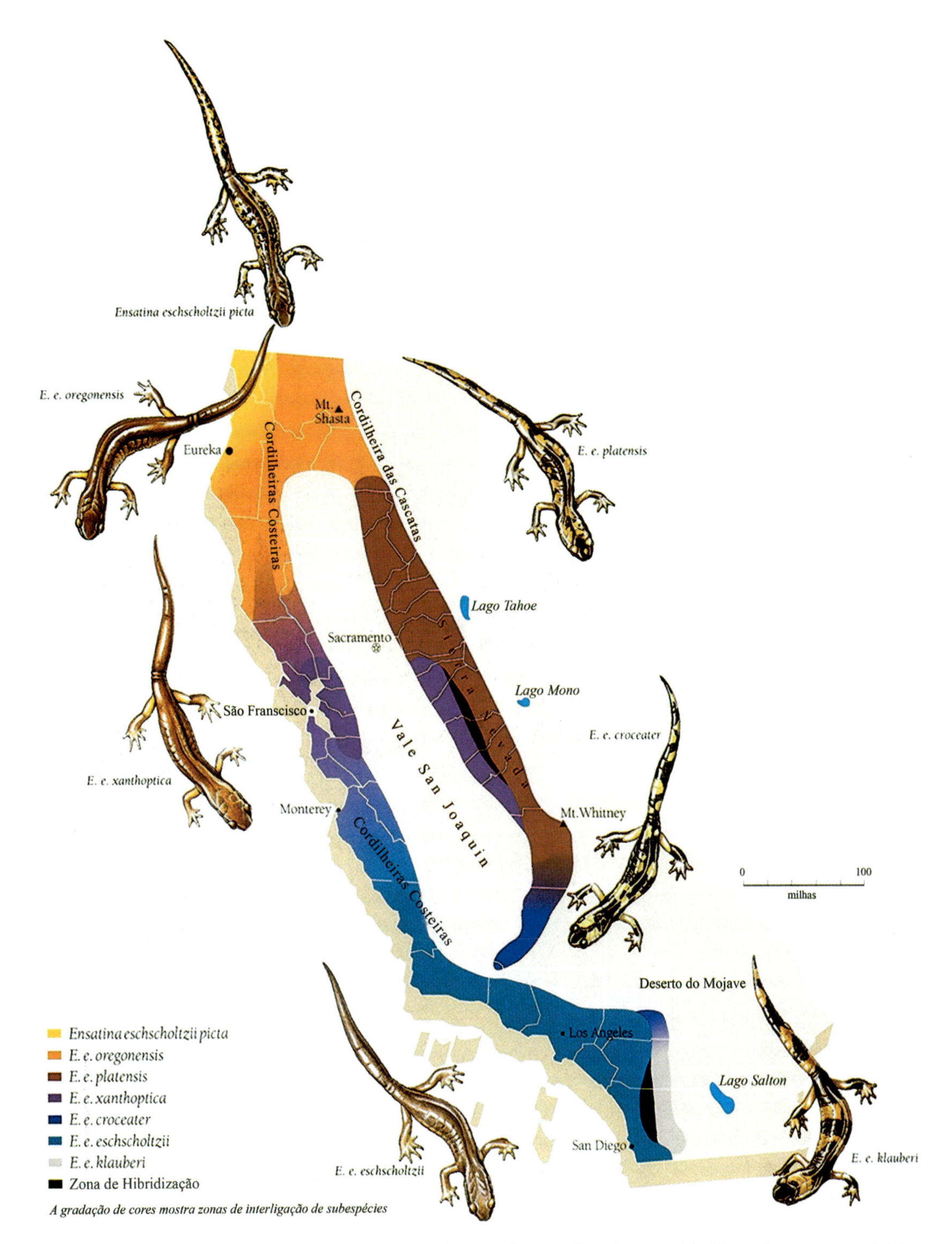

Prancha 3 Espécies em anel da salamandra *Ensatina* no oeste dos Estados Unidos. Uma espécie (*Ensatina oregonensis*) é encontrada em Oregon, Washington e Colúmbia Britânica. Em seguida, divide-se no norte da Califórnia e forma um anel mais ou menos contínuo ao redor do vale de San Joaquin. As salamandras variam em forma de lugar para lugar e, consequentemente, recebem uma série de nomes taxonômicos. Onde os lados costeiros e insulares do anel se encontram no sul da Califórnia, as salamandras se comportam como boas espécies em alguns locais (zonas pretas no mapa). Extraído de Thelander CG. Life on the Edge: A Guide to California's Endangered Natural Resources. Berkeley, CA: Ten Speed Press.

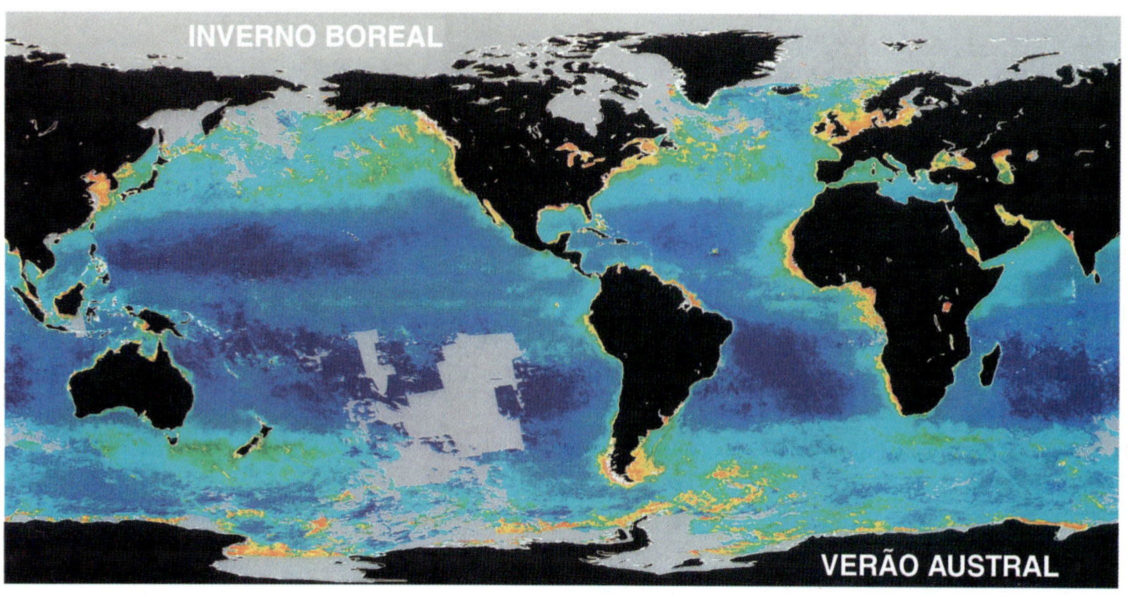

(a)

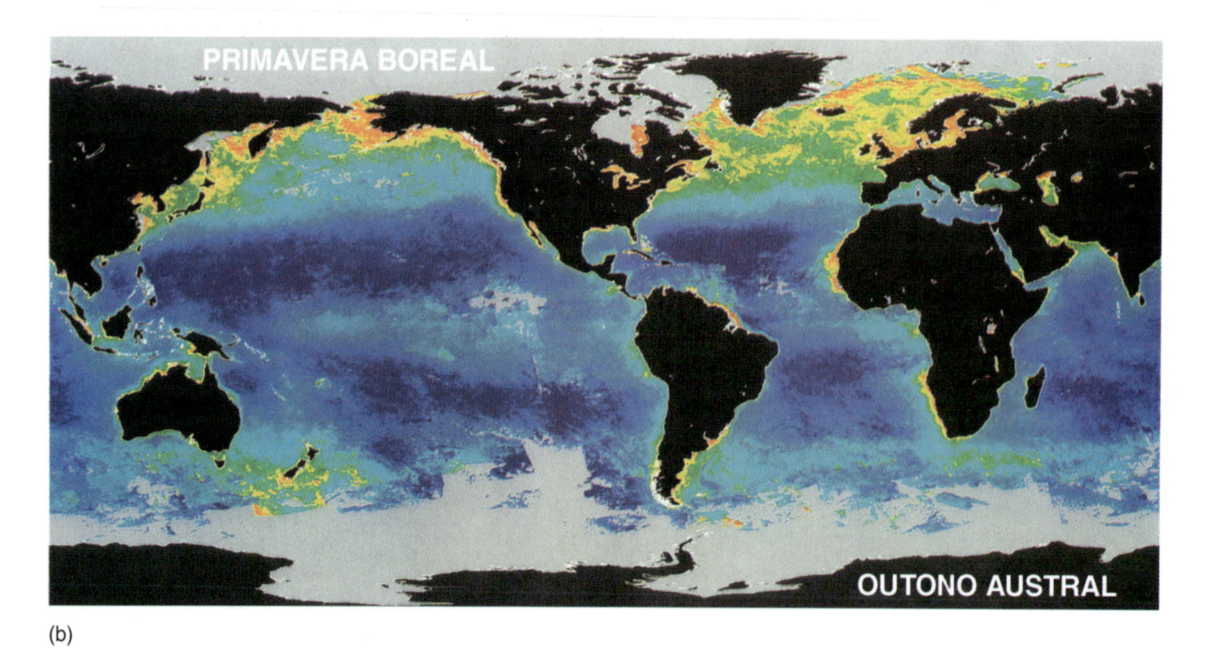

(b)

Prancha 4 Densidade de plâncton, medida pelas concentrações de clorofila da superfície do mar a uma profundidade de 25 m, média em 1978-1986. (a) Inverno do Hemisfério Norte, dezembro-fevereiro; (b) primavera do Hemisfério Norte, março-maio; (c) verão do Hemisfério Norte, junho-agosto; (d) outono do Hemisfério Norte, setembro-novembro. A cor indica concentrações em uma escala logarítmica: os extremos são roxos (< 0,06 mg / m³), através de azul-escuro, azul-claro e verde a vermelho-laranja (1-10 mg / m³). Extraído de Longhurst A. *Ecological Geography of the Sea*. 2nd ed. London: Academic Press, 2006. (Reproduzido com permissão da NASA/Goddard Space Flight Center.)

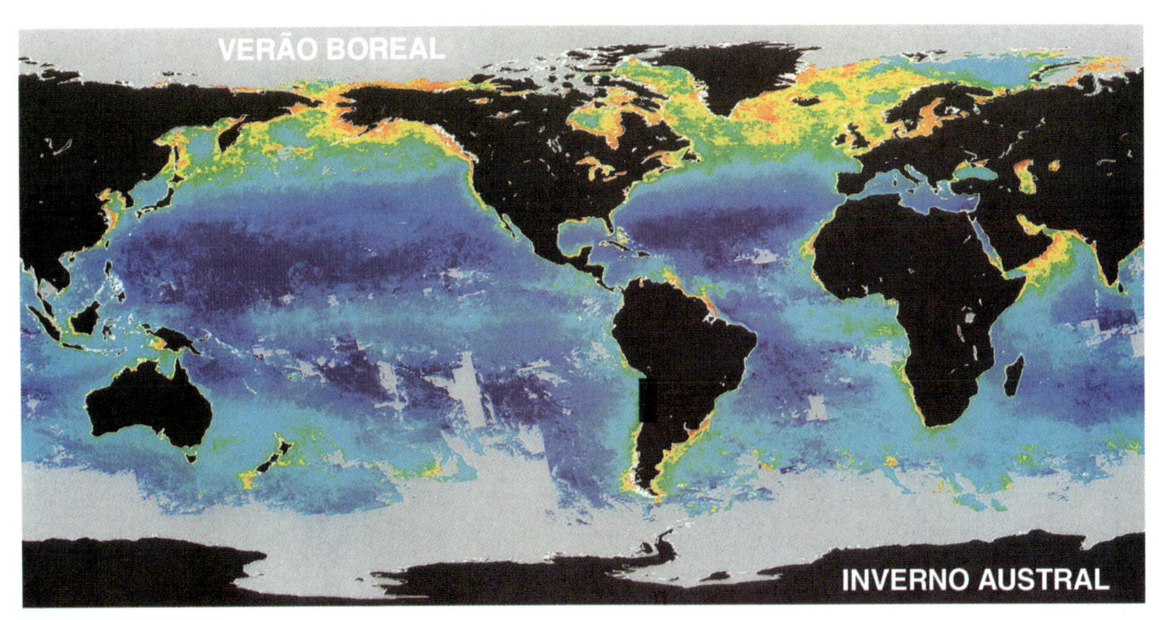

(c)

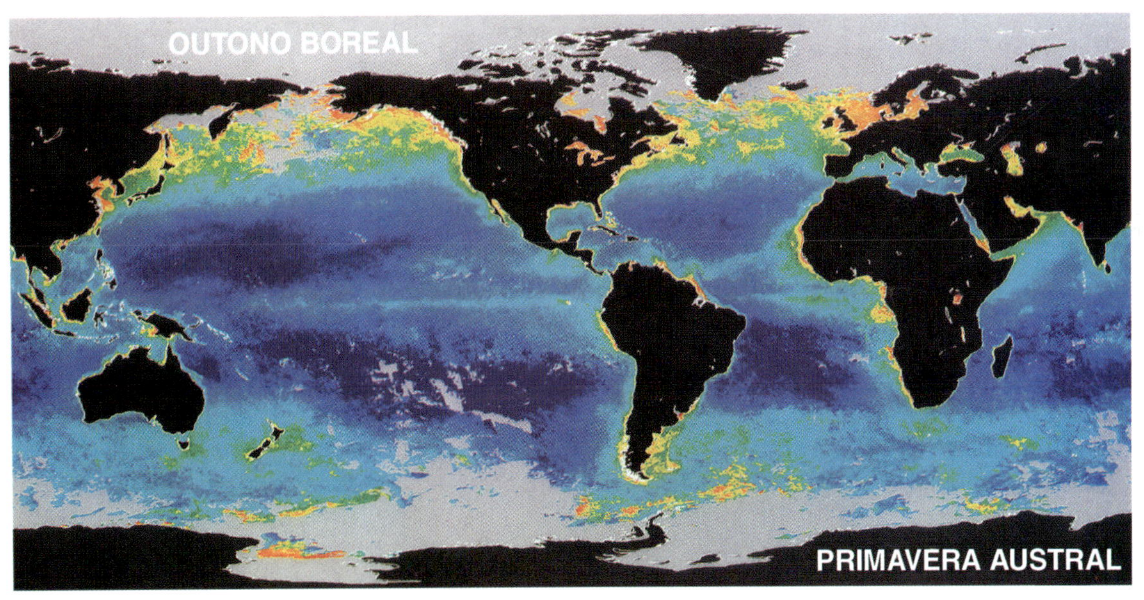

(d)

Prancha 4 *(continuação)*

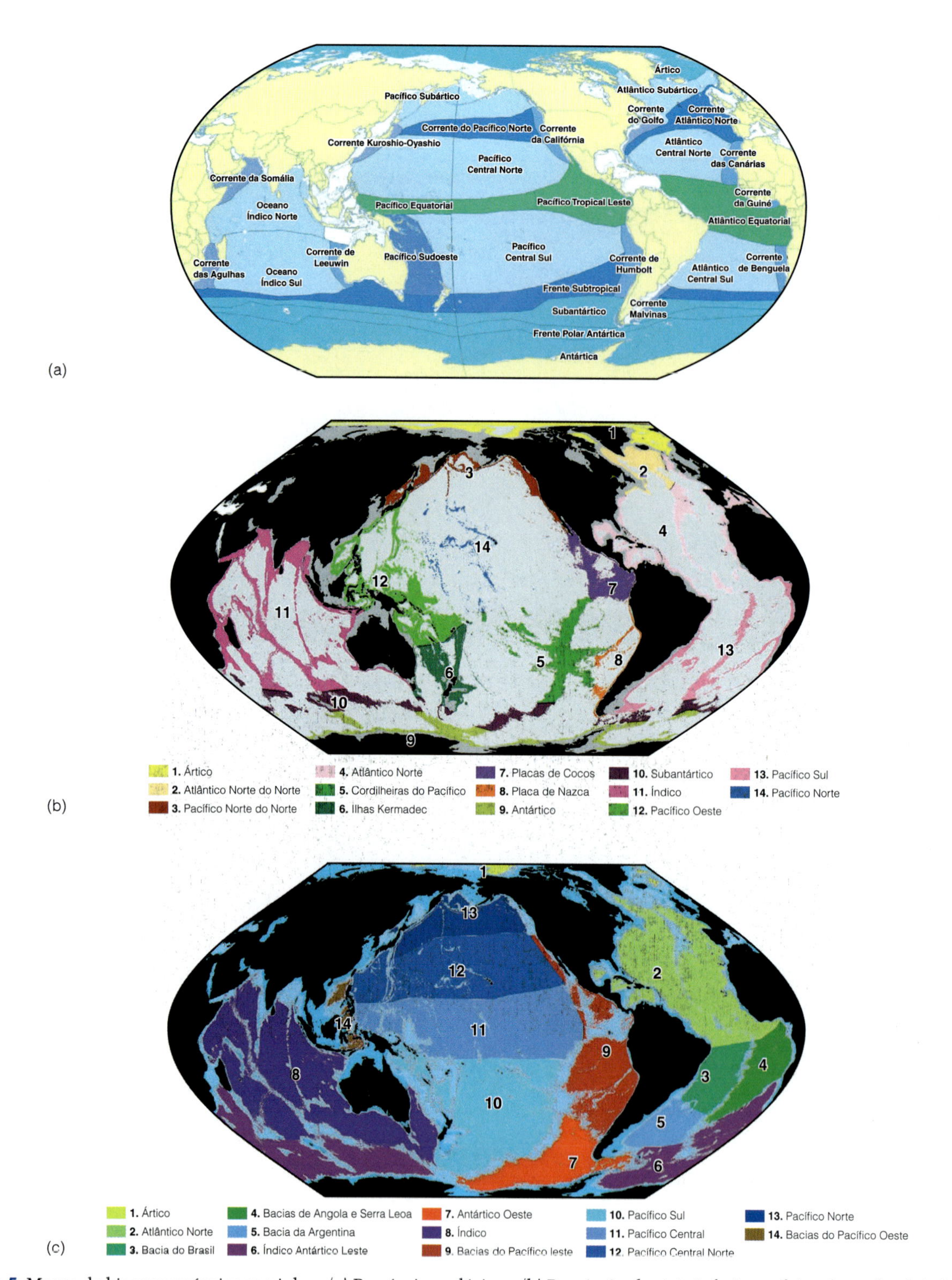

Prancha 5 Mapas de biogeoprovíncias marinhas. (a) Províncias pelágicas. (b) Províncias batiais inferiores, faixa de profundidade de 800 a 3000 m. (c) Províncias abissais, faixa de profundidade 3500-6500 m. Extraído de Vierros M, Cresswell I, Escobar Briones E, Rice J, Ardron J (eds.). *Global Open Oceans and Deep Seabed (GOODS) Biogeographic Classification.* Intergovernmental Oceanographic Commission (IOC) Technical Series 84, Paris: UNESCO, 2009.

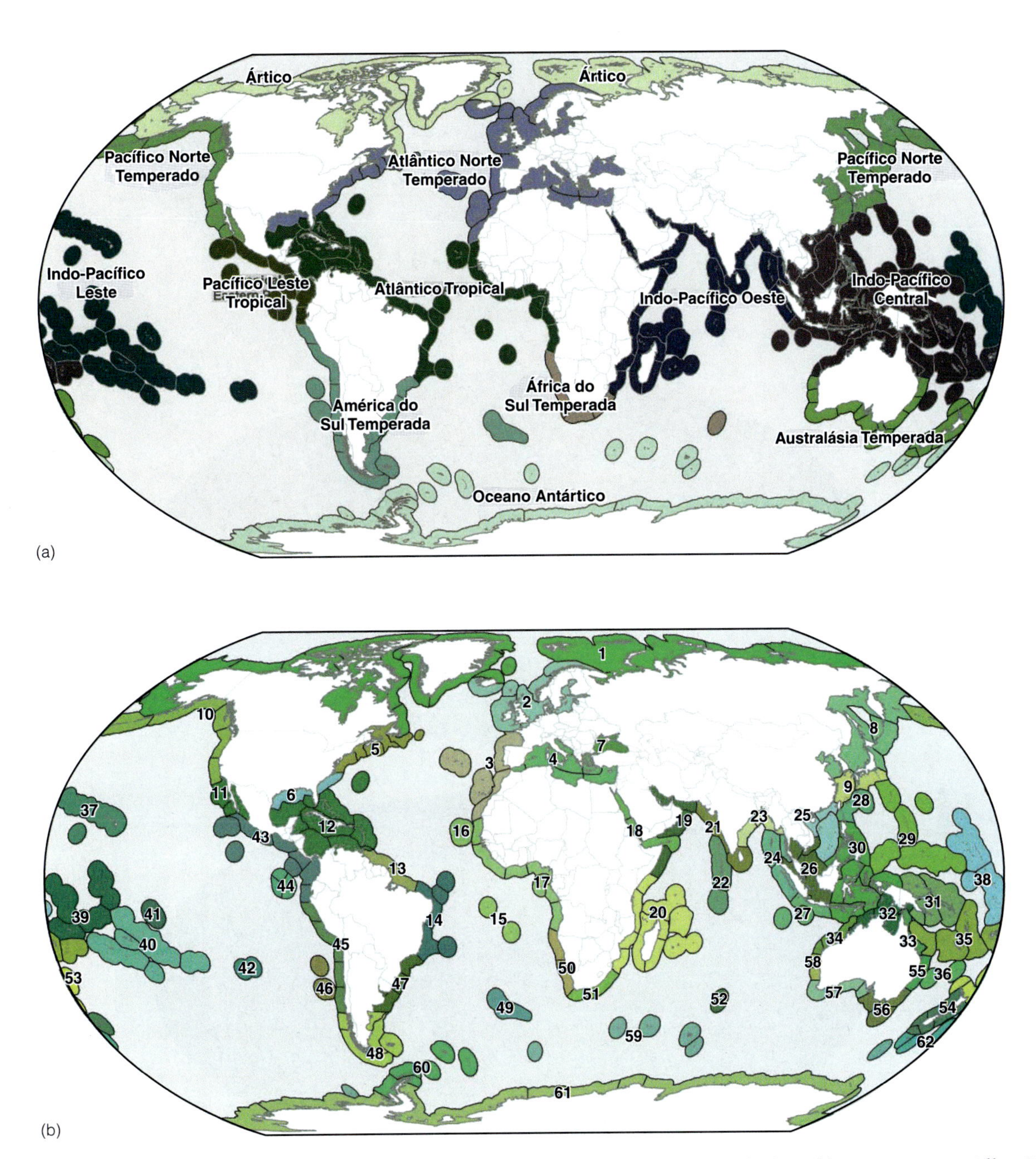

Prancha 6 Reinos biogeográficos de plataformas e costeiros marinhos (a) e províncias (b). Extraído de Spalding MD, Fox HE, Allen GR, *et al.* Marine ecoregions of the world: a bioregionalization of coastal and shelf areas. *Bioscience* 2007; 57: 573-583. (Reproduzido com permissão da Oxford University Press.)

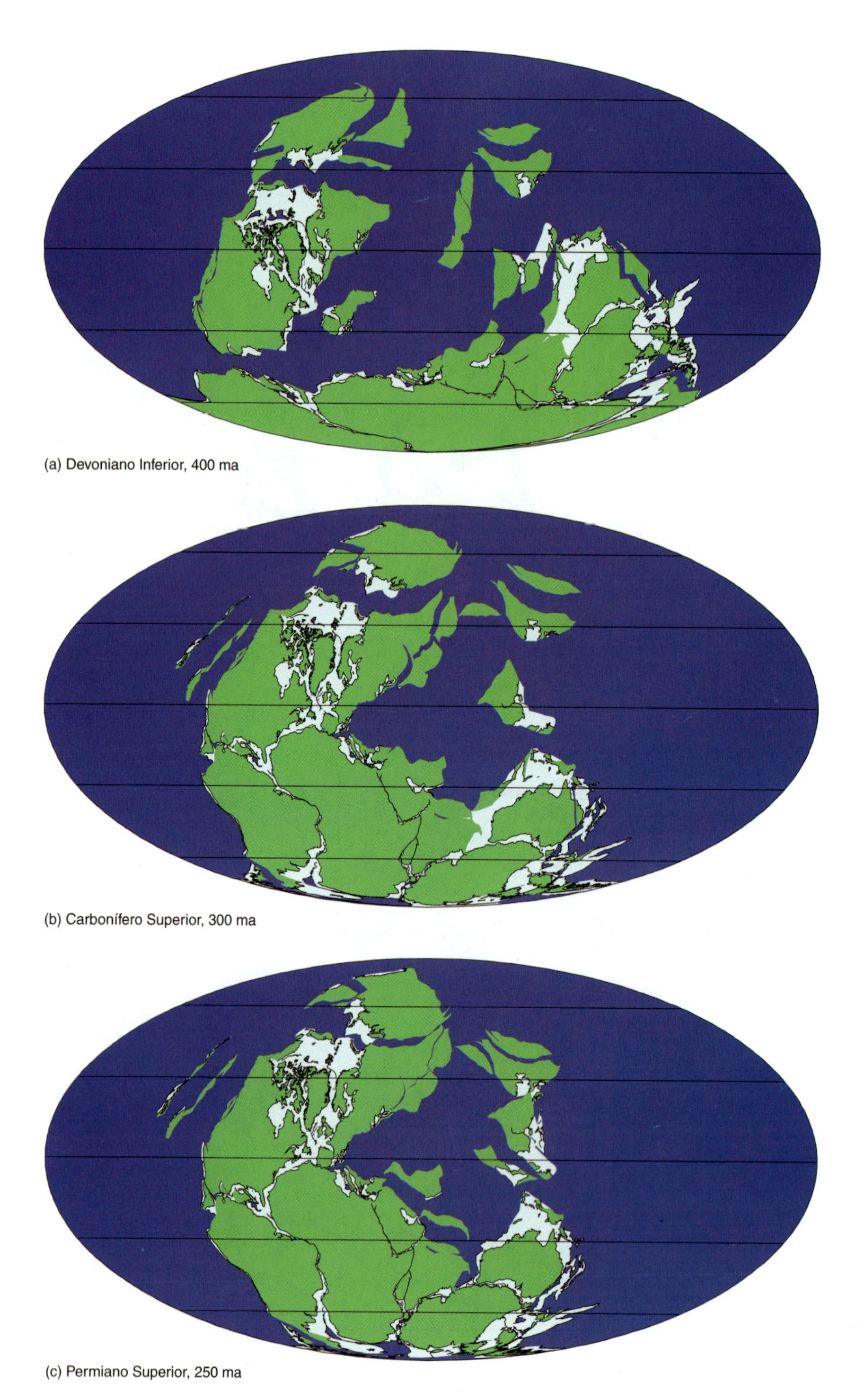

(a) Devoniano Inferior, 400 ma

(b) Carbonífero Superior, 300 ma

(c) Permiano Superior, 250 ma

Prancha 7 Mapas para mostrar os arranjos das massas terrestres em diferentes momentos do passado. Os oceanos profundos são mostrados em azul-escuro. Em todos os mapas, a distribuição de terra (em verde) e os mares epicontinentais pouco profundos (em azul-claro) são mostrados como são atualmente, para que os continentes de hoje possam ser reconhecidos em suas posições anteriores como partes de continentes antigos. No entanto, a extensão dos mares rasos variou com o tempo, como mostrado nas Figuras 10.1 e 10.3, que também identificam alguns dos fragmentos continentais menores. Cortesia de Cambridge Paleomap Services, conforme alterada por R. Hall. (Reproduzido com permissão.)

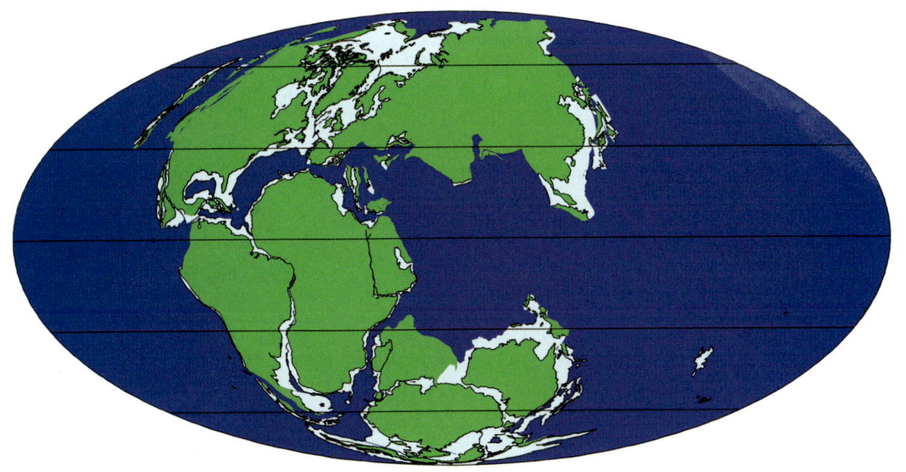

(d) Cretáceo Inferior, 140 ma

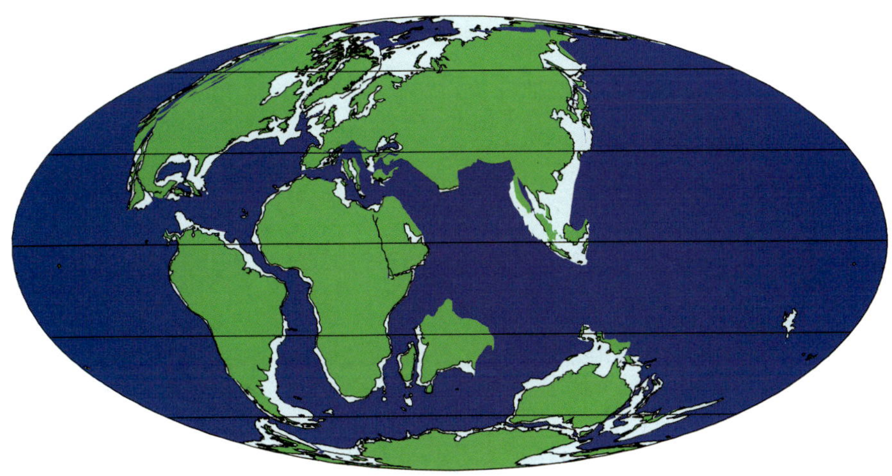

(e) Cretáceo Superior, 90 ma

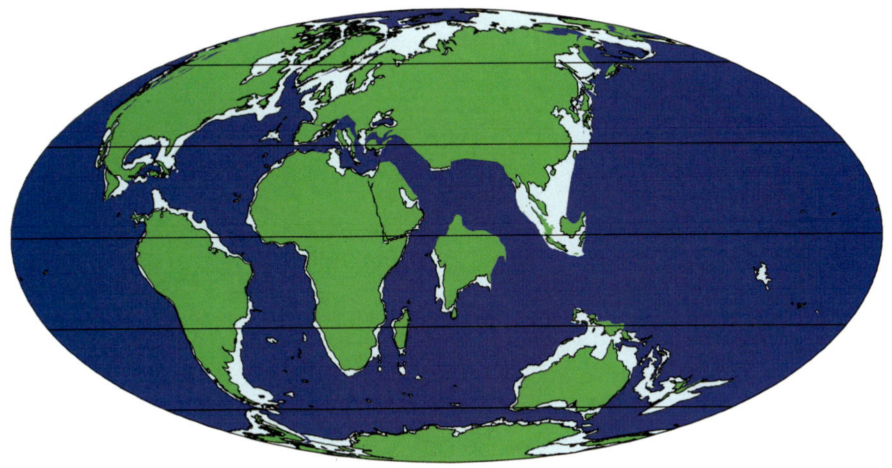

(f) Paleoceno Inferior, 60 ma

Prancha 7 *(continuação)*

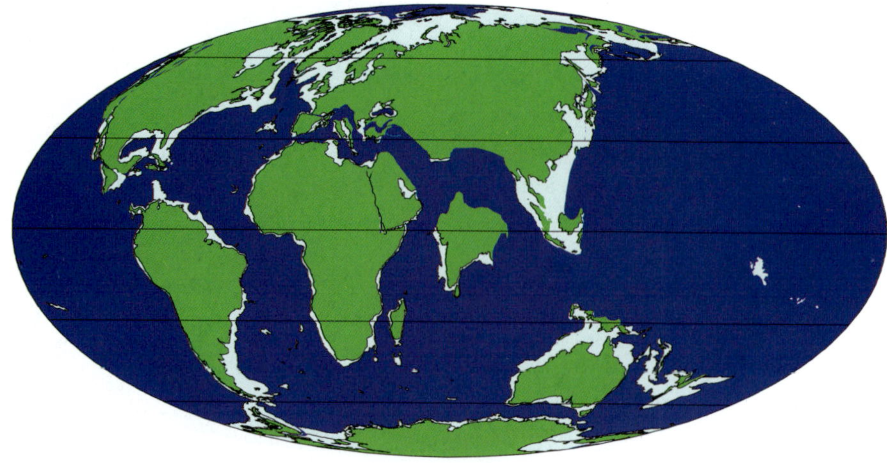

(g) Eoceno Inferior, 55 ma

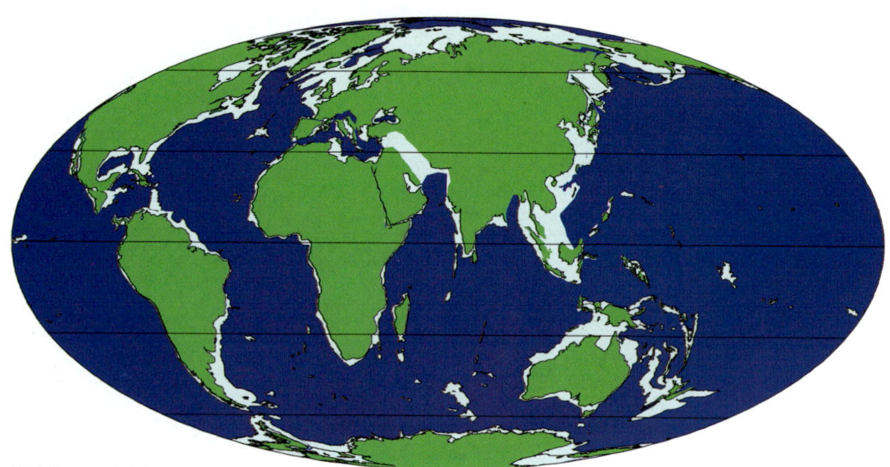

(h) Oligoceno Inferior, 30 ma

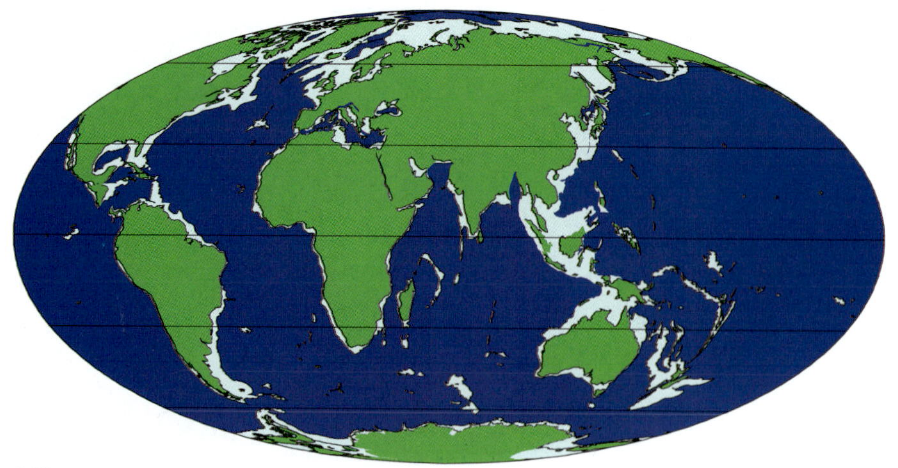

(i) Mioceno Inferior, 20 ma

Prancha 7 *(continuação)*

Os Motores do Planeta

Tectônica de Placas

Capítulo 5

Este capítulo inicialmente explica a evidência da tectônica de placas. Em seguida, descreve como esse processo afeta os padrões de vida nos continentes, de duas maneiras. Em primeiro lugar, muda-os diretamente, alterando os padrões de interconexão dos continentes. Em segundo lugar, provoca mudanças nos padrões dos continentes, dos oceanos, dos mares rasos, das montanhas e das correntes oceânicas, que têm efeitos indiretos na biogeografia, alterando os padrões climáticos. Esse processo também produz diferentes tipos de ilha, o que pode apresentar diferentes histórias bióticas. O mecanismo da tectônica de placas, portanto, fornece continuamente novos desafios e oportunidades para os organismos vivos, aos quais respondem através do mecanismo da mudança evolutiva, como será explicado no Capítulo 6.

A Evidência para Tectônica de Placas

Como explicado no Capítulo 1, a ideia de que os continentes poderiam se fragmentar e se mover sobre a crosta terrestre foi sugerida pela primeira vez pelo meteorologista alemão Alfred Wegener em 1912, mas foi rejeitada pelos cientistas porque ele não poderia sugerir qualquer mecanismo para tal fenômeno. Foi apenas na década de 1960 que Wegener realizou novas descobertas sustentadas e revelou a força motriz. A primeira descoberta veio com a invenção das técnicas que usaram o fenômeno do **paleomagnetismo**. Isso usa a presença de partículas magnetizadas em muitas rochas para rastrear os movimentos das rochas e, portanto, também das massas de terra em que se encontram. Obviamente, se os continentes nunca se movessem, todas essas "bússolas fósseis" deveriam apontar para os polos magnéticos atuais – mas eles não o fazem [1]. Em vez disso, se uma série de rochas de diferentes idades de um continente for estudada, e se nesses diferentes tempos, as posições de um dos polos magnéticos forem plotadas em um mapa, parecerá que o polo terá se movido gradualmente através da superfície da Terra (Figura 5.1). É claro que foram os continentes que se movimentaram pelos polos. Além disso, se forem construídos caminhos similares de "vagante polar" para cada um dos continentes atualmente, também será mostrado que eles se moveram um em relação ao outro. Finalmente, se plotarmos esses caminhos em um globo e movermos os continentes de volta ao longo dos caminhos que eles seguiram através do tempo, descobriremos que eles irão se unir gradualmente em um padrão muito semelhante ao que Wegener propôs pela primeira vez. Como ele observou, outras evidências para as posições dos continentes podem ser obtidas a partir dos tipos de rochas que foram estabelecidas dentro deles (por exemplo, arenitos do deserto ou depósitos glaciais).

O padrão de movimentos continentais que foi sugerido por essa pesquisa paleomagnética foi respaldado e confirmado pelo estudo do fundo dos oceanos. Esse estudo revelou um sistema de grandes cadeias submarinas de montanhas vulcânicas que se erguem até 3000 m, e outro sistema de depressões profundas ou **trincheiras** ao redor das margens do Oceano Pacífico. Em 1962, o geofísico americano Harry Hess [2] sugeriu que as cadeias vulcânicas estavam **espalhando cordilheiras**, nas quais o novo fundo do mar se forma conforme as regiões em ambos os lados se afastavam, e as **trincheiras**, em contraste, são onde o velho fundo do oceano é fundido, desaparecendo para baixo na Terra. Ele teorizou que toda essa atividade é o resultado de grandes correntes de convecção que trazem material aquecido para a superfície a partir do interior quente da Terra. O espalhamento de cordilheiras, que se estendem por 72.000 km, marca as posições em que essas correntes ascendentes atingem a superfície, enquanto as trincheiras indicam onde as correspondentes correntes descendentes retornam material mais frio para as profundezas da Terra.

Nos locais onde o espalhamento de cordilheiras se encontra dentro dos oceanos, a atividade dele fará com que os continentes se afastem pelo evento conhecido como **espalhamento do fundo oceânico**, e, finalmente, pode levá-los a colidir uns com os outros. Às vezes, a cordilheira estende-se sob um continente; isto então causará a separação gradual das regiões do continente que se encontram em ambos os lados da cordilheira (Figura 5.2). À medida que essas regiões se afastam, elas são separadas por um novo oceano em expansão, cujo fundo também se expande para ambos os lados, distante do espalhamento da cordilheira que se estende ao longo do centro do novo oceano. A taxa em que isso ocorre é variável: o Atlântico está aumentando cerca de 2,5 cm por ano (aproximadamente a mesma velocidade com que suas unhas crescem!), enquanto as cordilheiras no Pacífico se espalham cinco vezes mais rápido. Como resultado, a superfície da Terra, conhecida como **litosfera**, é ocupada por um número de áreas conhecidas como **placas tectônicas**, que pode conter continentes e partes de oceanos, ou pode resumir-se apenas a fundo oceânico (veja a Figura 5.3). Portanto, como os elementos móveis incluem os fundos oceânicos, bem como os continentes, o estudo de seus movimentos é conhecido como **tectônica de placas**

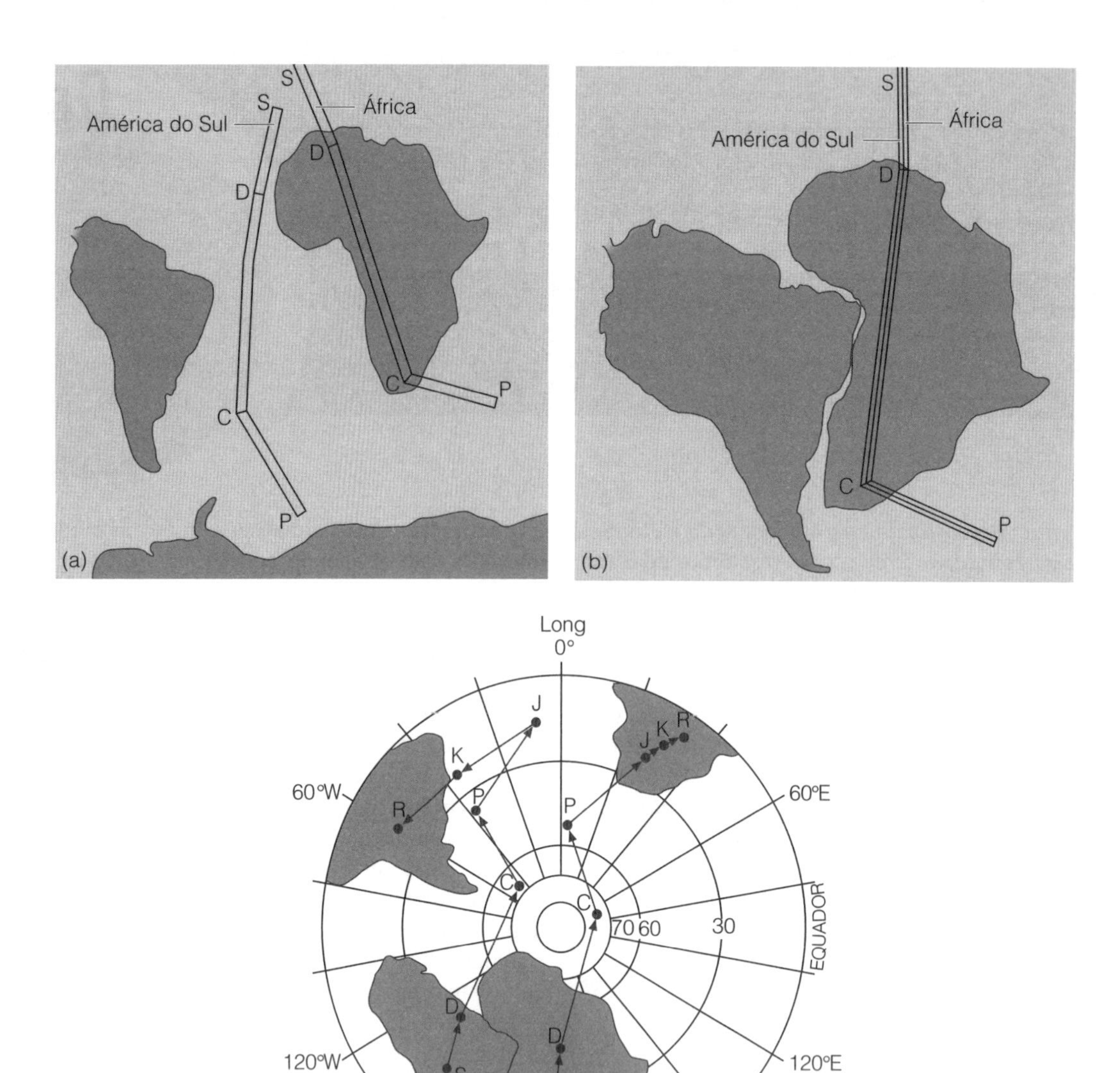

Figura 5.1 Uma versão simplificada dos padrões de vagante polar da América do Sul e da África, para ilustrar o conceito. (a) A posição do Polo Magnético Sul em relação a cada continente na sua posição atual é mostrada para o Siluriano (S), Devoniano (D), Carbonífero (C) e Permiano (P). (b) Os continentes são deslocados juntos, até a sobreposição dos padrões de vagante polar, provando que eles se moveram como uma única massa terrestre durante esse período de tempo. (c) Os dados paleomagnéticos sugerem que os continentes se moveram através do Polo Magnético Sul como mostrado aqui; seus caminhos só divergem um do outro durante o Jurássico (J), para alcançar a posição K no Cretáceo e R hoje, visto que o alargamento do Oceano Atlântico Sul separou-os.

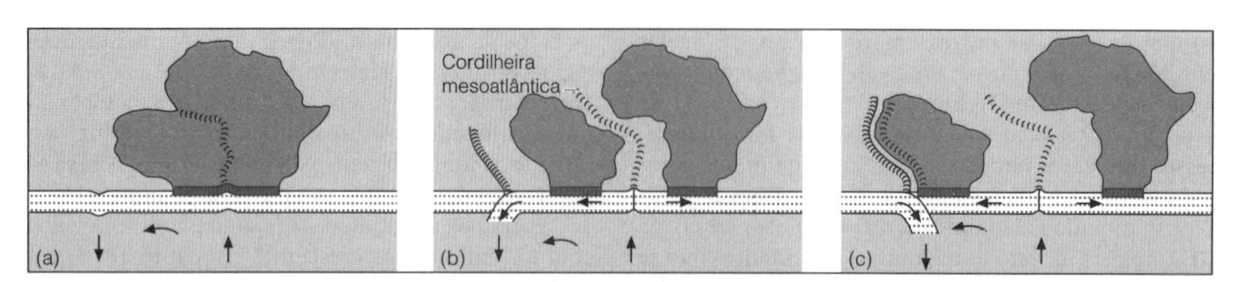

Figura 5.2 Como e por que América do Sul e África se afastaram. (a) Os dois continentes eram originalmente parte de um único continente, Gondwana (mostrado parcialmente). Uma corrente de convecção ascendente das camadas mais profundas da Terra apareceu sob eles, com a correspondente corrente descendente mais para oeste, no Oceano Pacífico. (b) Os dois continentes movimentaram-se e separaram-se devido ao novo Oceano Atlântico Sul. Abaixo do centro dele corre o espalhamento da cordilheira mesoatlântica, em cujas laterais a nova crosta do oceano é criada continuamente. Esse movimento de extensão é equilibrado pelo surgimento de uma trincheira oceânica no Pacífico, onde a antiga crosta oceânica desaparece para dentro da Terra. (c) A América do Sul moveu-se para oeste até ficar adjacente à trincheira oceânica. Para continuar a equilibrar o ainda crescente Oceano Atlântico, a crosta oceânica, que desaparece na trincheira, agora origina-se do oeste. Esta velha crosta agora desaparece abaixo da América do Sul ocidental, causando os terremotos e a ascensão das montanhas vulcânicas dos Andes.

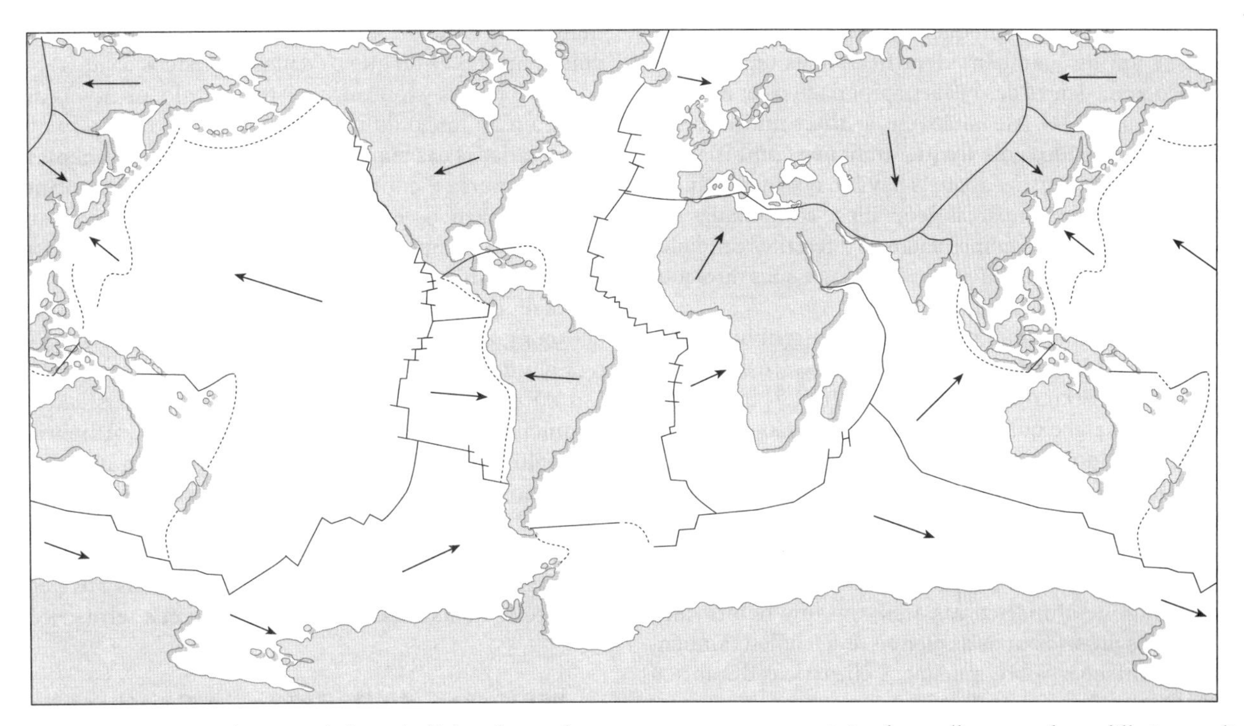

Figura 5.3 As principais placas tectônicas. As linhas dentro dos oceanos mostram as posições do espalhamento de cordilheiras: as linhas pontilhadas indicam as posições das trincheiras. As linhas dentro dos continentes mostram as divisões entre as diferentes placas. As setas indicam as direções e velocidades proporcionais de movimento das placas. A placa Antártica está rotacionando no sentido horário.

em vez de deriva continental. As diferentes placas também podem passar em regiões conhecidas como **falhas de transformação**, que são regiões de atividade sísmica intensa. Talvez a mais conhecida dentre elas é a falha de San Andreas na Califórnia, onde a borda oriental da placa do Pacífico está rotacionando para o norte após a borda ocidental da placa Norte-americana.

Quando aparece pela primeira vez nas profundezas da Terra, a nova crosta oceânica ainda é quente e rica em minerais de ferro, que são sensíveis à direção prevalecente do campo magnético da Terra. Devido a mudanças nos fluxos de material dentro do manto da Terra, esse campo magnético inverte a direção a cada 10^4 a 10^6 anos. Em 1963, os geólogos americanos Fred Vine e Drummond Matthews [3] descobriram que em consequência disso, há faixas de largura variável, magnetizadas em direções opostas, na nova crosta oceânica em cada lateral do espalhamento de cordilheiras. A simetria dessas faixas em ambos os lados da cordilheira fornece evidência impressionante da realidade da propagação do fundo do mar (Figura 5.4). Pelo fato de que a idade dessas faixas pode ser facilmente determinada, elas também fornecem evidência direta das antigas posições dos continentes. Ao remover do mapa qualquer fundo oceânico mais novo do que 65 milhões de anos, por exemplo, é possível voltar os continentes às posições deles naquele tempo. No entanto, todos os fundos oceânicos com mais de 180 milhões de anos desapareceram ao retornarem ao interior da Terra nas grandes trincheiras submarinas, e as posições dos continentes antes dessa época devem ser deduzidas do paleomagnetismo. Os padrões anteriores da união de continentes também podem ser deduzidos a partir da combinação das sequências de tipos de rocha ou de idades de rochas e a partir da datação dos tempos de ascensão de cadeias de montanhas que marcam sua colisão. É claro que todas essas mudanças geológicas ocorreram em vastos períodos de tempo: a escala de tempo geológica é mostrada na Figura 5.5.

Toda essa evidência para a teoria da tectônica de placas foi tão esmagadoramente convincente, que rapidamente ganhou aceitação geral dos biogeógrafos durante a década de 1960. A paleobiogeografia foi particularmente importante na formulação da teoria original de Wegener da deriva continental. No entanto, o grau de detalhe proporcionado pelos dados geofísicos é no total mais preciso do que o da evidência paleobiogeográfica; assim, a evidência biológica tem frequentemente apenas um papel confirmatório. Os dados geofísicos,

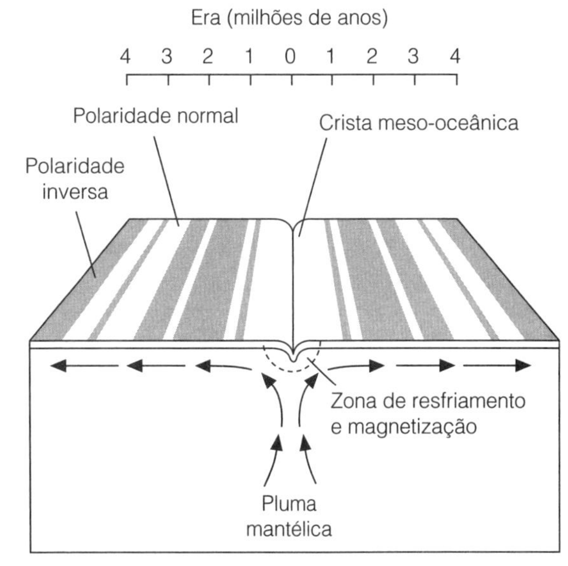

Figura 5.4 Diagrama de uma porção do fundo do mar através de uma cordilheira meso-oceânica, mostrando o padrão simétrico de faixas de largura variável, mas de polaridade alternada. Adaptado de Stanley [13].

ao estabelecer os tempos em que as massas de terra se dividiram ou se uniram, também identificaram as unidades de tempo e geografia dentro das quais é apropriado fazer análises paleobiogeográficas [4]. Até então, tais análises muitas vezes faziam pouco sentido, pois frequentemente combinavam unidades de tempo dentro das quais haviam ocorrido grandes mudanças de geografia ou áreas geográficas combinadas em padrões inadequados. Os nomes dados às diferentes unidades de tempo geológico, seus inícios e términos e suas durações são mostrados na Figura 5.5.

Hoje, podemos ver que os padrões de distribuição das plantas de 350 a 250 milhões de anos (Figura 1.3) e dos vertebrados de 300 a 270 milhões de anos (Figura 1.7) refletem a geografia que aparece quando os continentes são colocados nos locais sugeridos pelos dados geofísicos, e os contornos de mares rasos são adicionados. Fósseis de fauna marinha fornecem provas sobre o desenvolvimento das províncias faunísticas de cada lado do alargamento dos oceanos (veja o Capítulo 9). As formas dos fósseis de folhas das angiospermas indicam o regime climático das áreas em que habitavam, assim como os próprios tipos de plantas, e seu pólen também fornece informações sobre mudanças climáticas durante a Idade do Gelo (veja o Capítulo 12).

Embora a paleobiogeografia muitas vezes desempenhe um papel subordinado, em algumas situações seus dados fornecem evidências mais diretas e detalhadas do que o registro geofísico. Por exemplo, tanto as faunas fósseis marinhas de ambos os lados do Istmo do Panamá (veja o Capítulo 9) quanto os mamíferos fósseis da América do Norte e da América do Sul (veja o Capítulo 11) fornecem evidências mais claras e mais confiáveis da data da ligação final desses dois continentes do que os dados geofísicos da área.

Pelas razões explicadas neste capítulo, os níveis do mar variaram ao longo do tempo e, portanto, cobriram quantidades variadas das margens mais baixas dos continentes; essa área submersa é conhecida como **plataforma continental**. Ao identificar os contornos das massas de terra através do tempo, é importante lembrar que é a borda da plataforma continental, e não o litoral, que marca a verdadeira borda do continente. Entre as plataformas continentais, os oceanos profundos separam as placas continentais. Às vezes, o conjunto dessas placas tem sido acima do nível do mar. Em outros tempos, os "mares epicontinentais" comparativamente rasos cobriram os limites dos continentes (por exemplo, o atual Mar do Norte) ou formaram mares dentro dos continentes (por exemplo, a atual Baía de Hudson). Em razão de a propagação do fundo marinho não fornecer dados sobre a presença ou disseminação desses mares, a paleobiogeografia fornece ainda evidências cruciais nos períodos durante os quais essas áreas subdividiram a terra.

Mudança de Padrões de Continentes

A série de mapas na Prancha 7, e também as Figuras 10.1 e 10.3, mostram como a disposição dos continentes mudou ao longo do tempo. No meio do Paleozoico, 400 milhões de anos, uma grande massa terrestre que chamamos de **Euramérica**, composta pela atual América do Norte mais a Europa, ficava do outro lado do equador. Ao sul situava-se

Era	Período	Época	Duração aproximada em milhões de anos	Data inicial aproximada em milhões de anos AP
Cenozoico	Quaternário	Pleistoceno	2,6	2,6
	Terciário	Plioceno	2,4	5
		Mioceno	18	23
		Oligoceno	11	34
		Eoceno	22	56
		Paleoceno	10	66
Mesozoico	Cretáceo		79	145
	Jurássico		56	201
	Triássico		51	252
Paleozoico	Permiano		47	299
	Carbonífero		60	359
	Devoniano		60	419
	Siluriano		24	443
	Ordoviciano		42	485
	Cambriano		55	540
Proterozoico			c. 4000	
	Formação da crosta terrestre cerca de 4600 milhões de anos atrás			

Milhões de anos atrás: 50, 100, 150, 200, 250, 300, 350, 400, 450, 500, 550, 4600

Figura 5.5 A escala de tempo geológica.

um grande continente conhecido como **Gondwana**, uma enorme área de terra que incluía cinco massas terrestres atuais – Antártica (que era composta por duas massas de terra originalmente separadas), América do Sul, África, Austrália e Índia. Essas duas massas terrestres juntaram-se há cerca de 340 milhões de anos; em seguida, há cerca de 295 milhões de anos, o supercontinente resultante foi unido por outros dois continentes do Hemisfério Norte, Sibéria e Cazaquistão, a colisão causando a ascensão dos Montes Urais. Finalmente, há cerca de 260 milhões de anos, reuniram-se a ele vários fragmentos menores (incluindo o norte da China, o sul da China, o Tibete, a Indochina e o Sudeste Asiático), que se separaram da extremidade norte de Gondwana e avançaram para norte. O resultado foi um único continente que chamamos de **Pangeia** (Prancha 7c). No entanto, não demorou muito para que Pangeia começasse a se dividir. Há cerca de 160 milhões de anos, Gondwana se separou da massa terrestre do norte, então composta pela América do Norte e Eurásia, que chamamos de **Laurásia**. O novo oceano entre as duas massas terrestres é conhecido como **Oceano de Tethys** (Prancha 7d).

A partir de então, as histórias do que hoje conhecemos como continentes do Hemisfério Norte e do Hemisfério Sul foram inteiramente diferentes. A dos continentes do sul foi de fragmentação contínua. A partir de cerca de 135 milhões de anos, Gondwana dividiu-se progressivamente em várias placas tectônicas separadas, cada uma com um continente separado. A Prancha 7 mostra como África, Índia/Madagascar, Austrália e América do Sul, por sua vez, se separaram da Antártida como um caminho marítimo gradualmente estendido no sentido horário em torno de África, e a Figura 11.7 mostra essa sequência em forma de diagrama. Conforme explicado nos Capítulos 10 e 11, alguns desses continentes se deslocaram muito para o norte, levando suas faunas e floras a zonas de latitude com diferentes climas, às quais tiveram de se adaptar. A colisão final da Índia com a Ásia acrescentou um novo elemento às floras e faunas da Ásia, e a aproximação da Austrália ao Sudeste Asiático permitiu um intercâmbio complexo entre as biotas dessas duas áreas. Mesmo o movimento relativamente pequeno do norte da América do Sul levou à sua conexão com a América do Norte cerca de 3 milhões de anos, e um intercâmbio ainda mais complexo entre suas faunas conhecido como o Grande Intercâmbio Americano (veja o Capítulo 11).

Em contraste com essa complexa história geográfica do Hemisfério Sul, a do Hemisfério Norte tem sido comparativamente uniforme. Seus dois continentes, a América do Norte e a Eurásia, nunca estiveram muito distantes, de modo que a dispersão de organismos entre eles costumava ser bastante fácil. No entanto, durante os últimos 180 milhões de anos, três fatores subdividiram-nos ou conectaram-nos em vários padrões diferentes (Figura 11.19): movimentos continentais, a expansão ou contração de mares rasos e aumento ou erosão de cadeias de montanhas. As mudanças resultantes nas relações entre suas floras e faunas são explicadas no Capítulo 11.

Como a Tectônica de Placas Afeta o Mundo Vivo, Parte I: Eventos em Terra

A tectônica de placas tem sido o principal fator na causa das grandes mudanças, em longo prazo, nos padrões de distribuição de organismos. Os movimentos das placas são, geralmente, muito lentos [apenas cerca de 5 a 10 cm/ano (2 a 4 polegadas), aproximadamente a mesma taxa que o crescimento de uma unha], de modo que as alterações resultantes devem ter sido extremamente graduais. O efeito mais óbvio foi o direto, a divisão e colisão de massas terrestres alterando os padrões de terra dentro dos quais novos tipos de organismos vivos poderiam evoluir e se espalhar.

Mas as posições em mudança dos continentes afetaram indiretamente a vida em diversas outras maneiras, pela mudança nos padrões do clima. A mais óbvia dessas mudanças foi o resultado de seu movimento através das faixas latitudinais do clima, fazendo com que diferentes áreas de terra se situassem em regiões polares frias, em regiões temperadas úmidas e frias, em regiões subtropicais secas ou em regiões equatoriais quentes e úmidas. A distribuição da terra em relação aos polos também é um fator importante; é digno de nota que durante os dois períodos de tempo em que houve grandes calotas de gelo nos polos (primeiro há cerca de 350 a 250 milhões de anos, bem como o período mais recente, que causou a Idade do Gelo), os polos foram cercados por terra, não água. Por causa disso, quaisquer gelo e neve que caíram sobre a terra formaram uma superfície branca que refletiu a luz e o calor do Sol, de modo que a Terra se tornou progressivamente mais fria. Se, em vez disso, o polo estiver cercado por água do mar, a neve muitas vezes derrete, deixando a superfície escura do mar livre para absorver os raios do Sol.

Outro efeito indireto da tectônica de placas sobre os seres vivos decorre do fato de que novas montanhas, oceanos ou barreiras terrestres desviam as circulações atmosféricas e oceânicas, alterando assim os padrões climáticos nas massas de terra. Há várias maneiras como isso ocorre, como veremos.

Entre os continentes situam-se os oceanos profundos, com seu espalhamento de cordilheiras (Figura 5.3). A quantidade de atividade e o comprimento dessas cordilheiras variaram ao longo do tempo. As cordilheiras formam cadeias de montanhas vulcânicas submarinas imensas. Quanto mais ativas e extensas forem, maior volume ocuparão dentro dos oceanos. Durante períodos de atividade tectônica aumentada, os níveis do mar aumentam, e os **mares epicontinentais** comparativamente superficiais cobrem as regiões mais baixas dos continentes. Essas áreas, tais como o Mar do Norte ou a Baía de Hudson atuais, são conhecidas como cordilheiras continentais. Embora sejam muito mais rasos do que os oceanos, esses mares constituem uma barreira muito eficaz para a propagação de organismos terrestres; eles foram especialmente extensos no Mesozoico, quando tais mares cobriram grande parte da América do Norte e da Eurásia. Mas esses mares rasos não afetam apenas a vida por formarem barreiras à distribuição; também afetam o clima das áreas circundantes de terra. O clima de qualquer área depende, em grande parte, de sua distância do mar, que é a fonte final de precipitação. A parte central de grandes terras supercontinentais, como a atual Eurásia ou Gondwana no passado, é, portanto, inevitavelmente seca, e o clima de tais áreas experimenta grandes mudanças diárias e sazonais de temperatura. O rompimento de um supercontinente, ou a propagação de mares epicontinentais rasos no interior dos continentes, teria trazido climas mais úmidos e menos extremos para essas regiões.

Cadeias de montanhas são outra grande influência no clima, e seu surgimento, localização e orientação são os resultados da tectônica de placas. As cadeias de montanhas surgem quando dois continentes colidem, tal como os Montes Urais, que resultaram da colisão entre a Sibéria e a Euramérica no Permocarbonífero. Outro exemplo é a colisão entre a Índia e a Ásia no Eoceno, entre 55 e 45 milhões de anos, levando à elevação do enorme Planalto Tibetano que cobre mais de um milhão de quilômetros quadrados e, mais tarde, causando a ascensão das Montanhas do Himalaia. Como resultado, o ar que havia esfriado durante o inverno da Ásia Central não poderia mais fugir para o sul, e a Ásia Central também se isolou de quaisquer mares que poderiam ter sido a fonte de ventos de chuva, de modo que seu clima se tornou mais frio e seco. Mais tarde, em direção ao final do Mioceno, um grande mar que havia coberto grande parte da Ásia Central ocidental gradualmente encolheu. Isto causou um aumento adicional nas temperaturas do verão naquela região e uma sazonalidade aumentada nas chuvas indianas, de modo que a savana substituísse a antiga vegetação tropical em partes da Índia.

Cadeias de montanhas também surgem se um continente se encontra ao lado de uma trincheira oceânica, onde a descida de material mais leve da crosta oceânica, abaixo da borda do continente, provoca a ascensão de montanhas vulcânicas ao longo de sua margem; esta é a causa do aparecimento dos Andes (Figura 5.2). Finalmente, se um continente se encontra através da posição de um espalhamento de cordilheiras, a presença desta área aquecida abaixo do continente causa o surgimento de uma cordilheira. Esta é a razão para o aparecimento das Montanhas Rochosas na América do Norte, que começaram a se elevar no final do Cretáceo para o Eoceno Médio; entre 10 a 15 milhões de anos, elas tinham atingido a metade de sua altura atual. A elevação da Cordilheira Serra Nevada começou no final do Oligoceno, mas a maior parte ocorreu nos últimos 10 milhões de anos, enquanto a elevação das cordilheiras Cascade e Costeiras só aumentou nos últimos 6 milhões de anos. Todas essas montanhas aumentarão a sazonalidade do clima da América do Norte. Sugeriu-se também que, ao desviar os ventos do oeste para uma faixa mais ao norte, eles podem ter tomado parte no início do resfriamento climático, que eventualmente levou à Idade do Gelo. Os efeitos da ascensão dos Andes na América do Sul durante o Cenozoico Superior foram menos graves porque o continente como um todo é mais estreito e, principalmente, está em menor latitude.

Novas cadeias de montanhas inevitavelmente afetam os padrões climáticos, especialmente se surgirem pelos caminhos dos ventos predominantes de umidade, uma vez que áreas no entorno das montanhas tornam-se desertas. Esses desertos podem ser vistos hoje nos Andes, a leste da cadeia montanhosa no sul da Argentina e a oeste ao longo da costa do norte da Argentina ao Peru – os ventos predominantes nessas duas regiões sopram em direções opostas.

Como a Tectônica de Placas Afeta o Mundo Vivo, Parte II: Eventos nos Oceanos

O padrão de circulação global dos ventos também afeta o clima por meio de seus efeitos no sistema de correntes nos oceanos. Atualmente, a presença de gelo nos polos significa que existe uma diferença de temperatura muito forte entre os polos e o equador. Devido a isso, há um sistema correspondentemente forte de ventos transportando calor para os polos pelo sistema de células que circulam o ar na dimensão vertical (veja a Figura 3.13), composto por um par de células de cada lado do equador, outro par de células nas regiões polares e um par intermediário de células nas regiões temperadas do norte e do sul. Esse sistema de transporte de calor atmosférico e oceânico tem sido provavelmente estável desde o Oligoceno, há 30 milhões de anos. Mas, como o cientista americano Bill Hay [5] apontou, toda a paisagem era muito diferente no Cretáceo (Figura 5.6). Naquela época, não havia gelo polar e, portanto, não havia sistemas permanentes de alta pressão nos polos. Devido ao menor diferencial de temperatura entre os polos e o equador, os sistemas de transporte de calor em torno do planeta teriam sido menos poderosos e menos estáveis, exceto os ventos equatoriais do leste. O resultado, de acordo com Hay, teriam sido amplas zonas áridas nos Hemisférios Norte e Sul e uma circulação oceânica dominada por redemoinhos de tamanho médio, que se deslocam geralmente de oeste para leste.

As descobertas de Hay sugerem que devemos ser cautelosos ao tentar reconstruir detalhadamente os padrões mundiais de correntes oceânicas muito remotas no tempo. Mas, se nos concentrarmos na Corrente Equatorial estável, quente e direcionada para oeste, talvez seja possível sugerir os contornos da história dos principais giros, já que os padrões de circulação horizontal da água nas bacias oceânicas são conhecidos (Figura 5.7).

Após a junção da África e da Índia com a Eurásia, o antigo Oceano de Tethys ao sul desse continente se fechou, e as águas da Corrente Equatorial precisaram encontrar um novo caminho. Algumas dessas águas provavelmente criaram um giro anti-horário no novo Oceano Índico, enquanto as demais podem ter encontrado um caminho ao sul da África para iniciar um giro semelhante no alargamento do Atlântico Sul (Figura 5.7). Essas correntes também podem ter continuado em direção ao norte pela seção Atlântica da Corrente Equatorial no Atlântico Norte. Uma vez nele, algumas delas teriam continuado para o oeste entre as duas Américas. As remanescentes continuaram em um giro no sentido horário sendo que parte delas formou a Corrente do Golfo, que traz águas quentes da região do Caribe para a Europa Ocidental.

A separação da Antártida, primeiro da Austrália (por um mar raso, de 50 milhões de anos, e pelo oceano profundo, 35 milhões de anos) e depois da América do Sul, 30 a 28 milhões de anos, teria efeitos de longo alcance. Em primeiro lugar, o movimento

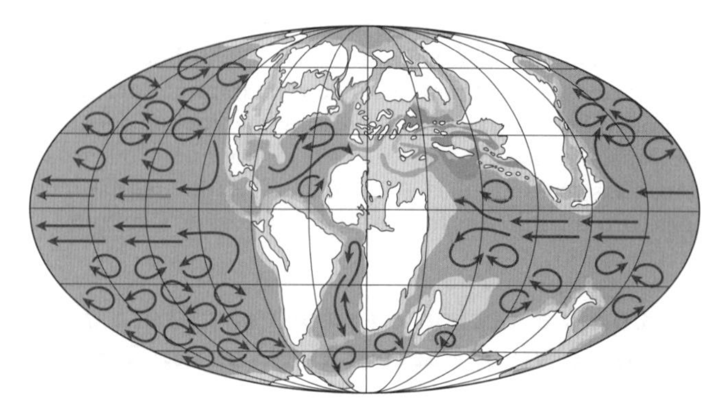

Figura 5.6 Correntes superficiais hipotéticas do oceano na Terra sem gelo do Cretáceo. De Hay [5]. (Reproduzido com permissão da Sociedade Geológica de Londres.)

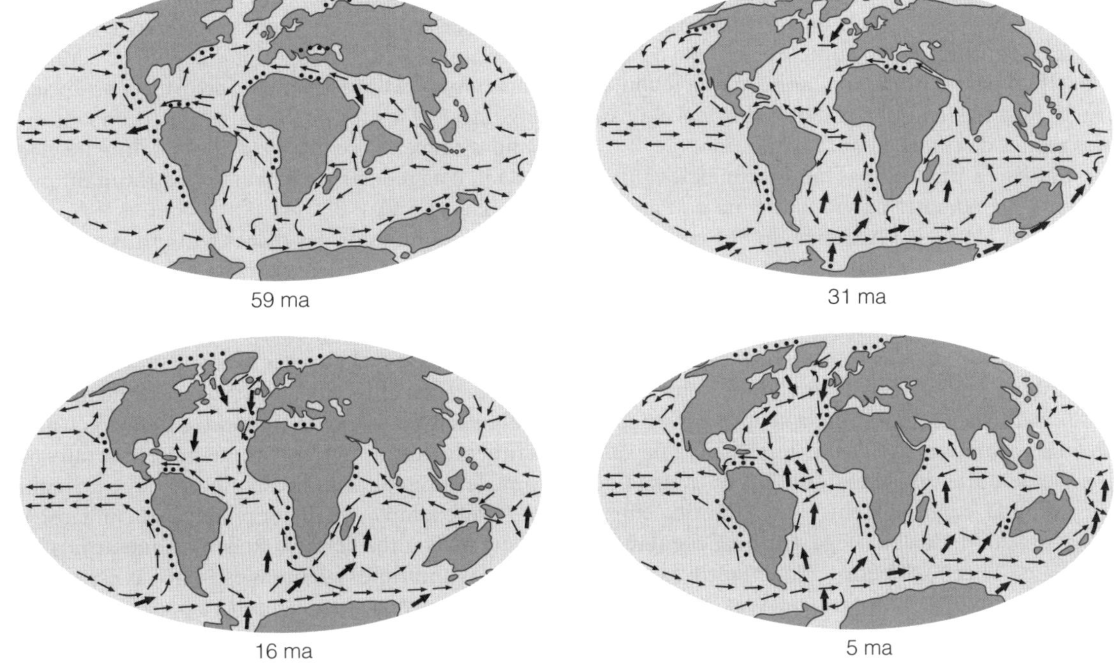

Figura 5.7 Reconstrução da distribuição das massas continentais e o padrão inferido de circulação das correntes oceânicas ao longo dos últimos 59 milhões de anos. Os pontos pretos indicam regiões de afloramento, e as setas grandes indicam possíveis regiões de formação de água profundas. (Em muitos casos, a formação de águas profundas é pelo afundamento de água salgada quente.) Adaptado de Angel [14]; após Haq [15].

da Austrália para o norte reduziu progressivamente o fluxo para o oeste da água quente do Pacífico para o Oceano Índico e, em vez disso, conduziu-o no sentido anti-horário ao longo da costa norte da Austrália. Isto encerrou qualquer movimento das faunas marinhas tropicais entre o Atlântico e o Pacífico, e adicionou o poder do sistema de giros do Atlântico Sul. Mas o resultado mais importante dessa separação da Austrália e da América do Sul da Antártida foi o estabelecimento da Corrente Circumpolar Antártica fria que percorre toda a periferia da Antártida em direção ao leste. Isso separou o sistema meteorológico da Antártida do seu vizinho mais quente e mais do norte, juntamente com a associação dos ventos fortes de oeste, e levou a mudanças fundamentais no clima do Hemisfério Sul. O principal resultado foi o resfriamento progressivo da Antártida: as geleiras começaram a se formar há cerca de 45 milhões de anos, tinham crescido a pelo menos 40 % do seu tamanho atual em 35 milhões de anos e coberto quase todo o continente por 29 milhões de anos [6]. Houve algum aquecimento no Oligoceno Superior há 25 milhões de anos, de modo que menos de 50 % da Antártida estavam cobertos de gelo, de 26 a 14 milhões de anos. Mais tarde, a colisão da Austrália/Nova Guiné com o Sudeste Asiático, há 20 milhões de anos, formou um novo bloqueio no caminho da corrente do Pacífico para o oeste, forçando algumas de suas águas a fluir para o sul, ao longo da margem oriental da Austrália e depois para o leste ao longo da Antártida. Isso reforçou a Corrente Circumpolar Antártica e levou a uma expansão do Mioceno Médio da camada de gelo da Antártica Oriental.

A separação entre a Antártida e a Austrália também teria levado a uma redução na quantidade de evaporação dos mares à época mais frios em torno da Austrália, o que diminuiu as chuvas nesse continente e causou o clima árido que hoje existe na região. O novo padrão continental também aumentou o poder dos giros no Atlântico Sul, incluindo a Corrente Fria de Benguela no lado oeste do sul da África e a Corrente do Golfo no Atlântico Norte, no sentido horário.

Durante esse período, o movimento da Austrália para o norte em direção ao Sudeste Asiático também teria enfraquecido gradualmente a intensidade da Corrente Equatorial do Pacífico, uma vez que ela foi forçada a passar pelo padrão de estreitamento do estreito interilhas nas Índias Orientais. Esta é atualmente a única conexão de baixa latitude entre os oceanos do mundo. Nessa área, conhecida como Corrente da Indonésia (*Indonesian Throughflow* – ITF) [7], as águas em níveis mais superficiais são diferentes das que se encontram mais profundas. A água de superfície vem do Pacífico Norte, cujas águas são mais frias e menos salinas do que as do Pacífico Sul. Essas águas fornecem apenas a maior parte da água superficial ao norte da Austrália, reduzindo, assim, a quantidade de evaporação de água na região e, portanto, também a precipitação no norte da Austrália. A água mais profunda na Corrente da Indonésia, por outro lado, é mais quente e leva para o oeste uma fração substancial do calor absorvido pelo Pacífico equatorial. É menos bem compreendido do que o fluxo de superfície, mas os modelos de computador sugerem que as variações em seu poder têm efeitos importantes nos climas tanto do Oceano Índico quando Pacífico. Essas variações podem muito bem terem sido originadas pelas mudanças no nível do mar do Cenozoico Superior, que uniu ou subdividiu as ilhas na superfície de Sunda (Figura 11.9).

O encontro entre a África e a Eurásia durante o Oligoceno transformou a parte oriental do antigo Oceano de Tethys no antecessor do Mar Mediterrâneo. Dentro deste mar cercado por terra, a taxa de perda de água por evaporação é maior do que a reposição de água doce feita pelos rios, o que causa o aumento da salinidade. Quando a conexão deste com o Atlântico foi brevemente perdida no final do Mioceno, culminou com a estiagem de parte do Mar Mediterrâneo (veja o Capítulo 11).

O fechamento da via marítima de Tethys também reduziu a força da Corrente Equatorial através da abertura do Panamá entre as Américas, permitindo um aumento no fluxo de água do leste do Pacífico para o norte do Caribe, o que levou ao resfriamento da água nesse local e pode ter sido a razão para o declínio dos recifes de corais durante o Mioceno.

A grande mudança final no padrão de conexões intercontinentais foi o fechamento da via marítima do Panamá entre a América do Norte e a América do Sul pelo Istmo do Panamá, que finalmente separou o Oceano Pacífico de qualquer comunicação com o Oceano Atlântico. Isto ocorreu gradualmente em um período de 3,5 a 3,1 milhões de anos quando o mar tornou-se mais estreito e raso entre os dois continentes, embora pudesse haver uma divisão no Istmo entre 2,4 e 2,0 milhões de anos. Pensa-se que a formação do Istmo levou ao aparecimento das maiores placas de gelo na Antártida Ocidental e no Hemisfério Norte. A água do Ártico, fria e profunda, conseguiu entrar no Atlântico Norte a partir da abertura do Mar da Noruega, entre a Groenlândia e a Escandinávia no Eoceno Superior. No entanto, as terras que cercam o Atlântico Norte foram afetadas pelas águas quentes e superficiais da Corrente do Golfo, canalizadas para o norte pela costa leste da América do Norte. A Corrente de Kuroshio no Pacífico Norte ocidental produz um efeito similar, aquecendo Japão.

À medida que a água é removida dos oceanos para formar calotas de gelo continentais, os níveis dos mares são inevitavelmente afetados, alterando a extensão da cobertura deles nas partes periféricas inferiores dos continentes que formam mares epicontinentais. Ao todo, os níveis dos mares foram muito mais elevados do que são atualmente, mas diminuíram desde o Mioceno Superior, há 10 milhões de anos. A terra, entretanto, absorve menos calor do que a água e o libera mais rapidamente. Assim, a drenagem da água do mar dos continentes aumenta a intensidade desses ciclos sazonais, e esses climas tornam-se menos uniformes, com verões mais quentes e secos, e invernos mais frios e úmidos. Isso também pode levar à maior deterioração climática porque, uma vez que a terra se tornou fria o suficiente para formar gelo, este reflete os raios solares de volta para o espaço, acelerando o resfriamento. O aparecimento de grandes calotas de gelo no período Eoceno é a causa provável do resfriamento do planeta no Eoceno Terminal (Figura 5.8). Da mesma forma, o Pleistoceno viu as mudanças rápidas e repetidas entre condições totalmente glacial e interglacial, e as reduções e os aumentos resultantes no nível do mar (Figura 5.9).

Os movimentos das placas tectônicas produziram assim uma variedade de mudanças nos padrões ambientais mundiais, em uma variedade de maneiras interagindo. Podemos agora reconhecer esses fatores e produzir modelos complexos, gerados por computador, dos efeitos das mudanças. No entanto, ainda não é possível construir modelos que correspondam, com precisão, às altas temperaturas do Cretáceo e Cenozoico precoce, especialmente nos interiores continentais. Esse fato, atualmente, só pode ser explicado mediante pressupostos adicionais *ad hoc*, por exemplo, de maior produção da radiação solar ou de níveis mais altos de dióxido de carbono atmosférico nesses períodos anteriores (algumas estimativas estipulam dez vezes acima dos níveis atuais!), embora poucas evidências tenham sido encontradas.

Conforme será explicado nos Capítulos 10 e 11, todos os processos aqui abordados podem ter efeitos amplos sobre a biogeografia. Um dos resultados das mudanças ambientais que eles causam é o deslocamento dos organismos das suas áreas de distribuição ou o desenvolvimento de novas adaptações. As novas barreiras ecológicas delimitam novas áreas nas quais novos organismos endêmicos podem aparecer, ou conectam-nas para que os organismos possam se dispersar onde anteriormente não estava disponível. Não se deve esquecer de que o aparecimento de uma nova ligação entre duas áreas terrestres (tal como o Istmo do Panamá entre as Américas) ao mesmo tempo produz uma nova barreira entre as faunas marinhas de ambos os lados.

A complexa interação entre tectônicas de placas e a biogeografia na área entre o Sudeste Asiático e a Austrália, conhecida como **Wallacea**, é descrita no Boxe 5.1.

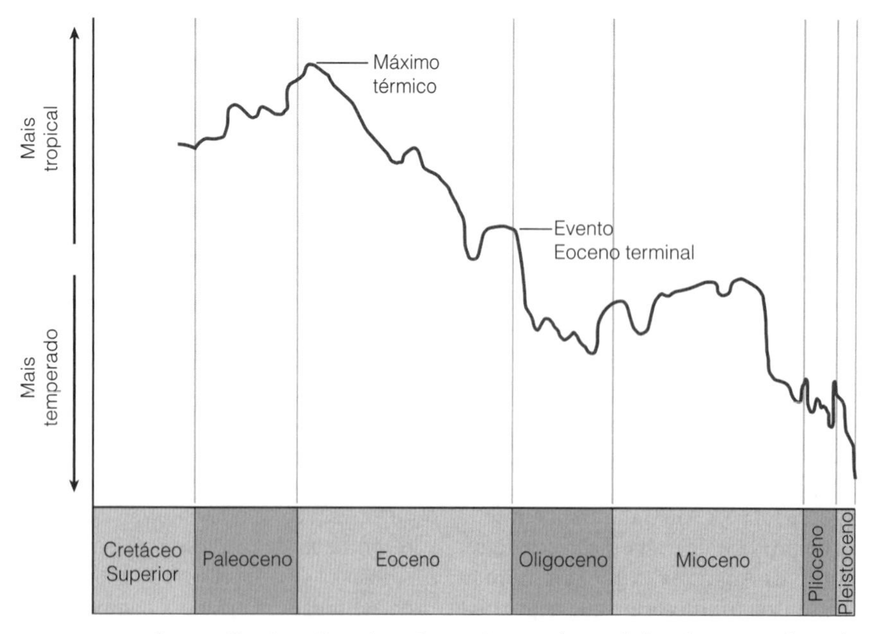

Figura 5.8 Mudanças na temperatura durante Cretáceo Superior e Cenozoico, conforme deduzido a partir da análise do isótopo de oxigênio dos foraminíferos bênticos obtidos em perfurações em águas profundas do Atlântico. Adaptado de Miller *et al.* [16].

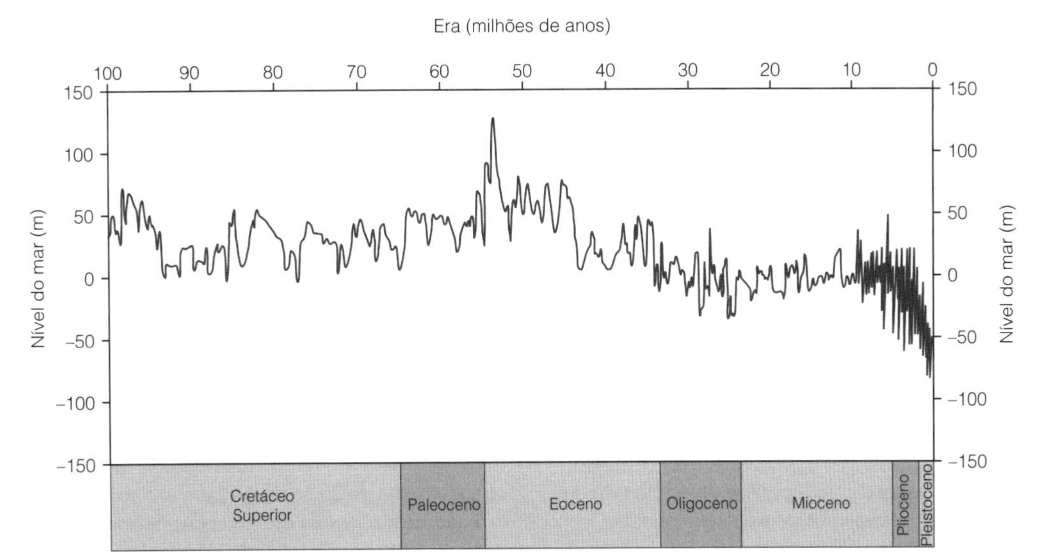

Figura 5.9 Mudanças no nível do mar ao longo dos últimos 100 milhões de anos; o nível de 100 m representa o nível do mar atualmente. Modificado a partir de Miller *et al.* [17].

Tectônica de placas e Wallacea

Conceito Boxe 5.1

Autor convidado

Professor Robert Hall, Departamento de Ciências da Terra, Royal Holloway College, University of London

Na literatura não geológica, ocasionalmente ainda se leem interpretações da história da Terra que descartam a tectônica de placas, contando com supostas pontes de terra ou com um planeta em expansão para explicar os padrões biogeográficos. Essas sugestões dão a impressão de que tectônica de placas é pouco mais do que uma hipótese que se encaixa em alguns fatos, mas negligencia outros. Nada poderia estar mais longe da verdade. Hoje, temos muito mais técnicas de investigação sobre a estrutura da Terra do que as que estavam disponíveis para aqueles que primeiro sugeriram a teoria de tectônica de placas. Por exemplo, os presentes centros de expansão, onde a nova crosta está em formação, podem ser mapeados com riqueza de detalhes pelos oceanos mundiais, utilizando medidas de gravidade por satélite, tanto como as falhas de transformação que segmentam as cristas das cordilheiras. Isso ajuda-nos a rastrear os movimentos relativos das placas e assim proporcionar modelos cada vez mais completos de movimentos das placas antepassadas [11]. Acima de placas subduzidas, há uma cadeia quase contínua de vulcões resultantes da fusão, assim como fluidos ascendidos do manto. Os movimentos das placas em relação umas às outras também produzem tremores de terra, e o resultado **sísmico** ou ondas de energia pode ser utilizado para mapear as placas de afundamento. As variações de baixa velocidade no manto detectadas com essas ondas por meio de métodos conhecidos como *tomografia sísmica* identificam placas transportadas para as profundezas do manto inferior, o que fornece evidência de episódios anteriores de subdução. Há divergências restantes não relacionadas à tectônica de placas em geral, mas apenas aos detalhes dos movimentos de placas, à natureza dos limites das placas e às questões limitadas semelhantes.

Diferentes modelos de tectônica de placas refletem problemas, tais como dificuldades em datar com precisão as rochas, a preservação incompleta do registro de rochas devido à erosão, deformação e de subdução, e o conhecimento desigual de geologia global. Por exemplo, a América do Norte e a Europa têm sido estudadas por mais tempo e por mais pessoas, em comparação ao Sudeste Asiático, à Austrália e à Antártida. A crosta mais antiga do oceano na Terra é de cerca de 160 milhões de anos. Portanto, o registro do fundo do oceano a partir das barras magnéticas e falhas transformantes que fornecem a base para a reconstrução dos movimentos das placas está incompleto para a maior parte da história da Terra. Os modelos dos arranjos e dos movimentos das placas no início da Terra dependem mais de interpretações sobre registros de rochas incompletos e, consequentemente, menos detalhados. Os movimentos das placas têm causado a união e a separação dos continentes várias vezes nos últimos 4 milhões de anos. A interpretação feita por Wegener quanto à Pangeia, Laurásia e Gondwana tem resistido ao tempo, embora reconstruções de supercontinentes anteriores sejam mais controversas.

As ideias iniciais de tectônica de placas enfatizavam a rigidez das placas e as zonas estreitas de deformação entre elas. Esse conceito funciona bem para os oceanos, mas os continentes são geralmente mais fracos e têm uma estrutura mais complexa do que os oceanos. Sabemos agora que os continentes podem deformar grandes áreas, que têm crescido por meio da adição de material durante a subdução (veja a seção "Terrenos") e que a crosta continental pode ser subduzida profundamente no manto – embora seja flutuante e tenda a retornar para a superfície. Algumas rochas em cadeias de montanha, contendo diamantes e outros minerais que se formam apenas sob as pressões elevadas do interior da Terra registram subdução profunda, seguida de reaparecimento subsequente à superfície durante a colisão entre as placas tectônicas. Além disso, os movimentos de zonas de subdução podem levar à extensão, e até mesmo à criação de novos oceanos, dentro de configurações convergentes. A subdução pode não acabar quando os continentes colidem, como sugerido em modelos anteriores de tectônica de placas, e as cadeias de montanhas são muito mais complexas do que se pensava inicialmente. Como ocorre em outras ciências, um paradigma simples torna-se mais complexo com o tempo, à medida que nosso conhecimento aumenta. No entanto, a estrutura da tectônica de placas é o centro do pensamento geológico, e algumas dessas ideias são bem ilustradas pela história do Leste e Sudeste da Ásia [12].

Uma das primeiras pessoas a reconhecer a importância fundamental da geologia para influenciar padrões biogeográficos foi Alfred Russel Wallace, que interpretou as grandes diferenças na distribuição dos animais em todo o Arquipélago Malaio como um reflexo das diferenças na história geológica. De acordo com Wallace, as ilhas de Sumatra, Java e Bornéu no oeste, já fizeram parte de um único continente, que desde então foi dividido em ilhas separadas devido a mudanças no nível do mar, enquanto a leste havia um vasto oceano que incluía restos de um ex-continente australiano e do pacífico. Wallace, como a maioria dos outros cientistas do século XIX e início do século XX, pensava em termos de continentes fixos, mas agora todos os cientistas da Terra reconhecem que a geografia da superfície do planeta mudou com o tempo, devido aos movimentos de placas. Nenhuma área ilustra melhor a forma complexa pela qual a geologia tem influenciado a biogeografia e a importância da tectônica de placas do que o Arquipélago Malaio de Wallace, que de um modo geral corresponde à atual Indonésia.

A Ásia cresceu devido ao fechamento dos oceanos que existiam entre os continentes de Gondwana e da parte asiática da Laurásia (Prancha 8). Os blocos continentais foram deslocados das margens norte de Gondwana, de modo que os oceanos ao sul dos blocos se alargaram com o espalhamento dos centros. Em compensação, outros oceanos mais ao norte se estreitaram devido à subdução abaixo da Ásia e, finalmente, fecharam, de modo que os blocos continentais que carregavam colidiram com a margem sul da Ásia. A Ásia é, portanto, um mosaico de fragmentos continentais, separados por suturas que contêm os remanescentes de oceanos e as margens vulcânicas ativas acima das placas de subdução. Esse processo geral foi repetido diversas vezes durante os últimos 400 milhões de anos e continuará, sem dúvida, resultando na separação de outros fragmentos de Gondwana e sua incorporação em um continente asiático crescente, que pode ser o núcleo de um supercontinente no futuro. Os estágios mais recentes desse processo têm sido a colisão da Índia com a Ásia e a colisão da Austrália com o Sudeste Asiático. Esses dois eventos importantes incluem numerosos eventos menores, tais como a formação de arcos vulcânicos, acreção de características de empuxo sobre placas oceânicas, colisões arco de ilhas-continente e fragmentação de blocos maiores por falhas nas margens ativas.

Na Ásia, a partir da cadeia de montanhas alpino-himalaica até o Sudeste Asiático, a estrutura do manto registrada por tomografia sísmica revela essa história de subdução e fornece um teste de reconstruções tectônicas. As anomalias lineares de alta velocidade no manto inferior abaixo da Índia e norte da Índia são o resultado do fechamento de diferentes oceanos entre a Índia e a Ásia durante o Mesozoico e Cenozoico. Uma grande anomalia de alta velocidade sob a Indonésia é evidência de uma diferente história de subdução no norte da Austrália. Nessa região, a subdução cessou no Cretáceo médio após a colisão dos fragmentos continentais em Sumatra e Java, e retomou há cerca de 45 milhões de anos, a partir do norte, abaixo da Ilha de Bornéu, e do sul, abaixo da Ilha de Sumatra, Java e o Arco de Sunda.

Segundo a sugestão de Wallace, a geologia fornece a base para a compreensão da distribuição das faunas e floras do Sudeste da Ásia, mas apenas por meio de uma interação complexa de movimentos da tectônica de placas, da paleogeografia, da circulação oceânica e do clima. Os movimentos e as colisões de placas estavam intimamente ligados à mudança de topografia, às profundidades dos oceanos e às distribuições de terra e mar, que por sua vez influenciaram a circulação oceânica e o clima.
A convergência da Austrália e do Sudeste Asiático quase fechou um oceano antigo, largo e profundo. O restante do *Gateway* Indonésia entre os Oceanos Pacífico e Índico é a única passagem oceânica de baixa latitude na Terra, tem uma importante influência sobre o clima local e talvez global e, provavelmente, foi tão significante quanto no passado. Como um oceano se fechou, as bacias marinhas profundas menores se abriram, os arcos vulcânicos se formaram e as montanhas se elevaram. A distribuição de terra e mar foi alterada, e as mudanças no nível do mar contribuíram mais ainda para uma paleogeografia complexa. Compreender primeiro a geologia e, em seguida, a paleogeografia e suas consequências oceânicas e climáticas são passos vitais no caminho para interpretar a atual distribuição de plantas e animais. Mas o motor da tectônica de placas é a força motriz para todas essas mudanças sequenciais.

Ilhas e Tectônica de Placas

A natureza das ilhas e as biotas que elas contêm também são afetadas pela maneira como os efeitos diretos ou indiretos da tectônica de placas as criaram. Essas ilhas podem ser de três tipos distintos (Figura 5.10). Como explicado no Capítulo 7, diferentes tipos de ilhas podem, como resultado de suas histórias distintas, conter biotas com características diversas.

O primeiro tipo de ilha era, originalmente, parte de um continente próximo, mas que dele se separou pela elevação do nível do mar (por exemplo, Grã-Bretanha, Terra Nova, Sri Lanka, Sumatra, Java, Bornéu, Nova Guiné e Tasmânia), ou por processos tectônicos que os dividiu e afastou para longe de um continente adjacente (por exemplo, as maiores ilhas do Mediterrâneo, Madagascar, Nova Zelândia e Nova Caledônia).

Um segundo tipo de ilha é parte de um **arco de ilhas** vulcânicas. Os mais óbvios são os arcos insulares de Kuril e das Aleutas que se encontram ao longo da borda do Pacífico. Neste, a antiga crosta oceânica está sendo forçada para as profundezas da crosta, e as tensões resultantes causam o aparecimento de ilhas vulcânicas. As Ilhas Lesser Sunda, das Índias Orientais, foram similarmente formadas onde a placa australiana que se move em direção ao norte corta por baixo o Sudeste Asiático.

Outra forma de ilhas é resultado da atividade do que os geólogos chamam de **pontos quentes** (Figura 5.11). Esses locais estão espalhados, mas fixos, há mais de 700 km de profundidade terrestre, de onde plumas de material quente se erguem para formar vulcões na superfície da Terra. Nos locais onde esse vulcão está dentro de um oceano, em vez de dentro de um continente, ele pode tanto ficar submerso, como formar um **monte submarino** ou *guyot*, ou então crescer e emergir à superfície, como uma ilha vulcânica. No entanto, como o fundo do mar é parte de uma placa tectônica em movimento, a ilha é gradualmente levada para longe da pluma de material quente. A atividade vulcânica na ilha então cessa, e o fundo do mar circundante esfria e se contrai, enquanto a própria ilha está sujeita à erosão. Como resultado, ao longo de milhares de anos, a ilha desaparece gradualmente embaixo da superfície do oceano. Enquanto isso, um novo vulcão se desenvolve naquela parte do fundo do mar que agora está acima do ponto quente. Durante milhões de anos, a repetição desse processo provoca o aparecimento de uma

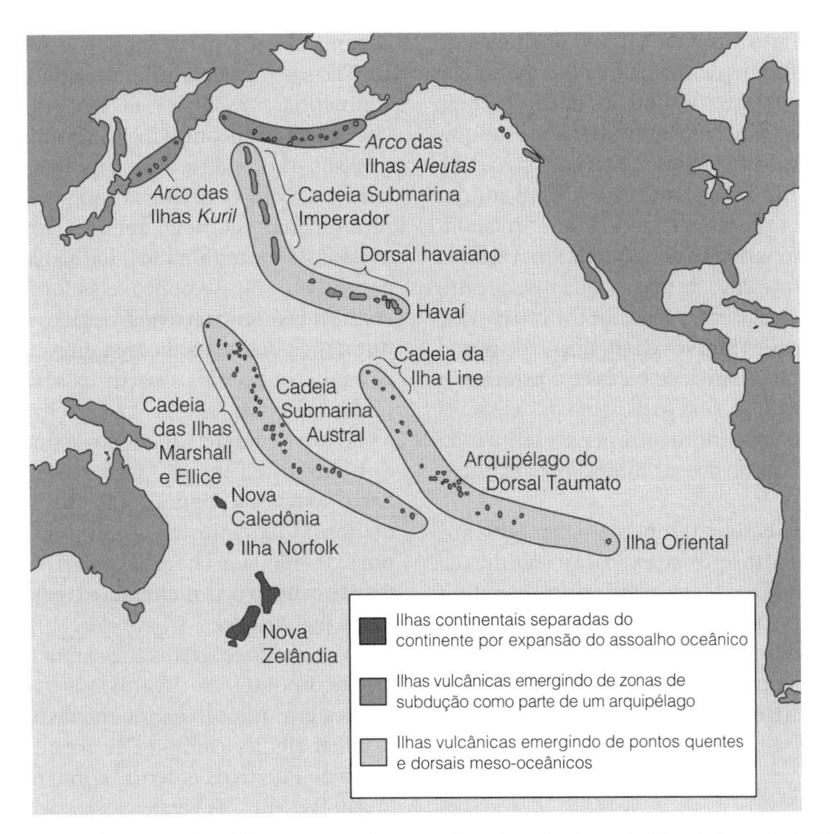

Figura 5.10 Mapa do Oceano Pacífico, mostrando exemplos dos três tipos de ilha. Adaptado de Mielke [18].

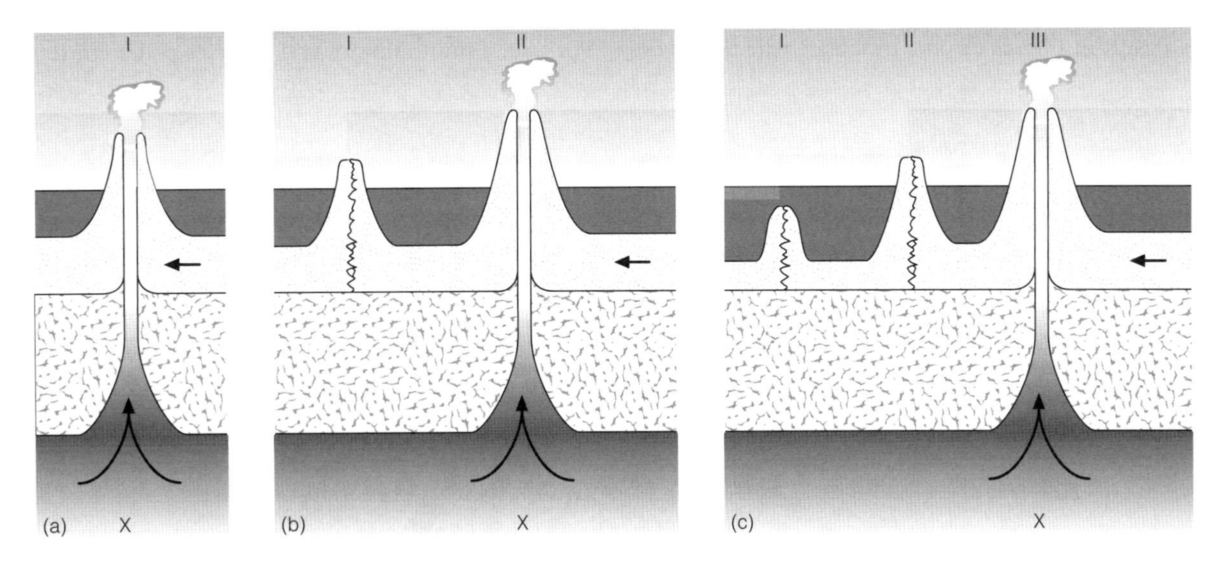

Figura 5.11 A formação de uma cadeia de ilhas como o resultado da atividade de um ponto quente. (a) Uma ilha vulcânica, I, formada em cima da posição de um ponto quente, X, profundo dentro da crosta terrestre. A camada mais superficial da crosta está se movendo para oeste, devido à tectônica de placas. (b) Este movimento afasta a primeira ilha do ponto quente, de modo que começa a erodir, e o fundo do mar em torno dele está resfriando e encolhendo. Uma nova ilha vulcânica, II, agora se forma em cima do ponto quente. (c) O movimento contínuo da camada superficial da crosta afasta agora a segunda ilha do ponto quente, e, portanto, ela começa a erodir. O fundo do mar ao redor das ilhas I e II está resfriando e encolhendo, de modo que a ilha ainda mais erodida I é agora apenas um monte submarino. No entanto, outra ilha, III, agora se forma em cima do ponto quente.

cadeia de vulcões (extintos, exceto o mais novo), a orientação dessa cadeia mostra claramente a direção do movimento do fundo do mar subjacente. Há várias dessas cadeias de ilhas no Oceano Pacífico, como mostrado na Figura 5.10 – a curvatura parcialmente ao longo de cada uma dessas cadeias foi provocada por uma mudança na direção de movimento da placa do Pacífico, cerca de 43 milhões de anos atrás.

A cadeia mais longa oriunda da atividade do ponto quente é a que atualmente se encontra sob as ilhas havaianas (veja a Figura 5.10). Essa cadeia totaliza 129 vulcões, a maioria dos quais erodida, e só pode ser detectada como montes submarinos; aqueles que estão visíveis atualmente variam em idade a leste do Havaí, do mais jovem, para o mais antigo, Kure a oeste. As rochas que formam as ilhas havaianas podem ser datadas com precisão, e a técnica moderna de cálculo das taxas de variação molecular nas linhagens de animais e plantas fornece um sistema semelhante de datação dos tempos de divergência de diferentes gêneros e espécies. Conforme mostram os pesquisadores americanos Hampton Carson e David Clague [8], as idades das espécies de animais e plantas coincidem com as idades das ilhas em que eles são encontrados. Essa correspondência integra os mecanismos desses dois grandes motores do nosso planeta: o motor de tectônica de placas, que nesse ponto leva ao aparecimento de novas ilhas, e o motor evolutivo, que responde a essas oportunidades através da produção de novas formas de vida. Enquanto a tectônica de placas é o paradigma das ciências terrestres, a evolução é o paradigma das ciências biológicas; essa correspondência fortalece imensamente toda a nossa confiança na validade de nossas teorias para explicar os fenômenos da natureza.

Um ponto quente pode causar também o aparecimento de uma área maior, ou **planalto**, que, se exposta e colonizada por animais e plantas, poderia desempenhar um papel na dispersão deles entre os continentes. Um exemplo disso é o Planalto de Kerguelen, que ficava entre a Antártida e a Índia, e poderia ter permitido a dinossauros e a outros animais e plantas se dispersarem entre esses dois continentes até o início do período Cretáceo Superior.

Terrenos

Onde ilhas vulcânicas ou seus restos erodidos e submersos alcançam a borda de uma trincheira para dentro do oceano, elas são meramente recicladas de volta para o interior da Terra – o mais antigo membro da cadeia de montanhas submarinas havaianas está prestes a desaparecer na grande trincheira que se encontra logo a leste da Península de Kamchatka da Ásia. Mas onde a trincheira fica, ao lado de um continente (embora a crosta oceânica seja simplesmente subduzida), nenhuma ilha superficial, montes submarinos, rechãs ou outras massas de material vulcânico são atritados contra a borda do continente. Nesse ponto, eles formam manchas individuais conhecidas como **terrenos** – regiões onde as rochas são bastante diferentes daquelas da área circundante. Esses terrenos são os mais conhecidos a partir da margem oriental do Pacífico, onde um complexo de 42 terrenos forma uma faixa de 80 a 450 km de largura ao longo da margem ocidental dos Estados Unidos e Canadá; outros 48 terrenos compõem grande parte do Alasca (Figura 5.12). Outros ficam ao longo da borda ocidental da América do Sul – especialmente no extremo norte, onde sua chegada a partir do Cretáceo Inferior em diante causou o aumento da extensão leste, central e oeste do norte dos Andes.

Alguns biogeógrafos sugeriram que tais terrenos poderiam ter incorporado os organismos vivos nas biotas dos continentes em que são agora encontrados; isso, portanto, pode explicar alguns exemplos de organismos que são encontrados tanto no Pacífico ocidental como nas Américas. No entanto, quase todos esses terrenos são de origem oceânica, em vez de fragmentos continentais, originários de locais espalhados no Pacífico, e de um único continente nocional no médio Pacífico, e eles surgiram há mais de 100 milhões de anos [9]. Por isso, é muito improvável que eles poderiam ter levado

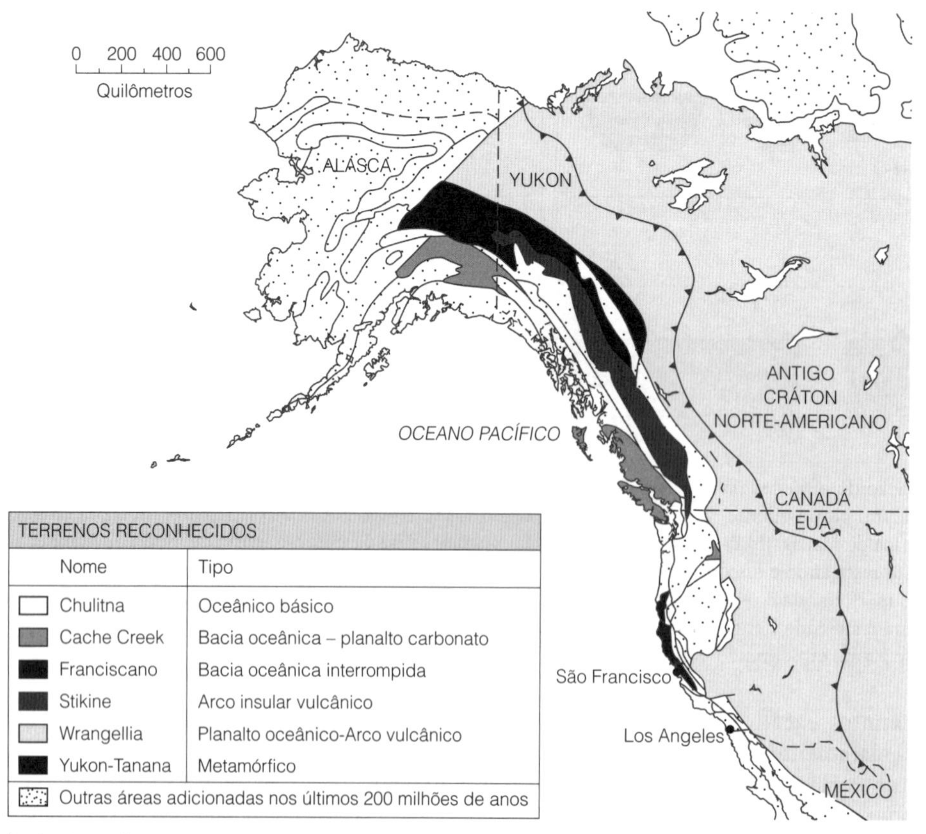

Figura 5.12 Oeste da América do Norte, para mostrar os terrenos que se situam ao longo de sua borda ocidental. Durante os últimos 200 milhões de anos, ilhas, montes submarinos e outras características superficiais no fundo do mar do Oceano Pacífico foram atritados e adicionados à borda ocidental da placa norte-americana, já que o fundo do mar em si submergiu abaixo dela. Adaptado de Jones *et al.* [19].

representantes de algum grupo moderno, tais como mamíferos ou plantas que florecem, que estão envolvidos nesses padrões transpacíficos de distribuição. A biota da ilha do Pacífico da Nova Caledônia é um bom exemplo da incompatibilidade das previsões das duas abordagens; isso é discutido no Capítulo 11.

Como observado, o Oceano Pacífico também contém uma série de arcos insulares vulcânicos, e alguns deles parecem ter-se incorporado na parte norte da Nova Guiné e suas ilhas vizinhas, como a placa australiana em que eles se encontram, que se moveu para o norte. Alguns panbiogeógrafos [10] acreditam que a distribuição de alguns animais reflete esse evento geológico e que tais animais já haviam sido distribuídos ao longo do arco de ilha antes da colisão. Sua distribuição atual é, de acordo com essa teoria, o resultado do evento "Arca de Noé", em que os organismos vivos foram levados como passageiros em ilhas em movimento (Figura 5.13). No entanto, essas ilhas vulcânicas eram, em sua maioria, pequenas e de curta existência, e parece muito improvável que tais animais, como cigarras e aves do paraíso, que são muito pobres em dispersão, teriam sido capazes de se dispersar ao longo dessa cadeia oceânica. A explicação mais simples é que a distribuição delas reflete suas preferências ecológicas, porque a geologia, os solos e o ambiente nas áreas da Nova Guiné, cuja contribuição originou-se das primeiras ilhas, diferiram-se daquelas do resto da Nova Guiné e, portanto, proporcionaram um ambiente mais adequado para esses animais.

Todos os fenômenos descritos neste capítulo foram resultado dos processos de tectônica de placas, e a prova para eles é extraída de muitos aspectos bastante independentes de geologia e biologia. Como resultado, a "teoria" da tectônica de placas é imensamente forte. Isso é mostrado quando, de tempos em tempos, uma explicação alternativa é apresentada para alguns aspectos dos fenômenos geológicos envolvidos – como a ideia de que a abertura dos oceanos foi devido à expansão da Terra como um todo. O problema que se coloca para essas teorias é que elas não fornecem soluções satisfatórias para outros fenômenos que são facilmente explicados pela teoria da tectônica de placas. Neste caso, portanto, é difícil identificar a origem da grande quantidade de água necessária para preencher esses oceanos ampliados, e o diâmetro de mudança sugerido da Terra é incompatível com o padrão coerente de resultados paleomagnéticos [9]. Tais ideias também podem levantar problemas com outros aspectos da nossa história planetária – por exemplo, uma expansão da Terra teria causado uma rápida redução na taxa de rotação.

A teoria da tectônica de placas baseia-se em uma grande variedade de linhas de evidência independentes. Assim, a teoria é conhecida como um paradigma, e a teoria da tectônica de placas é o paradigma central das ciências da *Terra. A teoria da evolução por seleção natural, considerada no Capítulo 6, é similarmente baseada em uma grande variedade de linhas de evidência, e é o paradigma central das ciências biológicas.*

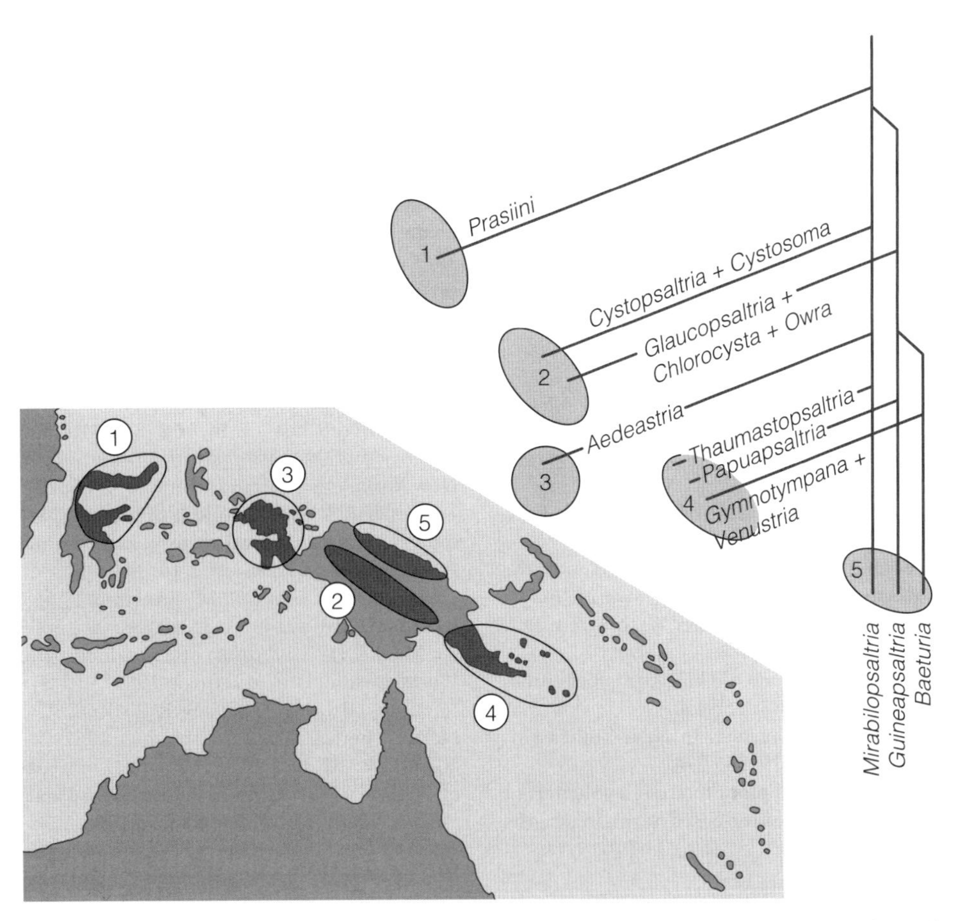

Figura 5.13 As relações entre algumas famílias de cigarras e sua distribuição em ilhas do Pacífico, como sugerido por de Boer e Duffels [20], que acreditavam que essas famílias tinham ocupado anteriormente as áreas 1-5 em um arco insular (sombreado cinzento – áreas numeradas, acima, à direita), o qual, em seguida, colidiu com partes da Nova Guiné e ilhas vizinhas para formar as áreas de 1-5 (círculos brancos), onde essas famílias são encontradas hoje. De acordo com de Boer e Duffels [20]. (Reproduzido com permissão de Elsevier.)

Resumo

1 O fato de que os continentes têm se movido através da superfície terrestre foi provado pela primeira vez na década de 1960 a partir dos dados das partículas magnetizadas preservadas em rochas. A isso se seguiram os dados obtidos nos leitos dos oceanos, que mostraram que a superfície da Terra é coberta por um padrão de "placas" em movimento, delimitadas por cordilheiras espalhadas, em que novo material aparece a partir do interior da Terra e por trincheiras profundas, nas quais os materiais antigos retornam às profundezas.
2 Como resultado desse processo de tectônicas de placas, o padrão dos continentes mudou muito ao longo dos últimos 350 milhões de anos. No início, havia três continentes no norte, além de um enorme continente no sul, que foi chamado de Gondwana. Mais tarde, todas essas massas de terra se uniram para formar um único supercontinente, a Pangeia, que mais tarde dividiu-se nos continentes que vemos hoje. Os paleontólogos têm sido capazes de mostrar como essas mudanças geográficas afetaram a evolução das faunas e floras que habitavam esses continentes.
3 O efeito mais direto dos movimentos das placas tectônicas sobre os climas dos diferentes continentes foi causado por seus movimentos através das zonas latitudinais de clima. Mas os movimentos também afetaram o clima de outras maneiras – por exemplo, alterando o nível do mar, pelo aparecimento de cadeias de montanhas, e alterando os padrões de correntes oceânicas – e também resultaram na Era do Gelo. Todos esses fenômenos afetam a biota dos continentes e ilhas.
4 A tectônica das placas também são a causa do aparecimento de ilhas vulcânicas, tanto como cadeias geológicas cadeias sobre pontos quentes geológicos profundos na Terra, ou como arcos insulares onde a crosta oceânica está desaparecendo. Essas ilhas oferecem estudos biogeográficos interessantes e são o lar de muitas espécies endêmicas.
5 Pequenas ilhas vulcânicas, rochedos e outras massas vulcânicas também podem estar ligados às bordas das massas continentais, onde eles são conhecidos como terrenos, mas não há nenhuma evidência de que eles contribuíram com quaisquer organismos vivos para os continentes, que eventualmente se tornaram absorvidos.

Leitura Complementar

Edwards J. *Plate Tectonics and Continental Drift*. North Mankato, MN: Smart Apple Media, 2005.

Referências

1. Runcorn SK. Paleomagnetic comparisons between Europe and North America. *Proceedings of the Geological Association of Canada* 1956; 8: 77-85.
2. Hess HH. History of ocean basins. In: Engel AE, James HL, Leonard BF (eds.), *Petrologic Studies: A Volume in Honour of A.F. Buddington*. Denver, CO: Geological Society of America, 1962: 599-620.
3. Vine FD, Matthews DH. Magnetic anomalies over a young ocean ridge. *Nature* 1963; 199: 947-949.
4. Cox CB. Vertebrate palaeodistributional patterns and continental drift. *Journal of Biogeography* 1974; 1: 75-94.
5. Hay WW. Cretaceous oceans and ocean-modelling. In: Cretaceous oceanic red beds. *Society for Sedimentary Geology Special Publication* 2009; 9: 243-271.
6. Crowley TJ, North GR. Palaeoclimatology. *Oxford Monographs on Geology and Geophysics* 1991; 8: 1-330.
7. Schneider N. The Indonesian Throughflow and the global climate system. *Journal of Climate* 1998; 11: 676-689.
8. Carson HL, Clague DA. Geology and biogeography of the Hawaiian Islands. In: Wagner WL, Funk VA (eds.), *Hawaiian Biogeography: Evolution on a Hot-Spot Archipelago*. Washington, DC: Smithsonian Institution Press, 1995.
9. Cox CB. New geological theories and old biogeographical problems. *Journal of Biogeography* 1990; 17: 117-130.
10. Heads M. Regional patterns of diversity in New Guinea animals. *Journal of Biogeography* 2002; 29: 285-294.
11. Hall R. Cenozoic geological and plate tectonic evolution of SE Asia and the SW Pacific: computer-based reconstructions and animations. *Journal of Asian Earth Sciences*. 2002; 20: 353-434.
12. Hall R. SE "Asia"s changing palaeogeography. *Blumea* 2009; 54: 148-161.
13. Stanley S. *Earth and Life through Time*. New York: W.H. Freeman, 1986.
14. Angel MV. Spatial distribution of marine organisms: patterns and processes. In: Edwards PJR, May NR, Webb NR [eds.], *Large Scale Ecology and Conservation Biology*. British Ecological Society Symposium nº 35. Oxford: Blackwell Science, 1994: 59-109.
15. Haq BU. Paleoceanography: a synoptic overview of 200 million years of ocean history. In: Haq BU, Milliman HD (eds.), *Marine Geology and Oceanography of Arabian Sea and Coastal Pakistan*. New York: Van Nostrand Reinhold, 1984: 201-231.
16. Miller KG, Fairbanks RG, Mountain GS. Tertiary oxygen isotope synthesis, sea level history, and continental margin erosion. *Paleoceanography* 1987; 2: 1-19.
17. Miller KG, Kominz MA, Browning JV, *et al.* The Phanerozoic record of global sea-level change. *Science* 2005; 310: 1293-1295.
18. Mielke HW. *Patterns of Life: Biogeography in a Changing World*. Boston: Unwin Hyman, 1989.
19. Jones DL, Cox A, Coney P, Beck M. The growth of western North America. *Scientific American* 1982; 247 (5): 70-84.
20. de Boer AJ, Duffels JP. Historical biogeography of the cicadas of Wallacea, New Guinea and the West Pacific. *Palaeogeography, Palaeoclimatology, Palaeoecology* 1996; 124: 153-177.

Evolução, as Fontes de Inovação

Este capítulo explica como a evolução pela seleção natural funciona, e apresenta evidências neste processo. Também descreve o mecanismo genético que leva a variações naturais nas características dos organismos. Discute ainda a definição das espécies e a forma como as novas espécies surgem, assim como o papel do isolamento ao possibilitar esse processo de especiação. Estudos dos "Tentilhões de Darwin" nas Ilhas Galápagos mostraram a eficácia da seleção natural. A técnica conhecida como cladística fornece um método confiável para descobrir os padrões de evolução e a relação entre as diferentes espécies.

O contexto da descoberta de Charles Darwin do processo da evolução é esclarecido no Capítulo l. Publicado em 1858 em seu grande livro *Sobre a Origem das Espécies*, sua explicação é agora uma parte quase universalmente aceita da filosofia básica das ciências biológicas. Darwin percebeu que qualquer par de animais ou de plantas produz muito mais descendentes do que seria necessário para substituir apenas aquele par. Por exemplo, vários peixes produzem milhões de ovos por ano e plantas produzem milhões de sementes. Todavia, a quantidade de indivíduos permanece aproximadamente a mesma de uma geração para outra. Em consequência, tal fato indica que devem estar competindo umas com as outras para sobreviver. Devem sobreviver a doenças, parasitas, predadores, redução de alimentos e nutrientes, ou condições climáticas hostis, simplesmente para alcançar a idade de reprodução. Assim, devem obter sucesso na competição para atrair um companheiro, ou durante as incertezas da polinização e da fertilização, a fim de se reproduzir. Para isso, precisam empregar toda a infinidade de características que possuem e que foram herdadas de seus pais. No entanto, a prole de qualquer par de ancestrais não é idêntica a uma outra. Ao contrário, varia sutilmente nas suas características herdadas. Inevitavelmente, algumas dessas variações se mostrarão mais adequadas do que outras para superar os perigos da vida que cada indivíduo vivencia. Os descendentes que possuírem essas características favoráveis terão uma vantagem natural na competição pela vida e tenderão a sobreviver à custa de seus parentes menos afortunados. Com sua sobrevivência e eventual acasalamento, esse processo de seleção natural levará à manutenção dessas características favoráveis nas gerações seguintes. No outro lado da moeda, pelas mesmas razões, as características menos vantajosas irão desaparecer gradualmente da população. Esse processo de sobrevivência diferencial é conhecido como **seleção natural**.

Os cientistas referem-se à explicação de Darwin sobre a evolução pela seleção natural como uma "teoria". Mas isso não implica que seja apenas uma hipótese de trabalho que poderia ser derrubada a qualquer momento. Os cientistas costumam usar a palavra *teoria* porque, tecnicamente, nenhuma hipótese pode ser provada. Porém, muitas vezes, uma experiência é repetida e conduz ao mesmo resultado. Embora seja remota, há sempre uma possibilidade de que a tentativa seguinte conduza a um resultado diferente. Portanto, ainda nos referimos à *teoria da evolução* e à *teoria da gravidade*. Para um cientista, uma "teoria" é uma explicação que é compatível com *todas* as evidências conhecidas. Mas o aspecto importante de qualquer teoria não é que ela não possa ser provada, mas que é sempre possível refutá-la, submetê-la a testes que podem mostrar que ela é falsa, defeituosa ou inadequada. A grande força da teoria de Darwin é a enorme variedade de evidências (Boxe 6.1), de modo que novas evidências de qualquer um desses campos de investigação poderiam refutar sua teoria. Até agora, toda a nova pesquisa sobre aspectos da teoria de Darwin só serviu para confirmá-la em detalhes cada vez maiores.

Assim, a evolução é possível devido à competição entre indivíduos que diferem pouco entre si. No entanto, por que essas diferenças devem existir e por que cada espécie não é capaz de desenvolver respostas simples e perfeitas às demandas impostas pelo ambiente? Neste caso, todas as flores de uma espécie seriam, por exemplo, exatamente da mesma cor, e todos os pardais teriam o bico exatamente do mesmo formato e tamanho. Esta solução simplista não é possível, pois as demandas no ambiente não são estáveis nem uniformes. As condições variam de lugar para lugar, de dia para dia, de estação para estação. Nenhum organismo, isoladamente, pode possuir a melhor adaptação possível para todas essas alterações de condições. Ao contrário, um tamanho específico de bico será o melhor para a dieta de inverno do pardal, enquanto outro tamanho, um pouco diferente, será mais bem adaptado à sua alimentação de verão. Desde que, ao longo da vida de dois pardais que difiram por esta característica, cada tipo de bico seja mais bem adaptado em um momento e pior em outro, a seleção natural não favorecerá um pardal em detrimento do outro. Os dois tipos continuarão a existir no conjunto da população.

Como normalmente não examinamos pardais muito de perto, não atentamos para as diferentes maneiras pelas quais os pássaros possam diferir individualmente uns dos outros. Obviamente, na verdade eles variam de tantas maneiras

As moléculas da vida

Conceito Boxe 6.1

Cada cromossomo é composto por um par de filamentos que se espiralam um ao outro para formar uma dupla-hélice (Figura 6.1a). Cada filamento é constituído por uma cadeia de moléculas chamadas **nucleotídeos**, das quais existem apenas quatro tipos: adenina (A), citosina (C), guanina (G) e timina (T). Os nucleotídeos de um filamento se ligam a seus pares na dupla-hélice, mas apenas em pares específicos: A com T e C com G (Figura 6.1b). Quando uma célula se divide para produzir duas novas células somáticas, os filamentos do DNA se separam e cada uma das células-filhas recebe um desses dois. Dentro de cada nova célula, o filamento de DNA então constrói um novo par, mas, por causa do sistema de emparelhamento único de A e T *versus* C e G, cada novo par é uma réplica exata do par original antes de a divisão celular ocorrer (Figura 6.1c). Essa precisão da replicação é essencial se as novas células do corpo forem manter a natureza da célula-mãe. Os próprios cromossomos estão emparelhados, sendo um cromossomo em cada par originado da mãe e um do pai; isso é conhecido como condição **diploide**, e o conjunto de todos os genes dentro dele é conhecido como **genótipo**. No processo de reprodução sexual, cada espermatozoide ou óvulo contém apenas um de cada par de cromossomos; isso é conhecido como a condição **haploide**, e o conjunto total de genes dentro deste é conhecido como o **haplótipo**. Durante o processo de produção desses espermatozoides e óvulos, há alguma troca de material entre os cromossomos maternos e paternos, um processo conhecido como **recombinação**. Esta é uma parte importante do sistema genético, porque permite que a próxima geração tenha algumas características de cada um dos seus pais, em vez de ser uma simples réplica de um deles.

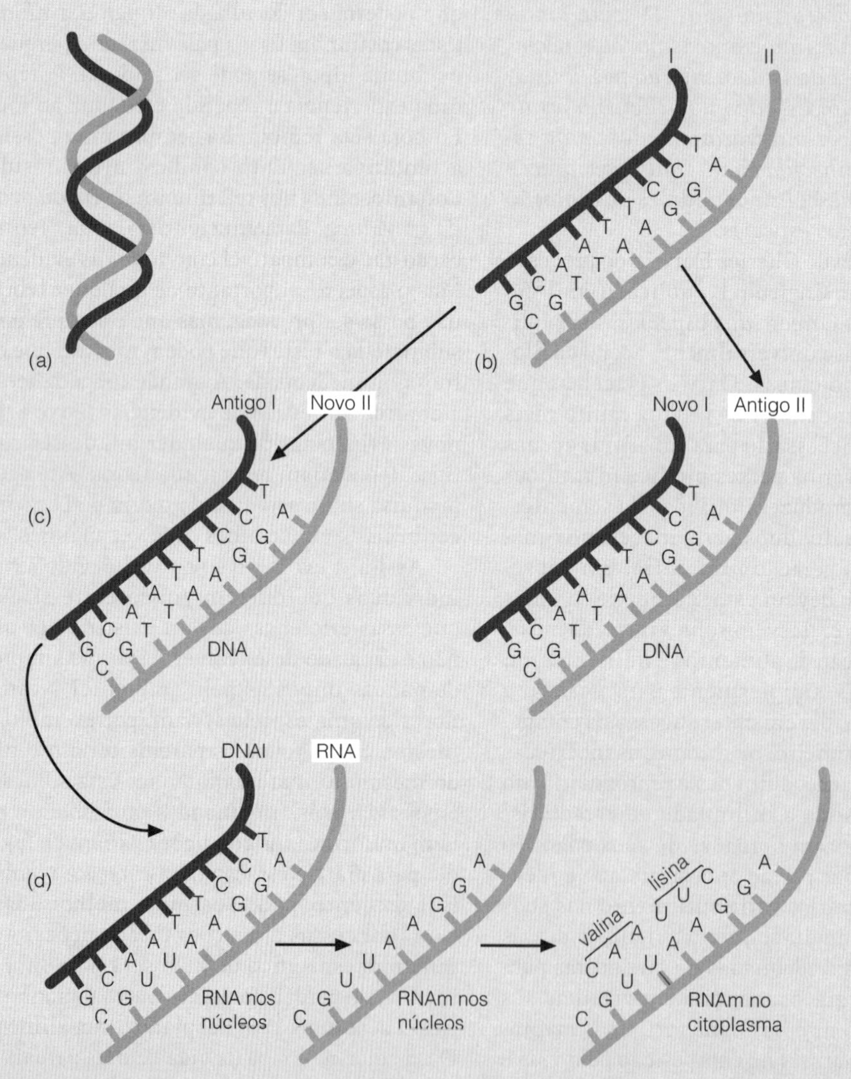

Figura 6.1 Como o RNA e as proteínas são formados. (a) A linha de DNA é composta de duas cadeias que se espiralam uma na outra em uma dupla-hélice. (b) As duas cadeias estão ligadas uma à outra através dos seus nucleotídeos, que se ligam em pares: A (adenosina) e T (timina), ou C (citosina) e G (guanina). (c) Na divisão celular, as duas cadeias se separam, e cada uma vai para uma das novas células, onde constroem um novo par idêntico ao antigo. (d) Durante a produção de proteínas, uma cadeia de DNA primeiro constrói um filamento de RNA, em que U (uracila) substitui a T (timina); esse filamento de RNA separa-se para formar o RNA mensageiro (RNAm); este viaja do núcleo para o ribossomo no citoplasma. Ali, os nucleotídeos no RNAm atuam como tripletos, cada um dos quais forma um molde para a criação de um aminoácido específico – aqui, valina e lisina.

Como já mencionado, o DNA também é responsável por todas as características do indivíduo. Mas, para fazer isso, ele tem que passar por vários estágios intermediários. Primeiro, ele é modificado dentro do núcleo em uma molécula ligeiramente diferente chamada ácido ribonucleico, ou RNA (Figura 6.1d). Uma forma conhecida como RNA mensageiro viaja do núcleo para o **citoplasma** que circunda o núcleo, onde ele produz proteínas (Figura 6.1d). Estas são grandes moléculas formadas por unidades chamadas **aminoácidos**, que são responsáveis por controlar todos os processos metabólicos dentro da célula. Na fabricação de proteínas, os nucleotídeos do RNA atuam como tripletos: cada grupo sucessivo de três nucleotídeos forma um molde ao qual podem ser ligados aminoácidos particulares, criando assim uma cadeia de aminoácidos ligados. No exemplo ilustrado na Figura 6.1d, formam-se os aminoácidos valina e lisina.

Existem cerca de 20 diferentes tipos de aminoácidos comuns, e cada tipo de proteína é composta por uma única sequência deles, que pode ser composta por milhares de aminoácidos de comprimento. A sequência exata de aminoácidos em cada proteína controla suas propriedades. Algumas proteínas são estruturais – por exemplo, o tecido muscular é composto por uma proteína chamada miosina. Mas a função mais importante das proteínas reside na sua atividade como catalisadores, ou **enzimas**, que moderam e controlam todos os processos celulares. A expressão do código do DNA, portanto, é finalmente efetuada através das atividades dessas enzimas.

quanto os seres humanos diferem entre si. Em nossa própria espécie estamos acostumados às múltiplas variações triviais que nos fazem reconhecer um indivíduo como único: a forma e o tamanho precisos do nariz, das orelhas, dos olhos, do queixo, da boca e dos dentes, a cor dos olhos e dos cabelos, a compleição física, a textura e ondulação dos cabelos, a altura e o peso, a tonalidade da voz. Conhecemos outras características menos óbvias que também distinguem os indivíduos, como as impressões digitais, o grau de resistência a diferentes doenças, e o grupo sanguíneo. Todas essas variantes são, pois, o material sobre o qual a seleção natural pode atuar. A cada geração, os indivíduos que apresentam o maior número de características vantajosas terão maior probabilidade de sobreviver e acasalar do que os que possuem menos características.

O Mecanismo da Evolução: O Sistema Genético

O mecanismo que controla as características de cada organismo e sua transmissão para a próxima geração está dentro da célula, em um objeto bastante opaco chamado núcleo. Dentro desse núcleo, uma série de corpos filamentosos, chamados **cromossomos**, que são compostos por uma molécula complexa chamada ácido desoxirribonucleico ou **DNA** (veja o Boxe 6.1). Cada característica do organismo é o resultado da atividade de uma determinada parte do DNA, que é referida como um **gene**. A atividade bioquímica desses genes é responsável pelas características de cada célula de um indivíduo e, portanto, pelas características do organismo como um todo. Poderia, então, ser um gene particular que determina a cor do cabelo de um indivíduo, enquanto outro poderia ser responsável pela textura do cabelo e outro por sua ondulação. (Há pouco mais de 20.000 genes em seres humanos.) Cada gene existe em um número de versões ligeiramente diferentes ou **alelos**. Tomando o gene responsável pela cor do cabelo como exemplo, um alelo pode fazer com que o cabelo seja castanho, enquanto outro pode fazer com que seja vermelho. Muitos alelos diferentes de cada gene podem existir, e esta é a principal razão para grande parte da variação na estrutura que Darwin observou. O total de todos os genes, que compõem toda a herança genética de um organismo, é conhecido como seu **genótipo**. A atividade do genótipo produz as características do indivíduo (sua morfologia, fisiologia, comportamento etc.); isso é conhecido como o **fenótipo**. Mas, em alguns casos, o ambiente pode modificar a expressão fenotípica dos genes. Por exemplo, gêmeos idênticos desenvolvem-se a partir da divisão de um ovo em desenvolvimento único e, portanto, têm exatamente o mesmo genótipo. Mas eles podem vir a diferir uns dos outros se forem criados vivenciando diferentes condições ambientais, como diferentes quantidades de luz solar etc. Esta leve plasticidade do genótipo é valiosa do ponto de vista evolutivo, pois ela torna possível um único genótipo sobreviver em hábitats ligeiramente diferentes.

É claro que um indivíduo herda características de ambos os pais. Isso ocorre porque cada célula não carrega apenas um conjunto desses cromossomos portadores de genes, mas dois: um conjunto derivado da mãe e outro do pai. Ambos os pais podem possuir exatamente o mesmo alelo de um gene específico. Por exemplo, ambos podem ter o alelo para cabelos castanhos, neste caso seus descendentes também teriam cabelos castanhos. Porém, muitas vezes eles podem passar diferentes alelos para seus descendentes; por exemplo, um pode fornecer um alelo de cabelo castanho, enquanto o outro fornece um alelo para cabelo ruivo. Nesse caso então, o resultado não é uma mistura ou desfoque da ação dos dois alelos para produzir um intermediário, tal como cabelo castanho-avermelhado. Em vez disso, apenas um dos dois alelos entra em ação, e o outro parece permanecer inerte. O alelo ativo é conhecido como o alelo **dominante**, e o inerte como o alelo **recessivo**. Qual alelo é dominante e qual é recessivo em geral é firmemente fixo e invariável; no exemplo acima, o alelo de cabelo castanho é geralmente dominante, e o alelo de cabelo ruivo é geralmente recessivo.

Então, é o sistema genético que fornece duas propriedades vitais do organismo. Primeiramente, ele fornece a estabilidade que garante que os sistemas complexos do organismo funcionem e sejam adaptados às demandas do ambiente. Em segundo lugar, fornece a plasticidade que permite ao organismo responder a pequenas mudanças nesse ambiente. Mas como as modificações de suas características ocorrem?

Os próprios genes são altamente complexos em sua estrutura bioquímica. Embora normalmente cada um seja precisa e exatamente duplicado cada vez que uma célula se divide, não é de surpreender que, de vez em quando, devido à incrível complexidade das moléculas envolvidas, existe um pequeno erro nesse processo. Isso pode acontecer durante as divisões celulares que levam à produção de gametas sexuais (o espermatozoide masculino ou o pólen, e o ovo ou óvulo feminino). Se assim for, o indivíduo resultante dessa união sexual pode mostrar um carácter completamente novo, ao contrário de qualquer caráter dos pais. No exemplo dado, esse indivíduo pode ter cabelos completamente incolores. Tais alterações repentinas na estrutura bioquímica dos genes são conhecidas como **mutações**.

Este sistema genético pode levar a alterações nas características de uma população isolada, de duas maneiras: Primeiro, novas mutações podem aparecer e, se forem vantajosas, se espalhar pela população. Em segundo lugar, uma vez que cada indivíduo carrega vários milhares de genes, e cada um pode estar presente em qualquer um de seus vários alelos diferentes, dois indivíduos (a menos que sejam gêmeos idênticos) não carregam exatamente a mesma constituição genética. Mesmo que nenhuma mutação tenha ocorrido, de modo que eles carregam os mesmos conjuntos de características, estas podem estar presentes em combinações diferentes. Portanto, inevitavelmente cada população isolada passará a diferir dos demais em seu conteúdo genético, sendo alguns alelos mais raros ou, talvez, ausentes por completo. Como o acasalamento continua em diferentes populações, novas combinações de alelos aparecerão aleatoriamente em cada uma, e isso levará a novas diferenças entre elas.

Independentemente de serem novas mutações ou simplesmente novas recombinações dos alelos existentes, as novas características aparecerão, portanto, dentro de uma população isolada. Qualquer um desses alelos que conferem uma vantagem sobre o organismo é susceptível de se espalhar gradualmente através da população e, portanto, alterar sua constituição genética. No entanto, é importante perceber que o acaso, bem como sua constituição genética, desempenha um papel na determinação da sobrevivência e reprodução de um indivíduo. Mesmo que uma nova e favorável mudança genética apareça em um indivíduo em particular, ela pode morrer por acaso antes de se propagar, ou todos os seus descendentes podem morrer de forma similar, de modo que a nova mutação ou recombinação desapareça. No entanto, por mais raras que possam ser as alterações genéticas, é provável que cada uma reapareça em uma determinada porcentagem da população como um todo. Em uma população maior, cada mutação ou recombinação reaparecerá com frequência suficiente para que os efeitos do acaso sejam reduzidos. As vantagens ou desvantagens subjacentes que conferem, eventualmente, acabarão por se apresentar como aumento ou diminuição do sucesso reprodutivo. Por esta razão, é a população, e não o indivíduo, a unidade real da mudança evolutiva. Em populações menores, no entanto, o acaso desempenhará um papel maior no controle de se um alelo particular se torna comum ou raro, ou desaparece; esse efeito é conhecido como **deriva genética** porque não é controlado por pressões seletivas. As populações menores, portanto, têm menos variabilidade genética, estão menos adaptadas ao seu meio ambiente e têm maior probabilidade de se extinguir do que as populações maiores. (Este pode ser um problema específico nas populações insulares; veja o Capítulo 7.)

O aparecimento de uma nova espécie depende apenas do fato de algumas das novas características dessa população isolada se encaixar em um modo de vida diferente daquele da população ancestral da qual ela se distanciou.

De Populações a Espécies

Não importa o tamanho da extensão de terra (ou de água) na qual uma espécie possa ser encontrada, ela nunca estará presente em todo lugar. Qualquer área é uma colcha de retalhos de ambientes distintos, de campos, lagos, matas, florestas densas ou renascidas – ou mesmo os campos e matas são compostos de uma miríade de hábitats diferentes, como foi visto no Capítulo 3. Em consequência, as espécies são fragmentadas em várias populações individuais que são separadas umas das outras. Além disso, não existem duas matas ou pontos de água doce que sejam absolutamente idênticos, mesmo que estejam na mesma área do país. Eles poderão diferir na real natureza do solo ou da água, em suas amplitudes de temperatura, na temperatura média ou nas espécies de animais ou plantas que podem se tornar raras ou comuns naquela localidade. Cada população responde de modo independente às modificações ambientais específicas que ocorrem em suas localidades, e as respostas de cada população também são dependentes dos padrões específicos de novas mutações e das recombinações genéticas que ocorrem em cada uma. Cada população irá, gradualmente, se diferenciar uma das outras em suas adaptações genéticas.

Desde que as barreiras entre as duas populações sejam suficientemente grandes para impedir a troca genética entre elas, as bases para o aparecimento de uma nova espécie foram agora estabelecidas. Caso duas dessas populações divergentes se encontrem novamente quando o processo de mudança adaptativa divergente não tiver ido muito longe, elas poderão simplesmente cruzar e fundir-se. Se elas tiverem diferenças significativas em suas adaptações, elas ainda poderão ser capazes de se acasalar e ter uma prole fértil, conhecida como **híbridos**; estes são suscetíveis de ter uma mistura dos caracteres de seus dois pais. Como cada um dos pais já se adaptou a seu ambiente individual, esses descendentes híbridos, não adaptados a nenhum dos ambientes, não serão favorecidos pela seleção natural. Do ponto de vista de cada uma das populações parentais adaptadas, essa hibridização é desvantajosa porque conduz meramente à produção de indivíduos mal-adaptados, que não sobreviverão. Desse modo, a evolução irá favorecer a aparência de quaisquer características que reduzam a probabilidade de hibridização. É o que se conhece como **mecanismos de isolamento** que podem assumir duas formas diferentes de sistemas – sistemas que impedem o acasalamento entre espécies relacionadas e sistemas que levam à redução da fertilidade, caso ocorra o acasalamento.

Mecanismos de isolamento pré-acasalamento são comuns em animais como aves e insetos que complicaram o cortejo e o comportamento de acasalamento. Isto se deve às pequenas diferenças nesses rituais que impedem a efetividade do cruzamento. No caso dos tentilhões de Darwin, as espécies relacionadas se reconhecem porque têm vocalização diferente e não se acasalam com um indivíduo que "vocaliza" de forma diferente [1]. Às vezes, a preferência pelo local de acasalamento pode ser ligeiramente diferente. Por exemplo, os sapos da América do Norte, *Bufo fowleri* e *Bufo americanus*, vivem na mesma área, mas se reproduzem em locais diferentes [2]. *B. fowleri* se acasala em diversos ambientes, em corpos d'água, tais como lagoas, grandes poças de chuva e riachos brandos, enquanto *B. americanus* prefere poças rasas ou piscinas ribeirinhas. O acasalamento entre as espécies também é prejudicado pelo fato de que espécie *B. americanus* se acasala no início da primavera, enquanto *B. fowleri*, no final da primavera, embora haja alguma sobreposição no meio dessa estação. No entanto, uma vez que o grupo em questão está evoluindo rapidamente, essas barreiras de pré-acasalamento podem não estar tendo tempo suficiente para se tornarem eficazes. Por exemplo, nos patos, nos quais a cor e o comportamento são as barreiras de pré-acasalamento, 75 % das espécies britânicas são conhecidas por hibridizar.

Muitas plantas com flores são polinizadas por animais, que são atraídos para as flores pelo néctar ou pólen. A hibridização pode então ser impedida pela adaptação das flores a diferentes polinizadores. Por exemplo, diferenças no tamanho, forma e cor das flores relatadas para espécies norte-americanas língua-barba (*Penstemon*) adaptam-nas à polinização por diferentes insetos ou, em uma espécie, por um beija-flor (Figura 6.2). Em outras plantas, as espécies relacionadas passaram a diferir no tempo em que elas dispersam seu pólen, tornando impossível a hibridização. Mesmo que o pólen de outra espécie chegue ao estigma de uma flor, em muitos casos ele é incapaz de formar um tubo polínico, pelo fato de o ambiente bioquímico em que ele se encontra ser muito estranho. Não pode, portanto, crescer para fertilizar o óvulo. De modo semelhante, em muitos animais os espermatozoides de espécies diferentes causam uma reação alérgica na parede da genitália feminina, e os espermatozoides morrem antes de ocorrer a fertilização.

Os mecanismos de isolamento pós-acasalamento não impedem o acasalamento e a fertilização, mas asseguram que a união seja estéril. Em alguns casos, as duas espécies podem se acasalar, mas não terão prole – o acasalamento é estéril. Em outros casos, as duas espécies podem se acasalar e ter descendência, mas esses descendentes serão estéreis. Um exemplo é o caso do cavalo e da mula. Embora sejam espécies separadas, eles às vezes se reproduzem, mas a mula resultante (macho ou fêmea) é estéril. Uma terceira categoria de casos compreende aquela em que as duas espécies podem se acasalar e ter descendência, mas a fertilidade da prole é reduzida. Os híbridos logo se tornam extintos devido à competição com descendentes mais férteis, de acasalamento dentro de cada espécie.

A causa básica de todas essas incompatibilidades é geralmente encontrada no sistema genético. Muitas vezes, a estrutura e disposição dos genes nos cromossomos são tão diferentes que os processos normais de divisão cromossômica e o emparelhamento que acompanham a divisão celular são

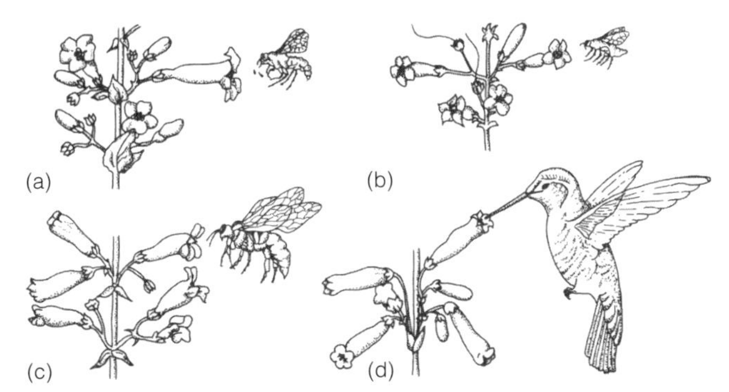

Figura 6.2 Quatro espécies de penstêmom (*Penstemon*) encontradas na Califórnia, com seus polinizadores. As espécies (a) e (b) são polinizadas por vespas solitárias; a espécie (c) é polinizada por abelhas; e a espécie (d), por beija-flores. Segundo Stebbins [21].

interrompidos. Outras diferenças genéticas podem interromper os processos normais de desenvolvimento embriológico, ou o crescimento e maturação do indivíduo híbrido. Seja qual for o caso, o resultado final é o mesmo – o cruzamento híbrido é estéril ou, se a prole é produzida, ela é estéril ou tem fertilidade reduzida.

O ponto biogeográfico final para o aparecimento de uma nova espécie ocorre quando os híbridos entre as duas populações independentes são encontrados apenas ao longo de uma zona estreita em que as duas populações se encontram. Tal situação sugere que, embora o cruzamento contínuo dentro dessa zona possa produzir uma população de híbridos, esses híbridos não podem competir em nenhum outro lugar com nenhuma das populações parentais puras. Mas, é claro, se duas populações intimamente relacionadas tiverem divergido em suas adaptações, mas não estiverem em contato umas com as outras, é bem possível que mecanismos de isolamento não tenham aparecido. Os dois grupos podem, então, ser capazes de se acasalar, embora seja provável que sua prole seja menos bem adaptada ao meio ambiente do que qualquer de seus ancestrais. Contudo, sabe-se que 25 % das espécies de plantas e 10 % das espécies animais se hibridizam, e o número de casos conhecidos nos animais está crescendo rapidamente [3]. É provável que esse processo possa ser bastante importante na evolução e manutenção da biodiversidade.

As fronteiras entre as diferentes províncias biogeográficas, dentro das quais muitos pares de espécies podem ter divergido umas das outras, são as áreas mais propensas a mostrar hibridização, e pesquisas recentes [4] fornecem um bom exemplo disso no ambiente marinho. Peixes de recife, porque seus sistemas de reconhecimento específico frequentemente dependem de padrões de coloração facilmente visíveis, fornecem um teste facilmente detectável da existência de híbridos. A região próxima ao extremo sul do Mar Vermelho está no ponto de encontro entre três diferentes províncias marinhas. Nessa região, apenas em seis dias de coleta foi possível identificar sete peixes diferentes, pertencentes a quatro famílias de peixes de recife, cujos padrões de cor sugeriam que eles poderiam ser intermediários entre outros indivíduos de espécies relacionadas. Os testes genéticos de seu DNA mostraram que quatro deles eram realmente híbridos. Provavelmente, é significativo que uma ou duas espécies parentais desses híbridos estivessem nos limites geográficos de sua área, de modo que os peixes pudessem ter encontrado o processo de potencial identificação do parceiro e seleção excepcionalmente difícil.

Entretanto, onde uma espécie se encontra ampliando seu território e, nesse processo, teve de se adaptar aos novos ambientes, podemos observar os padrões de mudança evolucionária resultantes na aparência da paisagem como padrões biogeográficos. Em alguns casos, os produtos finais desse processo entram em contato e demonstram a extensão das mudanças genéticas ao se recusarem a se acasalar com os outros: eles evoluíram para espécies diferentes, conhecidas como **espécies-anel**.

Um dos melhores exemplos de uma espécie-anel é o padrão de distribuição da salamandra *Ensatina*, no oeste dos Estados Unidos [5]. A história parece ter começado com a espécie *Ensatina oregonensis* vivendo nos estados de Washington e Oregon, tendo se dispersado para o norte da Califórnia, onde formou a nova espécie *Ensatina eschscholtzii*. Uma vez que continuou a se espalhar na direção sul, circundando as terras baixas e quentes do Vale San Joaquin, essa espécie desenvolveu populações com diferentes constituições genéticas. Um dos resultados foi o desenvolvimento de populações com diferentes padrões de cores (veja Prancha 3): as populações do lado oeste do vale tornaram-se levemente pigmentadas, enquanto aquelas do lado leste desenvolveram padrões manchados. Em consequência, os biólogos lhes atribuíram nomes diferentes, mas, como essas populações são capazes de se acasalar entre si, e uma vez que foram encontrados híbridos, elas não foram reconhecidas como subespécies distintas da espécie *E. eschscholtzii* (*E. e. picta*, *E. e. platensis* etc.).

Entretanto, em dois locais esses dois conjuntos de subespécies entraram em contato. Em algum momento no passado, a subespécie que habita a área de San Francisco, *E. e. xanthoptica*, colonizou o lado oriental do vale, onde encontrou a subespécie "manchada", *E. e. platensis*. Neste caso, o montante de diferenças genéticas entre essas duas subespécies não era suficiente para evitar que se acasalassem (Prancha 3). O outro ponto de contato é abaixo da extremidade sul do Vale San Joaquin, no sul da Califórnia, onde *E. e. eschscholtzii* encontrou *E. e. croceater* e *E. e. klauberi*. (Hoje em dia existe um espaço vazio no anel de subespécies nessa área, talvez devido a mudanças climáticas, mas são encontradas populações de *E. e. croceater* tanto a noroeste quanto a leste de Los Angeles, o que demonstra que a cadeia foi contínua em algum momento [6].) Em grande parte dessa área de superposição as duas subespécies sofreram hibridação até um determinado limite (aproximadamente 8 % das salamandras da área são híbridas). Entretanto, na extremidade sul da cadeia, o intervalo de tempo desde que os dois tipos de salamandra começaram a divergir de seus ancestrais comuns do norte encontra-se em um máximo. Em consequência, as diferenças genéticas entre elas são tão grandes que elas se tornaram espécies completamente diferentes – *E. eschscholtzii* e *E. klauberi*.

Não existe uma regra geral para o intervalo de tempo necessário aos descendentes de uma espécie original se tornarem tão diferentes em sua constituição genética a ponto de virem a constituir uma espécie em separado. O fator mais importante na determinação das mudanças genéticas é a velocidade com que ocorrem as mudanças ambientais. Se o ambiente muda rapidamente, os organismos também precisam se adaptar rapidamente, ou estarão fadados à extinção. Por outro lado, a rapidez com que um organismo consegue responder também depende do tamanho da população. Em uma pequena população, o efeito aleatório da deriva genética poderá, ao acaso, produzir uma nova mistura de características genéticas que atendam aos novos requisitos do ambiente. Isto é menos provável de acontecer em uma população maior, na qual o tamanho do desvio da combinação genética torna menos provável uma rápida mudança evolucionária. Um dos melhores exemplos de idade das espécies vem da ilha vulcânica havaiana, em que a erosão tem cavado vales estreitos nos fluxos de lava. Esses vales foram colonizados pela mosca-da-fruta, *Drosophila*, e muitas das pequenas populações de mosca pertencem a espécies separadas. Estas só podem ter começado a divergir umas das outras após a erosão dos fluxos de lava, que pode ser datado de apenas alguns milhares de anos atrás. Embora esse período de tempo seja relativamente curto, é mais longo do que os biólogos estudaram para qualquer espécie; por isso nunca podemos observar quando uma nova espécie emerge (embora vejamos mais adiante, neste capítulo, "Os Tentilhões de Darwin: Um Estudo de Caso").

Simpatria *Versus* Alopatria

Em todos os exemplos considerados até agora, sugere-se que a divergência entre as populações ocorreu isoladamente à medida que estas evoluíram para grupos separados, uma situação conhecida como **especiação alopátrica**. Até recentemente, era geralmente aceito que, com exceção da poliploidia (Boxe 6.2), essa era a maneira quase invariante pela qual ocorre a especiação. Mas agora há uma discussão sobre se novas espécies também podem surgir por **especiação simpátrica**, *dentro* da área de distribuição das espécies ancestrais. Há ainda evidências disso nos tentilhões de Darwin (discutidos neste capítulo), dois tipos de *Geospiza fortis*, que possuem diferentes tamanhos de bico e vivem lado a lado. Eles preferem se acasalar com indivíduos com bico de tamanho semelhante, e as análises genéticas mostram que há um fluxo genético reduzido entre as populações dos dois tipos, que também têm vocalização diferente. Isto poderia muito bem ser um exemplo de especiação simpátrica.

Os Grandes Lagos da África Oriental mostram exemplos notáveis do que parece ser especiação simpátrica, pois são grandes o bastante, para proporcionar uma ampla diversidade de ambientes, e idade suficiente para que essas oportunidades ecológicas se realizem através de mudanças evolutivas. Os peixes ciclídeos, em particular, têm sido capazes de se beneficiar disso (Figura 6.3) e são os organismos mais rapidamente conhecidos. Esses peixes são extremamente bons em mudar sua dieta, e as formas e as dietas diferentes da mandíbula mostradas na Figura 6.3 evoluíram repetida e independentemente em diversos desses lagos. O resultado é a presença de centenas de diferentes tipos de ciclídeos em cada um dos Grandes Lagos: Tanganica, Vitória e Malawi [7].

Pesquisas recentes sobre os ciclídeos do Lago Vitória [8] lançaram uma luz considerável sobre o mecanismo desta rápida especiação. Mecanismos genéticos para o isolamento pós-acasalamento são frequentemente fracos ou ausentes nesses peixes. Eles são principalmente de cores vivas; no entanto, mostram diferenças óbvias nas características que permitem aos dois sexos reconhecer um outro e dependem de visão para a seleção de companheiros. As águas do lago contêm partículas em suspensão que absorvem determinados comprimentos de onda de luz. Como resultado, as cores azuis, que são claramente visíveis nas águas superficiais, tornam-se cada vez mais claras em profundidades maiores, onde as cores vermelhas são, em vez disso, mais visíveis. As fêmeas ciclídeas têm preferências de acasalamento para machos notavelmente coloridos, e sua preferência de cor é correlacionada com uma diferença genética, porque elas evoluíram alelos diferentes dos pigmentos visuais em seus olhos. Assim, nos peixes que vivem na superfície, onde o azul é mais visível, os peixes são azuis e seu pigmento visual é mais sensível a essa cor. Naqueles que vivem em profundidades maiores, onde o vermelho é mais visível, os peixes são vermelhos e seu pigmento visual é mais sensível a essa cor. Enquanto a taxa de mudança na visibilidade relativa das cores muda gradualmente

Poliploides

Conceito Boxe 6.2

Um método pouco diferente através do qual novas espécies podem surgir são **poliploides** — a duplicação de todo o conjunto de cromossomos no núcleo de um ovo ou semente, de tal modo que cada cromossomo possua automaticamente um parceiro idêntico. Isto pode ocorrer no desenvolvimento de um indivíduo híbrido (e nesse caso poderá superar qualquer mecanismo de isolamento genético) ou de uma prole normal e diferenciada dos pais a partir de uma única espécie. Em ambos os casos, o novo indivíduo poliploide terá dificuldade para encontrar outro elemento semelhante para se acasalar e, assim, a origem de uma nova espécie por poliploides ganha importância apenas em grupos em que a autofertilização seja comum. Apenas um pequeno grupo de animais se enquadra nesta categoria (por exemplo, turbelários, vermes lumbricoides e gorgulhos), mas entre esses uma proporção apreciável de espécies provavelmente surge desse modo.

Porém, entre as plantas, nas quais a autofertilização é comum, a poliploidia é um importante mecanismo de especiação. Mais de um terço de todas as espécies vegetais provavelmente surgiu dessa maneira, incluindo muitas espécies valiosas para plantio, como trigo (veja o Capítulo 13, "A Intrusão Humana"), aveia, algodão, tomate, banana, café e cana-de-açúcar. Espécies poliploides são frequentemente maiores que seus ancestrais originais, bem como mais fortes e vigorosas; muitas ervas daninhas são poliploides. Mas há outro aspecto ainda mais importante da poliploidia: o conjunto adicional de cromossomos também fornece um conjunto adicional de genes que estão disponíveis para adaptação a novas necessidades. Eles também podem conter genes normais que mascaram os efeitos de alelos recessivos prejudiciais que provavelmente apareceram como resultado da mutação. Essas fontes adicionais de flexibilidade são a razão pela qual, como veremos no Capítulo 10, as plantas com flores foram muito menos afetadas pelo grande padrão de extinções na vida do planeta após o grande impacto do meteoro no final do Cretáceo.

Um exemplo de peste resultante de poliploidismo é o capim, uma planta robusta, rizomatosa, dos lamaçais costeiros de todo o mundo. Existem muitas espécies dessa planta, mas nenhuma constituiu uma praga séria até que duas se encontraram nas águas em torno do porto de Southampton, Grã-Bretanha, na última metade do século passado. Uma espécie americana de capim, *Spartina alter-niflora*, foi levada para a área, provavelmente transportada na lama de algum barco, e se hibridou com a espécie inglesa nativa, *S. maritima*. O híbrido foi encontrado pela primeira vez na área em 1870 e recebeu a denominação *Spartina townsendii*. Continha 62 cromossomos em seu núcleo, mas, por serem derivados de duas espécies diferentes, esses cromossomos são incapazes de formar pares compatíveis antes da formação de gametas e, assim, o híbrido não é capaz de produzir grãos de pólen ou células-ovo férteis. Apesar disso, são capazes de se reproduzir de modo vegetativo e ainda são encontradas ao longo de toda a costa ocidental da Europa. Em 1892 um novo capim fértil surgiu próximo a Southampton e foi chamado *S. anglica*. Possui 124 cromossomos, resultantes da duplicação do número encontrado no híbrido estéril, de modo que os cromossomos podem mais uma vez formar pares compatíveis e produzir gametas férteis. Essa nova espécie, formada por poliploides naturais, se mostrou extremamente bem-sucedida e dispersou-se pelo mundo, sempre criando problemas à navegação por meio da formação de moitas onde ficam retidos sedimentos e, assim, contribuindo para o assoreamento dos estuários. Poliploides também podem ser produzidos artificialmente, por exemplo com emprego de cólquico, um extrato do açafrão, *Colchicum autumnale*. Técnicas como esta foram empregadas para gerar novas variedades de plantas de valor comercial como cereais, beterraba, tomate e rosas.

com a profundidade, essas diferenças no ambiente, na genética e nas preferências de acasalamento dos peixes são suficientes para manter as diferentes populações geneticamente separadas, de modo que são potencialmente novas espécies. No entanto, quando existe uma mudança mais rápida na visibilidade relativa, de modo que as duas populações se encontram mais frequentemente, elas se interacasalam, formando uma única população dentro da qual se encontram ambos os tipos de pigmento visual. Esse tipo de mudança evolutiva, associado a diferenças nos sistemas sensoriais e no comportamento, tem sido chamado de **impulso sensorial** [9].

Entretanto, nada disso poderia levar à especiação, a menos que as diferentes populações envolvidas vivessem em ambientes diferentes, cada qual proporcionando oportunidades de evolução adaptativa. No Lago Vitória encontram-se várias pequenas ilhas, algumas das quais sobem abruptamente do leito do lago, enquanto outras se elevam mais gradualmente. Essas inclinações variam também no tamanho dos pedregulhos e na claridade da água. Tudo isso proporciona gradientes no ambiente físico, incluindo os locais de desova, a temperatura, a concentração de oxigênio, a intensidade e a composição da iluminação e a quantidade de crescimento das algas, que servem de alimento para alguns peixes, fornecendo microambientes aos quais os peixes possam se adaptar. Isso só poderá ocorrer se os peixes mostrarem comportamento de "cardume", o que seria necessário para restringir o fluxo de genes entre as diferentes populações, à medida que elas se adaptam aos diferentes microambientes relacionados à profundidade. Assim, embora a evolução das diferentes espécies possa parecer simpátrica, ao nível das percepções dos próprios peixes esta evolução é **parapátrica**, e não alopátrica (ou seja, as distribuições das populações são adjacentes entre si, mas apenas se sobrepõem muito estreitamente).

Há um final infeliz para esta história. Os peixes precisam de boa visibilidade para que as fêmeas possam ver a cor do macho que preferem, mas as mudanças recentes em seus ambientes estão tornando isto cada vez mais difícil. Devido ao aumento da atividade humana em torno do Lago Vitória, nutrientes e sedimentos estão drenando para o lago de terras agrícolas circundantes, juntamente com esgoto de assentamentos urbanos, causando turbidez e fraca penetração de luz nas águas. A atividade humana poderia, assim, paralisar a diversificação dos peixes desse lago [10].

Agora que estabelecemos como novas espécies surgem, podemos recorrer aos métodos que usamos para definir exatamente o que é uma espécie, como diferentes espécies estão relacionadas entre si, e onde "vivem" as espécies.

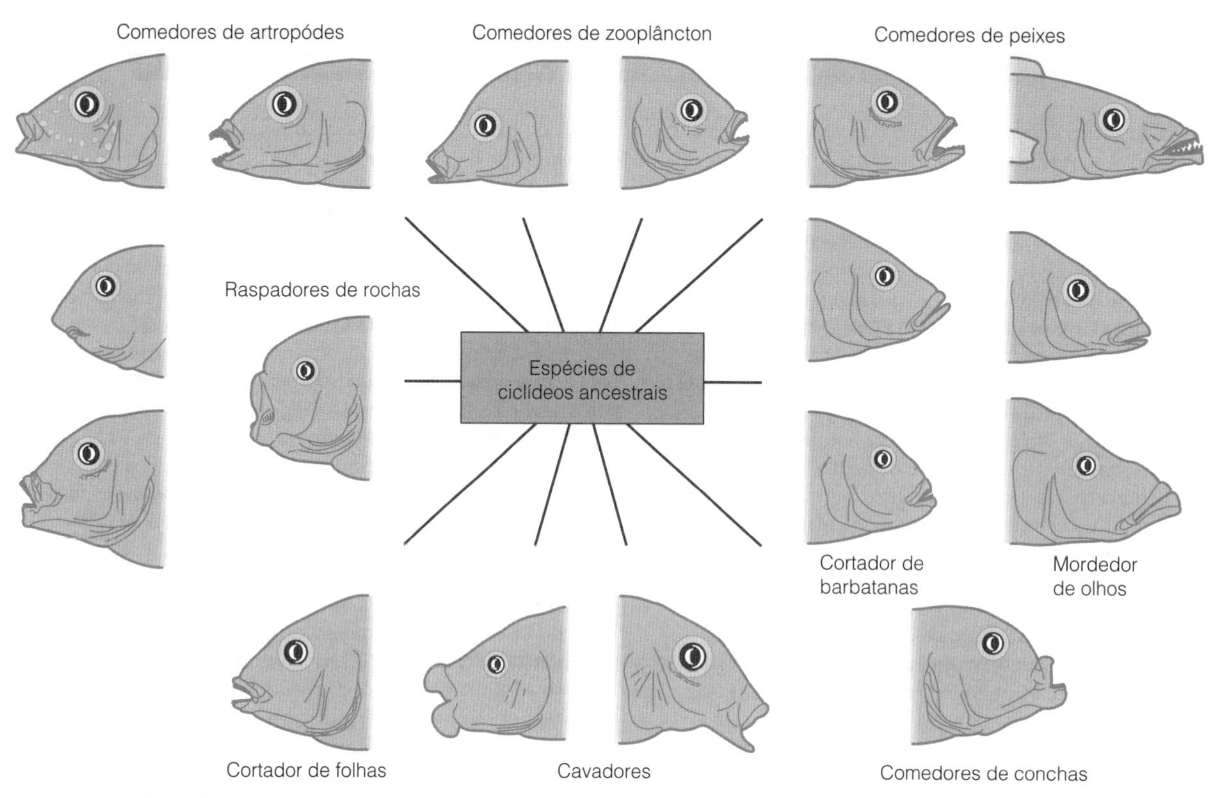

Figura 6.3 Uma seleção das diferentes formas de cabeça e boca que evoluíram para diferentes hábitos alimentares nos peixes ciclídeos no Lago Malawi. Adaptado de Fryer e Iles [7].

Definindo as Espécies

Há uma grande variedade de definições de **espécies** que se concentra em diferentes aspectos dos organismos; por isso, antes de tudo, vamos considerar quais tipos de dados são *normalmente* de interesse dos biogeógrafos.

As restrições práticas geralmente levam o cientista, ao analisar a distribuição das espécies, a confiar naquelas características que são fáceis de observar e coletar, e nas características morfológicas que podem ser medidas. Isto, por sua vez, normalmente resulta na utilização de dados de grupos como os vertebrados, os invertebrados maiores e as plantas macroscópicas. (Estudos realizados sobre outros grupos, como musgos, liquens, ou vermes, mostram que eles com frequência exibem padrões biogeográficos semelhantes.)

Como vimos, o fator mais importante na preservação da identidade e da natureza de uma espécie é o isolamento, e este aspecto é enfatizado no **conceito de espécie biológica**, que se concentra no seu isolamento reprodutivo: "as espécies como grupos de populações, cujos membros podem se acasalar entre si e produzir descendentes plenamente férteis, mas que, na natureza, não agem assim com outros grupos". (Portanto, o cavalo e o asno pertencem a espécies distintas, porque, embora possam se acasalar para gerar a mula, esta é sempre estéril.)

Para decidir se um determinado grupo de uma população deve ser reconhecido como uma espécie distinta, na prática os biólogos começam verificando se o grupo pode ser reconhecido por algum aspecto especial na aparência, ou seja, por alguma característica física. Para definir a espécie, os biólogos então tentam usar as características que aparentemente são importantes no modo de vida, talvez por serem claramente empregadas pelos membros da espécie para o acasalamento – como no caso dos peixes ciclídeos, descrito neste capítulo. Isso pode ser facilmente detectado, se os hábitos da espécie não forem muito distintos dos nossos (ou seja, ser um vertebrado terrestre e empregar os olhos nas interações sociais), mas pode se tornar progressivamente complicado se forem examinados grupos mais distantes. Esses modos são obviamente muito diferentes, por exemplo, em um verme cego entocado e em qualquer grupo que simplesmente deposite seus ovos e seu esperma na água, ou que lança seu pólen no ar. Neste caso, só podem ser identificadas as características relacionadas com a ecologia da espécie.

Isso nos leva à segunda forma de definição de uma espécie, o **conceito ecológico**, que surge da necessidade do organismo de encontrar seu próprio espaço no mundo natural. O organismo precisa agir assim diante da competição com outros organismos e, para isto, precisa desenvolver um conjunto de características (morfológicas, comportamentais, fisiológicas etc.) que lhe proporcionem vantagem sobre os competidores. (Essas características são, obviamente, baseadas na genética; por isso estamos descrevendo as espécies como genótipos distintos.) Essas especializações definem seu nicho ecológico, que pode ser estreito se a competição for intensa, como no caso dos tangarás e dos macacos, descrito nos tópicos "Reduzindo a Competição" e "Migração", no Capítulo 2. Se houver menos competição, ou se as condições forem altamente variáveis a ponto de a espécie permanecer mutante para sobreviver durante as mudanças de demanda ambiental (como no caso dos tentilhões de Darwin, discutido neste capítulo), a espécie apresentará maior variabilidade em suas características. Assim, como sempre, o organismo tem que se adaptar às demandas do ambiente.

Nunca se deve esquecer, no entanto, de que a evolução é um processo contínuo e dinâmico. Assim, de tempos em tempos, pesquisas detalhadas revelarão populações relacionadas que estão no processo de se tornarem espécies separadas. Portanto, elas ainda não chegaram ao ponto em que suas diferentes adaptações e os mecanismos de isolamento necessários se tornaram completamente estabelecidos. Essa evidência de evolução em progresso fornece suporte para o nosso conceito de especiação por seleção natural, em vez de ser um problema para ele.

Essas definições, obviamente, não podem ser usadas no caso de espécies fósseis, das quais não conhecemos as habilidades para acasalamento entre elas. Aqui, os dados morfológicos são o único tipo de evidência disponível. No entanto, novamente, é melhor tentar encontrar aquelas características que estão relacionadas com o modo de vida ou reprodução da espécie, e tentar encontrar um conjunto de características que parecem ser seguramente associadas umas com as outras. Onde temos um registro fóssil extremamente bom, como no caso de alguns invertebrados e de nossa própria espécie (veja o Capítulo 13), podemos encontrar uma série de formas ligadas, evoluindo e mudando ao longo de um grande período de tempo. Podemos então subdividi-los em uma sequência de formas intermediárias de "espécies".

Qualquer definição científica reflete a natureza e os detalhes da informação disponível na época. É por isso que as definições das espécies mudaram ao longo do tempo, visto que sabemos cada vez mais sobre a natureza genética e ecológica, bem como a estrutura da população e das espécies que observamos.

Os Tentilhões de Darwin: Um Estudo de Caso

Até recentemente, imaginava-se que a evolução ocorria muito devagar para ser detectada ao longo da escala temporal de estudos científicos sobre organismos vivos, a tal ponto que só poderia ser percebida em registros fósseis. Entretanto, hoje está claro que essa percepção estava errada. Um dos estudos mais detalhados e frutíferos sobre a evolução em curso foi conduzido exatamente onde Darwin observou suas primeiras evidências – nas Ilhas Galápagos, no Oceano Pacífico oriental, a 960 km da costa mais próxima (Figura 6.4) – sobre as aves

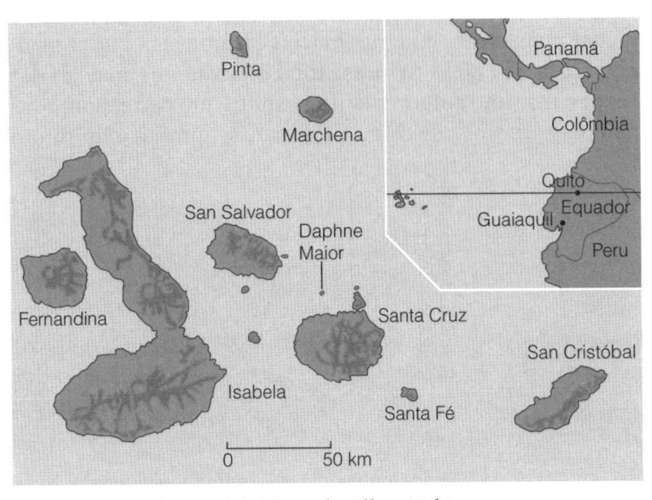

Figura 6.4 Mapa das Ilhas Galápagos.

hoje conhecidas como os **tentilhões de Darwin**, que são encontradas somente naquelas ilhas. Evidências modernas sugerem que essas aves são descendentes de um bando de tentilhões sul-americanos que chegou às Ilhas Galápagos 2 a 3 milhões de anos atrás e evoluiu para 15 espécies diferentes pertencentes a cinco gêneros. Alguns deles se alimentam de brotos, flores, pólen, sementes de cactos e insetos, enquanto seis espécies, pertencentes ao gênero *Geospiza*, se alimentam das sementes de muitas espécies de plantas que encontram no chão.

Por vários anos, a "Unidade Tentilhão", conduzida pelos pesquisadores britânicos Peter e Rosemary Grant, da Princeton University, estudou os tentilhões na minúscula ilha do arquipélago, denominada Daphne Maior, com apenas 34 hectares de área e 8 quilômetros de distância da ilha mais próxima. O gênero *Geospiza magnirostris* tem bico largo; *Geospiza fuliginosa* tem bico pequeno; *Geospiza fortis* tem bico de tamanho intermediário (Figura 6.5). O tamanho do bico é a única diferença na aparência dessas três espécies, e é um aspecto vital de sua existência, pois determina o tamanho da semente ou da noz com a qual o pássaro está mais bem adaptado para se alimentar. Tanto o tamanho do corpo quanto o do bico são muito dependentes de seus genitores, isto é, o fator hereditário que determina o tamanho é muito forte.

O trabalho da Unidade Tentilhão foi brilhantemente descrito no excelente livro *O Bico do Tentilhão*, de Jonathan Weiner [11]. Desde 1973, foram medidos e pesados cerca de 20.000 desses pássaros, originários de 24 gerações. Suas populações variaram de 300 aves, no ano mais difícil e seco, até aproximadamente 1000, no melhor ano. Desde 1977, a Unidade Tentilhão reconheceu, mediu e marcou cada ave individualmente, e registrou com quais outras elas se acasalavam, quantas crias tiveram, quantas sobreviveram, se acasalaram etc. Registraram-se a abundância de cada tipo de planta de que se alimentavam e suas sementes, a dureza das sementes e os padrões de temperatura e pluviosidade. Análises dos seus resultados mostraram com grande clareza a extensão das diferenças no ambiente, de ano para ano, bem como o impacto imediato dessas mudanças sobre as populações de tentilhões.

Quando o alimento é farto, as três espécies preferem comer as sementes mais macias. Nas estações mais secas, existe uma quantidade menor dessas sementes favoritas, que são produzidas por plantas menores que tendem a murchar e morrer durante a seca. Como consequência, cada espécie tem que se tornar mais especializada, despendendo mais tempo para se alimentar das sementes para as quais seus bicos são mais bem adaptados. Por exemplo, *G. magnirostris* possui o bico maior e mais forte, e é a melhor para quebrar as sementes mais duras do arbusto *Tribulus cistoides*. O fruto dessa planta (Figura 6.6) se abre em "mericarpos" duros e espinhentos, cada um dos quais contém seis grandes sementes. *G. magnirostris* pode quebrar dois mericarpos em menos de 1 minuto e extrai pelo menos quatro sementes, enquanto *G. fortis* obtém apenas três sementes em 1,5 minuto. Assim, neste pequeno e peculiar exemplo de competição, *G. magnirostris* está conseguindo alimento 2,5 vezes mais rápido que *G. fortis*. Além disso, nem todas as aves *G. fortis* podem sequer tentar competir por esse alimento, pois apenas as que têm bico de pelo menos 11 mm conseguem quebrar um mericarpo; aquelas cujo bico mede apenas 10,5 mm não conseguem. Enquanto isso, a pequena *G. fugilinosa* tem que se alimentar de sementes menores e mais macias. Isto proporciona um exemplo muito preciso da

Figura 6.5 Tentilhões de solo das Ilhas Galápagos com bicos de diferentes tamanhos: da esquerda para a direita, *Geospiza magnirostris*, *G. fortis*, *G. fuliginosa* e *G. difficilis*.

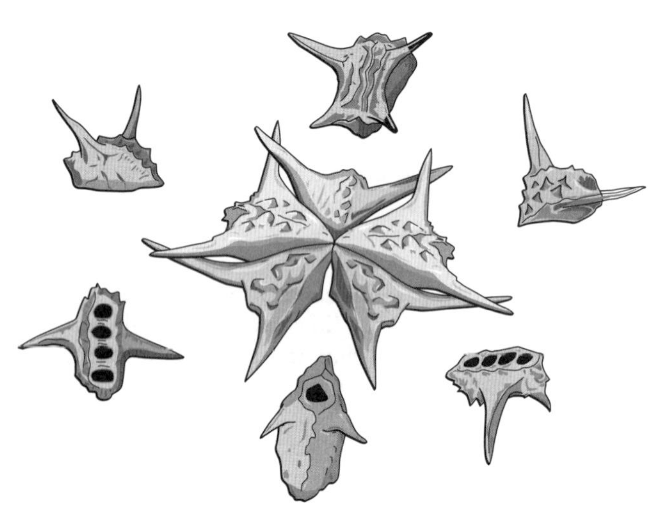

Figura 6.6 Esboço do fruto do *Tribulus*, para mostrar como se fragmenta em mericarpos. Alguns desses mericarpos foram abertos por tentilhões, que retiraram as sementes, ficando os buracos.

natureza e suas consequências na vinculação entre morfologia (tamanho do bico) e ecologia (disponibilidade de diferentes tipos de alimento).

A evolução, porém, não é simplesmente um caso de facilitação relativa de existência; a seleção natural trata de vida e de morte. Situada no Oceano Pacífico, o clima da Ilha Galápagos é muito afetado pelas mudanças cíclicas na temperatura do oceano, conhecidas como El Niño (no qual há concentração de chuvas fortes) e La Niña (na qual as chuvas são muito reduzidas). A Unidade Tentilhão foi feliz porque seus estudos cobriram um período em que as adaptações dos tentilhões foram testadas completamente, pois incluíram os dois anos mais extremos do século – tanto o mais seco, 1977, quanto o mais úmido, 1983.

A seca de 1977 (Figura 6.7a) afetou inicialmente a disponibilidade de alimento para todos os tentilhões do solo. Durante a estação úmida de 1976 havia, no solo, mais de 10 gramas de sementes por metro quadrado. Ao longo de 1977, à medida que a seca ficava cada vez mais intensa, as plantas não floresceram e não produziram as sementes da nova estação. Assim, os tentilhões tiveram de continuar se alimentando das sementes produzidas em 1976: em junho, havia 6 g/m^2 de sementes e, em dezembro, apenas 3 g/m2 (Figura 6.7c). A escassez de alimento atingiu primeiro a nova geração de tentilhões devido à redução das sementes menores das quais estes se alimentavam. Em consequência, os recém-emplumados de 1977 morreram antes de completar 3 meses de vida. Mas a seca também atingiu os adultos. Em junho de 1977 havia 1300 tentilhões na Daphne Maior; em dezembro, menos de 300 — apenas cerca de um quarto da população sobreviveu. Mas a morte foi mais incisiva sobre os tentilhões que se alimentavam apenas de sementes mais macias. O número de *G. fortis* caiu 85 %, de 1.200 aves para 180 (Figura 6.7b), e o pequeno *G. fuliginosa* sofreu o pior, pois sua população caiu, de doze para apenas um único indivíduo [12]; portanto, para a população se recuperar, seria necessária a imigração a partir da Ilha de Santa Cruz, vizinha e maior. Finalmente, a seca foi mais branda para as aves de bico maior que podiam se alimentar de sementes maiores e mais duras. O tamanho médio dos *G. fortis* que sobreviveram era 5,6 % maior que o tamanho médio da população de 1976, e, de modo semelhante, seus bicos também eram maiores (e mais fortes) – 11,07 mm de comprimento e 9,96 mm de profundidade, comparados com as médias de 10,68 e 9,42 mm em 1976.

Como se aquela oportunidade de observar e documentar o áspero trabalho de seleção natural não tivesse sido suficiente, o ano de 1983 possibilitou à Unidade Tentilhão observar a inversão total nas demandas do ambiente de Daphne Maior. Foi o ano do *El Niño* mais forte do século XX. O índice pluviométrico foi dez vezes maior que o máximo conhecido até então. A ilha foi encharcada e suas plantas cresceram viçosas – em junho, a massa total de sementes era cerca de 12 vezes maior do que no ano anterior. Naquele momento, houve predominância de sementes macias e pequenas – que compunham cerca de 80 % da massa total de sementes, mais de dez vezes o máximo anterior. Isto se explica, em parte, porque as plantas menores cresceram luxuriantes, produzindo muito

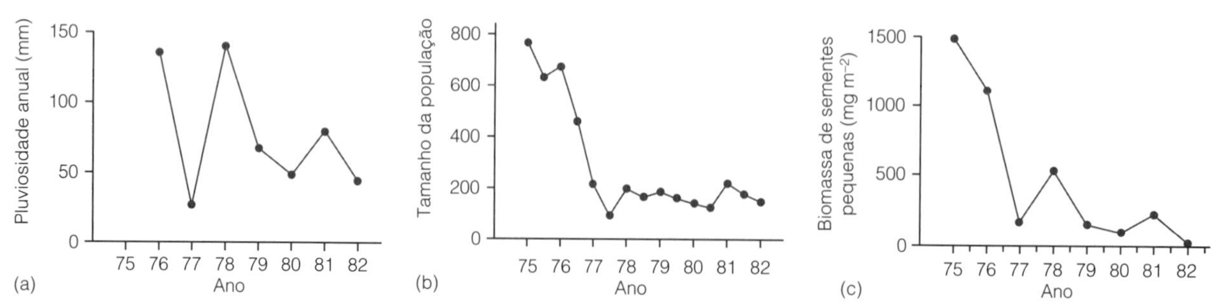

Figura 6.7 Mudanças na ilha Daphne Maior, 1975-1982. (a) Pluviosidade anual (a de 1975 é desconhecida). (b) Tamanho da população de *Geospiza fortis*. (c) Biomassa das pequenas sementes. Adaptado de Grant [22].

mais sementes, e em parte porque o crescimento do *Tribulus* foi dificultado por parreiras que o abafavam.

Como resultado dessas condições exuberantes, a população de tentilhões cresceu em espiral. Em junho, existiam mais de 2000 tentilhões na ilha, e o número de *G. fortis* aumentara mais de quatro vezes. No entanto, em 1984 houve apenas 53 mm de chuvas, e em 1985 apenas 4 mm. Foi quando houve um novo episódio de seleção drástica, mas na direção oposta àquela tomada depois da seca de 1977. Agora havia a seleção dos pássaros menores, de bico menor, mais aptos a se alimentarem das sementes menores e mais abundantes [13].

A moral desta segunda parte da história dos tentilhões é que as condições, e a seleção, podem oscilar violentamente. A Unidade Tentilhão testemunhou, e documentou, uma total inversão das pressões de seleção em 6 anos – um intervalo de tempo que seria totalmente invisível ao registro fóssil, se houvesse ocorrido algum.

Mas havia ainda outro aspecto da ação da evolução na Daphne Maior que se encontra nos registros da Unidade Tentilhão. Normalmente, qualquer espécie tem seu próprio nicho, e a hibridização entre as espécies é, portanto, uma desvantagem, principalmente para os jovens híbridos que são bem menos adaptados do que seus genitores e, dessa forma, não podem competir com sucesso com qualquer um deles. De fato, foi verdade em Daphne Maior antes do ano de inundação. O acasalamento entre espécies era raro, e o híbrido ocasional não tinha sucesso e não encontrava um companheiro. Mas, quando há maior disponibilidade de comida do que concorrência, a hibridização não é necessariamente uma desvantagem – e foi o que aconteceu em Daphne Major no ano de abundância de 1983. Depois disso, híbridos entre *G. fortis* e *D. fuliginosa* de fato se saíram melhor do que os membros de raça pura de ambas as espécies e, em 1993, cerca de 10 % dos tentilhões da ilha eram híbridos [14]. Agora parece que as três espécies supostamente são, na realidade, apenas os membros de uma espécie que apresenta um grau incomum de variação. Mas tal flexibilidade é vantajosa em um ambiente que mostra enormes oscilações no clima e no ambiente como o sistema de El Niño traz para as Ilhas Galápagos. Assim, o processo e os resultados da evolução estão intimamente adaptados à situação em que eles ocorrem.

Dessa maneira, a Unidade Tentilhão observou a evolução em curso. Seus registros mostram precisamente o que as explicações de Darwin predisseram e que os biólogos aceitam há muito tempo. Diferentes espécies apresentam adaptações (aqui, de tamanho e potência do bico) que permitem aos tentilhões viver com diferentes recursos no ambiente, reduzindo assim a concorrência com outras espécies que vivem junto deles. Mas as adaptações não são imutáveis: nem podem proporcionar isto, porque o ambiente, por si só, é fluido e mutável. Sendo assim, de ano para ano o ambiente cria novas demandas e proporciona novas oportunidades, fazendo com que as adaptações das populações mudem em harmonia com essas demandas e oportunidades. São mudanças desse tipo nas características de uma espécie que levaram, nas últimas décadas, à evolução de bactérias resistentes aos antibióticos mais usados, a espécies de insetos resistentes ao DDT e outros produtos químicos para controle de pragas, e parasitas da malária que são resistentes às novas drogas. Adaptação por evolução nunca está muito atrás de nossos esforços em controlar o mundo biológico.

Controvérsias e a Teoria da Evolução

Hoje em dia existe uma imensa variedade de evidências para as explicações de Darwin sobre a evolução por seleção natural. Não obstante, ainda existem controvérsias sobre detalhes das circunstâncias em que novas espécies evoluem ou sobre a velocidade com que ocorrem. Por exemplo, alguns biólogos acreditam que mudanças evolucionárias normalmente acontecem de forma constante e gradual – um conceito conhecido como **evolução gradual**. Outros, por sua vez, acreditam que, mesmo se as alterações genéticas forem gradualmente acumuladas em uma população, não se refletirão em mudanças morfológicas ou fisiológicas detectáveis até que sejam tão numerosas a ponto de mudar o equilíbrio todo. Nesse ponto, uma quantidade comparativamente grande de mudanças se manifesta ao mesmo tempo; isto é conhecido como modelo do **equilíbrio pontual** de mudanças evolucionárias. Cada grupo de teóricos fornece exemplos capazes de sustentar seus pontos de vista — e, às vezes, o mesmo exemplo é interpretado por cada um como suporte para sua própria visão!

Também é muito difícil isolar esses padrões subjacentes dos efeitos ambientais mais imediatos. Por exemplo, um estudo sobre conchas fósseis de moluscos gastrópodes que viveram no norte do Quênia nos últimos milhões de anos mostra que, por longo período, sua estrutura e seu tamanho permaneceram inalterados, mas foram interrompidos por curto período (5000 a 50.000 anos) nos quais mudaram rapidamente (Figura 6.8). Isto foi interpretado como um exemplo

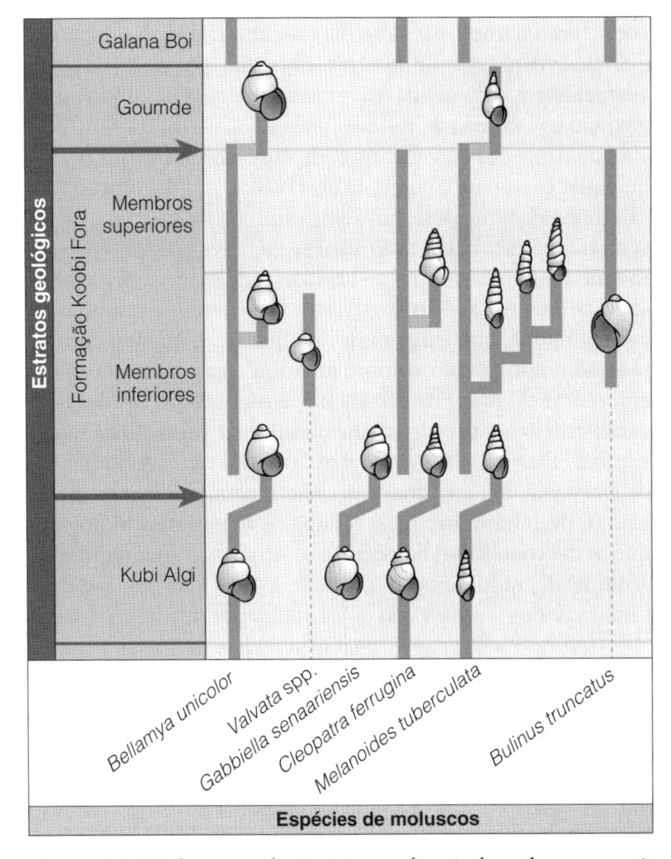

Figura 6.8 Mudanças evolucionárias em fósseis de moluscos gastrópodes no norte do Quênia. As setas indicam os níveis nos quais houve mudança evolucionária repentina e simultaneamente com várias espécies distintas. Segundo Dowdeswell [23].

de equilíbrio pontual [15]. No entanto, o fato de os períodos de mudança ocorrerem em várias linhagens aproximadamente ao mesmo tempo sugere que são resultados de eventos externos que afetaram todos os moluscos, e não decorrentes de algum mecanismo hereditário de evolução.

A principal dificuldade nesse tipo de estudo é que, de modo geral, os registros fósseis não são suficientemente detalhados para que possamos nos certificar se ocorreu uma evolução gradual ou pontual. Seja qual for o caso, não temos motivo para crer que um tipo de evolução tenha sistematicamente prevalecido sobre o outro. Ao contrário, o ponto de real interesse deve ser a identificação das circunstâncias em que um ou outro tipo de evolução parece ser mais provável.

Essas controvérsias, e outras semelhantes, são comuns em qualquer área da ciência, na medida em que novas observações provocam novas teorias ou sugerem modificações nas teorias existentes. No entanto, os protagonistas dessas disputas estão apenas questionando sobre detalhes da evolução por seleção natural: todos aceitam a explicação como correta e, de fato, é a única que faz sentido para explicar o fenômeno do mundo vivo [16]. É particularmente importante perceber isso, já que alguns grupos dentro da sociedade são basicamente contra a ideia da evolução, pois entram em conflito com sua crença de que a raça humana foi criada por ação divina. Um desses grupos é a organização **Ciência da Criação**, que acredita em uma interpretação da Bíblia na qual se afirma que tudo no planeta foi criado em uma breve explosão da atividade divina, há alguns milhares de anos, e insistem que toda a 'suposta evidência da evolução' é falsa [17]. Outros grupos, que acreditam em ***Design* Inteligente**, consideram que o processo de evolução por seleção natural é incapaz de produzir o grau de adaptação que eles veem no mundo orgânico, e que, portanto, deve ter aparecido por ação divina. Mas esses aspectos do mundo biológico são o resultado de milhões de anos de melhoria contínua, à medida que cada organismo compete com seus vizinhos. Em qualquer caso, para o cientista observador, muitos organismos são menos do que perfeito: até mesmo nossa própria espécie seria melhor sem dentes do siso ou apêndice e, como todos os mamíferos, iria encontrar a vida mais fácil se nosso sistema de se livrar dos resíduos nitrogenados fosse como o sistema das aves e répteis, que exige muito menos água, quando comparado ao nosso grande volume de urina! Esses grupos tentam apresentar essas controvérsias acadêmicas como sintomas de ceticismo generalizado e fundamental da validade da explicação de Darwin. Eles são, é claro, nada do tipo. (A explicação de Darwin é, em qualquer caso, não incompatível com a religião. É perfeitamente possível que os fenômenos biológicos que os cientistas têm descoberto estão apenas documentando a maneira gradual como o mundo e toda sua fauna e flora foram criados – uma visão que é aceita por muitos biólogos.)

Às vezes esses grupos levantam a ideia de que as explicações de Darwin se apoiam em argumentos recursivos, como estes: "Darwin sugere que o mais bem adaptado é o que sobrevive. Mas como sabemos qual é o mais bem adaptado? Porque, obviamente, são aqueles que sobreviveram!" No entanto, a frase de efeito "sobrevivência do mais bem adaptado" não é de Darwin. Como enunciamos previamente, os pontos centrais da sua análise são os seguintes:

1. Normalmente, todos os organismos produzem mais descendentes do que seria necessário para reposição da população, mas a população se mantém com uma quantidade de indivíduos aproximadamente constante – logo, apenas uma pequena proporção da prole sobrevive.
2. Os indivíduos nunca são idênticos em suas características; muitas dessas características são transmitidas de uma geração para a geração seguinte; e algumas dessas diferenças afetarão o quanto cada indivíduo se adaptará ao ambiente.
3. Assim, é provável que a prole que sobrevive seja aquela cujas características a tornam mais bem adaptada.
4. Logo, é mais provável que esses indivíduos se reproduzam e que suas características sejam mais frequentes nas gerações seguintes do que as características dos outros. O aumento relativo nos números reside no cerne do conceito de "seleção natural", e não envolve nenhuma argumentação recursiva.

Outro equívoco refere-se ao aparecimento de "novas" características. Alguns críticos objetam que a seleção natural só pode afetar características existentes, e não explica o aparecimento de novas características, tais como um olho ou um membro. No entanto, é claro que essas não originaram como estruturas complexas que vemos hoje, que são resultado de muitos milhões de anos de mudança evolutiva gradual. Na sua essência, o olho é meramente um órgão sensível à luz, e sua exigência básica é a aparência, pelo acaso da mutação, de uma molécula que é modificada quando exposta a um raio de luz. As mutações podem, em seguida, acrescentar gradualmente toda uma gama de adições simples para isso, como o uso de energia para a molécula retornar a seu estado original, e assim torná-la disponível para reutilização. Da mesma forma, a teoria da evolução não prevê de que maneira estruturas elaboradas como os olhos aparecem repentinamente, com toda a complexidade que produz uma visão perfeita. Ao contrário, pode-se observar no reino animal um espectro completo de diferentes tipos de olhos, desde aqueles que apenas proporcionam uma indicação da direção em que a luz está incidindo até os complexos olhos dos vertebrados que proporcionam uma imagem acurada e colorida do mundo. Tudo o que a seleção natural precisa para implementar qualquer sistema é que este seja minimamente melhor que os outros sistemas ao seu redor.

Da mesma forma, tudo o que é necessário para toda uma variedade de estruturas em vertebrados é o aparecimento do osso, que pode ter começado como uma forma de depósito de um produto excretado indesejável no corpo. A partir disso, a evolução gradual poderia levar ao aparecimento das escamas de peixes ósseos, que por sua vez levou à carapaça óssea de tartarugas, às escamas de répteis, às penas de aves e aos pelos de mamíferos.

Os membros com cinco dedos dos vertebrados terrestres são uma simples elaboração do esqueleto da nadadeira dos primeiros peixes ósseos. Isto pode ser demonstrado por registros fósseis, que mostram a história dessas mudanças ao longo do tempo geológico, e por embriologia comparada, que mostra como se chegou a essas mudanças evolucionárias no processo de desenvolvimento. Assim, por exemplo, o surgimento de um "novo" tipo de mamífero como o cavalo pode ser apresentado pelo registro fóssil através da mudança gradual dos membros, do crânio e da dentição de uma pequena criatura semelhante a um cachorro que viveu cerca de 50 milhões de anos atrás. De modo similar, a embriologia do cavalo mostra como o esqueleto de seus membros muda gradualmente em termos de proporções e de estrutura para produzir os membros alongados e simplificados que observamos atualmente (veja o Capítulo 11).

A ideia de que a seleção natural das características genéticas é o mecanismo da evolução é, portanto, profundamente enraizada na ciência biológica hoje e, como a própria ideia de evolução, esse mecanismo é apoiado por uma grande quantidade de evidências (Boxe 6.3). Este apoio de uma ampla variedade de áreas independentes de investigação científica faz com que a seleção natural seja imensamente forte ao explicar o método pelo qual a evolução ocorre. É, portanto, o **paradigma** central das ciências biológicas, assim como a teoria das placas tectônicas é o paradigma central das ciências da Terra. Os dois sistemas são baseados em conjuntos bastante independentes e diferentes de provas – evidências biológicas no caso de evolução e evidências físicas no caso das placas tectônicas. Portanto, o fato de que os dois sistemas fornecem datas semelhantes para origens das ilhas individuais em grupos, tais como as Ilhas Havaianas (consulte a "Radiações Evolutivas nas Ilhas Havaianas", seção do Capítulo 7), e para os organismos que são encontrados em uma dessas ilhas, dá aos dois paradigmas força ainda maior como explicações sobre as causas dos fenômenos do mundo.

A evidência para a seleção natural

Conceito Boxe 6.3

A sequência em que diferentes organismos aparecem no registro geológico é forte evidência para a evolução. Se cada novo tipo evoluiu de outros organismos preexistentes, devemos então vê-los aparecendo, por sua vez, o mais simples antes do mais avançado. O registro paleontológico fornece evidências variadas e detalhadas disso: os peixes apareceram pela primeira vez há mais de 450 milhões de anos, seguidos de anfíbios há mais de 360 milhões de anos, os primeiros répteis há cerca de 320 milhões de anos, e os primeiros mamíferos há cerca de 200 milhões de anos. A grande radiação dos mamíferos não começou até 65 milhões de anos atrás, e os primeiros tipos primitivos do ser humano só apareceram há cerca de 6 milhões de anos.

Se essa sequência no tempo for causada a cada nova linhagem que evoluiu a partir de outra, seria de se esperar que a diversificação gradual de novas linhagens de sucesso deve ser refletida em uma hierarquia de características. Isso, por sua vez, deve possibilitar a construção de uma hierarquia de agrupamentos em que os organismos podem ser colocados. Vemos isso na nossa classificação para animais e plantas. Por exemplo, todos os mamíferos possuem cabelo e produzem leite para alimentar seus filhotes. Existem muitos tipos de mamíferos, mas um grupo, conhecido como os perissodáctilos, tem membros em que o eixo principal atravessa o terceiro dígito; eles incluem as antas, com seu tronco curto e carnoso, o rinoceronte com chifre, e os equídeos (cavalos e zebras). Assim, os equídeos têm todas as características anteriores, mas todos também têm suas próprias particularidades, incluindo altas coroas dentárias e membros terminados em um único dígito, os cascos. Eles têm um excelente registro fóssil (veja o Capítulo 11), no qual podemos traçar o aparecimento gradual dessas características, que evoluiu em resposta à propagação de pastagens, o que permitiu uma evolução rápida, mas exigiu dentes que pudessem suportar o pesado desgaste causado pela sílica na grama.

Da mesma forma, se essas semelhanças na estrutura de adultos são o resultado de relações evolutivas, seria de esperar encontrar relações semelhantes na embriologia dos grupos. Novamente, isso é precisamente o que encontramos. Por exemplo, nas fases iniciais do seu desenvolvimento, os mamíferos mostram ainda vestígios de fendas branquiais de peixes. Mostram também relíquias do sistema de membranas que os répteis empregam, enquanto eles estão no ovo, a fim de usar sua fonte de alimento, o vitelo, e para obter oxigênio. Do mesmo modo, os primeiros estágios larvais de muitos organismos marinhos revelam evidência de suas relações. Esses organismos são, por vezes, surpreendentes – por exemplo, as larvas de cracas mostram claramente que eles são crustáceos, relacionados com caranguejos, e não moluscos *limpet-like* (formato de concha) a que seus adultos se assemelham.

Os padrões de biogeográficos são forte evidência para a evolução, pois demonstram que cada tipo de organismo que aparece é restrito à parte do mundo em que evoluíram. Por exemplo, a grande variedade de marsupiais australianos se restringe a esse continente, em que se irradiava, e os mamíferos únicos e estranhos que evoluíram na América do Sul permaneceram confinados a esse continente até a faixa de terra do Panamá ser formado (veja o Capítulo 11). Isto também é verdade para a relação entre os padrões de distribuição de animais extintos e a geografia, tal como o modo pelo qual a distribuição de dinossauros está em conformidade com os padrões de massas terrestres, durante o período Cretáceo.

As técnicas de genética moderna, pelas quais se pode analisar a estrutura de suas moléculas como o DNA (veja a Figura 6.1 e o Boxe 6.2), permitem documentar os detalhes da composição genética de qualquer organismo, para compará-lo com o de outros e para deduzir o padrão da relação entre eles e o tempo da sua divergência a partir de outro; além disso, também permitem identificar os genes específicos que são responsáveis para cada característica e processo no organismo. Como resultado, podemos ver agora a base genética para as variadas linhas de evidências para a evolução. Então, para termos a evidência de distribuição geográfica, podemos identificar genes individuais que aparentemente ligam muitas das diferentes linhagens de mamíferos que evoluíram de um ancestral comum na África, conhecido como o Afrotheria. (Isto foi uma completa surpresa, pois não existia previamente qualquer indicação forte de algumas dessas relações.) Da mesma forma, uma sequência particular de DNA é encontrada apenas no grupo de linhagens de mamíferos existentes apenas na América do Norte e na Eurásia (veja a Figura 10.6). Nós também achamos que a sequência das datas de divergência de grupos relacionados sugeridas pelo registro fóssil se reflete no nível de diferença do seu DNA. A evidência genética humana mostra que a primeira divergência de nossa linhagem ocorreu quando nossos antepassados migraram da África para a Eurásia; também documenta nossa expansão gradual em toda a Ásia, na América do Norte e para baixo na América do Sul e da Ásia entre os grupos de ilhas do Oceano Pacífico. A genética suporta a classificação dos organismos, a qual tem sido desenvolvida pelos taxonomistas. Por exemplo, a genética confirma que os diferentes tipos de tamanduá encontrado na América do Sul, África e Austrália são, apesar das muitas semelhanças na sua estrutura, relacionados com outras linhagens de tamanduá daqueles continentes, em vez de outro.

Os genes também estão intimamente envolvidos nos processos da embriologia, em que um óvulo fertilizado unicelular é transformado em um organismo complexo composto por diversos tipos de tecido e uma variedade de órgãos com diferentes funções. Alguns estudos sobre o envolvimento de genes forneceram uma grande surpresa. Acontece que os mesmos grupos ligados de genes, conhecidos como *homeoboxes*, são responsáveis pela segmentação do corpo em grupos tão diversos e antigos como os vermes anelídeos, crustáceos, insetos e vertebrados. Assim, esses grupos de genes têm existido em todas as centenas de milhões de anos, uma vez que tais grupos divergiram de outro. Em um nível muito diferente, a genética também nos mostra a base de DNA para os diferentes processos embriológicos que levaram diferentes características estruturais encontradas nas várias raças de cães ou pombos, cuja domesticação foi dada pela seleção humana. Darwin tinha citado como uma das suas provas de seleção de natureza semelhante.

Além da evidência da genética, a ciência biológica moderna tem fornecido exemplos convincentes de seleção natural em ação. Sabemos agora muitos exemplos de que diferentes populações de uma única espécie vivem sob circunstâncias ligeiramente diferentes e mostram adaptações específicas para essas circunstâncias. Se a seleção natural funciona, seria de esperar que, se trocar populações dessas espécies, cada uma delas iria desenvolver gradualmente as adaptações necessárias em seu novo ambiente. Por exemplo, algumas populações de peixes conhecidos como *guppy* (*Poecilia reticulata*) vivem em localidades em que a pressão de predação é intensa, enquanto outros vivem onde a pressão é menor. Aqueles no ambiente de alta predação, os *guppy*, são menores, amadurecem e se acasalam mais cedo do que aqueles encontrados em localidades de baixa predação, de modo a minimizar as chances de serem comidos antes de terem reproduzido. Em um experimento, as populações de localidades de alta predação foram introduzidas para locais de baixa predação – e, dentro de alguns anos, cada um tinha desenvolvido a nova estratégia adequada a seu novo ambiente [18].

Cada uma das áreas acima do conhecimento biológico é evidência para a ação da evolução. Segue-se que qualquer alternativa que pretendia ser uma explicação alternativa para qualquer um desses também teria de fornecer uma nova explicação para todos os outros.

Traçando o Curso da Evolução

Quando observamos um número de espécies relacionadas ou gêneros, à primeira vista parece uma tarefa impossível tentar estabelecer precisamente como taxas diferentes estão relacionadas umas às outras. [Se o grupo em questão é uma espécie, um gênero, ou alguma unidade maior, isto é chamado de **táxon** (plural **taxa**), cujas inter-relações são estudadas em **taxonomia**.] Como podemos começar a colocar alguma ordem no quebra-cabeça e simplificar a tarefa de compreender o curso que sua evolução tinha tomado? A solução para tudo isso foi elaborada em 1950 pelo taxonomista alemão Willi Hennig [19], e é conhecido como o método cladístico (Boxe 6.4).

O método de Hennig parece claro e simples, mas o problema surge ao decidir qual característica utilizar. O mais facilmente disponível são aspectos da morfologia do organismo, mas o perigo é que as formas de vida semelhantes podem levar diferentes grupos, que não estão intimamente relacionados, a apresentar características semelhantes. Há muitos exemplos disso no registro fóssil, mas geralmente um estudo cuidadoso do organismo completo irá revelar outras características que mostram que a semelhança é resultado da *evolução convergente*. Um bom exemplo é encontrado nos extintos mamíferos herbívoros litopterna da América do Sul. Seus membros se adaptaram ao movimento rápido nos pampas e gramados abertos, o que mostra uma notável semelhança com os membros dos antepassados do cavalo – mas muitas características de seus crânios indicam que os litopternos são realmente parte de uma grande influência dos herbívoros sul-americanos, e não são todos intimamente relacionados com cavalos. Mas onde os *taxa* são mais estreitamente relacionados, como quando investigando-se as inter -relações de espécies ou gêneros, e as características utilizadas são mais bem detalhadas, os resultados da evolução convergente podem ser muito mais difíceis de detectar. Em qualquer caso, o problema não se limita ao registro fóssil. Até o surgimento de métodos moleculares, alguns "grupos" de organismos vivos, que os biólogos reuniram, com base em características que pareciam bastante razoáveis, não foram, de fato, intimamente relacionados. Por exemplo, um número de linhagens de passeriformes, como carriças, toutinegras, trepadeiras, tordo, picanço, corvos, pegas e gralhas, pareciam ter representantes na Austrália, e pensava-se que esses seres tinham se originado do Velho Mundo e espalharam-se a partir do Sudeste Asiático através da Índias Orientais para a Austrália. Porém, estudos moleculares [20] mostraram que, de fato, os pássaros se originaram da Austrália. Somente após sua dispersão fora da Austrália, no Eoceno, é que eles produziram a enorme radiação em todo o mundo, que hoje inclui quase metade de todas as espécies vivas de aves.

Mas as novas revelações de métodos moleculares também podem funcionar inversamente, mostrando que *taxa*, que se pensava não ser completamente relacionados, de fato faz parte de uma única radiação. O exemplo mais espetacular é a demonstração de que os enormes elefantes, os minúsculos musaranhos-elefante, os tenreques insetívoros, os porcos-formigueiros, os coelhos-europeus, a toupeira-dourada-do-cabo, e os aquáticos vaca-marinha e peixes-boi são todos descendentes de uma única radiação precoce de mamíferos que surgiu na África há cerca de 55 milhões de anos. Como resultado, eles agora são colocados em um único grupo conhecido como Afrotheria (veja "Biogeografia dos Primeiros Mamíferos", no Capítulo 10), e fornecem um exemplo completamente novo de biogeografia endêmica, em vez de ser um conjunto bastante intrigante de diversos mamíferos, cuja história e biogeografia devem ser analisadas separadamente.

Esses novos *insights* sobre as relações dependem da análise do DNA dos organismos (veja o Boxe 6.1). A constituição do DNA de qualquer indivíduo é praticamente única, dependendo da combinação de estruturas moleculares recebidas de seus pais, conjuntamente com as variações ocorridas no processo. No entanto, quanto mais relacionados dois indivíduos são, mais semelhantes seus perfis do DNA são susceptíveis de ser.

O DNA também é encontrado em outras partes da célula extranuclear, como na **mitocôndria** (que são responsáveis pelo controle da respiração nas células) e nos **cloroplastos** (as estruturas verdes em células de plantas onde ocorre a conversão da energia da luz solar); esses tipos de DNA não estão envolvidos

Cladísticas e parcimônias

Conceito Boxe 6.4

Primeiro de tudo, Hennig tentou identificar um grupo de *taxa* que foram todos relacionados entre si, partilhando um ancestral comum e incluindo todos os seus descendentes. Uma dada linhagem é conhecida como um **clado**. Hennig então tratou o processo de mudança evolucionária neste clado como uma série de acontecimentos de ramificação, ou "dicotomia", em cada um dos quais um único grupo divide-se em dois grupos-filho. Em cada dicotomia, conhecida como *nó*, uma ou mais das características do grupo mudam do estado original ancestral ou **plesiomórfico** para um estado derivado ou **apomórfico**. Os caracteres plesiomórficos são reconhecidos por comparação com um *grupo fora*, que está intimamente relacionado com a linhagem de serem estudados, mas não uma parte dela. A história evolutiva do grupo pode, então, ser retratada como ramificações em um **cladograma**. Assim, na Figura 6.9, caracteres a-g evoluíram depois da divergência entre o grupo 1, o qual é o grupo externo, e os grupos 2-5. Eles são, portanto, derivados, ou apomórficos, em relação aos caracteres do grupo 1 (nesse grupo, os caracteres mantiveram-se primitivos, ou plesiomórficos), mas plesiomórficos para os grupos 2-5. Outros, novos caracteres apomórficos então evoluíram em diferentes pontos dentro da história evolutiva dos grupos 2-6 e podem, portanto, ser usados para analisar seus padrões de relacionamento.

Na construção de um cladograma, os caracteres que aparecem pelo *taxa* diferente são listados, e os táxons são então dispostos de modo que aqueles que mostram um conjunto semelhante de caracteres são colocados em posições adjacentes na ramificação "árvore". Na medida do possível, supõe-se que cada evento evolutivo apomórfico ocorreu apenas uma vez na história de cada grupo de *taxa* relacionados (um conceito conhecido como **parcimônia**), e os *taxa* são dispostos no cladograma de modo a minimizar o número de paralelismos. Por exemplo, na Figura 6.9 é mais parcimonioso acreditar que o caractere h, que está ausente no grupo 5, evoluiu duas vezes, porque envolve o pressuposto de apenas esse único evento evolutivo adicional (Figura 6.9a). A alternativa é a transferência da origem do grupo 2 para perto da base dos grupos 3-4, com a consequente necessidade de assumir que os caracteres i-k tinham sido perdidos na evolução do grupo 2 (mostrada entre parênteses) – uma hipótese de três eventos evolutivos adicionais, em vez de apenas um (Figura 6.9b).

De fato, espécies apresentam uma enorme variedade de características, algumas das quais estão ligadas uma à outra por aspectos como função, desenvolvimento ou comportamento. Na construção do cladograma, o taxonomista, portanto, tem que ter cuidado para tentar evitar selecionar mais de um de cada conjunto de caracteres vinculados. Mesmo assim, ainda é possível selecionar diferentes conjuntos de características que podem dar origem a diferentes cladogramas. Embora a utilização de um número maior de características possa minimizar a importância dessas dificuldades, torna-se progressivamente mais difícil de arranjar o *taxa* e analisar os resultados. Isto levou à introdução de programas de computador, tais como PAUP (análise filogenética utilizando parcimônia) que calculam o cladograma mostrando o arranjo mais parcimonioso do *taxa*. Mesmo assim, não é raro mais de um cladograma mostrar-se igualmente parcimonioso, e, portanto, igualmente provável, possíveis padrões de relacionamento evolutivo. A relação entre um conjunto particular de *taxa* pode também estar tão incerta que eles têm de ser mostrados como convergentes para um único ponto; isto é conhecido como *policotomia*, e o cladograma não é totalmente "resolvido". Um exemplo desses problemas vem do estudo das plantas havaianas conhecidas como *silverswords* (Figura 6.10).

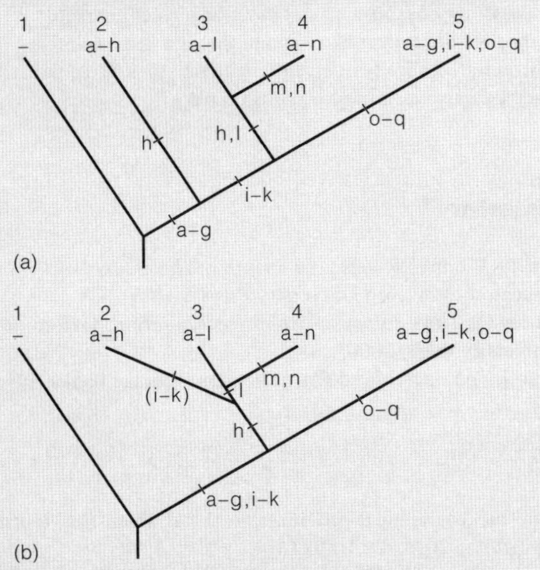

Figura 6.9 Cladograma das relações entre os cinco grupos, usando as características de a para q. As posições em que os caracteres foram perdidos são apresentados entre parênteses.

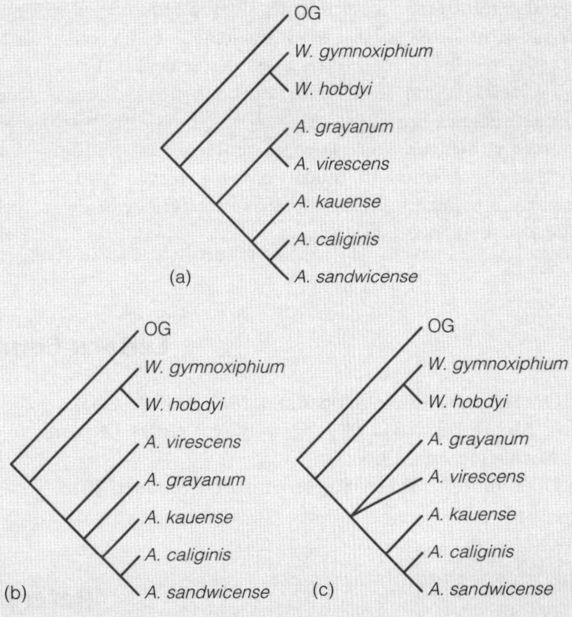

Figura 6.10 Três cladogramas igualmente parcimoniosos das inter-relações de espécies dos gêneros *silversword* havaianos *Argyroxiphium* e *Wilkesia*, mostrando diferentes interpretações das relações entre *Argyroxiphium virescens* e *Argyroxiphium grayanum*. OG é o grupo externo utilizado na análise. De Funk e Wagner [24].

na reprodução da célula. Desse modo, não são submetidos ao processo de recombinação (durante o qual uma parte do material genético é trocado entre os cromossomos materno e paterno), visto no início de cada nova geração, e eles são, consequentemente, mais estáveis. Eles também são haploides e, portanto, contêm menor variedade de informação genética que os cromossomos de uma célula diploide. Outra grande vantagem da utilização de DNA extranuclear em tal pesquisa é que a taxa de variação de sua molécula é muito maior do que a de DNA nuclear, de forma que diferenças nestas aparecem em um número muito menor de gerações. Esse também sobrevive melhor do que o DNA nuclear em tecidos mortos; por isso, mostrou-se mais útil na análise de tecido preservado e seco de espécimes em coleções museológicas. Estudos de DNA extranuclear encontrado nas mitocôndrias, conhecido como DNAmt, tornaram-se, portanto, cada vez mais importantes em pesquisa filogenética, e o DNA encontrado nos cloroplastos das plantas também está revelando-se útil no estudo de suas inter-relações.

Quando taxonomistas estudam as relações evolutivas entre organismos, seja dentro de uma espécie ou ao comparar espécies, o perfil de DNA é, portanto, uma fonte ideal de informações, uma vez que não é confundido por semelhanças superficiais da estrutura, causadas por fenômenos como a evolução convergente. Já existem técnicas para o estudo direto de sequências de DNA de organismos vivos; por isso, os relacionamentos podem ser trabalhados usando tais métodos moleculares. A aplicação desses métodos aos materiais fósseis é limitada pela degradação gradual e perda eventual do DNA no processo de fossilização.

Começando com uma explicação sobre a descoberta e sobre o mecanismo da evolução, temos agora seguido o processo de especiação, explicado o papel de isolamento, definido a natureza das espécies e explicado como seu curso pode ser simples e inequivocamente retratado. No próximo capítulo, vamos mostrar como os avanços para compreender as relações de espécies entre si, no espaço e no tempo, têm finalmente nos fornecido um método confiável de revelar a história de linhagens, biota, biomas e áreas.

Resumo

1 Os organismos que compõem o mundo vivo são separados em espécies distintas, cada uma das quais apresenta um conjunto específico de adaptações – características que lhes permitem sobreviver em ambientes particulares, utilizando uma determinada fonte de alimento.

2 Evolução, a modificação gradual de um tipo de organismo ou estrutura para outro, é o fenômeno fundamental que está subjacente à maior parte dos processos do ser vivo. Foi Darwin quem apresentou as primeiras provas convincentes para a sua ocorrência, e sugeriu que a seleção natural é o mecanismo da evolução.

3 A seleção natural decorre do fato de que cada par de indivíduos produz muito mais descendentes do que são necessários para substituí-los na população, de modo que não há concorrência para a sobrevivência entre esses descendentes. Isso conduz à seleção natural desses indivíduos que têm o maior número de caracteres favoráveis. A curto prazo, isso garante que a espécie permaneça adaptada ao seu ambiente existente. A longo prazo, se o ambiente mudar, então a seleção natural atua sobre a população, alterando suas características, de modo que esta permanece adaptada.

4 Essas características são controladas por um mecanismo genético, de modo que são herdadas de geração para geração. Esse mecanismo envolve a produção contínua de variações sutis nas características da espécie, devido à recombinação das características existentes, e também o aparecimento de novas características, por mutação.

5 A seleção natural ocorre de forma independente em cada população de uma espécie, adaptando-a às condições locais. Isolamento continuado entre essas populações pode levá-las a tornar-se gradualmente tão distintas umas das outras que se tornarão novas espécies. No entanto, em algumas circunstâncias, uma nova espécie pode surgir na mesma área que suas espécies parentais.

6 Cladística, um método que apresenta o padrão de relacionamento entre as espécies como uma série de bifurcações, fornece uma maneira clara de apresentar essas relações. Embora possa ser enganosa se se basear apenas em características morfológicas, devido ao modo de vida semelhante, pode ocorrer a evolução convergente; esse perigo pode agora ser evitado pelo uso de métodos moleculares.

Leitura Complementar

Coyne JA, Orr HA. *Speciation*. Sunderland, MA: Sinauer, 2004.

Desmond A, Moore J. *Darwin (A Biography of Charles Darwin)*. London: Michael Joseph, 1991.

Futuyama DJ. *Evolution*. 3rd ed. Sunderland, MA: Sinauer, 2013.

Grant PR, Grant BR (eds.). *In Search of the Causes of Evolution*. Princeton: Princeton University Press, 2010.

Schluter D. *The Ecology of Adaptive Radiation*. Oxford: Oxford University Press, 2000.

Weiner J. *The Beak of the Finch*. London: Vintage Books, 1994.

Referências

1. Grant PR, Grant BR. Species before speciation is complete. *Annals of the Missouri Botanical Garden* 2006; 93: 94–102.
2. Blair AP. Isolating mechanisms in a complex of four species of toads. *Biology Symposium* 1942; 6: 235–249.
3. Mallet J. Hybrid speciation. *Science* 2007; 446: 279–283.
4. Di Battista JD, Rocha L, Hobbs JA, *et al.* When biogeographical provinces collide: hybridization of reef fishes at the crossroads of marine biogeographical provinces in the Arabian Sea. *Journal of Biogeography* 2015; 42: 1601–1614.
5. Kuchta SR, Parks DS, Mueller RL, Wake DB. Closing the ring: historical biogeography of the salamander ring species *Ensatina eschscholtzii*. *Journal of Biogeography* 2009; 36: 982–995.
6. Jackman TR, Wake DB. Evolutionary and historical analysis of protein variation in the blotched forms of salamanders of the

Ensatina complex (Amphibia: Plethodontidae). *Evolution* 1994; 48: 876–897.
7. Fryer G, Iles TD. *The Cichlid Fishes of the Great Lakes of Africa: Their Biology and Evolution*. Edinburgh: Oliver & Boyd, 1972.
8. Seehausen O, Magalhaes IO. Geographical mode and evolutionary mechanism of ecological speciation in cichlid fish. In: PR Grant, Grant BR (eds.), *In Search of the Causes of Evolution*. Princeton: Princeton University Press, 2010: 282–308.
9. Seehausen O, Terai Y, Magalhaes IS, *et al.* Speciation through sensory drive in cichlid fish. *Nature* 2008; 4552: 620–626.
10. Seehausen O, van Alphen JJM, Witte F. Cichlid fish diversity threatened by eutrophication that curbs sexual selection. *Science* 1997; 277: 1808–1811.
11. Weiner J. *The Beak of the Finch*. London: Vintage Books, 1994.
12. Grant PR, Boag PT. Rainfall on the Galápagos and the demography of Darwin's finches. *The Auk* 1980; 97: 227–244.
13. Gibbs HL, Grant PR. Ecological consequences of an exceptionally strong El Niño event on Darwin's finches. *Ecology* 1987; 68: 1735–1746.
14. Grant PR. Hybridization of Darwin's finches on Isla Daphne, Galápagos. *Philosophical Transactions of the Royal Society of London B* 1993; 340: 127–139.
15. Williamson PG. Palaeontological documentation of speciation in Cenozoic molluscs from Turkana Basin. *Nature* 1981; 293: 437–443.
16. Coyne JA. *Why Evolution Is True*. New York: Viking Press, 2010.
17. Scott EC. *Evolution vs. Creationism*. Berkeley: University of California Press, 2004.
18. Reznick DN, Shaw FH, Rodd FH, Shaw RG. Evaluation of the rate of evolution in natural populations of guppies (*Poecilia reticulata*). *Science* 1997; 275: 1934–1937.
19. Hennig W. *Grunzüge einer Theorie der phylogenetischen Systematik*. Berlin: Deutscher Zentralverlag. 1950. (English translation of *Phylogenetic Systematics*, trans. DD Davis, R Zanderl. 3rd ed. Urbana: University of Illinois Press, 1966.)
20. Barker KF, Cibois A, Schikler P, Feinstein J, Cracraft J. Phylogeny and diversification of the largest avian radiation. *Proceedings of the National Academy of Science USA* 2004; 101: 11040–11045.
21. Stebbins GL. *Variation and Evolution in Plants*. New York: Columbia University Press, 1950.
22. Grant PR. *Ecology and Evolution of Darwin's Finches*. Princeton: Princeton University Press, 1986.
23. Dowdeswell WH. *Evolution: A Modern Synthesis*. London: Heinemann, 1984.
24. Funk VA, Wagner WI. Biogeographic patterns in the Hawaiian Islands. In: WI Wagner, VA Funk (eds.), *Hawaiian Biogeography: Evolution on a Hotspot Archipelago*, Washington, DC: Smithsonian Institution Press, 1995.

Biogeografia das Ilhas

Vida, Morte e Evolução em Ilhas

A área limitada e a biota das ilhas fornecem três campos únicos de pesquisa biogeográfica. O primeiro campo focaliza como o isolamento e a biota insólita e desequilibrada provocam mudanças nos colonizadores do continente. O segundo usa as características únicas das ilhas para fazer análises estatísticas dos processos de colonização, extinção, isolamento e área insular. E o terceiro é o estudo da colonização de ilhas que foram devastadas pela vida, gerando ideias inestimáveis sobre os modos pelos quais os ecossistemas se desenvolvem e mudam.

A biogeografia continental é bastante diferente da biogeografia das ilhas. Essas grandes áreas de terra, ao longo de grandes períodos de tempo, mudaram em suas posições e interconexões, o que permite que novos tipos de organismos evoluam, compitam uns com os outros e alterem seus padrões de distribuição. Seus complexos ecossistemas coevoluídos, com uma grande variedade de espécies interagindo, tornam seu estudo e interpretação desafiadores. Muitas pesquisas biogeográficas sobre a biota continental têm, portanto, focado nesses padrões de longo prazo e nos fatores que os sustentam.

As ilhas oceânicas, em contraste, têm uma biota limitada e ecossistemas comparativamente simples. Essas ilhas fornecem *insights* únicos em três áreas bastante diferentes de pesquisa. O primeiro diz respeito às formas pelas quais o ambiente afeta e controla o processo evolutivo. As ilhas fornecem uma das necessidades essenciais da evolução, e especialmente o isolamento da especiação. Outro ponto importante é que novos colonizadores do continente são confrontados por um ambiente muito diferente. Embora possam ser liberados das pressões exercidas por antigos competidores, predadores e parasitas, a área menor e os diferentes padrões de clima do ambiente insular fornecem novas limitações. Esse aspecto da biogeografia insular é abordado na primeira parte deste capítulo, culminando em uma análise de como esses fatores têm operado na formação da biota das Ilhas Havaianas.

A segunda área de pesquisa é a relevância da biogeografia insular para a evolução e especiação. Por exemplo, o que controla o número de espécies em uma ilha? A imensa diversidade e o número de ilhas (há mais de 20.000 somente no Pacífico) proporcionam o equivalente a um enorme e contínuo experimento natural, a partir do qual podemos fazer comparações entre as biotas de ilhas de diferentes idades, história, clima, tamanho ou topografia, ou ainda de ilhas que se encontram em diferentes latitudes ou diferentes distâncias de sua fonte de colonizadores. Em particular, essa pesquisa busca identificar e quantificar os fatores que controlam três fenômenos: a taxa de chegada de novas espécies em uma ilha, a taxa de extinção das espécies em uma ilha e o número de espécies que uma ilha pode suportar (isso é conhecido como sua **capacidade de carga**).

A terceira área de estudo é o papel da biogeografia na criação de novos ecossistemas insulares. A grande explosão vulcânica de Cracatoa (*Krakatau*) em 1883 criou novas ilhas, como Rakata; no início foram completamente desnudas da vida. Pesquisas sobre a colonização de Rakata e ilhas similares fornecem excelentes oportunidades para o estudo dos processos de mudança ecológica e formação de assembleia, e têm oferecido aos biogeógrafos oportunidades únicas para documentar como a complexidade biológica aumenta incrementalmente dentro de uma área precisamente delimitada.

Tipos de Ilhas

Como vimos, nosso planeta contém três tipos diferentes de ilha, e suas diferentes origens levam a biotas com características distintas (veja o Capítulo 5). As ilhas formadas a partir da fragmentação dos continentes deviam possuir, originalmente, a biota do próprio continente que se modificou devido à evolução independente e à extinção na nova ilha. Algumas mudanças evolucionárias foram uma resposta às diferentes condições de vida na ilha, comparadas às condições no continente (como será discutido neste capítulo). Além disso, se o fragmento se deslocou cada vez mais para longe do continente adjacente, sua biota gradualmente tornou-se dominada pelos resultados da dispersão transoceânica.

Por outro lado, toda a biota dos arcos insulares e das cadeias originárias nos pontos quentes chegou originalmente por dispersão transoceânica. De forma similar àquela dos fragmentos continentais, a biota dessas ilhas tornou-se diferenciada por meio da evolução, mas também apresenta mudanças ecológicas progressivas à medida que o ecossistema amadurece e proporciona novas oportunidades.

As ilhas de um arco surgem mais ou menos simultaneamente, enquanto aquelas dos pontos quentes surgem (e desaparecem) uma por vez, mas, em ambos os casos, em um dado momento, existem grupos de ilhas (note-se que *hotspot* é usado aqui em um sentido geofísico e não em um sentido biológico). Isto proporciona o potencial para dispersão interinsular e para um padrão mais complexo de cladogênese – algumas vezes denominada especiação **de arquipélago**. Este é um importante princípio de diversidade de espécies em ilhas que, devido à sua área relativamente pequena, tem pouco potencial para especiação intrailha. Mesmo ilhas muito grandes, com topografias complexas, parecem ser áreas pobres para especiação, como foi recentemente mostrado pelo ornitólogo americano Nicholas Sly e seus colaboradores [1]. Esses estudiosos usaram técnicas moleculares para reconstruir a história da especiação de 11 espécies endêmicas de aves em Hispaniola, uma grande ilha caribenha, reconhecida pelo seu grande número de aves endêmicas e incríveis cordilheiras. Os resultados mostraram claramente que a divergência genética (especiação) de espécies intimamente relacionadas esteve sempre associada à presença de antigas barreiras marítimas que uma vez dividiram a Hispaniola em várias paleoilhas menores.

Chegada às Ilhas: Problemas de Acesso

Os oceanos são a barreira mais eficaz à distribuição de animais terrestres. Muito poucos organismos terrestres ou de água doce conseguem sobreviver por muito tempo na água salgada e, assim, só conseguem atingir uma ilha se possuírem adaptações especiais para transporte aéreo ou marítimo. Dessa forma, a dispersão para ilhas ocorre por uma rota *sweepstakes*, com os organismos bem-sucedidos compartilhando adaptações para cruzarem a região intermediária e não para tentarem viver nela. Isto restringe sobremaneira a diversidade de vida capaz de dispersar-se para uma ilha.

Alguns animais voadores, como aves e morcegos, podem ser capazes de alcançar até mesmo as ilhas mais distantes, sem ajuda, com suas próprias capacidades de voo, especialmente se, no caso de aves aquáticas, forem capazes de pousar na superfície da água para descansar sem ficarem encharcadas. Pequenas aves e morcegos, e especialmente insetos voadores, podem alcançar as ilhas sendo carregados passivamente por ventos fortes. Por sua vez, esses animais podem transportar ovos e outros animais em estágio de latência, assim como frutas, sementes e esporos de plantas.

Muitos animais terrestres não conseguem sobreviver na água salgada um período longo o suficiente para cruzarem oceanos e alcançarem ilhas distantes, mas parece ser possível que alguns, ocasionalmente, façam a jornada sobre massas de entulho à deriva. Balsas naturais desse tipo são levadas rio abaixo nas regiões tropicais, após fortes tempestades, e ainda podem flutuar por distâncias consideráveis. Ilhas flutuantes desse tipo podem transportar animais como sapos, lagartos ou ratos, os ovos resistentes de outros animais e espécies de plantas não adaptadas à dispersão oceânica. Esse tipo de dispersão, com auxílio de balsas, raramente é observado e documentado, mas houve um exemplo recente nas Índias Ocidentais, em setembro de 1995 [2]. Logo após dois furacões terem atingido o Caribe, uma massa composta de troncos e árvores arrancadas, algumas com mais de 10 metros de comprimento, foi encontrada na praia de Anguilla,[1] e pelo menos 15 indivíduos de iguana verde, *Iguana iguana*, foram vistos sobre troncos em alto-mar e na praia. Incluíam machos e fêmeas em condições reprodutoras, e alguns desses espécimes ainda sobreviviam na ilha (onde a espécie era previamente desconhecida) dois anos depois. A julgar pelo rastro dos furacões, os lagartos eram originários da ilha de Guadalupe, a aproximadamente 250 km de distância, e a jornada provavelmente durou cerca de um mês.

Algumas plantas desenvolveram frutos e sementes que podem ser transportados, ilesos, no mar. Por exemplo, o fruto do coqueiro pode sobreviver à imersão prolongada, e assim a sua palmeira (*Cocos nucifera*) é amplamente dispersa nos limites das praias tropicais. No entanto, uma vez que as praias são tão largas quanto a distância que os frutos e sementes costeiros podem alcançar, apenas as espécies que podem viver nas praias estão aptas a colonizar ilhas distantes dessa maneira. Os frutos ou as sementes de plantas que vivem no interior têm menor chance de alcançar o mar, e mesmo que consigam sobreviver à imersão prolongada, fixar-se na praia e germinar, não estarão aptos a viver em um ambiente de praia. Nesse caso, só serão capazes de atingir os hábitats insulares se desenvolverem métodos diferentes de dispersão, por vento ou por animais.

Para uma planta, potencialmente é muito mais fácil adaptar-se à dispersão de longa distância. A grande maioria das plantas apresenta alguma adaptação para garantir que a geração seguinte seja transportada para além da vizinhança próxima de seus parentes [3]. São necessários pequenos ajustes em alguns desses dispositivos de dispersão para tornar possível a transposição até de faixas oceânicas. Além disso, uma colonização bem-sucedida requer apenas alguns poucos esporos ou sementes férteis, ao passo que a maioria dos animais necessita da dispersão de fêmeas prenhes ou de um par para acasalamento. Os esporos da maioria das samambaias ou de plantas mais rústicas são tão pequenos (0,01 a 0,1 mm) que podem ser transportados por distâncias consideráveis pelo vento; portanto, tendem a apresentar padrões muito amplos de dispersão. Algumas plantas dão sementes que são especialmente adaptadas para dispersão pelo vento. Sementes de orquídea, por exemplo, são envolvidas por células leves e ocas, e sabe-se de algumas que foram transportadas por mais de 200 km. As sementes do *Liriodendron* e do bordo possuem asas, e as sementes de muitos membros das Asteraceae (margaridas e seus parentes) têm tufos felpudos de fibras muito finas; sementes de cardo foram transportadas pelo vento por cerca de 145 km.

Muitos frutos e sementes possuem secreções viscosas ou ganchos especiais que lhes possibilitam prender-se ao corpo de animais. Como exemplos citam-se tanto os frutos espinhosos da bardana e do carrapicho quanto as bagas da erva-de-passarinho, que são preenchidas com um suco viscoso para que as sementes nelas contidas se prendam ao bico das aves. As sementes de muitas plantas podem germinar, mesmo após terem passado pelo estômago das aves, e algumas (por exemplo, *Convolvulus*, *Malva* e *Rhus*) germinam após uma permanência de duas semanas. Nas Ilhas Canárias, ao largo da costa ocidental da África, cresce a planta *Rubia*, cujas sementes são transportadas em frutas carnudas que são ingeridas por gaivotas. Um estudo recente [4] mostrou que as sementes ficavam no sistema digestivo das aves durante 9 a 17 horas, tempo suficiente para que as gaivotas voem entre 300 e 677 km. Além disso, mais de 80 % das sementes germinaram após ser digeridas pelo pássaro. Outro aspecto interessante deste exemplo é que as gaivotas são omnívoras em vez de se alimentar de sementes especializadas, que tendem a ser

[1]Uma das ilhas Sotavento, no Caribe. (N.T.)

menores, com menos capacidade de voar entre as ilhas. Da mesma forma, as aves predadoras podem também contribuir para a dispersão das sementes, consumindo lagartos frugívoros (comuns em ilhas) e aves que comem sementes que, por sua vez, carregam sementes viáveis no estômago [5].

Morrer nas Ilhas: Problemas de Sobrevivência

Como qualquer outra, a população de uma espécie insular deve estar apta a sobreviver a mudanças sazonais em seu ambiente. Entretanto, a vida nas ilhas é mais perigosa do que no continente, por vários motivos. Catástrofes, como erupções vulcânicas, têm efeitos mais duradouros nas ilhas porque são menores as oportunidades para a espécie deixar a área e retornar mais tarde, assim como não é fácil a reinvasão, e logo a extinção toma lugar. Por outro lado, no continente a probabilidade de extinção de uma espécie de uma área pode ser evitada por imigração de um lugar qualquer. Assim, uma ilha irá conter um número menor de espécies do que uma área equivalente, com a mesma ecologia, no continente. Por exemplo, estudos feitos em uma área de 2 hectares de floresta úmida no Panamá continental acusaram a presença de 56 espécies de aves, enquanto em um fragmento arbustivo, similar, foram detectadas 58 espécies. A ilha oceânica dos porcos, com 70 hectares de área e ecologicamente intermediária entre os dois fragmentos descritos, contém apenas 20 dessas espécies [6].

Uma vez que o sucesso e a sobrevivência são as únicas medidas do grau de adaptação de um organismo ao ambiente, o fato de uma espécie se tornar extinta também mostra sua falta de adaptabilidade às pressões bióticas e climáticas a que está exposta. O ambiente insular é inevitavelmente diferente do ambiente continental que foi a fonte dos colonizadores, e a adaptação a ele não é fácil. Em primeiro lugar, se os colonizadores forem pouco numerosos, incluirão apenas uma pequena parte da variação genética que proporciona às populações do continente flexibilidade para enfrentar as mudanças ambientais; isso é às vezes conhecido como o **princípio fundador**.

As populações fundadoras são necessariamente pequenas e podem permanecer assim, se a própria ilha for pequena. Isso causa um conjunto adicional de problemas, porque, quando uma população se torna muito pequena, ela é jogada à mercê do acaso. Fatores aleatórios, como flutuações na relação de sexo ou distribuição de idade, surtos de doença ou eventos climáticos atípicos podem acabar com toda a população. Se uma população permanecer pequena, mais cedo ou mais tarde algum evento essencialmente aleatório irá eliminá-la [7]. Se isso não é ruim o suficiente, indivíduos em pequenas populações inevitavelmente acabam reproduzindo com parentes próximos – se eles puderem até encontrar um companheiro. Isso provoca o fenômeno da *depressão endogâmica*, resultando em menor fertilidade e descendência menos viável. Mesmo que um grupo evite a depressão endogâmica, os efeitos da deriva genética (processo pelo qual certos genes podem desaparecer de uma população, reduzindo assim a diversidade genética) são maiores em pequenas populações [8]. Como o efeito fundador, a deriva genética afeta a capacidade de uma população adaptar-se evolutivamente a novos desafios, como surtos de doença ou uma mudança no clima.

A extensão desse risco adicional de sobrevivência nas ilhas pode ser demonstrada pelo fato de que, embora 20 % das espécies e subespécies de aves do mundo sejam encontradas apenas nas ilhas, elas contribuem com 155 (90 %) das 171 taxas sabidamente extintas desde 1600 – uma taxa de extinção aproximadamente 50 vezes maior do que a dos continentes. A influência do tamanho das ilhas na taxa de extinção pode ser ressaltada pelo fato de que 75 % das extinções insulares ocorrem em pequenas ilhas [9].

Devido a esses riscos óbvios na vida insular, presumiu-se que havia um tráfego unidirecional de colonizadores dos continentes para fora, onde eles passaram através do oceano. No entanto, aqui, como em tantos campos da biogeografia, estudos moleculares nos mostraram o contrário. Um estudo recente [10] sobre a genética molecular das aves da família *Monarchidae*, que são encontradas em quase todos os arquipélagos do Pacífico, incluindo as ilhas havaianas, mostrou que, após uma única colonização a partir do continente, houve uma única radiação em seis gêneros e 21 espécies totalmente dentro das ilhas, seguida por uma colonização reversa da Austrália nos últimos 2 milhões de anos.

Uma espécie que pode se valer de fontes alimentares variadas encontra-se em vantagem em uma ilha, porque o tamanho máximo de sua população será maior do que o de uma espécie com preferências alimentares restritas. Essa vantagem será superior em ilhas pequenas, nas quais o tamanho das populações é, de qualquer forma, pequeno. Esta é provavelmente a explicação para, por exemplo, a coexistência de tentilhões *Geospiza* de tamanhos médio e pequeno nas maiores ilhas do arquipélago de Galápagos, no Pacífico Oriental, ao passo que nas menores ilhas existe apenas um tipo, de tamanho intermediário [11].

A extinção aleatória é um particular perigo para predadores, pois sua quantidade é, em qualquer caso, menor do que a de suas presas. Como consequência, a fauna das ilhas tende a ser desequilibrada em termos de composição, contendo menos predadores e menos variedade de predadores do que uma área continental semelhante. Assim, não só uma quantidade menor de animais e plantas atinge as ilhas, como também uma variedade menor ainda é capaz de sobreviver nelas. A complexa interação de comunidades continentais, contendo fauna e flora ricas e variadas, funciona como um tampão para o enfrentamento de flutuações ocasionais na densidade das diferentes espécies, ou mesmo em extinções locais temporárias. Esta incapacidade de recuperação ocorre na mais simples comunidade insular. Como resultado, a extinção aleatória de uma espécie pode trazer sérias consequências e levar à extinção de outras espécies. Todos esses fatores concorrem para o aumento da frequência com que espécies são extintas nas ilhas.

Existem, obviamente, muitas e diferentes razões possíveis para explicar a ausência de um determinado organismo em uma ilha. O organismo pode ser capaz de alcançá-la; pode alcançá-la, mas ser incapaz de colonizá-la; pode colonizá-la, mas tornar-se extinto; ou pode, simplesmente, por meio do acaso, não alcançá-la [12]. Decidir qual desses motivos explica um caso em particular é sempre muito difícil.

Por outro lado, existe a contrapartida de todos os problemas apresentados. Uma vez que uma espécie tenha chegado a uma ilha e encontrado um nicho na biota, ela está de algum modo protegida de muitos problemas que podem afligir seus parentes no continente. As águas oceânicas circundantes protegem as ilhas de eventos decorrentes da mudança climática experimentada nos continentes, enquanto o número menor de espécies nas ilhas reduz a competição, e a ausência frequente de predadores e parasitas também torna mais fácil a vida do imigrante bem-sucedido. Finalmente, as espécies insulares ainda são protegidas do surgimento de novas espécies, mais competitivas, que evoluíram nos continentes. Tudo isso explica por que as espécies sobrevivem nas ilhas em forma de "remanescentes endêmicos", segundo as denominou Cronk, muito tempo depois que seus parentes continentais já desapareceram [13]. Por exemplo, a plantas *Dicksonia* é encontrada tanto como espécie viva quanto como fóssil de 9 milhões de anos na pequena ilha de Santa Helena (122 km^2), isolada no Atlântico Sul, embora nenhum de seus parentes tenha sobrevivido na África, e os parentes vivos mais próximos sejam encontrados na Nova Zelândia.

Adaptação e Evolução

Colonizadores podem encontrar muitas dificuldades quando chegam a uma ilha pela primeira vez, mas existem boas oportunidades para aquelas espécies que conseguem sobreviver tempo suficiente para evoluir e se adaptar ao novo ambiente. Oportunidade para alterações nos hábitos comportamentais, na dieta e no modo de vida proporciona, por sua vez, oportunidade para que o organismo se torne permanentemente adaptado, através da mudança evolutiva, a um novo modo de vida. Esse processo requer um período de tempo mais longo e, portanto, é improvável que ocorra, exceto em ilhas que são grandes e estáveis o suficiente para garantir que a espécie em evolução não se torne extinta. Mas, se uma ilha fornece essas condições, então mudanças evolucionárias notáveis podem ocorrer, à medida que as espécies colonizadoras se modificam para preencher nichos vazios. Isso pode ser visto em toda uma gama de diferentes níveis, do trivial ao abrangente.

Um bom exemplo pode ser encontrado nas Dry Tortugas, as ilhas além da extremidade do arquipélago de Flórida Keys, onde apenas poucas espécies de formigas foram bem-sucedidas na colonização [14]. Uma espécie, *Paratrechina longicornis*, na região principal, normalmente faz ninho somente em ambientes abertos, abaixo ou sob o abrigo de grandes objetos; nas Dry Tortugas, porém, elas também fazem ninho em ambientes como troncos de árvores ou solo exposto, que são ocupados por outras espécies. No entanto, nem todas as espécies são capazes de tirar proveito de tais oportunidades dessa maneira. Na Flórida continental, a formiga *Pseudomyrmex elongatus* está confinada a ninhos em árvores do mangue vermelho, ocupando buracos estreitos nos galhos superiores. Embora tenha tentado colonizar as Dry Tortugas, essa espécie ainda se encontra isolada nesse hábitat de nidação muito limitado.

No nível mais alto de oportunidade, uma categoria de nichos completa pode estar desocupada. Por exemplo, muitas ilhas são desprovidas de árvores porque as sementes das árvores frequentemente são maiores e mais pesadas do que as de outras plantas, e assim não se dispersam em longas distâncias. A valiosa propriedade adaptativa do nicho da árvore é que sua altura proporciona sombra às sementes, permitindo a elas viver por mais tempo [15]. As modificações necessárias para produzir uma árvore a partir de um arbusto que já possua tronco lenhoso e forte são comparativamente uma mera mudança dos vários troncos e galhos para se concentrarem em um único tronco mais alto. Por exemplo, embora muitos membros da família *Rubiaceae* sejam arbustivos, em Samoa essa família produziu uma árvore alta, de 8 metros, a *Sarcopygme*, que tem uma copa de folhas grandes, semelhantes às de uma palmeira. Embora sejam necessárias mudanças mais abrangentes para produzir uma árvore a partir de uma erva, muitas ilhas apresentam exemplos dessa transformação. Em muitos casos, as plantas envolvidas são membros das *Asteraceae*, talvez por possuírem grande poder de dispersão de sementes, por serem fortes e por frequentemente terem tronco lenhoso. (De fato, recentemente foi sugerido que o hábito arbóreo pode ser primitivo nas *Asteraceae*.) A esta família pertencem tanto as alfaces, que evoluíram para arbustos em muitas ilhas, como os girassóis. Na ilha isolada de Santa Helena, no Atlântico Sul, podem ser encontradas cinco árvores diferentes, de 4 a 6 metros de altura, que ali evoluíram a partir de quatro imigrantes distintos de girassóis (Figura 7.1). Dois desses (*Psiadia* e *Senecio*) são espécies endêmicas de um gênero mais amplamente distribuído, enquanto as outras três (*Commidendron*, *Melanodendron* e *Petrobium*) são reconhecidas como gêneros completamente novos.

Em um nível ainda mais elevado de oportunidade, mesmo as aves podem ter dificuldade para colonizar ilhas oceânicas. Consequentemente, qualquer colonizador bem-sucedido de pássaros, originalmente adaptado a uma dieta específica e limitada e modo de vida, pode encontrar uma série de outros nichos vazios e disponíveis de aves para ele. O exemplo mais espetacular disso é a radiação dos tentilhões carduelinos nas Ilhas Havaianas, a partir de um colonizador original que provavelmente tinha a adaptação padrão do tentilhão para quebrar sementes usando um bico robusto para pássaros com uma matriz de formas de bico e métodos de alimentação que paralela muitos daqueles de toda a gama de aves canoras (que serão discutidas mais adiante neste capítulo).

Exemplos desse tipo de evolução em isolamento são fornecidos pelos Grandes Lagos na África ("ilhas" de água em uma extensão de terra), grandes o suficiente para proporcionar muita diversidade de ambientes, e antigos o suficiente para que essas oportunidades ecológicas possam ser realizadas por meio de mudanças evolucionárias.

Outra tendência das espécies insulares (particularmente aquelas em ilhas menores) é perderem os mecanismos de dispersão que originalmente permitiram a elas atingir seus novos lares. Uma vez nas áreas restritas de uma ilha, sua habilidade de se dispersar por longas distâncias não tem grande valor para a espécie: na verdade, torna-se uma desvantagem, pois o organismo, ou sua semente, pode ser remetido de volta ao mar. As sementes tendem a perder suas "asas" ou leves tufos, e muitos insetos insulares não têm asas – 18 das 20 espécies endêmicas de besouro na Ilha de Tristão da Cunha têm asas reduzidas. A perda das asas por muitos pássaros insulares deve-se, em parte, a esse motivo e, em parte, ao fato de não existirem predadores dos quais eles precisem escapar. Alguns entre muitos exemplos são do quivi e da moa, na Nova Zelândia, o pássaro-elefante de Madagascar e o dodo de Maurício (os últimos três estão extintos, mas por terem sido mortos por humanos).

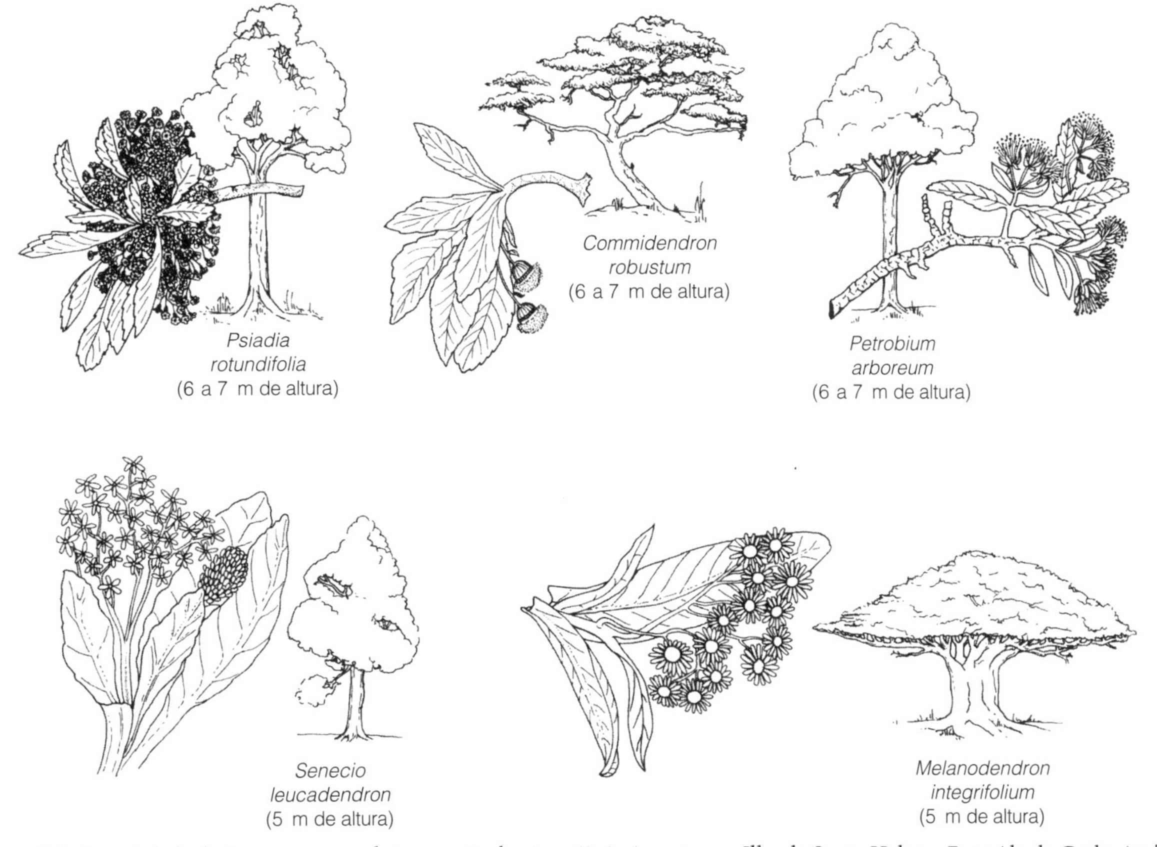

Figura 7.1 A variedade de árvores que evoluiu a partir de girassóis imigrantes na Ilha de Santa Helena. Extraído de Carlquist [15].

Por causa das fortes pressões de seleção, especialmente em pequenas ilhas, os traços de dispersão podem desaparecer rapidamente. Isso é ilustrado por um estudo clássico [16], realizado por Martin Cody e Jacob Overton, que amostraram 240 pequenas ilhas ao longo da costa do Pacífico, no Canadá, variando em tamanho de alguns metros quadrados para 1 km^2. Eles estudaram membros da família Daisy (*Asteraceae*), todos possuindo uma característica estrutural de dispersão, consistindo em duas partes: um aquênio (uma minúscula semente dentro de uma cobertura) e um *pappus* (uma bola grande de pluma conectada ao aquênio). Quanto maior o *pappus* e menor o aquênio, mais o diásporo permanece acima, e é provável que seja transportado para mais longe. Cody e Overton realizaram um censo de oito anos que ilustrou muitas das principais características da vida na ilha. Primeiro, a rotatividade da população foi muito alta devido ao fato de a população ser pequena. Em segundo lugar, as populações mais jovens (por exemplo, os fundadores) tinham aquênios menores (15 % menores do que no continente), ilustrando que apenas os "melhores" dispersores (aqueles com as sementes mais leves) conseguiram atingir essas ilhas. Em terceiro lugar, o tamanho do aquênio aumentou com a idade da população, atingindo proporções continentais após oito anos, devido à seleção contra dispersores de alta. Da mesma forma, o volume do *pappus* diminuiu com a idade da população, tornando-se menor que a população do continente depois de apenas seis anos. O que torna esses resultados tão notáveis é que as plantas são bienais, e isso significa que a mudança evolutiva ocorreu em apenas de 1-5 gerações.

Não é raro encontrar espécies insulares que são de tamanho diferente em relação a seus parentes do continente, e esse fenômeno foi discutido pelo ecologista norte-americano Ted Case [17]. Às vezes em uma ilha falta um tipo específico de predador, devido ao fato de o tamanho das populações de presas não ser grande o suficiente para proporcionar uma fonte confiável de alimento. A falta do predador pode aumentar a taxa de sobrevivência da espécie presa, e possibilitar que esta cresça mais rapidamente, por se alimentar em momentos e lugares que antes seriam perigosos. O predador também pode preferir caçar indivíduos maiores da espécie presa. Por todas essas razões, o tamanho médio dos herbívoros insulares, como alguns roedores, lagartos iguana e tartarugas, pode se tornar maior do que o de seus parentes continentais.

Outra razão para a mudança no tamanho das espécies insulares é a ausência de competidores. Por exemplo, se um competidor menor estiver ausente, uma espécie insular pode se tornar menor para colonizar um nicho vago. O contrário pode ser verdadeiro se o competidor se tornar maior, como no caso do dragão de Komodo (*Varanus komodoensis*), um lagarto gigante que vive na Ilha de Komodo e nas proximidades da Ilha das Flores, nas Índias Orientais. Esses animais aumentaram de tamanho para ocupar nichos que, nas áreas continentais, são ocupados por outros animais maiores.

Todos esses organismos evoluíram nas ilhas para preencher hábitats normalmente fechados para eles. No entanto, outras mudanças evolucionárias frequentemente encontradas nas ilhas são resultado direto do próprio ambiente insular, e não da fauna ou da flora restritas. Vimos quão sério pode ser o efeito de uma pequena população. Mas a mesma ilha será capaz de sustentar uma população maior do mesmo animal se o tamanho de cada indivíduo diminuir. Essa tendência evolucionária nas ilhas é demonstrada pela descoberta de fósseis de elefantes pigmeus que em algum momento viveram nas ilhas tanto do Mediterrâneo quanto das Índias Orientais, e pela descoberta do que parece ser uma espécie anã do ser humano, *Homo floresiensis*, com apenas 1 metro de altura e pesando apenas 25 kg, na Ilha de Flores [18].

A tendência para as espécies pequenas de ilhas tornarem-se maiores e para as espécies grandes de ilhas tornarem-se menores é, às vezes, chamada de **regra da ilha**, e dados relevantes foram recentemente revisados e analisados pelo biogeógrafo de Nova York, Mark Lomolino [19]. Ele descobriu que a regra era verdadeira para os mamíferos em geral, bem como para exemplos em algumas aves, cobras e tartarugas, embora outro estudo [20] sugerisse que não se aplicava aos carnívoros. Ainda foi sugerido que a regra da ilha também se aplica às espécies de profundidade, talvez porque, como ilhas, este ambiente sofre com a diminuição da disponibilidade total de alimentos [21].

As Ilhas Havaianas

Como já foi visto, existem muitos aspectos da vida nas ilhas que são únicos, e muitos outros que diferem da vida nas massas continentais apenas no grau de intensidade. Os resultados da ação desses fatores diferentes podem ser observados pelo exame da flora e da fauna de um grupo especial de ilhas. As Ilhas Havaianas proporcionam um excelente exemplo, por formarem uma cadeia isolada, com 2650 km de extensão, localizada no meio do Pacífico Norte, na região dos trópicos (Figura 7.2). Sherwin Carlquist proporcionou um relato interessante das ilhas, de sua fauna e de sua flora, apontando a importância de muitas das adaptações lá encontradas [22]. Mais recentemente, uma coletânea de artigos sobre a biogeografia havaiana [23] trouxe muitas contribuições fascinantes, assim como outras que estavam por ser descobertas em uma coleção de artigos sobre a biota insular do Pacífico em geral [24].

As ilhas havaianas são uma parte do melhor exemplo das cadeias de ilhas vulcânicas geradas por pontos quentes geológicos (veja o Capítulo 5). Surgem do assoalho oceânico que se encontra a 5500 m (18.000 pés) de profundidade, e se movem 8 a 9 cm por ano na direção noroeste. A cadeia completa abriga 129 vulcões; 104 desses eram originalmente altos o suficiente para alcançar a superfície e formar ilhas (ou se somar a uma ilha existente). A ilha mais nova e mais alta, o Havaí, tem apenas 700.000 anos de vida e é formada por seis vulcões, dois dos quais ainda estão ativos. A ilha mais ocidental, Kure, ainda visível acima da superfície do mar, tem aproximadamente 30 milhões de anos, e a cadeia submarina Imperador, que consiste em várias ilhas e vulcões submersos, estende-se mais para oeste e depois para o norte até quase a Península de Kamchatka, na Sibéria. Nesse ponto, a montanha submarina Meiji encontra-se empoleirada na borda das Fossas Kurilas e irá finalmente desaparecer de volta às profundezas da Terra.

Meiji foi formada por pontos quentes 85 milhões de anos atrás, no local em que atualmente se encontra o Havaí, e assim as ilhas e os vulcões submersos vêm sendo formados no centro do Pacífico Norte há pelo menos esse tempo. No entanto, houve períodos no passado em que as ilhas não eram visíveis, ou existiam ilhas muito baixas que logo submergiram. O mais recente desses períodos durou 18 milhões de anos e terminou com o surgimento da Ilha Kure, cerca de 30 milhões de anos atrás. Kure é, portanto, a ilha mais antiga que foi um lar potencial para os colonizadores ancestrais da biota atual das Ilhas Havaianas. Embora, até os últimos 5 milhões de anos, a maioria das ilhas fosse pequena, Kure permaneceu como a maior e mais alta ilha que poderia proporcionar abrigo para os descendentes da sua biota.

As rochas que formam as Ilhas Havaianas podem ser datadas de modo acurado, e técnicas modernas de cálculo das taxas de mudança molecular nas linhagens animais e vegetais proporcionam um sistema similar de datação dos tempos de diferenciação de gêneros e espécies. Como os pesquisadores norte-americanos Hampton Carson e David Clague [25] mostraram, hoje em dia é possível, no caso das Ilhas Havaianas, produzir uma integração fascinante entre as engrenagens dos dois grandes mecanismos do nosso planeta – o mecanismo da tectônica de placas que acarreta o aparecimento de novas ilhas e o mecanismo evolucionário que

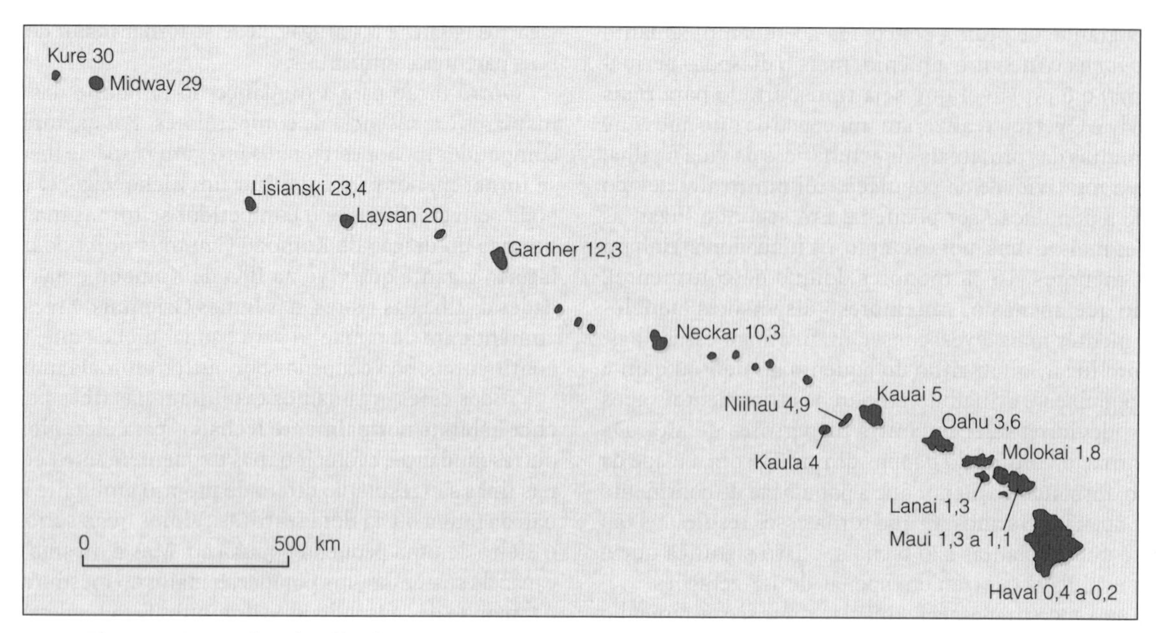

Figura 7.2 A cadeia das ilhas havaianas. Os números indicam a idade de cada ilha, em milhões de anos.

responde a essas oportunidades produzindo novas formas de vida. Como veremos a seguir, essa integração sugere fortemente que as ilhas sobreviventes mais antigas, que surgiram 30 a 10 milhões de anos atrás, foram de fato os locais de evolução de muitos ancestrais dos animais e plantas atuais do Havaí. Uma vez tendo atingido uma ilha em particular, esses animais e plantas foram capazes de se diversificar e, frequentemente, dispersar-se para uma nova formação na cadeia na medida em que as ilhas mais antigas erodiam e desapareciam sob o mar. Os picos vulcânicos mais altos aparentam ser ilhas dentro de ilhas, pois é difícil para as plantas alpinas dispersar-se de uma ilha para outra. Em vez disso, elas evoluíram de uma flora existente em uma camada inferior, de modo independente, em cada ilha: 91 % das plantas alpinas do Havaí são endêmicas, uma proporção muito maior do que a da flora insular como um todo (16,5 %) ou mesmo se forem consideradas apenas as plantas floríferas (20 %) [26].

Os parentes próximos de muitos animais e plantas havaianas vivem na região indo-malaia. Por exemplo, das 1729 espécies e variedades de sementes havaianas, 40 % são de origem indo-malaia e apenas 18 % são de origem americana; além disso, aproximadamente metade das 168 espécies de samambaias havaianas tem parentes indo-malaios, mas apenas 12 % têm afinidade com as americanas. Isto não surpreende, porque a leste das Ilhas Havaianas o Oceano Pacífico é quase completamente vazio, enquanto para o sul e para oeste a cadeia havaiana tem muitas ilhas que podem funcionar como lares intermediários para os migrantes. Organismos adaptados à vida nessas ilhas também seriam mais bem adaptados à vida nas Ilhas Havaianas do que aqueles do continente americano. No entanto, cerca de metade das 21 linhagens de pássaros encontrados nas Ilhas Havaianas aparenta ser originária da América do Norte.

Mecanismos de Chegada

O modo pelo qual os pássaros havaianos alcançaram as ilhas é suficientemente óbvio. Uma das plantas que chegaram com eles é a *Bidens*, um membro das Compositae cujas sementes são providas de filamentos e se agarram na plumagem das aves; cerca de 7 % das sementes de plantas havaianas não endêmicas provavelmente chegaram dessa maneira [26]. Os insetos havaianos também chegaram pelo ar. Entomologistas empregaram aviões e barcos para rastrear finas redes através do Pacífico, a diferentes altitudes, e conseguiram capturar uma variedade de insetos, a maioria dos quais, como se esperava, possuía corpo leve. Ambos os pássaros e insetos tendem a colonizar a partir do leste, a direção típica de chegada das tempestades mais fortes. Embora pequenos e leves insetos predominem nas Ilhas Havaianas (uma indicação de sua chegada no ar), libélulas mais pesadas, mariposas-esfinge e borboletas também são encontradas lá.

Da mesma forma, devido ao fato de que as samambaias têm esporos muito menores e mais leves do que as sementes de angiospermas, elas fornecem maior proporção da flora nas Ilhas Havaianas do que no resto do mundo. Entre as sementes de plantas não endêmicas das Ilhas Havaianas, 7,5 % quase certamente chegaram carregados pelo vento, enquanto outros 30,5 %, que têm pequenas sementes (até 3 mm de diâmetro), podem também ter sido transportados dessa maneira. Uma das mais interessantes plantas que provavelmente chegaram transportadas pelo vento é a árvore *Metrosideros*. É uma árvore pioneira, capaz de formar florestas nas terras baixas com cascalho de lava e praticamente nenhum solo – uma grande vantagem em uma ilha vulcânica. A *Metrosideros* mostra grande variação em sua forma de apresentação em diferentes ambientes, desde uma grande árvore na floresta úmida, como um arbusto nas cristas varridas pelo vento, até formas pequenas com 15 cm de altura nas turfeiras, sendo assim a árvore dominante da floresta havaiana. Embora essas diferenças sejam provavelmente baseadas na genética, essas formas diferentes não constituem espécies distintas, sendo encontradas formas intermediárias nas áreas adjacentes com predomínio de dois tipos (e hábitats) diferentes.

Provavelmente o método simples mais importante de entrada de sementes nas Ilhas Havaianas foi dentro do aparelho digestivo de pássaros que ingeriram seus frutos (por exemplo, vacínio, sândalo); 37 % das sementes de plantas não endêmicas chegaram às ilhas dessa maneira. De modo significativo, muitas das plantas que obtiveram sucesso em alcançar as ilhas foram aquelas que, diferentemente das demais de sua família, possuíam frutos carnudos em vez de sementes secas (por exemplo, espécies de hortelã, lírio e erva-moura encontradas no Havaí). Uma exceção parece ser a *Viola*, cujos membros havaianos desse gênero são mais próximos daqueles da região de Bering, de onde cerca de 50 espécies de aves migram regularmente para passar o inverno nas ilhas.

A dispersão por mar responde por apenas 5 % das sementes de plantas havaianas não endêmicas. Tanto quanto o coco, que se difundiu mundialmente, as ilhas também contêm a *Scaevola toccata*; este arbusto, de frutos brancos e flutuantes, forma uma barreira ao longo dos limites da praia na Ilha de Kauai. Outro migrante transportado por mar é a *Erythrina*; a maioria das espécies desse gênero possui sementes flutuantes, semelhantes às do feijão. No Havaí, após sua chegada na praia, a *Erythrina* se adaptou ao ambiente insular de modo incomum, que possibilitou a evolução de uma nova espécie endêmica, a árvore do coral, *Erythrina sandwichensis*. Diferentemente de seus ancestrais, as sementes da árvore do coral não flutuam – um exemplo de perda do mecanismo de dispersão, muito característica em uma espécie insular.

Os colonizadores bem-sucedidos nas Ilhas Havaianas são exceções; muitos grupos não conseguiram alcançá-los. Não existem peixes verdadeiramente de água doce e nenhum anfíbio, réptil ou mamífero nativos (exceto algumas espécies de morcegos), e 21 ordens de insetos são completamente ausentes. Como era de se esperar, a maioria desses são tipos que, de modo geral, têm poder de dispersão muito limitado. Por exemplo, as formigas, que formam uma parte importante da fauna dos insetos em outras regiões tropicais, eram originalmente ausentes. Entretanto, desde que foram introduzidas por humanos, 57 espécies diferentes, de 24 gêneros, encontram-se hoje estabelecidas por si próprias e preenchem seu espaço usualmente dominante entre os insetos. Isto prova que o obstáculo era alcançar as ilhas, não a natureza do ambiente havaiano.

Radiações Evolutivas nas Ilhas Havaianas

Como sempre, a ausência de alguns grupos proporcionou grandes oportunidades para os colonizadores bem-sucedidos. Várias famílias de insetos, como os grilos, as moscas-das-frutas e o besouro carabídeo, são representadas por uma radiação adaptativa de espécies extremamente diversa, cada radiação derivada de apenas poucas colônias de imigrantes pioneiros. Por exemplo, as moscas-das-frutas, originárias dos gêneros muito próximos *Drosophila* e *Scaptomyza*, passaram por uma radiação imensa nas ilhas havaianas; das mais de 1300 espécies conhecidas mundialmente, já foram descritas mais de 500 das Ilhas Havaianas, onde provavelmente ainda existem outras 250 a 300 espécies aguardando descrição. A abundância de espécies de moscas-das-frutas nas ilhas provavelmente se deve, em parte, à grande variação do clima e da vegetação que lá serão encontrados, e também ao isolamento periódico de pequenas ilhas de vegetação por fluxos de lava, cada ilha dessas proporcionando uma oportunidade de evolução independente para uma nova espécie. Outro fator importante, porém, foi que as moscas-das-frutas havaianas, na ausência dos habitantes usuais do nicho, utilizaram as plantas nativas em decomposição como um local em que suas larvas pudessem se alimentar e crescer. Essa mudança também pode ser devida ao fato de que seu alimento usual, de material fermentado rico em levedo, é raro nas Ilhas Havaianas.

Estudos moleculares indicam que o ancestral comum de todas as drosofilídeas das Ilhas Havaianas deriva de um tipo continental asiático de cerca de 30 milhões de anos. Comparações entre as idades das diferentes ilhas (veja a Figura 7.2) sugerem que isto pode ter ocorrido na Ilha de Kure, quando esta ainda era jovem e tinha cerca de 900 m de altura. De modo similar, esses estudos indicaram que a *Scaptomyza* derivou da *Drosophila* há 24 milhões de anos, o que sugere que esse evento ocorreu em Lisianski, que já foi, em algum momento, uma ilha com cerca de 1220 m de altura. Estudos detalhados da estrutura cromossômica das moscas-das-frutas "de asa manchada" havaianas estão abrindo possibilidades para a reconstrução da sequência de colonizações que devem ter ocorrido [27]. Como se poderia esperar, as ilhas mais antigas a oeste em geral contêm espécies ancestrais daquelas das ilhas mais jovens a leste (Figura 7.3). A mais nova, o próprio Havaí, possui 19 espécies descendentes daquelas das ilhas ocidentais, e nenhuma de suas espécies aparenta ser ancestral daquelas das ilhas mais antigas. (As atuais Ilhas de Mauí, Molokai e Lanai formavam uma única ilha até a elevação do nível do mar no período pós-glacial; suas espécies de *Drosophila* são, por esse motivo, tratadas juntas como uma única fauna.) Na própria Ilha do Havaí, estudos moleculares mostraram que as espécies das áreas mais ao sul da ilha, que tem por volta de 200.000 anos de idade, evoluíram a partir daquelas mais ao norte, que têm entre 400.000 e 600.000 anos.

O mesmo fenômeno de grande radiação adaptativa teve lugar em outros grupos de animais e plantas. De modo geral, portanto, embora as ilhas contenham comparativamente menos famílias diferentes, cada qual abriga uma variedade incomum de espécies, sendo a quase totalidade exclusiva das ilhas – mais de 90 % das espécies da flora havaiana são endêmicas às ilhas.

Existem muitos outros exemplos de radiações adaptativas nas Ilhas Havaianas, mas três são de particular interesse: as *silverswords* e as lobélias, entre as plantas [28, 29], e os *honeycreepers*, entre as aves [30]. As *silverswords* são descendentes das *tarweeds* (*Compositae*) do sudoeste da América do Norte e provavelmente atingiram as ilhas como sementes viscosas agarradas na plumagem de pássaros. Produziram apenas três

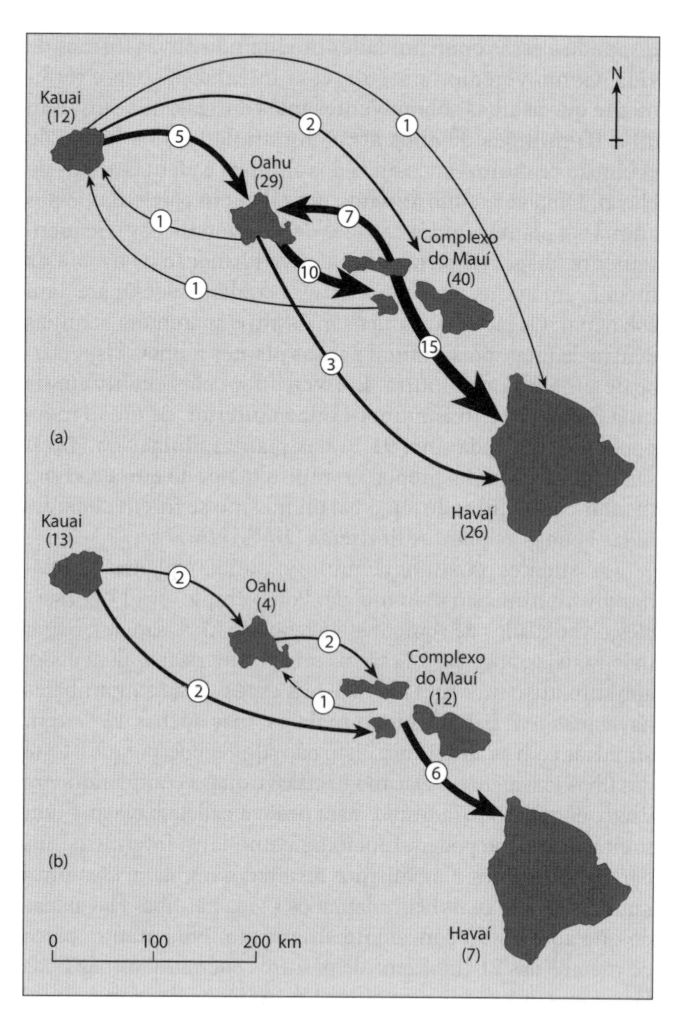

Figura 7.3 Eventos de dispersão entre as Ilhas Havaianas sugeridos pelos inter-relacionamentos de espécies de moscas *Drosophila* com "asas manchadas" (a) e *silversword* (b). A largura das setas é proporcional à quantidade de eventos de dispersão implícitos, e o número de espécies em cada ilha é apresentado entre parênteses. Segundo Carr *et al.* [27], com permissão da Editora da Universidade de Oxford.

gêneros nas ilhas (*Dubautia*, *Argyroxiphium* e *Wilkesia*), mas estas colonizaram uma variedade de hábitats. Por exemplo, duas das poucas espécies de plantas que podem sobreviver nas cinzas vulcânicas ou na lava do pico do Monte Haleakala, que tem 3050 m de altitude, na Ilha de Mauí, são *silverswords*. A *Dubautia menziesii* é adaptada a esse ambiente árido por meio de seu tronco alto e das suas folhas eriçadas e suculentas, enquanto a *Argyroxiphium sandwi-chense* é coberta por filamentos prateados que refletem a luz e o calor. Poucas centenas de metros abaixo dos picos vulcânicos sem vegetação, as condições encontram-se no outro extremo, porque a maioria das chuvas cai entre as altitudes de 900 e 1800 m; essas regiões recebem 250 a 750 cm de chuvas por ano. As regiões acima de 1770 m de altura do Monte Puu Kukiu, em Mauí, são cobertas por lama na qual floresce outra *silversword, Argyroxiphium caliginii*. Na Ilha de Kauai, o alto índice pluviométrico levou ao desenvolvimento de densas florestas úmidas nas quais a *Dubautia* evoluiu para a espécie arbórea *Dubautia knudsenii*, com tronco de 0,3 m de diâmetro e folhas grandes para captar o máximo de luz solar na floresta sombria. Kauai sustenta outra *silversword* que apresenta a tendência das plantas insulares de se tornarem árvores. Nas regiões mais secas dessa ilha, desenvolve-se *Wilkesia gymnoxiphium*, com um caule longo que a leva acima dos arbustos com os quais compete por iluminação e espaço vital. A *Wilkesia* é outro exemplo de perda do mecanismo de dispersão que trouxe os primeiros grupos de ancestrais para as ilhas: suas sementes são pesadas e desprovidas dos paraquedas normalmente encontrados entre as *Compositae*. O padrão de dispersão das 28 espécies dos três gêneros de *silversword* nas Ilhas Havaianas é muito semelhante àquele das moscas drosofilíadas (Figura 7.3) [27]. Evidências moleculares sugerem que esses três gêneros têm um ancestral comum que alcançou Kauai.

As lobélias são encontradas em todas as partes do mundo, mas tiveram uma radiação adaptativa fora do comum nas Ilhas Havaianas porque sua principal competidora, a orquídea, é rara. As lobélias havaianas incluem 150 espécies endêmicas e suas variantes, totalizando seis ou sete gêneros. Mais de 60 espécies do gênero endêmico *Cyanea* são conhecidas e apresentam uma incrível diversidade na forma das folhas (Figura 7.4). As plantas vão desde a árvore *Cyanea leptostegia*, que tem 9 m de altura (de aparência semelhante à da *tarweed Wilkesia*), até a *Cyanea atra*, de caule leve e apenas 0,9 m de altura. As espécies de outro gênero, *Clermontia*, variam menos quanto à altura, mas apresentam grande variedade no tamanho, no formato e na coloração das flores. Estas são principalmente tubulares e de cores brilhantes, um tipo de flor que está frequentemente associado à polinização por pássaros. Em ilhas isoladas como o Havaí, a adaptação das flores maiores à polinização pelos pássaros pode ser devida à ausência dos grandes insetos que normalmente a polinizariam no continente. Não é por coincidência que a radiação adaptativa nas Ilhas Havaianas foi acompanhada da radiação adaptativa de um tipo de ave que se alimenta de néctar, os *honey-creepers* [30].

Os ancestrais dessas aves são provavelmente tentilhões imigrantes da Ásia [31], que se alimentavam de insetos e de néctar. A partir dos imigrantes originais, a radiação adaptativa produziu 11 gêneros endêmicos que compreendiam a família endêmica *Drepanididae* (Figura 7.5), mas são conhecidas cerca de outras 30 espécies extintas. Muitos dos gêneros, como

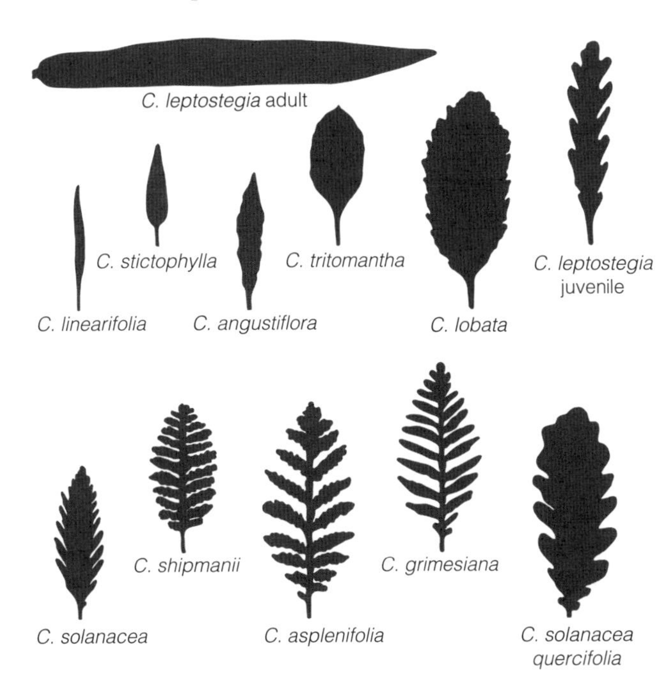

Figura 7.4 Folhas de diferentes espécies de lobélias do gênero *Cyanea*.

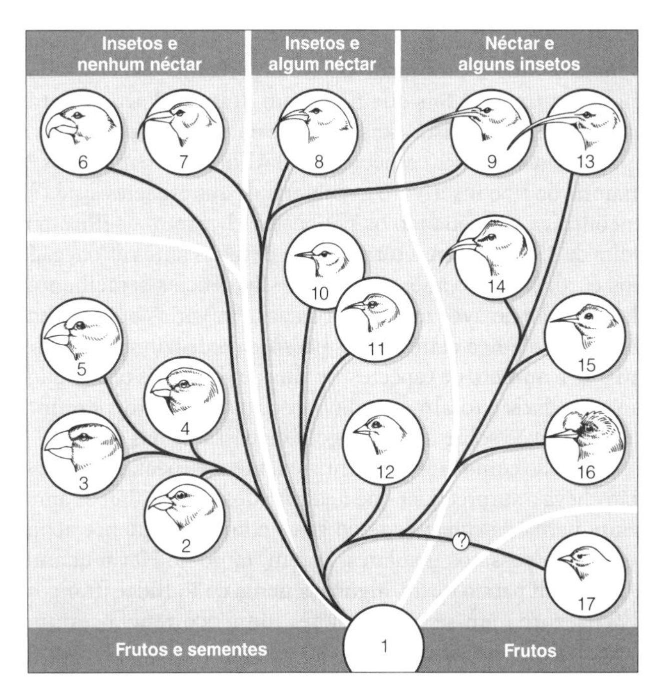

Figura 7.5 Evolução no bico de *honey-creepers* havaianos devida a adaptações à dieta alimentar. (1), tipo de tentilhão desconhecido, colonizador a partir da Ásia; (2), *Psittirostra psittacea*; (3), *Chloridops kona*; (4), *Loxioides bailleui*; (5), *Telepyza cantans*; (6), *Pseudonestor xanthophrys*; (7 a 11), *Hemignathus munroi, H. lucidus, H. obscurus, H. parvus, H. virens*; (12), *Loxops coccineus*; (13), *Drepanis pacifica*; (14), *Vestiaria coccinea*; (15), *Himatione sanguinea*; (16), *Palmeria dolei*; (17), *Ciridops anna*. Taxonomia segundo Pratt *et al.* [73]

Himatione, Vestiaria, Palmeria, Drepanidis, muitas espécies de *Loxops* e uma espécie de *Hemignathus* (*Hemignathus obscurus*) ainda se alimentam de néctar das flores da árvore *Metrosideros* e da lobélia *Clermontia*. Uma vez que os insetos também são atraídos pelo néctar, não surpreende que muitos pássaros que se alimentam de néctar também se alimentem de insetos, e é muito pequena a distância dessa dieta para uma de apenas insetos. O *Hemignathus wilsoni* utiliza sua mandíbula, que é ligeiramente mais curta que a metade superior do bico, para penetrar nas fissuras da casca à procura de insetos, e o *Pseudonestor xantho-phrys* utiliza seu bico mais pesado para serrar galhos e ramos em busca por insetos. Outros tipos possuem bico mais pesado e poderoso que é usado para quebrar sementes, nozes ou vagens. O bico leve do *Ciridops*, recentemente extinto, foi usado para a ave alimentar-se dos frutos carnudos da palmeira havaiana *Pritchardia*.

É interessante especular por que esses pássaros havaianos se irradiaram em muito mais espécies do que os tentilhões de Darwin nas Ilhas Galápagos (veja o Capítulo 6). Entre as possíveis razões inclui-se o fato de que as Ilhas Havaianas são mais antigas, contêm uma variedade muito maior de ambientes e encontram-se mais afastadas do que as ilhas do arquipélago de Galápagos.

Estudos recentes sobre a avifauna havaiana também mostram a precariedade da atual biota como base para estimação das suas taxas de mudança ou dos relacionamentos entre a área das ilhas e o número de espécies. Há muito se sabe que cerca de dez espécies de pássaros havaianos foram extintas após a chegada dos europeus e seus animais. Entretanto, estudos conduzidos pelos biólogos norte-americanos Storrs Olson e Helen James [32, 33] revelaram que pelo menos

50 espécies de pássaros havaianos encontram-se hoje extintas – mais do que a totalidade da atual avifauna. Tais espécies incluíam tipos de íbis que não voam, frangos-d'água e patos assemelhados a gansos, seis falcões e corujas do tipo açores, e aproximadamente 20 espécies de tentilhões drepanidídeos, a maioria do tipo insetívoro. A maioria dessas espécies ainda se encontrava viva quando os polinésios chegaram às ilhas por volta de 1500 d.C., mas tornaram-se extintas antes da chegada dos europeus, 300 anos mais tarde. Evidências semelhantes da extinção de aves foram reportadas em várias outras ilhas do Pacífico e fica claro que os padrões de distribuição, endemismo e número de espécies em ilhas individuais observados hoje em dia são totalmente duvidosos para fundamentar uma generalização sobre as populações de pássaros nas ilhas.

Vivendo como vivem, de frutas, sementes, néctar e insetos, não chega a surpreender que nenhum dos drepanidídeos apresente perda da capacidade de voar, como é frequente acontecer com pássaros insulares. Porém, tanto no Havaí quanto em Laysan para o oeste, alguns gêneros de Rallidae (frangos-d'água) tornaram-se não voadores (uma ocorrência comum nesta família em particular; o estudo paleontológico mostrou que quase todas as ilhas do Pacífico tinham pelo menos uma espécie de frango-d'água não voador e, antes da extinção, devido à atividade humana, é possível que isso tenha ocorrido em mais de 800 ilhas, em comparação com as 27 espécies sobreviventes não voadoras!) O fenômeno da perda da capacidade de voar também é comum entre os insetos havaianos: das espécies endêmicas de besouros cabídeos, 184 não voam e apenas 20 são totalmente alados. Outros exemplos são as *Neuroptera* ou hemeróbios – as asas, normalmente grandes e translúcidas, são de tamanho reduzido em algumas espécies, ao passo que, em outras, tornaram-se estreitas e cobertas de espinhos.

Agora que o cenário da ilha em geral foi definido nas seções acima, é hora de recorrer à tarefa desafiadora de tentar encontrar regras gerais que possam estar subjacentes à imensa diversidade de ilhas e sua biota. Isto é amplamente revisto por Whittaker e Fernández-Palacios (veja a Leitura Adicional). A constatação de que a dispersão, em vez de vicariância, é a fonte normal para a biota das ilhas oceânicas (veja o Capítulo 7), juntamente com a demonstração, por estudos moleculares, da extensão da especiação alopátrica dentro deles, deram um impulso renovado ao estudo analítico das biotas em ilhas [34, 35].

Integrando os Dados: A Teoria da Biogeografia Insular

Na maioria dos casos, a biota é fortemente afetada pelo grau de isolamento da ilha. Entretanto, independentemente da diversidade dos hábitats oferecidos, a variedade da vida insular depende, em curto prazo, da frequência com que animais e plantas colonizadores a atingem. Esta, por sua vez, depende fortemente da distância entre a ilha e a fonte de colonizadores, bem como da riqueza dessa fonte. Se a fonte for fechada e sua biota for rica, por sua vez a ilha possuirá uma biota mais rica do que a de outra ilha similar, mais isolada, ou que dependa de uma fonte com uma variedade mais restrita de animais e plantas. Cada barreira marítima irá reduzir a biota da ilha seguinte, que, dessa forma, será uma fonte mais pobre para a ilha seguinte. Por exemplo, os dados proporcionados por Van Balgooy [36] tornaram possível o mapeamento da diversidade de gêneros de coníferas e de plantas floríferas em grupos de ilhas do Pacífico (Figura 7.6). Isso mostra, com clareza, que a

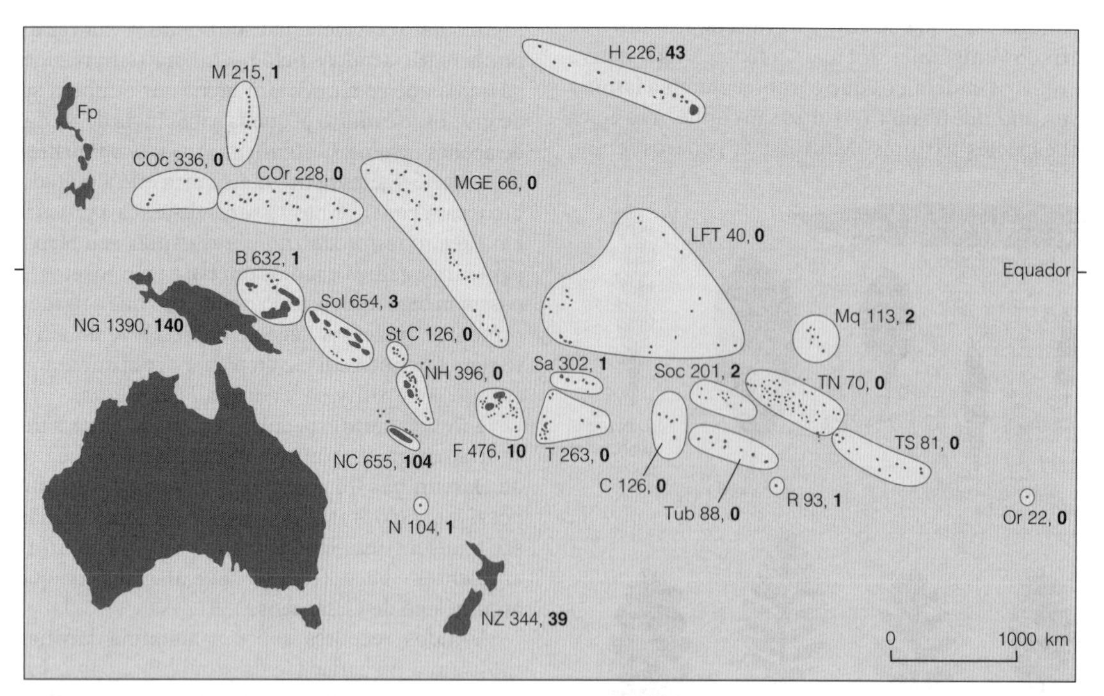

Figura 7.6 A distribuição de coníferas e plantas floríferas nas ilhas do Pacífico. O primeiro número ao lado de cada grupo de ilhas corresponde ao número total de gêneros encontrados; o segundo é o número de gêneros endêmicos. B, Arquipélago de Bismark; C, Ilhas Cook; COc, Carolinas Ocidentais; COr, Carolinas Orientais; F, Ilhas Fiji; Fp, Filipinas; H, Ilhas Havaianas; LFT, grupo das ilhas Line, Fênix e Tokelau; M, Marianas; MGE, Ilhas Marshall, Gilbert e Ellis; Mq, Marquesas; N, Ilha Norfolk; NC, Nova Caledônia; NG, Nova Guiné; NH, Novas Hébridas; NZ, Nova Zelândia; Or, Ilhas Orientais; R, Ilha Rapa; Sa, Grupo Samoa; Soc, Ilhas Sociedade; Sol, Ilhas Salomão; StC, Ilha de Santa Cruz; T, Grupo Tonga; TN, Ilhas Tuamotu do Norte; TS, Ilhas Tuamotu do Sul; Tub, Grupo Tubai. Dados de Van Balgooy [36].

diversidade é muito menor nos grupos de ilhas mais isoladas do Pacífico Central e Oriental.

No entanto, em vários dos grupos de ilhas mais ocidentais a diversidade é muito maior do que seria possível prever apenas em função da posição geográfica. Um gráfico em escala logarítmica da relação entre o número de gêneros e a área da ilha (Figura 7.7) mostra com evidência que, na maioria dos casos, a diversidade depende exclusivamente do tamanho da ilha. (O fato de algumas ilhas possuírem mais gêneros do que aquelas das quais sua flora é originária sugere que outros gêneros também estavam presentes nessas primeiras ilhas, mas foram extintos.) Aproximadamente todos os grupos de ilhas mais isolados (representados por triângulos na Figura 7.7) têm, como era de se esperar, uma diversidade muito menor do que se poderia prever apenas a partir de sua área. A quantidade de espécies de aves terrestres e de água doce em cada ilha demonstra uma relação similar com a área da ilha (Tabela 7.1), mas isso, provavelmente, se deve à grande diversidade da flora, não diretamente ao tamanho da ilha.

Como vimos anteriormente, o número de espécies encontradas em uma ilha depende de uma série de fatores: não apenas de sua área e sua topografia, de sua diversidade de hábitats, de sua acessibilidade às fontes de colonizadores e da riqueza dessas fontes, mas também do equilíbrio entre as taxas de colonização por novas espécies e de extinção daquelas existentes. Muitas observações e análises individuais desse fenômeno foram realizadas nos últimos 160 anos. Como descrevemos no Capítulo 1, em 1967 foi proposta, pelos ecologistas norte-americanos, Robert MacArthur e Edward Wilson, no livro *The Theory of Island Biogeography* [14], uma teoria quantitativa para explicar essas relações. As duas principais sugestões foram: que as taxas variáveis e inter-relacionadas de colonização e imigração iriam, finalmente, levar a um equilíbrio entre esses dois processos; que existe uma forte correlação entre a área de uma ilha e o número de espécies nela existentes.

Para explicar a relação entre as taxas de colonização e imigração, MacArthur e Wilson tornaram o caso de uma ilha recentemente disponível para colonização. Mostraram que a taxa de colonização é alta no início porque a ilha pode ser alcançada rapidamente por aquelas espécies que estão aptas à dispersão e porque estas são, todas, novas espécies na ilha. À medida que o tempo passa, os imigrantes pertencerão cada vez mais a espécies que já colonizaram a ilha, e assim a taxa de surgimento de novas espécies se reduzirá (Figura 7.8). A taxa de imigração também é afetada pela localização da ilha: será maior nas ilhas mais próximas da fonte de colonizadores, e menor naquelas mais distantes (Figura 7.9).

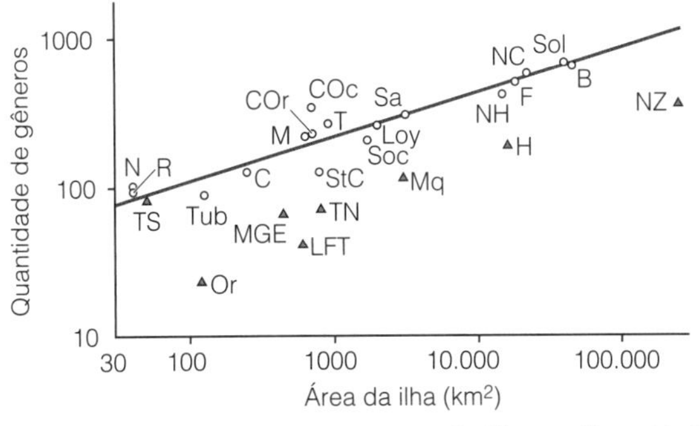

Figura 7.7 Relacionamento entre a área da ilha e a diversidade de gêneros de coníferas e plantas floríferas nas ilhas do Pacífico. As ilhas mais isoladas são indicadas por triângulos. Os dados das demais ilhas seguem aproximadamente uma reta (o coeficiente de regressão linear), sugerindo que a diversidade geral nessas ilhas é quase completamente controlada pela área – o coeficiente de correlação é 0,94, o que indica um alto grau de correlação. Para as abreviaturas, veja a legenda da Figura 7.6 e Loy, Ilhas Loyalty. Dados de Van Balgooy [36].

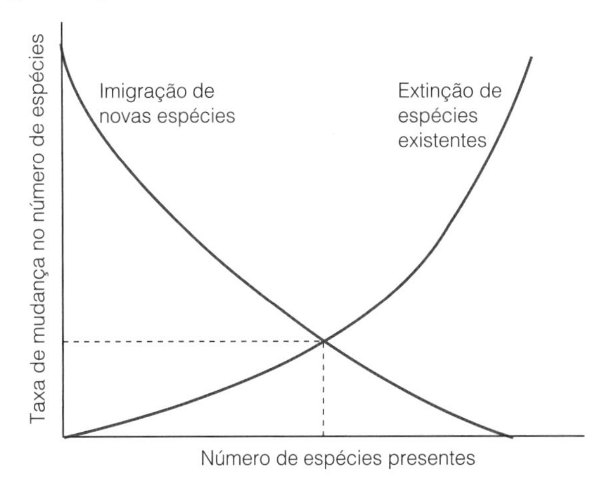

Figura 7.8 Modelo de equilíbrio da biota de uma ilha. A curva da taxa de imigração de novas espécies e a curva da taxa de extinção de espécies se cortam em um ponto de equilíbrio. A linha tracejada vertical, a partir desse ponto, indica o número de espécies que estarão presentes na ilha, enquanto a linha horizontal indica a taxa de mudança (ou taxa de renovação) de espécies da biota quando em equilíbrio. Segundo MacArthur & Wilson [72].

Tabela 7.1 Relacionamentos entre as áreas das ilhas e a diversidade de gêneros de aves e de plantas floríferas não endêmicas em algumas ilhas do Pacífico. Dados de Van Balgooy [36], Mayr [71] e MacArthur & Wilson [72].

	Área (km²)	Gêneros de angiospermas	Gêneros de aves
Ilhas Salomão	40.000	654	126
Nova Caledônia	22.000	655	64
Ilhas Fiji	18.500	476	54
Novas Hébridas	15.000	396	59
Arquipélago de Samoa	3100	302	33
Ilhas Sociedade	1700	201	17
Arquipélago de Tonga	1000	263	18
Ilhas Cook	250	126	10

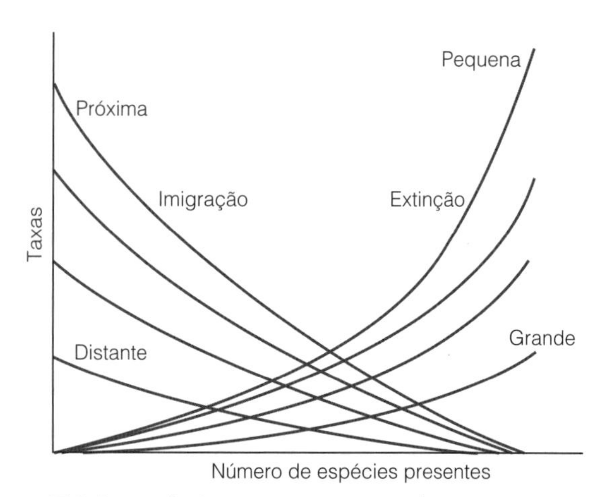

Figura 7.9 Inter-relacionamento entre o isolamento e a área para determinação do ponto de equilíbrio da diversidade biótica. O aumento da distância entre a ilha para a fonte de colonizadores diminui a taxa de imigração (à esquerda). Aumentando a área, diminui a taxa de extinção (à direita). Segundo MacArthur & Wilson [72].

Por outro lado, a taxa de extinção começa em um nível baixo, mas, gradativamente, aumenta. Isso ocorre, em parte, porque, uma vez que todas as espécies correm o risco de extinção, quanto mais espécies atingirem a ilha, mais espécies estarão em risco. Além disso, à proporção que mais espécies chegam, o tamanho médio da população de cada uma diminui devido ao aumento da competição – e uma população menor corre maior risco de extinção do que uma população maior.

A **Teoria da Biogeografia Insular** sugere que as duas curvas que representam esses dois processos conflitantes (imigração e extinção) irão se cruzar em um ponto em que as taxas de imigração e extinção são iguais, conhecida como **taxa de rotatividade**, de modo que o número de espécies é constante nesse número de equilíbrio.

A princípio, as poucas espécies presentes podem ocupar uma variedade maior de nichos ecológicos do que seria possível no continente onde competiriam com muitas outras espécies. Por exemplo, na comparação apresentada anteriormente neste capítulo (no tópico "Morrer nas Ilhas: Problemas de Sobrevivência") entre o Panamá Continental e a Ilha dos Porcos, o menor número de espécies de aves na ilha foi capaz, devido à redução da competição, de proporcionar uma abundância maior: na Ilha dos Porcos havia 1,35 casal, por espécie, por hectare, em comparação com apenas 0,33 e 0,28, respectivamente, nos dois fragmentos continentais [9]. O efeito dessa falta de competição foi especialmente observado na choca-barrada (*Thamnophilus doliatus*). No continente, onde ela compete com outras 20 espécies de pássaros comedores de formigas, existem apenas oito casais por 40 hectares; na Ilha dos Porcos, onde existe apenas um competidor, há 112 casais por 40 hectares.

O efeito da dispensa e competição será revertido, caso a ilha seja colonizada posteriormente por uma nova espécie, cuja dieta se sobreponha à de um imigrante mais antigo. Isto pode causar a extinção de um dos dois, porque eles competem muito próximos uns dos outros, a ponto de não conseguirem coexistir. De modo alternativo, isso pode acontecer porque a competição leva à redução no tamanho de ambas as populações – pois cada espécie deve tornar-se mais especializada em seus requisitos ecológicos. Essa redução proporciona maior vulnerabilidade à extinção. Nos dois casos, a taxa de extinção na ilha irá aumentar.

Em todos esses casos teóricos, a quantidade de espécies presentes na biota será, obviamente, resultante do balanceamento entre a taxa de imigração e a taxa de extinção. MacArthur e Wilson sugeriram que a biota irá finalmente alcançar um equilíbrio, no qual as taxas de imigração e extinção serão aproximadamente iguais, e que esse nível de equilíbrio será relativamente estável.

Muitas espécies insulares imigrantes, agora com menos concorrência do que tinham no continente, poderão expandir-se para novos hábitats. Mas, a partir desse momento, se outros novos colonizadores concorrentes chegarem, eles poderão posteriormente encontrar sua distribuição e expansão evolutiva reduzida. Este conceito de expansão e construção alternadas deu origem à teoria do ciclo taxonômico (Boxe 7.1).

A Teoria da Biogeografia Insular foi amplamente bem-vinda, pois forneceu aos biogeógrafos um suporte teórico com o qual foi possível comparar seus próprios resultados individuais e, desse modo, estimular uma abordagem mais estruturada e menos *ad hoc* dos estudos biogeográficos. Sua metodologia também foi estendida a outros tipos de isolamento diferentes da terra seca cercada de água. Por exemplo, picos das montanhas (Figura 7.10), biota de cavernas e plantas isoladas são todos interpretados dessa maneira, e a teoria foi ampliada até mesmo para o tempo evolucionário, com espécies individuais de plantas hospedeiras consideradas como ilhas em relação a uma fauna de insetos "imigrantes".

Modificando a Teoria

A história de como a Teoria da Biogeografia Insular passou a dominar toda essa área de pesquisa foi descrita no Capítulo 1 e não será repetida aqui. Embora isso tenha atrasado sua avaliação crítica, suas deficiências foram finalmente percebidas. Muitos estudos que foram amplamente citados como sustentadores da Teoria da Biogeografia Insular eram, na verdade, muito imprecisos, conforme apontaram o ecologista norte-americano Dan Simberloff [37] e uma revisão do ecologista inglês Francis Gilbert [38], enquanto os procedimentos estatísticos de vários estudos anteriores foram criticados pelos ecologistas norte-americanos Eward Connor e Earl McCoy [39]. Também foi apontado que a Teoria da Biogeografia Insular trata as espécies como unidades numéricas simples de igual valor entre si, de modo que suas possíveis interações biológicas, como efeitos competitivos ou coevolutivos, são, portanto, ignoradas. No entanto, esta foi uma parte essencial da metodologia da Teoria da Biogeografia Insular, pois foi expressamente concebida para tentar ultrapassar a inevitável complexidade resultante da análise de espécies individuais, a fim de ver se isso poderia revelar regras gerais contra as quais espécies individuais ou circunstâncias podem ser julgadas. O ponto geral que surge aqui é a dificuldade de transformar a natureza essencialmente gradual de muitos fenômenos biológicos em pontos individuais de dados definidos e quantificados que os tratamentos matemáticos requerem.

Por outro lado, tem havido muita crítica a trabalhos que aparentemente sustentam as predições da teoria quanto à quantidade de espécies que atingem as ilhas e nelas permanecem em equilíbrio, desde que o ambiente permaneça constante.

O ciclo taxonômico

Conceito Boxe 7.1

Além da sua tentativa de estabelecer um princípio geral na Teoria da Biogeografia Insular, Edward Wilson [67] sugeriu previamente que as distribuições e as amplitudes de espécies individuais em comunidades insulares passaram por estágios de expansão e contração que ele denominou **ciclo taxonômico**. A metodologia dessa teoria consiste em estabelecer categorias para as espécies insulares que têm diferentes características ecológicas e de distribuição, para então deduzir se essas diferenças são resultantes de colonização em épocas diferentes e da interação umas com as outras.

O conceito é mais bem entendido por meio da visualização de uma sequência temporal, imaginando-se a história de uma espécie desde sua primeira dispersão, a partir do continente, até a chegada nas ilhas. A espécie pode chegar a um dos hábitats ecologicamente marginais, tais como uma comunidade costeira, uma *grassland* ou uma floresta de terras baixas. Aqui, inicialmente ela é uma generalista, com distribuição ampla e contínua. Entretanto, tirando proveito da ausência dos competidores habituais, dos predadores e dos parasitas, a espécie pode ampliar sua faixa ecológica para outros ambientes, tais como florestas interiores ou florestas úmidas elevadas. A espécie encontra-se na fase de expansão do ciclo taxonômico.

O evento seguinte é a chegada de outra espécie, cuja competição exclui a espécie original do hábitat marginal, a ponto de sua distribuição ficar restrita aos hábitats interiores, mais especializados. Agora ela se encontra em uma fase de contração do ciclo taxonômico, com um padrão de distribuição mais fragmentado e menos contínuo. A espécie original terá se tornado geneticamente adaptada à vida nesses hábitats e, assim, poderá ser reconhecida como uma nova espécie endêmica. Esse processo pode ocorrer de modo independente em mais de uma ilha, mas, se assim for, cada uma dessas novas espécies será mais estreitamente relacionada com o colonizador original do continente do que umas com as outras.

A teoria do ciclo taxonômico atraiu muitas críticas. No nível teórico mais fundamental, o problema é que a diversidade dos padrões de distribuição que devem ser encontrados na fauna de uma única ilha ou entre ilhas tão variado que torna-se fácil encontrar exemplos que estejam em conformidade com praticamente qualquer classificação. Além disso, é impossível provar que as ligações sugeridas entre distribuição, adaptação e relacionamento sejam de causa e efeito ou que constituam uma sequência temporal. No entanto, os biogeógrafos americanos, Robert Ricklefs e Eldredge Bermingham, em uma revisão do conceito de ciclo taxonômico [68], mostraram que as análises moleculares filogenéticas dos tempos de divergência de 20 linhagens de aves da Índia Ocidental estão de acordo com a premissa das hipóteses, e as análises filogenéticas de linhagens de lagartos anólitos das Índias Ocidentais [69] também têm sustentado as hipóteses. Mais recentemente, o biólogo dinamarquês Knud Jønsson e seus colegas usaram métodos moleculares para analisar a evolução de aves do gênero *Pachycephala* nas ilhas do Indo-Pacífico [70]. Eles demonstraram que as espécies relíquias persistem nas maiores e mais altas ilhas, enquanto as recentes expansões do arquipélago resultaram na colonização de todas as ilhas de uma região. Além disso, os primeiros colonizadores tendiam a ser encontrados no interior e em partes mais altas de uma ilha, e raramente misturados com colonizadores posteriormente. Esses estudos sugerem fortemente que, apesar de haver muita variação, muitos táxons insulares passam continuamente por fases de expansões e contrações.

Por exemplo, Jared Diamond [40] comparou o número de espécies de aves nas Ilhas do Canal da Califórnia, em um levantamento de 1968, com os registros de uma inspeção feita em 1917. Ele concluiu ter havido um equilíbrio no número de espécies que ali se acasalavam. No entanto, mais tarde, Lynch e Johnson apontaram [41] que Diamond havia ignorado as mudanças fundamentais ocorridas no ambiente das Ilhas do Canal entre 1917 e 1968, tornando sem valor o exemplo. Lynch e Johnson encontraram falhas similares em um estudo sobre a fauna de aves. De modo semelhante, Simberloff [42] analisou os registros da fauna de aves de duas ilhas e três áreas continentais no período de 26 a 33 anos, e descobriu que nenhuma delas apresentava qualquer evidência de regulação que conduzisse a um equilíbrio.

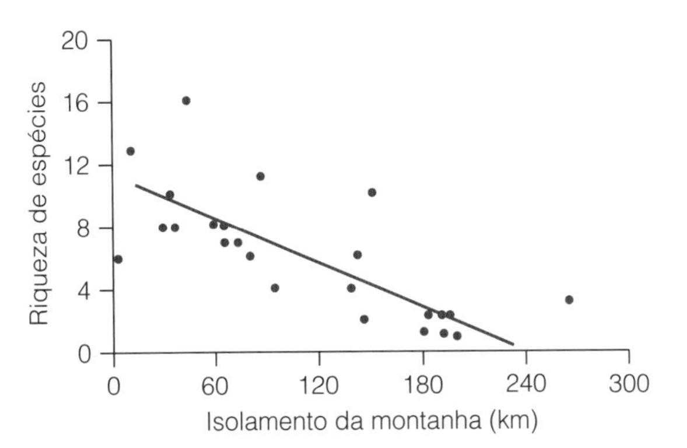

Figura 7.10 Relação entre o grau de isolamento de picos montanhosos no sudoeste dos Estados Unidos e o número de espécies de mamíferos encontrados em cada um. Extraído de Lomolino *et al.* [74].

Desconsiderando esses estudos específicos, podemos, em qualquer caso, ter a certeza de que qualquer biota que observamos hoje esteja em estado de equilíbrio? O nível desse equilíbrio irá se modificar se o ambiente mudar – e o ambiente mudou significativamente quando comparamos tanto com o passado distante quanto com o passado recente. Essas alterações incluem alterações no clima e no nível do mar que podem resultar em mudanças na área da ilha ou na união ou subdivisão de ilhas. Nós mesmos causamos a extinção de espécies endêmicas de ilhas e introduzimos novas espécies nelas. Já foi estimado que a atividade humana, ao longo dos últimos 30.000 anos, levou à extinção de milhares de populações e mais de 2000 espécies de aves. [43]. Nessas circunstâncias, é difícil acreditar que a biota de qualquer ilha esteja em equilíbrio estável. Caso esteja, não há disponível nenhum banco de dados para estimar o nível de equilíbrio numérico em nenhuma situação, nem para prever onde esse equilíbrio irá surgir no futuro. Em qualquer caso, o tempo de latência de muitas tentativas, as características biológicas ainda estão em processo de adaptação a um evento anterior de mudança climática ou do nível do mar. Como Shafer [44] comentou, nenhum aspecto do conceito de nível de equilíbrio no número de espécies pode agora ser considerado como estabelecido, o que, de qualquer modo, seria de valor limitado em um ambiente sujeito a mudanças cíclicas e ocasionais.

Quando se considera a taxa de renovação da espécie, a longevidade da espécie dominante também é importante. Case e Cody [45] mostraram que o período de vida de uma árvore de floresta é tão longo que a renovação é inevitavelmente lenta. Isto pode ser exemplificado por meio da estrutura das espécies da floresta e Angkor, no Camboja, que começou a crescer quando a capital do antigo Khmer foi abandonada 560 anos atrás e ainda não se tornou idêntica à floresta circundante mais antiga.

Outras pesquisas têm sido direcionadas para tentar modificar e melhorar a Teoria da Biogeografia Insular. O primeiro ponto de MacArthur e Wilson, de que as ilhas maiores contêm mais espécies, encontrou aceitação geral. Mas tem havido uma pesquisa considerável para tentar identificar os fatores que produzem esse efeito e sua importância relativa e para examinar o impacto de outros fatores que a Teoria da Biogeografia Insular ignora, como o clima e a história evolutiva. Por exemplo, o biogeógrafo americano David Wright sugeriu que o aspecto fundamental da ampliação da área insular é que ele aumenta a quantidade de energia que cai sobre a ilha – um conceito conhecido como **teoria da espécie-energia** [46]. Wright propôs que as ilhas são essencialmente armazenadoras de energia, mas que a quantidade de energia que uma ilha pode armazenar também irá variar de acordo com seu clima: aquelas com um clima quente e úmido são mais produtivas e, portanto, têm mais espécies do que aquelas que apresentam clima frio e seco. Wright mostrou que a riqueza de espécies de plantas com flores em 24 ilhas em todo o mundo, e de aves terrestres em 28 ilhas das Índias Orientais, foram mais bem explicadas por sua teoria do que pela Teoria da Biogeografia Insular. Mais recentemente, os biogeógrafos canadenses Attila Kalmar e David Currie estenderam o trabalho de Wright para encontrar se o grau de isolamento das ilhas afetou a riqueza de espécies [47]. Usando dados de aves não marinhas de 346 ilhas (Figura 7.11), eles descobriram que a riqueza de uma ilha está correlacionada à sua distância da ilha mais próxima, mas muito mais fortemente correlacionada à sua distância do continente mais próximo. Impressionantemente, eles mostraram que uma combinação de temperatura média anual, precipitação total anual e distância do continente mais próximo, juntas, explicou 87,5 % da riqueza de espécies de aves dessas ilhas. No entanto, em contraste com a Teoria da Biogeografia Insular, sua análise mostrou que a inclinação da riqueza de espécies *versus* a curva ilha-área depende do clima, e não do isolamento.

Modelo Geral Dinâmico da Biogeografia de Ilha Oceânica

Ilhas, como a cadeia havaiana, que resultam das atividades de um ponto quente oceânico, têm seu próprio ciclo de nascimento, crescimento, subsidência e desaparecimento. Robert Whittaker, professor de Biogeografia na Universidade

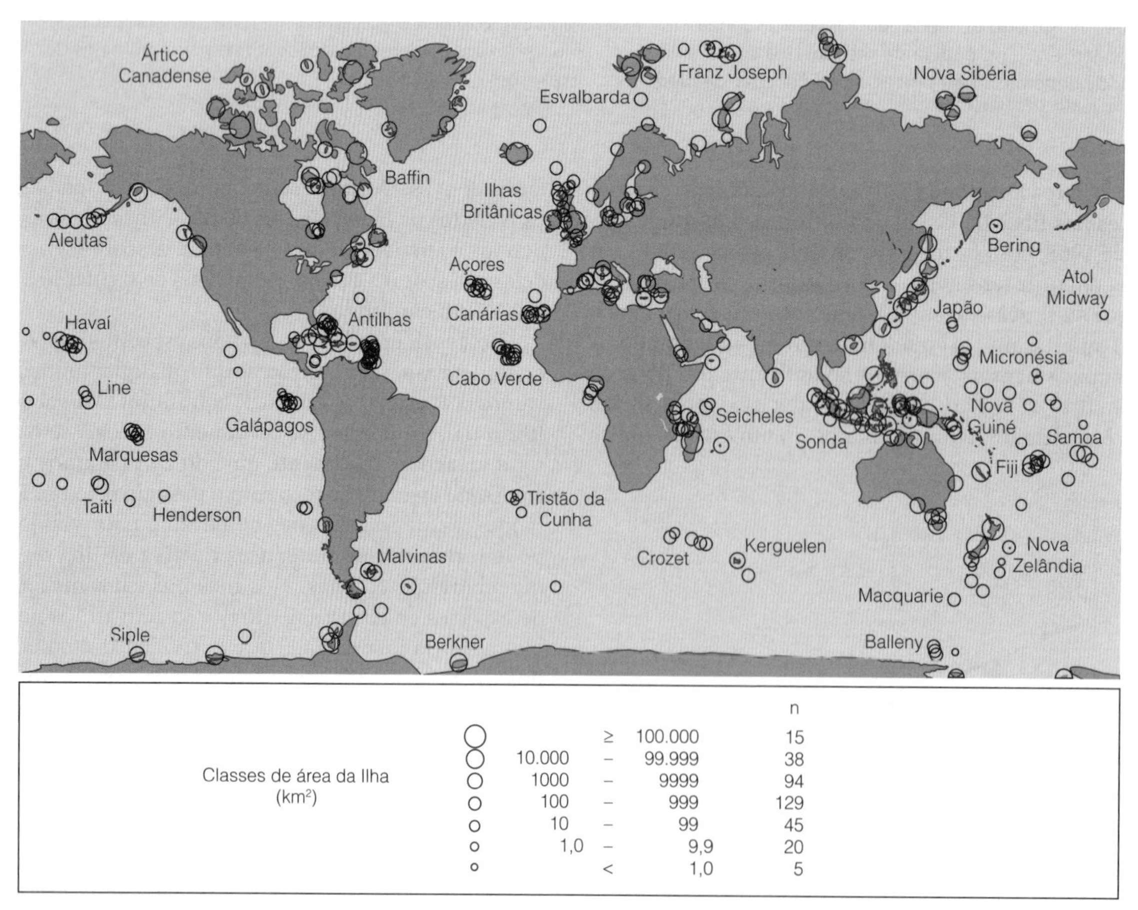

Figura 7.11 Mapa mostrando as localizações das ilhas utilizadas no estudo por Kalmar e Currie [47].

de Oxford, e seus colegas, recentemente combinaram os padrões desta história de vida geológica com alguns aspectos da Teoria da Biogeografia Insular para produzir um novo **modelo geral dinâmico** (GDM, sigla em inglês) que prevê os padrões de biodiversidade, endemismo e diversificação ao longo da vida de uma ilha [48, 49].

Whittaker e colaboradores fornecem um gráfico que ilustra o padrão geral das mudanças na área, altitude e complexidade topográfica de uma ilha de ponto quente. A área e a altitude em primeiro lugar aumentam, mas em seguida começam a ser reduzidas pela erosão, que, juntamente com a subsidência do resfriamento do fundo do oceano, faz com que a ilha se afaste do centro do ponto quente, e grandes desmoronamentos resultantes da erosão das abruptas encostas vulcânicas também conduzirão ao eventual desaparecimento da ilha abaixo do nível do mar (Figura 7.12a). A erosão também produz uma topografia mais complexa – embora esta complexidade alcance um máximo pouco depois do tempo de elevação máxima. Isso, por sua vez, aumenta a diversidade de hábitat e, portanto, o número de nichos ecológicos vazios na ilha (Figura 7.12b), aumentando assim a capacidade potencial de carga da ilha (K, na Figura 7.12c). Esses nichos vazios podem ser preenchidos por novos colonizadores ou pela radiação dos colonizadores existentes, os quais, juntos, aumentam na medida em que a capacidade de carga de uma espécie em potencial é alcançada (R na Figura 7.12c). Embora a lacuna entre essas duas figuras permaneça elevada, o isolamento ecológico entre as espécies existentes será alto, e as oportunidades para o aparecimento dessas novas espécies serão correspondentemente altas (Figura 7.12b). À medida que esses nichos são preenchidos (R gradualmente se aproximando de K) e a competência entre as espécies aumenta, a taxa de aparição de novas espécies diminuirá (S, na Figura 7.12c).

Para começar, quase todos os nichos vagos serão ocupados por imigrantes das ilhas vizinhas. Mas, à medida que a diversidade de hábitat e o espaço de nichos vagos aumentam, mais e mais desses nichos provavelmente serão preenchidos pela evolução de novas espécies de imigrantes existentes. Com o tempo, uma proporção crescente da biota será endêmica de uma única ilha (SIEs) resultante da evolução dentro da ilha e do fato de que esses clados se tornarão cada vez mais ricos em espécies. Embora mais tarde o número de SIEs seja reduzido, por exemplo, por sua dispersão para outras ilhas ou por sua extinção à medida que a competição aumenta, Whittaker e seus colaboradores [48] salientam que o número desses SIEs deve variar de uma forma previsível durante toda a vida da ilha. A cadeia de ilhas resultante de um ponto quente, semelhante na sua localização e na natureza dos animais e plantas disponíveis, deve proporcionar um teste particularmente adequado. Nesse sentido, os autores utilizam dez conjuntos de dados para os organismos das cadeias Havaianas, Canárias, Galápagos, Açorianas e Marquesas para testar seu modelo, e verificam que o suportam. Eles comentam que seu modelo deve, em princípio, se aplicar a outros arquipélagos insulares, como arcos de ilhas e aqueles que foram afetados pelas mudanças no clima e nível do mar do Pleistoceno.

O modelo GDM já foi testado em vários arquipélagos com vários grupos de organismos [por exemplo, 50], mas sua importância é provavelmente menos relacionada com precisas previsões quantitativas e mais com um quadro conceitual inclusivo para a compreensão da biogeografia evolutiva de ilhas oceânicas.

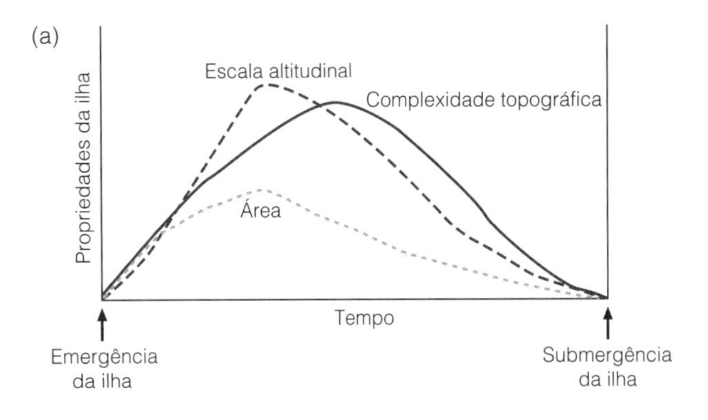

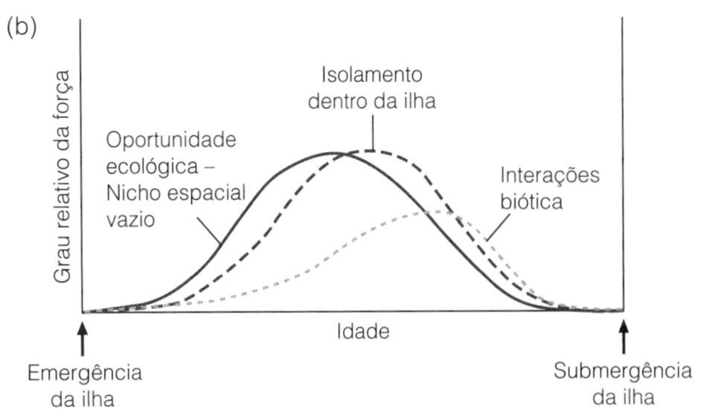

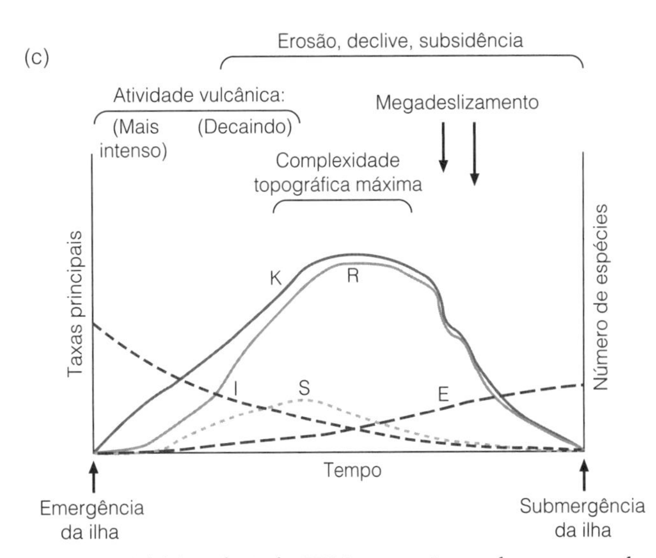

Figura 7.12 (a) A geologia do GDM: como a área, a altura e a complexidade topográfica de uma ilha podem mudar ao longo de sua vida útil. (b) A biologia do GDM: como o número de nichos ecológicos vagos, a especiação dentro da ilha e a competição podem mudar ao longo de sua vida útil. (c) Integração da geologia e da biologia da vida da ilha. O aumento da capacidade de carga da ilha (K) é seguido por um aumento da taxa de especiação (S) e, após um atraso, pelo consequente aumento de sua riqueza de espécies, R. Também são mostradas as taxas de imigração (I) e extinção (E). As dobras nas curvas K e R representam grandes deslizamentos de terra, o que levaria a um aumento na taxa de extinção. Adaptado de Whittaker *et al.* [48].

Aninhamento

As espécies dentro do arquipélago frequentemente mostram padrões distintos de arranjo, com ilhas menores contendo um subconjunto das espécies presentes na ilha maior. Esse padrão, conhecido como *aninhamento*, é impulsionado pela interação entre as diferenças físicas entre ilhas de diferentes tamanhos e os processos familiares de imigração, extinção e especiação. Muitas vezes, as ilhas menores contêm apenas alguns dos hábitats disponíveis em comparação à ilha maior e, portanto, não podem suportar muitas das espécies presentes nas ilhas maiores, mesmo que elas sejam capazes. Além disso, a extinção é maior em ilhas menores e, portanto, perdem algumas das espécies que são mantidas na ilha maior. Finalmente, o maior número de hábitats (nichos) disponíveis na ilha maior significa que há mais oportunidades de especiação, criando espécies endêmicas que não são encontradas nas ilhas menores. Naturalmente, a especiação também pode ocorrer em ilhas menores, reduzindo o aninhamento.

Outro fator que pode reduzir o aninhamento é quando uma ilha pequena contém um hábitat único. Neste caso, as espécies que chegam lá podem evoluir para novas espécies (endêmicas) que já não são capazes de sobreviver em outras ilhas do arquipélago. Além disso, o isolamento pode reduzir o aninhamento, tornando mais provável a especiação (reduzindo o fluxo genético entre ilhas) e reduzindo a taxa de troca de espécies entre ilhas. Também é interessante observar que ilhas muito pequenas tipicamente mostram uma versão extrema de aninhamento porque sua área só pode sustentar populações viáveis de um número reduzido de espécies muito pequenas (alguns insetos, por exemplo). De fato, ilhas muito pequenas nem sequer se adequam à relação espécie-área – parece haver um limiar de tamanho, após o qual a diversidade de espécies cai drasticamente, conhecido como **efeito de pequena ilha** [51].

Assim como a Teoria da Biogeografia Insular, uma das aplicações mais importantes da pesquisa de aninhamento tem sido a conservação de fragmentos de hábitat (por exemplo, fragmentos florestais em um "mar" de terras agrícolas). Nesse caso, o aninhamento é causado principalmente pela extirpação rápida de espécies de fragmentos menores. Obviamente, o grupo ideal de fragmentos para conservar a biodiversidade em um sistema altamente aninhado será diferente de um sistema equivalente com um baixo grau de aninhamento. Nesta perspectiva, o desenvolvimento de métricas para capturar com precisão o grau de aninhamento é essencial. Vários métodos têm sido propostos [52]; o mais comum é a *temperatura de aninhamento* [53], uma medida de desordem, ou inesperada, na matriz presença-ausência de espécies. O *software Nestedness temperature calculator*, desenvolvido por Wirt Atmar e Bruce Patterson [54], é capaz de calcular o quanto as ilhas individuais (ou fragmentos) se desviam do aninhamento geral de todo o sistema, permitindo aos cientistas identificar facilmente ilhas periféricas que podem ser de especial interesse para a conservação.

Vivendo Juntos: Regras de Incidência e Assembleia

Compreender como as comunidades biológicas se formam é um dos principais objetivos da ecologia. No entanto, é difícil estudar, por pelo menos duas razões. Primeiro, a assembleia ocorre no decurso de longos períodos de tempo, tornando o estudo direto quase impossível. Segundo, a assembleia da comunidade é um processo complexo que envolve interações em diferentes escalas de organização, espaço e tempo. Mais uma vez, as ilhas provaram ser inestimáveis para ultrapassar essas limitações devido à sua natureza discreta e replicada e porque as novas ilhas são essencialmente como "folhas limpas", sobre as quais os processos de imigração, estabelecimento, adaptação, especiação e extinção local formam e reformam as comunidades [55].

Com base nos trabalhos de MacArthur e Wilson, Jared Diamond tomou a ideia de ilhas como "folhas limpas" um passo adiante, elaborando um conjunto de "regras" de montagem que determinam a composição das comunidades nas ilhas oceânicas. Diamond derivou suas réguas de seu trabalho com pássaros da ilha do Pacífico. Especificamente, ele documentou a ocorrência, ou **incidência**, de 513 espécies em milhares de ilhas perto da Nova Guiné (Figura 7.13) [56]. Por um lado, ele descobriu que algumas espécies (que ele chamou de **espécies sedentárias**) estão presentes apenas nas ilhas maiores e mais ricas em espécies. Por outro lado, outras espécies (que ele chamou de ***supertramps***) estão ausentes em ilhas grandes e geralmente são encontradas em ilhas menores ou mais remotas e pobres em espécies. Entre esses dois extremos, Diamond definiu arbitrariamente outras quatro categorias menores de *tramps*. Os dados sugerem que as combinações de espécies de aves encontradas nas diferentes ilhas não eram aleatórias, mas dependiam de muitos fatores, incluindo o tamanho da ilha, o número de espécies, a disponibilidade de hábitats adequados e a extensão do hábitat específico na área ou duração no tempo.

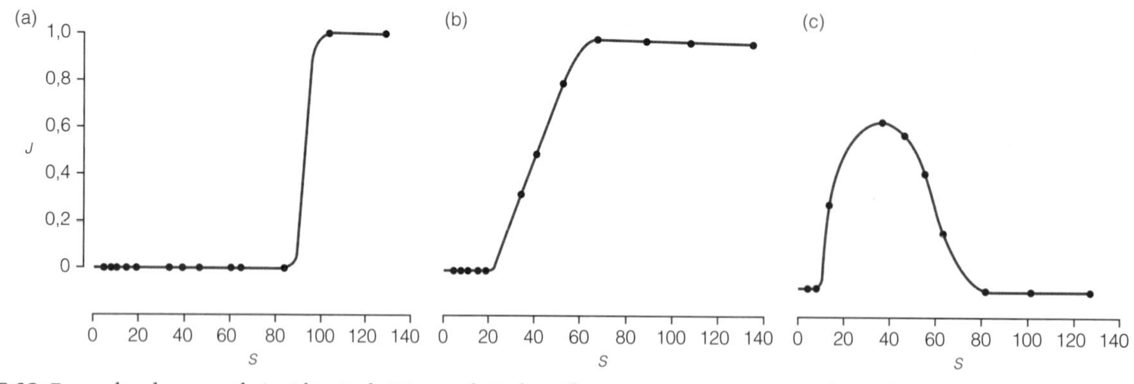

Figura 7.13 Exemplos de regras de incidência de Diamond. Cada gráfico mostra a porcentagem de 50 ilhas dentro das quais cada espécie é encontrada (*J*), plotada contra o número de espécies de aves encontradas em cada ilha (*S*). Cada ponto representa dados agrupados entre 3 e 13 ilhas, exceto que os dois maiores valores representam apenas uma ilha. (a) A distribuição de uma espécie sedentária, o cuco *Centropus violaceus*. (b) A distribuição de um *tramp* intermediário, o pombo *Ptilinopus superbus*. (c) A distribuição de um *supertramp*, o pombo *Macropygia mckinlayi*. Adaptado de Diamond [56].

Analisando as diferentes assembleias de espécies encontradas nas ilhas, Diamond fez uma série de generalizações (**regras de assembleia**). Ele descobriu que alguns pares de espécies nunca foram encontrados juntos, aparentemente porque eles competiam diretamente uns com os outros, de modo que o primeiro a chegar foi capaz de excluir o outro. Este parece ser o caso na colonização de ilhas do Pacífico Central por aranhas dispersas pelo vento [57]. Algumas combinações, portanto, parecem ser "permitidas" enquanto outras são "proibidas". Outros pares podem coexistir, mas somente se eles são parte de uma assembleia maior. Mas precisamente aquela combinação de espécies é diferente de acordo com o tamanho e a riqueza de espécies da ilha. Os dados também sugerem que os invasores potenciais foram incapazes de colonizar ilhas, uma vez que sua presença produziria uma combinação "proibida" (presumivelmente porque as espécies que já estavam na ilha não deixaram um nicho adequado para o invasor). No entanto, o invasor pode ser capaz de inserir uma combinação em uma ilha maior ou mais rica em espécies.

Nos últimos 30 anos, as sugestões de Diamond têm estimulado uma ampla gama de críticas e apoio. Talvez o maior problema seja a grande diversidade de fatores que Diamond invoca em suas funções de incidência e regras de assembleia (distribuição *versus* área da ilha, riqueza de espécies, padrão de hábitats, história de mudanças climáticas, área, conexão com o continente, intervenção humana e interação entre as espécies). Portanto, pode-se afirmar que alguma explicação poderia ser encontrada para qualquer biota insular, mas que não se poderia descartar a possibilidade de que fosse meramente o resultado do acaso (a **hipótese nula**), uma abordagem apoiada por um estudo de plantas com flores lenhosas, em 27 ilhas ao oeste da Ilha de Vancouver, Canadá [58]. No entanto, como Robert Colwell e David Winkler demonstraram [59], é, de fato, extremamente difícil desenhar um modelo nulo que não sofra sérios vieses. É igualmente difícil usar uma biota do mundo real como comparação, porque sua composição tem sido condicionada pela competição dentro de uma biota muito mais variada. Considerando a variedade e a complexidade das biotas, áreas e história das ilhas, é improvável que só uma teoria explique todas, e é pragmático manter uma variedade de abordagens e ver qual é a mais útil em cada caso.

Outra linha de pesquisa tem procurado identificar quais características são encontradas em relação aos primeiros ou posteriores colonizadores. Os primeiros são **r-selecionados**: altamente móveis, capazes de rápido crescimento até a maturidade precoce e, portanto, com maior taxa potencial de aumento da população. Eles contrastam com os colonizadores posteriores, conhecidos como **K-selecionados**: dispersão e reprodução mais lentas, mas com maior capacidade de sustentar sua população quando esta está se aproximando da capacidade de carga da ilha.

Embora nos estágios iniciais do desenvolvimento, uma nova abordagem da biogeografia tem o potencial de fornecer respostas mais quantitativas a questões de coexistência, competição e níveis "'permissíveis"' de similaridade morfológica. A subdisciplina nascente da *biogeografia funcional* procura compreender a distribuição geográfica dos tratos orgânicos da diversidade em todos os níveis organizacionais [60]. Robert Whittaker e seus colaboradores [61] aplicaram recentemente tal abordagem às aranhas e besouros do arquipélago dos Açores, na tentativa de compreender se a adaptação das características possuídas por espécies nativas e exóticas pode afetar a habilidade das espécies exóticas para invadir uma ilha. Eles descobriram que a diversidade funcional de ambos os táxons aumenta com a riqueza de espécies, que por sua vez, aumenta com a área da ilha – sugerindo fortemente que a ilha não está "saturada" para qualquer um desses grupos. Curiosamente, as aranhas exóticas adicionaram traços superficiais em um maior grau do que os besouros exóticos, provavelmente devido a uma maior perda histórica de competidores de aranhas deixando mais nichos vazios que as espécies colonizadoras poderiam preencher.

Construindo um Ecossistema: A História de Rakata

Na maioria dos casos, dispomos de pouco conhecimento sobre o que há por trás da história dos complexos agrupamentos de animais e plantas que habitam uma determinada ilha. Podemos tentar comparar ilhas diferentes e classificar suas biotas em uma série, ou várias, que possam representar um processo histórico, mas existe o perigo de interpretarmos os fatos de modo subjetivo. Só estaremos pisando em solo firme quando a história da biota de uma única ilha for documentada por um longo tempo – e temos agora a grata oportunidade de dispor de uma documentação desse tipo para uma ilha, Rakata, cuja biota está em processo de reagrupamento após destruição total. Esta ilha tem sido estudada desde 1979 pelo botânico Robert Whittaker e colaboradores, de Oxford, e desde 1983 pelo zoólogo australiano Ian Thornton e colaboradores. Muito da informação contida nesta seção foi retirado do livro *Krakatau* [62], de Thornton, de leitura agradável e estimulante, e outra parte foi extraída de Whittaker *et al.* [63]. Os dados acumulados (e que ainda estão sendo reunidos) por esses programas de pesquisa permitem-nos analisar a sequência de colonização da ilha, e como diferentes métodos de colonização contribuíram para isto. Assim como veremos, outro aspecto importante desses estudos é que foi possível estendê-los para outra nova ilha vizinha, dando-nos uma rara oportunidade para fazer estudos comparativos.

Rakata está situada nas Índias Orientais, entre as principais ilhas de Java (afastada 40 km) e Sumatra (afastada 35 km), que funcionam como as principais fontes de colonizadores (Figura 7.14). Com uma área de 17 km^2 e uma altitude aproximada de 735 m, Rakata é o maior fragmento remanescente da ilha de Cracatoa, que foi destruída por uma explosão vulcânica em 1883. Duas outras ilhas, Sertung (13 km^2, 182 m) e Panjang (3 km^2, 147 m), são fragmentos de uma versão maior e mais antiga de Cracatoa, e uma ilha nova, Anak Cracatoa, surgiu em 1930. Toda vida nas ilhas foi extinta pela erupção que as cobriu com uma camada de cinza quente de 60 a 80 m de altura em média, e em determinadas áreas com até 150 m. Levantamentos da biota de Rakata foram realizados de modo intermitente desde 1886, com um intervalo entre 1934 e 1978 (exceto por um pequeno trabalho em 1951), e de forma intensiva desde o centenário da erupção, em 1983. (Na narrativa a seguir, as datas desses levantamentos são indicadas como lapsos de tempo transcorridos desde a erupção de 1883; assim, 1908 = E + 25. Veja também a escala na base da Figura 7.15.) Esses levantamentos mostram que os padrões de colonização e extinção não são suaves, mas fortemente

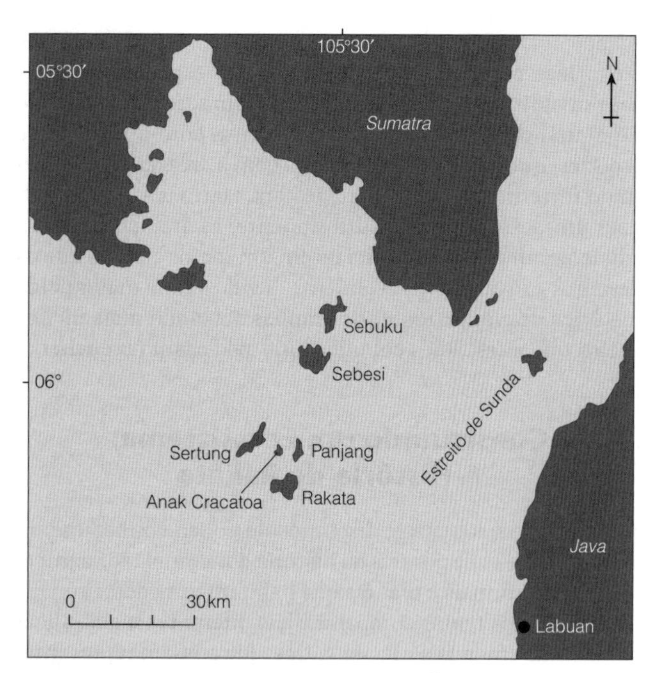

Figura 7.14 Localização de Rakata e suas ilhas vizinhas. Extraído de Whittaker *et al.* [75].

influenciados pelos momentos de emergência de novos ecossistemas, e pela ligação entre plantas e animais devido aos requisitos alimentares ou aos mecanismos de dispersão.

O Ambiente Costeiro

O desenvolvimento da biota de Rakata pode ser mais bem compreendido por meio da análise dos ambientes de praia e vizinhança da praia, separados do ambiente insular. Existem dois motivos para isto. Primeiro, o ambiente da praia é muito pouco modificado pelo estabelecimento de organismos vivos, e também vem sendo incessantemente destruído e recriado devido à erosão causada por correntes marinhas e tempestades, que destroem uma parte da praia e depositam o material em outro lugar. Este fenômeno causa frequente extinção local da biota, com recolonização simultânea em outros pontos. Segundo, esses ambientes foram colonizados em primeiro lugar por plantas que desenvolveram métodos de dispersão pelo mar e às quais as incessantes marés proporcionam oportunidades diárias para colonizarem a praia.

Pelo levantamento E + 3 existiam ainda nove espécies de plantas floríferas nas praias de Rakata (incluindo duas espécies de arbusto e quatro arbóreas). Onze anos mais tarde (E + 14), a contagem havia subido para 23 espécies floríferas, incluindo três tipos de arbustos e dez espécies de árvores. A flora também incluía três comunidades distintas. Ao longo da própria praia estendiam-se linhas de trepadeiras, como *Ipomoea pes-caprae*. As árvores e os arbustos cresciam a uma pequena distância em direção ao interior, e eram compostos por bancos de amendoeiras indianas, como a *Terminalia catappa* ou a *Casuarina equisetifolia*. Todas as espécies dessas florestas encontravam-se amplamente distribuídas nas praias do Sudeste Asiático e do Pacífico Ocidental, o que demonstra que são boas para dispersão por mar. A quantidade de árvores nessas chegadas pioneiras pode, a princípio, parecer surpreendente, porém o grande tamanho dos frutos ou nozes dessas árvores faz com que seja mais fácil elas terem dispositivos de flutuação e não serem esmagadas pelas ondas. (Nem todas as espécies necessariamente chegaram como indivíduos solitários; em 1986, uma massa de vegetação com 20 m2, incluindo palmeiras inteiras de 3 a 4 m de altura, foi lançada na praia nas imediações da ilha de Anak Cracatoa.) Uma vez crescidas, as árvores e arbustos pioneiros também proporcionaram alimento em forma de frutos, assim como poleiros para pássaros e morcegos cujos dejetos eram provavelmente fonte de outras árvores, tais como duas espécies de figueiras. Assim, os próprios colonizadores pioneiros proporcionaram uma cabeça-de-ponte para outras chegadas. As sementes e os frutos de árvores (como a *Terminalia*) que alcançaram a praia também podem ter ido um pouco mais para o interior, levados por morcegos frugívoros e caranguejos; a falta de outros mamíferos além de morcegos e ratos em Rakata pode explicar por que essa dispersão para o interior parece ter sido mais lenta.

Por volta de E + 25, haviam chegado a Rakata 46 espécies de plantas pelo mar (Figura 7.15c), mas daí em diante o nível do componente de transporte marítimo da flora começou a se equilibrar. Colonos potenciais continuam a chegar por mar – um levantamento de dois meses de duração, feito na praia de Anak Cracatoa durante dois anos consecutivos, encontrou frutos, sementes e plantas novas de 66 espécies vegetais. Por ser tão fácil para essas espécies colonizar a praia, a maioria o faz logo e, depois, há um declínio na chegada de novas espécies

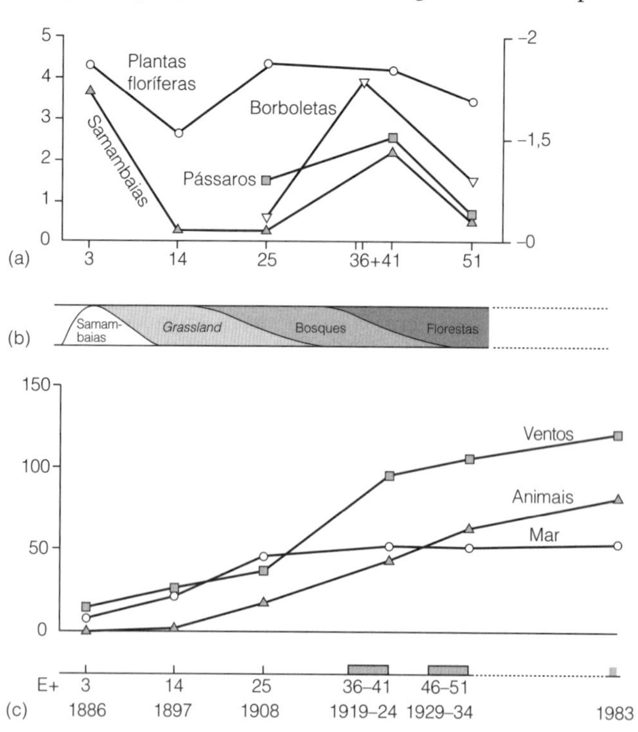

Figura 7.15 As mudanças na biota de Rakata, de 1883 a 1934. O eixo inferior em (c) mostra as datas e os períodos transcorridos desde a erupção (E+x); os símbolos indicam os períodos nos quais as coletas foram realizadas. (a) Mudanças nas taxas de imigração das samambaias e plantas floríferas (escala no lado esquerdo) e de borboletas e pássaros residentes (escala no lado direito; estes não foram recenseados antes de 1908). Segundo Thornton [62]. (b) Uma interpretação subjetiva da taxa e da natureza das mudanças ambientais, deduzidas a partir das descrições fornecidas por pesquisadores cientistas. (c) Métodos de colonização pioneira por samambaias e plantas floríferas. A partir dos números de 1934, o nível foi extrapolado até os valores do censo de 1983. Extraído de Bush & Whittaker [76].

por transporte marítimo. Assim, por exemplo, entre E + 41 e E + 106, a diversidade da flora da praia aumentou em apenas seis novas espécies (de 53 para 59 espécies) e hoje a comunidade da praia é relativamente estável, com pequenos ganhos ou perdas.

Vida Interior

A história da colonização das áreas interiores de Rakata é mais complexa porque o ambiente não se manteve constante. Em vez disso, a presença e as atividades de cada onda de colonizadores não apenas mudaram o ambiente como também produziram maior variedade de hábitats, alguns dos quais eram mais adequados à seleção de novos colonizadores. Dessa forma, tanto a complexidade quanto a variedade dos ecossistemas interiores de Rakata aumentaram. A Figura 7.15b é uma tentativa de dar uma ideia do tempo e da taxa dessas mudanças ecológicas, por meio das descrições fornecidas nos levantamentos anteriores, de modo que possam ser comparadas com as mudanças em alguns animais e plantas que vêm colonizando a ilha ao longo desse período.

Inicialmente, de acordo com E + 3, as áreas interiores devastadas e cobertas de cinzas foram atravessadas por uma película gelatinosa de *algas verde-azuladas* ou cianobactérias. Isto proporcionou um ambiente úmido no qual os esporos de dez espécies de samambaias e duas de musgos germinaram e se desenvolveram, assim como quatro espécies de ervas. (Essa dominação inicial por samambaias pode ter ocorrido porque os esporos dessa planta são mais leves do que as sementes das plantas floríferas.) Segundo E + 14, muitas espécies novas de plantas floríferas chegaram, e assim as samambaias tornaram-se menos dominantes, embora ainda cubram grande parte das áreas de terras elevadas. Naquela época, podiam-se distinguir associações explícitas de plantas em diferentes níveis na ilha. As montanhas e os vales interiores eram cobertos por uma "estepe de gramíneas", com até 3 m de altura, composta da antiga cana-de-açúcar *Saccharum spontaneum*, em conjunto com outras gramíneas e árvores isoladas. Curiosamente, algumas trepadeiras e um arbusto, que normalmente são confinados à praia, conseguiram se expandir para o interior, na ainda empobrecida flora de Rakata.

As encostas altas de Rakata também eram cobertas de *grassland*, mas neste caso o domínio era de *Imperata cylindrica*, um tipo de grama que geralmente é o primeiro a colonizar áreas limpas pelo fogo, nas Índias Orientais, junto com o bambu *Poganotherum*. Embora ainda estejam presentes nessas floras de *grassland*, as samambaias contribuem com apenas 14 espécies, comparadas às 42 espécies floríferas.

Em E + 25, novas espécies de árvores dispersas por animais, como figos e *Macaranga*, estavam chegando nas planícies. Como resultado, o interior das *grasslands* foi sendo substituído por uma mistura de bosque e floresta, e eles tinham desaparecido quase completamente pela E + 45. A floresta cresceu densa, e seu dossel gradualmente começou a se fechar entre E + 36 e E + 51. Isto acarretou uma mudança progressiva no hábitat físico e no microclima do chão da floresta: a velocidade do vento, a intensidade da iluminação e a temperatura diminuíram, ao passo que a umidade aumentou. O gráfico das taxas de imigração de samambaias, plantas floríferas, borboletas e pássaros (Figura 7.15a) mostra mudanças interessantes que surgiram em consequência dessas mudanças ecológicas. (A taxa de imigração é a taxa de acréscimo de novas espécies à biota por ano. O acréscimo de dez novas espécies no intervalo de cinco anos entre dois levantamentos consecutivos proporcionará, portanto, uma taxa de imigração igual a duas espécies por ano.)

A *grassland* que substituiu a fase pioneira das samambaias não parece ter proporcionado um ambiente que incentivasse a diversidade de novos colonizadores, e a taxa de imigração tanto das samambaias quanto das plantas floríferas recrudesceu. A queda foi maior para as samambaias porque sua taxa de imigração, no início, foi particularmente alta, durante a formação da fase das samambaias. A taxa de imigração das plantas floríferas aumentou quando foram amostradas no levantamento seguinte, em E + 25, mas caiu novamente em E + 51; isto pode ter ocorrido porque o crescimento da mata de início proporcionou uma maior variedade de hábitats para elas, mas posteriormente, com o fechamento do dossel da floresta, a iluminação ficou restrita. Em contraste, a taxa de imigração das samambaias continuou a aumentar, mesmo durante os estágios iniciais da formação do dossel. Isto provavelmente se deu porque a floresta úmida proporcionou um ambiente ideal para um segundo grupo de samambaias, principalmente espécies de sombra, muitas das quais eram epífitas, que vivem nos troncos e nos galhos das árvores. Tanto para borboletas como para aves terrestres residentes, a taxa de imigração aumentou na medida em que a floresta começou a se formar, mas decaiu quando o dossel se fechou. Assim, o fechamento do dossel teve lugar ao mesmo tempo em que houve redução na taxa de imigração de todos esses grupos. Apesar disso, devido ao fato de as taxas de extinção permanecerem comparativamente baixas, o número total de espécies, no caso das plantas floríferas, aumentou um pouco, e permaneceu aproximadamente constante nos outros grupos. (O fato de as taxas de extinção permanecerem baixas durante o período de fechamento do dossel sugere que é possível que fragmentos de solo iluminado ou clareiras nos bosques tenham-se mantido. Isto pode ter ocorrido no entorno ou no meio das florestas, talvez onde caíram algumas árvores, proporcionando oportunidades para a sobrevivência de espécies que preferem um hábitat aberto.) Análises das espécies que foram perdidas sugerem que algumas nunca chegaram propriamente a se estabelecer, algumas viveram em hábitats que desapareceram ou foram transformados, e outras tiveram uma distribuição muito restrita. A flora de plantas superiores do interior ainda está ganhando novas espécies, de modo que a sucessão florestal ainda continua e o equilíbrio das espécies no dossel ainda está mudando.

Whittaker e colaboradores recentemente conduziram uma análise dos dados das floras de Rakata e suas ilhas vizinhas, com resultados interessantes e importantes [63]. Embora análises prévias sugerissem que muitas extinções foram devidas a interações casuais de um complexo de variáveis, essa nova análise, por outro lado, mostrou que tais extinções resultaram de erros de amostragem. Ao contrário, uma proporção relativamente alta de extinções foi o resultado inevitável da perda ou transformação de hábitats como parte do processo de mudança que afetou a ilha como um todo ou suas comunidades.

Como notamos nos parágrafos anteriores, a biota do interior de Rakata também difere daquela da costa na medida em que toda ela chegou por via aérea e não marítima. Esta não é uma jornada difícil, pois os ventos de Java e de Sumatra têm uma velocidade média de 20 a 22 km/h, e assim sementes sopradas pelo vento podem alcançar Rakata em cerca de 2 horas. Entretanto, embora algumas tenham chegado por transporte aéreo com o vento, outras vieram no corpo de animais. Para começar, o interior coberto de cinzas não era nada convidativo para animais. Assim, como se pode ver na Figura 7.15c, a dispersão, com auxílio de animais, só começou a ser um contribuinte significativo para a biota a partir do período do levantamento de E + 25. Dessa data em diante, os gráficos de chegada de espécies dispersas pelo vento e por animais formam linhas paralelas. Mas também crescem de modo mais escarpado devido ao efeito de realimentação positiva entre plantas e animais. As matas que se desenvolveram em E + 25 proporcionaram um ambiente que pode ser colonizado por outras espécies de plantas floríferas (Figura 7.15b). A crescente diversidade dessas plantas, por sua vez, proporcionou alimento para uma crescente diversidade de animais, como se pode observar a partir do fato de que as taxas de imigração de borboletas e de pássaros aumentaram naquele momento. Esse efeito tornou-se especialmente nítido enquanto o dossel da floresta era formado. No entanto, os números crescentes e a diversidade de animais que chegavam à floresta em crescimento também trouxeram as sementes de outras novas espécies, tanto no sistema digestivo como presas ao corpo. O aumento resultante na diversidade vegetal, por sua vez, também incentivou mais diversidade animal, e assim por diante.

O componente de dispersão por animais foi o mais importante, do ponto de vista ecológico, porque as sementes da quase totalidade de espécies arbóreas das florestas interiores chegaram desta maneira. Por outro lado, a dispersão pelo vento foi particularmente importante para acrescentar outras espécies de plantas, proporcionando todas as samambaias da floresta e muitas ervas e arbustos. Destas, 17 % pertencem às *Compositae* (com flores semelhantes às dos girassóis e margaridas), 13 % às *Asclepiadaceae* (asclépias, cujas sementes têm filamentos finos muito parecidos com aqueles das *Compositae* e são facilmente transportadas pelo vento), enquanto mais de 50 % dessas espécies pertencem às *Orchidaceae*, muitas das quais são dispersas pelo vento e outras por animais. (As sementes de orquídeas não têm reservas alimentares e precisam de fungos de raízes para germinar e crescer, o que sugere que pelo menos seus colonizadores pioneiros devem ter chegado à ilha na lama, que continha o fungo, grudada nos pés das aves.) Quanto à flora como um todo, espécies com sementes pequenas e dispersas pelo vento formam uma proporção muito maior da flora de Rakata do que da vizinha Java.

Rakata é a maior e a mais alta das três ilhas formadas a partir de fragmentos, inicialmente sem vida, de Cracatoa. Poder-se-ia esperar que as florestas que finalmente apareceram nessas três ilhas fossem semelhantes entre si e àquelas das vizinhas Java e Sumatra – mas não são. As florestas nas terras baixas de Rakata são únicas, pois são dominadas pela *Neonauclea* (*Rubiaceae*), árvore dispersa pelo vento e que cresce até 30 m de altura. As florestas de Panjang e de Sertung, por sua vez, são dominadas por árvores dispersas por animais, como a *Dysoxylum* (*Meliaceae*) e a *Timonius* (*Rubiaceae*). Por que as florestas dessas ilhas são únicas e também diferentes umas das outras? Várias teorias foram apresentadas.

Uma das diferenças entre as árvores é que a *Neonauclea* é menos tolerante à sombra do que as outras duas espécies. Assim, poderia estar 'fora das sombras' se todas as três espécies tivessem chegado a uma ilha mais ou menos ao mesmo tempo. Entretanto, a *Neonauclea* chegou a Rakata em 1905, cerca de 25 anos antes das demais, e isto lhe deu uma vantagem inicial e possibilitou que se tornasse dominante naquela ilha. Também há indicativos de que ela necessita de renovação do solo ou de cinzas frescas para se estabelecer. Poucas expedições científicas foram realizadas nas outras duas ilhas, e assim a história de suas florestas não é bem conhecida – sabe-se apenas que as três espécies estavam presentes em 1929. O ecologista japonês Hideo Tagawa e colaboradores [64] sugeriram que, se todas tivessem chegado ao mesmo tempo, a sombra produzida pelo crescimento das árvores da *Dysoxylum* e da *Timonius* teria criado dificuldades para a *Neonauclea* florescer. Rob Whittaker e colegas apontaram inicialmente que, diferentemente de Rakata, as outras ilhas foram parcialmente cobertas por até 1 m de cinzas durante a erupção do Anak Cracatoa em 1930, o que teria afetado a flora dessas ilhas. Mais recentemente [65], eles sugeriram que existe uma forte casualidade na determinação de qual espécie se tornará o elemento dominante. O sucesso pode depender de fatores como a época do ano, o clima prevalente, quais elementos da vegetação anterior sobreviveram e quais frutificaram, quais agentes de dispersão eram disponíveis etc. (Figura 7.16).

É interessante notar que a recolonização do Anak Krakatau, seguida por erupções ocasionais de 1932 a 1973, mostrou um padrão semelhante à principal erupção de Cracatoa de 1883. Em particular, os colonizadores litorâneos e do interior eram muito semelhantes, e vai ser muito interessante ver que os aspectos dos colonizadores florestais do interior só agora começam a assemelhar-se, vão jogar nas variações apresentadas pelas florestas de Rakata, Panjang e Sertung.

Tudo isso proporciona uma boa ilustração de como é difícil interpretar a biogeografia ecológica, mesmo na situação, aparentemente simples, de colonização de um ambiente insular sem vida.

As figueiras, que são uma parte especialmente importante da flora de florestas tropicais, proporcionam outra questão interessante na colonização de Rakata. Elas formam um importante componente da floresta; em E + 40, as 17 espécies de figueiras encontradas em Rakata, Panjang e Sertung compunham cerca de dois terços do total de espécies arbóreas. Os figos também são importantes porque servem de alimento para muitos animais. (Na Malaia, uma única figueira foi visitada por 32 espécies de vertebrados, e 29 espécies de figueiras foram usadas por 60 espécies de aves e 17 de mamíferos.) Tão importante, no entanto, é o fato de que poucos desses animais se alimentam exclusivamente de figo, e por esse motivo os animais que também comiam figo (especialmente os morcegos) provavelmente chegaram a Rakata trazendo sementes de outras árvores em seu aparelho digestivo. (Morcegos podem reter sementes viáveis em seu intestino por mais de 12 horas, o que lhes dá tempo de sobra para se alimentar no continente e, em seguida, voar para Rakata.) Mas o figo também acarreta um problema na colonização, porque cada figueira requer os serviços de sua própria espécie de vespa polinizadora para produzir sementes férteis – e, de modo semelhante, o figo é necessário ao ciclo de vida da

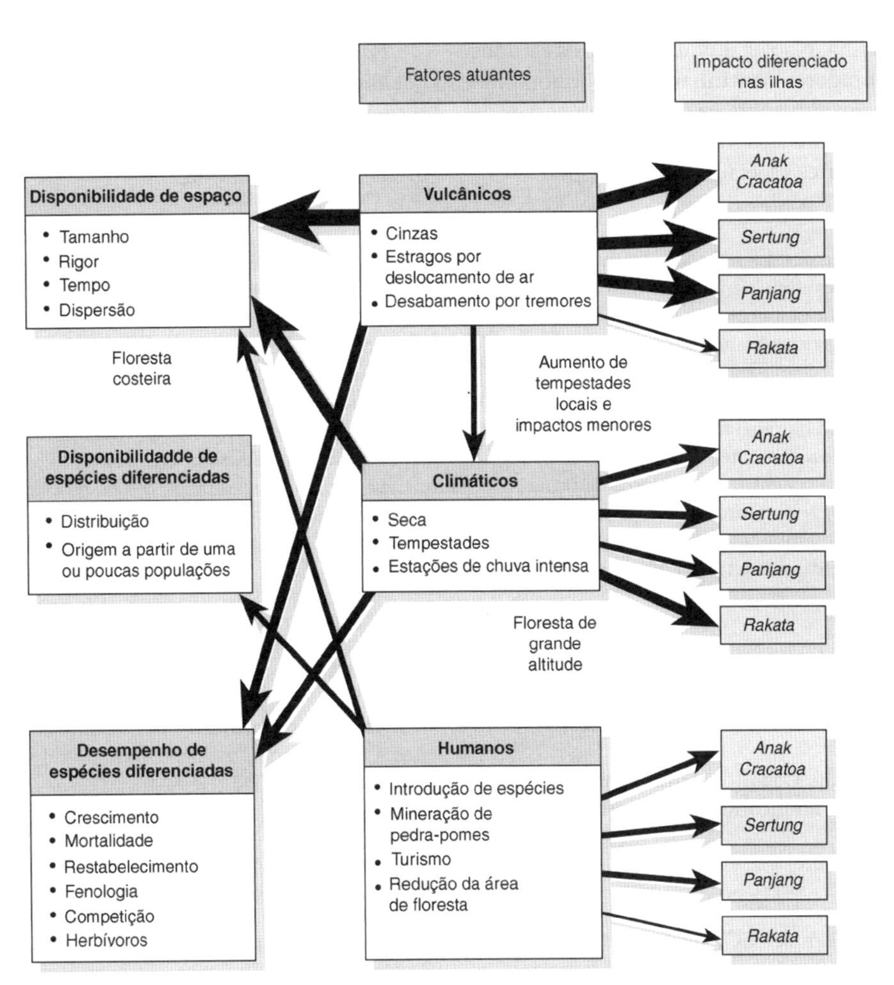

Figura 7.16 Importância relativa e hierarquia de diferentes fatores que afetam a sucessão de plantas nas Ilhas Cracatoa. Segundo Schmitt & Whittaker [77], com permissão.

vespa. Dessa forma, para que o sistema simbiótico se tornasse eficiente e estabelecido, deveria haver populações suficientemente grandes tanto de figueiras quanto de vespas – cada componente tendo chegado a Rakata de maneira independente, os figos transportados por animais e as vespas pelo ar. (No entanto, algumas espécies de figueira resolveram este problema por hibridização umas com as outras, compensando, assim, a ausência de uma das espécies necessárias de vespa [66].)

Finalmente, pode-se aprender algo sobre os processos e as dificuldades da colonização insular observando-se quais tipos de animais ou de plantas não foram capazes de colonizar Rakata. Pequenos mamíferos não voadores, como gatos, macacos e muitos roedores, estão ausentes; são incapazes de transpor barreiras marítimas de mais de 15 km. A exceção é o rato-do-campo *Rattus tiomanicus*, capaz de nadar 35 km e que colonizou Rakata por volta de E + 45. Devido à falta de suprimentos de água doce, corrente ou represada na ilha, não existem mangues, nenhum pássaro de água doce, nenhum inseto com larva aquática, nem moluscos de água doce. Também não existe ainda floresta madura em Rakata e, assim, nenhuma das aves que necessitam desse tipo de ambiente, como surucuá, papagaio, pica-pau, calau, pita e *leafbirds*. Finalmente, embora algumas árvores (por exemplo, dipterocarpos) e arbustos tenham sementes aladas, estas não são transportadas pelo vento a distân-cias superiores a 1,6 km, e essas espécies também estão ausentes de Rakata.

Existem também algumas interações interessantes em um nível de detalhamento maior. Por exemplo, a fauna de aves de Rakata inclui o *flowerpecker Dicaeum*, que distribui as sementes das plantas da família *Loranthaceae*, que são parasitas epífitos do dossel da floresta. Entretanto, a floresta de Rakata não é antiga o suficiente para conter árvores maduras e próximas da morte para que os parasitas possam atacar. Como consequência, as *Loranthaceae* encontram-se ausentes, assim como a borboleta *Delias*, que se alimenta dessas plantas, embora a própria borboleta seja altamente migratória e uma competente colonizadora potencial.

A complexidade de todas essas mudanças ecológicas e sucessivas mostra que a história da colonização de uma ilha não seguirá os caminhos simples previstos pela Teoria da Biogeografia Insular. Os próprios MacArthur e Wilson destacaram isso em seu livro, no qual apresentaram um exemplo de curva de colonização com um único pico, e sugeriram que a sequência de invasão pode afetar a natureza da colonização e o número de equilíbrio [14]. A substituição de uma comunidade vegetal por outra acarreta profundas irregularidades nos gráficos de imigração e extinção, não apenas das plantas em si, mas também de toda a flora associada. A natureza integrada dos ecossistemas que se sucedem faz com que a história da colonização de uma ilha como Rakata apresente acentuadas ondas de mudanças. As simples curvas monotônicas previstas pela Teoria da Biogeografia Insular, portanto, só se aplicam às situações posteriores ao firme estabelecimento dos padrões de comunidades em uma ilha. Não há dúvidas de que os estudos de Whittaker e colaboradores continuarão proporcionando dados fundamentais e *insights* sobre os variados processos de estabelecimento de comunidades insulares, e de interações ecológicas entre as diferentes espécies da biota insular.

Passamos agora, a partir das ilhas, para estudar os oceanos que as cercam, cuja biogeografia envolve uma nova dimensão, profundidade, mas todos os organismos fornecem problemas fundamentais na identificação de espécies e suas áreas de endemicidade.

Resumo

1 A fauna e flora empobrecidas das ilhas são a situação ideal para a rápida modificação evolutiva e radiação adaptativa dos colonizadores. Os eventos de colonização e subsequente adaptação ao novo ambiente, às vezes tirando vantagem das novas oportunidades ecológicas, proporcionam muitos exemplos fascinantes da evolução em ação. Esses processos são ilustrados com um estudo detalhado da biogeografia das Ilhas Havaianas.

2 A vida na ilha é extraordinariamente perigosa, de modo que existe uma interação complexa entre os processos de imigração, colonização e extinção. No entanto, as tentativas de construir uma teoria preditiva do número de espécies que podem ser encontradas em ilhas de diferentes tamanhos e locais provaram ser confiáveis, e essas teorias também fornecem ajuda limitada no desenho de reservas naturais (veja o Capítulo 14).

3 Pesquisa sobre a recolonização da, uma vez sem vida, ilha de Rakata nas Índias Orientais está fornecendo ideias inovadoras para a interação entre fatores ambientais e a chegada de novos animais e plantas em um ecossistema em desenvolvimento. A comparação entre os resultados desses processos em Rakata e de duas outras ilhas vizinhas levanta questões interessantes sobre o papel que o acaso desempenha nesses desenvolvimentos ecológicos.

Leitura Complementar

Grant P (ed.). Evolution on Islands. Oxford: Oxford University Press. 1988.

Quammen D. The Song of the Dodo – Island Biogeography in an Age of Extinction. London: Pimlico/Random House, 1996.

Whittaker RJ, Fernández-Palacios JM. Island Biogeography: Ecology, Evolution and Conservation. 2nd ed. Oxford: Oxford University Press, 2007.

Referências

1. Sly ND, Townsend AK, Rimmer CC, Townsend JM, Latta SC. Ancient islands and modern invasions: disparate phylogeographic histories among Hispaniola's endemic birds. *Molecular Ecology* 2011; 20 (23): 5012–5024.
2. Censky EJ, Hodge K, Dudley J. Over-water dispersal of lizards due to hurricanes. *Nature* 1998; 395 (6702): 556–556.
3. Van der Pijl L. *Principles of Dispersal*. Berlin: Springer, 1982.
4. Nogales M, Medina FM, Quills V, González-Rodríguez M. Ecological and biogeographical implications of yellow-legged gulls (*Larus cachinnans* Pallas) as seed dispersers of *Rubia fruticosa* Ait. (Rubiaceae) in the Canary Islands. *Journal of Biogeography* 2001; 28 (9): 1137–1145.
5. Nogales M, Heleno R, Traveset A, Vargas P. Evidence for overlooked mechanisms of long-distance seed dispersal to and between oceanic islands. *New Phytologist* 2012; 194 (2): 313–317.
6. MacArthur RH, Diamond JM, Karr JR. Density compensation in island faunas. *Ecology* 1972: 330–342.
7. Boyce MS. Population viability analysis. *Annual Review of Ecology and Systematics* 1992; 23: 481–506.
8. Lande R. Genetics and demography in biological conservation. *Science* 1988; 241 (4872): 1455–1460.
9. Diamond JM. Historic extinctions: a Rosetta Stone for understanding prehistoric extinctions. In: Martin PS, Klein RG (eds.), *Historic Extinctions: A Rosetta Stone for Understanding Prehistoric Extinctions*. Tuscon: University of Arizona Press, 1984.
10. Filardi CE, Moyle RG. Single origin of a pan-Pacific bird group and upstream colonization of Australasia. *Nature* 2005; 438 (7065): 216–219.
11. Lack D. Subspecies and sympatry in Darwin's finches. *Evolution* 1969: 252–263.
12. Simberloff D. Using island biogeographic distributions to determine if colonization is stochastic. *American Naturalist* 1978: 713–726.
13. Cronk Q. Islands: stability, diversity, conservation. *Biodiversity and Conservation* 1997; 6 (3): 477–493.
14. MacArthur RH. *The Theory of Island Biogeography*. Princeton: Princeton University Press, 1967.
15. Carlquist SJ. *Island Life: A Natural History of the Islands of the World*. New York: Natural History Museum Press, 1965.
16. Cody ML, Overton J. Short-term evolution of reduced dispersal in island plant populations. *Journal of Ecology* 1996: 53–61.
17. Case TJ. A general explanation for insular body size trends in terrestrial vertebrates. *Ecology* 1978: 1–18.
18. Brown P, Sutikna T, Morwood MJ, *et al.* A new small-bodied hominin from the Late Pleistocene of Flores, Indonesia. *Nature* 2004; 431 (7012): 1055–1061.
19. Lomolino MV. Body size evolution in insular vertebrates: generality of the island rule. *Journal of Biogeography* 2005; 32 (10): 1683–1699.
20. Meiri S, Dayan T, Simberloff D. The generality of the island rule reexamined. *Journal of Biogeography* 2006; 33 (9): 1571–1577.
21. McClain CR, Boyer AG, Rosenberg G. The island rule and the evolution of body size in the deep sea. *Journal of Biogeography* 2006; 33 (9): 1578–1584.
22. Carlquist SJ. *Hawaii: A Natural History*. New York: Natural History Press, 1970.
23. Wagner WL, Funk VA. *Hawaiian Biogeography*. Washington, DC: Smithsonian Institute Press, 1995.
24. Keast A, Miller SE. *The Origin and Evolution of Pacific Island Biotas, New Guinea to Eastern Polynesia: Patterns and Processes*. Amsterdam: SPB Academic Publishing, 1996.
25. Carson H, Clague D. Geology and biogeography of the Hawaiian Islands. In: WagnerWL, FunkVA (eds.), *Hawaiian Biogeography: Evolution on a Hot Spot Archipelago*. Washington, DC: Smithsonian Institution Press, 1995: 14–29.
26. Stone BC. A review of the endemic genera of Hawaiian plants. *The Botanical Review* 1967; 33 (3): 216–259.
27. Carr GD *et al.* Adaptive radiation of the Hawaiian silversword alliance (Compositae-Madiinae): a comparison with Hawaiian picture-winged Drosophila. In: GiddingsLY, KaneshiroKY, AndersonWW (eds.), *Genetics, Speciation and the Founder Principle*. New York: Oxford University Press, 1989: 79–97.

28. Givnish TJ. Adaptive radiation, dispersal, and diversification of the Hawaiian lobeliads. In: KatoM (ed.), *The Biology of Biodiversity*. Berlin: Springer, 2000: 67–90.
29. Baldwin BG, Sanderson MJ. Age and rate of diversification of the Hawaiian silversword alliance (Compositae). *Proceedings of the National Academy of Sciences* 1998; 95 (16): 9402–9406.
30. Raikow RJ. The origin and evolution of the Hawaiian honeycreepers (Drepanididae). *Living Bird* 1977; 15: 95–117.
31. Sibley CG, Ahlquist JE. The relationships of the Hawaiian honeycreepers (Drepaninini) as indicated by DNA–DNA hybridization. *The Auk* 1982; 99: 130–140.
32. Olson SL, James HF. Descriptions of thirty-two new species of birds from the Hawaiian Islands: Part I. Non-passeriformes. *Ornithological Monographs* 1991; 46: 1–88.
33. James HF, Olson SL. Descriptions of thirty-two new species of birds from the Hawaiian Islands: Part II. *Passeriformes. Ornithological Monographs* 1991; 46: 1–88.
34. Cowie RH, Holland BS. Dispersal is fundamental to biogeography and the evolution of biodiversity on oceanic islands. *Journal of Biogeography* 2006; 33 (2): 193–198.
35. Heaney LR. Is a new paradigm emerging for oceanic island biogeography? *Journal of Biogeography* 2007; 34 (5): 753–757.
36. Van Balgooy MMJ. Plant-geography of the Pacific as based on a census of phanerogam genera. *Blumea Supplement* 1971; 6: 1–122.
37. Simberloff D. Species turnover and equilibrium island biogeography. *Science* 1976; 194 (4265): 572–578.
38. Gilbert F. The equilibrium theory of island biogeography: fact or fiction? *Journal of Biogeography* 1980; 7: 209–235.
39. Connor EF, McCoy ED. The statistics and biology of the species -area relationship. *American Naturalist* 1979: 791–833.
40. Diamond JM. Avifaunal equilibria and species turnover rates on the Channel Islands of California. *Proceedings of the National Academy of Sciences* 1969; 64 (1): 57–63.
41. Lynch JF, Johnson NK. Turnover and equilibria in insular avifaunas, with special reference to the California Channel Islands. *Condor* 1974; 76: 370–384.
42. Simberloff D. When is an island community in equilibrium? *Science* 1983; 220 (4603): 1275–1277.
43. Steadman DW. *Extinction and Biogeography of Tropical Pacific Birds*. Chicago: University of Chicago Press, 2006.
44. Shafer CL. *Nature Reserves: Island Theory and Conservation Practice*. Washington, DC: Smithsonian Institution Press, 1990.
45. Case TJ, Cody ML. Testing theories of island biogeography. *American Scientist* 1987; 75: 402–411.
46. Wright DH. Species-energy theory: an extension of species-area theory. *Oikos* 1983; 41: 496–506.
47. Kalmar A, Currie DJ. A global model of island biogeography. *Global Ecology and Biogeography* 2006; 15 (1): 72–81.
48. Whittaker RJ, Triantis KA, Ladle RJ. A general dynamic theory of oceanic island biogeography. *Journal of Biogeography* 2008; 35 (6): 977–994.
49. Whittaker RJ, Triantis KA, Ladle RJ. A general dynamic theory of oceanic island biogeography: extending the MacArthur–Wilson theory to accommodate the rise and fall of volcanic islands. In: Losos JB, Ricklefs RE (eds.), *The Theory of Island Biogeography Revisited*. Princeton: Princeton University Press, 2010: 88–115.
50. Borges PA, Hortal J. Time, area and isolation: factors driving the diversification of Azorean arthropods. *Journal of Biogeography* 2009; 36 (1): 178–191.
51. Triantis K, Vardinoyannis K, Tsolaki EP, *et al.* Re-approaching the small island effect. *Journal of Biogeography* 2006; 33 (5): 914–923.
52. Ulrich W, Almeida Neto M, Gotelli NJ. A consumer's guide to nestedness analysis. *Oikos* 2009; 118 (1): 3–17.
53. Atmar W, Patterson BD. The measure of order and disorder in the distribution of species in fragmented habitat. *Oecologia* 1993; 96 (3): 373–382.
54. Atmar W, Patterson BD. The nestedness temperature calculator, a visual BASIC program, including 294 presence/absence matrices. *Chicago: AICS Research*, 1995.
55. Warren BH, Simberlof D, Ricklefs RE, *et al.* Islands as model systems in ecology and evolution: prospects fifty years after MacArthur-Wilson. *Ecology Letters* 2015; 18 (2): 200–217.
56. Diamond JM. Assembly of species communities. In: Cody ML, Diamond JM (eds.), *Ecology and Evolution of Communities*. Cambridge, MA: Harvard University Press, 1975: 342–444.
57. Garb JE, Gillespie RG. Island hopping across the central Pacific: mitochondrial DNA detects sequential colonization of the Austral Islands by crab spiders (Araneae: Thomisidae). *Journal of Biogeography* 2006; 33 (2): 201–220.
58. Burns K. Patterns in the assembly of an island plant community. *Journal of Biogeography* 2007; 34 (5): 760–768.
59. Colwell R, Winkler D. A null model for null models in biogeography. In: StrongDRJr (ed.), *Ecological Communities: Conceptual Issues and the Evidence*. Princeton: Princeton University Press, 1984: 344–359.
60. Violle C, Reich PB, Pacala SW, Enquist BJ, Kattge J. The emergence and promise of functional biogeography. *Proceedings of the National Academy of Sciences* 2014; 111 (38): 13690–13696.
61. Whittaker RJ, Rigal F, Borges PAV, *et al.* Functional biogeography of oceanic islands and the scaling of functional diversity in the Azores. *Proceedings of the National Academy of Sciences* 2014: 111: 13709–13714.
62. Thornton I. *Krakatau: The Destruction and Reassembly of an Island Ecosystem*. Cambridge, MA: Harvard University Press, 1997.
63. Whittaker RJ, Bush MB, Partomihardjo T, Asquith NM, Richards K. Ecological aspects of plant colonisation of the Krakatau Islands. *GeoJournal* 1992; 28 (2): 201–211.
64. Tagawa H, Suzuki E, Partomihardjo R, *et al.* Vegetation and succession on the Krakatau Islands, Indonesia. *Vegetatio* 1985; 60 (3): 131–145.
65. Whittaker RJ, Field R, Partomihardjo T. How to go extinct: lessons from the lost plants of Krakatau. *Journal of Biogeography* 2000; 27 (5): 1049–1064.
66. Parrish TL, Koelewijn HP, van Dijk PJ. Genetic evidence for natural hybridization between species of dioecious ficus on island populations. *Biotropica* 2003; 35 (3): 333–343.
67. Wilson EO. Adaptive shift and dispersal in a tropical ant fauna. *Evolution* 1959; 13: 122–144.
68. Ricklefs RE, Bermingham E. The concept of the taxon cycle in biogeography. *Global Ecology and Biogeography* 2002; 11 (5): 353–361.
69. Losos JB. Phylogenetic perspectives on community ecology. *Ecology* 1996: 1344–1354.
70. Jønsson KA, Irestedt M, Christidis L, Clegg SM, Holt BG, Fjeldså J. Evidence of taxon cycles in an Indo-Pacific passerine bird radiation (Aves: Pachycephala). *Proceedings of the Royal Society B: Biological Sciences* 2014; 281 (1777): 20131727.
71. Mayr E. Die Vogelwelt Polynesiens. *Mitteilungen aus dem Zoologischen Museum in Berlin* 1933; 19: 306–323.
72. MacArthur RH, Wilson EO. An equilibrium theory of insular zoogeography. *Evolution* 1963; 17: 373–387.
73. Pratt HD, Bruner PL, Berrett DG. *A Field Guide to the Birds of Hawaii and the Tropical Pacific*. Princeton: Princeton University Press, 1987.
74. Lomolino MV, Brown JH, Davis R. Island biogeograhy of montane forest mammals in the American Southwest. *Ecology* 1989; 70: 180–194.
75. Whittaker RJ, Jones SH, Partomihardjo T. The rebuilding of an isolated rain forest assemblage: how disharmonic is the flora of Krakatau? *Biodiversity and Conservation* 1997; 6 (12): 1671–1696.
76. Bush MB, Whittaker RJ. Krakatau: colonization patterns and hierarchies. *Journal of Biogeography* 1991; 18: 341–356.
77. Schmitt S, Whittaker RJ. Disturbance and succession on the Krakatau Islands, Indonesia. In: Newbery DM, Prins HH, Brown ND (eds.), *Dynamics of Tropical Communities: The 37th Symposium of the British Ecological Society, Cambridge University*, 1996. Oxford: Blackwell Science, 1998: 515–548.

Padrões de Vida

Da Evolução aos Padrões de Vida

O *capítulo anterior explicou como o processo de evolução leva ao aparecimento de novas espécies. Com o passar do tempo, isso pode acarretar o aparecimento de sua radiação em várias outras novas espécies. Métodos modernos nos permitem estabelecer precisamente como as diferentes espécies estão relacionadas entre si, quando cada uma delas divergiu de seus parentes e como elas se espalharam a partir de seus locais de origem para outros locais. Isso, por sua vez, nos permite traçar a história biogeográfica de linhagens de organismos, de biotas e de biomas, e das áreas em que são encontradas.*

Se o processo evolutivo continuar depois que uma nova espécie evoluiu, os muitos descendentes das espécies originais podem eventualmente se espalhar por grandes áreas do planeta. Às vezes, as áreas em que as espécies relacionadas são encontradas atualmente podem ser amplamente separadas umas das outras, situação conhecida como *distribuição disjunta*. Tentar entender como e por que esses padrões apareceram e mudaram nos faz confrontar sobre uma série de perguntas – e quanto mais perguntas pudermos responder, mais confiança teremos na correção de nossa análise das razões para esses padrões de vida.

1. Do ponto de vista geográfico/geológico, quando as duas áreas nas quais observamos os organismos vivos atualmente se separaram uma da outra?

2. Seria este o resultado de processos geológicos, tal como a tectônica de placas, que poderiam ter causado a separação das áreas ou pela formação de montanhas, ou ainda devido a eventos ambientais, tais como as mudanças no nível do mar ou no clima?

3. Do ponto de vista biológico, como os *taxa* estão relacionados uns com os outros?

4. Seu surgimento em áreas separadas ocorreu antes ou depois do aparecimento de uma barreira entre eles?

5. Quando eles começaram a se separar devido à mudança evolutiva?

Até muito recentemente, não conseguíamos responder a muitas dessas perguntas. Como explicado no Capítulo 1, só nos anos 1960 a compreensão dos processos de tectônica de placas nos permitiu responder às questões 1 e 2. Poucos anos mais tarde, no final da década de 1960, o advento da análise molecular das proteínas dos organismos vivos, juntamente com o método cladístico de Hennig, nos permitiram obter respostas confiáveis para a questão 3. A maioria dos métodos de análise na biogeografia histórica começa, portanto, com dados que fornecem respostas a essas três questões, de modo que podemos agora solucionar os problemas colocados pelas questões 4 e 5.

Dispersão, Vicariância e Endemismo

Vamos imaginar uma espécie que evoluiu recentemente. É provável, antes de tudo, estender sua área de distribuição ou **alcance** até encontrar barreiras de um tipo ou de outro para sua propagação; isto é conhecido como **extensão de alcance** (Figura 8.1a). Às vezes, essa barreira desaparece mais tarde, de modo que a espécie é capaz de estender seu alcance para uma área anteriormente não disponível, isso é conhecido como **dispersão**, mas também tem sido chamado de **geodispersão** porque é o resultado de um evento geológico, em vez de biológico (Figura 8.1b). Às vezes, a espécie é finalmente capaz de se dispersar através da barreira, que agora fornece o isolamento necessário para a população de ambos os lados se diferenciar em espécies separadas; isso é conhecido como dispersão simples ou **dispersão de salto** (Figura 8.1c). Às vezes, a barreira pode aparecer dentro da área de distribuição de espécies existentes, subdividindo-a em populações separadas, que poderiam então divergir umas das outras em espécies distintas; esse processo é conhecido como **vicariância** (Figura 8.1d).

Após surgir, a nova espécie irá gradualmente estender sua área de distribuição até atingir barreiras de um tipo ou de outro (físico, ecológico etc.), além das quais não possa se espalhar rapidamente. São consideradas **endêmicas**, espécies restritas a determinada área, encontradas apenas nesta e em nenhum outro lugar. Várias definições de **áreas de endemicidade** foram propostas, sendo os critérios exigidos desde biológicos (simpatria relativamente extensa dos *taxa* envolvidos) até físicos (áreas delimitadas por barreiras). Não existem dois organismos vivendo *exatamente* na mesma área, mesmo aqueles que vivem no mesmo lago ou ilha terão preferências ecológicas ligeiramente diferentes e, portanto, não viverão exatamente no mesmo conjunto de locais. Este é um problema particular em escalas menores de estudo, em que a ecologia local é importante. No outro extremo da escala, onde as principais áreas continentais ou subcontinentais são os temas de estudo, mesmo que as áreas sejam fáceis de definir, os problemas de subdivisão tectônica ou fusão são mais prováveis de surgir, ou seja, mais propensos a levar a sucessivos padrões de subdivisão e posterior reunião em diferentes padrões – um fenômeno conhecido como padrão reticulado (veja a seção 'Padrão Reticulado').

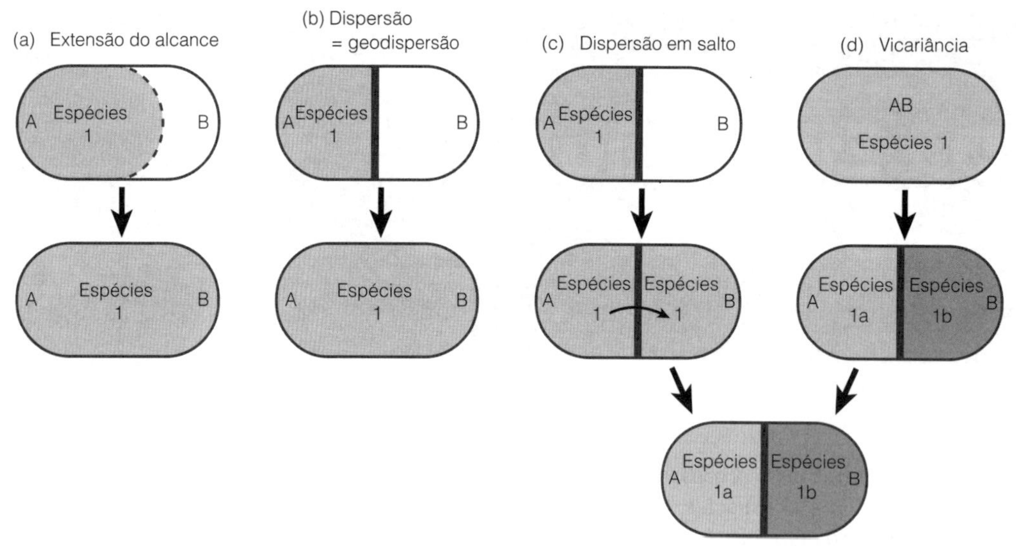

Figura 8.1 Como as espécies podem mudar seus padrões de distribuição. (a) Extensão de alcance: a espécie é encontrada inicialmente apenas na área A. Depois, gradualmente estende seu alcance de distribuição para a área vizinha B. (b) Dispersão ou geodispersão: a barreira entre as duas áreas desaparece, de modo que a distância entre as duas áreas desaparece. (Nesses dois casos, porque não há barreiras entre as duas áreas, não pode se diferenciar em uma nova espécie separada.) (c) Dispersão ou dispersão de salto: a espécie é, em primeiro lugar, restrita à área A por uma barreira que a separa da área B, mas depois se dispersa através da barreira. (d) Vicariância: a espécie ocupa originalmente toda a área A e B, mas essas duas áreas se separam uma da outra por uma barreira. A espécie original então se diferencia em duas espécies separadas pela barreira. (Tanto c como d, devido ao fato de a barreira permanecer, as duas populações da espécie podem agora se diferenciar em duas espécies separadas.) *Nota*: Os resultados da dispersão e da vicariância são idênticos.

Métodos de Análise

Biogeografia Filogenética

A análise do significado dos padrões de endemismo encontrados em espécies relacionadas é o centro de grande parte da biogeografia moderna, mas há duas abordagens diferentes. O primeiro começa com a seleção de um grupo biológico (*taxa*) que se supõe ter divergido de um antepassado comum e, em seguida, usa seu padrão de distribuição para estudar as implicações na história das áreas em que eles são endêmicos. O exemplo mais antigo e claro desse método é o trabalho do entomologista sueco Lars Brundin, em 1966, que foi o primeiro a perceber o potencial da cladística (veja a subseção "Biogeografia Cladística' ou "Baseada em Padrões") como uma ferramenta para analisar os padrões de distribuição de áreas de endemismo [1]. Ele se referiu a seu método como **biogeografia filogenética**. Estudando a distribuição de três subfamílias de mosquitos quironomídeos no Hemisfério Sul, Brundin produziu pela primeira vez um cladograma das relações evolutivas de todas as espécies. Em vez do nome de cada espécie no cladograma, ele inseriu o nome do continente onde a espécie é encontrada e onde é, portanto, endêmica, transformando o cladograma filético em um **cladograma de *táxon*-área** (Figura 8.2). O resultado foi um padrão consistente no qual as espécies

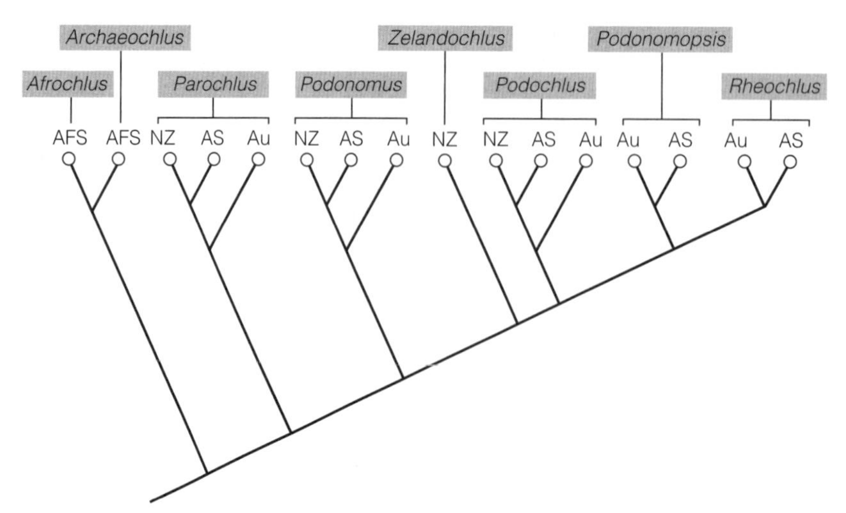

Figura 8.2 Cladograma simplificado de *táxon*-área de alguns gêneros de mosquitos quironomídeos de Gondwana, estudados por Brundin. Os nomes em itálico são os dos gêneros envolvidos, enquanto os círculos representam espécies individuais. As iniciais indicam o continente em que cada espécie é encontrada: Au, Austrália; NZ, Nova Zelândia; AFS, África do Sul; AS, América do Sul. Os gêneros africanos parecem divergir primeiro. Em cada um dos outros gêneros, a divergência das espécies da Nova Zelândia precedeu a divergência entre as espécies sul-americanas e australianas.

africanas pareciam ter divergido primeiro, seguidas por outras da Nova Zelândia, América do Sul e Austrália. Assim, a cladística e a informação sobre a endemicidade produzem um cladograma biológico de *táxon*-área em que as informações sobre várias linhagens estão agora também fornecendo dados sobre sua sequência de associação às biotas dos diferentes continentes.

Esta sequência, baseada nas relações evolutivas dos mosquitos, foi apoiada independentemente por dados geofísicos sobre a sequência de dissolução do supercontinente de Gondwana. Mais uma vez, a África foi a primeira a romper, seguida pela Nova Zelândia, América do Sul e Austrália. (A Índia e a Antártica não aparecem nesta análise porque lá não existem esses mosquitos.) Assim, o cladograma biológico *táxon*-área foi acompanhado por um **cladograma de área geológica**. Isso, por sua vez, teve implicações úteis quanto às idades geológicas aparentes dos diferentes grupos de mosquitos, porque as datas de separação dos continentes eram conhecidas a partir dos dados geofísicos.

Biogeografia Cladística ou 'Baseada em Padrões'

O segundo tipo de abordagem da relação entre os padrões de endemismo e a história das áreas em questão começa com a identificação de áreas que se supõe terem uma história simples de subdivisão sucessiva a partir de uma única unidade original. Assim, estes não se fundiram posteriormente, nem foram colonizados mais de uma vez por qualquer *táxon* individual, ao passo que qualquer subdivisão geológica foi sempre acompanhada por especiação. A história presumida da subdivisão é mostrada como um cladograma de área geológica, e sua precisão é então testada para ver a extensão em que os clados biológicos dos organismos que se encontram nessas áreas estão em conformidade com o cladograma de área geológica. Porque começa com as áreas, esse tipo de abordagem é conhecido como **biogeografia de área**, mas a maioria dos exemplos de seu uso são geralmente conhecidos como **biogeografia cladística**. Como dependem da identificação de padrões de relacionamento entre áreas de endemismo, tais métodos também são denominados **baseados em padrões**.

É útil termos dois conjuntos de dados, um sobre história geológica e outro sobre história biológica, pois nos permite comparar os padrões de cada um, que podem mostrar paralelos ou diferenças interessantes. Quando os pressupostos subjacentes ao método biogeográfico cladístico são cumpridos, há uma clara concordância entre os clados geológicos e biológicos (Figura 8.3a). No entanto, existem muitas dificuldades práticas. Por exemplo, os resultados do alcance da escala e da geodispersão são idênticos, e pode ser impossível decidir qual foi envolvido, a menos que haja evidência clara de um evento geológico. Os resultados das mudanças nas placas tectônicas podem mudar gradualmente o que era originalmente um alcance simples da escala através da terra contínua para tornar-se progressivamente mais difícil, porque uma abertura que divide a área em dois torna-se firmemente mais larga até que a dispersão através dela se torne impossível. Outra dificuldade é quando a divisão de uma única área em duas partes não é acompanhada por especiação biológica, de modo que o mesmo *táxon* está presente em mais de uma área (Figura 8.3c). O mesmo resultado é encontrado se uma das áreas resultantes da divisão geográfica é colonizada pela dispersão recente (Figura 8.3d). Em contraste, a especiação simpátrica pode ocorrer dentro de uma única área, a qual, portanto, contém mais de um táxon relacionado (Figura 8.3e), que também alterará o aparente cladograma de *táxon*-área (Figura 8.3f). Finalmente, o mesmo evento geológico pode ter implicações bastante diferentes para as distribuições de grupos biológicos de diferentes ecologias.

Para começar, as tentativas de explicar os padrões mais antigos tenderam, portanto, a aceitar e usar essa informação geológica cada vez mais detalhada e, em seguida, tentar ajustar a informação biológica a ela, a fim de identificar a sequência de padrões de distribuição que mais provavelmente teriam levado ao que vemos hoje. Esse padrão pode ter surgido da ocorrência de quatro tipos diferentes de eventos: vicariância, **duplicação**, dispersão ou extinção. (Onde estamos lidando com grandes áreas como os continentes em um passado distante, é impossível estimar se novas espécies que aparecem dentro deles surgiram por dispersão ou vicariância a nível local. O surgimento delas só pode ser atribuído a um processo de "duplicação" que não faz suposições quanto a qual desses processos foi envolvido. Esse é o resultado da especiação alopátrica em resposta ao aparecimento de uma barreira geográfica transitória; ao contrário da vicariância, a duplicação afeta apenas uma única linhagem.) (A extensão de alcance não pode ser incluída como um tipo separado de evento, porque tem como resultado encontrar a mesma espécie em uma área adicional B (veja a Figura 8.1), que é o mesmo resultado da geodispersão ou da dispersão de salto.)

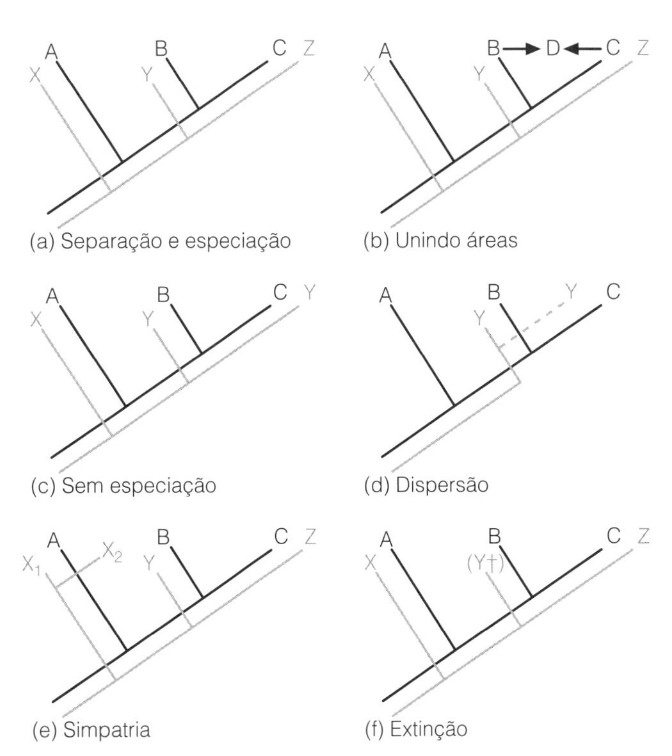

Figura 8.3 As possíveis relações entre um cladograma da história da separação ou fusão de áreas (em preto) e o correspondente cladograma da evolução dos *taxa* (em cinza). (a) As áreas A, B e C separaram-se umas das outras, e isto tem sido acompanhado pela evolução dos *taxa* separados (X, Y e Z). (b) As áreas B e C se uniram, de modo que a área resultante D contém *taxa* Y e Z. (c) As áreas B e C se separaram, mas o táxon Y não se separou em duas espécies e, portanto, está presente em ambas as áreas. (d) O táxon Y se dispersou da área B para a área C e, portanto, está presente em ambas as áreas. (e) Os resultados da evolução simpátrica de dois *taxa*, X_1 e X_2, na área A. (f) Os resultados da extinção do táxon Y na área B.

No caso da vicariância e da duplicação, a nova espécie ainda é encontrada na área de origem. As relações geográficas dela com as espécies afins, principalmente com as espécies ancestrais, não mudaram e fornecem consequentemente dados seguros sobre as relações biogeográficas. Em contraste, quando uma nova espécie surge por dispersão, ela é encontrada atualmente em uma área distinta daquela onde ocorreu seu ancestral. Da mesma forma, no caso da extinção, parte da área ancestral do endemismo foi perdida. Em ambos os casos, o padrão de relações geográficas ancestrais-descendentes foi quebrado. Portanto, esses fenômenos não fornecem informações sobre a história biogeográfica dos grupos envolvidos e não nos ajudam na tentativa de escolher entre hipóteses alternativas. Para tentar evitar essa incerteza, as técnicas modernas tentam descobrir sistemas que minimizem a extensão em que temos de recorrer à dispersão ou à extinção para produzir os padrões biogeográficos finais [2]. Somente se o padrão proposto resultante de mudanças biogeográficas sequenciais ainda não fizer sentido, deveremos descobrir se a ocorrência de dispersão ou extinção pode ter sido a causa desse problema.

A biogeografia cladística, portanto, baseou-se em encontrar padrões de relacionamento entre diferentes áreas compartilhadas por várias linhagens. No entanto, uma dificuldade fundamental é isso ser óbvio apenas se os padrões de distribuição forem o resultado da extensão de alcance, geodispersão ou vicariância (Figura 8.1). Isso ocorre porque, em cada um desses casos, todas as linhagens na área foram afetadas pelo mesmo evento e são suscetíveis de fornecer padrões congruentes. Em contraste com isso, a dispersão de salto está restrita a uma única linhagem, cujo padrão de relacionamento seria, então, diferente do dos outros, fornecendo "ruído" no sistema. Os biogeógrafos cladísticos foram, portanto, levados a considerar que a dispersão de salto era uma raridade e poderia ser ignorada. Esses métodos também ignoram qualquer informação de outras fontes que possa estar disponível, tais como o conhecimento da sequência de eventos de tectônica de placas que causou as mudanças nas relações físicas entre as áreas de endemismo, mesmo que elas sejam claramente relevantes para o problema.

Como resultado de todos esses problemas, os biogeógrafos cladísticos tiveram de desenvolver métodos estatísticos cada vez mais complicados para analisar a história das biotas, os quais foram bem analisados e explicados pelo biogeógrafo mexicano Juan Morrone [3]. Métodos como **Análise de Parcimônia de Brooks** (**BPA**, do inglês) [4] e **Análise de Parcimônia para Comparar Árvores** (**PACT**, do inglês) [5] inicialmente tentam encontrar um padrão comum de relações, ou **cladograma de área geral** (**GAC**, do inglês), que mostra a história biótica das áreas de endemismo envolvidas, o que teoricamente reflete a história das conexões bióticas entre elas. Todos os dados que não se encaixam neste GAC são considerados como resultado da dispersão de salto, extinção ou especiação, e o programa de computador, em seguida, tenta encontrar a explicação que envolve o menor número desses eventos. No entanto, não é feita nenhuma tentativa de identificar qual desses processos está envolvido em cada evento; assim, deixa-se isso para o investigador avaliar, da mesma forma que não se faz qualquer estimativa das épocas em que esses eventos podem ter ocorrido. Essa imprecisão torna muito difícil avaliar e comparar os resultados dessas técnicas [6].

Biogeografia Baseada em Eventos

Em resposta a todos esses problemas, os biogeógrafos desenvolveram novos métodos que não se baseiam na identificação de padrões, mas, em vez disso, concentram-se nos eventos que causaram esses padrões. Eles são, portanto, conhecidos como métodos **baseados em eventos**. Estes nos ajudam a identificar o GAC mais preciso, atribuindo um custo a cada tipo de evento. Como já foi observado, apenas dois tipos de eventos (vicariância e duplicação) nos ajudam a identificar os padrões de endemismo das espécies ancestrais e de suas espécies descendentes, porque eles permanecem inalterados. Em contraste, a extinção e a dispersão de salto levam a uma ruptura entre esses padrões. Assim, como tudo o que prejudica nossa capacidade de identificar o GAC mais preciso deve ser penalizado, esses padrões são possuem custos mais elevados do que a vicariância e a duplicação. Os ensaios de aleatorização mostraram que uma diferença de custos, por exemplo, de 2,0 para dispersão de salto, 1,0 para extinção e 0,01 para vicariância e duplicação, proporciona maior probabilidade de êxito no cálculo do GAC. Outros valores podem ser utilizados, desde que a magnitude geral das penalidades fique inalterada.

Um bom exemplo desse método é a **adaptação de árvores baseada em parcimônia**, que começa construindo um GAC, nossa hipótese sobre as relações entre as áreas analisadas. Em seguida, a filogenia e as distribuições de espécies do grupo em questão são ajustadas ao GAC para elaborar a reconstrução biogeográfica que tenha o menor custo segundo os eventos biogeográficos necessários para explicar o padrão de distribuição observado. O GAC também pode usar evidências geológicas, por exemplo, para investigar até que ponto a vicariância geológica poderia explicar melhor as distribuições observadas, em vez de outros eventos, como a dispersão e a extinção. Também pode ser estimado diretamente a partir da filogenia, usando métodos filogenéticos padrão para pesquisar o cladograma que minimiza o custo dos eventos, por exemplo, o programa de computador TreeFitter. O custo do ajuste de filogenia e GAC pode ser comparado ao custo que é esperado pelo acaso sob a hipótese nula, de que não existe relação entre o cladograma de táxon e o cladograma de área. (Uma **hipótese nula** é aquela que pressupõe que a relação estatística entre dois fenômenos se deve ao acaso.) Nesta situação, a hipótese nula pode ser produzida mediante a aleatorização das distribuições dos *taxa* na filogenia, de modo que eles não possam fornecer qualquer informação sobre as relações evolutivas. Enquanto os custos sugeridos do GAC forem inferiores aos da hipótese nula, é razoável continuar utilizando-os como uma representação daquilo que realmente ocorreu.

A biogeógrafa espanhola Isabel Sanmartín deu um bom exemplo do uso desse método para explicar os padrões de distribuição das espécies de árvores de praia faias do sul, *Nothofagus*, no Hemisfério Sul [6]. Nos últimos 30 anos, as tentativas de explicá-los talvez tenham proporcionado inúmeros trabalhos de pesquisa em biogeografia histórica do que para qualquer outro problema. A análise da distribuição de 23 das 35 espécies dessa planta nos permite comparar as vantagens e desvantagens de adaptação de árvores com base em parcimônia e BPA.

A filogenia e a distribuição das espécies são mostradas na Figura 8.4d. A Figura 8.4a mostra o cladograma de área geral

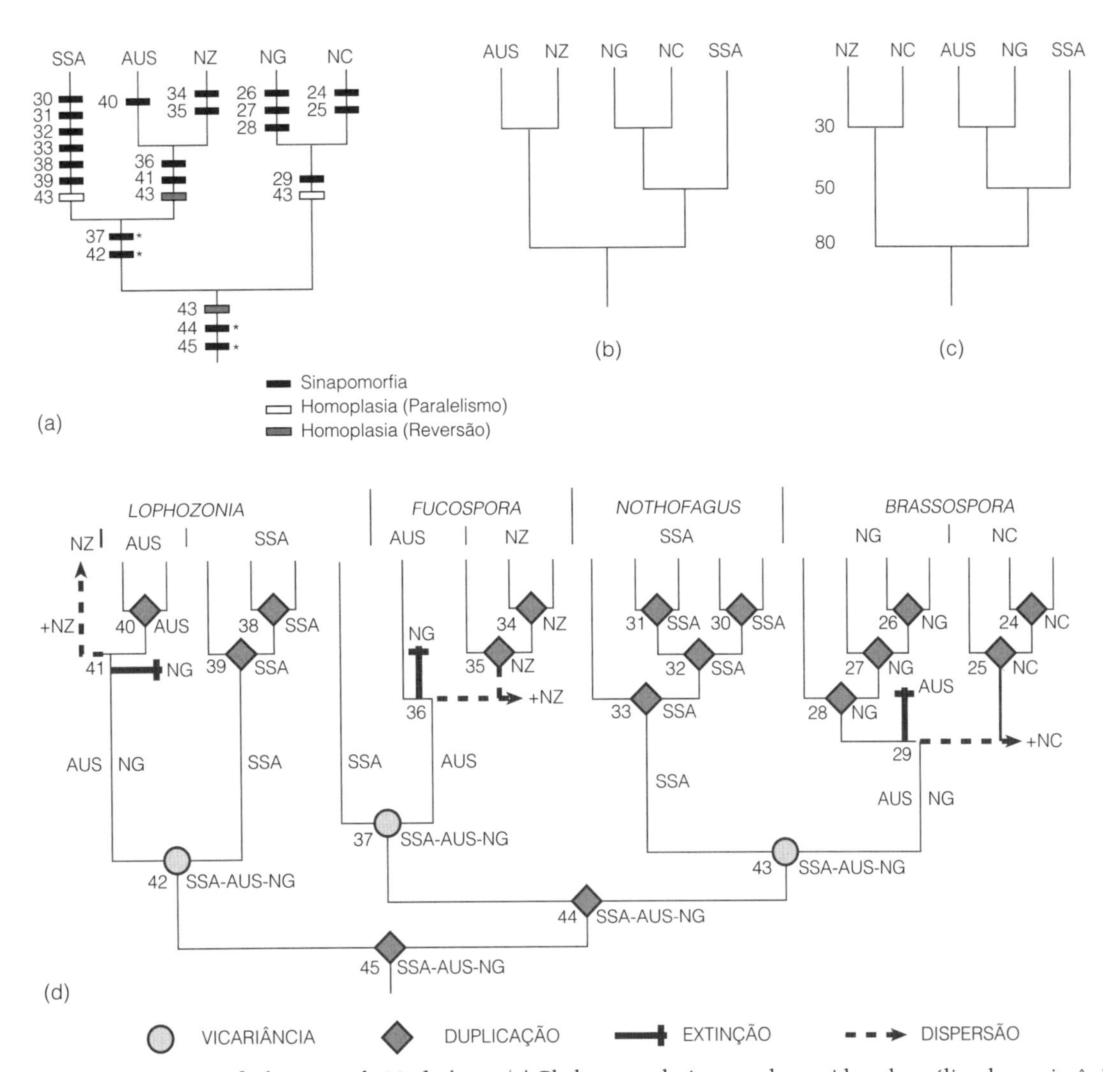

Figura 8.4 Análises da biogeografia histórica de *Nothofagus*. (a) Cladograma de área geral sugerido pela análise de parcimônia de Brooks baseada em padrões. (b) Cladograma de área geral alternativa sugerido pelo TreeFitter. (c) Cladograma de área geológica (os números indicam a idade dos eventos em milhões de anos). (d) Solução detalhada do TreeFitter usando uma análise baseada em eventos, mapeada para o cladograma de área geológica. Os números em (a) e (d) representam os nós ancestrais dos diferentes *taxa* e subgêneros. AUS, Austrália; NC, Nova Caledônia; NG, Nova Guiné; NZ, Nova Zelândia; SSA, Sul da América do Sul. Adaptado de Sanmartín [6].

que resulta de uma análise de BPA da distribuição dos caracteres. Os números mostrados na árvore representam nós ancestrais na filogenia: alguns ancestrais, tais como o mais recente ancestral comum de *Nothofagus* (número 45), ou o ancestral de subgêneros *Fucospora*, *Nothofagus* e *Brassospora* (número 44), estavam presentes em área comum de onde todas as áreas posteriores foram derivadas por subdivisão; outros ancestrais mais derivados (por exemplo, números 33 e 41) evoluíram em áreas mais restritas que apareceram mais tarde nesse processo de subdivisão. A análise sugere que o clado do Sul da América do Sul (SSA) está mais próximo de um clado da Austrália (AUS)-Nova Zelândia (NZ), sendo o clado da Nova Guiné (NG)-Nova Caledônia (NC) separado desses. O programa TreeFitter conclui que o "custo" total desse cladograma de área, que envolve uma extinção e uma dispersão, é 3,21. No entanto, o programa TreeFitter também encontra um cladograma de área alternativa (Figura 8.4b) com o mesmo custo, mas no qual NG-Nova Caledônia é mostrada como mais próxima de SSA, enquanto AUS-NZ é agora o clado mais isolado.

Isso indica até que ponto esses métodos podem apresentar resultados significativamente diferentes dos mesmos dados. No entanto, no caso de problemas envolvendo as massas de terra do Hemisfério Sul, os dados geológicos podem fornecer uma ajuda crucial na resolução de tais problemas. Isso ocorre porque a sequência da desagregação de diversas áreas e da datação desses eventos é conhecida com considerável confiança (Figura 8.4c). Se este cladograma de área geológica é montado na filogenia de *Nothofagus* usando TreeFitter, o resultado é a reconstrução baseada em eventos da biogeografia histórica do gênero, como mostrado na Figura 8.4d. Isto sugere que o ancestral de *Nothofagus* evoluiu em Gondwana antes da separação do supercontinente, e também diversificou em subgêneros *Lophozonia* e *Fucospora* e o ancestral dos subgêneros *Brassospora* e *Nothofagus*. Mais tarde *Lophozonia* e *Fucospora* tornaram-se extintos em Nova Guiné (custo, 2,00), mas dispersos da Austrália à Nova Zelândia (custo, 4,00), enquanto *Brassospora* tornou-se extinto na Austrália (custo, 1,00), mas disperso da Nova Guiné à Nova Caledônia (custo, 2,00). Houve também três eventos de vicariância "baratos" (custo, 0,03) e 16 eventos de duplicação (custo, 0,16). O maior custo total (9,19) mostra até que ponto essa reconstrução da história biogeográfica de *Nothofagus* difere da história geológica da dissolução de Gondwana – o que não é uma conclusão surpreendente. (De fato, a evidência paleontológica suporta alguns aspectos dessa reconstrução, porque sugere que a árvore faia do sul extinguiu-se na Nova Zelândia – provavelmente por causa da inundação marinha da ilha no Oligoceno. Se assim for, a presença de *Lophozonia* e *Fucospora* deve ter sido resultado de dispersão, como a reconstrução sugere. Da mesma forma, a evidência fóssil mostra que *Brassospora* estava originalmente presente na Austrália, mas extinguiu-se lá – assim como a reconstrução sugere.)

Várias observações podem ser feitas. Primeiramente, o *software* TreeFitter fornece uma representação muito clara de suas soluções porque estas mostram diretamente a posição e o tempo relativo dos eventos, assim como a direção das dispersões implícitas, ao contrário do modelo de BPA. Em segundo lugar, o uso do cladograma geológico confiável fornece uma contribuição do mundo real, pois introduz dados que surgem dos fenômenos bastante independentes da tectônica de placas, definindo não apenas o conjunto de eventos que levaram a esse padrão de distribuições biogeográficas, mas também seu tempo relativo. Finalmente, esta solução do TreeFitter auxiliada pela geologia também sugere que as dispersões e extinções são consideravelmente mais comuns do que provavelmente aparecem no TreeFitter sem esse auxílio, com suas penalidades de custo relativamente pesadas para esses eventos. No entanto, como veremos mais adiante (Capítulo 10), a frequência com que os dados moleculares indicam que a dispersão, em vez da vicariância, é a causa de muitos padrões na biogeografia histórica, e faz suspeitar que essa seja a interpretação correta. Realmente, não seria possível sugerir essa solução no TreeFitter, pois as evidências geológicas não estavam disponíveis, o que pode levar a questionar se essas penalidades pesadas são realistas.

Isabel Sanmartín e o biogeógrafo sueco Fredrick Ronquist [7] mostraram que essa técnica também pode ser usada para inferir um padrão biogeográfico geral para um conjunto de diferentes grupos de organismos do Hemisfério Sul. Eles usaram as filogenias de 54 grupos de animais e 19 grupos de plantas, e encontraram diferenças interessantes entre os dois. Os padrões de relacionamento entre os grupos de animais (Figura 8.5a) mostraram uma estreita relação entre a Austrália e a América do Sul. Isto provavelmente é resultado de uma longa e antiga ligação entre as duas áreas antes da separação delas – tanto tectonicamente, pelo rompimento da placa tectônica, como biologicamente, pela glaciação da Antártida, e consequente extinção da maioria de sua biota. Os dados sobre animais mostram uma relação fraca entre a Austrália e a Nova Zelândia – tão baixa que não é estatisticamente significativa. Em contraste, os dados as plantas (Figura 8.5b) mostram uma ligação mais forte entre a Austrália e a Nova Zelândia. Aparentemente, a distância de 2000 km entre essas duas áreas não é suficientemente grande para excluir a dispersão de longa distância das plantas, auxiliada pelos fortes ventos da Corrente Circumpolar Antártica. Em um artigo recente [8], Muellner *et al.* comentam que a resistência das sementes torna mais fácil para as plantas se mover de um lugar para outro e, portanto, elas são menos afetadas pelos detalhes da geografia física do que os animais.

Sanmartín e Ronquist ressaltam que tais dados contradizem a forte disputa dos biogeógrafos vicariantes, que sustentavam que a dispersão era sempre um evento raro e aleatório, que nunca poderia conduzir a padrões de distribuição coerentes e sistemáticos e, portanto, deveria ser ignorado como mero "ruído" no registro biogeográfico. Os biogeógrafos australianos Lyn Cook e Michael Crisp sugeriram métodos que podem levar em conta tais fatores não aleatórios e assimétricos na avaliação de árvores de espécies [9]. Recentes trabalhos filogeográficos também mostram que as distribuições de algumas macroalgas marinhas temperadas do sul, estrelas do mar e gastrópodes são o resultado da dispersão pelas correntes oceânicas impulsionadas pela Corrente Circumpolar Antártica, em vez de serem as relíquias da antiga vicariância [10].

Não se deve esquecer, no entanto, que o mesmo cladograma de área pode ter surgido mais de uma vez, mas em momentos diferentes, como resultado de uma repetição da mesma mudança geográfica – por exemplo, a separação entre a América do Norte ocidental e a América do Norte

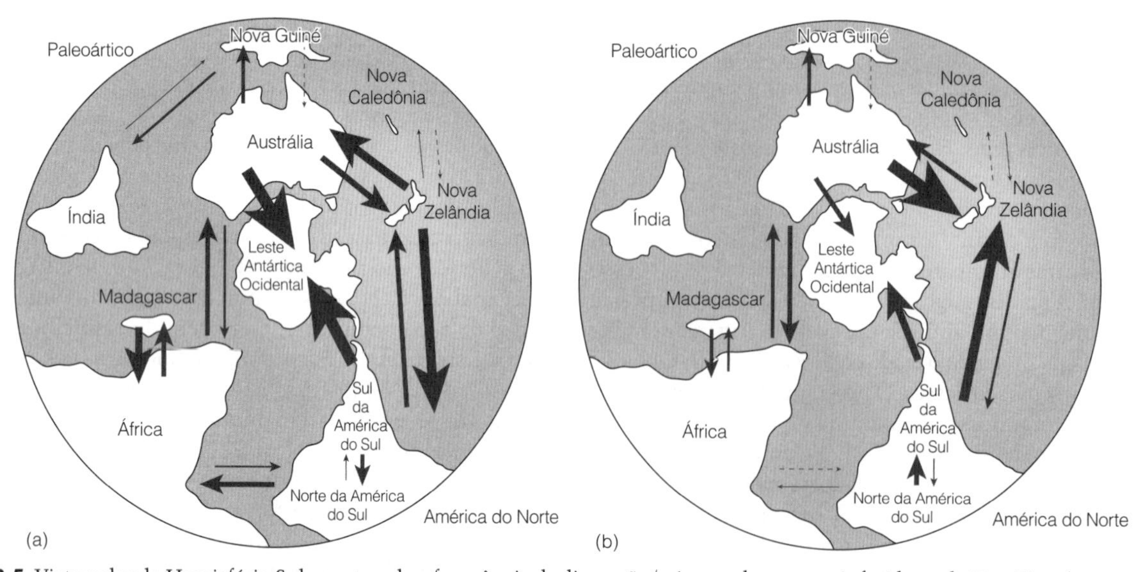

Figura 8.5 Vista polar do Hemisfério Sul, mostrando a frequência da dispersão (número de eventos inferidos pelo TreeFitter) entre as massas de terra em (a) o conjunto de dados de animais e (b) o conjunto de dados de plantas, durante o período Cretáceo-Cenozoico tardio. A espessura das setas é proporcional à frequência dos eventos de dispersão. Extraído de Sanmartín e Ronquist [7].

oriental durante Períodos B, C e E na Figura 11.19, fenômeno conhecido como **pseudocongruência**. Os métodos baseados em eventos, como as abordagens cladísticas, não integram informações de datação na análise biogeográfica e, portanto, são sensíveis a esta fonte de erro, porque inferem um GAC comum das filogenias de vários grupos que foram afetados pela mesma barreira, apesar de ter ocorrido em momentos diferentes (a menos que a informação geológica seja considerada).

Padrões Reticulados

Todos os métodos precedentes consideram que existe um único cladograma de área que descreve as relações entre as áreas envolvidas. No entanto, em muitos casos, especialmente no caso que implica um longo período de tempo, algumas áreas podem ter tido mais de um tipo de relacionamento com outra, levando a uma rede ou **padrão reticulado** de relações. Isso é predominante na biogeografia histórica do Hemisfério Norte, na qual, ao contrário da subdivisão simples, tectônica e progressiva e do espalhamento de áreas de terra no Hemisfério Sul, as áreas de terra entraram em vários padrões diferentes de relacionamento, principalmente devido a mudanças no nível do mar (veja a Figura 11.19). Tanto a BPA quanto o TreeFitter consideram que a história biogeográfica dos organismos analisados foi o resultado de uma série de eventos de divisão que podem ser retratados como uma única árvore de ramificação, o cladograma de área geral. Portanto, BPA e TreeFitter não seriam capazes de analisar um padrão reticulado, no qual um grupo poderia aparecer em uma área que anteriormente se separara da área em que o organismo se encontra. Para lidar com tal situação, Ronquist [11] sugeriu uma variante da adaptação de árvores baseada em parcimônia, conhecida como **análise de dispersão e vicariância** (**DIVA**, do inglês), em que nenhum cladograma de área geral é considerado. Em vez disso, as distribuições de área são mapeadas diretamente sobre a filogenia.

DIVA também pode ser utilizada [12] para encontrar padrões gerais de distribuição. Sanmartín, Enghoff e Ronquist [12] inferiram frequências de dispersão, duplicação e eventos de vicariância em 57 grupos de animais monofiléticos no Hemisfério Norte, utilizando informações geológicas, fósseis e moleculares para classificar eventos em quatro períodos de tempo. A análise DIVA mostrou um grau satisfatório de correspondência entre os eventos em cada período de tempo e o padrão de relação intercontinental presente naquela época. Entre outras coisas, destacou a importância da ponte do Atlântico Norte para a migração histórica de animais entre a Europa e a América do Norte no Paleógeno. O mesmo tipo de estudo foi repetido em plantas pelos biogeógrafos de plantas Michael Donoghue e Stephen Smith, que usaram DIVA para analisar padrões de distribuição nas florestas temperadas do Hemisfério Norte [13]. Os resultados sugerem que muitos desses grupos de plantas tiveram origem e se diversificaram no leste da Ásia e depois se espalharam para a América do Norte através da região de Bering (e não através da Europa). Além disso, essas dispersões ocorreram muito mais tarde, e talvez mais frequentemente, do que as dispersões de *taxa* animal sugeridas por Sanmartín, Enghoff e Ronquist [12]. Isso implica que a fauna de insetos já residentes nessas florestas deve ter tido que se adaptar às plantas recém-imigrantes por troca de abrigo ou alimentos. Tal grau de detalhamento também permite a investigação da relação entre os tempos de chegada de novos *taxa* e eventos climáticos que ocorreram naquela época, como também os aspectos da ecologia dos migrantes, métodos de dispersão e se eles eram de folha decídua ou perene.

Outra utilização de DIVA é para encontrar onde e quando os elementos de um bioma apareceram, e como eles se espalharam ao longo da evolução gradual do bioma por seus conjuntos de elementos diferentes. DIVA mantém, assim, a promessa de investigações em detalhes sobre a evolução da comunidade de um bioma e de coevolução dentro de si – aspectos da biogeografia histórica que anteriormente parecia inacessível. Essas investigações podem também revelar como, quando e por que alguns dos biomas incomuns que vemos no passado foram transformados nos mais familiares que vemos atualmente.

No entanto, como acontece frequentemente, o uso agora generalizado de DIVA está revelando alguns aspectos de sua utilização que exigem cuidado ou modificação, como os apontados por Kodandaramaiah [14]. Por exemplo, não faz distinção entre a expansão do alcance e dispersão, a menos que as estimativas de base molecular dos tempos de divergência das linhagens também sejam levadas em conta, e a dispersão tenha um custo menor do que a vicariância. A opção da técnica para limitar o número de áreas permitidas na análise também pode levar a erros, de modo que é preferível executar a análise várias vezes, usando diferentes níveis de restrição. Ela também não incorpora a extinção de uma forma realista; de fato, eventos de extinção não são inferidos por DIVA, e menos restrições de custo com base em informações geológicas são utilizadas na análise [2].

Como vimos neste capítulo, há uma série de problemas no uso de métodos baseados em eventos. O custo de cada tipo de evento tem que ser fixado previamente, em vez de decorrer de uma análise dos dados em si. Mais importante ainda, a necessidade de encontrar a solução mais parcimoniosa leva a penalização de dispersão e extinção, que, portanto, tenderá a ser subestimada, enquanto vicariância tenderá a ser superestimada. Também é impossível incorporar informações da data da divergência de linhagens, do registro fóssil e da paleogeografia diretamente no cálculo; eles só podem ser considerados mais tarde, na interpretação dos resultados.

No entanto, todo o problema foi agora transformado pelo desenvolvimento de uma nova classe de métodos sem essas limitações. Esses são conhecidos como métodos **baseados em modelos** ou **paramétricos** (Boxe 8.1). Por exemplo, agora é possível analisar informações sobre uma gama de fósseis no tempo e no espaço, e integrar os resultados diretamente em sua história biogeográfica inferida. Além disso, os dados sobre sua distribuição e nichos ecológicos inferidos podem ser usados para reconstruir as preferências climáticas e potenciais padrões de distribuição de linhagens ao longo do tempo, revelando o papel dos corredores climáticos (como a região de Bering) e zonas climáticas em limitar ou permitir mudanças em seus intervalos. Tais métodos permitem utilizar todos os aspectos da história e ecologia de um organismo em revelar sua história biogeográfica, permitindo a integração final da biogeografia ecológica e histórica.

Quebrando as correntes de parcimônia: o desenvolvimento de métodos paramétricos em biogeografia histórica

Autora Convidada

Boxe 8.1

Dra. Isabel Sanmartín, *Real Jardín Botánico* – CSIC, Madrid, Espanha

Tanto os métodos baseados em eventos como os métodos cladísticos dependem do princípio da parcimônia como critério para estimar áreas ancestrais e a frequência de processos biogeográficos. Como visto neste capítulo, isso coloca vários problemas na inferência biogeográfica; por exemplo, não é possível estimar a taxa de processos a partir dos dados, e a dispersão e extinção tendem a ser subestimadas. A parcimônia também impõe outras limitações: não pode incorporar a incerteza associada com a própria reconstrução biogeográfica, uma vez que apenas cenários (reconstruções) implicando um número mínimo de alterações na gama biogeográfica são avaliados, embora pudesse haver reconstruções alternativas que são quase tão prováveis quanto e podem ser mais compatíveis com outros aspectos do problema [15]. A incerteza em estimar relações filogenéticas também é ignorada: a história biogeográfica é muitas vezes reconstruída em uma única árvore mais parcimoniosa, que deve ser totalmente resolvida (ou seja, ela não deve conter politomias). Pode ser o caso, no entanto, que alguns clados na filogenia sejam mais bem suportados pelos dados do que outros (isto é, eles recebem valores mais elevados de *apoio ao clado*), e essa diferença no nível de certeza ou confiança nas relações filogenéticas deve ser contabilizada em inferência biogeográfica. Tem havido algumas tentativas para acomodar incertezas filogenéticas em reconstruções com base na parcimônia. Por exemplo, pode-se utilizar DIVA para analisar uma amostra de árvores, na qual cada árvore é ponderada de acordo com sua frequência de amostragem na análise filogenética, e, em seguida, calcular a média da frequência de alcances ancestrais sobre todas as reconstruções [16].

Provavelmente, a limitação mais importante de métodos baseados em parcimônia é que eles não podem integrar a dimensão temporal na análise biogeográfica. Métodos como TreeFitter podem ser usados para mapear um cladograma de área geológica em uma filogenia do organismo; isso permite inferir o tempo relativo de eventos biogeográficos [7]. Por exemplo, na reconstrução baseada em eventos de *Nothofagus* (Figura 8.4), a dispersão para a Nova Zelândia ocorre após a divergência dos clados australianos e sul-americanos. Da mesma forma, se a filogenia original é uma árvore de tempo calibrada, é possível usar DIVA para classificar os eventos biogeográficos inferidos em classes de tempo e, assim, estimar as mudanças ao longo do tempo na frequência desses eventos [12]. No entanto, estas são todas as formas indiretas de incorporação do tempo em reconstruções biogeográficas; o próprio tempo não é usado como evidência na análise.

Nos últimos anos, toda uma nova classe de métodos biogeográficos tem sido desenvolvida para superar essas limitações percebidas da abordagem baseada em parcimônia [17, 18]. Eles são denominados métodos *baseados em modelos* ou métodos *paramétricos*, porque usam modelos de probabilidade de evolução cujas variáveis ou parâmetros são processos biogeográficos quantificáveis, tais como dispersão, extinção ou expansão de alcance. Esses modelos de probabilidade, designados por *processos da cadeia de Markov*, são inspirados por modelos utilizados em estudos filogenéticos para rastrear a evolução de um caractere em uma filogenia, mas aqui os estados de caracteres são as áreas geográficas das espécies (por exemplo, A, B e C na Figura 8.6a). A mudança ou transição entre estados de caracteres (aqui, alterações na abrangência geográfica) é governada por uma matriz probabilística (Q) que define a taxa de movimento entre um estado e outro. Por exemplo, na Figura 8.6a, a taxa de movimento entre A e B (*p*) é maior do que entre A e C (*q*). A probabilidade de mudança no alcance geográfico de um *táxon* ao longo da filogenia (a partir de ancestrais para descendentes) é determinada por esta matriz probabilística de taxas e é também uma função do tempo. Integrando o modelo biogeográfico da cadeia de Markov, uma árvore filogenética com comprimentos dos ramos calibrados em unidades de tempo e com as distribuições de terminais associadas (Figura 8.6a, centro) permite fazer uma estimativa estatística de áreas geográficas ancestrais em cada nó na filogenia, bem como a taxa de processos biogeográficos que alteram a distribuição geográfica de um táxon (*p*, *q* e *r*). Assim, ao contrário dos métodos baseados em eventos, a probabilidade de ocorrer dispersão ou extinção é não fixada *a priori*, mas em vez disso é calculada a partir dos dados em abordagens paramétricas [17, 18].

Métodos baseados em modelos oferecem várias vantagens adicionais [18]:

1 *Tempo*. Sua capacidade de tomar o tempo dos eventos em conta é, sem dúvida, a contribuição mais importante de métodos paramétricos para biogeografia histórica. O tempo é importante como uma medida da probabilidade de ocorrência de um evento biogeográfico, porque afeta a probabilidade de que um evento biogeográfico aconteça. Na Figura 8.6b, os comprimentos dos ramos representam estimativas do tempo, desde a divergência evolutiva entre as espécies 1 e 2. Ambas as espécies estão atualmente presentes na área A. No entanto, na filogenia do lado esquerdo, muito pouco tempo decorreu desde a divergência das duas espécies; por isso, é provável que o antepassado ainda esteja na área A (a parte cinza-clara "completa" no gráfico). Na filogenia à direita, os períodos muito mais longos de tempo envolvido tornam mais provável a ocorrência das mudanças no alcance geográfico (como dispersão de salto, expansão de alcance ou extinção). O resultado é que a inferência da área ancestral para as duas espécies na filogenia à direita é muito mais incerta do que na filogenia à esquerda: provavelmente foi a área A, mas há um grau de possibilidade de que esses períodos começaram com B (a fatia mais escura no gráfico de pizza, na Figura 8.6b).

Assim, através da integração do comprimento dos ramos filogenéticos (isto é, tempo) para a análise, os métodos paramétricos são capazes de ter em conta o fato de que a probabilidade da mudança biogeográfica é maior através de longos ramos do que através dos mais curtos: isso também tem implicações para o grau de erro na reconstrução. Além disso, através da integração absoluta de tempos de divergência, abordagens paramétricas podem ser utilizadas para separar pseudocongruência da história biogeográfica verdadeiramente compartilhada. Por exemplo, o evento de duplicação que deu origem às duas espécies na filogenia à esquerda não é o mesmo que da filogenia à direita; eles não são temporariamente congruentes.

2 *Incerteza*. Outra vantagem dos métodos paramétricos sobre abordagens baseadas em parcimônia é que eles permitem estimar as probabilidades relativas de áreas ancestrais alternativas nos nós filogenéticos. Isso é possível porque esses métodos avaliam todos os possíveis cenários biogeográficos durante a inferência, e não apenas os mais parcimoniosos [18]. Além disso, a incerteza filogenética pode ser explicada através do uso de *inferência bayesiana*. Este é um método de inferência estatística em que a evidência de tal fonte, como relações filogenéticas (topologia em árvore, ramos compridos), pode ser combinada com evidências a partir de outras fontes, tais como a reconstrução do alcance ancestral, para melhorar a precisão de qualquer estimativa com base em qualquer um deles [15, 19].

3 *Avaliação do modelo*. Abordagens baseadas em modelos fornecem um quadro estatístico mais rigoroso para o teste de hipóteses biogeográficas alternativas do que os métodos baseados em eventos. Por exemplo, dois cenários biogeográficos diferentes podem ser formulados em termos de modelos alternativos e comparados com base em quão bem eles se encaixam aos dados. Uma vez que cada cenário biogeográfico é descrito em termos de processos, tais como a dispersão, a expansão de alcance ou extinção, podem-se identificar os processos que explicam melhor os dados, identificando o modelo mais apropriado.

4 *Evidência adicional*. Abordagens baseadas em parcimônia foram limitadas em suas inferências de cenários biogeográficos para o uso da topologia da filogenia e a distribuição das espécies terminais. Métodos paramétricos, pelo fato de eles serem definidos em termos de modelos probabilísticos com parâmetros biogeográficos, podem facilmente incorporar fontes adicionais de evidências. Isto pode ser feito sob a forma de novos parâmetros na matriz Q, ou por dimensionamento ou pela taxa de probabilidade de processos, de acordo com as fontes de evidência independentes. Por exemplo, no modelo biogeográfico apresentado na Figura 8.6a, as taxas de dispersão podem ser feitas (inversamente), dependendo da distância entre as áreas geográficas. Da mesma forma, em um sistema de ilhas pode-se dimensionar a taxa de dispersão para incorporar a força de correntes de ar que facilitam a dispersão [19]. Similarmente, em uma configuração continental, a migração de terra pode também ser realizada, dependendo da disponibilidade de um corredor geológico ("ponte de terra") que liga dois continentes [20].

Os primeiros métodos paramétricos desenvolvidos foram muito diferentes (veja [17, 18] para uma explicação detalhada dos mesmos). O modelo de Dispersão, Extinção e Cladogênese (DEC), por Richard Ree e colaboradores [21, 22], implementa um modelo biogeográfico complexo que permite variações geográficas, incluindo duas ou mais áreas (*intervalos generalizados*). Ele faz isso modelando o alcance na evolução como sendo o resultado de dois processos: a expansão do alcance de uma área para outra (por exemplo, de A para B na Figura 8.6b) e extinção dentro de uma área (X na área B; veja a Figura 8.6b) – a dispersão direta entre duas áreas (*dispersão de saltos* na Figura 8.6b) não é permitida. Em vez disso, a dispersão é modelada como expansão de alcance – o ancestral se move para uma nova área, mas também mantém sua distribuição original – seguida de extinção na área original ($D_{A\ para\ B}$ + E_A). DEC utiliza probabilidade máxima de inferência para estimar a probabilidade relativa do alcance do ancestral nos nós, a taxa global de dispersão (expansão de alcance) e a extinção dada a uma filogenia de tempo calibrada e distribuições associadas. O modelo biogeográfico de ilha bayesianas (BIB) de Sanmartín, van der Mark e Ronquist [19] implementa um modelo paramétrico biogeográfico mais simples, que restringe alcances geográficos para as áreas individuais, e alterações no modelos no alcance geográfico apenas como dispersão de salto. (*Dispersão de salto* é quando uma linhagem se dispersa a partir de uma área para outra e é imediatamente seguida por especiação alopátrica em duas linhagens disjuntas.)

Cada modelo tem suas próprias vantagens e fraquezas. Sem dúvida, o modelo DEC é mais realista na medida em que permite distribuições ancestrais generalizadas. No entanto, essa complexidade vem com limitações analíticas. Por exemplo, o tamanho do modelo aumenta exponencialmente com o número de zonas – assim, haveria três estados possíveis para duas zonas (A, B e AB), sete estados possíveis para três zonas (A, B, C, AB, AC, BC e ABC), 15 para quatro áreas, e assim por diante. A presença de alcances ancestrais generalizados implica a necessidade de mudança do modelo biogeográfico nos nós de especiação – em outras palavras, as diferentes formas (*modos de especiação*) nas quais um alcance ancestral generalizado poderia ser dividido em dois alcances descendentes. Por exemplo, o alcance AB pode ser dividido em subconjuntos por alopatria que não se sobrepõem (A/B), por especiação periférica em que um descendente herda todo o alcance, e o outro herda apenas uma área (AB/B). Alternativamente, por simpatria, poderia ser o resultado de os dois descendentes herdarem todo o alcance generalizado (AB/AB) – embora este último não seja permitido no DEC [22]. O fato de que a dispersão é modelada exclusivamente como a expansão da área implica que DEC é mais apropriado para a análise de cenários biogeográficos continentais. Isto porque, em tais cenários, as áreas são adjacentes umas às outras, de modo que é provável que as linhagens expandissem seus alcances e especiassem mais tarde por vicariância ou divisão de alcance. Em contraste, o modelo biogeográfico mais simples implementado em BIB

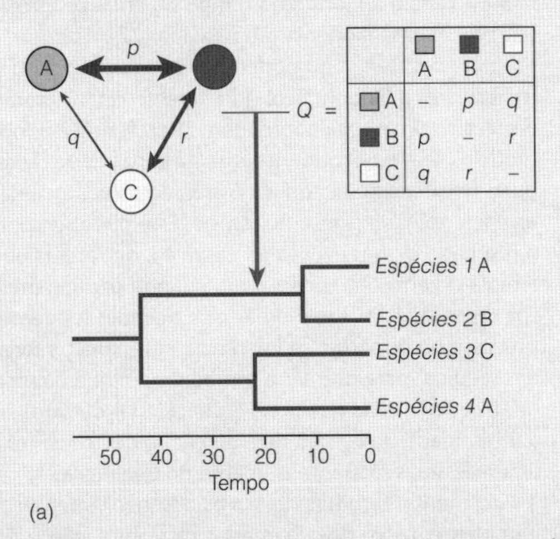

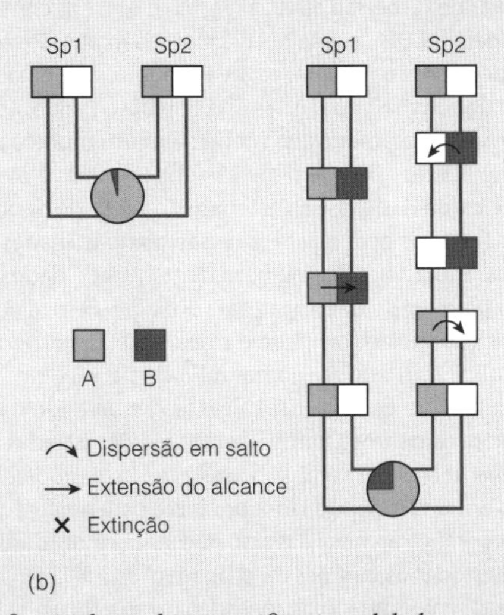

Figura 8.6 Exemplos da utilização de métodos paramétricos na biogeografia. Evolução biogeográfica é modelada como um processo probabilístico de cadeia de Markov. Veja o texto para explicação.

não permite intervalos ancestrais generalizados, e o modelo de cadeia de Markov tem apenas um tipo de processo biogeográfico, dispersão de salto. É, portanto, mais adequado para os cenários de modelação em que zonas estão isoladas por barreiras que devem ser cruzadas (por exemplo, ilhas oceânicas) [19]. Por outro lado, ao contrário de DEC, em que uma filogenia é gerada primeiro e é então utilizada como entrada para a inferência biogeográfica, BIB utiliza inferência bayesiana para estimar simultaneamente as relações filogenéticas, áreas geográficas ancestrais e taxas de variação biogeográfica de sequência nos dados do DNA e distribuições geográficas das espécies. Isto implica que os parâmetros biogeográficos estimados em BIB não estão dependentes de uma filogenia particular, como em DEC. Isso faz o BIB mais adequado para inferir padrões biogeográficos gerais através de um grupo de organismos não relacionados que diferem quanto às suas características biológicas (capacidade de dispersão, ano da origem, taxa de evolução etc.), mas que habitam o mesmo conjunto de áreas – por exemplo, um arquipélago de ilhas oceânicas [19].

Existe mais uma diferença entre os modelos BIB e DEC [17]. Os modelos estocásticos da cadeia de Markov, utilizados em inferência biogeográfica paramétrica (e os usados na modelação do processo de substituição de nucleotídeos na filogenia), são designados *modelos de Markov de tempo homogêneo* ou *estacionário*. Isso porque as taxas de variação ou de transição entre estados (áreas geográficas) são consideradas constantes ao longo do tempo e em linhagens. Elas são também frequentemente consideradas como tempo reversível, isto é, a taxa de mudança de estado de A para B é a mesma que a de B para A. Em modelos de Markov de tempo homogêneo reversível, as taxas de variação entre os estados de caracteres podem ser divididas em dois parâmetros: os parâmetros relativos da taxa de permuta (r_{AB}), e as frequências fixas dos estados de caracteres (π_A). O último parâmetro corresponde às frequências de equilíbrio do processo; ao longo do tempo, as frequências de estado de um processo de Markov de tempo homogêneo convergem para esses valores, independentemente do ponto de partida.

No modelo BIB, as taxas na matriz Q podem ser também divididas em dois parâmetros: a taxa de dispersão relativa entre duas ilhas, e a **capacidade de carga** de cada ilha – as frequências fixas ou o número de linhagens esperadas em cada ilha nas condições de equilíbrio. Isto implica que um modelo BIB com três estados, tais como na Figura 8.6a, iria incluir três parâmetros de capacidade de carga (π_A, π_B e π_C) e três (ou seis, se é tempo irreversível) taxas de dispersão relativa (r_{AB}, r_{AC} e r_{BC}). Em contraste, padrão do modelo de DEC supõe taxas iguais de expansão de alcance (*D*) e de extinção (*E*) entre as áreas geográficas, e não inclui um parâmetro para frequências estacionárias. Para obter boas estimativas dos parâmetros do modelo em um modelo tão complexo como BIB, as taxas de dispersão entre as ilhas e as capacidades de carga das ilhas são estimadas a partir de dados biogeográficos (estados geográficos) que são compartilhados entre várias linhagens. Isto aumenta o número de pontos de dados, ao mesmo tempo permitindo diferenças para linhagens específicas na taxa de evolução molecular, idade e capacidade de dispersão [19]. O modelo BIB tem sido até agora utilizado para inferir padrões de colonização em ilhas oceânicas [19] e para estudar os padrões históricos de troca florística entre regiões isoladas nas margens continentais da África [23]. Mais tarde, esse modelo foi implementado em um contexto filogeográfico, para a inferência da evolução geográfica ao nível das populações ou indivíduos, por exemplo, para estudar os padrões de propagação viral [24].

Obviamente, o maior desafio de métodos paramétricos consiste em viabilidade computacional e aprender a equilibrar isso com o aumento do realismo dos cenários biogeográficos [18]. Para reduzir o número de potenciais áreas geográficas ou estados no modelo de DEC sem diminuir o número de áreas iniciais, podem-se usar modelos em que os movimentos entre certos alcances ancestrais são proibidos de acordo com alguns critérios biológicos, geográficos ou geológicos. Por exemplo, em cenários continentais biogeográficos, podem-se restringir estados difundidos (áreas geográficas que compreendem duas ou mais zonas) para combinações únicas de áreas que estão adjacentes geograficamente umas às outras. Todas as outras combinações implicariam um evento de extinção na área de intervenção ou a travessia de uma barreira entre as duas áreas, de modo a permitir esses estados generalizados [18]. Para sistemas de ilhas, como o Havaí, em que a dispersão prossegue ao longo da cadeia de ilha, pode-se limitar a dispersão em BIB de seguir um *modelo stepping-stone*, fazendo com que a taxa de dispersão entre ilhas não adjacentes na cadeia seja igual a zero [19].

Outra solução possível é integrar fontes adicionais de provas. Por exemplo, a informação fóssil pode ser utilizada em DEC para limitar o número de possíveis cadeias de ancestrais de um clado filogenético a que o fóssil foi designado, de forma a incluir a distribuição geográfica do fóssil [20]. As configurações continentais pendentes (a colisão e a divisão de massas de terra em cenários reticulados) também podem ser modeladas em DEC. Isto é feito dividindo a filogenia em intervalos de tempo, e atribuindo a cada um deles um conjunto diferente de valores de escala para a taxa de dispersão, dependendo da disponibilidade de pontes que facilitam a migração de terra entre as áreas em determinado período de tempo [22]. De igual modo, as taxas de dispersão podem ser feitas dependendo da existência de corredores de dispersão climáticos entre dois continentes, com base nas tolerâncias do grupo analisado no presente e no passado (isto é, usando as ocorrências fósseis) [20]. Isso abriu uma área interessante de pesquisa projetada para integrar o lado ecológico e evolutivo da disciplina em um quadro comum de pesquisa [2].

Recentemente, tem havido extensões metodológicas dos modelos de DEC e BIB. Por exemplo, o modelo BioGeoBEARS [25] estende DEC para introduzir um terceiro parâmetro, uma taxa de dispersão de salto; também permite maior flexibilidade na modelagem de alcance nos cenários herdados nos nós de especiação. O modelo Bay-Area [26] usa uma "abordagem de acréscimo de dados" bayesiana para aumentar o tamanho do espaço para metros, permitindo um número maior de estados geográficos. No caso do modelo de BIB, extensões têm direcionado no sentido de relaxar a homogeneidade do tempo do processo de Markov, ao permitir que as taxas de dispersão relativa variem ao longo do tempo ou entre os intervalos de tempo em uma filogenia estratificada [27]. As fronteiras entre os intervalos de tempo podem ser calculadas a partir dos dados moleculares e filogenéticos, juntamente com os parâmetros de dispersão. Uma nova abordagem interessante é a modelagem de modelos sem equilíbrio, nos quais a capacidade de carga da ilha ou as frequências de equilíbrio são seguidas de mudanças em um determinado ponto no tempo. Esse pode ser, por exemplo, o resultado de um evento de extinção, que apaga em parte a biota de uma ilha ou área, diminuindo permanentemente sua diversidade e alterando as propriedades fundamentais do processo de dispersão. A inferência bayesiana poderia ser usada, em seguida, para estimar o momento em que há uma mudança nas frequências de equilíbrio (capacidades de carga) e também a intensidade do evento de extinção, o que pode ter afetado algumas áreas mais intensamente do que outras.

Finalmente, tem havido novos desenvolvimentos para a implementação dos chamados *modelos de diversificação dependentes do alcance*, em que existe uma relação causal entre alcance da evolução e diversificação da linhagem. Em todos os modelos descritos aqui, embora o padrão de geografia envolvida possa mudar, isso não afeta a taxa ou a natureza dos processos evolutivos que têm simultaneamente lugar na filogenia. No entanto, isso não é realista, porque, por exemplo, sabemos que a dispersão de uma linhagem em uma nova área pode aumentar sua taxa de especiação, pois agora pode invadir novos nichos e deslocar outras espécies [28]. Da mesma forma, espécies que se espalham para mais de uma área são mais propensas à especiação por alopatria e menos propensas a se extinguir [29]. As taxas de acoplamento de especiação e extinção ao processo de alcance de evolução nos permitem abordar questões importantes, tais como se a migração para uma nova área aumenta a taxa de diversificação, e se a extinção é historicamente mais elevada em uma determinada região e não em outra. A probabilidade máxima e inferência bayesiana podem ser utilizadas para estimar as taxas de especiação e extinção associadas a estar em uma área particular ou mover-se nessa área particular. Esses modelos, no entanto, são computacionalmente exigentes – eles têm mais parâmetros do que um modelo paramétrico padrão [29] – e seu poder inferencial continua a ser testado com conjuntos de dados reais complexos.

Apesar desses desafios, modelos paramétricos de evolução biogeográfica representam uma nova área excitante de pesquisa, na tentativa de revelar como padrões e processos evolutivos e ecológicos podem ser integrados na reconstrução da história biogeográfica de linhagens e biota. Portanto, pressupomos um aumento no número e na variedade de questões evolutivas que podem ser sugeridas com essas abordagens.

A Abordagem Molecular à Biogeografia Histórica

As técnicas de investigação descritas na seção "Padrões Reticulados" permitiram grandes melhorias na nossa compreensão de eventos biogeográficos de um passado distante, porque o uso de evidências geológicas nos possibilitou estimar quando os *taxa* envolvidos começaram a se diferenciar uns dos outros. Mas, se considerarmos o passado mais recente, nosso interesse se volta para um nível mais detalhado de mudanças geográficas e taxonômicas, de que tais processos, agora distantes e em grande escala, como movimentos das placas tectônicas e mudanças no nível do mar, raramente são uma colaboração. Felizmente, os avanços em nossa capacidade de perceber as taxas de mudanças nos processos biológicos tornaram possível a interpretação de mudanças biogeográficas que ocorreram mais recentemente.

Conforme descrito no Capítulo 6, cada uma das características de um organismo é controlada por genes, compostos de moléculas altamente complexas, que se duplicam em cada ciclo de divisão celular. Inevitavelmente, de vez em quando há um pequeno erro nesse processo, e o gene resultante, ligeiramente diferente, é conhecido como uma *mutação*. A maioria dessas mutações desaparece do genótipo porque é prejudicial ao organismo ou é aceita no genótipo pela seleção natural por ser vantajosa para o organismo. No entanto, no final da década de 1960, o geneticista japonês Motoo Kimura sugeriu que a grande maioria das mutações que se estabelecem permanentemente na molécula de DNA é neutra, do ponto de vista da aptidão – elas não prejudicam nem ajudam o organismo em questão. Desse modo, não são afetadas por pressões seletivas, e assim se acumulam progressivamente ao longo do tempo. Como resultado, quanto maior o número de diferenças moleculares entre dois organismos, mais distante no tempo era sua separação evolutiva um do outro. Podemos, então, colocar uma escala de tempo contra a árvore filogenética, de modo que seus pontos de ramificação, ou "nós", sejam datados, transformando-a no que agora é conhecido como *árvore do tempo* (veja o Capítulo 10).

Nos primeiros dias do teste da teoria de Kimura, relativamente poucas proteínas tinham sido submetidas à análise estrutural detalhada. Mas, quando estas (por exemplo, hemoglobina ou citocromo c) foram verificadas, elas mostraram na verdade uma mudança constante no curso do tempo, o que forneceu suporte para a teoria neutra da evolução molecular. Uma variedade de outras moléculas bioquímicas, como o DNA, encontradas nas mitocôndrias ou cloroplastos, RNA mensageiro e RNA ribossômico (veja o Capítulo 6), são agora utilizadas nesses estudos. Embora logo tenha ficado claro que a taxa de tique-taque do relógio molecular varia entre linhagens evolutivas, tais variações podem agora ser reconhecidas e podem ser feitas concessões para elas, por exemplo, usando técnicas de inferência bayesianas que empregam distribuições de probabilidade para explicar a variação na taxa de evolução molecular, como os *modelos de relógio relaxado* implementados no *software* BEAST (*Bayesian Evolutionary Analysis by Sampling Trees*) [30]. Além disso, tais variações são mais importantes no estudo de conjuntos menores de nucleotídeos de DNA; as associações maiores mostram taxas mais consistentes de evolução da sequência. Finalmente, a datação dos nós é usualmente baseada em pelo menos um dado não molecular, a partir de dados paleontológicos (registro fóssil) ou geológicos (tectônicos), ou quando ausente, a taxa de evolução molecular deduzida de uma linhagem de nível mais alto, incluindo o grupo de estudo, pode ser usada para calibrar o relógio molecular (por exemplo, a família que engloba o gênero). Novamente, o uso da inferência bayesiana permite incorporar a incerteza nesses pontos de calibração.

No outro extremo, esses problemas são minimizados quando estudamos a evolução dos grupos estreitamente relacionados, tais como espécies ou subespécies, e isso deu origem à nova abordagem conhecida como **filogeografia**, desenvolvida pelo biogeógrafo americano John Avise [31]. Sua metodologia é semelhante à da biogeografia filogenética, pois ela também usa a cladística. No entanto, suas análises são baseadas em dados de DNA mitocondrial (mtDNA) de animais, que evoluem rapidamente, são transmitidos apenas através da herança materna, e não sofrem as mudanças genéticas complexas e trocas de meiose. Como resultado, eles podem revelar relações de animais no nível de espécies ou complexos de espécies e, portanto, podem documentar as mudanças de distribuição que ocorreram no passado evolucionário mais recente.

O estudo dos detalhes da sequência exata de genes dentro do DNAmt de diferentes populações dentro da gama de uma determinada espécie mostrou que essas populações diferem uma da outra, que cada sequência é encontrada em uma área restrita e que sequências muito próximas são normalmente encontradas em locais próximos. Além disso, quando as diferenças são mais acentuadas, sugerindo que elas ocorreram mais atrás no tempo (para permitir a acumulação dessas diferenças), os intervalos geográficos correspondentes também foram muito maiores. Ao combinar esses resultados de clados de diferentes grupos ocupando as mesmas áreas, a filogeografia comparativa também pode revelar relações geográficas inesperadas.

Por exemplo, os biogeógrafos americanos Brian Arbogast e Jim Kenagy [32] estudaram os padrões de distribuição de quatro mamíferos diferentes que vivem nas florestas da América do Norte (Figura 8.7). Duas novas ideias resultaram dessa pesquisa. Primeiramente, todos eles mostram uma diferença genética entre uma linhagem *costeira* do Pacífico e uma linhagem *continental* interior. Em três dos casos mostrados na Figura 8.7, essa diferença está presente na distribuição do que havia sido considerado uma única espécie. Somente no caso do esquilo de árvore *Tamasciurus* a diferença foi reconhecida, e foram distinguidas duas espécies: *Tamasciurus douglasi* e *Tamasciurus hudsonicus*. Em segundo lugar, a posição geográfica da ruptura entre as duas linhagens é semelhante em todos os grupos. Isso sugere que todos responderam de forma semelhante, por evolução vicariante, a um episódio de fragmentação de seus intervalos. Tanto o registro fóssil quanto a evidência genética sugerem que isso pode ter sido relacionado com episódios quaternários

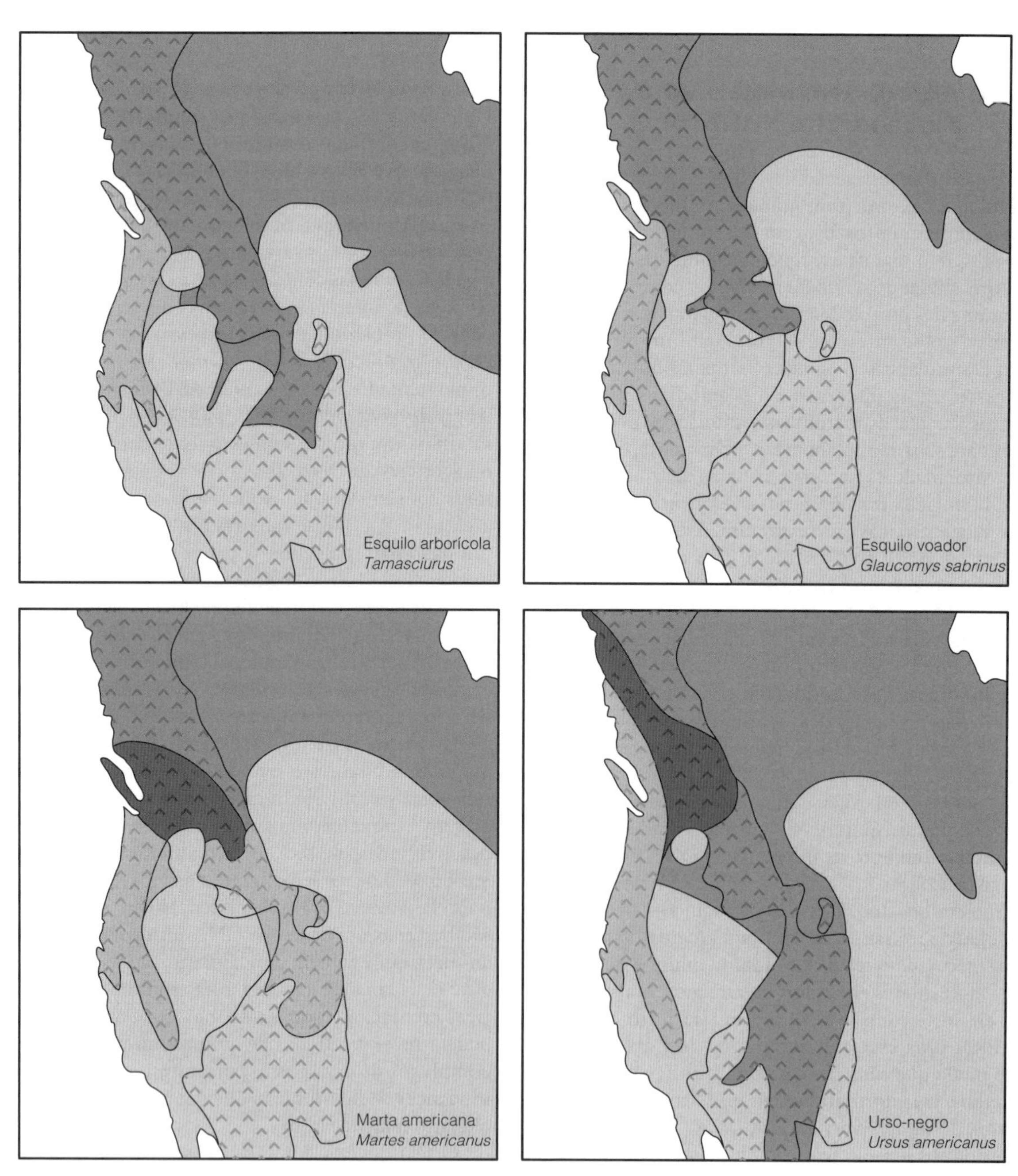

Figura 8.7 A estrutura filogeográfica de quatro *taxa* de mamíferos das florestas setentrionais da América do Norte, para mostrar a diferença entre a taxonomia atual e os resultados da filogeografia molecular. O alcance dos mamíferos da linhagem da Costa do Pacífico é mostrado em cinza-claro, o alcance de linhagem continental em cinza-médio e a área de sobreposição das duas linhagens em preto. Adaptado de Arbogast e Kenagy [32]. (Reproduzido com permissão de John Wiley & Sons.)

de fragmentação cíclica, contração e expansão da floresta boreal. A expansão posterior permitiu que as linhagens costeiras e continentais entrassem em contato renovado, o que às vezes levava a uma sobreposição de suas faixas. Nenhum desses *insights* era óbvio a partir de análises anteriores desses grupos.

Inevitavelmente, esse método funciona melhor com grupos cuja capacidade de dispersão é limitada e que, portanto, são encontrados dentro de uma área geográfica menor. No entanto, a genética molecular de animais mais facilmente dispersos que são encontrados em ambos os lados de uma barreira impenetrável também pode fornecer informações filogenéticas interessantes e valiosas. Por exemplo, as populações de muitos animais marinhos ficaram divididas em ambos os lados do Istmo do Panamá quando se formaram. Uma vez que sabemos que isso ocorreu há cerca de três milhões de anos, isso fornece dados muito úteis sobre a taxa de mudança de seu DNAmt.

A filogeografia comparada está agora desempenhando um papel cada vez mais importante no desenrolar de aspectos muito detalhados dos padrões biogeográficos que resultaram de eventos nos últimos milhões de anos. A fim de interpretar as informações detalhadas sobre a distribuição geográfica e constituição genética de clados menores que a filogeografia comparativa às vezes pode fornecer, tornou-se agora necessário desenvolver métodos computacionais complexos, tais como **análise dos clados aninhados (NCA)**.

O método NCA foi desenvolvido por Alan Templeton, da Universidade de Washington, e ilumina a história evolutiva de uma espécie ao longo do espaço e do tempo usando informações de sua estrutura molecular. Inicialmente, esse método define uma série de haplótipos de uma determinada molécula, primeiramente organizando-os em grupos que diferem uns dos outros por apenas uma única diferença mutacional – o "passo 1" dos clados. Esses grupos são então tratados como as unidades para um processo idêntico que produz o "passo 2" dos clados, os quais diferem de modo semelhante uns dos outros por apenas uma única mutação. Esse processo é continuado até que haja somente uma única unidade do clado que inclua todos os haplótipos.

Essa técnica pode ser ilustrada por uma investigação sobre a filogeografia das populações gregas de *Leuciscus cephalus*, um peixe europeu que vive em rios [33]. A Figura 8.8 mostra a área em que foram amostradas diferentes populações dos peixes, juntamente com ilustrações (Figuras 8.8a e 8.8b) de duas teorias diferentes sobre como suas distribuições poderiam ter ocorrido. A hipótese de Bianco (Figura 8.8a) sugere que a população do Danúbio se espalhou para o leste e centro da Grécia através do Mar Negro, enquanto as populações do oeste da Grécia foram o resultado de uma dispersão para o sul da costa oeste. Economidis e Banarescu (Figura 8.8b) sugerem que a dispersão do peixe danubiano através do Egeu só atingiu a Grécia oriental, enquanto outros peixes danubianos se espalharam para o sul por mudanças nos padrões de drenagem dos rios (1-4), primeiro para a Grécia central e depois para o oeste, para as regiões costeiras.

O NCA das populações do peixe é ilustrado na Figura 8.8c e mostra que eles se dividem em três grupos. A existência de um clado do Danúbio/Grego Central e de um clado do Grego Oriental separado apoia aqueles aspectos da teoria de Economidis e Banarescu. Por outro lado, a presença de um clado grego ocidental completamente separado apoia a hipótese de Bianco, de que o peixe desta região se originou diretamente do norte e não das populações danubianas. Outras análises dos dados permitem estimar o tempo relativo e, portanto, a sequência desses eventos e, assim, sua relação com outros fenômenos geológicos ou climáticos.

Filogeografia comparativa está agora começando a lançar luz sobre uma gama cada vez mais variada de tópicos dentro da biogeografia dos últimos milhões de anos. Estes variam desde a expansão de uma espécie para fora do refúgio ao qual se tornou restringida durante a Idade do Gelo [34] e a direção do fluxo de genes entre populações geograficamente separadas de espécies-irmãs [35], até as contribuições relativas de processos históricos e recentes que causaram a distribuição de genes em uma população atual [36]. Inevitavelmente, isso está começando a se sobrepor a investigações sobre processos que ocorreram no início do Terciário [37]. Um estudo de três biogeógrafos (Richards, Carstens e Knowles), que trabalham na Universidade de Michigan, sugeriu técnicas que permitem a integração de dados genéticos e dados distributivos com a modelagem paleoclimática, testando hipóteses alternativas sobre o tempo e o padrão de divergência das populações.

Avise delineou [31] as novas perspectivas que a filogeografia permitiu; ele também sugere algumas direções potencialmente proveitosas que novas pesquisas podem levar, como avaliações comparativas filogeográficas de biotas regionais multiespécies para identificar padrões compartilhados resultantes de grandes eventos históricos. Isso provou ser uma verdadeira revolução na genética populacional.

As investigações sobre genética e distribuição das populações hoje têm que lidar com uma quantidade muito grande de dados, o que está provocando o desenvolvimento de programas computacionais complexos. A variedade, a complexidade e a taxa de surgimento e modificação desses programas são tantas, que não é oportuno tentar explicá-las em um livro como este, e os alunos são aconselhados a segui-las na literatura de pesquisa atual relevante.

Moléculas e o Passado Mais Distante

Embora as dificuldades na utilização de dados moleculares, mencionadas neste capítulo, sejam minimizadas ao estudar grupos mais recentes e mais intimamente relacionados, esses dados ainda são muito valiosos no estudo de eventos em um passado mais distante [39]. Os dados moleculares podem ser usados para estabelecer uma árvore filética de relação com as datas implícitas de divergência entre as diferentes linhagens. Uma árvore similar de relacionamento é criada usando dados do registro fóssil, o que também fornece datas de divergência com base nas idades dos fósseis. Isso, por sua vez, introduz a possibilidade de erros. O mais básico e inevitável destes refere-se à idade de qualquer fóssil, colocado em uma determinada linhagem, ser uma idade mínima, porque outros fósseis mais antigos não descobertos podem estar nessa mesma linhagem antes da divergência de seus parentes mais próximos. Outros erros podem surgir de estimativas incorretas de relação, ou se as estimativas de idade das rochas fósseis estiverem erradas. Mas as técnicas recentes reduzem o impacto de qualquer erro individual, calculando o efeito que cada dado tem sobre o grau geral de diferença entre a árvore molecular e a árvore baseada em

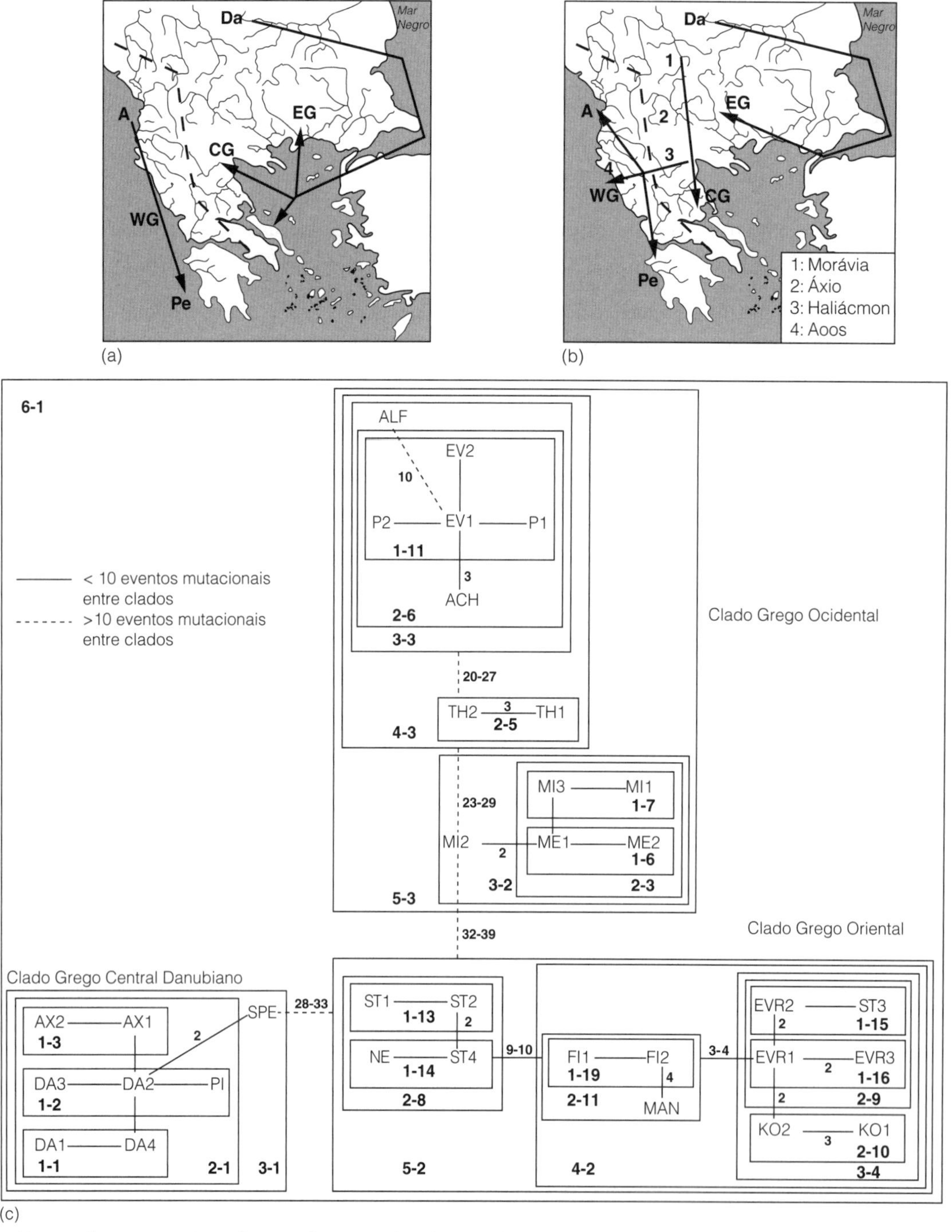

Figura 8.8 (a, b) Duas hipóteses sobre a história biogeográfica das populações do peixe *Leuciscus cephalus*, na Grécia. De Durand *et al.* [33]. (c) Análise dos clados aninhados das inter-relações dessas populações. As letras (por exemplo, ALF) representam abreviaturas dos diferentes locais em que as populações foram encontradas. Os números indicam a hierarquia dos clados (por exemplo, 3-3 indica um clado de três etapas que inclui 2-6, um clado de dois passos que por sua vez inclui um clado de um passo, 1-11). Cada linha contínua sem um número representa uma única alteração mutacional de um dos dois genótipos para o outro. Todos os números ao lado das linhas indicam o número de mutações que ocorreram entre os dois genótipos ligados pelas linhas (por exemplo, houve entre 32 e 39 diferenças mutacionais entre o clado grego ocidental, 5-3 e o clado grego oriental, 5-2). Veja o texto para mais explicação.

fósseis [40]. Aqueles que produzem o maior grau de inconsistência podem ser removidos do conjunto de dados e/ou reavaliados. Os resultados também podem ser comparados com diferentes modelos das taxas de substituição na árvore de dados moleculares, a fim de encontrar um conjunto de correlação cruzada que minimiza as diferenças entre os dois sistemas independentes.

Na medida em que as informações sobre a tectônica de placas, geologia e de escala de tempo foram integradas nos modernos métodos de análise da biogeografia histórica, elas criaram grandes problemas para os proponentes de métodos baseados em padrões. A resposta de alguns deles tem sido a de se opor ao uso de qualquer informação geológica, afirmando que "a biogeografia não deve ser subordinada à geologia" e para apontar que a informação geológica pode estar errada e que existem outras teorias da história dos continentes, como a teoria da Terra em expansão [41]. Entretanto, o valor de usar esta informação não é que ela torna os dados biológicos dependentes dos dados geológicos e teorias, mas que fornece uma imagem independente dos eventos, com os quais o quadro biológico pode ser comparado e avaliado. Essa é uma boa prática normal em qualquer parte da ciência e, se uma teoria da Terra em expansão parece provável fornecer uma melhor correspondência para o cenário biológico, os biogeógrafos estariam bastante preparados para considerá-la. Atualmente, esse não é o caso.

As comparações com as idades dos eventos de placas tectônicas não são, no entanto, os únicos exemplos do uso de dados moleculares ao relacionar eventos biológicos com eventos ambientais. Por exemplo, padrões antigos de drenagem fluvial foram revelados como agentes causadores na biogeografia de caranguejos de água doce no Cabo da África do Sul [42] e de moluscos de água doce no oeste da América do Norte [43]. Talvez o conjunto mais complexo de fatores seja o que está sendo revelado na história da biota da Bacia Amazônica (veja o Capítulo 11). Aqui, a filogenia molecular não apenas mostrou que a taxonomia aceita de grupos, como papagaios, era incorreta, mas também revelou que os padrões de diversificação eram muito mais velhos do que se pensava e que haviam sido influenciados pela localização e sincronização dos episódios da construção de montanhas. Outras variações no clima da Bacia parecem ter sido associadas a mudanças na localização do fluxo de baixo nível, afetado pelas mudanças processionais de longo prazo na órbita da Terra [44]. Diante de dados biológicos cada vez mais detalhados, os biogeógrafos agora precisam, mais do que nunca, tomar mais consciência de ideias e informações em uma variedade maior de outros ramos da ciência.

Neste capítulo, mostramos como uma espécie é definida, como ela evoluiu e está relacionada com outras espécies, onde ela mora e como podemos usar nosso conhecimento para interpretar sua história. Esse entendimento agora nos ajudará a reconstruir como os padrões de vida no planeta apareceram através do tempo. Este, o estudo da biogeografia histórica, compõe os Capítulos 10 e 11 deste livro. Já examinamos os padrões de vida nas ilhas no Capítulo 7, *que ilustram vividamente a evolução em ação, e agora vamos discutir os padrões da biogeografia nos oceanos que os rodeiam.*

Resumo

1 Se duas espécies estreitamente relacionadas estão amplamente separadas uma da outra, a espécie original se dispersou através de uma barreira preexistente, ou a barreira surgiu mais tarde, separando-as por um processo conhecido como vicariância? As duas respostas possíveis a essa questão, por exemplo, as causas dos padrões que levam a padrões disjuntivos de distribuição, foram apoiadas por duas escolas de biogeógrafos opostas e contestadoras.

2 A cladística, juntamente com informações sobre as áreas de endemismo dos *taxa*, pode produzir um cladograma de *táxon*-área. Comparando isso com a história da tectônica de placas das áreas, por vezes mostra uma relação entre os dois processos. Outros resultados podem ser obtidos comparando os cladogramas de *táxon*-área de diferentes grupos.

3 As muitas incertezas envolvidas na interpretação dos resultados desses métodos levaram ao desenvolvimento de análises estatísticas complicadas para tentar resolver os problemas. Mais recentemente, foram desenvolvidos métodos baseados em eventos. Estes especificam se dispersão, vicariância, extinção ou duplicação do *taxa* estavam envolvidas em cada ponto do cladograma, e melhoraram grandemente o poder de resolução da interpretação. Os métodos baseados em eventos também podem analisar a história biogeográfica de áreas que tiveram mais de um conjunto de relações com o outro ao longo do tempo – conhecido como um padrão reticulado.

4 Em todos esses métodos, o uso da parcimônia distorce a interpretação da probabilidade dos diferentes processos biológicos e limita a variedade de dados que podem ser empregados. Recentemente, novos métodos baseados em modelos ou paramétricos foram desenvolvidos para evitar essas limitações.

5 Todos esses métodos tornaram-se muito mais eficazes desde o desenvolvimento de métodos moleculares de estimar as datas de divergência de *taxa*. Estes podem então ser comparados com a datação de eventos geológicos ou climáticos, muitas vezes inequivocamente indicando se os padrões foram causados por dispersão ou vicariância. Na maioria dos casos, isso mostrou que dispersão, em vez de vicariância, era o agente.

6 Usando esses métodos, podemos agora analisar detalhes da evolução da comunidade de um bioma, a coevolução dentro dela e os processos de mudança genética e dispersão de populações em resposta a mudanças ambientais. Tudo isso está levando a uma emocionante integração da biogeografia histórica e ecológica.

Leitura Complementar

Lomolino MY, Heaney LR (eds.). *Frontiers of Biogeography*. Sunderland, MA: Sinauer Associates, 2004.

Pennington RT, Cronk QCB, Richardson JA. Plant phylogeny and the origin of major biomes. *Philosophical Transactions of the Royal Society of London B* 2004; 359: 1453-1656.

Referências

1. Brundin LZ. Phylogenetic biogeography. In: Myers AA, Giller PS (eds.), *Analytical Biogeography*, London: Chapman & Hall, 1988: 343-369.
2. Sanmartín I. Historical biogeography: evolution in time and space. *Evolution: Education and Outreach* 2012; 5: 555-568.
3. Morrone JJ. *Evolutionary Biogeography. An Integrative Approach with Case Studies*. New York: Columbia University Press, 2000.
4. Crisci JV, Katinas L, Posadas P. *Historical Biogeography: An Introduction*. Cambridge, MA: Harvard University Press, 2000.

5. Wojcicki M, Brooks DR. PACT: an efficient and powerful algorithm for generating area cladograms. *Journal of Biogeography* 2005; 32: 755-774.
6. Sanmartín I. Event-based biogeography: integrating patterns, processes and time. In: Ebach MC, Tangney RS (eds.), *Biogeography in a Changing World*. London: CRC Press, 2007: 135-159.
7. Sanmartín I, Ronquist F. Southern hemisphere biogeography inferred by event-based models: plants versus animal patterns. *Systematic Biology* 2004; 53: 216-243.
8. Muellner, AN, Pannell CM, Coleman A, Chase MW. The origin and evolution of Indomalesian, Australasian and Pacific island biotas: insights from Aglaieae (Meliaceae, Sapindales). *Journal of Biogeography* 2008; 35: 1768-1789.
9. Cook LG, Crisp M. Directional asymmetry of long-distance dispersal and colonization could mislead reconstructions of biogeography. *Journal of Biogeography* 2005; 32: 741-754.
10. Waters JM. Driven by the West Wind Drift? A synthesis of southern temperate marine biogeography, with new directions for dispersalism. *Journal of Biogeography* 2008; 35: 417-427.
11. Ronquist F. Dispersal-vicariance analysis: a new biogeographic approach to the quantification of historical biogeography. *Systematic Biology* 1997; 46: 195-203.
12. Sanmartín I, Enghoff H, Ronquist F. Patterns of animal dispersal, vicariance and diversification in the Holarctic. *Biological Journal of the Linnean Society of London* 2001; 73: 345-390.
13. Donoghue MJ, Smith S. Patterns in the assembly of temperate forests around the Northern Hemisphere. *Philosophical Transactions of the Royal Society of London B* 2004; 359: 1633-1644.
14. Kodandaramaiah U. Use of dispersal-vicariance analysis in biogeography – a critique. *Journal of Biogeography* 2010; 37: 3-11.
15. Ronquist F. Bayesian inference of character evolution. *Trends in Ecology and Evolution* 2004; 19: 475-471.
16. Nylander JAA, Olsson O, Alström P, Sanmartín I. Accounting for phylogenetic uncertainty in biogeography: a Bayesian approach to dispersal-vicariance analysis of the thrushes (Aves: *Turdus*). *Systematic Biology* 2008; 57: 257-268.
17. Ronquist F, Sanmartín I. Phylogenetic methods in biogeography. *Annual Review of Ecology, Evolution, and Systematics* 2011; 42: 441-464.
18. Ree RH, Sanmartín I. Prospects and challenges for parametric models in historical biogeographical inference. *Journal of Biogeography* 2009; 36: 1211-1220.
19. Sanmartín I, van der Mark P, Ronquist F. Inferring dispersal: a Bayesian approach to phylogeny-based island biogeography, with special reference to the Canary Islands. *Journal of Biogeography* 2008; 35: 428-449.
20. Meseguer AS, Lobo JM, Ree R, Beerling DJ, Sanmartín I. Integrating fossils, phylogenies, and niche models into biogeography to reveal ancient evolutionary history: the case of *Hypericum* (Hypericaceae). *Systematic Biology* 2015; 64 (2): 215-232.
21. Ree RH, Moore BR, Webb CO, Donoghue MJ. A likelihood framework for inferring the evolution of geographic range on phylogenetic trees. *Evolution* 2005; 59: 2299-2311.
22. Ree RH, Smith SA. Maximum likelihood inference of geographic range evolution by dispersal, local extinction, and cladogenesis. *Systematic Biology* 2008; 57: 4-14.
23. Sanmartín I, Anderson CL, Alarcon M, Ronquist F, Aldasoro JJ. Bayesian island biogeography in a continental setting: the Rand Flora case. *Biology Letters* 2010; 6: 703-707.
24. Lemey P, Rambaut A, Drummond AJ, Suchard MA. Bayesian phylogeography finds its roots. *PLoS Computational Biology* 2009; 5: e1000520.
25. Matzke NJ. Model selection in historical biogeography reveals that founder-event speciation is a crucial process in island clades. *Systematic Biology* 2014; 63: 951-970.
26. Landis MJ, Matzke NJ, Moore BM, Huelsenbeck JP. Bayesian analysis of biogeography when the number of areas is large. *Systematic Biology* 2013; 62: 789-804.
27. Bielejec F, Lemey P, Baele G, Rambaut A, Suchard MA. Inferring heterogeneous evolutionary processes through time: from sequence substitution to phylogeography. *Systematic Biology* 2014; 63: 493-504.
28. Moore BR, Donoghue MD. Correlates of diversification in the plant clade Dipsacales: geographic movement and evolutionary innovations. *American Naturalist* 2007; 170: S28-S55.
29. Goldberg EE, Lancaster LT, Ree RH. Phylogenetic inference of reciprocal effects between geographic range evolution and diversification. *Systematic Biology* 2011; 60: 451-465.
30. Drummond AJ, Rambaut A. BEAST: Bayesian evolutionary analysis by sampling trees. *Evolutionary Biology* 2007; 7: 214.
31. Avise JC, Phylogeography: retrospect and prospect. *Journal of Biogeography* 2009; 36: 3-15.
32. Arbogast B, Kenagy GJ. Comparative phylogeography as an integrative approach to historical biogeography. *Journal of Biogeography* 2001; 28: 819-825.
33. Durand JD, Templeton AR, Guinand B, Imsiridou A, Bouvet Y. Nested clade and phylogeographic analysis of the chub, *Leuciscus cephalus* (Teleostei, Cyprinidae) in Greece: implications for Balkan Peninsula biogeography. *Molecular Phylogenetics and Evolution* 1999; 13: 566-580.
34. Hewitt GM. Genetic consequences of climatic oscillations in the Quaternary. *Philosophical Transactions of the Royal Society of London B* 2004; 359: 183-195.
35. Zheng XJ, Arbogast BS, Kenagy GJ. Historical demography and genetic structure of sister species: deermice (*Peromyscus*) in North American temperate rain forest. *Molecular Ecology* 2003; 12: 711-724.
36. Templeton AR, Routman E, Phillips CA. Separating population structure from population history: a cladistic analysis of the geographical distribution of mitochondrial DNA haplotypes in the tiger salamander, *Ambystoma tigrinum*. *Genetics* 1995; 140: 767-782.
37. Riddle BR, Hafner DJ. A step-wise approach to integrating phylogeographic and phylogenetic perspectives on the history of a core North American warm desert biota. *Journal of Arid Environments* 2006; 65: 435-461.
38. Richards CL, Carstens BC, Knowles LL. Distribution modelling and statistical phylogeography: an integrative framework for generating and testing alternative biogeographical hypotheses. *Journal of Biogeography* 2007; 34: 1833-1845.
39. Donoghue PCJ, Benton MJ. Rocks and clocks: calibrating the Tree of Life using fossils and molecules. *Trends in Ecology and Evolution* 2007; 22: 425-431.
40. Near TJ, Sanderson MJ. Assessing the quality of molecular divergence time estimates by fossil calibrations and fossil-based model selection. *Philosophical Transactions of the Royal Society of London B* 2004; 359: 1477-1483.
41. McCarthy D. Are plate-tectonic explanations for trans-Pacific disjunctions plausible? Empirical tests of radical dispersalist theories. In: Ebach MC, Tangney RS (eds.), *Biogeography in a Changing World*. New York: CRC Press, 2007: 177-198.
42. Daniels SR, Gouws G, Crandall KA. Phylogeographic patterning in a freshwater crab species (Decapoda: Potamonautidae: Potamonautes) reveals the signature of historical climatic events. *Journal of Biogeography* 2006; 33: 1538-1549.
43. Liu H-P, Hershler R. A test of the vicariance hypothesis of western North American freshwater biogeography. *Journal of Biogeography* 2007; 34: 534-548.
44. Bush MB. Of orogeny, precipitation, precession and parrots. *Journal of Biogeography* 2005; 32: 1301-1302.

Padrões nos Oceanos

Capítulo 9

A vida encobre a terra; ela apenas mancha os oceanos.

Os oceanos e mares do mundo contêm três tipos muito diferentes de hábitat: os vastos volumes dos oceanos abertos, o fundo do oceano profundo – longe da luz da superfície – e a vida muito mais rica dos mares rasos ao redor dos continentes e oceanos. Nosso entendimento da biogeografia desses ambientes tem sido limitado por dois fatores. Primeiro, é muito mais difícil para nós, seres que respiram o ar, pesquisar e amostrar esses ambientes – particularmente os que estão longe da Terra e em grande profundidade. Mas também ficou claro que, diferentemente das espécies terrestres, as espécies marinhas muitas vezes não podem ser distinguidas por diferenças na morfologia; portanto, sua taxonomia deve ser baseada em comparação genética mais sutil. Também é mais difícil reconhecer as barreiras que existem entre as áreas de distribuição de espécies marinhas. Como resultado, nossa compreensão da biogeografia marinha ainda está em um estágio inicial de desenvolvimento.

A biogeografia dos continentes e a dos oceanos são similares: ambas envolvem a análise da biota de vastas áreas da superfície do globo. Entretanto, a biota marinha é muito mais difícil de ser estudada, uma vez que seus ambientes são muito diferentes. Em consequência, sabemos muito menos sobre a composição, a estrutura e a ecologia dos organismos marinhos do que em relação aos organismos terrestres. Em várias áreas da pesquisa marinha ainda nos encontramos, portanto, em um estágio de construir e avaliar hipóteses em níveis comparativamente básicos. Este fato tem importância maior do que uma mera relevância acadêmica ou técnica, do ponto de vista de nossos desejos e nossas necessidades de conservar a atual diversidade de organismos do mundo. Para conseguirmos isto, precisamos primeiro entender os padrões fundamentais de distribuição, tanto dos ecossistemas quanto dos organismos neles contidos. Só então poderemos identificar aqueles que estão ameaçados por causa de sua raridade ou por sua vulnerabilidade às mudanças ecológicas — independentemente de serem naturais ou resultantes da atividade humana.

As regiões biogeográficas terrestres são, efetivamente, os diferentes continentes. A interação entre a topografia terrestre e os ciclos climáticos sazonais em cada região também produz uma variedade considerável de ambientes físicos. Algumas vezes essas regiões são separadas umas das outras por barreiras oceânicas, montanhosas ou desérticas que tornam difícil a dispersão dos organismos entre elas. Assim, as fronteiras geográficas entre essas regiões são fáceis de definir. Seus habitantes vivem no ar, que tem uma densidade muito baixa. Em consequência, é impossível para os organismos terrestres permanecerem indefinidamente voando, o que dificulta suas longas dispersões. Por outro lado, isso possibilita que as plantas se tornem estruturalmente complexas. Na maior parte dos continentes (excluindo-se a tundra, a estepe e os desertos), as plantas dominam os ambientes. Portanto, além da variedade de ambientes físicos as plantas agregam suas próprias estruturas vivas (*grassland*, matas, florestas etc.), entre as quais os animais habitam. Esses hábitats proporcionam um arcabouço para análises biogeográficas em um nível mais refinado de detalhes, uma vez que nossas pesquisas são facilitadas pelo fato de sermos, também, terrestres.

O mundo líquido dos oceanos é bastante diferente. Os principais oceanos são todos interligados, assim as fronteiras geográficas entre eles não são bem definidas como as dos continentes. Em consequência, as diferenças entre suas biotas não se mostram tão evidentes quanto as terrestres. Os oceanos também são muito maiores do que os continentes, por ocuparem quase 71% da superfície do nosso planeta e, por terem profundidade, representam 97% do volume habitável. Os próprios oceanos estão continuamente se deslocando, porque a água de cada bacia oceânica gira suavemente. Essas águas em movimento transportam organismos marinhos de um lugar para outro, e também ajudam na dispersão de seus filhotes ou larvas. Além disso, o gradiente entre os ambientes (e, portanto, entre faunas diferentes) de áreas distintas do assoalho oceânico ou da massa de água é muito suave e frequentemente se estende por grandes áreas que são habitadas por uma grande gama de organismos que se diferenciam quanto à tolerância ecológica. Não existem fronteiras rígidas nos oceanos.

Muitos animais terrestres evoluíram habilidades de voo, mas devido à baixa densidade de ar é impossível manter-se no alto permanentemente. Esta restrição não se aplica aos organismos oceânicos, para os quais a alta densidade de água permite um estilo de vida totalmente pelágico. Mais de 90% do espaço vivo do ambiente marinho é pelágico (a camada tridimensional da superfície da água até as trincheiras mais profundas ou zonas batipelágicas). Portanto, não é surpreendente que os sistemas pelágicos suportem a maioria da biomassa marinha. Embora as áreas pelágicas pareçam um contínuo sem limites, a química da água, a salinidade, a profundidade/pressão, as correntes e as variações na produtividade primária criam diferentes regiões dentro desses sistemas com biotas e geografias distintas.

Entretanto, devido à densidade e à força das águas, não existem plantas grandes ou complexas para fornecer biomas equivalentes aos terrestres. A fotossíntese no mar é realizada por minúsculos organismos unicelulares conhecidos como **fitoplâncton**. Por esse motivo, a densidade de vida vegetal nos oceanos é muito menor do que em terra, e a produtividade primária, por unidade de área, é de apenas um quinze avos daquela encontrada na floresta tropical úmida, e assim bem menos energia solar é fixada no sistema.

Contudo, existe um meio através do qual os oceanos são mais complexos do que a terra: eles possuem uma importante dimensão extra, a profundidade. As condições físicas de iluminação, temperatura, densidade e pressão, e frequentemente também de concentração de nutrientes e oxigênio, mudam muito mais rapidamente com a profundidade nos oceanos do que com a altitude em terra — o que acarreta mudanças correspondentes na biota. Com efeito, diferentemente da situação terrestre, os gradientes ambientais mais importantes e descontínuos ocorrem na dimensão vertical, não na horizontal, e são muito mais abruptos. Esses padrões de distribuição verticais resultantes também interagem com os padrões horizontais.

Por sermos terrestres e respirarmos ar, estudar e recensear a vida nos mares é difícil para nós, mesmo em regiões próximas à costa ou de águas superficiais, e muito mais difícil nas profundezas. Nosso conhecimento sobre a fauna do assoalho oceânico profundo, que cobre uma área de 270 milhões de quilômetros quadrados, é obtido de núcleos que totalizam apenas cerca de 500 m^2, em conjunto com algumas áreas amostradas por dragagem com redes de arrasto e trenós comandados na superfície! Mas a nossa análise da vida no mar pode muito bem ser obscurecida por um erro muito mais fundamental: a natureza e o reconhecimento das espécies no meio aquático. Um estudo comenta a extensão em que muitas "espécies" de fato contêm mais de uma espécie real (e, talvez, mesmo um complexo de várias espécies), a realidade só se torna aparente depois da análise filogeográfica [1]. Inevitavelmente, baseamos nossa identificação de uma espécie sobre os aspectos de sua aparência e comportamento que podemos ver e entender. Mas o reconhecimento de espécies nas águas pode ser baseado em sinais bioquímicos que seriam muito difíceis de identificar e monitorar. Essa falta de compreensão também pode ser subjacente aos nossos problemas com especiação nas águas dos Grandes Lagos Africanos (veja o Capítulo 6).

A história das interconexões mutáveis entre os oceanos no passado é mostrada na Prancha 7 e descrita no Capítulo 5. Todos os oceanos são conectados nas altas latitudes meridionais, e o Istmo do Panamá só foi completado em período relativamente recente, cerca de 3 milhões de anos atrás. Devido a essa falta de barreiras físicas nos oceanos e à sua baixa produtividade, houve menos oportunidades para a diversificação evolucionária. Tais como descritas atualmente, as famílias marinhas possuem menos gêneros do que as famílias terrestres, e esses gêneros possuem menos espécies e, assim, são conhecidas muito menos espécies nos mares: apenas cerca de 210.000 espécies de organismos marinhos foram descritas, comparadas com cerca de 1,8 milhão em terra. De modo semelhante, provavelmente existem mais de 250.000 espécies vegetais em terra, mas apenas 3500 a 4500 espécies de fitoplâncton. Estima-se que são registrados apenas cerca de 10% da biota dos oceanos. No entanto, mesmo a amostragem mais limitada do assoalho oceânico apresenta uma variedade de vida muito surpreendente, o que levou os oceanógrafos norte-americanos Frederick Grassle e Nancy Macioleck a estimarem que as profundezas do mar devem conter 1 a 10 milhões de espécies [2]. Exploramos menos de 5% do mar profundo, e sabemos menos sobre ele do que sobre o lado escuro da Lua.

Como veremos neste capítulo, embora nossa compreensão da distribuição de organismos marinhos ainda seja limitada, parece que, com exceção daqueles que vivem nas regiões intertidais ou de águas rasas, eles geralmente têm uma distribuição muito mais ampla do que os terrestres – pelo menos em termos de família e gênero. Assim, enquanto a maioria das famílias de mamíferos é encontrada em uma única região zoogeográfica, as famílias de organismos marinhos são cosmopolitas ou dispersas através dos oceanos do mundo. Por causa disso, as faunas marinhas diferem umas das outras por conterem gêneros ou espécies diferentes e não famílias diferentes. Esses gêneros ou espécies não são conhecidos pelo nome vulgar, de modo que podemos nos referir a eles apenas pelo nome científico. Em consequência, embora seja fácil explicar que, por exemplo, a região zoogeográfica da América do Sul contém famílias endêmicas de tatus, tamanduás e preguiças, só podemos explicar as diferenças entre as biotas de regiões marinhas com o fornecimento de uma lista longa de nomes científicos.

As grandes bacias oceânicas são semelhantes aos continentes no que se refere a unidades biogeográficas. Ainda que seus padrões sejam mais difusos, elas exibem os mesmos fenômenos e levantam as mesmas questões explicadas por dispersão ou vicariância, com dimensões tais que as diferenças são devidas a histórias distintas de crescimento, fusão ou subdivisão, ou devidas a eventos evolucionários distintos. No entanto, uma vez que as faunas marinhas são ainda pouco conhecidas, precisamos ser mais cautelosos antes de tirarmos conclusões ou supormos que deduções específicas e generalizações associadas à biogeografia continental são necessariamente válidas para a biogeografia marinha. A despeito disso, estudos recentes sobre a biogeografia da merluza, *Merluccius*, conduzidos pelos zoólogos marinhos sul-africanos Stewart Grant e Rob Leslie [3], mostraram alguns paralelos interessantes com os mapas mais familiares de dispersão terrestre (Figura 9.1). Os fósseis e a filogenia indicada por dados moleculares sugerem que o gênero é originário do Oligoceno Inferior, em mares rasos do nordeste do Atlântico-Ártico. A partir daí, linhagens do Velho Mundo e do Novo Mundo divergiram ao longo das plataformas continentais nas costas leste e oeste do Atlântico. A linhagem do Velho Mundo entrou através do Cabo da Boa Esperança no Oceano Índico, com episódios subsequentes de dispersão reversa para e a partir da África Ocidental. A linhagem do Novo Mundo dispersou-se através da então ligação entre as Américas do Sul e do Norte, ainda aberta, para o Oceano Pacífico, onde se espalhou para o norte, para o sul e para oeste, com episódios de dispersão em torno do Cabo Horn de volta para o Atlântico Sul.

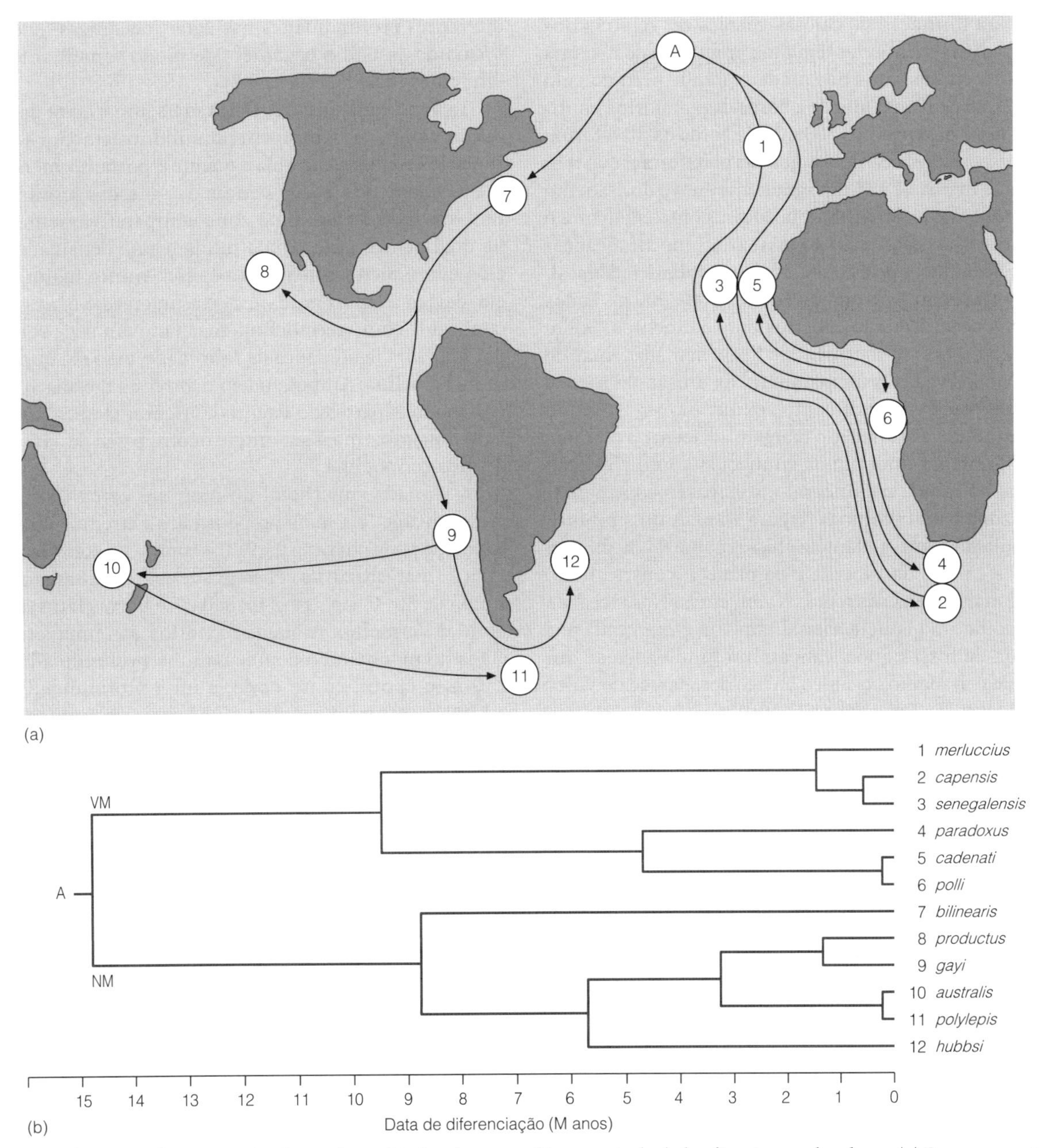

Figura 9.1 A dispersão de 12 espécies de merluza, *Merluccius*, sugerida a partir de dados fósseis e moleculares. (a) O mapa mostra distribuições e dispersão. Os números se referem a espécies individuais no cladograma dos relacionamentos filogenéticos (b), que também mostra as datas de diferenciação entre diferentes linhagens em milhões de anos. A, *Merluccius* ancestral; NM, linhagem do Novo Mundo; VM, linhagem do Velho Mundo. Dados de Grant & Leslie [3].

Zoneamento dos Oceanos e no Assoalho Oceânico

Precisamos entender a biogeografia dos oceanos, a fim de utilizar essas informações para uma conservação mais eficaz e uso sustentável de sua biodiversidade em áreas fora daquelas sob a jurisdição nacional. (Estas últimas áreas, a profundidades de 300-800 m, são, portanto, excluídas do relatório da UNESCO citado em [4].) Para esse efeito, um grupo internacional de especialistas publicou, então, uma classificação ambiental dos oceanos abertos e dos fundos marinhos [4], cujos mapas, definições e informações são utilizados aqui. Nosso conhecimento da biota das províncias definidas nesse trabalho ainda é muito limitado e não há dúvida dos muitos anos de esforço, e será preciso colaboração internacional para os resultados da coleção de espécimes, antes que a biota possa ser adequadamente caracterizada.

Em torno do oceano profundo, que representa mais de 50 % dos ambientes marinhos, existem áreas de mares rasos adjacentes aos continentes. A distinção entre os dois é resultado da estrutura básica do nosso planeta. Os continentes se elevam acima do nível do assoalho oceânico porque as rochas de que são constituídos são menos densas e, portanto, mais leves do que as do assoalho das profundezas oceânicas. Os mares cobrem as partes mais baixas dos continentes, conhecidas como plataforma continental (Figura 9.2a). A profundidade desses mares, conhecidos como *mares epicontinentais* ou mares rasos, varia de acordo com a quantidade de água desviada para formação de calotas geladas ou geleiras nos continentes. Atualmente eles têm uma profundidade máxima de 200 m (exceto na Antártida, onde o grande peso do gelo afundou o continente a ponto de a borda da plataforma continental situar-se próxima dos 500 m). Na borda da plataforma continental, conhecida como **margem da plataforma**, que tem profundidade média de 135 m, o gradiente suave do assoalho oceânico aumenta de forma abrupta. Desse ponto em diante o talude continental desce relativamente contínuo até alcançar o assoalho oceânico, que é conhecido como **planície abissal**, que se encontra em uma profundidade de 3500-6500 m. Todos os assoalhos oceânicos são cobertos por sedimentos. Sobre a plataforma e o talude continentais ficam camadas finas de sedimentos, derivadas principalmente da erosão de rochas nos continentes. Esses sedimentos extravasam a borda do talude continental em direção à margem adjacente à planície abissal para formar uma rampa conhecida como **elevação continental**. O talude continental e a elevação continental formam a **zona batial** profunda (Figura 9.2b). A uma profundidade média de 4 km, a planície abissal cobre 94 % da área dos oceanos e 64 % da superfície do planeta, constituindo, portanto, o mais extenso de todos os ambientes. Nos Oceanos Índico e Pacífico, a planície abissal também é margeada por um sistema de fossas que alcançam profundidades de até 11 km, onde o assoalho oceânico antigo desaparece de volta nas profundezas da Terra (veja o Capítulo 5).

Uma vez que as condições físicas se alteram à medida que se move para baixo, afastando-se da iluminação e do calor da superfície, podem-se distinguir algumas zonas de diferentes profundidades nas águas oceânicas, enquanto a forma do assoalho oceânico, de modo semelhante, define diferentes regiões (Figura 9.2).

Talvez a característica física mais importante do mar seja que as condições não se alteram uniformemente a partir da superfície, onde a água é mais quente e, portanto, menos densa, até as condições frias e densas das grandes profundidades. Em vez disso, existe uma zona comparativamente estreita na qual ocorre uma rápida mudança na densidade, conhecida como **picnoclíneo**. (Esta é, com muito maior frequência, devida à rápida mudança de temperatura e, nesse caso, é conhecida como **termoclina**; mas também pode ser causada por uma rápida mudança de salinidade, caso em que se denomina **haloclina**. Ambos podem ocorrer na mesma área, como em algumas partes do Pacífico Oriental tropical, onde uma haloclina próxima à superfície ocorre cerca de 110 m acima de uma termoclina.)

A camada superficial do mar, até cerca de 200 m (de profundidade, é a mais propensa aos extremos de temperatura, que pode chegar a 21,9 °C (o ponto de congelamento da água do mar) abaixo da cobertura de gelo das altas latitudes ou acima de 30 °C em águas fechadas de baixas latitudes como no Mar Vermelho. A queda repentina da temperatura associada ao picnoclíneo começa a uma profundidade de 25 a 250 m e continua até onde, a uma profundidade de 800 a 1300 m, atinge cerca de 4 °C. A grandes profundidades, a temperatura diminui lentamente até atingir, em quase todas as latitudes, um mínimo de 2 a 3 °C por volta dos 3000 m. Entretanto, nos mares polares pode atingir 20,5 °C no Mar

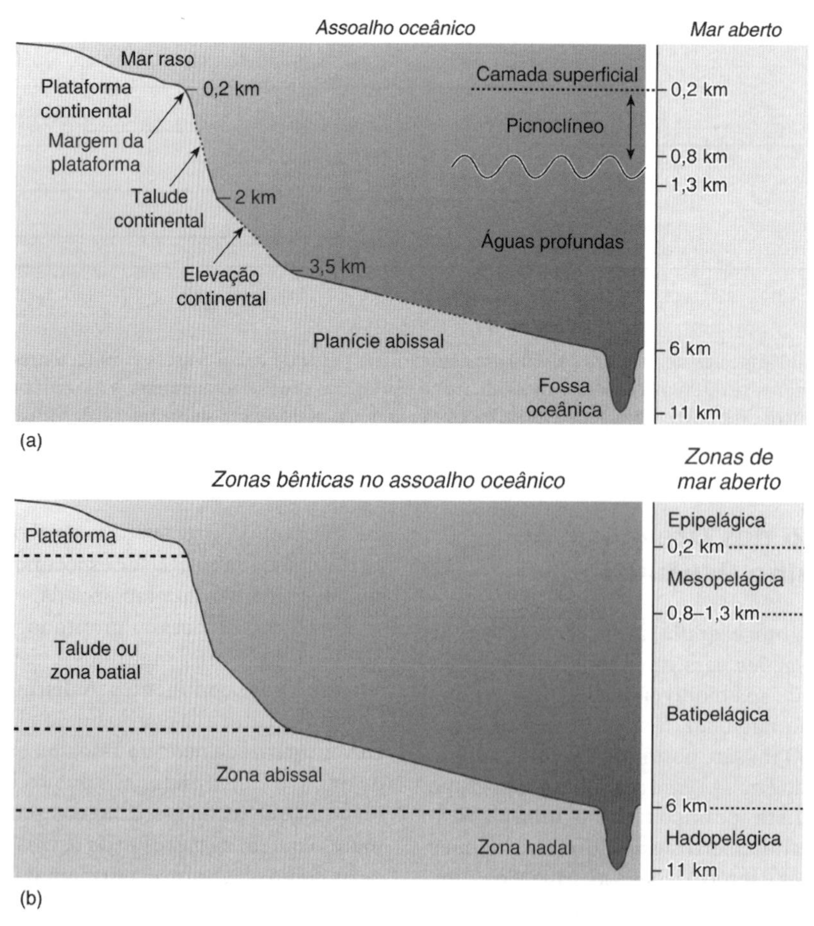

Figura 9.2 (a) Diagrama com a divisão vertical do assoalho e mar aberto. (b) Zonas de vida no assoalho oceânico e em mar aberto.

da Noruega, ou 22,2 °C em partes do Oceano Meridional. Abaixo dos 3000 m, ocorre apenas um gradiente de temperatura muito suave.

Como veremos, o picnoclíneo é o limite ecológico mais importante no oceano e, portanto, útil para delinear as principais feições que controlam suas características. A profundidade, à qual ele começa, e sua espessura variam de acordo com a latitude, a região e a estação do ano. Próximo ao equador, entre cerca de 20 °N e 20 °S, o picnoclíneo inicia em águas mais rasas e, portanto, por se encontrar em zonas mais iluminadas, apresenta uma taxa de mudança maior devido à profundidade e é mais difícil de misturar com as águas adjacentes. Nessa banda equatorial também há pouca mudança na temperatura ao longo do ano, e assim o picnoclíneo é uma feição permanente que se mantém a uma profundidade constante. Mais próximo dos polos, a profundidade à qual o picnoclíneo começa é maior, mas também varia de acordo com a época do ano, sendo mais profunda no inverno do que no verão. Raramente e apenas temporariamente o picnoclíneo ocorre na zona iluminada, apresenta uma taxa de variação mais lenta devido à profundidade, e é mais susceptível a misturas. Nas regiões vizinhas aos polos, o picnoclíneo pode desaparecer completamente no inverno.

Biogeografia Marinha Básica

O formato das bacias oceânicas é o principal responsável pela divisão básica em biogeografia marinha — entre o reino dos mares rasos (ou **nerítico**) e o reino dos mares abertos (ou pelágico). A principal diferença entre esses dois reinos é uma questão de escala. Obviamente, os mares rasos ocupam uma área total menor do que a área dos oceanos, e cada um deles também é muito menor do que qualquer oceano. No entanto, os mares rasos também diferem uns dos outros mais do que os oceanos, e cada qual contém em si próprio uma variedade de condições maior do que áreas equivalentes de oceanos. Como será visto, os padrões de vida nos reinos oceânicos resultam de fatores externos, tais como o movimento de revolução da Terra e o aquecimento e a iluminação solares. Os padrões resultantes podem ser observados em grande escala, como, por exemplo, nos níveis dos Oceanos Pacífico Norte ou Atlântico Sul. Embora também afetem os mares rasos, esses padrões oceânicos são menos óbvios do que as influências locais, tais como a natureza do assoalho oceânico, a contribuição dos sedimentos e da água doce fornecida por rios e córregos, ou os ciclos de marés. Além dessas diferenças físicas, os vários mares rasos também são isolados uns dos outros por largas extensões de oceano. Em consequência, suas biotas são também isoladas, dando oportunidade à evolução independente e ao endemismo.

Entre os padrões de distribuição dos organismos **pelágicos**, que nadam ou flutuam nas águas, e os dos organismos **bênticos**, aqueles que vivem próximos ou sobre o assoalho oceânico, verifica-se uma divisão auxiliar na biogeografia marinha. (Organismos pelágicos que nadam são conhecidos como **nectônicos**, enquanto aqueles que flutuam são conhecidos como **planctônicos**.) O mundo pelágico é dinâmico, e seu ambiente, nos planos horizontal e vertical, tem sido dominado pelos sistemas de circulação oceânica. As posições das diferentes características de suas regiões são previsíveis apenas em escalas de poucas dezenas de quilômetros e poucas semanas de duração, e estão ligadas entre si em escalas de tempo relativamente curtas, em comparação com os ciclos de vida e as alterações evolutivas da biota da região. Em contraste com isso, a vida da comunidade bentônica é dominada por características geomorfológicas, como a topografia e a natureza do substrato, e a profundidade; estas são estáveis por séculos, até uma escala de um metro ou menos. As comunidades resultantes têm níveis mais elevados de endemismo local e, portanto, são mais heterogêneas do que as do mundo pelágico, porque estão menos conectadas entre si e apresentam taxas de dispersão mais lentas.

O Reino do Mar Aberto

Abaixo de poucas dezenas de metros das águas próximas à superfície — a **zona eufótica** — não existe iluminação solar suficiente para sustentar a fotossíntese. Os efeitos do aquecimento solar também estão restritos basicamente às camadas superiores, que são revolvidas pelo vento e denominadas **zona epipelágica**. Esta varia, em termos de espessura, de poucas dezenas de metros a 200 m (veja Figura 9.2b). A zona de transição rápida, situada entre essa camada e as inferiores, é conhecida como picnoclíneo. Nesse nível, a temperatura da água cai e a densidade aumenta, enquanto a zona epipelágica, mais quente e iluminada, contém uma concentração muito maior de organismos vivos cuja atividade reduz a quantidade de nutrientes presentes na água. Portanto, o picnoclíneo é o limite mais importante das águas oceânicas. Contudo, não é apenas uma zona de transição rápida, mas também um ambiente independente, com sua própria biota característica que, nessa zona precariamente iluminada, pode ser comparada à flora das sombras da ecologia terrestre [5].

Na zona de penumbra abaixo do picnoclíneo situa-se a **zona mesopelágica**, que se estende a profundidades de aproximadamente 1000 m. Muitos dos peixes que vivem nessa zona durante o dia movem-se para a superfície durante a noite para se alimentarem da fauna mais rica. Abaixo da zona mesopelágica localiza-se a **zona batipelágica**, que atinge a profundidade de 6500 m; é uma zona de total escuridão e de temperaturas frias que praticamente não se alteram. Os peixes dessa zona encontram-se muito longe da superfície para realizarem essa migração diariamente. Por fim, estima-se que as faunas **hadopelágicas**[1] das fossas profundas sejam essencialmente endêmicas, porque muitas das fossas são isoladas das outras.

A biogeografia do reino dos mares abertos é mais bem abordada a partir da descrição dos padrões de circulação nos oceanos, pois estes proporcionam diferenças nas concentrações de nutrientes, o que, por sua vez, afeta os padrões de distribuição da vida. Estes aspectos foram revistos recentemente pelo oceanógrafo britânico Martin Angel [5,6].

Dinâmica das Bacias Oceânicas

O padrão de circulação das águas nos oceanos ocorre devido aos **giros** oceânicos — imensas massas de água, que ocupam uma grande proporção de uma bacia oceânica

[1]Alguns autores desconsideram esta classificação e incorporam a região hadal à abissal. (N.T.)

e gira horizontalmente com uma periodicidade de 19 a 20 anos. A rotação é causada por padrões de ventos resultantes da distribuição irregular da energia solar sobre a superfície da Terra e do movimento de revolução do planeta para leste, devido à ação da força de Coriolis (veja o Capítulo 3). O calor das regiões equatoriais quentes é distribuído em direção aos polos por padrões de movimentação de ventos que giram em sentido horário, nas médias latitudes do Hemisfério Norte, e em sentido anti-horário, nas correspondentes do Hemisfério Sul, formando os sistemas subtropicais de alta pressão. Como resultado, os ventos e, portanto, as águas quentes da região equatorial se movem para o oeste e, quando alcançam as massas de terra a oeste, elas são desviadas para os polos. Esses padrões eólicos criam padrões similares de movimento nas águas abaixo, de maneira que as correntes oceânicas quentes fluem a partir do equador ao longo da margem ocidental dos oceanos, e as correntes frias fluem de volta em direção ao equador ao longo das margens orientais (Figura 9.5). O padrão mundial resultante das correntes oceânicas é um elemento importante na transferência de calor em todo o mundo (discutido mais adiante neste capítulo).

Os giros principais encontram-se de cada lado do equador, nos Oceanos Atlântico e Pacífico. Em ambos os oceanos existe também um giro menor ao norte, conduzido pelo sistema baixo Ártico de baixa pressão. Isso, porém, não ocorre no Hemisfério Sul porque os extremos meridionais dos continentes estão longe do continente Antártico e, portanto, permitem o desenvolvimento de uma forte corrente circum-antártica.

Os ventos no Oceano Índico apresentam uma reversão sazonal, as "monções" (veja a Figura 3.14): os ventos sopram, do nordeste, de novembro a março ou abril, e do sudoeste, de maio a setembro. Como consequência, os padrões de corrente oceânica no Oceano Índico são igualmente sazonais. O Oceano Ártico fica quase totalmente cercado por terra e, assim, existe apenas uma pequena dispersão de suas águas para o sul, principalmente nos litorais leste e oeste da Groenlândia.

Além desses movimentos horizontais das águas oceânicas, também ocorre uma circulação vertical, determinada por diferenças de temperatura e salinidade. À medida que as águas nas regiões polares congelam e se transformam praticamente em gelo livre de sal, esse excesso de sal liberado enriquece a camada de água imediatamente abaixo do gelo. Essas águas são, portanto, excepcionalmente salgadas e densas, o que acarreta seu afundamento. Em duas regiões (no litoral oriental da Groenlândia e próximo à Península Antártica, veja a Figura 3.15), essas águas, por alguma razão, simplesmente não se misturam com as águas mais profundas dos oceanos, mas afundam diretamente para o assoalho oceânico como um corpo rígido conhecido como **água profunda**. Por ser fria, essa água também é tão rica em oxigênio e em dióxido de carbono dissolvidos, a ponto de poder ser reconhecida por estas características, bem como por sua salinidade. À medida que se espalha pelos oceanos, essa água transporta oxigênio para as águas mais profundas, afastadas do oxigênio da superfície. Esse movimento desloca água para a superfície, produzindo o que é conhecido como **circulação termo-halina**. O tempo necessário para que as águas oceânicas completem um ciclo de circulação vertical é estimado em 275 anos no Atlântico, 250 anos no Oceano Índico e 510 anos no Pacífico [7].

Fenômeno semelhante surge do fato de que, perto dos centros dos grandes giros oceânicos no Pacífico Norte e no Atlântico Norte, onde o clima é normalmente limpo e ensolarado, a superfície perde mais água por evaporação do que ganha por precipitação. Também se torna mais salgada e densa e, assim, onde ela se encontra com as águas vizinhas tanto ao norte quanto ao sul, afunda abaixo das águas mais leves e menos salgadas ao longo de linhas conhecidas como **convergências** (apresentadas como linhas tracejadas na Figura 9.5). As convergências também são encontradas onde dois conjuntos de correntes oceânicas convergem, como na Frente de Convergência Polar do Pacífico Norte e na Convergência Meridional Subtropical (representadas com fio cinza mais espesso na Figura 9.5).

Outra causa do movimento vertical das águas é o vento que sopra em alto-mar ao longo de partes da costa ocidental das Américas, África e Austrália. Esses ventos sopram as águas superficiais quentes para longe do litoral; essas águas superficiais são então substituídas por uma ascensão de águas profundas. Um movimento similar de água ascendente é encontrado em regiões conhecidas como **divergências** no Atlântico e no Pacífico, onde existe um esforço transverso entre correntes de diferentes direções. A Divergência Equatorial do Pacífico (DEqP) se situa ao sul da zona de encontro entre a Corrente Equatorial de direção oeste e a Contracorrente Equatorial do Pacífico Norte, de direção leste (CEqPN). A Divergência Antártica (representada por uma linha de pequenos círculos na Figura 9.5) situa-se entre a Corrente Antártica de direção leste e a faixa estreita dirigida para oeste da Corrente Polar Austral, adjacente à linha de costa da Antártida.

Os padrões de circulação das águas oceânicas, tanto horizontalmente quanto verticalmente, também criam padrões de concentração dos principais nutrientes, como nitratos, fosfatos e silicatos. Os padrões de disponibilidade desses nutrientes no espaço e no tempo geram efeitos intensos sobre os organismos marinhos. Por exemplo, o silicato é vital para a produção do esqueleto de um tipo de fitoplâncton conhecido como diatomáceos, que é a principal fonte da chuva de material orgânico que desce para as camadas mais profundas dos oceanos. Existe, portanto, uma forte correlação entre o padrão das regiões em que as águas sobem à superfície por ascensão e divergências (veja a Figura 9.5), a disponibilidade de nutrientes nas águas superficiais (Figura 9.3) e os padrões de produtividade nos oceanos (Figura 9.4). Assim, embora as áreas de ascensão representem apenas 0,1 % da superfície dos oceanos, essas áreas proporcionam 50 % da pesca mundial! (Deve-se enfatizar que *toda* a produtividade primária nos oceanos está restrita à camada mais superior, com poucas dezenas de metros, pois abaixo desse nível a luz solar é absorvida e dispersada pela água.) Há muito se trava um debate a respeito do fator limitante que determina a produtividade, se são os níveis de fosfato ou os níveis de nitrato. Um modelo recente [8] sugere que cada um exerce um papel específico, sendo o nitrato mais importante nos períodos curtos, de horas ou dias, enquanto o fosfato é mais importante nos períodos longos, regulando a produtividade total dos oceanos.

Outro estudo recente mostra a importância da temperatura da superfície do mar [9]. Medições desse tipo, feitas por satélite, explicam aproximadamente 90 % de todas as variações geográficas no Atlântico sobre a densidade de um plâncton unicelular conhecido como foraminíferos, que

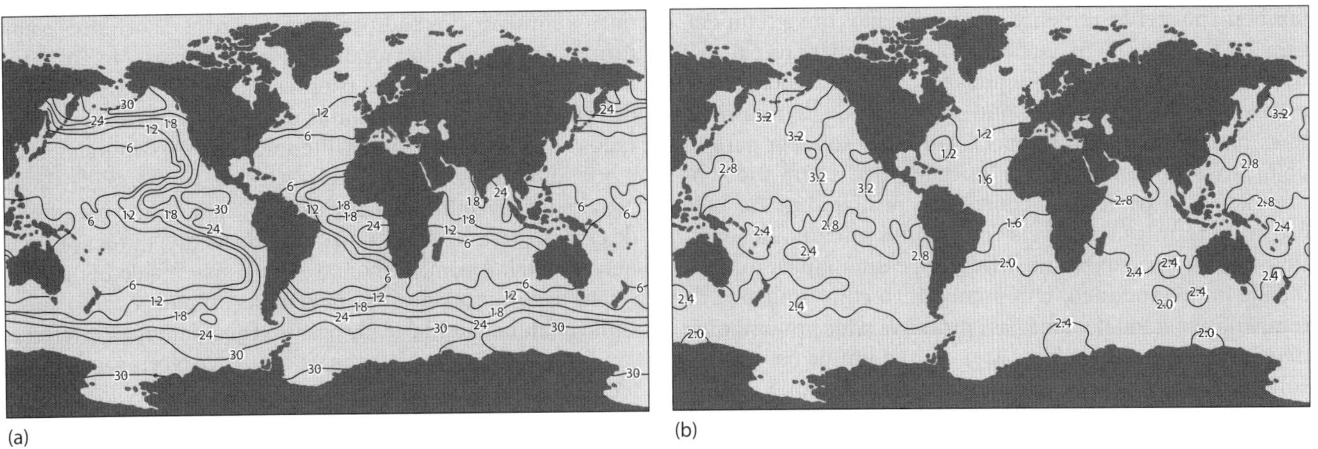

Figura 9.3 A distribuição de nutrientes nos oceanos. (a) Média de nitrato dissolvido à profundidade de 150 m; (b) média de fosfato dissolvido à profundidade de 1500 m. Extraído de Levitus *et al.* [61]. (Reproduzido com permissão de Elsevier.)

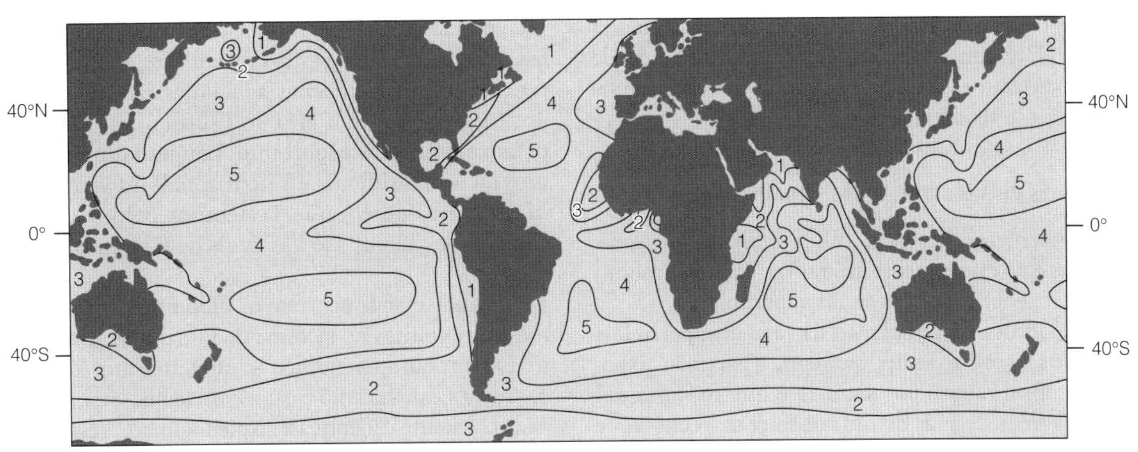

Figura 9.4 Padrões de produção primária anual nos oceanos. As áreas numeradas referem-se à produtividade anual de carbono em gramas por metro quadrado por ano, como se segue: (1) 500 a 200 g; (2) 200 a 100 g; (3) 100 a 60 g; (4) 60 a 35 g; (5) 35 a 15 g. Adaptado de Berger [62].

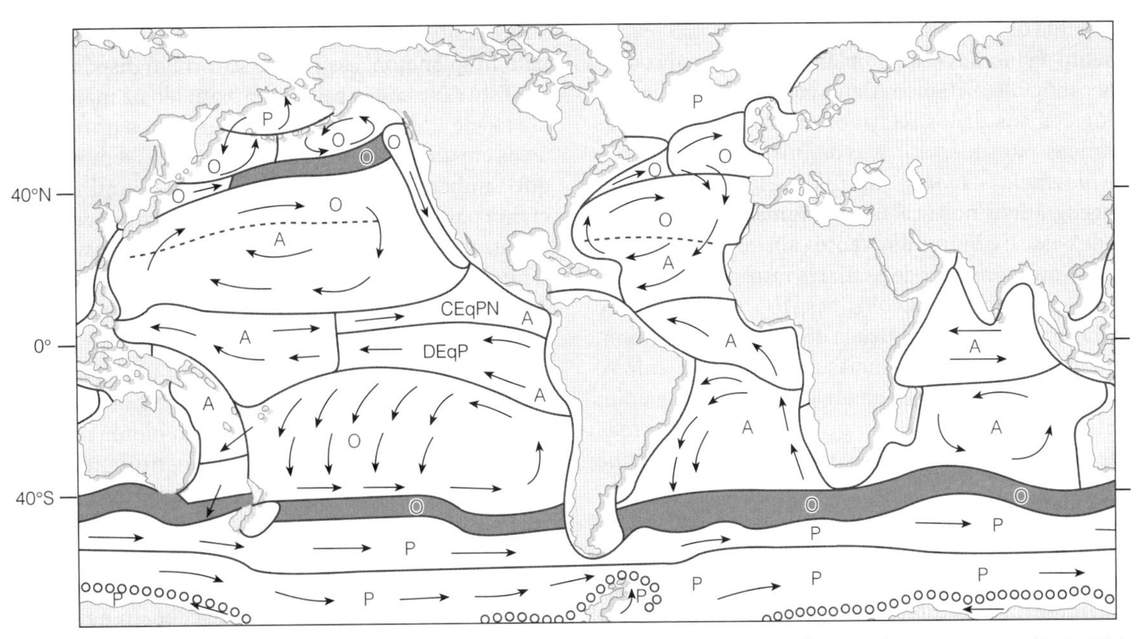

Figura 9.5 Biomas e províncias biogeográficos oceânicos, redefinidos a partir de Longhurst [10]. As letras em cinza (P, A, O) indicam as províncias localizadas nos biomas Polar, dos Ventos Alísios e dos Ventos de Oeste, respectivamente. CEqPN, Contracorrente Equatorial do Pacífico Norte; DEqP, Divergência Equatorial do Pacífico. A Convergência da Frente Polar do Pacífico Norte e a Convergência Subtropical Meridional são apresentadas em linha cinza mais espessa. A Divergência Antártica é apresentada como uma linha de pequenos círculos. (Com permissão da Elsevier.)

também, por ser fortemente correlacionado com a temperatura a 50, 100 e 150 m, é adequado para explicar os padrões de diversidade nessas profundidades. Os resultados desses estudos também mostram que a diversidade de foraminíferas planctônicas não apenas diminui do equador para os polos, mas apresenta picos a latitudes médias em todos os oceanos. Isto parece ser controlado principalmente pela estrutura térmica dos níveis dos oceanos próximos à superfície e pode ser determinado pela espessura e pela profundidade do picnoclíneo. Um picnoclíneo com mudança de temperatura gradual e uma base profunda pode proporcionar mais nichos por unidade de área do que um de base rasa e com mudança mais rápida de temperatura. Assim, nas altas latitudes, em que o picnoclíneo é praticamente ausente, existe pouca partição de nichos, e uma consequente baixa diversidade de plâncton. Nas latitudes intermediárias, onde a temperatura superficial é mais alta e o picnoclíneo tem espessura mais constante, ocorre o máximo de diversidade. Entretanto, nos trópicos, embora a temperatura da água seja mais elevada, o picnoclíneo tem base mais rasa e uma taxa de modificação térmica mais rápida, o que proporciona menos nichos e diminuição da diversidade.

Padrões de Vida nas Águas Superficiais

Vimos, anteriormente, neste capítulo, como os padrões dos continentes e do clima possibilitaram o reconhecimento de províncias biogeográficas nas águas superficiais.

Embora os padrões de circulação das águas superficiais sejam conhecidos há muito tempo, somente a partir da disponibilidade das observações por satélite é que foi possível monitorar os padrões de vida de um modo compreensível e contínuo. Agora, a quantidade de clorofila na água pode ser medida dessa maneira (veja a Prancha 4), o que nos permite deduzir a densidade do fitoplâncton, a profundidade da zona eufótica e os ciclos sazonais no balanceamento entre a produtividade e a perda de fitoplâncton, que podem ou não levar a um incremento da biomassa de fitoplâncton conhecida como ***bloom***. O oceanógrafo britânico Alan Longhurst juntou esses dados biológicos aos dados relativos aos movimentos das águas oceânicas para identificar e definir o que ele denomina como *províncias e biomas marinhos*. Ele reconhece três biomas biogeográficos nos oceanos (o **bioma polar**, o **bioma dos ventos de oeste** e o **bioma dos ventos alísios**), além de um **bioma costeiro** que compreende os mares rasos; esses biomas são divididos em províncias ecológicas [10]. A Figura 9.5 é um redesenho em versão simplificada do mapa de Longhurst, mostrando a maioria das 33 províncias dos biomas oceânicos. (Os ventos "alísios" eram assim chamados, não porque eram usados mais por comerciantes do que outros ventos, mas pelo fato de um uso arcaico da palavra para significar *firme e regularmente*.)

Entretanto, os biomas de Longhurst não são realmente comparáveis àqueles terrestres. Isso porque um bioma terrestre é uma entidade *biológica*, reconhecida por sua vida vegetal, que cria um ambiente característico ao qual seu componente animal se adaptou (veja o Capítulo 3). Exceto nos desertos e na tundra, o ambiente físico foi profundamente modificado pelo mundo biológico. Em contraste, nos oceanos abertos o ambiente *físico* em todos os lugares domina a vida que ela contém. Os biomas de Longhurst diferem uns dos outros somente nos padrões de seus ventos e correntes e nas formas em que estes variam ao longo do ano. No entanto, estes oferecem diferentes padrões anuais de oportunidades de crescimento para as plantas e animais que são transportados em suas águas. Outra diferença entre os dois sistemas é que, diferentemente dos terrestres, as fronteiras entre as províncias marinhas de Longhurst variam de ano para ano e de estação para estação – o padrão subjacente, porém,permanece estável. Assim, embora o uso e o sistema de Longhurst sejam dados aqui, eles não devem ser tomados como sugerindo qualquer similaridade próxima aos sistemas terrestres.

Tanto o Atlântico Norte como o Pacífico Norte são oceanos fechados com giros principais. A metade mais polar de cada um tem ventos do oeste e correntes oceânicas e pertence ao Bioma dos ventos de oeste, de Longhurst, enquanto a metade mais equatorial tem ventos e correntes do leste e pertence ao bioma dos ventos alísios (Figura 9.5). Em outros lugares, o padrão é mais complicado. No Atlântico Sul, todo o giro oceânico está localizado no Bioma Trades, porque se encontra sob total influência dos ventos de sudeste, e os ventos de oeste revelam-se plenos apenas ao sul da latitude do Cabo Horn. Tanto este quanto o giro do Pacífico Sul são ainda muito pouco conhecidos e, portanto, Longhurst não os dividiu em províncias meridional e setentrional. Os ventos e correntes no Oceano Índico, que Longhurst coloca em seu bioma dos ventos alísios, são variáveis devido à reversão anual da monção.

Quando e onde ocorrem os ***blooms* planctônicos** são questões importantes no sistema de Longhurst. Esses *blooms* são mais bem compreendidos se imaginarmos um oceano em condições estáveis, no qual a camada eufótica tem profundidade constante e idêntica à do picnoclíneo. Nessa camada eufótica a iluminação e o aquecimento solares permitem um crescimento contínuo do fitoplâncton, mas o total da biomassa é mantido em um nível baixo e constante devido ao **zooplâncton** (pequenos animais no plâncton) que dela se alimenta, e pelo suprimento de nutrientes, que normalmente são utilizados pelo fitoplâncton, assim que se tornam disponíveis.

Este é, de fato, o padrão aproximado na maioria dos biomas alísios de Longhurst, que são compostos principalmente por áreas em que os ventos e as correntes são sempre de leste, e em que também existe um ciclo anual de iluminação solar suficiente para aquecer a zona eufótica, mantendo-a permanente e com profundidade aproximadamente constante. Devido à estabilidade dessa camada, há pouca mistura vertical das águas superficiais, nas quais o fitoplâncton esgota os suprimentos de nutrientes, com as águas mais profundas, mais ricas em nutrientes. Em consequência, existe uma pequena variação sazonal na produtividade das algas e, portanto, nenhum *bloom* de algas. No entanto, a província do bioma alísio situada ao longo do equador, no Atlântico, constitui uma exceção, pois nela há um aumento na força dos ventos alísios durante o verão. Isto acarreta um acúmulo de águas superficiais na parte ocidental da bacia, e uma correspondente redução na parte oriental. Essa diferença, por sua vez, permite que as águas profundas, ricas em nutrientes, ascendam na região oriental. Como consequência, estando agora na zona eufótica, essas águas fornecem combustível para um *bloom* de algas no verão (veja a Prancha 4c). (Esse fenômeno não ocorre no Pacífico, porque sua extensão não proporciona tempo suficiente para que uma mudança de ventos sazonais produza tais efeitos.)

O bioma dos ventos de oeste de Longhurst compreende províncias nas quais o *bloom* de algas ocorre na primavera. Inclui províncias com três situações sazonais bem diferentes: aquelas que se encontram nas altas latitudes norte do Atlântico, aquelas em latitudes semelhantes no Pacífico, e as restantes, que são encontradas em baixas latitudes nos dois hemisférios. Essas três situações serão detalhadas a seguir.

Na parte leste do Atlântico Norte a produtividade do fitoplâncton é limitada tanto pela iluminação quanto pelos nutrientes. O *bloom* só ocorre, portanto, na primavera, quando a quantidade de luz solar aumenta e o picnoclíneo sobe em direção à superfície (Prancha 4b). A taxa de aumento do fitoplâncton é extremamente acelerada e imprevisível. Como consequência, não é controlada pelo zooplâncton que dele se alimenta e cujo aumento sofre um retardo em relação ao aumento do fitoplâncton. Em vez disso, em poucos dias, após ter esgotado todos os nutrientes disponíveis, o fitoplâncton maior (como as diatomáceas) morre ou perde sua capacidade de boiar, e seus restos afundam na coluna de água até os níveis abissais. Seu lugar nas águas superficiais é ocupado por minúsculos flagelados (organismos unicelulares que possuem um flagelo propulsor semelhante a um chicote) e ciano-bactérias (o **picoplâncton**). Estes são responsáveis por 80 a 85 % da produção primária subsequente. Entretanto, por serem muito diminutos para afundarem ou serem filtrados da água pelo zooplâncton, não formam a base para uma cadeia alimentar clássica que proporcione animais maiores, tal como a encontrada no Pacífico (veja texto a seguir). Frequentemente ocorre um segundo *bloom* nessa área durante o outono. Isso pode ocorrer porque a mistura das águas causada por tempestades traz novos suprimentos de nutrientes para as águas superficiais, ou porque a maioria dos zooplânctons desce para maiores profundidades para passar o inverno. Esse *bloom* de outono é de curta duração, já que a queda na intensidade da luz limita a atividade fotossintética, e seu declínio se acentua quando os nutrientes das camadas superiores se esgotam. Durante o inverno, a produtividade se mantém em níveis muito baixos.

Nas altas latitudes do Pacífico Norte, o *bloom* na época da primavera (Prancha 4b) não esgota todo o nitrato disponível. Talvez isso ocorra porque esse período é mais previsível e, assim, os organismos zooplanctônicos que passaram o inverno nas profundezas, como o copépode *Neocalanus*, migram para a superfície no momento adequado, prontos para se alimentarem do fitoplâncton e controlarem sua quantidade. No entanto, também é possível que a disponibilidade de ferro seja um fator limitante. Quaisquer que sejam as causas, o *bloom* de diatomáceas nas águas superficiais não provoca um "desastre". Permanece disponível por longo tempo, durante o verão (Prancha 4c), como base para uma cadeia alimentar através do zooplâncton, peixes e crustáceos maiores e, finalmente, para aves marinhas, focas e baleias.

As outras províncias do Bioma dos Ventos de Oeste (que, juntas, cobrem mais de metade dos oceanos) situam-se em baixas latitudes; e por esse motivo a iluminação não constitui um fator limitante. A produtividade do fitoplâncton, portanto, aumenta durante o inverno na medida em que o afundamento progressivo de camadas misturadas recarregam as camadas superficiais com nutrientes, e diminui no verão quando esses nutrientes se esgotam.

No bioma polar é a iluminação, mais do que os nutrientes, que limita o crescimento de algas. Portanto, esse crescimento aumenta rapidamente na primavera (Prancha 4b), quando a iluminação aumenta tanto em duração quanto em intensidade e o gelo (se houver) derrete. O auge desse *bloom* ocorre próximo ao meio do verão (Prancha 4c), após o qual declina devido à alimentação do zooplâncton. Entretanto, ocorre um segundo pico em setembro, (Prancha 4d), quando os copépodes descem para maiores profundidades a fim de passarem o inverno. Esse pico secundário é menos desenvolvido na Antártida, onde os copépodes passam o inverno mais próximos da superfície, no meio do fitoplâncton.

Existem muitas áreas em que o nível de nitrato não acarreta um aumento de produtividade, embora permaneça alto nas águas superficiais. Essas regiões, conhecidas como de elevados nutrientes/baixa clorofila, compreendem as áreas subpolar norte e trópico-oriental do Pacífico, bem como o Oceano Meridional em torno da Antártida. Foi sugerido que isto ocorre devido à contínua limitação de produtividade imposta pela alimentação do zooplâncton ou porque existe falta de algum outro nutriente, talvez o ferro. De fato, a adição de ferro a amostras de água do mar do Oceano Meridional na Antártida quadruplicou o nível de produtividade [11].

O relatório da UNESCO [4] comenta que as províncias de Longhurst não seguem estritamente os padrões de circulação superficial em várias áreas, e que alguns de seus biomas atravessam os principais giros oceânicos. Sugere-se, portanto, um mapa um pouco diferente das províncias pelágicas (Prancha 5a), que provavelmente constituirá a base de futuras pesquisas. No entanto, o trabalho de Longhurst forneceu um relato fascinante dos ecossistemas marinhos pelágicos, e seu mapa é mostrado aqui como é essencial na compreensão de sua interpretação ecológica.

Barreiras Invisíveis nos Oceanos

O estabelecimento final da ligação do Panamá entre as Américas, há cerca de 3,1 milhões de anos, e seus efeitos na biogeografia das faunas da região, é fácil de documentar. Mas, como já vimos, existem outros exemplos em que é difícil reconhecer os dois aspectos essenciais da subdivisão faunística – as barreiras entre as regiões faunísticas e as diferenças entre as próprias faunas. Como acabamos de ver, é possível distinguir as massas de água principais pelos padrões de movimento das águas oceânicas e pelas diferentes histórias anuais da biota que elas contêm. Os padrões de temperatura, disponibilidade de nutrientes e produção fitoplanctônica observados nas províncias de Longhurst são de fundamental importância para os organismos marinhos que as habitam. Seria de esperar, portanto, que cada população ficasse fisiológica e comportamentalmente adaptada às condições de sua própria massa de água. Tal conjunto de adaptações só poderia ter evoluído se cada população fosse uma espécie separada, física e geneticamente distinta das outras e, portanto, separada delas por barreiras visíveis. Nas regiões bióticas terrestres, essas barreiras são as grandes montanhas, desertos ou oceanos. É, portanto, muito surpreendente descobrir que os biomas oceânicos e as províncias parecem estar separados por não mais do que a interface entre massas de água movendo-se em diferentes padrões ou direções. Certamente, é possível pensar que essas barreiras invisíveis devem ser tão permeáveis que permitam uma grande dispersão entre uma unidade biogeográfica e outra. Talvez não existam diferenças taxonômicas importantes entre suas biotas, e as diferentes histórias anuais que vemos são devidas meramente a fatores físicos que impõem esses regimes à biota que basicamente diferem pouco uns dos outros taxonomicamente. No caso da biota terrestre, o biogeógrafo procuraria confirmar ou negar tal hipótese comparando a composição taxonômica das diferentes biotas, começando por sua morfologia.

À primeira vista, tal esforço parece fornecer pouca evidência de grandes diferenças taxonômicas entre os biomas marinhos e as províncias – certamente nada tão dramático quanto às famílias de mamíferos totalmente diferentes dos continentes. Há muitas afirmações na literatura sobre as amplas faixas geográficas de muitos *taxa* marinhos e a falta de diversificação que os acompanha em espécies separadas. Isto pode ser verdade em alguns, talvez muitos, casos: muitas espécies de mar aberto parecem estar generalizadas. Por exemplo, o pequeno verme nectônico e epipelágico, *Pterosagitta draco*, encontra-se nas águas tropicais e subtropicais de todos os oceanos; o mesmo acontece com os poliquetas e com os crustáceos pelágicos conhecidos como eufausídeos. (Estes formam o *krill* de que as baleias e muitos outros animais marinhos se alimentam, e são, em peso, os mais abundantes do planeta.) Similarmente, vermes que vivem nos níveis mesopelágico e batipelágico mais profundos variam de subártico ao subantártico devido haver pouca mudança latitudinal na temperatura nessas grandes profundidades [12]. Esse padrão também é encontrado em peixes que vivem lá.

No entanto, devemos ser muito cautelosos na generalização desses casos. Por exemplo, não existem apenas subespécies separadas do verme *Sagitta serratodentata* no Atlântico e no Pacífico, mas também uma espécie separada, *Sagitta pacifica*, no Pacífico Sul. Além disso, evidências moleculares sugerem que as características morfológicas uniformes de algumas espécies disseminadas escondem uma considerável diversidade bioquímica e fisiológica, de modo que, na realidade, provavelmente divergiram em várias espécies geograficamente definidas. Por exemplo, Gibbs [13] comenta que o peixe mesopelágico *Nominostomias*, de que se pensava conter apenas oito espécies, é agora conhecido por ter mais de 100. Similarmente, há agora evidência molecular sugerindo que, embora muitas espécies marinhas espalhadas pareçam uniformes no seu alcance, elas têm, na realidade, divergido em várias espécies geograficamente distintas. Por exemplo, o trabalho sobre o ouriço-do-mar *Diadema* [14], cuja espécie varia em todo o mundo, mostrou que sua morfologia é uma informação extremamente pouco confiável para a estrutura de suas espécies. Até mesmo foi dito que as diferenças morfológicas são tão pequenas que os espécimes geralmente não podem ser identificados sem saber onde eles foram coletados! (Esta não é uma situação que traz alegria ao coração de um biogeógrafo marinho!) Estamos ainda, quase literalmente, arranhando a superfície em nosso conhecimento e compreensão da biogeografia marinha, pois grande parte de nossa nova informação mostra apenas a superficialidade de nossas crenças anteriores. É tentador ver isso como apenas mais um exemplo de quanto menos sabemos sobre a vida no mar do que sobre a vida em terra. Mas a descoberta, usando informações genéticas moleculares, de que o que se pensava ser apenas nove espécies de vermes terrestres pertencia de fato a 14 espécies diferentes, sugere outra explicação – que talvez nunca tenhamos compreendido corretamente a taxonomia de invertebrados no nível de espécie e que as novas técnicas moleculares estão apenas revelando nossa ignorância.

O fato de que a aparente falta de diferenciação taxonômica de espécies marinhas é provavelmente ilusória também é sugerido pelo comportamento estável de algumas espécies de peixes. Por exemplo, as populações do arenque-do-pacífico *Clupea harengus pallasi* ao longo da costa do Pacífico desovam, principalmente, em uma das duas localidades: Baía de São Francisco ou Baía de Tomales, 50 km mais ao norte. Os indivíduos juvenis permanecem em sua baía de origem por aproximadamente um ano e então nadam em direção ao oceano aberto, onde permanecem por dois anos antes de retornar à baía, onde desovam pela primeira vez. Parece impossível ter certeza se permaneceram "fiéis" à baía em que nasceram, mas os estudos de seus parasitas mostraram que isso é assim [15]. Não só eles mostram diferenças nos parasitas que eles contêm, mas também essas diferenças sugerem que as duas populações de peixes alimentam em locais diferentes. Isso ocorre porque os hospedeiros intermediários dos parasitas da população da Baía de Tomales são baleias, que ficam no mar, ao passo que os da população da Baía de São Francisco são focas, aves marinhas e tubarões, que são encontrados mais próximos à costa. Assim, novamente, a aparente falta de barreiras nos oceanos pode ser meramente o resultado de nossa falta de compreensão.

A longo prazo, será interessante encontrar até que ponto as mudanças nos padrões de conexão dos oceanos e nas correntes que correm entre eles e ao seu redor (veja a Figura 5.7) podem ser detectadas nas diferenças faunísticas. Os paleontólogos há muito reconhecem a existência de uma fauna marinha de Tethys, incluindo vertebrados (peixes e répteis marinhos) e invertebrados, que ocuparam a via navegável comparativamente estreita entre Laurásia e Gondwana durante o Cretáceo (veja a Figura 10.3). Similarmente, o oceanógrafo americano Brian White [16] acredita que se podem encontrar paralelos entre a sequência de surgimentos de diferentes massas de água no Oceano Pacífico, devido às mudanças nas placas tectônicas e às relações entre as diferentes espécies de alguns peixes. É provável que outros trabalhos se aprofundem sobre isso, para dar às faunas das diferentes províncias de Longhurst o mesmo tipo de base histórica e taxonômica que há muito é conhecida pelas regiões zoogeográficas terrestres. Por exemplo, os limites de distribuição de muitos organismos epipelágicos do Pacífico coincidem um com o outro e parecem estar relacionados com os padrões das massas de água [17]. Em uma escala de comparação ainda maior, a fauna marinha do Atlântico Norte é muito menos diversa e tem menos formas endêmicas do que a do Pacífico Norte. A razão para isso pode ser que o Atlântico é um oceano menor do que o Pacífico e, portanto, fornece uma área menor dentro da qual as novidades evolucionárias podem aparecer e se dispersar para outras partes do oceano. Os biólogos marinhos australianos Dave Bellwood e Peter Wainwright já produziram uma revisão muito valiosa da relação entre esses eventos tectônicos de placas e a evolução das faunas de peixes recifais [18]. A questão das barreiras entre as faunas de águas rasas é discutida na seção "Divisas Faunísticas nas Faunas Continentais".

O Solo Oceânico

Padrões de Vida no Solo Oceânico

Excetuando-se a zona de marés entre as marcas de maré alta e de maré baixa, os biólogos marinhos reconhecem quatro zonas de vida diferentes (veja a Figura 9.2b) para os organismos que habitam o fundo do mar. (Novamente deve-se enfatizar que as mudanças nas condições ambientais e na fauna são sempre graduais e, assim, a fronteira entre duas zonas é apenas uma questão de uma mudança mais rápida porém não abrupta.) A **zona costeira** compreende a plataforma continental abaixo da marca de maré baixa. Os demais níveis situam-se a profundidades sucessivamente maiores: a zona batial (também conhecida como talude ou **zona arquibêntica**), a **zona abissal** e a **zona hadal**. A zona hadal é fácil de ser definida, pois compreende o ambiente das fossas oceânicas, (veja a Figura 5.3) a uma profundidade de mais de 6 km. Entretanto, os limites de profundidade entre as zonas costeira, batial e abissal variam de acordo com a estação, com as condições e a latitude.

Normalmente o nível superior da zona batial é a borda da plataforma continental, a cerca de 200 m. Seu nível inferior, e, em consequência, o nível de transição para a zona abissal adjacente, varia bastante. Onde as águas superficiais são frias, como na região Ártica, a transição batial/ abissal é semelhante à de nível raso, a cerca de 400 m, e a própria fauna batial se estende até 12 m da superfície. As latitudes mais baixas nas proximidades do equador, onde a temperatura da água é em geral mais quente, a transição batial/abissal ocorre a profundidades maiores, em geral a cerca de 900 m, na base do picnoclíneo. Nesse nível, a temperatura da água cai para 4 °C; abaixo disso, para 1 a 2,5 °C. O zoólogo sueco Sven Ekman [19], um dos fundadores da zoogeografia marinha, chamou essa mudança na profundidade da transição batial/ abissal de princípio da **submergência equatorial**. O padrão dessa variação sugere seguramente que a profundidade à qual ocorre a transição é dependente da temperatura.

O assoalho oceânico nesses níveis é coberto por lama e lodo — sedimentos orgânicos derivados dos restos de organismos que vivem nas águas acima. Assim como fragmentos dos corpos de organismos maiores, a maior parte desses restos é constituída por zooplâncton e (especialmente) fitoplâncton, que neste caso é denominado **fitodetrito**, que se agregam para formar grandes flocos conhecidos como *neve marinha*. Nos períodos de *bloom* do plâncton nas águas acima, isto cai como uma nevasca até o fundo do mar, onde é consumido pelos animais que ali vivem. A intensidade dessa reciclagem é mostrada pela estimativa de que 10 cm da camada superior de sedimentos da Bacia de Santa Catalina, na Califórnia, são digeridos e excretados por vermes a cada 70 anos.

Para nos atermos agora à natureza das faunas nessas zonas, devemos distinguir dois ambientes bastante diferentes. Em um extremo encontra-se a fauna que vive na plataforma continental. Aqui as condições variam tanto no tempo quanto no espaço, mas a temperatura é mais elevada e existe iluminação, proporcionando uma base energética para ecossistemas mais ricos. No outro extremo está a fauna da zona abissal, adaptada à escuridão e às águas frias, onde a única fonte de energia é a chuva de fitodetritos vinda de cima. Em cada uma dessas zonas vivem organismos que são especialmente adaptados àqueles ambientes. A zona batial é, portanto, uma zona intermediária na qual há uma mudança gradual conforme a profundidade, com faunas desde a predominantemente do tipo costeiro até a essencialmente do tipo abissal. Os padrões exatos de substituição da fauna em função da profundidade variam de local para local, de acordo com as tolerâncias fisiológicas e com as limitações de cada espécie, e de acordo com suas interações com os competidores e os predadores locais.

Os padrões de mudança nas faunas dos bentos batial e abissal em função da profundidade foram estudados intensamente ao largo da costa do Atlântico na América do Norte. Uma vez que a plataforma continental é o ponto em que as mudanças físicas no ambiente ocorrem mais rapidamente, não surpreende descobrir que a taxa de mudança na fauna também é mais rápida nessa região; nas profundidades maiores, ela se mantém a taxas mais lentas.

Outro aspecto dessas faunas é seu grau de diversidade. Mais uma vez, isto foi muito estudado no Atlântico Norte ocidental, onde as faunas apresentam um padrão muito claro [20]. De longe, os melhores dados sobre a diversidade da fauna no talude continental vêm do trabalho de Frederick Grassle e Nancy Macioleck [2], que dispuseram boxe-cores totalizando 8,69 m^2 ao longo de 176 km do talude de Nova Jersey. Estes não só continham cerca de 800 espécies, mas cada novo *boxe-core* continha novas espécies. O reboque de uma rede de arrasto no talude continental, a 1400 m, durante uma hora resultou na coleta de mais de 25.000 indivíduos de 365 espécies, mas a mesma operação realizada na planície abissal, a 4800 m, resultou em apenas 3700 indivíduos de 196 espécies, o que mostra, tal como se podia esperar, uma queda na diversidade faunística em função da profundidade. Em muitos grupos, a diversidade da fauna é baixa na plataforma continental, alta nas profundidades mesobatiais (2000 a 3000 m) e novamente baixa na planície abissal.

Parece provável que a causa definitiva dessas mudanças é a variação gradual na disponibilidade de alimentos e nutrientes, à medida que há um afastamento das águas superficiais altamente produtivas. O problema tem sido identificar como essa mudança se impõe sobre a estrutura das comunidades do assoalho oceânico. Foram sugeridos vários mecanismos, tais como mudanças na intensidade de predação, ou de competição, resultantes de diferentes taxas de crescimento populacional. Uma descoberta recente e interessante é que existe uma nítida correlação entre a diversidade da fauna e as características dos sedimentos no assoalho oceânico, especialmente quanto à diversidade no tamanho das partículas [21]. Uma vez que na escuridão do fundo do mar não há produção primária, a economia dessa região é baseada nas partículas orgânicas lançadas da superfície, e a fauna que vive sobre ou no assoalho oceânico é dominada por animais que se alimentam de detritos. Portanto, é possível que uma grande variedade no tamanho das partículas proporcione uma grande variedade de nichos para a fauna bêntica batial. O padrão sugerido pelo grupo UNESCO de províncias na zona inferior batial [4] é mostrado na Prancha 5b.

Independentemente do padrão exato (ou da gama de padrões) de diversidade relativa do bento profundo, na planície abissal a diversidade total é muito grande — embora a densidade de biomassa no fundo do mar seja muito baixa, devido aos baixos níveis de suprimento alimentar [22]. A ecologia dessas faunas é tão parcamente compreendida que é difícil ter certeza sobre as razões dessa inesperada riqueza faunística. É possível que a falta de barreiras à dispersão na planície abissal tenha facilitado a ampla distribuição dos muitos organismos, que evoluíram em locais diferentes nessa área enorme. A coexistência do grande número de espécies resultantes deve ter sido facilitada por outro fenômeno. O ambiente bêntico abissal é sempre perturbado pelo assentamento de agregados de plâncton ou de restos de organismos maiores. Foi sugerido que isto ocorre com tanta frequência, que as comunidades raramente têm a oportunidade de atingir um balanceamento final no qual algumas espécies se tornem localmente extintas devido à competição com espécies rivais.

A quantidade de informação sobre a composição da fauna do bento nas profundezas ainda é muito limitada e desbalanceada geograficamente. A maior parte vem da área ocidental do Atlântico; não existe nada disponível sobre as regiões centrais dos oceanos. É também quase tudo derivado de comunidades de fundo lamoso, sendo pouco conhecido de comunidades de fundo rochoso. O grupo internacional de especialistas mencionado anteriormente neste capítulo [4] tem, portanto, de se limitar a produzir mapas que definam as províncias do substrato bentônico, cada qual com um conjunto particular de características físicas (níveis de batimetria, temperatura do fundo, salinidade, oxigênio e fluxo de matéria orgânica). Estes são fornecidos para as seguintes zonas de profundidade: 300-800 m (batial superior), 800-2000 e 2000-3500 m (porção superior e porção inferior do batial inferior), 3500-6500 m (abissal) e >6500 m (hadal). Os limites entre essas províncias (veja a Prancha 5) correspondem aproximadamente a lugares onde ocorrem frentes oceanográficas, ou onde há transições conhecidas de espécies ou de variáveis ambientais. Essas províncias são, portanto, como o relatório admite hipóteses que precisam ser testadas com dados de distribuição de espécies, especialmente para as províncias batiais inferiores. (Neste contexto, é preocupante que a pesquisa de distribuição da serpente-do-mar [23] nos Oceanos Índico, Pacífico Ocidental e Sul tenha mostrado que, em vez de serem diferentes em cada um desses oceanos, como sugere o relatório da UNESCO, o sistema de classificação final dessas províncias será preciso para refletir sua identidade taxonômica, e para enfatizar comunidades de espécies reconhecíveis e as mudanças nas espécies dominantes que determinam a estrutura e a função do ecossistema.

Existe menos ainda informação sistemática sobre a fauna da zona hadal, que se situa nas grandes fossas submarinas, a profundidades de 6000 a 11.000 m; a maioria dessas fossas está no Pacífico ocidental. Como se pode esperar dessa grande profundidade, sua fauna é extremamente esparsa, mais pobre até do que a da planície abissal, e também parece ser diferente — cerca de 68 % das espécies, 10 % dos gêneros e uma família são endêmicos à zona hadal. A maioria das espécies endêmicas tem uma variação vertical de profundidade de menos de 1500 a 2000 m, razão pela qual há uma mudança contínua de fauna com o aumento da profundidade. Essas faunas estão confinadas a retalhos isolados nas fossas submarinas profundas (veja a Figura 9.6). Isso possibilitou uma significativa independência evolutiva de espécies endêmicas na fauna de cada fossa, sendo muito provável que seus padrões de relacionamento biogeográfico sejam similares aos das fontes hidrotermais nos dorsais mesoceânicos. Infelizmente, ainda é muito cedo para os biólogos marinhos investigarem esses padrões a ponto de serem capazes de fazer afirmações seguras a respeito de quais padrões existem e quais seriam as suas variedades, ou como esses padrões podem variar em função da sua localização geográfica ou da topografia do assoalho oceânico.

De maneira semelhante, ainda não existe informação suficiente sobre possíveis diferenças entre as faunas dos assoalhos das distintas bacias oceânicas como um todo, embora

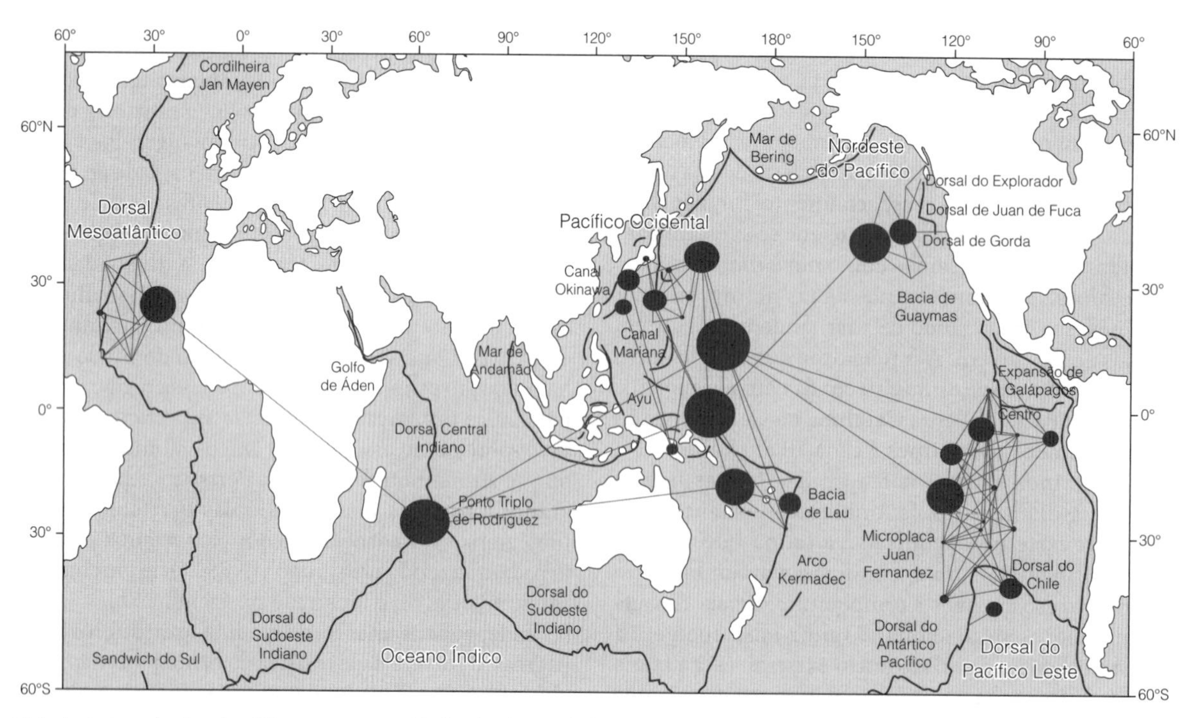

Figura 9.6 As inter-relações das diferentes comunidades das fontes hidrotérmicas como revelado pela teoria de redes. O tamanho dos círculos diferentes reflete a importância relativa de cada província como um ponto de conexão entre as outras províncias. Extraído de Moalic [25]. (Reproduzido com permissão da Oxford University Press.)

seja bastante razoável que elas existam. Estudos mais antigos, principalmente os de biólogos marinhos russos, sugeriram que apenas 15 % das espécies bênticas das águas profundas ocorrem em mais de um oceano, e apenas 4 % em todos eles. Também é possível que o padrão dos dorsais mesoceânicos, de onde ascende material aquecido das profundezas do planeta para formar novo assoalho oceânico à medida que as placas tectônicas se afastam (veja a Figura 5.3), possa funcionar, de modo semelhante, como pequenas barreiras aos movimentos da fauna e, portanto, definir áreas faunísticas secundárias nos oceanos. No entanto, a presença, a natureza e a escala dessas possíveis diferenças ainda devem ser estabelecidas. Na biogeografia continental, os padrões de maior escala de mudança ou diferenciação na fauna são sempre determinados como resultantes de eventos históricos de inovação evolucionária ou extinções, seguidos pela dispersão ou vicariância oriunda de eventos da tectônica de placas; diferenças em escala menor são mais factíveis de ocorrer em decorrência de fatores ecológicos. Será interessante observar até que ponto as pesquisas biogeográficas marinhas revelarão padrões semelhantes em águas profundas. Ainda que os mesmos processos operem nos dois ambientes, a escala e provavelmente as taxas muito diferentes nos oceanos poderão conduzir a resultados significativamente distintos.

Biogeografia da Fauna nas Fontes Hidrotermais

Em época relativamente recente, em 1977, biólogos marinhos descobriram um ambiente de águas profundas, totalmente diferente, contendo uma fauna que apresenta um padrão biogeográfico fascinante. Situa-se nos dorsais mesoceânicos, a uma profundidade média de 2,5 a 3,5 km, mas também em bacias perto de arcos de ilhas vulcânicas (veja o Capítulo 5). Embora tenham uma extensão de várias centenas de quilômetros, os dorsais são cortados por um vale de fratura com apenas um quilômetro de amplitude, de onde emerge lava quente. Em algumas áreas muito fragmentadas conhecidas como **fontes hidrotermais**, que cobrem apenas poucas centenas de metros quadrados, a água fria do mar penetra nas fissuras das rochas adjacentes. A temperatura da água pode atingir 400 °C (apenas a enorme pressão nessas profundidades evita que a água se transforme em vapor) e reage quimicamente com as rochas, tornando-se rica em metais e enxofre. No ponto em que essa água superaquecida emerge e é resfriada pelas águas do oceano, esses minerais precipitam-se para fora do fluido. Alguns formam "chaminés" sólidas que podem atingir vários metros de altura, enquanto outros permanecem como partículas soltas nas plumas ascendentes de água e, dessa forma, se assemelham a fumaça saindo de chaminés.

Acompanhando esse ambiente extraordinário, existe uma fauna única, cuja cadeia alimentar não está baseada em vegetais que fixam a energia solar, mas em bactérias quimiossintéticas que extraem energia dos componentes químicos dissolvidos nos fluidos quentes, particularmente sulfeto de hidrogênio. Algumas dessas bactérias são consumidas por organismos que pastam ou filtram, enquanto outras vivem em simbiose, como as algas fitossintéticas nos corais (veja, mais adiante, o tópico "Recifes de Corais"). Elas formam a base de uma fauna constituída principalmente de vermes, artrópodes e moluscos. A fauna é de baixa diversidade; na seção de Juan de Fuca, a oeste de Seattle, existem apenas 55 espécies, e 90 % da quantidade total de organismos são oriundos de apenas cinco espécies — duas gastrópodes e três poliquetas. Essa fauna é característica de outros hábitats fortemente perturbados como as áreas colonizadas após erupções vulcânicas ou incêndios florestais. Até agora, cerca de 600 espécies pertencentes a 331 gêneros foram encontradas em comunidades das fontes. As severas condições em que vivem as comunidades das fontes estimularam pesquisas sobre sua possível relevância para as origens da vida na Terra [24].

As comunidades das fontes têm sido encontradas em localidades diversas no sistema de dorsais oceânicos. A maioria desses locais está nos trópicos e subtrópicos, onde as condições de tempo são mais favoráveis para a pesquisa, mas há alguns indícios de que existem outros em latitudes mais elevadas. A composição faunística das fontes varia, fornecendo problemas biogeográficos intrigantes e interessantes. Já foram identificadas 11 províncias biogeográficas diferentes. As comunidades das fontes do Dorsal Pacífico Oriental, a oeste das Américas Central e do Sul, são dominadas por vermes tubícolas gigantes (*Riftia*) de até 2,5 m de altura e também incluem alguns camarões. A mesma comunidade é encontrada a 3200 km de distância na região de Juan de Fuca a oeste do Canadá, porém ali elas pertencem a gêneros ou a espécies diferentes – de fato, 80 % das espécies de Juan de Fuca são endêmicas, embora estejam relacionadas com aquelas mais ao sul. Mais distante, no Atlântico Norte, as comunidades das fontes são bem diferentes, pois há carência de vermes tubícolas e domínio de camarões – embora estes pertençam à mesma família que aqueles do Pacífico. Qualquer conexão entre estes dois oceanos deve ter ocorrido na direção leste-oeste, através da passagem entre as Américas do Norte e do Sul antes que esta fosse fechada pelo Istmo do Panamá, em torno de 3 milhões de anos atrás. No entanto, isto acarreta problemas bem distintos, já que nunca houve nenhum sistema de dorsais mesoceânicos nessa área, de maneira que qualquer comunicação entre as faunas das fontes dos dois oceanos deve ter ocorrido por dispersão de longa distância das larvas (discutido mais adiante neste capítulo).

Pesquisas recentes de um grupo internacional de biólogos marinhos [25] lançam uma luz fascinante sobre as inter-relações entre as comunidades de fontes dos Oceanos Pacífico, Índico e Atlântico e suas origens (veja a Figura 9.6). Uma análise usando a teoria de rede e abrangendo 331 gêneros mostra a província do Pacífico Ocidental em uma posição central: todas as outras províncias estão conectadas com ela diretamente ou, no caso da província do Atlântico, indiretamente através da província do Oceano Índico. Esta posição central da província do Pacífico Ocidental sugere que ela é a mais antiga dessas províncias, da qual se originam as faunas das demais. Os resultados moleculares nas faunas sugerem que elas se originaram há cerca de 150 milhões de anos. Os autores também apontam que o padrão é semelhante ao da recente história da tectônica da placa do Pacífico desde o Cretáceo: seus mapas sugerem que estas fontes recentes de fauna podem ter evoluído no limite sudoeste dessa placa. Mas, se assim for, levanta a questão de qual fauna precedeu esta fonte aparentemente ancestral da fauna, e por que a primeira se extinguiu.

Ainda mais recentemente, uma fauna bastante diferente foi encontrada no sistema East Scotia Ridge [26]; consiste em uma espécie nova de caranguejo, percevejo, lapa, caramujo, anêmonas-do-mar e de uma predatória estrela-do-mar de sete braços. Faltam todas as espécies dominantes da fonte encontradas em outros lugares na maioria das cristas médias oceânicas, mas compartilha alguns elementos com as comunidades encontradas nas fontes das bacias do arco traseiro no oeste e sudoeste do Pacífico e também na região sudeste da cordilheira do Pacífico e na cordilheira do meso-Atlântico.

Um dos problemas levantados por estas faunas é o método pelo qual seus organismos se dispersam de fonte em fonte. Em muitos casos, o grau de similaridade entre uma fonte de fauna e outra não é dependente da distância direta entre elas através da planície abissal. Em vez disso, depende da distância entre elas, seguindo um caminho mais longo através do padrão de cordilheiras mesoceânicas e falhas [27], sugerindo que a dispersão é diretamente ao longo desses sistemas. No entanto, algumas espécies têm larvas planctônicas que se dispersam através de correntes oceânicas profundas, o que pode ser a razão para as semelhanças entre as faunas da cordilheira do Pacífico oriental e da cordilheira do Atlântico. A natureza incomum da fauna de East Scotia Ridge pode ser devido ao isolamento de faunas ao norte, pela Convergência Antártica de superfície para o fundo do mar. Esta barreira principal para dispersão que veio a existir após o começo da Corrente Circumpolar Antárctica há aproximadamente 37 milhões de anos, e é significativo que os *táxon* que estão ausentes na fauna de East Scotia Ridge têm larvas planctônicas que são incapazes de atravessar a Frente Polar. (Esta convergência também é considerada importante na inibição da dispersão de faunas bentônicas; veja a seção "Ligações e Barreiras Transoceânicas entre Faunas Continentais".)

O Reino das Águas Rasas

Algumas diferenças entre o reino das águas rasas (ou nerítico) (que inclui águas abaixo de 200 m de profundidade) e o reino de mar aberto (ou pelágico) já foram consideradas, mas algumas outras precisam ser assinaladas agora. Mesmo se dividíssemos o oceano aberto em áreas correspondentes aos movimentos das águas superficiais, cada uma seria imensamente maior que qualquer uma das unidades individuais do reino das águas rasas, a maioria das quais são compridas e estreitas, espremidas entre a costa e a borda continental. Além disso, cada um desses baixios é fortemente influenciado pelas características do terreno adjacente, como a natureza do litoral e a presença de rios que podem contribuir com água doce e uma descarga variável de sedimentos. Devido à relativa pouca profundidade do mar, a natureza do assoalho também influencia as condições da massa de água que o recobre, tanto quanto a própria superfície; não há interação desse tipo em mar aberto. Os baixios são, portanto, muito mais heterogêneos do que o mar aberto.

Todos esses fatores levam a duas consequências. Primeira, pelo fato de cada fauna ser diferente das demais e, portanto, conter suas próprias espécies endêmicas, localmente adaptadas, a quantidade de espécies dos baixios é muito maior do que o total de espécies pelágicas que ocupam um ambiente globalmente menos diversificado. Por exemplo, são conhecidas mais de 970 espécies de crustáceos misidáceos neríticos, comparados com apenas 86 espécies de seus parentes pelágicos, os crustáceos eufausiáceos. Segunda consequência: existe uma distinção bem marcada entre os locais desses dois tipos de organismos, pois poucas espécies de mar aberto se aventuram nos ambientes de mares rasos (Figura 9.7). Além disso, embora os mares rasos representem apenas 8% da área total dos oceanos, eles detêm a maior parte de sua biodiversidade.

Não são apenas os organismos pelágicos de vida livre dos mares rasos que mostram essa heterogeneidade, mas também os seus parentes bentônicos que vivem na parte inferior. Eles devem contar com uma forma larval pelágica para garantir que a próxima geração possa ser distribuída localmente, onde a presença dos pais sugere que o ambiente é favorável. Embora o papel primário das larvas seja garantir que os habitantes adultos do fundo estejam localmente distribuídos, onde a presença de seus parentes demonstra que o ambiente é favorável, elas também devem atuar para que haja uma dispersão mais ampla. Isto só pode ser bem-sucedido se o local que as larvas atingem for ambientalmente semelhante e favorável, e também não contenha rivais ou predadores mais competentes. No entanto, a eficácia potencial da dispersão das larvas é demonstrada pelo fato de que as espécies de invertebrados bênticos, na costa ocidental do Atlântico, são mais amplamente distribuídas quando existem larvas planctônicas (Figura 9.8). Obviamente, larvas com maior tempo de vida necessitam de alimentação durante os dias de dispersão e, assim, não surpreende o fato de serem encontradas, com maior frequência, nas baixas latitudes onde a estação do fitoplâncton é curta, do que nas altas latitudes onde é mais longa (Figura 9.9).

No entanto, pode ser incorreto supor que a propriedade de larvas que podem potencialmente viver por mais tempo indica que sua função é principalmente dispersão de longa distância [28]. A pesquisa, utilizando uma combinação de

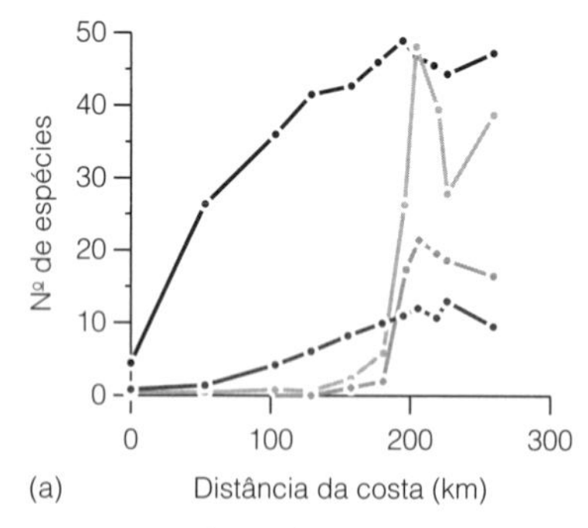

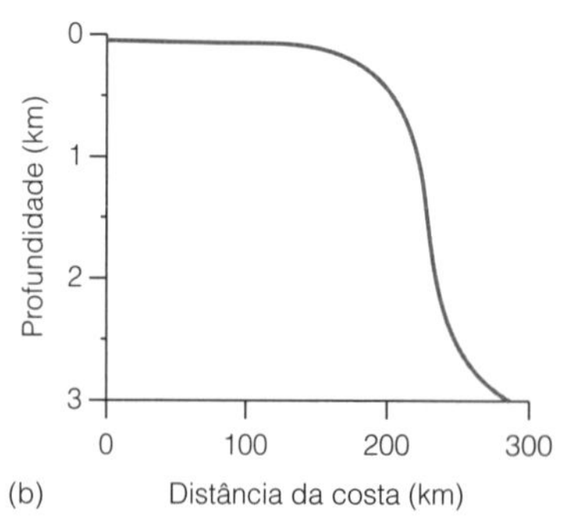

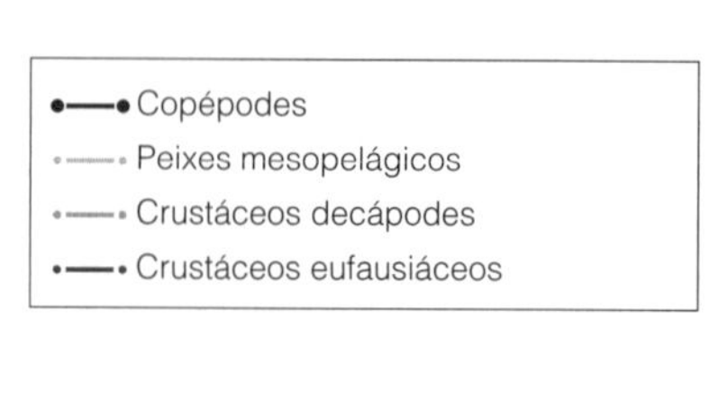

Figura 9.7 Quantidades de espécies de quatro grupos pelágicos diferentes em mar aberto na Flórida, mostrando como os números diminuem à medida que se move do mar aberto em direção à costa (a) e que os picos ocorrem próximo ou na margem do talude (b). Segundo Angel [7], reproduzido com permissão da Editora da Universidade de Cambridge.

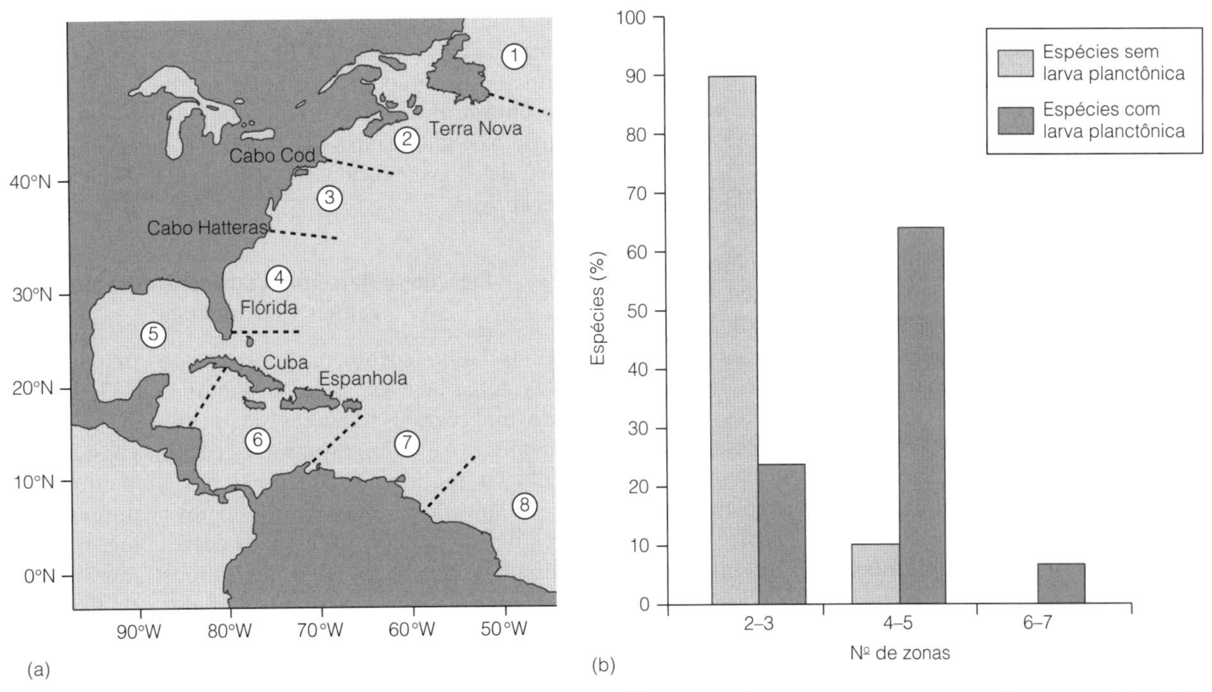

Figura 9.8 (a) Zonas biogeográficas na costa ocidental do Atlântico. (b) Número dessas zonas que são ocupadas por espécies de invertebrados bênticos, com ou sem larva planctônica. Adaptado de Scheltema [63].

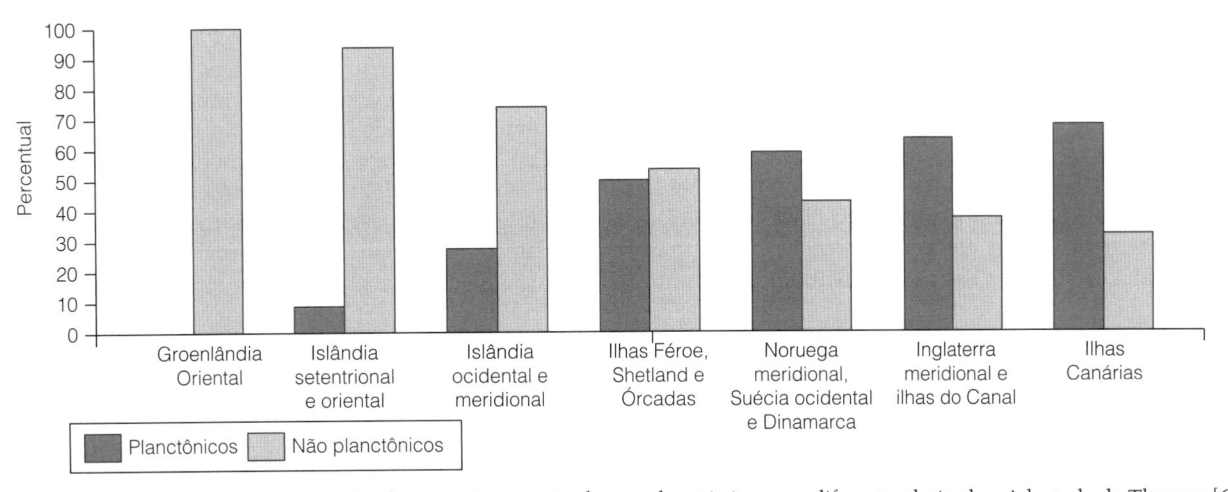

Figura 9.9 Percentuais de espécies gastrópodes que têm, ou não, larvas planctônicas, em diferentes latitudes. Adaptado de Thorson [64].

modelagem estatística e estrutura genética populacional observada, sugere uma correlação surpreendentemente pobre entre o tipo de larva e a prevalência de dispersão de longa distância, e mostra que a escala média de dispersão é muitas vezes bastante variável para o mesmo *táxon* e localização. Além disso, os *taxa* com larvas que são de curta duração ou que normalmente se dispersam apenas em uma curta distância parecem ter uma taxa desproporcionalmente alta de dispersão de longa distância. Talvez uma função dessas larvas de vida longa possa ser meramente fornecer maior confiabilidade à dispersão em distâncias pequenas ou médias, em vez de proporcionar o potencial para dispersão de longa distância.

Biorregiões nas Plataformas Continentais

Um resultado do sistema de grandes giros oceânicos é que as águas que circulam dentro de cada um deles ocupam diferentes faixas de latitude e, portanto, diferentes zonas de temperatura. Foi um pesquisador sueco, Sven Ekman [19], quem primeiro propôs um esquema dividindo as águas das prateleiras continentais em regiões polares, temperadas e tropicais, com base em sua separação por barreiras zoogeográficas e no endemismo de suas faunas. O zoólogo marinho americano Jack Briggs, mais tarde [29], desenvolveu ainda mais esse esquema subdividindo as regiões da plataforma continental em regiões tropicais, temperadas quentes, temperadas frias e polares, e reconhecendo províncias separadas dentro delas.

Ao longo das últimas décadas, os problemas crescentes e contínuos pelo uso excessivo dos recursos biológicos marinhos levaram a uma grande necessidade de reconhecimento de sistemas ecologicamente representativos, de áreas protegidas para o planejamento da conservação e a gestão de recursos (veja o Capítulo 14). Encontrar soluções acertadas nas áreas costeiras e continentais é complicado, pelo fato de que essas áreas estão sob a jurisdição das nações que fazem fronteira. Em 2007, um grupo internacional de 15 especialistas sugeriu um sistema de 12 domínios, 62 províncias e 232 ecorregiões (Prancha 6) para fornecer uma base para esses esforços [30].

Os *domínios* são áreas muito grandes em que as biotas são internamente coerentes em níveis taxonômicos mais altos, resultado de sua história evolutiva compartilhada e única. Eles mostram altos níveis de endemismo, incluindo algumas famílias e gêneros únicos. Principalmente eles observam o esquema mencionado acima, seguindo grandes divisões latitudinais baseadas na temperatura. No Hemisfério Sul temperado, no entanto, as diferenças faunísticas entre os grandes oceanos são bastante substanciais, e as conexões locais ao redor dos continentes individuais são tão grandes, que foi necessário adotar domínios separados para as águas ao redor da América do Sul, África e Australásia. Além disso, como veremos mais adiante neste capítulo, as águas das plataformas continentais nos oceanos interligados Índico e Pacífico contêm uma enorme diversidade de vida. Embora existam mudanças graduais nas faunas em toda a região, não há subdivisões claras dentro dela, embora as faunas em cada extremidade sejam muito diferentes umas das outras. O grupo decidiu dividir este domínio em três subunidades, correspondendo mais ou menos a uma unidade central em torno do Sudeste Asiático, cercado por subunidades no Oceano Índico e no Pacífico Oriental.

As *províncias* têm biotas distintas com algum nível de endemismo, especialmente ao nível das espécies, resultante do isolamento causado por fatores históricos e geográficos. As *ecorregiões* são áreas cuja composição de espécies é relativamente homogênea porque contêm um pequeno número de ecossistemas locais distintos resultantes de fatores como características físicas do ambiente e níveis ou padrões de nutrientes. Isto é particularmente verdade nas ecorregiões que consistem em faunas costeiras ao redor de ilhas oceânicas isoladas, e algumas das características interessantes destas são consideradas a seguir.

Fauna Costeira das Ilhas

Embora a maioria das faunas costeiras se localize ao longo das bordas continentais ou em ilhas nas plataformas continentais, outras podem ser encontradas em torno de ilhas oceânicas isoladas. Destas, a maior parte encontra-se disposta em áreas no entorno de ilhas vulcânicas ou de cadeias resultantes da ação de fossas oceânicas ou *hotspots* (veja o Capítulo 5) e muitas se encontram no Oceano Pacífico. Como era de se esperar, essas faunas isoladas apresentam alto grau de endemismo: Springer [31] estudou os padrões de distribuição de 179 espécies de peixes costeiros, pertencentes a 111 famílias, nessas ilhas isoladas do Pacífico. Calculou que 20% eram endêmicas à região, e destas a maioria era endêmica a apenas uma ilha. Ele observou que a maioria dos peixes elasmobrânquios cartilaginosos (como os tubarões) desaparece das listas faunísticas à medida que se penetra nas profundezas do Oceano Pacífico a partir do leste. Provavelmente porque o sistema de flutuação deles, baseado em um fígado oleoso e grande é menos eficaz do que a bexiga natatória dos peixes ósseos. O mais surpreendente talvez seja a descoberta dele de que a quantidade de *taxa* decresce rapidamente quando se penetra em águas profundas a partir do oeste, o que sugere que para os peixes costeiros essas extensões desprotegidas de água funcionam como obstáculos formidáveis, assim como para os animais e plantas terrestres. Será interessante observar até que ponto os estudos sobre os peixes costeiros da cadeia Havaiana apresentam um padrão de relacionamento semelhante aos de insetos e plantas das ilhas (veja o Capítulo 7), no qual as faunas das ilhas mais jovens são derivadas daquelas das ilhas mais antigas.

Ligações e Barreiras Transoceânicas entre Faunas Continentais

Um trabalho recente, particularmente interessante, sobre as faunas bentônicas do Oceano Austral [32] realizado por quatro biogeógrafos franceses mostra até que ponto nosso conhecimento cada vez maior sobre geografias passadas, climas e ecologias, juntamente com novos procedimentos analíticos (veja o Capítulo 8), está permitindo nova compreensão sobre dados biogeográficos. Os estudos desses biogeógrafos sobre equinoides, bivalves e gastrópodes mostraram que os bentos da região foram fortemente afetados pela Convergência Antártica (que constitui a principal barreira para a dispersão para o norte) e pela Corrente Circumpolar Antártica. Seus resultados também sugeriram ligações faunísticas passadas na base da Península Scotia, e também entre a Antártica Leste e Oeste, que são provavelmente os resultados das rotas marítimas que apareceram no momento do colapso da camada de gelo da Antártica Ocidental no Pleistoceno.

Um tipo diferente de quebra na natureza da fauna de águas rasas é visto onde há uma mudança na natureza dos sedimentos do fundo. Por exemplo, quando se viaja para o leste ao longo da costa norte da América do Sul, há uma transição ecológica no delta do Rio Orinoco, na Venezuela. Daqui para o leste, até quase o ponto nordeste do Brasil, o fundo da plataforma continental é coberto de lama trazida pelos grandes rios tropicais, cujas águas frescas também reduzem muito a salinidade das águas do mar raso. Os recifes de corais tão característicos da região caribenha a oeste estão ausentes, juntamente com sua fauna piscícola associada, que é substituída por grupos de peixes como o bagre e a pescada.

Outro ponto bem definido de mudança faunística de base ecológica reside na entrada do Mar Vermelho, que é separado do Mar Arábico por uma passagem relativamente estreita, apenas cerca de 32 km de largura, que também é parcialmente bloqueada por um peitoril raso de apenas 125 m de profundidade. Como resultado, devido às águas do Mar Vermelho evaporar no clima seco, e não existir contribuição significativa de água doce da terra, o Mar Vermelho é excepcionalmente salino. Há, portanto, considerável endemicidade em sua fauna: corais (25%), crustáceos (33%), cefalópodes (50%), equinodermos (15%) e peixes (17%).

Já vimos como as barreiras invisíveis dentro das águas oceânicas afetam a distribuição dos organismos pelágicos e livres. Inevitavelmente, essas barreiras também afetam a distribuição dos organismos bentônicos que vivem nas plataformas continentais rasas que cercam essas águas. Embora as correntes sejam potencialmente capazes de transportar as larvas de organismos de plataforma de um lado do oceano para o outro, muitas larvas vivem por tão pouco tempo, que existem comparativamente poucos exemplos de ligações leste-oeste entre suas faunas continentais. O Oceano Pacífico do leste, devido à sua extensão (5400 km) e por conter poucas ilhas, para fornecer refúgios intermediários para organismos de águas rasas, é uma barreira muito eficaz para muitos desses organismos. Ekmano nomeou, assim, **Barreira do Pacífico Leste**. Dos peixes da costa que se encontram nas Ilhas Havaianas ou entre o México e o Peru, na extremidade oriental da região temperada quente do Oceano Pacífico, somente 6% são encontrados em ambos. Da mesma forma, Ekman [19] mostrou que apenas 2% das 240 espécies e 14% dos 11 ou 12 gêneros de equinodermos encontrados na região Indo-Oeste do Pacífico tiveram êxito em alcançar a costa oeste das Américas. (A maior proporção de gêneros endêmicos, em comparação com as espécies endêmicas, é porque um novo táxon aparece pela primeira vez como uma nova espécie. Só mais tarde, se houver tempo suficiente ou novas espécies parecidas surgirem, o nível de novidade será grande o suficiente para que possamos reconhecer um novo gênero. Portanto, os gêneros são mais antigos do que as espécies individuais e terão um período de tempo maior no qual uma de suas espécies constituintes pode ter sido capaz de atravessar a barreira.)

Como sempre, há exceções a essa generalização. Por exemplo, foi demonstrado que as populações do ouriço-do-mar, *Echinothrix diadema*,nas ilhas pacíficas orientais do Atol de Clipperton e Isla del Coco, são geneticamente tão semelhantes às populações do Havaí, que deve ter havido um fluxo genético recente e maciço entre essas localizações. Isto apesar do fato de que normalmente leva 100-155 dias para a água ser transportada de uma área para outra, no norte da Contra corrente Equatorial – mais longo do que a duração da vida da larva de equinodermos (50-90 dias). No entanto, pode ser que as larvas foram capazes de fazer a viagem em anos quando o regime El Niño (veja o Capítulo 12) era forte, quando o tempo de viagem teria sido reduzido a 50-81 dias. Relações semelhantes entre as populações de caranguejos e estrela-do-mar nessas regiões também têm sido reportadas.

A grande antiguidade da barreira do Pacífico Oriental foi apresentada por Richard Grigg e Richard Hey, da Universidade do Havaí [34], que estudaram as afinidades zoogeográficas em gêneros de corais fósseis e vivos. Eles descobriram que os corais do Pacífico Oriental tinham relação mais próxima com os do Atlântico Ocidental do que com os do Pacífico Ocidental. Mesmo para corais vivos no Período Cretáceo. O fato de que a barreira parece ter sido eficaz na inibição de dispersão através do Pacífico no Mesozoico não é surpreendente, pois as Américas ficavam mais a leste. Desse modo, a diferença entre suas costas ocidentais e os arcos insulares do Pacífico Ocidental teria sido equivalentemente maior.

As faunas continentais também fornecem evidências sobre o alargamento progressivo do Oceano Atlântico. Comparação das faunas continentais de ambos os lados do Atlântico Norte do Jurássico Inicial em diante, utilizando o coeficiente de similaridade da fauna, mostra uma diminuição constante na similaridade, como eles são gradualmente separados pelo oceano alargado [35]. (Este coeficiente é calculado como 100C/N de cada biota, em que C é o número de famílias comuns para as duas regiões comparadas, enquanto N é o número de famílias na fauna menores.)

O fechamento da barreira do Istmo do Panamá entre o Atlântico Ocidental e o Pacífico Oriental, cerca de 3 milhões de anos atrás, proporciona um bom exemplo de evolução vicariante entre as faunas de baixios em ambos os lados da nova conexão terrestre. Dos cerca de 1000 peixes costeiros da região apenas cerca de uma dúzia ainda aparenta ser idêntica, e os invertebrados marinhos parecem ter sido mais lentos em evoluir para novas espécies: 2,3 % das espécies de equinodermos, 6,5 % das espécies de caranguejos porcelanídeos e 10,8 % das espécies de esponjas da região são encontrados nos litorais dos dois lados do istmo.

As águas profundas do Atlântico formam uma **barreira mesoceânica** semelhante para a dispersão dos organismos de baixios tropicais entre a África e a América do Sul. No entanto, como o Atlântico é mais estreito que o Pacífico, essa barreira é menos eficiente e, assim, na maioria dos grupos existe uma proporção maior de espécies que podem ser encontradas em ambos os lados do oceano. Por exemplo, entre os peixes costeiros existem cerca de 900 espécies no lado ocidental e aproximadamente 434 no oriental; desse total, cerca de 120 (9 %) são comuns a ambas as faunas [29]. A maioria dessas dispersões parece ter ocorrido da América do Sul para a África, talvez devido ao fato de que a maior riqueza da fauna dos baixios sul-americanos, em termos tanto da quantidade de espécies quanto de indivíduos, torna mais provável seu sucesso em dispersar-se. Embora a Corrente Sul Equatorial de superfície se desloque para oeste, esses migrantes devem ter utilizado a Corrente Profunda Equatorial, mais profunda, que se desloca na direção oposta.

Como exemplo do surgimento de uma nova conexão entre as faunas de baixios pode-se citar aquela que ocorreu entre o Ártico e o Pacífico Norte, cerca de 3,5 milhões de anos atrás, após a submersão do Estreito de Bering. Esta conexão provocou uma troca de espécies de águas frias, na qual a maior parte (125 espécies) dispersou-se do Pacífico para a Bacia do Ártico (neste caso, na direção do fluxo da corrente), e apenas 16 espécies se dispersaram na direção oposta [36]. (Mas, por causa da superficialidade do mar através do Estreito de Bering, manteve-se um obstáculo para a dispersão de plâncton de vida mais profunda.)

A conclusão do Canal de Suez, em 1869, entre o Mar Mediterrâneo e o Mar Vermelho proporcionou um exemplo mais recente de conexão entre duas faunas marinhas. Essa troca foi denominada **troca lessepiana**, em homenagem ao empresário francês Ferdinand de Lesseps, responsável por sua construção. Foi uma troca altamente desbalanceada, pois, embora 50 espécies de peixes, 40 de moluscos e 20 de crustáceos tenham colonizado o Mediterrâneo a partir do Mar Vermelho, muito poucas, talvez nenhuma, percorreram o caminho contrário, o que estabelece um problema interessante para as causas dessa distinção [37,38]. Embora sejam pequenos e praticamente fechados por terra, ambos os mares têm diferenças importantes nas suas faunas. A do Mediterrâneo é derivada da fauna quase limitada do frio Oceano Atlântico, enquanto a do Mar Vermelho é derivada da fauna tropical do Oceano Índico, mais rica e, portanto, mais bem adaptada para colonizar as águas quentes e rasas do Mediterrâneo Oriental. Além disso, as espécies que vivem no extremo norte do Mar Vermelho habitam um ambiente raso, arenoso ou lamacento e altamente salino, sendo, portanto, mais bem adaptadas à sobrevivência nos lagos rasos e hiper-salinos do Canal do Suez através dos quais devem passar para atingir o Mediterrâneo.

Padrões em Latitude das Faunas de Baixios

Os organismos marinhos apresentam uma tendência geral de diminuição da diversidade com a latitude na medida em que se afastam dos trópicos. No entanto, grande parte dessa diversidade é devida à distribuição dos recifes de corais que têm uma diversidade de fauna sem paralelo em nenhum outro local nos mares rasos. Sua distribuição é concentrada nos trópicos e, portanto, apresentam uma grande distorção no padrão geral. Além disso, o trabalho recente de Crame [39] mostrou que as faunas dos baixios antárticos e sub-antárticos são muito mais ricas (e mais antigas) do que se supunha, além de enfatizar o fato de que esse padrão e sua significância devem ser reconsiderados. (Para uma discussão ampla dos padrões de diversidade em latitude, veja o Capítulo 4.)

Muitos organismos marinhos também proporcionam exemplos do fenômeno conhecido como **distribuição bipolar** (também conhecida como **distribuição antitropical** ou **anfitropical**). Essa expressão é empregada para descrever a situação na qual organismos aparentados são encontrados nos ambientes temperado e polar de ambos os hemisférios, Norte e Sul, mas não na região equatorial intermediária. Quaisquer que sejam as razões para os exemplos terrestres desse padrão, sua ocorrência nas faunas marinhas tem apresentado sugestões sobre mecanismos marinhos específicos. Charles Darwin sugeriu que o resfriamento das águas equatoriais durante a Era do Gelo possibilitou que esses gêneros cruzassem águas que hoje estão muito quentes para que eles as habitem. Brian White [40] argumentou que as temperaturas mais quentes do Cenozoico Inferior impossibilitaram a vida desses gêneros em águas equatoriais, de maneira que agora eles apresentam uma distribuição remanescente em ambos os lados dessa zona. Isto é sustentado por Gordon Howes em sua análise da biogeografia dos peixes gadídeos [41], bastante útil. Outra explicação é a de Jack Briggs [42], que relacionou esse fato à tese de que a região do Pacífico Indo-Ocidental seria um centro de origem evolucionária, e sugeriu que os gêneros bipolares se tornaram extintos nas regiões equatoriais devido à competição com os novos gêneros que ali evoluíram. Talvez a explicação mais simples seja a de que os organismos que vivem em águas frias em ambos os lados do equador foram capazes de dispersar-se sob esta região através de águas geladas em profundidades maiores (confira o princípio da submergência equatorial, neste capítulo) [43]. Um exemplo recente disso foi o da captura de um peixe nototenioide ao largo da Groenlândia [44]. Peixes dessa família normalmente são confinados às águas frias do Hemisfério Sul, e esse único exemplar deve ter viajado pelo menos 10.000 km, submerso a profundidades de 500 a 1500 m, de modo a permanecer na sua faixa de temperatura habitual. Algumas espécies de plâncton apresentam esse exato padrão de distribuição permanente. Por exemplo, o quetógnato *Eukrohnia hamata* só é encontrado em águas próximas à superfície, a latitudes acima dos 60°, ao passo que entre essas latitudes, onde as águas superficiais são mais quentes, só é encontrado a profundidades de cerca de 1000 m.

Em sua revisão deste tópico, Crame [45] destacou que a maior parte das teorias estabeleceu dois pressupostos: primeiro, que esses padrões surgiram nos últimos 5 milhões de anos e foram possivelmente relacionados às mudanças climáticas da Era do Gelo; e, segundo, que as duas *taxa* hoje separadas alcançaram esse padrão em consequência de dispersão e não de vicariância. Ao se concentrar na distribuição de moluscos marinhos, que têm um bom registro fóssil que se estende por mais de 245 milhões de anos, Crame identificou três períodos principais de distribuições bipolares. O primeiro foi no Jurássico-Cretáceo, e aparentemente foi ocasionado por vicariância resultante da fragmentação da Pangeia. O segundo foi no Oligoceno-Mioceno, e deve ter sido causado por vicariância resultante das temperaturas congelantes do período, que possibilitaram que as *taxa* temperadas se espalhassem através do equador, só se tornando extintas quando as temperaturas mais uma vez se elevaram. O terceiro período ocorreu durante a Era do Gelo Plio-Pleistoceno que, juntamente com o fechamento do Istmo do Panamá, causou um aumento no resfriamento e surgência nas divergências equatoriais tanto no Pacífico quanto no Atlântico, tornando possível que formas temperadas se dispersassem de um hemisfério para outro. Nossa constante e crescente compreensão sobre mudanças dos padrões climáticos do passado, em terra e no mar, deverá levar a uma maior compreensão do problema da distribuição bipolar.

Recifes de Corais

Por várias razões, os corais proporcionam aspectos únicos e fascinantes da biogeografia marinha. Um dos ambientes da Terra mais complexos e diversificados, eles são perfeitamente definidos na natureza, com limites de distribuição facilmente explicados por características fundamentais de sua biologia. Portanto, proporcionam um bom exemplo de como os padrões marinhos podem ser explicados quando os aspectos taxonômicos e ambientais são mais simples do que em qualquer outro local no mar. Por outro lado, a interpretação dos seus padrões de diversidade levanta questões fundamentais. Finalmente, a biogeografia histórica pode contribuir mais para nossa compreensão dos padrões de distribuição dos corais, facilmente reconhecidos nos registros fósseis, do que para muitos outros aspectos da biogeografia marinha. Dois livros de publicação recente, um do biólogo marinho australiano Charlie Veron [46] e o outro editado pelo norte-americano Charles Birkeland [47], abordaram vários aspectos da biologia e da história dos corais (embora as teorias de Veron sobre a evolução dos corais sejam controversas [48]).

Os recifes de corais proporcionam um ambiente complexo e tridimensional, que é o lar de uma imensa diversidade de outros organismos marinhos [49], incluindo 25 % da diversidade de vida nos oceanos. Eles comportam a maior diversidade de espécies de vertebrados por metro quadrado conhecida na Terra. Até hoje, foram descritas de 35.000 a 60.000 espécies diferentes de organismos que habitamos corais, e esta provavelmente é apenas uma fração da quantidade total – entre 1950 e 1994, a quantidade de espécies de peixes, moluscos, equinodermos e corais conhecidos das Ilhas Cocos (Keeling), no Oceano Índico, triplicou. Embora ocupem apenas 1 % da área dos oceanos, esses organismos comportam 25 % das espécies, incluindo pelo menos 5000 espécies de peixes, quase um terço do número total de espécies de peixes marinhos.

Muitos organismos do recife têm larvas planctônicas, e geralmente tem sido considerado que essas larvas seriam prontamente dispersas ao longo de centenas de quilômetros, em vista da longevidade razoável e velocidade atual. No entanto, o trabalho de um grupo de ecologistas marinhos americanos [50] sugere que talvez seja necessário reconsiderar esses pressupostos. Utilizando técnicas de biologia molecular, que examinaram as variações na estrutura genética de populações de um camarão, *Haptosquilla*, feita a partir de 11 sistemas de recife nas Índias Orientais, onde se encontram o Mar de Java e o Mar de Flores entre as ilhas do norte de Bornéu e Celebes e a cadeia sul de Sumatra, Java e ilhas menores para o leste (veja a Figura 11.9). As larvas planctônicas do camarão vivem por 4-6 semanas e, devido às correntes oceânicas na região serem fortes, tinha sido considerado que elas seriam facilmente capazes de se dispersar através dos 600 km que separam esses dois grupos de ilhas. No entanto, surpreendentemente esses estudos mostraram uma ruptura genética acentuada entre as populações do camarão para o sul dos mares Java-Flores e aqueles ao norte.

Os corais são um tipo de organismo colonial conhecido como **hidrozoários**. Os indivíduos, chamados *pólipos*, se assemelham a pequenas anêmonas-do-mar e se alimentam de zooplâncton. Os tipos de corais que formam recifes são conhecidos como **corais hermatípicos**. Nestes corais, cada pólipo segrega uma base de disco composto por carbonato de cálcio, que é contínua com a de seus vizinhos, de modo que todos eles formam conjuntamente o recife. Os tecidos dos pólipos contêm um tipo de alga conhecida como **zooxantelas**, cuja atividade fotossintética fornece sua energia e nutrição. Em troca, as algas recebem produtos úteis de resíduos nitrogenados do pólipo, a relação total de fornecer um exemplo espetacular de simbiose animal-vegetal.

A biologia dos corais limita sua distribuição às condições peculiares de nutrientes, temperatura e iluminação. Os corais são encontrados em áreas nas quais os níveis de nutrientes são tão baixos que existe muito pouca produção primária das algas livres ou fitoplâncton para proporcionar a base de um ecossistema diversificado. Os corais podem florescer nesses ambientes porque suas algas zooxantelas vivem entre os hidrozoários, onde os níveis de nutrientes são elevados. Dos outros dois fatores, a temperatura é mais importante do que a iluminação, como se pode comprovar pelo fato de que alguns corais conseguem crescer em águas profundas, desde que os níveis térmicos sejam adequados. Recifes de corais são encontrados apenas onde a temperatura das águas superficiais seja, no mínimo, de 18 °C, mantidos por longos períodos, com um máximo entre 30 e 34 °C (Figura 9.10). Em consequência, agrupamentos de recifes de corais relativamente diversificados são encontrados próximo às latitudes de 30° norte e sul, com casos extremos no Japão a 35°N, nas Ilhas Lord Howe, a 32°S, e nas Bermudas, a 32°N, mas a maioria é encontrada em zonas de latitudes nas quais a temperatura nunca cai abaixo dos 20 °C.

Corais hermatípicos também não conseguem florescer onde exista significativa sedimentação, pois isto impede a iluminação, vital para suas algas fotossintéticas. Um fator diferente acarreta a falha na distribuição dos recifes de corais ao longo da linha da costa tropical ao norte da América do Sul (Figura 9.11). Os ventos de oeste do Atlântico equatorial trazem chuvas fortes para as bacias dos rios de planície da América do Sul tropical, que são drenados de volta para o mar através dos grandes rios. A diluição das águas do mar nessa água doce e a imensa descarga de sedimentos no assoalho oceânico fazem com que essa área costeira seja hostil ao crescimento de corais. O impacto desse fenômeno foi ampliado recentemente pelo desmatamento na Bacia Amazônica, que resultou no transporte de mais sedimentos pelas águas dos grandes rios com um aumento na concentração de nutrientes, enquanto queimadas na América Central provocaram efeitos semelhantes nos corais das regiões vizinhas ao Caribe.

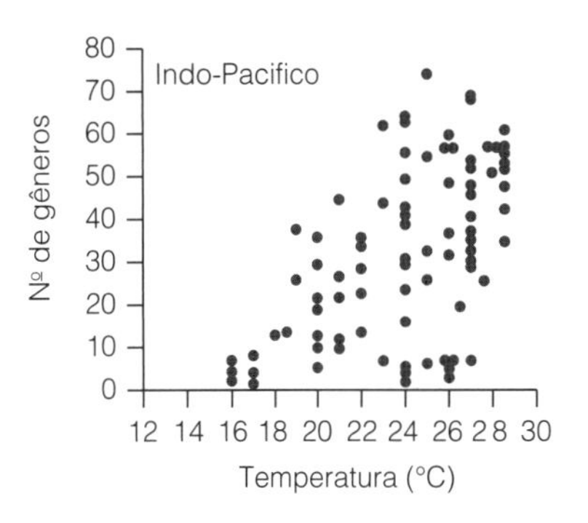

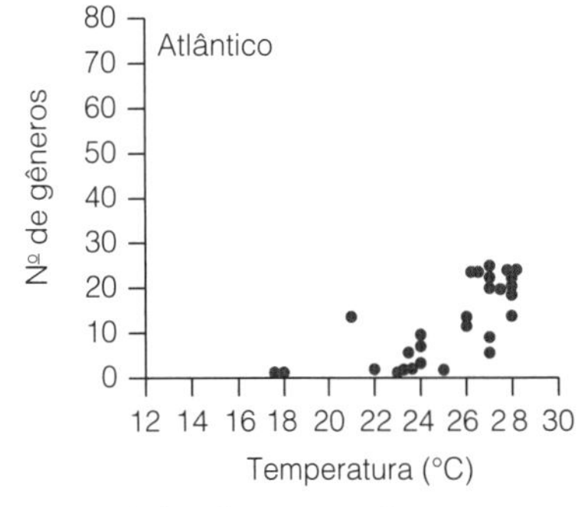

Figura 9.10 Quantidades de gêneros de corais, nos oceanos Indo-Pacífico e Atlântico, em regiões com águas superficiais de diferentes temperaturas médias anuais. De acordo com Rosen [65].

Dentro desses limites, os recifes de corais são encontrados em todo o mundo. No entanto, é notável que, em ambos os Oceanos Atlântico e Pacífico, há muitos mais corais em direção as extremidades ocidentais dos oceanos em comparação com as extremidades orientais. Isso tem sido discutido pelo biólogo marinho americano Gustav Paulay [51], que aponta haver várias razões diferentes para este contraste. Uma das características mais óbvias é a relativa pobreza nos extremos orientais dos oceanos, comparados aos dos extremos ocidentais. Existem várias razões para isto. Uma das principais influências é o padrão das correntes oceânicas, responsáveis pela emersão de águas frias e ricas em nutrientes que ocorre nas margens orientais dos oceanos (veja as Figuras 9.3 e 9.4) inibindo o crescimento de corais nessas regiões. Além disso, a maior parte das correntes oceânicas equatoriais quentes é direcionada para oeste; quando atingem a margem continental, divergem tanto para o norte quanto para o sul, trazendo águas aquecidas para as latitudes mais distantes. Outro fator que contribui é que as plataformas continentais, nas quais se situam muitos recifes de corais, são muito mais estreitas nas margens ocidentais da África e das Américas do que ao longo das margens orientais da Ásia e da região do Caribe. Entretanto, nem todos os corais crescem na plataforma continental; alguns crescem em torno de ilhas vulcânicas. Uma vez que são mais comuns nas partes mais antigas e ocidentais do Oceano Pacífico, proporcionam outro aumento na grande área de recifes daquela região. Em consequência de todos esses fatores, 85 % das áreas de recifes de corais situam-se no Oceano Indo-Pacífico e apenas 15 % no Oceano Atlântico. De modo similar, os recifes do Pacífico Oriental têm poucos metros de espessura, os do Pacífico Ocidental têm mais de 1 km de espessura.

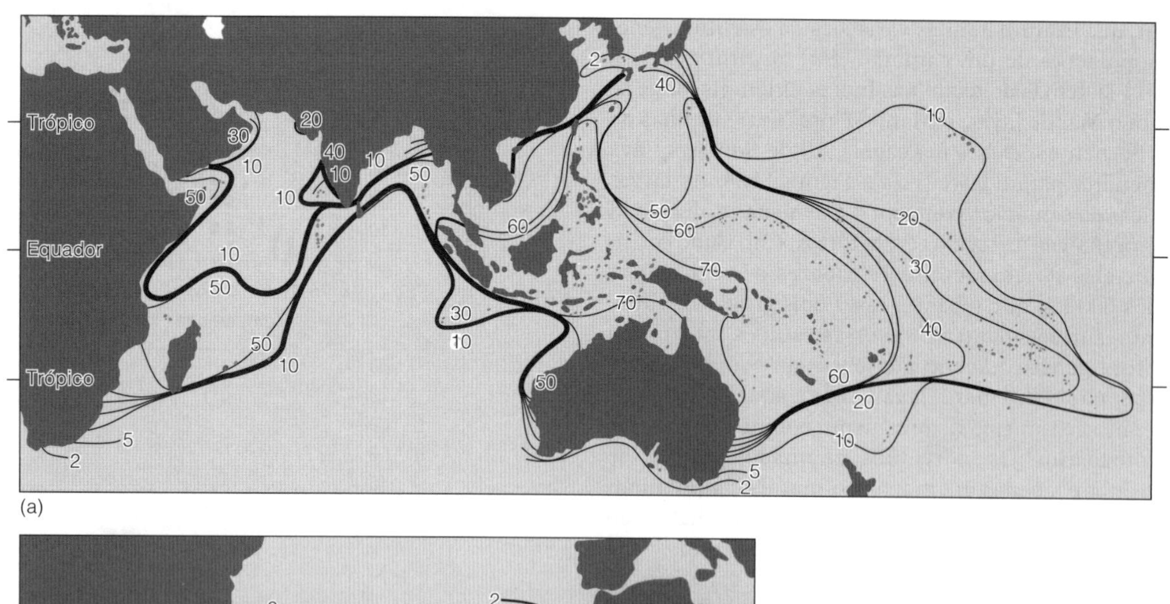

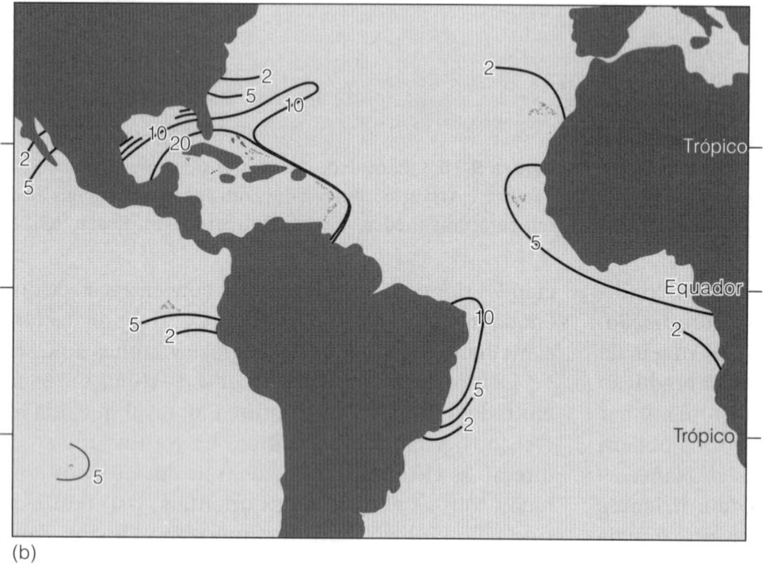

Figura 9.11 Curvas de contorno de diversidade geral de corais em relação ao equador e aos trópicos, combinando as faixas de distribuição de todos os gêneros em: (a) Região do Pacífico Indo-Ocidental. (b) Regiões do Pacífico Oriental, do Atlântico Ocidental e do Atlântico Oriental. Adaptado de Veron [46].

Porém, a característica mais proeminente da diversidade da maioria dos organismos do recife de coral é que isso diminui longitudinal e latitudinalmente (Figuras 9.11, 9.12 e 9.13) como um se afasta do grupo de ilhas que se estende desde Sumatra para Papua-Nova Guiné e ao norte das Filipinas, que compõem o Arquipélago Indo-Australiano (IAA, sigla em inglês). A área IAA é, portanto, um dos principais *hotspots* mundiais de biodiversidade, com níveis excepcionais de endemismo. (Uma localização nas Índias Orientais foi relatada para ter mais de 1000 espécies de peixes – mais do que ocorrem em todo o Atlântico tropical.) A estrutura taxonômica desse *hotspot* foi analisada como parte de uma recente e ampla revisão pelos zoogeógrafos marinhos Dave Bellwood, Willem Renema e Brian Rosen [52], concentrando-se em informações de peixes recifais e corais. Embora a maioria desses organismos tenha grandes alcances, as espécies no *hotspot* de IAA apresentam alcance médio a grande.

Como no caso de gradientes terrestres de diversidade (veja o Capítulo 4), as explicações anteriores do alto nível de diversidade no IAA focadas em possíveis fatores ecológicos e evolutivos, dos quais existem quatro modelos principais: centro de origem, centro de sobreposição, centro de acumulação e centro de sobrevivência.

O modelo centro de origem sugere que as taxas de especiação são incomumente elevadas no IAA, mas que as várias espécies têm diferentes habilidades para se dispersar para fora a partir dele, causando assim o gradiente de diversidade à medida que se movem para fora a partir do seu centro. Vários fatores têm sido citados como explicações dessa alta taxa de especiação, incluindo uma alta e consistente taxa entrada de energia solar e uma área abundante de recife que, por conseguinte, fornece muitos habitats dentro dos quais a especiação pode ocorrer.

Outro fator possível são as alterações no nível do mar, subdividindo e reunindo os recifes e, deste modo, permitindo a evolução vicariante. Este último fenômeno também é parte do modelo centro de sobreposição: o alargamento subsequente dos alcances da nova espécie vai levar à sobreposição de seus alcances com os de outras espécies,

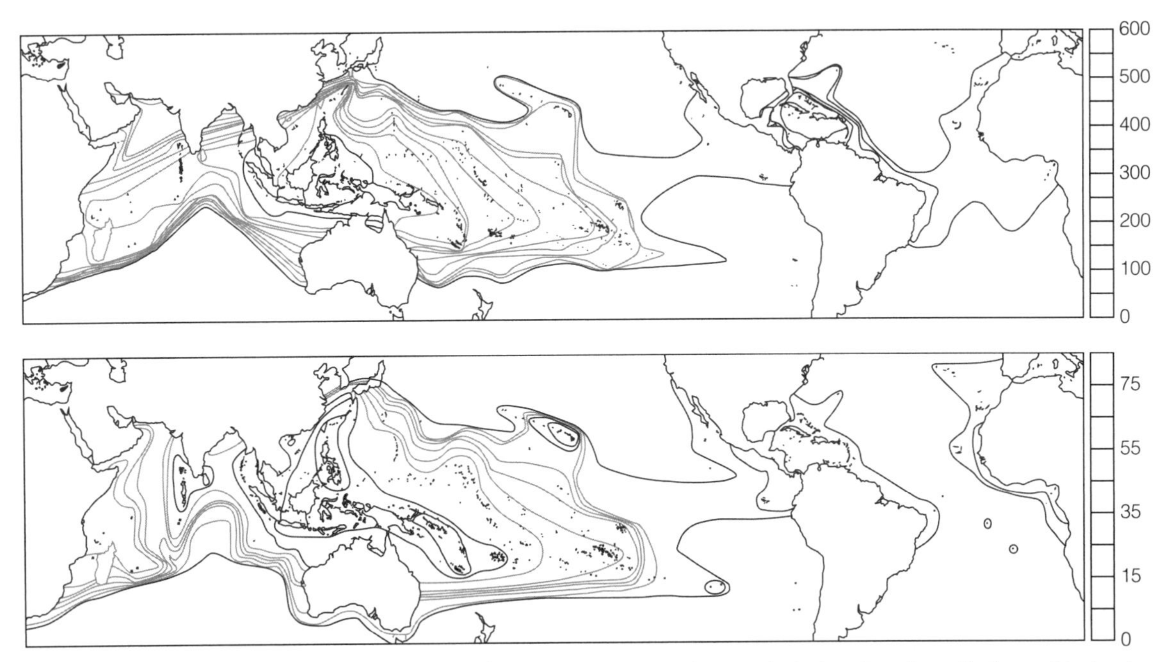

Figura 9.12 Os padrões semelhantes de riqueza encontrados em espécies marinhas tropicais de peixes de recife de coral (acima) e moluscos cauri (abaixo). De Bellwood e Meyer [66]. (Reproduzido com permissão de John Wiley & Sons.)

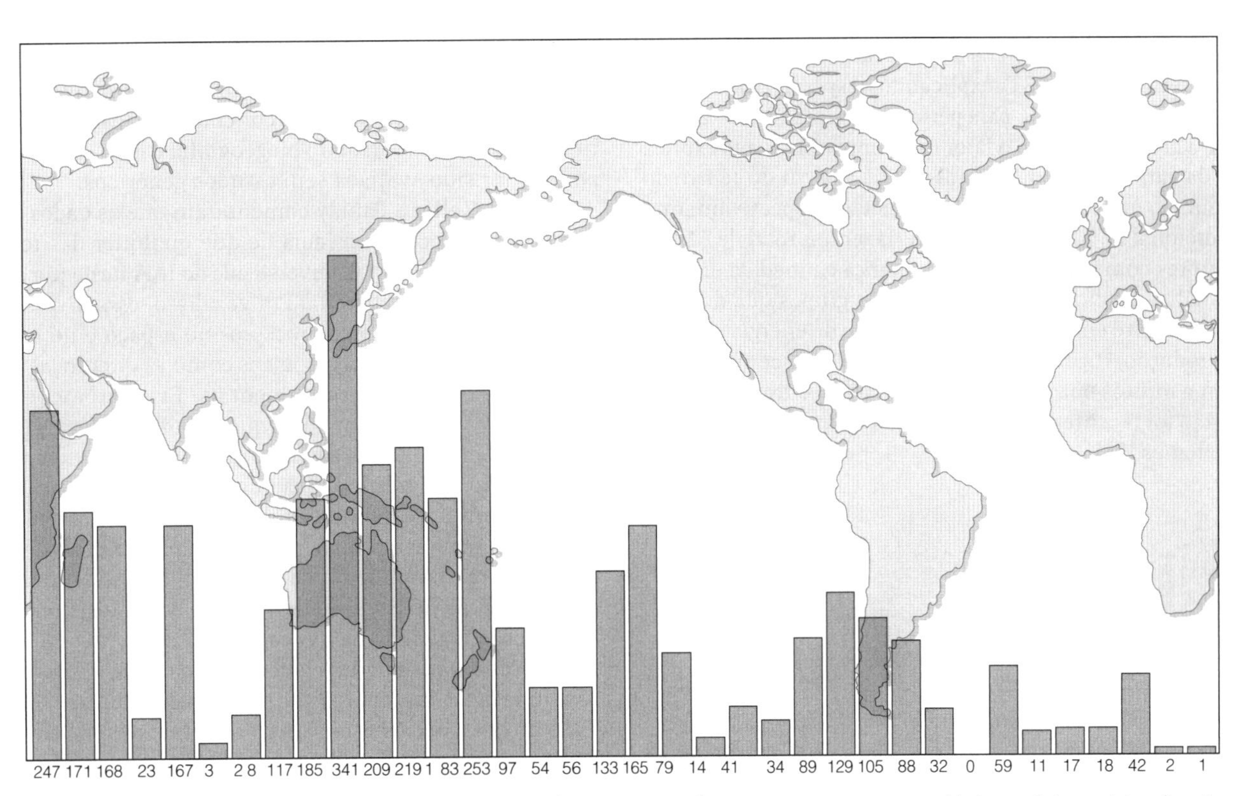

Figura 9.13 Gradientes em longitude da riqueza de espécies de peixes. As colunas representam a quantidade total de espécies de peixes (de uma amostra de 799 espécies) que ocorrem a cada 10° de espaçamento em longitude. Observe o aumento da diversidade nas latitudes que incluem as Índias Ocidentais e o Caribe, onde existem muitos recifes de corais. Segundo McAllister *et al.* [67].

e então aumentar a biodiversidade local. Esse modelo também sugere que o IAA se beneficiou por estar entre os Oceanos Índico e Pacífico, e por isso recebeu novas espécies imigrantes de ambos.

O modelo centro de acumulação sugere duas outras possíveis razões para o grande número de espécies no IAA, além de suas mais elevadas taxas de especiação. A primeira é que, como as correntes equatoriais fluem de leste a oeste através do Oceano Pacífico, as espécies que possam ter surgido em suas muitas ilhas tendem a ampliar suas faixas em direção ao IAA [53]. Em segundo lugar, devido à sua grande área e entrada de alta energia, as espécies no IAA podem ter tamanhos maiores de população e, portanto, ser menos propensas a se tornar extintas; para elas também é um centro de sobrevivência.

Outra versão do modelo centro de acumulação sugere que o alto número de espécies é porque as diferentes faunas chegaram ao IAA, transportadas em continentes em movimento (Austrália e Sudeste da Ásia) e em ilhas, arcos insulares e terrenos transportados para a área por movimentos de placas tectônicas.

Tal como no caso de gradientes terrestres de diversidade, o efeito do domínio médio (MDE, sigla em inglês) foi sugerido como um possível fator de gradientes mostrados no IAA. Esse efeito resulta do fato estatístico de que, se as espécies são aleatoriamente colocadas em um domínio fechado (isto é, área), como o IAA, o padrão resultante de riqueza de espécies forma um pico no meio do domínio – exatamente onde está no IAA, apenas a nordeste de Nova Guiné. O biólogo marinho australiano Dave Bellwood e seus colegas [54] têm analisado as proporções da variação em peixes recifais e diversidade de espécies de corais que são explicadas por diferentes aspectos do MDE e de dois efeitos ambientais (área do recife e entrada de energia solar). Como mostrado na Figura 9.14, eles descobriram que, no caso de ambos os corais e peixes, os aspectos mais importantes destes foram: distância a partir do centro do domínio (ND), da área de recife (A1) e a temperatura média da superfície do mar (SST, E1). Calculou-se então um modelo que combina as funções desses três fatores para explicar a riqueza de espécies. Em peixes, ND foi o fator mais importante, explicando 51 % da variação, seguido por área de recife e, em seguida, SST (explicando, respectivamente, um adicional de 16 % e 2 %, para perfazer um total de 69 %). Em corais, a área de recife foi o fator mais importante, que explica 51 % da variação, depois pela distância a partir do centro do domínio, e, em seguida, SST (explicando, respectivamente, um adicional de 7 % e 3 %, para perfazer um total de 61 %). Os autores comentam que a semelhança da medida em que esta análise explica os padrões em dois grupos que diferem marcadamente em sua mobilidade, fonte de energia e forma de reprodução, sugere que os resultados são suscetíveis de se aplicar a muitos outros organismos marinhos tropicais. Esta sugestão foi recentemente apoiada por outros pesquisadores australianos [55].

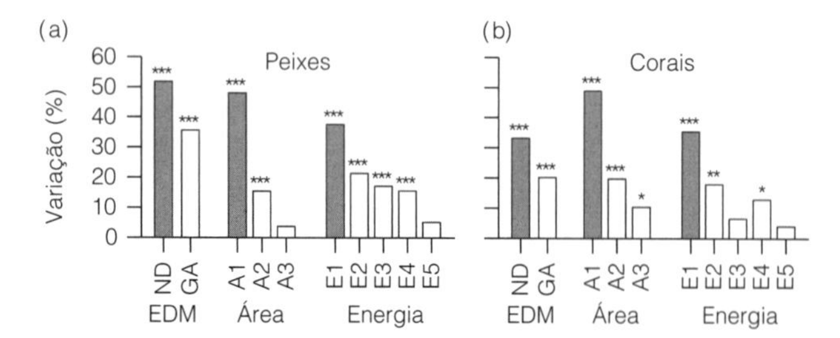

Figura 9.14 Proporção de variação em peixes recifais e riqueza de espécies de corais em 67 locais, explicado pelo efeito do domínio médio (MDE) e oito variáveis ambientais que se relacionam com energia ou área de habitat. ND, distância da área a partir do domínio médio em relação ao tamanho do domínio; GA, grandes arcos de distância da área a partir do domínio médio; A1, área de recife; A2, área do substrato de 0-30 m de profundidade; A3, área do substrato de 30-200 m de profundidade; E1, a temperatura média anual da superfície do mar; E2, faixa de irradiação solar; E3, intervalo de temperatura da superfície do mar; E4, radiação solar; E5, produtividade; *** *P*, 0,001; ** *P*, 0,01; * *P*, 0,05. Barras escuras indicam variáveis selecionadas para análises adicionais. Extraído de Bellwood *et al.* [54].

Seria óbvio salientar que grande parte de nossas análises dos padrões e distribuições de faunas recifais inevitavelmente se baseia em uma compreensão adequada de sua genética e taxonomia. No entanto, a pesquisa realizada pelos biólogos marinhos americanos Christopher Meyer, Jonathan Geller e Gustav Paulay [56] demonstra dúvida do nosso 'conhecimento' destas questões cruciais. Eles estudaram a genética e a distribuição do molusco gastrópode, *Astralium rhodosteum*, em mais de 40 ilhas ou locais, em 11.000 km de distância, da Tailândia até a Polinésia oriental, e descobriram que essa espécie aparente é, na realidade, um complexo de espécies que, apesar do fato de sua larva não ser comestível e de vida curta, e assim, aparentemente, ter apenas capacidade limitada de dispersão, desenvolveu clados endêmicos em cada arquipélago do Pacífico estudado. Compreende dois clados principais e, pelo menos, 30 subtipos menores isolados geograficamente. Um desses clados menores se estende para mais de 750 km, mas alguns outros são separados por menos de 100 km. Embora sua capacidade de distribuição permita que o molusco colonize toda a ilha, ao mesmo tempo a distribuição de cada clado é suficientemente limitada para que cada um tenha sido capaz de desenvolver para uma unidade evolutiva separada, de forma surpreendentemente alopátrica. Além disso, a colonização de uma ilha por um clado parece criar barreiras à sua subsequente colonização por outro. Esses clados também são quase indistinguíveis uns dos outros morfologicamente; eles têm conchas praticamente idênticas – por isso a verdadeira biogeografia desta 'espécie' não poderia ter sido avaliada sem estudos genéticos.

Meyer, Geller e Paulay comentaram que os dados desse estudo não suportam a ideia de que qualquer das teorias atuais sobre as origens da diversidade do IAA fornece a chave única para sua biogeografia. Em vez disso, essa diversidade é o produto de múltiplos processos no espaço e no tempo, incluindo esses fatores ecológicos como as diferenças entre ambientes oceânicos e continentais. Evidentemente, ele também tem que se reconhecer que história geológica é uma razão fundamental para a grande diversidade de vida recifal nesta região. Atividade vulcânica e mudanças no nível do mar levaram à fragmentação de ilhas maiores, cada nível do mar subiu com o tempo, proporcionando muitas oportunidades para o surgimento de novas espécies endêmicas por vicariância. A distribuição de espécies endêmicas tem sido largamente utilizada na avaliação dos diferentes modelos das causas do *hotspot* IAA, subentendendo-se que as zonas com uma elevada proporção de espécies endêmicas são áreas onde novas espécies estão surgindo. Mas, como Bellwood, Renema e Rosen [57] apontam, a maioria das endemias é encontrada perifericamente ao IAA, em vez de central, e não é particularmente nova. Dados recentes sugerem que as idades de espécies endêmicas são bastante variáveis. Além disso, muitas espécies são consideradas como endêmicas a uma área limitada apenas, porque, após serem descritas, pouco tem sido feito para estabelecer quão amplamente elas são distribuídas.

No entanto, agora parece possível encontrar respostas, não para qualquer uma das supostas variações 'inerentes' às taxas de especiação, mas para um fenômeno muito mais comum na biogeografia histórica – inovação evolutiva [58]. Alguns estudos paleontológicos indicam que a natureza dos

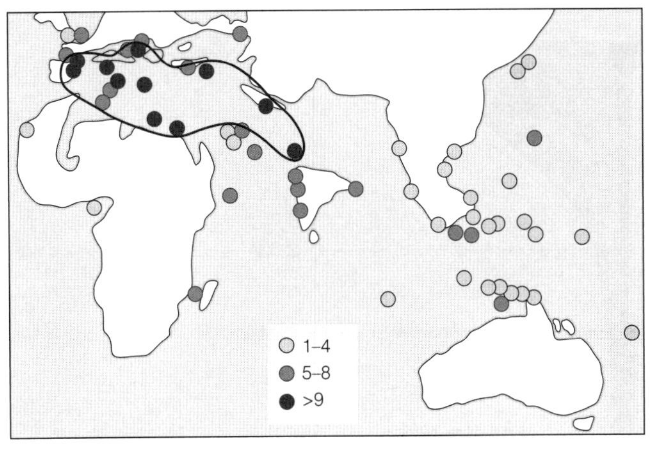

Eoceno Médio Superior

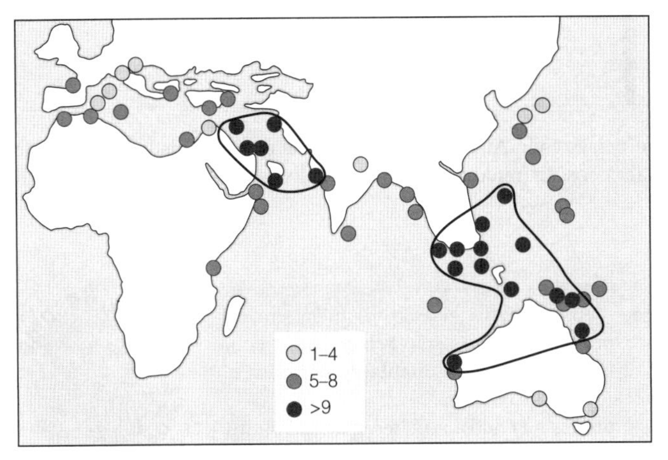

Mioceno Inferior

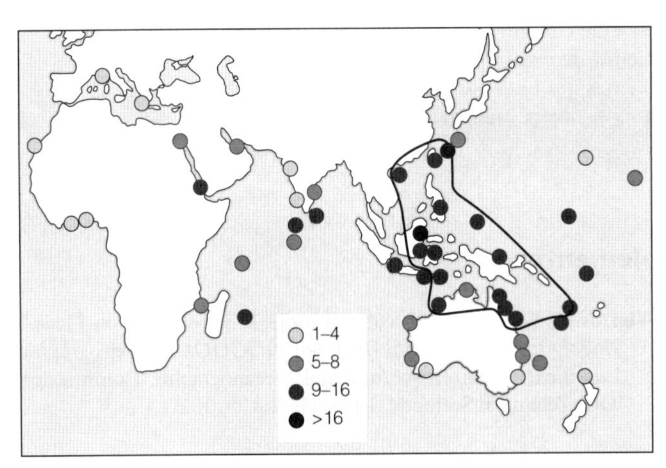

Atual

Figura 9.15 As localizações dos *hotspot* de recife em três diferentes períodos de tempo. De Bellwood *et al.* [57]. (Reproduzido com permissão de Cambridge University Press.)

recifes de corais e de sua fauna mudou profundamente logo após o limite Cretáceo-Terciário (K/T), há 65 milhões de anos. Este foi o tempo do aparecimento dos corais escleractinianos, que por sua vez fornecia oportunidade para o surgimento e radiação de muitos dos grupos que dominam os recifes de hoje, incluindo, mais importante ainda, os peixes herbívoros. Os peixes herbívoros mantêm um regime de intensa pastagem nas algas, o que cria áreas abertas para corais de crescimento rápido, enquanto a estrutura do recife fornece abrigo para o peixe. Isto ocorreu 42-39 milhões de anos atrás, no *hotspot* Tethys-Árabe (Figura 9.15), onde a aproximação da África para a Europa levou a um aumento em habitats de águas rasas [59]. No início do Mioceno, cerca de 23-16 milhões de anos atrás, a diversidade do Tethys ocidental tinha diminuído, como a maior aproximação da África para a Europa já tinha eliminado a maioria dos mares rasos. A fauna de corais do Atlântico sofreu gravemente pela extinção após o encerramento da rota marítima do Mediterrâneo, perdendo cerca de 85 % do geral de corais, mas a dispersão de longa distância levou a alguma troca de *taxa* com a região do Caribe. Nessa mesma época, o centro do *hotspot* de Tethys mudou-se para a Arábia, ainda no estágio anterior de aproximação entre África e Ásia. O movimento para o norte da Austrália tinha nesse momento levado à sua colisão com os arcos insulares do Pacífico e a margem sudeste da Ásia, proporcionando hábitats de águas rasas para um novo *hotspot* no IAA. Este, com sua enorme área no ambiente tropical que incentivou a diversidade, tornou-se o único grande *hotspot* tropical, e parece estar onde modernos recifes de corais apareceram pela primeira vez. Tipos de peixes com alimentação mais especializada (que se alimentam de foraminíferos e de detritos, limpadores etc.) surgiram, e o aumento da complexidade do ecossistema recifal foi incentivado pela elevação das taxas de diversificação aliadas a uma desvantagem reduzida da extinção. (Esta grande radiação de um grupo em um local limitado e sobretudo favorável é uma reminiscência da radiação dos herbívoros bovídeos no leste da África; veja o Capítulo 11.)

David Bellwood, juntamente com Peter Cowman, da Universidade de Yale, tem recentemente levado a uma adicional análise da filogenia de peixes de recife [60], comparando seus padrões de origem durante o Cenozoico (veja a Figura 9.16). Eles mostraram que, do Eoceno em diante, as regiões do Atlântico e do leste do Pacífico tornaram-se cada vez mais isoladas do restante. O IAA mudou seu papel de ser essencialmente um centro de acumulação no Paleoceno-Eoceno, para ser um centro de sobrevivência do Oligoceno em diante. No Mioceno, tornou-se essencialmente um centro de origem, mas também uma fonte crescente de exportação de algumas das linhagens resultantes nas regiões adjacentes, especialmente no Plioceno. Essa exportação aumentou a diversidade no Oceano Índico e no Pacífico Ocidental, mas a Barreira do Pacífico Oriental impediu essa dispersão também para o leste do Pacífico. De acordo com esta análise, o *hotspot* de diversidade IAA é em grande parte o resultado da origem de novas linhagens nesse local favorável nos últimos 33 milhões de anos.

Ao todo, a história das investigações e das teorias desse problema fornece uma fascinante história do progresso da biogeografia marinha ao longo dos últimos 20 anos, e sublinha a importância de não negligenciar a componente histórica ao tentar compreender os problemas contemporâneos.

Nos próximos três capítulos do livro preocupa-se com a análise e a história da biogeografia dos continentes. Isso começa com os padrões encontrados cerca de 200 milhões de anos atrás, e continua através de sucessivos milhões de anos de mudança nos padrões continentais, faunas, floras e climas.

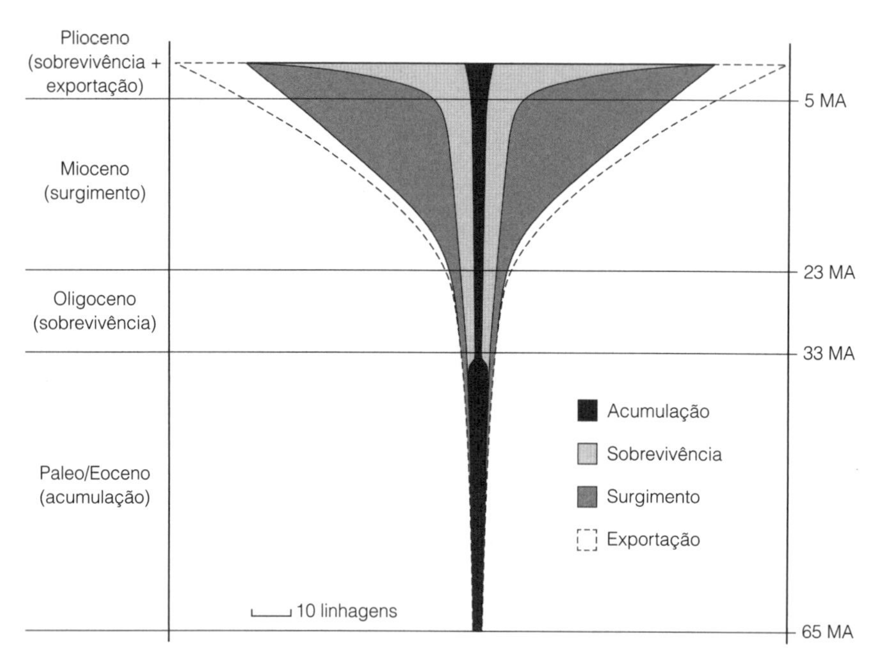

Figura 9.16 Diagrama ilustrando a mudança do papel do *hotspot* Arquipélago Indo-Australiano nas origens da diversidade de peixes de recife do Indo-Pacífico como inferida a partir da diversidade de peixes labrídeos. Extraído de Cowman e Bellwood [60]. (Reproduzido com permissão de John Wiley & Sons.)

Resumo

1 A composição, estrutura e ecologia dos organismos marinhos ainda são pouco compreendidas, e seu ambiente é muito diferente do ambiente de organismos terrestres. No entanto, torna-se claro que a biogeografia marinha é basicamente semelhante à da Terra, embora as fronteiras entre as unidades sejam mais graduais e não são fixas em suas posições. Por outro lado, os organismos marinhos não parecem mostrar o mesmo grau de correlação entre a morfologia e a definição de espécies, o que torna o estudo de sua biogeografia muito mais difícil do que ode espécies terrestres.

2 A principal subdivisão é entre o reino do mar aberto e o reino das águas rasas.

3 O ambiente de mar aberto é dividido em zonas verticais, com base na luz, temperatura e disponibilidade de nutrientes. As águas superficiais são divididas em biomas e províncias, que estão relacionados com os padrões de rotação da circulação oceânica e padrões de produtividade.

4 As unidades no reino dos mares rasos são muito menores do que as do reino dos mares abertos, porque são dependentes das características da terra adjacente dos rios, dos sedimentos, do assoalho oceânico, das marés e das correntes oceânicas.

5 Recifes de corais proporcionaram os mais diversificados ambientes nos mares, e são os exemplos mais claros dos gradientes de diversidade marinha.

Leitura Complementar

Gage JD, Taylor PA. *Deep Sea Biology.* Cambridge: Cambridge University Press, 1991.

Nybakken JW. *Marine Biology. An Ecological Approach,* 4th ed. Menlo Park, CA: Addison Wesley Longman, 1997.

Ormond RFG, Gage JD, Angel MV (ed.). *Marine Biodiversity. Patterns and Processes.* Cambridge: Cambriedge University Press, 1997.

Vierros M, Cresswell I, Escobar Briones E, Rice J, Ardron J (eds.). *Global Open Oceans and Deep Seabed (GOODS) Biogeographic Classification.* Intergovernmental Oceanographic Commission (IOC) Technical Series 84. Paris: UNESCO, 2009.

Referências

1. Vrijenhoek RC. Cryptic species, plenotypic plasticitty, and complex life histories: assessing deep-sea faunal diversity with molecular markers. *Deep-Sea Research II* 1970; 11: 1713-1723.

2. Grassle JF, Maciolek NJ. Deep-sea species richness: regional and local diversity estimates from quantitative bottom samples. *American Naturalist* 1992: 313-341.

3. Grant WS, Leslie RW. Inter-ocean dispersal is an important mechanism in the zoogeography of hakes (Pisces: *Merluccius* spp.). *Journal of Biogeography* 2001, 28: 699-721.

4. Vierros M, Cresswell I, Escobar Briones E, Rice J, Ardron J (eds.). *Global Open Oceans and Deep-Seabed (GOODS) Biogeography Classification.* Intergovernmental Oceanographic Commission (IOC) Thechnical Series 84. Paris: UNESCO, 2009.

5. Angel MV. Spatial distribution of marine organisms: patterns and processes. In: Edwards PJR, May NR, Webb NR (eds.), *Large Scale Ecology and Conservation Biology.* British Ecological Society Symposium no. 35, Osford: Blackwwell Science, 1994: 59-109.

6. Angel MV. Pelagic biodiversity. In: Ormond RFG, Gage JD, Angel MV (eds.), *Marine Biodiversity Patterns and Processes.* Cambridge, Cambridge University Press, 1997: 35-68.
7. Stuiver M, Quay PD, Ostlund HG. Abyssal water carbon-14 distribution and ages of the world's oceans. *Science* 1983; 139: 572-576.
8. Tyrrel T. The relative influences of nitrogen and phosphorus on oceanic primary production. *Nature* 1999; 400: 525-531.
9. Rutherford S, D'Hondt S, Prell W. Environmental controls on the geographic distribution of zooplankton diversity. *Nature* 199; 400: 749-753.
10. Longhurst A. *Ecological Geography of the Sea.* 2nd ed. London: Academic Press, 2006.
11. Martin JH, Fitzwater SE, Gordon RM. Iron deficiency limits phytoplankton growth in Antarctic waters. *Global Biogeochemical Cycles* 1990; 4: 5-12.
12. Pierrot-Bults AC. Biological diversity in oceanic macrozooplankton: more than merely counting species. In: Ormond RFG, Gage JD, Angel MV (eds.), *Marine Biodiversity Patterns and Processes.* Cambridge: Cambridge University Press, 1997: 69-93.
13. Gibbs RH. The stomioid fish genus *Eustomias* and the oceanic species concept. In: UNESCO, *Pelagic Biogeography.* UNESCO Technical Papers in Marine Science no. 49. Paris: UNESCO, 1985: 98-103.
14. Lessios HA, Kessing BD, Pearse JS. Population structure and speciation in tropical seas: global phylogeny of the sea urchin *Diadema. Evolution* 2001; 55: 955-975.
15. Moser M, Hsieh J. Biological tags for stock separation in Pacific Herring *Clupea harengus pallasi* in California. *Journal of Parasitology* 1992; 78: 54-60.
16. White BN. Vicariance biogeography of the open-ocean Pacific. *Progress in Oceanography* 1994; 34 257-282.
17. McGowan JA. The biogeography of pelagic ecosystems. In: UNESCO, *Pelagic Biogeography.* UNESCO Technical Papers in Marine Science no. 49. Paris: UNESCO, 1985: 191-200.
18. Bellwood DR, Wainwright PC. History and biogeography of fishes on coral reefs. In: Sale PF (ed.), *Coral Reef Fishes Dynamics and Diversity in a Complex ecosystem.* San Diego: Academic Press, 2002: 3-15.
19. Ekman S. *Zoogeography of the Sea.* London: Sidgwick & Jackson, 1958.
20. Rex MA, Etter RJ, Stuart CT. Large-scale patterns of species diversity in the deep-sea benthos. In: Ormond RFG, Gage JD, Angel MV (eds.), *Marine Biodiversity Patterns and Processes.* Cambridge: Cambridge University Press, 1997: 94-121.
21. Etter RJ, Grassle JF. Patterns of species diversity in the deep sea as a function of sediment particle size diversity. *Nature* 1992; 360: 576-578.
22. Grassle JF. Deep sea benthic diversity. *Bioscience* 1991; 41: 464-469.
23. O⊠Hara TD, Rowden AA, Bax NJ. A Southern Hemisphere bathyal fauna is distributed in latitudinal bands. *Currrent Biology* 2011; 21: 226-230.
24. Martin W, Baross J, Kelley D, Russell MJ. Hydrothermal vents and the origin of life. *Nature Reviews Microbiology* 2008; 6: 805-814.
25. Moalic Y, Desbruyères D, Duarte CM, Rozenfeld AF, Bachraty C, Arnaud-Haond S. Biogeography revisited with network theory: retracing the history of hydrothermal vent communities. *Systematic Biology* 2012; 61: 127-137.
26. Rogers AD, Tyler PA, Connelly DP, *et al.* The discovery of new deep-sea hydrothermal vent communities in the Southerm Ocean and implications for biogeography. *PLoS Biiology* 2012; 10 (1): 1-17, e1001234.
27. Tunnicliffe V, Fowler MR. Influence of sea-floor spreading on the global hydrothermal vent fauna. *Nature* 1996; 379: 531-533.
28. Kinlan BP, Gaines SD, Lester SE. Propagule dispersal and the scales of marine community processes. *Diversity and Distributions* 2005; 11: 139-148.
29. Briggs JC. *Marine Zoogeography.* New York: McGraw-Hill, 1974.
30. Spalding MD, Fox HE, Allen GR, *et al.* Marine ecoregions of the world: a bioregionalization of coastal and shelf areas. *Bioscience* 2007; 57: 573-583.
31. Springer VG. Pacific plate biogeography, with special reference to shore fishes. *Smithsonian Contributions to Zoology* 1982; 367: 1-182.
32. Pierrat B, Saucède T, Brayard A, David B. Comparative biogeography of echinoids, bivalves and gastropods from the Southern Ocean. *Journal of Biogeography* 2013; 40: 1374-1385.
33. Lessios HA, Kessing BD, Robertson DR. Massive gene flow across the world⊠s most potent marine barrier. *Proceedings of the Royal Society London B* 1998; 265: 583-588.
34. Grigg R, Hey R. Paleoceanography of the tropical Eastern Pacific Ocean. *Science* 1992; 255: 172-178.
35. Fallaw WC. Trans-North Atlantic similarity among Mesozoic and Cenozoic invertebrates correlated with widening of the ocean basin. *Geology* 1979; 7: 398-400.
36. Vermeij GJ. Anatomy of an invasion: the trans-Arctic exchange. *Paleobiology* 1991; 17: 281-307.
37. Edwards AJ, Zoogeography of Red Sea fishes. In: Williams AS, Head SM (eds.), *Key Environments: Red Sea.* Oxford; Pergamon Press, 1987: 279-286.
38. Golani D. The sandy shore of the Red Sea launching pad for the Lessepsian (Suez Canal) migrant fish colonizers of the eastern Mediterranean. *Journal of Biogeography* 1993; 20: 579- 585.
39. Crame JA. An evolutionary framework for the polar regions. *Journal of Biogeography* 1997; 4: 1-9.
40. White BN. The isthmian link, antitropicality and American biogeography: distributional history of the Atherinopsidae (Pisces; Atherinidae). *Systematic Zoology* 1986; 35: 176-194.
41. Howes GJ. Biogeography of gadoid fishes. *Journal of Biogeography* 1991; 18: 595-622.
42. Briggs JC. Antitropical distribution and evolution in the Indo-West Pacific Ocean. *Systematic Zoology* 1987; 36: 237-247.
43. Boltvskoy D. The sedimentary record of pelagic biogeography. *Progress in Oceanography* 1994; 34: 135-160.
44. Møller PR, Nielsen JG, Fossen I. Patagonian tooth fish found off Greenland. *Nature, London* 2003; 421: 599.
45. Crame JA; Bipolar molluscs and their evolutionary implications. *Journal of Biogeography* 1993; 20: 145-161.
46. Veroan JEN. *Corals in Space and Time.* Sydney: University of New South Wales Press, 1995.
47. Birkeland C (ed.). *Life and Death of Coral Reefs.* New York: Chapman & Hall, 1997.
48. Paulay G. Circulating theories of coral biogeography. *Journal of Biogeography* 1996; 23: 279-282.
49. Kohn AJ. Why are coral reef communities so diverse? In: Ormond RFG, Gage JD, Angel MV (eds.), *Marine Biodiversity Patterns and Processes. Cambridge: Cambridge University Press,* 1997: 201-215.
50. Barber PH, Palumbi SR, Erdmann MV, Moosa MK. A marine Wallace⊠s line? *Nature, London* 2000; 406: 692-693.
51. Paulay G. Diversity and distribution of reef organisms. In: Birkeland C (ed.), *Life and Death of Coral Reefs.* New York: Chapman & Hall, 1997: 298-353.
52. Bellwood DR, Renema W, Rosen BR. Biodiversity hotspots, evolution and coral reef biogeography: a review. In: Gower DJ, Johnson K, Richardson J, Rosen B, Ruber L, Williams S (eds.), *Biotic Evolution and Environmental Change in Southeast Asia. Spec. Vol. Systematics Assoc.* Cambridge: Cambridge University Press, 2012: 216-245.
53. Jokiel P, Martinelli FJ. The vortex model of coral reef biogeography. *Journal of Biogeography* 1992; 19: 449-458.

54. Bellwood DR, Hughes TP, Connolly SR, Tanner J. Environmental and geometric constraints on Indo-Pacific coral reef diversity. *Ecology Letters* 2005; 8: 643-651.
55. Mellin C, Bradshaw CJA, Meekan MG, Caley MJ. Environmental and spatial predictors of species richness and abundance in coral reef fishes. *Global Ecology and Biogeography* 2010; 19: 212-222.
56. Meyer CP, Geller JB, Paulay G. Fine scale endmism on coral reefs: archipelagic differentiation in turbinid gastropods. *Evolution* 2005; 59: 113-125.
57. Bellwood DR, Renema W, Rosen B. Biodiversity hotsports, evolution and coral reef biogeography: a review. In: Gower DJ, Johnson K, Richardson J, Rosen B, Ruber L, Williams S (eds.), *Biotic Evolution and Environmental Change in Southeast Asia. Spec. Vol. Syst. Assoc.* Cambridge: Cambridge University Press, 2012: 216-246.
58. Cowman PF, Bellwood DR. Coral reefs as drivers of cladogenesis: expanding coral reefs, cryptic extinction events, and the development of biodiversity hotspots. *Journal of Evolutionary Biology* 2010; 24: 2543-2562.
59. Renema W, Bellwood DR, Braga JC, *et al.* Hopping hotspots: global shifts in marine biodiversity. *Science* 2008; 321: 654-657.
60. Cowman PF, Bellwood DR. The historical biogeography of coral reef fishes: global patterns of origination and dispersal. *Journal of Biogeography* 2012; 40: 209-224.
61. Levitus S, Conkright ME, Reid JL, Najjar RG, Mantyla A. Distribution of nitrate, phosphate and silicate in the world oceans. *Progress in Oceanography* 1993; 31: 245-274.
62. Berger WH. Global maps of ocean productivity. In: Berger WH, Smetacek VS, Wefer G (eds.), *Productivity of the Ocean: Past and Present.* London: Wiley, 1989; 429-455.
63. Scheltema RS. Planktonic and non-planktonic development among prosobranch gastropods and its relationships to the geographic ranges of species. In: Rylands JS, Tyler PA (eds.), *Reproduction, Genetics and Distribution of Marine Organisms.* 23rd European Marine Biology Symposium, Fredensborg, 1989. Fredensborg Denmark: Olsen & Olsen, 1989.
64. Thorson G. Reproductive and larval ecology of marine bottom invertebrates. *Biological Review* 1950; 25: 1-45.
65. Rosen BR. Reef coral biogeography and climate through the late Cainozoic: just islands in the sun or a critical pattern of islands? *Special Issue, Geological Journal* 1984; 11: 201-262.
66. Bellwood DR, Meyer CP. Searching for heat in a marine hotspot. *Journal of Biogeography* 2009; 36: 569-576.
67. McAllister DE, Schueler FW, Roberts CM, Hawkins JP. Mapping and GIS analysis of the global distribution of coral reef fishes on an equal-area grid. In: Miller R (ed.), *Advances in Mapping the Diversity of Nature.* London: Chapman & Hall, 1994: 155-175.

Padrões no Passado

O passado é um país estrangeiro; lá eles fazem coisas de modo diferente.

(*The Go-between*, de L.P. Hartley)

Este capítulo explica como as diferentes geografias, climas, faunas e floras do nosso planeta mudaram gradualmente, nos últimos 400 milhões de anos, para aqueles que vemos hoje. No início, havia um padrão de continentes separados, que depois se uniram em um único continente terrestre, Pangeia, seguido por uma nova fragmentação e algumas colisões. A história inicial de mamíferos e plantas floríferas é descrita, *juntamente com os climas em mudança e as floras do Cretáceo-Médio até o início do resfriamento global no final do Mioceno.*

A abordagem ecológica que foi esclarecida nos Capítulos 2 a 4 pode explicar alguns dos aspectos das distribuições dos diferentes grupos de animais e plantas nos diversos continentes. Mas esses grupos também são distribuídos de forma bastante distinta entre os continentes, e os biogeógrafos também querem entender como isso aconteceu. Essa abordagem histórica da biogeografia continental é assunto dos Capítulos 11 e 12.

Embora pouquíssimos grupos possuam exatamente os mesmos padrões de distribuição geográfica, existem algumas zonas que marcam os limites de distribuição de muitos grupos. Essas zonas constituem regiões de barreiras nas quais as condições para a maioria dos organismos são tão inóspitas que poucos conseguem viver nelas. Para os animais terrestres, qualquer fragmento de mar ou oceano é uma barreira desse tipo — exceto para os animais voadores cuja distribuição é compreensivelmente mais ampla do que a de seus parentes terrestres. Extremos de temperatura, como nos desertos ou em altas montanhas, formam barreiras (embora menos eficazes) à disseminação de plantas e animais.

Esses três tipos de barreiras — oceanos, cadeias montanhosas e grandes desertos — proporcionam, portanto, as principais descontinuidades nos padrões de dispersão de organismos através do mundo. Oceanos circundam a Austrália completamente. Também isolaram praticamente as Américas do Sul e do Norte uma da outra e separaram ambas completamente dos demais continentes. Mares e os extensos desertos do norte da África e do Oriente Médio isolaram eficientemente a África da Eurásia. De modo similar, a Índia e o Sudeste Asiático estão isolados do restante da Ásia pelo alto e vasto Planalto Tibetano, em cuja borda meridional se localiza a cadeia do Himalaia, em conjunto com os desertos asiáticos no extremo setentrional. Cada uma dessas áreas terrestres, associada a quaisquer ilhas próximas para as quais sua fauna e sua flora foram capazes de se dispersar, são comparativamente isoladas. Não surpreende descobrir que os padrões de distribuição tanto das faunas (províncias faunísticas ou regiões zoogeográficas) quanto das floras (províncias ou regiões fitogeográficas) refletem amplamente esse padrão de barreiras geográficas.

Antes que a composição dessas províncias faunísticas e regiões fitogeográficas possa ser plenamente compreendida, é necessário entender como surgiram os atuais padrões geográficos, climáticos e de distribuição biológica. Nos capítulos anteriores, ficou claro que as diferenças entre as faunas e floras de áreas distintas podem ser atribuídas a alguns fatores. Em primeiro lugar, qualquer novo grupo de organismos irá surgir inicialmente em uma determinada área. O principal problema aparece somente após a ocupação total dessa área. O grupo só será capaz de seguir para a próxima área se conseguir transpor a barreira de oceano ou de montanha, ou se puder se adaptar às diferentes condições climáticas ali encontradas. (Mesmo se conseguir tal adaptação, poderá ser incapaz de se estabelecer se a área já tiver sido ocupada por algum grupo competidor mais bem adaptado àquelas condições.) Obviamente, mudanças no clima ou nos padrões geográficos podem acarretar mudanças nos padrões de distribuição biológica. Por exemplo, mudanças climáticas graduais, que afetam o mundo inteiro, podem ocasionar migrações da fauna e da flora, também graduais, em direção ao norte ou ao sul, uma vez que estas prosperam nas recentes áreas favoráveis ou fenecem nas áreas cujo clima não lhes é mais hospitaleiro. De modo similar, as possibilidades de migração entre áreas distintas podem mudar, se as ligações vitais entre elas se romperem devido ao surgimento de novas barreiras, ou de novas ligações.

Vida Terrestre Primordial nos Continentes Móveis

Nossa compreensão sobre os movimentos dos continentes e dos tempos dos diferentes episódios de fragmentação ou união continental encontra-se hoje muito detalhada. Um entendimento de 1993 sobre isso, abordando também a distribuição dos mares epicontinentais, é mostrado na Figura 10.1, e um conjunto atualizado de mapas apresentando os movimentos dos continentes e dos minicontinentes é mostrado na Prancha 7 do encarte em cores. A distribuição dos organismos fósseis correlaciona-se muito bem com os diferentes padrões de terra. O tempo mais remoto para o qual existem evidências suficientes para discernimento dos padrões biológicos é o Devoniano Inferior, 380 milhões de anos atrás (Prancha 7a e Figura 10.1), quando o tempo separou as floras e distinguiu as faunas de peixes do continente siberiano localizado mais ao norte, do continente euroamericano, localizado equatorialmente, do Cazaquistão, norte da África e Austrália [1]. Os primeiros anfíbios são encontrados em locais próximos às regiões equatoriais tanto na Euroamérica quanto na Austrália, onde o clima deve ter favorecido um rico desenvolvimento de plantas e de invertebrados, necessários à alimentação dos primeiros vertebrados terrestres. O registro fóssil sugere que todos os grupos primordiais de anfíbios e répteis evoluíram no continente chamado Euramérica, onde foram confinados em grande parte a uma zona equatorial quente e úmida, cercada por faixas subtropicais secas, até que o continente colidisse com o grande supercontinente formado por todos os continentes do sul de hoje, conhecidos como Gondwana, no Carbonífero Superior [2].

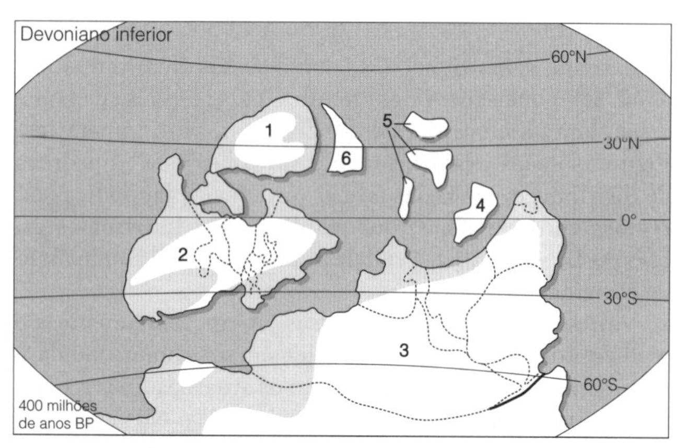

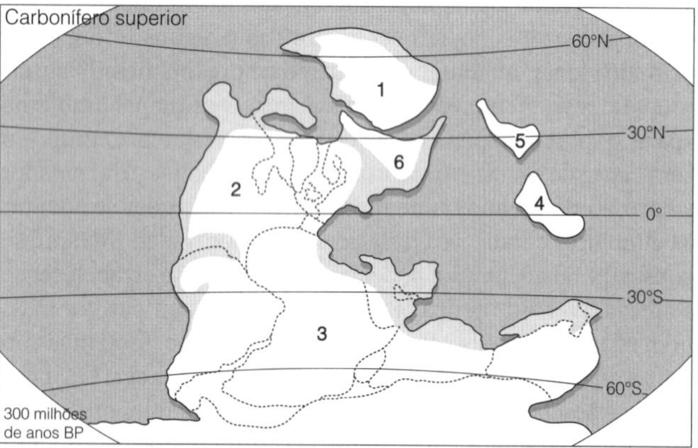

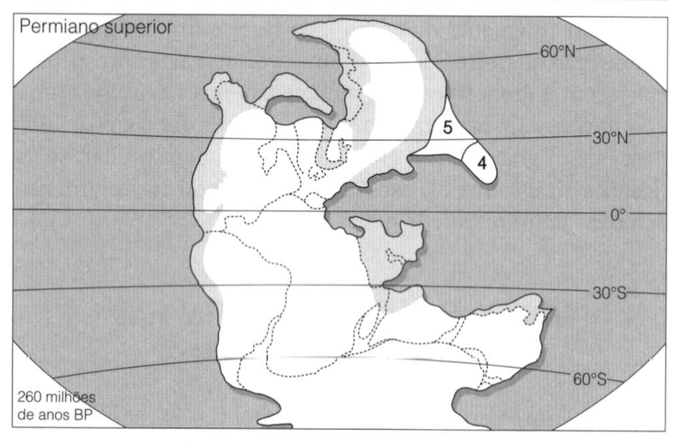

Figura 10.1 Geografia mundial em três diferentes momentos do passado: (projeção de Tripel-Winkel). O cinza-escuro indica os oceanos, e os tons claros indicam os mares epicontinentais depois de Smith *et al.* [38]. As linhas tracejadas representam as atuais linhas de costa continentais. Posição continental depois de Metcalfe [39]. (1) Sibéria; (2) Euramérica; (3) Gondwana; (4) China Meridional; (5) China Setentrional; (6) Cazaquistão.

A grande expansão das plantas terrestres iniciou-se no Devoniano, e esse fato, por si só, deve ter afetado o clima mundial. Hoje em dia, a presença de vegetação sobre uma superfície terrestre diminui seu **albedo** (ou refletância) em 10 a 15 %, enquanto as plantas reciclam muito da água da chuva (até 50 % na Bacia Amazônica). A teoria sugere que a atividade fotossintética das plantas deve ter reduzido o dióxido de carbono contido na atmosfera, e há também evidências botânicas e geológicas [3-5] desse fato. Isto deve ter levado a um efeito "frigorífico" (o contrário do efeito estufa, que é devido às altas temperaturas e que resulta em *aumento* do dióxido de carbono). O enorme crescimento da vegetação mundial deve ter sido a causa do evento significativo seguinte, que foi o início do resfriamento global.

Esse resfriamento começou em meados do Período Carbonífero, e levou ao aparecimento de placas de gelo ao redor do Polo Sul, similares à atual Antártida. Ao longo desse tempo, todas as terras de Gondwana giravam em sentido horário, movimentando-se em direção à Euramérica, com a qual finalmente colidiu no Carbonífero Superior (Prancha 7b e Figura 10.1). Na medida em que Gondwana se movia através do Polo Sul, a área glacial se movia sobre sua superfície. Embora toda a área do Polo Sul deva ter sido gélida, a proporção do que foi de fato coberto pelo gelo provavelmente variou de acordo com a posição do Polo. Quando este se encontrava próximo à borda do supercontinente, o oceano adjacente deve ter proporcionado umidade suficiente para criar as pesadas nevascas que formaram as placas de gelo de extensões continentais. Mas quando o polo se encontrava mais para o interior, longe do oceano, é possível que as regiões internas tenham sido desertos polares, em vez de glaciais.

A glaciação polar acarretou as variações em latitude das floras do Carbonífero, comprimindo-as em direção ao equador. Na região equatorial existia uma grande área pantanosa de floresta tropical úmida, muito parecida com a da atual Bacia Amazônica. Esta cruzava a Euramérica. Era alimentada pelas chuvas trazidas pelas correntes oceânicas equatoriais quentes do oeste e que banhavam o litoral oriental desse continente. Surpreendentemente, a distribuição dos diferentes tipos de rochas daquele período não sinaliza a presença de monções, com condições secas no interior do supercontinente (é possível que a existência de grandes lagos interiores possa ter mudado o clima), e os padrões climáticos parecem variar essencialmente em latitude [6]. Ao sul do cinturão equatorial úmido havia um deserto subtropical que se desenvolvia pelas regiões norte da América do Sul e da África. Além disso, havia uma zona temperada quente em toda a América do Sul central e África, ao sul da qual se encontravam as terras frias glaciais ou o deserto ao redor do Polo Sul. Outro cinturão desértico cobria as regiões norte da América do Norte e nordeste da Europa, mas a Sibéria (ainda uma ilha continental separada) localizava-se em uma zona temperada mais quente e mais ao norte.

A ausência de brotos dormentes e dos anéis de crescimento anual nos fósseis remanescentes da flora do pântano carbonífero equatorial indica que esta se desenvolveu sob um clima uniforme, sem estações. A flora era dominada por grandes árvores pertencentes a vários grupos muito distintos (Figura 10.2). A *Lepidodendron*, com 40 m de altura, e a *Sigillaria*, com 30 m, eram tipos de licopódios enormes (aparentados à pequenina *Lycopodium*, que ainda existe). Igualmente alta, a *Cordaites* era membro do grupo a partir do qual as coníferas evoluíram, e as *Calamites*, com até 15 m de altura, eram esfenócleas, aparentadas da atual cavalinha *Equisetum*. Samambaias arbóreas como a *Psaronius* cresciam até 10 m de altura, e outros tipos de samambaia, como a *Neuropteris*, encontravam-se entre as plantas mais comuns e pequenas que viviam ao redor da base dessas grandes árvores. No leste dos Estados Unidos e em partes da Grã-Bretanha e da Europa central, as terras cobertas por esta floresta pantanosa foram gradualmente encolhendo. Na medida em que diminuíam, suas bacias tornavam-se preenchidas pelos remanescentes acumulados dessas árvores ancestrais. Comprimidos pelos sedimentos depositados, secos e compactados, os remanescentes vegetais se transformaram em carvão. Mais além, ao sul da flora dos pântanos carboníferos equatoriais, nas terras em torno das crescentes placas de gelo do Polo Sul, avançou uma flora diferente, desprovida de muitas das árvores do norte assim como de muitas samambaias e suas sementes.

Logo após o Carbonífero ter dado lugar ao Permiano, os pântanos carboníferos do sul da Euramérica desapareceram e, por volta do Permiano Superior, essas áreas foram substituídas por desertos. Isto ocorreu, em parte, porque essas regiões moveram-se para o norte, afastando-se do equador, e em parte porque as cadeias de montanhas ao norte da África e a leste da América do Norte aumentaram e tornaram-se mais altas, bloqueando os ventos úmidos vindos do oceano para leste.

Podem-se distinguir quatro floras diferentes no Médio Permiano [7]. Ao norte, os continentes, ainda separados da Sibéria e do Cazaquistão, tinham uma flora temperada de "Angara", com coníferas do tipo *Cordaites*, além de plantas herbáceas, samambaias e sementes. Essa flora era mais rica na direção da costa oriental e se tornava menos diversificada em direção ao norte frio da Sibéria. A segunda flora consiste na rica e variada flora "Catasiana" da floresta tropical úmida

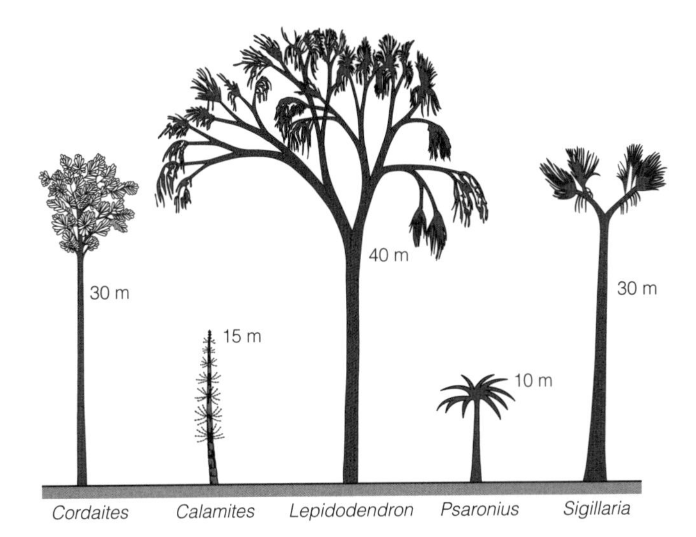

Figura 10.2 Árvores da floresta de carvão carbonífero.

e sempre chuvosa, que se encontra na massa terrestre ainda separada da China no Pacífico. Essa flora era composta de árvores de esfenopsídeo e *Lepidodendron*, lianas *Gigantopteris* e muitos tipos de samambaia; coníferas e *Cordaites* eram raras. Os antigos pântanos de carvão do sul de Euramérica haviam desaparecido, e o resto da Euramérica trazia uma flora tropical de verão "Euramericana", com ginkgoes, coníferas e *Cordaites*. Os desertos subtropicais situam-se no norte e sul desta, em todo o norte de Euramérica, no norte da América do Sul e no centro da África Central. No restante de Euramérica nascia uma flora tropical sazonal. Finalmente, a flora de Gondwana, caracterizada pela flora *Glossopteris de samambaias e sementes*, ocupou a totalidade da área desse supercontinente em um ambiente temperado frio.

No Permiano Superior(Prancha 7c e Figura 10.1), o cinturão equatorial se estreitou e os subtropicais se expandiram, enquanto as calotas polares desapareceram. O mundo tornou-se mais quente e seco, causando mudanças tanto nas plantas quanto nos animais, à medida que se adaptaram a essas novas condições ambientais, com novos grupos evoluindo e disseminando amplamente pelo mundo, enquanto muitos dos grupos originais se extinguiram. Como se poderia esperar, os vertebrados terrestres não alcançaram a Sibéria ou a China até que essas massas terrestres tivessem se juntado ao supercontinente mundial do Permiano Médio ao Superior. Faunas ricas de répteis fósseis do Permiano Superior foram encontradas nas regiões meridionais da América do Sul e da África que, de acordo com experimentos de modelagem climática, tiveram mudanças de temperatura entre 40 e 50 °C — semelhantes àquelas da atual Ásia Central, e muito adequadas aos répteis [8]. Entretanto, muitos rios foram drenados para grandes lagos, cujas águas sofreram um resfriamento, estabilizando os efeitos do clima.

Um Mundo — por um Momento

A coalescência dos diferentes fragmentos continentais para formar Pangeia também mudou o clima mundial que, de modo geral, tornou-se ligeiramente mais quente e seco durante o Triássico. O desaparecimento dos oceanos, que antes separavam os continentes, e a formação de um enorme supercontinente deixaram vastas extensões de terra afastadas dos oceanos e dos ventos úmidos deles oriundos. Além disso, as novas e elevadas cadeias montanhosas, que então assinalaram as regiões onde Euramérica, Sibéria e China colidiram, proporcionaram barreiras físicas e climáticas à dispersão de suas faunas e floras.

Nas floras, podemos identificar uma mudança evolucionária geral na qual antigos tipos de árvores, como os oriundos dos licopódios e das esfenócleas, e *Calamites* desapareceram. Foram substituídos pela radiação de tipos de árvores existentes, como catópsis e ginkgoes, ou por novos grupos, como cicádeas, bennettitaleans e coníferas. Essa mudança na flora estava completa no final do Período Triássico. Também ocorreram mudanças internas nas floras, mais claramente na flora de Gondwana, onde a *Glossopteris* foi substituída pela samambaia *Dicroidium*, no Triássico Inferior.

No Jurássico e no Cretáceo Inferior, as floras tornaram-se gradualmente mais semelhantes umas às outras, aproximando-se dos padrões modernos, nos quais a mudança gradativa de latitude é ditada pelo clima. Isto pode ser visto como mudança de padrão na dominância de diferentes grupos à medida que se movem das baixas para as altas latitudes [9]. Havia um amplo bioma tropical equatorial quente e úmido, abrangendo o sul da América do Norte e o norte da América do Sul e a África, ao norte e ao sul do qual se encontravam, por sua vez, uma faixa como mediterrâneo de inverno úmido e uma faixa temperada quente e temperada fria com diminuição da diversidade. A flora da faixa de temperada quente incluía cicádeas, bennettitaleans e coníferas de folhas largas, como podocarpos e *Araucaria*, que forneceriam alimentos adequados para os dinossauros herbívoros, incluindo os saurópodes de pescoço longo, que envolvem os maiores vertebrados terrestres que conhecemos, pesando até 17 toneladas métricas.

Essas floras mesozoicas estenderam-se para altas latitudes (cerca de 70º), tanto norte quanto sul, para áreas que, embora nitidamente quentes, devem ter tido períodos muito curtos de luz diurna sazonais. As medidas de isótopos de oxigênio da composição de conchas fósseis do plâncton marinho do Cretáceo mostram que as águas intermediárias a profundas desses oceanos eram 1,5 °C mais quentes do que as de hoje. Em terra, a presença e dispersão de plantas, dinossauros e mamíferos primitivos, através de rotas de alta latitude, como a região de Bering e a Antártida, sustentam essas observações.

Para traçar a história biogeográfica dos animais vertebrados terrestres (anfíbios e répteis) da Pangeia, deve-se retornar ao Permiano e ao Triássico. Em meados do Permiano, esses animais aparentavam ser competentes para se dispersarem através de regiões com diferentes climas, e a Pangeia logo se tornou povoada por uma fauna uniforme com pequenos sinais de regiões faunísticas distintas [10]. Grandes mudanças tiveram lugar nessa fauna mundialmente distribuída durante o Triássico [11]. A parte principal da fauna do Permiano foi composta por répteis semelhantes a mamíferos (assim nomeados porque incluem um ancestral dos mamíferos) e outros tipos de répteis mais antigos. Estes desapareceram ao longo do Triássico Inferior e Médio e foram substituídos, de início, pela radiação dos répteis ancestrais conhecidos como arcossauros. Por sua vez, os arcossauros foram logo substituídos (no Triássico Superior) por seus próprios descendentes, os dinossauros, que dominaram o mundo durante o Jurássico e o Cretáceo.

Conforme vimos (Capítulo 5), a Pangeia tornou-se progressivamente mais fragmentada durante esse período, em parte devido à ruptura das massas terrestres e em parte porque essas massas foram divididas pelo aumento do nível do mar. A região que agora conhecemos como Europa era, muitas vezes, apenas um arquipélago de ilhas separadas.

Para começar, o fato de que toda a terra no Hemisfério Norte foi interligada permitiu que os dinossauros do Triássico e do Jurássico Inferior alcançassem toda a região norte; eles também foram capazes de se espalhar para Gondwana [2]. Como resultado, a maioria dos grupos de dinossauros que evoluíram no período Jurássico e no período Cretáceo Inferior (ornitomimossauros, paquicefalossauros, dromeossauros, hadrossauros e grandes carnívoros tiranossaurídeos) foram capazes de se dispersar por todo o Hemisfério Norte não dividido (Prancha 7d e Figura 10.3). Lá, eles substituíram grupos mais antigos, como ceratossauros, alossauros e titanossauros. Mas, como Gondwana estava separada naquele momento, eles não conseguiram chegar à região sul, e os

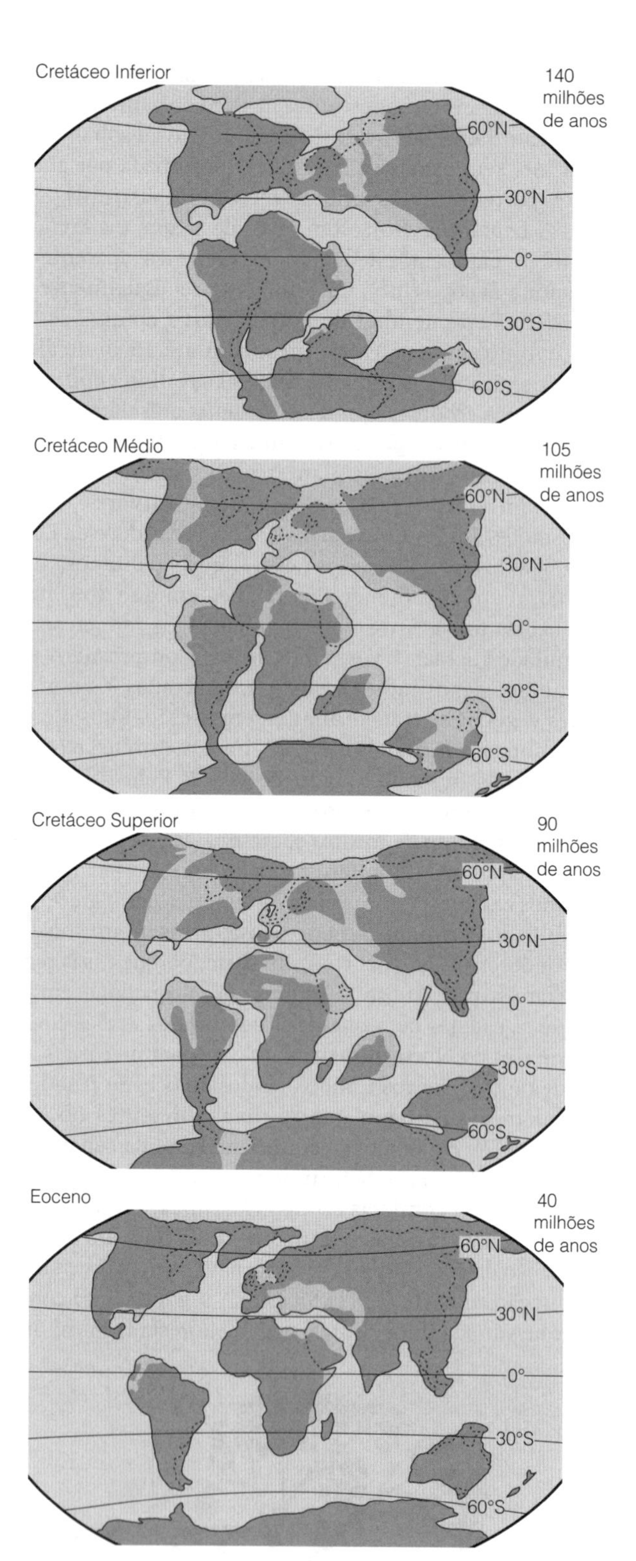

Figura 10.3 Geografia mundial em quatro etapas diferentes no passado: projeção de Tripel-Winkel, contornos de mares epicontinentais (sombreamento leve) após Smith *et al.* [38]. As linhas tracejadas indicam litorais contemporâneos. Posições continentais após Cambridge Palaeomap Services [40].

grupos mais velhos puderam sobreviver. A amplitude com a qual os grupos que evoluíram mais tarde foram capazes de se espalhar provavelmente diferiu de acordo com o tempo em que cada um deles surgiu [12, 13]. Aqueles que evoluíram primeiro, antes das subdivisões da terra, devem ter conseguido se espalhar mais amplamente do que aqueles que apareceram mais tarde. Assim, por exemplo, a subfamília dos dinossauros primitivos de pato, *hadrosaurinae*, evoluiu no período Cretáceo Inferior e se espalhou por todo o Hemisfério Norte.Três novas subfamílias (as *saurolophinae*, *cteniosaurinae* e *lambeosaurinae*) evoluíram no Cretáceo Superior. No entanto, isso ocorreu depois que a via marítima médio-continental subdividiu essa massa terrestre em Euramérica e Asiamérica (Figura 10.3); portanto, essas subfamílias não conseguiram se espalhar de sua terra natal em Asiamérica[2].

Nosso conhecimento sobre os dinossauros do Hemisfério Sul é mais limitado do que sobre os do Hemisfério Norte (embora muito esteja sendo descoberto tanto lá como na China). Sabemos que os saurópodes e os dinossauros mais avançados de pato estavam presentes no Cretáceo Superior da América do Sul. É possível que seus ancestrais tenham alcançado a América do Sul no início do Cretáceo, vindos da Eurásia através da África, antes que a esta se separasse da América do Sul, assim como foi sugerido para mamíferos placentários primitivos. Embora pareça provável que uma cadeia de ilhas vulcânicas encontrava-se entre as Américas do Norte e do Sul durante o Cretáceo (conforme a Figura 11.13), é improvável que os animais do tamanho dos dinossauros possam ter se dispersado por esta via.

Seria esperado que agora pudéssemos identificar diferentes faunas de dinossauros nas diferentes e diversas massas de terra no Hemisfério Sul, assim como podemos fazê-lo para mamíferos no Cenozoico. No entanto, existem várias dificuldades, pois para distinguir as faunas separadas, precisamos identificar uma variedade de grupos em cada área, de modo a podermos distinguir diferentes faunas pela presença ou ausência de *taxa*. Infelizmente, tanto a natureza irregular do registro fóssil, quanto a rapidez (em termos geológicos) com que o padrão de geografia mudou, tornam isso impossível. Outra dificuldade é que ainda não temos certeza quanto às inter-relações de muitos *taxa*, de modo que não podemos rastrear os padrões de diversificação dos grupos.

No entanto, a subdivisão de Pangeia teve algumas consequências biogeográficas fundamentais, pois a evolução poderia agora ocorrer independentemente em cada novo continente para produzir novos grupos únicos, levando a uma diversidade global maior. Isso pode ser contrastado com a redução da diversidade global que ocorreu quando os continentes previamente separados se tornaram conectados, como quando as Américas do Norte e do Sul se tornaram conectadas, levando à extinção de muitos grupos de mamíferos sul-americanos (veja o tópico "Grande Intercâmbio Americano", no Capítulo 11).Também é interessante que a fauna de dinossauros no Cretáceo Superior de uma das ilhas, que atualmente chamamos de Europa, mostra o fenômeno do nanismo insular que vimos em outros grupos vivos (veja o Capítulo 7) [14].

Além disso, a biogeografia dos dinossauros tem outras coisas para nos ensinar. Pesquisas recentes realizadas pelos biogeógrafos americanos Chris Noto e Ari Grossman [15] revelaram alguns aspectos importantes da ecologia dos dinossauros. Em biomas mais áridos, existem mais grupos de grande porte, como grandes saurópodes herbívoros, capazes de lidar com a menor densidade de recursos e a qualidade da vegetação, juntamente com os grandes terópodes que os predaram. Por outro lado, existem poucos herbívoros forrageiros e pequenos carnívoros, pois há pouca cobertura no solo em que os herbívoros podem se esconder. Em biomas semiáridos ou sazonalmente úmidos, onde há mais vegetação terrestre, os pequenos grupos são mais comuns.

Finalmente, a biogeografia dos dinossauros também sugere que alguns aspectos do mundo atual, considerados invariantes, podem ser menos constantes do que pensamos. Hoje existe um gradiente latitudinal em que a biodiversidade é controlada pelo clima, atingindo o pico nos trópicos e declinando em direção aos polos. O trabalho de um grupo de paleontologistas britânicos e americanos [16] sugere que a diversidade de dinossauro está em correlação com a distribuição da área terrestre e, portanto, é maior em paleolatitudes temperadas, onde havia mais terra do que perto dos polos. Isso talvez tenha sido o resultado de um gradiente climático mesozoico mais fraco do que atualmente, e deve ter enfraquecido o controle da biodiversidade, uma situação que pode ter continuado até depois da mudança do clima mundial no Eoceno-Oligoceno (veja mais adiante neste capítulo).

O clima e a biogeografia do mundo inteiro foram transformados pelo grande meteoro que atingiu a costa norte de Iucatã, no norte do México, há 64,5 milhões de anos. O meteoro, provavelmente deslocando-se a mais de 50.000 km/h, tinha pelo menos 15 km de diâmetro e criou uma cratera com 200 a 300 km de diâmetro e 30 km de profundidade. Com o impacto surgiu uma bola de fogo com muitas centenas de quilômetros de diâmetro, e ventos fortes causticantes teriam varrido o mundo. Isso, juntamente com a ejeção quente da cratera, teria iniciado incêndios florestais em muitas áreas, e a espessura da camada de fuligem resultante, ainda visível no registro geológico, sugere que 90% das florestas do mundo podem ter sido queimadas. O impacto também lançou 1000-4000 km^3 de pedra calcária aquecida para a atmosfera. A combinação desse impacto com aerossóis e fumaça dos incêndios florestais causaria um escurecimento inicial dos céus do mundo, cortando 80% do calor do Sol e levando a uma queda de temperatura em 10°C durante seis meses. Isso teria sido seguido por um aumento de temperatura de "efeito estufa" de 3 a 10°C, causado pelo óxido de carbono e dióxido de enxofre liberado pela rocha de carbonato aquecida, que teria durado várias dezenas de anos.Tudo isso pode ter concorrido para efeitos profundos e complicados no clima mundial [17].

O resultado biológico mais óbvio dessas mudanças foi a extinção total dos dinossauros, e mesmo a biota marinha foi profundamente afetada, pois estudos de mudanças nos microfósseis marinhos sugerem que a temperatura do mar caiu 7°C. Isso levou a grandes deslocamentos nas cadeias alimentares dos oceanos, com a extinção de muitos grupos de plâncton marinho e, portanto, também de grupos acima da cadeia alimentar, por exemplo, os grandes répteis marinhos (plesiossauros e ictiossauros) e os amonoides. O evento também aniquilou as florestas norte-americanas, com a extinção de até 75% de sua flora, mas as mudanças nas floras do mundo foram muito menos extensas e, em grande parte, temporárias. Conforme descrito no Capítulo 6, muitas plantas são poliploides, e isso proporciona a elas um conjunto extra de genes que estão disponíveis para modificação e adaptação quando ocorre uma mudança no ambiente. O biólogo belga Kevin Vanneste e seus colegas se perguntaram se essa habilidade poderia ter sido importante no mundo, no fim do Cretáceo extremamente alterado. Eles estudaram os genomas das plantas pertencentes a 41 grupos principais de angiospermas. Destes 41 grupos, 24 eram poliploides, e a análise do relógio molecular mostrou que a metade deles surgiu no momento do impacto do meteoro ou logo após, sugerindo que sua poliploidia pode ter dado a eles uma flexibilidade útil adicional na adaptação às novas condições.

Todas essas mudanças ocorridas na biota do mundo foram reconhecidas há muito tempo e levaram ao estabelecimento do limite geológico entre o Cretáceo e o Terciário (ou Cenozoico). Esse evento, portanto, é conhecido como Cretáceo-Terciário (ou C/T).

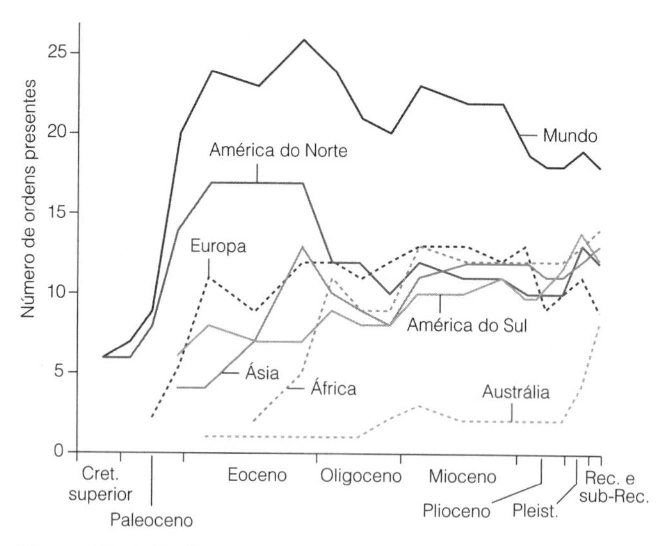

Figura 10.4 Gráfico com os números de ordens de mamíferos ao longo do tempo, no mundo como um todo e em cada continente. Pleist., Pleistoceno; Rec. Recente. Adaptado de Lillegraven [41].

Biogeografia dos Primeiros Mamíferos

Um dos mais interessantes desenvolvimentos da biogeografia histórica nos últimos dez anos tem sido a compreensão progressivamente crescente das relações no tempo entre três fenômenos: a diversificação dos mamíferos placentários, o desaparecimento dos dinossauros e os padrões de ruptura das massas terrestres supercontinental devido à tectônica de placas.

Os primeiros e mais primitivos mamíferos surgiram no Período Triássico, não muito depois dos dinossauros, e quase certamente punham ovos assim como os monotremos vivos (o ornitorrinco e o tamanduá australianos). Os mamíferos modernos são divididos em dois grupos principais: os marsupiais e os placentários. Entre os **marsupiais**, o filhote deixa o útero em um estágio muito prematuro e completa seu desenvolvimento na bolsa materna, ao passo que entre os **placentários** todo o período do desenvolvimento embrionário acontece no útero.

As famílias de mamíferos distinguem-se, cada uma, por características facilmente reconhecíveis de seus esqueletos e dentes, e estes facilmente se fossilizam. Naturalmente, a história dos dois grupos só pode ser seguida a partir de seus registros fósseis; assim, neste momento é necessário enfatizar o que se pode e o que não se pode deduzir da presença de um determinado fóssil em um instante específico. Tomando como exemplo a história dos placentários, podemos observar, pelos registros fósseis, que a diversidade reduz-se gradualmente à medida que recuamos no tempo através do Cenozoico Inferior até o Cretáceo Superior (Figura 10.4).

Até recentemente, essa era a única fonte de informação sobre a história de evolução e divergência desses mamíferos. No entanto, o desenvolvimento de métodos moleculares nos deu uma gama de novas evidências, e nos mostrou que suas divergências foram muito anteriores ao que o registro fóssil havia sugerido. Mas, para entender isso de forma adequada, é necessário primeiro apreciar a diferença entre os chamados *grupo raiz* e *grupo culminante* durante a evolução de um clado.

Para tomar os marsupiais como exemplo, devemos ter certeza de que qualquer característica que encontramos em todas as ordens marsupiais vivas, ou em uma grande maioria delas, também estava presente em seu antepassado comum; caso contrário, devemos apresentar a improvável hipótese de que essas características evoluíram de forma independente em cada ordem. Essas características, juntas, compõem o complexo de características que levou ao sucesso do clado. Seu antepassado comum, somado a todos os seus descendentes, é conhecido como o **grupo culminante**; os métodos moleculares nos permitem saber o momento da origem desse grupo culminante, indicado como M na Figura 10.5. Ordens relacionadas que viveram anteriormente poderiam ter tido algumas dessas características dos marsupiais, mas não podemos ter certeza de qual, pois é improvável que todas evoluíram simultaneamente. Em vez disso, essas características teriam evoluído como caracteres individuais, ou complexos de caracteres, ao longo de milhões de anos. Essas ordens ancestrais incluem o **grupo raiz** dos marsupiais.

Os mamíferos placentários têm uma história semelhante, mas seu grupo culminante (P na Figura 10.5) caracteriza-se, entre outros aspectos, pela posse das especializações que permitem que o embrião se desenvolva no útero da mãe, em vez de ser expulso anteriormente para evitar a rejeição pelos sistemas autoimunes da mãe que os teria tratado como tecido estranho, como nos marsupiais. O registro fóssil nos permite verificar como as características do esqueleto e os dentes dos placentários evoluíram gradualmente durante a história ancestral. Mas isso não nos dá informações sobre outros aspectos, como os de sua fisiologia ou reprodução. Portanto, embora tenhamos certeza de que o ancestral comum de todos os placentários tinha o método da reprodução de placenta, não podemos dizer como e quando isso evoluiu a partir do método marsupial. Desta forma, não temos certeza de que nenhum mamífero fóssil que não faz parte do grupo culminante de placentários tenha o método da reprodução placentária; ainda pode ter tido o método marsupial. As histórias evolutivas dos grupos raízes dos marsupiais e placentários convergem no tempo para o ancestral comum de todos os mamíferos modernos (A na Figura 10.5), que podemos identificar a partir de características, como a dentição, mas que também devem ter tido o método de desenvolvimento marsupial. Esse viveu cerca de 176 milhões de anos atrás, no Jurássico. Embora conheçam outros mamíferos fósseis, que viviam durante o Jurássico ou Cretáceo, provavelmente eram ovíparos (como mencionado anteriormente), assim como seus descendentes australianos modernos, o ornitorrinco e o equidna.

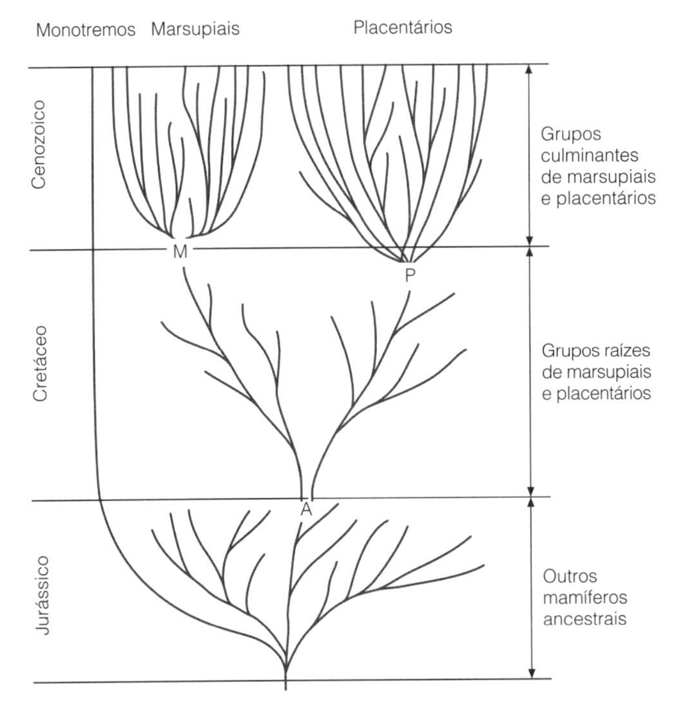

Figura 10.5 História dos mamíferos através do tempo. Veja o texto para as explicações.

Como já observamos, os métodos moleculares nos deram uma fonte de informação nova, mais ampla e detalhada sobre os tempos de evolução e diferenciação dos mamíferos [veja Hedges e Kumar (2009) em Leitura Complementar]. Foi mostrado que as datas de divergência dos grupos ocorreram muito mais cedo do que o registro fóssil havia sugerido (Figura 10.6). Assim, por exemplo, a divergência entre os marsupiais e os placentários ocorreu há cerca de 176 milhões de anos, entre o início e a metade do Jurássico; o grupo culminante dos marsupiais vivos originou-se cerca de 78 milhões de anos atrás, no Cretáceo Superior; e os placentários vivos aproximadamente 105 milhões de anos atrás, no Cretáceo Inferior. Isso leva à surpreendente conclusão de que os primeiros ancestrais das ordens vivas de marsupiais e placentários viviam por milhões de anos ao lado dos dinossauros, e não eram capazes de evoluir após seu desaparecimento.

A solução para esse problema consiste em tentar imaginar como era a vida desses primeiros membros dos grupos culminantes de marsupiais e placentários. Eles existiram quase em todo o mundo, como pequenas populações isoladas nos variados ecossistemas do Cretáceo. Em qualquer uma dessas populações, mutações aleatórias podem ter levado à evolução das adaptações, por exemplo, à vida carnívora, quando vieram a ter dentes mais afiados e músculos do maxilar mais poderosos. Mas eles não conseguiram capitalizar completamente o potencial dessas adaptações tornando-se maiores e mais agressivos até o desaparecimento súbito dos dinossauros. Assim, o mundo do Cretáceo estava cheio de populações de pequenos mamíferos, mostrando poucas diferenças óbvias entre si, que eram potencialmente leões, cavalos ou coelhos, mas ainda não podiam exercer seu potencial. No entanto, os estudos moleculares das relações entre os leões, os cavalos e os coelhos de hoje colocariam suas origens nos pontos em que as pequenas populações do Cretáceo Inferior divergiam umas das outras, e não no início do Cenozoico, período em que cada população podia, finalmente, se diversificar. Esse cenário tem suporte no trabalho molecular, sugerindo que a evolução do grande porte e das características individuais, que permitiram a eventual especialização em diferentes papéis ecológicos, não ocorreu até o evento de extinção C/T [18].

A história biogeográfica dos primeiros mamíferos também apresenta alguns problemas interessantes. Os primeiros registros fósseis de marsupiais e placentários são do Cretáceo Inferior da Ásia. Na Eurásia, os placentários eram dominantes em todo o Cretáceo. Na América do Norte, no entanto, os marsupiais foram irradiados no Cretáceo Superior; os placentários estavam ausentes neste continente durante a maior parte desse período de tempo e não alcançaram uma diversidade apreciável até os últimos dez milhões de anos do Cretáceo. Pelo Eoceno, há 55 milhões de anos, os marsupiais chegaram tanto na Europa como na África, mas depois se tornaram extintos no Hemisfério Norte e na África. Nem os marsupiais nem os placentários conseguiram chegar à Índia ou a Madagascar, no Cretáceo, pois essas duas áreas de terra, ainda juntas, separaram-se do resto de Gondwana no Jurássico.

Existem sérias falhas em nossa compreensão da história biogeográfica de mamíferos na América do Sul, na Antártida e Austrália. (A Antártida teve climas quentes no momento, com florestas se estendendo em localização próxima ao atual Polo Sul.) Ambos, marsupiais e placentários, são conhecidos do Cretáceo Superior da América do Sul, e também são encontrados no oeste da Antártida (na Península Antártica, que se estende até a América do Sul), que ainda estava conectado a ele naquele momento.Mas não temos registro fóssil de mamíferos da grande massa de terra da Antártida Oriental, nem daqueles do Terciário Inferior da Austrália. Como resultado, em muitos casos, não sabemos quando os ancestrais dos grupos posteriores que reconhecemos evoluíram ou diversificaram, nem conhecemos seus padrões de dispersão. O trabalho genético [19] sugere que houve duas dispersões de marsupiais da América do Sul em toda a Antártida para a Austrália: os peramelídeos (*bandicoots*) estão relacionados aos *Caenolestes* da América do Sul, e o restante das formas australianas (agora conhecidas como *Eometatheria*) estão relacionadas com os pequenos *Dromiciops* sul-americanos. (Alternativamente, talvez os *Dromiciops* tenham sido o resultado de uma dispersão na direção oposta.)

Os marsupiais da América do Sul e da Austrália foram posteriormente separados pela extinção de mamíferos na Antártida, causados por sua glaciação. Quando finalmente encontrarmos diversos marsupiais do Terciário Inferior na Antártida, será interessante ver se o continente contém duas faunas diferentes (por exemplo, formas sul-americanas no oeste da Antártida e formas australianas no leste da Antártida), separadas por uma barreira geográfica que os marsupiais primitivos tiveram que atravessar e que atualmente não podemos identificar. Tal barreira também poderia ter sido responsável pela ausência de placentários na Austrália: não há vestígios deles ao lado dos vários marsupiais australianos que conhecemos, do Oligoceno em diante. (Porque são os placentários, e não os marsupiais, que geralmente conseguiram que os dois grupos estivessem em competição em outras partes do mundo, a maioria dos biogeógrafos tende a supor que os placentários estão ausentes da Austrália no Terciário, uma vez que nunca chegaram nesse continente. Mas observe o sucesso dos marsupiais sul-americanos, discutidos mais adiante neste capítulo.)

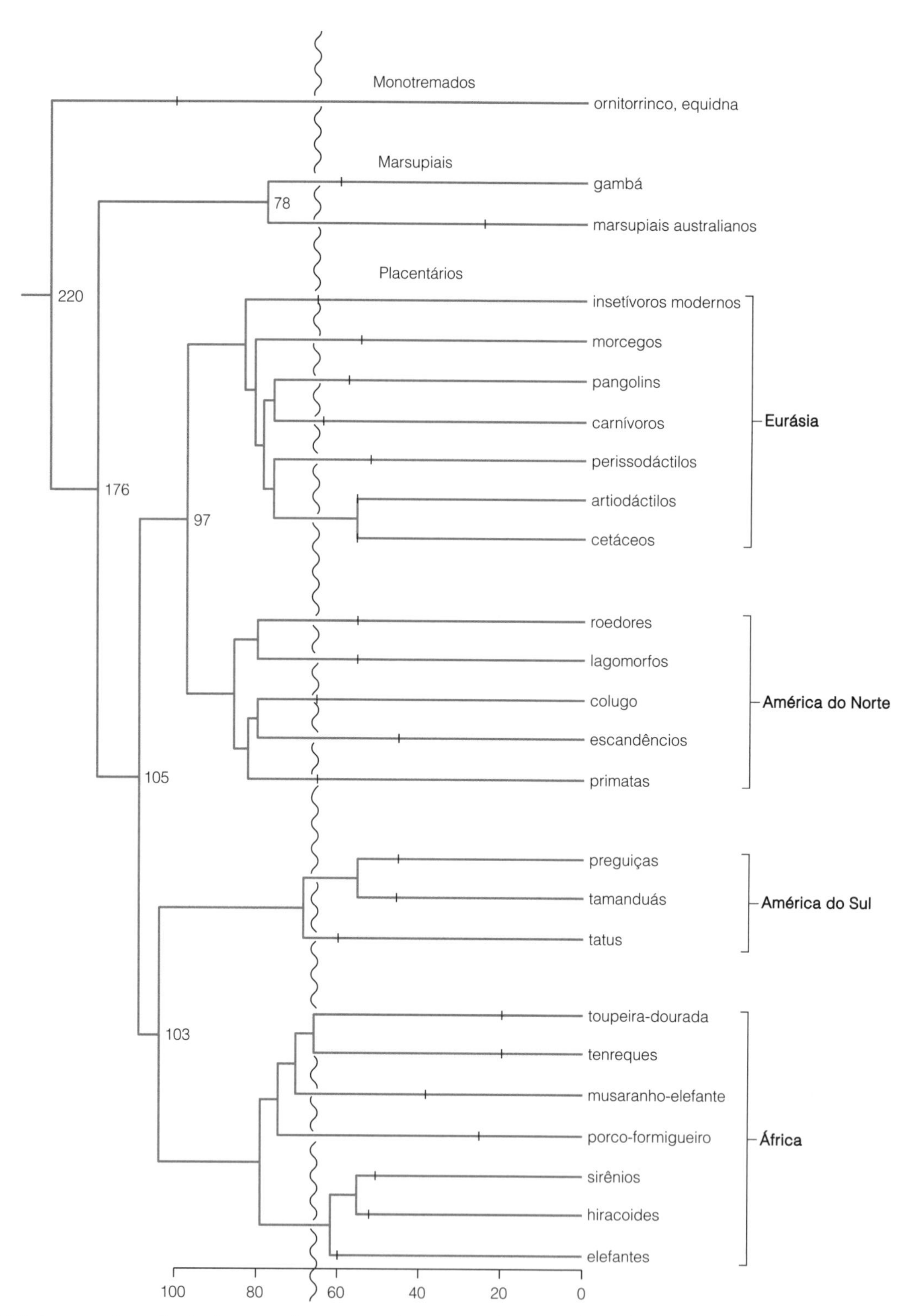

Figura 10.6 Cladograma da evolução dos mamíferos e sua relação com a biogeografia. O diagrama cladístico mostra as relações entre os diferentes grupos. Eles são unidos nos tempos sugeridos por estudos moleculares; a curta barra vertical em cada linhagem indica a idade do fóssil mais antigo conhecido desse grupo. NB: A escala de tempo é linear apenas para 100 milhões de anos. A linha vertical ondulada em 65 milhões de anos indica a data do limite C/T. Baseado em dados nas Referências [18-20, 42-44].

A riqueza de dados sobre os tempos de divergência de diferentes clados de mamíferos revelou outro conjunto de possibilidades interessantes. Por exemplo, eles sugerem que a data de divergência entre os primeiros placentários da América do Sul (conhecidos como *Xenarthra*) e os da África (conhecidos como *Afrotheria*) foi de cerca de 103 milhões de anos. Essa data é quase idêntica à da separação final dos dois continentes por tectônica de placas. Isso levou à sugestão de um grupo americano liderado por Derek Wildman [20] de que os antepassados das duas faunas estavam presentes no oeste de Gondwana antes dessa separação, e que a distinção entre os dois grupos era um exemplo de evolução vicariante causada por esse evento. Infelizmente, nosso conhecimento dos mamíferos desses dois continentes só tem início no Cenozoico, 65 milhões de anos atrás.

A fauna placentária africana é surpreendente em sua falta de diversidade ecológica. A massa continental do norte parece ter tido um potencial ecológico muito maior, pois irradiou para uma gama muito diversificada de famílias que se alimentavam de folhas, frutas, sementes, nozes e invertebrados, e evoluíram para carnívoros e ungulados (e morcegos e baleias). Quase todas essas oportunidades ecológicas diversas parecem ter sido aproveitadas pelos primeiros placentários da África, como pode ser visto apenas observando aqueles que foram ocupados pelas famílias de origem africana, mostradas na Figura 10.6. Os nichos vagos na África só foram preenchidos depois, pela chegada de outras famílias da Europa, cerca de 50 milhões de anos atrás (veja o Capítulo 11). Embora a Figura 10.6 dê a impressão de que a fauna placentária da América do Sul estava igualmente limitada em seu potencial ecológico, isso ocorre porque só mostra ordens que estão vivas atualmente. Na verdade, a fauna inicial de mamíferos cenozoicos da América do Sul incluiu membros de dois grupos: primeiro, o de mais de 20 famílias de ungulados placentários, cujos ancestrais haviam chegado da América do Norte; em segundo lugar, os marsupiais que haviam evoluído do gambá, marsupial arbóreo, e carnívoros *Borhyaenidae.* Todos esses grupos variados, exceto os gambás, se tornaram extintos no Plioceno (veja o Capítulo 11). (Um enigma ainda maior é a presença de um tamanduá sul-americano de 50 milhões de anos de idade na Alemanha, distante no tempo e no espaço de onde se poderia esperar. Mas a ciência deixaria de ser intrigante se soubéssemos todas as respostas!)

História Inicial das Plantas Floríferas

A evidência molecular expõe a origem das plantas floríferas no Jurássico Médio [21] (Figura 10.7); porém, como é usual, isso é muito anterior aos primeiros fósseis, que datam do Cretáceo Inferior [conforme Willis e McElwain (2014), em Leitura Complementar], quando também sofreram uma grande radiação e dispersão em latitudes mais altas em todo o mundo, em um momento de altas temperaturas globais. Ainda é incerto se as primeiras angiospermas eram árvores, arbustos ou ervas [22]. Seu aumento foi paralelo a uma redução correspondente no número e na variedade de musgos, associação de musgos, cavalinhas, samambaias e cicádeas, mas houve menos mudanças na diversidade geral de coníferas (Figura 10.8). Mesmo no final do Cretáceo, embora as angiospermas formassem 60% a 80% das floras de baixa latitude, elas compreendiam apenas entre 30% e 50% daquelas em altas latitudes e apareciam mais abundantemente em uma zona temperada quente do que no Hemisfério Norte, cobrindo o norte da América do Norte, sul da Groenlândia, Europa, Rússia, norte da China, a região costeira da Antártida e partes do sul da América do Sul e da Austrália no Hemisfério Sul.

Conforme observado no Capítulo 3, os botânicos que analisam as floras do mundo atualmente podem distinguir diferentes biomas (por exemplo, bosque, floresta, pradaria/savana etc.); cada um deles tem uma comunidade de plantas semelhantes na sua estrutura e aparência e seu próprio clima adequado. Muitos podem ser reconhecidos em mais de um continente, embora as famílias exatas da planta que são encontradas neles podem ser bastante diferentes, de modo que a constituição de cada bioma pode variar de um lugar para outro. Por exemplo, os cinco principais biomas da floresta tropical de hoje (na América do Sul, África, Madagascar, Sudeste Asiático e Nova Guiné) são bastante distintos entre si em sua composição taxonômica detalhada. O registro fóssil mostra que tanto podem existir diferentes combinações de espécies ecologicamente compatíveis, como também houve alguns biomas bastante diferentes dos encontrados atualmente, como a flora do Eoceno da London Clay ou a floresta tropical seca semidecidual do Oligoceno no sudeste da América do Norte (veja mais adiante neste capítulo).

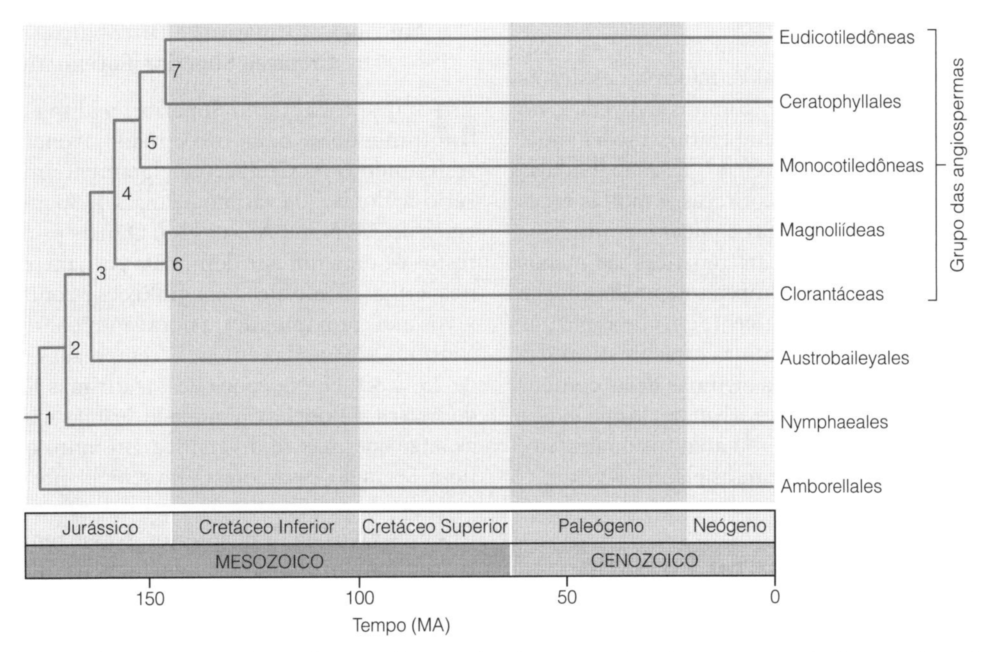

Figura 10.7 Cladograma de angiospermas baseado em relógios moleculares, o que implica um tempo de divergência no Jurássico. Extraído de Magellon [21]. (Reproduzido com permissão da Oxford University Press.)

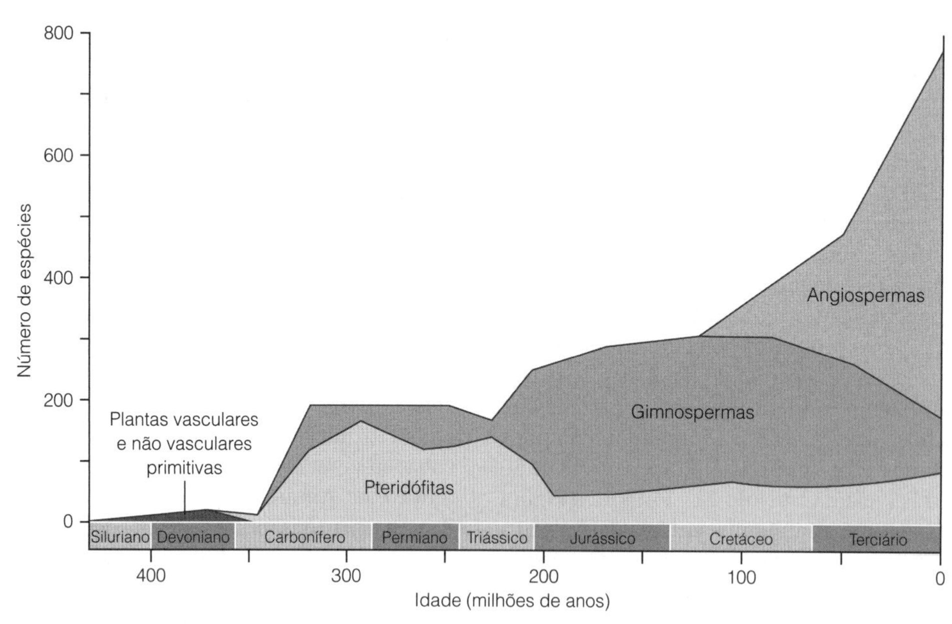

Figura 10.8 O número de espécies de cada grupo de plantas ao longo do tempo, mostrando o grande aumento no número de espécies de angiospermas desde o início do Cretáceo. Extraído de Niklas [45]. (Reproduzido com permissão de John Wiley& Sons.)

Vimos aqui como é fácil para os paleozoólogos entender a história das famílias de mamíferos, mas, infelizmente, o registro fóssil não é muito útil para revelar a história do surgimento e diversificação das plantas floríferas. Isso ocorre porque, embora contenha folhas, frutas, sementes e pólen, o registro fóssil quase nunca nos fornece uma planta completa. Mais informações podem ser obtidas com o clima preferido pelos representantes vivos das famílias de plantas encontradas em cada flora [23]. No entanto, seria imprudente supor que as espécies vivas nunca poderiam ter existido além do alcance das condições ambientais dentro das quais elas são encontradas hoje. No passado, elas viveram em ambientes dos quais mais tarde foram excluídas pela interação competitiva com outros tipos que haviam se desenvolvido recentemente. Além disso, os dados fósseis são muitas vezes tendenciosos para as áreas de deposição quase costeiras, cujos climas geralmente são mais leves e menos sazonais do que os de outras áreas do interior. Suas folhas fossilizadas fornecem uma fonte adicional de informações depois que as plantas floríferas se tornaram comuns e diversas, no Cretáceo Médio. Em áreas de alta temperatura média anual e chuvas, as folhas têm margens "inteiras", não subdivididas em lóbulos ou dentes; são grandes e coriáceas, e muitas vezes são em forma de coração, com pontas cônicas e pontudas e uma junção na base da folha. Essas características são menos comuns em floras de áreas de baixa temperatura média anual e chuvosas. Na tentativa de recriar o ambiente em que as plantas viveram, também é possível usar algumas características das rochas em que são encontradas, pois algumas delas contêm minerais, como o carvão, os evaporitos, a bauxita (o que indica um clima quente, úmido e sazonal), ou arenitos do deserto, que dão uma indicação do clima em que as plantas viveram.

Reconstruindo Biomas no Passado

Ao tentar reconstruir as floras do passado, os paleobotânicos podem usar todas as evidências listadas neste capítulo, como foi feito por Ziegler [24]. Os paleobotânicos Kathy Willis e Jenny McElwain usaram os resultados para reconstruir até sete biomas globais para períodos passados na história da Terra (veja a Leitura Complementar); de fato, esses paleobiomas são inevitavelmente menos detalhados do que os 12-14 biomas reconhecidos atualmente. Além disso, o paleobotânico australiano Bob Morley [25] escreveu uma integração útil das mudanças climáticas globais e da distribuição das florestas tropicais. Essas fontes serão usadas nesta seção. Morley também sugere o lugar onde algumas famílias de angiospermas podem ter se originado; no entanto, como ele observa, nossa informação sobre isto é fortemente tendenciosa pelo fato de sabermos muito mais sobre a paleobotânica da Europa e da América do Norte do que sobre o resto do mundo.

Mudanças Climáticas e Distribuições das Plantas: Cretáceo Superior–Eoceno Médio

Durante o Cretáceo Superior, o clima da Terra mudou, tornando-se mais frio e mais sazonal (Figura 10.9). O resfriamento do Cretáceo é claramente mostrado em uma série de floras, que variam há mais de 30 milhões de anos, de cerca de 70° N, no Alasca [26]. O mais primitivo contém os restos de uma floresta dominada por samambaias e por gimnospermas, como cicádeas, ginkgoes e coníferas. Os parentes vivos mais próximos desta flora são encontrados em florestas a alturas moderadas em áreas temperadas quentes em cerca de 25° a 30° N. Na época dessas últimas floras do Cretáceo do Alasca, a flora havia mudado dc duas manciras. Primeiro, as angiospermas se diversificaram tanto que dominaram a flora. Segundo, essa floresta era semelhante à encontrada hoje na latitude de 35° a 40° N – muito mais ao norte do que os parentes vivos da flora anterior. Nesse tempo, as diferenças latitudinais tornaram-se evidentes nas floras, as latitudes mais altas com vegetação decidual de folhas maiores, sugerindo florestas mesotérmicas úmidas, enquanto as latitudes mais baixas apresentavam uma vegetação perene cada vez mais espessa e menor, sugerindo florestas megatérmicas subúmida (preferindo temperaturas médias anuais acima de 40°C), que provavelmente eram, sobretudo, florestas de uma única história. No final do Cretáceo, outras floras do Alasca mostraram que a temperatura média tinha caído em torno de 5°C e que a diversidade das plantas floríferas caíra grandemente [27].

O resfriamento constante no clima do mundo que tinha ocorrido durante o Cretáceo foi revertido no final desse período (Figura 10.9). É possível que a imensa mudança climática causada pelo impacto de meteoritos na época tenha desempenhado um papel importante nesse resfriamento, embora mudanças nas posições dos continentes, com consequentes mudanças nas correntes oceânicas, também possam ter sido envolvidas. O período de tempo a partir do início do Paleoceno até meados do Eoceno (entre 66 e 50 milhões de anos) foi um dos mais quentes na história do mundo. Isso culminou no que é conhecido como o Máximo Térmico Paleoceno-Eoceno (MTPE), quando as temperaturas globais aumentaram em 5°C, em menos de 10.000 anos, para 31°-34°C. Isso pode ter sido causado por um aumento súbito no teor de CO_2 atmosférico, talvez devido a uma liberação de metano a partir do Oceano Atlântico. Os enormes giros (veja o Capítulo 9) do vasto Oceano Pacífico teriam carregado águas quentes equatoriais até altas latitudes norte e sul, de modo que não havia calotas polares, e o gradiente de temperatura entre o equador e os polos foi, portanto, muito inferior ao que é agora.

Morley afirma que a primeira aparição de angiospermas com os tipos de folhas típicas das florestas megatérmicas estava em latitudes médias no Eoceno Médio, e que a primeira evidência ou a presença de floresta com copa fechada, tropical, megatérmica e sempre úmida não foi até o Cretáceo Superior na África Ocidental. A presença de grandes sementes e frutos mostra que esta foi também a primeira floresta tropical de multiestratos. No Paleoceno, essa floresta tropical úmida se dispersou em uma área enorme, incluindo a maior parte da América do Sul, África, Sudeste Asiático e o sul e oeste da América do Norte, a latitudes de 40°N e S (Figura 10.10a). Pode ser significativo que isso tenha ocorrido após o desaparecimento dos dinossauros, que haviam navegado sobre essas florestas, e foi acompanhado por uma radiação de mamíferos frugívoros. A floresta foi dominada por angiospermas, que foram diversificadas e modernizadas, incluindo muitas que ainda são encontradas em ambientes tropicais de hoje, e com uma abundância de famílias perenes e diversas palmas. Suas coníferas incluíam araucárias e podocarpus; ginkgoes estavam presentes, mas eram raros.

Ao norte e ao sul dessa grande floresta tropical estabeleceu-se uma única floresta subtropical úmida, quente, "paratropical" até 50-60° N e S, que abrange o norte da Europa, Rússia e leste da América do Norte ao norte, e Argentina e sul da Austrália ao sul; continha uma mistura de angiospermas encontradas em áreas tropicais e temperadas atualmente, como cipós, trepadeiras e palmeiras, e cobriu uma área que no Cretáceo tinha sido ocupada por um bioma úmido, frio, com algumas características de tipo mediterrânico. Essas florestas atingiram sua extensão máxima no limite Paleoceno-Eoceno (veja a Figura 10.10b).

Os dois tipos dessas florestas tropicais cobriam a maior parte do mundo e devem ter tido grande importância na mudança do clima mundial. As folhas de angiospermas têm grandes nervuras, e podem, assim, transpirar água rapidamente. Boyce e Lee [28] sugeriram que o aumento do valor resultante da umidade na atmosfera pode ter provocado aumento das chuvas nos trópicos, com climas mais sazonais, úmidos e frios, o que teria alterado fortemente os climas tropicais e também o ciclo hidrológico mundial. As palmeiras (*Arecaceae*) eram comuns e diversificadas nas florestas, e Morley [25], por conseguinte, refere-se à área equatorial como a Província das Palmeiras (Figura 10.10a).

A enorme extensão dessas florestas megatérmicas teria empurrado os biomas temperados quentes e frios para mais longe em direção aos polos. Portanto, não é surpreendente descobrir que os *taxa* que atualmente estão restritos àquelas latitudes particulares, neste mundo quente do Eoceno foram encontrados muito mais longe do equador ou existiram em uma faixa muito mais ampla de latitudes. Por exemplo, as diversas faunas da Ilha Ellesmere no Ártico Canadense (81° N) incluía mamíferos, serpentes, lagartos e tartarugas [29,30]. As florestas em altas latitudes setentrionais eram diferentes de qualquer floresta moderna, uma vez que elas incluíam partes de florestas deciduais de folhas largas mais temperadas do sul, assim como coníferas de folhas aciculares caracteristicamente do norte, tais como o pinheiro, o larício e o abeto.

O aparecimento da rota de Geer entre a América do Norte e a Europa (Capítulo 11) facilitou a troca de alguns dos mesotérmicos e mamíferos entre os dois continentes. No entanto, após o término das pontes terrestres entre os dois continentes no início do Eoceno, essas duas floras e faunas

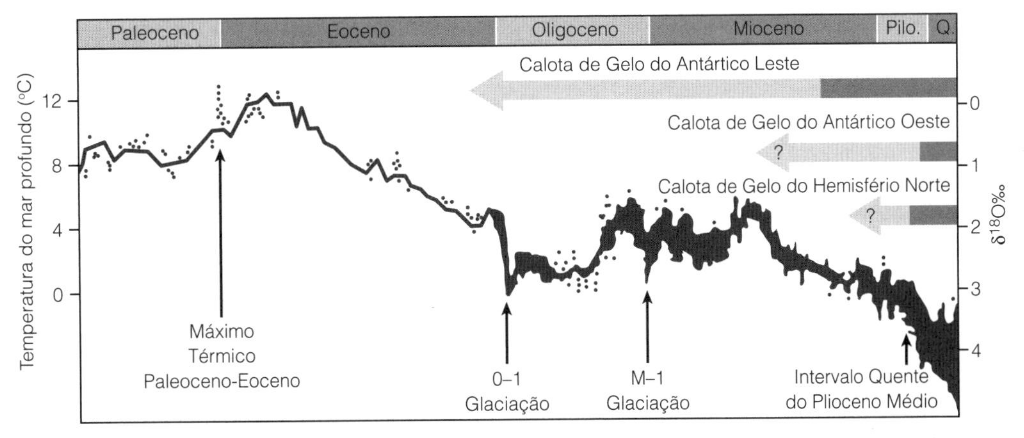

Figura 10.9 Mudanças da temperatura no Cenozoico, com base no fundo do mar bentônico, registros isotópicos $\delta^{18}O$. Extraído de Solomon *et al.* [46].

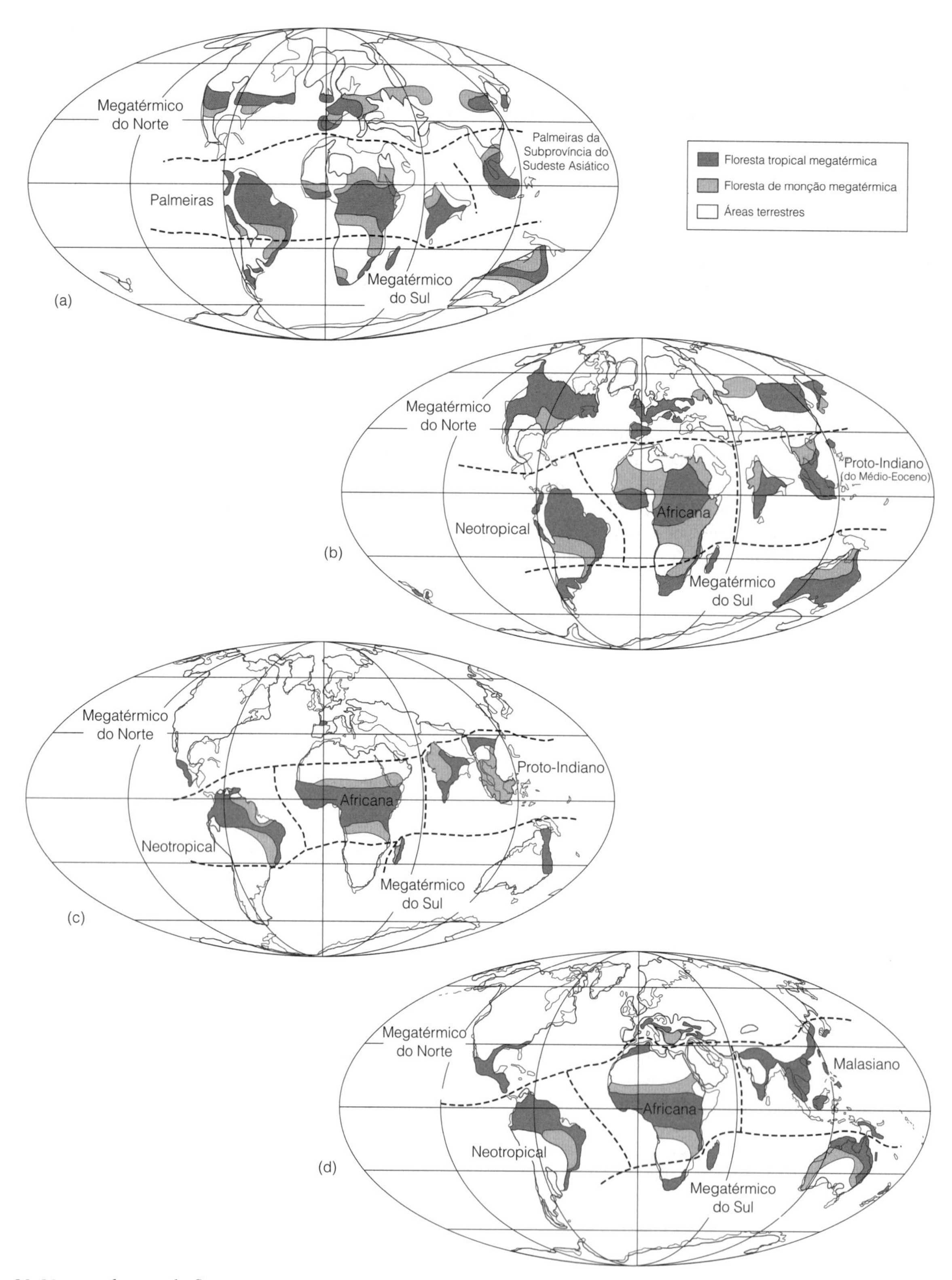

Figura 10.10 Distribuição da floresta megatérmica de dossel fechado no (a) Paleoceno Inferior; (b) Paleoceno Superior/Eoceno Inferior; (b) Oligoceno; (d) Mioceno Médio. As linhas tracejadas são os limites das províncias florísticas. Extraído de Morley [25].

divergiram. Na Europa os fósseis do London Clay são bem conhecidos, a uma latitude de 45° N; esses fósseis contêm as sementes e frutos de 350 espécies de plantas, pertencentes a mais de 150 gêneros [31]. A flora inclui magnólia, videiras, corniso, loureiro e canela, bem como as palmeiras *Nipa* e *Sabal* e a conífera *Sequoia*, com mangue ao longo da costa; não há anéis de crescimento nesta flora. Embora o mais analógico hoje fosse uma floresta subtropical, sua composição não é idêntica à de uma única flora contemporânea. Algumas dessas plantas são encontradas agora nos trópicos, especialmente no Sudeste da Ásia, enquanto outras vivem em condições de clima temperado, como o leste central da China atual. A fauna que a acompanha inclui crocodilos e tartarugas, é semelhante à que se encontra hoje nos trópicos.

No Hemisfério Sul, o bioma temperado quente/frio incluía asprótease aárvore faia do sul, *Nothofagus* (Fagaceae), além de *podocarpus* e coníferas araucárias e samambaias; essa flora é muito semelhante à da Nova Zelândia atualmente. O MTPE também teria facilitado a troca de plantas e mamíferos entre a América do Sul e Austrália através da Antártida.

Mudanças Climáticas e Distribuições das Plantas: Eoceno Médio–Oligoceno

O esfriamento constante de clima do mundo ocorreu entre o Eoceno e o Oligoceno Superior, com uma queda rápida de temperatura no Eoceno Inferior. Isto levou ao início da placa de gelo da Antártida, com consequente queda do nível do mar, diminuição dos mares epicontinentais e aumento da aridez. Um dos fatores mais importantes, neste caso, foram provavelmente as mudanças nas placas tectônicas que tiveram lugar no Hemisfério Sul.

Enquanto a Austrália e a Antártida eram partes de um único sistema climático, um pouco do calor que a Austrália recebeu circulou por sistemas de vento sul, para seu vizinho do sul. Mas a separação tanto da América do Sul e Austrália da Antártida, completada no Eoceno Superior, permitiu o aparecimento da Corrente Circumpolar Antártica de água fria e associada aos ventos do oeste (Figura 10.11). Dessa forma, isolada do calor da Austrália, a Antártida resfriou e as placas de gelo continentais começaram a se formar. Também havia menos evaporação dos mares, uma vez que estava mais frios ao redor da Austrália, reduzindo as chuvas naquele continente, com o consequente aumento das áreas áridas e desérticas.

A maior parte das florestas tropicais do sul da América do Sul e África do Sul desapareceu devido aos climas dessas regiões resfriadas. No entanto, as floras da América do Sul e Austrália ainda continham, como atualmente, descendentes da antiga flora do Cretáceo Superior, com famílias como próteas, murtas, *Nothofagus* e "coníferas do sul", como araucária, *Podocarpus* e *Dacrydium*. Essas florestas também cobriram pelo menos a periferia da Antártida, mas a flora interior daquele continente é desconhecida.

O resfriamento global causou uma grande redução no bioma tropical úmido, e o acompanhamento dos movimentos equatoriais do bioma quente e úmido subtropical que ficava ao norte e ao sul. Isto foi particularmente acentuado no Hemisfério Norte. Os elementos das florestas megatérmicas, portanto, dispersaram-se para o sul até o Sudeste Asiático, onde ainda estão presentes. No entanto, os da América do Norte e Europa não conseguiram se dispersar para o sul, devido à separação do oceano entre a América do Norte e América do Sul e à presença do Mar Mediterrâneo, mas aqueles do norte da Austrália foram capazes de sobreviver lá porque a área tinha se deslocado para o norte.

O bioma quente e úmido agora compreendia áreas semidesérticas de savana arborizada (a primeira aparição desse bioma) no centro da América do Norte, no sul da Ásia (exceto a Índia) e em partes da América do Sul. Esse foi o ambiente para o aparecimento das primeiras áreas significativas de pradaria com seus mamíferos associados ao pasto. As gramíneas (*Poaceae*) evoluíram mais ou menos na época da colisão do meteorito C/T, provavelmente na América do Sul ou na África, e os primeiros hábitats de pradarias apareceram há 40 milhões de anos. Essas gramíneas distinguem-se pelo crescimento não ocorrer nos ápices das folhas, mas ao contrário onde a planta emerge do solo. Por conseguinte, são resistentes aos incêndios e também servem para pasto de animais, tais como cavalos, camelos e artiodátilos que evoluíram no Oligoceno Inferior para se beneficiar dessa nova fonte de alimentos [32]. Devido a seus cascos e longas pernas, eles podiam correr pela pradaria, e tinham dentes adaptados ao forte desgaste causado pelo alto teor de sílica das gramíneas.

Outros biomas hoje caracterizados por seus componentes adaptados à aridez, tais como a tundra e o deserto subtropical, também começaram a aparecer e se espalhar nesse período, com uma diminuição correspondente nas florestas do planeta [33]. Isso proporcionou uma oportunidade evolutiva para o aparecimento de novos tipos de plantas floríferas não

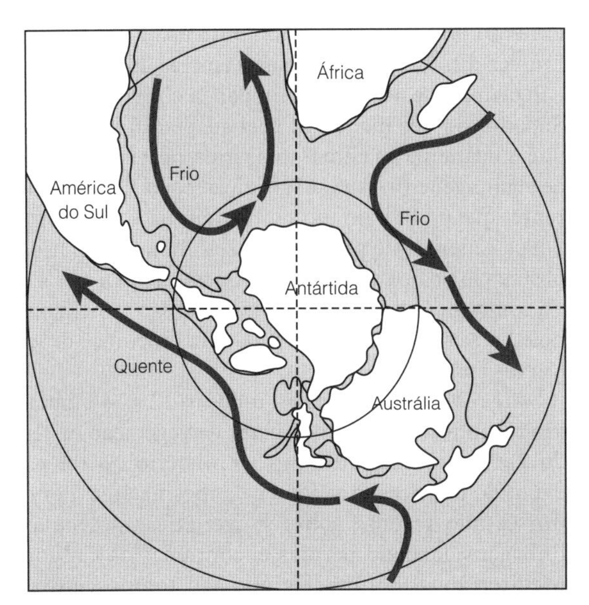

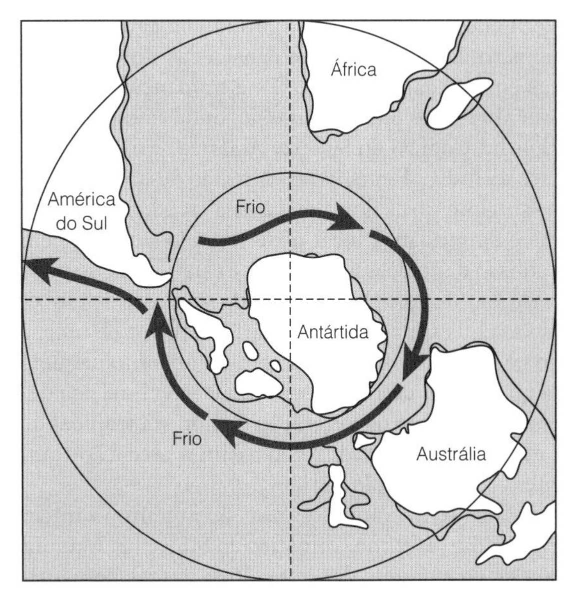

Figura 10.11 A separação entre Austrália e Antártida no Eoceno Superior, fazendo com que o desenvolvimento de uma via marítima em torno da Antártida, que permitiu o desenvolvimento de um sistema de circulação oceânica em torno desse continente. Adaptado de Condie e Sloan [47].

lenhosas e das comunidades das gimnospermas dominadas por ervas. Como resultado, os biomas florestais começaram a se tornar mais parecidos com os de hoje, tanto em sua sistemática como em sua composição estrutural. Por exemplo, a floresta decídua temperada quente das terras baixas da América do Norte e as florestas de coníferas de suas terras altas eram semelhantes às atuais. Mas também houve exceções: por exemplo, a floresta tropical do sudeste da América do Norte foi substituída por uma floresta tropical seca semidecídua diferente de tudo o que pode ser visto no mundo de hoje. Na Eurásia, essa mudança climática foi acompanhada por uma mudança acentuada na fauna de mamíferos, para tipos menores, tais como roedores e coelhos, e os tipos de florestas antigas foram extintos [34].

Até o Eoceno Médio Superior, as floras da América do Sul tropical e da África Ocidental foram se tornando progressivamente mais distintas, à medida que o clima se esfriava e os dois continentes se afastavam, e suas floras ficaram conhecidas como as sul-americanas atuais (ou "neotropicais") e floras africanas. Muitos dos *taxa* que essas duas floras compartilharam no Cretáceo Superior tornaram-se mais raros, mas os que restaram compõe o que é chamado de espécies comuns "anfi-Atlânticas". Foi também nessa época que a flora indiana, com sua *Dipterocarpus*, dispersou-se para o Sudeste Asiático após os dois continentes colidirem. Embora algumas espécies da floresta tropical asiática fossem capazes de se dispersar ao sul em direção ao sul da China, as regiões mais ao sul da Índia e o Sudeste Asiático foram afetadas pela mudança nos padrões de circulação atmosférica provocada pelo aumento dos Himalaias; as florestas tropicais foram substituídas principalmente por uma vegetação mais sazonal de monções. Devido à Austrália ter ido para o norte em latitudes mais quentes, alguns de seus megatérmicos sobreviveram ao longo da costa nordeste.

Mudanças Climáticas e Distribuições das Plantas: Oligoceno–Mioceno Superior

Durante essa época, entre 23 a 5,3 milhões de anos atrás, houve incialmente um curto período de aquecimento global que permitiu uma breve expansão das florestas megatérmicas em direção aos polos. Essa mudança climática foi mais acentuada no Sudeste da Ásia, onde as espécies da flora da floresta tropical do Sudeste Asiático se espalharam para o norte da Índia. As pradarias da região desapareceram, levando ao surgimento da flora "malasiana" moderna. Morley sugere que essa mudança local pode ter sido causada pelo início da colisão das placas australiana e asiática, o que pode ter resultado em um ar quente e úmido vindo do Pacífico, carregando as chuvas no Sudeste Asiático, em vez de mais a oeste. Isso pode ter sido o início do clima moderno naquela região, na qual a fase do El Niño de oscilação climática desencadeia a frutificação da vegetação da floresta tropical de Sonda simultaneamente, reduzindo assim a predação total da semente (veja o Capítulo 12) [35].

As mais altas temperaturas globais ocorreram no início do Mioceno Médio (o Ótimo Climático do Mioceno). Mas em seguida, apesar do aumento de temperatura nas regiões equatoriais, houve uma diminuição constante das temperaturas globais, o que levou a um aumento das placas de gelo continentais da Antártida e ao início do gelo no Ártico (Figura 10.9). A combinação disto com as mais altas temperaturas equatoriais levou a um gradiente de temperatura acentuado entre os polos e o equador. Ao mesmo tempo, a diminuição das águas dos oceanos para criar as camadas de gelo polares resultou em níveis mais baixos do mar e no desaparecimento do Mar de Turgai. Isso, por sua vez, causou a redução na umidade atmosférica e o aumento da aridez nos interiores continentais, provocando o início dos desertos do Saara e do Oriente Médio. Devido aos níveis mais baixos do mar, uma ponte de terra apareceu entre o noroeste da África e Espanha, fechando a passagem do Mediterrâneo para as águas do Atlântico e levando à sua eventual estiagem (veja o Capítulo 11).

O bioma tropical úmido aumentou ligeiramente em sua extensão latitudinal durante esse período, estendendo-se pelo norte da América do Sul e África Central e do meio do Sudeste da Ásia para o norte da Austrália. Esse período também viu o início da grande floresta amazônica [33], com uma estrutura altamente diversificada e multiestratal. A flora desse bioma incluiu abundantes árvores perenes de angiospermas, com cipós, trepadeiras, palmeiras, *Araucaria* (a "araucária-do-chile") e *Podocarpus*. Seus grupos eram originários do norte e do sul da floresta paratropical quente e úmida com áreas de savana lenhosa aberta e aumento da pradaria, tal como no Oligoceno. Um novo recurso foi o reaparecimento do bioma úmido frio do Cretáceo, encontrado em todas as áreas que hoje têm vegetação esclerófilas do tipo mediterrânico.

A deterioração climática que começou no Oligoceno Inferior reduziu a variedade de plantas que poderiam se dispersar através do Estreito de Bering (veja o Capítulo 11), embora o Pacífico Norte fosse rodeado por florestas deciduais contínuas latifoliadas até o Mioceno Médio, pelo menos. Isso levou à expansão da família *Pinaceae* – pinhos, abetos, píceas e lariços no Hemisfério Norte. Pensava-se que o resfriamento climático teria causado um movimento global para o sul de uma flora "Arco-Terciária" através de todo o Hemisfério Norte. Essa hipótese sugeria a evolução no Ártico durante o Cretáceo e a sobrevivência até hoje, com poucas mudanças, no sudeste da América do Norte e na Ásia leste central. No entanto, este conceito não tem recebido apoio devido ao conhecimento posterior da história botânica da região do Alasca. Em vez disso, as floras angiospérmicas do Hemisfério Norte parecem ter-se adaptado à mudança climática do Cenozoico Superior de três maneiras: pela adaptação de alguns gêneros que mudaram para climas mais frios; pela restrição do alcance de alguns gêneros e sua substituição por outros gêneros já existentes que preferiram um clima mais frio; e pela evolução de novos gêneros que preferiam esses climas mais frios. (Como observado neste capítulo, não podemos supor que a estrutura e a composição dos biomas do passado são semelhantes aos de hoje.) A savana aberta com uma alta proporção de gramíneas e ervas apareceu nesse tempo.

Até o Mioceno Superior, todos os 12 a 14 biomas de hoje são reconhecíveis. Grande parte da vegetação microtérmica do Cenozoico Superior no Hemisfério Norte parece ter evoluído de ancestrais dentro da mesma área. Por exemplo, um estudo recente sobre filogenética molecular de dez linhagens de angiospermas encontradas na Califórnia e no Mediterrâneo [36] mostra que seu tempo de divergência para diferentes linhagens em duas regiões ocorreu nesse período (talvez durante o MáximoTérmico do Mioceno). Seu padrão de distribuição é, portanto, o resultado de adaptações independentes dessas plantas ao ambiente de clima mediterrânico recém-criado, em vez de ser resultado da vicariância após a conclusão do Atlântico Norte num período muito anterior, no Eoceno.

Desde então houve pouca troca de plantas entre a América do Norte e a Eurásia; durante esse tempo, essas duas floras divergiram constantemente. Também foi sugerido que elas compartilhavam uma flora seca comum Madro-Terciária, trocada através de um corredor seco de baixa latitude média. Embora mais tarde estudos sobre os tempos de divergência de membros da flora nos dois continentes, e sobre a distribuição de parentes fósseis, não sustentem o conceito, não existe ainda nenhuma explicação alternativa convincente [37].

Mudanças Climáticas e Distribuições de Plantas: Mioceno Médio Superior–Plioceno

Este foi um período de resfriamento constante no clima global (Figura 10.9). Como resultado, as florestas tropicais megatérmicas afastaram-se dos trópicos (exceto no norte da Austrália), enquanto pradarias e desertos aumentaram através das menores e médias latitudes. Nesse período, grande parte da floresta tropical indiana foi substituída por florestas deciduais, pradarias, savanas e florestas de savana. Essa flora foi o início da flora moderna na região indopacífica. No Plioceno, quando as plantas foram capazes de se dispersar da América do Norte para a América Central e América do Sul por meio da nova ponte terrestre do Panamá, os sobreviventes dos antigos megatérmicos do norte eram então encontrados apenas lá e no Sudeste da Ásia, formando um elemento "anfi-Pacífico" nessas duas floras. Na África Ocidental, ciclos de clima úmido e seco levaram à pauperização da flora da floresta tropical durante os ciclos de seca.

Seguimos a história biogeográfica da flora terrestre, e um pouco de sua fauna, desde o seu início no Devoniano até depois do grande evento de extinção Cretáceo-Terciário, há 65 milhões de anos atrás, e a história climática e floral para o Cenozoico. No próximo capítulo, voltaremos a considerar a história biogeográfica dos mamíferos do Cenozoico e as mudanças na biogeografia das plantas floríferas no final do Cenozoico.

Resumo

1 Os padrões de distribuição de animais e plantas são controlados principalmente pelos padrões geográficos – pela posição dos oceanos, mares epicontinentais rasos, montanhas e desertos. Uma vez que estes eram diferentes no passado, principalmente porque o movimento dos continentes era causado pela tectônica de placas, os padrões de distribuição de vida no passado também eram diferentes.

2 Os problemas envolvidos na tentativa de estimar a data de aparecimento dos ancestrais de qualquer grupo de seres vivos são explicados, e as discrepâncias entre as estimativas originadas do registro fóssil e das que se originaram dos relógios moleculares são discutidas.

3 Os padrões contrastantes de sucesso dos marsupiais e dos mamíferos placentários nos diferentes continentes parecem ter desenvolvido, porque os placentários só colonizaram a cadeia de continentes da América do Sul-Antártida-Austrália depois que os marsupiais desses continentes já tinham-se irradiado para uma grande variedade de famílias e que esses continentes começaram a se separar.

4 As mudanças climáticas também tiveram um grande efeito sobre esses padrões. No Cretáceo Superior e Cenozoico Inferior, o clima do mundo era mais quente do que atualmente. Muitos organismos foram capazes de se espalhar através de rotas de alta latitude que agora estão fechadas, tanto pelas mudanças climáticas como pela separação dos continentes. O momento decisivo veio com o grande resfriamento no final do Eoceno, após as plantas que preferiam o calor e seus ecossistemas ficarem mais limitados em sua distribuição, ou serem substituídos espécimes adaptados a climas mais frios.

5 Atualmente, é possível acompanhar mais detalhadamente a maneira como as mudanças nos padrões de geografia e clima levaram a mudanças nas floras dos diferentes continentes, e à sua diversificação. A aridez crescente levou à substituição das florestas por bosques e pradarias. Estes, por sua vez, causaram mudanças na natureza das faunas e dos mamíferos que nelas viviam.

Leitura complementar

Cronin TM. *Paleoclimates.* New York: Columbia University Press, 2010.

Culver SJ, Rawson PS (eds.). *Biotic Response to Global Change: The Last 145 Million Years.* London: Natural History Museum, 2000.

Grahan A, *Late Cretaceous and Cenozoic History of North American Vegetation.* New York: Oxford University Press, 1999.

Hedges SB, Dudley J, Kumar S. *Time Tree: A Public Knowledge-Base of Divergence Times among Organisms.* Bioinformatics 2006; 27: 2971-2978.

Hedges SB, Kumar S. (eds.). *The TimeTree of Life.* New York: Oxford University Press, 2009.(Also available online.)

Morley RJ. Cretaceous and Tertiary climate change and the past distribution of megathermalrainforests. In: Bush M, Flenley J, Gosling W. (eds.), *Tropical Rainforest Responses toClimatic Change.* Berlin: Springer, 2011: 1-34.

Willis KJ, McElwainJC.*The Evolution of Plants.* Oxford: Oxford UniversityPress, 2014.

Referências

1. Edwards D. Constraints on Silurian and Early Devonian phytogeographic analysis based on megafossils, In: McKerrow WS, Scotese CR (eds.), *Palaeozoic Palaeogeography and Biogeography.* Geological Society Memoir no.12. London: Geological Society of London, 1990: 233-242.

2. Cox CB. Vertebrate palaeodistributional patterns and continental drift. *Journal of Biogeography* 1974; 1: 75-94.

3. Mora CL, Driese SG, Colarusso LA. Middle to Late Paleozoic atmospheric CO_2 levels from soil carbonate and organic matter. *Science* 1996; 271: 1105-1107.

4. Milner AR. iogeography of Palaeozoic tetrapods. In: Long JA (ed.), *Vertebrate Biostratigraphy and Biogeography.* London: Bellhaven, 1993: 324-353.
5. Lenton TM, Crouch M, Johnson M, Pires N, Dolan L. First plants cooled the Ordovician. *Nature Geoscience* 2012; 5: 86-89.
6. Wnuk C. The development of floristic provinciality during the Middle and Late Paleozoic. *Review of Palaeobotany and Palynology* 1996; 90: 6-40.
7. Ziegler AM. Phytogeographic patterns and continental configurations during the Premian Period. In: McKerrow WS, Scotese CR (eds.), *Palaeozoic Palaeogeography and Biogeography.* Geological Society Memoir no. 12. London: Geological Society of London, 1990: 367-379.
8. Rees PM, Gibbs MT, Ziegler AM, Kutzbach JE, Behling PJ. Permian climates: evaluating model predictions using global paleobotanical data. *Geology* 1999; 27: 891-894.
9. Batten DJ. Palynology, climate and the development of Late Cretaceous floral provinces in the Northern Hemisphere: a review. In: Brenchley P (ed.), *Fossils and Climate.* Geological Journal, Special Issue no. 11. London: Wiley, 1984: 127-164.
10. Cox CB. Triassic tetrapods. In: Hallan A (ed.), *Atlas fo Palaeobiogeography.* Amsterdam: Elsevier, 1973: 213-223.
11. Cox CB. Changes in terrestrial vertebrate faunas during the Mesozoic. In: Halard WB (ed.), *The Fossil Record.* London; Geological Society, 1967: 71-89.
12. Upchurch P, Hunn CA, Norman DB. An analysis of dinosaurian biogeography: evidence for the existence of vicariance and dispersal patterns caused by geological events. *Proceedings of the Royal Society B* 2002; 269: 613-621.
13. Serrano PC. The evolution of dinosaurs. *Science* 1999; 284: 2137-2147.
14. Stein K, Csiki Z, Rogers KC, Weishampel DB, Redelstorff R, Carballido JL, Sander PM. Small body size and extreme cortical bone remodeling indicate phyletic dwarfism in *Magyarosaurus dacus* (Sauropoda: Titanosauria). *Proceeding of the Natianal Academy of Science USA* 2010; 107: 9258-9263.
15. Noto CR, Grossman A. Broad-scale patterns of Late Jurassic palaeoecology. *PLoS One* 2010; 5: e12553.
16. Mannion L, Benson RBJ, Upchurch P, Butler RJ, Carrano MT, Barrett PM. A temperate palaeodiversity peak in Mesozoic dinosaurs an evidence for Late Cretaceous geographical partitioning. *Global Ecology and Biogeography* 2012; 21: 898-908.
17. Crowley TJ, North GR. Palaeoclimatology. Oxford: Oxford University Press, 1991.
18. Murphy WJ, Eizirik E. Placental mammals (Eutheria). In: Hedges SB, Kumar S (eds.), *The Timetree of Life.* Oxford: Oxford University Press, 2009: 19-25.
19. Asher RJ, Horovitz I, Sanchez-Villagra MR. First combinet cladistic analysis of marsupial mammal interrelationships. *Molecular Phylogenetic and Evolution* 2004; 33: 240-250.
20. Wildman DE, Uddin M, Opazo JC, *et al.* Genomics, biogeography, and the diversification of placental mammals. *Proceedings of the National Academy of Science USA* 2007; 104: 14395-14400.
21. Magallon S. Flowering plants (Magnoliophyta) In: Hedges SB, Kumar S (eds.), *The Timetree of Life.* Oxford: Oxford University Press, 2009.
22. Soltis DE, Bell CD, Kim S, Soltis PS. Origin and early evolution of angiosperms. *Annals of the New York Academy of Sciences* 2008: 1133:3-25.
23. Collison ME. Cenozoic evolution of modern plant communities and vegetation In: Culver SJ, Rawson PS (eds.), *Biotic Response to Global Change: The Last 145 Million Years.* London: Natural History Museum, 2000.
24. Ziegler AM. Phytogeographic patterns and continental configurations during the Premian period. In: McKerrow WS, Scotese CS (eds.), *Palaeozoology, Palaeogeography and Biogeography.* London: Geological Society, 1990: 363-379.
25. Morly RJ. Cretaceous and Tertiary climate and the past distribution of megathermal rainforests. In: Bush M, Flenley J, Gosling W (eds.), *Tropical Rainforest Responses to Climatic Change.* Berlin: Springer, 2011: 1-34.
26. Smiley CJ. Cretaceous floras from Kuk River area, Alaska: stratigraphic and climatic interpretations. *Bulletin of the Geological Society of America* 1966; 77: 1-14.
27. Parrish JT, Spicer RA. Late Cretaceous vegetation: a near-polar temperature curve. *Geology* 1988; 16: 22-25.
28. Boyce CK, Lee J-E. An exceptional of tropical rainforests and biodiversity. *Proceedings of the Royal Society B* 2010; 485: 1-7.
29. McKenna MC. Eocene paleolatitude, climate, and mammals of Ellesmere Island. *Palaeogeography Palaeoclimatology Palaeoecology* 1980; 30: 349-362.
30. Estes R, Hutchinson JH. Eocene lower vertebrates from Ellesmere Island, Canadian Arctic Archipelago. *Palaeogeography Palaeoclimatology Palaeoecology* 1980; 30: 325-347.
31. Collinson ME. *Fossil Plants of the London Clay.* London: Palaeontological Association, 1983.
32. Stromberg CAE. Evolution of grasses and grassland ecosystems. *Annual Review of Earth and Planetary Sciences.* 2011; 39: 517-544.
33. Hoorn C. An environmental reconstruction of the palaeo-Amazon River system (Middle-Late Miocene, NW Amazonia). *Palaeogeography, Palaeoclimatology, Palaeoecology* 1994; 112: 187-238.
34. Meng J, McKenna MC. Faunal turnovers of Paleogene mammals from the Mongolian Plateau. *Nature* 1998; 394: 364-367.
35. Ashton P, Givnish T, Appanah S Stoggered flowering in the Dipterocarpaceae; new insights into floral induction and the evolution of mast fruiting in the aseasonal tropics. *American Naturalist* 1988; 132: 44-66.
36. Vargas P. Testing the biogeographic congruence of floras using molecular phylogenetics: snapdragons and the Madro-Tethyan flora. *Journal of Biogeography* 2014; 42: 932-943.
37. Grahan A. *Late Cretaceous and Cenozoic History of North American Vegetation.* New York: Oxford University Press, 1999.
38. Smith AG, Smith DG, Funnell BM. *Atlas of Mesozoic and Cenozoic Coastlines.* Cambridge: Cambridge University Press, 1994.
39. Metcalfe I. Palaeozoic and Mesozoic geological evolution of the SE Asian region. In: Hall R, Holloway JD (eds.),*Biogeography and Geological Evolution of SE Asia.* Leiden: Backhuys, 1998: 25-41.
40. Cambridge Paleomap Services. *AtlaS Version 3.3.* Cambridge: Cambridge Paleomap Services, 1993.
41. Lillegraven JA. Ordinal and familial diversity of Cenozoic mammals. *Taxon* 1972; 21: 261-274.
42. Cifelli RL,Davis BM. Marsupial origins. *Science* 2003; 302: 1899-2000.
43. Springer MS, Murphy WJ, Eizirik E, O'brien SJ. Molecular evidence for majjor placental clades. In: Rose KD, Archibald JD (eds.), *The Rise of the Placental Mammals.* Baltimore: Johns Hopkins University Press, 2005.
44. Bininda-Edmonds ORP, Cardillo M, Jones KE, *et al.* The delayer rise of present-day mammals. *Nature* 2007; 446: 507-512.
45. Niklas KJ. The influence of Paleozoic ovule and cupule morphologies on wind pollination. *Evolution* 1983; 37 (5): 968-986.
46. Solomon S, Qin D, Manning M, *et al.* (eds.) *Climate Change 2007. The Physical Science Basis. Working Group I Contribution to the Fourth Assessment Report of the Intergovernmental Panel on Climate Change.* Cambridge: Cambridge University Press.
47. Condie K, Sloan R. *Origin and Evolution of Earth; Principles of Historical Geology.* Upper Saddle River, NJ: Pearson Education, 1998.

A Geografia da Vida Atual

No Capítulo 10,vimos como as formas de vida primitivas estavam distribuídas nas distintas geografias que então definiam os padrões do nosso planeta, e como os principais grupos que observamos hoje (as plantas floríferas e os mamíferos) passaram a existir e ocupar o mundo. Neste capítulo, seguiremos as histórias desses grupos, como se diversificaram e se dispersaram através de um padrão de continentes e climas ainda mutante para ocuparem as regiões observadas atualmente.

As Atuais Regiões Biogeográficas

O sistema de regiões biogeográficas aceito atualmente tem suas raízes no século XIX, quando nosso crescente conhecimento do mundo permitiu aos biólogos perceberem que a superfície do globo poderia ser dividida em áreas diferenciadas por meio de seus animais e plantas endêmicos. Suficientemente naturais, essas divisões foram baseadas na distribuição dos grupos dominantes facilmente observados. Assim, Candolle em 1820, seguido por Engler em 1879, empregou os padrões de distribuição das plantas floríferas como base para um sistema de regiões fitogeográficas, enquanto Sclater em 1858, trabalhando com pássaros, e Wallace em 1860-1876, trabalhando com mamíferos, definiram o sistema de regiões zoogeográficas (veja o Capítulo 1). Exceto por algumas modificações menores, essas interpretações do século XIX sobreviveram, praticamente inalteradas, até o final do século XX.

No entanto, agora sabemos como essas regiões faunísticas e florísticas se desenvolveram gradualmente no passado e, em particular, como suas interconexões já eram diferentes. Às vezes, isso foi devido às mudanças nas posições dos continentes, por exemplo, quando a Austrália se afastou para o norte da Antártida e mais perto do Sudeste Asiático. Mais frequentemente, foi causado por mudanças nos climas do mundo, o que permitiu que os animais e as plantas se espalhassem e se dispersassem através de rotas de alta latitude que agora estão muito frias para permitir isso, como a ponte terrestre de Bering entre o Alasca e a Sibéria, e as variadas conexões entre a América do Norte e Eurásia no Cenozoico Inferior (veja mais adiante neste capítulo). (É importante notar que a identificação dessas regiões baseia-se na história de suas faunas e floras. Cada uma das regiões contará hoje com áreas de clima diferente, dentro das quais a mudança evolutiva na biota da região levará à aparência de clados adaptados a essas condições, para formar um bioma local. O padrão e o conteúdo desses biomas são, portanto, os resultados da ecologia local nos últimos milhões de anos e não devem ser confundidos com as regiões biogeográficas historicamente baseadas [1], cujas origens vão muito mais longe ao tempo geológico.)

Esse conhecimento tornou possível rever as interpretações do século XIX [2], e também forneceu uma oportunidade para substituir os nomes clássicos antigos (por exemplo, Paleotropical e Neártico) com os nomes dos próprios continentes; a Figura 11.1 mostra o resultado disso. Com relação aos mamíferos,adota-seo sistema de Wallace, exceto que os limites de sua região oriental e australiana nas Índias Orientais seguem as margens das plataformas continentais das duas regiões, em vez das duas regiões que se reúnem ao longo de uma linha dentro do padrão das Ilhas Orientais das ilhas (veja o Boxe 11.1). Esse sistema também desenha o limite norte da região africana na borda norte desse continente, em vez de ao longo da borda sul do Saara. As plantas com flores (Figura 11.2) foram atualizadas de forma semelhante, especialmente para ter em conta na medida em que a capacidade das angiospermas para dispersar através das barreiras oceânicas permitiu que elementos da flora do Sudeste Asiático se dispersassem pelo Pacífico e sul da América do Sul para dispersar para o leste através das ilhas ao norte da Antártica, aproveitando o forte vento oeste que sopra em torno desse continente.

Embora possamos desenhar linhas nítidas e simples entre a maioria das diferentes regiões biogeográficas nos mapas de hoje, isso é simplesmente resultado de coincidências entre a atual geografia e as mudanças climáticas recentes. Como veremos, a Era do Gelo no último par de milhões de anos reduziu progressivamente a extensão setentrional da faixa quente, ideal para as plantas floríferas e para os mamíferos. No entanto, ao serem empurrados na direção sul,

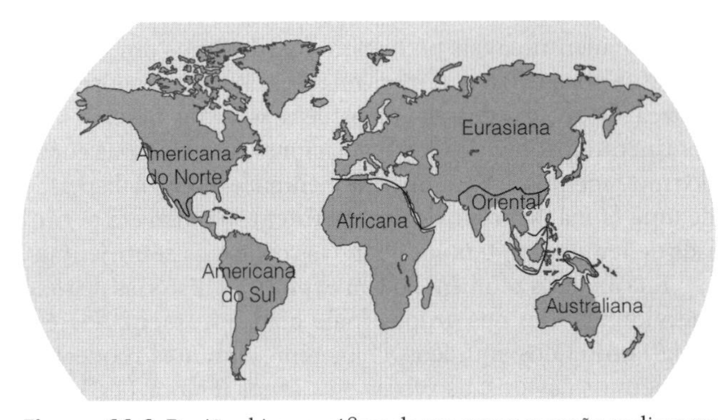

Figura 11.1 Regiões biogeográficas de um grupo que não se dispersa facilmente — os mamíferos.

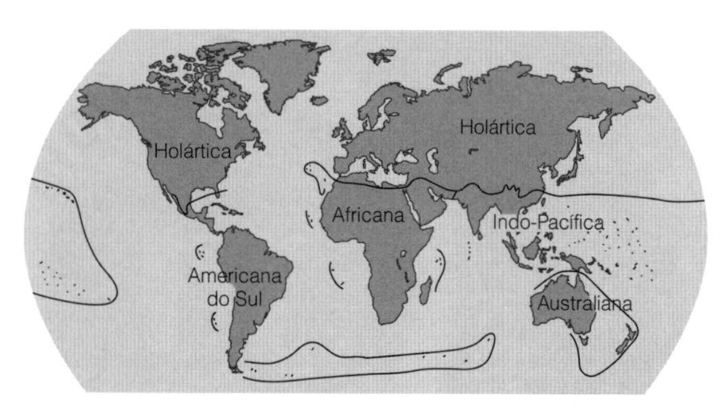

Figura 11.2 Regiões biogeográficas de um grupo que se dispersa facilmente — as plantas floríferas.

encontraram seu caminho bloqueado na América do Norte pelo estreito filtro no Istmo do Panamá, e na Eurásia pela combinação do Mar Mediterrâneo, dos desertos no norte da África, no Oriente Médio e no sul da Ásia, e pela cadeia de montanhas do Himalaia. Em consequência, muitas dessas famílias tornaram-se extintas ao norte dessas barreiras. Quando o clima se recuperou durante os períodos interglaciais, essas mesmas barreiras as impediram de retornar na direção norte. Assim, em vez de proporcionarem grandes zonas de transição gradual entre regiões de floras e faunas vizinhas, essas famílias são separadas por áreas nas quais o clima forma uma barreira entre biotas muito diferentes.

A Base da Biogeografia de Mamíferos

A biogeografia dos mamíferos é bem conhecida e documentada, por várias razões. Até que os dinossauros de repente se extinguissem, os mamíferos foram confinados aos papéis dos pequenos animais que vivem principalmente de invertebrados, frutas e nozes. Agora, conseguiram aumentar o tamanho e a diversidade e ocupar os papéis anteriormente assumidos pelos dinossauros e tornar-se, por sua vez, o grupo dominante de animais, comum e facilmente identificado. Mas, como já haviam se espalhado por todo o mundo, a natureza de sua diversificação era diferente e única em cada continente. As diferenças entre essas faunas foram perpetuadas pelo fato de que, com exceção dos morcegos, os mamíferos são incapazes de atravessar grandes extensões de água, como as que cercam os principais continentes. Como resultado, os *taxa* que evoluem em um continente particular são normalmente limitados a ele, como *taxa* endêmicos. Além disso, há relativamente poucas (cerca de 120) famílias de mamíferos não marinhos, e, porque seus restos são prontamente identificáveis no registro fóssil, temos um registro fiável de suas origens e inter-relações. Podemos, portanto, rastrear os relatos dessas faunas de mamíferos baseados no continente ao longo do tempo, relacionar suas histórias com a dos movimentos dos continentes e entender como a dispersão de uma fauna ou grupo de um continente a outro era permitida de tempos em tempos por novas conexões continentais.

Tais análises também podem explicar as histórias de *taxa* individuais. Um dos grupos mais bem documentados é a superfamília dos equídeos, cujos representantes modernos incluem os cavalos, as zebras e os asnos (Figura 11.3). Sua evolução primitiva se deu na placa euramericana, particularmente na América do Norte, quando esse continente se separou. O gênero *Hipparion* dispersou-se através da região de Bering para a Eurásia, no Mioceno Superior, e daí para a África quando esta se tornou conectada à Eurásia (Figura 11.8). O gênero *Equus* surgiuno Plioceno e dividiu-se em três linhagens distintas: os asnos, os zebroides e, destes, os verdadeiros cavalos. Quatro espécies de zebroides ainda são encontradas na África, e o quaga africano, parente do cavalho verdadeiro, tornou-se extinto apenas no século XIX. Tanto o *Hippidion* quanto o cavalo verdadeiro alcançaram a América do Sul após a formação do Istmo do Panamá, mas, surpreendentemente, todos os equídeos do Novo Mundo foram extintos durante o Pleistoceno. Um dos grupos mais bem documentados é a superfamília dos Equídeos, cujos representantes modernos incluem os cavalos, as zebras e os asnos (Figura 11.3). Sua evolução primitiva se deu na placa Euramericana, particularmente na América do Norte, quando este continente se separou. O gênero *Hipparion* dispersou-se através da região dc Bcring para a Eurásia no Mioceno Superior, e daí para a África quando esta se tornou conectada à Eurásia (veja Figura 11.8). O gênero *Equus* surgiu no Plioceno e dividiu-se em três linhagens distintas: os asnos, os zebróides e, destes últimos,

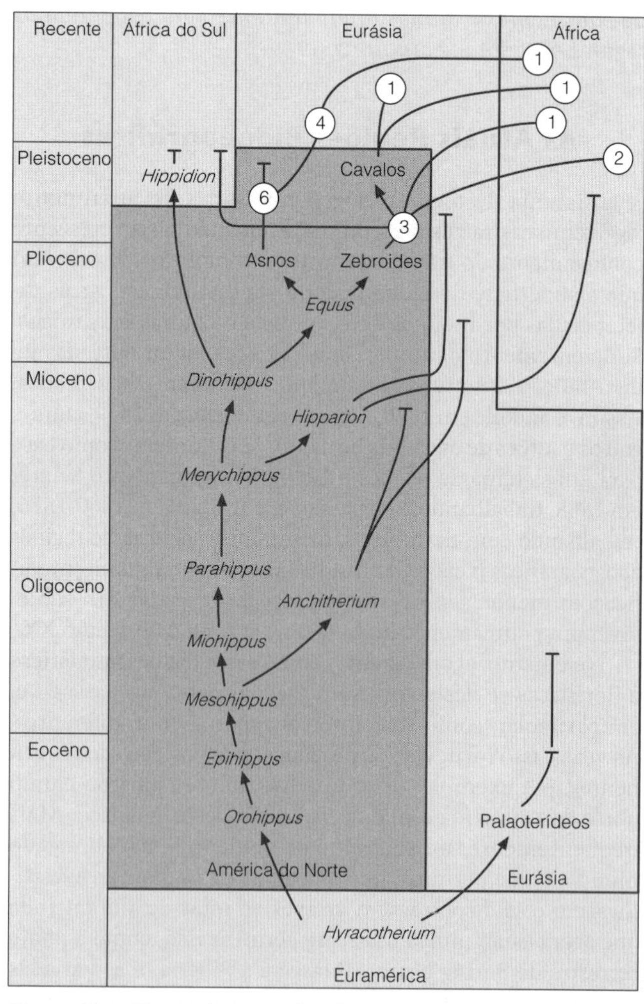

Figura 11.3 História biogeográfica dos cavalos (Equídeos), mostrando como a maior parte de sua diversificação ocorreu na América do Norte (pintada de cinza-escuro), seguida de uma dispersão posterior para outros continentes. Os números circundados mostram a quantidade de gêneros de cavalos, asnos ou zebras que existiam em cada continente em momentos específicos. Linhagens extintas são mostradas com uma barra no final. Segundo MacFadden [3].

os verdadeiros cavalos. Quatro espécies de zebróides ainda são encontradas na África, e o quaga africano, parente do cavalo verdadeiro, tornou-se extinto apenas no século XIX. Tanto o *Hippidion* quanto o cavalo verdadeiro alcançaram a América do Sul após a formação do Istmo do Panamá mas, surpreendentemente, todos os equídeos do Novo Mundo foram extintos durante o Pleistoceno.

Como resultado de todos os fatores mencionados aqui, a história biogeográfica dos mamíferos é tão bem documentada e entendida, que talvez forneça um cenário duradouro do que será usado em qualquer tentativa de explicar as histórias de origem e dispersão de outros grupos, tanto vegetal quanto animal. Esse esquema não é um esquema geral de regiões zoogeográficas, mas apenas um esquema para mamíferos. Outros grupos mostrarão padrões diferentes, e alguns deles estão sendo mostrados pelas novas técnicas analíticas que permitem comparações úteis entre as distribuições de outros grupos e as dos mamíferos. Até agora, no entanto, estes se relacionam apenas com a distribuição desses grupos atuais, pois a história fóssil da maioria dos outros grupos não é conhecida com detalhes suficientes para fornecer um paralelo ao dos mamíferos, embora tenha sido iniciada com determinado número de grupos, como besouro-rola-bosta [4] e pássaros. Prosseguiremos agora com as análises e a história dos grupos de mamíferos e o desenvolvimento de suas regiões biogeográficas como as que vemos hoje, antes de voltar para o grupo dominante de plantas atuais, plantas com flor ou angiospermas.

Padrões de Distribuição no Presente, I: Os Mamíferos

Conforme mencionado neste capítulo, as possibilidades de dispersão dos mamíferos entre os diferentes continentes variaram no passado devido a mudanças nas posições dos continentes, do clima, ou devido à elevação ou retirada de mares rasos que de tempos em tempos subdividiram os continentes. A Figura 11.4 resume os tempos e as direções

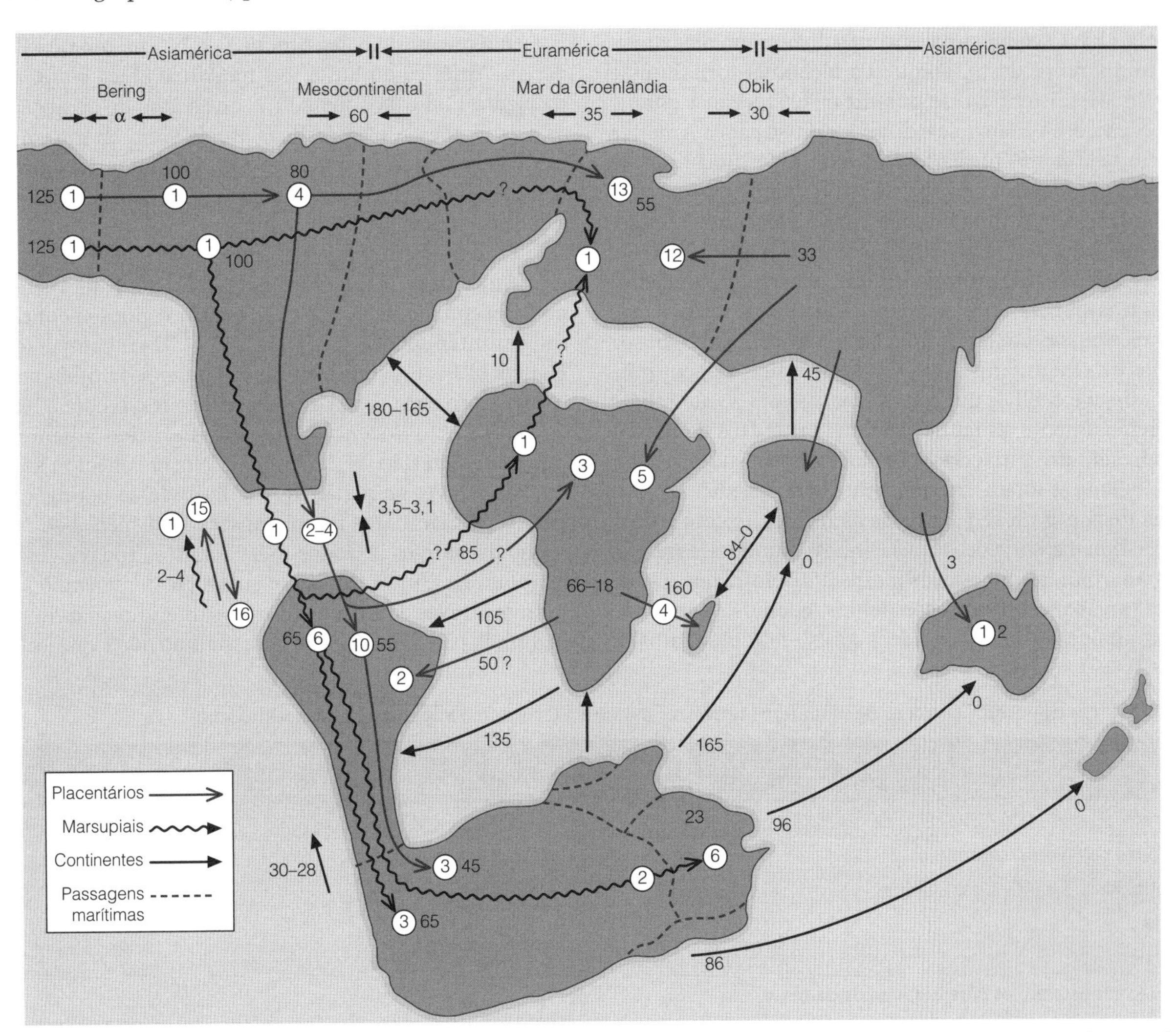

Figura 11.4 Diagrama ilustrativo dos principais eventos da biogeografia histórica da dispersão dos mamíferos. As setas indicam a direção de dispersão das famílias de mamíferos ou dos continentes. As linhas tracejadas mostram as posições dos Mares de Bering, Mesocontinental, Labrador, da Groenlândia e de Obik, com as setas indicando se os mares encontravam-se abertos ou fechados no momento indicado pelos números adjacentes (em milhões de anos atrás). (O símbolo alfa no Mar de Bering indica que esteve aberto e fechado várias vezes.) A posição do Mar de Labrador, a oeste da Groenlândia, é indicada por uma linha tracejada, sem mais informações, pois foi irrelevante para a dispersão dos mamíferos. Os números nos círculos indicam a quantidade de famílias de mamíferos na área em questão; os números adjacentes indicam os tempos em milhões de anos atrás. Nenhuma tentativa foi feita de fornecer a quantidade total de famílias nos diferentes continentes em nenhum período mais antigo do que 55 milhões de anos atrás.

de dispersão. É útil comparar esta figura com a Figura 11.7, que mostra o padrão de Gondwana de separação progressiva na forma de um cladograma datado.

Devido ao grande isolamento tanto da América do Sul quanto da África em relação aos demais continentes, no Cretáceo Superior e no Cenozoico Inferior, cada qual desenvolveu sua fauna característica de mamíferos. No Cenozoico Superior, a Índia e o Sudeste Asiático possuíam uma fauna similar àquela da África. Porém, suas histórias climáticas diferentes e o surgimento de desertos e montanhas separando-os levaram à divergência de suas faunas de mamíferos. Em consequência, reconhece-se uma região zoogeográfica oriental, separada. A região australiana, a única com marsupiais, forma outra fauna distinta. As duas massas de terra do Hemisfério Norte possuem faunas de mamíferos que, de algum modo, diferem umas das outras, embora ambas sejam similares por terem sido pobremente habitadas devido à mudança climática na Era do Gelo do Pleistoceno.

O padrão de distribuição das ordens de mamíferos no Cenozoico Superior, Épocas do Mioceno/ Plioceno, é mostrado na Tabela 11.1. O padrão final encontrado hoje em dia é ligeiramente diferente deste, porque os elefantes tornaram-se extintos no Hemisfério Norte, durante o Pleistoceno, e porque alguns edentados e marsupiais dispersaram-se para a América do Norte pela ponte terrestre do Panamá. O total final de ordens em cada região, na Tabela 11.1, leva em consideração essas mudanças. A última linha da Tabela 11.1 também apresenta a quantidade total de famílias terrestres de mamíferos em cada região. No entanto, esses números excluem as baleias, os sireníideos (dugongos e peixes-boi), os pinípedes (focas, leões-marinhos, morsas etc.) e os morcegos; também excluem os humanos e os mamíferos transportados em suas viagens (tais como o dingo e coelhos que foram levados para a Austrália).

Individualmente, as famílias dentro das ordens de mamíferos apresentam variações consideráveis de sucesso para dispersão. Poucas foram extremamente bem-sucedidas. Nove famílias dispersaram-se para todas as regiões, exceto para a região australiana: soricídeos (musaranhos), ciurídeos (esquilos, tâmias, marmotas), cricetídeos (*hamsters*, lemingues, ratos-calunga, arganazes), leporídeos (lebres, coelhos), cervídeos (cervos), ursídeos (ursos), canídeos (cães), felídeos (gatos) e mustelídeos (doninhas, texugos, gambás). Além desses, os bovídeos (bois, carneiros, impalas, e lãs etc.) dispersaram-se para todas as regiões, exceto para América do Sul e Austrália, e os murídeos (ratos e camundongos típicos) só não se dispersaram para as Américas do Sul e do Norte. Esse grupo de 11 famílias foi convenientemente denominado nômade. Sua inclusão em qualquer análise dos padrões de distribuição das famílias vivas de mamíferos terrestres tende a confundir as características padrão dos relacionamentos entre essas regiões zoogeográficas. Esses 'nômades' foram, por esse motivo, excluídos da Figura 11.5, que apresenta a distribuição das 79 famílias restantes. A região oriental foi incluída duas vezes para que a única família compartilhada com a América do Sul (a distribuição remanescente dos camelídeos) pudesse ser mostrada.

Como se pode observar na Figura 11.5, a maior parte das famílias de mamíferos terrestres (51 entre 90, ou seja, 57 %) é endêmica a uma ou outra região. O grau de endemismo dos mamíferos em cada região diferente é calculado na Tabela 11.2. (Vale ressaltar que os roedores, a ordem mais bem-sucedida entre todos os mamíferos, contribuem com 19 dessas famílias endêmicas: duas na América do Norte, uma na Eurásia, dez na América do Sul e seis na África.) Fica claro, a partir da Figura 11.3 e da Tabela 11.2, que o grau de distinção entre as seis regiões zoogeográficas atuais varia enormemente, a julgar pelo grau de endemismo dos mamíferos. Esses números resultam de três fatores principais: isolamento, clima e diversidade ecológica.

O resultado do longo isolamento das regiões da Austrália e da América do Sul é óbvio para a distribuição das famílias no Mioceno, quando as outras quatro regiões encontravam-se bem inter-conectadas (Figura 11.6). Uma comparação das Figuras 11.5 e 11.6 também mostra quantas famílias sul-americanas tornaram-se extintas após a conexão com a América do Norte no Plioceno (conforme discutido adiante neste capítulo). A região da América do Norte conectou-se com a Eurásia através da região de alta latitude de Bering, e vários grupos de mamíferos foram capazes de dispersar-se por esta região durante os períodos mais quentes. Todavia, estes não incluíam os grupos tropical e subtropical que então se espalhavam através da África e da porção meridional da Eurásia — incluindo partes da Eurásia bem mais ao norte que os limites

Tabela 11.1 Distribuição das ordens de mamíferos terrestres durante o Cenozoico Superior (Mioceno-Plioceno).

	África	Oriental	Eurásia	América do Norte	América do Sul	Austrália
Roedores	x	x	x	x	x	x
Insetívoros, carnívoros, lagomorfos	x	x	x	x	x	
Perissodácstilos, artiodáctilos, elefantes	x	x	x	x	x	
Primatas	x	x	x		x	
Pangolins	x	x				
Leporídeos, mussaranhos gigantes, porcos-da-terra	x					
Edentados					x	
Marsupiais					x	x
Monotremos						x
Número total de ordens atuais*	12	9	7	8	9	3
Número total de famílias terrestres atuais*	44	31	29	23	32	11

*O total final de ordens e famílias também considera as extinções e dispersões do Quaternário (veja o texto).

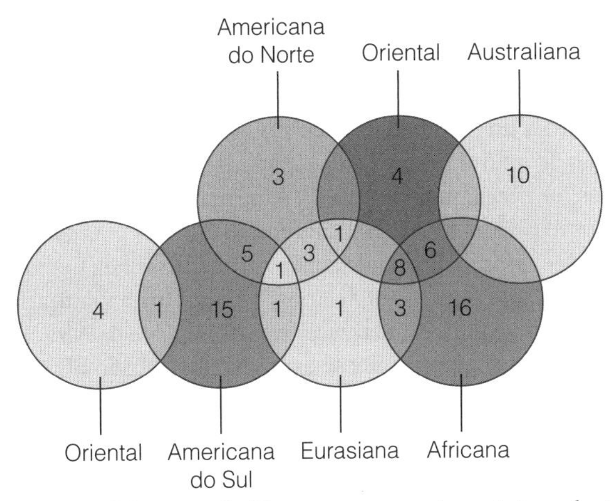

Figura 11.5 Diagrama de Venn representando os inter-relacionamentos das famílias de mamíferos terrestres das seis regiões zoogeográficas atuais, excluindo-se as 11 famílias nômades.

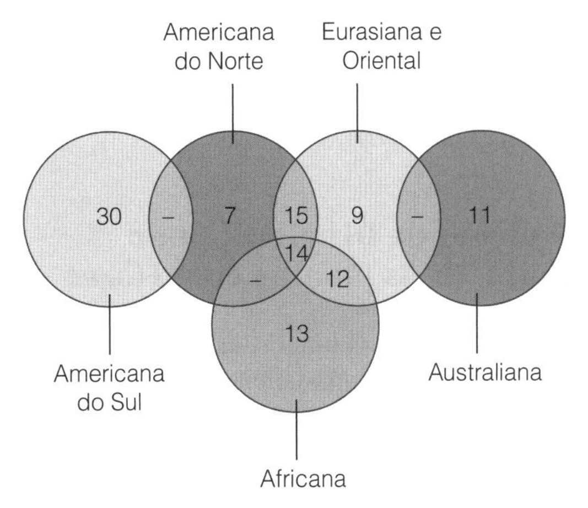

Figura 11.6 Diagrama de Venn representando os inter-relacionamentos das famílias de mamíferos terrestres dos continentes no final do Mioceno, excluindo-se as 11 famílias "nômades".

Tabela 11.2 O grau de endemismo das famílias de mamíferos terrestres (número de famílias endêmicas 100 número total de famílias).

Região	Endemismo
Austrália	10 × 100 ÷ 11 = 91 %
América do Sul	15 × 100 ÷ 32 = 47 %
África	16 × 100 ÷ 44 = 36 %
Holártica	7 × 100 ÷ 37 = 19 %
América do Norte	3 × 100 ÷ 23 = 13 %
Oriental	4 × 100 ÷ 31 = 13 %
Eurásia	1 × 100 ÷ 30 = 3 %

atuais da região Oriental que, por sua vez, não era reconhecida, naquele momento, como uma região zoogeográfica separada. As glaciações do Pleistoceno no Hemisfério Norte dizimaram as faunas de mamíferos tanto da América do Norte quanto da Eurásia; por isso, essas duas regiões possuem poucas famílias de mamíferos. A maioria dessas raras famílias também se encontra presente nas regiões contíguas ao sul e, em consequência, a América do Norte e a Eurásia contêm poucas famílias endêmicas de mamíferos. Assim, famílias de mamíferos tropicais e subtropicais do Velho Mundo encontram-se presentes hoje em dia apenas nas regiões oriental e africana. Sem considerarmos as três famílias encontradas apenas em Madagascar, o grau de endemismo dos mamíferos na região africana seria levemente menor (13 × 100 ÷ 41 = 32 %), mas ainda seria significativamente mais alto do que o da região oriental. O interessante é que essa diferença também é encontrada entre as aves: 13 famílias são endêmicas à região africana, mas apenas uma é endêmica à região oriental. Essas diferenças provavelmente se devem à maior extensão da África que, em latitude, se estende para o norte desde o equador, através do deserto do Saara, até aproximadamente 30°N, e para o sul até 35°S; por esta razão contém uma gama mais ampla de ambientes do que a Índia, que se estende entre 14°N e 35°N. No entanto, a grande área da África também deve ter uma parcela nisto, proporcionando mais espaço para a evolução de novos grupos.

Eisenberg [5] conduziu uma análise interessante sobre a extensão com que diferentes nichos ecológicos foram preenchidos nas diferentes regiões zoogeográficas. Devido ao fato de a África Oriental possuir grandes áreas de *grassland* e de savanas, 21 % dos gêneros de mamíferos pastam mordendo ou roçando,* comparados com apenas 9 % destes na América do Sul. Por outro lado, com grandes áreas de floresta úmida, 22 % dos gêneros de mamíferos no norte da América do Sul são frugívoros ou onívoros, comparados com apenas 11 % no sul da África. Pela mesma razão, o norte da América do Sul também possui uma alta proporção de mamíferos (morcegos) que se alimentam de insetos, tanto no ar como nas folhas. Surpreendentemente, apenas dois gêneros de morcegos no Sudeste Asiático se alimentam de insetos em folhas, comparados com nove na América do Sul.

Comparações de dados dessa natureza provocam questionamentos interessantes. A Austrália e o norte da América do Sul contêm proporções similares de gêneros arbóreos, embora a Austrália hoje possua menores áreas de floresta. Eisenberg sugeriu que isto pode ser uma herança do passado, quando a Austrália possuía mais florestas (veja no Capítulo 10), e vários marsupiais tornaram-se arbóreos. De modo similar, ele especulou sobre as possíveis razões para uma quantidade comparativamente menor de comedores de frutas e onívoros na Austrália. Isto pode ser explicado pela menor quantidade de árvores frutíferas, ou porque pássaros semelhantes ao papagaio obtiveram mais sucesso naquele nicho do que os mamíferos. Também é possível que as árvores frutíferas da Austrália vivem em um clima mais sazonal, e suas frutas não sejam uma fonte alimentar confiável, com ciclos anuais. Esta também pode ser a razão da existência, ali, de uma quantidade maior de morcegos.

Em um artigo que provoca a reflexão, os ecologistas Cris Cristoffer e Carlos Peres [6] compararam a composição da floresta e seus herbívoros da América do Sul com as do Velho Mundo. Observaram que existe muito maior diversidade e quantidade de biomassa de grandes herbívoros nas florestas do Velho Mundo do que nos trópicos sul-americanos. Grandes herbívoros, como elefantes e rinocerontes, consomem ou danificam pequenas árvores, quebrando seus galhos ou derrubando-as; no entanto, as florestas do Velho Mundo contêm árvores maiores e mais robustas, e menos lianas. Cristoffer e Peres

*No original são empregados, respectivamente, os termos *browser* e *grazer*, que remetem, ambos, ao ato de pastar. A forma como pastam, no entanto, pode ser diferenciada: os primeiros mordem, mordiscam o pasto, enquanto os demais roçam, raspam, arranham o solo. (N.T.)

sugeriram que este pode ser o motivo pelo qual existem em maior quantidade grandes herbívoros nas florestas do Velho Mundo, e pequenos herbívoros, tanto vertebrados quanto invertebrados, nas florestas do Novo Mundo.

Padrões de Distribuição no Presente, II: As Plantas com Flores

Em comparação com os mamíferos, existem muito mais famílias de plantas com flores (aproximadamente 450 *vs* 100); o grupo se originou e se diversificou muito mais cedo (Cretáceo Inferior *vs* Cretáceo Superior-Cenozoico Inferior), e é muito mais eficaz na dispersão. Como vimos no Capítulo 10, também é muito mais difícil traçar as histórias das famílias de plantas com flores ao longo do tempo, como podemos para mamíferos. Portanto, não é possível, hoje em dia, compor breves resumos de sua distribuição atual ou de seu tempo e direções de dispersão da mesma forma que é possível fazer para os mamíferos (veja a Figura 11.4).

É apenas na maior escala que se pode ver um simples padrão de relação entre a geografia e a distribuição das plantas com flores. Já no século XIX, o botânico alemão Adolf Engler percebeu que as ilhas e os continentes da parte mais ao sul do mundo continham elementos de uma única flora, que ele chamou de *Ancient Ocean Flora* (veja o Capítulo 1). Agora sabemos que as semelhanças florísticas entre essas áreas são porque todos eles contêm sobreviventes da flora temperada do Cretáceo Superior de Gondwana (veja o Capítulo 10). Elementos desta flora sobreviveram no sul da América do Sul e no oeste da Tasmânia, e em locais espalhados mais ao norte, como Nova Caledônia e as montanhas da Nova Guiné. Além disso, como veremos mais adiante neste capítulo, a flora da região australiana, também, é derivada principalmente dessa flora original de Gondwana, embora tenha se tornado muito alterada na adaptação à crescente aridez desse continente.

As dificuldades envolvidas na tentativa de analisar a história biogeográfica de famílias de angiospermas individuais com um padrão de distribuição de Gondwana são bem exemplificadas pelo trabalho de um grupo de biogeógrafos australianos, estudando uma clássica família do sul Winteraceae [7]. Esta família de arbustos perenes lenhosos ou árvores pequenas, que datamdo Cretáceo Inferior, inclui nove gêneros e cerca de 130 espécies, encontradas principalmente no Pacífico Sudoeste, Austrália e Nova Guiné, mas também ocorrem na América do Sul e Madagascar. Os resultados da análise molecular do grupo mostram um padrão complexo de eventos, envolvendo a dispersão de longa distância, tanto para os continentes existentes (América do Sul e Austrália) quanto para partes do agora parcialmente submerso continente da Zelândia (veja a Figura 11.11) (Nova Caledônia, Nova Zelândia e a ilha vulcânica Lord Howe), enquanto o gênero Madagascar fornece um único exemplo de vicariância.

História das Regiões Biogeográficas do Presente

A história do Cenozoico de cada uma das principais regiões, bem como das grandes ilhas da Nova Zelândia e Madagascar, será agora considerada por sua vez. Como veremos, a dos continentes do sul é complexa, pois todas as espécies são o resultado da ruptura e dispersão de Gondwana, enquanto a dos continentes do norte é principalmente o resultado do aparecimento e desaparecimento de barreiras terrestres ou marítimas dentro da América do Norte e Eurásia.

Como pode ser visto nas Figuras 10.3 e 11.7 e na Prancha 7 (d e e), a separação do grande supercontinente sul de Gondwana começou há 175 milhões de anos, quando uma via marítima apareceu entre Índia-Madagascar e o litoral leste de África. Esta via marítima gradualmente se estendeu no sentido horário em torno da África, para formar, por sua vez, o sul do Atlântico Sul, há cerca de 135 milhões de anos, e o norte do Atlântico Sul, há cerca de 105 milhões de anos. Índia-Madagascar partiu da Antártida, cerca de 132 milhões de anos, enquanto a divisão entre Índia e Madagascar ocorreu há 90-85 milhões de anos. Após esta divisão, a Índia se moveu rapidamente para o norte, o seu canto do nordeste colidiu com um arco insular, há cerca de 57 milhões de anos, antes de finalmente colidir com o Tibete no sul da Ásia, há cerca de 35 milhões de anos, perto do limite Eoceno/Oligoceno (Prancha 7h), ou mesmo mais tarde [8]. Mais a oeste, o movimento relativamente pequeno do norte da América do Sul resultou em sua conexão com a América do Norte, há cerca de 3 milhões de anos, o que levou a um intercâmbio complexo entre suas faunas e floras. Mais a leste, houve a separação da Nova Zelândia da Austrália, há 84 milhões de anos, seguida pelo pequeno fragmento continental que chamamos de Nova Caledônia, há 80-65 milhões de anos. A própria Austrália se separou gradualmente da Antártida, há 52-35 milhões de anos, e se moveu para o norte até a posição atual perto do Sudeste Asiático, permitindo um intercâmbio complexo entre as biotas dessas duas áreas.

Os Trópicos do Mundo Antigo: África, Índia e Sudeste Asiático

Dois desses continentes, Índia e África, eram originalmente parte de Gondwana (veja as Figuras 10.1 e 10.3). A África se uniu aos continentes do norte durante o Mioceno Médio, cerca há 16-10 milhões de anos, mas nunca estava longe do sul da Eurásia, e foi provavelmente a partir daí que as plantas floríferas tropicais se dispersaram para os trópicos do sul da Ásia. Muitos elementos da biota tropical tornaram-se, sem dúvida, amplamente dispersos por toda a região, e antes do resfriamento do Hemisfério Norte, no Cenozoico Superior, devem ter se estendido na direção norte até altas latitudes da Eurásia. No entanto, esse resfriamento, em conjunto com a ampliação de mares e desertos no Oriente Médio, levou a uma nova divisão dos trópicos do Velho Mundo com uma parte ocidental, formada apenas pela África, e, a leste, uma seção Oriental, formada pela Índia e pelo Sudeste Asiático.

Ainda não é possível traçar em detalhes as contribuições individuais da África, da Índia e do Sudeste Asiático para a biota definitiva dos trópicos do Velho Mundo. Como sempre, o registro fóssil de mamíferos é mais fácil de interpretar, e pode então ser utilizado como guia para a reconstrução da história das floras de angiospermas. No entanto, por terem melhor poder de dispersão, uma variedade maior de plantas floríferas do que de mamíferos foi capaz de dispersar-se da Eurásia para a África.

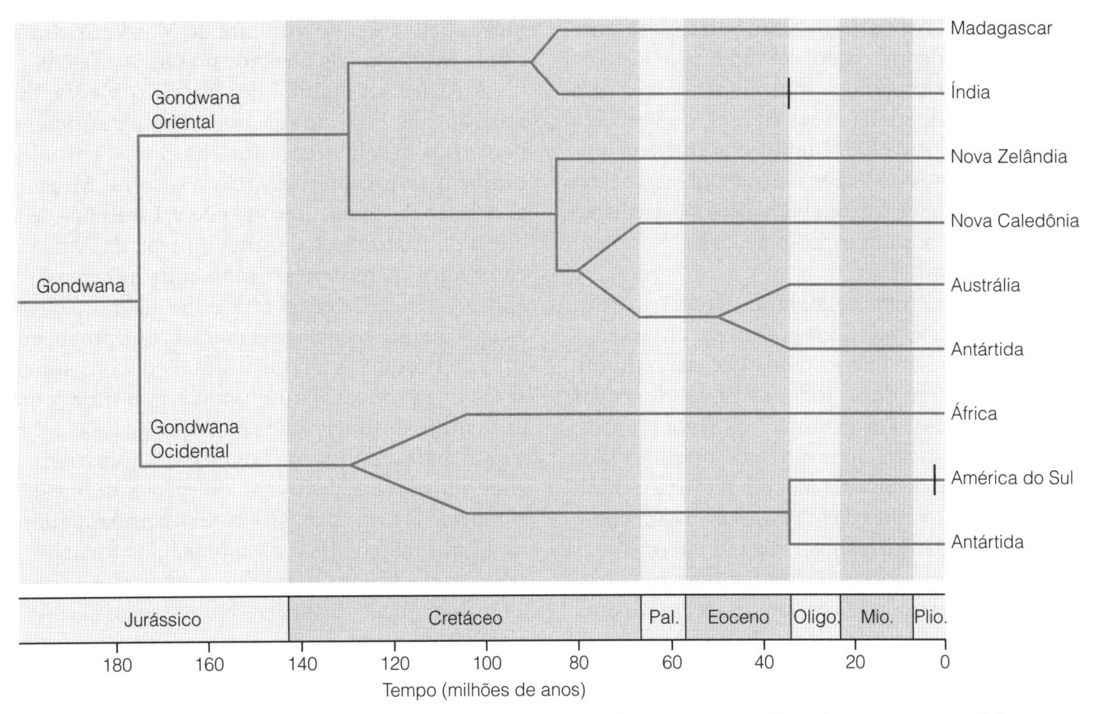

Figura 11.7 Diagrama para apresentar a fragmentação progressiva de Gondwana, mostrando as datas em que os diferentes eventos ocorreram. Linhas de separação inclinadas indicam a incerteza sobre os tempos exatos de certas separações. Barras em cruz nas linhas indicam os tempos de colisão da África e da Índia com a margem sul da Eurásia e do estabelecimento do Istmo do Panamá, que liga a América do Sul à América do Norte. A Antártida faz parte da Gondwana Oriental, mas também é mostrada no grupo da Gondwana Ocidental para demonstrar seu tempo de separação da América do Sul. Para detalhes, veja o texto neste capítulo.

África

A mais bem conhecida e distinta fauna tropical de mamíferos do Velho Mundo é a africana. Como explicamos no capítulo anterior, estudos moleculares sobre os inter-relacionamentos de diferentes ordens de placentários sugerem que o ancestral comum desse grupo atingiu o continente africano em meados do Cretáceo, vindo da América do Sul. Esse grupo era formado por elefantes, hiracoides (leporídeos), sirênios aquáticos (vacas-marinhas), musaranhos gigantes, porcos-da-terra, toupeiras douradas, tanreques* e os extintos embritópodes; foram classificados juntos na super ordem Afrotheria, que é endêmica à África [9].

Grande parte do continente foi coberta por florestas tropicais dos biomas tropicais úmidos e subtropicais úmidos quentes (veja a Figura 10.10) durante grande parte do Cenozoico Inferior, até o Mioceno Superior.

Embora o mar separasse a África da Eurásia (Figura 11.8a) no Cretáceo Superior e Cenozoico Inferior, alguns placentários tentaram entrar na África, vindos do norte. Uma invasão de primatas e creodontes ancestrais (mamíferos carnívoros precoces) deve ter ocorrido próximo aos limites entre o Paleoceno e o Eoceno [10], pois um evento dessa natureza é necessário para explicar a fauna mais diversificada encontrada desde o Eoceno Superior até o Oligoceno Inferior, no norte da África. Separada dos membros da Afrotheria, essa fauna incluía artiodáctilos, creodontes, roedores e os membros ancestrais da linha dos primatas antropoides (que mais tarde evoluíram para macacos e humanos). Embora hoje sejam representados apenas pelos leporídeos morfologicamente semelhantes aos coelhos, no Oligoceno (e provavelmente antes), os hiracoides eram os herbívoros de porte pequeno e médio dominantes no continente.

Após esta chegada precoce, a fauna placentária da África não recebeu mais adições até muito depois no Terciário, há cerca de 19 milhões de anos no Mioceno, quando ocorreu uma forte conexão terrestre com a Eurásia, no que é agora o Oriente Médio (Figura 11.8b). Este fechamento da via marítima entre os dois continentes pode ter sido a causa da deterioração climática ocorrida na Europa Central naquele momento. Os elefantes, os creodontes, os primatas e os roedores de cricetídeos passaram pela nova ponte terrestre da África para a Ásia, enquanto os carnívoros, os suínos e os bovídeos (gado, antílope etc.) entraram na África, causando a extinção de muitos africanos mamíferos primitivos.

Embora tenha ocorrido a reabertura da passagem marítima no Mioceno que proporcionou um clima mais quente e úmido na Europa Central, essa passagem marítima não constituía uma barreira suficiente, para prevenir a dispersão, em direção à Eurásia, de novos tipos de primatas, elefantes e suínos que haviam evoluído na África. A passagem marítima foi finalmente rompida próximo ao início do Mioceno Superior, 12 milhões de anos atrás, pelo soerguimento de montanhas na Arábia, na Turquia e no Oriente Médio, quando o cavalo *Hipparion*, que havia evoluído na América do Norte, surgiu tanto na Eurásia quanto na África (veja a Figura 11.3), enquanto rinocerontes, hienas e tigres dentes-de-sabre dispersaram-se da África para a Eurásia (Figura 11.8c). Um evento final e dramático foi o fechamento da conexão a oeste entre o Mediterrâneo Ocidental e o Atlântico, próximo ao final do Mioceno Superior, 6 milhões de anos atrás. Este foi causado por uma queda no nível do mar em todo o globo (ocasionada por um aumento do gelo nas calotas polares), bem como pela elevação de montanhas na

*Gênero de mamífero insetívoro, semelhante ao porco-espinho. (N.T.)

Espanha e no noroeste da África. Isso afetou particularmente a área ocidental do Mar Mediterrâneo, até um limite leste na Itália, porque nenhum rio importante fornecia mais água para essa região — diferentemente da área oriental, que recebia fluxos do Mar Negro e do Rio Nilo. Como consequência, nos 2 milhões de anos seguintes o Mediterrâneo Ocidental secou completamente, criando uma imensa planície 3000 m abaixo do nível do mar, coberta por um espesso depósito de sal em rocha (Figura 11.8d).

Os resultados do intercâmbio de mamíferos entre a África e a Eurásia tropical, no Mioceno, ainda podem ser observados hoje, pois vários grupos são encontrados exclusivamente nessas duas áreas — mas em quase todos os casos, os grupos contêm gêneros diferentes. Por exemplo, os rinocerontes, elefantes e porcos-espinhos africanos são todos originários de gêneros diferentes daqueles encontrados na região oriental. De modo semelhante, os lêmures de Madagascar, assim como os chimpanzés e os gorilas africanos, não são encontrados naquela região, onde esses grupos são representados por lóris, orangotangos e gibões. O tamanduá escamoso (*Manis*) é uma exceção, pois o mesmo gênero é encontrado nas duas áreas. No entanto, algumas das semelhanças exclusivas que se observam hoje entre as duas faunas escondem uma história ancestral muito mais complexa. Por exemplo, os elefantes originários da África no Eoceno migraram para a Eurásia no Mioceno Inferior, e de volta mais tarde no Mioceno [11]. Os ancestrais do mamute e dos modernos elefantes asiáticos provavelmente evoluíram na África 4 a 5 milhões de anos atrás e migraram de volta para a Eurásia 2 milhões de anos depois. Embora tenham se espalhado por grande parte do mundo, os mamutes tornaram-se extintos em todos os lugares durante a Era do Gelo. As faunas de mamíferos da África e Eurásia também se tornaram mais isoladas umas das outras pelo desenvolvimento do Mar Vermelho no Mioceno e pela extensão dos desertos no Oriente Médio.

A África foi erguida do Terciário Médio, de modo que, hoje, apenas 15 % de sua área é baixa o suficiente para estar dentro da escala altitudinal da floresta tropical. O clima também se tornou mais frio e seco no Mioceno Superior. O deserto do Saara, cuja área de 9,4 milhões de km^2 é maior que a da Austrália e domina o mapa da África atualmente, começou a aparecer nesse momento, há cerca de 5 milhões de anos. A África Oriental teve de se adaptar ao resfriamento e à consequente seca naquela região, que provocou uma cobertura de bosques e matas arbustivas com solo coberto por ervas e gramíneas. Isto proporcionou uma grande radiação de mamíferos que pastam mordendo e especialmente os que roçam, particularmente bovídeos (bois, carneiros, antílopes, gnus, impalas etc.); existem 76 espécies de bovídeos na África, comparadas com apenas 37 espécies na Ásia. Juntamente com as girafas, os javalis e as zebras, elas formam um enorme rebanho na África Oriental, sendo usualmente consideradas a fauna "típica" da África. No entanto, elas na verdade são retardatárias na cena africana, pois seus ancestrais não eram conhecidos na África até o Mioceno Médio. Nosso próprio gênero, *Homo*, parece ter evoluído nesse ambiente (veja o Capítulo 13), e as atividades humanas foram provavelmente responsáveis pela flora característica das savanas africanas áridas, com estações marcadas, desgastadas pelo pastoreio e pelas queimadas [12]. Juntamente com a seca generalizada que afetou o clima mundial naquele momento, a seca na África Oriental reduziu o tamanho da floresta úmida na direção leste, restringindo-a à África Ocidental e à Bacia do Congo. A diminuição na sua área é provavelmente uma das razões por que a flora tropical africana é menos diversificada do que a da América do Sul e do Sudeste Asiático. As glaciações

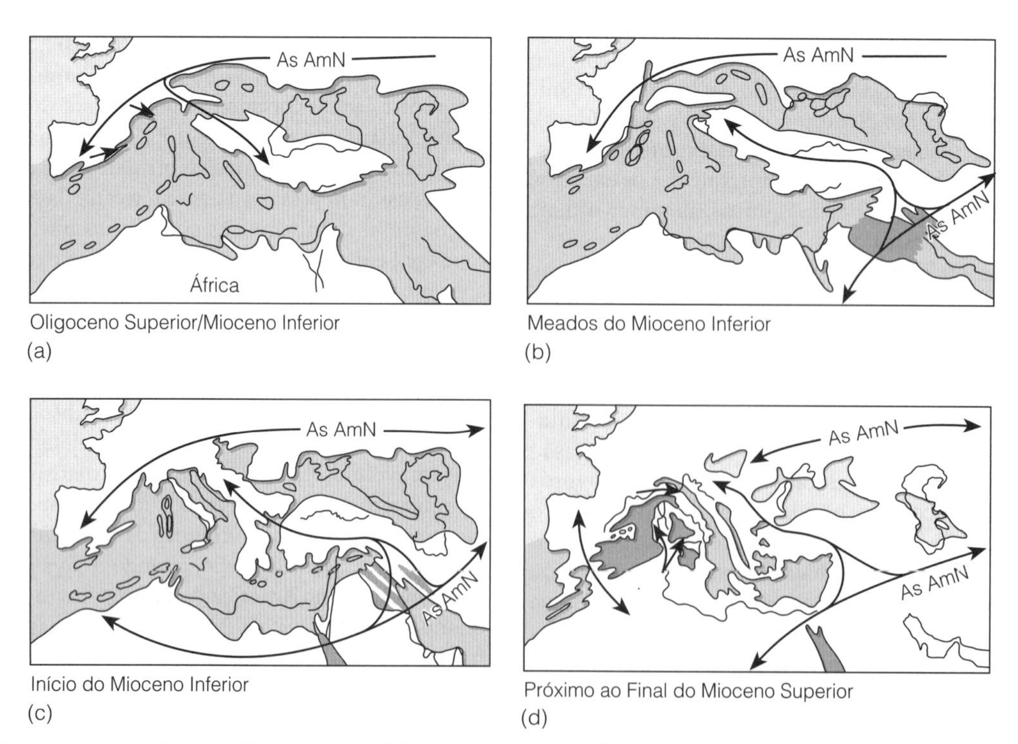

Figura 11.8 Reconstrução da área mediterrânica em diferentes momentos durante o Cenozoico. Tonalidades claras, mar; tonalidades escuras, depósitos evaporativos dispostos quando os mares secam. As setas mostram as direções de dispersão de mamíferos (As, Ásia; AmN, América do Norte). Foram acrescentados alguns limites da geografia atual para melhorar o reconhecimento e a localização. Segundo Steininger *et al.* [54], com permissão.

do Pleistoceno do Hemisfério Norte foram refletidas por períodos secos e frios na África, o que levou à subdivisão flutuante e ao reencontro das florestas tropicais.

O fechamento do Istmo do Panamá, há 3 milhões de anos, causado por mudanças nas correntes oceânicas do Atlântico Norte, levou a climas mais secos na Europa e, consequentemente, ao desenvolvimento do clima mediterrâneo moderno, com seus verões quentes e secos, e invernos frios e úmidos, e à expansão da floresta esclerófila de folhas perenes na região. O ambiente europeu mais seco recebeu muitos mamíferos asiáticos que habitavam as condições de estepe e savana, e ainda era quente o suficiente para alguns mamíferos, que agora consideramos como tipicamente africanos (como leões, hienas, girafas, hipopótamos, rinocerontes e macacos), também são encontrados no sul da Europa [10]. A fauna do norte da África foi, portanto, semelhante à do resto da África durante a maior parte do Terciário. No entanto, no início do Holoceno, há cerca de 10.000 anos, o clima da região tornou-se muito mais úmido, de modo que as zonas úmidas invadiram muitas das áreas do deserto do país, o Oriente Médio e o noroeste da Índia. As pinturas rupestres do Saara, desta data, mostram uma fauna típica de pastagens de savana, incluindo girafas, hipopótamos, elefantes e bovídeos (veja também o Capítulo 12). No entanto, a aridez se estabeleceu novamente há cerca de 5000 anos, e as pinturas rupestres desta data mostram o gado, indicando um modo de vida pastoral, mas depois mudam para imagens de cavalos e camelos, já que o clima se tornou ainda mais severo.

Na costa africana, duas áreas contêm biota que merecem atenção especial: a flora do Cabo, na região meridional, e a fauna de Madagascar.

A Flora do Cabo

Tem sido habitual para os biogeógrafos de plantas reconhece a flora da região do Cabo, na África do Sul, como um reino fitogeográfico distinto, colocando-a no mesmo nível de importância das floras de cada um dos principais continentes do mundo ou da totalidade do Hemisfério Norte temperado [2]. No entanto, pesquisas recentes mostraram que a região do Cabo é apenas uma entre várias regiões que têm clima do tipo mediterrânico, isto é, com verões quentes e secos e invernos frios e úmidos. As outras regiões são a Califórnia, o litoral do Chile, o sudoeste da Austrália e a própria Bacia do Mediterrâneo [13]. A flora do Cabo é, portanto, apenas uma das várias floras que resultaram de histórias ecológicas e evolutivas semelhantes, levando a altos níveis de endemicidade, e devem ser consideradas como uma província ou região de planta em vez de um reino. Estas cinco regiões ocupam menos de 5 % da superfície da Terra e, no entanto, contêm cerca de 48.250 espécies de plantas floríferas (quase 20 % do total mundial), assim como um número excepcionalmente alto de plantas raras e localmente endêmicas. Antes do início do resfriamento e da seca globais, no Plioceno, todas essas cinco regiões eram cobertas por florestas subtropicais, mas hoje abrigam uma mistura de floras que incluem alguns remanescentes das florestas anteriores, acrescidos de arbustos esclerófitos e bosques, com predominância de linhagens adaptadas à seca e ao fogo.

Índia e Madagascar

A história e as conexões biológicas desses dois continentes foram descritas pelos geólogos Ian Ali e Jonathan Aitchison [8]. Como pode ser visto na Prancha 7, eles foram originalmente ligados entre si e só se separaram do resto de Gondwana no Cretáceo Inferior, há 132 milhões de anos. Sua biota teria sido como a do resto de Gondwana naquela época, e teria incluído os dinossauros, bem como os primeiros tipos de mamíferos mesozoicos de um grau evolucionário mais primitivo do que os marsupiais e placentários (esses tipos primitivos foram muito difundidos no mundo Mesozoico). Índia e Madagascar se separaram no Cretáceo Superior, 90-85 milhões de anos atrás.

Madagascar

Com sua área de 587.000 km^2, Madagascar é o segundo maior, atrás apenas da Nova Guiné. Sua história de tectônica de placa é complexa [8] (Prancha 7d-g). Madagascar atingiu a posição atual em relação à África em 121 milhões de anos. Separou-se há cerca de 90 milhões de anos para se tornar uma ilha, na medida em que a Índia se moveu na direção norte em seu caminho para colidir com a Ásia. Esse longo período de isolamento explica o alto grau de endemismo de sua biota: cerca de 96 % das suas 4220 espécies arbóreas e arbustivas são endêmicas, assim como 9700 espécies de plantas e 770 espécies de vertebrados. A parte oriental da ilha ainda contém uma grande área de floresta, que é rica em espécies, provavelmente porque não sofreu tanto com a estiagem prolongada durante os períodos glaciares, como sofreu a África. A biota de Madagascar foi amplamente descrita [14].

Embora a biota do Cretáceo de Madagascar tenha sido semelhante à da Índia, não temos provas fósseis disso, e evidências moleculares recentes sugerem que as plantas com flores de Madagascar são mais propensas a ter chegado pela dispersão a partir da África [15], provavelmente e principalmente por dispersão do vento.

Como nunca foi mais estreito do que hoje (380 km de largura ao seu mais estreito), o Canal de Moçambique sempre foi suficientemente grande para proporcionar uma incrível barreira para os mamíferos africanos terrestres.Quase todas as espécies de mamíferos terrestres nativos de Madagascar pertencem a apenas quatro grupos: os Insetívoros (tenreque), os Primatas (lêmures), os Carnívoros (fossas) e os Roedores. Em cada um desses grupos, as espécies de Madagascar são originárias de uma única linhagem. (Os únicos outros que chegaram à ilha naturalmente são o hipopótamo-pigmeu, que se tornou extinto durante o Pleistoceno, e um porco-de-rio.) Esse padrão foi confirmado pelo emprego de técnicas moleculares que também sugeriram que as datas em que esses diferentes grupos de mamíferos se diferenciaram de seus ancestrais não originários de Madagascar,após a chegada à ilha, variaram de 60 para 18 milhões de anos [16].

Jonathan Ali e Matthew Huber [17] descreveram como as possibilidades de chegada de mamíferos em Madagascar devem ter sido fortemente afetadas pelo padrão de correntes oceânicas no Oceano Índico. Hoje, correntes fortes no Canal de Moçambique arrastam qualquer objeto para o sul ou o norte, impedindo a dispersão da África. Isso favorece as dispersões a partir de Madagascar para a África e explica a descoberta, baseada em estudo molecular, de que os camaleões parecem ter evoluído em Madagascar e se espalharam para a África e outras ilhas oceânicas [18]. No Eoceno, no entanto, a África e a Austrália estavam a mais de 10° S de suas posições atuais, e as fortes correntes do oeste em sua latitude resultante teriam impactado diretamente em Madagascar. Isso explicaria o fato de que os lagartos costeiros *Cryptoblepharus* de Madagascar parecem ter se dispersado da Indonésia ou Austrália [19]; também explicaria a possibilidade de os roedores de Madagascar terem alcançado a ilha da Ásia, e não da África, e continuarem invadindo o continente africano [20]. Isso também teria causado um forte giro no sentido anti-horário no Canal de Moçambique, que teria dirigido o fluxo ao longo da costa da África para o leste, favorecendo a dispersão de mamíferos africanos para Madagascar.

A presença de duas linhagens de peixes ciclídeos de água doce em Madagascar constituiu uma dificuldade. Estudos moleculares sugerem que esses peixes são muito mais próximos dos ciclídeos da Índia do que daqueles da África [21]. No entanto, o instante da diferenciação entre os ciclídeos das duas áreas, 29 a 25 milhões de anos atrás, é muito tardio para ser resultado de evolução vicariante.

Como seus imigrantes eram provenientes de apenas alguns grupos de mamíferos e pássaros, os colonizadores bem-sucedidos conseguiram ocupar nichos que normalmente não estariam disponíveis para eles – um fenômeno que é frequentemente encontrado em tais biotas insulares (veja o Capítulo 7). Alguns dos tipos hoje extintos de lêmures incluíram formas semelhantes às preguiças arborícolas e preguiças terrestres da América do Sul, e outros semelhantes aos gorilas da África e aos coalas da Austrália. As fossas de Madagascar, que pertencem à família de mangustos Carnívora, incluíram algo como um leão, enquanto os pássaros incluem a extinta grande ave-elefante não voadora e herbívora, bem como as radiações de passeriformes endêmicos – os picanços e as mariquitas [15].

Obviamente, o estudo molecular está fornecendo continuamente novas soluções e novos problemas na interpretação da biogeografia de Madagascar. É também um bom exemplo da medida em que os biogeógrafos históricos hoje têm que levar em conta muitos aspectos diferentes da geografia do mundo Cenozoico. Será fascinante ver como esses estudos progridem no futuro.

Índia

Após sua separação de Madagascar, a Índia foi isolada do contato direto com outros continentes durante sua longa viagem ao norte para colidir com o sul da Ásia que, como descrito anteriormente neste capítulo, provavelmente ocorreu em menos de 35 milhões de anos atrás. No entanto, Ali e Aitchison [22] acreditam que as ilhas oceânicas e os planaltos oceânicos agora submersos poderiam ter permitido aos organismos se dispersarem entre essas e outras partes de Gondwana Oriental no Cretáceo Superior e no Paleoceno primitivo. Um bom exemplo disso é a descoberta de que havia uma vez ilhas no Ridge Ninetyeast de 5000 km de comprimento, assim chamado porque aproximadamente é paralelo a essa longitude hoje. Embora estejam agora erodidas, no Paleoceno até o Oligoceno Superior, essas ilhas possuíam floras fósseis de um caractere distintamente da Gondwana Oriental, com florestas tropicais e palmeiras, apesar de estarem a mais de 1000 km de distância da Austrália [23]. Este é outro exemplo do poder de dispersão das plantas; porém, uma vez que a cadeia da ilha teria afetado as correntes oceânicas a leste de Madagascar, também afeta nossa interpretação da relevância desta para a fauna daquela ilha, como já vimos.

Como seria de esperar, a flora indiana do Cretáceo inclui grupos do sul como *Nothofagus*, *Proteaceae* e *Podocarpaceae*. No entanto, também inclui elementos de grupos de plantas do norte (veja Willis e McElwain (2014) em Leitura Complementar), bem como tipos do norte, como lagarto, cobra e sapo. De maneira eventual, a Índia deve ter recebido progressivamente mais e mais plantas floríferas da Ásia, enquanto se aproximava até finalmente colidir com esse continente no Eoceno Médio. Existe uma nítida evidência do surgimento, no Sudeste Asiático, de tipos de pólen tipicamente da Índia ou de Gondwana após a colisão [24]. Essas novas angiospermas substituíram muitas das floras anteriores do Sudeste Asiático, e aquelas que sobreviveram ainda se encontram presentes atualmente nas duas regiões, formando o reino fitogeográfico indo-pacífico que se estende na direção leste muito além, até as ilhas do Oceano Pacífico. As florestas úmidas do Sudeste Asiático e da China também receberam muitas plantas sensíveis ao congelamento, oriundas das médias latitudes da Ásia após o resfriamento global do Terciário Médio. Um processo similar levou ao aparecimento de plantas sensíveis ao congelamento no norte da América do Sul após o fechamento do Istmo do Panamá. A resultante semelhança entre os elementos das florestas da América do Sul e da China, muitas vezes referidos como os elementos ambipacíficos, é portanto decorrência da migração dessas plantas para a direção sul tanto quanto para o Hemisfério Norte, e não evidência de alguma "linha de ligação no Oceano Pacífico", como sugerem alguns biogeógrafos (veja o Capítulo 1).

Infelizmente, a fauna de mamíferos da Índia no Cretáceo e no Paleoceno, antes de sua colisão com a Ásia, não é conhecida, mas deve ter sido posteriormente colonizada rapidamente por mamíferos placentários da Ásia. A história recente do intercâmbio de mamíferos entre a Índia/Eurásia e a África foi descrita anteriormente. Cerca de 3 milhões de anos atrás, um aumento semelhante na aridez, relacionado com o aumento da altitude da cadeia de montanhas do Himalaia, ocasionou um aumento de seca nas partes setentrionais do subcontinente indiano e levou a um aumento no número de animais de pastoreio como cavalos, antílopes e camelos, assim como de elefantes.

Um padrão complexo de ilhas situa-se nas plataformas continentais do Sudeste Asiático (a plataforma de Sunda) e da Nova Guiné-Austrália (a plataforma de Sahul) e estas foram colonizadas em ambas áreas (Boxe 11.1 e Figura 11.9).

Austrália

As características e as afinidades biogeográficas da biota da Austrália são as mais incomuns e interessantes entre todas do mundo, e sua explicação requerem uma compreensão gratificante da interação entre movimento continental, mudança climática e dispersão biológica [24-26].

Pelo Cretáceo Médio e Superior, Gondwana perdeu a Índia e a África e manteve apenas uma ligação estreita com

Entre dois mundos — Wallaceia

Conceito Boxe 11.1

A série de ilhas entre os continentes da Ásia e Austrália abriga uma transição entre as plantas floríferas e os mamíferos placentários asiáticos e as plantas floríferas e as marsupiais australianos. Para os biogeógrafos botânicos, toda a área forma a província malaia do reino fitogeográfico indo-pacífico, que se estende a leste para incluir a Nova Guiné e a maior parte das ilhas do Oceano Pacífico. Por outro lado, os zoólogos descobriram que a Nova Guiné abriga marsupiais mas muito poucos placentários e uma fauna de aves predominantemente australiana. O zoogeógrafo Alfred Russel Wallace havia sugerido, no século XIX, uma linha de demarcação da fauna, mais tarde denominada Linha de Wallace, que separava a fauna de aves predominantemente asiática da mais oriental, predominantemente australiana. Essa linha, que corre muito próxima à plataforma continental da Ásia, foi reconhecida no passado como a fronteira entre as regiões zoogeográficas oriental e australiana. No entanto, a área entre as plataformas continentais da Ásia e da Austrália na verdade abriga relativamente poucos animais de qualquer tipo. Posteriormente, alguns zoogeógrafos propuseram seis variantes diferentes para a Linha de Wallace [55]. O debate sobre onde fixar a linha dividiu atenções até recentemente, sobre o real interesse da área, que é o limite no qual animais e plantas têm sido capazes de penetrar ou cruzar esse padrão de ilhas em ambas as direções. Portanto, é melhor traçara fronteira das regiões faunísticas oriental e australiana nas plataformas continentais, como foi feito nas demais regiões, e excluir a área intermediária, que alguns biogeógrafos antigos denominaram **Wallaceia** (Figura 11.9).

Os problemas biogeográficos de Wallaceia não são tão fáceis de compreender, como se deveria esperar de uma simples inspeção no mapa moderno. Um exemplo é proporcionado pela Ilha de Sulawesi, que abriga uma fauna variada de mamíferos e tem uma origem geológica complexa. A área ocidental da ilha era parte de Bornéu até se deslocar no Eoceno; pode ter sido a principal fonte das plantas asiáticas para as ilhas a leste e para a Nova Guiné. Por outro lado, a área oriental de Sulawesi foi originalmente um fragmento da Australásia, e agregou-se ao restante da ilha apenas no Mioceno Inferior. O estreito de Makassar, entre Bornéu e Sulawesi, tem hoje 104 km de largura. A ilha abriga uma variada fauna de mamíferos, incluindo morcegos, ratos, musaranhos, társios, macacos, porcos-espinho, esquilos, civetas, porcos, cervos e um elefante-pigmeu fóssil. Muitos desses são endêmicos e não foram introduzidos pelo homem; provavelmente cruzaram o Estreito de Makassar durante o Pleistoceno, quando níveis do mar mais baixos reduziram sua largura para apenas 40 km. Embora alguns dos tipos de mamíferos encontrados em Sulawesi também o sejam em ilhas mais a leste, a maioria foi provavelmente levada por humanos; apenas os ratos e os morcegos parecem ter feito essa travessia adicional sem ajuda. Sulawesi também contém duas espécies de marsupiais *phalanger*. Se este é o resultado da dispersão natural, é a única ilha, em Wallaceia, onde existe uma sobreposição natural entre mamíferos asiáticos e australianos. Mas *phalangers* também são encontrados em várias outras ilhas, e é bem possível que tenham sido criados pelos ilhéus como animais de estimação.

Em geral, as biotas de Wallaceia são menos diversas do que as do leste ou oeste, devido às dificuldades de colonização em uma série de distâncias oceânicas e devido às vulnerabilidades inerentes das biotas insulares (veja o Capítulo 7).

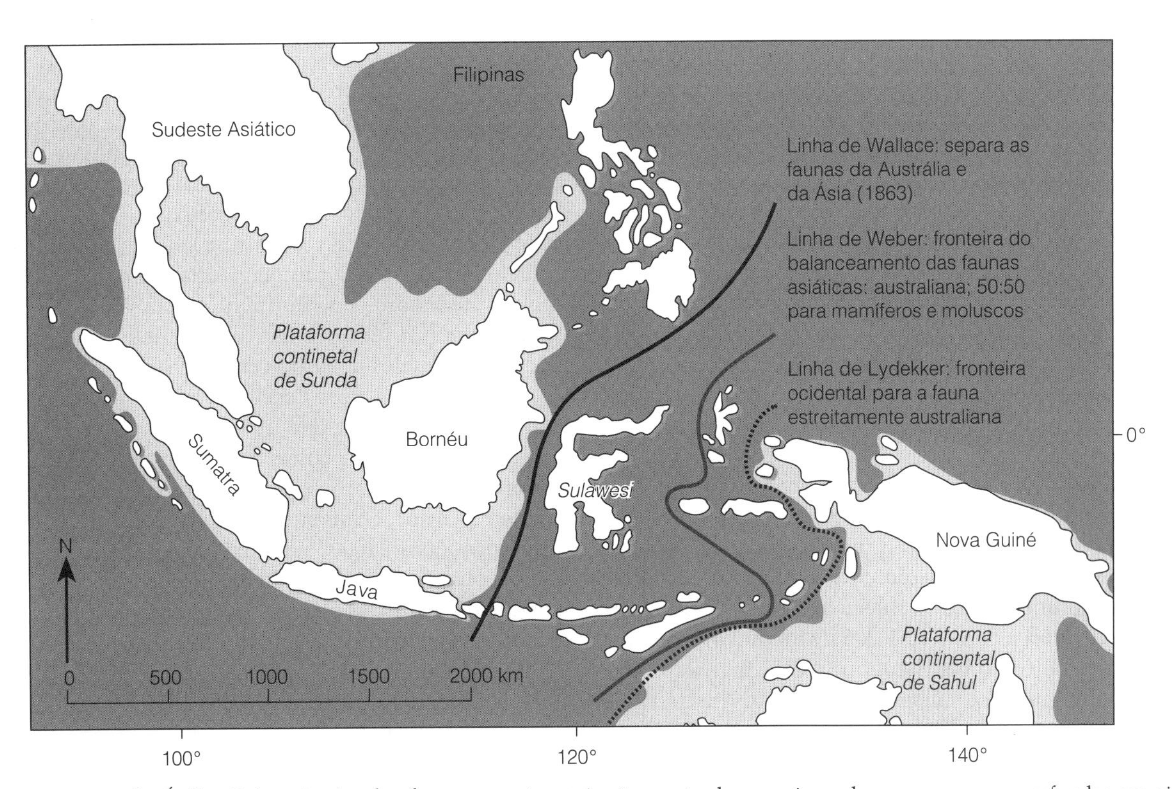

Figura 11.9 Mapa das Índias Orientais. As plataformas continentais são mostradas em cinza-claro e os oceanos profundos em cinza-escuro. Três das linhas de divisão da fauna são apresentadas e explicadas. "Wallaceia" é a área situada entre a Linha de Wallace e a Linha de Lydekker. Segundo Moss & Wilson [56].

a América do Sul, de modo que a Antártida-Austrália era o remanescente mais substancial do antigo supercontinente. Sua biota incluía mamíferos marsupiais, araucárias e *podocarpus*, *ginkgoes*, *bennettitales*, cicadáceas e algumas das plantas com flores primitivas (incluindo os primeiros membros das famílias *Nothofagus* e *Protea*). Eles estavam vivendo em latitudes do extremo sul que, embora não existisse gelo, tiveram os invernos quase sem sol e verões quase constantemente iluminados na Antártida atual. A flora do Cretáceo e do Terciário é conhecida quase exclusivamente do sul da Austrália, onde há evidências de florestas tropicais úmidas e de baixa diversidade, dominadas por gimnospermas, ao contrário de qualquer vegetação conhecida hoje. Durante o Eoceno Médio a Superior, essas florestas foram substituídas por florestas mais diversas dominadas por *Nothofagus*. A comparação com os tempos posteriores, quando há evidência de outros ambientes australianos, sugere que existiam florestas tropicais densas e perenes em regiões mais do norte. No centro da Austrália, havia floras como as atuais escleróifilase biomas trópicos de monções, dominados por *Proteas* em vez de *Nothofagus* e com maior variedade de angiospermas.

A Austrália e a Antártida começaram a se separar, cerca de 52 milhões de anos atrás, mas no início se separaram bastante devagar (Prancha 7f e g). Portanto, foram partes de um único sistema meteorológico, de modo que parte do calor que a Austrália recebia era circulado por sistemas de vento para o sul até seu vizinho antártico. Como resultado, e também porque nesse momento os níveis de CO_2 atmosférico e as temperaturas globais eram bastante altos, não havia calota de gelo antártico. Havia uma extensa entrada quente de mar entre os dois continentes;então o clima dessa região deve ter sido quente e com alta precipitação. Em 50 milhões de anos atrás, existem evidências de uma grande floresta tropical mesomegatérmica dominada por gimnospermas, semelhante ao atual bioma assazonal úmido, com *Nothofagus* e manguezais costeiros. As antigas florestas temperadas frias de *Nothofagus* estavam agora principalmente confinadas naparte sul da Austrália, e *Ginkgo* tornou-se extinto por esse tempo.

Foi este, então, o ambiente genial da Austrália no início do Cenozoico, quando seus marsupiais estavam passando por sua grande radiação, cuja diversidade era paralela à dos ausentes placentários. Foi também o tempo e o ambiente em que as aves canoras (passeriformes) começaram sua diversificação, antes de se dispersarem para a Ásia no Eoceno, onde seus descendentes começaram a radiação mundial que hoje é composta por quase metade de todas as espécies vivas de pássaros.

A Austrália só se moveu mais rapidamente na direção norte há 46 milhões de anos, no Eoceno. Por volta do Oligoceno Inferior, há cerca de 35 milhões de anos, os dois continentes se separaram o suficiente para que a corrente circumpolar profunda de águas frias e os ventos de oeste se estabelecessem (veja a Figura 10.11). Este foi provavelmente um fator importante no resfriamento global marcado que ocorreu no momento. Agora isolada da quente Austrália, a Antártida esfriou, e placas de gelo começaram a se formar. Também deve ter havido menos evaporação dos então mares frios em torno da Austrália, reduzindo as chuvas naquele continente, com um consequente aumento das áreas desérticas e áridas. Isso foi exacerbado pelo fato de que o movimento do norte da Austrália trouxe-o para a zona de alta pressão de 30° S de baixa precipitação. Por todas essas razões, a Austrália tornou-se cada vez mais árida do Oligoceno Superior e no Mioceno.

A única cadeia de montanhas significativa do continente é a Cordilheira Australiana, que se formou há cerca de 280 milhões de anos. Desde então, não houve novas montanhas cuja erosão poderia ter fornecido novos sedimentos e minerais para as vastas extensões planas do restante do continente. Seus solos, portanto, possuem cerca de metade dos níveis de nitratos e fosfatos de solos equivalentes em outros lugares. Além disso, porque essas montanhas correm ao longo do lado leste do continente, as chuvas levadas pelos ventos predominantes do leste caem ali, de modo que as terras do interior a oeste tornaram-se uma vasta zona semiárida. Além disso, a precipitação anual da Austrália também é extremamente variável, porque é altamente afetada pelos eventos El Niño no Oceano Pacífico. Nos momentos em que a precipitação é muito baixa, a cada 10-20 anos, a flora australiana está sujeita a incêndios devastadores. Estes são particularmente ferozes porque muitas das plantas, ao tentarem se proteger dos herbívoros, desenvolveram folhagens espinhosas, resinosas e resistentes, o que é altamente inflamável.

Devido a todos esses fatores, a produtividade da vegetação da Austrália é muito baixa e muito variável, o que, por sua vez, leva a grandes flutuações nas populações de herbívoros australianos. Como Flannery [27] ressalta, é por isso que o continente tem pouquíssimos carnívoros de grande porte, pois são inevitavelmente menos numerosos do que suas presas e, portanto, são muito vulneráveis à extinção. Flannery observa que a Austrália tem um número inconstante elevado de predadores reptilianos, como *pythons* e lagartos varanídeos, e que no período do Pleistoceno havia membros gigantes desses grupos, bem como um grande crocodilo terrestre. Ele sugere que os répteis, sendo de sangue frio e, portanto, não precisam consumir tanto alimento como seus concorrentes de mamíferos de sangue quente, podem ter sido mais capazes de sobreviver a períodos de escassez e, assim, manter um nível maior e mais seguro de população. Milewski e Diamond [28] sugeriram que a falta de micronutrientes contendo iodo, cobalto e selênio nos solos empobrecidos da Austrália também teria afetado a evolução de grandes herbívoros no continente, uma vez que podem ser de tamanho limitado, fecundidade e inteligência em comparação com aqueles de outros continentes.

Atualmente, a flora "esclerófita" é a principal característica da Austrália sendo que 45% do gênero é endêmica desse continente. As plantas dessa flora **esclerófita** (ou **escleromorfa**) caracterizam-se por crescimento lento, com interrupção repentina, e têm uma área foliar pequena, composta de folhas pequenas, largas, sempre verdes e coriáceas. Supõe-se que essa flora tenha evoluído em resposta a aridez do continente. No entanto, as plantas com essas características apareceram no registro australiano muito antes que isso, há 60-55 milhões de anos atrás, e parecem ter evoluído a partir da flora da floresta tropical, pois todas as famílias maiores com tipos de esclerófilas também são encontradas nas florestas tropicais. Está claro que os hábitos das esclerófilas tiveram início como uma adaptação ao solo com poucos nutrientes da Austrália, e somente mais tarde transformaram-se em uma adaptação conforme o aumento da aridez. A mais espetacularmente bem-sucedida forma de escleröfita é o gênero *Eucalyptus* (Mirtácea), que inclui cerca de 500 espécies, e a família das Protáceas. A vegetação esclerófita da Austrália é pobre em nutrientes e rica em toxinas bioquímicas que detêm os herbívoros. Os efeitos na redução da densidade populacional dos herbívoros são mostrados através do gambá de arbusto *Trichosurus vulpecula*, cuja densidade na floresta, muito diferente da Nova Zelândia, é cinco a seis vezes maior do que na da Austrália, de onde é nativo [29].

Esta crescente aridez foi acompanhada pelo domínio reduzido das plantas características do bioma assazonal úmido (*Nothofagus* e coníferas) e o crescente domínio do *Eucalyptus*. Nesse mesmo período, as queimadas se transformaram em um aspecto importante da ecologia australiana. Essas mudanças levaram ao surgimento de *grasslands* abertas e savanas na Austrália central, que continham radiações de eucaliptos, casuarinas, legumes com flor de ervilha e o gênero *Acacia* (Fabácea). Por volta do final do Plioceno, as florestas de *Eucalyptus* se modificaram e tornaram-se florestas esclerófitas secas, nada úmidas, e grande parte do continente assumiu um enorme bioma de Eremean com arbustos abertos e áridos, bosques e pastagens, em que essas ervas, como as brássicas e chenópodes, haviam chegado de outro lugar (Figura 11.10).

Essa história climática e de tectônica de placas se combinou para fazer da Austrália o mais seco de todos os continentes; em dois terços de seu território, a precipitação anual é de menos de 500 mm e, em um terço, de menos de 250 mm. Isso também explica por que, embora tanto as florestas tropicais quanto as floras esclerófilas tenham coberto uma área muito maior da Austrália, hoje são encontradas apenas em uma distribuição relicta, em áreas periféricas dispersas.

Os mamíferos da Austrália também tiveram que se adaptar a essas mudanças de clima e de vegetação. No isolamento da Austrália, os marsupiais se irradiaram para uma grande variedade de formas, ocupando os nichos que os placentários haviam preenchido em todos os lugares. Os marsupiais equivalentes a ratos, camundongos, esquilos, gerbos, toupeiras, texugos, tamanduás, coelhos, gatos, lobos e ursos, todos se pareciam muito com seus correspondentes placentários – apenas o canguru não se assemelha ao seu equivalente placentário, o cavalo. Infelizmente, seu registro fóssil na Austrália não começa até o Mioceno Médio. Os resultados moleculares sugerem que as famílias de gambás arbóreos (surpreendentemente diversas) irradiavam no Eoceno, quando as florestas de *Nothofagus* apareceram. Os primeiros marsupiais herbívoros eram principalmente exploradores, os herbívoros terrestres, como os diversos cangurus e *wallabies*, que só apareceram depois que as florestas começaram a se separar no Oligoceno e, após o ecossistema de pastagem de Eremean aparecer no Plioceno.

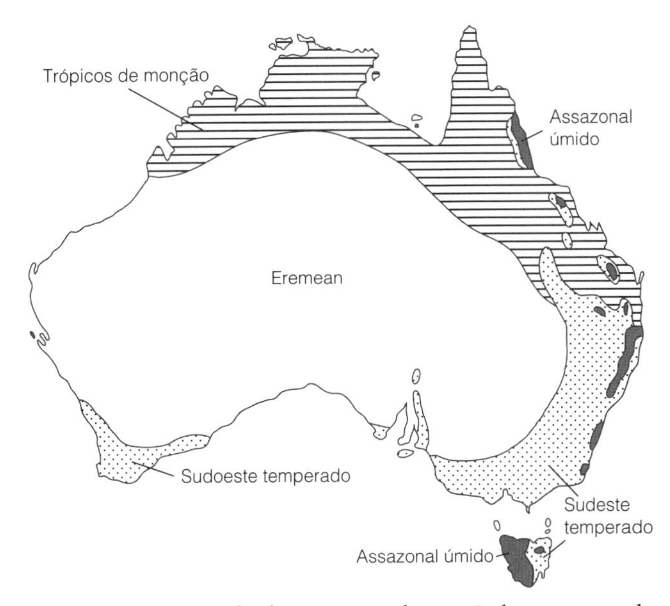

Figura 11.10 Mapa dos biomas australianos. Sudeste temperado: floresta de esclerófila de eucalipto, florestas e brejo, sazonalmente seco. Sudoeste temperado: floresta de esclerófila de eucalipto, florestas e brejos, clima mediterrâneo. Trópicos de monção: savana, na maior parte esclerófila de eucalipto e acácia, sazonalmente seca. Eremean: arbustos áridos, bosques baixos e pradarias. Assazonal úmido: precipitação alta durante todo o ano, tropical a temperado ou subalpino, floresta tropical de dossel fechado em solos vulcânicos, para brejos empobrecidos. De Crisp *et al.* [57].

Embora a Austrália tenha se separado definitivamente dos relacionamentos originais com Gondwana, seu movimento para o norte, em direção ao Pacífico, finalmente deixou sua costa setentrional próxima a uma grande fossa oceânica, onde material antigo da crosta está afundando. Entretanto, o material mais leve ascendente reforçou o litoral norte do continente australiano, causando sua elevação, a partir do Mioceno Médio, e a formação das montanhas da Nova Guiné, no limite Oligoceno-Mioceno, há 25 milhões de anos, e atingiu sua posição atual no Mioceno Superior, há 6-8 milhões de anos. Nova Guiné é a maior ilha do mundo (quase 800.000 km^2). Essas montanhas proporcionaram um ambiente alto e frio que hoje em dia é a área mais úmida da Terra, apesar de se encontrar próxima ao continente mais seco. Essa região montanhosa foi colonizada pela flora da floresta úmida australiana, incluindo os *Nothofagus*, mas as regiões vizinhas mais baixas da Nova Guiné foram colonizadas por um misto de plantas asiáticas e australianas. Uma recente análise fóssil molecular calibrada das dispersões da planta asiática *Trichosanthes* [30] mostra várias histórias que diferem de acordo com o tempo em que a dispersão ocorreu. As duas primeiras ocorreram antes do surgimento da Nova Guiné e, portanto, foram originalmente limitadas à Austrália; uma delas permaneceu lá, enquanto a outra colonizou a Nova Guiné. As outras linhagens encontradas após essa ilha cresceram significativamente, e assim são encontradas tanto nela quanto na própria Austrália. Essas linhagens sofreram grande diversificação, quer nas terras altas úmidas da Nova Guiné, quer nos trópicos de monção no norte da Austrália, dependendo do ambiente em que se originaram e ao qual já se adaptaram.

Os mamíferos placentários da Ásia também iniciaram sua dispersão na direção leste mas, à exceção dos morcegos voadores, apenas os ratos se dispersaram naturalmente para a tão distante Austrália, onde suas 50 espécies hoje formam 50 % da fauna australiana de mamíferos terrestres. Os seres humanos provavelmente chegaram à Austrália há cerca de 60.000 a 40.000 anos, e o cão doméstico (o ancestral do dingo) chegou há cerca de 3500 anos, levado pelos humanos.

Nova Caledônia

Estudos geológicos mostram que a Nova Caledônia é o menor fragmento de sobrevivência de Gondwana (Figura 11.11), que se afastou da Austrália no Cretáceo Superior,

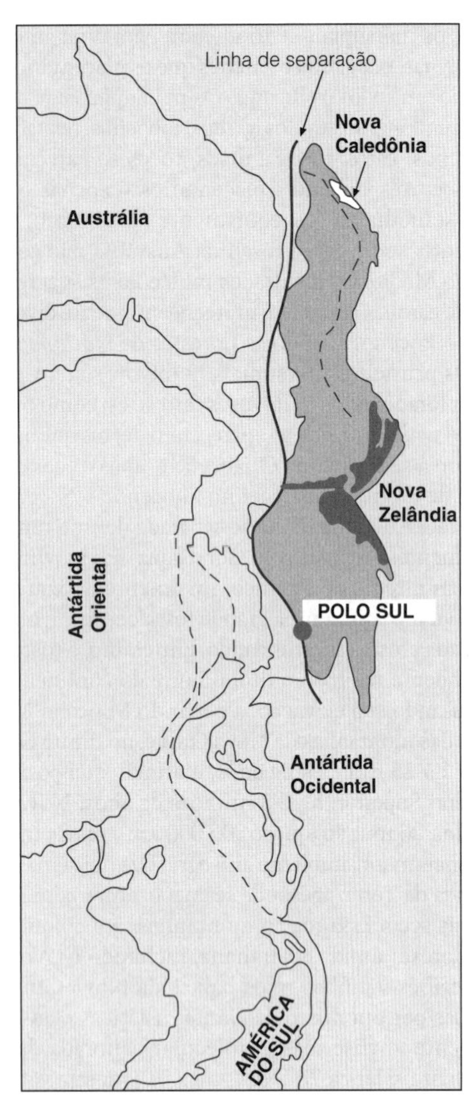

Figura 11.11 A posição original de Zelândia (sombreado) próximo para o Polo Sul, antes da separação de Gondwana. De McDowell [34].

cerca de 80-65 milhões de anos atrás,e atingiu sua posição atual a 1500 km a leste da Austrália há 50 milhões de anos. É um *hotspot* para a diversidade: 77% das espécies de plantas florestais são endêmicas da ilha, assim como 98% das espécies da planta com flores da família *Sapotaceae*. A posição e a história da Nova Caledônia tornam sua biota um caso de teste ideal para as duas teorias atuais sobre as origens de tais floras isoladas ou faunas, que entram completamente em conflito entre si.

A maioria dos biogeógrafos hoje acreditam que este foi o mecanismo de chegada dos ancestrais dos *taxa*da Nova Caledônia, levando em consideração a grande quantidade de pesquisa que mostra a frequência de dispersão de longa distância em tais cenários. Estudos geológicos mostram que a ilha foi submersa por longos períodos no Paleoceno-Eoceno, de modo que ela não estava disponível para colonização até cerca de 37 milhões de anos atrás. As espécies da Nova Caledônia devem, portanto, ter divergido de seus ancestrais após essa data.

No entanto, pambiogeógrafos (veja o Capítulo 1) rejeitam a dispersão de longa distância. Consequentemente, eles devem teorizar que os ancestrais do Cretáceo da presente biota estavam espalhados por todas as ilhas do Pacífico, inclusive em planaltos supostamente expostos anteriormente, como o platô de Ontong Java [31]. Presume-se então que esses platôs foram fragmentados em áreas isoladas separadas de terra, em cada uma das quais novas espécies apareceram por via indireta, e 7-8 dessas áreas foram amalgamadas para formar a ilha da Nova Caledônia. Um grande problema metodológico com sua abordagem é que nenhuma explicação é dada sobre como essa situação surgiu. Por exemplo, como essa biota original chegou a ser generalizada em todas essas áreas dentro do Oceano Pacífico? E quão longe este é compatível com nosso conhecimento geológico, agora detalhado, da natureza, do ambiente e da idade dos diferentes componentes de todos esses terrenos e ilhas, muitas das quais se originaram como arcos insulares vulcânicos ou como rochas que se formaram nas profundezas da Terra?

No entanto, agora temos métodos que nos permitem avaliar outros requisitos da abordagem pambiogeográfica. Se sua teoria estiver correta, a separação das espécies da Nova Caledônia deve ter ocorrido no Cretáceo, e sua área ancestral deve ter sido o Pacífico, através da qual todos esses fragmentos de terra eram espalhados. Usando a análise molecular nuclear de DNA ribossômico (DNAm) para estimar tempos de divergência filogenéticas e áreas ancestrais usando BEAST (veja o Capítulo 8), biogeógrafos na Suécia e na França [32] investigaram a história das espécies da família angiospérmicas *Sapotaceae* na Nova Caledônia. Eles descobriram que estas resultaram de nove colonizações separadas da ilha entre 33 e 4,2 milhões de anos atrás, datas que são cerca de 40 milhões de anos após a separação da Nova Caledônia da Austrália. Nova Guiné e Austrália foram as fontes mais importantes das chegadas, aquelas a partir de ilhas do Pacífico chegando mais recentemente, 27-24 milhões de anos atrás. Esses resultados são totalmente incompatíveis com as teorias dos "pambiogeógrafos".

Nova Zelândia

A Nova Zelândia é única. Sua área total, 270.000 km^2, faz com que seja muito maior do que qualquer outra ilha oceânica do Pacífico, e, portanto, não é tão vulnerável às flutuações de população e diversidade que os caracterizam (veja o Capítulo 8). É também, ao contrário de outras ilhas oceânicas do Pacífico, um fragmento da antiga Gondwana, em vez de ser inteiramente vulcânica, e sofreu uma série de mudanças na área. Quando se separou, pela primeira vez, de Gondwana, no Cretáceo Superior, cerca de 82 milhões de anos atrás, fazia parte de um minicontinente conhecido como Zelândia [33,34], quase metade do tamanho da Austrália, e se estendeu até Nova Caledônia, a noroeste, e Ilhas Chatham, a sudeste (Figura 11.11). Esse pequeno continente derivou da região nordeste para sua posição atual, separada da Austrália pelo Mar da Tasmânia, com 1400 km de largura. A maior parte afundou abaixo do nível do mar há 30-25 milhões de anos atrás, durante o Oligoceno, e é possível que tudo isso tenha sido submerso nesse momento. Mais recentemente, a biota da Nova Zelândia foi a mais afetada pelo resfriamento climático da Era do Gelo, que causou grandes glaciações lá e deve ter causado muitas extinções.

Essa história tornou a interpretação da flora e da fauna da Nova Zelândia um interessante campo de batalha. De um lado estão os proponentes da pambiogeografia vicariante (veja o Capítulo 1), para os quais padrões de distribuição espalhados e disjuntos são o resultado de uma fragmentação subsequente de uma única área original, de modo que os membros da atual biota da Nova Zelândia são meros descendentes daquela biota original. Do outro lado estão os proponentes do dispersionismo, para os quais, ao contrário, esses padrões são resultantes de organismos que transpuseram as barreiras interpostas após estas terem sido formadas.

Estudos moleculares que fornecem as datas de divergência das linhagens Nova Zelândia de seus parentes mais próximos externos têm mostrado que muitos dos organismos da Nova Zelândia (especialmente as plantas) chegaram lá em tempos relativamente recentes, e, portanto, por dispersão. A origem da flora vascular das ilhas tem sido discutida por Mike Pole, da Universidade da Tasmânia [35]. A natureza da flora pioneira, do Cretáceo Superior, reflete uma Nova Zelândia fria, posicionada naquele momento a altas latitudes, enquanto os excelentes registros do Mioceno (quando as ilhas encontravam-se extremamente isoladas) são de uma flora característica de florestas úmidas ou de florestas e matas esclerófitas. Essa flora do Mioceno deve ter sido o resultado de uma dispersão a partir da Austrália, que também tinha clima e flora desse tipo naquele momento mas, semelhante à flora pioneira, é totalmente diferente da atual flora da Nova Zelândia. Aparentemente, sua flora do Mioceno tornou-se fortemente extinta em sequência ao resfriamento climático no limite entre o Plioceno e o Pleistoceno. A flora moderna parece ser o resultado de múltiplas e frequentes dispersões de longa distância a partir da Austrália, auxiliadas pelos fortes ventos de oeste que sopram em torno da Antártida, e seguidas por grandes radiações dos imigrantes bem-sucedidos na própria Austrália. Tudo isto levou Pole a sugerir que a Nova Zelândia havia ficado totalmente submersa durante o Oligoceno, toda sua biota presente sendo o resultado de dispersão.

No entanto, o trabalho mais recente levou a uma visão mais equilibrada. Um grupo, composto principalmente por cientistas da Nova Zelândia, informou recentemente os resultados de uma análise do genoma mitocondrial do sapo endêmico *Leiopelma* [36]. Os tempos de divergência entre as duas espécies são bem mais de 65 milhões de anos, muito antes da sugerida submersão total das ilhas. Outros elementos da fauna similarmente parecem susceptíveis de serem partes de uma antiga e diversificada fauna, e que provavelmente não têm sido capazes de chegar por dispersão pelo mar. Isto inclui minhocas, minhoca veludo (*Peripatus*), aracnídeos, o inusitado lagarto endêmico *Sphenodon* (cujos ancestrais estavam na ilha no Mioceno) e as aves que não voam, a moa e a perdiz.

Isso também pode ser verdade para o único mamífero fóssil conhecido da Nova Zelândia, encontrado em rochas do Mioceno, é provavelmente uma relíquia dos primeiros mamíferos que põem ovos (veja as Figuras 10.5 e 10.6), como são os monotremados da Austrália. O balanço da evidência agora parece favorecer a visão de que, embora a maior parte das ilhas possa ter sido submersa durante o Oligoceno, uma fauna variada, embora limitada, sobreviveu e foi associada por plantas, a maioria das quais se originou na Austrália.

No entanto, nem todos os imigrantes da Nova Zelândia chegaram a partir do oeste. Resultados de filogenética molecular também sugerem que algumas plantas se dispersaram em direção oeste, contra as marítimas e de ventos prevalentes, para a Austrália e para a Nova Guiné. Essas podem ser o resultado da dispersão por aves oceânicas, que voam por longas distâncias. Um efeito ainda mais surpreendente sugere que a pequena e rastejante planta florífera *Tetrachondra* dispersou-se para a Nova Zelândia a partir da América do Sul. No entanto, isto não deve ter ocorrido diretamente através do largo oceano que hoje separa essas duas áreas terrestres. Fósseis vegetais de *Nothofagus* foram encontrados em depósitos do Plioceno (de 5 a 2 milhões de anos), na Antártida e, assim, este continente deve ter servido como ponto intermediário de parada.

Como consequência de todos esses fatores, a flora da Nova Zelândia é altamente endêmica em termos de espécies (86 % das suas cerca de 2.500 espécies são endêmicas), mas não em termos de famílias, pois ainda não houve tempo suficiente para isso. A flora também apresenta alto endemismo em plantas como a samambaia, a orquídea e a árvore *Metrosideros*, que são, todas, características das floras de ilhas distantes, assim como é fato que algumas ervas evoluíram para árvores endêmicas (veja o Capítulo 7).

As Índias Ocidentais

Embora sejam superficialmente semelhantes quanto à posição geográfica, localizadas entre dois continentes (Figura 11.12), as ilhas do Caribe não apresentam os mesmos problemas fascinantes das ilhas de Wallaceia, pois não se encontram entre continentes com faunas e floras totalmente diferentes. Ao contrário, elas apresentam um problema interessante e diferente: suas faunas e floras são, a princípio, resultado da vicariância, devido à evolução nas ilhas que surgiram pela fragmentação da grande massa de terra 'protoantilhana', ou podem ser o resultado da dispersão a partir dos continentes vizinhos? Esta questão e também a história geológica da região foram revistas pelo biogeógrafo norte-americano Blair Hedges [37] (Boxe 11.2).

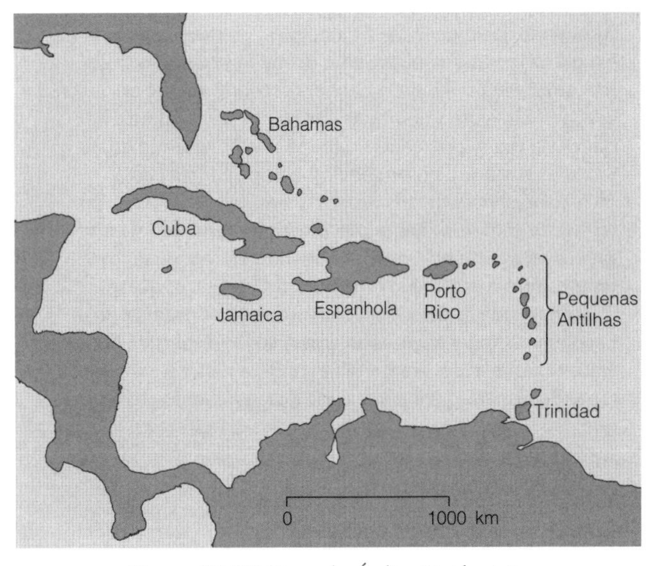

Figura 11.12 Mapa das Índias Ocidentais.

Relógios moleculares, destroços e ilhas caribenhas

Autor Convidado
Boxe 11.2

Dr S. Blair Hedges, Center for Biodiversity, Temple University, Pennsylvania

As ilhas do Caribe têm proporcionado um teste clássico dos dois principais mecanismos de biogeografia histórica: vicariância e dispersão. Formados no Cretáceo Médio (cerca de 100 milhões de anos atrás), eles tiveram uma história geológica longa e complexa, que incluiu uma ligação inicial entre América do Norte e América do Sul (proto-Antilhas) e um impacto catastrófico de um asteroide (cerca de 66 milhões de anos atrás). Durante o Cenozoico, algumas ilhas grandes (Grandes Antilhas) se separaram e fundiram, uma plataforma de carbonato estável (Banco de Bahamas) manteve-se com as mudanças no nível do mar, e uma cadeia de ilhas vulcânicas (Pequenas Antilhas) migraram lentamente de oeste para leste. Logo após a teoria das placas tectônicas tornar-se aceita, reconheceu-se que a biota atual das ilhas pode ser o remanescente fragmentado (vicariante) de uma biota contínua protoantilhana. Pelas últimas três décadas, tem seguido um debate sobre a importância da vicariância *versus* dispersão na origem da biota.

A resposta não veio com facilidade, nem foi isso acordado por todos. No entanto, a maioria das pesquisas sugere que toda a biota viva das ilhas do Caribe chegou de dispersão e não através da quebra geológica de um antigo continente. Inicialmente, pensava-se que a informação-chave para responder a pergunta viria das relações filogenéticas de organismos. Em parte, este pensamento surgiu a partir da popularidade – na década de 1980 – do campo da cladística (e biogeografia vicariante) que enfatiza as relações dos organismos sobre a maioria dos outros tipos de dados. Sem dúvida, os relacionamentos são importantes, mas o problema com esta linha de pensamento é que a ordem de ramificação de espécies pode coincidir com a quebra geológica de continentes, mas o tempo pode ser muito diferente. Por isso, logo foi percebido que os dados sobre os tempos de divergência de organismos de seus parentes mais próximos no continente foram dados críticos. O registro fóssil nessa região é pobre, mas os relógios moleculares fornecem esses dados.

Os relógios moleculares (veja o Capítulo 8) precisam de calibração contra alguns eventos externos, tais como fósseis bem datados, ou eventos geológicos, como o tempo de surgimento de uma ilha acima do nível do mar – pois esta é a primeira vez que poderia ser ocupado por organismos terrestres. Para as ilhas do Caribe, descobriu-se que as relações não eram importantes na resposta à pergunta básica de vicariância contra dispersão. Isto é porque quase todos os tempos de divergência medidos por relógios moleculares, para muitos grupos diferentes de vertebrados terrestres, têm sido muito jovens para ter resultado de um evento vicariante no Cretáceo Superior. Em vez disso, os tempos foram espalhados por todo o Cenozoico, quase aleatoriamente, e de acordo com um mecanismo que se baseia em acontecimentos ao acaso, como dispersão. No entanto, as relações eram úteis para determinar a área da fonte de dispersão. Para a maioria dos vertebrados terrestres que não podem voar ou não se dispersam sobre a água com suas próprias habilidades, seus parentes mais próximos estão na América do Sul, enquanto a maioria das aves, morcegos e peixes de água doce nas ilhas do Caribe parecem ter vindo da América do Norte e América Central.

Outra evidência diversa, também, suporta uma origem dispersão para a biota Caribe. O mais importante é a composição taxonômica dos grupos endêmicos. Há alguma enorme radiação adaptativa, muitas vezes com espécies preenchendo nichos diferentes das espécies do mesmo gênero no continente. Por exemplo, algumas das maiores e menores espécies dos principais grupos (como as cicadáceas, as borboletas rabo-de-andorinha, rãs, cobras e lagartos) ocorrem em ilhas do Caribe. No entanto, ao mesmo tempo, alguns grupos principais estão ausentes, tais como as salamandras, e anfíbios cecília, marsupiais, coelhos, tatus e mamíferos carnívoros placentários. O registro fóssil, incluindo o da âmbar dominicana de 15-20 milhões de anos, que inclui os restos de insetos, sapos, lagartos e pequenos mamíferos, mostra uma composição taxonômica similar. Isto é mais bem interpretado como um efeito de filtro forte, pelo que alguns colonizadores sobrevivem à dispersão de longa distância e, em seguida, irradiam para uma diversidade de nichos ecológicos desocupados. Esta mesma evidência também discute contra uma origem para a biota por meio de uma ponte de terra no Cenozoico Médio (cerca de 34 milhões de anos atrás) da América do Sul, que também tem sido sugerida. Essa ponte terrestre não teria agido como um filtro forte e teria permitido que muitos outros grupos entrassem no arquipélago que, na verdade, não encontramos ali.

Correntes oceânicas e proximidade geográfica explicam melhor as áreas de origem dos colonizadores insulares identificados na filogenia molecular. A água flui,quase unidirecionalmente, de leste e sudeste para oeste e noroeste do Caribe – e isso era verdade, mesmo antes da elevação do Istmo do Panamá. Como resultado, destroços ejetados e levados para baixo dos rios no norte e nordeste da América do Sul vão acabar no Caribe, se continuarem flutuando. Por exemplo, apesar de Cuba estar muito mais próxima da América do Norte do que da América do Sul, é muito mais fácil para um lagarto chegar a Cuba, flutuando sobre a vegetação da América do Sul; isto se reflete na composição da fauna de lagartos cubana. Mas, para os organismos que podem voar ou nadar, as áreas geograficamente mais próximas são as fontes mais prováveis, e a direção da corrente de ar comum no Caribe – nordeste para sudoeste – pode até mesmo ajudar dispersores voadores a partir da América do Norte.

Duas linhagens de vertebrados insulares que mostram os velhos tempos de divergência (Cretáceo) de seus parentes mais próximos no continente, usando relógios moleculares, foram debatidas como possíveis exemplos de vicariância proto-Antilhas. Estes são os musaranhos gigantes (solenodonte) de Cuba e Espanhola e os lagartos noturnos (*Xantusiidae*) de Cuba. Enquanto uma origem antiga não pode ser descartada, ambos os grupos são relíquias biogeográficas, por seus registros fósseis continentais demonstrarem uma distribuição mais ampla no passado. Isso levanta a possibilidade –normalmente não considerada para outros grupos – de que eles divergiram mais recentemente de parentes próximos no continente que estão agora extintos e, portanto, inacessíveis aos relógios moleculares. Alguns geólogos também não têm certeza se havia alguma terra continuamente emergente, no Caribe, antes do final do Eoceno (cerca de 37 milhões de anos atrás), que teria sido necessária para a manutenção de tais linhagens. Além disso, não é claro como esses organismos poderiam ter sobrevivido ao impacto de um asteroide, no final do Cretáceo, que ocorreu a uma curta distância. A origem desses dois grupos provavelmente continuará a ser debatida.

Agora sabemos que os destroços foram fundamentais para a origem das biotas terrestres do Caribe, mas, surpreendentemente, pouco se sabe sobre esse modo de dispersão através de águas do oceano. Quão abundantes são as ilhas flutuantes? Quanto tempo elas se mantêm à deriva, e quão longe elas viajam? Quais os organismos que elas normalmente carregam? Há muitos relatos anedóticos de ilhas flutuantes, mas quase nenhum estudo científico. Análise de imagens de satélite, rastreamento usando GPS e levantamentos taxonômicos de ilhas flutuantes podem responder a algumas dessas perguntas. Quaisquer que sejam os detalhes, podemos estar certos de que a dispersão de longa distância por destroços não ocorreu e que os animais frágeis – como pequenas rãs – colonizaram com sucesso as ilhas do Caribe há milhões de anos, depois de navegar pelas ondas do mar por semanas em um amontoado de troncos.

O que hoje é a região do Caribe começou como uma simples brecha entre as Américas do Norte e do Sul (Figura 11.13a). Nessa brecha havia oposição entre a expansão resultante do dorsal mesoatlântico, a leste, e do dorsal do Pacífico oriental, a oeste (veja o Capítulo 5). Parte dessa expansão foi tomada por uma fossa oriental, onde o assoalho oceânico antigo desaparecia nas profundezas da Terra, e isto deve ter sido acompanhado por atividade vulcânica com formação de uma cadeia de ilhas vulcânicas. Na medida em que as Américas se moviam para oeste, todo esse sistema foi deixado para trás, em uma posição mais a leste, e hoje forma as Pequenas Antilhas (veja as Figuras 11.12 e 11.13), uma cadeia de ilhas e fossas oceânicas onde o assoalho da placa atlântica ainda é consumido e que assinala a fronteira oriental da nova e pequena placa tectônica do Caribe. Enquanto isto acontecia, um novo sistema de fossas e ilhas vulcânicas se formava a oeste, onde o assoalho oceânico produzido pelo dorsal do Pacífico oriental era consumido. Isso delimitou a fronteira ocidental da placa do Caribe, e as ilhas vulcânicas gradualmente coalesceram para formar o Istmo do Panamá, conectando as Américas do Norte e do Sul (Figura 11.14). (O Mar de Scotia hoje é uma réplica desta situação, pois se formou a partir de uma pequena porção da placa do sul do Pacífico que se estendia entre a Península Antártica e a América do Sul, quando esta se movia para oeste.)

Havia também, no Cenozoico Inferior, um componente de movimento na direção norte, enquanto a América do Sul se aproximava da América do Norte, resultando no surgimento das Grandes Antilhas (que são as grandes ilhas de Cuba, Jamaica, Espanhola e Porto Rico) ao longo da margem setentrional da placa caribenha (veja a Figura 11.13b). Embora Espanhola pareça ter sido formada pela fusão de duas ilhas menores, as ilhas remanescentes do Caribe permaneceram como unidades separadas que, individualmente, apareceram ou desapareceram. Isso torna mais provável que os organismos encontrados ali devem ter chegado pela dispersão sobre a água, seguida pela evolução independente, em vez de vicariância. Como Hedges apontou, a natureza das faunas das ilhas do Caribe sustenta fortemente essa interpretação. A diversidade ecológica das ilhas é amplamente baseada na radiação de um número comparativamente menor de *taxa* superiores, alguns dos quais contêm um grande número de espécies. Isto sugere que uma pequena quantidade de imigrantes, ao encontrar-se em ambientes sem seus competidores habituais, diversificou-se de forma oportunista nesses nichos ecológicos vazios. Hoje, reconhecemos mais de 1300 espécies nativas de água doce ou de vertebrados terrestres nas ilhas, das quais 75% são endêmicas (Tabela 11.3).

Os resultados dessa radiação são extraordinários. A família de sapos *eleutherodactylidae* irradiou-se em 161 espécies, das quais todas são endêmicas às ilhas. As famílias de lagartos anguídeos, iguanídeos, geconídeos e teiídeos produziram 338 espécies, das quais apenas três são endêmicas. As famílias dos tropidofídeos, tiflopídeos, leptotiflopídeos, boídeos e dipsadídeos de serpentes geraram 129 espécies, das quais duas são endêmicas. Esses números são impressionantes, mas é preciso advertir que essas espécies são distribuídas por 29 ilhas das Pequenas Antilhas, somadas às quatro maiores ilhas das Grandes Antilhas. A maior parte dessas espécies é restrita a uma única ilha e, frequentemente, a uma pequena área dessa ilha. Há também um exemplo curioso de evolução paralela, mais facilmente observado nos lagartos do gênero *Anolis* que

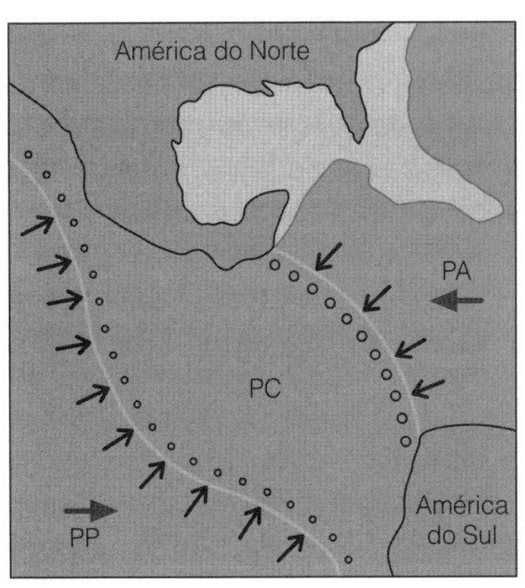

(a) Cretáceo Superior 150 maBP

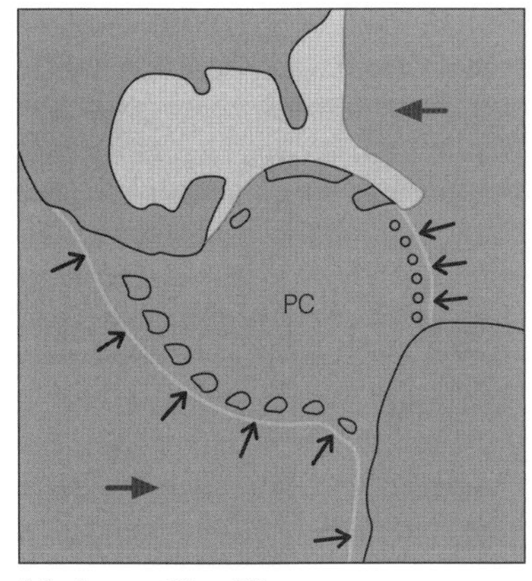

(b) Eoceno 50 maBP

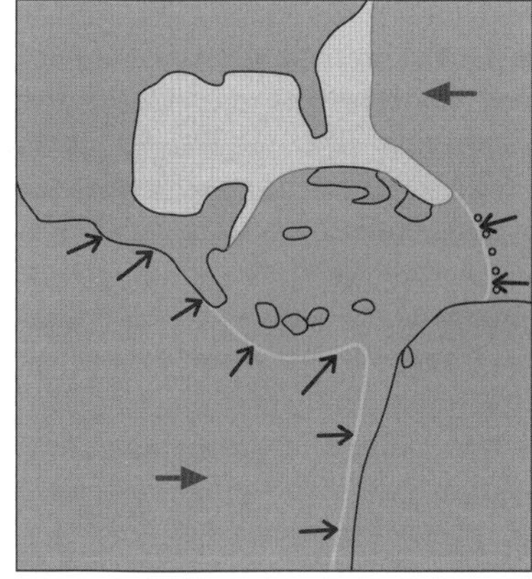
(c) Mioceno Inferior 20 maBP

Figura 11.13 Formação das Índias Ocidentais. Em cinza, terra seca; cinza-claro, águas rasas; cinza-escuro, águas profundas. Setas mais grossas indicam o movimento das placas (PA, placa do Atlântico; PC placa do Caribe; PP, placa do Pacífico). Setas mais finas indicam onde a crosta oceânica está sendo consumida, possibilitando o surgimento de ilhas vulcânicas. Adaptado de Huggett [58].

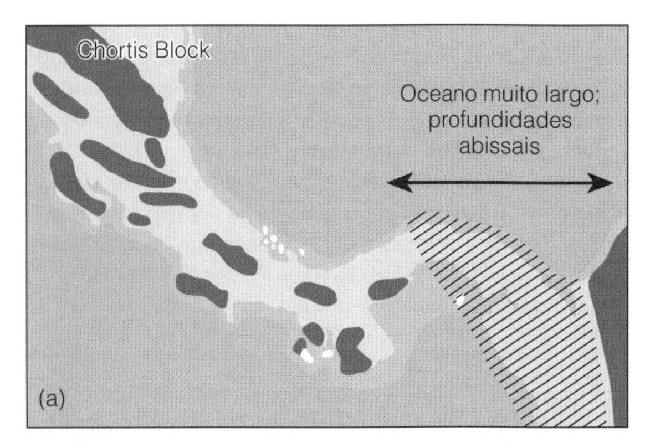

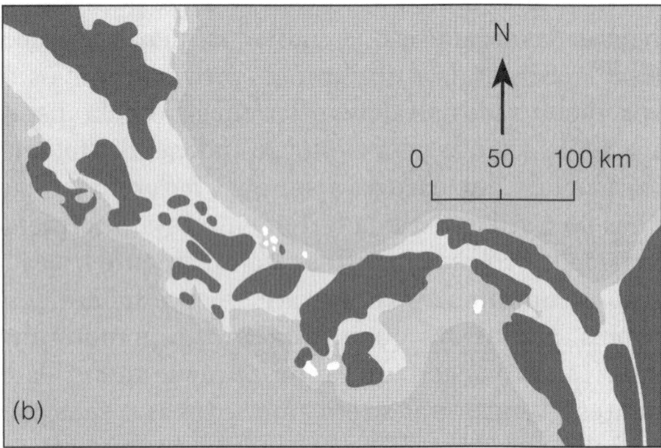

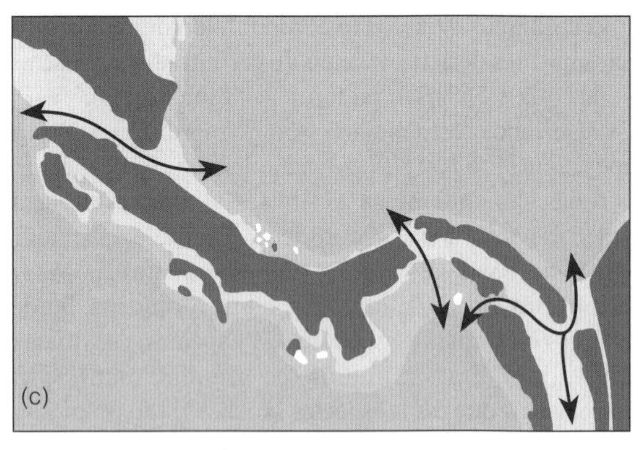

Figura 11.14 Formação do Istmo do Panamá. As terras secas são indicadas em cinza-escuro, sedimentos marítimos rasos em cinza-claro e sedimentos oceânicos profundos com linhas paralelas oblíquas. (a) Mioceno Médio, 16 a 15 milhões de anos; (b) Mioceno Superior, 7 a 6 milhões de anos ; (c) Plioceno Superior, aproximadamente 3 milhões de anos. Extraído de Coates e Abando [59].

vivem em árvores nas Grandes Antilhas. Ecologistas distinguiram seis tipos morfológicos desse lagarto, diferindo nas características de tamanho do corpo, proporção dos membros etc., cada um dos quais ocupando uma parte diferente da árvore (copa, galhos, tronco superior, médio ou inferior; ou no chão, sobre a relva). Cuba e Espanhola abrigam todos os seis tipos, Porto Rico abriga cinco e Jamaica quatro; mas cada tipo é representado por uma espécie separada, com evolução independente em cada ilha e, assim, existe um total de 128 espécies de *Anolis* nas quatro ilhas.

As Índias Ocidentais contêm aproximadamente 672 espécies de anfíbios e répteis, originários de cerca de 75 linhagens evolucionárias diferentes. Dessas, 49 são aparentadas aos *taxa* da América do Sul e apenas quatro aos *taxa* da América do Norte (as origens das 22 linhagens remanescentes são da África, América Central, ou a origem é incerta). Esse padrão provavelmente resulta da dispersão através da área do Caribe onde os padrões de correntes marinhas e de ventos (às vezes com força de furacões) fluem de leste para oeste. Também é significativo que os grandes rios do norte da América do Sul, como o Orinoco, se expandam para o leste do Caribe e possam ter atuado como fontes para destroços que pudessem ter transportado anfíbios e répteis. Em contraste, a maioria das 425 linhagens de aves da região Caribenha está relacionada com as da América do Norte, talvez devido ao fato de essas ilhas não terem ambientes semelhantes aos da América do Sul, com vegetação exuberante e florestas úmidas. Finalmente, membros dos exclusivos mamíferos sul-americanos, como os roedores caviomorfos (quatro linhagens), a preguiça-gigante (duas linhagens) e macacos do Novo Mundo (uma linhagem), também penetraram nas ilhas do Caribe, onde evoluíram para gêneros e espécies endêmicas.

Hedges assinalou que esse quadro geológico e ecológico sugere que esses vertebrados terrestres chegaram às ilhas das Índias Ocidentais mais por dispersão do que por vicariância, e que isto pode ser sustentado pelos instantes de divergência dessas linhagens. Métodos moleculares aplicados à sequência de aminoácidos divergentes na proteína albumina sérica (veja o Capítulo 6), que apresenta uma taxa de evolução marcante, e também os "relógios" de sequência de DNA sugerem que essas linhagens divergem em vários momentos durante o Terciário Médio (Figura 11.15). Neste período, a

Tabela 11.3 A diversidade taxonômica dos vertebrados terrestres nativos das Índias Ocidentais. Extraído de Hedges [37].

			Gêneros			Espécies		
Grupo	**Ordens**	**Famílias***	**Total**	**Endêmicas**	**% Endêmicos**	**Total**	**Endêmicas**	**% Endêmicos**
Peixes de água doce	6	9	14	6	43	74	71	96
Anfíbios	1	4	6	1	17	173	171	99
Répteis	3	19	50	9	18	499	478	96
Pássaros	15	49	204	38	19	425	150	35
Mamíferos:								
Morcegos	1	7	32	8	25	58	29	50
Outros†	4	9	36	33	92	90	90	100
Totais	30	97	342	95	28	1319	989	75

*Inclui uma família endêmica de aves (*Todidae*) e quatro de mamíferos (Capromyidae, Heptaxodontidae, Nesophontidae e Solenodontidae).
† Edentados, insetívoros, primatas e roedores.

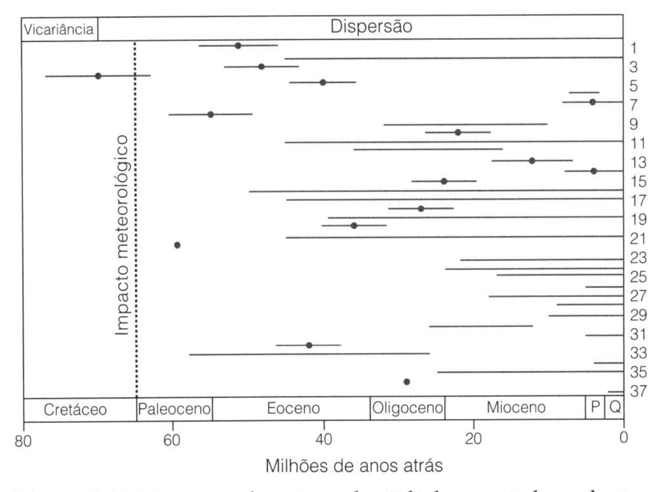

Figura 11.15 Tempos de origem de 37 linhagens independentes de anfíbios e répteis endêmicos das Índias Ocidentais. Extraído de Hedges [37].

evidência geológica na paleogeografia do Caribe indica que seu padrão de ilhas grandes e pequenas não era diferente do atual, embora não fosse idêntico. Portanto, essa evidência não sustenta as sugestões de que houve imigração para a região por uma ponte terrestre que mais tarde foi rompida em ilhas independentes, pois esse padrão deveria ter resultado em conjuntos de momentos de divergência em torno de poucas datas correspondentes aos instantes das rupturas.

Além dessas relações biogeográficas entre as Índias Ocidentais e outras partes do Novo Mundo, dois répteis (a anfisbena *Cadea* e o lagarto gecko *Tarentola*) parecem ter chegado às Índias Ocidentais da região do Mediterrâneo cerca de 40 milhões de anos atrás.

Assim, as Índias Ocidentais proporcionam um quadro fascinante no qual estudos geológicos, faunísticos e moleculares parecem convergir para uma história de dispersão convincente, para e através de uma região de história complexa. Formam também um contraste interessante com as Índias Orientais ou "Wallaceia", onde a história dos continentes vizinhos foi bastante diferente.

América do Sul

A história da biota da América do Sul tem sido dominada pelos efeitos do grande motor terrestre das tectônicas de placas. Alguns desses efeitos foram causados pela deriva para o oeste do continente, o que levou à formação de montanhas e consequentes alterações climáticas, mas a maioria foi o resultado de mudanças em sua relação com a América do Norte. Como observado na descrição da origem das ilhas do Caribe na seção "As Ilhas Ocidentais", havia ilhas naquela região desde que as Américas começaram a se mover para o oeste no Cretáceo Inferior. Esta pode ter sido a rota pela qual alguns dinossauros da América do Norte se dispersaram para o sul (Capítulo 10) no Cretáceo Médio, acompanhados por alguns tipos iniciais de marsupiais e mamíferos placentários. Mas essa conexão sempre foi tênue, às vezes permitindo a passagem e às vezes interrompendo-a. Isso levou a ciclos de imigração, isolamento e evolução, e nova imigração final e extinção.

Cenozoico Inferior

A fauna de mamíferos da América do Sul hoje é caracterizada por alguns marsupiais (gambás) e uma diversidade de mamíferos placentários edentados conhecidos como o *Xenarthra* (preguiças, tatus e tamanduás sul-americanos) que dificilmente são conhecidos em outros lugares. De outra forma, ela não parece particularmente distinta de outras faunas de mamíferos, pois inclui membros da maioria das ordens placentárias (veja a Tabela 11.1). No entanto, no Cretáceo Superior, a América do Sul teve uma mastofauna de estranhos marsupiais e de placentários ungulados bastante diferentes de tudo que se conhece no resto do mundo. No início do Cenozoico, os placentários da América do Sul tinham diversificado em 22 famílias de ungulados herbívoros incomuns, os edentados tinham diversificado em três grupos acima mencionados e os marsupiais tinham evoluído para os gambás e um grupo de carnívoros chamados de *Borhyaenidae*. Como veremos, somente muito mais tarde quando a América do Sul tornou-se unida a sua vizinha América do Norte é que uma grande mudança da fauna levou à extinção da maioria desta fauna inicial de mamíferos endêmicos.

O lado norte do continente em que essa fauna vivia era, como foi descrito no Capítulo 10, em grande parte coberto por florestas tropicais megatérmicas do Cinturão Equatorial ou Província das Palmeiras e (Figura 10.10). O Evento de Resfriamento no Eoceno Terminal não parece ter levado a qualquer grande mudança nos ambientes mais secos, como aconteceu no Extremo Oriente, de modo que a atual floresta amazônica é o descendente direto dessa floresta megatérmica primitiva. No Paleoceno, havia uma estreita faixa de floresta semelhante na Província Megatérmica do Sul. Isso expandiu para o sul durante o máximo térmico no Eoceno, mas desapareceu durante o Evento de Resfriamento no Eoceno Terminal. Foi substituído por florestas microtérmicas contendo a faia do sul, *Nothofagus*, e outros elementos característicos do Hemisfério Sul, tais como membros da Proteacea e, Restionaceae e Gunneraceae, e coníferas, como *Araucaria*, *Podocarpus* e *Dacrydium* (todos os que sobreviveram através do Cenozoico no sul da América do Sul e na Austrália).

Dois outros grupos endêmicos de mamíferos da América do Sul são os macacos do Novo Mundo e os roedores caviomorfos (que incluem o porquinho-da-índia e a capivara), cujos parentes mais próximos vivem na África. Os primeiros fósseis desses dois grupos são do Oligoceno Inferior, há 37 milhões de anos, um tempo em que a América do Sul já se tinha desviado da África, a uma distância considerável. No entanto, o recente trabalho molecular [38] na data de divergência desses grupos de seus parentes africanos sugere que eles chegaram muito mais cedo, há cerca de 50 milhões de anos, quando a diferença de oceano entre os dois continentes foi significativamente menor. Como hoje, as correntes oceânicas do Atlântico Sul Equatorial teriam sido para o oeste, auxiliando um movimento transoceânico.

Desde que começou a se separar da África no Cretáceo Médio, a América do Sul vinha sendo movida para o oeste em direção a uma trincheira oceânica que ficava na parte oriental do Pacífico Sul. Ao longo dessa trincheira, o velho fundo do mar no Pacífico Oriental estava sendo atraído de volta para a terra (veja a Figura 5.2). Quando a América do Sul finalmente chegou à trincheira, esse movimento tectônico causou atividade vulcânica e terremoto, o que levou ao aparecimento da cadeia montanhosa andina. Hoje, com cerca de 8000 km de comprimento, esta é a cadeia de montanhas continentais mais longa do mundo e tem alturas de aproximadamente de 7000 metros. A formação de montanhas começou no sul há cerca de 40 milhões de anos;o sul dos Andes atingiu uma altura de menos de 1000 metros no Cenozoico Inferior e, gradualmente, se espalhou para o norte. Os Andes mais nordestinos foram os últimos a aparecer, cerca de 11 milhões de anos atrás. O aumento dessas montanhas causou uma inversão no sentido do fluxo dos rios do noroeste, como o Amazonas e o Orinoco, e levou à evolução vicariante na biota daquela região.

As sombras da chuva causadas pela elevação dos Andes no Mioceno provocaram a substituição de grande parte das antigas florestas por bosques e pradarias, e a radiação associada dos herbívoros placentários endêmicos da América do Sul. Este é também o momento em que as plantas temperadas frias aparecem pela primeira vez no norte da América do Sul, tendo se dispersado do norte. Pradarias como um elemento importante na flora apareceram pela primeira vez na América do Sul cerca de 30 milhões de anos atrás (mais cedo do que na América do Norte, onde isso não aconteceu até 25-20 milhões de anos atrás). A fauna no Oligoceno Inferior da América do Sul é a mais antiga do mundo que é dominado pelos herbívoros pastoreios.

Cenozoico Superior-Pleistoceno

Além de seu movimento para oeste, as Américas do Norte e do Sul também se moveram próximas entre si, cerca de 300 km, do Eoceno Médio até o Mioceno Médio. A partir do Mioceno Médio, o nível das águas ao longo da margem ocidental da placa do Caribe tornou-se mais raso. Ilhas vulcânicas se formaram e se ampliaram para criar uma conexão quase completa entre os dois continentes (veja a Figura 11.14). A primeira evidência biogeográfica dessa conexão veio no Mioceno Superior e no Plioceno Inferior, quando duas famílias de cada continente cruzaram essa cadeia de ilhas para atingirem o outro continente. O Istmo do Panamá tornou-se, pela primeira vez, uma ponte terrestre, completa, cerca de 3 milhões de anos atrás, no Plioceno Médio.

Outro evento geológico de grande impacto sobre a biota da América do Sul no Plioceno foi o soerguimento final dos Andes, que dobrou sua altitude, de 2000 para 4000 m. Em consequência, a intensa mescla das faunas norte e sul-americanas, que teve lugar após o fechamento da ponte terrestre no Panamá, também ocorreu em um período de profundas mudanças ecológicas no continente sul-americano. A fascinante interação da geologia e da biogeografia, no que foi denominado Grande Intercâmbio Americano, tem sido analisada com detalhes gratificantes, particularmente pelos paleontólogos norte-americanos Larry Marshall e David Webb [39-41].

Antes do Grande Intercâmbio Americano, cada continente possuía 26 famílias de mamíferos terrestres, e em torno de 16 famílias de cada continente dispersaram-se para o outro. Dos mamíferos norte-americanos, 29 gêneros dispersaram-se para o sul, principalmente no Plioceno Superior/Pleistoceno Inferior, 2,5 milhões de anos atrás, mais alguns, cerca de 1 milhão de anos mais tarde. No mesmo período, nove gêneros de mamíferos sul-americanos dispersaram-se na direção norte; cerca de 1,5 milhão de anos atrás, eles foram seguidos para o norte por gambás, porcos e tatus (Figura 11.16).

A fauna trocada entre os dois continentes era adaptada à savana e a ambientes de campo aberto, o que sugere ser esse o ambiente da conexão do Istmo do Panamá quando o intercâmbio ocorreu. Esta inferência é sustentada pelo fato de que vários tipos de aves e arbustos xerófitos típicos da savana são hoje encontrados tanto ao norte quanto ao sul do istmo.

Embora proporções semelhantes das duas faunas (9 a 10 % de gêneros) tenham emigrado, os emigrantes norte-americanos foram muito mais bem-sucedidos do que aqueles da América do Sul (Figura 11.17). Na América do Sul, 85 (50 %) dos gêneros de mamíferos terrestres vivos são descendentes de imigrantes sul-americanos, enquanto o número

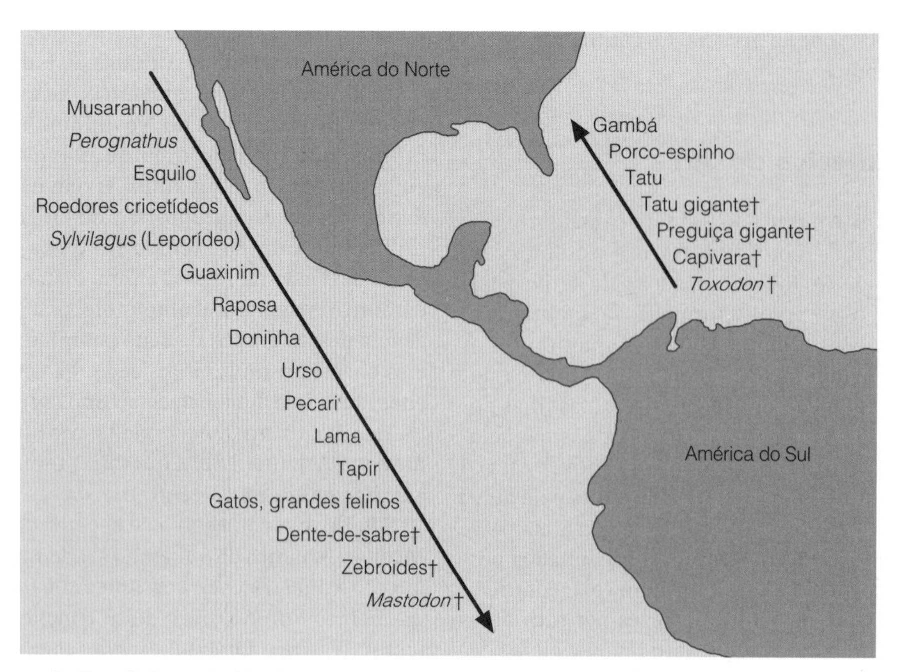

Figura 11.16 Migrantes do Grande Intercâmbio Americano. Uma cruz após o nome indica que o migrante tornou-se extinto mais tarde, em seu novo continente.

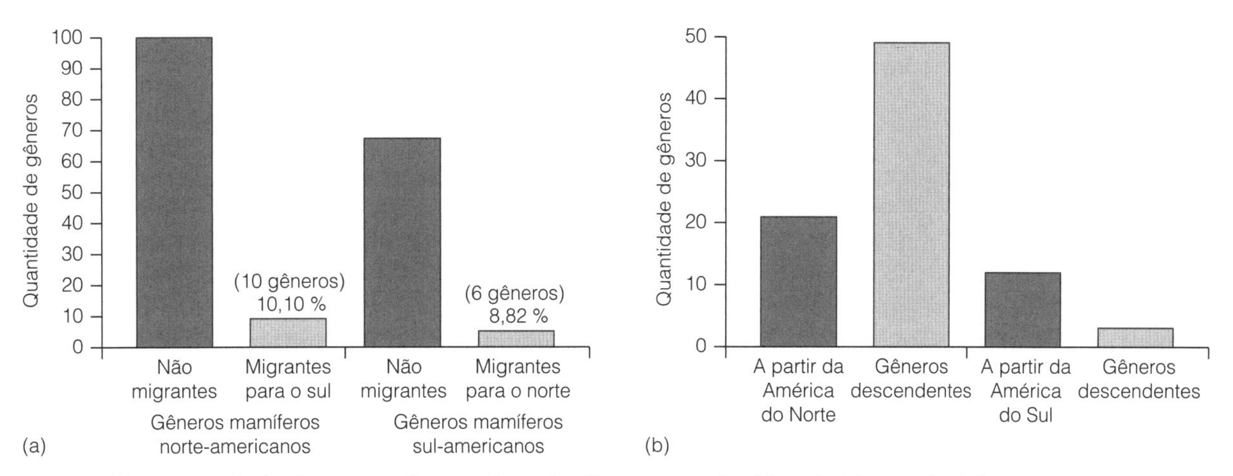

Figura 11.17 (a) As quantidades de gêneros de mamíferos do Plioceno, nas Américas do Norte e do Sul, que permaneceram em casa contra a quantidade que emigrou para o outro continente. (b) Sucesso relativo dos imigrantes durante o Pleistoceno. As barras cinza-escuras mostram a quantidade de gêneros que chegaram a partir do outro continente; as cinza-claras, a quantidade de gêneros resultantes da imigração. Segundo Marshall *et al.* [60].

correspondente para a América do Norte é de apenas 29 (21 %). Facilmente, os imigrantes mais bem-sucedidos foram os roedores cricetídeos, que se diversificaram em 45 gêneros na América do Sul; Mas muitas outras famílias, como canídeos, zebroides, camelídeos (que incluem lhamas) e pecaris, contribuíram para o sucesso das famílias norte-americanas. A mais notável extinção, na América do Sul, foi a de todos os 13 gêneros de ungulados endêmicos que foram incapazes de competir com os novos carnívoros ou com os ungulados imigrantes norte-americanos. Foi sugerido que o grande sucesso dos mamíferos norte-americanos, de modo geral, pode ter ocorrido graças ao fato de serem sobreviventes de vários milhões de anos de competição entre grupos mamíferos no Hemisfério Norte, enquanto os mamíferos da América do Sul teriam sido protegidos em seu continente isolado. Também é verdade que os ungulados norte-americanos possuem, proporcionalmente, cérebro maior do que os correspondentes sul-americanos. Entretanto, análises estatísticas recentes sugerem que o tamanho era o único fator importante: os tipos que se tornaram extintos eram os maiores e, aleatoriamente, os mamíferos sul-americanos eram maiores do que os norte-americanos, razão pela qual a maioria foi extinta [42]. A paleontóloga sul-africana Elizabeth Vrba, da África do Sul, trabalhando na Universidade de Yale, ofereceu uma sugestão mais sofisticada, com base na história ecológica da região [43]. Ela ressalta que os mamíferos do sul da América do Norte continham muito mais linhagens adaptadas ao ambiente de savana árida aberta, a qual estava se dispersando na região, como o resultado de um resfriamento geral do clima. Isso, por si só, forneceu-lhes uma vantagem sobre os mamíferos da América do Sul, os quais estavam adaptados principalmente a um ambiente de floresta fechada; esta estava tornando-se fragmentada e mudando para savana devido ao resultado da mudança climática. Assim, os mamíferos sul-americanos estavam sofrendo uma mudança dupla, induzida pelo clima em seu ambiente que trabalhou em favor dos seus concorrentes norte-americanos.

Uma fase final de transformação na fauna de mamíferos terrestres sul-americanos ocorreu durante o Pleistoceno. A mudança climática que provocou a Era do Gelo no Hemisfério Norte e suas mudanças bióticas associadas (veja o Capítulo 12) também ocasionaram certa quantidade de extinções na América do Sul. Estas incluíram a última preguiça-gigante, o gliptodonte, semelhante a um tatu gigante, e o *Toxodon*, herbívoro ungulado sul-americano que teve uma aparição efêmera no sul da América do Norte. Além disso, os elefantes mastodontes e os zebroides, que haviam imigrado a partir da América do Norte, morreram tanto lá quanto na América do Sul — embora tenham sobrevivido no Velho Mundo.

No entanto, os tapires e as lhamas que se dispersaram originalmente da América do Norte tornaram-se extintos lá, mas sobreviveram na América do Sul. Em consequência, esses dois grupos hoje apresentam distribuições remanescentes e disjuntas nas quais seus parentes que sobreviveram (tapires e camelos) podem ser encontrados na Ásia. Talvez não seja surpreendente que poucas formas sul-americanas que se dispersaram para a América do Norte, quando esta era mais quente, tenham conseguido sobreviver nos ambientes mais frios: apenas o gambá, o tatu e o porco-espinho conseguiram.

Assim, o resultado final das mudanças ecológicas e biogeográficas é uma fauna de mamíferos sul-americana que apresenta leves traços de seus habitantes originais do Cenozoico Inferior. As atuais famílias de plantas floríferas características incluem as Cactáceas xerófitas, as Bromeliáceas (as últimas incluem o abacaxi, e são frequentemente xerófitas), as Tropeoláceas (incluindo a chagueira-de-jardim) e as Caricáceas (mamoeiro).

As Florestas Tropicais da América do Sul

As bacias adjacentes dos Rios Amazonas e Orinoco (que em conjunto são cerca do tamanho do território continental dos Estados Unidos) contêm, aproximadamente, metade das florestas tropicais de hoje, o maior número de gêneros de palmeiras, a mais rica das biotas de vertebrados do mundo e mais espécies de peixes do que todo o Oceano Atlântico Norte. (A América do Sul não foi tão negativamente afetada pelo resfriamento no Eoceno Terminal como as outras regiões tropicais, e sugere-se que esse pode ter sido uma das razões pelas quais ela foi capaz de manter uma flora mais rica.) Os pássaros e morcegos são particularmente diversificados nessas regiões de florestas, porque a capacidade deles de voar lhes permite aproveitar ao máximo a natureza tridimensional desse ambiente, com os seus muitos nichos ecológicos.

As causas dos padrões biogeográficos encontrados na Amazônia têm sido muito debatidas. Agora é claro que, como mencionado neste capítulo, alguns deles são os resultados da orogenia andina, enquanto outros foram causados pelas mudanças climáticas do Pleistoceno. Pesquisas sobre tópicos bastante diferentes mostram que a história climática da Bacia do Amazonas [44] pode ter sido dominada por ritmos na força do baixo nível da corrente atmosférica, em vez de apresentar o mesmo padrão e escala de tempo como a Era do Gelo do Hemisfério Norte – embora este último possa ter afetado o clima dos Andes.

Muitos dos estudos mais recentes mostram quão necessária é a utilização de métodos modernos de análise e, como sempre no trabalho biogeográfico, para garantir que a taxonomia do grupo que está sendo investigada seja correta. Isso é mais evidente em trabalhos recentes sobre o gênero papagaio *Pionopsitta* [45], em que a introdução de estudos cladísticos e moleculares mostrou os erros das classificações anteriores e, portanto, também dos padrões biogeográficos que esses estudos sugeriram. A taxonomia revista revela a presença de dois clados distintos, leste e oeste do norte dos Andes, cujas datas de divergência Plioceno sugerem que resultou de vicariância causada por esse evento geológico. Outro trabalho, sobre aves mutum e macacos bugios, mostra um padrão semelhante de parentesco com as orogenias andinas. A filogeografia comparativa de 11 grupos monofiléticos de pequenos mamíferos que vivem nas florestas da Amazônia, na floresta separada da costa atlântica e na área de intervenção, foi investigada por Leonora Costa [46]. Ela descobriu que os tempos de diversificação de 11 diferentes linhagens de roedores e gambás variaram bastante, mas muitos deles eram muito mais antigos do que o Pleistoceno.

Como observado no Capítulo 10, a floresta amazônica parece ter surgido no Mioceno, no momento do Ótimo Climático. Tem havido muito debate sobre as razões para a imensa diversidade biótica do bioma, começando quando o zoólogo americano Jurgen Haffer [47] sugeriu que a biogeografia de muitos pássaros da floresta amazônica mostrou duas características. Em primeiro lugar, existem algumas áreas (cerca de seis) que contêm grupos de espécies endêmicas com intervalos bastante restritos e semelhantes; esses centros de endemismo, juntos, englobam cerca de 150 espécies de aves, que compõem 25 % da avifauna florestal da Bacia Amazônica. Em segundo lugar, Haffer também encontrou evidências, entre esses centros, de zonas em que as espécies relacionadas de diferentes centros de endemismo se hibridizaram. Haffer hipotetizou que, durante os períodos glaciais pleistocênicos do Hemisfério Norte, quando o clima se tornou mais seco e mais frio, a floresta amazônica tornou-se restrita a áreas separadas, ou "refúgios", rodeados por áreas de savana (Figura 11.18). Muitas espécies de aves tinham sido capazes de sobreviver nesses refúgios, agora separadas de seus parentes mais próximos nas outras áreas de floresta tropical restante. Essa situação tinha permitido sua evolução independente para se tornarem espécies distintas. No entanto, quando as florestas se expandiram novamente, durante os períodos interglaciais úmidos, e as pradarias se encolheram por sua vez, as populações de aves ainda não tinham tornado espécies totalmente separadas. Como resultado, quando as formas relacionadas se encontraram novamente, elas ainda eram capazes de cruzar. Haffer refere-se a esse fenômeno como uma "bomba de espécies".

O ponto de vista de Haffer foi desafiado por outros pesquisadores, como o ecologista britânico Paul Colinvaux [48], que aponta que os dados de pólen a partir do momento do último máximo glacial mostram pouca diferença da composição florística do bioma hoje. Ele interpreta isso como prova deque os refúgios de Haffer nunca existiram. Entretanto, as amostras de pólen vêm apenas de áreas limitadas, e em qualquer caso são restritas aos últimos 62.000 anos, e,portanto,fornecem uma base fraca para tal extrapolação. Em contraste, um artigo recente de três biólogos que trabalham em Tennessee [49] tem usado métodos moleculares com base nas comparações de sequências do DNAmt para identificar os tempos em que os membros de 131 espécies-irmãs de 35 diferentes gêneros de borboletas amazônicas divergiram um do outro. Os biólogos descobriram que 72% desses eventos de especiação ocorreram nos últimos 2,6 milhões de anos, o que é consistente com a hipótese de Haffer. Resultados semelhantes foram obtidos por outros pesquisadores com árvores da floresta, tucanos e macacos. Recentemente, os resultados das árvores nas semelhantes florestas tropicais africanas [50] também apoiaram a sugestão de Haffer.

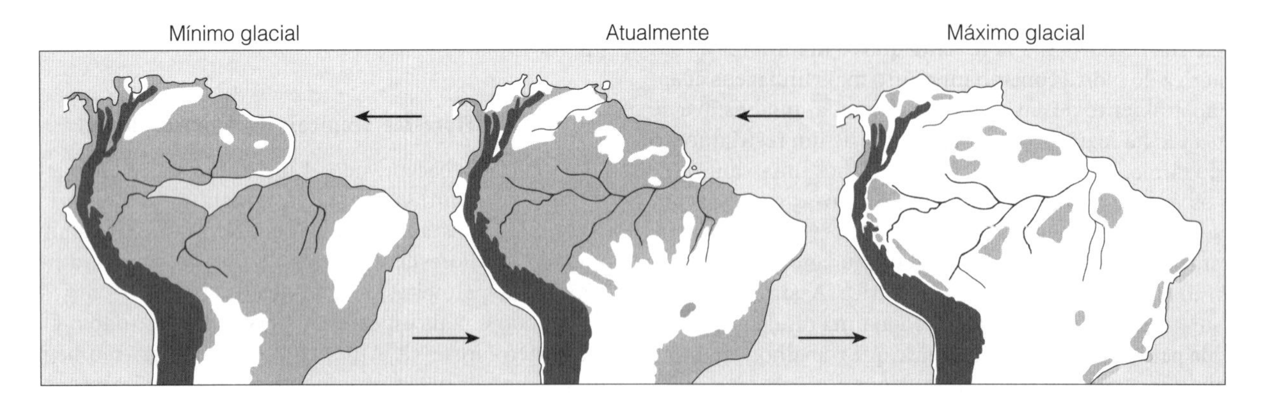

Figura 11.18 Mapas do norte da América do Sul mostrando a extensão sugerida das florestas da planície (cinza-claro), durante as diferentes fases do ciclo glacial. Áreas cinza-escuras representam a terra superior a 1000 m, e o branco representa a pradaria. Os litorais foram ajustados para refletir as mudanças no nível do mar, mas o padrão da drenagem da Bacia Amazônica é deixado inalterado em todos os três mapas, para facilitar a comparação. Adaptado de Lynch [61].

Há muito tempo, Alfred Wallace, um dos fundadores da zoogeografia (veja o Capítulo 1), observou que os limites do intervalo de aves amazônicas pareceram coincidir com o padrão dos rios. É fascinante que pesquisa recente [51] mostra que *taxa* intimamente relacionados de algumas aves encontram-se em ambos os lados dos rios por toda a Amazônia. Pesquisas moleculares do momento de sua diversificação demonstram que isto foi intimamente ligado aos eventos de vicariância causados por episódios de orogenia andina que levaram a mudanças nos padrões de rios devido à captura de drenagem, dando suporte à sugestão de Wallace.

De forma geral, esse trabalho variado destaca a necessidade de tal pesquisa para levar plenamente em conta o trabalho em outras áreas, ter cuidado de generalizar além do escopo dos dados descobertos, e ter cuidado, na medida em que uma variedade de fatores que não eram anteriormente suspeitos pode interagir na produção de padrões biogeográficos. Embora isso possa ser especialmente verdadeiro para a região amazônica, seria sensato supor que esta lição também se aplica a outras áreas e continentes.

O Hemisfério Norte: Mamíferos Holárticos e Plantas Boreais

Em contraste com a complexa história geológica e geográfica do Hemisfério Sul, com grandes áreas de terras separadas umas das outras, movendo-se através de faixas latitudinal e climática, e colidindo umas com as outras, a do Hemisfério Norte tem sido relativamente uniforme. Embora os mares rasos epicontinentais e o Atlântico Norte em desenvolvimento tenham, de tempos em tempos, subdividido as áreas terrestres em diferentes padrões (Figura 11.19), os dois continentes nunca estiveram muito afastados e, assim, a dispersão entre eles sempre foi muito fácil. Além disso, todas essas áreas ficavam a leste ou oeste uma da outra, em latitudes quase idênticas, e suas faunas e floras eram, portanto, similares em sua natureza e adaptações. Consequentemente, os resultados biogeográficos de movimentos das placas tectônicas no Hemisfério Norte eram muito menos complexos e dramáticos do que aqueles no Hemisfério Sul [52]. Ademais, todas as suas faunas e floras sofreram, em um passado recente, os efeitos dos climas rigorosos da Era do Gelo. Em consequência, são as duas grandes regiões cuja biota adapta-se bem aos climas frio e temperado. Embora sejam frequentemente distinguidos como as regiões zoogeográficas separadas da "América do Norte" e "Eurásia", os dois continentes às vezes são considerados uma única região "holártica" ou "boreal".

Os controles sobre a dispersão de animais e plantas nesses continentes do norte foram, portanto, as mudanças no nível do mar ou climáticas, e os efeitos destas em quatro áreas cruciais diferentes (Figura 11.20) têm sido recentemente descritos pelo biogeógrafo grego Leonidas Brikiatis [53]. Na Figura 11.20a, a rota de Geer (1) ligada ao nordeste da Groenlândia para a Escandinávia, no Cretáceo Superior-Paleoceno Inferior (71-63 milhões de anos atrás);a rota Thulean (2) ligada ao norte da América do Norte para a Europa através de uma cordilheira de terra que agora está submersa; e as rotas de terra em todo o Mar de Bering entre a Sibéria e o Alasca (3) estavam secas durante partes do Paleoceno. A via marítima Turgai (4) decorreu de norte a

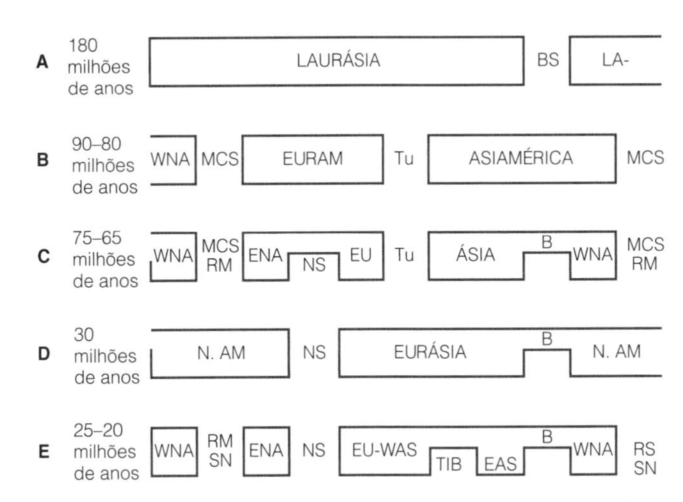

Figura 11.19 As inter-relações entre as áreas de terra do Hemisfério Norte ao longo dos últimos 180 milhões de anos. (a) Jurássico Inferior/Médio, 180 milhões de anos atrás (veja a Prancha 7d). O único continente, Laurásia, estende-se em torno de quase todo o Hemisfério Norte; o Mar de Bering (BS) entre Ásia e Alaska é a única quebra no curto círculo de terra. (b) Cretáceo Inferior/Superior, 90-80 milhões de anos atrás (veja a Prancha 7e). O Canal Médio Continental (MCS) e o do Mar Turgai (Tu) dividiram este em dois continentes, Euramérica (EURAM) e Asiamérica. (c) Cretáceo Superior/Final, 75-65 milhões de anos atrás (veja a Prancha 7f). O Canal Médio Continental (MCS) ou as Montanhas Rochosas (RM) dividiram a América do Norte em duas partes. Uma parte ocidental (WNA) está ligada à Ásia pela região de Bering (B), onde o antigo Mar de Bering secou-se para criar uma ponte de terra. A parte oriental (ENA) está ligada à Europa. O Mar Turgai ainda é encontrado, porém a expansão do Mar da Noruega (NS) agora separa as partes do sul da Europa da América do Norte-Groenlândia. (d) Oligoceno Inferior, 30 milhões de anos atrás(veja a Prancha 7h). Agora, os continentes estão divididos apenas pelo Mar da Noruega, e suas partes do norte estão ligadas pela conexão Bering. (e) Mioceno Superior, 26-20 milhões de anos atrás (veja a Prancha 7i). As Montanhas Rochosas (RM) e a Serra Nevada (SN) subdividem a América do Norte, enquanto o Planalto Tibetano (TIB) e o adjacente Deserto de Gobi separam o sul da China e o Sudeste Asiático (EAS) da Europa e Ásia Ocidental (EU-WAS).

sul, perto dos Montes Urais. Grande parte da Europa estava, até cerca de 30 milhões de anos atrás, coberta por um mar epicontinental raso, de modo que a área era um arquipélago de ilhas de vários tamanhos, parecido com as Índias Orientais hoje. Por causa de sua posição em latitudes bastante altas do norte, algumas dessas rotas agiram como um filtro cuja intensidade variou de acordo com o clima.

Além desses, o Canal Médio Continental e as Montanhas Rochosas, com a sombra de chuva para o leste, por sua vez formaram uma barreira entre a América do Norte ocidental e oriental a partir do Cretáceo até o Oligoceno Inferior, 30 milhões de anos atrás, pelo qual o tempo de erosão tinha nivelado às planícies as primeiras Montanhas Rochosas, de modo que a dispersão leste-oeste dentro da América do Norte foi mais uma vez possível (veja a Figura 11.19). No entanto, as relações biogeográficas dentro do Hemisfério Norte também mudaram nesse momento por causa da retirada dos mares da Eurásia. Isso permitiu que alguns grupos de mamíferos entrassem na Europa a partir da Ásia, cerca de 30 milhões de anos atrás. A partir de então, a ligação de Bering de alta latitude foi a única rota entre a Sibéria e o Alasca. O desaparecimento do Mar Turgai trouxe um clima mais seco para a Ásia Central.

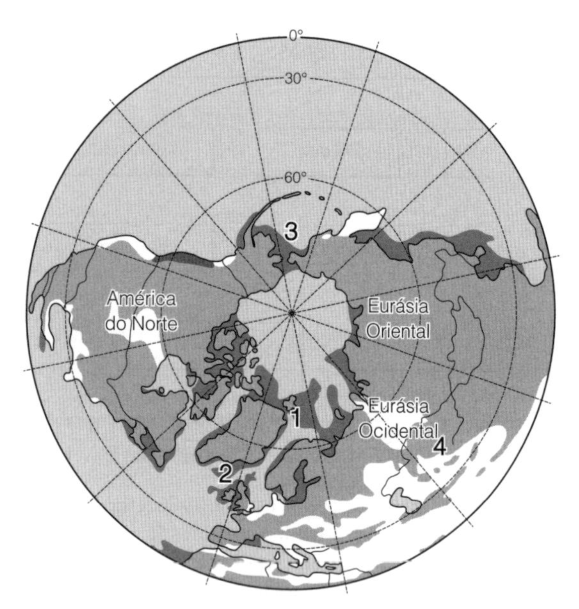

Figura 11.20 Reconstrução paleogeográfica simplificada das altas latitudes do norte durante o Paleoceno, para mostrar as principais localizações de dispersão no Paleoceno e no primeiro Eoceno. (1) rota de Geer; (2) rota de Thulean; (3) Beríngia; (4) Mar de Turgai. Veja o texto para detalhes. De Brikiatis [52]. (Reproduzido com permissão de John Wiley & Sons.)

Como resultado, uma flora decidual temperada fria evoluiu lá; mais tarde, as florestas mistas mesofíticas da Europa foram substituídas, enquanto seus elementos megatérmicos encontraram refúgio nas florestas tropicais do Sudeste Asiático.

No Oligoceno Superior, 25 milhões de anos atrás, a formação de montanhas renovada na América do Norte causou uma nova sombra de chuva com climas mais frios e secos sobre o Grande Planalto, levando ao desenvolvimento do bioma de pradarias. Isso provavelmente provocou uma grande quantidade de vicariância na biota de cada lado das montanhas. As florestas com seus elementos mesófilos ficaram restritas para o lado ocidental das montanhas e da costa leste, e, eventualmente, desapareceram durante as glaciações.

A natureza crucial do clima da região de Bering pode ser observada por meio de sua influência sobre as trocas faunísticas entre a América do Norte e a Eurásia. Quando o clima tornou-se frio, como no Oligoceno Inferior, alguns mamíferos a cruzaram. Quando melhorou novamente, um pouco mais tarde no Oligoceno, uma quantidade de mamíferos asiáticos dispersou-se para a América do Norte. Alguns destes evoluíram na Eurásia, enquanto outros dispersaram-se para aquele continente a partir da África. O último resfriamento climático na região de Bering iniciou-se nos tempos do Mioceno e pode estar relacionado com o aumento da glaciação na Antártida naquele momento. Daí em diante, a maioria dos mamíferos que se dispersaram era de porte grande e, muito mais significativamente, eram tipos tolerantes a baixas temperaturas — aqueles que preferiam mais calor, como macacos e girafas, não conseguiram alcançar a América do Norte. Essa exclusão baseada no clima tornou-se progressivamente mais restritiva, até que no Pleistoceno apenas as formas mais resistentes como mamutes, bisões, ovelhas e cabritos monteses, bois-almiscarados, e humanos foram capazes de cruzar a região. A separação definitiva entre a Sibéria e o Alasca ocorreu 13.000 a 14.000 anos atrás.

A despeito da longa história de conexões intermitentes entre as regiões da América do Norte e da Eurásia, cada qual possui grupos específicos de animais que nunca existiram na outra, enquanto outros grupos alcançaram ambas, mas tornaram-se extintos em uma das duas. Antílopes de chifre bifurcado, tuco-tuco (*Thomomys*), *Perognathus* e *Haplodon rufus* (Haplodontidae) (os últimos três grupos são todos roedores) são desconhecidos na região da Eurásia, ao passo que os ouriços-cacheiros, porcos selvagens e roedores murídeos (ratos e camundongos típicos) são ausentes na região da América do Norte. O porco doméstico foi introduzido na América do Norte por humanos, assim como os ratos e os camundongos. O cavalo tornou-se extinto nas Américas durante o Pleistoceno, mas cruzou a ponte de Bering para a Eurásia. Portanto, os cavalos eram desconhecidos dos índios americanos até serem introduzidos por conquistadores espanhóis no século XVI.

Embora a Era do Gelo não se tenha iniciado até o fim do Plioceno, os climas continuamente mais frios já haviam exercido uma grande influência sobre as floras dos continentes do norte. Por exemplo, houve uma mudança significativa na flora europeia durante o Plioceno. Apenas 10 % da flora europeia do Plioceno Inferior ainda sobrevivem, contra mais de 60 % daquela do Plioceno Superior. Portanto, os 3 milhões de anos intermediários presenciaram uma modernização drástica na flora da Europa na medida em que começou a se adaptar às mudanças climáticas que se tornaram exageradamente grandes quando a Era do Gelo do Pleistoceno teve início. Essa Era do Gelo destruiu praticamente todos os animais e plantas tropicais e subtropicais da América do Norte e da Eurásia. Isto ocorreu tão recentemente que a fauna e a flora ainda não tiveram tempo para desenvolver novos grupos característicos. Uma vez que também não possuem velhos grupos remanescentes, como os marsupiais, é a pobreza e a robustez dessa fauna que a distinguem das demais, de outras regiões. Muitos grupos de animais estão completamente ausentes e, entre os grupos que se encontram presentes, apenas os membros mais robustos conseguiram sobreviver. Mesmo estes foram progressivamente sendo reduzidos na direção das latitudes árticas, mais frias. Além disso, na América do Norte existe um redutor similar da fauna nas zonas altas e frias das Montanhas Rochosas. Esta é uma característica geral da fauna e da flora de altas montanhas.

A fauna da Eurásia é quase completamente isolada das terras mais quentes ao sul, pela cadeia do Himalaia e pelos desertos da África do Norte e do sul da Ásia; portanto dificilmente recebeu infiltrações que aumentassem sua variedade. A situação foi, afinal, muito diferente no Hemisfério Ocidental. Durante o Cenozoico Inferior ocorreram raras trocas de animais entre as Américas do Norte e do Sul, presumivelmente porque havia um oceano largo entre os dois continentes. Após o fechamento do Istmo do Panamá, no final do Cenozoico, muitos mamíferos norte-americanos dispersaram-se para a América do Sul (veja a Figura 11.14). Entretanto, apenas três tipos de mamíferos sul-americanos (gambá, tatu e porco-espinho) obtiveram sucesso de colonização na América do Norte, junto com uma certa quantidade de beija-flores, tordos e abutres do Novo Mundo.

Para as plantas, pela mesma razão a situação foi invertida. Em vez de sobreviverem no Istmo do Panamá, várias das plantas megatérmicas norte-americanas sobreviveram ao resfriamento climático do Cretáceo Superior. A maior parte da vegetação de terras baixas da América Central é, ao contrário, de origem sul-americana, talvez porque a grande região tropical tenha produzido uma enorme variedade de plantas tropicais. As plantas mesotérmicas da América do Norte foram mais bem-sucedidas na colonização da América do Sul, presumivelmente empregando o espinhaço montanhoso e mais frio da América Central como suas rotas das Rochosas para os Andes.

Este capítulo conclui a revisão da história do surgimento, evolução e desenvolvimento das faunas e floras dos diferentes continentes até 2 milhões de anos atrás, que eram principalmente de forma gradual e a longo prazo. Em contraste, sua história subsequente foi rápida e mudou fundamentalmente pelas súbitas mudanças climáticas da Era do Gelo, que são descritas no próximo capítulo.

Resumo

1 Hoje, os principais elementos nos padrões de distribuição de mamíferos vivos e plantas com flores são os continentes individuais, cada um mostrando diferenças significativas em relação aos outros. No entanto, este é o resultado de eventos tectônicos e climáticos relativamente recentes, como a Era do Gelo, que reduziu consideravelmente a variedade de animais e plantas nos continentes do norte. Barreiras marítimas, montanha e deserto os impediram de retornar para o norte quando o clima depois melhorou. Como resultado, as biotas tropicais e subtropicais da África, Índia, Sudeste Asiático e América do Sul são muito diferentes das biotas pobres da Eurásia e América do Norte.

2 A Austrália se separou primeiro do resto de Gondwana e foi isolada apenas há 10 milhões de anos, quando Nova Guiné no seu extremo norte tornou-se perto do Sudeste Asiático. A Austrália tem muito poucos mamíferos placentários nativos, mas uma grande variedade de marsupiais. Por causa da aridez cada vez maior da Austrália, sua original flora "da Antártica", descendente da flora temperada fria no sul de Gondwana, no Cretáceo, foi progressivamente transformada em uma flora esclerófila, que por sua vez foi substituída por pradarias e savanas. A flora da Antártida, portanto, agora tem uma distribuição relíquia, da Patagônia para a Nova Zelândia e as montanhas de Nova Guiné.

3 As Índias Ocidentais fornecem uma fascinante história de dispersão da vizinha América do Sul para dentro da América do Norte e através de uma região de história geológica complexa.

4 A América do Sul também estava isolada até poucos milhões de anos atrás, quando houve o fechamento do Istmo do Panamá. Grande parte da antiga fauna de mamíferos placentários herbívoros incomuns e marsupiais carnívoros tornou-se extinta devido à competição com mamíferos imigrantes da América do Norte. A rica flora tropical da América do Sul foi mais bem-sucedida e colonizou as planícies da América Central.

5 As floras da América do Norte e da Eurásia adaptaram-se às mudanças climáticas do Cenozoico Superior e da Era do Gelo do Pleistoceno, tanto por mudanças evolucionárias quanto por mudanças nos seus padrões de distribuição.

Leitura Complementar

Culver SJ, Rawson PS (eds.). *Biotic Response to Global Change: The Last 145 Million Years.* London: Natural History Museum, 2000.

Goldblatt P (ed.). *Biological Relationships between Africa and South America.* New Haven, CT: Yale University Press, 1993.

Hall R, Holloway JD (eds.). *Biogeography and Geological Evolution of SE Asia.* Leiden: Backhuys, 1998.

Pennington RT, Cronk QCB, Richardson JA (eds.). Plant phylogeny and the origin of major biomes; a discussion meeting. *Philosophical Transactions of the Royal Society B* 2004; 359: 1453–1656.

Willis KJ, McElwain JC. *The Evolution of Plants.* Oxford: Oxford University Press, 2014.

Referências

1. Cox CB. Underpinning global biogeographical schemes with quantitative data. *Journal of Biogeography* 2010; 37: 2027-2028.
2. Cox CB. The biogeographic regions reconsidered. *Journal of Biogeography* 2001; 28: 511-523.
3. MacFadden BJ. *Horses.* Cambridge: Cambridge University Press 1992.
4. Davis ALV, Scholtz CH, Philips TK. Historical biogeography of scarabaeine dung beetles. *Journal of Biogeography* 2002, 29: 1217-1256.
5. Eisenberg JF. *The Mammalian Radiations. An Analysis of Trends in Evolution, Adaptation and Behavior.* Chicago: University of Chicago Press, 1981.
6. Cristoffer C, Peres CA. Elephants versus butterflies: the ecological role of large herbivores in the evolutionary history of two tropical worlds. *Journal of Biogeography* 2003; 30: 1357-1380.
7. Thomas N, Bruhl JJ, Ford A, Weston PH. Molecular dating of Winteraceae reveals a complex biogeographical history involving both ancient Gondwana vicariance and long-distance dispersal. *Journal of Biography* 2014; 41: 894-404.
8. Aitchison JC, Ali JR, Davis AM. When and where did India and Asia collide? *Journal of Geophysical Research* 2007; 112: B05423.
9. Springer MS *et. al.* Endemic African mammals shake the phylogenetic tree. *Nature, London* 1997; 388: 61-64.
10. Gheerbrant E. On the early biogeographical history of the African placentals. *Historical Biology* 1990; 4: 107-116.
11. Kalb JE. Fossil elephantids, Awash paleolake basins, and the Afar triple junction, Ethiopia. *Palaeogeograpy, Palaeoclimatology Palaeoecology* 1995; 114: 357-368.
12. Retallak GJ. Middle Miocene fossil plants from Fort Ternan (Kenya) and evolution of African grasslands. *Paleobiology* 1992; 18: 383-400.
13. Cowling R, Rundel PW, Lamont BB, Arroyo MK, Arianoutsou M. Plant diversity in Mediterranean-climate regions. *Trends in Ecology & Evolution* 1996; 11: 362-366.
14. Goldman SM, Benstead JP (eds), *The Natural History of Madagascar.*Chicago: University of Chicago Press, 2003: 1130-1134.
15. Renner SS. Multiple Miocene Melastomataceae dispersl between Madagascar, Africa and India. *Philosophical Transactions of the Royal Society B* 2004; 359: 1485-1494.
16. Poux C *et al.* Asynchronous colonization of Madagascar by the four endemie clades of primates, tenrecs, carnivores, and rodents as inferred from nuclear genes. *Systematic Biology* 2005; 54: 719-730.
17. Ali JR, Huber M. Mammalian biodiversity on Madagascar controlled by currents. *Nature* 2012; 463: 653-655.
18. Raxworthy CJ, Forstner MRJ, Nussbaum RJ. Chamaleon radiation by oceanic dispersal. *Nature, London* 2002, 415: 784-787.
19. Rocha S, Carretero MA, Vences M, Glaw F, Harris DJ, Deciphering patterns of transoceanic dispersal: the evolutionary origin and biogeography of coastal lizards (*Cryptoblepharus*) in the Western Indian Ocean region. *Journal of Biogeography* 2006; 33: 13-22.

20. Jansa SA, Goodman SM, Tucker PK. Molecular phylogeny and biogeography of the native rodents of Madagascar (Muridae: Nesomynae); a test of the single-origin hypothesis. *Cladistics* 1999; 15: 253-270.
21. Vences M *et al.* Reconciling fossils and moleculares: Cenozoic divergence of cichlid fishes and the biogeography of Madagascar. *Journal of Biogeography* 2001; 28: 1091-1099.
22. Ali JR, Aitchison JC. Gondwana to Asia: plate tectonics, paleogeography and the biological connectivity of the Indian sub-continent from the Middle Jurassic through the latest Eocene (166-35 Ma). *Earth-Science Reviews* 2008; 88: 145-166.
23. Renner SS. Biogeographic insights from a short-lived Palaeocene island in the Ninetyeast Ridge. *Journal of Biogeography* 2010; 37: 1177-1178.
24. Morley RJ. *Origin and Evolution of Tropical Rainforests.* New York: Wiley, 1999.
25. Hill RS. Origins of the southeastern Australian vegetation. *Philosophical Transactions of the Royal Society of London* 2004; B359: 1537-1549.
26. Crisp M, Cook L, Steane D. Radiation of the Australian flora: what can comparisons of molecular phylogenies across multiple taxa tell us about the evolution of diversity in present-day communities? *Philosophical Transactions of the Royal Society of London* 2004; B359: 1551-1571.
27. Flannery T. The mystery of the Meganesian meatcaters. *Australian Natural History* 1991; 23: 722-729.
28. Milewski AV, Diamond RE. Why are very large herbivores absent from Australia? A new theory of micronutrients. *Journal of Biogeography* 2000; 27: 957-978.
29. Tyndale-Biscoe CH. Ecology of small marsupials. In: Stoddart DM (ed.), *Ecology of Small Mammals.* London: Chapman & Hall, 1979: 342-379.
30. de Boer HJ, Steffen K, Cooper WE. Sunda to Sahul dispersals in *Trichosanthes* (Cucurbitaceae): a dated phylogeny reveals five independent dispersal events to Australasia. *Journal of Biogeography* 2015; 42: 519-531.
31. Heads M. Biogeographical affinities of the New Caledonia biota: a puzzle with 24 pieces. *Journal of Biogeography* 2010; 37: 1179-1201.
32. Swenson U, Nylinder S, Munzinger J. Sapotaceae biogeography supports New Caledonia being an old Darwinian island. *Journal of biogeography* 2014; 34: 797-809.
33. Trewick SA, Paterson AM, Campbell HJ. *Hello New Zealand. Journal of Biogeography* 2007; 34: 1-6.
34. McDowell RM. Process and pattern in the biogeography of New Zealand a global microcosm? *Journal of Biogeography* 2008; 35: 197-212.
35. Pole MS. The New Zealand flora entirely long-distance dispersal? *Journal of Biogeography* 1994; 21: 625-655.
36. Carr LM *et al.* Analyses of the mitochondrial genome of *Leiopelma hochstetteri* argues against the full drowning of New Zealand. *Journal of Biogeography* 2015; 42: 1066-1076.
37. Hedges SB, Paleogeography of the Antilles and origin of West Indian terrestrial vertebrates. *Annals of the Missouri Botanical Garden* 2006; 93: 231-244.
38. Rowe DL, Dunn KA, Adkins RM, Honeycutt RL. Molecular clocks keep dispersal hypotheses afloat: evidence for trans-Atlantic rafting by rodents. *Journal of Biogeography* 2010; 37: 305-324.
39. Marshall LG. The Great American Interchange an invasion induced crisis for South American mammals. In: Nitecki MH (ed.), *Third Spring Systematic Symposium: Crises in Ecological and Evolutionary Time.* New York: Academic Press, 1981: 133-229.
40. Webb SD, Marshall LG. Historical biogeography of Recent South American land mammals. In MA Mares, HG Genoways (ed.), *Mammalian Biogeography in South America.* Spec Publ Series 6 Pymatuning Lab. of Ecology, University of Pittsburgh, 1982: 39-52.
41. Webb SD. Late Cenozoic mammal dispersals between the Americas. In. Stehli FG, Webb SD (ed.), *The Great American Biotic Interchange,* New York: Plenum, 1985: 357-386.
42. Lessa EP, Fariña RA. Reassessment of extinction patterns among the Late Pleistocene mammals of South America. *Palaeontology* 1996; 39: 651-659.
43. Virba ES. Mammals as a key to evolutionary theory. *Journal of Mammalology* 1992; 73: 1-28.
44. Bush MB. Of orogeny, precipitation, precession and parrots. *Journal of Biogeography* 2005; 32: 1301-1302.
45. Ribas CC, Gaban-Lima R, Miayaki CY, Cracraft J. Historical biogeography an diversification within the Neotropical parrot genus *Pionopsitta* (Aves: Psittacidae). *Journal of Biogeography* 2005; 32: 1409-1427.
46. Costa LP. The historical bridge between the Amazon and the Atlantic forest of Brazil: a study of molecular phylogeography with small mammals. *Journal of Biogeography* 2003; 30:71-86.
47. Haffer J. Speciation of Amazonian forest birds. *Science* 1969; 165: 131-137.
48. Colinvaux PA, Irion G, Räsänen ME, Bush MB, Nunes de Mello JAS. A paradigm to be discarded: geological and paleoecological data falsify the Haffer and Prance refuge hypothesis of Amazonian speciation. *Amazoniana* 2001; 16: 609-646.
49. Garzón-Orduña IJ, Benetti-Longhini JE, Brower AVZ. Timing the diversification of the Amazonian biota: butterfly divergences are consistent with Pleistocene refugia. *Journal of Biogeography* 2014; 41: 1631-1638.
50. Duminil J *et al.* Late Pleistocene molecular dating of past population fragmentation and demographic changes in African rain forest tree species supports the forest refuge hypothesis. *Journal of Biogeography* 2015; 42 (8): 1443-1454.
51. Fernandes AM, Wink M, Sardelli CH, Aleixo A. Multiple speciation across the Andes and throughout Amazonia: the case of the spot-backed antbird species complex (*Hylophylax naevius/Hylophylax naevioides*). *Journal of Biogeography* 2014; 41:1094-1104.
52. Sanmartin I, Ronquist F. Southern Hemisphere biogeography inferred by event-based models: plant versus animal patterns. *Systematic Biology* 2004; 53: 216-243.
53. Brikiatis L. The De Geer, Thulcan and Beringia routes: key concepts for understanding early Cenozoic biogeography. *Journal of Biogeography* 2014; 41: 1036-1-54.
54. Steininger FF, Rabeder G, Rogl F. Land mammal distribution in the Mediterranean Neogene: a consequence of geokinematic and climatic events. In: Stanley DJ, Wezel FC (ed.), *Geological Evolution of the Mediterranean Basin.* New York: Springer, 1985: 559-571.
55. Simpson GG. Too many lines; the limits of the Oriental and Australian zoogeographic regions. *Proceedings of the American Philosophical Society* 1977; 121: 107-120.
56. Moss SJ, Wilson MEJ. Biogeographic implications of the Tertiary palaeogeographic evolution of Sulawesi and Borneo. In: Hall R, Holloway JD (ed.), *Biogeography and Geological Evolution of SE Asia.* Leiden: Backhuys, 1998: 133-163.
57. Crisp M, Cook L, Steane D. Radiation of the Australian flora: what can comparisons of molecular phylogenies across multiple taxa about the evolution of diversity in present-day communities? *Philosophical Transactions of the Royal Society of London* 2004; B359: 1551-1571.
58. Huggett RJ. *Fundamentals of Biogeography.* London: Routledge, 1998.
59. Coates AG, Obando J. The geologic evolution of the Central American Isthmus. In: Jackson JBC, Budd AF, Coates AG (ed.), *Evolution and Environment in Tropical America.* Chicago University of Chicago Press, 1996: 21-56.
60. Marshall LG, Webb SD, Sepkoski JJ, Raup DM. Mammalian evolution and the Great American Interchange. *Science* 1982; 215: 1351-1357.
61. Lynch JD. Refugia. In: Myers AA, Giller PS (ed.), *Analytical Biogeography.* London Chapman & Hall, 1988:311-342.

Gelo e Mudanças

Os capítulos anteriores demonstraram que uma compreensão da biogeografia do mundo moderno exige um conhecimento de eventos passados. A maioria das mudanças consideradas até agora se relacionam com o passado distante, os processos de mudança de arranjos continentais e a evolução dos principais grupos de organismos vivos. Mas a distribuição atual de plantas e animais tem sido fortemente afetada por eventos relativamente recentes na história da Terra, especialmente a dos últimos 2 milhões de anos, quando uma camada extensa de gelo recobriu periodicamente muitas áreas da superfície terrestre. As principais calotas de gelo do mundo já existiam há cerca de 42 milhões de anos, com a formação da *Antártida ocorrida durante o Eoceno* [11]. *As temperaturas globais caíram rapidamente no final do Eoceno* [22], *e isso parece corresponder à primeira formação de uma calota de gelo sobre a Groenlândia no Hemisfério Norte* [33].

Muitas características topográficas em áreas temperadas de todo o planeta mostram que prioritária e geologicamente têm ocorrido rápidas mudanças no clima desde o Plioceno. O resfriamento generalizado do clima global que começou logo no início do Terciário continuou no Quaternário; o limite entre os dois é estabelecido em 2 milhões de anos atrás, porém dificuldades na definição, assim como nas técnicas de datação e correlação geológica, deixam essa data sujeita a algumas dúvidas. A definição desse limite advém de sedimentos marinhos italianos, em que o surgimento de fósseis de organismos de águas frias (determinados foraminíferos e moluscos) sugere positivamente um resfriamento repentino do clima que foi calculado em 1,8 milhão de anos. Evidências semelhantes de resfriamento foram encontradas em sedimentos na Holanda, e acredita-se que estas marquem o final do último estágio do Plioceno (localmente denominado *Reuverian*) e o primeiro estágio do Pleistoceno (o *Pretiglian*) [4]. Evidências a partir de núcleos sedimentares no Atlântico Norte indicam que fragmentos de rocha estavam sendo transportados para águas profundas, em placas de gelo, há 2,4 milhões de anos, e muitos geólogos acham que esta seria uma data mais apropriada para o limite Plioceno-Pleistoceno. Esta é agora a data mais amplamente aceita para o limite. Evidências na Noruega sugerem a existência de geleiras escandinavas se estendendo até o nível do mar por volta de 5,5 milhões de anos atrás [5]; portanto, o instante que admitimos como o início do Quaternário é inevitavelmente discutível.

Em vários estágios durante o Pleistoceno, o gelo cobriu o Canadá, partes dos Estados Unidos e o norte da Europa e da Ásia. Além desses, centros independentes de **glaciação** foram formados em montanhas a baixas latitudes, como nos Alpes, nos Himalaias e nos Andes, nas montanhas da África Oriental e na Nova Zelândia. No auge do seu desenvolvimento, cerca de 80% do gelo glacial está no Hemisfério Norte. Algumas características geológicas atuais mostram os efeitos dessas glaciações; uma das mais facilmente notadas é o sedimento glacial não estratificado, de argila saibrosa ou **till**, cobrindo grandes áreas e, às vezes, se estendendo a grandes profundidades. Consiste geralmente em material argiloso, com grandes quantidades de pedregulhos e seixos arredondados e esfoliados, que os geólogos consideram serem os detritos depositados durante o derretimento e o recuo de uma geleira. A característica mais importante do *till*, e por meio da qual se pode distingui-lo de outros depósitos geológicos, é que seus elementos estão completamente misturados — a argila fina e os pequenos seixos são encontrados, juntos, com grandes pedregulhos. Frequentemente as rochas encontradas nesses depósitos são originárias de centenas de quilômetros distantes e foram transportadas pelo movimento lento das geleiras. Fósseis são raros, mas conchas de um tipo ártico de molusco já foram encontradas ocasionalmente em bolsões de areia. Algumas faixas de turfa ou de sedimentos de água doce, inclusas nesses *tills*, proporcionam evidências de intervalos mais quentes. Sempre mostram que houve fases de aumento localizado da produtividade vegetal e que podem conter indicativos fósseis de climas mais quentes.

Muitos vales de áreas montanhosas e geladas têm perfis diferenciados, suavemente arredondados, pois foram esculpidos nesse formato pela pressão abrasiva do gelo em movimento. Em alguns locais, a movimentação do gelo deixou raias sobre as rochas por onde passou e vales tributários podem terminar abruptamente, no lado alto de um vale principal, pois o gelo erodiu a extremidade mais baixa desses vales tributários. Essas características da paisagem proporcionam aos geomorfólogos evidências de antigas glaciações. Compreender o significado das formas de morros e vales dependia de um princípio geológico proposto pelo geólogo escocês James Hutton (1726-1797), que expôs a ideia de **uniformitarismo**. Em essência, isso afirma que as condições atuais podem ser usadas como uma chave para a compreensão dos processos passados e que não é necessário interpretar a geologia à luz de supostas catástrofes globais, como a inundação bíblica de Noé. Usando o uniformitarismo como sua premissa básica, o geólogo suíço Louis Agassiz (1807-1873) viu como as geleiras poderiam afetar as formas de relevo e propôs que as áreas agora sem gelo já haviam sido cobertas por grandes profundidades de gelo em uma era de gelo. A validade desta proposta logo se tornou evidente após novas pesquisas na Europa e na América do Norte.

Imediatamente fora das áreas de glaciação havia regiões que experimentaram condições **periglaciais** (Figura 12.1). As equivalentes atuais dessas regiões são muito frias e seus solos constantemente perturbados pela ação do congelamento. Quando a água congela no solo, este se expande, elevando a superfície em uma série de domos e cristas. As pedras no solo perdem calor rapidamente quando a temperatura cai, e a água ao congelar entre elas as empurra para a superfície, onde frequentemente formam um arranjo de **faixas** e **polígonos**. Padrões similares são produzidos por **cunhas de gelo** que se formam no terreno submetido a temperaturas muito baixas. Algumas vezes esses padrões, tão evidentes nas atuais áreas de clima periglacial, podem ser encontrados em partes do mundo que hoje são muito mais quentes. Por exemplo, esses padrões foram descobertos em partes do leste dos Estados Unidos e da Europa Oriental em consequência de levantamentos aerofotográficos. Essas características periglaciais dos "fósseis" mostram que, na medida em que as geleiras se expandiam, as zonas periglaciais eram empurradas adiante em direção ao equador.

Oscilações Climáticas

A época do Pleistoceno, entretanto, não foi um único período longo e frio. O exame cuidadoso dos *tills* e da orientação das pedras neles incorporadas logo mostrou que vários avanços do gelo ocorreram durante o Pleistoceno, frequentemente se movendo em direções diferentes. Algumas vezes, camadas ocasionais de matéria orgânica foram descobertas presas entre *tills* e outros depósitos, proporcionando evidências fósseis da alternância entre períodos mais quentes e mais frios. Em locais onde as sequências de depósitos estão razoavelmente completas e inalteradas, como na parte oriental da Inglaterra (Ânglia Oriental) e em partes da Holanda, foi possível construir esquemas para descrever as alternâncias desses episódios de calor e frio, nomeá-los e determinar suas relações temporais. No entanto, em muitas partes do planeta não foi fácil prová-lo, e a correlação entre os eventos, conforme mostrado nos depósitos terrestres, entre diferentes áreas frequentemente tem sido especulativa e insatisfatória,

Figura 12.1 Bétula contorcida na tundra ao norte da Lapônia, definindo o limite setentrional de crescimento desta árvore. Para além do gelo permanente, essas regiões experimentam condições periglaciais.

sobretudo pela dificuldade de se obterem datações seguras para os depósitos. Em um dado momento, por exemplo, os geólogos consideraram que houve quatro episódios de avanço do gelo na Europa, definidos principalmente por sequências de *tills* nos Alpes. As quatro glaciações foram denominadas Günz, Mindel, Riss e Würm. Hoje, elas são consideradas uma simplificação grosseira da situação real, uma vez que houve muito mais flutuações climáticas no Pleistoceno do que sugere esse modelo simples.

Devido às dificuldades experimentadas na reconstrução climática por meio de evidências baseadas no solo, as atenções se voltaram para os mares, onde os sedimentos marinhos fornecem uma sequência mais completa e contínua. A recuperação de núcleos sedimentares longos de águas profundas proporcionou uma oportunidade de seguir a ascensão e queda de vários membros de comunidades de plâncton no passado, em particular os **foraminíferos** que, embora minúsculos, têm envoltórios robustos que sobrevivem ao longo processo de sedimentação do assoalho oceânico e lá se acumulam como agrupamentos fósseis. Alguns membros dos foraminíferos, como algumas espécies de *Globigerina* e *Globorotalia*, são sensíveis à temperatura oceânica e, assim, sua abundância relativa nos registros fósseis proporciona evidências dos climas passados.

Uma ferramenta ainda mais poderosa para reconstruir mudanças climáticas de longo prazo tem sido o emprego de **isótopos de oxigênio** retidos no material fóssil dos sedimentos. O oxigênio "normal" (^{16}O) é muito mais abundante do que sua forma mais pesada (^{18}O). Por exemplo, a forma pesada comporta cerca de 0,2% do oxigênio incorporado na estrutura da água (H_2O). A água evapora do mar, mas as moléculas que contêm ^{18}O se condensam a partir da forma de vapor mais rapidamente do que suas correspondentes mais leves e, assim, essa forma mais pesada tende a retornar mais rapidamente para os oceanos. Por outro lado, água contendo ^{16}O permanece na atmosfera como vapor por mais tempo e é mais propensa a, eventualmente, cair sobre as calotas polares e ser incorporada em forma de gelo. Em condições frias, o volume global de gelo aumenta (já que é formado, em grande parte, por precipitação) e isto tende a aprisionar mais quantidade do ^{16}O, deixando os oceanos mais ricos em ^{18}O. Assim, a razão ^{18}O:^{16}O deixada nos oceanos aumenta durante os períodos de frio. Esta razão se reflete nos esqueletos de foraminíferos e outros organismos planctônicos depositados nos leitos oceânicos. Assim, análises das razões de isótopos de oxigênio em sedimentos oceânicos proporcionam um registro longo e contínuo das mudanças de temperaturas da água que permite retornar milhões de anos [6]. É possível até mesmo empregar esse método para análise das razões de isótopos de oxigênio em áreas interiores, como nas deposições graduais de calcita na falha de Devil's Hole, em Nevada [7].

Em consequência desses estudos com isótopos de oxigênio de uma série de núcleos encontrados no Caribe e no Oceano Atlântico, Cesare Emiliani, da Universidade de Miami, na Flórida, foi o primeiro pesquisador capaz de construir curvas de **paleotemperaturas** das águas superficiais oceânicas [8]. Uma curva resumo para os últimos 3 milhões de anos é apresentada na Figura 12.2 e é óbvio, a partir desse diagrama, que as mudanças climáticas nessa parte final do Pleistoceno foram numerosas e complexas [9]. A tradução das proporções de isótopos de oxigênio em flutuações da temperatura média anual requer uma série de suposições sobre a temperatura

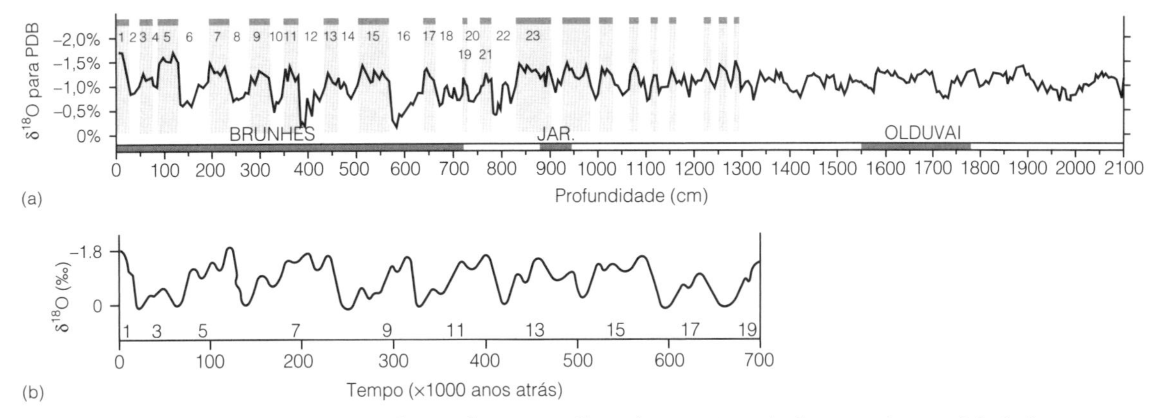

Figura 12.2 Curva de isótopos de oxigênio que cobre os últimos 3 milhões de anos. A escala de tempo deve ser lida da direita para a esquerda. Os picos representam períodos de calor relativo e as depressões correspondem a episódios de frio. Extraído de Emiliani [8].

global e os volumes de gelo, mas geralmente se aceita que a diferença de temperatura média anual entre um máximo glacial (as depressões no diagrama) e um período de calor interglacial (os picos) seja de 8 a 10°C.

O exame das proporções de isótopos em mudança na Figura 12.2, que foi montada a partir de numerosos estudos de sedimentos de profundidade e de núcleos de gelo, mostra que as flutuações de temperatura se tornam mais fortes à medida que o tempo prossegue (observe que a sequência de tempo corre da direita para a esquerda). Suaves oscilações em torno do valor médio passaram a ser gradativamente mais pronunciadas à medida que ocorrem maiores extremos de temperaturas. As mudanças mais abruptas também ficaram mais nítidas, com as temperaturas mudando mais rápida e radicalmente. Também se pode observar que o ritmo da mudança, embora apresente uma forma de onda, não é simples nem regular e possui muitos padrões de oscilações menores impostos. Esta última característica implica que não devemos esperar que os registros terrestres nas atuais zonas temperadas, como na América do Norte ou na Europa Central, mostrem uma simples alternância das condições temperadas com as condições árticas, mas um padrão muito mais variado no qual frio e calor se alternam em diferentes graus e onde frequentemente são encontradas condições intermediárias.

Interglaciais e *Interstadials*

As flutuações da temperatura global representadas nos núcleos oceânicos se refletem nas sequências geológicas terrestres em depósitos glaciais e interglaciais. Um episódio quente (geralmente representado por um depósito orgânico rico em turfa), no meio de dois eventos glaciais (muitas vezes representado por *tills*), e que atingiu aquecimento e duração suficientes para que a vegetação temperada se estabeleça por si própria, é denominado **interglacial**. A sequência de eventos demonstrada por material fóssil desses interglaciais mostra uma mudança progressiva das intensas condições árticas (praticamente sem vida), passando por subárticas (vegetação de tundra), por boreais (florestas de bétulas e pinheiros) até temperadas (florestas decíduas) e depois retornando às condições boreais até chegar novamente às condições árticas. Se o evento de aquecimento for apenas de curta duração ou se as temperaturas atingidas não forem suficientemente altas, as mudanças na vegetação alcançarão apenas o estágio boreal de desenvolvimento. Nesse caso, é denominado **interstadial**. Estamos vivendo atualmente no mais recente interglacial (denominado **Holoceno** pelos geólogos).

Os interglaciais são intervalos de tempo nos quais frequentemente ocorre um aumento de produtividade biológica (exceto nas áreas mais áridas do mundo) e são repetidamente representados nas sequências geológicas temperadas como camadas de material orgânico (Figura 12.3). Esse material geralmente contém os fósseis remanescentes de plantas, animais e micróbios que existiram no local ou próximo a ele

Figura 12.3 Sedimentos orgânicos de um período interglacial (camada escura) depositados sobre o cascalho de uma antiga praia que se elevou e cobertos por depósitos colocados em condições periglaciais. Um paredão exposto em West Angle, Pembrokeshire, País de Gales. Extraído de Stevenson e Moore [11].

durante a sua formação e é essa evidência, sempre estratificada em uma sequência temporal que nos permite reconstruir condições e hábitats passados. Uma das fontes mais valiosas de evidências fósseis para esta finalidade são os **grãos de pólen** de plantas que são preservadas nos sedimentos e que refletem a vegetação da área naquele período. Os grãos de pólen são esculpidos de tal forma que sempre são reconhecidos com alto grau de precisão; também são produzidos em grandes quantidades (especialmente aqueles de plantas polinizadas pelo vento) e amplamente dispersos. Por fim, são preservados eficientemente em sedimentos alagados como os depósitos de turfa e lacustres. Portanto, a análise de aglomerados de grãos de pólen, denominada **palinologia**, pode proporcionar muita informação sobre a vegetação e, em consequência, sobre o clima e outros fatores ambientais [10].

Os núcleos de sedimentos de lagos, turfeiras ou mesmo gelo são extraídos, intactos, e, então, amostras são tomadas em diferentes profundidades. O pólen e os esporos são preservados nessas amostras e podem ser concentrados pela remoção ou dissolução do material da matriz. Eventualmente, esses microfósseis são densos o suficiente para serem contados com o auxílio de um microscópio de luz, e as proporções de diferentes tipos podem ser determinadas.

Dados sobre pólen fóssil são, em geral, apresentados no formato de diagramas de pólen, e a Figura 12.4 mostra um diagrama desse tipo, oriundo do último interglacial (*Ipswichian*) na Grã-Bretanha. O eixo vertical representa a profundidade do depósito que é diretamente relacionada com o tempo das amostras, e por isso o diagrama deve ser lido de baixo para cima. A sequência começa com árvores boreais, bétulas e pinheiros, que são então substituídas por árvores decíduas como o olmo, o carvalho, o amieiro, o bordo e a aveleira [11]. Posteriormente, na sequência, essas árvores entram em declínio para serem substituídas por carpinos, e depois por pinheiros e bétulas mais uma vez. Os detalhes de uma sequência como esta, evidentemente, variam de um local para outro. A Figura 12.5 apresenta um diagrama de pólen do mesmo glacial, um pouco mais a leste na Europa, na Polônia, onde é chamado de período interglacial Eemiano. (É convencional designar interglaciais e outros episódios geológicos com nomes locais que posteriormente podem ser usados em correlação entre diferentes áreas.) No interglacial

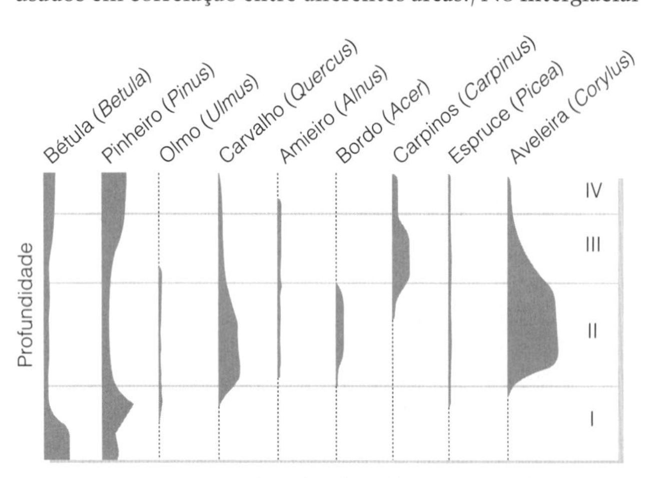

Figura 12.4 Diagrama de pólen de sedimentos do último interglacial (*Ipswichian*) na Grã-Bretanha. São mostrados apenas *taxa* arbóreos. O eixo das profundidades está relacionado com a idade, estando os sedimentos mais antigos na base.

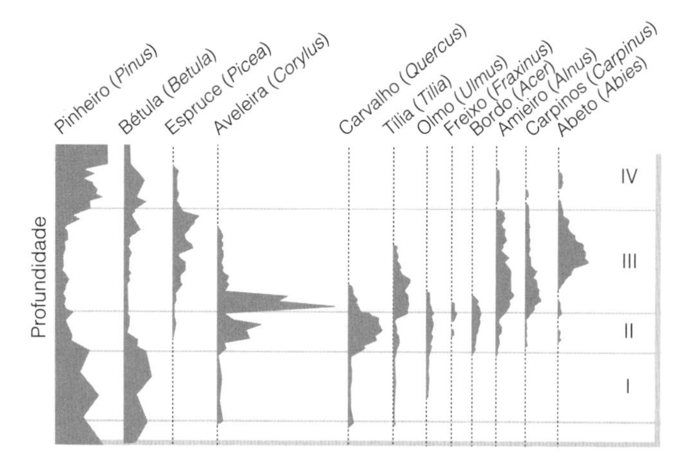

Figura 12.5 Diagrama de pólen de sedimentos do último interglacial na Polônia (Eemiano, equivalente ao *Ipswichian* da Grã-Bretanha). Observe que a importância da tília, do espruce e do abeto é maior do que no caso do *Ipswichian* da Grã-Bretanha.

Eemiano polonês, tília, espruce e abeto desempenham um papel mais importante do que em locais ocidentais equivalentes. A sequência de vegetação, assim, varia consideravelmente entre as regiões e também entre diferentes interglaciais, mas existe um padrão consistente para todas essas sequências, pois todas passam por uma série de estágios de desenvolvimento. Frequentemente esses estágios são apresentados nos diagramas divididos em quatro zonas (normalmente designadas pelos numerais romanos I a IV): respectivamente, pré-temperada, temperada inicial, temperada final e pós-temperada. O diagrama de pólen do interglacial atual sugere que estamos bem avançados no estágio temperado final.

O último interglacial é o mais fácil de identificar estratigraficamente porque ocorreu em um passado muito recente. Atribuir datas precisas sobre ele é difícil, pois os métodos de radiocarbono tornam-se menos acurados à medida que se volta no tempo, e os métodos de datação baseados em isótopos de argônio dependem da presença de material vulcânico [12]. Apesar de tudo, acredita-se que o último interglacial iniciou-se cerca de 130 mil anos atrás (embora um estudo recente e muito bem datado de um local em Nevada tenha sugerido o início em 147 mil anos atrás, o que gerou considerável controvérsia entre geólogos e paleoclimatologistas [13]) e terminou por volta de 11.500 anos atrás com o início da última grande glaciação. Isto significa que podemos identificar os registros terrestres do último interglacial com o estágio 5 dos isótopos de oxigênio visto na curva da Figura 12.2. Interglaciais mais antigos são muito mais problemáticos; normalmente atribuem-se a eles nomes locais quando são descritos pela primeira vez, e são feitas tentativas posteriores de correlacioná-los, sempre com base nos fósseis neles contidos. Algumas correlações possíveis são mostradas na Figura 12.6, mas qualquer correlação de depósitos terrestres na ausência de datação correta só pode ser um experimento, especialmente no caso de glaciais e interglaciais mais antigos.

Mudanças Biológicas no Pleistoceno

Com a expansão das placas de gelo nas altas latitudes, o padrão global da vegetação foi consideravelmente perturbado. Muitas áreas hoje ocupadas por florestas temperadas

Temp.	América do Norte	Alpes	Noroeste Europeu	Grã-Bretanha	Data aproximada
					← 10000
F	Wisconsin	Würm	Weichsel	Devensian	← 70000
Q	Sangamon	Riss/Würm	Eemian	Ipswichian	
F	Illinoian	Riss	?Saale	?Wolstonian	← 250000
Q	Yasmouth	Mindel/Riss	?Holstein	?Hoxnian	← 500000
F	Kansan	Mindel	?Elster	?Anglian	
Q	Aftonian	Günz/Mindel	?Cromerian complex	?Cromerian	
F	Nebraskan	Günz	?Menapian		← 1×10^6
Q		Donau/Günz	?Waalian		
F		Donau	?Eburonian		
Q		Biber/Donau	?Tiglian		
F		Biber	?Pretiglian		← $2{,}4 \times 10^6$
Q			Reuverian		

Figura 12.6 Correlações convencionais adotadas entre eventos glaciais e interglaciais em localizações específicas no Pleistoceno. As complexidades locais proporcionam essas tentativas de correlação, especialmente nos estágios mais antigos. F, frio; Q, quente.

decíduas eram congeladas ou possuíam vegetação de tundra. Por exemplo, grande parte das planícies do norte europeu provavelmente não possuía florestas decíduas de carvalho durante os avanços glaciais. A situação na Europa tornou-se mais complexa com centros de glaciação adicionais nos Alpes e nos Pireneus. Estes devem ter resultado em isolamento e em frequentes locais derradeiros para a extinção de espécies e, na verdade, de comunidades inteiras de plantas que demandavam calor durante os picos de glaciação. A Figura. 12.7 mostra os muitos tipos de vegetação que ocupavam a Europa nos períodos glaciais e interglaciais. Durante os interglaciais, espécies de tundra devem ter tido uma distribuição restrita devido à sua incapacidade de aguentar as altas temperaturas de verão e também por falhar na competição com espécies mais robustas e produtivas. Locais de grandes altitudes e áreas com perturbação devem ter servido como **refúgios** onde grupos daquelas espécies puderam sobreviver em áreas isoladas. De modo semelhante, durante os glaciais, locais particularmente favoráveis por serem abrigados, voltados para o sul ou para o oceano, e relativamente livres de congelamento devem ter servido de refúgio para as espécies que demandavam calor durante o tempo frio. Na Europa, por exemplo, pensa-se que as espécies de floresta decídua sobreviveram a episódios glaciais na região onde atualmente ficam Espanha e Portugal [14], Itália, Grécia, Delta do Danúbio, Turquia e ao redor dos Mares Negro e Cáspio [15]. Essa hipótese é sustentada por um estudo liderado pelo cientista francês Rémy Petit [16] sobre a diversidade genética intraespecífica (dentro da espécie) de 22 espécies de árvores comuns europeias. Conforme previsto, as populações de árvores das áreas mediterrâneas que continham refúgios possuíam alta diversidade genética, especialmente para espécies com baixa dispersão. Curiosamente, a maior diversidade genética foi encontrada em latitudes intermediárias, provavelmente como resultado da mistura subsequente de linhagens que haviam sido isoladas em diferentes refúgios. Esse padrão geral de redução da diversidade genética (alélica), do sul ao norte da Europa, e subdivisão de espécies foi observado em muitas espécies (revisado na Referência [17]). Esses padrões foram impulsionados pela rápida expansão, para o norte, de muitas espécies após a última Era do Gelo e por variações na topografia dos refúgios do sul, que permitiram que as populações divergissem através de várias eras do gelo. A evidência do DNA sugere que algumas espécies divergiram em regiões de refúgios por algumas poucas eras do gelo, ao passo que outras espécies são mais distintas geneticamente, indicando uma separação muito mais antiga [17]. Mas seria um erro pensar que as áreas temperadas europeias foram colonizadas apenas a partir de refúgios do sul no final do último máximo glacial. Há evidências crescentes, tanto palinológicas quanto genéticas, de que também havia refúgios no norte – o mais proeminente deles ficava na área ao redor dos Cárpatos e caracterizava-se por florestas de folhas deciduais e coníferas, principalmente nas encostas do sul [18].

As espécies animais com bons mecanismos de dispersão foram capazes de modificar suas populações para competir nas novas condições mais facilmente do que as plantas. Estas dependiam dos movimentos de seus frutos e sementes para se dispersarem para novas áreas, enquanto as antigas populações morriam, na medida em que as condições se tornavam menos favoráveis. O fato de que cada espécie enfrentava os próprios problemas peculiares, em termos tanto de requisitos climáticos quanto de capacidade de dispersão, significa que as mesmas devem ter-se misturado em novos agrupamentos (ou *comunidades*; veja o Capítulo 4) durante os períodos de mudança. A Figura 12.7 expressa as formas de vida vegetais (com exemplos) e, assim, representa uma das maiores modificações de bioma em diferentes regimes climáticos, mas a

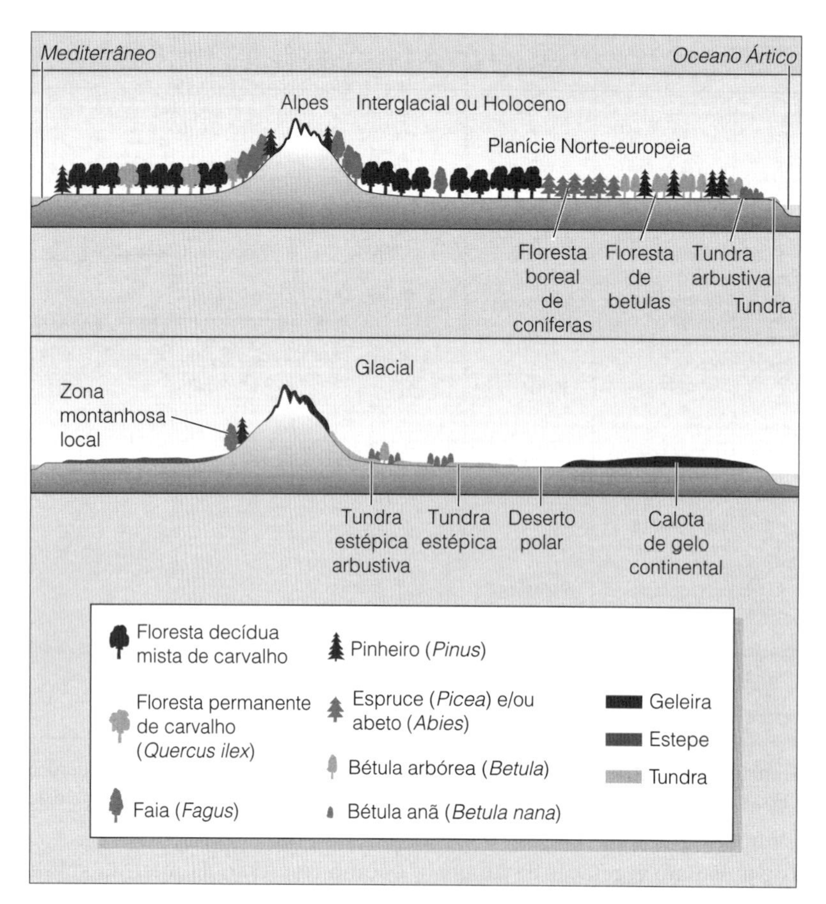

Figura 12.7 Representações esquemáticas simplificadas dos cinturões de vegetação da Europa durante períodos glaciais e interglaciais. Os perfis se movimentam do sul para o norte, a partir da base mediterrânea até o Oceano Ártico. Durante os períodos glaciais, a floresta temperada ficou confinada a áreas de refúgio principalmente ao sul dos Alpes.

constituição desses biomas mudou de acordo com os padrões de movimento de diferentes espécies arbóreas. O mesmo acontece com os componentes animais dos biomas. Um estudo detalhado [19] sobre as faixas da América do Norte ocupadas por mamíferos durante o Quaternário Superior mostrou que espécies individuais se modificaram em diferentes momentos, em direções e a taxas diferentes durante as oscilações climáticas. Apenas durante os últimos milhares de anos os agrupamentos modernos de animais e plantas se reuniram. Assim, a ideia de que a reunião de espécies que se movimentaram como "comunidades" intactas deve ser abandonada à luz dessas descobertas.

Nesse processo de sucessivas mudanças climáticas e modificações de distribuição ocorreram extinções. Na Europa, muitos gêneros e espécies da flora que preferiam o calor e eram tão abundantes na Época do Terciário foram perdidos. A cicuta (*Tsuga*) e o tulipeiro (*Liriodendron*) foram arrasados dessa forma, mas ambos sobreviveram na América do Norte, onde a orientação predominantemente do norte para o sul das principais cadeias montanhosas (as Rochosas e os Apalaches) possibilitou a migração das espécies mais sensíveis na direção sul durante os glaciais, e sua sobrevivência na região da atual América Central. A orientação do leste para o oeste dos Alpes e dos Pireneus na Europa não permitiu uma fuga tão fácil para o sul. Árvores de pterocarpos (*Pterocarya*) também foram extintas na Europa, mas sobreviveram na Ásia, no Cáucaso e no Irã. Estudos relacionados às histórias de muitas espécies de árvores durante a última parte do Pleistoceno ajudaram muito na explicação da distribuição atual das árvores e da composição das florestas [20].

As extinções relacionadas ao clima também ocorreram em *táxons* animais, especialmente em espécies maiores. Estima-se que 65% dos gêneros de mamíferos pesando mais de 44 kg foram extintos em algum momento entre 50 mil e 3 mil anos antes do presente (AP). A causa e o possível papel dos seres humanos nessas extinções têm sido amplamente discutidos (veja o Capítulo 13), mas torna-se cada vez mais claro que as mudanças no clima desempenharam um papel importante em muitos desses desaparecimentos. O biogeógrafo espanhol David Nogués-Bravo e colaboradores demonstraram recentemente que os continentes com maior magnitude das mudanças climáticas durante o Quaternário Superior tiveram mais extinções de megafauna do que os continentes com menor (com a notável exceção da América do Sul) [21]. Em outro estudo, Nogués-Bravo mostra que o clima pode ter tido um papel em uma das extinções mais emblemáticas do Holoceno, a do mamute-lanoso (*Mammuthus primigenius*) [22]. Usando a modelagem de envelope bioclimático, eles mostram que as condições climáticas adequadas para o mamute rapidamente diminuíram entre o Pleistoceno Superior e o Holoceno, sendo as últimas áreas adequadas restritas ao Ártico da Sibéria – o sítio dos últimos registros de mamutes na Ásia continental. Esta grande contração de escala induzida pelo clima quase tornou o mamute mais vulnerável a outros fatores, incluindo as populações crescentes de caçadores-coletores humanos.

O Último Glacial

O estágio glacial mais recente durou aproximadamente de 115 mil anos, chegando até cerca de 10 mil anos atrás. Assim, nossa experiência quanto a uma Terra aquecida é incomum, pelo menos no que diz respeito à história geológica recente. No entanto, mesmo um período glacial não é uniformemente frio, e houve inúmeras interrupções com aquecimentos nos climas frios prevalentes. Muitos *interstadials* são registrados durante o último glacial. A Figura. 12.8 mostra uma curva detalhada de isótopos de oxigênio de um núcleo de gelo retirado da calota polar na Groenlândia [23]. A instabilidade da temperatura durante o glacial é evidente, e é claro que houve muitos episódios de calor de curta duração neste período. Os ciclos de calor e frio alternado durante o último glacial foram denominados **ciclos Dansgaard-Oeschger**,

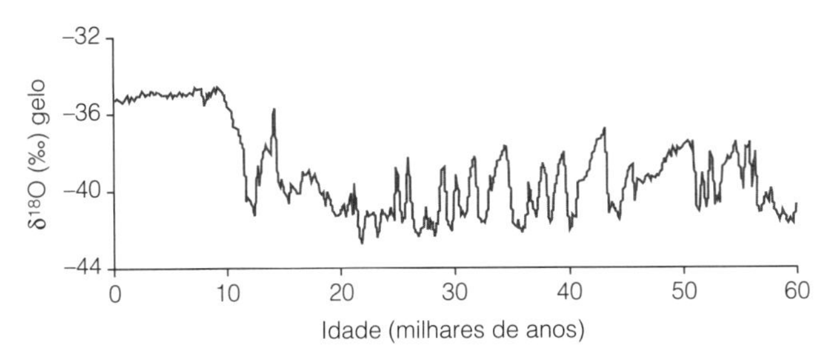

Figura 12.8 Curva de isótopos de oxigênio de um núcleo de gelo extraído da calota polar na Groenlândia. (Valores menos negativos do ^{18}O no gelo indicam temperaturas mais altas.) Essa sequência cobre um período de 60 mil anos, aproximadamente a segunda metade do último evento glacial. A instabilidade da temperatura refletida na curva de isótopos é evidente, com o período frio sendo frequentemente interrompido por curtos episódios de temperaturas mais altas. Extraído de Dansgaard *et al.* [23].

depois que os cientistas os descreveram pela primeira vez. Cada evento frio tem duração de cerca de mil a 2 mil anos, separado por intervalos de aproximadamente 7 mil anos, e a fase fria geralmente é acompanhada por grandes descargas de *icebergs* no Oceano Atlântico norte, fato descoberto pela primeira vez por Hartmut Heinrich em 1988 e que atualmente é conhecido como **eventos Heinrich**. Esses *icebergs* carregavam detritos, como fragmentos de areia e calcário, para o Atlântico, onde se derretiam e liberavam a carga de detritos, os quais se juntavam aos sedimentos marinhos e deixavam um registro da frequência dos eventos de Heinrich. Os sedimentos também registram uma redução na abundância de fósseis de plâncton, por exemplo, os foraminíferos, durante os eventos de Heinrich, sugerindo redução na produtividade oceânica. Além disso, há evidências de mudanças importantes na salinidade do oceano no momento dessa ocorrência, e isso levou alguns oceanógrafos a propor que todo o padrão de circulação do Oceano Atlântico havia mudado durante os ciclos de Dansgaard-Oeschger [24], uma ideia que será discutida com mais detalhes neste capítulo.

A vida vegetal e animal terrestre também respondeu às flutuações climáticas durante o último glacial. Os registros sedimentares contínuos contendo pólen fóssil nos permitem rastrear a vegetação de volta no tempo desde o último glacial até o interglacial anterior, mas são muito incomuns. Muitos possíveis locais foram varridos por geleiras e perderem seus registros, todavia, existem alguns locais em lagos profundos, frequentemente associados a antigas crateras vulcânicas, que têm registros completos disponíveis. Um desses perfis que manteve o registro da vegetação até 125 mil anos atrás é apresentado na Figura 12.9. Consiste em um diagrama de pólen do Lago Carp, situado no lado oriental das Montanhas Cascade, na costa noroeste do Pacífico, nos Estados Unidos [25]. Fica fora do limite da grande camada

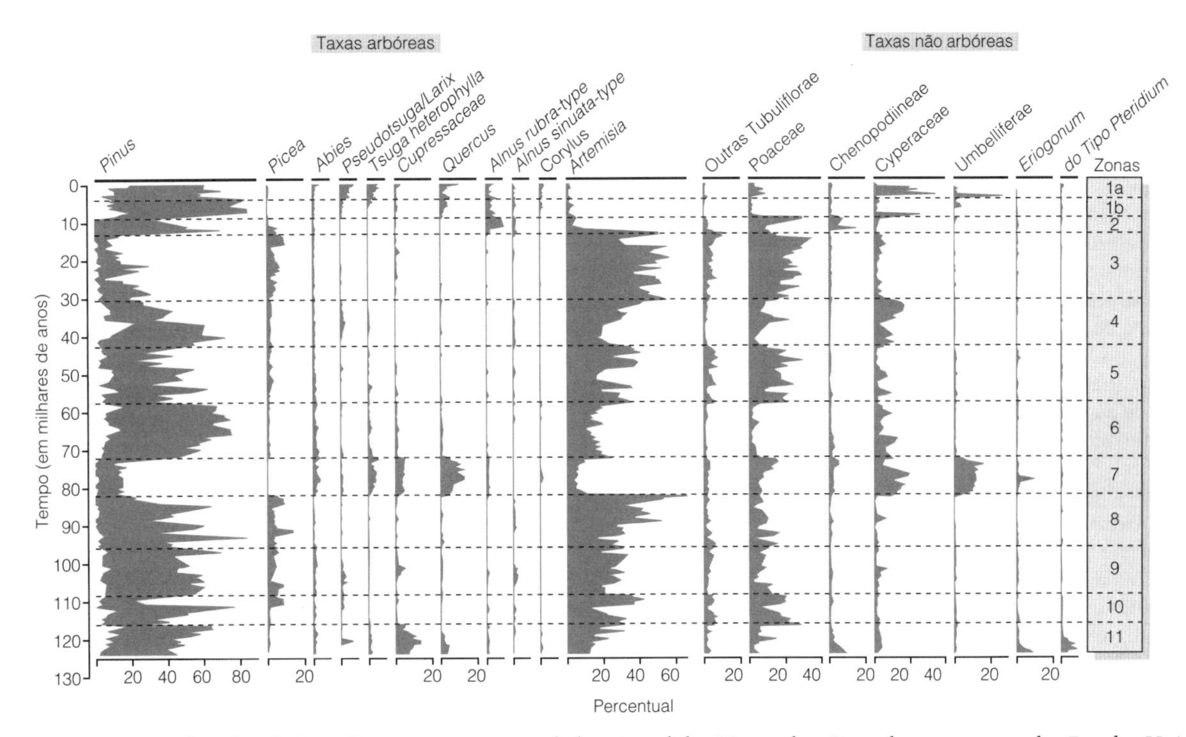

Figura 12.9 Diagrama de pólen do Lago Carp, uma cratera no lado oriental das Montanhas Cascade, no noroeste dos Estados Unidos. Os sedimentos cobrem aproximadamente 125 mil anos de registro e apresentam a resposta errática da vegetação à instabilidade do clima durante o último glacial (Wisconsin). Extraído de Whitlock e Bartlein [25].

de gelo da geleira laurenciana que cobriu grande parte da região setentrional da América do Norte durante o glacial Wisconsin. Atualmente, localiza-se na fronteira entre dois biomas, a estepe de artemísia (*Artemisia*) e a floresta montanhesca de pinheiros (*Pinus ponderosa*), e a proximidade dessa fronteira (chamada de **ecótono**) denota que a vegetação teria sido particularmente sensível às oscilações climáticas no passado. A porção inferior do diagrama (Zona 11) mostra a floresta aberta de pinheiros e carvalhos (*Quercus*) do último interglacial, com algumas indicações de que as condições eram mais quentes e secas do que atualmente. Em seguida, na parte principal do diagrama, picos alternantes de *Artemisia* e pinheiros mostram as constantes alterações da vegetação nesse ecótono sensível, à medida que o clima esquentava e esfriava. Em um dos estágios (Zona 7, cerca de 85 mil a 74 mil anos atrás) houve um episódio de determinado aquecimento, no qual foi possível uma floresta aberta mista que incluía carvalhos se estabelecer. Aparentemente, esse interlúdio teria sido mais quente e úmido durante os verões do que hoje em dia. Condições mais frias retornaram até o fim do glacial, e a atual vegetação se estabeleceu nos últimos 10 mil anos (Zona 1).

Esse notável registro mostrou que as flutuações de temperatura registradas no perfil de isótopos de oxigênio nos núcleos de gelo (veja a Figura 12.8) se refletiram na resposta da vegetação, e que a instabilidade do clima glacial acarretou constantes ajustes na variação das espécies e nas fronteiras dos biomas.

Mesmo nos trópicos, como o norte da Austrália, a vegetação mudou notavelmente em resposta às flutuações climáticas nos últimos 120 mil anos, conforme discutido no Boxe 12.1 e na Figura 12.10.

A aridez tropical parece ter atingido uma ampla área quando as altas latitudes experimentavam seus episódios glaciais, como se pode confirmar por evidências nas áreas tropicais da África, Índia e América do Sul. Grande parte da floresta tropical úmida da Bacia do Zaire foi, provavelmente, substituída por *grassland* e savana durante o glacial, embora uma parte da floresta deva ter sobrevivido em locais ribeirinhos e próximos de lagos. Os registros de temperatura das localidades tropicais, como a África Oriental, seguem muito de perto as tendências observadas em outras partes do globo. Análises de pólen em sedimentos lacustres na fronteira entre Uganda e Zaire [29] mostram que a floresta úmida foi substituída por arbustos secos e *grassland* até o leste do Vale Ocidental do Rift durante o auge do último episódio glacial. Qualquer fragmento que servisse de refúgio deve ter sido localizado mais para oeste, nas planícies da Bacia do Congo.

A Figura. 12.11 apresenta uma proposta de reconstrução das áreas aproximadas de floresta úmida que existiram no instante da expansão máxima do glacial nas altas latitudes (há 22 mil anos atrás). A partir daí pode-se observar que a floresta úmida foi muito fragmentada, em consequência da seca provocada pelo glacial nas latitudes tropicais [30]. Muitas áreas atualmente ocupadas por florestas úmidas foram reduzidas a bosques de savanas nessa época, e esta

Os trópicos australianos em tempos de frio

Conceito
Boxe 12.1

O efeito do gelo nos trópicos, obviamente, não foi direto, exceto nas montanhas muito altas, mas o clima foi mais frio, de modo geral, e as mudanças na vegetação refletidas nos diagramas de pólen das regiões tropicais sugerem ter havido variações importantes na precipitação. Em Queensland, Austrália, por exemplo, Peter Kershaw [26] analisou os sedimentos de uma área de floresta úmida encontrados em um lago formado em uma cratera vulcânica, e os resultados são mostrados na Figura. 12.10. A datação desse sítio é difícil, mas a amplitude total do diagrama sugere uma cobertura de cerca de 120 mil anos, voltando ao tempo dos estágios de encerramento do último interglacial — uma cobertura temporal semelhante à do diagrama do Lago Carp a partir do noroeste do Oceano Pacífico na América do Norte (Figura 12.9). Durante o último interglacial (a zona inferior E3) esse sítio australiano foi ocupado por muitos dos gêneros arbóreos de floresta úmida que hoje se encontram na área; mas, no período em que o último glacial começou nas altas latitudes, essa floresta foi substituída por outra, de estrutura mais simples, na qual o gênero *Cordyline* de árvores do tipo palmeira exerceu um papel importante. Houve então uma breve reversão (datada entre 86 mil e 79 mil anos atrás – muito próxima do breve aquecimento registrado no diagrama norte-americano) quando a floresta úmida se restabeleceu. No entanto, surgiram condições muito mais áridas, e a floresta foi dominada por gimnospermas arbóreas, como a araucária (*Araucaria*). Entre 26 mil e 10 mil anos atrás, o clima se tornou muito mais seco, e as florestas originais assumiram uma forma esclerófita, sendo dominadas pela *Casuarina*, uma árvore normalmente associada a condições quentes e secas. Entretanto, ao final do "glacial" houve uma mudança rápida na vegetação, novamente com a invasão de árvores da floresta úmida. O período de máxima aridez nesse sítio, entre 26 mil a 10 mil anos atrás, engloba o período de maior extensão das geleiras no Hemisfério Norte há cerca de 22 mil anos.

Na planície de Nullabor, no centro-sul da Austrália, estudos em vertebrados fósseis mostram que uma alta proporção desses organismos se extinguiu durante o Pleistoceno [27], mas é improvável que o clima seja propriamente a explicação dessa perda na biodiversidade. A crescente incidência de incêndios florestais talvez seja uma causa imediata mais provável dessas perdas, e o impacto dos seres humanos (que chegaram à Austrália há cerca de 40 mil anos) não pode ser excluído como fator contributivo: 90% da megafauna se extinguiu logo após as primeiras evidências arqueológicas para a colonização humana do continente. Curiosamente, observa-se um padrão muito semelhante na ilha vizinha da Tasmânia (que estava conectada ao continente quando os níveis do mar eram mais baixos). Embora a maioria da megafauna da Tasmânia tenha existido entre 43 mil e 40 mil anos atrás, antes da chegada dos humanos na ilha, análises recentes dos restos fósseis e seus sedimentos associados sugerem que pelo menos algumas espécies persistiram até pelo menos 41 mil anos atrás e, portanto, se sobrepuseram aos humanos [28]. O fato de que este último período, que não estava associado a mudanças climáticas ou ambientais regionais significativas, ocorreu entre 43 mil e 37 mil anos atrás, sugere que os humanos provavelmente desempenharam um papel importante no desaparecimento dessas populações remanescentes.

é uma particularidade importante para se ter em mente ao considerar a alta diversidade de espécies da floresta úmida (veja o Capítulo 2). Muitas das florestas úmidas não desfrutaram de uma história longa e contínua, mas foram separadas pelas mudanças climáticas globais, especialmente pelo frio e pela seca. Até mesmo algumas das regiões (como a fronteira entre Uganda e Zaire) que hoje são *hotspots* de biodiversidade abrigavam uma vegetação muito diferente durante o último glacial. No entanto, ainda há um debate considerável sobre a vegetação do último máximo glacial. Por algum tempo, acreditava-se que as florestas de savana teriam ocupado grande parte da região, mas a opinião atual [31] favorece as florestas sazonais secas com uma mistura de espécies de árvores de montanhas e tolerantes ao frio. Durante os glaciais, as florestas temperadas eram forçadas a ocupar novas áreas em latitudes mais baixas, porém as florestas tropicais úmidas não tinham lugar para onde pudessem se retrair e, assim, se tornaram fragmentadas e desmembradas, uma vez

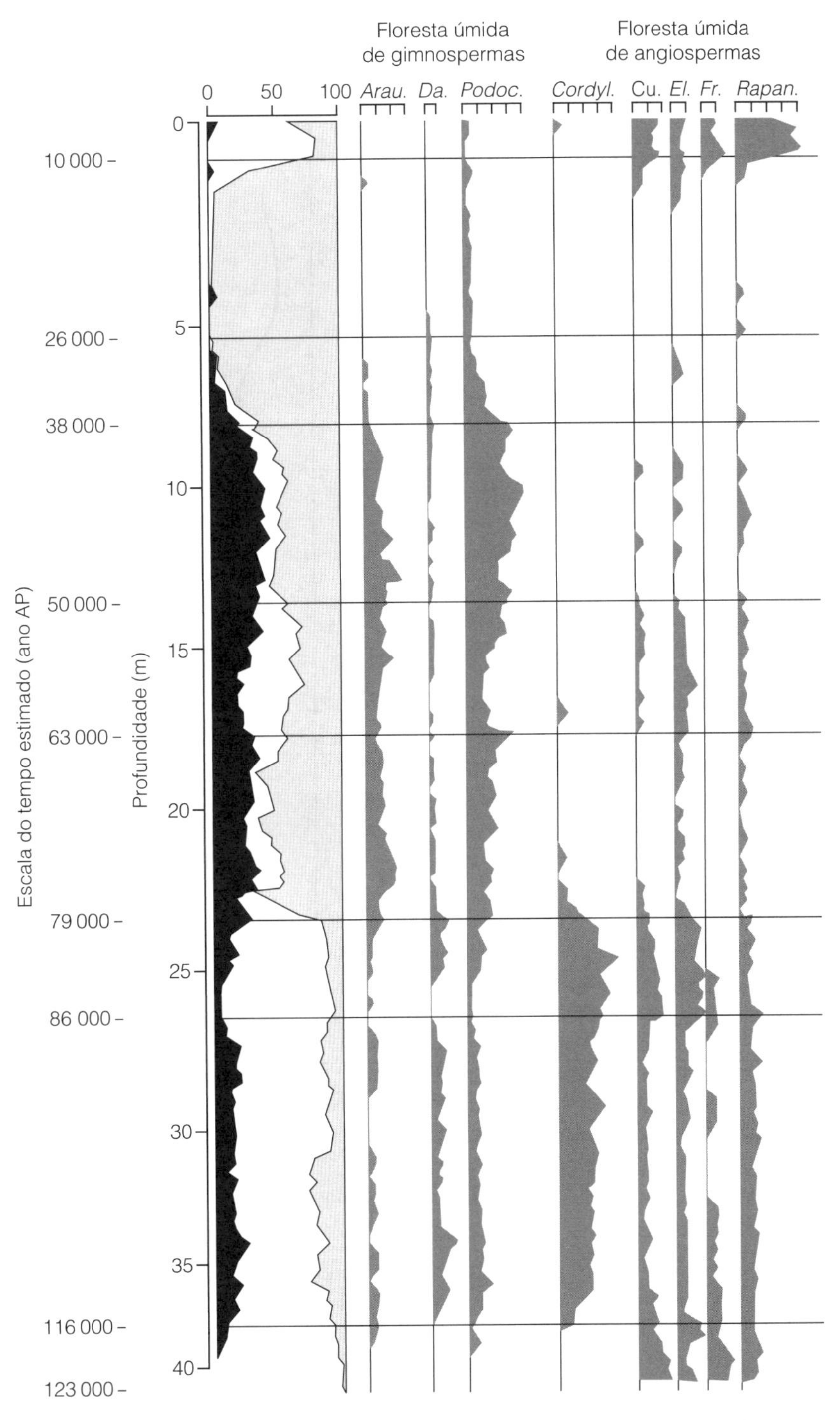

Figura 12.10 Diagrama de pólen da Cratera de Lynch, em Queensland, na Austrália. A coluna à esquerda mostra a porcentagem de floresta úmida de gimnospermas (preto), floresta úmida de angiospermas (branco) e *taxa* esclerófilos (cinza). As frequências de pólen de todos os *taxa* são mostradas como porcentagens do total de pólen da planta de terra seca; cada divisão representa 10% da soma do pólen. Abreviaturas para *taxa*: Arau., *Araucaria*; Da., *Dacrydium*; Podoc., *Podocarpus*; Cordyl., *Cordyline*; Cu., *Cunoniaceae*; El., *Elaeocarpus*; Fr., *Freycinettia*; Rapan., *Rapanea*; Casuar., *Casuarina*; Euc., *Eucalyptus*. Adaptado de Kershaw [26].

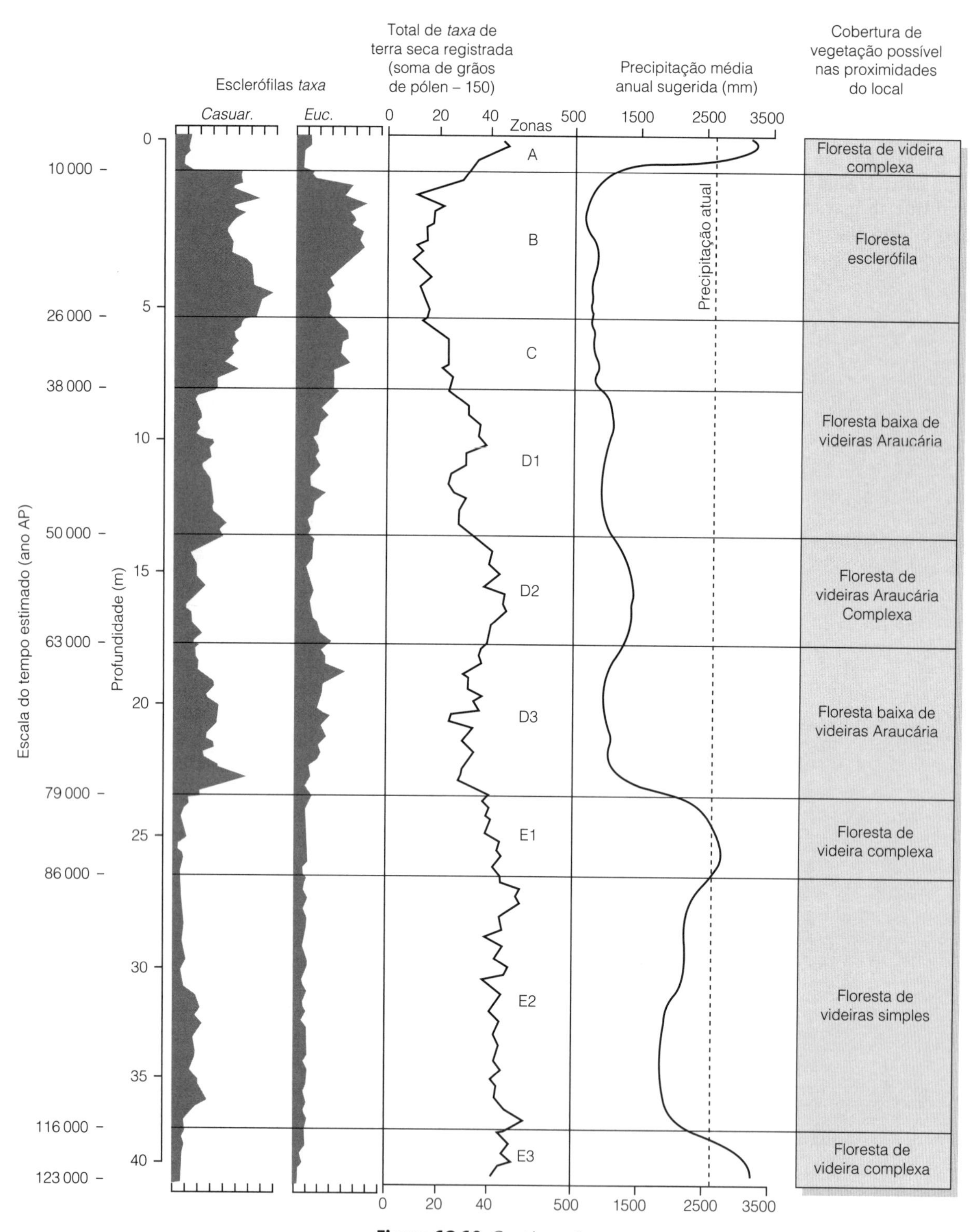

Figura 12.10 *Continuação*

que a composição delas fora drasticamente alterada (veja o Capítulo 11). Alguns ecologistas acreditam que essa fragmentação pode ter sido benéfica à sua diversidade, porque permitiu o isolamento das populações e também o desenvolvimento de novas espécies [32].

A Figura 12.11 também mostra possíveis áreas de seca no momento de máxima extensão glacial, e o padrão global das regiões secas é apresentado com mais detalhes na Figura 12.12, em comparação com a distribuição moderna dos desertos [33]. A aridez global nos últimos estágios do último glacial fica muito evidente. A areia transportada pelo vento (**loess**) a partir desses desertos é encontrada em estado fóssil em várias partes a leste dos Estados Unidos, na Europa Central e no sul da Austrália, onde os vertebrados fósseis confirmaram a natureza árida de grande parte do Pleistoceno [27]. Estudos sobre o nível de lagos mostram, de modo semelhante, que o período entre 20 mil e 15 mil anos atrás foi particularmente seco em algumas regiões. Por exemplo, os níveis lacustres da África tropical encontravam-se muito baixos durante esse período, como mostram os dados resumidos na Figura 12.13.

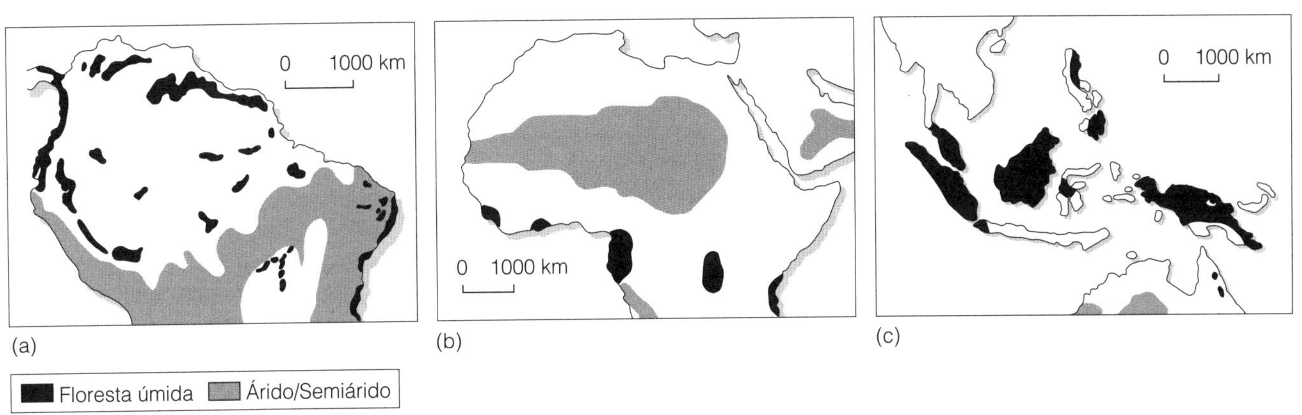

Figura 12.11 Possíveis distribuição de regiões de florestas úmidas e áridas-semiáridas, 22 mil anos atrás, quando a glaciação nas altas latitudes encontrava-se no máximo. Extraído de Tallis [30].

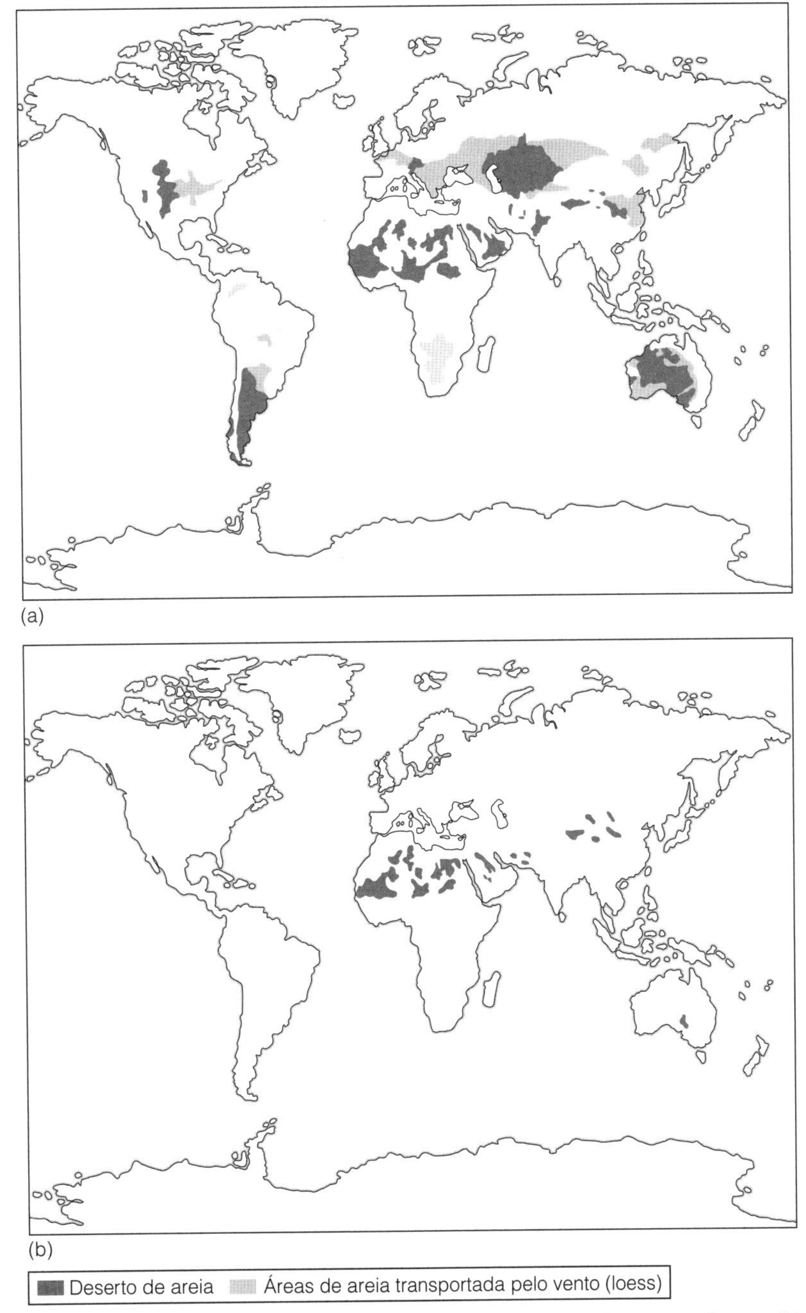

Figura 12.12 (a) Proposta de distribuição dos desertos de areia no auge do último glacial, comparada com (b) a distribuição atual. Dunas móveis (*loess*) eram uma característica de muitas áreas durante o episódio glacial. Extraído de Wells [33].

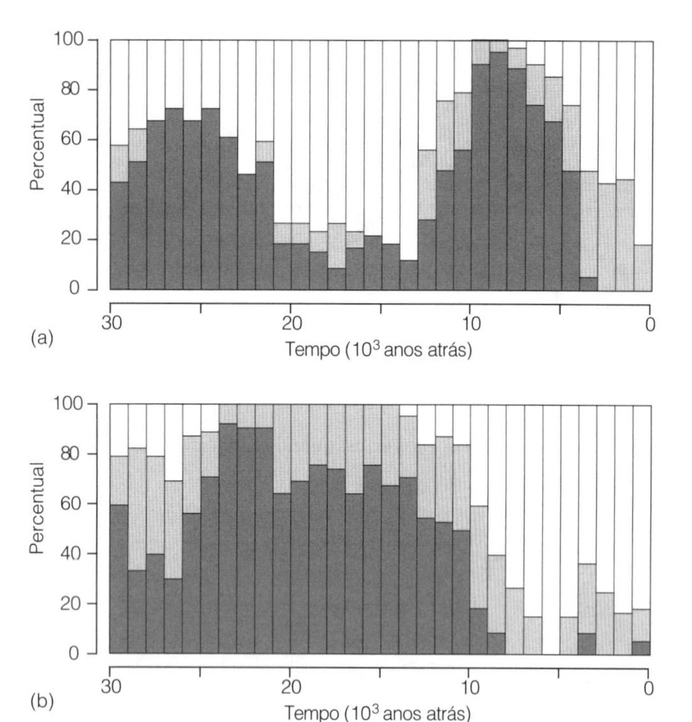

Figura 12.13 Níveis lacustres nos últimos 30 mil anos: (a) na África Tropical, e (b) no oeste dos Estados Unidos. As barras representam a proporção de lagos estudados com o nível alto (cinza-escuro), intermediário (cinza-claro) ou baixo (nenhuma barra). Extraído de Tallis [30].

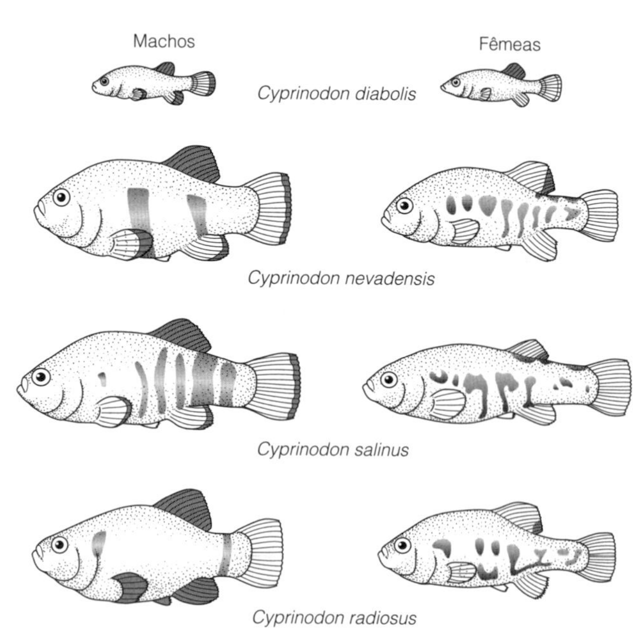

Figura 12.14 As quatro espécies de ciprinodontes que evoluíram nas fontes termais da região do Vale da Morte. Os machos são azuis iridescentes brilhantes; as fêmeas são esverdeadas. (Suas diferentes manchas são mostradas em cinza-escuro.) Adaptado de Brown [84].

Entretanto, seria enganoso considerar que a seca prevaleceu por toda a Terra nesse período. Da mesma forma que nos dias de hoje, algumas áreas são mais úmidas do que outras, assim como o foram nos tempos glaciais, e a parte ocidental dos Estados Unidos desfrutou por um tempo de climas úmidos e níveis lacustres altos entre 25 mil e 10 mil anos atrás. Esses períodos úmidos são denominados **pluviais**, e muitas partes do mundo experimentaram esses períodos em vários momentos da história do período Quaternário. Na África subtropical, por exemplo, entre 90 mil e 55 mil anos atrás parece ter havido momentos de climas pluviais.

As evidências de que existiram lagos pluviais no oeste da América do Norte são proporcionadas não apenas por depósitos geológicos, mas também pela atual distribuição de determinados animais de água doce. A oeste do estado de Nevada, existem muitas bacias lacustres grandes que agora estão quase secas, mas nas poças remanescentes vivem espécies (ou mais especificamente um *complexo de espécies*) do ciprinodontes[1] (*Cyprinodon*) (Figura. 12.14). As populações isoladas foram gradualmente evoluindo, e hoje são consideradas pelo menos três diferentes espécies (sendo uma extinta), cada qual adaptada ao seu próprio ambiente específico, um pouco como os *honey-creepers* havaianos (veja o Capítulo 8). Em muitos aspectos, os locais úmidos em que esses peixes vivem podem ser considerados "ilhas" evolucionárias, separadas umas das outras por terreno desfavorável. As espécies foram provavelmente isoladas das demais desde o último pluvial, no início do atual interglacial, embora populações de cada espécie ainda possam estar em contato parcial durante os períodos de inundações. O isolamento das populações durante o Pleistoceno e o Holoceno resultou em níveis consideráveis de divergência genética [34], normalmente observado apenas em alguns peixes marinhos.

Embora as condições pluviais prevalecessem no oeste da América do Norte durante o máximo glacial, esta não foi uma situação generalizada. As condições glaciais nas altas latitudes estavam associadas a condições frias e secas em grande parte da Terra. A Figura 12.15 mostra o modelo de reconstrução das condições glaciais em diferentes latitudes [35]. Um aspecto digno de nota nesse diagrama é uma redução maior na temperatura aparente das altas latitudes do Hemisfério Norte, e também o aumento das pressões eólicas durante o glacial, nas latitudes médias do norte. Evidências fósseis de várias partes do mundo, datadas do último glacial, confirmam que esses estágios representam períodos de acentuada ruptura em toda a biosfera. Este fato, juntamente com a certeza de que ainda estamos presos a um sistema climático com oscilações que vêm operando nos últimos 2 milhões de anos, faz com que seja imperativo compreendermos os mecanismos que geraram o ciclo glacial/interglacial.

Causas da Glaciação

Eras do gelo são eventos relativamente raros nos 4,6 bilhões de anos da história da Terra. Embora as regiões polares recebam menos energia do Sol do que as regiões equatoriais, elas vêm sendo supridas de calor pela livre circulação das correntes oceânicas ao longo de quase toda a história do mundo. Apenas ocasionalmente massas de terra passam sobre os polos ou formam obstruções ao movimento das águas nas altas latitudes, o que pode resultar na formação de calotas polares. A Tabela 12.1 mostra o tempo aproximado de episódios glaciais durante a história da Terra.

[1]No original é apresentado o nome vulgar *desert pupfish*, sem tradução para o português. (N.T.)

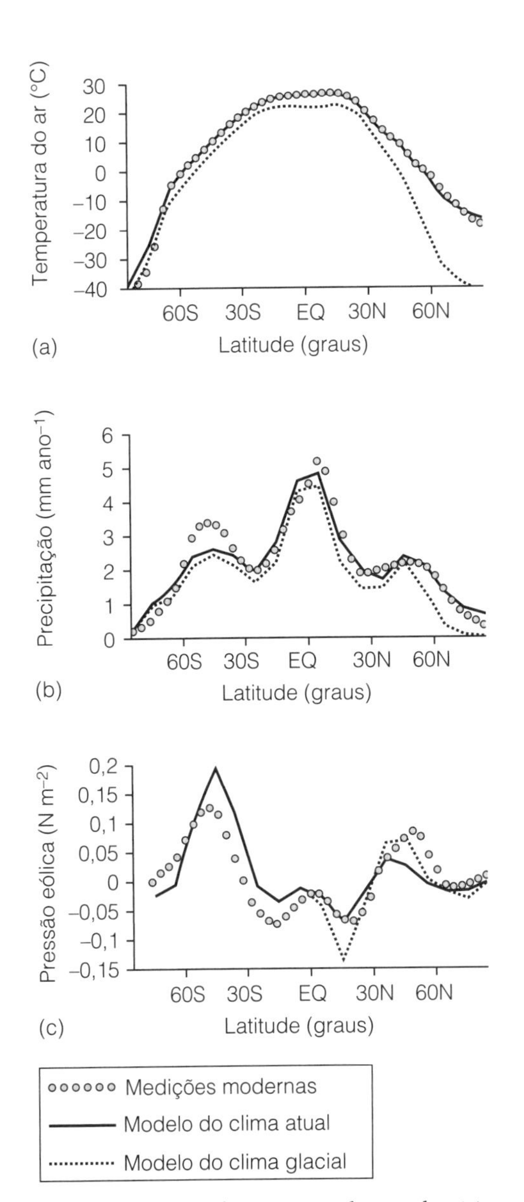

Figura 12.15 Modelos de glaciais e condições climáticas atuais (médias anuais) a diferentes latitudes comparadas com medições modernas. Observe que as condições mais frias, secas e com ventos durante os períodos glaciais são mais intensas, particularmente no Hemisfério Norte. Extraído de Ganopolski *et al.* [35].

A tabela mostra que as idades glaciais tendem a ocorrer aproximadamente a cada 150 milhões de anos, embora não tenha existido durante o Período Jurássico, há 150 milhões de anos, provavelmente porque não havia grande massa continental sobre o Polo Sul naquele momento. Durante a mais recente Era do Gelo, o movimento da Antártida em sua posição sobre o Polo Sul levou ao desenvolvimento de uma calota de gelo polar do sul, talvez há 42 milhões de anos atrás. A queda da temperatura global ocasionou o desenvolvimento da calota de gelo da Groenlândia, há cerca de 34 milhões de anos. A reorganização das massas de terra no Hemisfério Norte levou subsequentemente ao isolamento do Oceano Ártico, que recebeu relativamente pouca influência das correntes quentes, tornando essas terras congeladas 3 a 5 milhões de anos atrás. A presença dessas duas calotas de gelo polares aumentou o albedo, ou refletância da Terra, pois, enquanto a Terra como um todo reflete cerca de 40 % da energia incidente, as calotas polares refletem cerca de 80 %. Portanto, a formação dessas duas calotas reduziu significativamente a quantidade de energia retida pela Terra. Este cenário foi suporte para o desenvolvimento de uma era do gelo.

No entanto, ainda é necessário explicar por que a Era do Gelo não foi um período de frio uniforme, mas consistiu em uma sequência alternada de episódios quentes e frios. Uma proposta para explicar esse padrão foi apresentada nos anos 1930 pelo físico iugoslavo Milutin Milankovitch e tornou-se amplamente aceita pelos climatologistas. Milankovitch construiu um modelo baseado no fato de a órbita da Terra ao redor do Sol ser elíptica e de a forma da elipse muda no espaço de modo regular, de quase circular para fortemente elíptica. Quando a órbita é quase circular há uma incidência mais regular de energia na Terra ao longo do ano, ao passo que quando é mais elíptica a diferença no suprimento de energia entre o inverno e o verão é muito mais pronunciada. Leva 96 mil anos para que se complete um ciclo dessa mudança de forma orbital, como mostrado na Figura 12.16.

Uma segunda fonte de variação é produzida pela inclinação do eixo da Terra em relação ao Sol que, mais uma vez, afeta o impacto das mudanças sazonais com um ciclo de duração aproximada de 42 mil anos. A terceira consideração é uma oscilação do eixo terrestre em torno de sua posição média, que apresenta um ciclo de 21 mil anos. Todos esses

Tabela 12.1 Ocorrência das Eras do Gelo na história da Terra.

Nome	Quando?	Suposta causa
Glaciação Huroniana	2,4 a 2,1 bilhões de anos atrás	Atividade vulcânica
Era do Gelo Criogênica	850 a 630 milhões de anos atrás	Perda de CO_2 atmosférico devido a organismos multicelulares evoluídos recentemente submergindo no fundo do mar.
Era do Gelo andina-sahariana	460 a 430 milhões de anos atrás	Desencadeado por atividade vulcânica que depositou novas rochas de silicato, que extraíram o CO_2 do ar enquanto se erodiram.
Era do Gelo Karoo	360 a 260 milhões de anos atrás	Queda do CO_2 pelo resultado da expansão das plantas terrestres. À medida que as plantas se espalharam pelo planeta, elas absorveram CO_2 da atmosfera e liberaram oxigênio.
Congelamento da Antártida	14 milhões de anos atrás	Queda de CO_2 causada pelo aumento e posterior erosão do Himalaia. O intemperismo captou CO_2 para fora da atmosfera e reduziu o efeito estufa.
Glaciação do Quaternário Older Dryas Younger Dryas	2,58 milhões a 12.000 anos atrás 14.700 a 13.400 anos atrás 12.800 a 11.500 anos atrás	Desencadeado por uma queda no CO_2 atmosférico devido ao contínuo intemperismo do Himalaia. Calendário dos glaciais e interglaciais impulsionado por mudanças periódicas na órbita da Terra e amplificado pelas mudanças nos níveis de gases de efeito estufa (veja o texto principal).

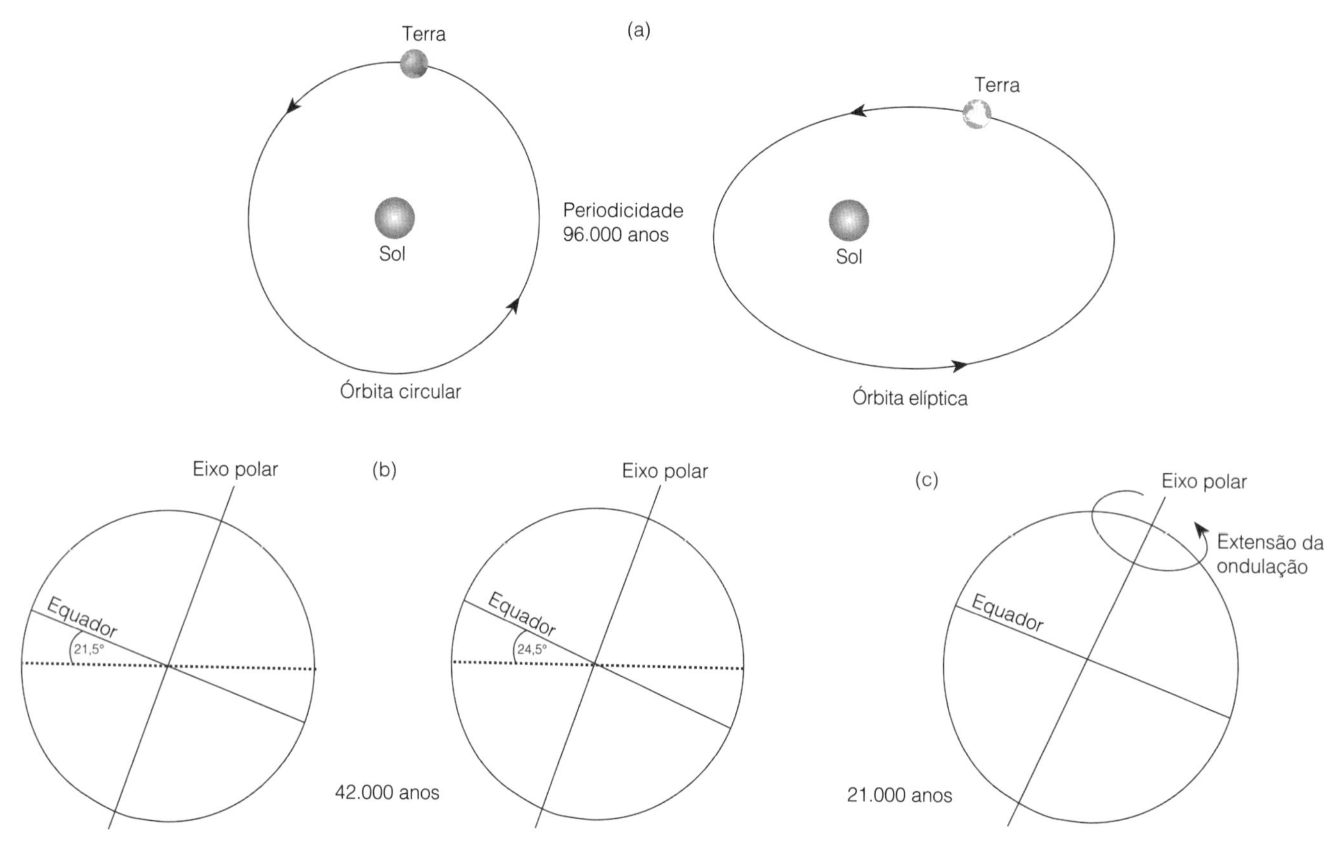

Figura 12.16 As três variações nas condições orbitais e axiais que afetam as radiações solares que chegam à superfície da Terra, conforme proposto por Milankovitch. (a) A natureza excêntrica da órbita da Terra ao redor do Sol, que tem uma periodicidade de cerca de 96.000 anos. (b) A variação da inclinação da Terra em seu eixo, com uma periodicidade de cerca de 42.000 anos. (c) O bamboleio da Terra em seu eixo, que afeta a estação de inclinação e tem uma periodicidade de cerca de 21.000 anos.

ciclos afetam a intensidade da incidência solar na Terra, e o padrão de mudança climática, de acordo com Milankovitch, deve ser uma consequência previsível do somatório dos efeitos desses três **ciclos de Milankovitch**.

Ao pesquisarem a química de sedimentos do assoalho oceânico, geofísicos despenderam muitos esforços na busca de evidências para a periodicidade cíclica das temperaturas dos antigos oceanos e na verificação dos ciclos encontrados comparados aos propostos por Milankovitch. Em 1976, Jim Hays, John Imbrie e Nick Shackleton [36] conseguiram confirmar que todos os três níveis do ciclo de Milankovitch podiam ser detectados nos sedimentos. O padrão de Milankovitch foi agora encontrado em sedimentos que datam 8 milhões de anos, mas uma importante mudança foi observada nos seus efeitos. Enquanto há 8 milhões de anos os efeitos do ciclo de 96 mil anos eram fracos, nos últimos 2 milhões de anos tornaram-se muito fortes e dominaram a sequência glacial/interglacial. Fatores adicionais devem ter ampliado esse ciclo específico em épocas mais recentes.

Uma possível explicação para o atual exagero nos efeitos do ciclo de 96 mil anos é que as próprias massas de gelo são as responsáveis. O gelo se forma lentamente mas desintegra-se rapidamente e pode, ele mesmo, modificar o clima global. Foram construídos modelos computacionais levando-se em conta esse efeito, e eles foram mais concordantes com os dados observados do que os ciclos de Milankovitch propriamente.

Testes detalhados da teoria de Milankovitch são, obviamente, dependentes de registros com boa datação, e até o momento a datação das flutuações climáticas no Pleistoceno é grosseira. A diferença nas datas de início do último interglacial, por exemplo, varia em mais de 17 mil anos, dependendo do material empregado. Até que a datação seja estabelecida de forma mais segura, a plena confirmação da correlação entre os ciclos orbitais e o clima não poderá ser alcançada.

A **influência solar**, tal como representada nos ciclos de Milankovitch, aparenta ser o principal elemento que reforça os padrões observados sobre glaciais e interglaciais nos últimos 2,4 milhões de anos, mas existem fatores complicadores, muitos dos quais ainda precisam ser completamente investigados e explicados. Nos últimos 25 anos, tornou-se possível investigar a composição da atmosfera terrestre durante os ciclos glacial/interglacial. A técnica depende da análise química de pequenas bolhas de gás presas no gelo das calotas polares e de geleiras no passado e mantidas como uma espécie de 'fóssil" até serem trazidas à superfície por métodos modernos de extração. O gelo extraído é cuidadosamente selado para evitar contaminação pelo ar atual e é então comprimido para forçar a saída dos gases presos nele, em diferentes níveis. Supõe-se que o gás assim extraído seja um reflexo verdadeiro do ar contemporâneo incorporado na queda de flocos de neve e lacrado no gelo ao longo de centenas de milhares de anos.

A Figura 12.17 mostra os resultados de uma análise de gelo da estação de pesquisa de Vostok, na Antártida Oriental [37]. O núcleo de gelo é de uma profundidade de 3300 m (escala no topo) e cobre os últimos 400 mil anos da história da Terra (escala na base). Superpostos a essas escalas encontram-se a entrada da energia solar projetada, a **insolação** (curva e), o registro dos isótopos de oxigênio (curva d), a temperatura inferida (curva b)

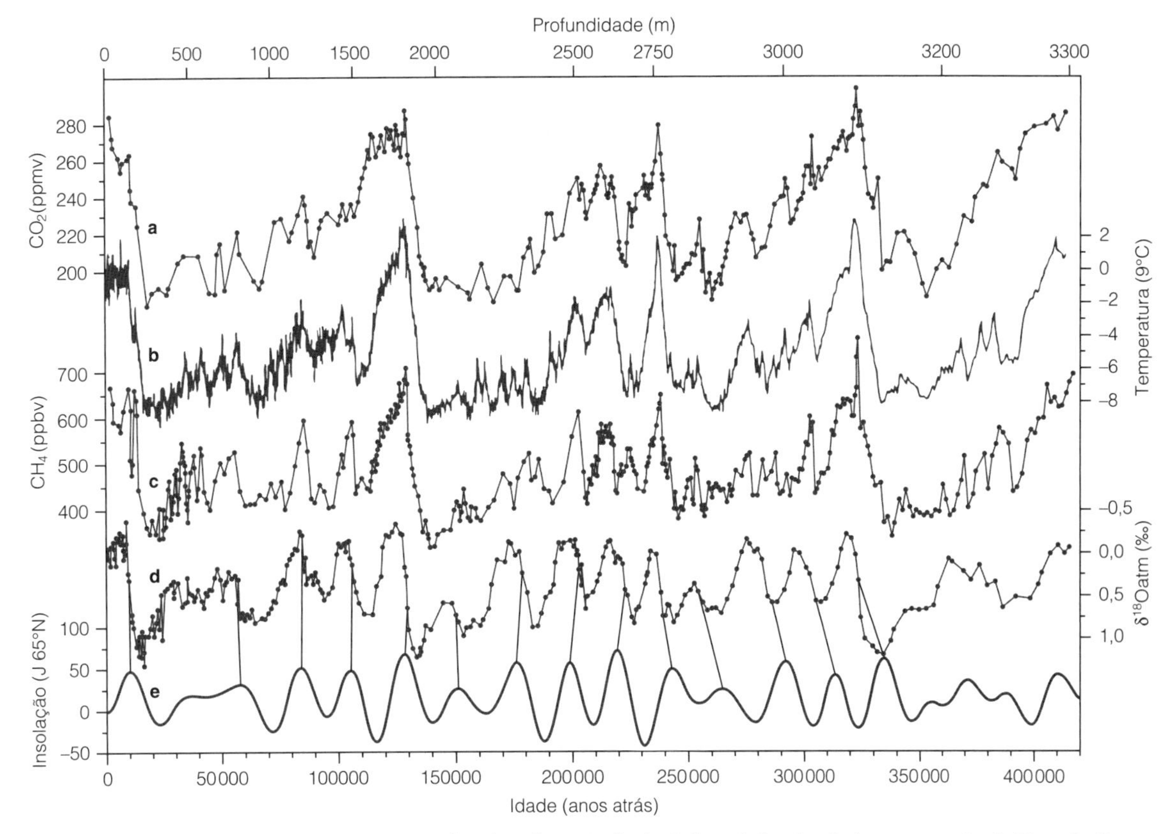

Figura 12.17 Análises de bolhas gasosas em um núcleo de gelo retirado da Calota Polar Antártica na estação de Vostok. Os gases extraídos são considerados amostras fósseis da atmosfera ambiente do passado. As concentrações de dióxido de carbono (curva a) e de metano (curva c) são apresentadas em conjunto com uma reconstrução da mudança de temperatura (curva b) derivada a partir de estudos com isótopos de oxigênio (curva d). Na base do diagrama (curva e) encontra-se uma curva de insolação proposta com base nos ciclos previstos por Milankovitch. Extraído de Petit *et al.* [37].

e dois dos gases encontrados presos nas bolhas e que têm importância para as flutuações climáticas, a saber, o dióxido de carbono (curva a) e o metano (curva c). O primeiro ponto a se observar no diagrama é que a curva de insolação se ajusta muito bem à curva dos isótopos de oxigênio e, portanto, à curva de temperatura. Os picos principais na temperatura, que são cinco, incluindo o atual (interglacial), correspondem muito bem aos picos de insolação. No entanto, os dois gases atmosféricos, dióxido de carbono e metano, também acompanham de perto a curva de temperatura inferida, ambos aumentando a concentração durante os interglaciais e decaindo durante os glaciais. O significado disso reside no fato de que ambos os componentes são **gases do efeito estufa**; ambos têm alta capacidade de absorção de energia na região do espectro correspondente ao infravermelho e, portanto, podem funcionar como isolantes térmicos para a Terra.

Devemos tentar explicar a correspondência desses gases com a mudança global da temperatura e também avaliar suas influências sobre essas mudanças, uma vez que eles podem alterar o sistema de troca de energia do planeta. Uma possível explicação para o aumento desses gases durante os períodos de aquecimento é a atividade respiratória adicional dos organismos, particularmente dos micróbios, durante os interglaciais. A respiração de todos os organismos produz dióxido de carbono e a decomposição microbiana é estimulada pelo aquecimento, especialmente nas regiões mais frias da Terra, onde as condições glaciais são um empecilho à decomposição. A desagregação de rochas, como o calcário, pela ação atmosférica nos solos também aumenta durante os momentos de aquecimento, resultando em produção adicional de dióxido de carbono. O metano é produzido de diversas maneiras: pela atividade dos térmitas; por geração na primeira câmara do estômago dos grandes herbívoros ruminantes; e por decomposição incompleta de matéria orgânica em terrenos úmidos. No entanto, por outro lado, condições mais quentes podem acarretar produtividade adicional das plantas e acúmulo de biomassa, que leva a maior acúmulo de matéria orgânica e consumo de dióxido de carbono atmosférico. A alteração dos níveis de dióxido de carbono na atmosfera pode até ter resultado nas mudanças estruturais nas plantas (Boxe 12.2). O papel dos oceanos parece ser importante aqui. Atualmente, estima-se que cerca de um terço do dióxido de carbono lançado na atmosfera a cada ano termina nos oceanos, principalmente porque muitos dos organismos planctônicos microscópicos (especialmente os cocolitoforídeos e os foraminíferos) constroem conchas de carbonato de cálcio que, depois que os organismos morrem, afundam para o assoalho oceânico. O carbonato que eles utilizam é, em última análise, derivado do dióxido de carbono da atmosfera dissolvido nas águas superficiais e depois usado pelo plâncton. A questão é: essa imersão oceânica de carbono foi maior durante os interglaciais, resultando na extração do carbono da atmosfera? Se as mudanças na circulação oceânica durante um glacial resultaram no transporte até a superfície das águas profundas ricas em nutrientes, então o crescimento do plâncton deve ter sido estimulado e uma bomba biológica deve ter sido acionada, tirando carbono da atmosfera e depositando-o nos sedimentos

Dióxido de carbono e porosidade vegetal

Conceito
Boxe 12.2

Uma consequência da oscilação do dióxido de carbono atmosférico é que a anatomia de algumas plantas pode ser alterada como resposta às mudanças. Uma vez que as plantas retêm o gás através dos poros (estômatos) de suas folhas, elas devem ter precisado de menos estômatos em condições de alta concentração de dióxido de carbono. Ian Woodward, da Sheffield University, Reino Unido, examinou espécies herbáceas de museus e mostrou que as plantas reduziram suas densidades de estômatos ao mesmo tempo em que houve um aumento no dióxido de carbono, durante o último século [40]. Evidentemente, essa redução na densidade de poros mostrou-se vantajosa para a planta, pois reduziu a perda de água por transpiração, em momentos em que o dióxido de carbono era fácil de ser obtido. Jenny McElwain, da University College Dublin [41], seguiu adiante nesses estudos sobre ervas modernas, procurando observar a densidade de estômatos em material vegetal mais antigo. Ela examinou a epiderme de plantas fósseis e encontrou uma forte conexão com os supostos níveis de dióxido de carbono no passado distante, e assim a técnica pode ser suficientemente robusta para ser empregada na reconstrução atmosférica de longo período.

oceânicos [38]. Também é possível que as mudanças nas correntes de águas profundas tenham lavado as águas ricas em carbono das profundezas abissais no início dos interglaciais, aumentando os gases de efeito estufa na atmosfera e aumentando o aquecimento global. Evidências do Pacífico Norte parecem favorecer este argumento [39].

Qualquer que seja o exato mecanismo em ação, o resultado é uma alta correlação entre o dióxido de carbono (e o metano) e a temperatura atmosférica. Os níveis elevados desses gases durante os interglaciais funcionam como um *feedback* positivo, aumentando as altas temperaturas devido às suas propriedades térmicas, como uma estufa na atmosfera.

Wallace S. Broecker, da Columbia University, enfatizou a importância da circulação das correntes oceânicas na Terra, associadas àquelas da atmosfera, para explicar a rapidez com que algumas mudanças climáticas ocorreram no Pleistoceno [42]. Sua teoria não contradiz a de Milankovitch, mas a complementa. Grande parte do aquecimento no Atlântico Norte foi carreada para a região por águas altamente salinas, a uma profundidade intermediária de cerca de 800 metros, em direção ao norte. Essa corrente efetivamente redistribuiu o calor tropical nas altas latitudes, como vimos no Capítulo 3 (Figura 3.10). Broecker estimou que esse aporte de energia no Atlântico Norte é equivalente a 30 % da energia solar anual que atinge a região. Evidências fósseis, entretanto, indicaram que essa circulação termo-halina foi interrompida durante os episódios glaciais, e a redução na transferência de calor para as altas latitudes levou ao desenvolvimento de grandes placas de gelo. Se isso realmente ocorreu, poderia explicar a queda brusca de temperatura nas altas latitudes do Hemisfério Norte, projetada na Figura 12.17. Mudanças menores nos padrões de circulação termo-halina do Atlântico Norte poderiam explicar as oscilações climáticas experimentadas durante a última glaciação, os ciclos Dansgaard-Oeschger [24].

Um outro indício é que erupções vulcânicas intensas tenham precedido e iniciado o processo de glaciação [43]. Certamente existem evidências de correlação entre os avanços glaciais e períodos de atividade vulcânica durante os últimos 42 mil anos na Nova Zelândia, no Japão e na América do Sul. As erupções vulcânicas produzem grandes quantidades de poeira que é lançada muito alto na atmosfera. Isto tem o efeito de reduzir a quantidade de energia solar que chega à superfície da Terra; além disso, as partículas de poeira servem como núcleos nos quais ocorre a condensação de gotas de água, aumentando a precipitação. Ambas as consequências favoreceriam o desenvolvimento de glaciais. No entanto, tentativas de correlacionar o conteúdo de cinzas vulcânicas com evidências de mudanças climáticas em sedimentos oceânicos não obtiveram muito sucesso, exceto para mostrar um aumento geral na frequência da atividade vulcânica durante os últimos 2 milhões de anos, que se correlaciona com o tempo de condições globais frias.

O Atual Interglacial: Um Falso Começo

Após sua máxima expansão, há 22 mil anos atrás, o clima começou a esquentar, como apresentado no registro de isótopos de oxigênio na Figura 12.8, e as grandes placas de gelo começaram a diminuir. Todos os indicadores apontaram para o princípio de um novo interglacial. Mas o calor crescente foi de repente interrompido por um retorno às condições extremamente frias, formando um ciclo que lembra os ciclos Dansgaard-Oeschger da parte anterior do último glacial.

Essa instabilidade, entre 14 mil e 10 mil anos atrás, foi observada pela primeira vez, na Dinamarca, por geólogos que descobriram que sedimentos lacustres, datando do período de transição entre o glacial e o atual interglacial, apresentavam características incomuns. As argilas inorgânicas, típicas dos sedimentos formados em lagos cercados por vegetação de tundra ártica, onde os solos são facilmente erodidos e a vegetação tem baixa produtividade orgânica, foram substituídas por sedimentos incrementados organicamente na medida em que o desenvolvimento da vegetação local estabilizou os solos minerais, e a produtividade aquática dos lagos levou a um aumento do conteúdo orgânico nos sedimentos. No entanto, esse processo, refletindo o aumento do aquecimento do clima, foi evidentemente interrompido, pois os sedimentos foram revertidos para argila pesada, frequentemente com fragmentos angulares de rocha denotando retorno às condições climáticas mais rigorosas. Os sedimentos orgânicos reapareceram acima dessa camada, e o aquecimento climático tornou-se novamente evidente, dessa vez acarretando o desenvolvimento de nosso atual interglacial. A evidência para a interrupção climática provou ser uma característica compatível com sedimentos desse período em todo o noroeste da Europa.

O episódio frio que ocasionou a deposição desses sedimentos foi suficientemente rigoroso para causar o crescimento de várias geleiras, e os geomorfólogos mostraram que as geleiras da Escandinávia e da Escócia se estenderam consideravelmente durante esse período, enquanto pequenas geleiras começaram a se formar nas vertentes voltadas para

Figura 12.18 A dríade branca (*Dryas octopetala*), uma planta ártica/alpina cujos remanescentes foram encontrados em sedimentos na Dinamarca, que emprestou seu nome ao evento de resfriamento *Younger Dryas*.

o norte de montanhas mais ao sul, do País de Gales até os Pireneus. Esse evento foi denominado **Younger Dryas**, porque foram encontradas em abundância folhas fósseis de dríade branca (*Dryas octopetala*), planta do Ártico, nas camadas de argila durante os estudos dinamarqueses originais (Figura 12.18). Datações por radiocarbono do *Younger Dryas*, em vários locais, indicam que esse evento tenha ocorrido entre 12.700 e 11.500 anos solares atrás (calendário) [44]. A datação exata deste evento é duvidosa porque a datação por radiocarbono carece de precisão durante esta etapa da história da Terra; a curva de calibração para converter anos de radiocarbonos em anos solares, com base em anéis de crescimento de árvores, tem um platô plano neste momento.

Embora as evidências estratigráficas e fósseis da fase fria do *Younger Dryas* tivessem sido abundantes no noroeste da Europa, era muito mais difícil discernir sedimentos dos Alpes europeus, especialmente os da vertente sul. No lado ocidental do Atlântico, sua influência, embora aparente na costa leste da América do Norte, é difícil de detectar quando se desloca para o interior. Há alguma evidência de resfriamento nesse momento no norte do Pacífico, no extremo sul da Califórnia [45], e mesmo no sul do Chile [46], mas novamente o episódio está menos fortemente registrado do que na região do Atlântico Norte. Apesar de a evidência de resfriamento climático neste momento ter sido coletada de todo o mundo, a evidência sugere que esse evento foi centrado no Atlântico Norte, e as informações oceânicas de fósseis nos sedimentos mostram que uma frente fria da água polar se estendeu tão ao sul quanto à Espanha e Portugal durante o período do *Younger Dryas*.

Uma possível explicação de como essa reversão climática, centrada no Atlântico Norte, pode ter ocorrido foi proposta por Claes Rooth, da University of Miami, e posteriormente sustentada pelos dados de Wallace Broecker [47] e seus colaboradores. Eles sugeriram que a mudança surgiu de uma alteração no padrão de descarga de degelo da grande geleira laurenciana da América do Norte. À medida que essa massa de gelo que cobria toda a região oriental do Canadá derretia, suas águas fluíam inicialmente para o Golfo do México. No entanto, durante o período do *Younger Dryas*, foi proposto que as águas do degelo teriam sido redirecionadas, através do Rio São Lourenço, para o Atlântico Norte (Figura 12.19). Este fato não apenas levaria grandes volumes de água gelada para o Atlântico Norte, como também a água doce iria diluir as águas salgadas da circulação termo-halina oceânica (veja o Capítulo 4) e poderia interromper o movimento global dessa circulação. Essas modificações explicariam por que o *Younger Dryas* foi sentido mais intensamente nas regiões ao redor do Atlântico Norte, onde a influência do aquecimento pela circulação termo-halina teve seu maior impacto. Entretanto, se o fluxo do degelo e a mudança na salinidade foram responsáveis pela interrupção da circulação, deveríamos esperar que o início do *Younger Dryas* fosse acompanhado por uma repentina elevação no nível do mar. O trabalho de R. G. Fairbanks [48] sugere que as camadas de gelo não estavam derretendo rapidamente naquele período do início do *Younger Dryas* e, assim sendo, a hipótese do degelo não se sustenta. Trabalhos posteriores sobre o crescimento de corais em águas profundas no Atlântico Norte também confirmam essas descobertas [49], e o modelo de Broecker parece estar longe de ser a explicação definitiva para essas mudanças

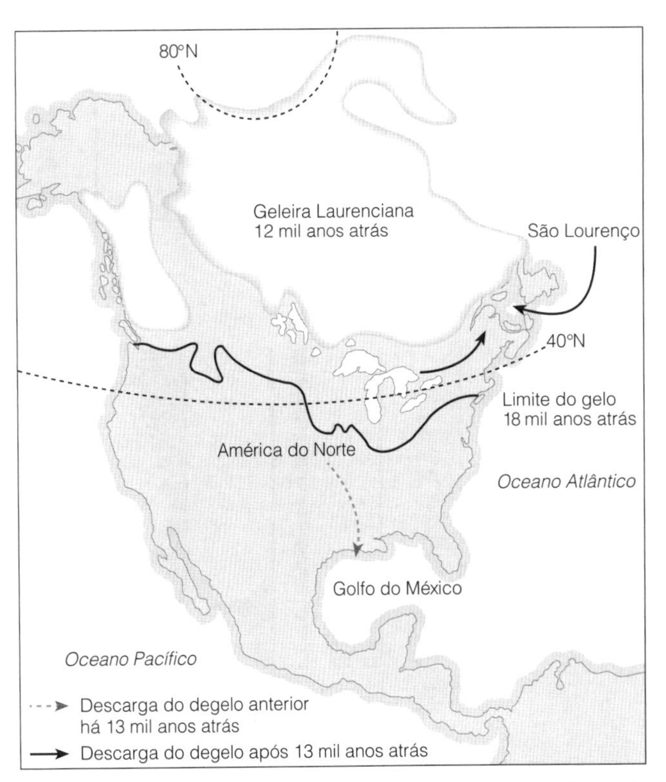

Figura 12.19 Extensão da geleira laurenciana nos estágios finais da última Era do Gelo. Há 18 mil anos atrás, na sua maior extensão, a geleira terminava ao sul dos Grandes Lagos, e o fluxo da água de degelo parece ter sido na direção sul, para o Golfo do México. Uma vez que ela se redirecionou para norte, pelo rio São Lourenço, há aproximadamente 12 mil anos atrás, a água do degelo escoou para o Atlântico Norte.

climáticas. O episódio frio certamente ocorreu, e o registro de sedimentos marinhos confirma que a circulação oceânica mudou [50]; porém, a relação entre mudança climática, circulação oceânica, hidrologia terrestre e a composição da atmosfera ainda precisa ser esclarecida [51].

Talvez o aspecto mais importante e interessante do *Younger Dryas* tenha sido mostrar quão rapidamente o clima da Terra pode se alternar de interglacial para glacial e depois retornar novamente a interglacial. O breve intervalo de aquecimento antes do *Younger Dryas*, chamado de **Allerød interstadial**, foi quente o bastante para levar besouros com afinidades mediterrânicas na direção norte até o meio da Inglaterra. Mesmo assim, em poucos séculos a área voltou às condições glaciais. Talvez mais marcantes tenham sido as mudanças no final do *Younger Dryas*. A evidência indica que, em um período de 50 anos, a temperatura média anual aumentou 7,8°C [44], e alguns sugeriram uma transição ainda mais rápida. Um estudo aprofundado deste episódio pode ajudar os biogeógrafos a entender o impacto da rápida mudança climática nos padrões de distribuição de organismos vivos e pode também fornecer uma base para a projeção do possível impacto das atuais mudanças climáticas.

Deslocamento de Florestas

Depois desse início vacilante do atual interglacial, a elevação generalizada da temperatura (registrada pelas proporções de isótopos de oxigênio em sedimentos oceânicos e no gelo das calotas polares) manteve-se constante. As curvas de isótopos de oxigênio indicam que houve menos instabilidade climática durante o interglacial mais quente do que o caso durante o glacial. A vida animal e vegetal da Terra mais uma vez teve que se ajustar a um novo conjunto de condições, mas pelo menos o calor aumentado foi bastante consistente, por vários milhares de anos. Grãos de pólen preservados em acúmulos de sedimentos lacustres estabelecidos desde o final do *Younger Dryas* (o Holoceno) forneceram registros detalhados da chegada e expansão das populações arbóreas, na medida em que os padrões de distribuição das espécies mudaram e as florestas foram reconstituídas. Os diagramas de pólen de Minnesota apresentados na Figura 12.20 [52] ilustram uma progressão típica da floresta da região temperada do Hemisfério Norte.

Em parte, a sequência de árvores (*Picea*, *Bétula*, *Quercus* e *Ulmus*) reflete a tolerância das espécies às mudanças climáticas em função do aquecimento, e também sua velocidade

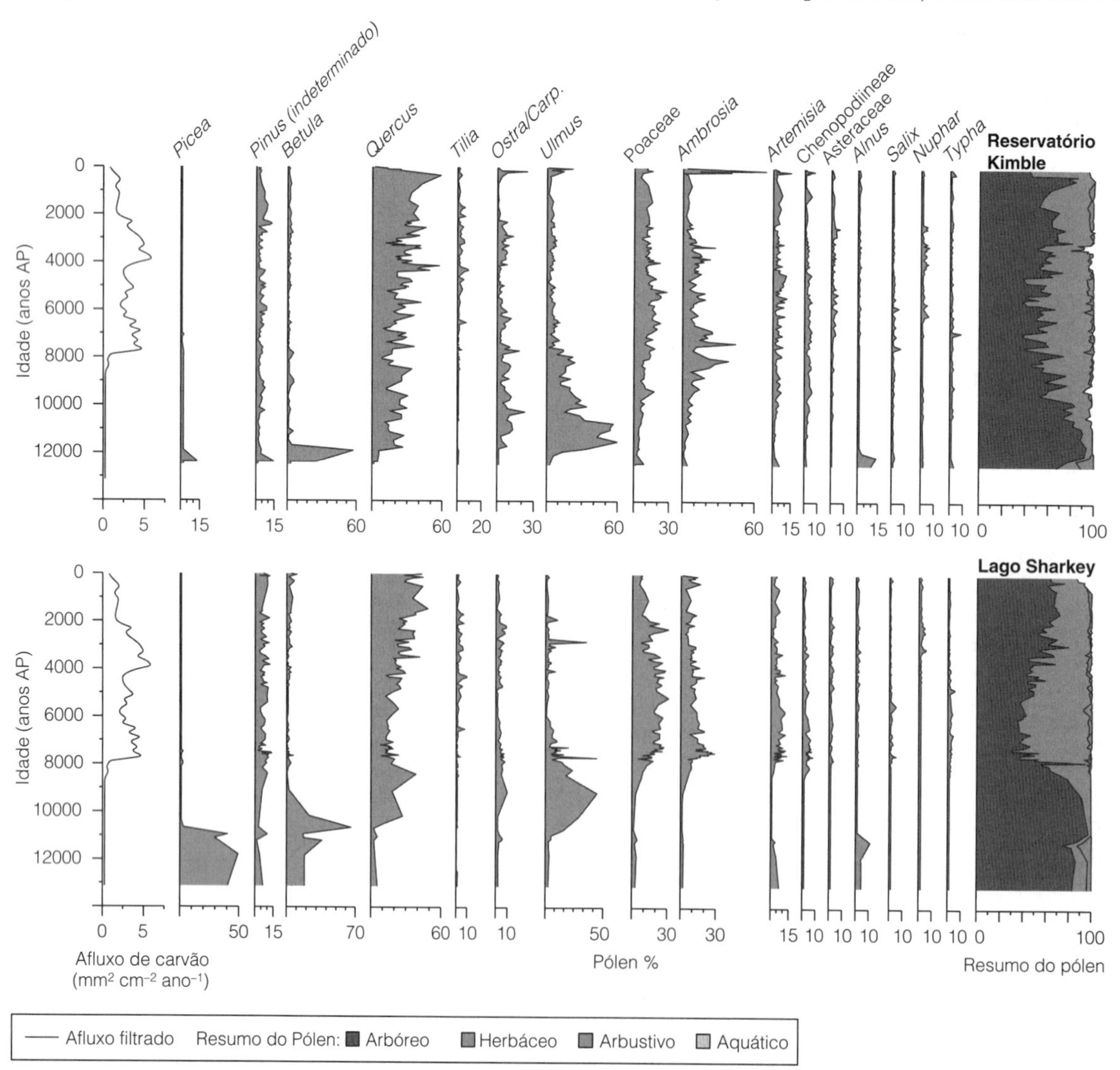

Figura 12.20 Diagramas de pólen de dois sítios lacustres em Minnesota. A quantidade de carvão entre os sedimentos também é apresentada. Esses sítios localizam-se na área de transição entre os biomas de floresta decídua e o de pradaria. Há 8mil anos atrás, as árvores decaíram, e os elementos de grama e artemísia aumentaram, junto com o carvão procedente dos incêndios. Extraído de Camill *et al.* [52].

relativa de migração e as distâncias que tiveram de cobrir para invadir terras expostas com o recuo das geleiras. A bétula (*Betula* spp.), por exemplo, dá frutos leves, facilmente transportados pelo ar e que conseguem transpor grandes distâncias. Também é capaz de dar frutos com poucos anos de vida, o que permite a ela uma rápida expansão. Além disso, é tolerante ao frio e deve ter sobrevivido durante a última glaciação, e não seria surpreendente que a bétula fosse a primeira árvore a surgir em abundância no registro pós-glacial de pólen. Deve-se lembrar de que a bétula produz grande quantidade de pólen, e então poderia ser sobrerrepresentada no registro de pólen. Muitos fatores devem ser considerados antes que uma sequência de pólen possa ser interpretada em termos de mudança climática. Algumas técnicas apuradas foram empregadas na tentativa de traduzir as densidades de pólen nos sedimentos em que se estimou sua densidade populacional. Nesse sentido, pôde-se traçar a expansão populacional das árvores enquanto elas invadiam novas áreas [53].

De modo geral, é evidente, a partir dos dados, que houve aquecimento do clima, durante os primeiros estágios do interglacial, e resfriamento nos últimos 5 mil anos. As árvores com maior necessidade de calor, como a tília (*Tilia* spp.), na Europa Ocidental, chegaram relativamente atrasadas, possivelmente em parte devido à lenta taxa de dispersão delas. É difícil interpretar as mudanças de vegetação nas últimas partes do Holoceno, porque o resfriamento climático geral foi associado a diferentes padrões de precipitação e aridez em diferentes partes do mundo. Em algumas áreas, como a Europa Ocidental, a intensificação da agricultura humana durante a parte posterior do Holoceno foi associada ao desmatamento florestal, o que obscurece qualquer sinal climático no registro de pólen. O diagrama de Minnesota mostra quantidades crescentes de gramíneas (*Poaceae*) e tasneira (*Ambrosia*), acompanhadas de uma entrada de carvão, derivada dos incêncedios na vegetação circundante, de sedimentos do lago nos últimos 8 mil anos. Esses dois locais do lago situam-se na fronteira entre dois biomas principais – floresta temperada e planícies de pradaria – por isso é possível que o aumento da frequência de incêndio esteja associado a condições mais quentes e secas, que favoreceram a expansão das pradarias em detrimento da floresta decídua. Por volta de 4.000 anos atrás essa tendência foi revertida. Os níveis de carvão vegetal começaram a cair, e o carvalho aumentou sua abundância em detrimento das herbáceas da pradaria, uma vez que as condições mais frias e úmidas voltaram a prevalecer, reduzindo a quantidade de incêndios e permitindo o desenvolvimento de uma floresta aberta de carvalho. Apenas em um período muito recente, nos níveis mais altos de sedimentos do reservatório Kimble, é possível observar um impacto na vegetação que tem origem, com certeza, na atividade humana. A expansão repentina da tasneira indica a chegada de colonizadores da Europa.

Há muitos diagramas de pólen disponíveis, que cobrem o atual interglacial, e são oriundos de diversas partes do mundo, dentre eles muitos com datações seguras baseadas em radiocarbono. Isto possibilitou o estudo do movimento de espécies e gêneros de plantas individuais por meio da construção de mapas de períodos específicos do passado. Dessa forma, por exemplo, pode-se seguir a dispersão de árvores e observar as rotas ao longo das quais elas seguiram e o meio através do qual elas se reagruparam para reconstituir as florestas. A Figura 12.21 mostra alguns exemplos desse tipo de pesquisa,

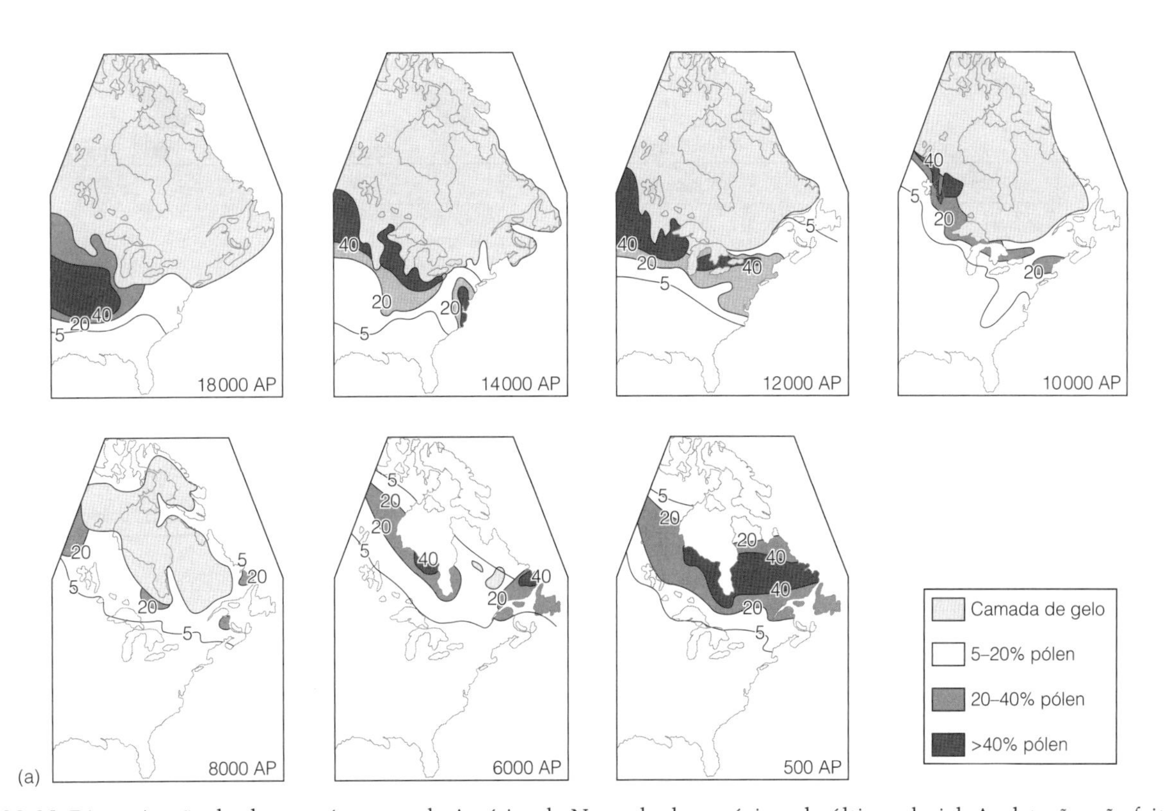

Figura 12.21 Disseminação de algumas árvores pela América do Norte desde o máximo do último glacial. As datações são feitas por radiocarbono, em anos antes do presente (AP), e não foram corrigidas para anos solares. As curvas de contorno ("isopólens") unem locais com mesma representação de pólen em sedimentos lacustres do período considerado. (a) Espruce (*Picea*), (b) Pinheiro (*Pinus*) e (c) Carvalho (*Quercus*). Extraído de Jacobson *et al.* [54]. (*Continua*)

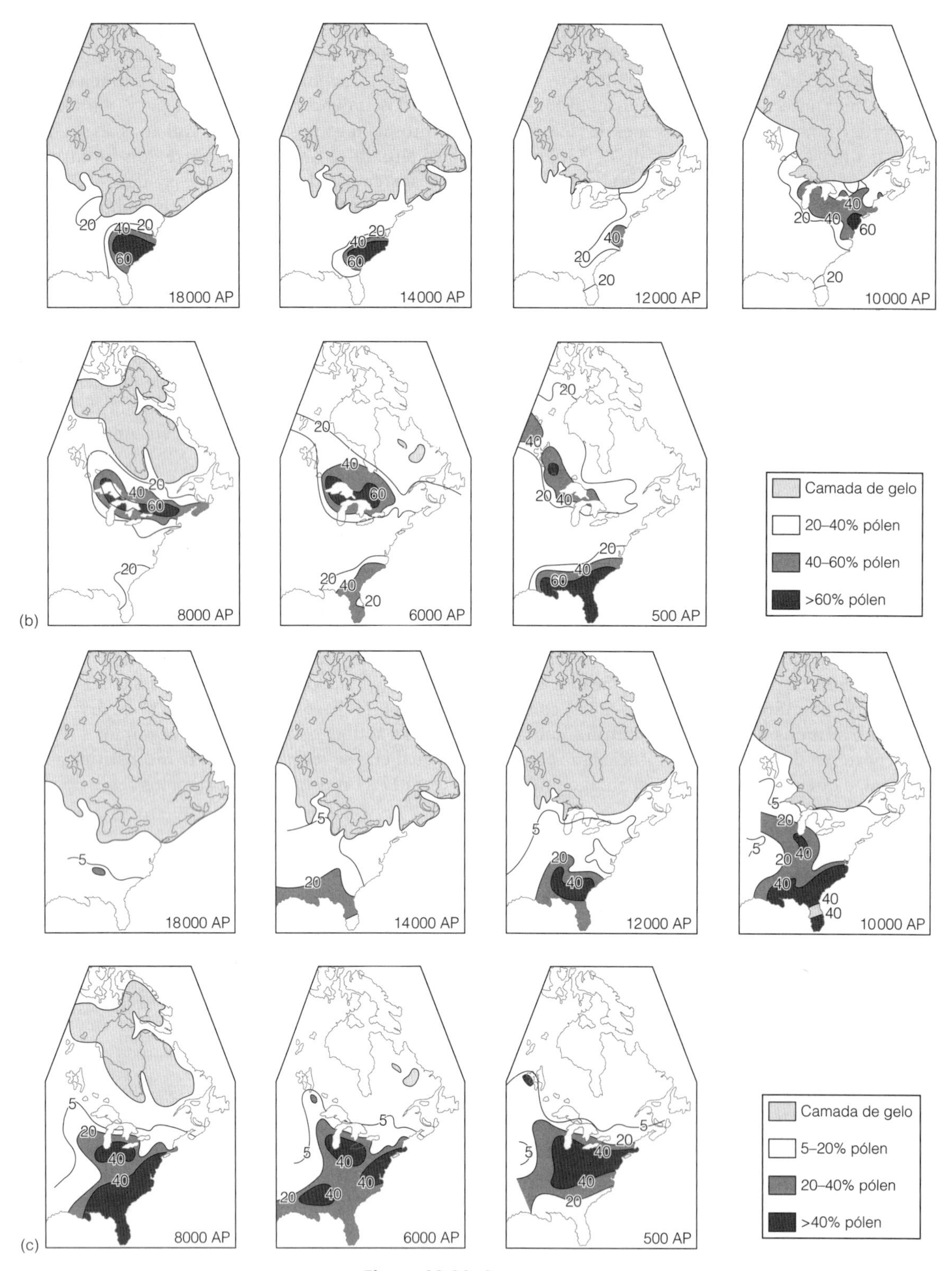

Figura 12.21 *Continuação.*

retirados das análises de dados de George Jacobson, Tom Webb II e Eric Grimm, sobre a recolonização da América do Norte por árvores após a última glaciação [54].

Apenas três *taxa* de árvores foram selecionados de seus estudos extensos para ilustrar os padrões de movimento das árvores nos últimos 18 mil anos. A espruce sobreviveu ao máximo glacial no meio oeste e ao longo de uma faixa larga, imediatamente ao sul da geleira laurenciana. Localizava-se próximo ao recuo do gelo e finalmente se assentou no Canadá. Os níveis de pólen sugerem um aumento de densidade nos últimos 6 mil a 8 mil anos, da mesma maneira que ocorreu nos estágios finais de muitos interglaciais mais antigos. Um dos problemas com os mapas de pólen é a rara possibilidade de diferenciar as distintas espécies de um gênero, caso em que se enquadra a espruce. Não é possível, portanto, levar em consideração diferentes requisitos ecológicos dessas várias espécies ao interpretar os mapas de pólen. O pinheiro é ainda mais difícil de interpretar do que a espruce, porque existem muitas espécies nativas na América do Norte, todas com requisitos muito diferentes e que não podem ser separadas eficientemente com base apenas nos grãos de pólen. Entretanto, outros materiais fósseis, como as folhas em forma de agulha, indicam que tanto os tipos de pinheiros do norte quanto os do sul sobreviveram à glaciação no sudeste dos Estados Unidos, principalmente na planície costeira do Atlântico. Os dois grupos se separaram posteriormente, um seguiu rumo ao norte para ocupar áreas vazias devido ao recuo do gelo e o outro grupo se estabeleceu definitivamente na Flórida. Os carvalhos encontraram refúgio da glaciação na Flórida, onde alcançaram uma dominância marcante por volta de 8 mil anos atrás (cerca de 9 mil anos solares). Mais tarde, sofreram um declínio nessa área e se mudaram para o atual reduto, localizado na região ao sul dos Grandes Lagos.

A técnica de mapear o movimento das árvores proporcionou muitas informações valiosas sobre a rapidez com que as espécies diferentes conseguem responder às mudanças climáticas e que seguramente são úteis quando se está preocupado em prever as respostas futuras para as atuais mudanças climáticas. As taxas de dispersão em resposta às mudanças climáticas, mesmo de espécies com grande produção de sementes como o carvalho, são surpreendentemente rápidas. Na Europa, por exemplo, a taxa de dispersão do carvalho atingiu 500 m por ano, no início do atual interglacial. Taxas de 300 m por ano são comuns para muitas espécies de árvores e arbustos [55].

As Terras Secas

O emprego da análise de grãos de pólen para a reconstrução da história da vegetação durante o Holoceno não está restrito às regiões temperadas frias. Essa técnica se mostrou uma ferramenta valiosa onde há lagos dos quais se possa tirar amostras de sedimentos, para a compreensão da história das regiões secas do mundo. Diagramas de pólen da Síria mostram que as florestas de carvalho estavam avançando sobre a vegetação seca da estepe que havia persistido durante o máximo glacial. De fato, muitas dessas partes do mundo, atualmente ocupadas por desertos ou arbustos semiáridos, apresentaram um clima seco semelhante durante o máximo glacial, mas o término da glaciação trouxe chuvas prolongadas para muitas dessas regiões secas. Estudos sobre lagos nas proximidades do Saara sugerem que as condições se tornaram mais úmidas em vários períodos, com início 14 mil anos atrás, mas que também houve um período de aridez durante o *Younger Dryas*. Essa teoria também é sustentada por estudos da taxa de descarga do Rio Congo e das taxas isotópicas resinas de plantas fósseis (âmbar) cresceram a partir desse momento [56]. No nordeste da Nigéria, a vegetação da floresta pantanosas ocupou os espaços entre o que agora são as dunas das modernas pradarias da savana [52]. O período inicial do Holoceno proporcionou um momento de umidade em muitas das atuais áreas desérticas, estendendo-se da África, através da Arábia, até a Índia. Existiam lagos no meio do extremamente árido Deserto de Rajastão, a noroeste da Índia, e a onda repentina de água doce vinda do Nilo criou níveis estratificados nas águas do Mediterrâneo Oriental, com a água doce de menor densidade posicionada sobre as águas salinas de maior densidade. Em consequência, as camadas inferiores esgotaram o oxigênio, com deposição de sedimentos negros anóxicos denominados **saprófitos** [57,58].

A umidade climática permitiu o avanço das savanas em direção ao norte e das florestas úmidas para áreas antes secas; a Figura 12.22 resume os dados de muitos diagramas de pólen coletados em localidades do sul do Saara [59]. O eixo etário desse diagrama é expresso em anos de radiocarbonos: em 10 mil anos de radiocarbonos, estes são aproximadamente mil anos mais novos do que as verdadeiras datas solares. A expansão dos biomas mais úmidos no início do Holoceno, há 9 mil anos de radiocarbonos atrás, pode ser vista nesse diagrama seguido de sua retração quando a aridez voltou mais uma vez, cerca de 5 mil anos atrás.

O Deserto do Saara é muito rico em pinturas rupestres, algumas datando de mais de 8 mil anos, e essas mais antigas retratam grandes animais de caça associados à savana, confirmando as evidências do pólen. Entre 7500 e 4500 anos atrás, os pintores dessas imagens foram evidentemente pastores que retratavam seus rebanhos nas rochas em que hoje certamente não pastam mais. Após esse período as imagens de vacas foram substituídas por imagens de camelos e cavalos na medida em que o clima árido se tornou mais rigoroso, e os hábitos e os animais domésticos dos nativos mudaram para se adaptar.

Muitos dos grandes desertos do mundo tiveram início, evidentemente, por mudanças climáticas na segunda metade do Holoceno. No entanto, o envolvimento cada vez maior da atividade humana nesse período obviamente complicou o quadro. Alguns pesquisadores acreditam que a exploração humana dos recursos limitados das terras áridas, mesmo em

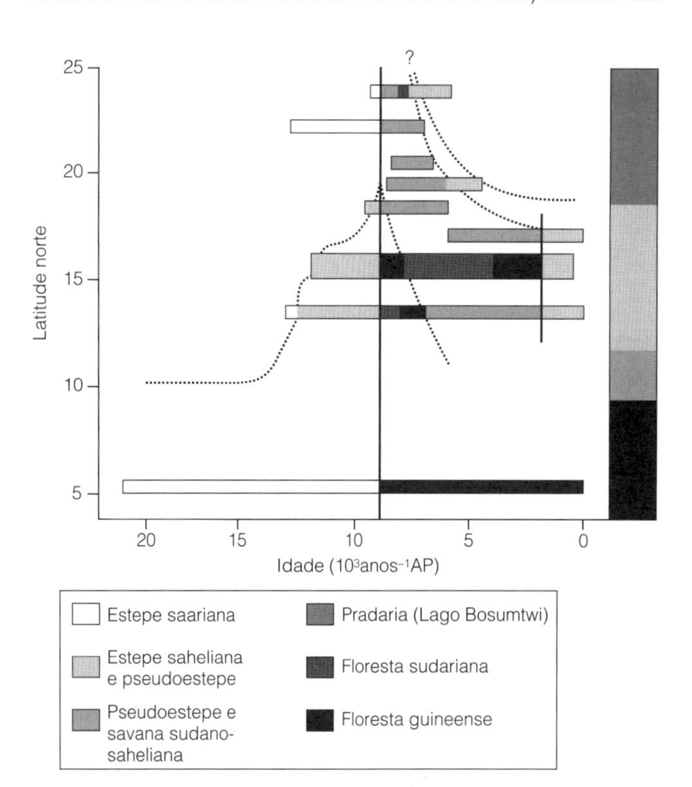

Figura 12.22 Mudanças na vegetação na África Tropical Setentrional nos últimos 20 mil anos. O atual zoneamento da vegetação em latitude é mostrado no lado direito do diagrama, e pode-se observar que se encontrava deslocado em cerca de 58°N durante o período de 9 mil a 7 mil anos atrás, nos estágios iniciais do atual interglacial. Extraído de Lezine [59]. (Reproduzido com permissão de Elsevier.)

tempos pré-históricos, deve ter contribuído para o desenvolvimento dos desertos, como no caso do Deserto de Rajastão, onde o aumento da aridez coincide com o desenvolvimento cultural da civilização hindu [60]. É difícil determinar a participação dos humanos no desenvolvimento dos desertos em tais circunstâncias.

Mudança no Nível dos Mares

Os interglaciais são períodos de mudança no nível dos mares, e o atual não é uma exceção. O derretimento do gelo liberou grandes quantidades de água nos oceanos, o que combinado com o aumento do volume de água e do aumento da temperatura desta, resultando em uma elevação no nível do mar em relação à parte terrestre (**eustático**). Isto pode ter chegado próximo dos 100 m em alguns lugares. Por outro lado, a perda da camada de gelo sobre essas massas de terra, que funcionam como centros de congelamento, libera a crosta da Terra de um peso extra que resulta no soerguimento da superfície terrestre (**isostático**) em relação ao nível do mar. A importância relativa desses processos varia de um lugar para outro, dependendo da extensão e do volume de gelo envolvido. Na Europa Ocidental o resultado foi uma elevação geral do nível do Mar do Norte na parte meridional e no Canal da Mancha com relação à superfície local. Dessa forma, a Bretanha, que era uma península do continente europeu durante a glaciação, gradativamente se tornou uma ilha. Antes disso, os Rios Reno, Tâmisa, Somme e Sena tinham convergido para fluir à oeste no Atlântico, entre as áreas de colinas que mais tarde se tornariam Cornwall e Brittany [61]. Evidências a partir de camadas de turfa submersas na Holanda sugerem uma rápida elevação do nível do mar entre 10 mil e 6 mil anos atrás, que logo depois se tornou gradualmente mais lenta. Em torno desta última data, a conexão da Inglaterra com o continente europeu foi rompida. Naquele tempo, muitas plantas com baixa velocidade de migração ainda não haviam atravessado para a Grã-Bretanha e assim foram excluídas dessa flora. A separação da Irlanda do restante da Grã-Bretanha ocorreu um pouco antes, pois havia canais mais profundos entre elas, e muitas espécies nativas da Grã-Bretanha não conseguiram se estabelecer mais a oeste além da Irlanda. Em consequência, plantas como a tília (*Tilia cordata*) e a erva uva-de-raposa (*Paris quadrifolia*) não são encontradas crescendo naturalmente na Irlanda. Outras plantas, porém, foram mais bem-sucedidas e invadiram a Irlanda ao longo da costa ocidental da Europa antes que os níveis do mar fragmentassem esta rota (veja o Boxe12.3).

Alguns mamíferos também fracassaram na travessia para a Irlanda e é difícil explicar a razão desse fracasso, já que muitos parentes próximos conseguiram. Por exemplo, o musaranho-anão-de-dentes-vermelhos (*Sorex minutus*) atravessou para a Irlanda, mas o musaranho-comum (*Sorex araneus*) não (Figura 12.23). Talvez tenha relação com suas preferências de hábitat o fato de o musaranho-anão-de-dentes-vermelhos ser encontrado em charnecas e ter possivelmente sobrevivido melhor que o musaranho-comum no caso de as condições da ponte terrestre serem úmidas, turfosas e ácidas. O arminho (*Mustella ermines*) também alcançou a Irlanda, mas a doninha-anã (*Mustella nivalis*) não. Neste caso, a chegada deve ter sido por um desvio de curso casual. Uma única fêmea prenhe chegando em uma balsa de vegetação flutuante seria suficiente para gerar uma população na ilha. Descobertas de pequenos mamíferos em alguns sítios arqueológicos na Irlanda, como os ratos-do-campo (*Apodemus sylvaticus*), aumentaram as possibilidades de que algumas plantas e animais tenham sido transportados pela água por humanos pré-históricos. A chegada de alguns mamíferos de grande porte em ilhas isoladas também pode ter resultado do transporte humano, mesmo em tempos pré-agrícolas. Por exemplo, o povo do Período Mesolítico (Meio da Idade da Pedra) nas Ilhas Britânicas deve ter sido responsável pelo transporte do cervo-vermelho (*Cervus elaphus*) para a Irlanda e outras ilhas em alto-mar, como as Shetland. O cervo-vermelho era a principal presa desse povo, que na verdade não havia domesticado animais e plantas, e o transporte de animais jovens deve ter apresentado algumas dificuldades, mesmo em barcos pequenos e primitivos.

A herança da Lusitânia

Conceito **Boxe 12.3**

Existe um grupo de plantas com grande interesse para as fitogeógrafos, que foi bem-sucedido em alcançar a Irlanda antes que a elevação do nível do mar separasse aquele país do restante das ilhas Britânicas; esse grupo é conhecido como flora lusitana. Lusitânia era o nome de uma província do Império Romano que consistia em Portugal e parte da Espanha. Como o nome sugere, a flora lusitana tem afinidades com aquela da Península Ibérica. Algumas das plantas – como o morangueiro (*Arbustus unedo*) (veja o Capítulo 3) e a *Pinguicula grandiflora* – não são encontradas em crescimento na Grã-Bretanha. Outras, como a urze-da-cornualha (*Erica vagans*) e a *Pinguicula lusitanica*,[1] são encontradas tanto no sudeste da Inglaterra quanto na Irlanda. Portanto, parece que essas plantas dispersaram-se a partir da Espanha e de Portugal, através da costa europeia do Atlântico em períodos pós-glaciais, mas foram posteriormente separadas pela elevação do nível do mar.

Pesquisas recentes finalmente começam a esclarecer esse clássico enigma biogeográfico. Gemma E. Beatty e Jim Provan usaram uma combinação de modelagem de paleodistribuição e análises genéticas filogeográficas para reconstruir a distribuição e disseminação das espécies de plantas lusitanas *Daboecia cantabrica* durante e após o Último Máximo Glacial (LGM, sigla em inglês) [62]. Seus dados indicam que *D. cantabrica* sobreviveu ao LGM em dois refúgios do sul separados no oeste da Galícia e fora da costa do oeste da França. A Espanha foi recolonizada de ambos os refúgios, enquanto a Irlanda provavelmente só foi recolonizada do refúgio da Biscaia. Essas descobertas sugerem fortemente que os refúgios menores e mais ao norte da Irlanda não existiam – embora isso não possa ser completamente descartado.

[1] Os termos científicos *Pinguicula grandiflora* e *P. lusitanica* são apresentados no original associados, respectivamente, às denominações vulgares em inglês *giant butterwort* e *pale butterwort*. Não há termos específicos em português para essas espécies de plantas carnívoras. (N.T.)

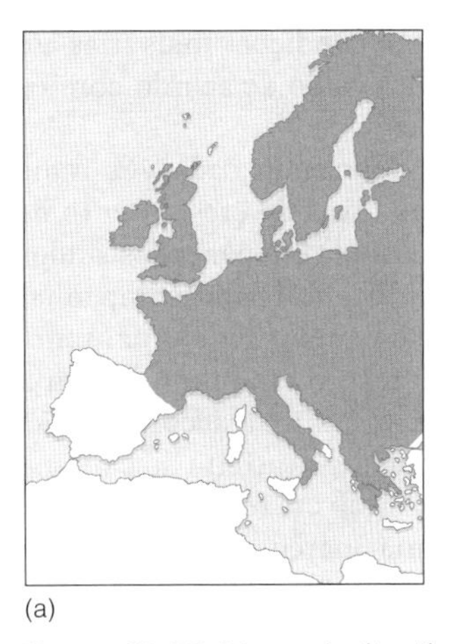
(a)

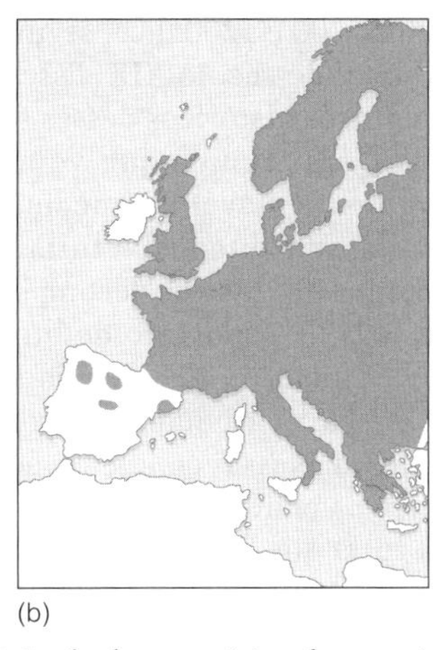
(b)

Figura 12.23 Mapas da distribuição de duas espécies de mamíferos na Europa: (a) musaranho-anão-de-dentes-vermelhos (*Sorex minutus*); (b) musaranho-comum (*S. araneus*). Destas, o musaranho-anão-de-dentes-vermelhos alcançou a Irlanda, mas o musuranho-comum fracassou.

A elevação dos níveis dos mares durante o atual interglacial foi responsável pelo rompimento de conexões terrestres também em várias outras partes do mundo. Por exemplo, a Sibéria e o Alasca eram ligados pelo que é hoje o Estreito de Bering, que em determinados pontos tem apenas 80 km de largura e 50 m de profundidade. Essa ponte terrestre em alta latitude deve ter sido uma rota de dispersão adequada apenas para as espécies árticas, mas acredita-se que também foi a rota através da qual os humanos chegaram ao continente norte-americano (veja o Capítulo 13).

Momento de Aquecimento

O período de aquecimento máximo durante o atual interglacial durou desde o seu início até cerca de 5500 anos atrás. Nesse período, as espécies que demandavam maior aquecimento se estenderam para mais ao norte do que hoje em dia. Por exemplo, a aveleira (*Corylus avellana*) foi encontrada na Suécia e na Finlândia, consideravelmente mais ao norte do que hoje. Na América do Norte, os fósseis do sapo *Scaphiopus bombifrons* foram encontrados a 100 km ao norte de seus limites de distribuição atuais. Esses exemplos indicam que as condições tornaram-se mais frias desde aquele tempo. Os restos dos tocos de árvores, enterrados abaixo dos depósitos de turfa em grandes altitudes nas montanhas e mais ao norte da linha de árvores no Canadá ártico, também testemunham as condições mais favoráveis dos primeiros momentos. No entanto, os fatos não foram sempre como aparentam, e deve-se lembrar o possível envolvimento dos humanos no desmatamento das florestas e na modificação dos hábitats. Os humanos devem ter exercido um importante papel, por exemplo, no desmatamento de florestas que levou à formação de muitos dos denominados cobertores de lama na Europa Ocidental [63]. Ao cortar as árvores, criaram um novo conjunto de condições hidrológicas, e a saturação do solo passou a acumular turfa. As queimadas e os pastos mantidos por pastores pré-históricos garantiram que a floresta não fosse capaz de voltar a invadir. Entretanto, a ausência de árvores não significava que o clima fosse menos adequado para seu crescimento. Quando os animais de pastagem são removidos desses brejos, a floresta geralmente é capaz de se regenerar. No caso dos desertos, é sempre difícil determinar até que ponto os povos limitaram a distribuição de plantas e animais.

Clima e queimadas também interagem um com o outro, como na região de pradaria da América do Norte central. Medições da frequência de incêndios na história pregressa das pradarias mostram que o intervalo entre queimadas aumenta quando o clima se torna mais frio, e assim a composição da vegetação pode ser determinada pelo clima, mas de forma indireta [64]. Mas o uso do fogo como uma ferramenta de gestão por tribos americanas também complica a história e o impacto ecológico do fogo [65]. Na região mediterrânica da Europa, a extensão da floresta de carvalhos foi inicialmente muito maior do que atualmente, mas aqui as atividades humanas tiveram forte influência por vários milhares de anos e, portanto, é difícil discernir a respeito da influência do clima sobre a vegetação.

A expansão de florestas em áreas temperadas durante o Holoceno Inferior, causada pelo aumento do calor, criou condições desfavoráveis em consequência do sombreamento excessivo para muitas das plantas, cuja dispersão havia ocorrido próxima ao estágio glacial. Entre elas, as espécies árticas/alpinas, também eram fisiologicamente incompatíveis com altas temperaturas. Muitas dessas plantas, como por exemplo, a tríade-branca (*Dryas octopetala*), crescem de modo deficiente quando as temperaturas de verão são altas (acima de 23 °C na Grã-Bretanha e de 27 °C na Escandinávia). As mudanças climáticas que ocorreram durante o pós-glacial se mostraram prejudiciais para essas espécies, e muitas delas se tornaram restritas às grandes altitudes, especialmente nas baixas latitudes. Outras espécies de plantas são mais tolerantes a temperaturas mais elevadas, mas são incapazes de sobreviver em áreas de sombras densas. Os hábitats de baixa latitude e altitude que foram cobertos por florestas podem ter se tornado desfavoráveis para o contínuo crescimento dessas espécies, e muitas delas também ficaram restritas às montanhas nas quais a competição exercida por árvores e arbustos geradores de sombras não ocorria na mesma intensidade. É provável, no entanto, que algumas clareiras e áreas abertas tenham sido criadas na floresta por tempestades, por catástrofes e pelo impacto de grandes animais de pastagem. Alguns ecologistas sentem que as terras temperadas eram relativamente abertas na estrutura, formando uma espécie de pastagem de madeira durante o meio do Holoceno como resultado das pressões impostas por grandes animais de pastagem, mas a evidência de análise de pólen e outras fontes não sustenta essa ideia [66]. No entanto, para essas espécies houve outras oportunidades. Ambientes de planície, que por alguma razão não abrigam florestas, proporcionaram refúgios adequados. As dunas costeiras, as falésias dos rios, os hábitats perturbados por inundações periódicas e encostas íngremes forneceram condições suficientemente instáveis para conter o desenvolvimento florestal e permitir a sobrevivência de alguns desses organismos do hábitat aberto, sejam eles ervas, insetos ou moluscos.

O resultado desse processo foi a geração de padrões remanescentes de distribuição (veja o Capítulo 4). Algumas vezes a separação de espécies em populações fragmentadas, embora tenha ocorrido há apenas 10 mil anos, colaborou para a diferenciação genética, como no caso da tanchagem (*Plantago maritima*), que sobreviveu tanto no hábitat alpino quanto no costeiro, ainda que as pressões seletivas dos dois ambientes tenham acarretado diferenciações fisiológicas entre as duas raças. A raça costeira é capaz de lidar com alta salinidade, mas tende a ser mais sensível ao congelamento do que a raça da montanha. O desenvolvimento de técnicas moleculares para o estudo da composição genética dos organismos levou a uma extensa documentação de populações fragmentadas pelas mudanças do Pleistoceno e do Holoceno, resultando na formação de raças distintas. A águia-rabalva (*Haliaeetus albicilla*), por exemplo, mostra uma separação em dois grupos genéticos, um do oeste do seu alcance, na Europa, e outro do extremo leste do seu alcance, no Japão e no leste da Ásia [67]. As mudanças ambientais, portanto, são combustíveis do ritmo da evolução.

Algumas espécies de plantas, cujas limitações são mais por inadequações competitivas do que por fatores climáticos, tiveram vantagens nas condições de desequilíbrio provocadas por assentamentos humanos e pela agricultura. Essas plantas, que passaram momentos de escassez durante os períodos com florestas nas latitudes temperadas, tornaram-se finalmente daninhas e oportunistas. Assim, mudanças climáticas e perturbações nos hábitats por interferência humana interagiram para proporcionar histórias diferentes para cada espécie.

Resfriamento Climático

A reconstrução climática e a modelagem podem se basear em várias fontes de evidência. A análise do pólen dos sedimentos do lago fornece alguns dados úteis, mas os resultados desse tipo, embora proporcionem informações sobre as mudanças de vegetação passadas, não são muito precisos no fornecimento de dados sobre o clima. A vegetação tende a responder devagar às mudanças climáticas e também está sujeita a outros fatores, especialmente à influência das atividades humanas. Por exemplo, a evidência estratigráfica de pólen da Bacia Amazônica no leste do Brasil indicou uma mudança de floresta fechada para savana aberta há cerca de 5 mil anos [68]. Isso poderia estar associado a mudanças climáticas, como condições mais secas, e a maior incidência de carvão nos sedimentos correspondentes poderia ser considerada como favorável a essa ideia. Por outro lado, o papel das populações humanas locais na queima da floresta não pode ser desprezado, de modo que a evidência não é conclusiva em relação à mudança climática. Um artigo recente da paleontologista de Oxford, Professora Kathy Willis, tenta distinguir os papéis do clima e da cultura (fogo antropogênico) na formação da vegetação atual da floresta úmida semiperene da Bacia do Congo na África Ocidental [69]. Uma combinação de pólen, carvão microscópico e dados geoquímicos foi utilizada para avaliar como a dinâmica da vegetação foi afetada pela mudança climática, queima antropogênica e fundição de metais. Verificou-se que a floresta mudou em resposta à queima e às alterações climáticas, mas não à metalurgia. Curiosamente, a queima antropogênica teve a influência mais forte, iniciando há aproximadamente mil anos.

As curvas de isótopos de oxigênio são úteis e têm suprido informações sobre as variações na temperatura. Na Groenlândia, por exemplo, curvas de isótopos de oxigênio apresentam condições de aquecimento aproximadamente entre 700 e 1200 d.C., seguidas por condições mais frias até o final do século XIX. Esses dados estão de acordo com os registros históricos desses séculos.

Uma técnica que vem se mostrando cada vez mais valiosa e viável é a medição das taxas de crescimento de turfa em pântanos. A turfa se acumula em pântanos ácidos porque sua taxa de decomposição diminui para acompanhar a taxa de deposição de húmus na superfície do pântano. A umidade e a acidez da vegetação do pântano levam a uma baixa atividade microbiana e, assim, a decomposição é lenta. Nessas condições de umidade, a turfeira do pântano crescia rapidamente e a decomposição era reduzida, e assim a turfa que se formava tinha uma aparência mais fresca e não decomposta, de coloração frequentemente mais clara, enquanto a turfa bem úmida tende a uma coloração mais escura. O principal problema com o uso dessa abordagem como um representante climático é a correlação de horizontes entre locais diferentes. Fatores locais, como as características dos microclimas ou o padrão de movimentação das águas superficiais e a formação de poças pode variar em locais diferentes. A datação por radiocarbono, particularmente pelo emprego da espectroscopia da massa atômica, que possibilitou que pequenas amostras de turfa pudessem ser datadas, levou a um aumento do interesse no emprego das taxas de crescimento de turfa em grandes áreas como um meio de reconstruir as mudanças climáticas [70, 71] Com base nesses estudos, tempos de resfriamento e condições mais úmidas foram identificados há 5400 anos atrás. Um momento de crescimento de pântano particularmente forte no primeiro milênio a.C. (especialmente entre 800 e 400 a.C.) foi encontrado em grande parte da Europa Ocidental.

Estudos sobre os anéis das árvores também proporcionam meios para reconstruir climas passados. Troncos de árvores de climas temperados, onde existe uma marcante alternância de verão e inverno, apresentam anéis de crescimento anuais, e a espessura de um anel corresponde ao crescimento que a árvore obteve naquela estação. É necessário um cuidado na interpretação de anéis de árvores de climas secos, no entanto, uma vez que o aumento do crescimento pode estar relacionado a episódios irregulares de abastecimento de água. Geralmente, em anos nos quais o clima é subótimo para as espécies de árvores no estudo produzem anéis de crescimento mais estreitos.O crescimento da espruce negra (*Picea mariana*) no norte do Canadá, por exemplo [72], apresenta uma série de anéis anuais cada vez mais estreitos entre 1500 e 1650 d.C., indicando um declínio nas condições de crescimento. Neste caso, os anéis provavelmente refletem temperaturas mais baixas porque esse período assinala o início de um estágio mais rigoroso na chamada **Pequena Era do Gelo**. Este foi um período relativamente longo de baixas temperaturas entre 1300 e 1850 d.C. que atingiu uma área muito extensa no Hemisfério Norte. Acredita-se que a Pequena Era do Gelo tenha sido causada por uma combinação de baixa insolação no verão no Hemisfério Norte, baixa atividade solar e várias erupções vulcânicas tropicais fortes [73].

Outras fontes de evidências sobre as mudanças climáticas são os níveis dos lagos, sensíveis ao balanço hídrico de entrada, descarga e evaporação. Na região das Grandes Planícies, ao norte da América do Norte, períodos de seca resultaram em aumento da evaporação, que por sua vez levou ao aumento da salinidade da água. Mudanças na salinidade de um lago acarretam diferentes efeitos sobre sua biota, especialmente nas diatomáceas planctônicas microscópicas. Os estudos de mudanças na salinidade de lagos em Dakota do Norte [74] mostram um rápido declínio no conteúdo salino por volta de 1150 d.C. A mudança climática que ocasionou a Pequena Era do Gelo na região do Atlântico Norte resultou em aumento de precipitação e diminuição da salinidade na região continental da América do Norte (Figura 12.24).

Ao usar uma combinação de todas as fontes de evidência disponíveis sobre mudanças climáticas recentes, foi possível [75] construir uma curva para a temperatura média provável do Hemisfério Norte nos últimos 2000 anos (Figura 12.25). Havia um pico de calor em torno de 1000 a 1150 d.C., muitas vezes chamado de **Período Quente Medieval**, seguido pelo frio da Pequena Era do Gelo. Nos últimos 200 anos, os registros instrumentais estão disponíveis para muitas partes do mundo, de modo que as recentes mudanças de temperatura estão bem documentadas.

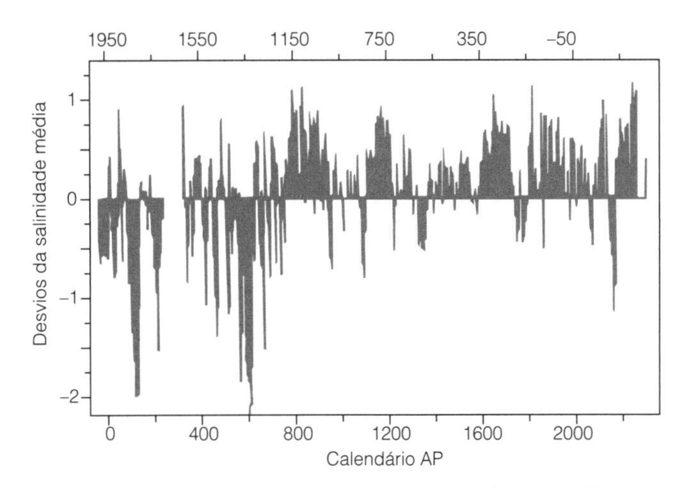

Figura 12.24 Mudanças na salinidade dos sedimentos do Lago Moon, em Dakota do Norte (Grandes Planícies), determinadas a partir de fósseis de diatomáceas. Episódios salinos ocasionados por seca e evaporação foram mais frequentes antes de 1200 d.C. do que depois. Extraído de Laird *et al.* [74].

História Registrada

Tão logo os seres humanos surgiram em cena, frequentemente de modo inadvertido, começaram a deixar informações sobre o clima e suas mudanças. Registros antigos fornecem mais pistas do que informações precisas, como os registros ancestrais das pinturas rupestres sobre cenas de caçadas descobertas no Saara, que indicam que o clima era muito menos árido na época em que essas descobertas foram feitas (início do Holoceno) do que é hoje. Com o desenvolvimento da escrita, começaram a ser produzidos registros mais acurados das mudanças climáticas. Por exemplo, existem registros em banquisas no Mar Ártico, próximo à Islândia, de 325 a.C., que indicam temperaturas muito baixas no inverno naquele período. Entretanto, durante o apogeu do Império Romano houve uma melhora significativa do clima, possibilitando a semeadura de uvas (*Vitis vinifera*) nas Ilhas Britânicas.

Em 1250 d.C., as geleiras alpinas cresceram e as banquisas avançaram no Mar Ártico até sua posição mais meridional nos últimos 10 mil anos. Em 1315, começou uma série de verões fracos no norte da Europa que levaram à quebra nas colheitas e à fome. O resfriamento climático prosseguiu e culminou na Pequena Era do Gelo entre 1300 e 1850 d.C., durante a qual as geleiras alcançaram sua posição mais avançada desde a época glacial do Pleistoceno, e as linhas das árvores foram severamente reduzidas. O clima da Europa tornou-se um pouco mais quente após 1700 e, em especial, a partir de 1850. Houve um pequeno resfriamento após 1940, quando os invernos se tornaram mais rigorosos no Hemisfério Norte, mas a partir de 1970 as temperaturas médias globais vêm aumentando novamente.

Com registros climáticos mais precisos de diferentes partes do mundo, as flutuações de curto prazo dentro das tendências em longo prazo tornaram-se evidentes. É importante entender esses padrões e suas causas, caso se pretenda realizar previsões sobre as mudanças climáticas futuras. Como será discutido no Capítulo 13, muitos fatores influenciam o clima global atual, incluindo as atividades de nossa própria espécie. Todavia, há também mudanças de curto prazo no clima que exibem um padrão próprio. Por exemplo, a produção de energia pelo Sol varia, tal como refletido no número de manchas solares escuras na superfície dele.

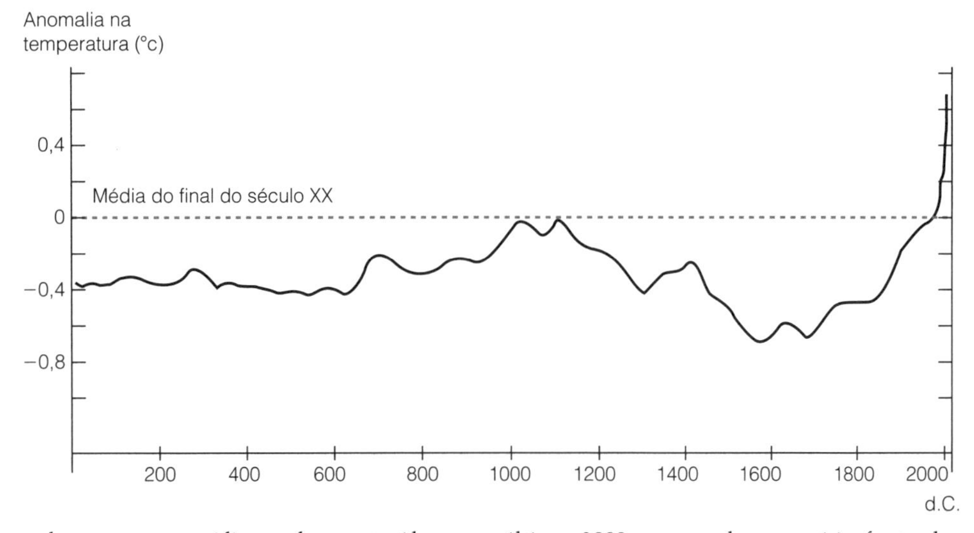

Figura 12.25 Curva de temperatura média anual reconstruída para os últimos 2000 anos, com base em várias fontes de evidências de *proxy*.

Pouquíssimas dessas manchas solares estavam presentes no século XVII, conhecidas pelos astrofísicos como Mínimo de Maunder; os cálculos sugerem uma diminuição da produção de energia solar naquele tempo, estimada em 0,4%. Este foi um momento em que a Pequena Era do Gelo estava no auge. Há um ciclo geral de 11 anos na atividade de manchas solares que podem afetar as condições climáticas na Terra, mas a mudança global na produção solar nos últimos 150 anos pode ser apenas uma pequena proporção do aumento observado na temperatura global [44].

Atmosfera e Oceanos: Mudanças Climáticas de Curto Prazo

Muitos aspectos do clima global são influenciados por movimentos de massas de ar e água, alimentados por ventos e correntes oceânicas. O transportador oceânico descrito no Capítulo 4 é um exemplo de como as correntes oceânicas redistribuem a energia recebida pela Terra a partir do Sol e modificam enormemente o clima de diferentes regiões. As mudanças na salinidade, como vimos, podem influenciar fortemente esse movimento global de água, resultando em mudanças climáticas rápidas.

Algumas mudanças no movimento dos oceanos são periódicas e provocam ciclos de mudanças climáticas, algumas locais e outras globais. Um exemplo que recebeu muita atenção dos climatologistas ultimamente é a **do El Niño – Oscilação do Sul** (ENSO, sigla em inglês). A costa oeste da América do Sul experimenta periodicamente condições particularmente quentes e secas durante vários meses, muitas vezes começando próximo ao Natal, e foram chamados de El Niño, que significa literalmente "o menino". O evento ocorre em intervalos de alguns anos – geralmente a cada 3-7 anos – mas varia em frequência e intensidade. O padrão geral de movimento do ar na região é dominado pelos Ventos Alísios, que sopram do mar da costa oeste da América do Sul e para oeste através do Oceano Pacífico em direção ao Sudeste Asiático (veja a Figura 3.9), e em condições normais esses ventos do leste são fortes. Os ventos conduzem as águas superficiais do Oceano Pacífico para o oeste, resultando no escoamento de águas profundas e frias ao longo da costa, de modo que a **termoclina** (o limite entre água quente, menos densa, e água mais profunda e densa) se aproxima do mar superfície. Do outro lado do Pacífico, na Indonésia, o influxo constante de água tropical quente cria uma termoclina profunda e até tem o efeito de elevar o nível do mar nesta região em cerca de 60 cm. Os fortes ventos do leste trazem ar quente e úmido que cria fortes chuvas sobre as ilhas do Sudeste Asiático, como mostrado na Figura 12.26.

Durante El Niño, os ventos do leste são mais fracos, de modo que o surgimento ao longo da costa oeste da América do Sul é menos pronunciado, a termoclina permanece profunda e as águas superficiais podem subir de temperatura em até 7°C. O surgimento de águas profundas traz águas ricas em nutrientes para a superfície e cria um ecossistema altamente

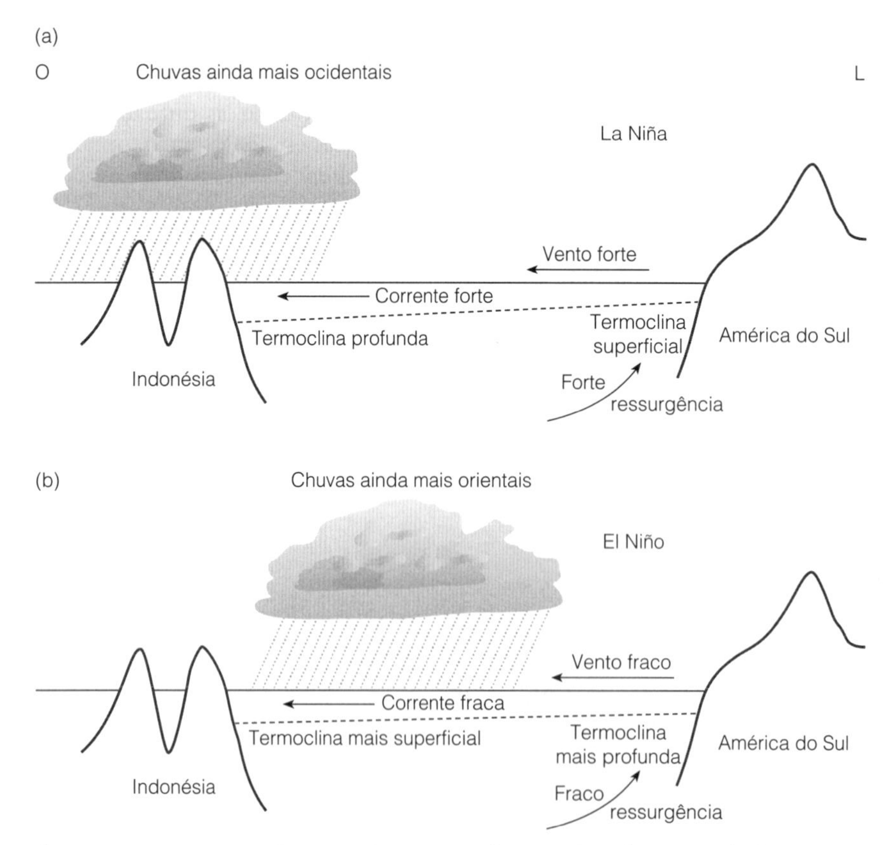

Figura 12.26 O padrão de correntes oceânicas e chuvas no Oceano Pacífico meridional, mostrando duas situações contrastantes. Em (a), às vezes chamado de La Niña, há um forte fluxo de ar de leste para oeste e, portanto, um forte movimento de águas superficiais da América do Sul continental para a Indonésia. Isso cria um escoamento de água fria e rica em nutrientes ao longo da costa sul-americana e leva a altas chuvas sobre a Indonésia. Em (b), chamado El Niño, o fluxo de ar e as correntes oceânicas de superfície são fracas, resultando em uma pobre presença de água fria ao longo da costa sul-americana e uma escassez de chuvas na Indonésia.

produtivo, resultando em ganhos econômicos consideráveis para a população local. Assim, a redução do afloramento durante um evento de El Niño pode levar à diminuição dos estoques de peixes, declínio nas populações de mamíferos piscívoros, como os lobos-marinhos, e dificuldades econômicas para as pessoas locais. Os ventos mais leves do leste resultam em nuvens de chuva que não conseguem chegar na Indonésia, que então experimenta a seca. A seca na Indonésia pode ser muito grave durante os períodos de um ciclo ENSO pronunciado, como em 1982-1983, quando os incêndios florestais destruíram grandes áreas da Indonésia, e novamente em 1997-1998. Os efeitos do El Niño são generalizados em todo o mundo. O evento de 1982-1983 foi associado a secas na Austrália, na América Central e na África Oriental, juntamente com inundações na Flórida e no Caribe. O estado alternativo, quando os ventos do leste são mais fortes e o afloramento é mais pronunciado, é conhecido pelo termo feminino La Niña. O que exatamente causa o ENSO não é claro, mas seu significado global estimulou uma grande pesquisa no ciclo.

Os corais nos oceanos crescem depositando camadas de carbonato de cálcio anualmente, e esses podem ser analisados isotopicamente para fornecer um registro da temperatura do oceano passado, que é afetada pelo ENSO. Estudos da história do ENSO [76] revelam que sua força variou consideravelmente nos últimos mil anos, sendo particularmente proeminente em meados do século XVII. A força do ENSO também aumentou nos últimos tempos, mas não está em um estado excepcionalmente alto em comparação com o passado. Parece não haver uma relação simples entre o clima global geral e a frequência ou força do ENSO, o que significa que o aquecimento global atual provavelmente não exercerá uma forte influência no sistema.

Um ciclo semelhante ocorre no Oceano Índico, a oeste das ilhas indonésias, conhecido com o nome de **Dipolo do Oceano Índico**. O trabalho com corais dessa região [77] indica que os dois sistemas não estão ligados, como já se pensou, mas que a circulação do Oceano Índico é dominada pelo sistema de monção asiático, independentemente do ENSO.

O Futuro

Os biogeógrafos precisam entender os padrões subjacentes das mudanças climáticas, incluindo mudanças de curto prazo, para prever as futuras mudanças nos padrões de distribuição de organismos no planeta. Estamos claramente em um dos intervalos quentes, ou interglaciais, que regularmente interromperam as condições geralmente frias do Pleistoceno. No entanto, o que acontece a seguir é um pouco incerto e depende de algo irreconhecível, como o desenvolvimento futuro das sociedades humanas. É evidente que as temperaturas globais médias têm aumentado constantemente desde a década de 1970 (Figura 12.27) e estão destinadas a aumentar ainda mais ao longo do século atual.

A análise mais autorizada do clima futuro da Terra foi realizada pelo Painel Intergovernamental sobre Mudanças Climáticas (IPCC), que publicou seu quinto relatório sobre mudanças climáticas em 2013 [78]. Suas conclusões são significativas e profundamente preocupantes para o futuro, em curto prazo, da vida em nosso pequeno planeta azul: "muitas das mudanças observadas são sem precedentes ao longo de

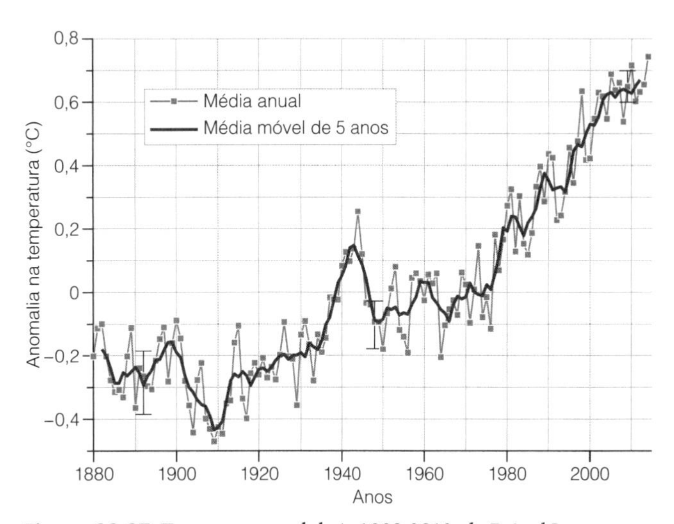

Figura 12.27 Temperaturas globais 1880-2012, do Painel Intergovernamental sobre Mudanças Climáticas. Dados da NASA, extraídos de http://data.giss.nasa.gov/gistemp/graphs_v3/.

décadas para milênios. A atmosfera e o oceano se aqueceram, a quantidade de neve e gelo diminuiu, o nível do mar aumentou e as concentrações de gases de efeito estufa têm aumentado". É também um fato que cada uma das últimas três décadas foi sucessivamente mais quente do que qualquer década anterior, desde 1850, e a evidência sugere que, no Hemisfério Norte, 1983-2012 foi provavelmente o período de 30 anos mais quente dos últimos 1400 anos. Alguns cientistas até acreditam que o aquecimento global será suficiente para interromper a progressão natural dos ciclos da Era do Gelo com aumentos projetados na concentração atmosférica de CO_2 durante o começo do século XXI, de magnitude suficiente para atrasar ou impedir inteiramente a próxima era do gelo [79].

Como discutiremos em detalhes no Capítulo 14, os impactos globais das mudanças climáticas na diversidade e distribuição de espécies serão profundos e duradouros. Eles também são muito difíceis de prever, em parte porque o aquecimento global começará a produzir áreas que experimentam "novos climas" sem nenhum equivalente atual. Esses novos climas do século XXI provavelmente levarão a novas comunidades biológicas e outras "surpresas ecológicas". Além disso, à medida que os climas existentes se extinguem, eles podem ser seguidos por espécies com distribuições geográficas ou climáticas estreitas [80]. Os cientistas climáticos John Williams e Stephen Jackson preveem que os novos climas concentrar-se-ão inicialmente nas regiões tropicais e subtropicais, considerando que, sob o aquecimento global, as áreas mais quentes são necessariamente as primeiras a superar as condições climáticas existentes [81]. Assim, suas simulações indicam que os novos climas provavelmente desenvolver-se-ão nas planícies amazônicas, no sudeste dos Estados Unidos, no Saara africano e no Sahel, na Península Árabe Oriental, no sudeste da Índia e na China, no indo-pacífico e no norte da Austrália. Muitas dessas áreas (por exemplo, planície amazônica) contêm enormes níveis de biodiversidade conhecida e desconhecida, e existe uma forte possibilidade de que o clima em mudança possa "empurrar"algumas áreas atrás de pontos de inflexão ecológicos, onde o atual bioma não é viável [82]. Mais geralmente, os novos climas representam um enorme desafio para a previsão ecológica, uma vez que os pesquisadores estão literalmente se desviando para o território inexplorado, onde os registros das comunidades passadas fornecem poucas informações sobre o que poderia acontecer [83].

Estudos geológicos e meteorológicos nos últimos 2 milhões de anos demonstraram que o clima foi extremamente instável, variando entre os períodos de calor e aqueles considerados frios. Também é claro que as mudanças climáticas ocasionalmente ocorreram muito rápido e que tais mudanças tiveram fortes efeitos sobre a biogeografia do planeta. É no contexto dessas condições flutuantes que nossa própria espécie entra na história, trazendo novas pressões para suportar o ambiente global. Este é o tema do próximo capítulo.

Resumo

1 A tendência de queda na temperatura global, observada no Cenozoico, finalmente resultou na Era do Gelo do Quaternário nos últimos 2 milhões de anos.

2 Durante o Quaternário, os glaciais se alternaram com os interglaciais em um padrão cíclico, mas com predominância das fases frias.

3 Os biomas alteraram seus padrões de distribuição como resposta às mudanças, e as comunidades de plantas e de animais se fragmentaram e se reorganizaram em novos agrupamentos. Algumas espécies se tornaram extintas nesse processo.

4 Muitas áreas tidas atualmente como *hotspots* de biodiversidade foram intensamente alteradas durante os episódios de frio, incluindo as regiões de florestas úmidas equatoriais, que foram reduzidas em tamanho e fragmentadas.

5 Vários fatores contribuíram para o desenvolvimento do ciclo glacial/interglacial, fundamentalmente fatores externos, astronômicos, mas também abrangendo mudanças internas, como padrões de circulação oceânica e atmosférica, interações com ecossistemas vivos e talvez vulcanismo.

6 A mudança climática não é necessariamente um processo contínuo e suave; pode se alterar de maneira abrupta e significativa em uma questão de décadas, como no caso do *stadial* frio *Younger Dryas* , na abertura do atual episódio quente. Nessa mudança o ponto crítico foi o colapso da circulação termo-halina na manutenção da transferência global de calor.

7 Análises de pólen e de sedimentos com turfa possibilitaram reconstruções detalhadas das taxas de movimentação dos principais gêneros de árvores e das direções tomadas por elas durante o aquecimento do clima no atual interglacial.

8 As mudanças climáticas nos últimos 10 mil anos (o Holoceno) foram bem registradas em sedimentos lacustres, camadas de gelo, depósitos marinhos e em registros históricos humanos. Parece ter havido um ótimo climático na primeira metade do Holoceno, a partir do qual as condições se tornaram mais frias. Durante esses períodos o nível global do mar se alterou e criou barreiras à dispersão de espécies.

9 As interações atmosfera-oceano são responsáveis por algumas alterações e ciclos climáticos de curto prazo, como El Niño - Oscilação do Sul (ENSO), que está centrada no sul do Oceano Pacífico, mas tem impactos climáticos em todo o mundo.

Leitura Complementar

Beerling DJ, Chaloner WG, Woodward FI (eds.). Vejetation-climate atmosphere interections: past, present and future.*Philosophical Transaction of the Royal Society London B* 1998; 353: 1-171.

Delcourt HR, Deucourt PA. *Quaternary Ecology: A Palaeoecological Perspective.* London: Chapman & Hall, 1991.

Lowe JJ, Walker MC. *Reconstructing Quaternary Environments.* London: Longman, 1996.

Moore PD, Chaloner B, Stott P. *Global Environmental Change.* Oxford: Blackwell Science, 1996.

National Research Council. *Abrupt Climate Change: Inevitable Surprises.* Washington DC: National Academy Press, 2002.

Pielou EC. *After the Ice Age: The Return of Life to Glaciated North America.* Chicago: University of Chicago Press, 1991.

Tallis JH. *Plant Community History.* London: Chapman & Hall, 1991.

Willis, KJ, Bennett, KD, Walker D (eds.). The evolutionary legacy of the Ice Ages. *Philosophical Transaction of the Royal Society London B* 2004; 359: 155-303.

Referências

1. Edgar KM, Wilson PA, Sexton PF, Suganuma Y. No extreme bipolar glaciation during the main Eocene calcite compensation shift. *Nature* 2007; 448 (7156): 908-911.

2. Zanazzi A, Kohn MJ, McFadden BJ, Terry DO. Large temperature drop across the Eocene-Oligocene transition in central North America. *Nature* 2007; 445 (7128): 639-642.

3. Eldrett JS, Harding IC, Wilson PA, Butler E, Roberts AP. Continental ice in Greenland during the Eocene and Oligocene. *Nature* 2007; 446 (7132): 176-179.

4. West RG. *Pleistocene Geology and Biology,* 2nd ed. London: Longman, 1977.

5. Jansen E, Sjøholm J. Reconstruction of glaciation over the past 6 Myr from ice-borne deposits in the Norwegian Sea. *Nature* 1991; 349 (6310): 600-603.

6. Moore PD, Chaloner B, Stott P. *Global Environmental Change.* Oxford: Blackwell Science, 1996.

7. Winograd IJ, Coplen TB, Szabo BJ, Riggs AC. A 250,000 year climatic record from Great Basin vein calcite: Implications for Milankovitch theory. *Science* 1988; 242 (4883): 1275-1280.

8. Emiliani C. Quaternary paleotemperatures and the duration of the high-temperature intervals. Science 1972; 178 (4059): 398-401.

9. Zachos JC, Dickens GR, Zeebe RE. An early Cenozoic perspective on greenhouse warming and carbon-cycle dynamics. *Nature* 2008; 451 (7176): 279-283.

10. Moore PD, Webb JA, Collison ME. *Pallen Analysis.* Oxford: Blackwell Scientific Publications, 1991.

11. Stevenson A, Moore P. Pollen analysis of an interglacial deposit at West Angle, Dyfed, Wales. *New Phytologist* 1982; 90 (2): 327-337.

12. Lowe JJ, Walker MJ. *Reconstructing Quartenary Environments.* 3 rd ed. London: Routledge, 2014.

13. Kerr RA. Second clock supports orbital pacing of the ice ages. Science 1997; 276 (5313): 680-681.

14. López de Heredia U, Carrión JS, Jimenez P, Collada C, Gil L. Molecular and palaeoecological evidence for multiple glacial refugia for evergreen oaks on the liberian Penisula. *Journal of Biogeography* 2007; 34 (9): 1505-1517.
15. Leroy SA, Arpe K. Glacial refugia for summer-green trees in Europe and south-west Asia as proposed by ECHAM3 time-slice atmospheric model simulations. *Journal of Biogeography* 2007; 34 (12): 2115-2128.
16. Petit RJ, Aguinagalde I, de Beaulieu J-L, *et al.* Glacial refugia: hotspots but not melting pots of genetic diversity. *Science* 2003; 300 (5625): 1563-1565.
17. Hewitt GM. Post-glacial re-colonization of European biota. *Biological Journal of the Linnean Society* 1999; 68(1-2): 87-112.
18. Provan J, Bennett K. Phylogeographic insights into cryptic glacial refugia. *Trends in Ecology and Evolution* 2008; 23 (10): 564-571.
19. FAUNMAP Working Group, Spatial response of mammals to late Quaternary environmental fluctuations. *Science* 1996; 272 (14): 1601-1606.
20. Svenning JC, Skov F. Ice age legacies in the geographical distribution of tree species richness in Europe. *Global Ecology and Biogeography* 2007; 16 (2): 234-245.
21. Norgués-Bravo D, Ohlmüler R, Batra P, Araújo MB. Climate predictors of late Quaternary extinctions. *Evolution* 2010; 64 (8): 2442-2449.
22. Nogués-Bravo D, Rodriguez J, Hortal J, Batra P, Araújo MB. Climate change, humans, and the extinction of the woolly mammoth. *PLoS iology* 2008; 6 (4): e79.
23. Dansgaard W, Johnsen SJ, Clausen HB, *et al.* Evidence for general instability of past climate from a 250-kyr ice-core record. *Nature* 1993; 364 (6434): 218-220.
24. Schmidt MW, Vautravers MJ, Spero HJ. Rapid subtropical North Atlantic salinity oscillations across Dansgaard-Oeschger cycles. *Nature* 2006; 443 (7111): 561-564.
25. Whitlock C, Bartlein PJ. Vegetation and climate change in northwest America during the past 125 kyr. *Nature* 1997; 388 (6637): 57-61.
26. Kershaw A. A long continuous pollen sequence from north-castern Australia. *Nature* 1974; 251: 222-223.
27. Prideaux GJ, Long JA, Ayliffe LK, *et al.* An arid-adapted middle Pleistocene vertebrate fauna from south-central Australia. *Nature* 2007; 445 (7126): 422-425.
28. Turney CS,Flannery TF, Roberts RG, *et al.* Late-surviving megafauna in Tasmania, Australia, implicate human involvement in their extinction. *Proceedings of the National Academy of Sciences* 2008; 150 (34): 12150-12153.
29. Jolly D, Taylor D, Marchant R, Hamilton A, Bonnefille R, Buchet G, Riollet G. Vegetation dynamics in central Africa since 18,000 yr BP: pollen records from the interlacustrine highlands of Burundi, Rwanda and western Uganda. *Journal of Biogeography* 1997; 24 (4): 492-512.
30. Tallis JH. *Plant Community History: Long-Term Changes in Plant Distribution an Diversity.* London: Chapman & Hall, 1991.
31. Colinvaux PA. *Amazon Expeditions: My Quest for the Ice-Age Equator.* New Haven, CT: Yale University Press, 2007.
32. Bonaccorso E, Koch I, Peterson AT. Pleistocene fragmentation of Amazon species' ranges. *Diversity and Distributions* 2006; 12 (2): 157-164.
33. Wells G. Observing earth's environment fron space. In: Friday L, Laskey R (eds.), *The Fragile Environment.* The Darwin College Lectures. Cambridge: Cambridge University Press, 1989: 148-192.
34. Loftis DG, Echelle AA, Koike H, Van Den Bussche RA, Minckley CO. Genetic structure of wild populations of the endangered desert pupfish complex (Cyprinodontidae: Cyprinodon). *Conservation Genetics* 2009; 10 (2): 453-463.
35. Ganopolski A, Rahmstorf S, Petoukhov V, Claussen M. Simulation of modern and glacial climates with a coupled global model of intermediate complexity. *Nature* 1998; 391 (6665): 351-356.
36. Hays JD, Imbrie J, Shackleton NJ. Variations in the Earth's orbit: pacemaker of the ice ages. *Science* 1976; 194: 1121-1132.
37. Petit J-R, Jouzel J, Raynaud D, *et al.* Climate and atmospheric history of the past 420,000 years fron the Vostok ice core, Antarctica. *Nature* 1999; 399 (6735): 429-436.
38. Sigman DM, Boyle EA. Glacial/interglacial variations in atmospheric carbon dioxide. *Nature* 2000; 407 (6806): 859-869.
39. Galbraith ED, Jaccard SL, Pedersen TF, *et al.* Carbon dioxide release from the North Pacif abyss during the last deglaciation. *Nature* 2007; 449 (7164): 890-893.
40. Woodward FI. Stomatal numbers are sensitive to increases in CO_2 from pre-industrial levels. *Nature* 1987; 327: 617-618.
41. McElwain JC. Do fossil plants signal palaeoatmospheric CO_2 concentration in the geological past? *Discussion. Philosophical Transactions of the Royal Society* 1998; 353: 83-96.
42. Broecker WS, Denton GH. What drives glacial cycles? *Scientific American* 1990; 262 (1): 42-50.
43. Bray J. Volcanic triggering of glaciation. *Nature* 1976; 260: 414-415.
44. Houghtion J. *Global Warning: The Complete Briefing.* Cambridge: Cambridge University Press, 2009.
45. Benson L, Burdett J, Lund S, Kashgarian M, Mensing S. Nearly synchronous climate change in the Northern Hemisphere during the last glacial termination. *Nature* 1997; 388 (6639): 263-265.
46. Moreno PI, Jacobson GL, Jr, Lowell TV, Denton GH. Interhemispheric climate links revealed by a glacial cooling episode in southern Chile. *Nature* 2001; 409 (6822): 804-808.
47. Broncltnr WS, Kennett JP. Routing of meltwater from the Laurentide Ice Sheet during the *Younger Dryas* cold episode. *Nature* 1989; 341: 28.
48. Fairbanks RG. A 17,000-year glacio-eustatic sea level record: influence of glacial melting rates on *Younger Dryas* event and deep-ocean circulation. *Nature* 1989; 342 (6250): 637-642.
49. Smith JE, Risk MJ, Schwarcz HP, McConnaughey TA. Rapid climate change in the North Atlantic during the *Younger Dryas* recorded by deep-sea corals. *Nature* 1997; 386: 818-820.
50. McManus J, François R, Gherardi J-M, Keigwin LD, Brown-Leger S. Collapse and rapid resumption of Atlantic meridional circulation linked to deglacial climate changes. *Nature* 2004; 428 (6985): 834-837.
51. Clark PU, Pisias NG, Stocker TF, Weaver AJ. The role of the thermohaline circulation in abrupt climate change. *Nature* 2002; 415 (6874): 863-869.
52. Camill P, Umbanhower C, Teed R, *et al.* Late glacial and Holocene climatic effects on fire and vegetation dynamics at the prairie-forest ecotone in south-central Minnesota. *Joournal of Ecology* 2003; 91 (5): 822-836.
53. Bennett KD. Postglacial population expansion of forest trees in Norfolk, UK. *Nature* 1983; 163: 164-167.
54. Jacobson GL, Jr, Webb T, III, Grimm EC. Patterns and rates of vegetation change during the deglaciation os eastern North America. In: Ruddiman WF, Wright HE (eds.), *The Geology of North America.* Boulder, CO: Geological Society of America, 1987: 277-288.
55. Huntley B, Birks HJB. *An Atlas of Past and Present pollen Maps for Europe: 0-13000 Years Ago.* Cambridge: Cambridge University Press, 1983.
56. SchefuB, E, Schouten S, Schneider RR. Climatie controls on central African hydrology during the past 20,000 years. *Nature* 2005; 437 (7061): 1003-1006.
57. Rossignol-Strick M, Nesteroff W, Olive P, Vergnaud-Grazzini C. After the deluge: Mediterranean stangnation and sapropel formation. *Nature* 1982; 295: 105-110.
58. Sancetta C. The mystery of the sapropels. *Nature* 1999; 398 (6722): 27-29.
59. Lézine A-M Late Quaternary vegetation and climate of the Sahel. *Quaternary Research* 1989; 32 (3): 317-334.

60. Singh G, Joshi RD, Chopra SK, Singh AB. Late Quaternary history of vegetation and climate of the Rajasthan Desert, India. *Philosophical Transaction of the Royal Society B: Biological Sciences* 1974; 267 (889): 467-501.
61. Gibbard P. Europe cut adrift. *Nature* 2007; 448 (7151): 259-260.
62. Beatty GE, Provan J. Post-glacial dispersal, rather than in situ glacial survival, best explains the disjunct distribution of the Lusitanian plant species *Daboecia cantabrica* (Ericaceae). *Journal of Biogeography* 2013; 40: 335-344.
63. Moore PD. The origin of blanket mire, revisited. In: Chambers FM (ed.), *Climate Change and Human Impact on the Landscape.* London: Chapman & Hall, 1993: 217-224.
64. Bond W, Van Wilgen B. *Fire and Plants.* London: Chapman & Hall, 1996.
65. Delcourt PA, Delcourt HR. *Prehistoric Native Americans and Ecological Change: Human Ecosystems in Eastern North America since the Pleistocene.* Cambridge: Cambridge University Press, 2004.
66. Moore PD. Down to the woods yesterday. *Nature* 2005; 433 (7026): 588-589.
67. Hailer F, Helander B, Folkestad AO, *et al.* Phylogeography of the white-tailed eagle, a generalist with large dispersal capacity. *Journal of Biogeography* 2007; 34 (7): 1193-1206.
68. De Toledo MB, Bush MB. A mid-Holocene environmental change in Amazonian savannas. *Journal of Biogeography* 2007; 34 (8): 1313-1326.
69. Brncic TM, Willis KJ, Harris DJ, Washington R. Culture or climate? The relative influences of past processes on the composition of the lowland Congo rainforest. *Philosophical Transactions of the Royal Society B: Biological Sciences* 2007; 362 (1478): 220-242.
70. Barber K, Maddy D, Rose N, Stevenson AC, Stoneman R, Thompson R. Replicated proxy-climate signals over the laste 2000 yr from two distant UK peat bogs: new evidence for regional palaeoclimate teleconnections. *Quaternary Science Reviews* 2000; 19 (6): 481-487.
71. Blackford J. Palaeoclimatic records from peat bogs. *Trends in Ecology and Evolution* 2000; 15 (5): 193-198.
72. Payette S, Filion L, Delwaide A, Bégin C. Reconstruction of tree-line vegetation response to long-term climate change. *Nature* 1989; 341 (6241): 429-432.
73. Wanner H, Beer J, Bütikofer J, *et al.* Mid-to Late Holocene climate change: an overview. *Quaternary Science Reviews* 2008; 27 (19): 1791-1828.
74. Laird KR, Fritz SC, Maasch KA, Cumming BF. Greater drought intensity and frequency before AD 1200 in the Northern Great Plains, USA. *Nature* 1996; 384: 552-554.
75. Moberg A, Sonechkin DM, Holmgren K, Datsenko NM, Karlén W. Highly variable Northern Hemisphere temperatures reconstructed from low-and high-resolution proxy data. *Nature* 2005; 433 (7026): 613-617.
76. Cobb KM, Charles CD, Cheng H, Edwards RL. El Nino/Southern Oscilation and tropical Pacific climate during the last millennium. *Nature* 2003; 424 (6946): 271-276.
77. Abram NJ, Gagan MK, Liu Z, Hantoro WS, McCulloch MT, Suwargadi BW. Seasonal characteristics of the Indian Ocean Dipole during the Holocene epoch. *Nature* 2007; 445 (7125): 299-302.
78. Stocker T, Qin D, Plattner G-K, *et al. Climate Change 2013: The Physical Science Basis.* Cambridge: Cambridge University Press, 2014.
79. Rapp D. Future prospects. In: RappD (ed.), *Ice Ages and Interglacials.* Springer: Heidelberg, 2012: 327-375.
80. Williams JW, Jackson ST, Kutzbach JE. Projected distributions of novel and disappearing climates by 2100 AD. *Proceedings of the National Academy of Sciences* 2007; 104 (14): 5738-5742.
81. Williams JW, Jackson ST. NOvel climates, no-analog communities, and ecological surprises. *Frontiers in Ecology and the Environment* 2007; 5 (9): 475-482.
82. Malhi Y, Aragao LEOC, Galbraith D, *et al.* Exploring the likelihood and mechanism of a climate-change-induced dieback of the Amazon rainforest. *Proceedings of the National Academy of Sciences* 2009; 106 (49): 20610-20615.
83. Willis KJ, Araújo MB, Bennett KD, Figueroa-Rangel B, Froyd CA Myers N. How can a knowledge of the past help to conserve the future? Biodiversity conservation and the relevance of long-term ecological studies. *Philosophical Transactions of the Royal Society B: Biological Sciences* 2007; 362 (1478): 175-187.
84. Brown JH. The desert pupfish. *Scientific American* 1971; 225: 104-110.

Pessoas e Problemas

A Intrusão Humana

O Pleistoceno foi um período de instabilidade climática com um impacto considerável nos padrões de distribuição dos organismos sobre a face da Terra. Foi um período de extinções, mas também um período de evolução para alguns organismos. Houve muito debate se a especiação se tornou mais rápida ou mais lenta durante a Era do Gelo no Quaternário, e a conclusão geral é de que as taxas de extinção no Pleistoceno excederam as taxas de especiação [1]. *Para os mamíferos, foi um tempo de grande evolução, e a maioria das espécies vivas de mamíferos evoluiu durante o período do Quaternário, impulsionada por ambientes climaticamente instáveis* [2]. *Entre as espécies que evoluíram neste momento estava a nossa própria espécie, o "Homo sapiens", que teve um impacto ainda maior na biogeografia da Terra do que a Era do Gelo. Por essa razão, sugeriram que esse período de tempo deveria ser conhecido como "Antropoceno"* [3,4].

O Surgimento dos Humanos

A história fóssil dos humanos ainda é muito incompleta, mas cada ano que passa traz à luz novos materiais fósseis, que nos ajudam a preencher as lacunas e proporcionam um quadro mais detalhado sobre como surgiram anatomicamente os humanos modernos. Os primatas do Novo Mundo e do Velho Mundo foram separados há 40 milhões de anos, sendo o ramo do Velho Mundo o ancestral dos humanos. Estamos intimamente relacionados com os grandes macacos, que incluem o orangotango (*Pongo*), e especialmente o gorila (*Gorilla*) e os chimpanzés (*Pan*) (veja a Figura 13.1). A separação entre o ramo ancestral humano (o **hominins**) e o ramo dos grandes macacos (os dois grupos são conhecidos conjuntamente como **hominídeos**) aparentemente ocorreu por volta de 7 milhões de anos atrás. A principal fonte de evidência sobre essa estimativa é baseada na semelhança genética entre humanos e chimpanzés; quase 99% da genética humana são compartilhados com os chimpanzés. Portanto, suas divergências evolucionárias devem ser relativamente recentes em termos geológicos. A pesquisa paleontológica nessa relação tem sido dificultada pela falta de material fóssil de chimpanzés: o primeiro fóssil de chimpanzés, encontrado na África Oriental, remonta apenas a 0,5 milhão de anos [5].

Tentando estabelecer a biogeografia dos primeiros hominídeos, que viveram durante o Mioceno com mais de 5 milhões de anos, é extremamente difícil por causa da falta de fósseis. No entanto, podemos estudar o registro fóssil de outros grupos de mamíferos mais comuns e maiores, como os hienídeos (hienas) e os proboscídeos (mamutes e elefantes), que são frequentemente associados aos hominídeos [6]. Eles compartilham um conjunto comum de padrões envolvendo especiação na África no Mioceno Inferior e expansão para a Europa, Ásia e América do Norte durante o Mioceno Médio, seguido por um movimento de volta para a África. É muito provável que os hominídeos (que incluem os antepassados dos macacos e humanos) tenham seguido padrões de distribuição semelhantes no Mioceno.

Ainda existe controvérsia se houve apenas uma linha de desenvolvimento que surgiu do ancestral comum com os chimpanzés ou se houve uma série desordenada de cruzamentos que culminou no desenvolvimento da linha dos humanos. Em qualquer um dos casos, a separação da linha dos hominídeos envolveu mais postura bípede, cérebro maior e grande destreza manual. Enquanto a linha dos chimpanzés permaneceu no dossel inferior como um animal florestal, os ancestrais do homem tomaram a direção dos bosques e pradarias.

Um dos grandes problemas subjacentes a qualquer discussão sobre a evolução humana resulta diretamente do nosso interesse natural e intenso no assunto. Desse modo, tem sido relativamente fácil obter subvenções para procurar fósseis relacionados com nosso passado. Isso também encorajou cientistas a dar um novo nome científico (um novo gênero ou uma nova espécie) a qualquer coisa que seja encontrada. Como resultado, muitos outros fósseis relacionados com nossa ancestralidade foram descobertos e nomeados do que em qualquer outro grupo.

Como é normal na paleontologia, a maioria dos fósseis está incompleta e não consegue responder algumas das muitas questões sobre o significado de sua estrutura e adaptação. Parece muito provável que nossa evolução, como a de outros grupos, não tenha sido um progresso simples e linear ao longo do tempo, mas tenha envolvido uma série de linhagens e ramos paralelos. Ajustar todos os fósseis a esse complexo padrão de evolução inevitavelmente torna-se difícil, e muitas vezes causou um forte desacordo e argumentos. O reconhecimento de diferentes espécies fósseis é ainda mais complicado pela variação dentro da espécie devido a fatores como idade, doença ou dimorfismo sexual.

Na maioria dos grupos, há lacunas suficientes no tempo e/ou espaço entre os diferentes fósseis, não havendo dificuldade em

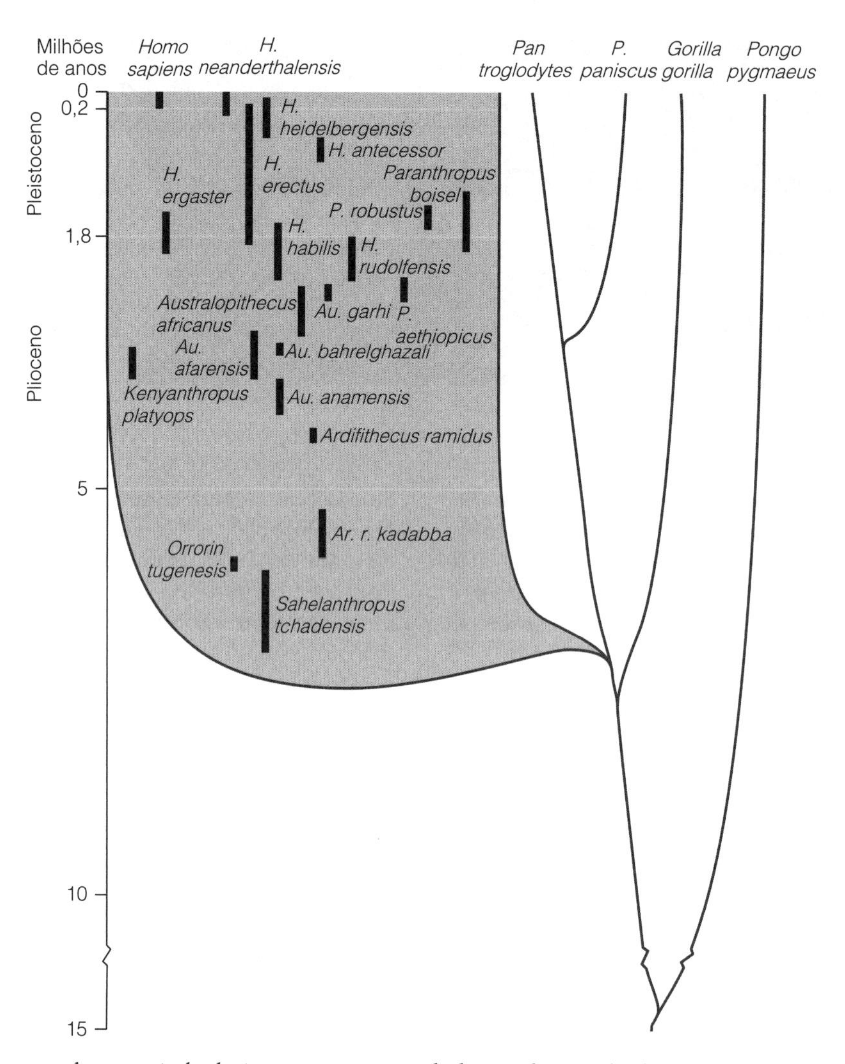

Figura 13.1 Esquema mostrando o possível relacionamento entre as linhas evolutivas dos hominídeos e dos grandes macacos. Extraído de Carroll [4].

reconhecê-los como espécies separadas. No entanto, devido à riqueza comparativa de fósseis humanos e à intensidade de interesse, isso também se torna um problema. Uma solução prática recente foi reconhecer seis "critérios" informais em vez de tentar estabelecer a relação detalhada das diferentes espécies. Esses critérios são: primitivo, arcaico, megadonte [com dentes grandes] e hominídeos de transição, e ainda *Homo* pré-moderno e *Homo* moderno (Figura 13.2) [7]. As "espécies" são colocadas em um critério específico com base no papel semelhante dentro do ecossistema, postura e adaptação semelhantes dos membros, pés e mãos e dieta similar. Os critérios são descritos a seguir.

Hominídeos Ancestrais

Em 2002, Michel Brunet e seus colaboradores de pesquisa [2] descobriram seis exemplares de ossos fósseis (um crânio e partes inferiores da mandíbula) que tinham semelhanças com hominídeos e foram classificados como um novo gênero na linha evolutiva dos humanos, denominados *Sahelanthropus tchadensis*. Até então a maioria dos achados associados à evolução dos humanos primitivos tinha sido descoberta na África oriental, mas esse conjunto de fósseis veio do Chade, na região o Sahel, ao sul do Deserto do Saara. A fauna fóssil associada ao achado desses hominídeos sugere uma data no Mioceno Superior, entre 6 e 7 milhões de anos atrás. Assim, se a estimativa da genética para a separação da linha evolutiva dos macacos estiver correta, o *Sahelanthropus* pode ser um dos primeiros organismos na linha de desenvolvimento dos humanos, em oposição à linha dos grandes macacos. O crânio do *Sahelanthropus* é marcante, pois possui as características do chimpanzé quando visto por trás, mas na vista frontal é muito parecido com o *Australopithecus*, um gênero de hominídeo que veio a ser muito importante cerca de 3 milhões de anos mais tarde. Sua descoberta forneceu grande sustentação para aqueles que preferem pensar na evolução humana como linhagens de um único ramo porque apresenta exatamente a combinação das características que se poderia esperar neste caso.

Hominídeos Arcaicos

Os restos fósseis de **australopitecíneo** (o nome dado aos membros do gênero *Australopitecos*) que sucederam ao *Sahelanthropus* foram amplamente registrados nas regiões oriental e meridional da África, e as descobertas mais antigas foram feitas na Tanzânia e na Etiópia, com datação aproximada de 4 milhões de anos atrás. Entre os fósseis desse período

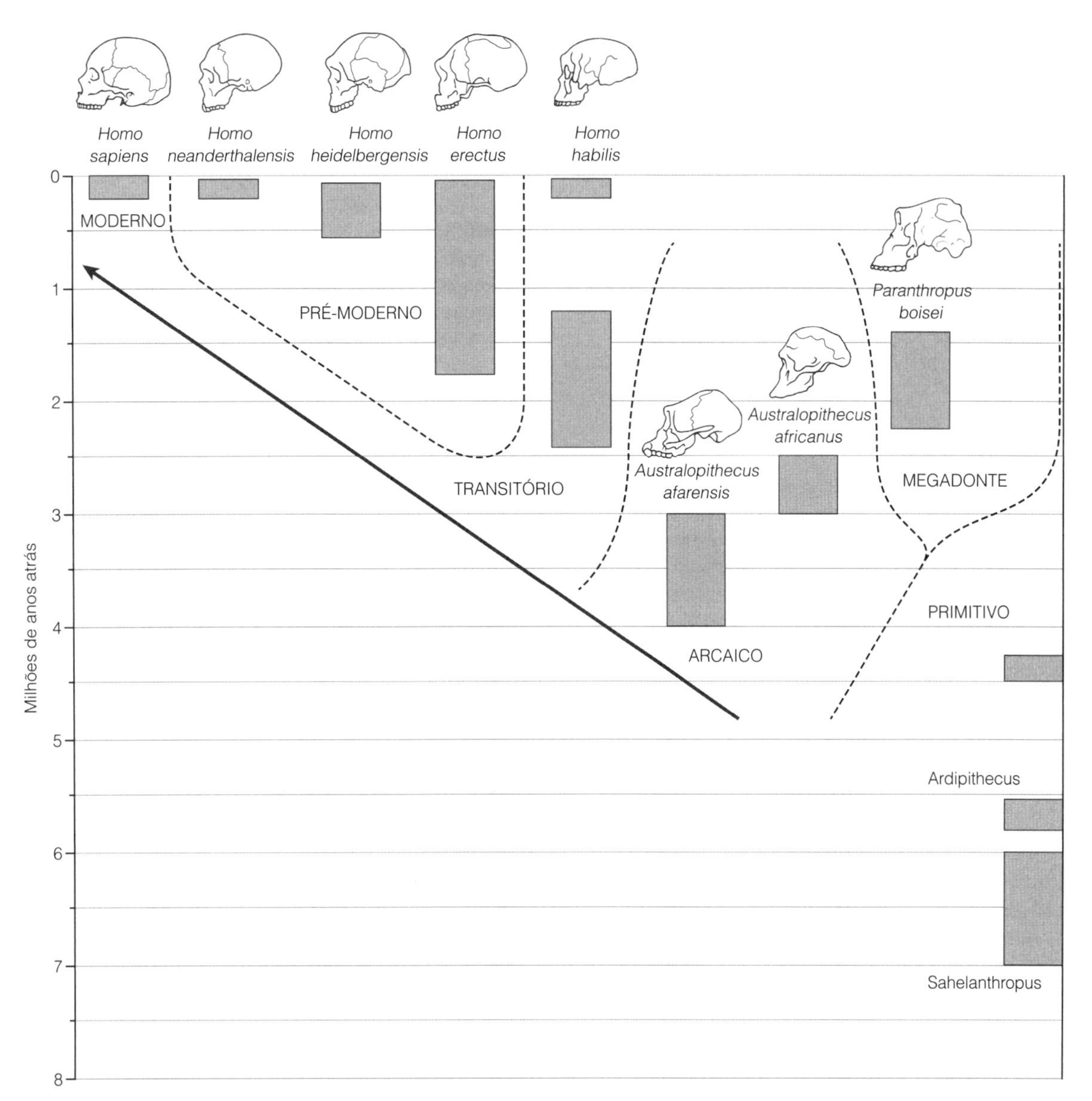

Figura 13.2 Esquema detalhado mostrando o possível inter-relacionamento de hominídeos nos últimos 7 milhões de anos. Adaptado de Wood e Lonergan [7].

existe o esqueleto parcial que ficou conhecido como "Lucy" e que forneceu grandes informações anatômicas sobre os hominídeos ancestrais [9]. Esses fósseis eram chamados de *Australopithecus afarensis*. A extraordinária descoberta de pegadas humanas fósseis em cinza vulcânica na Tanzânia [10] mostra que eles caminhavam de pé, com as pernas traseiras, apesar de suas pernas curtas sugerir que eles não estavam adaptados para correr. Até recentemente, pensava-se que a capacidade de fazer ferramentas de pedra só surgiu com o gênero *Homo* [11]; a descoberta de ferramentas de pedra de 3,3 milhões de anos mostra que, em vez disso, foram os australopitecíneos que fizeram essa invenção revolucionária. O hábitat em que esses organismos viviam era de savanas e bosques abertos, longe das florestas tropicais densas; porém muito pouco se sabe, com precisão, sobre seu modo de vida e o nicho ecológico que ocupavam. *A. afarensis* provavelmente era apenas uma espécie na cadeia alimentar complexa do ecossistema, não mais importante do que qualquer outra espécie. Estudos moleculares ajudam a identificar a dieta e o papel ecológico dos australopitecíneos (Boxe 13.1).

Hominídeos Megadontes

Uma curta distância da evolução dos hominídeos na África Oriental 2,3-1,4 milhões de anos atrás. Caracterizado por maxilar pesado, forte, e grandes dentes molares com um revestimento espesso de esmalte, esse hominídeo era originalmente chamado de *Zinjanthropus*, contudo na atualidade é conhecido como *Paranthropus*. Os machos desse gênero eram muito maiores do que as fêmeas. Eram claramente adaptados para ingerir alimentos mais resistentes, como grandes sementes, nozes e gramíneas C4 e juncos.

Hominídeos Transitórios

Este grupo inclui *Homo habilis*, uma espécie que viveu há cerca de 2 milhões de anos. É diferente dos australopitecíneos por ter uma postura ereta e um cérebro maior. No entanto, a estrutura de seus braços e mãos sugere que ainda era bastante adepto da escalada, e seu tornozelo possui características australopitecíneas. É, portanto, de transição,

A dieta dos australopitecíneos

Conceito Boxe 13.1

É difícil ter certeza sobre a dieta dos australopitecíneos. Existe a possibilidade de terem sido grandes vegetarianos que ocasionalmente também recorriam a presas animais, da mesma forma que o chimpanzé. Uma tentativa de reconstruir a dieta dos australopitecíneos empregou o esmalte de dentes fósseis. O esmalte dental é extremamente resistente e sobrevive, intacto, por milhões de anos. A química do esmalte dental pode refletir a dieta, particularmente nos isótopos de carbono nele contidos. A técnica é baseada no fato de que dois sistemas fotossintéticos que operam nas plantas, C3 e C4 (mais CAM), acumulam carbono da atmosfera em decorrência da atividade de duas enzimas (veja o Capítulo 2). As duas enzimas têm capacidades diferentes para distinguir entre dois isótopos do carbono, 13C e 12C, com o 13C sendo enriquecido pelo sistema C4–CAM. Assim, os produtos orgânicos da fotossíntese diferirão, dependendo de qual tipo de planta os produziu. As diferentes proporções de isótopos do carbono também são transmitidas para os animais que consomem esses produtos, e assim a análise da planta ou da matéria orgânica animal pode ajudar na determinação de suas origens fotossintéticas. Quando o esmalte dental de fósseis de australopitecíneos foi analisado [74], descobriu-se que era rico em 13C, o que sugere que estes seguiam uma dieta rica em espécies de plantas C4 (como as gramíneas tropicais, incluindo suas raízes e sementes) ou de carne de herbívoros que consumiam esse tipo de planta. A falta de desgaste no esmalte dentário e de ferramentas que seriam necessárias para moer gramíneas fibrosas sugerem que as proporções de isótopos de carbono nos dentes dos australopitecíneos eram devidas à alimentação à base de carne.

Portanto, a evidência pressupõe que esses hominídeos viviam em ambientes abertos de savana e que os animais formavam uma parte importante de sua dieta. O vulcanismo da África Oriental aumentou a fertilidade dos solos e, consequentemente, de sua vegetação, o que, por sua vez, estimulou a evolução dos herbívoros de pastagem. Esses herbívoros podem ter incluído grandes mamíferos, como elefantes, rinocerontes, girafas, gazelas e bovídeos, juntamente com insetos alimentados com gramíneas. É importante lembrar, no entanto, que os australopitecíneos eram pequenos em estatura, apenas do tamanho dos chimpanzés (com 1-1,5 m de altura e pesando 30-50 kg), de modo que sua capacidade de predar mamíferos muito grandes deve ter sido limitada. No entanto, as carcaças desses mamíferos, mortos por grandes carnívoros, podem ter sido bastante abundantes e, assim, tornou-se fácil a transição dos seres humanos de alimentos, em grande parte à base de plantas, para carnívoros por meio do forrageamento.

mostrando uma mistura de características, algumas avançadas, mas outras ainda primitivas. Foi aceito como membro do gênero *Homo*, em grande parte porque havia evidências de que ele poderia fazer ferramentas de pedra e, no momento em que foi descoberto, supôs-se que essa habilidade era restrita ao nosso próprio gênero. O conhecimento de sua dieta e papel ecológico ainda é fragmentado, mas acredita-se que a quantidade de carne na dieta aumentou (veja o Boxe 13.1).

Embora o bipedalismo tenha vantagens, como liberar as mãos para outras tarefas e elevar a cabeça acima da vegetação do solo, não permitia que membros iniciais do gênero *Homo* ultrapassassem os quadrúpedes maiores de mamíferos em torno deles – incluindo animais que eles caçavam, bem como aqueles que os perseguiam. Por outro lado, a locomoção bipedal de passos largos poderia permitir que eles alcançassem longas distâncias [12]. É possível que a perda de pelos tenha ocorrido neste momento, de modo a permitir que o corpo esfriasse mais facilmente por transpiração.

Homo Pré-Moderno

Um novo hominídeo, *Homo ergaster*, apareceu em torno de 1,9 milhão de anos atrás, seguido de *Homo erectus*. Há todas as razões para acreditar que essas novas espécies eram descendentes diretos de *H. habilis*. A análise das pegadas fósseis do Quênia, datada de 1,5 milhão de anos e que se acredita pertencer ao *Homo ergaster/erectus*, sugere que os pés desta espécie eram essencialmente os mesmos que os dos humanos modernos [13].

Embora se acredite que *H. habilis* se espalhou para a região euro-asiática da atual Geórgia [14], a primeira espécie do nosso gênero que foi encontrada além da África é a que se conhece como *Homo erectus*. Ele partiu da África há cerca de 1,7 milhão de anos e se espalhou para o leste da Ásia cerca de 100 mil anos depois [15]. Algumas escavações em Java indicam que *H. erectus* pode ter sobrevivido no Sudeste Asiático até a última Era do Gelo (50 mil anos atrás), caso em que teria se sobreposto a nossa própria espécie naquela área [16].

Por 1,5 milhão de anos, *H. erectus* desenvolveu ferramentas de pedra muito mais sofisticadas, como os eixos de mão. Existem evidências significativas sobre o uso do fogo. Embora no início tenha sido usado como meio de preparação de alimentos, o potencial do fogo como auxílio na caça certamente deve ter sido apreciado por essa espécie inteligente. Tanto a fauna como a flora das pradarias devem ter sido alteradas por esse novo fenômeno no meio ambiente.

As populações de *H. erectus* na África gradualmente evoluíram para um novo hominídeo, o *Homo heidelbergensis*, o qual viveu entre 600 mil e 100 mil anos atrás. Uma descoberta única sobre o modo de vida dessa espécie foi proporcionada pelo encontro de lanças de caça, enterradas em depósitos de turfa comprimida no norte da Alemanha [17], com data de 400 mil anos atrás. Isso sugere que os ancestrais dos humanos modernos que ocuparam as regiões do norte da Europa eram grandes caçadores, o que também apoia o argumento de que a caça de animais utilizando ferramentas se estende de volta à ancestralidade humana. *H.heidelbergensis* também atingiu a Grã-Bretanha há cerca de 500 mil anos, embora ferramentas de pedra que datam de cerca de 900 mil anos atrás mostrem que outros hominídeos chegaram à ilha ainda antes.

O paleontólogo britânico Chris Stringer [18] sugere que uma divisão evolutiva ocorreu em *H. heidelbergensis* entre 400 mil e 300 mil anos atrás. A primeira evidência desta divisão é o surgimento de *Homo neanderthalensis* há cerca de 200 mil anos, com evidência de *Homo sapiens* aparecendo mais tarde, em depósitos de 160 mil anos da Etiópia [19]; estes últimos sustentam a ideia de que nossa espécie evoluiu na África. A primeira data confiável para o fóssil *H. sapiens* fora da África veio de Israel, com uma data de 115 mil anos. Portanto, é provável que a população humana da África tenha começado a se expandir e se espalhar para outras partes do mundo em torno desse tempo.

Os Neandertais foram os primeiros dessas duas espécies a entrar na Europa, há cerca de 45 mil anos, seguido pelo *H. sapiens* cerca de 10 mil anos depois. O DNA de ossos que datam de 38 mil anos atrás, do Uzbequistão na Ásia Central, tem afinidades de Neandertais, sugerindo que as espécies podem ter se espalhado extensivamente pela Ásia [20]. Não houve rupturas bruscas entre essas espécies sucessivas na história da evolução humana: *Australopitecos*, *Homo habilis*, *H. erectus*, *H. heidelbergensis*, *H. neanderthalensis* e, finalmente, *H. sapiens*. Essas "espécies" devem ser consideradas como estágios que os paleontólogos supõem convenientes para reconhecer e nomear com facilidade de referência no que realmente foi um processo gradual de mudança evolutiva.

H. neanderthalensis e *H. sapiens* coexistiram na Europa e na Ásia Menor, de 40 mil a 35 mil anos atrás [21]. Portanto, não é surpreendente descobrir que houve um interacasalamento entre essas duas espécies estreitamente relacionadas no último meio milhão de anos, como mostra o fato de que as análises também evidenciam que 1-4% de nosso próprio DNA vem dos Neandertais. Estudos recentes sugerem que tais interacasalamentos podem ter sido adaptáveis, ajudando os humanos modernos a se adaptara ambientes não africanos [22].

Os Neandertais desapareceram do registro fóssil 28 mil anos atrás, embora alguns reivindiquem a sobrevivência há 24 mil anos em Gibraltar [23]. Mas por que eles morreram? É possível que a competição ativa, ou mesmo o conflito, entre as duas espécies sejam desfragmentadas. Mas pode ser significativo que os Neandertais desapareceram em um momento que coincide com uma grande expansão no volume de gelo a nível global. Esta mudança climática pode ter colocado uma pressão adicional sobre a sobrevivência dos Neandertais. Um fato é claro, no entanto: apenas o *Homo sapiens* permaneceu na Europa no início do Holoceno.

Até recentemente, parecia que *H. sapiens* também era o único membro do nosso gênero presente no mundo inteiro durante o Holoceno. Isso mudou em 2003, quando um esqueleto de um hominídeo adulto, com cerca de 1 m de altura, foi descoberto durante a escavação de sedimentos de cavernas que remontam apenas 18 mil anos na Ilha de Flores, na Indonésia [24]. Os ossos fósseis adicionais de outros membros da população foram encontrados na caverna em 2004, de modo que a descoberta original não era, como se pensava a princípio, apenas um único indivíduo anômalo. Foi reconhecida como uma nova espécie, o *Homo floresiensis*, que parece ser uma forma anã de seu gênero, como muitos outros exemplos de animais ou de tamanho reduzido que vivem em ilhas, com seus suprimentos limitados de nutrição (veja o Capítulo 7). Usando um modelo energético básico, os biogeógrafos calcularam recentemente que um número maior de hominídeos de pequeno porte poderia persistir em Flores do que hominídeos maiores, explicando, em parte, como eles poderiam persistir por tanto tempo em uma ilha tão pequena [25]. Na verdade, a fauna da ilha também incluiu uma forma pigmeia do elefante *Stegodon*, que *H. floresiensis* poderia muito bem ter caçado.

Embora também tenha sido sugerido que poderia ser uma forma pigmeia de nossa própria espécie, a estrutura craniana de *H. floresiensis* não suporta essa ideia. Os pés desses pequenos hominídeos eram invulgarmente longos e, embora fossem bípedes, os pés eram, de certa forma, mais similares do que humanos. Isso levanta a possibilidade de que esse hominídeo não seja um descendente direto de *H. erectus*, mas pode ser derivado de alguma outra linhagem de primatas em desenvolvimento [26]. A caça continua para outras amostras, mas o debate sobre a ancestralidade humana nesta parte do mundo se mantém muito ativo.

Homo Moderno

Mesmo antes do início da última glaciação, humanos estavam se dispersando para fora da África, e também penetrando mais ao sul no continente africano (Figura 13.3). Em meados da glaciação, nossos ancestrais alcançaram o interior do continente asiático, o norte do Mar Cáspio e também se dispersaram através do Planalto do Tibete para o Sudeste Asiático. A Austrália foi habitada por volta de 50 mil anos atrás, e a chegada dos humanos aos extremos da Europa e da Ásia Oriental ocorreu quando a glaciação estava no seu auge, por volta de 20 mil anos atrás. Apenas as Américas permaneceram sem essas espécies.

Quando a última glaciação estava no auge, um grande volume das águas mundiais encontrava-se aprisionado em geleiras e nas calotas polares que se expandiram (veja o Capítulo 12); isso significa que o nível do mar dos oceanos da Terra estava consideravelmente mais baixo, talvez em cerca de 100 m. Regiões que hoje estão submersas encontravam-se expostas como massas de terra, e uma área substancial do Estreito de Bering ligando o que hoje é a Sibéria e o Alasca. Esta é a rota mais provável para a colonização da América do Norte. Material fóssil vegetal, datando de 24 mil anos atrás, no período de expansão máxima do glacial, foi encontrado em Yucon e revela muito sobre a natureza do ambiente nessa massa de terra. Gramíneas e artemísia-da-pradaria (*Artemisia frigida*) eram abundantes [27]; portanto, a vegetação de tundra da estepe deve ter sustentado hordas de grandes herbívoros, incluindo os peludos mamutes, os cavalos e os bisões. Os povos caçadores da Ásia Oriental provavelmente seguiram essas manadas em direção ao Novo Mundo. Lanças de sílex lascados, conhecidas como pontos de Clovis, datadas de 13 mil anos atrás, foram amplamente encontradas em toda a América do Norte; logicamente concluiu-se que esses eram os traços de caça pelos primeiros caçadores humanos recentemente chegados. Um

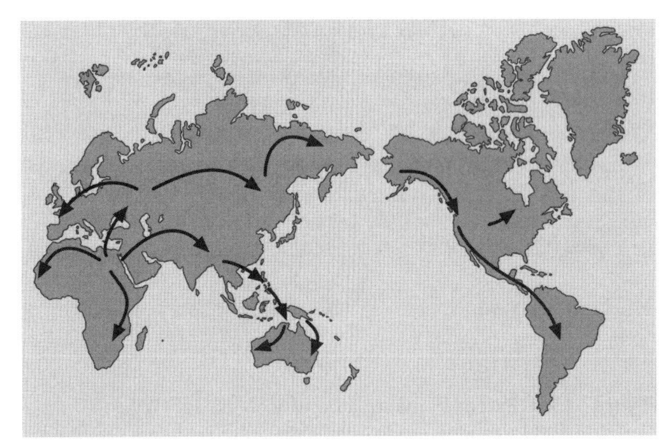

Figura 13.3 Mapa apresentando as prováveis rotas de dispersão do *Homo sapiens* a partir da África, nos últimos 100 mil anos.

esqueleto humano datado de 13 mil a 12 mil anos atrás, encontrado no México, mostra que uma mistura de características asiáticas e nativas americanas também parece compatível com esse cenário. Mas uma série de outras descobertas nos últimos 15 anos sugere que nossas espécies chegaram ao Novo Mundo muito mais cedo (revisadas em [28]). Essas descobertas incluem traços de ocupação humana há cerca de 15.500 anos, a norte de Austin, no Texas, e também em Monte Verde, no sul do Chile, há 14 mil anos [29]. Ossos humanos datados de 13 mil anos encontrados nas Channel Islands na Costa da Califórnia também sugerem que pelo menos alguns dos primeiros americanos podem ter chegado de barco, e isso é apoiado por evidências ligeiramente posteriores de uma cultura marítima, semelhante na costa do Pacífico Asiático, nas mesmas ilhas. A abundância de frutos do mar, que variam de peixes a mamíferos marinhos, descendo a costa do Pacífico americano, proporcionaria sustento para eles, e tudo isso poderia ser uma pista para a origem das pessoas que moravam no sul do Chile. Um dos problemas é que a maior parte da evidência da presença de uma cultura costeira foi coberta pelo aumento do nível do mar desde então. Em suma, ainda há uma grande questão para aprender sobre a história inicial de nossa espécie nas Américas.

Uma linha de inquérito completamente diferente sobre esse problema vem do estudo da geografia das línguas humanas, o que sugere que a colonização do Novo Mundo deve ter ocorrido antes do avanço principal da última glaciação, há 22 mil anos. A pesquisa linguística de R. A. Rogers [30] revelou três grupos distintos de linguagens nativas americanas centradas nas três áreas da América do Norte com refúgios livres do gelo durante o auge da última glaciação (veja a Figura 13.4). Aparentemente, as populações humanas foram isoladas nessas

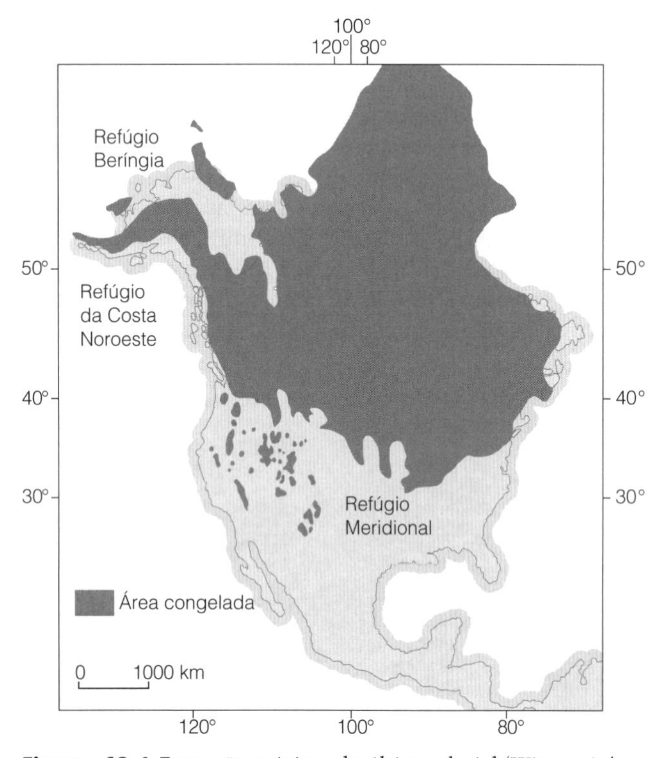

Figura 13.4 Extensão máxima do último glacial (Wisconsin) na América do Norte mostrando as três áreas livres de gelo (refúgios) que correspondem aos três grupos linguísticos de nativos americanos. Segundo Rogers *et al.* [30].

três áreas durante o máximo glacial e posteriormente se dispersaram para outras regiões. A língua extinta de Beothuk, que já foi usada na Terra Nova, pode ter sido originária de outra população isolada naquele refúgio oriental. Outra explicação consiste em três invasões separadas da América do Norte em relação à Ásia, que remetem aos três grupos linguísticos [31]. No entanto, análises genéticas de pessoas de uma ampla gama de espécies nativas americanas indicaram uma similaridade muito próxima, sugerindo que havia apenas uma população fundadora de imigrantes, que, subsequentemente, divergiram em comunidades tão separadas quanto as Aleutas do Alasca e os Yanomami do Brasil. A visão atual da maioria dos pesquisadores é que havia uma única origem para todos os povos nativos da América [32].

Humanos Modernos e a Extinção da Megafauna

A dispersão da espécie humana durante a última glaciação foi acompanhada por uma extinção de várias espécies de grandes mamíferos, a **megafauna** – primeiramente na Austrália, depois na Eurásia e, finalmente, na América do Norte. Há muito tempo, supôs-se que essas extinções foram resultantes das mudanças climáticas, mas o antropólogo norte-americano Paul Martin sugeriu que os humanos podem ter sido culpados [33]. Martin assinalou que a maioria dos animais que se tornaram extintos eram grandes mamíferos herbívoros ou aves que não voavam, que pesavam mais de 50 kg — exatamente a parte da fauna que os humanos estariam fadados a caçar. Também assinalou que extinções similares ocorreram em outras áreas, mais ao sul da América do Norte, e sugeriu que o período dessas extinções variava, e que em cada caso o momento correspondia à evolução ou à chegada da raça humana com suas técnicas relativamente avançadas de caça. Na África, por exemplo, onde os *h. sapiens* provavelmente evoluíram, a extinção foi muito menos severa, provavelmente devido à coexistência ecológica de longa data entre os herbívoros e os hominídeos, portanto qualquer variação no tamanho desses herbívoros aconteceu em resposta à pressão de caça humana.

Os registros das extinções foram estudados com maior detalhamento na América do Norte. Martin sugeriu que 35 gêneros de grandes mamíferos (55 espécies) se tornaram extintos na América do Norte no final da última glaciação (Wisconsin) — mais do dobro das extinções que ocorreram na glaciação anterior, e isso em um momento em que o clima estava mais quente. Essa combinação de características parece sustentar a ideia de que algum agente diferente do clima tenha sido o responsável, e também parece ser razoável suspeitar das atividades de caça dos humanos. Entretanto, o antropólogo norte-americano J.E. Grayson [34] mostrou haver um aumento similar no nível de extinções entre as aves da América do Norte (variando de melros a águias) nesse mesmo período. Por ser improvável que os humanos ancestrais tenham sido os responsáveis pelas extinções dessas aves, esta observação lançou dúvidas sobre a hipótese do papel de dominação exercido pelos humanos nas extinções em geral durante o Pleistoceno.

Por outro lado, o fato de tantas espécies da América do Norte terem sido extintas no mesmo tempo (12 mil a 11 mil anos atrás) em que ocorreu a chegada de povos caçadores, enquanto na Europa as extinções foram disseminadas por um período mais longo, proporciona um forte conjunto de evidências circunstanciais para sustentar os clamores de Paul Martin, dos quais os humanos devem se envergonhar [35]. O debate continua, e a extinção de tantas espécies diferentes de mamíferos pode não ter sido causada por um fator isolado. No entanto, outros estudos mostram que o tempo de extinção pode estar precisamente correlacionado com a chegada, ou intensificação, de assentamentos de populações humanas. Dale Guthrie, da University of Alaska, obteve dados de radiocarbono para o Pleistoceno Superior e Holoceno Inferior de grandes mamíferos fósseis do Alasca e do Território do Yukon [36] (Figura 13.5). Embora o cavalo (*Equus ferus*) e o mamute (*Mammuthus primigenius*) tenham se tornado extintos no momento em que os seres humanos estavam estabelecendo a área, outros grandes mamíferos, como o alce (*Cervus canadensis*) e o bisão (*Bison priscus*, que mais tarde evoluiu para *Bison bison*), começaram a expandir suas populações antes da invasão humana. A implicação é que as mudanças ambientais, envolvendo clima e vegetação, já criaram novas condições sob as quais o equilíbrio de competição entre os grandes herbívoros havia mudado. Sempre é possível, é claro, que a predação humana tenha aumentado as pressões sobre as espécies em declínio, mas a situação é claramente complexa, com muitas espécies já extintas ou em declínio quando entraram em contato com paleoindianos [37].

Na Europa, o mamute sobreviveu ao *Younger Dryas*, mas desapareceu pela abertura do Holoceno. O mesmo aconteceu com o gigante "alce" irlandês (*Megaloceros giganteus*), com

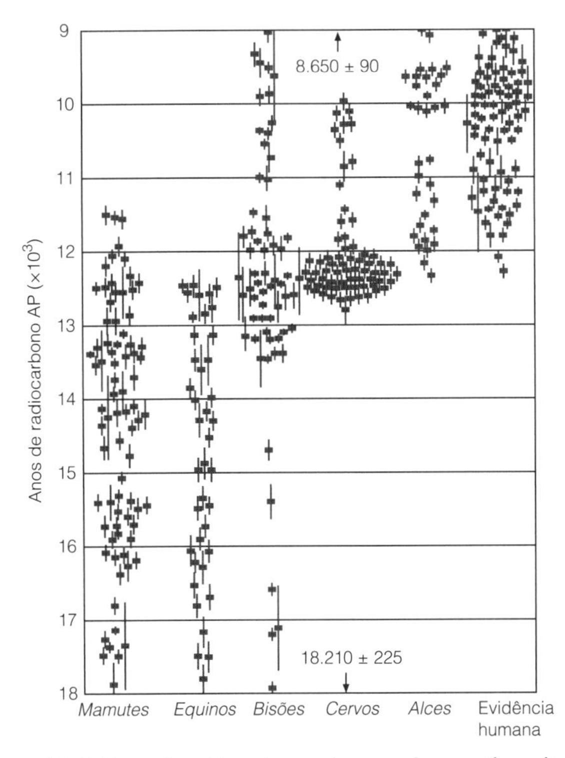

Figura 13.5 Datas de radiocarbonos de ossos de mamíferos fósseis da América do Norte mostrando a perda do mamute e do cavalo no período de transição entre o Pleistoceno e o Holoceno. A expansão das populações de bisões, alces e veados também é mostrada, assim como as datas de ocupações humanas, principalmente com base em carvão de lareiras. Extraído de Guthrie [36].

2 m de altura a partir dos ombros e chifres espaçados por 3,5 m. Ambas as espécies sobreviveram muito mais na Ásia: o alce gigante estava presente nas Montanhas Urais até 7700 anos atrás, e o mamute sobreviveu no oeste da Sibéria há cerca de 3600 anos [38]. No caso do mamute, as mudanças climáticas levaram à perda de 90% de sua faixa geográfica anterior entre 42 mil e 6 mil anos atrás, com hábitat adequado restrito ao Ártico da Sibéria [39]. Isso sugere que houve interações complexas entre clima, vegetação, competição e predação humana.

Na Austrália, onde as populações humanas mantiveram suas atividades de caça nas regiões de latitude média através do resfriamento global do último episódio glacial, a extinção da megafauna veio mais cedo do que na Europa e na América. Todas as 19 espécies de marsupiais que excederam 100 kg, e 85% de todas as espécies animais maiores que 44 kg se extinguiram durante o Pleistoceno Superior (Boxe 13.2). Alguns desses, como o avestruz *Genyornis newtoni*, foram estudados em detalhes. Por datação com radiocarbono 700 das cascas de ovos fósseis de *Genyornis*, tornou-se possível traçar o seu declínio generalizado e comum há 100 mil anos para um desaparecimento repentino há cerca de 50 mil anos, correspondente à chegada dos humanos [40]. No entanto, mais uma vez, há evidências de mudanças climáticas ao mesmo tempo [41].

Assim, o caso do envolvimento humano no processo de extinção da megafauna é complicado, pelo fato de ter ocorrido em um momento de mudanças climáticas e ambientais rápidas. Foi proposto que alguma forma de impacto planetário tenha ocorrido 12.900 anos atrás, que poderia afetar o clima e a megafauna [42]. A evidência se baseia na descoberta de minúsculos diamantes em sedimentos que marcam o início do estágio frio de *Younger Dryas*. Esses nanodiamantes, aproximadamente esféricos (menos de 300 nm de diâmetro), foram encontrados em toda a América do Norte, desde o Canadá até o Arizona, e na Alemanha. A camada é uma reminiscência da camada de irídio no limite KT (fim do Cretáceo), também associada à extinção em massa. No entanto, a presença dos diamantes não confirma completamente o impacto de fragmentos de cometa e certamente não pode explicar todos os aspectos dos dados da extinção da megafauna [43].

Domesticação e Agricultura

O sucesso do *Homo sapiens* pode ser explicado de muitas maneiras diferentes, incluindo alta capacidade cerebral, destreza manual, criação de ferramentas e organização social. Sua adaptabilidade foi outra característica que permitiu a sobrevivência de nossa espécie em tempos de clima flutuante. Quando as presas ficaram escassas, os humanos rapidamente foram para fontes alternativas de alimento. Há 164 mil anos, alguns grupos humanos na África do Sul recorreram a hábitats marinhos para o abastecimento alimentar, colhendo mariscos e outros organismos intertidais [44]. A caça como meio de subsistência foi complementada pela coleta de recursos disponíveis, que incluíam produtos de origem animal e vegetal.

No final do último período de frio, as pessoas que viviam no Oriente Médio estavam experimentando uma nova técnica para melhorar o suprimento de alimentos. Na região fértil da Palestina e da Síria cresceu uma série de gramíneas

O tamanho é importante?

Conceito Boxe 13.2

Existe uma questão intrigante a respeito da extinção da megafauna no encerramento do último glacial que pode se mostrar útil na interpretação do evento. Evidências fósseis sugerem que várias espécies que encabeçavam as extinções passaram por um período de redução de tamanho antes do seu desaparecimento final. Na América do Norte, por exemplo, cerca de 70% dos grandes mamíferos se tornaram extintos 13 mil a 11 mil anos atrás, tal como determinado por datação com radiocarbono. Desses, os cavalos compreendem um grupo importante que foi pesquisado intensamente. Dale Guthrie, da University of Alaska, examinou fósseis de ossos metacárpicos de duas espécies de cavalos do Alasca no encerramento da última glaciação [75] e descobriu que houve uma redução em 14% no tamanho dos ossos 20 mil a 12 mil anos atrás. Ele atribuiu esse fato às mudanças climáticas que ocorreram naquele período e que acarretaram um declínio na disponibilidade de forragem para os animais de pastagem. Portanto, é possível que essa mudança climática tenha finalmente resultado na extinção dessas espécies. Diminuição semelhante foi encontrada entre os cangurus da Austrália no mesmo período.

Mas será que a diminuição de tamanho dos mamíferos herbívoros é necessariamente uma prova da extinção da megafauna por causas climáticas? É possível analisar os dados de outra forma. As populações humanas daquele tempo devem ter se concentrado nos animais maiores, o que pode ter resultado em uma seleção favorável aos indivíduos menores. Sabe-se que as modernas caçadas por troféus têm um impacto no tamanho dos indivíduos nas populações de presas, como no caso do carneiro selvagem [76]. Assim, as caçadas humanas no Pleistoceno Superior podem ter selecionado desfavoravelmente os maiores indivíduos. Outra consideração é a taxa de reprodução entre as espécies de presas. De modo geral, foram os animais de reprodução mais lenta os que se tornaram extintos nesse período, o que novamente sugere que foram incapazes de se recuperar dos constantes abates por humanos [77].

anuais com sementes comestíveis, os ancestrais do nosso trigo e cevada. As pessoas que ocupavam essas regiões na época eram caçadores e coletores do Paleolítico Superior, alimentando-se de uma rica variedade de animais, incluindo gazelas, aves, roedores, peixes e moluscos. Alguns assentamentos foram descobertos em Israel, que datam de 23 mil anos atrás, e seus lares contêm resíduos de massa carbonizada feita a partir de sementes de cevada selvagem, trigo e outras espécies de capim. Reconhecendo o valor dessas plantas, as sucessivas gerações de pessoas devem ter encorajado o crescimento de tais plantas úteis, removendo árvores e arbustos de sombreamento e solos perturbadores para que suas sementes germinassem de forma mais eficaz. Foi então um simples passo para reter algumas das sementes de uma estação para a outra e para selecionar as cepas mais ricas em grãos comestíveis.

Rastrear a ancestralidade de nossas espécies modernas de cereais é difícil, mas a Figura. 13.6 representa um esquema possível para a evolução do trigo moderno, baseado em um estudo sobre o número de cromossomos em várias espécies nativas e cultivadas. Indubitavelmente, o trigo selvagem original possuía um total de 14 cromossomos (sete pares) em cada célula. O *Triticum monococcum* (*einkorn*) foi o primeiro trigo selvagem a ser utilizado extensamente como planta cultivável. Provavelmente houve hibridação com outras espécies selvagens, mas os híbridos se mostraram inférteis, pois os cromossomos não podiam parear para a formação dos gametas. Entretanto, a falha na divisão celular em um desses híbridos pode ter solucionado esse problema, pois, uma vez que o número de cromossomos dobrou (**poliploidia**; veja o Capítulo 6), o pareamento poderia acontecer e as espécies se tornariam férteis. Espécies poliploides híbridas e férteis formadas dessa maneira incluíram outra importante espécie cultivável, a *emmer* (*T. turgidum*), com 28 cromossomos. Esse desenvolvimento evolutivo provavelmente ocorreu de forma natural, sem nenhuma intervenção humana, porque o trigo farro foi uma das plantas encontradas em associação com os coletores do Paleolítico Superior [45].

Já o trigo de pão do período moderno (*Triticum aestivum*) possui 42 cromossomos e provavelmente surgiu como resultado de poliploidia consequente da hibridação da *emmer* com outra espécie selvagem, *Triticum tauschii*. Esta espécie é

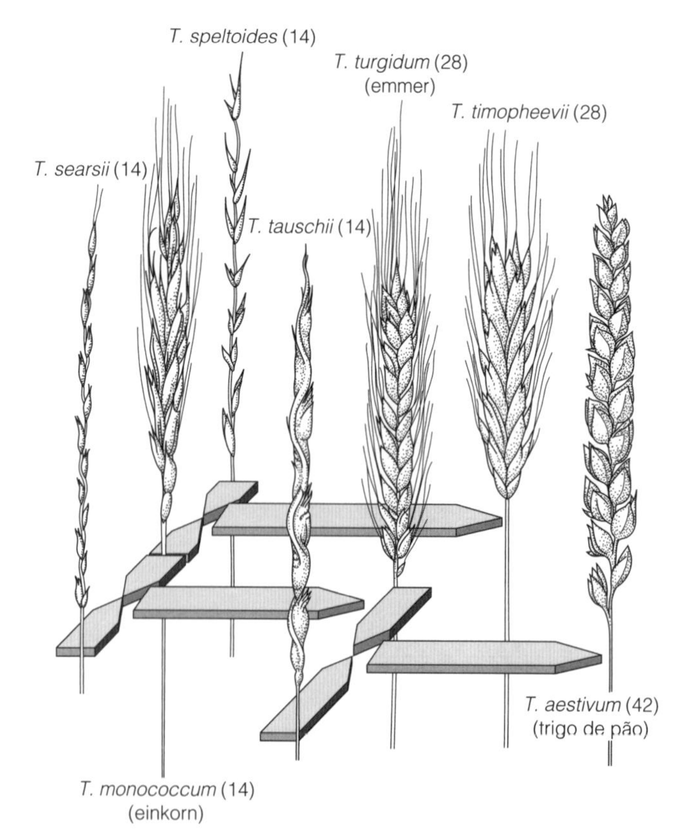

Figura 13.6 A evolução do moderno trigo de pão. Esta é uma representação hipotética, mas que representa os prováveis cruzamentos entre espécies de trigo selvagens que levaram às primeiras formas domésticas do gênero *Triticum* e aos posteriores cruzamentos do trigo doméstico com espécies selvagens, com a duplicação dos cromossomos, que acarretaram o trigo de pão. Os números entre parênteses, após os nomes, indicam a quantidade de cromossomos.

originária do Irã e provavelmente cruzou com a *emmer* em consequência do transporte daquela espécie de trigo para essa área pela migração de populações humanas. Assim, povos agrícolas ancestrais começaram não apenas a modificar seus ambientes, mas também a manipular a genética das suas espécies domésticas. Portanto, a modificação genética das espécies domésticas produtoras de alimentos é um processo tão antigo quanto a própria agricultura.

Pesquisas mais sofisticadas utilizaram não apenas a quantidade de cromossomos, mas também a identificação por DNA de sementes de trigo. Manfred Heun, da Agricultural University of Norway (Universidade Agrícola da Noruega), e seus colaboradores [46] analisaram 338 amostras da espécie de trigo mais primitiva, *einkorn*, que ainda cresce selvagem no Oriente Próximo. Eles conseguiram localizar populações de *einkorn* selvagem em uma região das Montanhas Karacadag, no sudeste da Turquia e próximo ao Rio Eufrates, que proporcionaram evidências genéticas de serem os ancestrais do *einkorn* domesticado. A aplicação de técnicas moleculares no estudo da domesticação e das origens biogeográficas de muitas plantas e animais está se tornando cada vez mais importante na resolução de algumas questões biogeográficas e antropológicas importantes e não respondidas.

As técnicas moleculares também foram utilizadas para investigar se a domesticação de plantas era um processo rápido envolvendo um número limitado de formas ancestrais, ou uma série prolongada de domesticações de tentativa e erro complicadas por um influxo genético constante de espécies selvagens [47]. Esse processo de mistura teria sido constantemente modificado, à medida que os agricultores selecionados para traços específicos trouxeram novos materiais genéticos para melhorar suas culturas [48]. Como resultado da análise completa do genoma da levedura do pão (*Saccharomyces cerevisiae*) em 1996, verificou-se que mesmo a domesticação desse fungo envolveu uma série complexa de mistura de estirpes selvagens e selecionando as características exigidas [49].

Os seres humanos também desenvolveram e cultivaram outras plantas selvagens no Oriente Médio (Figura 13.7), incluindo cevada, centeio, aveia, linho, alfafa, ameixa e cenoura. Mais a oeste, na Bacia do Mediterrâneo, plantas ainda mais nativas foram domesticadas, incluindo ervilhas, lentilhas, feijão e beterraba. A ideia de domesticação e agricultura organizada resultou em mudanças rápidas na dieta no Neolítico Inferior [50]. Isso gerou uma expansão constante das técnicas agrícolas do Oriente Próximo por todo o continente europeu durante o Holoceno (Figura 13.8), e foi acompanhada pelo transporte de plantas domesticadas de suas regiões nativas. Ainda é contestado se esse processo envolveu o movimento dos povos ou apenas a difusão cultural das novas técnicas [51]. Se a agricultura fosse um meio eficiente de estabilizar o suprimento de alimentos e evitar chances de possíveis catástrofes de caça e coleta, então poderia ter levado à expansão da população e à necessidade de se mudar para novas áreas.

Alguns arqueólogos investigaram a associação entre disseminação agrícola e dominância por parte de certos grupos linguísticos. Por exemplo, 144 das línguas faladas na Europa e na Ásia pertencem a um grupo conhecido como indo-europeu, e a razão desse domínio poderia se espalhar com as populações que estavam desenvolvendo a agricultura no Holoceno Inferior. Há duas variantes dessa ideia [52]. Foi sugerido inicialmente que o indo-europeu básico era falado pelos primeiros agricultores quando se espalharam da Anatólia (na Turquia

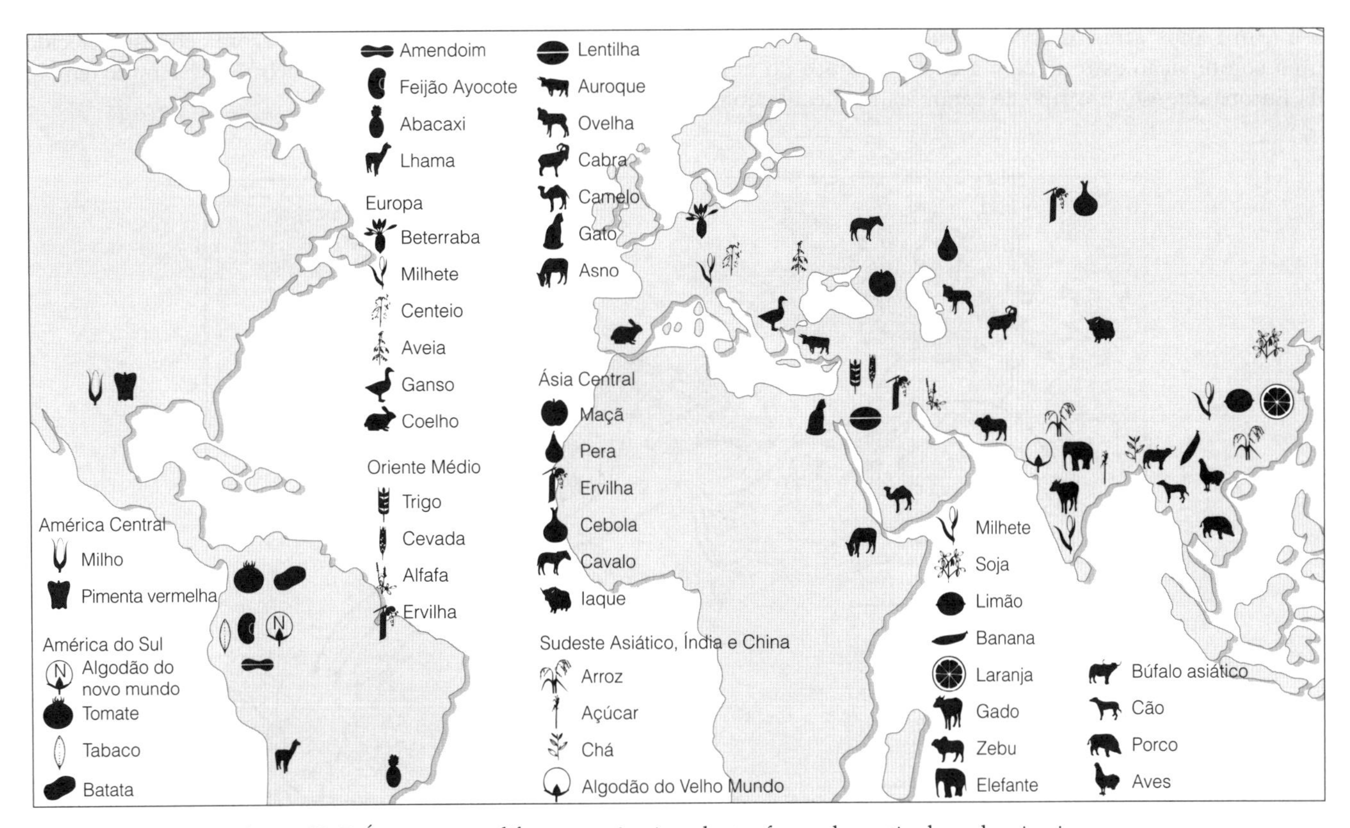

Figura 13.7 Áreas em que diferentes animais e plantas foram domesticados pela primeira vez.

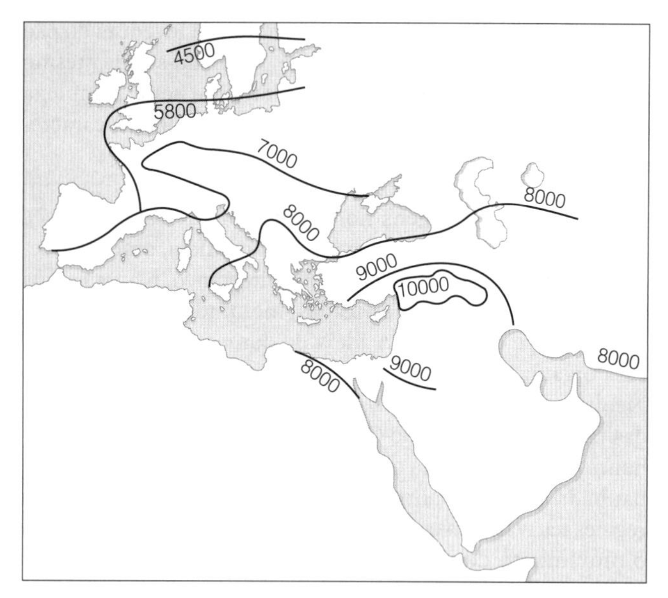

Figura 13.8 Mapa da Europa mostrando a dispersão da agricultura desde a área do Crescente Fértil. As datas são em anos de radiocarbono antes do corrente. As escalas de tempo do radiocarbono divergem bastante do calendário ou da energia solar, à medida que nos dirigimos ao passado. A datação do radiocarbono de 10.000 anos atrás é aproximadamente equivalente a 11.500 anos civis (9500 a.C.). O padrão foi extremamente simplificado e existem problemas no que se refere à exatidão das datas e à direção da disseminação agrícola em algumas áreas, como nos Bálcãs. Extraído de Willis e Bennett [51].

moderna), 9500 a 8 mil anos atrás. Mas uma sugestão posterior aponta que a reconstrução dessa linguagem inclui palavras para veículos de rodas, que só apareceram seguindo a domesticação do cavalo por pastores nas estepes da Eurásia Ocidental, chamada Yamnaya, mais recentemente, entre 5 e 6 mil anos atrás. O DNA de seus remanescentes é uma combinação estreita com a dos indivíduos do norte da Europa que são um tipo de cerâmica conhecida como "Corded Ware" (cerâmica cordada). Isso sugere que houve uma enorme migração, para o oeste, desses jovens pastores, que levaram consigo seus cavalos, veículos com rodas, e pelo menos um ramo inicial do grupo de linguagem indo-europeia (Figura 13.9).

A ideia da domesticação vegetal parece ter evoluído de modo independente em muitas partes do globo (Figura 13.10) e em muitos momentos diferentes. Em cada área, espécies localmente adequadas foram exploradas: no sudoeste da Ásia havia painço, soja, rabanete, chá, pêssego, abricó, laranja e limão; na Ásia Central havia espinafre, cebola, alho, amêndoa, pera e maçã; na Índia e no Sudeste Asiático havia arroz, cana-de-açúcar, algodão e banana. O cultivo de arroz, por exemplo, começou nas zonas úmidas costeiras do leste da China há mais de 7500 anos [53]; os colonos usaram fogo para limpar os ameiros prontos para o cultivo do arroz. Milho, algodão do Novo Mundo, sisal e pimenta vermelha foram originalmente encontrados no México e no restante da América Central, enquanto tomate, batata, tabaco, amendoim e abacaxi cresceram inicialmente na América do Sul. Em muitos casos deve ter havido cultivos independentes da mesma espécie, ou de espécies semelhantes, em diferentes partes do mundo. Assim, o trigo *emmer* pode ter se originado de modo independente no Oriente Médio e na Etiópia.

Acredita-se que a agricultura do Novo Mundo tenha começado na América Central com o cultivo de três culturas principais: milho (*Zea mays*), feijão (*Phaseolus vulgaris*) e abóbora (*Cucurbita pepo*). Alguns argumentos cercaram o tempo desse desenvolvimento agrícola independente, sobretudo com relação às origens agrícolas em outras partes do mundo. Datações por radiocarbono de sementes de abóbora de cavernas em Oaxaca, no México, colocam seu cultivo em cerca de 10 mil anos atrás; portanto, uma origem inicial para a agricultura do Novo Mundo está agora bem estabelecida [54]. As origens do milho têm sido debatidas há muito tempo, como explicado no Boxe13.3.

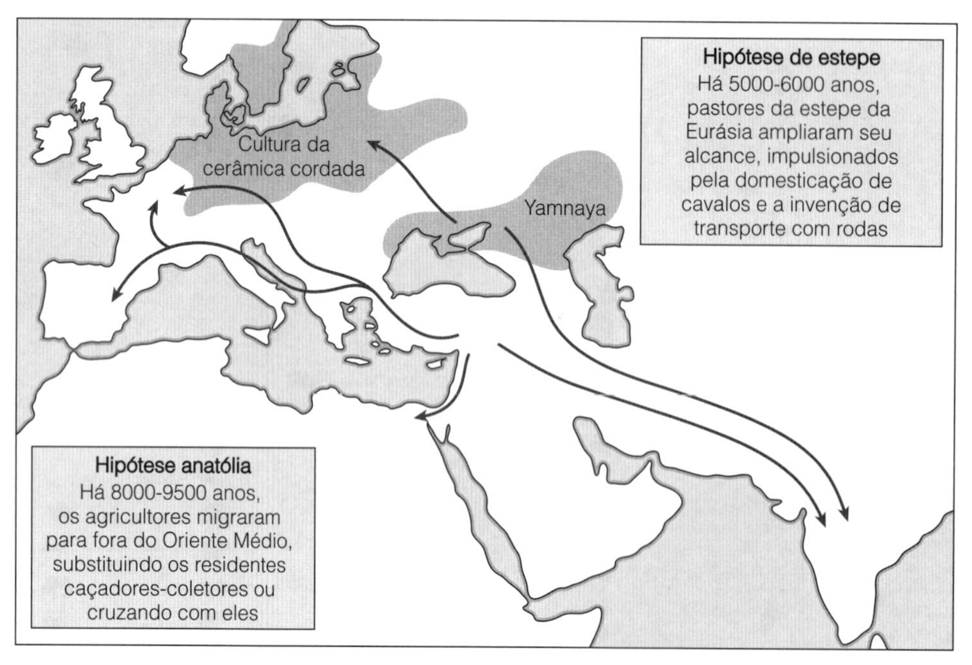

Figura 13.9 Duas hipóteses sobre a origem da família de línguas indo-europeia.

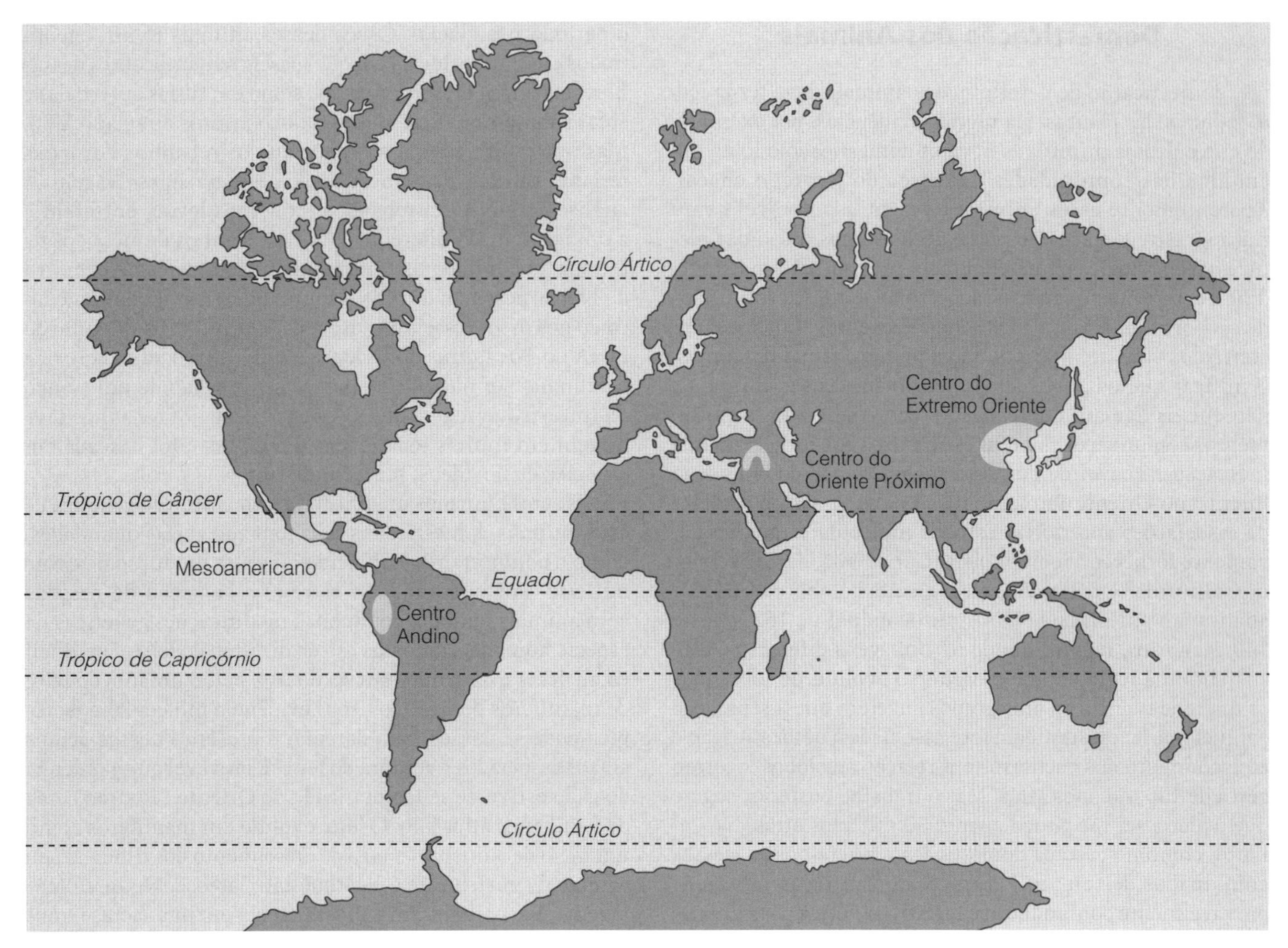

Figura 13.10 Os quatro principais centros em que foram desenvolvidos sistemas agrícolas independentes entre si.

O enigma do milho

Conceito Boxe 13.3

Um dos problemas mais enigmáticos no estudo da domesticação das plantas é a origem do milho. Muitos pesquisadores deste assunto agora concordam em que o ancestral mais promissor é o teosinto, gramínea anual mexicana. De fato, tanto o milho quanto o teosinto hoje são considerados subespécies da *Zea mays*, mas estruturalmente são muito diferentes, especialmente quanto a suas flores e estrutura dos frutos. Teosintos têm seus frutos dispostos em apenas duas fileiras ao longo do eixo da inflorescência, e cada semente é cercada por um envoltório lenhoso persistente que é tirado com a semente. Seu valor como planta de alimentos é, portanto, limitado porque é difícil separar a semente nutritiva do seu envoltório desagradável. O milho tem muitas fileiras de frutas em sua inflorescência, e o mais importante é que as sementes são facilmente separadas do envoltório. Muito frequentemente o milho surge de forma súbita nos registros arqueológicos sobre a dieta das populações humanas primitivas, e posteriormente torna-se uma fonte dominante de recursos alimentares. A chegada do milho a uma localidade pode ser rastreada pelas mudanças no isótopo de colágeno dos ossos humanos fossilizados. O milho é uma planta C4 (veja o Capítulo 3), e uma das características dessas plantas é que a razão 13C : 12C nos açúcares produzidos na fotossíntese difere da encontrada em plantas C3. Essa diferença é retida nos animais que se alimentam da planta e, assim, pode-se determinar a importância das plantas C4 na dieta de um animal. Nesse caso, pode ser utilizada para rastrear a adoção do cultivo do milho ao longo da história das populações humanas.

A transformação estrutural maciça envolvida na evolução do milho a partir do teosinto, no entanto, talvez não tenha exigido alterações genéticas importantes. A perda do envoltório persistente da fruta, que é a limitação mais crítica no uso da planta para a produção de alimentos, envolve mudança em um único gene [78]. Essa mudança provavelmente surgiu como uma mutação aleatória, mas foi efetivamente selecionada pelos primeiros agricultores, que reconheceram o valor dessa variedade particular. Essa descoberta não só percorre um longo caminho para resolver o mistério da evolução do milho, mas também demonstra que mudanças genéticas relativamente pequenas podem resultar em alterações consideráveis na forma de um organismo; daí, seu valor como espécie domesticada.

Domesticação dos Animais

A domesticação de determinados animais deve ter precedido a das plantas. Há muitas evidências, por exemplo, de que culturas primitivas haviam domesticado o lobo, ou, em algumas comunidades da África do Norte, o chacal. Aparentemente esses animais tiveram uso notável como tração, rastreio e caça de presas feridas, mas o uso das técnicas arqueológicas convencionais provou ser uma tarefa difícil determinar quando o cachorro foi domesticado. Ossos de cachorro/lobo associados a assentamentos humanos (encontrados com até 400 mil anos) podem, afinal de contas, significar que os povos se alimentavam desses animais e não que os haviam domesticado. São conhecidos sepultamentos conjuntos de homens e cachorros que fornecem uma indicação razoável de domesticação, datados do Holoceno Inferior no Oriente Próximo, mas pouco se sabe a respeito de associações anteriores. Estudos moleculares podem novamente fornecer a melhor pista. Carles Vilà, da University of California, em Los Angeles, e seus colaboradores [55] analisaram amostras de DNA mitocondrial de 162 lobos e 140 cachorros, representando 67 linhagens diferentes. Eles sustentam a ideia de que o cachorro evoluiu do lobo, mas as diferenças entre os dois grupos sugerem que a separação evolucionária (presumidamente associada à domesticação e ao isolamento dos cachorros em relação aos lobos) ocorreu cerca de 100 mil anos atrás. Mas o trabalho posterior sugere que poderia ser tão pouco quanto 30 mil anos atrás. No entanto, como no caso da domesticação vegetal, os processos combinados de seleção e retrocesso com raças selvagens provavelmente confundiram o registro genético. Isso é claramente ilustrado pelo fato de que nenhuma das mais antigas raças de cães vem de regiões em que os restos arqueológicos mais antigos foram encontrados, e três dessas raças (basenjis, dingoes e cães-cantores-da-nova-guiné) derivam de regiões fora do alcance natural dos lobos [56]. (As regiões geográficas das quais muitos tipos de animais domésticos se originaram são mostradas na Figura 13.7.)

Entretanto, aparentemente muitos dos outros animais que se tornaram associados aos humanos, como as ovelhas e as cabras, foram domesticados durante o Período Neolítico Inferior, muito depois do cultivo de plantas. Esses foram inicialmente mantidos em rebanhos devido à carne e ao couro, mas também devem ter sido fonte de leite, uma vez que eram suficientemente mansos para serem conduzidos. Os primeiros traços de domesticação de ovelhas vêm da Palestina por volta de 8 mil anos de radiocarbono atrás. Devem ser originários de uma das três espécies de ovelhas europeias e asiáticas ou podem ter resultado do cruzamento entre essas espécies. A ovelha Soay, que sobreviveu nas Ilhas Hébridas Exteriores, na Escócia, quase certamente originou-se do carneiro selvagem europeu *Ovis musimon* ou do asiático *Ovis orientalis*. A domesticação desses animais deve ter resultado da adoção de animais jovens que ficaram órfãos em consequência da atividade de caça. Em Israel existe uma mudança na dieta entre 10 e 8 mil anos atrás, com a gazela e o cervo sendo substituídos por cabras e ovelhas. Esta foi possivelmente uma consequência da domesticação.

Os auroques, *Bos primigenius*, uma espécie de gado selvagem, foram habitantes frequentes das matas mistas decíduas que se dispersaram para o norte pela Europa durante o período pós-glacial. Ossos desses animais foram encontrados em muitos locais em que fósseis remanescentes dessas florestas foram preservados, tais como em turfas enterradas e áreas submersas. Os auroques foram extintos no século XVII, mas por muito tempo se supôs que os rebanhos europeus teriam resultado da domesticação desse bovino selvagem. A análise do DNA em rebanhos modernos levou, entretanto, a uma conclusão diferente [57]. Os rebanhos domésticos da Europa (que foram posteriormente introduzidos na América do Norte) possuem um DNA muito diferente daquele encontrado nos ossos fósseis de auroques, e muito mais próximo do DNA do *Bos taurus* do Oriente Médio. O rebanho da África e da Índia, por outro lado, parece ser oriundo de um tronco distinto, o que sugere que a domesticação dos rebanhos teve origem em muitas localidades diferentes e foi baseada em espécies de bovídeos, também distintos.

Os seres humanos modificaram a constituição genética de seus animais domesticados selecionando certas qualidades, como o comportamento plácido ou a alta produção de carne ou leite. Por outro lado, a estreita associação de pessoas com animais também conduziu a modificações genéticas na espécie humana, como no caso da digestão do leite. Foi difícil estabelecer a data mais antiga do uso, pelo humano, do leite de mamíferos domésticos, mas evidência molecular e isotópica pode ser usada para detectar a presença desses ácidos graxos associados à gordura do leite. É provável que a ordenha do gado estivesse sendo praticada no Oriente Próximo cerca de 9 mil anos atrás [58]. O leite evoluiu em mamíferos como um meio de aumentar a taxa de crescimento dos filhotes. Seu principal constituinte é o carboidrato lactose. No mamífero jovem, esse carboidrato é digerido pela enzima lactase, mas o gene que controla a produção dessa enzima é normalmente desligado em seres humanos à medida que são desmamados. As raças europeias de seres humanos são excepcionais, pois a produção de lactase continua na vida do adulto, para que eles ainda possam digerir o leite. O mesmo se aplica a muitos povos da África Oriental, mas não aos da África Ocidental. O trabalho de Sarah Tishkoff, da University of Maryland, sobre a genética dos povos africanos sugeriu que a mutação que leva à persistência de lactase em adultos foi relativamente recente, provavelmente até 7 mil anos [59]. Parece provável, portanto, que o uso crescente de gado domesticado na África Oriental, durante o Holoceno, conduziu a uma seleção para a manutenção da atividade do gene da lactase. Assim, o processo de domesticação do gado acabou levando a mudanças evolutivas nas pessoas que o causaram.

Diversificação do *Homo Sapiens*

À medida que os seres humanos se espalhavam pelo mundo e desenvolviam suas próprias culturas e recursos alimentares, continuaram a se diversificar em resposta às novas pressões ambientais sobre eles. Algumas das modificações que desenvolveram resultaram da escolha dos alimentos, como no caso da persistência da produção de lactase em populações que consumiam leite. No entanto, algumas das diversidades encontradas entre as raças humanas são menos fáceis de explicar, como no caso dos grupos sanguíneos. O grupo sanguíneo Rh, por exemplo, é encontrado em 30% de todos os caucasianos e ainda é raro nos povos do Extremo Oriente e entre os nativos americanos. Os grupos sanguíneos A e B estão totalmente ausentes em nativos americanos, mas são relativamente comuns entre os caucasianos. Até agora, foi impossível fornecer uma explicação geral dessas diferenças em termos de seu valor na seleção de diferentes circunstâncias ambientais. Alguns grupos sanguíneos estão associados a uma incidência maior ou menor de doenças específicas. Por exemplo, indivíduos do grupo sanguíneo O são mais propensos a sofrer de úlceras estomacais, e aqueles do grupo A apresentam maior incidência de câncer de estômago. Mas estas são condições normalmente encontradas em pessoas mais velhas; por isso pode-se argumentar que é improvável que tenham um efeito fortemente deletério em termos evolutivos. Por outro lado, na sobrevivência de pós-reprodução, a coorte secundária em uma população poderia ter outras vantagens, como o cuidado parental ou a transmissão de experiências tribais e sabedoria, de modo que a saúde dos mais velhos ainda poderia ter vantagens para a população como um todo.

Uma das fontes de diversidade mais visivelmente óbvias entre os seres humanos é a cor de sua pele. Há uma grande variedade de cores e tons de pele dentro da espécie humana, e existe uma correlação geográfica evidente entre os tipos de pele. De modo geral, os povos das regiões equatoriais têm peles mais escuras do que os das altas latitudes, e a explicação mais óbvia para isso é a proteção contra a intensa luz dos trópicos, especialmente a **radiação ultravioleta** nociva (UVR). A radiação UV pode causar câncer de pele e também é responsável pela destruição de algumas vitaminas B, como o ácido fólico, na pele. A intensidade da radiação UV é maior perto do equador porque a luz do Sol passa mais próxima através da atmosfera, como explicado no Capítulo 3. Em latitudes altas, a luz passa a um ângulo raso através de uma maior profundidade de atmosfera, onde mais energia é refletida ou absorvida. No entanto, existem complicações, tais como o efeito de aumento da altitude, quando a radiação UV também aumenta com a altitude, de modo que a relação não é um simples latitudinal. Estudos recentes revelam que entre 70% e 77% da variação na cor da pele pode ser explicada por nível UVR [60]. Esse é completamente um grau elevado de correlação e parece explicar a predominância de tipos de pele escura nos trópicos, assim como nossos ancestrais africanos, que provavelmente tinham a pele negra. Por outro lado, há uma vantagem positiva para cor da pele mais clara nos povos de latitudes mais elevadas, porque, como todos, eles precisam de vitamina D, que é fabricada na pele a partir de precursores bioquímicos quando expostos à radiação UV. Essa vitamina é necessária para o metabolismo do cálcio e o crescimento dos ossos; assim, a falta de exposição à radiação UV pode levar ao amolecimento dos ossos, ao colapso da pélvis, à morte do feto e a um aumento da suscetibilidade à tuberculose. Existe, portanto, uma clara vantagem para as pessoas de latitudes superiores deterem uma cor de pele clara que permite a penetração da radiação ultravioleta. No curso da evolução, raças diferentes desenvolveram um nível mais eficiente de pigmentação da pele para assegurar o nível ótimo de produção de vitamina D enquanto protege o tecido contra a radiação UV em excesso [61]. No entanto, pesquisas recentes sobre DNA fóssil mostram que isso aconteceu lentamente, apenas a partir de cerca de 6 mil a.C., e foi trazido para a Europa no genoma dos primeiros agricultores, quando eles se espalharam para o continente a partir do Oriente Próximo.

Em quantidades excessivas, a vitamina D pode ser tóxica, de modo que a pele escura impede que isso ocorra. O equilíbrio de vitamina D também pode explicar uma das exceções mais óbvias para a variação latitudinal geral na cor da pele, ou seja, a cor relativamente escura do povo Inuit do extremo norte. Essas pessoas que vivem na tundra alimentam-se principalmente de peixes, morsas, focas e ursos polares, e o fígado desses animais contém níveis muito elevados de vitamina D. Os Inuit evitam a ingestão de grande quantidade de fígado de suas fontes alimentares, mas essa fonte de vitamina D significa que não há necessidade de pigmentação da pele clara para aumentar a sua produção. Outra aparente exceção à correlação de radiação UV com a cor da pele são os povos Bantu do sul da África, que têm uma pele mais escura do que o esperado para as latitudes temperadas do sul que agora ocupam. Mas essas pessoas migraram para o sul em direção a essas regiões apenas nos últimos 2000 anos, pouco tempo para a mudança evolutiva; então, mais uma vez, a falta de correlação pode ser explicada.

Os movimentos recentes de pessoas em todo o mundo têm, obviamente, complicado quaisquer estudos de biogeografia humana e adaptação, mas há casos em que tais movimentos têm produzido novos desenvolvimentos evolutivos. Um bom exemplo é a condição do sangue chamada *anemia falciforme*, que, como seu nome sugere, provoca anemia e outros problemas no funcionamento do sistema sanguíneo. Espera-se que a evolução selecione fortemente contra essa condição, mas na África Ocidental o gene para anemia falciforme ocorre em mais de 20% da população. O motivo para essa retenção de um gene potencialmente prejudicial na população é que ele também fornece ao portador um elevado grau de resistência para o parasita da malária. Como no caso da cor da pele, há uma troca entre os efeitos positivos e negativos. Quando as pessoas foram forçadas a se deslocar da África Ocidental para a América do Norte como escravos, elas encontraram condições em que a malária era menos comum e, portanto, atuando menos fortemente como um fator seletivo na sobrevivência da população. Nessas circunstâncias, o gene para anemia falciforme tornou-se nitidamente menos vantajoso, e sua incidência entre os norte-americanos de ascendência africana decaiu para menos de 5%. Na América Central, onde a malária continua a ser um risco maior, o gene ainda é encontrado em 20% das pessoas originárias do oeste africano.

A Biogeografia das Doenças Parasitárias Humanas

Quando nossa espécie evoluiu pela primeira vez, como qualquer outra espécie, esteve sujeita a uma gama variada de doenças, algumas causadas por vírus e bactérias, outras por organismos parasitários. Algumas dessas doenças devem ter infectado os ancestrais do homem primitivo, como o *Homo habilis* e o *Homo erectus*. Assim, nossos primeiros ancestrais africanos foram, provavelmente, capazes de disseminar infecções por nematelmintos (*Ascaris*), ancilostomídeos (*Necator*) e amebíase (*Entamoeba histolytica*). Todas elas têm estágios de infecção que são transmitidos pelas fezes do indivíduo infectado e aguardam no solo ou na água até serem ingeridos pelo próximo indivíduo. No entanto, como caçadores e coletores nas planícies da África, nossos ancestrais padeceram menos dessas doenças do que as populações atuais. Seus hábitos de deslocamento contínuo, entre acampamentos temporários, devem ter garantido que não ficassem por tempo suficiente próximos de suas próprias fezes, que, por sua vez, podem ter funcionado como agentes infecciosos por conterem ovos ou larvas dos parasitas. Além disso, os membros de cada grupo pequeno e independente devem ter sido aparentados uns com os outros e, portanto, devem todos ter adquirido certa imunidade a qualquer infecção viral ou bacteriana. Assim, qualquer dessas infecções poderia levar rapidamente à morte os indivíduos mais vulneráveis de um determinado grupo, mas os sobreviventes seriam aqueles mais resistentes a futuras infecções. Em consequência, nossos ancestrais não devem ter sofrido com epidemias que se espalhavam de um grupo para o outro.

O ciclo de vida da maioria dos parasitas envolve não apenas o hospedeiro final, **definitivo** (como um humano), mas também **hospedeiros intermediários**, ou **vetores**, no corpo dos quais o parasita se multiplica e é transformado em um estágio que pode infectar um novo hospedeiro definitivo. Insetos que voam e sugam sangue são especialmente adequados ao papel de hospedeiros intermediários e, provavelmente, foram rápidos em tirar proveito da pele fina e da cobertura capilar reduzida dessa nova espécie de hominídeo, mesmo que ainda formassem reduzidas densidades populacionais. Atualmente, a mais conhecida dessas doenças é a malária, transmitida pelo mosquito *Anopheles* e causada por um protozoário (*Plasmodium*) que vive na corrente sanguínea de humanos. O mosquito *Aedes*, de maneira similar, transmite o vírus que causa a febre amarela e, junto com outros gêneros de mosquito, transmite os estágios infecciosos dos vermes nematódeos (*Brugia* e *Wuchereria*) que causam a elefantíase. No entanto, os mosquitos não são os únicos responsáveis pelas doenças transmitidas por insetos. Os flebótomos (*Phlebotomus*) transmitem os estágios infecciosos da doença africana conhecida como leishmaniose; os borrachudos *Simulium* transmitem o estágio infeccioso do nematódeo *Onchocerca*, que causa a cegueira de rio, e a mosca tsé-tsé *Glossina* transmite o protozoário infeccioso *Trypanosoma*, que é responsável pela doença do sono. Finalmente, os vetores da doença conhecida como bilharzíase ou esquistossomose são caramujos que vivem em córregos, rios e lagos, e o estágio infeccioso se desenvolve no corpo de humanos infectados quando entram na água.

Estudos sobre os padrões de distribuição de doenças parasíticas têm demonstrado um forte gradiente latitudinal na frequência das doenças associadas com parasitas protozoários [62], com concentrações mais elevadas de tais doenças nos trópicos. O padrão de distribuição de qualquer doença parasitária que requer um hospedeiro intermediário é, naturalmente, limitado pelas necessidades ambientais tanto do hospedeiro final, como do vetor. O calor, durante todo o ano, de regiões tropicais e subtropicais fornece um ambiente excelente para todos eles, e por isso não é surpreendente que tais doenças prevaleçam em tais regiões. É também digno de nota que os trópicos também contêm mais espécies de aves e mamíferos [63], que, por conseguinte, proporcionam um reservatório variado de organismos que compartilham a fisiologia de sangue quente e, a partir daí, uma transferência de hospedeiro por "transbordamento" pode ser relativamente fácil. (Isso será discutido mais adiante nesta seção.)

Como nossos ancestrais se espalharam para o norte da África, eles foram, assim, acompanhados pela maioria dessas doenças parasitárias. Apenas a doença do sono não se disseminou com sucesso para a Ásia, provavelmente porque a mosca tsé-tsé é restrita à África e à Península Arábica. As demais são prevalentes no sul da Ásia, incluindo o subcontinente indiano, enquanto a leishmaniose também é encontrada no sul da Europa, e a malária já ocorreu tão ao norte quanto o sul da Inglaterra. (Também é possível que todas essas doenças já estivessem presentes na Eurásia, tendo sido levadas anteriormente quando o ancestral do *Homo sapiens*, o *Homo erectus*, se dispersou para aquele continente.)

Naquela época as pessoas mudaram seu modo de vida, de caçadores a coletores em povos assentados em lares mais permanentes, cercados por animais e plantas que haviam domesticado. No entanto, a proximidade com esses animais trouxe uma grande variedade de doenças às quais ficaram expostos. A solitária *Taenia* encontrou seu hospedeiro intermediário no rebanho de gado e de porcos, enquanto doenças humanas, como a varíola, a tuberculose e o sarampo, são todas fortemente relacionadas com doenças similares do rebanho. De modo semelhante, o verme nematódeo *Trichinella*, que se encista nas células musculares, infecta os humanos quando estes ingerem carne de porco malcozida (o que pode explicar a razão de os porcos serem considerados impróprios para consumo humano no Oriente Médio). No mesmo período, os sistemas de irrigação que os primeiros fazendeiros construíram no Crescente Fértil do Oriente Médio, ao deslocarem os cursos de água permanentemente para perto de seus vilarejos podem ter facilitado a proliferação de doenças infecciosas transmissíveis por mosquitos (cujas larvas vivem na água). Ao mesmo tempo, suas casas e seus armazéns devem ter proporcionado abrigo e alimento para ratos, dos quais devem ter contraído tifo. Finalmente, as grandes densidades populacionais que acompanharam todas essas mudanças devem ter tornado esses humanos mais vulneráveis a epidemias. Nesse sentido, certamente houve retrocessos, tanto quanto vantagens, com o desenvolvimento da domesticação.

Assim como os seres humanos modificaram gradualmente seus animais domesticados para se adaptarem aos novos ambientes, as doenças e parasitas dos animais transportados evoluíram para explorar as novas oportunidades oferecidas pelo contato humano [64]. Muitas doenças dos animais, sejam espécies de presas ou domesticadas, não podem ser transferidas para os seres humanos. As características dos organismos causadores de doenças são tão intimamente ligadas com a natureza de seu hospedeiro que eles não podem atravessar barreiras para entrar e infectar uma espécie diferente. Por exemplo, a maioria dos parasitas da malária são espécies peculiares, de modo que os seres humanos só podem ser infectados pela espécie humana. Outras doenças, no entanto, como a raiva ou a gripe aviária, podem ser transmitidas de animais para seres humanos. Muitas vezes, essas doenças são causadas por agentes que são relativamente ineficientes em termos de persistência, quer porque eles são fatais para o novo hospedeiro ou porque eles não são suscetíveis ou incapazes de ser transmitidos entre indivíduos do novo hospedeiro. Assim, qualquer epidemia entre os seres humanos é improvável.

Na fase evolutiva seguinte, a transmissão de humano para humano torna-se possível, como no caso do vírus da dengue e do ebola. Com transmissão de humano para humano, a doença torna-se muito mais grave porque podem persistir surtos em populações humanas. Em desenvolvimentos evolutivos posteriores, o agente pode tornar-se cada vez mais adaptado para o seu novo hospedeiro humano, eventualmente ser transmissível apenas entre os seres humanos, como no caso do vírus do HIV/AIDS, que provavelmente teve origem em populações selvagens de chimpanzés, mas agora é uma doença especificamente humana. Este é um exemplo do que é chamado de *transbordamento*, em que um agente patogênico passa de membros de uma espécie hospedeira (o chimpanzé) para membros de outra (seres humanos). A malária, *Plasmodium falciparum*, é outro exemplo desse agente; foi originalmente um parasita de gorilas africanos, mas, pelo transbordamento, infectou seres humanos. Na Ásia, houve um transbordamento recente: *Plasmodium knowlesi*, um parasita comum de macacos, agora também infecta seres humanos. Eventos como esses destacam uma crescente ameaça para os seres humanos, à medida que nos aproximamos cada vez mais das novas possíveis fontes de transbordamento, pois desmatamos as florestas tropicais para a exploração madeireira ou para substituição por culturas comerciais, como as palmeiras.

Um dos problemas biogeográficos com as doenças que se tornaram exclusivamente humanas é traçar suas origens, a menos que, como o transbordamento do vírus HIV/AIDS, isso tenha ocorrido há relativamente pouco tempo. Um grande número dessas doenças parece ter-se originado no Velho Mundo, mas traçar a fonte precisa pode ser difícil. Por exemplo, a bactéria *Helicobacter pylori* está presente em aproximadamente 50% de todos os estômagos humanos, onde pode causar úlceras pépticas e mesmo ser um agente causador de câncer no estômago. Uma extensa pesquisa genética [65] demonstrou que a diversidade genética diminui com a distância da África Oriental, sugerindo que esta região era o centro original de infecção e desenvolvimento evolutivo.

Quando os humanos se dispersaram para terras mais frias do norte da Ásia e através do estreito de Bering para o Novo Mundo, deixaram para trás quase todas essas doenças parasitárias, pois os hospedeiros intermediários não eram capazes de sobreviver nas terras mais frias pelas quais passavam os colonizadores das Américas. Talvez o único parasita encontrado naturalmente tanto no Velho Mundo quanto no Novo Mundo seja o ancilóstomo *Ancylostoma*. Mas, na América do Sul, evoluiu uma versão da leishmaniose do Novo Mundo, independente daquela do Velho Mundo, causada por uma espécie diferente de parasita e transmitida por uma mosca diferente. A América do Sul também é o lar da doença de Chagas, causada por uma espécie de *Trypanosoma* aparentado daquele que causa a doença do sono na África. Este é conhecido em múmias que datam de 2000 a.C. (É interessante saber que, embora seja endêmica no gambá, marsupial da América do Sul, ele raramente é afetado pela infecção, talvez porque esse habitante ancestral do continente tenha tido, diferentemente dos humanos, vários milhões de anos para se adaptar às relações infecciosas e mitigar seus efeitos.)

Outro fator que reduziu a prevalência de doenças nos povos pré-colombianos da América do Norte foi não terem obtido na domesticação dos grandes mamíferos daquele continente o mesmo sucesso obtido por seus ancestrais na Eurásia. Os motivos para isto são discutidos pelo biólogo norte-americano Jared Diamond [66], da University of California, Los Angeles, que levantou as razões pelas quais a versão oriental da civilização veio a conquistar ou dominar o resto do mundo. A biogeografia, em uma escala mundial, foi importante. A Eurásia é a maior porção de massa terrestre do mundo, estendendo-se amplamente de oeste para leste; assim, possui uma grande variedade de ambientes temperados, subtropicais e tropicais. Em consequência, um grande número de mamíferos de grande porte, que devem ter sido candidatos à domesticação, evoluiu naquela área mais do que em qualquer outro continente. Além disso, devido ao acaso, muitos daqueles na Eurásia puderam ser domesticados (por exemplo, bovinos, ovelhas, cabras, porcos e cavalos), enquanto o mesmo não ocorreu com nenhum dos grandes mamíferos da América do Norte e apenas com a lhama na América do Sul. Mesmo hoje em dia, nenhum dos grandes mamíferos da América do Norte ou da África foi domesticado. O mesmo ocorre na Austrália. No entanto, a ausência de animais domesticados no Novo Mundo também significa que seus povos não foram expostos ao aumento das doenças que acompanharam a domesticação no Velho Mundo.

Entretanto, essa vantagem para os humanos do Novo Mundo veio acompanhada de uma desvantagem correspondente, pois essas populações não dispunham de defesas imunológicas quando foram confrontadas com a expansão populacional oriunda do Velho Mundo. Assim, as doenças que os eurasianos haviam contraído de seus animais domésticos (varíola, sarampo, gripe e tifo) devastaram os nativos americanos pré-colombianos do Novo Mundo, matando 95% dos habitantes da América do Norte e 50% dos astecas, no México, e dos incas, no Peru. Particularmente a varíola, de modo similar devastou os povos do sul da África, da Austrália e das ilhas do Pacífico. Por outro lado, como os europeus que colonizaram o resto do mundo vieram de latitudes distantes, onde as doenças tropicais eram raras ou inexistentes, por vários séculos essas doenças funcionaram como barreiras para a colonização europeia da África em grande escala: a área que hoje denominamos Costa do Marfim já foi conhecida como Túmulo do Homem Branco. Assim, a geografia, o clima e a evolução dos mamíferos, juntos, exerceram um papel importante no controle da variedade e na incidência das doenças que flagelaram nossa espécie.

Inevitavelmente, a incidência de muitas dessas doenças foi afetada pelo impacto crescente da humanidade e por suas atividades. Por exemplo, atividades humanas, como a mineração, o desflorestamento e a construção de estradas, acarretaram um aumento nas taxas de *Plasmodium falciparum* (a espécie mais virulenta, que causa malária cerebral) em detrimento de seu parente *Plasmodium vivax*, que causa um tipo de malária mais brando. Tal fato foi auxiliado também pela evolução de linhagens de *P. falciparum* resistentes aos medicamentos e pela construção de represas e de projetos de irrigação em grande escala, que ampliaram a área de cobertura de águas nas quais os mosquitos podem procriar, além de dispô-las nas proximidades dos locais em que as pessoas vivem. O colapso das medidas de controle nas terras altas da África Oriental e de Madagascar após a década de 1950 também levou a um aumento de malária nessas regiões, o que em Madagascar foi agravado por uma elevação da temperatura no período de dezembro a janeiro, época de máxima abundância do mosquito.

Todas essas atividades humanas também aumentaram o tamanho e a distribuição das populações humanas disponíveis para a *Leishmania* e o *Trypanosoma*. O aumento da aridez em partes do sul da África causou o deslocamento das moscas tsé-tsé e do borrachudo *Simulium* para novas áreas, ocasionando um aumento da doença do sono e da cegueira de rio. Por outro lado, a perda de floresta em algumas regiões da África acarretou a perda desses vetores e uma consequente redução dessas enfermidades [67]. A degradação do ambiente, bem como as pressões de populações humanas, esgotamento dos recursos e as doenças, podem assim se combinar para causar o colapso das sociedades humanas [68]. Quando as sociedades estão em colapso, o ambiente, muitas vezes recupera-se rapidamente, como é evidenciado pelos efeitos da pandemia da Peste Negra na Europa (1347-1352). Quando se espalhou, da Ásia para a Europa, essa praga resultou em 30-60% de mortalidade entre a população humana. Análise de perfis de pólen contemporâneos de lagos mostrou que a agricultura arável foi abandonada, e a atividade pastoral foi bastante reduzida, resultando na rebrotação de muitas áreas de floresta que antes tinham sido desmatadas para a agricultura [69].

Impacto Ambiental das Culturas Humanas Originais

As modificações ambientais foram consequências essenciais da domesticação e do subsequente espalhamento humano. Assim que o período de ótimo climático pós-glacial terminou e, as condições nas regiões temperadas se tornaram generalizadamente mais frias e úmidas, o conceito de agricultura voltou a ser disseminado nas altas latitudes e com ele veio o incentivo para modificar o ambiente, a fim de torná-lo mais adequado ao aumento da produtividade de plantas e animais domésticos. As florestas temperadas são inadequadas para o crescimento de plantas domesticadas, porque a maioria tem origem mais meridional e grande demanda por iluminação. De forma semelhante, animais domésticos, como as ovelhas e as cabras, não estão no seu hábitat mais favorável, que são as pradarias abertas. Bovinos e porcos, por outro lado, podem ser mantidos em rebanhos na floresta, apesar de serem mais bem conduzidos em um hábitat mais aberto. No período pré-agrícola, no Mesolítico, os povos do norte da Europa descobriram que a derrubada de florestas e as queimadas para manutenção de clareiras proporcionavam maior produtividade do cervo-vermelho (*Cervus elaphus*). Assim como muitas tribos nativas da América do Norte, que se tornaram muito dependentes do bisão, os povos europeus da Idade da Pedra Média confiavam no cervo-vermelho.

A intensificação do desmatamento com a chegada da agricultura no norte da Europa fica muito evidente nos diagramas de pólen, nos quais se vê que o pólen de espécies de hábitats abertos (como gramíneas, tanchagem e urze) aumentou e a proporção do pólen das arbóreas diminuiu. O padrão exato dos desmatamentos e o desenvolvimento de urzais, pradarias, charnecas e áreas de brejo, em consequência dessa atividade, varia de uma área para outra, dependendo das condições locais e do padrão dos assentamentos humanos. Cerca de 2 mil anos atrás o impacto foi intenso em grande parte da Europa Central e Ocidental, embora as florestas mais distantes do norte tenham sido pouco influenciadas pela humanidade nesse período. Alguns dos desmatamentos mais intensos, a julgar pelos registros de pólen, ocorreram no noroeste da Europa, incluindo as Ilhas Britânicas. Talvez essa tenha sido a região em que a floresta foi menos capaz de se recuperar do impacto humano, e a permanência de intensas pastagens manteve a área relativamente aberta.

Na América do Norte, as estratégias de caçadores e forrageiros dos nativos americanos produziram uma fragmentação de assentamentos sazonais e campos que envolvem a abertura da floresta. O uso do fogo levou ao desenvolvimento de divisões agudas entre hábitats, como pastagem da pradaria e bosques. Muitos grupos se mantinham com a coleta de castanhas das árvores, e é provável que eles tenham conseguido hábitats, eliminando espécies indesejadas e abrindo a copa para aumentar a produção de castanha [70]. A agricultura na zona temperada no período pré-europeu ficou restrita, em grande parte, ao cultivo de milho e outras espécies daninhas, incluindo a beldroega (*Portulaca oleracea*). Isso envolveu o desmatamento de pequenas áreas de floresta, e seus efeitos podem ser detectados em diagramas de pólen [71]. Embora esses desmatamentos tenham aparentemente se recuperado e haja poucas evidências de destruição, em larga escala, da floresta, como no caso europeu, houve mudanças na composição das florestas da América do Norte que podem ter sido consequência da atividade de povos agrícolas. A queima e o corte de florestas estão sempre associados à perda de determinadas espécies, como o bordo e a faia, e aumento na abundância de pinheiros e carvalhos resistentes ao fogo, junto com um aumento generalizado de bétulas. Desmatamentos intensivos no lado ocidental dos Estados Unidos e do Canadá foram retardados até a chegada dos colonizadores europeus nos séculos XVIII e XIX. Esse fato está frequentemente assinalado nos diagramas de pólen pelo aumento da ambrósia-americana (*Ambrosia*).

Ainda há um debate considerável sobre o impacto dos povos indígenas no desenvolvimento da vegetação australiana. É provável que os primeiros invasores tenham sido associados principalmente com as regiões de savana, e, sem dúvida, eles usaram o fogo como meio de manejo e atividade para a caça. Como os nativos americanos, essa prática teria resultado em fronteiras afiadas entre hábitats de savana e floresta. As espécies resistentes ao fogo, tais como o eucalipto, teriam sido favorecidas pela utilização de fogo [72].

As mudanças ambientais foram aceleradas nos últimos poucos séculos e a face da Terra está se modificando cada vez mais rapidamente. A Figura 13.11 ilustra as taxas de destruição da floresta primária nos Estados Unidos ao longo dos últimos 400 anos [73]. A destruição que nossas florestas temperadas experimentaram durante esses séculos recentes está agora sendo repetida nas florestas tropicais.

A evolução dos seres humanos mudou o ambiente para muitas outras espécies. Algumas dessas espécies encontraram novas oportunidades para estender seus alcances, à medida que se adaptaram às novas circunstâncias; muitas porém experimentaram novas tensões, seja por causa da destruição direta pelos humanos, seja porque seus hábitats foram cada vez mais modificados, devido à dispersão e ao crescimento das populações humanas. Mas a enorme extensão desse aumento agora ameaça sobrecarregar os recursos do nosso planeta. O reconhecimento desse problema e as possíveis maneiras de enfrentá-lo são temas do próximo e último capítulo deste livro.

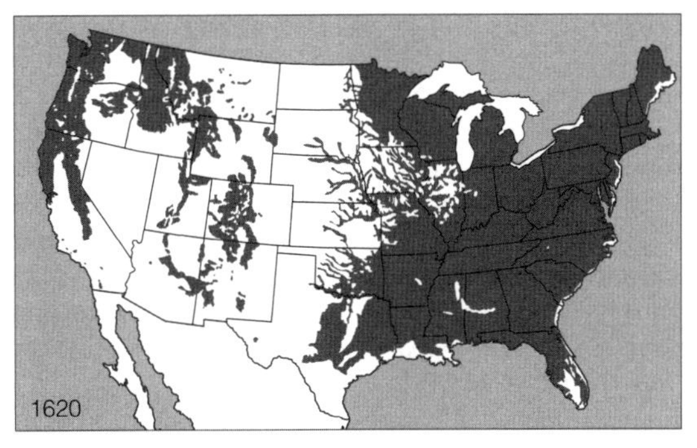

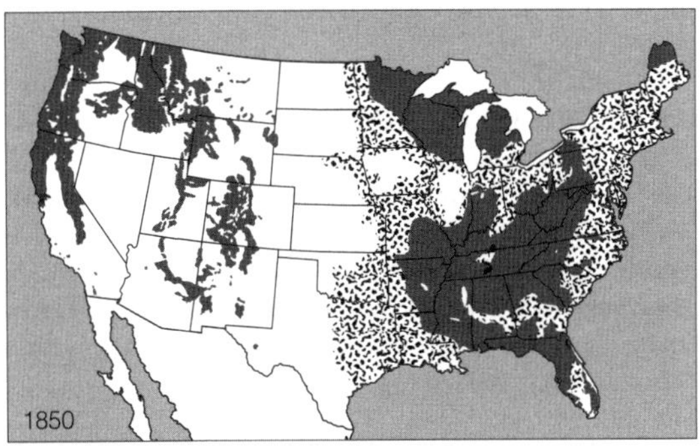

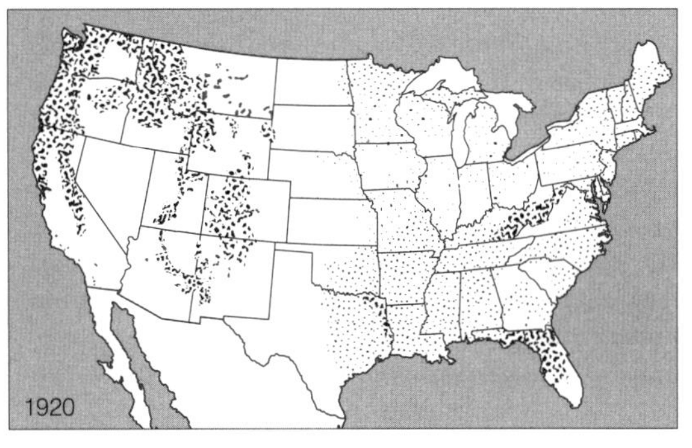

Figura 13.11 A extensão de florestas virgens onde hoje são os Estados Unidos da América, em 1620, 1850 e 1920, mostrando a destruição progressiva da antiga floresta americana. Extraído de Linz *et al.* [65].

Resumo

1 A linha da evolução humana separou-se da dos grandes macacos por volta de 7 milhões de anos atrás e levou ao desenvolvimento de muitos tipos de hominídeos (membros da linhagem humana da evolução em vez da dos grandes macacos).

2 A África é o local mais provável de surgimento do gênero *Homo* e de nossa prória espécie *Homo sapiens*.

3 Entre os vários tipos de hominídeos, apenas o *H. sapiens* sobreviveu ao atual interglacial, embora a descoberta do *Homo floresiensis* fósseis possa indicar a persistência local de uma linha separada da evolução.

4 A extinção de muitos animais vertebrados, grandes, no final do último glacial não tinha ocorrido nos primeiros ciclos climáticos, e evidências sugerem que os seres humanos estavam envolvidos na extinção de muitos deles.

5 A domesticação de animais e plantas proporcionou novas oportunidades para a produção humana de alimentos e, em consequência, para a expansão populacional. Ambas ocorreram em diferentes locais ao redor do mundo.

6 Muitos parasitas evoluíram juntamente com os humanos e adotaram este primata como seu hospedeiro. Outros parasitas e doenças foram favorecidos pela domesticação, uma vez que podiam transitar entre os animais domésticos e o homem.

7 A propagação humana, o aumento da população e a necessidade de desenvolvimento da agricultura fizeram com que os seres humanos manipulassem e modificassem seus ambientes.

Leitura complementar

Delcourt HR, Delcourt PA. *Prehistoric Native Americans and Ecological Change.* Cambridge: Cambridge University Press, 2004.

Diamond J. *Collapse: How Societies Choose to Fail or Succeed.* New York: Viking, 2005.

McIntosh RJ, Tainter, JA, McIntosh SK. *The Way the Wind Blows: Climate, History, and Human Action.* New York: Columbia University Press, 2000.

Pielou EC. *After the Ice Age: The Return of Life to Glaciated North America.* Chicago: University of Chicago Press, 1991.

Roberts N. *The Holocene: An Environmental History.* 2nd ed. Oxford: Blackwell, 1998.

Russell EWB. *People and Land through Time: Linking Ecology and History.* New Haven, CT: Yale University Press, 1997.

Stringer CB. *The Origin of Our Species.* London: Penguin Books, 2012.

Referências

1. Willis KJ, Niklas KJ. The role of Quaternary environmental change in plant macroevolution: the exception or the rule? *Philosophical Transactions of the Royal Society of London. Series B: Biological Sciences* 2004; 359 (1442): 159-172.

2. Lister AM. The impact of Quaternary Ice Age on mammalian evolution. *Philosophical Transactions of the Royal Society of London B: Biological Sciences* 2004; 359 (1442): 221-241.

3. Crutzen PJ. *The 'Antropocene'*. Berlin: Springer, 2006.

4. Carroll SB. Genetics and the making of *Homo sapiens, Nature* 2003; 422: 849-857.
5. McBrearty S, Jablonski NG. First fossil chimpanzee. *Nature* 2005; 437 (7055): 105-108.
6. Folinsbee KE, Brooks DR. Miocene hominoid biogeography: pulses of dispersal and differentiation. *Journal of Biogeography* 2007; 34 (3): 383-397.
7. Wood B, Lonergan N. The hominin fossil record: taxa, grades and clades. *Journal of Anatomy* 2008; 212 (4): 354-376.
8. Brunet M, Guy F, Pilbeam D, *et al. A new hominid from the Upper Miocene of Chad, Central Africa.* Nature, 2002; 418 (6894): 145-151.
9. Johanson D, Edey M. *Lucy: The Beginnings of Humankind.* London. Simon & Schuster, 1990.
10. Hay RL, Leakey MD. The fossil footprints of Laetoli. *Scientific American* 1982; 246: 50-57.
11. Gibbons A. Paleoanthropology: tracing the identity of the first toolmakers. *Science* 1997; 276 (5309): 32-32.
12. Bramble DM, Lieberman DE. Endurence running and the evolution of *Homo. Nature* 2004; 432 (7015): 345-352.
13. Bennett MR, Harris JWK, Richmond BG, *et al.* Early hominin foot morphology based on 1.5 million-year-old footprints from Ileret, Kenya. *Science* 2009; 323 (5918): 1197-1201.
14. Lordkipanidze D, Jashashvili T, Vekua A, *et al.* Postcranial evidence from early *Homo* from Dmanisi, Georgia. *Nature* 2007; 449 (7160): 305-310.
15. Ciochon RL, Bettis EA III. Palaeoanthropology: Asian *Homo erectus* converges in time. *Nature* 2009; 458 (7235): 153-154.
16. Swisher CC III, Rink WJ, Antón SC, Schwarcz HP, Curtis GH, Suprijo Widiasmoro A. Latest Homo erectus of Java: potential contemporaneity with Homo sapiens in southeast Asia. *Science* 1996; 274 (5294): 1870-1874.
17. Thieme H. Lower Palaeolithic hunting spears from Germany. *Nature* 1997; 385: 807-810.
18. Stringer C. Modern human origins: progress and prospects. *Philosophical Transactions of the Royal Society B: Biological Sciences* 2002; 357 (1420): 563-579.
19. White TD, Asfaw B, DeGusta D, Gilbert H, Richards GD, Suwa G, Clark Howell F. Pleistocene *Homo sapiens* from Middle Awash, Ethiopia. *Nature* 2003; 423 (6941): 742-747.
20. Krause J, Orlando L, Serre D, *et al.* Neanderthals in central Asia and Siberia. *Nature* 2007; 449 (7164): 902-904.
21. Mellars P. Neanderthals and the moderm human colonization of Europe. *Nature* 2004; 432 (7016): 461-465.
22. Sankararaman S, Mallick S, Dannemann M, *et al.* The genomic landscape of Neanderthal ancestry in present-day humans. *Nature* 2014; 507 (7492): 354-357.
23. Finlayson C, Pacheco FG, Rodríguez-Vidal J, *et al.* Late survival of Neanderthals at the southernmost extreme of Europe. *Nature* 2006; 443. (7113): 850-853.
24. Brown P, Sutikna T, Morwood MJ, Soejono RP, Jatmiko, Saptomo DW, Due RA. A new small-bodied hominin from the Late Pleistocene of Flores, Indonesia. *Nature* 2004; 431 (7012): 1055-1061.
25. Dennell RW, Louys J, O'Regan HJ, Wilkinson DM. The origins and persistence of *Homo floresiensis* on Flores: biogeographical and ecological perspectives. *Quaternary Science Reviews* 2014; 96:98-107.
26. Jungers W, Harcourt-Smith WEH, Wunderlich RE, *et al.* The foot of *Homo floresiensis. Nature* 2009, 459 (7243): 81-84.
27. Zazula GD, Froese DG, Schweger CE, *et al.* Palaeobotany: iceage steppe vegetation in east Beringia. *Nature* 2003, 423 (6940): 603.
28. Curry A. Coming to America. *Nature* 2012, 485 (7396): 30-32.
29. Meltzer DJ. Monte Verde and the Pleistocene peopling of the Americas. *Science* 1997; 276 (5313): 754-755.
30. Rogers RA, Rogers LA, Hoffmann RS, Martin LD. Native American biological diversity and the biogeographic influence of Ice Age refugia. *Journal of Biogeography* 1991; 18: 623-630.
31. Gibbons A. *The peopling of the Americas. Science* 1996; 274 (5284): 31-33.
32. Raff JA, Bolnick DA. Palaeogenomics: genetic roots of the first Americans. *Nature* 2014; 506 (7487): 162-163.
33. Martin PS, Wright HE. *Pleistocene Extinctions: The Search for a Cause.* New Haven: Yale University Press, 1967.
34. Grayson DK. Pleistocene avifaunas and the overkill hypothesis. *Science* 1977; 195 (4279): 691-693.
35. Stuart AJ. Mammalian extinctions in the Late Pleistocene of northern Eurasia and North America. *Biological Reviews* 1991; 66 (4): 453-562.
36. Guthrie RD. New carbon dates link climatic change with human colonization and Pleistocene extinctions. *Nature* 2006; 441 (7090): 207-209.
37. Boulanger MT, Lyman RL. Northeastern North American Pleistocene megafauna chronologically overlapped minimally with Paleoindians. *Quaternary Science Reviews* 2014; 85: 35-46.
38. Stuart AJ, Kosintsev PA, Higham TFG, Lister AM. Pleistocene to Holocene extinction dynamics in giant deer and woolly mammoth. *Nature* 2004; 431 (7009): 684-689.
39. Nogués-Bravo D, Rodriguez J, Hortal J, Batra P, Araújo MB. Climate change, humans, and the extinction of the woolly mammoth. *PLoS Biology* 2008; 6 (4): e79.
40. Miller GH, Magee JW, Johnson BJ, Fogel ML, Spooner NA, McCulloch MT, Ayliffe LK. PLeistocene extinction of *Genyornis newtoni:* human impact on Australian megafauna. *Science* 1999; 283 (5399): 205-208.
41. Cohen TJ, Larsen J, Gliganic LA, Larsen J, Nanson GD, May J-H. Hydrological transformation coincided with megafaunal extinction in central Australia. *Geology* 2015; G36346:1.
42. Kennett DJ, Kennett JP, West A, *et al.* Nanodiamonds in the Younger Dryas boundary sediment layer. *Science* 2009; 323 (5910): 94.
43. Kerr RA. Did the mammoth slayer leave a diamond calling card? *Science* 2009; 323 (5910): 26.
44. Marean CW, Bar-Mathews M, Bernatchez J, *et al.* Early human use of marine resources and pigment in South Africa during the Middle Pleistocene. *Nature* 2007; 449 (7164): 905-908.
45. Piperno DR, Weiss E, Holst I, Nadel D. Processing of wild cereal grains in the Upper Palaeolithic revealed by starch grain analysis. *Nature* 2004; 430 (7000): 670-673.
46. Heun M, Schäfer-Pregl R, Klawan D, Castagna R, Accerbi M, Borghi B, Salamini F. Site of einkorn wheat domestication identified by DNA fingerprinting. *Science* 1997; 278 (5341): 1312-1314.
47. Allaby RG. The rise of plant domestication: life in the slow lane. *Biologist* 2008; 55 (2): 94-99.
48. Purugganan MD, Fuller DQ. The nature of selection during plant domestication. *Nature* 2009; 457 (7231): 843-848.
49. Liti G, Carter DM, Moses AM, *et al.* Population genomics of domestic and wild yeasts. *Nature* 2009; 458 (7236): 337-341.
50. Richards MP, Schulting RJ, Hedges RE. Sharp shift in diet at onset of Neolithic. *Nature* 2003; 425 (6956): 366-366.
51. Willis KJ, Bennett KD. The Neolithic transition-fact or fiction? Palaeocological evidence from the Balkans. *The Holocene* 1994; 4 (3): 326-330.
52. Callaway E. Language origin debate rekindled. *Nature* 2015; 518: 284-285.
53. Zong Y, Chen Z, Innes JB, Chen C, Wang Z, Wang H. Fire and flood management of coastal swamp enabled first rise paddy cultivation in east China. *Nature* 2007; 449 (7161): 459-462.
54. Smith BD. The initial domestication of Cucurbita pepo in the Americas 10,000 years ago. *Science* 1997; 276 (5314): 932-934.
55. Vilà C, Savolainen P, Maldonado JE. Multiple and ancient origins of the domestic dog. *Science* 1997; 276 (5319): 1687-1689.
56. Larson G, Karlsson EK, Perri A, *et al.* Rethinking dog domestication by integrating genetics, archeology, and biogeography. *Proceedings of the National Academy of Sciences* 2012; 109 (23): 8878-8883.

57. Troy CS, MacHugh DE, Bailey JF, *et al.* Genetic evidence for Near-Eastern origins of European cattle. *Nature* 2001; 410 (6832): 1088-1091.
58. Evershed RP, Payne S, Sherratt AG, *et al.* Earliest date for milk use in the Near East and southeastern Europe linked to cattle herding. *Nature* 2008; 455 (7212): 528-531.
59. Check E. How Africa learned to love the cow. *Nature* 2006; 444 (7122): 994-996.
60. Diamond J. Geography and skin colour. *Nature* 2005; 435 (7040): 283-284.
61. Rees JL, Harding RM. Understanding the evolution of human pigmentation: recent contributions from population genetics. *Journal of Investigative Dermatology* 2012; 132: 846-853.
62. Nunn CL, Altizer SM, Sechrest W, Cunningham AA. Latitudinal gradients of parasite species richness in primates. *Diversity and Distributions* 2005; 11 (3): 249-256.
63. Dunn RR, Davies TJ, Harris NC, Gavin MC. Global drivers of human pathogen richness and prevalence. *Proceedings of the Royal Society B: Biological Science* 2010; 277 (1694): 2587-2595.
64. Wolfe ND, Dunavan CP, Diamond J. Origins of major human infectious diseases. *Nature* 2007, 447 (77142): 279-283.
65. Linz B, Balloux F, Moodley Y, *et al.* An African origin for the intimate association between humans and *Helicobacter pylori*. *Nature* 2007; 445 (7130): 915-918.
66. Diamond JM. *Guns Germs, and Steel: The Fates of Human Societies.* New York: W.W. Norton, 1997.
67. Molyneux DH. Common Themes in changing vector-borne disease scenarios. *Transactions of the Royal Society of Tropical Medicine and Hygiene* 2003; 97 (2): 1129-132.
68. Diamond J. *Collapse: How Societies Choose to Fail or Succeed.* New York: Penguin, 2005.
69. Yeloff D, Van Geel B. Abandonment of farmland and vegetation succession following the Eurasian plague pandemic of AD 1347-52. *Journal of Biogeography* 2007; 34 (4): 575-582.
70. Delcourt PA, Delcourt HR. *Prehistoric Native Americans and Ecological Change: Human Ecosystems in Eastern North America since the Pleistocene.* Cambridge: Cambridge University Press, 2004.
71. Mcandrews JH. Human disturbance of north american forests and grasslands: the fossil pollen record. In: HuntlyB, WebbT III (eds.), *Vegetation History.* Dordrecht: Kluwer, 1998: 673-697.
72. Bowman DM. *Australian Rainforests: Islands of Green in a Land of Fire.* Cambridge: Cambridge University Press, 2000.
73. Williams M. *Americans and Their Forests: A Historical Geography.* Cambridge: Cambridge University Press, 1992.
74. Sponheimer M, Lee-Thorp JA. Isotopic evidence for the diet of an early hominid, *Australopithecus africanus. Science* 1999; 283: 368-370.
75. Guthrie RD. New carbon dates link climatic change with human colonization and Pleistocene extinctions. *Nature* 2006; 441: 207-209.
76. Coltman DW, O'Donoghue, Jorgenson IT, Hogg JT, Strobeck C, Festa-Bianchet M. Undesirable evolutionary consequences of trophy hunting. *Nature* 2003; 426: 655-657.
77. Cardillo, Lister A. Death in the slow lane. *Nature* 2002; 419: 440-441.
78. Wang H, Nussbaum-Wagler T, Li B, *et al.* The origin of the naked grains of maize. *Nature* 2005; 436: 714-715.

Biogeografia da Conservação

Como vimos, o estudo da biogeografia tem raízes profundas com grande parte do trabalho de base concluída até o final do século XIX. No entanto, a relevância contemporânea da pesquisa biogeográfica nunca foi tão grande. O consenso científico atual é de que estamos entrando em um período único na história da Terra, uma transformação dramática da vida na Terra, reminiscente de alguns dos eventos do passado distante que levaram a extinções em massa. Finalmente, o grau em que a ação humana altera a diversidade e a distribuição da vida na Terra depende da disposição e da capacidade das sociedades, organizações e indivíduos para conservar o que resta do mundo natural [1]. *No entanto, os recursos de conservação são limitados, e é necessário que tomemos decisões racionais, empiricamente fundamentadas, sobre onde investir esses recursos limitados (de forma taxonômica e geográfica). A biogeografia tem um papel essencial para desempenhar esse esforço, fornecendo ferramentas e conceitos para identificar processos-chave, e para fazer previsões realistas sobre o que pode acontecer com espécies e ecossistemas sob diferentes cenários de desenvolvimento humano* [2].

Bem-Vindo ao Antropoceno

A expansão desse animal singular e peculiar *Homo sapiens* fora da África marcou o início de um período notável de mudança e reordenação para a biota do mundo. Os enormes impactos que os seres humanos tiveram nas comunidades biológicas, as paisagens e até mesmo o clima global levaram alguns cientistas a pesquisar a era geológica atual, o **Antropoceno** (do grego *anthropos* "ser humano" e *kainos* "novo"), em reconhecimento da difusão, da diversidade e da grande magnitude dos vários impactos que os humanos tiveram no ambiente natural [3]. Embora controversa, há uma ampla justificativa para uma nova era geológica, posto que uma ampla gama de variáveis ambientais está agora longe de seus intervalos típicos durante a maioria do Holoceno – atualmente, a era geológica "oficial" que se estende do final do Pleistoceno (cerca de 12.000 anos atrás) até os dias de hoje.

Especificamente, em um "piscar de olhos" segundo a perspectiva geológica, os humanos conseguiram alterar significativamente a química atmosférica, tornar os oceanos do mundo muito mais ácidos, reorganizar e transformar os sistemas fluviais, apropriar uma grande proporção da produtividade primária líquida global, acelerar as taxas de extinção, quebrando barreiras biogeográficas, causando a homogeneização de biotas e criando uma enorme variedade de novos ecossistemas e conjuntos de espécies sem precedentes históricos. Muitos desses efeitos (por exemplo, extinções e invasões biológicas) são irreversíveis, enquanto outros, tal como o aumento da concentração atmosférica de gases do efeito estufa, podem estar além da capacidade limitada de enfrentamento da comunidade global.

O principal impacto do conceito de Antropoceno é simbólico, reconhecendo que o mundo entrou em um período distinto e inegável de mudanças ambientais induzidas pelo ser humano. Talvez o aspecto mais polêmico dessa época proposta seja quando começou, dada a enorme variação na magnitude e na geografia de como os seres humanos afetaram seu meio ambiente. Por esse motivo, alguns cientistas sugeriram que o início do Antropoceno deveria depender de quando os impactos humanos se tornaram significativos regionalmente. Nesse contexto, a Nova Zelândia foi a última grande área com uma biota intacta a entrar no Antropoceno visto que foi colonizada pela primeira vez há cerca de 750 anos. Outros cientistas sugeriram que o início da Revolução Industrial no final do século XVIII é uma data de início mais apropriada para essa nova época. Há também suporte para colocar o início do Antropoceno na virada do segundo milênio no ano de 2000, em reconhecimento de quando o termo foi primeiro apontado [4].

Segundo a perspectiva biogeográfica, o Antropoceno é mais notável na perda acelerada da **biodiversidade** e pela notável reordenação e reestruturação das comunidades devido a migrações auxiliadas pelos humanos. A perda de biodiversidade ocorreu em todos os níveis de organização, desde os genes até os ecossistemas [5], embora seja talvez a perda (extinção) de espécies a mais estudada e, principalmente, a que provavelmente desempenhou o papel mais importante em alertar as sociedades para os impactos muitas vezes catastróficos das ações humanas no mundo natural [6].

Como vimos no Capítulo 1, a realidade da extinção só se tornou amplamente aceita no início dos anos 1800, impulsionada, em parte, pelas notáveis reconstruções de elefantes fósseis de George Cuvier. Essas criaturas grandes e distintas eram claramente muito diferentes de qualquer espécie viva e, tendo em vista seu tamanho e aparência dramática, parecia muito improvável que ainda existissem. No entanto, para os cientistas vitorianos, uma coisa era aceitar que as espécies poderiam ter sido extintas e outra coisa, inteiramente diferente, é atribuir a causa dessas extinções à ação humana. Essa relutância em apontar o dedo para a nossa própria espécie é claramente ilustrada por relatos relevantes de extinções contemporâneas, como a do arau-gigante (*Pinguinus impennis*), uma ave marinha impressionante, que foi caçada, até a extinção, por pescadores europeus. As contas do século XIX indicam que os últimos espécimes documentados foram coletados em 1844 e que a espécie foi extinta em 1852 [7]. Segundo as perspectivas atuais, a caça excessiva foi claramente culpada pelo desaparecimento do arau-gigante, porém os escritores contemporâneos tiveram grande dificuldade em aceitar o papel fundamental da ação humana. Como o naturalista inglês James Orton expressou: "Não podemos dizer qual dentre as grandes causas de extinção que ainda atuam lenta, porém incessantemente no mundo orgânico, tais como a perturbação ou subsistência dos estratos, as invasões de outros animais e as revoluções climáticas, fez com que o arau-gigante deixasse essa vida." [8, p. 540].

A estranha relutância (segundo uma perspectiva moderna) para atribuir causas humanas às extinções contemporâneas continuou no início do século XX. À medida que mais e mais evidências se acumulavam, a comunidade científica aderia lentamente à ideia de que a onda de extinções relevantes (por exemplo, o arau-gigante, o pombo-passageiro, o periquito-da-carolina, o quaga etc.) provavelmente seria impulsionada pela ação humana. No entanto, a escala do problema era, em grande parte, desconhecida, e as tentativas de quantificar as taxas de extinção e compará-las com as taxas de fundo normais (do registro fóssil) só começaram com seriedade na década de 1970. Foi durante essa década que a palavra *crise* tornou-se ligada ao conceito de extinção, quando os cientistas e conservacionistas começaram a descobrir a magnitude dos efeitos humanos sobre o ambiente.

A crença de que a taxa atual de extinção é muitas vezes maior do que as taxas de fundo normais é um dos princípios fundamentais do movimento de conservação moderno [9]. A evidência disso agora é inegável, de modo especial as taxas de extinção documentadas em ilhas oceânicas, e vem de duas fontes principais: (i) extinções documentadas historicamente, e (ii) modelos, simulações e estruturas que relacionam mudanças ambientais (por exemplo, perda de hábitat e transformação) às probabilidades de extinção de espécies individuais, ou a taxas de extinção dentro de áreas e períodos específicos (revisado em [10]).

As teorias biogeográficas desempenharam um papel central na estimativa das taxas de extinção: o método mais utilizado (e mal utilizado) baseia-se na observação de que a relação entre o tamanho de uma ilha oceânica e o número de espécies que essa área contém pode ser efetivamente capturada por um simples relacionamento matemático, conhecido como a *curva espécies-área* (veja o Capítulo 7). Isso pode ser usado para calcular quantas espécies devem ser encontradas em ecossistemas, como florestas tropicais, depois que grandes áreas foram desmatadas. O exemplo mais relevante de tais estimativas é a predição "conservadora" de E.O. Wilson, de 1992, de que aproximadamente 27.000 espécies são extintas todos os anos, com base na taxa de perda de floresta tropical. Essas quantidades enormes certamente atraem a atenção do público e dos políticos, mas foram criticadas porque se baseiam em uma série de pressupostos críticos que raramente são resolvidos. Especificamente, calcular as extinções com base na *relação espécie-área* (SAR), o número total de espécies e a proporção de espécies endêmicas antes da destruição do hábitat precisa ser exata e precisamente estimado. A inclinação da curva espécies-área também deve ser conhecida. Além disso, existe uma suposição subjacente de que as ilhas terrestres, como os fragmentos de floresta tropical, atuam tal como as ilhas oceânicas em um "mar" de terras agrícolas. Finalmente, o número de espécies no hábitat original deve estar em equilíbrio (veja o Capítulo 7). Acrescente-se a isso o fato de que as espécies não se extinguem imediatamente quando a área do hábitat é reduzida, mas a perda é lenta devido a uma série de efeitos demográficos, genéticos e ambientais. Desses pressupostos, o número total estimado de espécies tem o maior alcance para influenciar o número de extinções globais. Pode haver entre 1 e 100 milhões de espécies na Terra (veja o déficit lineano, discutido na seção "Incertezas e Déficits"), muitas das quais artrópodes em florestas tropicais. Escolher um número maior dá um maior número de extinções totais e, consequentemente, uma taxa maior [11].

O ecologista americano Stuart Pimm e seus colegas criaram recentemente uma maneira alternativa de analisar as extinções que contornam as incertezas envolvidas na estimativa do número de espécies ou na estimativa do risco de extinção [12]. Em vez de usar números absolutos como muitas estimativas anteriores fizeram, sua abordagem é expressar as taxas de extinção, uma vez que as frações de espécies conhecidas estão extintas ao longo do tempo, neste caso as extinções por milhão de espécies-anos (E/MSY). Eles calculam as extinções recentes seguindo as coortes a partir das datas de sua descrição científica – esta abordagem exclui algumas das extinções recentes mais famosas, como o dodo, que foram extintas antes de serem formalmente descritas. Tomando os pássaros como exemplo no momento da escrita, os taxonomistas descreveram 1230 espécies de aves depois de 1900, 13 delas subsequentemente extintas. A "coorte de aves" acumulou 98.334 espécies-ano e, em média, uma espécie conhecida há 80 anos. Com base nesses dados, Pimm e seus colegas estimam a taxa de extinção contemporânea para as aves como (13/98.334) × 106 = 132 E/MSY.

A vantagem desse sistema de medir as extinções globais é que essas estimativas podem ser comparadas diretamente com estimativas de extinções basais – a taxa de extinção que naturalmente ocorreria na ausência de influência humana. Em um artigo anterior [13], Pimm havia estimado que a taxa de fundo era cerca de 1 E/MSY, embora estudos empíricos subsequentes em uma série de grupos fósseis sugerissem que esta seja provavelmente uma superestimação considerável. Por exemplo, um estudo recente sobre táxon marinho descreveu variações nas taxas de extinção de gêneros fósseis (que devem ser aproximadamente semelhantes às de espécies) de 0,06 extinção de gêneros por milhão de gêneros para cetáceos até 0,001 gênero E/MSY para braquiópodes [14].

A taxa atual de extinção não é simplesmente alta; é catastrófica. Ao longo da história da vida na Terra, a extinção é normalmente mais ou menos equilibrada pela especiação. Mas esta não é a primeira vez que as extinções dizimaram a vida na Terra: há pelo menos cinco ocasiões, nos últimos 600 milhões de anos, em que o mundo perdeu mais de três quartos de suas espécies em um período de tempo geologicamente curto. Obviamente, ainda não chegamos a esse estado, embora a evidência esteja acumulando que uma sexta extinção em massa, dessa vez causada pela ação humana, pode ocorrer nos próximos séculos [15]. No passado, as extinções em massa eram caracterizadas por uma conjunção de condições incomuns, como a dinâmica do clima anormal, a composição atmosférica e os níveis de estresse ecológico de alta intensidade. Os ecologistas, em sua maioria, concordam que esta "tempestade perfeita" de fatores biofísicos é uma característica importante do Antropoceno, sendo improvável que os ecossistemas existentes, moldados na ausência de humanos pelos ciclos glaciais-interglaciais que começaram há 2,6 milhões de anos, sejam capazes de resistir ao ataque múltiplo de temperaturas quentes, perda de hábitat e fragmentação, poluição, sobre-exploração e espécies invasoras.

De fato, a perda de espécies é apenas um aspecto das mudanças bióticas de grande escala que ocorrem em todo o planeta. Infelizmente, porém, o prognóstico não é muito melhor, tentamos medir o estado do ambiente natural (Figura 14.1). Em 2010, uma colaboração de cientistas dos principais centros de pesquisa do mundo analisou o estado da biodiversidade global usando 31 indicadores separados, incluindo tendências populacionais, risco de extinção, extensão e condição do hábitat e

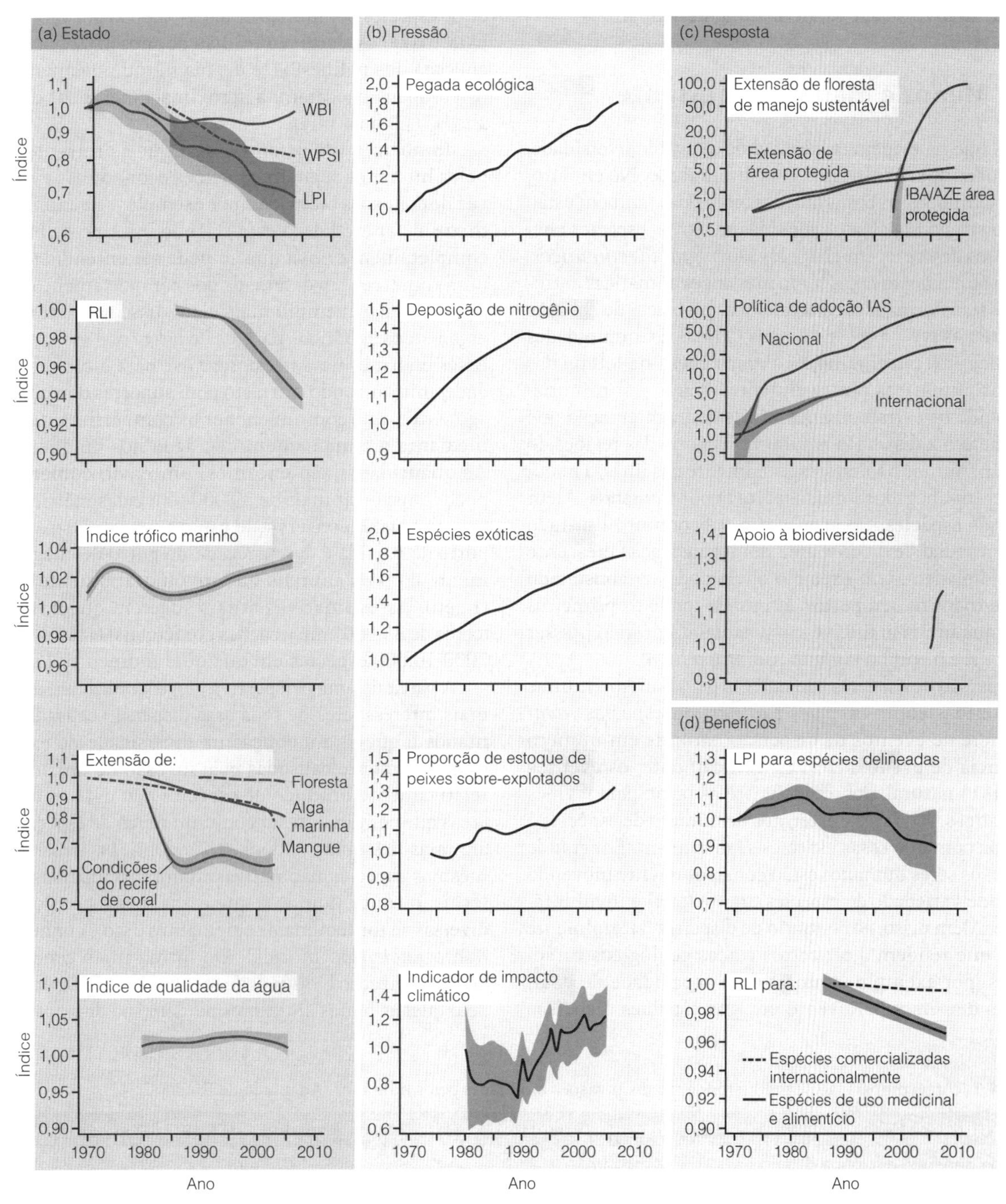

Figura 14.1 Tendências de indicação para (a) o estado da biodiversidade, (b) as pressões exercidas sobre ela, (c) as respostas para enfrentar a perda, e (d) os benefícios humanos derivados deles. Os dados estão em escala de 1 em 1970 (ou para o primeiro ano de dados, se antes de 1970), modelados (se > 13 pontos de dados) e plotados em um eixo ordenado logarítmico. O sombreamento indica intervalos de confiança de 95%, exceto onde não disponível (ou seja, manguezal, algas marinhas e extensão da floresta, deposição de nitrogênio e ajuda à biodiversidade). AZE, site Alliance for Zero Extinction; IAS, sigla em inglês, correspondente a Índice de Espécies Invasoras; IBA, sigla em inglês, correspondente a Importante Área de Aves; LPI, sigla em inglês, correspondente a Índice de Planeta Vivo; RLI, sigla em inglês, correspondente a Índice da Lista Vermelha; WBI, Wild Bird Index; WPSI, sigla em inglês, correspondente a Índice de *Status* da População de Aves Aquáticas. Extraído de Butchart *et al.* [6].

composição da comunidade [5]. O estudo foi incomum porque também tentou medir as tendências das pressões sobre a biodiversidade, como o consumo de recursos, as espécies invasoras, a poluição do nitrogênio, a sobre-exploração e as mudanças climáticas. Previsivelmente, enquanto os indicadores relacionados à biodiversidade diminuíram, as pressões sobre a biodiversidade apresentaram aumentos inexoráveis. Talvez o único ponto brilhante em uma imagem quase incrivelmente sombria seja o fato de os investimentos em formas de aliviar a perda de biodiversidade estarem aumentando.

Menos e Menos Interessante

Vimos que há evidência inegável de que a biodiversidade, em todos os seus aspectos, está diminuindo. No entanto, além das extinções, as comunidades biológicas também estão mudando sua composição, à medida que novas espécies chegam. Alguns desses recém-chegados são *migrantes climáticos*, movendo-se em novas áreas como mudanças climáticas antropogênicas transformam as características biofísicas de hábitats e ecossistemas (veja a seção "Novos Climas e Comunidades Não Análogas"). No entanto, os "vencedores" na loteria das mudanças climáticas provavelmente estarão em minoria, considerando os extraordinários níveis de fragmentação que comprometem a dispersão natural na maioria das regiões do mundo. Em muitos hábitats, especialmente nas ilhas, a maioria dos recém-chegados foi transportada por humanos. Além disso, essas espécies são apenas um subconjunto limitado da biota mundial, levando a uma homogeneização crescente da vida no planeta. Um exemplo óbvio pode ser constatado em quase todos os aeroportos do mundo, onde os primeiros pássaros que um visitante vê são o pardal-doméstico (*Passer domesticus*) e o pombo-comum (*Colomba livia*).

A dispersão de espécies não nativas pelo homem (muitas vezes referidas como *espécies exóticas* ou *espécies invasoras*) difere de eventos de dispersão naturais em número e frequência de eventos [16]. Especificamente, os eventos de dispersão natural, sobretudo entre as principais regiões biogeográficas, são raros em termos de número de espécies e frequência com que essas espécies se dispersam. Em grande contraste, os seres humanos estão constantemente movendo uma grande variedade de espécies, intencional e involuntariamente. Além disso, ao contrário de dispersar naturalmente espécies que tendem a ter certos traços ecológicos característicos (por exemplo, animais com capacidade de voar, sementes dispersas pelo vento etc.), as espécies dispersas pelos humanos são ecologicamente diversas, muitas com capacidade de dispersão natural muito limitada.

Um exemplo claro desses aumentos dramáticos induzidos pelo ser humano na dispersão pode ser visto nas Ilhas Havaianas, onde as taxas contemporâneas de invasões biológicas são quase 1 milhão de vezes mais altas do que as taxas antes da colonização humana. Antes da chegada dos polinésios (300-600 d.C.), a taxa de invasão de espécies terrestres estava em conformidade com a de outros sistemas insulares – cerca de 30 espécies por milhão de anos (0,00003 por ano). Isto saltou para 20.000 espécies por milhão de anos (0,02 por ano) após a chegada dos polinésios, e depois saltou novamente, quando os europeus chegaram, a aproximadamente 20 espécies por ano [17] (Tabela 14.1).

Também é importante notar que as rotas de dispersão pelos humanos seguem conexões econômicas e sociais, em vez de conexões biofísicas (por exemplo, correntes oceânicas, fluxos de ar etc.). Isso está criando um tipo de biogeografia completamente nova que só pode ser entendida através de uma compreensão detalhada dos comportamentos humanos [16]. Talvez o exemplo mais claro disso seja o transporte de organismos aquáticos na água de lastro dos navios oceânicos. Esses enormes navios esforçam-se para alcançar a estabilidade, minimizando o arrasto com suportes de carga vazios, e agora é prática comum encher os compartimentos de lastro mediante o bombeamento de água nos tanques de lastro. As quantidades são enormes: um navio comercial típico pode transportar mais de 30.000 toneladas métricas de água. O problema da conservação é que a água de lastro retirada do porto de partida é descarregada no porto de chegada, juntamente com os animais que involuntariamente vieram no trajeto. As estimativas atuais sugerem que a frota global (cerca de 35.000 embarcações comerciais) está transportando 7000-10.000 espécies em qualquer momento [18].

A partir de uma perspectiva biogeográfica, um dos aspectos mais interessantes de toda essa dispersão causada pelos humanos é que as mudanças na diversidade de espécies são frequentemente causadas pela invasão de um subconjunto relativamente limitado de espécies não nativas ubíquas em áreas que contêm um subconjunto único de espécies nativas, algumas das quais podem ser endêmicas. Uma vez que as mesmas espécies não nativas foram introduzidas em vários locais, o efeito líquido é que essas regiões ecologicamente diversas se tornem mais semelhantes (isso é conhecido como *homogeneização biótica*). De forma mais generalizada, a homogeneização biótica pode ser considerada como o processo pelo qual as biotas anteriores perdem sua distinção biológica

Tabela 14.1 Uma comparação de pré-histórica *versus* invasões biológicas pelos humanos. Adaptado de Ricciardi [17].

Características	Invasões pré-históricas	Invasões causadas pelo homem
Eventos de dispersão em longa distância	Muito raro	Comum
Espécies transportadas por evento	Poucos	Poucos para alguns
Tamanho da propagação	Tipicamente pequeno	Pequeno para grande
Mecanismos de dispersão	Poucos	Alguns
Dinâmicas espaciais e temporais	Poucos, eventos episódicos de curta distância	Poucos, eventos contínuos de longa distância
Homogeneização biótica	Fraco e local	Forte e global
Potencial para interação com outros estressores	Baixo	Muito alto

em qualquer nível de organização biológica, incluindo características genéticas e funcionais [16].

O enorme influxo de espécies não nativas em uma ampla variedade de ecossistemas levou a uma reclassificação e reconfiguração dramática e única de muitas comunidades, especialmente aquelas próximas a grandes assentamentos humanos. No entanto, as consequências ecológicas de invasões bióticas em grande escala são diversas e, muitas vezes, contraintuitivas. Por exemplo, enquanto a densidade humana está associada a uma diminuição da riqueza de espécies em pequenas escalas espaciais, em maiores escalas espaciais está associada a uma maior riqueza [19]. Esses resultados indicam que, em nível local, os seres humanos estão gerando espécies extintas através dos efeitos da perda, fragmentação e sobre-exploração do hábitat; mas, em áreas maiores, poucas espécies estão sendo perdidas, enquanto muitas novas espécies (não nativas) estão sendo adicionadas.

O que Está por Trás da Crise da Biodiversidade?

Como vimos, uma das características definidoras do Antropoceno são as taxas enormes e possivelmente incomparáveis de perda de espécies e degradação do hábitat. Evidentemente, as ações humanas são responsáveis. A biodiversidade diminui quando o hábitat é danificado, fragmentado, reestruturado, ou completamente destruído; quando as espécies exóticas substituem as espécies nativas; quando as condições biofísicas (por exemplo, o clima) mudam mais rapidamente do que as comunidades ecológicas podem se adaptar efetivamente; e quando os recursos naturais são explorados de forma insustentável. Esses fatores agem de forma individual ou concertada para diminuir a abundância de populações. Uma vez que uma população tenha sido conduzida para números muito baixos, fatores estocásticos, como mudanças demográficas, degradação genética e eventos ambientais ocasionais, como surtos de doenças ou eventos climáticos incomuns, podem acabar com os últimos indivíduos, causando extinções [20].

O fator único responsável pela maior redução da biodiversidade durante o Antropoceno é, sem dúvida, a perda de hábitat [21]. A história da perda de hábitat em larga escala é complexa, com taxas acelerando e desacelerando, dependendo dos avanços econômicos e tecnológicos, que, por sua vez, estão frequentemente relacionados com a história da colonização. Na Europa, a perda de hábitat em larga escala tem acontecido há milênios, como é maravilhosamente ilustrado pelo relato clássico de Oliver Rackham sobre a história da floresta britânica [22]. As florestas britânicas começaram a aparecer com o advento das condições climáticas pós-glaciais há cerca de 12.000 anos e, dentro de 5000 anos, as florestas maduras cobriram a maior parte da ilha. Ao mesmo tempo, os agricultores neolíticos começaram a cortar a floresta para a agricultura em pequena escala e, no tempo em que os romanos chegaram há cerca de 2000 anos, as vastas florestas britânicas foram amplamente reduzidas a pequenos fragmentos. A perda das florestas da Grã-Bretanha provavelmente foi catastrófica para as populações de espécies da floresta, como ursos, lobos e castores, que eventualmente sucumbiram às pressões do pequeno tamanho da população e da sobre-exploração na Idade Média [23].

Na América do Norte, o desmatamento seguiu rapidamente os passos dos primeiros colonos europeus. Até o início do século XVIII, o desmatamento era de escala relativamente pequena e principalmente uma consequência do desmatamento para a agricultura de subsistência por parte dos povos indígenas e a crescente população de imigrantes europeus e seus descendentes. Seguiu-se um período de desmatamento mais extensivo para uma agricultura mais intensiva e especializada. Finalmente, no início do século XX aconteceu a criação de grandes explorações para a indústria madeireira.

Embora a perda de hábitat através do desmatamento tenha quase cessado na América do Norte e no norte da Europa, ainda está em curso na maioria das partes do trópico, o próprio lugar em que a biodiversidade é mais alta (veja o Capítulo 8). As florestas tropicais originalmente cobrem entre 14 e 18 milhões de km^2, mas, no final da década de 1980, apenas cerca de metade dessa área permaneceu. As taxas de perda caíram desde então, mas os números ainda são impressionantes. Um estudo de satélite de alta resolução a partir de 2013 [24] indicou que 2,3 milhões de km^2 de floresta foram perdidos entre 2000 e 2012 – a maior parte dessa perda foi atribuível às regiões tropicais, onde a área de florestas foi reduzida, em média, para 2101 km^2 por ano. Como na Europa e na América do Norte, os principais aumentos no desmatamento tropical foram inicialmente atribuíveis à conversão de terras para agricultura em pequena escala. No entanto, no final do século XX, as taxas de crescimento da população nos trópicos começaram a diminuir e houve uma mudança demográfica para a urbanização. Porém, não houve acompanhamento do declínio no desmatamento como agricultura de grande escala (por exemplo, óleo de palma, soja e carne bovina) e a demanda global de madeira e papel continuou a gerar perda de floresta.

A perda de hábitat é frequentemente associada à fragmentação do hábitat, embora os efeitos desse processo na biodiversidade sejam menos facilmente compreendidos e quantificados. Pensa-se que a fragmentação tem quatro efeitos principais sobre o padrão de hábitat com potenciais consequências para a biodiversidade [25]: (i) redução na quantidade de hábitat, (ii) aumento do número de fragmentos de hábitat, (iii) diminuição do tamanho dos fragmentos de hábitat, (iv) ampliação do isolamento dos fragmentos. É importante distinguir as diferentes formas pelas quais essas mudanças no padrão de hábitat podem influenciar a biodiversidade. Por exemplo, a **Teoria da Biogeografia de Ilhas** (TBI) sugere que a perda de hábitat tem um efeito forte e consistentemente negativo sobre a biodiversidade, ao passo que simplesmente desintegrar um hábitat (fragmentação, sem perda de hábitat significativa) tem impactos muito mais fracos que podem ser positivos ou negativos.

A natureza do hábitat entre os fragmentos de hábitat remanescentes (conhecida como a *matriz hábitat* ou *paisagem*) pode influenciar a forma como as espécies reagem aos impactos de fragmentação. Por exemplo, o ecologista australiano James Watson investigou espécies de aves de floresta em fragmentos em três paisagens fragmentadas na região de Camberra, em Nova Gales do Sul [26]. Watson encontrou grandes diferenças entre espécies e populações, em como elas responderam a diferentes tipos de matrizes em que seu hábitat de floresta estava inserido (ilustrado esquematicamente na Figura 14.2). Esse estudo e outros similares questionam o paradigma comum de ver fragmentos de hábitat terrestre como ilhas em um mar de terra inabitável.

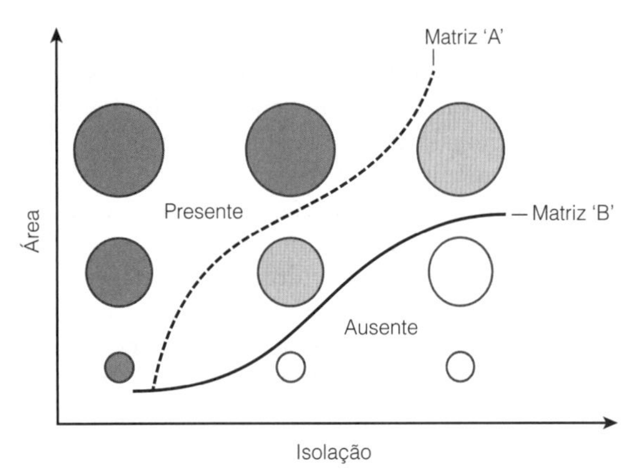

Figura 14.2 Uma função de incidência de espécie modificada para uma espécie hipotética em uma série de ilhas do hábitat. A ocupação das espécies depende principalmente da área e do isolamento da ilha do hábitat, mas também varia entre a Paisagem A e a Paisagem B, em função da qualidade do hábitat da matriz. Os círculos escuros indicam ilhas do hábitat ocupado, e as células brancas indicam ilhas do hábitat desocupado. Os remanescentes cinza-claro e a linha sólida indicam que uma espécie habitaria esses remanescentes quando em uma paisagem com composição da matriz "B" (favorável), mas não na composição da matriz "A" (menos favorável; linha tracejada). Com base em ideias originais desenvolvidas por Mark V. Lomolino e James E. Watson. A partir de Whittaker *et al.* [39]. (Reproduzido com permissão de John Wiley & Sons.)

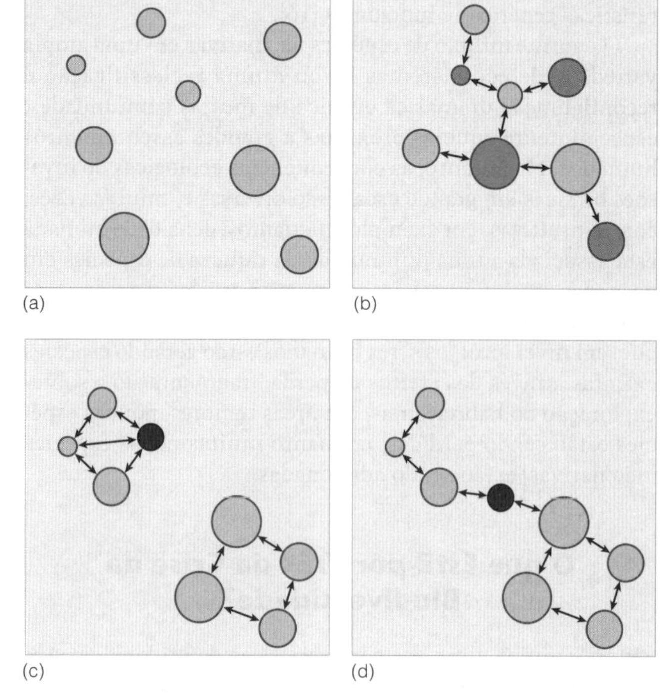

Figura 14.3 O arranjo espacial dos importantes fragmentos de hábitat. Paisagens com a mesma quantidade de hábitat e também com o mesmo número de fragmentos do mesmo tamanho, mas em diferentes locais espaciais, podem resultar em situações em que a conectividade funcional e a acessibilidade do hábitat sejam completamente diferentes para uma espécie hipotética. No cenário (a), os remanescentes são muito isolados e não há fluxos biológicos entre eles (como uma "metapopulação em desequilíbrio"), enquanto no cenário (b), o deslocamento de quatro fragmentos permite a livre circulação entre todos eles (como em uma "metapopulação irregular"). Nos cenários (c) e (d), a inserção (ou restauração) de um pequeno fragmento (em cinza) em diferentes locais pode ter efeitos muito diferentes na conectividade funcional e na rede de hábitat correspondente. De Villard e Metzger [27]. (Reproduzido com permissão de John Wiley & Sons.)

Outro problema na interpretação dos efeitos da fragmentação do hábitat é que muitas vezes ela é confundida com perda de hábitat. Na verdade, muitos estudos chegaram à conclusão de que é a perda de hábitat, e não o grau em que uma determinada quantidade de hábitat é quebrada, que é crucial para gerar perda de biodiversidade. Isso não quer dizer que os efeitos de fragmentação sejam triviais. Pesquisas recentes sugerem que a configuração do hábitat (o arranjo espacial do hábitat em um determinado momento) pode exercer um forte efeito na conectividade de fragmentos, efeitos de borda e matriz (revisados em [27]), o que, por sua vez, afeta quais espécies serão mantidas em fragmentos individuais e a paisagem como um todo. Isso pode ser facilmente compreendido considerando paisagens hipotéticas com exatamente a mesma quantidade de hábitat e exatamente o mesmo número de fragmentos do mesmo tamanho, mas onde a disposição espacial dos fragmentos é diferente (Figura 14.3). Quando os fragmentos estão próximos uns dos outros, pode haver alta conectividade ecológica, permitindo o livre movimento entre os fragmentos. Por outro lado, quando os fragmentos se encontram mais distantes, cada um pode atuar como uma "ilha" isolada, em que as populações internas estão abandonadas. O grau de conectividade também é influenciado pela permeabilidade da matriz do hábitat; isso indica que uma configuração "isolada" em uma paisagem pode estar ecologicamente conectada a outros fragmentos em uma paisagem com uma matriz diferente.

Após a perda de hábitat, a exploração humana (sobrecaça e sobrecolheita) pode ser a segunda causa mais importante de extinção de espécies. Isso é especialmente problemático em muitos países em desenvolvimento, onde a recente adoção de técnicas modernas de caça e de tecnologias aumentou drasticamente a eficiência da caça [28]. Um problema intimamente relacionado é a dependência excessiva de muitas comunidades de floresta tropical da carne de animais selvagens. Em muitos países, isso é exacerbado por uma preferência generalizada por carne selvagem e pelo alto *status* associado ao consumo de espécies, como chimpanzés e gorilas. Uma revisão recente dos estudos da carne de animais selvagens na África Central e Ocidental [29] descobriu que 177 espécies selvagens de 25 ordens são caçadas por carne, com 31 espécies classificadas como ameaçadas pela União Internacional para a Conservação da Natureza (UICN).

O consumo de carne de animais selvagens pode acumular muitas manchetes, mas é no ambiente marinho que os efeitos da sobre-exploração são mais visíveis. A pesca é uma das práticas humanas mais antigas, e tem tido impactos negativos sobre a vida marinha durante quase toda a história. Uma pesquisa da literatura arqueológica [30] mostra que a pesca humana antiga frequentemente provocou mudanças graduais no tamanho do peixe capturado e depleção serial de espécies – características inconfundíveis da sobrepesca. No entanto, o esgotamento dos oceanos do mundo realmente teve início quando o processo de pesca se industrializou no início do século XIX [31]. O avanço tecnológico inicial foi o uso de arrastões a vapor com guinchos de energia para coletar redes. Estes foram substituídos por motores a diesel na década de 1920 e, após a Segunda Guerra Mundial, os barcos de pesca começaram a usar os equipamentos da pesca industrializada moderna, como os arrastões congeladores, radar e sondas acústicos [31].

Os pescadores têm preferência por espécies maiores ou espécies no topo da cadeia alimentar, apenas se voltando para espécies menores em níveis tróficos inferiores, uma vez que suas espécies favorecidas não são mais comercialmente lucrativas – um processo que o biólogo marinho francês Daniel Pauly se refere como "pescar descendo a cadeia alimentar" [32]. Tais práticas tornaram menor a abundância de grandes peixes predatórios do oceano para 10% de seus números padrão nos últimos 50 anos e, no caso dos tubarões, para ~ 1% de sua capacidade de carga [33]. Do mesmo modo, as espécies de atum e peixe-espada diminuíram entre 10% e 50% em todos os oceanos [33].

A exploração insustentável pode ser vista como um tipo especial de degradação do hábitat, em que espécies de valor especial para humanos são seletivamente removidas dos ecossistemas. Uma forma mais generalizada de degradação é quando as ações humanas alteram as condições biofísicas dentro de uma área ou ecossistema, criando condições incompatíveis com a sobrevivência contínua de algumas das espécies nativas. O exemplo mais claro de tal degradação é indubitavelmente a poluição química. Na verdade, o impacto dos poluentes (especialmente pesticidas) em organismos e ecossistemas foi fundamental para o nascimento do movimento ambientalista moderno, inspirando livros como *Primavera Silenciosa*, clássico de Rachael Carson (1962) [34].

A ameaça de pesticidas e outras substâncias químicas é talvez menos visível do que era antes. No entanto, existe um reconhecimento crescente de que os compostos menos tóxicos, porém mais amplamente usados, podem ter efeitos consideráveis sobre os ecossistemas. Em particular, a poluição do nitrogênio foi recentemente conhecida por "terceira grande ameaça ao nosso planeta após a perda de biodiversidade e as alterações climáticas" [35]. Europa e América do Norte são atualmente as maiores fontes de nitrogênio reativo, mas, até 2020, metade da poluição do nitrogênio antropogênico será produzida pelos países em desenvolvimento, com consequências potencialmente catastróficas para essas regiões biodiversas. A poluição por nitrogênio (e fósforo) é causada, sobretudo, pela agricultura e atividades urbanas, especialmente pelo uso de fertilizantes, embora deposição atmosférica também contribua. Seus efeitos são mais claramente vistos em ecossistemas aquáticos, onde a grande abundância desses nutrientes provoca problemas como *blooms* de algas tóxicos, perda de oxigênio, mortandade de peixes, perda de biodiversidade, perda da cobertura de plantas aquáticas e recifes de coral, e outros problemas [36]. O enriquecimento de nutrientes também causa problemas práticos para os seres humanos, reduzindo a qualidade da água para consumo, indústria, agricultura, lazer e outros fins.

Preocupações sobre poluentes têm sido amplamente substituídas pelo espectro de uma ameaça ainda maior para os ecossistemas e espécies – o impacto da mudança climática antropogênica. Aqui, os efeitos são generalizados e globais, e têm o potencial de causar um impacto ainda maior sobre a biodiversidade global do que a destruição de hábitats e espécies invasoras. Mesmo sob o cenário improvável de que as emissões de gases de efeito estufa são colocadas sob controle rápido, o aquecimento global é inevitável. As últimas projeções do Painel Intergovernamental sobre Mudanças Climáticas sugerem que a temperatura global aumentará em 1,8-4 °C neste século, em comparação com os padrões do século XX. Além disso, esse aumento será acompanhado por mudanças significativas nos padrões de precipitação (chuvas e neve) e da sazonalidade do clima. Os potenciais impactos sobre as espécies e os ecossistemas são enormes, mas nem todos são fáceis de prever.

O clima é um fator crucial para quase todos os aspectos da ecologia, fisiologia e comportamento de um organismo, de modo que as implicações da mudança climática são inerentemente complexas de prever. Esse é um enorme desafio para biogeógrafos que desejam predizer como os organismos e ecossistemas individuais irão responder. Até agora, a maior parte do foco tem sido esclarecer duas questões fundamentais: (i) Como será a distribuição geográfica atual de espécies afetadas sob diferentes cenários de mudanças climáticas? (ii) Quantas espécies, e quais, não serão capazes de ajustar sua abrangência geográfica de acordo com a mudança de clima e, portanto, tornar-se ameaçadas de extinção? Duas abordagens gerais emergiram para responder a essas perguntas: modelos mecanicistas e modelos de distribuição de espécies.

Os modelos mecanicistas quantificam as relações entre fisiologia ou processos comportamentais e o ambiente externo. Por exemplo, muitos peixes de água doce, tais como a truta ou o salmão, são adaptados para rios "frios" de fluxo rápido, e são fisiologicamente intolerantes a temperaturas mais elevadas da água. Tais limites críticos de temperatura podem ser avaliados experimentalmente, e a futura gama de espécies pode ser prevista em diferentes cenários de alterações climáticas. Uma das principais limitações dos modelos mecanicistas é que a informação fisiológica detalhada não está disponível para muitas espécies, principalmente para aquelas que já são raras e podem estar mais ameaçadas pelas alterações climáticas.

Um método mais flexível e amplamente utilizado para prever mudanças de intervalo induzidas pelo clima é uma família de modelos conhecidos como *modelos de distribuição de espécies* (SDMs, em inglês) [37]. Eles relacionam a presença (ou ausência) de uma espécie para algum aspecto do ambiente, tipicamente um número padrão de variáveis climáticas. Um modelo básico de distribuição de espécies possui três componentes (Figura 14.4). Primeiramente, o clima e o hábitat dentro da distribuição geográfica observada de uma espécie são analisados estatisticamente. Isso produz um envelope bioclimático único (conhecido como *espaço de clima*), representando as condições físicas de que a espécie precisa para sobreviver. Em segundo lugar, a capacidade das espécies de atingir novos hábitats (dispersão) é quantificada. Em terceiro lugar, um ou mais cenários de mudanças climáticas são escolhidos como base para prever a distribuição geográfica das espécies no futuro com base na nova localização geográfica do envelope bioclimático. Esses cenários geralmente contêm um conjunto de previsões de alto, médio e baixo impactos que são aplicados a uma ou mais datas futuras – tipicamente anos de "número redondo", como 2050 ou 2100.

Ao comparar as gamas atuais e futuras (previstas) de espécies, é possível determinar a forma como os alcances irão contrair ou expandir, quanta sobreposição existe entre as distribuições atuais e futuras, e se uma espécie tem capacidade

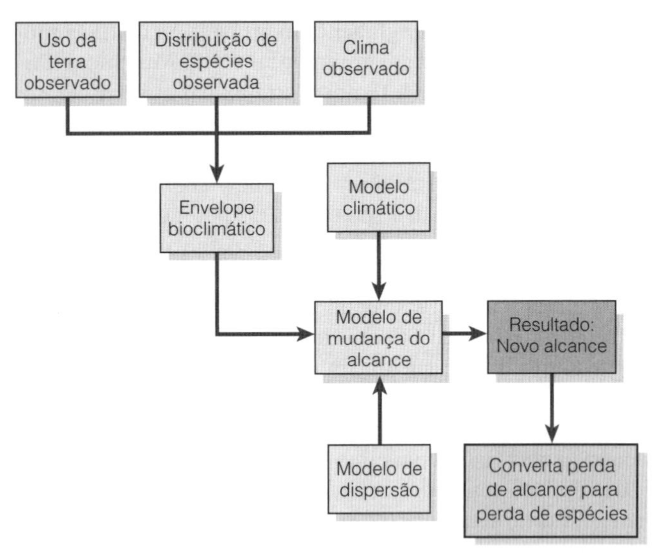

Figura 14.4 Os principais passos na modelagem de distribuição futura de espécies, de acordo com as alterações climáticas.

para se mover entre essas áreas. Se não existir nenhuma sobreposição geográfica entre intervalos e se as dispersões atuais e futuras forem improváveis, a espécie pode estar "presa" dentro de um clima incapaz de sustentar uma população viável e pode estar destinada a uma eventual extinção. Na linguagem de modelagem climática, essas espécies estão *comprometidas com a extinção*. Quando esses procedimentos são repetidos para conjuntos inteiros de espécies, os resultados podem potencialmente ser traduzidos em padrões globais de mudança de diversidade.

Esta foi uma abordagem adotada, em 2004, pelo biólogo britânico Chris Thomas e seus colegas, de uma enorme gama de institutos de pesquisa e organizações de conservação [38]. O estudo de Thomas, publicado na revista *Nature*, utilizou uma abordagem SDM para modelar os efeitos potenciais do aquecimento global sobre os intervalos de distribuição de 1103 espécies de animais terrestres e plantas estrategicamente escolhidos. Os resultados sugerem que, em cenários de mudanças climáticas "moderadas", entre 15 e 37% das espécies em estudo poderiam estar "comprometidas para extinção" em 2050. É importante lembrar que décadas (ou mesmo séculos) podem decorrer entre a redução de hábitat adequado, através de alterações climáticas, e a eventual extinção. Se, e este é um grande "se" esses resultados podem ser extrapolados para todas as espécies (conhecidas e desconhecidas) do mundo, isso significa que mais de um milhão de espécies podem encontrar-se vivendo em condições bioclimáticas inadequadas em 2050.

Os SDMs têm sido fortemente criticados por causa do grande número de suposições e incertezas implícitas em tais modelos complexos [39]. Por exemplo, os dados utilizados pelos SDMs normalmente tomam a forma de mapas do alcance de espécies. Esses mapas são necessariamente generalizações, pois a amostragem não ocorreu em todos os pontos no mapa. Isso significa que o envelope desenhado em torno dos pontos de dados que relatam a presença de espécies inevitavelmente contém inúmeros locais onde a espécie é realmente ausente. Para aumentar a consistência, os cientistas padronizaram o mapeamento de intervalos de espécies através da divisão da paisagem em grades de células de um tamanho fixo. Uma grade de células será considerada como contendo as espécies, quando a espécie for relatada em qualquer lugar dentro da célula. No entanto, se o tamanho da célula é grande, pode ocorrer apenas em uma pequena parte da célula, levando a estimativas exageradas da área total ocupada. Por outro lado, o uso de tamanhos de células de grade muito pequenas pode fornecer representações mais precisas e exatas do intervalo, mas à custa de enormes aumentos no esforço de amostragem, para não mencionar o custo e o tempo investido na aquisição dos dados.

A presença de uma espécie em uma grade quadrada é finalmente baseada nos registros científicos que, dependendo de quem fez a observação, têm diferentes graus de certeza ligados a eles. Pesquisas de especialistas ou amostras de comprovação apresentadas em herbários e museus têm um alto grau de certeza. No entanto, esses estudos são dispendiosos e relativamente pouco frequentes, de modo que são menos suscetíveis de cobrir toda a gama potencial de uma espécie. Se os dados foram recolhidos no decorrer de um longo período de tempo, existe o risco da gravação de uma espécie como estando presente em áreas em que já tenha sido localmente extinta [40]. Assim, os intervalos são muitas vezes imprecisos, sendo superestimados, subestimados ou deslocados de suas verdadeiras posições. Além disso, algumas espécies podem ainda estar em processo de redistribuição após o grande choque climático da última Era do Gelo. Neste caso, a distribuição observada realmente não reflete a tolerância climática das espécies, e qualquer SDM resultante será impreciso.

Apesar de suas muitas limitações, os SDMs fornecem uma ferramenta útil para explorar os potenciais efeitos das mudanças climáticas sobre a biodiversidade. Talvez a principal lição desses modelos é que haverá mudanças climáticas "vencedoras" e "perdedoras". Os maiores perdedores de todos serão as espécies que já não têm nenhum clima adequado e hábitat dentro de sua faixa de dispersão. Esse caso poderia ocorrer em montanhas onde o envelope bioclimático se move para cima e, finalmente, pode até desaparecer completamente fora do topo da montanha. Isso é conhecido como o *escalator effect* [41], e que teve o efeito positivo de renovar o interesse científico na fauna e na flora das montanhas.

Gestão de Crises: Respondendo à Perda de Biodiversidade

O desejo de preservar outras formas de vida em face do desenvolvimento humano é um valor social, com origem relativamente recente. O movimento de conservação moderno aconteceu no final do século XIX, em resposta às mudanças fundamentais nas visões de mundo sobre a natureza da relação entre os seres humanos e o mundo natural [42]. Essas mudanças foram desencadeadas por uma série de descobertas influentes, eventos e circunstâncias, mais notavelmente devido à publicação do livro seminal de Darwin sobre evolução por seleção natural (1859), uma erupção súbita e bem divulgada de extinções, o rápido desaparecimento das vastas florestas da região dos Grandes Lagos americanos, e da descoberta dos grandes macacos (a primeira descrição científica de um gorila ocorreu em 1847).

O movimento de conservação inicial foi concentrado nas grandes áreas urbanas da Europa e da América do Norte e motivado por dois valores principais: (i) a preservação de áreas naturais para a contemplação intelectual e estética da natureza; (ii) a aceitação de que o domínio do homem sobre a natureza anda de mãos dadas com a responsabilidade moral de preservar as espécies contra a extinção. Na segunda metade da conservação do século XX, esses valores fundamentais começaram a mudar, e novos valores foram adicionados. Por exemplo, o livro seminal de Rachel Carson, *Primavera Silenciosa*, publicado em 1962, revelou os impactos terríveis de agrotóxicos sobre a vida selvagem e à saúde humana, provocando o surgimento de valores relativos à justiça ambiental: a ideia de que ambos os riscos ambientais (por exemplo, poluição) e benefícios ambientais (por exemplo, água limpa) devem ser igualmente distribuídos por toda a sociedade. Da mesma forma, as preocupações crescentes com o aumento populacional descontrolado e a utilização dos recursos destacaram a importância da equidade entre gerações: a responsabilidade da humanidade para proteger e melhorar o meio ambiente para as gerações presentes e futuras.

Desde o final de 1980, o principal foco de conservação tem sido a proteção da diversidade biológica do mundo, normalmente abreviado para o termo mais simpático, *biodiversidade*. Embora biodiversidade seja definida como a variação da vida na Terra em todos os níveis de organização biológica, por razões práticas esta é normalmente expressa em termos de genes, espécies ou ecossistemas. *Biodiversidade* foi inventada como uma maneira de fazer os políticos e burocratas tornarem-se cientes da iminente crise de extinção, particularmente nos trópicos. O termo rapidamente tomou destaque e foi consolidado na política internacional, através da **Convenção sobre Diversidade Biológica** (CDB), formulado na Cúpula da Terra em 1992, no Rio de Janeiro.

A CDB enfatizou os benefícios econômicos e sociais que os esforços para salvar genes, espécies e ecossistemas poderiam trazer. Essa abordagem apelou aos tecnocratas e conduziu a aumentos consideráveis em fundos do governo para apoiar projetos de biodiversidade e de vários milhões de dólares para integrar objetivos de conservação e desenvolvimento. Quando a Cúpula da Terra completou dez anos, os governos se comprometeram a "uma implementação mais eficaz e coerente da Convenção e alcançar, até 2010, uma redução significativa da taxa atual de perda de biodiversidade". Na prática, infelizmente, nenhuma das metas de 2010 foi cumprida [5], com o progresso que está sendo restrito a pequenas áreas geográficas e intervenções específicas.

Junto com Agenda 21 sobre o desenvolvimento sustentável, a CDB fornece um quadro global para nações soberanas para preparar uma resposta legislativa nacional para a crise da biodiversidade. Isso deve delinear estratégias, planos e programas que respondam às circunstâncias mutáveis da biodiversidade em países específicos. Desse modo, muitos países procuraram desenvolver estratégias nacionais de biodiversidade (identificação das necessidades estratégicas) ou planos de ação (identificação das respostas técnicas e iniciativas práticas) como forma de cumprir suas obrigações para com a CDB (Tabela 14.2).

A CDB coloca grande ênfase na conservação *in situ* de populações viáveis (Artigo 8) e solicita o estabelecimento de redes de áreas protegidas, a recuperação de áreas degradadas e a proteção dos hábitats e espécies em ambientes naturais. Governos em todo o mundo têm respondido a esse desafio através da adição de (por vezes extensas) áreas protegidas existentes. Atualmente, há mais de 100.000 áreas protegidas que cobrem 14,6% de área terrestre e 2,8% do ambiente marinho [43]. Esses números são enormes, mas quão eficazes são essas áreas e redes protegidas no cuidado da biodiversidade remanescente da Terra? Essa questão crítica na conservação é fundamentalmente biogeográfica. Na próxima seção "O nascimento da Biogeografia da Conservação", vamos saber como biogeógrafos têm contribuído para a prática de conservação contemporânea, com base em conceitos e ferramentas desenvolvidas durante os dois séculos anteriores para enfrentar a crise contemporânea, urgente, de perda de biodiversidade.

Tabela 14.2 Principais respostas técnicas às ameaças à biodiversidade. Adaptado de Ladle e Malhado [21].

Principais ameaças	*Respostas*
Perda de hábitat	Áreas protegidas
	Projetos de restauração ecológica
	Sistemas de cotas e multas
Fragmentação do hábitat	Áreas protegidas
	Rede de áreas protegidas
Degradação do hábitat	Áreas protegidas
	Medidas de restauração e remediação
	Controle de emissões mais rígidas sobre contaminantes
	Sistemas de cotas e multas
Espécies invasoras	Erradicação
	Biocontrole
	Contenção
	Medidas de prevenção de invasões
Sobre-exploração	Medidas de anticaça
	Sistemas de cotas e multas
Mudanças climáticas	Rede de áreas protegidas
	Melhorar as previsões
	Translocações e reintroduções

O Nascimento da Biogeografia da Conservação

Como vimos, os seres humanos tiveram uma influência dramática sobre os componentes físicos e biológicos dos ecossistemas em cada escala de hábitats locais para todo o sistema Terra – o efeito dramático de uma única espécie levou ao uso generalizado do termo geológico informal *Antropoceno* para se referir à época atual, durante a qual as atividades humanas tiveram um impacto significativo sobre o ambiente [44]. Os cientistas têm desempenhado um papel essencial na documentação e modelagem dessas mudanças na ecologia e biogeografia. Além disso, começando no final de 1800, o movimento de conservação moderno evoluiu, em resposta a essas ameaças, com as organizações contemporâneas mais importantes (por exemplo, o World Wildlife Fund (WWF), Conservation International, The Nature Conservancy e Wildlife Conservation Society), dependendo fortemente de evidências científicas e raciocínio para direcionar recursos para a conservação dos aspectos da biodiversidade que eles mais valorizam.

Mesmo que as organizações de conservação já existam há mais de 100 anos, o interesse científico em problemas de conservação surgiu muito mais tarde. Antes de 1970, a prática de conservação foi através de uma literatura heterogênea, da silvicultura e ciências agrárias e biológicas. A ciência distinta da conservação só começou a tomar forma no final de 1970 e início de 1980, emergindo a "biologia da conservação" como uma subdisciplina "digna" de estudos acadêmicos específicos, com revistas dedicadas ao tema, livros e cursos universitários [42]. A biologia da conservação inspira-se nos conceitos e teorias da ecologia, biologia populacional e gestão dos recursos naturais, com um forte foco em processos populacionais ou em escala de paisagem. A primeira conferência internacional dedicada à biologia da conservação ocorreu recentemente, em 1978, na University of California, San Diego. No entanto, a biologia da conservação realmente decolou em 1986 com a fundação da Society for Conservation Biology (SCB), seguida da primeira edição do seu influente jornal, também intitulado *Conservation Biology*, em 1987.

Como disciplina científica, a biologia da conservação está principalmente preocupada com a aplicação da biologia de populações, taxonomia e genética para problemas de conservação (por exemplo, extinção e declínio da população). Em um artigo clássico de 1994 [20], o ecologista britânico Graham Caughley dividiu pesquisas em biologia de conservação em dois paradigmas dominantes – estudos que buscam uma compreensão das causas imediatas da diminuição da população (o paradigma do declínio populacional) e estudos que estão preocupados com as consequências do pequeno tamanho da população (o paradigma da pequena população). A maioria das pesquisas em biologia da conservação ainda está claramente dentro desses paradigmas, embora tenha havido uma percepção crescente das características como raridade e ameaça de extinção, que também precisam ser compreendidas e, mais amplamente, a biologia da conservação precisa se expandir para além de seu núcleo da base conceitual, a ecologia e sistemática. Livros de biologia da conservação modernos geralmente englobam uma grande variedade de outras disciplinas acadêmicas, incluindo aquelas tão diversas como antropologia, biogeografia, economia ambiental, ética ambiental, sociologia e direito ambiental [por exemplo, 45].

Embora não central para o desenvolvimento da biologia da conservação, a utilidade potencial de conceitos biogeográficos para planejamento de conservação foi rapidamente reconhecida pelos cientistas da época. Mais notavelmente, Jared Diamond chamou a atenção para a semelhança das áreas protegidas em um "oceano" de terras degradadas ou agrícolas e ilhas oceânicas [46, 47]. Baseando-se nos princípios de MacArthur e na Teoria da Biogeografia de Ilhas (TBI), de Wilson, Diamond argumentou o seguinte: (i) O número de espécies que uma área protegida pode manter (em equilíbrio) será uma função de sua área geográfica e de seu grau de isolamento. Conclui que reservas maiores que estão próximas de grandes áreas de hábitat natural irão conter um número maior de espécies. (ii) Se a maior parte do hábitat natural envolvida por uma reserva é destruída, a área protegida irá manter muitas espécies, mais do que ela pode conter no estado de equilíbrio. Este "excesso" de espécies irá lentamente se extinguir à medida que a área protegida relaxar em direção a seu nível de equilíbrio de riqueza de espécies. A TBI tem continuado a desempenhar um papel central no planejamento de conservação nas escalas de paisagem e regionais (revisto em [48]), embora a noção simplista de que as áreas protegidas (e "ilhas" de hábitat em geral) se comportam como ilhas oceânicas está cada vez mais sendo questionada [2]. Há também uma longa história do uso dos princípios biogeográficos como um meio para identificar áreas prioritárias ou espécies para ações de conservação. Por exemplo, os critérios de tamanho do alcance são uma parte importante do sistema de avaliação da IUCN para a Lista Vermelha de Espécies Ameaçadas. A categoria "ameaçada" inclui espécies com um grau de ocorrência estimada de menos de 5000 km^2 ou uma área de distribuição de menos de 500 km^2 [49].

A primeira década do século XXI viu um aumento do uso de princípios biogeográficos para abordar problemas de conservação [39], a ascensão dos SDMs para prever o impacto das alterações climáticas nas diversas espécies e comunidades [37] e um renovado interesse na ampla capacidade da ecologia para fornecer *insights* sobre eventos contemporâneos [50]. Essas abordagens foram claramente diferenciadas de biologia da conservação tradicional, em suas ênfases nas escalas geográficas mais amplas (escala da paisagem ou acima) e temporais. Em 2005, Robert Whittaker (Professor de Biogeografia da University of Oxford) e colaboradores sugeriram que essas vertentes diversificadas de investigação poderiam ser agrupadas sob uma nova subdisciplina de "Biogeografia da Conservação" que eles definiram como "a aplicação dos princípios biogeográficos e teóricos, e análises para os problemas relativos à conservação da biodiversidade" [39].

O Escopo de Biogeografia da Conservação

Considerando a amplitude da biogeografia e as múltiplas ameaças para o mundo natural, o escopo da biogeografia da conservação é grande e crescente [51]. Em termos gerais, biogeógrafos da conservação estão interessados em processos biofísicos que operam predominantemente em escalas geográficas grosseiras (escala da paisagem e acima) [52]. Claramente, esta engloba uma enorme gama de questões, e gerou uma grande quantidade de teorias e ferramentas que são frequentemente aplicáveis a escalas limitadas de análise – a dificuldade de ampliar ou de reduzir a escala é um problema constante na biogeografia da conservação, muitas vezes tornando difícil a extrapolação de padrões (ampliação) ou a determinação de ações de conservação no nível local (redução).

Em melhores escalas de análise (por exemplo, a escala de paisagem), conceitos biogeográficos, como a Teoria de Equilíbrio da Biogeografia de Ilhas (veja o Capítulo 7 e anteriores) e teoria de metapopulações, são usados para abordar questões dos impactos do número, tamanho, configuração e conectividade de fragmentos de hábitat na biodiversidade. Por extensão, esses conceitos também podem ser usados para planejar redes de áreas protegidas que otimizam a diversidade de espécies. Em escalas espaciais mais grosseiras, o mapeamento preciso de padrões geográficos de riqueza de espécies e centros de endemismo, descobrindo a estrutura filogeográfica e a identificação exata das regiões biogeográficas, é de valor inestimável para priorizar a alocação de recursos de conservação em níveis regional e global. Na verdade, esquemas influentes, como *hotspots* de biodiversidade da Conservation International [53] e ecorregiões da WWF [54], estão firmemente fundamentados na análise biogeográfica.

É importante lembrar que, enquanto a biogeografia proporciona fundamentos científicos na priorização da conservação, a decisão *do que* priorizar depende de valores sociais, em vez de racionalidade científica – há uma importante distinção entre os processos que conduziram à adoção de um conjunto de valores e o processo de diretrizes de desenvolvimento científico para implementação desses valores [52]. Qualquer sistema de priorização da conservação reflete, em maior ou menor grau, como os valores da sociedade diferem das características biofísicas (por exemplo, endemismo, diversidade de espécies, diversidade filogenética, estoque de carbono, proteção de bacia hidrográfica etc.). Inevitavelmente, a proteção de áreas com base em uma característica (por exemplo, diversidade de espécies) vai desviar recursos de conservação de outras áreas com outras características de valor para a conservação (por exemplo, alto endemismo).

Em resumo, as ferramentas e os conceitos de biogeografia são de fundamental importância para a conservação, fornecendo *insights* e orientações para uma ampla gama de atividades. Ao contrário da biologia da conservação, cujo foco é principalmente nos processos de nível populacional, a biogeografia da conservação se preocupa com os padrões de escala mais ampla através do tempo e do espaço. Recentemente, o biogeógrafo sul-africano Dave Richardson e o americano Rob Whittaker identificaram seis áreas centrais de pesquisa em biogeografia da conservação [51]: (i) a biogeografia da degradação do hábitat (por exemplo, fragmentação do hábitat, a homogeneização, a urbanização e outros impactos induzidos pelo homem); (ii) os processos fundamentais que influenciam as taxas e a extensão da perda da biodiversidade e recuperação (por exemplo, colonização, clima como um determinante fundamental da distribuição, dispersão, perturbação, extinção, persistência, expansão da área, resiliência e especiação); (iii) os inventários da biodiversidade, mapeamento e problemas de dados (por exemplo, dados de atlas, pesquisas de reprodução das aves, cientista cidadão, probabilidades de detectabilidade e descoberta, herbários e outras coleções, e intensidade de amostragem e déficits); (iv) a modelagem de distribuição das espécies (por exemplo, modelagem bioclimática, análise de adequação do hábitat, desempenho do modelo, modelos baseados em nichos, análise de dispersão kernel, e dados de presença *versus* dados de presença-ausência); (v) a caracterização das biotas (por exemplo, estado de ameaça, índices e padrões de diversidade, ecorregiões, endemismo, raridade, tamanho do alcance, SARs, espécies ameaçadas e identificação de linhas de base alternativas de dados ecológicos a longo prazo); e (vi) o planejamento da conservação (por exemplo, complementaridade, serviços de ecossistema, congruência, unidades de conservação, análise de lacuna, avaliações globais de conservação, insubstituibilidade, redes de reservas e suplentes).

Esses temas diversos baseiam-se em uma ampla variedade de métodos biogeográficos e cruzam com vários outros campos de investigação, nomeadamente biologia das mudanças globais, filogenia molecular, invasão biológica, bioinformática e ecologia comportamental. Além disso, eles estão unidos por um conjunto comum ou temas abrangentes relacionados a incertezas e deficiências nos dados da biodiversidade global, escala de dependência, medidas de nichos e impacto de novos climas e ecossistemas.

Incertezas e Déficits

Existem limites fundamentais e práticos sobre o conhecimento da biodiversidade (Tabela 14.3). Isto significa que os ecologistas e conservacionistas têm de trabalhar com dados incompletos, e muitas vezes não representativos, em um número limitado de características do organismo. Essas lacunas (conhecidas como *déficits*) no conhecimento sobre a identidade, distribuição, evolução e dinâmica da biodiversidade global precisam ser cuidadosamente reconhecidas, quantificadas e levadas em consideração na pesquisa em biogeografia da conservação. A incapacidade de produzir conhecimento geograficamente imparcial e representantivo sobre biodiversidade compromete nossa capacidade para descrever seu estado existente ou para fazer previsões concisas sobre como isso pode ser mudado no futuro. Dados tendenciosos também podem conduzir a erros de identificação de processos biogeográficos [55] e utilização ineficiente de recursos limitados de conservação [56].

Os dois déficits de dados mais importantes para a biogeografia da conservação são o déficit lineano e o déficit wallaceano (Tabela 14.3). O *déficit lineano* tem o nome da discrepância entre as espécies formalmente descritas e o número de espécies que realmente existem [57]. A dimensão do déficit lineano é desconhecida por duas razões. Primeiramente, o número de espécies formalmente descritas está em constante mudança devido às novas descrições, revisões e sinônimos não resolvidos, bem como dificuldades em estabelecer um conceito de espécie unificada ou um acordo sobre ferramentas operacionais para delimitar diferentes *taxa*. O índice global mais abrangente e autoritário de espécies disponíveis atualmente é

Tabela 14.3 Definições e referências originais para os sete déficits principais do conhecimento da biodiversidade. Adaptado de Hortal *et al.* [74].

Sete principais déficits do conhecimento sobre a biodiversidade
Déficit lineano: A maioria das espécies na Terra foram descritas e catalogadas; esse conceito se estendeu a espécies extintas.
Déficit wallaceano: O conhecimento sobre a distribuição geográfica da maioria das espécies é incompleto, sendo na maioria das vezes inadequado em todas as escalas.
Déficit prestoniano: A falta de dados sobre abundância de espécies e sua dinâmica no espaço e no tempo são muitas vezes escassas.
Déficit darwiniano: A falta de conhecimentos sobre a árvore da vida e a evolução das espécies e seus traços.
Déficit raunkiaerano: A falta de conhecimento sobre traços das espécies e suas funções ecológicas (esta revisão).
Déficit hutchinsoniano: Falta de conhecimento sobre as respostas e tolerâncias das espécies sobre as condições abióticas (ou seja, seu nicho escenopoético).
Déficit eltoniano: Falta de conhecimento suficiente sobre as interações das espécies e seus efeitos na sobrevivência e na aptidão individual (esta revisão).

o Catálogo da Vida, que tem registros para mais de 1,5 milhão de espécies. Em segundo lugar, o número previsto de espécies é altamente sensível ao método de estimação adotado e aos parâmetros de estimativas utilizados, levando a estimativas que variam de 2 milhões para cerca de 100 milhões de espécies eucariotas [58], com mais estimativas recentes de riqueza de espécies globais convergindo para uma faixa mais estreita, entre 2-10 milhões de espécies [59].

É importante notar que o déficit lineano é composto por duas categorias distintas: espécies que ainda não foram amostradas e espécies coletadas que ainda não foram descritas. Espécies na primeira categoria são mais frequentes nas áreas pouco estudadas do mundo, tais como as florestas do centro-sul da Amazônia. A categoria de espécies amostradas, mas ainda não identificadas, pode funcionar em milhares, e é, em parte, uma consequência de falta de financiamento e de capacidade em taxonomia global.

O déficit lineano também contém falhas taxonômicas e geográficas. Isso acontece porque determinados *taxa* e regiões inevitavelmente receberam muito mais atenção do que outros, a ponto de as proporções entre os números conhecidos e estimados de espécies variarem entre cerca de 7% para fungos terrestres e animais marinhos, e mais de 70% para plantas terrestres [60]. Os vertebrados terrestres e as plantas vasculares são ordens de magnitude mais conhecidas do que quase todos os invertebrados (e certamente mais conhecidos do que organismos unicelulares). Padrões similares baseados no tamanho podem ser discernidos em *taxa* individuais, com espécies maiores, visíveis e facilmente detectáveis, tipicamente sendo reportadas mais cedo e mais extensivamente [61]. Por outro lado, os taxonomistas têm um hábito estranho de preferir coletar espécies raras e, como consequência, sub-representar ou desconsiderar os mais prosaicos membros de sua especialidade taxonômica [62]. Essas lacunas se propagam para dados sobre todos os outros aspectos da biodiversidade: há muito mais dados sobre interações ecológicas e funções de polinizadores de culturas e pragas econômicas, em comparação com aqueles de seus inimigos naturais e parentes selvagens. Da mesma forma, espécies cinegéticas e *taxa* emblemáticos são muito mais conhecidos do que grupos menos populares.

O déficit lineano afeta tanto a extensão como a distribuição de qualquer outro tipo de déficits de informação sobre biodiversidade (veja a Tabela 13.1), porque, compreensivelmente, é normal não termos dados sobre as características das espécies desconhecidas. As exceções são os números limitados de características que podem ser estimados em modelos ajustados aos dados ecológicos e evolutivos sobre determinada espécie [63], ou atribuídos a unidades operacionais taxonômicas (OTUs), utilizando técnicas de sequenciamento da próxima geração [64]. Além dessas menores contribuições para o conhecimento da biodiversidade oculta, melhorias incrementais de qualquer aspecto da biodiversidade devem ser, necessariamente, precedidas, ou pelo menos acompanhadas, pelo preenchimento do déficit lineano.

O *déficit wallaceano* refere-se à falta de conhecimento sobre a distribuição geográfica das espécies [65]. A falta de conhecimento sobre a distribuição das espécies está intimamente ligada à variação temporal e espacial no esforço do levantamento. É inevitável que algumas regiões estejam mais bem amostradas do que outras, dada a grande diferença, em nível do país, quanto à capacidade de pesquisa aliada à acessibilidade em larga escala. Como o déficit lineano, o déficit wallaceano é particularmente grave em regiões remotas e de difícil acesso do mundo em desenvolvimento, como as florestas do sudoeste da Amazônia e a Bacia do Congo. Aproximadamente 40% da Amazônia nunca foi pesquisada, e não temos uma distribuição geográfica exata para quaisquer espécies de plantas que ocorrem nessa região [66]. De modo mais geral, a qualidade dos dados de distribuição varia normalmente em relação a unidades políticas em vez de ecológicas, e pode, portanto, ser fortemente tendenciosa devido a diversas tendências históricas que influenciaram a trajetória de recolha, análise e confronto de dados biogeográficos dentro de um determinado país ou unidade geopolítica.

A distribuição espacial de informações sobre a ocorrência de espécies é inclinada para certas regiões, biomas e hábitats. Isto é devido à variação do investimento em pesquisas, às preferências comportamentais de pesquisadores [67] e a fortes padrões históricos de colonização e inventário [68]. Os inventários de biodiversidade, portanto, tendem a ser mais abrangentes perto das residências ou locais de trabalho de pesquisadores e taxonomistas, estações de campo ou, em geral, qualquer local com acesso conveniente, infraestrutura e logística [69]. Essas lacunas geográficas aumentam fortemente a incerteza das distribuições de espécies observadas e levaram a grandes erros na distribuição conhecida de espécies ameaçadas de extinção e nas metas de conservação [70]. Além disso, mudanças temporais na cobertura espacial das pesquisas resultaram em mudanças espúrias na distribuição conhecida ao longo do tempo [71], afetando nossa capacidade de identificar as mudanças de alcance no passado e discriminar padrões reais de extinção [72, 73].

Ambos os déficits, lineano e wallaceano, são dependentes em termos de sua resolução e extensão e análises da cobertura de dados [74] (veja a Tabela 14.3). No maior tamanho possível (toda a Terra), temos perfeito conhecimento das distribuições de qualquer espécie descrita. No entanto, em tamanhos menores, o déficit wallaceano começa a crescer, à medida que são necessárias informações cada vez mais precisas sobre as distribuições. Finalmente, em tamanhos muito pequenos torna-se progressivamente mais difícil definir a presença e a ausência de uma espécie, sobretudo para animais altamente móveis que ocupam vastas zonas e tipos de hábitats. Existe uma forte variação temporal em tamanhos menores, com distribuições flutuantes em relação às características ecológicas das espécies em questão.

A partir de uma perspectiva aplicada, os déficits lineano e wallaceano têm influências de longo prazo, porque os dados sobre a identidade e a distribuição de espécies são vitais para avaliar e identificar padrões em larga escala da biodiversidade e os processos que criam a biodiversidade (por exemplo, de extinção) e, por extensão, qualquer forma de priorização da conservação baseada na diversidade e no endemismo de espécies. Por exemplo, as estimativas de extinção globais são altamente sensíveis a suposições quanto ao número de espécies existentes, especialmente aquelas calculadas com base na extrapolação para trás da SARs [10]. Recentemente argumentou-se que os cálculos SAR atrasados são válidos apenas para o caso raro de espécies distribuídas ao acaso, e, portanto, não deveriam ser usados para calcular taxas de extinção [75].

O déficit wallaceano também pode ter impactos profundos nas estimativas de ameaça da biodiversidade. O tamanho da área de uma espécie é, muitas vezes, utilizado no planejamento de conservação, com pequenos intervalos frequentemente utilizados como critério de prioridades ou como um *proxy* para ameaça. De fato, a restrição do alcance geográfico é parte integrante dos critérios da IUCN para identificar e classificar as espécies em perigo de extinção global [49]. Dados sobre o alcance da área e outros são ausentes para atribuir às categorias mais altamente ameaçadas da Lista Vermelha da IUCN – com limites de 100 km^2 para "Criticamente em Perigo", 5000 km^2 para "Ameaçadas" e 20.000 km^2 para "Vulneráveis". Vários métodos de priorização na conservação [76] utilizam um critério arbitrário de <50.000 km^2 para definir restrição de alcance ou endemismo local (originalmente sugerido por Terborgh e Winter no artigo clássico de 1983 [77]). Além do problema óbvio de uma categoria geográfica tão abrangente capturar necessariamente quase todas as endemias das ilhas, muitas das quais claramente não estão ameaçadas, o déficit wallaceano significa que a priorização baseada em muitos *taxa* ou para certas regiões será altamente incerta.

Polarização de dados é, sem dúvida, um problema ainda maior para o desenvolvimento de ferramentas robustas para apoiar práticas de conservação [40]. Os efeitos potencialmente corrosivos de tal polarização de dados são claramente ilustrados na utilização de gamas de distribuição para o planejamento sistemático de conservação. SDMs são talvez as ferramentas analítica e preditiva mais utilizadas em conservação. Quase paradoxalmente, lacunas no déficit wallaceano têm o potencial de influenciar fortemente o desempenho de SDMs – que foram originalmente concebidos para dar conta da falta de conhecimento distributiva. Os SDMs geralmente relacionam observações de campo de ocorrência de espécies (e por vezes ausência) com preditores ambientais (climáticos comuns) usando superfícies de resposta estatisticamente ou teoricamente derivadas, que supostamente devem ter em conta as tolerâncias de espécies às condições abióticas [10]. SDMs são rotineiramente usados para espécies raras, onde dados precisos sobre suas distribuições estão ausentes. No entanto, se a representação do nicho fornecida pelos dados da ocorrência for polarizada, os resultados do SDM irão falhar consistentemente para essas espécies raras [37], reduzindo a representatividade de quaisquer redes de reserva que são identificadas por esses modelos [78].

Escala de Dependência

As questões de escala têm uma clara relevância para o desenvolvimento de estrutura de estratégias para conservação (por exemplo, *hotspots*), porque elas dependem de padrões de mapeamento de diversidade. Por exemplo, Lennon *et al.* [79] verificaram que os padrões espaciais de riqueza de espécies de aves britânicas, utilizando um sistema de grades com células de 10 km, não eram relacionados estatisticamente com aqueles que utilizam um sistema de 90 km. Isso poderia levar a diferentes decisões de conservação, dependendo da escala de análise utilizada.

A escala também influencia nas interpretações de raridade. *Raridade* pode significar que uma espécie ocorre a uma baixa densidade, e isso significa que uma espécie ocupa uma pequena área geográfica. No entanto, todas as espécies endêmicas em ilhas oceânicas (por exemplo, as Ilhas Canárias) ocupam faixas geográficas "pequenas" e seriam consideradas como ameaçadas, se um limiar comumente usado de <50.000 km^2 (veja anteriormente) fosse adotado [77]. Assim, há necessidade de aperfeiçoar o "alcance restrito" para a conservação. No entanto, para fazer isso, são necessários mais dados para vincular estimativas da amplitude do alcance com estimativas de população para um grande número de espécies em diferentes contextos ecológicos (por exemplo, continente *versus* sistemas de ilhas).

Finalmente, a biogeografia da conservação também precisa lidar com a escala de dependência temporal. Uma vez que conservação visa assegurar a sobrevivência das espécies em longo prazo, é importante compreender a dinâmica temporal de processos biogeográficos [50]. No entanto, hábitats e comunidades estão mudando tão rápido que a maioria dos modelos que tentam projetar mudanças em alguma coisa, exceto o futuro imediato, são baseados em dados "instantâneos" ou séries temporais muito curtas.

Medindo Nichos

Em seu estudo clássico, G. Evelyn Hutchinson [80] conceituou dois tipos de nichos: o nicho fundamental (que reflete as tolerâncias fisiológicas subjacentes de uma espécie às condições ambientais) e o nicho realizado (o alcance mais limitado de condições ambientais em que uma espécie pode existir devido à influência de interações bióticas). Esses conceitos também podem ser aplicados à distribuição das espécies: a distribuição realizada de espécies geralmente não ocupa completamente o espaço geográfico de sua distribuição potencial. Essa distinção é de particular importância para a biogeografia de conservação, uma vez que um de seus objetivos fundamentais é entender e prever o impacto da rápida mudança biofísica no hábitat da distribuição (e sobrevivência) de espécies [81]. Isso é feito tipicamente por meio de modelos que tentam quantificar as preferências de hábitat e as tolerâncias das espécies de interesse, inferindo-as de dados de ocorrência derivados de campo ou dados fisiológicos derivados de laboratório.

A abordagem mais simples é quantificar a associação entre uma distribuição de espécies e uma ou mais variáveis externas (por exemplo, temperatura, presença de competidores etc.) dentro dessa distribuição. Tais preferências de hábitat derivadas de locais em que as espécies de estudo são conhecidas por estarem presentes podem ser utilizadas para mapear a distribuição completa do hábitat potencialmente adequado; supõe-se que as espécies de interesse irão ocorrer sempre que houver hábitat apropriado. Modelos de hábitat simples têm sido amplamente utilizados para estimar a resposta potencial das espécies à perda de hábitat, utilizando a extensão do hábitat como um substituto para o tamanho da população.

A principal vantagem desses tipos de modelos é que eles podem incorporar uma ampla gama de variáveis ecologicamente importantes. No entanto, as abordagens correlativas simples apresentam funcionamento inadequado quando as distribuições das espécies são limitadas por fatores não relacionados ao hábitat, tais como a competição, a predação, a disponibilidade de alimentos ou a limitação de dispersão (ou seja, quando o nicho realizado é um subconjunto muito limitado do nicho fundamental). Além disso, mesmo nas melhores condições, muitas espécies têm requisitos de micro-hábitat altamente específicos que não podem ser facilmente detectados com base em (necessariamente) dados de hábitat em larga escala.

Uma família mais sofisticada de modelos de distribuições realizados baseia-se em amostras de um gradiente ambiental, determinando se a espécie de interesse está presente (ou ausente) em sítios com diferentes condições ambientais. Ao fazer isso, cada localização geográfica na qual a espécie foi encontrada tem uma posição equivalente no *espaço ambiental* (com base no subconjunto de variáveis ambientais selecionados para o estudo). Essa informação pode então ser usada para predizer a distribuição potencial de uma espécie dentro dos limites conhecidos de sua ocorrência – informação muito útil para pesquisas futuras. Como esses modelos são baseados unicamente em associação entre dados de presença-ausência e variáveis de ambiente, eles tendem a funcionar melhor quando os efeitos de fatores históricos e vieses de amostragem são fracos e onde a dispersão não é fortemente restrita.

Uma abordagem alternativa é prever mudanças na distribuição das espécies com base no nicho fundamental. Tais dados são normalmente derivados a partir de medições fisiológicas e as curvas de desempenho obtidas a partir de experiências laboratoriais. Embora nichos fisiologicamente derivados sejam geralmente mais precisos do que nichos de ocorrência derivados, eles não são necessariamente mais realistas. Isto é porque diferentes subpopulações mostram frequentemente uma grande quantidade de variabilidade na resposta a condições fisiológicas, devido a diferenças genéticas, plasticidade fenotípica e aclimatação [82]. Assim, os dados de nicho obtidos sob condições laboratoriais fornecem uma representação incompleta do nicho fundamental. No entanto, mesmo se incompletos, esses dados podem ser utilizados com cautela para prever o padrão de ocorrência de uma espécie, muitas vezes com resultados extraordinariamente impressionantes.

Em 2004, Kearney e Porter [83] modelaram o nicho fundamental do lagarto noturno *Heteronotia binoei* em toda a Austrália, com base em medições derivadas de laboratórios fisiológicos (exigências térmicas para o desenvolvimento do ovo, preferências térmicas e tolerâncias, e taxas metabólicas e taxas de perda d'água por evaporação) e dados climáticos de alta resolução (temperatura do ar, de cobertura de nuvens, velocidade do vento, umidade e radiação). Em outras palavras, Kearney e Porter calcularam o componente climático do nicho fundamental desse lagarto. Tais dados foram então utilizados para produzir mapas de alta resolução de distribuição potencial do lagarto.

Novos Climas e Comunidades "Não Análogas"

Como você estuda uma comunidade que você nunca viu antes? A biogeografia é definitivamente entrar no território não mapeado, devido aos efeitos combinados da mudança de clima, espécies invasoras e perda de hábitat, fragmentação e degradação. A rapidez, a intensidade e a escala absoluta desses processos significam que, em todo o mundo, novas comunidades ecológicas estão surgindo, que são compostas de espécies que até agora sobreviveram à crise de extinção, migrantes climáticos explorando nichos fundamentais recém-expandidos e espécies invasoras que têm saltado recentemente sobre limites biogeográficos anteriormente insuperáveis. Climas e comunidades não análogas modernas constituem um problema para biogeógrafos porque os modelos mais utilizados para prever os efeitos ecológicos da mudança climática são (pelo menos parcialmente) parametrizados a partir de observações modernas. Portanto, nossos modelos podem falhar para prever com precisão respostas ecológicas para esses novos climas [84].

Um dos principais problemas é que, ao contrário de muitos aspectos da biogeografia, estudar o passado pode ser de pouca ajuda. Isso não quer dizer que as chamadas **comunidades não análogas** não ocorreram no passado. Na verdade, o oposto é verdadeiro: muitas comunidades ecológicas no passado eram de composição totalmente diferente de quaisquer comunidades modernas, mesmo antes de os impactos das ações humanas começarem a fazer efeito. O registro fóssil sugere que o surgimento e a extinção de comunidades não análogas, no passado, eram conduzidos pelo clima e, muito significativamente, estavam ligados a climas que também não eram análogos modernos [84]. Se, como parece inevitável, as alterações climáticas induzidas pelo homem continuarem inabaláveis, muitas áreas não terão climas e comunidades análogas no futuro próximo.

Apesar das complexidades e incertezas envolvidas, os mais recentes modelos biogeográficos são capazes de dar uma ideia sobre o que essas novas comunidades podem parecer. Por exemplo, a ecóloga americana Mark Urban e seus colegas recentemente modelaram espécies de múltiplas concorrências, ao longo de um gradiente climático de aquecimento, incluindo os efeitos de competição em função da temperatura, as diferenças de amplitude de nicho e diferenças interespecíficas na capacidade de dispersão [85]. Esses estudiosos descobriram que os efeitos combinados da concorrência e das diferenças na capacidade de dispersão e diminuição da diversidade produziram comunidades não análogas. Além disso, comunidades não análogas eram mais propensas de se formar quando o desempenho térmico e a largura de nicho competitivo eram estreitos. Embora o valor preditivo de tais modelos seja discutível, a identificação de fatores que são suscetíveis de dar origem a comunidades não análogas fornece um ponto de partida valioso para discussões de planejamento de conservação a longo prazo.

Biogeografia da Conservação em Ação

Talvez o objetivo central da biogeografia da conservação seja ajudar as sociedades a maximizar a utilização dos fundos de conservação muito limitados. Evidentemente, não podemos fornecer o mesmo nível de proteção para todas as áreas naturais restantes do mundo, nem todas as espécies que existem atualmente podem ser salvas, e os impactos das mudanças climáticas sobre espécies e ecossistemas não podem ser totalmente evitados. No entanto, a biogeografia prevê algumas das ferramentas e alguns dos conceitos para maximizar os benefícios da conservação, permitindo que as sociedades concentrem seus esforços nos lugares que irão proporcionar os maiores benefícios de conservação ou que têm a melhor chance de manter suas características biológicas únicas para o futuro.

A chave para alcançar essas metas e a arma mais importante na luta contra a biodiversidade são as áreas protegidas (APs). De fato, é importante notar que a designação e colocação de APs não dependem simplesmente de princípios

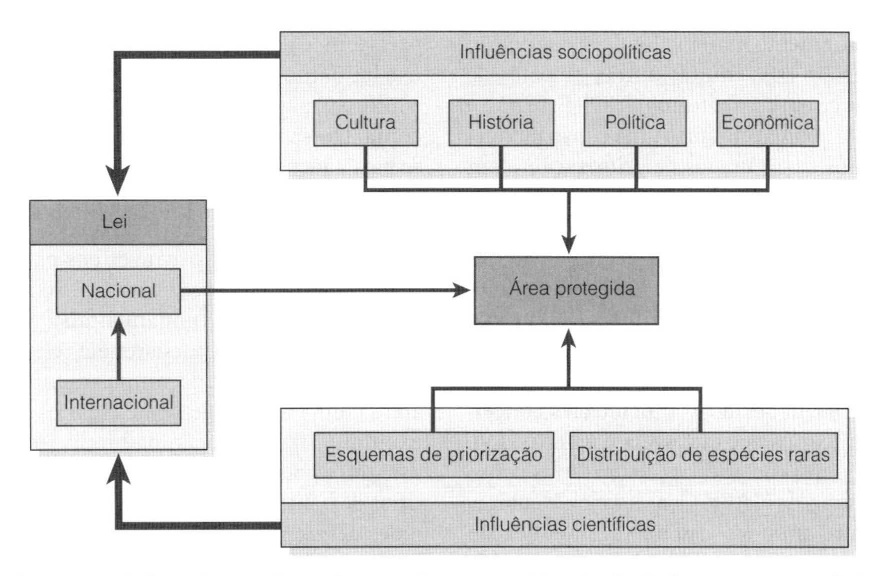

Figura 14.5 Principais fatores que influenciam a criação de novas áreas protegidas. A criação de uma nova grande área protegida é alcançada principalmente através da legislação nacional, mas é fortemente influenciada por fatores sociopolíticos e informada pela ciência. Extraído de Ladle e Malhado [21].

científicos (Figura 14.5), sendo influenciadas por uma série de fatores históricos, culturais e legais. No entanto, dentro dessas limitações, a biogeografia tem um papel importante no sentido de garantir que a conservação maximize o impacto dessas intervenções de conservação insubstituíveis.

As APs têm uma história longa e distinta (revisto em [86]). No entanto, foi a partir da década de 1960 que foi dada uma ideia séria para o estabelecimento de uma rede mundial de reservas naturais que incluem exemplos de todos os ecossistemas do mundo. Em uma série de artigos clássicos, Dasmann [87, 88] e Udvardy [89] colocaram em prática essa ideia de representação biogeográfica. Baseando-se em mapas anteriores de regiões de fauna e zonas de vegetação, eles criaram uma hierarquia aninhada de regiões biológicas e, assim, forneceram um quadro para a expansão maciça e rápida das APs que logo se seguiriam.

O que se tornou conhecido como o *quadro Dasmann-Udvardy* segue grandes nomes, como Alfred Russel Wallace, dividindo o mundo em reinos bióticos. Eles então aplicaram um sistema de classificação dos biomas dentro de cada um desses domínios, distinguindo províncias bióticas menores, com base nas diferenças de fauna em aves e mamíferos: áreas com menos de 65% de suas espécies em comum foram designadas como províncias separadas. O quadro fornece uma metodologia clara e, em princípio, a análise pode ser repetida para avaliar as implicações do uso de dados de distribuição atualizado, diferentes sistemas de regiões biogeográficas ou limiares alternativos para similaridade faunística.

Com o advento dos bancos de dados eletrônicos e computadores poderosos, a abordagem Dasmann-Udvardy foi rapidamente substituída por sistemas globais desenvolvidos pelas organizações internacionais de conservação não governamentais (ONGs). Isso faz sentido, na medida em que essas organizações têm os recursos e poder político para realizar as ambições globais dessa abordagem, para priorização de conservação. Talvez o quadro contemporâneo mais intimamente relacionado com o quadro inicial Dasmann-Udvardy seja o esquema Ecorregiões da WWF [90]. Esse esquema utiliza os dados sobre biogeografia, tipo de hábitat e elevação para identificar unidades biogeográficas em uma escala precisa, com o objetivo de identificar as unidades naturais dentro das quais são mantidos os processos ecológicos. Neste sentido, o esquema Ecorregiões está muito focado na conservação da função ecológica (em oposição à composição), e seu sucesso se baseia na identificação de forma eficaz dos processos ecológicos, dos fluxos e ligações mais importantes e, criticamente, na definição dos limites geográficos entre estas unidades interligadas [86].

Em contraste com as abordagens ecorregionais, a ONG Conservação Internacional (CI) recentemente formada (1987) desenvolveu um esquema de "*hotspots*" [53, 91], que foi especificamente concebido para maximizar o número de espécies "salvas", considerando os recursos disponíveis para a conservação. Em vez de representação sistemática, abordagens de *hotspots* usam princípios da impossibilidade de substituição e de vulnerabilidade para orientar o planejamento da conservação em uma escala global. Talvez a primeira aplicação mundial desses princípios foi pelo conservacionista com sede em Oxford, Norman Myers, que identificou 10 *hotspots* na floresta tropical, com base em níveis muito elevados de endemismo de plantas e correspondentemente altos níveis de perda de hábitat [92]. A CI foi rápida para ver o potencial na abordagem de Myers e trabalhou estreitamente com ele ao longo dos anos 1990 para desenvolver critérios quantitativos para identificar os *hotspots*. Finalmente, decidiram sobre dois critérios rigorosos para qualificar um *hotspot*: a região teve que conter pelo menos 1500 plantas vasculares endêmicas (> 0,5% do total mundial), e que perderam > 70% de seu hábitat original [53]. Com base nesses critérios, foram identificados 25 locais de interesse que continham um escalonamento de 44% das plantas vasculares e 35% das espécies em quatro grupos principais de vertebrados (anfíbios, mamíferos, aves e répteis), apesar de cobrir uma área combinada de apenas 1,4% da superfície terrestre [53]. Uma análise atualizada dos padrões de distribuição com base no mesmo critério identificou 34 focos de biodiversidade contendo 50% de plantas vasculares e 42% de vertebrados terrestres como endêmicos [91]. É interessante notar que o esquema de *hotspots* coloca necessariamente maior valor de conservação em espécies que coocorrem com muitas outras espécies de plantas restritas de alcance em escala regional [39]. Esta não é tanto uma fraqueza desta abordagem, mas uma consequência inevitável de quase todos os **esquemas de priorização** – em um mundo de recursos limitados de conservação, sempre haverá vencedores e perdedores.

O ambiente marinho sempre foi uma espécie de parente pobre na conservação global. Por exemplo, uma revisão feita em 2008 revelou que apenas 0,7% (2,59 milhões de km^2) de oceanos do mundo estavam dentro de APs [93]. Da mesma forma, esquemas de priorização globais só foram desenvolvidos recentemente, talvez também devido às dificuldades conceituais de dividir e classificar os oceanos (veja o Capítulo 9). Usando o sucesso de esquemas de priorização terrestres como um estímulo, Mark Spalding, da Nature Conservancy, e colegas propuseram recentemente um novo sistema de classificação biogeográfica global para áreas costeiras e de plataforma conhecidas como Ecorregiões Marinhas do Mundo, ou MEOW [94]. O esquema, baseando-se fortemente em estudos anteriores, utilizou um sistema aninhado de 12 reinos, 62 províncias e 232 ecorregiões – sendo o último definido como áreas de composição de espécies relativamente homogêneas, claramente distintas dos sistemas adjacentes. As contribuições de tais esquemas de priorização para investimento em conservação marinha são difíceis de julgar. No entanto, APs marinhas estão atualmente aumentando muito mais rapidamente do que APs terrestres [95], e, correspondentemente, informação e priorização precisas poderiam gerar enormes benefícios tanto para a biodiversidade quanto para o desenvolvimento sustentável.

Princípios biogeográficos também têm sido usados para priorizar as ações de conservação em escalas espaciais mais baixas, particularmente na concepção de redes de AP [96]. As primeiras APs foram colocadas de forma quase aleatória, dependendo de fatores como a disponibilidade de terras e motivação política. Isto levou a uma distribuição muito tendenciosa das reservas que tendiam a ser colocadas em áreas secas, estéreis e inacessíveis – basicamente, lugares que não eram vistos como tendo muito valor econômico. Uma abordagem mais científica só foi adotada após a década de 1970, quando alguns cientistas começaram a aplicar a TIB (*Teory of Island Biogeography*) recentemente articulada [97] ao desenho de AP [46].

Infelizmente, além de alguns princípios muito gerais, a TIB provou ser amplamente inadequada como uma ferramenta para orientar a seleção de reserva. Isso é bem ilustrado pela última análise, debate inútil **SLOSS** (única reserva grande ou várias reservas pequenas – do inglês *Single Large Reserve or Several Small Reserves*) que, eventualmente, se esgotou quando os cientistas finalmente chegaram à resposta inconclusiva, "depende" [98].

Os cientistas começaram a alargar os princípios básicos do projeto de reserva no início de 1980, incorporando sistemas de pontuação simples (com base na riqueza de espécies ou número de espécies endêmicas) para orientar a escolha de novas APs [99]. No entanto, esses sistemas de priorização inicial – embora com base em princípios científicos claros e em uma orientação clara – também eram de utilidade prática limitada. Por exemplo, escolher a maior reserva disponível ou a área com o número maior de espécies endêmicas pode não coincidir com os objetivos mais amplos para a conservação da paisagem, e pode ativamente conflitar com as demandas para uso humano. Em outras palavras, o mundo real é complexo e confuso, e planejamento de conservação precisa levar isto em conta. Desse modo, o foco do projeto de rede de AP deslocou-se para a identificação de uma série de cenários, criando redes alternativas propostas com base em algoritmos biogeográficos que levam em consideração a complexidade do ordenamento do território através das paisagens [98].

O planejamento de conservação contemporânea é baseado em cinco princípios fundamentais[96]: complementaridade, representatividade, persistência, eficiência e flexibilidade. A *complementaridade* simplesmente se refere à escolha de áreas com a finalidade de alcançar os objetivos coletivos (por exemplo, maximização da biodiversidade). Áreas complementares podem, por exemplo, conter diferentes espécies ou tipos de hábitats. *Representatividade* corresponde a quão as redes de reservas contêm exemplos de todos os recursos da biodiversidade (por exemplo, tipos de hábitats). *Persistência* refere-se à capacidade da rede para assegurar a manutenção do recurso à biodiversidade de interesse (por exemplo, as populações viáveis das espécies-alvo). *Eficiência* é uma medida dos impactos (por exemplo, custos econômicos) da conservação na sociedade – quanto menores esses impactos, mais "eficiente" é a rede. Finalmente, *flexibilidade* refere-se à existência de "soluções" alternativas de rede amplamente equivalentes que planejadores e políticos ligados ao uso da terra podem utilizar para tomar decisões no mundo real. Como mencionado neste capítulo, a flexibilidade é uma faceta fundamental do planejamento de conservação moderna, aumentando muito a probabilidade de uma rede de reservas a ser implementada em realidade.

Um ou mais desses princípios podem ser codificados em algoritmos de seleção de acordo com o objetivo da rede, fornecendo aos cientistas uma maneira sistemática de identificar as opções de conservação credíveis para os tomadores de decisão. Assim, o planejamento da conservação moderna tipicamente envolve a identificação de uma lista de características importantes de conservação, estabelecendo metas para cada recurso e utilizando ferramentas estatísticas sofisticadas para identificar as áreas prioritárias para o cumprimento dessas metas. Talvez a ferramenta de suporte à decisão mais utilizada seja o Marxan (www.uq.edu.au/marxan; acessado em dezembro de 2015), que pode ser usado para identificar um subconjunto de locais que atendem aos alvos de conservação necessários (definidos pelo usuário) [100]. Por exemplo, Marxan poderia ser utilizado para identificar reservas que contêm 25% de cada tipo de hábitat e 70% das espécies ameaçadas no *pool* de espécies regionais. Marxan também pode ser bastante usado para custear diferentes opções, permitindo aos cientistas levar em consideração fatores sociais (por exemplo, custo de proibir atividades de extração de recursos naturais) e gerar o mínimo de opções "custo".

Para todos os avanços no planejamento da conservação biogeograficamente informado (revisto em [96]), a resposta a uma das questões mais críticas permaneceu uma incógnita – o quanto é suficiente? Em outras palavras, como podemos garantir a persistência dos recursos que conseguiram capturar para a conservação? Infelizmente, a questão é, fundamentalmente, irrespondível em face dos conflitos envolvidos, inevitáveis, na aquisição de terras para conservação. Com certeza, mais é sempre melhor, mas isso sempre vem com custos adicionais para as sociedades [96]. Além disso, esses custos, suas vantagens e desvantagens associadas estão em constante mudança devido ao ambiente biofísico mudando rapidamente, e às circunstâncias sociais. Como consequência, o caso de APs precisa ser corrigido. Seu valor atual e futuro para a sociedade deve ser explicitamente declarado e medido, fornecendo incentivos para a expansão da rede AP e justificando o investimento contínuo e desenvolvimento de APs existentes. Em outras palavras, como a concorrência entre usos do solo aumenta, o valor de retenção de áreas de vegetação natural precisa ser explicitamente identificados e quantificados, justificando o investimento contínuo de organizações públicas e privadas.

O Futuro É Digital

Estamos no meio de uma "revolução da informação", com impactos profundos sobre cultura, ciência, política e comércio [101]. A admirada disciplina da biogeografia estará na linha de frente dessas mudanças, à medida que novas tecnologias transformam a quantidade e a qualidade dos dados biogeográficos disponíveis e nossa capacidade de acessar e analisá-los. Isso, por sua vez, permitirá aos cientistas uma melhor priorização e proteção da natureza selvagem frente à mudança ambiental.

A unidade base do conhecimento biogeográfico é um registro de uma espécie (ou, menos frequentemente, outra unidade taxonômica) em um ponto precisamente definido no tempo e no espaço. Tradicionalmente, a coleta desses dados requer um observador experiente e instruído, que possa identificar com precisão as espécies em questão, reunir as informações e disponibilizar onde outros cientistas podem acessar. Desde os tempos vitorianos, esse processo foi realizado mais ou menos da mesma maneira – um cientista profissional ia ao campo, coletava espécimes, trazia-os ao laboratório para a identificação, depositava os espécimes preservados em coleções de museus e publicava os dados em relatórios acadêmicos ou em artigos científicos. Claramente, a taxa de coleta de dados está gravemente comprometida pelo número de especialistas disponíveis para (i) recolher registros e (ii) identificar espécies. Infelizmente, os recursos para a curadoria de coleções de museus estão sendo cortados em todo o mundo [102], e nas últimas décadas também houve um declínio global de taxonomistas [103].

Taxonomistas sempre serão necessários. No entanto, os avanços na tecnologia móvel podem eventualmente fornecer uma maneira de contornar o "impedimento taxonômico" e gerar enorme quantidade de dados sobre ocorrências de espécies. Especificamente, houve quatro inovações tecnológicas interligadas com potencial de mudar para sempre a maneira como são coletados dados biogeográficos. Talvez o principal componente seja o desenvolvimento de aplicativos (*apps*), que são capazes de ligar as forças tecnológicas da nuvem e computação móvel, redes sociais e "big data" para transformar dispositivos móveis em sensores de biodiversidade sofisticados e poderosos computadores [104].

Apesar de ainda estarmos a um longo caminho de substituir biólogos de campo tradicionais e taxonomistas, já existem alguns "apps para biogeografia" que oferecem ideias surpreendentes sobre como coletar dados pode-se transformar no futuro. Por exemplo, o aplicativo de iBat (Indicator Bats Programme, criado pela Sociedade Zoológica de Londres) usa um detector do ultrassom de morcegos que pode ser conectado a um *smartphone* comum, permitindo aos utilizadores gravar o som dos morcegos e carregar os dados georreferenciados em uma base de dados *on-line*. Essa base de dados, em seguida, usa uma ferramenta de classificação de acesso aberto (iBatsID) que implanta conjuntos de redes neurais artificiais para classificar gravações expandidas em tempo nas chamadas de ecolocalização de 34 espécies de morcegos europeus. As gravações não adequadas para identificação da máquina são submetidas a um projeto *on-line* Zooniverse Real Science (www.batdetective.org; acessado em dezembro de 2015) para identificação e discussão. Originalmente desenvolvido por astrônomos para ajudar a gerenciar "dilúvio de dados", Zooniverse é uma coleção de projetos de cientistas cidadãos *on-line*, com mais de meio milhão de usuários registrados [105]. Utilizando a capacidade de reconhecimento de padrões notáveis do cérebro humano, cidadãos voluntários classificam, extraem e discutem dados científicos, desde fotos de galáxias até documentos antigos.

No futuro, talvez até seja possível identificar automaticamente o canto dos pássaros, ou fotos de filmagem de câmera usar uma nova geração de algoritmos evolucionários [106]. O princípio subjacente é que o *software* de identificação poderia ser treinado para reconhecer espécies de imagens e, por extensão, identificar possíveis novas espécies para as quais não existem registros. Quando combinado com os avanços em outros campos, tais como códigos de DNA [107], o futuro pode ser muito mais rico em dados do que se pode imaginar atualmente. No entanto, a coleta de dados é apenas uma fase do processo. Isso pode ser útil aos biogeógrafos e conservacionistas, mas é preciso disponibilizar ferramentas para acessar e processar registros novos e existentes. Mais uma vez, os avanços na tecnologia da informação significa que tais ferramentas (geralmente, Sistemas de Informação da Biodiversidade) estão se tornando uma realidade. O mais ambicioso e biogeograficamente focado desses sistemas é provavelmente o projeto "Map of Life"; o objetivo final é um mapa de distribuição pública, *on-line*, e de qualidade verificada para todas as espécies na Terra, que integra e visualiza o conhecimento da distribuição disponível e que facilita ao usuário efetuar análises de *feedback* e biodiversidade dinâmica [108] (Figura 14.6).

O Map of Life não é o único projeto de bioinformática ambicioso e global atualmente desenvolvido. A Encyclopedia of Life (www.eol.org; acessado em dezembro de 2015), um projeto inspirado pelo biogeógrafo E.O. Wilson, visa "tornar disponíveis através da Internet praticamente todas as informações sobre a vida presente na Terra"[109]. O plano é disponibilizar um *site* para todas as espécies que tenham sido formalmente descritas (cuja lista está disponível em outro megaprojeto de bioinformática, o Catalogue of Life – www.catalogueoflife.org; acessado em dezembro de 2015). Como o Map of Life, a Encyclopedia é flexível e está em constante evolução, para poder facilmente incorporar novas informações sobre ecologia, genética e conservação. No momento da escrita (abril de 2015), a Encyclopedia of Life teve mais de 1,7 milhão de páginas com dados e foi crescendo rapidamente.

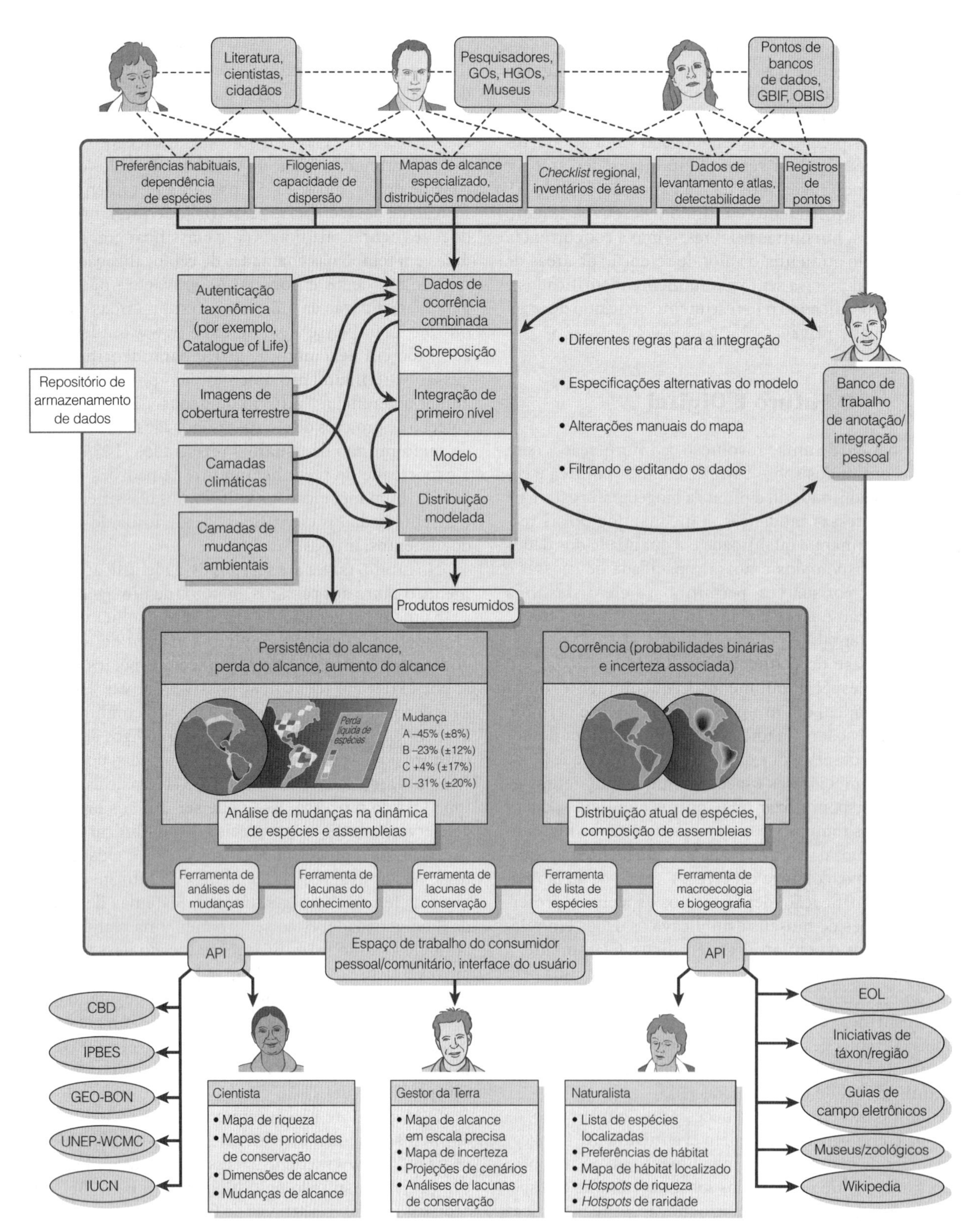

Figura 14.6 Diagrama esquemático mostrando como produtores e consumidores de informações sobre a distribuição de espécies interagem com a infraestrutura prevista, atualmente em fase de implementação como o Map of Life. A plataforma *on-line* planejada facilita o carregamento de informações para a distribuição das espécies de muitas organizações e fontes diferentes, incluindo dados sobre preferências de hábitat, ocorrências pontuais e mapas específicos de alcance. A infraestrutura armazena esses dados e fornece um suporte para integrá-los para uma ou várias espécies. Os dados compilados, resultados de informações resumidas, tais como mapas de ocorrência binários e probabilísticos, e produtos de ferramentas de análise podem ser fornecidos a consumidores individuais, ou servidos através de interfaces de programação de aplicações (APIs) para outros serviços ou instituições como a Encyclopedia of Life (EOL, http://www.eol.org), a GEO Biodiversity Observation Network (GEO-BON, http://www.earthobservations.org/geobon.shtml), iniciativas ligadas à Convenção sobre Diversidade Biológica (CBD, http://www.cbd.int) ou a Plataforma Intergovernamental sobre Biodiversidade e Serviços de Ecossistemas (IPBES, http://www.ipbes.net). GBIF, Global Biodiversity Information Facility; GO, organização do governo; HGO, saúde e operação do governo; IUCN, International Union for Conservation of Nature; OBIS, Ocean Biogeographical Information System; UNEP-WCMC, United Nations Environment Programme – Wildlife Conservation Mangement Committee. (Todos os sites acessados em dezembro de 2015.) De Jetz *et al.* [108]. (Reproduzido com permissão da Elsevier.)

Conclusões

Há uma velha maldição chinesa, quase certamente apócrifa: "Que você viva em tempos interessantes." Estes são certamente "tempos interessantes" para ser um biogeógrafo – a revolução da informação, os avanços na tecnologia molecular e uma cultura em evolução da colaboração internacional estão gerando enormes quantidades de dados biogeográficos e uma nova geração de ferramentas sofisticadas para descobrir os padrões escondidos da natureza. Tudo isto ocorre durante um período, sem precedentes, de mudanças ambientais que vão resultar em uma reordenação e reajuste da vida na Terra, cuja magnitude não foi vista desde a última extinção em massa. Essas mudanças terão consequências em todas as escalas, do local ao global, e terão impactos duradouros sobre a evolução da vida em nosso pequeno planeta azul.

A biogeografia da conservação não pode fornecer todas as soluções para os problemas de perda de biodiversidade, embora possa fornecer muitas das ferramentas e conceitos para fazer escolhas cientificamente informadas sobre o que proteger e onde proteger, e as potenciais consequências de futuras mudanças ambientais (por exemplo, as mudanças climáticas, a perda de hábitat e as espécies invasoras). A esse respeito, o maior desafio para os cientistas pode ser transformar seus conceitos e previsões em práticas (diretrizes, protocolos, ferramentas e aplicações que são úteis em todos os níveis de tomada de decisões de conservação). Em muitos aspectos, a ciência é um pouco "fácil" – influenciar os políticos e públicos céticos convincentes é o verdadeiro desafio. Para efetivamente fazer isso, talvez seja necessário mais investimento em produtos finais, tais como ferramentas e aplicações disponíveis gratuitamente e de fácil utilização, para analisar e visualizar dados biogeográficos [110]. De modo geral, a biodiversidade precisa ser totalmente integrada em outros setores da governança ambiental. Isso só vai ocorrer quando dados de biodiversidade de alta qualidade estiverem disponíveis para os principais tomadores de decisão de modo que estes realmente possam usá-los. Biogeógrafos da conservação podem contribuir, fornecendo melhores estruturas e conceitos que dão sentido, assim como informações sobre a biodiversidade, e através da produção de modelos e ferramentas de visualização que são de real importância prática.

Como o Antropoceno continua, ele tornará cada vez mais difícil encontrar um equilíbrio entre alimentar a população crescente do mundo, adaptá-la aos impactos crescentes das mudanças climáticas provocadas pelo homem e proteger os estoques rapidamente decrescentes da biodiversidade global. As ferramentas e os conceitos biogeográficos serão essenciais tanto para prever as consequências dessas mudanças enormes para a vida na Terra quanto para a formulação de políticas e práticas que permitirão à humanidade segurar pelo menos algumas das áreas naturais remanescentes do mundo. Nossa capacidade de conter a perda de biodiversidade será parcialmente dependente de avanços na tecnologia da informação, especialmente aqueles relacionados ao sensoriamento remoto, armazenamento de dados e computação móvel. Esses avanços têm condições de melhorar significativamente o poder preditivo da biogeografia, abrindo novas perspectivas de pesquisa e preenchendo alguns dos enormes déficits em informações sobre a identidade e distribuição da vida neste pequeno planeta azul.

Resumo

1 Os enormes impactos que o *Homo sapiens* teve sobre as comunidades biológicas e paisagens desde sua emergência da África levaram muitos cientistas a retomar a época geológica atual do "Antropoceno": um período distinto, inegável das alterações ambientais induzidas pelo homem.

2 Há fortes evidências de que estamos entrando em uma sexta extinção em massa, causada pela ação humana, que pode acabar com uma alta proporção de espécies do mundo nos próximos séculos.

3 A perda da biodiversidade, a contração do alcance e a homogeneização biótica são causadas por vários fatores interligados, incluindo perda de hábitat e fragmentação, espécies invasoras, a degradação do hábitat, insustentável exploração e alterações climáticas.

4 A proteção da biodiversidade do mundo exigirá ações em múltiplas escalas e precisa ser apoiada com os melhores dados e ciência possíveis.

5 A biogeografia encontra-se em uma posição privilegiada para contribuir para o desenvolvimento da conservação da biodiversidade através do incremento de conceitos e ferramentas para prever as consequências das ações humanas sobre a distribuição de vida e identificar estratégias eficazes para retardar ou parar a perda de biodiversidade.

6 Os avanços na tecnologia têm o potencial de revolucionar a recolha de dados biogeográficos nas próximas décadas, permitindo aos cientistas construir mapas de distribuição das espécies muito mais realistas e dinâmicos para uso em planejamento de conservação.

Referências

1. Ladle RJ, Jepson P. Toward a biocultural theory of avoided extinction. *Conservation Letters* 2008; 1 (3): 111–118.
2. Ladle RJ, Whittaker RJ. *Conservation Biogeography*. Oxford: John Wiley & Sons, 2011.
3. Corlett RT. The Anthropocene concept in ecology and conservation. *Trends in Ecology and Evolution* 2015; 30 (1): 36–41.
4. Crutzen PJ, Stoermer EF. The 'Anthropocene'. *IGBP Newsletter* 2006; 14: 17–18.
5. Butchart SHM, Walpole M, Collen B, *et al.* Global biodiversity: indicators of recent declines. *Science* 2010; 328 (5982): 1164–1168.
6. Ladle RJ, Jepson P. Origins, uses, and transformation of extinction rhetoric. *Environment and Society: Advances in Research* 2010; 1 (1): 96–115.
7. Bengtson S. Breeding ecology and extinction of the great auk (*Pinguinus impennis*): anecdotal evidence and conjectures. *The Auk* 1984; 101: 1–12.

8. Orton J. The great auk. *American Naturalist* 1869; 3: 539–542.
9. Sarkar S. *Biodiversity and Environmental Philosophy: An Introduction*. Cambridge: Cambridge University Press, 2005.
10. Ladle RJ. Forecasting extinctions: uncertainties and limitations. *Diversity* 2009; 1 (2): 133–150.
11. Pimm SL. The dodo went extinct (and other ecological myths). *Annals of the Missouri Botanical Garden* 2002; 89: 190–198.
12. Pimm SL, Jenkins CN, Abell R, *et al.* The biodiversity of species and their rates of extinction, distribution, and protection. *Science* 2014; 344 (6187).
13. Pimm SL, Russell GJ, Gittleman JL, Brooks TM. The future of biodiversity. *Science* 1995; 269 (5222): 347–349.
14. Harnik PG, Lotze HK, Anderson SC, *et al.* Extinctions in ancient and modern seas. *Trends in Ecology and Evolution* 2012; 27 (11): 608–617.
15. Barnosky AD, Matzke N, Tomiya S, *et al.* Has the Earth's sixth mass extinction already arrived? *Nature* 2011; 471 (7336): 51–57.
16. Olden JD, Lockwood JL, Parr CL. Biological invasions and the homogenization of faunas and floras. In: LadleRJ, Whittaker RJ (eds.), *Conservation Biogeography*. Oxford: Wiley-Blackwell, 2011: 224–244.
17. Ricciardi A. Are modern biological invasions an unprecedented form of global change? *Conservation Biology* 2007; 21 (2): 329–336.
18. Wonham MJ, Carlton JT. Trends in marine biological invasions at local and regional scales: the Northeast Pacific Ocean as a model system. *Biological Invasions* 2005; 7 (3): 369–392.
19. Pautasso M. Scale dependence of the correlation between human population presence and vertebrate and plant species richness. *Ecology Letters* 2007; 10 (1): 16–24.
20. Caughley G. Directions in conservation biology. *Journal of Animal Ecology* 1994; 63: 215–244.
21. Ladle RJ, Malhado AC. Responding to biodiversity loss. In: Douglas I, Hugget R, Perkins C (eds.), *Companion Encyclopedia of Geography: From Local to Global*. New York: Routledge, 2007: 821–834.
22. Rackham O. *Ancient Woodland: Its History, Vegetation and Uses in England*. London: Edward Arnold, 1980.
23. Mitchell-Jones A. The status and distribution of mammals in Britain. *Hystrix, Italian Journal of Mammalogy* 1996: 8 (1–2).
24. Hansen MC, Potapov PV, Moore R, *et al.* High-resolution global maps of 21st-century forest cover change. *Science* 2013; 342 (6160): 850–853.
25. Fahrig L. Effects of habitat fragmentation on biodiversity. *Annual Review of Ecology, Evolution, and Systematics* 2003; 34: 487-515.
26. Watson JE, Whittaker RJ, Freudenberger D. Bird community responses to habitat fragmentation: how consistent are they across landscapes? *Journal of Biogeography* 2005; 32 (8): 1353–1370.
27. Villard M-A, Metzger JP. Beyond the fragmentation debate: a conceptual model to predict when habitat configuration really matters. *Journal of Applied Ecology* 2014; 51 (2): 309–318.
28. Robinson JG, Redford KH. *Neotropical Wildlife Use and Conservation*. Chicago: Chicago University Press, 1991.
29. Taylor G, Scharlemann JPW, Rowcliffe M, *et al.* Synthesising bushmeat research effort in West and Central Africa: a new regional database. *Biological Conservation* 2015; 181: 199–205.
30. Jackson JBC, Kirby MX, Berger WH, *et al.* Historical overfishing and the recent collapse of coastal ecosystems. *Science* 2001; 293 (5530): 629–637.
31. Pauly D, Christensen V, Guénette S, *et al.* Towards sustainability in world fisheries. *Nature* 2002; 418 (6898): 689–695.
32. Pauly D, Christensen V, Dalsgaard J, Froese R, Torres F, Jr. Fishing down marine food webs. *Science* 1998; 279 (5352): 860–863.
33. Sala E, Knowlton N. Global marine biodiversity trends. *Annual Review of Environment and Resources* 2006; 31: 93–122.
34. Carson R. *Silent Spring*. New York: Houghton Mifflin, 1962.
35. Giles J. Nitrogen study fertilizes fears of pollution. *Nature* 2005; 433 (7028): 791–791.
36. Carpenter SR, Caraco NF, Correll DL, Howarth RW, Sharpley AN, Smith VH. Nonpoint pollution of surface waters with phosphorus and nitrogen. *Ecological Applications* 1998; 8 (3): 559–568.
37. Elith J, Leathwick JR. Species distribution models: ecological explanation and prediction across space and time. *Annual Review of Ecology, Evolution, and Systematics* 2009; 40 (1): 677.
38. Thomas CD, Cameron A, Green RE, *et al.* Extinction risk from climate change. *Nature* 2004; 427 (6970): 145–148.
39. Whittaker RJ, Araújo MB, Jepson P, Ladle RJ, Watson JEM, Willis KJ. Conservation biogeography: assessment and prospect. *Diversity and Distributions* 2005; 11 (1): 3–23.
40. Ladle R, Hortal J. Mapping species distributions: living with uncertainty. *Frontiers of Biogeography* 2013; 5: 8–9.
41. Marris E. The escalator effect. *Nature Reports Climate Change* 2007; 1: 94–96.
42. Jepson PR, Ladle RJ. *Conservation: A Beginner's Guide*. Oxford: Oneworld Publications, 2010.
43. Butchart SHM, Clarke M, Smith RJ, *et al.* Shortfalls and solutions for meeting national and global conservation area targets. *Conservation Letters* 2015; 8 (5): 329–337.
44. Crutzen PJ. *The 'Anthropocene'*. Berlin: Springer, 2006.
45. Primack RB. *Essentials of Conservation Biology*. London: Palgrave Macmillan, 2010.
46. Diamond JM. The island dilemma: lessons of modern biogeographic studies for the design of natural reserves. *Biological Conservation* 1975; 7 (2): 129–146.
47. Diamond JM. Island biogeography and conservation: strategy and limitations. *Comptes Rendus des Seances de la Societe de Biologie et de ses Filiales (Paris)* 1976; 160 (3): 1966.
48. Triantis KA, Bhagwat SA. Applied island biogeography. In: Ladle RJ, Whittaker RJ (eds.), *Conservation Biogeography*. Oxford: Wiley-Blackwell, 2011: 190–223.
49. International Union for Conservation of Nature (IUCN). *IUCN Red List Categories and Criteria: Version 3.1*. Gland: IUCN, 2001.
50. Willis KJ, Araújo MB, Bennett KD, Figueroa-Rangel B, Froyd CA, Myers N. How can a knowledge of the past help to conserve the future? Biodiversity conservation and the relevance of long-term ecological studies. *Philosophical Transactions of the Royal Society B: Biological Sciences* 2007; 362 (1478): 175–187.
51. Richardson DM, Whittaker RJ. Conservation biogeography – foundations, concepts and challenges. *Diversity and Distributions* 2010; 16 (3): 313–320.
52. Whittaker RJ, Ladle RJ. The roots of conservation biogeography. In: Ladle RJ, Whittaker RJ (eds.), *Conservation Biogeography*. Oxford: Wiley-Blackwell, 2011: 1–12.
53. Myers N, Mittermeier RA, Mittermeier CG, da Fonseca GAB, Kent J. Biodiversity hotspots for conservation priorities. *Nature* 2000; 403 (6772): 853–858.
54. Olson DM, Dinerstein E, Wikramanayake ED, *et al.* Terrestrial ecoregions of the world: a new map of life on Earth. *BioScience* 2001; 51 (11): 933–938.
55. Nelson BW, Ferreira CAC, da Silva MF, Kawasaki ML. Endemism centres, refugia and botanical collection density in Brazilian Amazonia. *Nature* 1990; 345 (6277): 714–716.
56. Mace GM. The role of taxonomy in species conservation. *Philosophical Transactions of the Royal Society of London. Series B: Biological Sciences* 2004; 359 (1444): 711–719.

57. Lomolino MV, Riddle BR, Whittaker RJ. *Biogeography*. 4th ed. Sunderland, MA: Sinauer, 2010.
58. May RM. Tropical arthropod species, more or less? *Science* 2010; 329 (5987): 41–42.
59. Caley MJ, Fisher R, Mengersen K. Global species richness estimates have not converged. *Trends in Ecology and Evolution* 2014; 29 (4): 187–188.
60. Mora C, Tittensor DP, Adl S, Simpson AGB, Worm B. How many species are there on Earth and in the ocean? *PLoS Biology* 2011; 9 (8): e1001127.
61. Gaston KJ. Body size and probability of description: the beetle fauna of Britain. *Ecological Entomology* 1991; 16: 505–508.
62. Garcillán PP, Ezcurra E. Sampling procedures and species estimation: testing the effectiveness of herbarium data against vegetation sampling in an oceanic island. *Journal of Vegetation Science* 2011; 22 (2): 273–280.
63. Raxworthy CJ, Martinez-Meyer E, Horning N, Nussbaum RA, Schneider GE, Ortega-Huerta MA, Peterson AT. Predicting distributions of known and unknown reptile species in Madagascar. *Nature* 2003; 426: 837–841.
64. Yahara T, Donoghue M, Zardoya R, Faith DP, Cracraft J. Genetic diversity assessments in the century of genome science. *Current Opinion in Environmental Sustainability* 2010; 2 (1–2): 43–49.
65. Riddle BR, Ladle RJ, Lourie S, Whittaker RJ. Basic biogeography: estimating biodiversity and mapping nature. In: Ladle RJ, Whittaker RJ (eds.), *Conservation Biogeography*. Oxford: Wiley-Blackwell, 2011: 45–92.
66. Bush MB, Lovejoy TE. Amazonian conservation: pushing the limits of biogeographical knowledge. *Journal of Biogeography* 2007; 34 (8): 1291–1293.
67. Sastre P, Lobo JM. Taxonomist survey biases and the unveiling of biodiversity patterns. *Biological Conservation* 2009; 142 (2): 462–467.
68. Diniz-Filho JAF, Bini LM, Hawkins BA. Spatial autocorrelation and red herrings in geographical ecology. *Global Ecology and Biogeography* 2003; 12: 53–64.
69. Hortal J, Lobo JM, Jimenez-Valverde A. Limitations of biodiversity databases: case study on seed-plant diversity in Tenerife, Canary Islands. *Conservation Biology* 2007; 21 (3): 853–863.
70. Dennis R, Thomas C. Bias in butterfly distribution maps: the influence of hot spots and recorder's home range. *Journal of Insect Conservation* 2000; 4 (2): 73–77.
71. Lobo JM, Baselga A, Hortal J, Jiménez-Valverde A, Gomez JF. How does the knowledge about the spatial distribution of Iberian dung beetle species accumulate over time? *Diversity and Distributions* 2007; 13 (6): 772–780.
72. Lobo JM. Decline of roller dung beetle (Scarabaeinae) populations in the Iberian peninsula during the 20th century. *Biological Conservation* 2001; 97: 43–50.
73. Huisman JM, Millar AJK. Australian seaweed collections: use and misuse. *Phycologia* 2013; 52 (1): 2–5.
74. Hortal J, de Bello F, Diniz-Filho JAF, Lewinsohn TM, Lobo JM, Ladle RJ. The seven fundamental shortfalls in large-scale knowledge for ecological and evolutionary research. *Annual Review of Ecology, Evolution, and Systematics* 2015; 46 (1): 523–549.
75. He F, Hubbell S. Estimating extinction from species–area relationships: why the numbers do not add up. *Ecology* 2013; 94 (9): 1905–1912.
76. Rodrigues AS, Akçakaya HR, Andelman SJ, *et al.* Global gap analysis: priority regions for expanding the global protected-area network. *BioScience* 2004; 54 (12): 1092–1100.
77. Terborgh J, Winter B. A method for siting parks and reserves with special reference to Columbia and Ecuador. *Biological Conservation* 1983; 27 (1): 45–58.
78. Rondinini C, Wilson KA, Boitani L, Grantham H, Possingham HP. Tradeoffs of different types of species occurrence data for use in systematic conservation planning. *Ecology Letters* 2006; 9 (10): 1136–1145.
79. Lennon JJ, Koleff P, Greenwood JJD, Gaston KJ. The geographical structure of British bird distributions: diversity, spatial turnover and scale. *Journal of Animal Ecology* 2001; 70 (6): 966–979.
80. Hutchinson GE. *A Treatise on Limnology*. New York: Wiley, 1957.
81. Fuller RA. Planning for persistence in a changing world. In: Ladle RJ, Whittaker RJ (eds.), *Conservation Biogeography*. Oxford: Wiley-Blackwell, 2011: 161–189.
82. McCann S, Greenlees MJ, Newell DA, Shine R. Rapid acclimation to cold allows the cane toad to invade montane areas within its Australian range. *Functional Ecology* 2014; 28 (5): 1166–1174.
83. Kearney M, Porter WP. Mapping the fundamental niche: physiology, climate, and the distribution of a nocturnal lizard. *Ecology* 2004; 85 (11): 3119–3131.
84. Williams JW, Jackson ST. Novel climates, no-analog communities, and ecological surprises. *Frontiers in Ecology and the Environment* 2007; 5 (9): 475–482.
85. Urban MC, Tewksbury JJ, Sheldon KS. On a collision course: competition and dispersal differences create no-analogue communities and cause extinctions during climate change. *Proceedings of the Royal Society B: Biological Sciences* 2012; 279 (1735): 2072–2080.
86. Jepson P, Whittaker RJ, Lourie SA. The shaping of the global protected area estate. In: Ladle RJ, Whittaker RJ (eds.), *Conservation Biogeography*. Oxford: Wiley-Blackwell, 2011: 93–135.
87. Dasmann RF. Towards a system for classifying natural regions of the world and their representation by national parks and reserves. *Biological Conservation* 1972; 4 (4): 247–255.
88. Dasmann RF. *System for Defining and Classifying Natural Regions for Purposes of Conservations: A Progress Report*. Morges: IUCN, 1973.
89. Udvardy MD, Udvardy M. *A Classification of the Biogeographical Provinces of the World*. Morges: IUCN, 1975.
90. Dinerstein E, Olson DM. *A Conservation Assessment of the Terrestrial Ecoregions of Latin America and the Caribbean*. Washington, DC: World Bank, 1995.
91. Mittermeier RA, Turner WR, Larsen FW, Brooks RM, Gascon C. Global biodiversity conservation: the critical role of hotspots. In: *Biodiversity Hotspots*. Berlin: Springer, 2011: 3–22.
92. Myers N. Threatened biotas: 'hot spots' in tropical forests. *Environmentalist* 1988; 8 (3): 187–208.
93. Spalding MD, Fish L, Wood LJ. Toward representative protection of the world's coasts and oceans – progress, gaps, and opportunities. *Conservation Letters* 2008; 1 (5): 217–226.
94. Spalding MD, Fox HE, Allen GR, *et al.* Marine ecoregions of the world: a bioregionalization of coastal and shelf areas. *BioScience* 2007; 57 (7): 573–583.
95. Watson JE, Dudley N, Segan DB, Hockings M. The performance and potential of protected areas. *Nature* 2014; 515 (7525): 67–73.
96. Watson JE, Grantham HS, Wilson KA, Possingham HP. Systematic conservation planning: past, present and future. In: Ladle RJ, Whittaker RJ (eds.), *Conservation Biogeography*. Oxford: Wiley-Blackwell, 2011: 136–160.

97. MacArthur RH. *The Theory of Island Biogeography*. Princeton: Princeton University Press, 1967.
98. Possingham H, Ball I, Andelman S. Mathematical methods for identifying representative reserve networks. In: Ferson S, Burgman M (eds.), *Quantitative Methods for Conservation Biology*. Berlin: Springer, 2000: 291–306.
99. Margules C, Usher M. Criteria used in assessing wildlife conservation potential: a review. *Biological Conservation* 1981; 21 (2): 79–109.
100. Ball IR, Possingham HP, Watts ME. Marxan and relatives: software for spatial conservation prioritization. In: Moilanen A, Wilson KA, Possingham HP (eds.), *Spatial Conservation Prioritisation: Quantitative Methods and Computational Tools*. Oxford: Oxford University Press, 2009: 185–195.
101. Saylor M. *The Mobile Wave: How Mobile Intelligence Will Change Everything*. Philadelphia: Vanguard Press, 2012.
102. Kemp C. The endangered dead. *Nature* 2015; 518: 292–294.
103. Giangrande A. Biodiversity, conservation, and the 'taxonomic impediment'. *Aquatic Conservation: Marine and Freshwater Ecosystems* 2003; 13 (5): 451–459.
104. Jepson P, Ladle RJ. Nature apps: waiting for the revolution. *Ambio* 2015; 44 (8): 827–832.
105. Borden KA, Kapadia A, Smith A, Whyte L. Educational exploration of the zooniverse: tools for formal and informal audience engagement. In: Barnes J, Shupla C, Manning JG, Gibbs MG (eds.), *Communicating Science*. San Francisco: Astronomical Society of the Pacific, 2013: 101–108.
106. Gaston KJ, O'Neill MA. Automated species identification: why not? *Philosophical Transactions of the Royal Society of London B: Biological Sciences* 2004; 359 (1444): 655–667.
107. Hebert PD, Gregory TR. The promise of DNA barcoding for taxonomy. *Systematic Biology* 2005; 54 (5): 852–859.
108. Jetz W, McPherson JM, Guralnick RP. Integrating biodiversity distribution knowledge: toward a global map of life. *Trends in Ecology and Evolution* 2012; 27 (3): 151–159.
109. Wilson EO. The encyclopedia of life. *Trends in Ecology and Evolution* 2003; 18 (2): 77–80.
110. Ladle RJ, Whittaker RJ. Prospects and challenges. In: Ladle RJ, Whittaker RJ (eds.), *Conservation Biogeography*. Oxford: Wiley-Blackwell, 2011: 245–258.

Glossário

As palavras e conceitos listados neste glossário são mostrados em **negrito** no texto nas páginas em que o conceito envolvido está definido; essas páginas também são indicadas em negrito no índice.

Abordagem de Clements: uma interpretação das comunidades de plantas que sugere que elas se comportam como unidades integradas, em vez de organismos individuais. Veja também *argumento de Gleason*.

Ácido desoxirribonucleico: uma molécula complexa, capaz de se duplicar, que se encontra no coração do sistema genético; também conhecido como DNA.

Adaptação de árvore baseada em parcimônia: um tipo de análise biogeográfica baseada em eventos (q.v.) que utiliza o princípio da parcimônia (q.v.) na decisão sobre as explicações mais prováveis.

Água profunda: uma massa de água fria, densa e salgada que afunda até o fundo do oceano ao longo do lado leste da Groenlândia e perto da Península Antártica.

Albedo: um índice da medida em que a radiação recebida é refletida, em vez de absorvida.

Alcance: área geográfica dentro da qual um organismo é encontrado.

Alelo: uma das várias versões de um gene (q.v.), localizado em uma única posição no cromossomo.

Allerød interstadial: o breve período de tempo quente antes do *Younger Dryas stadial* (q.v.).

Alternância de presa: quando predadores transformam espécies em alimentos alternativos, se está reduzido o número de populações de presas habituais.

Análise de clados aninhados: um tipo de biogeografia filogeográfica (q.v.) em que os vários estados de uma determinada molécula nos *taxa* envolvidos estão dispostos em uma série de grupos que diferem em apenas uma alteração mutacional, e isso continua até que todos estejam incluídos em um clado único.

Análise de dispersão-vicariância ou **DIVA, do inglês:** um tipo de montagem de árvore baseada em parcimônia (q.v.), projetado para lidar com um padrão reticulado (q.v.) de relação, em que nenhuma área geral é considerada um cladograma.

Análise de parcimônia de Brooks ou BPA, do inglês: uma técnica de análise biogeográfica histórica baseada em padrões (q.v.).

Análise de parcimônia para comparar árvores ou PACT, do inglês: uma forma de análise que procura um padrão comum de relações entre árvores.

Angiospermas: plantas com flores.

Antropoceno: um nome para a época geológica atual em reconhecimento aos impactos humanos no ambiente natural.

Apomórfico: o estado derivado de uma característica.

Arborescente: semelhante a uma árvore.

Arco de ilhas (ou insular): a linha das ilhas que se formam ao longo de uma região oceânica média onde a crosta oceânica velha está desaparecendo na Terra.

Área de endemicidade: área dentro da qual um ou mais *taxa* são encontrados exclusivamente. Também conhecida como uma área de endemismo.

Argumento de Gleason: uma interpretação individualista de comunidades de plantas que enfatiza os requisitos ecológicos variados de suas espécies componentes. Veja, também, *abordagem de Clements*.

Árido: extremamente seco, com uma precipitação anual inferior a 10 cm.

***Arranjo de faixas (Stone stripe)*:** quando o congelamento da água em torno de pedras no chão tem o efeito de forçá-las para a superfície.

Asiamerica: uma área de terra que incluiu a Ásia e o oeste da América do Norte durante o Cretáceo.

Australásia: o continente australiano, mais as ilhas na placa continental australiana – Nova Guiné, Tasmânia, Timor e Nova Caledônia, e outras pequenas ilhas.

Australopitecíneos: membros do gênero *Australopithecus*, primatas primitivos.

Barreira: bloqueio à passagem de organismos.

Barreira do Atlântico Médio: onde as águas profundas do Atlântico criam uma barreira à dispersão de organismos de prateleira entre os trópicos africanos e os trópicos da América do Sul.

Barreira do Pacífico Leste: a barreira para a dispersão da larva de vida curta de organismos que vivem nas plataformas continentais, formada pela extensão ampla, profunda e quase isenta do Oceano Pacífico Oriental.

Bentônico: organismos que vivem no fundo do mar.

Biodiversidade: um censo da diversidade de espécies em diferentes partes do planeta e em todo o planeta. Pode incluir a variação genética dentro das espécies.

Biogeografia: estudo da distribuição e dos padrões de distribuição de organismos vivos em todos os níveis, que vão desde genes a organismos e biomas inteiros, e da evolução destes.

Biogeografia cladística: análise de padrões de endemismo usando cladística (q.v.). Também conhecida como biogeografia de vicariância.
Biogeografia de área: uma abordagem de biogeografia que começa com a identificação de áreas de endemismo.
Biogeografia de conservação: pesquisa biogeográfica que tem influência direta na conservação.
Biogeografia de dispersão: uma abordagem da biogeografia histórica com base no pressuposto de que os *taxa* relacionados que ocupam intervalos separados entre si chegaram a eles através do cruzamento de barreiras preexistentes.
Biogeografia ecológica: estudo de aspectos de fenômenos biogeográficos que se concentram nas interações entre organismos e seus ambientes.
Biogeografia filogenética: análise de padrões de distribuição de organismos que usam grupos cujas inter-relações são analisadas utilizando cladísticas (q.v.).
Biogeografia histórica: estudo de aspectos de fenômenos biogeográficos que se concentram nas origens e história subsequente de linhagens e taxa.
Biogeografia vicariante: uma abordagem da biogeografia histórica com base no pressuposto de que os *taxa* relacionados, ocupando faixas que são separadas umas das outras, tenham chegado antes do aparecimento das barreiras que agora os separam, em vez de se dispersarem pelas barreiras depois de terem formado.
Bioma: um ecossistema em larga escala, como deserto ou tundra, encontrado em diferentes partes do mundo e caracterizado por formas de vida semelhantes de animais e plantas.
Bioma costeiro: um bioma de mar raso.
Biosfera: a parte da Terra que é habitável pelos organismos vivos.
Biota: o total de todos os organismos que habitam uma determinada região, isto é, sua fauna e sua flora.
Biota desarmônica: uma biota insular que não possui alguns dos componentes normais porque estes não conseguiram alcançar ou sobreviver na ilha.
***Bloom*:** aumento rápido e sazonal na massa de fitoplâncton marinho.
***Bloom* planctônico:** um crescimento exagerado de plâncton devido ao excesso de calor e luz, acoplado com um baixo nível de predação.
Boreal: encontrado em todo o Hemisfério Norte, geralmente referente a distribuições de plantas nas zonas temperadas do norte.
Boreotrópico: confinado aos trópicos do Hemisfério Norte.
Capacidade de carga: o número de espécies, ou a biomassa, ou o maior nível de população de uma espécie, que pode ser apoiado por uma determinada área de um hábitat ou ambiente particular.
Ciclo de nutrientes: o processo pelo qual os nutrientes passam, do organismo, para o organismo e, finalmente, no solo; a partir do solo, eles podem ser reutilizados pelas plantas.
Ciclo hidrológico: o movimento da água dos oceanos através do vapor de água para a precipitação e de volta ao oceano através de córregos e rios.
Ciclo taxonômico: a hipótese de que a distribuição e gamas de espécies individuais em comunidades insulares passam por um ciclo de expansão e contração.
Ciclos Dansgaard-Oeschger: ciclos de calor alternativo e frio durante o último glacial.
Ciclos de Milankovitch: uma explicação da sequência de episódios climáticos quentes e frios alternativos, durante os últimos 2 milhões de anos, como resultado de variações na órbita terrestre e na inclinação de seu eixo.
Ciência da Criação: uma interpretação antievolutiva da Bíblia que sustenta que tudo no planeta foi criado em uma curta explosão de atividade divina há alguns milhares de anos atrás.
Circulação oceânica: o padrão mundial pelo qual a água do mar é aquecida nas latitudes tropicais e depois circulou para latitudes mais altas antes de retornar aos trópicos. Também conhecida como a corrente transportadora oceânica ou a circulação termo-halina.
Circulação termo-halina: o padrão em todo o mundo pelo qual a água do mar é aquecida em latitudes tropicais e, em seguida, circula em latitudes mais altas, antes de ser devolvida para os trópicos. Também conhecida como a corrente transportadora oceânica ou circulação oceânica.
Circumboreal: um padrão de distribuição que se estende ao redor das regiões do norte.
Cladística: o sistema de análise das relações evolutivas de *taxa* que vê isso como uma série de eventos de ramificação dicotômica, usando a presença de caracteres derivados compartilhados para identificar a localização de cada ramo.
Clado: um grupo de *taxa* que inclui o antepassado comum e todos os seus descendentes.
Cladograma: um diagrama que retrata os resultados de uma análise cladística.
Cladograma de área geológica: um cladograma (q.v.) que mostra a sequência de separação de áreas de terra umas das outras.
Cladograma de área geral ou **GAC:** veja *métodos baseados em padrões.*
Cladograma de *táxon*-área: um cladograma (q.v.) em que o nome de cada grupo taxonômico foi substituído pelo da área em que o grupo se encontra.
Cleptoparasitismo: roubar alimentos de capturas de outros predadores.
Clima: toda gama de condições climáticas experimentada em uma área, incluindo temperatura, precipitação, evaporação, luz solar e vento durante todas as estações do ano.
Clima mediterrâneo: um clima com verões quentes e secos, e invernos frescos e úmidos.
Clímax: a assembleia final, estável, autoperpetuante das plantas em uma região.
Clinal: variação ao longo de um *cline.*
***Cline*:** onde há mudanças graduais na genética e na forma ao longo de um gradiente.
Cloroplasto: as estruturas verdes em células de plantas em que ocorre a conversão de energia da luz solar.
Coevolução: quando as espécies não só se toleram, mas evoluem para se tornarem dependentes umas das outras.
Composição: as espécies de organismos que formam uma comunidade.
Comunidade: uma assembleia de diferentes espécies que vivem juntas em um hábitat particular e interagem umas com as outras.
Comunidade não análoga: uma comunidade composta ao contrário de outras comunidades atuais ou passadas.
Conceito de espécies biológicas: veja *espécies.*
Conceito de espécies ecológicas: veja *espécies.*

Conceito individualista: em que a composição das espécies varia geograficamente, à medida que os limites físicos das referidas espécies são encontrados.
Controle biológico: introduzir um predador para controlar outras espécies invasoras.
Convenção sobre Diversidade Biológica ou **CBD, do inglês:** uma política internacional, formulada na Cúpula da Terra de 1992, no Rio de Janeiro, que enfatiza a preservação de genes, espécies e ecossistemas.
Convergência: linhas nos oceanos ao longo das quais a água que é mais densa e salina afunda abaixo da água adjacente que é mais leve e mais fresca.
Corais hermatípicos: os corais formadores de recifes em que existe uma relação simbiótica entre os pólipos do coral e as algas, conhecidas como *zooxanthellae*, que vivem dentro delas.
Corredor: um caminho que permite a passagem da maioria dos organismos.
Corrente transportadora oceânica: veja *circulação oceânica*.
Cromossomo: o corpo em forma de fio dentro do núcleo de uma célula que carrega seu DNA (q.v.).
Cunhas de gelo: gelo que se forma no chão, congelando e empurrando o solo.
Debate SLOSS: o argumento quanto às vantagens relativas de uma única grande ou várias pequenas reservas naturais para abrigar espécies e reduzir riscos de extinções.
Decídua: plantas perenes que perdem suas folhas durante uma estação fria ou seca.
Deriva continental: o processo pelo qual os continentes se separaram ao longo do tempo. Isso hoje é conhecido como tectônica de placas (q.v.).
Deriva genética: situação em que a frequência de um alelo em uma população não é controlada por pressões seletivas.
***Design* inteligente:** uma crença antievolutiva de que a evolução pela seleção natural é incapaz de produzir o grau de adaptação das espécies atuais e, portanto, deve ter aparecido pela ação divina.
Diploide: a condição genética da maioria das células do corpo, que tem pares de cada cromossomo, tendo origem de cada pai.
Dipolo do Oceano Índico: um sistema de circulação oceânica que ocorre no Oceano Índico a oeste das ilhas indonésias.
Disjunto: um padrão de distribuição em que as áreas ocupadas por determinado organismo são descontínuas e separadas entre si.
Dispersalismo: um conceito assumindo que, onde um táxon ou *taxa* são encontrados em ambos os lados de uma barreira para sua propagação, isso é porque eles conseguiram atravessar essa barreira depois que ela se formou.
Dispersão: quando uma espécie é capaz de ampliar seu alcance em uma área anteriormente não disponível.
Dispersão de salto: quando uma espécie é capaz de se dispersar através de uma barreira, também chamada de dispersão simples.
Distribuição anfitropical: veja *distribuição bipolar*.
Distribuição antitropical: veja *distribuição bipolar*.
Distribuição bipolar: distribuição em que organismos relacionados são encontrados em ambientes temperados ou polares em ambos os lados da região equatorial, mas não na própria região equatorial. Também conhecida como distribuição antitropical ou anfitropical.
Divergência: uma região no Atlântico ou no Pacífico, onde há um corte entre correntes, indo em direções diferentes.
Diversidade alfa: a biodiversidade (geralmente medida como riqueza de espécies) em uma área local.
Diversidade beta: a taxa ou a quantidade de mudança na composição das espécies entre as áreas locais. Também conhecida como diversidade de rotatividade ou diferenciação, a diversidade beta traduz o número de espécies em áreas locais (diversidade alfa) no número de espécies em regiões maiores (diversidade gama). A baixa diversidade beta significa conjuntos de espécies semelhantes entre parcelas ou áreas locais, de modo que a diversidade da gama não será muito maior do que a diversidade alfa.
Diversidade de gama: a riqueza total de espécies em uma região que compreende uma série de fragmentos ou hábitats menores.
DNA: veja ácido desoxirribonucleico.
Dominante: ativo, como em um alelo.
Duplicação: a presença de duas espécies relacionadas em uma área, quando é incerto se esta surgiu por dispersão ou vicariância.
Ecofisiologia: uma disciplina que analisa como plantas e animais variam em seus processos fisiológicos em resposta ao meio ambiente.
Ecologia da paisagem: o estudo sobre a ecologia das paisagens culturais.
Ecossistema: unidade básica de ecologia, levando em consideração as plantas, os animais e os aspectos climáticos e do solo de uma área.
Efeito de domínio médio: uma explicação para gradientes de diversidade que sugere que se deve apenas a variações na gama de espécies individuais.
Efeito de pequena ilha: um limiar de tamanho, após o qual a diversidade de espécies cai drasticamente.
Efeito de resgate: quando a extinção local de uma espécie é impedida pela imigração de indivíduos de espécies de outro lugar.
Efeito estufa: onde nuvens e dióxido de carbono absorvem o calor reirradiado pela Terra, causando assim um aumento na temperatura.
El Niño – Oscilação do Sul ou **ENSO:** o ciclo de mudanças climáticas em grande parte do mundo que é causado por variações no vento e intensidade de corrente no Oceano Pacífico do sul.
Elevação continental: a cunha dos sedimentos, derivada da erosão dos continentes, que fica no pé da plataforma continental e se estende até a borda da planície abissal (q.v.).
Endêmico: um organismo que é encontrado apenas em uma região específica.
Envelope climático: a soma de todas as variáveis climáticas que limitam a distribuição de uma espécie ou de um bioma (q.v.).
Epífitas: plantas que utilizam outras plantas para apoio.
Equilíbrio pontual: em que um número relativamente grande de mudanças é observado ao mesmo tempo.
Equitotérmica (*hekistherms*): uma planta que vive em regiões polares.
Equivalentes ecológicos: espécies que desenvolveram traços semelhantes para ambientes similares.
Esclerófilas: apresenta folhas grossas, resistentes e perenes. Também são conhecidas como escleromórficas.
Espalhamento do fundo oceânico: veja *espalhando cordilheiras*.
Espalhando cordilheiras: o sistema mundial de cadeias de montanhas vulcânicas submarinas, no qual se forma novo fundo oceânico, conforme as regiões de ambos os lados se afastam, um processo conhecido como espalhamento do fundo oceânico.

Especiação alopátrica: a evolução de uma nova espécie isolada de suas espécies-mãe.
Especiação no arquipélago: dispersão entre as ilhas, levando a um padrão mais complexo de cladogênese.
Especiação simpátrica: a evolução de uma nova espécie dentro da mesma área como das suas espécies parentais.
Especiação vicariante: um processo de especiação que surge depois que um organismo tornou-se isolado como um resultado da vicariância (q.v.).
Espécie politípica: uma espécie que contém muitas raças ou subespécies.
Espécie-chave: uma espécie que tem uma influência importante em muitas outras espécies no ecossistema.
Espécies: a unidade fundamental do sistema taxonômico, que pode ser definida em uma variedade de maneiras. Usando o conceito biológico de espécie, a espécie é um grupo de populações naturais cujos membros podem reproduzir em conjunto para produzir descendentes que são totalmente férteis, mas que na natureza não reproduzem com outros grupos. Usando o conceito ecológico de espécie, a espécie é um grupo de populações naturais cujos membros possuem um conjunto de características (morfológicas, comportamentais, fisiológicas etc.) que o adaptam a um determinado nicho ecológico.
Espécies em anel: uma espécie que vive em um círculo, ou anel, em torno de uma barreira.
Espécies K-selecionadas: Espécies que são mais lentas para se reproduzir do que espécies r-selecionadas (q.v.), mas são mais capazes de sustentar sua população quando esta é próxima da capacidade de carga (q.v.). Característica de colonos posteriores em sucessão.
Espécies lusitanas: espécies com um padrão de distribuição disjuntivo entre Espanha e Portugal e oeste da Irlanda.
Espécies monotípicas: uma espécie que existe de uma só forma.
Espécies r-selecionadas: espécies com uma alta taxa potencial de aumento da população. Característica de colonos iniciais de uma sucessão. Veja também *espécies K-selecionadas*.
Espectro biológico: variedade de tipos funcionais componentes encontrados em um bioma.
Esquema de priorização: qualquer esquema que reflete a priorização da conservação; por exemplo, para maximizar o número de espécies salvas.
Estabilidade: consistência; um ecossistema estável pode ser definido como um que retorna rapidamente ao seu estado original após a perturbação.
Estado de clímax: um sistema estável e autoperpetuante.
Estesotópico: um organismo que tem tolerância ecológica limitada.
Estocástico: um resultado ou processo produzido por acaso, ou seja, não provocado pela ação de uma força de regulação.
Estratégia: o resultado de muitas gerações de seleção de indivíduos e genótipos, conservando os mais bem equipados para condições prevalecentes.
Estrutura: arranjo da biomassa da vegetação em formas em camadas.
Euramérica: uma grande massa terrestre, durante o Paleozoico médio, há 400 milhões de anos, composta da América do Norte atual mais a Europa, que se encontrava no equador. Também utilizada para a área terrestre que incluiu o leste da América do Norte e a Europa durante o Cretáceo.
Euritópico: um organismo que possui ampla tolerância ecológica.
Eustático: mudança no nível do mar causada por uma mudança no volume de água no mar.
Evapotranspiração: a soma total de água que se evapora diretamente da superfície do solo, mais a perda pela absorção e perda de água pelas plantas.
Evento Eoceno Terminal: o resfriamento climático marcado que ocorreu no final da época do Eoceno, desenvolvendo uma diminuição da temperatura média anual e um aumento no intervalo de temperatura média anual.
Eventos Heinrich: quando uma fase fria é acompanhada por descargas maciças de *icebergs* no Oceano Atlântico Norte.
Evolução gradual: em que a mudança evolutiva normalmente ocorre em uma taxa estável e gradual.
Exclusão competitiva: situação em que a presença de uma espécie impede a presença de outra.
Extensão de alcance: quando uma espécie estende sua área de distribuição ou alcance (q.v.) até que satisfaça as barreiras à sua propagação.
Facilitação: situação em que a presença de uma espécie ajuda a acrescentar outra à comunidade.
Faixa: a linha que liga os intervalos separados de um conjunto de *taxa* relacionados, utilizados na teoria de panbiogeografia (q.v.). Quando um número de conjuntos independentes de *taxa* mostram faixas idênticas, isto é conhecido como faixa generalizada; onde esses conjuntos se deparam com bacias oceânicas, eles são conhecidos como linhas de base do oceano.
Faixa generalizada: veja *faixa*.
Falhas: uma região de atividade de terremoto ativo, em que diferentes placas passam umas às outras.
Família: um grupo de gêneros (q.v.).
Família cosmopolita: um grupo que está amplamente distribuído em todo o mundo.
Fator limitante: um fator que é responsável por limitar o padrão de distribuição de um organismo.
Fenótipo: as características totais de um organismo, resultante da ação de seus genes.
Filogeografia: um tipo de biogeografia filogenética em que as inter-relações dos *taxa* baseiam-se em dados do seu DNA.
Filtro: uma barreira ecológica que impede a passagem de certas categorias de organismos.
Fitodetritos: os restos de fitoplâncton, formando um constituinte importante das lamas e limos, que cobrem o fundo do mar.
Fitoplâncton: organismos unicelulares minúsculos que realizam a maior parte da fotossíntese no mar.
Fitossociologia: um ramo distinto da geografia da planta, em que as comunidades de plantas são classificadas e podem ser organizadas em uma hierarquia.
Flora oroboreal: flora encontrada apenas nas regiões montanhosas da Ásia e América do Norte.
Floresta nublada: um tipo de floresta altamente úmida, em que as plantas que vivem inteiramente no dossel sem raízes atingindo o solo provavelmente não sofrerão dessecação.
Fluxo de energia: o processo pelo qual a energia solar é fixada por plantas e passa, por sua vez, a herbívoros, carnívoros, alimentadores de detritos e decompostos.
Fontes hidrotermais: pontos nas cordilheiras de dispersão no mesooceânicos, onde a água do mar, fria, penetra nas rochas que cercam a área em que a lava quente está emergindo e reage quimicamente com elas para que os minerais sejam precipitados.

Foraminífero: plâncton que tem casos externos robustos que sobrevivem à sedimentação ao fundo do oceano e acumulam-se como conjuntos fósseis.
Forma da planta: aspectos da morfologia, anatomia e fisiologia das plantas que estão relacionados com sua capacidade de lidar com estresses ambientais.
Forma de vida: um tipo de criatura viva caracterizada por uma assembleia de características estruturais e fisiológicas que a adaptam à vida em um determinado tipo de ambiente.
Formação: classificação em um nível mais simples que o do bioma, baseado simplesmente na vegetação.
Formação de plantas: um ecossistema em larga escala, tal como deserto ou floresta, encontrado em diferentes partes do mundo, e caracterizado por um conjunto semelhante de formas de vida das plantas. (Se a fauna também está incluída, o resultado é conhecido como um bioma.)
Fotoperiodismo: um processo no qual a floração em muitas espécies de plantas é desencadeada por uma resposta a um determinado dia de duração.
Gases do efeito estufa: um gás que contribui para o efeito estufa (q.v.).
Gene: uma região do DNA (q.v.) que é responsável por uma ou várias características do organismo.
Gênero: um grupo de espécies (q.v.) que estão intimamente relacionadas uma com a outra.
Genótipo: o total de todos os genes de um organismo, constituindo sua herança genética total.
Geodispersão: resultado de um evento geológico e não biológico.
Giro: a enorme massa de água rotativa horizontal que enche uma grande parte da bacia oceânica.
Glaciação: a propagação do gelo glacial em latitudes mais baixas.
Gondwana: o supercontinente que, no passado tempo geológico, foi formado pelos continentes do sul (América do Sul, Antártica, África e Austrália), mais a Índia, antes que estes se separassem.
Grãos de pólen: restos de plantas; uma das mais valiosas fontes de evidências fósseis para reconstruir condições e hábitats passados.
Grupo culminante: o antepassado comum mais antigo de um clado (q.v.), mais todos os seus descendentes, que, portanto, possuem todas as características encontradas em todos esses descendentes. Contraste com o grupo do caule (q.v.).
Grupo existente: um grupo que ainda está vivo hoje.
Grupo monofilético: um grupo em que todos os seus membros são descendentes de um único antepassado comum.
Grupo raiz: os antepassados de um grupo coroa (q.v.), que podem ter tido algumas das características do grupo coroa.
Guilda: um grupo de animais, não necessariamente relacionados taxonomicamente, que usam o mesmo recurso ou se sobrepõem significativamente em seus requisitos ambientais.
Hábitat: o tipo geral de ambiente dentro do qual um organismo vive; por exemplo, floresta ou pântano.
Haloclina: o nível dentro do mar em que há uma mudança rápida na salinidade da água.
Haploide: a condição genética de um esperma ou óvulo, que tem apenas um de cada par de cromossomos.
Haplótipo: um grupo de genes em um organismo que é herdado junto de um único pai.
Híbrido: o resultado de um acasalamento entre duas espécies diferentes ou genótipos adaptados divergentemente.
Hidrozoário: um tipo de organismo colonial, como os corais.
Hipótese da energia: a explicação dos gradientes latitudinais da diversidade de espécies como resultado da variação da quantidade de energia capturada pela vegetação.
Hipótese nula: uma técnica estatística que estima quanta semelhança haveria entre os resultados da ação de dois conjuntos de fenômenos, assumindo que não existe uma relação causal entre eles. Isso pode ser comparado com o grau real de similaridade para descobrir se este é ou não o resultado do acaso.
Holártico: encontrado em todo o Hemisfério Norte, geralmente referente a mamíferos.
Holoceno: o interglacial atual.
Hominídeos: o grupo que inclui humanos e grandes macacos.
Hominini: a linhagem evolutiva que se ramificava daquela que levava aos grandes macacos, e isso inclui humanos e seus antepassados.
Hospedeiro definitivo: um hospedeiro final, no qual um parasita se instala.
Hospedeiro intermediário: um hospedeiro em cujo corpo o parasita se multiplica e se transforma em um estágio que pode infectar um novo hospedeiro definitivo.
***Hotspot* ou Pontos quentes:** um local, no fundo da Terra, a partir do qual uma pluma de material quente sobe para a superfície. Onde isso ocorre dentro de um oceano, ele conduz à formação de um vulcão, que atinge a superfície como uma ilha ou permanece como um 'submarino' ou 'guyot' submerso. O termo também é usado de uma região da Terra com uma biodiversidade excepcionalmente alta.
***Hotspots* de biodiversidade:** áreas do mundo que são excepcionalmente ricas em espécies.
Hydrozoa: um tipo de organismo colonial, como o coral.
Incidência: o padrão de ocorrência de uma espécie nas ilhas e os fatores que afetam esse padrão.
Inércia: resistência à mudança.
Influência solar: em que as variações nas condições astronômicas determinam clima global.
Insolação: a entrada de energia solar projetada.
Interglacial: um período de tempo, entre os eventos glaciais, que era suficientemente quente para que a vegetação temperada se estabelecesse.
Interstadial: um período de calor, entre os eventos glaciais, que era muito curto ou muito legal para a vegetação temperada se estabelecer.
Isostático: uma mudança no nível do mar em relação ao nível da Terra causada por uma mudança no nível da superfície continental.
Isótopos de oxigênio: os três isótopos de oxigênio são ^{16}O, ^{17}O e ^{18}O.
Laurásia: o supercontinente que, em tempos geológicos passados, se formou nos continentes do norte (América do Norte e Eurásia), antes que estes se separassem.
Lei de Buffon: a observação de que ambientes semelhantes, em diferentes partes do mundo, contêm diferentes agrupamentos de organismos.
Limite florestal: a elevação em que a vegetação da floresta dá lugar à esfoliação alpina.
Linha de Wallace: a linha norte-sul, que atravessa Wallacea (q.v.), que separa a fauna predominantemente da Ásia para o oeste, a partir da fauna predominantemente australiana para o leste.
Linhas de base do oceano: veja *faixa*.
Litosfera: um termo geológico referente à superfície da Terra.
Loess: areia soprada pelo vento.

Macroecologia: o estudo da assembleia e estrutura de biotas que se concentra em seus padrões e mecanismos gerais, em grande escala.
Mar epicontinental: mar raso que cobre as partes inferiores dos continentes.
Mar Turgai: mar agitado, raso, uma vez separou Europa da Ásia; também conhecido como Mar Obik.
Margem da plataforma: a borda da plataforma continental, altura em que o fundo do mar começa a descer mais abruptamente, formando o talude continental, até atingir o fundo do oceano profundo ou planície abissal.
Marsupial: neste grupo, um dos dois grandes grupos de mamíferos vivos, os jovens deixam o útero em estágio muito precoce e completam seu desenvolvimento na bolsa da mãe, em contraste com os grupos dos placentários (q.v.).
Mecanismo de isolamento: sistemas genéticos que impedem o acasalamento entre duas espécies diferentes, ou que levam a qualquer prole com fertilidade reduzida.
Megafauna: o grande componente vertebrado terrestre de uma fauna.
Megatérmica: uma planta que prefere temperaturas acima de 20 °C.
Mesotérmica: uma planta que prefere temperaturas entre 13 °C e 20 °C.
Metapopulação: uma série de subpopulações separadas entre as quais a troca genética pode ser limitada.
Métodos baseados em eventos: métodos de análise biogeográfica cladística que especificam qual evento (vicariância, duplicação, dispersão ou extinção) ocorreu em cada ponto de ramificação de um cladograma de área biológica (q.v.).
Métodos baseados em modelos: métodos de análise biogeográfica cladística com base em modelos estocásticos, nos quais os processos biológicos envolvidos são quantificados e o princípio da parcimônia não é usado na seleção da explicação mais provável. Também conhecidos como métodos paramétricos.
Métodos baseados em padrões: métodos de análise biogeográfica cladística que começam com uma tentativa de encontrar um padrão comum de relacionamentos, conhecido como cladograma de área geral (GAC), que mostra a história física das relações entre as áreas de endemismo envolvidas.
Métodos paramétricos: veja *métodos baseados em modelos*.
Microclima: as condições físicas de temperatura, intensidade da luz, umidade, e assim por diante, que são encontradas em um ambiente em pequena escala particular.
Micro-hábitat: o ambiente de escala fina dentro do qual um organismo vive (por exemplo, piso da floresta).
Microtérmica: uma planta que prefere temperaturas abaixo de 13 °C.
Migração: quando os animais alteram seus padrões de distribuição em conjunto com as estações.
Mitocôndria: parte da célula que é responsável pelo controle da respiração da célula.
Modelo geral dinâmico: a hipótese de que as ilhas oceânicas vulcânicas mostram uma progressão na qual existe uma ligação entre área, altitude, erosão, diversidade de hábitat, número de espécies e a proporção das que são endêmicas na ilha.
Monte submarino: um vulcão submerso que se formou por cima de um ponto de acesso (q.v.); termo também conhecido como um *guyot*.
Mutação: alterações repentinas na estrutura bioquímica de um gene.
Necton: organismos que nadam nas águas do mar.
Neoendêmica: uma espécie que recentemente evoluiu e ainda não teve tempo de se espalhar do seu centro de origem.
Nerítico: o reino de águas rasas.
Nicho: o conjunto de condições e recursos físicos e biológicos dentro dos quais um organismo é encontrado, e o papel que uma espécie desempenha dentro da comunidade.
Nicho compartilhado: a subdivisão de recursos (por exemplo, entre predadores diurnos e noturnos).
Nicho fundamental: o tipo de nicho teórico ou ideal; a soma de todos os requisitos de nicho em condições ideais quando as espécies recebem acesso livre aos recursos.
Nicho realizado: onde a espécie é encontrada em um intervalo menor do que teria sido previsto (por exemplo, devido à concorrência).
Nicho temporal: um ambiente preferido no desenvolvimento de sucessão quando os atributos de uma espécie são mais eficazes em competir e no estabelecimento de uma população sustentável.
Níveis tróficos: uma de uma série de níveis dentro de um ecossistema através do qual a energia passa de organismo para organismo.
Oceano Tethys: um oceano que uma vez separou os continentes do sul dos continentes do norte, agora representado apenas pelo Mar Mediterrâneo.
Ondas sísmicas: ondas de choque causadas por terremotos.
Os tentilhões de Darwin: os tentilhões que colonizaram as Ilhas Galápagos ao largo da costa do oeste da América do Sul, onde sofreram uma radiação em várias formas.
Padrão reticulado: um padrão de tipo rede da relação entre as áreas de endemismo, causado por ter tido mais de um tipo de relação um com o outro ao longo do tempo.
Paleoendêmico: um tipo de endemismo que resulta de uma espécie que sobreviveu em uma área há muito tempo, protegida por barreiras físicas à dispersão.
Paleomagnetismo: uma técnica que utiliza a presença de partículas magnetizadas em rochas para deduzir os movimentos das rochas através do tempo e, portanto, das massas terrestres em que se encontram.
Paleotemperatura: interpretações históricas da temperatura.
Palinologia: análise de conjuntos de grãos de pólen.
Panbiogeografia: uma abordagem de biogeografia histórica baseada na identificação de faixas generalizadas (q.v.) e que depende da vicariância (q.v.) em vez de dispersão (q.v.).
Pangeia: o supercontinente que, nos últimos tempos geológicos, se formou de todos os continentes de hoje, antes que estes se separassem.
Pantalassa: o oceano único e mundial que existia quando todos os continentes estavam unidos em Pangeia (q.v.).
Paradigma: teoria baseada em uma grande variedade de linhas de evidência independentes.
Parapátrica: em que as distribuições das populações são adjacentes entre si, mas apenas se sobrepõem muito estreitamente.
Parcimônia: um princípio de análise em que a explicação envolve o número mínimo de premissas; também conhecida como economia de hipótese.
Pelágico: os organismos que nadam ou flutuam no mar.
Pequena Era do Gelo: um tempo (entre aproximadamente 1350 e 1850 d.C.) de temperatura geralmente baixa que ocorreu em uma área muito ampla no Hemisfério Norte.
Periglacial: as regiões da tundra sem árvores imediatamente fora das áreas da glaciação passada.
Período quente medieval: um pico de calor em torno de 1000 d.C. a 1150.

Picoplâncton: minúsculo, organismos planctônicos unicelulares.
Placas tectônicas: o conjunto de regiões da superfície da Terra, que contêm o fundo do mar com ou sem continentes, e que se movem ao longo da face da Terra, fundindo-se ou subdividindo-se.
Placentários: neste grupo, um dos dois principais grupos de mamíferos vivos, todo o período de desenvolvimento do jovem ocorre no útero, em contraste com a situação nos marsupiais (q.v.).
Planalto ou Platô: uma área maior causada por *hotspot* ou ponto quente e em torno de *hotspot* (q.v.).
Plâncton: organismos minúsculos que flutuam nas águas do mar.
Planície abissal: o fundo do oceano, que fica entre as plataformas continentais (q.v.).
Plantas C3: aquelas plantas nas quais o primeiro produto da fotossíntese é um açúcar contendo três átomos de carbono; esta é a forma mais comum de fotossíntese.
Plantas C4: as plantas nas quais o primeiro produto da fotossíntese é um açúcar contendo quatro átomos de carbono, o que é mais vantajoso em alta intensidade e temperatura.
Plantas pachycaul: plantas com tronco grosso que usam grupos terminais de folhas duras e coriáceas.
Plataforma continental: a porção das partes inferiores de um continente que são cobertas por mar raso.
Plesiomórfico: o estado ancestral ou primitivo original de uma característica.
Pluviais: tempos de clima úmido e altos níveis de água.
Poliploidia: a duplicação ou multiplicação de todo o conjunto de cromossomos dentro das células de um organismo.
Previsibilidade: estabilidade; biodiversidade parece tornar um ecossistema previsível.
Produtividade: a quantidade de material vegetal que se acumula em uma determinada área em um determinado momento.
Província das Palmeiras: região equatorial do Cretáceo, contendo uma floresta característica megatermal (q.v.).
Pseudocongruência: em que o mesmo cladograma de área pode ter surgido mais de uma vez, mas em momentos diferentes, como resultado de uma repetição da mesma mudança geográfica.
***Pychocline* (*Phenoclinio*):** o nível dentro do mar em que há uma rápida mudança na densidade da água.
Raça: um conjunto geneticamente ou morfologicamente distinto das populações de uma espécie, confinado a uma área particular.
Radiação adaptativa: a radiação evolutiva de um grupo, baseada em um novo conjunto de características, que permite adaptar-se a uma ampla gama de modos de vida.
Radiação ultravioleta: a radiação do Sol que pode causar o câncer de pele e também a destruição de algumas vitaminas B (por exemplo, ácido fólico) na pele.
Recessivo: inerte, como em um alelo.
Rede ecológica: a complexidade das interações dentro de um ecossistema.
Refúgio: um local em que alguns organismos foram capazes de sobreviver a um período de condições desfavoráveis.
Região zoogeográfica oriental: Índia e Ásia do Sudeste, uma região que contém uma fauna característica de mamíferos.
Regra de Rapoport: a observação de que os organismos encontrados em latitudes elevadas tendem a ter distribuição geográfica e altitude mais amplas e tolerâncias ecológicas do que os encontrados em latitudes mais baixas.
Regras de agrupamento: a hipótese de que algumas espécies são encontradas apenas em ilhas onde outra espécie particular está ausente, ou em ilhas contendo uma assembleia total maior de espécies. De forma mais geral na ecologia, os princípios que determinam a agregação de várias espécies para formar uma comunidade.
Reino das plantas do indo-pacífico: a região, incluindo a Índia, o Sudeste Asiático e as ilhas do Oceano Pacífico, que contém uma flora característica da flora em flor.
Relicta(o): um organismo que agora tem uma distribuição mais limitada do que já teve. No caso de uma relíquia hábitat ou relíquia climática (q.v.), isto é por causa da mudança climática; no caso de uma relíquia glacial (q.v.), o organismo foi deixado para trás, em áreas de clima frio, pelo recuo para o norte dos climas da Era do gelo.
Relicta climática: uma espécie que sobrevive apenas em algumas 'ilhas' de clima favorável.
Relíquia glacial: uma espécie cujas distribuições foram modificadas pelo recuo para o norte das grandes placas de gelo durante as Eras do Gelo do Pleistoceno.
Relicta pós-glacial: uma espécie cuja distribuição atual é um reflexo das mudanças climáticas que ocorreram desde que a última glaciação terminou.
Relictas evolutivas: um padrão de distribuição em que um organismo, anteriormente mais dominante, agora habita apenas os restos dispersos de uma área antes contínua, devido à competição com outra espécie ou grupo.
Resiliência: resistência, em que uma espécie ou ecossistema pode rapidamente voltar ao seu estado original após uma perturbação.
Resistência biótica: as pressões de predação e parasitismo que uma espécie invasiva encontra em seu novo ambiente.
Riqueza de espécies: o número de espécies presentes dentro de um ecossistema.
Rota de Geer: uma conexão anterior entre o nordeste da Groenlândia e o noroeste da Europa.
Rota marítima mesocontinental: uma via marítima rasa, que uma vez correu pela América do Norte do Oceano Ártico até o Golfo do México.
Rota Thulean: uma antiga ligação terrestre entre a Groenlândia e Europa através da área hoje ocupada pela Islândia.
Rotas lotéricas: uma via de dispersão pela qual é extremamente difícil passar, de modo que os organismos só podem fazê-lo por uma combinação de mudanças de circunstâncias favoráveis, ou por adaptações especiais para facilitar a sua passagem.
Saprófito: sedimentos orgânicos escuros.
Seleção natural: o processo pelo qual, devido à sobrevivência diferencial e à reprodução, as características mais vantajosas persistem na próxima geração, enquanto as menos vantajosas desaparecem gradualmente.
Separação espacial: quando uma espécie é restrita, por algumas de suas características, a um hábitatmicro-hábitat especializado dentro da área disponível para isso.
Separação temporal: uma situação em que duas espécies ocupam nichos semelhantes no meio ambiente, mas em momentos diferentes do dia.
Subducção: o processo pelo qual o assoalho do velho oceano é atraído de volta para a Terra no sistema de fossas oceânicas (q.v.).
Subespécies: um conjunto geneticamente ou morfologicamente distinto das populações de uma espécie, confinado a uma área particular.
Subespécie nominal: uma subespécie com o mesmo nome subespecífico que o nome específico.

Submergência equatorial: o fenômeno pelo qual o nível da transição entre as águas frias da zona de vida marinha do banho (q.v.) e as águas mais quentes acima dela é mais profundo nas latitudes mais baixas.
Sucessão: a mudança regular em uma comunidade ao longo do tempo. Quando isso começa em uma área descampada, às vezes é chamada de sucessão primária, como distinta da sucessão secundária, que se refere a alterações após o colapso ou após a destruição de uma comunidade existente.
Talude continental: aquela região no mar, abaixo da borda da plataforma continental, na qual o fundo do mar desce abruptamente até chegar ao chão do oceano profundo que fica entre as plataformas continentais.
Taxa de lapso: a taxa de queda da temperatura atmosférica com o aumento da altitude.
Taxa de rotatividade: a taxa de substituição de espécies em ilhas oceânicas. Veja *Teoria da Biogeografia da Ilha.*
Táxon, plural ***taxa***: qualquer unidade no sistema de nomenclatura e classificação de organismos; por exemplo, espécies (q.v.).
Taxonomia: o estudo da nomeação de organismos e sua colocação em um sistema hierárquico de classificação.
Tectônica de placas: a explicação da história dos continentes e oceanos como resultado dos movimentos das placas tectônicas (q.v.).
Teoria da Biogeografia Insular ou **TIB, do inglês:** teoria que sugere que a mudança, e inter-relacionados, taxas de colonização e extinção de organismos em ilhas oceânicas, eventualmente levam a um equilíbrio entre esses dois processos. A taxa de substituição de espécies, ou a taxa de volume de negócios, então, torna-se aproximadamente constante, assim como o número de espécies na ilha. A teoria também sugere que existe uma forte correlação entre a área da ilha e o número de espécies que a área contém em equilíbrio.
Teoria do caos: um método de análise de uma situação em que pequenas diferenças nas condições iniciais são altamente influentes no resultado final.
Teoria espécie-energia: a hipótese de que o número de espécies em uma ilha oceânica é controlado pela quantidade de energia que cai sobre ela.
Teoria metabólica: a explicação dos gradientes latitudinais da diversidade das espécies como resultado da variação na atividade metabólica dos organismos.
Teoria neutra da biodiversidade: a proposta de que as assembleias de espécies são simplesmente uma coleção de espécies selecionadas aleatoriamente.
Termoclina: o nível dentro do mar em que há uma rápida mudança na temperatura da água.
Terreno: uma pequena área de rochas originalmente marinhas ou vulcânicas, que se atritam contra a borda de um continente, pois o fundo do oceano, que as contrariou, tornou-se subduzido; portanto, ficaram totalmente diferentes das outras rochas que agora as rodeiam.
TIB: veja *Teoria da Biogeografia da Ilha.*
Till: um depósito rico em argila, contendo quantidades de rochas indiferenciadas, arredondadas e cicatrizadas, e seixos, deixado para trás durante a fusão e recuo de um glaciar.
Tipos funcionais: classificação das espécies de acordo com suas capacidades fisiológicas e ecológicas.
Tipos funcionais de plantas: as plantas com diferentes maneiras de lidar com seus ambientes.
Trincheiras: o sistema de canhões submarinos profundos onde o antigo assoalho do oceano é consumido, desaparecendo para baixo na Terra.
Troca de lastro: uma ligação entre as faunas marinhas, através da qual elas podem trocar organismos, nomeados após o vínculo entre o Mar Mediterrâneo e o Mar Vermelho formado pelo Canal de Suez.
Ungulado: animais de cascos.
Unidade sensorial: um tipo de alteração evolutiva, associada com as diferenças nos sistemas sensoriais e de comportamento.
Uniformidade: um tamanho de população semelhante.
Uniformitarismo: a ideia de que as condições atuais podem ser usadas como uma chave para a compreensão de processos antigos, sem a necessidade de interpretar a geologia à luz das supostas catástrofes globais passadas.
Vegetação clímax: em que a vegetação se desenvolve com o decorrer do tempo, passando por várias assembleias diferentes de plantas para finalmente chegar a este estado.
Vetor: veja *hospedeiro intermediário.*
Wallacea: a região, que contém muitas ilhas, que fica entre as plataformas continentais do Sudeste da Ásia e Austrália.
Xerófita: uma planta que pode tolerar baixos níveis de umidade.
Younger Dryas: um episódio de frio entre 12.700 e 11.500 anos solares atrás (de calendário).
Zona abissal: zona de vida marinha acima da planície abissal (q.v.).
Zona arquibental: veja *zona batial.*
Zona batial: zona de vida marinha acima do declive continental (q.v.); também conhecida como a zona arquibental.
Zona batipelágica: zona de completa escuridão no mar, abaixo da zona mesopelágica (q.v.) até uma profundidade de 6000 metros.
Zona costeira: zona de vida marinha acima da plataforma continental (q.v.).
Zona de convergência intertropical ou **ITCZ, do inglês:** onde os "ventos comerciais", encontrados nos Hemisférios Norte e Sul, se encontram na região do equador.
Zona epipelágica: as camadas superiores e mais quentes do mar, com até 200 metros de profundidade, contendo alta concentração de organismos vivos.
Zona eufótica: as dezenas de metros superiores do fundo do mar, em que há bastante luz solar para que a fotossíntese ocorra.
Zona hadal: zona de vida marinha a uma profundidade de mais de 6 km (3,5 milhas).
Zona hadopelágica: parte mais profunda do oceano, dentro das trincheiras submarinas (q.v.).
Zona mesopelágica: a zona de intensidade de luz reduzida no mar, situada abaixo da pycnocline (q.v.), e que prolonga o amanhecer até uma profundidade de cerca de 1000 metros.
Zonação: uma sequência espacial regular de substituição de espécies causadas por uma sequência similar de mudança em condições físicas ou químicas.
Zooplâncton: pequenos animais em plâncton que consomem fitoplâncton.
Zooxantelas: tipo de algas cuja atividade fotossintética fornece energia e nutrientes para outras espécies.

Índice

Os números de página em *itálico* indicam figuras ou tabelas, aqueles em **negrito** indicam as páginas onde o assunto da entrada é definido. As pranchas são indexadas como Prancha 1, Prancha 2 etc.

SANTUÁRIO — 2019/1